Heinrich Frohne | Karl-Heinz Löcherer | Hans Müller |
Thomas Harriehausen | Dieter Schwarzenau

Moeller Grundlagen der Elektrotechnik

Heinrich Frohne | Karl-Heinz Löcherer | Hans Müller |
Thomas Harriehausen | Dieter Schwarzenau

Moeller
Grundlagen der Elektrotechnik

21., überarbeitete Auflage

Mit 422 teils mehrfarbigen Abbildungen,
36 Tabellen und 182 Beispielen

STUDIUM

VIEWEG+
TEUBNER

Bibliografische Information Der Deutschen Nationalbibliothek
Die Deutsche Nationalbibliothek verzeichnet diese Publikation in der Deutschen Nationalbibliografie; detaillierte bibliografische Daten sind im Internet über <http://dnb.d-nb.de> abrufbar.

Das Werk wurde von **Prof. Dr.-Ing. Franz Moeller** begründet.
Prof. Dr.-Ing. Hans Müller lehrte an der FH Aachen/Jülich.
Prof. Dr.-Ing. Heinrich Frohne und **Prof. Dr.-Ing. Karl-Heinz Löcherer** lehrten an der Universität Hannover.
Prof. Dr.-Ing. Thomas Harriehausen lehrt Elektrotechnik und Systementwurf an der Fachhochschule Wolfenbüttel.
Prof. Dr.-Ing. Dieter Schwarzenau lehrt Kommunikationstechnik an der Hochschule Magdeburg-Stendal (FH).

1. Auflage 1933
.
.
.
19. Auflage 2002
20. Auflage 2005
21., überarbeitete Auflage 2008

Lektorat: Harald Wollstadt

Der Vieweg+Teubner Verlag ist ein Unternehmen von Springer Science+Business Media.
www.viewegteubner.de

Umschlaggestaltung: KünkelLopka Medienentwicklung, Heidelberg
Druck und buchbinderische Verarbeitung: Těšínská Tiskárna, a. s., Tschechien
Gedruckt auf säurefreiem und chlorfrei gebleichtem Papier.
Printed in Czech Republic

ISBN 978-3-8351-0109-8

Vorwort zur 21. Auflage

Seit Jahrzehnten zählt „der Moeller" zu den Standardwerken für die Grundlagenausbildung im Elektrotechnik-Studium und hat Generationen von Studierenden vorlesungsbegleitend als Basis für den Erwerb ihres benötigten Grundwissens gedient. Für diesen beachtlichen Erfolg ist den bisherigen Autoren großes Lob, Dank und Anerkennung auszusprechen.

Es ist zweifellos eine hohe Ehre, die Verantwortung für weitere Auflagen eines solchen Klassikers übernehmen zu dürfen. Gleichzeitig stellt es jedoch auch eine große Verpflichtung dar, gilt es doch, den hohen Erwartungen, die an ein Werk mit dieser Reputation gestellt werden, auch in der Zukunft gerecht zu werden. Angesichts dieser Verpflichtung und aus der Erkenntnis heraus, mit der letzten Auflage bereits über einen soliden und bewährten Inhalt zu verfügen, stellte sich zu Beginn der Arbeit an dieser neuen Auflage die Frage, ob und in welchem Umfang überhaupt Änderungen sinnvoll seien. Schließlich haben sich die Grundlagen der Elektrotechnik in den letzten Jahren nicht verändert. Es gibt jedoch gute Gründe für die vorgenommene und zukünftige Überarbeitung dieses Werkes.

Das wichtigste Argument ist, dass sich die Ingenieurausbildung in einem ständigen Wandel befindet. Das wird gerade in der jetzigen Zeit mit der Einführung der neuen Abschlüsse „Bachelor" und „Master" auch nach außen hin besonders deutlich. Die Verkürzung der Ausbildung zum berufsqualifizierenden Bachelor gegenüber dem Diplomstudium zwingt die Hochschulen, jedes einzelne Ausbildungsmodul auf den Prüfstand zu stellen und auf Potenzial zur Straffung der Inhalte zu untersuchen. Davon bleiben auch die Grundlagenfächer nicht verschont. Dieser Entwicklung sollte ein Lehrbuch auf zweierlei Weise Rechnung tragen. Zum einen gilt es, die Struktur und didaktische Aufbereitung des Stoffes an die Veränderungen der Ausbildung anzupassen, damit sich die Leser sofort in dem Buch zurechtfinden. Zum anderen sollte es die Lehrveranstaltungen sinnvoll ergänzen, um so einer Reduktion des früher üblichen Basiswissens entgegenzuwirken. Schließlich sind und bleiben die Grundlagen der Elektrotechnik das Fundament für die fachliche Qualifikation eines Elektroingenieurs. Das heißt, der Inhalt sollte in hohem Maße auch zum Selbststudium geeignet sein. Diese Forderung stellt besonders hohe Ansprüche an die Verständlichkeit und eindeutige Darstellung des Stoffes.

Der Wandel der Ingenieurausbildung äußert sich jedoch nicht nur in radikalen Schritten wie der Einführung neuer Abschlüsse. Er vollzieht sich auch langsam und kontinuierlich infolge der Anpassung an das sich stetig verändernde Tätigkeitsprofil des Elektroingenieurs, das in allen Bereichen immer stärker durch die Möglichkeiten der modernen Informationstechnik und Telekommunikation geprägt wird. So wie z. B. früher der Umgang mit dem Rechenschieber und später mit dem Taschenrechner als selbstverständliche Grundfertigkeit eines Ingenieurs galt, wird heute die Beherrschung von Programmen zur Simulation von Schaltungen und Systemen vorausgesetzt. Die Leistungsfähigkeit und intuitive Bedienbarkeit solcher modernen Werkzeuge täuscht dabei nur zu leicht darüber hinweg, dass sinnvolle Ergebnisse nach wie vor ein hohes Maß an Fachwissen und Kompetenz des Benutzers erfordern, weil jede Simulation nur so gut sein kann wie die zugrunde gelegten Annahmen und Modelle. Die Fähigkeit zum Erkennen der Unterschiede zwischen der komplizierten physikalischen Realität und den verwendeten Modellen hat deshalb heute als Lernziel in der Grundlagenausbildung einen höheren Stellenwert als je zuvor.

Bei der Überarbeitung zur vorliegenden Auflage wurde an dem bewährten Konzept und der Struktur festgehalten. Dem Titel gerecht werdend deckt das Werk nach wie vor das gesamte Gebiet der elektrotechnischen Grundlagen ab. Die einschneidendsten Änderungen wurden im Kapitel 2 vorgenommen, in dem die elektrischen Gleichstromkreise behandelt werden. Dieses Kapitel wurde unter Berücksichtigung der oben formulierten Zielstellung völlig neu geschrieben. Die bewährte Gliederung wurde jedoch auch hier beibehalten. An dieser Stelle möchten wir den Herren Dipl.-Ing. (FH) Florian Haedicke und Dipl.-Ing. (FH) Thomas Ossowski für das Korrekturlesen der Kapitel 1 und 2 und ihre Verbesserungsvorschläge danken.

Viele Bilder wurden neu erstellt, um die Möglichkeiten des Mehrfarbendrucks noch besser zu nutzen. Leider reichte die Zeit nicht, um auch alle Schaltbilder zu überarbeiten, die Induktivitäten enthalten. Die konsequente Umstellung auf das Schaltzeichen für die Induktivität nach der aktuellen Norm [63] ist für die nächste Auflage vorgesehen.

Zu den vorangegangenen Auflagen waren stets erfreulich viele, überwiegend positive Rückmeldungen von Fachkollegen und Lesern eingegangen. Die darin enthaltenen Anmerkungen und Anregungen waren eine wertvolle Hilfe bei der vorgenommenen Überarbeitung. Wir hoffen, dass diese neue Auflage ein ähnlich positives Echo finden wird und würden uns über konstruktive Kritik sehr freuen.

Wolfenbüttel, Magdeburg, im Januar 2008

Inhalt

1 Grundbegriffe

Technik ist die praktische Anwendung naturwissenschaftlicher Erkenntnisse. Die *Elektrotechnik* beschäftigt sich mit der technischen Anwendung elektrischer und magnetischer Phänomene. Zur Beschreibung der Zusammenhänge wird eine Vielzahl von Begriffen, Größen und Einheiten benötigt, deren Charakter und Darstellungsformen im Folgenden zunächst vorgestellt werden. Danach werden die elektrischen Grundgrößen wie Strom und Spannung sowie fundamentale Begriffe der Elektrotechnik eingeführt. Abschließend werden die zur formal korrekten Darstellung vieler elektrotechnischer Zusammenhänge unerlässlichen Zählpfeilsysteme erläutert. Damit wird die formale Grundlage für die Vermittlung des Lehrstoffs der nachfolgenden Kapitel geschaffen.

1.1 Physikalische Größen und Einheiten

1.1.1 Physikalische Größen

Wenn man sich bemüht, physikalische oder technische Gegebenheiten präzise zu beschreiben, stellt man sehr schnell fest, dass dies nur dann möglich ist, wenn hierfür klar definierte Begriffe zur Verfügung stehen. Insbesondere dann, wenn mehrere Zustände oder Ereignisse gleicher Art miteinander verglichen werden sollen, benötigt man Begriffe, die sowohl die Art (die *Qualität*) der untersuchten Eigenschaft als auch ihr Ausmaß (die *Quantität*) eindeutig beschreiben.

Die meisten Aussagen unserer Umgangssprache erfüllen diese strengen Anforderungen nicht, obwohl sie ansonsten durchaus aussagekräftig sein können. Beispielsweise gibt die Feststellung, eine elektrische Entladung sei Furcht erregend gewesen, wohl einen sinnlichen Eindruck des Geschehens wieder; sie ist aber nicht geeignet, den beschriebenen Vorgang hinsichtlich seiner Art und seiner Intensität mit anderen elektrischen Entladungen vergleichbar zu machen oder seine Wiederholbarkeit (*Reproduzierbarkeit*) sicherzustellen. Eine Vergleichbarkeit wird erst durch die Verwendung physikalischer Größen erreicht, indem beispielsweise angegeben wird, wie hoch die elektrische Spannung vor der Entladung gewesen ist, wie lang der Entladungskanal war, wie groß der maximale Entladestrom war und wie lange die Entladung gedauert hat. Erst durch die Angabe derartiger physikalischer Größen gelingt es allgemein, Qualität und Quantität physikalischer Eigenschaften und Vorgänge zu beschreiben.

1.1.1.1 Charakter der physikalischen Größen

Formal stellt eine physikalische Größe das Produkt aus einem *Zahlenwert* und einer *Einheit* dar. Allerdings wird zwischen Zahlenwert und Einheit kein Multiplikationszeichen gesetzt, sondern ein Leerzeichen. Man schreibt also beispielsweise $I = 5{,}7$ kA. Die Einheit gibt – mit dem Zahlenwert 1 – die Teilung des Maßstabs an, in dem die Größe gemessen wird, während durch den Zahlenwert die genaue Intensität ausgedrückt wird. Größe und Einheit haben dieselbe *Dimension*. Im obigen Beispiel macht die Einheit kA (Kiloampere) deutlich, dass es sich bei der Größe I der Dimension nach um eine elektrische Stromstärke handelt. Das Argumentieren mit den Dimensionen physikalischer Größen wie z. B. „Länge", „Zeit", „elektrische Stromstärke", „Leistung" ist prinzipiell einfacher als das mit konkreten Einheiten, da es für Größen einer bestimmten Dimension immer verschiedene Einheiten gibt (Abschnitte 1.1.2.2 und 1.1.2.4).

Wie bei jedem Produkt ändert sich der Wert einer physikalischen Größe nicht, wenn man den Zahlenwert mit einer beliebigen Zahl multipliziert und die Einheit durch dieselbe Zahl dividiert. Offensichtlich ist beispielsweise die folgende Umformung möglich:

$$I = 5{,}7\ \mathrm{kA} = 5{,}7 \cdot 1000 \cdot \frac{1\ \mathrm{kA}}{1000} = 5700\ \mathrm{A}\,.$$

Man erkennt hieran, dass die Einheit ein wesentlicher Bestandteil jeder physikalischen Größe ist, den man nicht nach Belieben weglassen und wieder hinzufügen darf. Will man ausnahmsweise einmal nur den Zahlenwert einer Größe G darstellen, so geschieht dies nach [57] symbolisch in der Form $\{G\}$, indem man also das *Formelzeichen* G in geschweifte Klammern setzt. Weitaus häufiger kommt es vor, dass man die Einheit einer Größe G angeben möchte. Für diesen Fall ist die symbolische Formulierung $[G]$ genormt; das Formelzeichen G wird hier also in eckige Klammern gesetzt. Allgemein gilt

$$G = \{G\} \cdot [G]$$

und speziell für das oben genannte Beispiel

$$\begin{aligned} I &= 5{,}7\ \mathrm{kA} \\ \{I\} &= 5{,}7 \\ [I] &= 1\ \mathrm{kA}\,. \end{aligned}$$

1.1.1.2 Formelzeichen und ihre Darstellung

Eine physikalische Größe wird symbolisch durch ein *Formelzeichen* dargestellt. Das Formelzeichen besteht immer aus einem lateinischen oder griechischen Buchstaben als *Grundzeichen*, dem noch verschiedene *Nebenzeichen* hinzugefügt werden können. Die Nebenzeichen stehen meist tiefgestellt als *Indizes* rechts neben den Grundzeichen. Es kommen aber auch *hochgestellte Nebenzeichen* sowie *Nebenzeichen oberhalb und unterhalb des Grundzeichens* vor, auf deren Bedeutung im Folgenden noch näher eingegangen wird. Als Nebenzeichen sind auch Buchstabenkombinationen und Zahlen sowie eine Reihe von Sonderzeichen zugelassen.

Beispiele: $\hat{u}$, μ_{rev}, Φ_{12}, C_{Δ}, I^*, $\vec{F}_{\mathrm{L}}$

Um die Formelzeichen deutlicher hervorzuheben und um Verwechslungen zu vermeiden, werden die Grundzeichen (nicht aber ihre Nebenzeichen) in Drucktexten immer *in kursiver Schrift* wiedergegeben.

1.1.1.3 Gerichtete Größen, Vektoren

Physikalische Größen, denen nicht nur ein Betrag, sondern auch eine Richtung zugeordnet wird (z. B. Kraft, Beschleunigung, elektrische und magnetische Feldstärke), werden im vorliegenden Buch durch einen *Pfeil* über dem Formelzeichen als *Vektoren* gekennzeichnet. Wenn der Pfeil über dem Formelzeichen einer vektoriellen Größe fehlt, dann handelt es sich um den *Betrag* des Vektors. Es gilt also beispielsweise

$$F = |\vec{F}|\,.$$

1.1.1.4 Zeitabhängige Größen

Physikalische Größen, die sich in Abhängigkeit von der Zeit ändern (man nennt sie auch *zeitvariant*), brauchen i. Allg. nicht besonders gekennzeichnet zu werden. Häufig ist es aber zweckmäßig, die Zeitabhängigkeit deutlich hervorzuheben. Dies geschieht in der Regel dadurch, dass man die Zeitabhängigkeit ausdrücklich (explizit) angibt, indem man das Formelzeichen t für die Zeit in runden Klammern hinter die Größe schreibt, also z. B. $\varphi(t)$ für ein zeitvariantes elektrisches Potenzial und $B(t)$ für eine zeitvariante magnetische Flussdichte[1].

Bei den für die Elektrotechnik besonders wichtigen Größen elektrische Stromstärke und elektrische Spannung gibt es darüber hinaus die Festlegung, dass zeitlich konstante (*zeitinvariante*) Ströme und Spannungen mit Großbuchstaben, zeitvariante Ströme und Spannungen hingegen mit Kleinbuchstaben gekennzeichnet werden. Diese Festlegung wird im vorliegenden Buch der Einfachheit halber auch auf die Leistung übertragen. Durch die Verwendung der Kleinbuchstaben i, u und p[1] wird dabei explizit zum Ausdruck gebracht, dass es sich um zeitvariante Ströme, Spannungen und Leistungen handelt. Wenn hingegen die Großbuchstaben I, U und P verwendet werden, ergibt sich aus dem Zusammenhang, ob damit zeitinvariante oder zeitvariante Größen gemeint sind. Die Großbuchstaben I und U werden nämlich auch zur Kennzeichnung der Effektivwerte periodisch veränderlicher Ströme und Spannungen verwendet (Abschnitt 5.1.2.3) und P steht auch als Symbol für die Wirkleistung in Wechselstromkreisen (Abschnitt 5.4.1.1).

1.1.1.5 Komplexe Größen

Bei der Behandlung sinusförmig zeitvarianter Größen bedient man sich der komplexen Rechnung (Abschnitt 5.3). Die hierbei auftretenden komplexen Größen werden im vorliegenden Buch in Übereinstimmung mit [58] immer durch *Unterstreichen des Grundzeichens* gekennzeichnet, z. B. $\underline{U}$, $\underline{I}$, $\underline{Z}$, $\underline{Y}$ etc. Wenn der *Unterstrich* bei dem Formelzeichen einer komplexen Größe fehlt, handelt es sich um den *Betrag* der komplexen Größe. Es gilt also z. B.

$$Z = |\underline{Z}|.$$

Ein *hochgestellter Stern* rechts neben dem Zeichen einer komplexen Größe bedeutet, dass das *konjugiert Komplexe* dieser Größe gemeint ist. Beispielsweise bedeutet $\underline{Z}^* = Z\mathrm{e}^{-\mathrm{j}\varphi}$, wenn $\underline{Z} = Z\mathrm{e}^{\mathrm{j}\varphi}$ ist. Näheres hierzu findet sich in Abschnitt 5.3.1.1.

1.1.2 Einheiten

Der Umgang mit physikalischen Größen wird wesentlich erleichtert, wenn man sich bei der Angabe dieser Größen eines *kohärenten Einheitensystems* bedient. Kennzeichnend für ein solches System ist, dass bei der Umrechnung *kohärenter Einheiten* nie ein anderer Zahlenfaktor als *eins* auftritt. Man kann dann alle Größen mitsamt ihren Einheiten in die jeweils gültige Gleichung (vgl. Abschnitt 1.1.3) einsetzen und erhält automatisch für die Ergebnisgröße nicht nur den richtigen Zahlenwert, sondern auch eine Einheit, die für die Ergebnisgröße unmittelbar brauchbar ist. Meistens besteht diese Einheit aus einem Produkt, einem Quotienten oder einem Potenzprodukt mehrerer anderer Einheiten und man kann hierfür gegebenenfalls abkürzend einen anderen Einheitennamen setzen. Einheiten werden in Gleichungen mit einem *Einheitenzeichen* bezeichnet, also z. B. „m“ für „Meter“ und „s“ für „Sekunde“. Einheitenzeichen werden in Drucktexten in Normalschrift, also nicht kursiv, dargestellt.

---

[1] Siehe Verzeichnis der verwendeten Formelzeichen im Anhang 8

Beispiel 1.1 Rechnen mit kohärenten Einheiten

Die kinetische Energie W einer Masse m, die sich mit der Geschwindigkeit v bewegt, errechnet sich nach der Gleichung

$$W = \frac{1}{2} m \cdot v^2 .$$

Die Masse sei $m = 100$ kg und die Geschwindigkeit $v = 2$ m/s. Für die kinetische Energie ergibt sich

$$W = \frac{1}{2} \cdot 100\,\mathrm{kg} \cdot \left(2\frac{\mathrm{m}}{\mathrm{s}}\right)^2 = 200\,\frac{\mathrm{kg\,m^2}}{\mathrm{s^2}} = 200\,\mathrm{J}.$$

Das Meter, die Sekunde, das Kilogramm und das Joule sind kohärente Einheiten, und das Potenzprodukt $\mathrm{kg\,m^2\,s^{-2}}$ kann direkt durch die Einheit J ersetzt werden.

Weniger einfach gestaltet sich die Rechnung, wenn man *inkohärente Einheiten* verwendet, wie das folgende Beispiel zeigt.

Beispiel 1.2 Rechnen mit inkohärenten Einheiten

Die Größen aus Beispiel 1.1 werden mit $m = 0{,}1$ t und $v = 7{,}2$ km/h angegeben. Man erhält für die kinetische Energie

$$W = \frac{1}{2} \cdot 0{,}1\,\mathrm{t} \cdot \left(7{,}2\frac{\mathrm{km}}{\mathrm{h}}\right)^2 = 2{,}592\frac{\mathrm{t\,km^2}}{\mathrm{h^2}} .$$

Die Einheiten Kilometer, Stunde und Tonne sind inkohärent. Das Potenzprodukt $\mathrm{t\,km^2\,h^{-2}}$ kann nicht ohne weiteres in eine gebräuchliche Energieeinheit umgesetzt werden.

Das gesetzlich vorgeschriebene Einheitensystem, das heute in Wissenschaft und Technik verwendet wird, besteht in seinem Kern aus einem System kohärenter Einheiten, die man als *SI-Einheiten* bezeichnet. Die Buchstaben SI stehen hierbei als Abkürzung für „Système International d'Unités" (Internationales Einheitensystem). Neben den kohärenten SI-Einheiten gibt es aber noch eine Anzahl anderer *gesetzlicher Einheiten*, die über bestimmte Umrechnungsfaktoren (überwiegend Zehnerpotenzen) in SI-Einheiten umgerechnet werden können, die aber selber nicht kohärent sind, siehe Beispiel 1.2.

1.1.2.1 SI-Basiseinheiten

Das internationale Einheitensystem kommt mit insgesamt *sieben unabhängig definierten SI-Basiseinheiten* aus. Die Definitionen dieser Basiseinheiten sind von der Generalkonferenz für Maß und Gewicht unter dem Gesichtspunkt *zuverlässiger Reproduzierbarkeit* festgelegt worden und können Anhang A von [55] entnommen werden. In Tabelle 1.1 sind die SI-Basiseinheiten und die physikalischen Größen, zu denen sie gehören, zusammengestellt.

Tabelle 1.1 SI-Basiseinheiten

Größe	SI-Basiseinheit	
	Name	Zeichen
Länge	Meter	m
Masse	Kilogramm	kg
Zeit	Sekunde	s
elektrische Stromstärke	Ampere	A
thermodynamische Temperatur	Kelvin	K
Stoffmenge	Mol	mol
Lichtstärke	Candela	cd

1.1.2.2 Abgeleitete SI-Einheiten

Alle weiteren SI-Einheiten lassen sich als Produkte, Quotienten oder Potenzprodukte der in Tabelle 1.1 aufgeführten Basiseinheiten darstellen. Für wichtige abgeleitete SI-Einheiten (Tabelle A2.1 in Anhang 2) werden häufig eigene Namen festgelegt; z. B. gilt für die Krafteinheit der Name Newton mit dem Einheitenzeichen N und der Definition

$$1\,\mathrm{N} = 1\,\frac{\mathrm{kg\,m}}{\mathrm{s}^2}\,. \tag{1.1}$$

Oft ist es zweckmäßig, die Zusammenhänge zwischen abgeleiteten Einheiten direkt anzugeben. So besteht z. B. zwischen der Leistungseinheit Watt (W) und der Spannungseinheit Volt (V) über die SI-Basiseinheit Ampere (A) der Zusammenhang

$$1\,\mathrm{W} = 1\,\mathrm{VA}\,. \tag{1.2}$$

Die Einheit für Arbeit und Energie Joule (J) lässt sich über

$$1\,\mathrm{J} = 1\,\mathrm{Nm} = 1\,\mathrm{Ws} \tag{1.3}$$

sowohl mit Hilfe der Krafteinheit Newton (N) als auch durch die Leistungseinheit Watt (W) ausdrücken.

Offensichtlich ist es möglich, mit Hilfe der Gln. (1.1) bis (1.3) die Einheiten Watt (W) und Volt (V) als Potenzprodukte der SI-Basiseinheiten darzustellen. Man erhält $1\,\mathrm{W} = 1\,\mathrm{kg\,m^2/s^3}$ und $1\,\mathrm{V} = 1\,\mathrm{kg\,m^2/(A\,s^3)}$. In den meisten Fällen ist es aber nicht empfehlenswert, bei der *Einheitenarithmetik* bis auf die Basiseinheiten zurückzugehen. Geschickter ist es, Zusammenhänge wie Gl. (1.2) und (1.3) je nach Bedarf direkt zur Einheitenumrechnung zu nutzen.

Eine scheinbare Sonderstellung nehmen die Einheiten mancher *bezogener Größen*, z. B. die Winkeleinheit *Radiant* (rad) ein. Die Vorschrift, dass man bei der Angabe einer Größe niemals die Einheit weglassen darf, scheint hier verletzt zu werden. Beispielsweise sind die Angaben $\varphi = 0{,}78$ rad und $\varphi = 0{,}78$ gleichwertig. Der Grund hierfür ist in der Definition des ebenen Winkels im Bogenmaß zu suchen. Man gibt die Größe eines Winkels im Bogenmaß nämlich an, indem man das Verhältnis der zum Winkel gehörigen Kreisbogenlänge zum Radius des Kreises bildet. Dabei werden zwei (einheitenbehaftete) Längen durcheinander dividiert, wodurch eine Größe der Einheit 1 entsteht. Eine solche Größe bezeichnet man oft – nicht ganz korrekt – auch als „*einheitenlos*“.

1.1.2.3 Gesetzliche Einheiten außerhalb des SI-Einheitensystems

Trotz der offensichtlichen Vorteile, die ein kohärentes Einheitensystem bietet, ist es nicht gelungen, die ausschließliche Verwendung von SI-Einheiten verbindlich zu vereinbaren. In Tabelle 1.2 sind die nicht zum SI-Einheitensystem gehörenden gesetzlichen Einheiten aufgelistet, soweit sie für die Elektrotechnik relevant sind.

Zum Teil werden diese Einheiten auch zur Bildung weiterer abgeleiteter Einheiten verwendet (min^{-1}, km/h, Ah, kWh etc.). Darüber hinaus sind aber keine weiteren Einheiten zugelassen, die außerhalb des SI stehen. Dies trifft insbesondere für die früher häufig verwendeten Einheiten Å, kp, Torr, at, PS und cal zu. Diese Einheiten sind seit dem 1.1.1978 im Geschäftsverkehr nicht mehr zugelassen, werden aber außerhalb des technisch-wissenschaftlichen Bereichs gelegentlich noch benutzt.

Tabelle 1.2 Gesetzliche Einheiten außerhalb des SI

Größe	Einheit außerhalb des SI		Umrechnung in SI-Einheiten
	Name	Zeichen	
ebener Winkel	Grad	°	$1° = \frac{\pi}{180}$ rad
Zeit	Minute	min	1 min = 60 s
	Stunde	h	1 h = 3600 s
	Tag	d	1 d = 86400 s
Volumen	Liter	l	1 l = 10^{-3} m^3
Masse	Tonne	t	1 t = 10^3 kg
Druck	Bar	bar	1 bar = 10^5 Pa
Energie	Elektronvolt	eV	1 eV = $0{,}1602 \cdot 10^{-18}$ J
Blindleistung	Var	var	1 var = 1 VA

1.1.2.4 Dezimale Vielfache von Einheiten

Es lässt sich grundsätzlich nicht verhindern, dass die vereinbarten Einheiten je nach Anwendungsfall gelegentlich unpraktisch klein oder unhandlich groß sind. Damit man in solchen Fällen nicht mit übermäßig großen oder kleinen Zahlenwerten operieren muss, hat man *Vorsätze* und *Vorsatzzeichen* (Tabelle A2.2 in Anhang 2) vereinbart, durch deren Verwendung die jeweilige Einheit um eine bestimmte *Zehnerpotenz* vergrößert oder verkleinert wird. Bevorzugt werden hierbei Potenzen von 1000, also Zehnerpotenzen mit durch 3 teilbarem Exponenten. Von dieser Regel gibt es allerdings Ausnahmen, wie die Beispiele cm, dt, hl, hPa zeigen. Vorsatzzeichen für Potenzen von 10^3, die die Einheit vergrößern, werden i. Allg. durch *Großbuchstaben* und die Vorsätze, die die Einheit verkleinern, durch *Kleinbuchstaben* abgekürzt. Einzige (historisch bedingte) Ausnahme von dieser Regel ist der Kleinbuchstabe k für den Vorsatz Kilo-. Dass der Vorsatz Mikro- für das 10^{-6}-fache durch den griechischen Buchstaben μ abgekürzt wird, hat seinen Grund darin, dass der lateinische Buchstabe m schon für den Vorsatz Milli- vergeben ist.

Ein Vorsatzzeichen bildet zusammen mit dem Einheitenzeichen, vor dem es *ohne Zwischenraum* steht, das Zeichen einer neuen Einheit. Ein Vorsatzzeichen darf aber nicht – sozusagen als Faktor – vor eine Einheitenkombination gesetzt werden. Des Weiteren ist es unzulässig, mehrere Vorsätze hintereinander zu verwenden, was insbesondere bei den Masseeinheiten zu berücksichtigen ist, wo schon die Basiseinheit kg den Vorsatz Kilo- enthält. Die folgenden

Beispiele machen den Sachverhalt deutlich:

Falsch sind die Angaben $10\,\mathrm{k}\dfrac{\mathrm{m}}{\mathrm{s}}$ oder $10\,\mathrm{k}\left(\dfrac{\mathrm{m}}{\mathrm{s}}\right)$, $2\,\mu\,(\mathrm{m}^2)$, $0{,}3\,\mu\mathrm{kg}$, $5\,\mathrm{m}\mu\mathrm{m}$ oder $5\,\mathrm{m}\mu$.

Richtig muss es heißen $10\,\dfrac{\mathrm{km}}{\mathrm{s}}$ oder $10\,\dfrac{\mathrm{m}}{\mathrm{ms}}$, $2\,\mathrm{mm}^2$, $0{,}3\,\mathrm{mg}$, $5\,\mathrm{nm}$.

1.1.3 Physikalische Gleichungen

1.1.3.1 Größengleichungen

Früher wurden häufig Gleichungen aufgestellt, in denen nur die Zahlenwerte der beteiligten Größen ohne ihre Einheiten berücksichtigt wurden. Diese *Zahlenwertgleichungen* waren nur brauchbar, wenn zwingend vorgeschrieben wurde, in welchen Einheiten die jeweiligen Größen anzugeben waren. Wegen dieses Nachteils werden Zahlenwertgleichungen nicht mehr verwendet. Statt dessen drückt man physikalische und technische Zusammenhänge mit Hilfe von *Größengleichungen* aus, in denen die Formelzeichen physikalische Größen im Sinne von Abschnitt 1.1.1 darstellen. *Größengleichungen behalten ihre Gültigkeit unabhängig von den verwendeten Einheiten.* Wie Beispiel 1.2 zeigt, kann es bei der Auswertung einer Größengleichung allerdings notwendig werden, für die sich ergebende Größe eine Einheitenumrechnung vorzunehmen, um ein Ergebnis in einer gebräuchlichen Einheit zu erhalten.

1.1.3.2 Zugeschnittene Größengleichungen

Wenn bekannt ist, welche Einheiten bei der Auswertung einer Größengleichung verwendet werden, ist es oftmals lohnend, die Gleichung speziell auf diese Einheiten zuzuschneiden. Praktische Einsatzfälle zugeschnittener Größengleichungen sind z. B. die Auswertung umfangreicher Messwertreihen in Tabellenform, die Berechnung physikalischer Größen mit Tabellenkalkulationsprogrammen ohne Einheitenrechnung oder die Ausgabe der Zahlenwerte physikalischer Größen mittels digitaler Anzeigen.

Beispiel 1.3 Anwendung einer zugeschnittenen Größengleichung

Die Geschwindigkeit v eines Fahrzeugs soll mittels eines digitalen Zifferndisplays in km/h angezeigt werden. Die Zeit t, die eine Radumdrehung benötigt, wird von einem Sensor erfasst und als Zahlenwert in ms ausgegeben. Der Radumfang beträgt $l = 1{,}75$ m. Wie erhält man aus den Zahlenwerten der gemessenen Zeiten die Zahlenwerte der Geschwindigkeit?

Man setzt den gegebenen Wert $l = 1{,}75$ m in die Gleichung zur Geschwindigkeitsberechnung ein und erhält

$$v = \frac{l}{t} = \frac{1{,}75\,\mathrm{m}}{t}.$$

In dieser Gleichung werden nun die Größen v und t mit den verwendeten Einheiten km/h und ms erweitert. Die Gleichung lautet jetzt

$$\frac{v}{\dfrac{\mathrm{km}}{\mathrm{h}}}\cdot\frac{\mathrm{km}}{\mathrm{h}} = \frac{1{,}75\,\mathrm{m}}{\dfrac{t}{\mathrm{ms}}\cdot\mathrm{ms}}.$$

Nach weiterer Umformung

$$\frac{v}{\dfrac{\mathrm{km}}{\mathrm{h}}} = \frac{\mathrm{h}}{\mathrm{km}}\cdot\frac{1{,}75\,\mathrm{m}}{\mathrm{ms}}\cdot\frac{1}{\dfrac{t}{\mathrm{ms}}} = \frac{3600\,\mathrm{s}\cdot 1{,}75\,\mathrm{m}}{10^3\mathrm{m}\cdot 10^{-3}\mathrm{s}}\cdot\frac{1}{\dfrac{t}{\mathrm{ms}}}$$

erhält man die zugeschnittene Größengleichung

$$\frac{v}{\frac{\text{km}}{\text{h}}} = \frac{6300}{\frac{t}{\text{ms}}}.$$

Die vom Zeitmesser gelieferten Zahlenwerte sind also lediglich mit dem konstanten Faktor 6300 zu multiplizieren und der sich ergebende Zahlenwert mit dem Zusatz „km/h" auszugeben.

Bei der Umwandlung einer Größengleichung in eine zugeschnittene Größengleichung unterscheidet man zweckmäßigerweise zwischen den konstanten Größen (im Beispiel 1.3 der Radumfang l) und den variablen Größen, die in bestimmten bevorzugten Einheiten angegeben werden sollen (im Beispiel 1.3 die Zeit t und die Geschwindigkeit v). Als Erstes werden die konstanten Größen mit Zahlenwert und Einheit in die Gleichung eingesetzt. Jede der verbleibenden Größen wird dann durch ihre bevorzugte Einheit dividiert und mit dieser Einheit multipliziert. Diese einfache Umformung (aus der Bruchrechnung als Erweitern bekannt) dient dem Zweck, für die variablen Größen *Quotienten aus Größe und bevorzugter Einheit* zu bilden und in die Gleichung einzuführen. Bei der weiteren Umformung der Gleichung ist darauf zu achten, dass diese eingeführten Quotienten (im Beispiel 1: km/h und t/ms) bestehen bleiben. Die anderen in der Gleichung noch vorkommenden Einheiten werden zusammengefasst und mit den konstanten Größen zu einer (Beispiel 1.3) bzw. im allgemeinen Fall zu mehreren neuen Konstanten verschmolzen.

In den zugeschnittenen Größengleichungen treten alle variablen Größen in der Form eines Quotienten aus (einheitenbehafteter) Größe und zugeordneter Einheit auf. Diese Quotienten haben also alle die Einheit 1. Hieraus ergibt sich, dass es immer möglich sein muss, auch die Konstanten in einer zugeschnittenen Größengleichung so zusammenzufassen, dass sie die Einheit 1 haben. In einer zugeschnittenen Größengleichung kommen daher außer den jeweiligen Quotienten aus Größe und zugeordneter Einheit keine weiteren Einheiten vor, sondern nur noch Zahlen.

Beispiel 1.4 Anwendung einer zugeschnittenen Größengleichung

Der Zusammenhang zwischen Geschwindigkeit und kinetischer Energie aus Beispiel 1.1 soll für eine Masse $m = 100$ t so als zugeschnittene Größengleichung dargestellt werden, dass sich die Energie in kWh ergibt, wenn man die Geschwindigkeit in km/h einsetzt.

Zunächst wird der konstante Wert $m = 100$ t in die Gleichung eingesetzt. Man erhält

$$W = \frac{1}{2} \cdot 100\ \text{t} \cdot v^2$$

und nach Erweitern mit den geforderten Einheiten

$$\frac{W}{\text{kWh}} \cdot \text{kWh} = \frac{1}{2} \cdot 100\ \text{t} \cdot \left(\frac{v}{\frac{\text{km}}{\text{h}}} \cdot \frac{\text{km}}{\text{h}} \right)^2.$$

Nun werden alle Konstanten und alle Einheiten außerhalb der benötigten Quotienten der Form „Größe/Einheit" zusammengefasst. Die Gleichung erhält dann die Form

$$\frac{W}{\text{kWh}} = \frac{100\,\text{t km}^2}{2\,\text{kWh h}^2}\left(\frac{v}{\frac{\text{km}}{\text{h}}}\right)^2 = \frac{100\cdot 10^3\text{kg}\cdot 10^6\,\text{m}^2}{2\cdot 10^3\,\text{W}\cdot 3600^3\,\text{s}^3}\left(\frac{v}{\frac{\text{km}}{\text{h}}}\right)^2 .$$

Für die Einheiten gilt $1\frac{\text{kg m}^2}{\text{W s}^3} = 1\frac{\text{kg m}}{\text{s}^2}\cdot\text{m}\cdot\frac{1}{\text{Ws}} = 1\,\text{N m}\cdot\frac{1}{\text{N m}} = 1$. Man erhält schließlich die zugeschnittene Größengleichung

$$\frac{W}{\text{kWh}} = 1{,}072\cdot 10^{-3}\left(\frac{v}{\frac{\text{km}}{\text{h}}}\right)^2 .$$

1.2 Elektrische Grundgrößen

In den nachfolgenden Abschnitten werden die Begriffe elektrische Ladung, elektrischer Strom, elektrisches Potenzial und elektrische Spannung behandelt, die für alle Gebiete der Elektrotechnik von fundamentaler Bedeutung sind. Die Darstellung erfolgt weitgehend in der für Größen der Gleichstromtechnik üblichen Notation (Abschnitt 1.1.1.4), ist aber auf zeitabhängige Größen direkt übertragbar. Weiterhin wird der Begriff der technischen Stromrichtung erklärt, ohne dessen Verständnis immer wieder Unsicherheiten bei der quantitativen Beschreibung von Ladungsströmungen auftreten.

1.2.1 Elektrische Ladung

Ursache aller *elektrischen Phänomene* sind elektrische Ladungen. Die für die Elektrotechnik wesentliche Materie ist aus Atomen aufgebaut. Jedes *Atom* enthält einen *Atomkern* und eine *Atomhülle*. Der Atomkern wiederum besteht aus dicht gepackten *Protonen* und *Neutronen*, die Hülle aus *Elektronen*. Nach dem sehr einfachen *Bohrschen Atommodell* umkreisen die Elektronen den Atomkern auf konzentrischen Bahnen mit unterschiedlichen Radien. Protonen und Elektronen besitzen neben ihrer Masse auch eine *elektrische Ladung*. Während Masse positiv ist und zwischen zwei Massen stets eine Anziehungskraft wirkt, können zwischen Ladungen anziehende oder abstoßende *Kräfte*[2] wirken (Abschnitt 3.1.2.1). Daher unterscheidet man zwischen zwei Arten von Ladungen, die als „*positive*“ und „*negative*“ Ladungen bezeichnet werden. Ladungen gleichen Vorzeichens (*gleichnamige* Ladungen) stoßen sich ab, *ungleichnamige* ziehen sich an. Die Ladung eines Protons wird als *Elementarladung e* bezeichnet und erhielt aus historischen Gründen einen positiven Wert. Die Ladung eines Elektrons hat den gleichen Betrag, jedoch das entgegengesetzte Vorzeichen wie die Ladung des Protons, also den negativen Wert $-e$. Da ein vollständiges Atom stets die gleiche Anzahl von Protonen und Elektronen enthält, ist es nach außen hin *elektrisch neutral*. Gleiches gilt für jeden aus vollständigen Atomen bestehenden Körper. Daraus folgt, dass auch die Erde insgesamt als elektrisch neutral betrachtet werden kann.

---

[2] Dieses Phänomen ist seit weit über 2000 Jahren bekannt. Ein mit Tierfell geriebener Bernstein ist in der Lage, bestimmte leichte Gegenstände, z. B. Korkkrümel, anzuziehen. Die Worte Elektron, elektrisch und Elektrizität sind abgeleitet vom griechischen Wort ἤλεκτρον, das Bernstein bedeutet.

Ein Körper, der nicht mehr elektrisch neutral ist, wird als „*elektrisch geladen*“ bezeichnet. Will man einen Körper aufladen, so muss man ihm entweder Elektronen entreißen oder Elektronen hinzufügen. Dies ist z. B. auf *mechanischem*, *thermischem* oder *chemischem* Weg möglich. Die Protonen sind so fest im Atomkern verankert, dass sie in Feststoffen zum Ladungstransport nicht zur Verfügung stehen. Da Ladungen weder erzeugt noch vernichtet, sondern nur getrennt werden können, ist das Aufladen eines Körpers nur durch *Ladungstrennung* möglich. Daraus folgt der *Ladungserhaltungssatz* (Abschnitt 3.1.1.2):

Innerhalb eines elektrisch abgeschlossenen Systems bleibt die Gesamtladung, also die Summe aller Ladungen, konstant.

Als Formelzeichen für elektrische Ladungen wird der Buchstabe Q verwendet. Die Einheit der Ladung ist das *Coulomb* mit dem Einheitenzeichen C. Es gilt also

$$[Q] = 1\,\mathrm{C}\,. \tag{1.4}$$

Obwohl die Elementarladung

$$e \approx 1{,}6 \cdot 10^{-19}\,\mathrm{C} \tag{1.5}$$

eine *Naturkonstante* ist, ist das Coulomb keine Basiseinheit, sondern es wird über die Einheit des elektrischen Stroms definiert, die eine SI-Basiseinheit ist.

Jede Ladungsmenge Q ist ein ganzzahliges Vielfaches der Elementarladung

$$Q = n \cdot e \tag{1.6}$$

mit $n \in \mathbb{Z}$. Man sagt, die Ladung ist „gequantelt“. Die Ladung eines Körpers kann also nicht beliebige Werte annehmen, sondern ist eine *wertdiskrete Größe*, die Gl. (1.6) genügen muss. Im Rahmen der Grundlagen der Elektrotechnik wird die elektrische Ladung aber als *wertkontinuierliche Größe* behandelt, die beliebige Werte annehmen kann, da der Betrag der betrachteten Ladungsmengen um viele Zehnerpotenzen über dem Wert der Elementarladung liegt. In der *Mikroelektronik* und insbesondere in der *Nanoelektronik* ist diese vereinfachte Betrachtungsweise allerdings nicht mehr zulässig, da dort teilweise einzelne oder wenige Elektronen für die Funktion von Bauelementen verantwortlich sind.

1.2.2 Elektrischer Strom

Die *gerichtete Bewegung* elektrischer Ladungsträger wird als *elektrischer Strom* bezeichnet. Hier werden nur *makroskopische* Ladungsträgerbewegungen oberhalb der atomaren Ebene betrachtet. Die stets vorhandene Bewegung der Elektronen der Atomhülle um den Atomkern wird (außer in Abschnitt 4.1.1.1) nicht berücksichtigt.

Eine Strömung elektrischer Ladungen setzt das Vorhandensein *frei beweglicher elektrischer Ladungsträger* voraus. Stoffe, die eine hohe Dichte frei beweglicher Ladungsträger aufweisen, nennt man *elektrische Leiter*, Stoffe mit sehr geringer Dichte oder ohne frei bewegliche Ladungsträger werden als *Nichtleiter*, *Isolatoren* oder *Dielektrika* bezeichnet (Abschnitte 3.3 und 10.4).

Ein elektrischer Strom kann prinzipiell in allen *Aggregatzuständen der Materie* fließen:

– *Festkörper* sind elektrisch leitfähig, sofern sie Atome enthalten, die Elektronen an den Atomverbund abgeben. Bei *Metallen* können sich diese freien Elektronen wie ein Gas innerhalb des durch die Atomkerne gebildeten Gitters bewegen. Man spricht daher vom „*Elektronengas*“. In Kupfer und bei den meisten anderen Metallen trägt jedes Atom mit einem Elektron zur elektrischen Leitfähigkeit bei. In Halbleitern treten nicht nur Elektronen, sondern auch *Defektelektronen* als freie Ladungsträger auf (Abschnitt 10.4).

- *Fluide*, also *Flüssigkeiten und Gase*, sind elektrisch leitfähig, sofern sie geladene Atome (*Ionen*) sowie evtl. freie Elektronen enthalten. Im Fall eines *Ionenstroms* ist der Ladungstransport immer mit einem *Materialtransport* verbunden. Ausführlich wird hierauf in den Abschnitten 10.2 und 10.3 eingegangen.
- In *Plasma*, also *vollständig ionisierter, gasförmiger Materie*, tragen sowohl die positiv geladenen Atomrümpfe wie auch die abgetrennten Elektronen zu einem Stromfluss bei.
- Im idealen *Vakuum*, also völlig materiefreiem Raum, ist keinerlei Stromfluss möglich. Ideales Vakuum existiert allerdings nur am Rand unseres Kosmos und ist technisch nicht realisierbar. Von großer praktischer Bedeutung ist der Ladungstransport im *technischen Vakuum*, das eine *geringe Dichte an kontrolliert erzeugten Ladungsträgern*, meist Elektronen, enthält. Anwendungen sind z. B. Kathodenstrahlröhren, Elektronenmikroskope und diverse Geräte, die zur Herstellung integrierter Schaltungen verwendet werden (Abschnitt 10.1).

Neben dem bereits genannten Materialtransport in Fluiden (1. Punkt) kann ein elektrischer Strom mit verschiedenen weiteren *Wirkungen* verbunden sein:

2. Stoßen bewegte Ladungsträger mit Atomen zusammen, geben sie einen Teil ihrer *Bewegungsenergie* an die Atome ab. Hierdurch wird die *Schwingungsenergie* der Atome vergrößert, was sich makroskopisch als *Temperaturerhöhung* des Materials äußert. Handelt es sich bei dem Material um einen Festkörper, bezeichnet man die Schwingungen des durch die Atome bzw. Moleküle gebildeten Gitters auch als *Gitterschwingungen*, die sich ähnlich Schallwellen im Körper ausbreiten. Im Rahmen des *Welle-Teilchen-Dualismus* [3] hat sich die Beschreibung dieses Effektes durch das Modell von Teilchen, die *Phononen* genannt werden, als zweckmäßig erwiesen.
3. Sind die Stöße zwischen Ladungsträgern und Atomen ausreichend stark, können Elektronen innerhalb eines Atoms von energetisch niedrigeren auf energetisch höhere Umlaufbahnen angehoben werden. Fallen diese Elektronen nach einiger Zeit auf eine energetisch niedrigere Bahn zurück, geben sie *elektromagnetische Strahlung* ab, die z. B. als Wärme- oder Lichtstrahlung wahrgenommen werden kann (Abschnitt 10.5.6.2).
4. Jede *Bewegung eines Ladungsträgers relativ zu einem Beobachter* ist aus Sicht des Beobachters stets mit einem *Magnetfeld* verbunden, das sich, ausgehend von der Ladung, in alle Richtungen des Raumes ausbreitet und durch seine Kraftwirkung auf andere bewegte Ladungen bemerkbar macht (Kapitel 4).
5. Menschen haben kein Sinnesorgan für den elektrischen Strom. Der menschliche Körper ist elektrisch leitfähig und die menschlichen Körperfunktionen (u. a. Gehirn und Herz) werden, genau wie die von Pflanzen und Tieren, durch Ionenströme gesteuert. Daher kann ein von außen bewirkter Stromfluss durch den menschlichen Körper sowohl eine lebenserhaltende (z. B. Herzschrittmacher, Defibrillator) oder heilende (z. B. Kurzwellentherapie) als auch eine schädigende oder sogar tödliche *physiologische*[3] *Wirkung* haben. Daher gilt: *Beim Umgang mit elektrischem Strom ist umsichtiges Verhalten erforderlich!*

Die mit dem Formelzeichen I bezeichnete *elektrische Stromstärke* gibt an, welche Ladungsmenge ΔQ innerhalb einer Zeitspanne Δt durch einen Leiterquerschnitt transportiert wird:

$$I = \frac{\Delta Q}{\Delta t} \tag{1.7}$$

---

[3] einen lebenden Organismus betreffend

Ändert sich die Ladungsströmung zeitlich nicht, so ist auch die Stromstärke I konstant und man schreibt für diesen Fall eines *Gleichstroms*

$$I = \frac{Q}{t} . \qquad (1.8)$$

Ist die Ladungsströmung jedoch beliebig zeitvariant, muss man die betrachteten Zeitintervalle Δt um so kleiner wählen, je genauer man den Zeitverlauf des Stroms $i(t)$ erfassen möchte. Mathematisch werden *infinitesimal kleine* Zeitintervalle mit dt bezeichnet. Zu jedem einzelnen dt gehört dann eine ebenfalls infinitesimal kleine Ladungsmenge dQ. Damit folgt aus Gl. (1.7) die *allgemeingültige Definitionsgleichung* des elektrischen Stroms

$$i(t) = \frac{\mathrm{d}Q}{\mathrm{d}t} . \qquad (1.9)$$

Die Einheit des elektrischen Stroms ist das *Ampere* mit dem Einheitenzeichen A. Es gilt also

$$[I] = 1\,\mathrm{A} . \qquad (1.10)$$

Das Ampere ist die einzige SI-Basiseinheit aus dem Bereich der Elektrizität. Es wird über die Kraftwirkung zwischen zwei stromdurchflossenen Leitern definiert (Abschnitt 4.3.2.4).

Fließen innerhalb einer Sekunde durch einen Leiterquerschnitt gleichförmig positive Ladungsträger mit der Gesamtladung 1 C, so beträgt nach Gl. (1.8) die Stromstärke des Stroms in Richtung dieser Ladungsträgerbewegung

$$I = \frac{1\,\mathrm{C}}{1\,\mathrm{s}} = 1\,\mathrm{A} . \qquad (1.11)$$

Aus Gl. (1.11) folgt auch die Definitionsgleichung für das Coulomb:

$$1\,\mathrm{C} = 1\,\mathrm{As} . \qquad (1.12)$$

Beispiel 1.5 Driftgeschwindigkeit der Elektronen in metallischen Leitern

Durch einen Kupferdraht mit der Querschnittsfläche $A = 1\ \mathrm{mm}^2$ fließt ein zeitlich konstanter Strom $I = 10$ A. Kupfer enthält etwa $\eta = 10^{23}$ freie Elektronen pro cm^3. In welcher Größenordnung liegt die *Driftgeschwindigkeit* (vgl. Abschnitt 10.4.3.1) der Elektronen?

Bei einer Stromstärke von 10 A fließen pro Sekunde $\frac{I\,t}{|-e|} = \frac{10\,\mathrm{A}\cdot 1\,\mathrm{s}}{1{,}6\cdot 10^{-19}\,\mathrm{As}} \approx 6{,}25\cdot 10^{19}$ Elektronen durch jeden Querschnitt des Leiters. Ein Abschnitt der Länge l = 1 mm des Leiters enthält ungefähr $A\,l\,\eta = 1\,\mathrm{mm}^2\cdot 1\,\mathrm{mm}\cdot\frac{10^{23}}{\mathrm{cm}^3} = 10^{20}$ freie Elektronen. Daraus folgt, dass sich das Elektronengas im Leiter mit einer Driftgeschwindigkeit in der Größenordnung von nur 1 mm/s bewegt. Da die Ladung der Elektronen negativ ist, bewegen sie sich entgegen der Stromrichtung.

1.2.3 Technische Stromrichtung

Die „*technische Stromrichtung*“ (in [61] etwas unglücklich als „*physikalische Richtung des Stroms*“ bezeichnet) wurde, noch bevor die Mechanismen des Ladungstransports bekannt waren, als die *Bewegungsrichtung positiver Ladungsträger* definiert. Dabei wird nicht berücksichtigt, welches Vorzeichen die den Strom bewirkenden, physikalisch existenten Ladungen tatsächlich haben.

In der gesamten Elektrotechnik ist, wenn der Begriff der „Stromrichtung" verwendet wird, stets die technische Stromrichtung gemeint!

Da *in metallischen Leitern* der Stromtransport durch die negativ geladenen Elektronen erfolgt, ist die physikalische Bewegungsrichtung der Ladungsträger in solchen Stoffen stets *entgegen der technischen Stromrichtung* gerichtet. In Halbleitern und leitfähigen Fluiden sind i. Allg. sowohl positive als auch negative freie Ladungsträger am Ladungstransport beteiligt. Bild 1.1 zeigt schematisch zwei elektrisch entgegengesetzt geladene Gebiete (durch ein Plus- bzw. ein Minuszeichen symbolisiert), die durch Leiter mit unterschiedlichen Arten freier Ladungsträger verbunden sind. In Bild 1.1a sind nur freie positive Ladungsträger am Stromfluss beteiligt, in Bild 1.1c nur negative und in Bild 1.1b sowohl positive als auch negative. In allen drei Fällen ist die technische Stromrichtung vom positiv zum negativ geladenen Gebiet gerichtet.

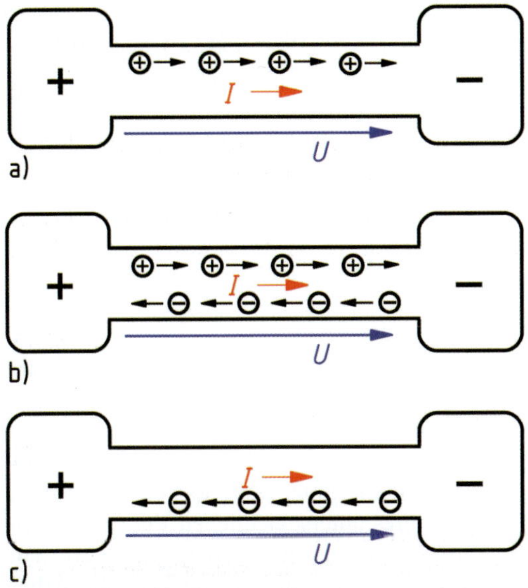

Bild 1.1 Ladungsträgerbewegung und technische Stromrichtung bei
a) nur positiven
b) positiven und negativen
c) nur negativen
freien Ladungsträgern

1.2.4 Elektrisches Potenzial

Der Begriff des elektrischen Potenzials ist von fundamentaler Bedeutung für das Verständnis elektrischer Vorgänge und Grundlage für die Begriffe „elektrische Spannung" (Abschnitt 1.2.5) und „elektrische Leistung" (Abschnitt 2.1.4).

Das *elektrische Potenzial* mit dem Formelzeichen φ ist ein Maß für die *elektrische Energie W* einer Ladung Q in einem Punkt des Raumes. Es gilt die Definitionsgleichung

$$\varphi = \frac{W}{Q} . \qquad (1.13)$$

Die Einheit des elektrischen Potenzials ist das *Volt* mit dem Einheitenzeichen V. Es gilt also

$$[\varphi] = 1\,\text{V} . \qquad (1.14)$$

Um das Wesen des elektrischen Potenzials besser verstehen zu können, ist die Betrachtung seiner mechanischen Entsprechung, des *mechanischen Potenzials*, hilfreich. Dazu wird die Anordnung in Bild 1.2 betrachtet.

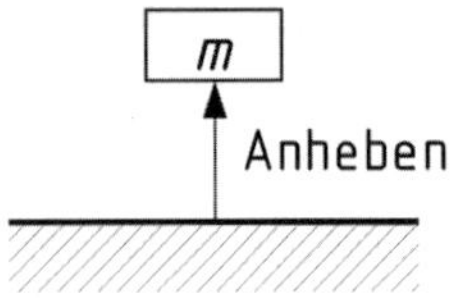

Bild 1.2 Anheben einer Masse vom Erdniveau

Eine Masse m liege auf der Erde. Das Niveau der Erdoberfläche wird als Bezugsniveau gewählt. Bezüglich dieses Niveaus hat die Masse zunächst die *potenzielle mechanische Energie* (Energie der Lage) $W_{pot} = 0$. Masse und Erde ziehen sich an. Wird die Masse entgegen dieser Anziehungskraft hochgehoben, so muss hierfür mechanische Arbeit $W_{mech} > 0$ aufgewandt werden [3]. Diese Arbeit wird als potenzielle Energie $W_{pot} = W_{mech} > 0$ in der Masse[4] *m gespeichert.* Je weiter die Masse angehoben wird, desto größer wird ihre potenzielle Energie. Sobald keine gegen die Anziehungskraft wirkende *äußere Kraft* mehr auf die Masse einwirkt, fällt sie zurück zur Erdoberfläche und gibt hierbei ihre potenzielle Energie wieder vollständig ab.

Nun wird eine vergleichbare elektrische Anordnung betrachtet, nämlich eine beliebige Ladung Q, die sich direkt an der Erdoberfläche befindet und zunächst durch ihre *Gegenladung* $-Q$ elektrisch neutralisiert wird (Bild 1.3). Dann werden diese Ladungen voneinander getrennt.

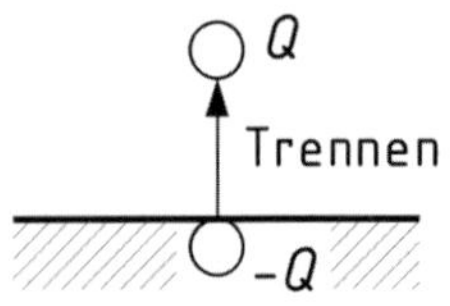

Bild 1.3 Trennen einer Ladung von ihrer Gegenladung an der Erdoberfläche

Das elektrische Potenzial der Erde wird, wie in der Elektrotechnik üblich, als konstantes *Bezugspotenzial* $\varphi_0 = 0$ betrachtet, auf dem Ladungen keine *potenzielle elektrische Energie* besitzen. Damit hat auch die betrachtete Ladung Q zunächst die potenzielle elektrische Energie $W_{pot} = 0$. Ladung und Gegenladung ziehen sich wegen ihres unterschiedlichen Vorzeichens an. Wird nun die Ladung Q durch eine *äußere Kraft* entgegen dieser Anziehungskraft von der Erde (und damit ihrer Gegenladung) weg gezogen, so muss hierfür mechanische Arbeit $W_{mech} > 0$ aufgewandt werden. Diese Arbeit wird als potenzielle elektrische Energie $W_{pot} = W_{mech} > 0$ in der Ladung[5] *Q gespeichert.* Je weiter die Ladung von ihrer Gegenladung an der Erdoberfläche weggezogen wird, desto größer wird ihre elektrische Energie. Sobald keine gegen die elektrische Anziehungskraft wirkende äußere Kraft mehr auf die Ladung wirkt, bewegt sie sich zurück zur Erde und gibt hierbei ihre elektrische Energie wieder vollständig ab.

Während in der klassischen Physik eine Masse nicht negativ sein kann, gibt es, wie bereits in Abschnitt 1.2.1 erklärt, sowohl positive als auch negative elektrische Ladungen. Die daraus resultierenden Unterschiede werden nachfolgend genauer betrachtet.

1. Fall: Bewegung einer positiven Ladung

Hier gilt $Q > 0$. Wie oben erläutert, gilt $W_{pot} > 0$. Aus Gl. (1.13) folgt $\varphi > 0$; das Potenzial der positiven Ladung ist also gegenüber dem Bezugspotenzial positiv. Mit Fortschreiten des Ladungstrennungsprozesses wird φ immer größer (Bild 1.4): $\varphi_0 < \varphi_1 < \varphi_2 < \varphi_3$. Nach Entfernen

---

4 genauer gesagt im Gravitationsfeld zwischen Masse und Erde

5 genauer gesagt im elektrischen Feld zwischen Ladung und Gegenladung (Abschnitt 3.3.6.1)

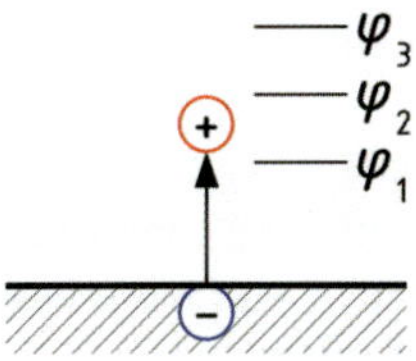

Bild 1.4 Trennen einer Ladung $Q > 0$ von ihrer Gegenladung

der äußeren Kraft bewegt sich die positive Ladung zurück vom höheren zum niedrigeren Potenzial und gibt hierbei ihre elektrische Energie wieder ab.

Aus diesem Gedankenexperiment folgt allgemeingültig: überträgt man durch Ladungstrennung *positive* Ladungen auf einen *von seiner Umgebung isolierten, elektrisch leitfähigen* Körper, so *steigt* dessen elektrisches Potenzial.

2. Fall: Bewegung einer negativen Ladung

Nun gilt $Q < 0$ und weiterhin $W_{pot} > 0$. Aus Gl. (1.13) folgt nun $\varphi < 0$; das Potenzial der negativen Ladung ist also gegenüber dem Bezugspotenzial negativ. Mit Fortschreiten des Ladungstrennungsprozesses (Bild 1.5) wird φ immer kleiner (sein Betrag aber größer): $\varphi_0 > \varphi_1 > \varphi_2 > \varphi_3$. Nach Entfernen der äußeren Kraft bewegt sich die negative Ladung zurück vom niedrigeren zum höheren Potenzial.

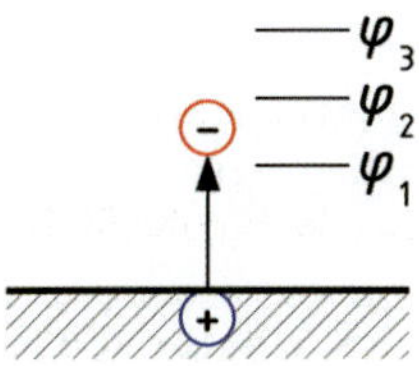

Bild 1.5 Trennen einer Ladung $Q < 0$ von ihrer Gegenladung

Aus diesem Gedankenexperiment folgt allgemeingültig: überträgt man durch Ladungstrennung *negative* Ladungen auf einen *von seiner Umgebung isolierten, elektrisch leitfähigen* Körper, so *sinkt* dessen elektrisches Potenzial.

Gebiete, in denen Ladungsträgern durch eine äußere antreibende Kraft (*Elektromotorische Kraft*, EMK) elektrische Energie zugeführt wird, nennt man *aktive Gebiete* (vgl. Abschnitte 1.3.3 und 2.1.3) und Gebiete, in denen dies nicht der Fall ist, *passive Gebiete*.

Verbindet man zwei Gebiete mit freien Ladungsträgern unterschiedlichen elektrischen Potenzials durch einen *passiven* Leiter, so bewegen sich die Ladungsträger im Leiter so, dass sie ihre elektrische Energie verringern. Positive Ladung bewegen sich also vom höheren zum niedrigeren Potenzial, negative Ladungsträger vom niedrigeren zum höheren Potenzial. Die Ladungsträgerbewegung endet, sobald die Potenzialdifferenz ausgeglichen ist. *Ursache eines Stroms durch ein passives Gebiet ist also stets eine elektrische Potenzialdifferenz.*

1.2.5 Elektrische Spannung

Die Differenz der elektrischen Potenziale zweier Punkte nennt man *elektrische Spannung* zwischen diesen Punkten. Wir bezeichnen diese beiden Punkte zunächst willkürlich mit P_A und P_B. Dann gilt unter Verwendung des Formelzeichens U der Spannung die Definitionsgleichung

$$U_{AB} = \varphi(P_A) - \varphi(P_B)\,. \tag{1.15}$$

Die Einheit der elektrischen Spannung ist wie die des Potenzials das *Volt*. Somit gilt

$$[U] = 1\,\mathrm{V}\,. \tag{1.16}$$

Der *Doppelindex* AB an der Spannung U_{AB} in Gl. (1.15) bezeichnet eindeutig, dass vom Potenzial des ersten Punktes P_A das Potenzial des zweiten Punktes P_B subtrahiert werden muss, wenn die Spannung von Punkt P_A zu Punkt P_B berechnet werden soll. Daher gilt auch

$$U_{BA} = \varphi(P_B) - \varphi(P_A) = -(\varphi(P_A) - \varphi(P_B)) = -U_{AB}\,. \tag{1.17}$$

Gl. (1.17) verdeutlicht, dass die Angabe der Spannung zwischen zwei Punkten hinsichtlich ihres Vorzeichens nur dann eindeutig ist, wenn klar erkennbar ist, welches Potenzial von welchem subtrahiert wurde. Das Potenzial, das subtrahiert wird, spielt die Rolle eines *Bezugspotenzials*. Dies wird besonders deutlich, wenn man den sehr praxisrelevanten Spezialfall betrachtet, dass das Bezugspotenzial null ist, also

$$\varphi(P_0) = 0\,\mathrm{V} \tag{1.18}$$

gilt. Dann folgt für die Spannung von einem beliebigen Punkt P_A zum *Bezugspunkt* P_0

$$U_{A0} = \varphi(P_A) - \varphi(P_0) = \varphi(P_A)\,. \tag{1.19}$$

Die Angabe einer Spannung für einen einzigen Punkt ist nicht möglich.

Beispiel 1.6 Potenzialbetrachtungen bei einer Batterie

Betrachtet wird eine Batterie, deren Spannung zwischen Pluspol (P) und Minuspol (M) konstant 1,5 V betrage. Welches Potenzial hat der Minuspol der Batterie gegenüber dem Erdpotenzial φ_E, wenn

a) die Batterie elektrisch isoliert aufgehängt ist
b) der Minuspol der Batterie mit der Erde verbunden ist
c) der Pluspol der Batterie mit der Erde verbunden ist
d) der Pluspol der Batterie mit einem Hochspannungsgenerator verbunden ist, der ein Potenzial von $\varphi_H = 10.000$ V gegen Erde erzeugt?

Für die Batterie gilt $U_{PM} = \varphi_P - \varphi_M = 1{,}5$ V und damit auch $\varphi_M = \varphi_P - 1{,}5$ V. Das Potenzial der Erde kann mit $\varphi_E = 0$ V angesetzt werden.

a) Da die Batterie keine leitende Verbindung zur Erde hat und nicht bekannt ist, ob sie insgesamt elektrisch neutral ist, ist keine Aussage über ihr Potenzial möglich. Das Potenzial des Minuspols ist aber auf jeden Fall um 1,5 V niedriger als das des Pluspols.
b) Der Minuspol liegt nun auf Erdpotenzial, es gilt also $\varphi_M = \varphi_E = 0$ V.
c) Nun gilt $\varphi_P = \varphi_E = 0$ V. Daraus folgt $\varphi_M = -1{,}5$ V.
d) In diesem Fall gilt $\varphi_P = \varphi_H = 10.000$ V und $\varphi_M = \varphi_P - 1{,}5\,\mathrm{V} = \varphi_H - 1{,}5\,\mathrm{V} = 9998{,}5$ V.

1.3 Grundlegende Begriffe

In diesem Abschnitt werden Begriffe und Zusammenhänge erläutert, die für das Verständnis aller nachfolgenden Kapitel von fundamentaler Bedeutung sind.

1.3.1 Modellieren, Modell

Unter dem Begriff *Modellieren* versteht man das Beschreiben der Eigenschaften bzw. des Verhaltens eines komplexen Gegenstandes oder Sachverhaltes durch eine *einfachere Nachbildung*. Das Ergebnis dieses vereinfachenden Abbildungsprozesses ist ein *Modell*. Ein Modell kann z. B. bestehen aus

- einem Satz von Gleichungen,
- einer Skizze, die darstellt, welche funktionalen Komponenten wie miteinander verbunden sind,
- einem physikalischen Aufbau mit äquivalentem Verhalten,
- einem Programm, das das Verhalten auf einem Rechner nachbildet.

Ein Modell soll stets so *einfach* wie möglich sein, um den Aufwand zu seiner Erstellung und Anwendung so gering wie möglich zu halten. Andererseits muss ein Modell so *komplex* sein, dass es in der Lage ist, die Effekte, die untersucht werden sollen, *genau genug* nachzubilden. Eine *Abweichung* zwischen dem Verhalten eines Modells und der physikalischen Realität, die es beschreiben soll, ist bei technischen Anwendungen *unvermeidbar*. Das Bewusstsein für die Unverzichtbarkeit und die Konsequenzen des Modellierens ist eine fundamentale Voraussetzung für das sinnvolle und seriöse Arbeiten als Ingenieur.

Alle physikalischen Gesetze sind Modelle für die in der Natur auftretenden Erscheinungen (*Phänomene*). Je nach den Anforderungen an die Genauigkeit des Modells werden in der Physik für bestimmte Phänomene unterschiedliche Modelle verwendet (z. B. Aufbau der Materie, Gravitation). Menschen können wegen ihrer sehr beschränkten Sinne die sie umgebende Natur nur modellhaft beschreiben. Zu dieser Natur gehören auch alle elektrischen Erscheinungen. Die im Rahmen der Grundlagen der Elektrotechnik gelehrten Zusammenhänge reichen zur Beschreibung der elektrischen Phänomene aus *makroskopischer Sicht* (also oberhalb der Ebene der Atome) in der Regel aus. Die gesamte *Theorie der elektrischen Netzwerke* (Abschnitte 2 und 5–9) beruht auf einer groben Modellierung prinzipiell *räumlich ausgedehnter*, *zeitvarianter* und *nichtlinearer* elektromagnetischer Anordnungen durch einfache *Elemente mit konzentrierten Parametern*, die oftmals als *zeitinvariant* und *linear* betrachtet werden. Dass das unter Verwendung solcher Modelle berechnete Verhalten existierender oder zu entwickelnder Objekte nicht mit der Realität übereinstimmen kann, ist für die Ingenieur-Praxis unbedeutend, solange die Ergebnisse für einen bestimmten Anwendungsfall *genau genug* sind.

1.3.2 Klemme, Zweipol, Dreipol, n-Pol

Ein *Zweipol* ist eine elektrische Anordnung, die nur über zwei *Klemmen* (Anschlüsse) elektrisch zugänglich ist oder als zugänglich betrachtet wird. Das Schaltzeichen für einen *allgemeinen Zweipol* (Bild 1.6) sollte nicht mit dem des elektrischen Widerstandes (Abschnitt 2.1.1.2) verwechselt werden. Aus dem Ladungserhaltungssatz (Abschnitt 3.1.1.2) folgt, dass ein Strom, der in die eine Klemme eines Zweipols hineinfließt, *ohne zeitliche Verzögerung* aus der anderen Klemme wieder herausfließen muss. Da bei genauer Betrachtung jede elektrische Anordnung unvermeidlich über den gesamten sie umgebenden Raum mit den sie umgebenden Objekten wechselwirkt, kann ein Zweipol nach obiger Definition nur eine Modellvorstellung sein.

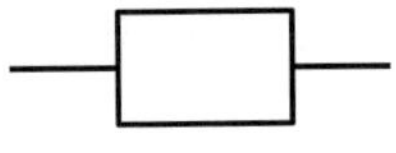

Bild 1.6 Schaltzeichen eines allgemeinen Zweipols

Besonders einfach beschreiben lassen sich die idealisierten Modelle der elektrischen *Grundzweipole* Spannungsquelle, Stromquelle (Abschnitt 2.1.3), Widerstand (Abschnitte 2.1.2 und 5.4.1), Induktivität (Abschnitt 5.4.2) und Kapazität (Abschnitt 5.4.3). Zur vollständigen Beschreibung des *Klemmenverhaltens*, also des Zusammenhangs zwischen der Spannung zwischen den beiden Klemmen und dem Strom durch die Klemmen, reicht bei diesen Zweipolen eine einzige Gleichung aus, die nur einen das Zweipolverhalten kennzeichnenden *Kennwert* (*Parameter*) enthält.

Die wichtigsten Bauelemente der Elektronik sind die verschiedenen Ausführungsformen von Transistoren (Abschnitt 10.5.3), die *Dreipole* sind.

Eine Schaltung, die über *n* Klemmen zugänglich ist, bezeichnet man als *n-Pol.*

1.3.3 Aktiver und passiver Zweipol

Ein Zweipol, der *prinzipiell* in der Lage ist, *im zeitlichen Mittel* über seine Klemmen *elektrische Energie* an die übrige Schaltung abzugeben, wird als *aktiver Zweipol* bezeichnet. Alle *elektrischen Quellen* (Abschnitt 2.1.3) sind aktive Zweipole. Ein Zweipol, der diese Eigenschaft nicht aufweist, ist ein *passiver Zweipol.*

1.3.4 Erzeuger und Verbraucher

Ein Zweipol, der *tatsächlich* über seine Klemmen *elektrische Energie* an die übrige Schaltung abgibt (der den Ladungsträgern, die ihn durchströmen, also elektrische Energie zuführt), wird als *Erzeuger* bezeichnet. Im zeitlichen Mittel können nur aktive Zweipole als Erzeuger wirken. Ein *Verbraucher* ist im Gegensatz dazu ein Zweipol, der *tatsächlich* über seine Klemmen *elektrische Energie* aufnimmt (in dem die strömenden Ladungsträger also elektrische Energie abgeben). Dabei ist es unerheblich, in welche andere Energieform (z. B. Wärme, mechanische Energie, chemische Energie) die aufgenommene Energie umgewandelt wird.

Widerstände (Abschnitt 2.1.2) sind stets Verbraucher. Die idealisierten Zweipole *Kapazität* (Abschnitt 3.3.5.1) und *Induktivität* (Abschnitt 4.3.1.5) können zu unterschiedlichen Zeiten sowohl als Erzeuger als auch als Verbraucher wirken, sind aber nur in der Lage, Energie abzugeben, die sie zuvor aufgenommen haben. Im zeitlichen Mittel geben sie also weder Energie ab, noch nehmen sie Energie auf. Sie werden daher zu den passiven Zweipolen gezählt. Ob ein *aktiver* Zweipol als Erzeuger oder als Verbraucher wirkt, hängt von seiner Beschaltung ab. Ein Akkumulator (Abschnitt 10.3.3.1) ist ein aktiver Zweipol, der sowohl als Erzeuger oder auch als Verbraucher (nämlich beim Aufladen) wirken kann.

1.3.5 Tor, Torbedingung, Zweitor

Ein *Klemmenpaar* eines n-Pols, bei dem der Strom, der in die eine Klemme hineinfließt, stets gleich dem Strom ist, der aus der anderen Klemme herausfließt (dies ist die *Torbedingung*), wird als *Tor* bezeichnet. Einen Zweipol kann man daher auch *Eintor* nennen, was aber unüblich ist. Ein beliebiges Klemmenpaar eines n-Pols wird auf jeden Fall dadurch zum Tor, dass es von außen mit einem Zweipol beschaltet wird, da dieser die Einhaltung der Torbedingung an dem Klemmenpaar, an das er angeschlossen ist, erzwingt.

Ein *Zweitor* ist ein *Vierpol*, der aus zwei Toren besteht. Häufig kann aufgrund des Informations- oder Energieflusses ein aus den *Eingangsklemmen* bestehendes *Eingangstor* und ein aus den *Ausgangsklemmen* bestehendes *Ausgangstor* festgelegt werden. Das Schaltzeichen eines allgemeinen Zweitors ist in Bild 1.7 dargestellt. Das bekannteste Beispiel für ein Zweitor ist ein Transformator (Abschnitt 6.3.2) mit zwei *galvanisch getrennten* (d. h. elektrisch nicht leitfähig verbundenen) Wicklungen.

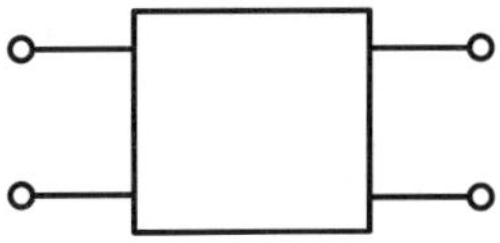

Bild 1.7 Schaltzeichen eines allgemeinen Zweitors

1.3.6 Elektrisches Netzwerk

Die Zusammenschaltung mehrerer elektrischer n-Pole (*Netzwerkelemente*) nennt man elektrisches *Netzwerk* (in der Praxis oft nur „elektrische Schaltung"). Ein elektrisches Netzwerk kann im einfachsten Fall aus zwei Zweipolen (z. B. Batterie und Glühlampe), aber auch aus Milliarden von Netzwerkelementen (z. B. integrierter Halbleiterspeicher) bestehen. Die räumliche Ausdehnung eines elektrischen Netzwerks reicht von einigen Atomdurchmessern bei nanoelektronischen Schaltungen bis zu einem großen Teil der Erdoberfläche beim internationalen Telefonnetz.

1.3.7 Schaltzeichen, Schaltplan

Die *grafische Darstellung* eines elektrisches Netzwerks unter Verwendung von *Schaltzeichen* für die enthaltenen *realen Bauelemente* wird in der Praxis als *Schaltplan* oder *Stromlaufplan* bezeichnet. Die Schaltzeichen für Schaltpläne sind u. a. in [62] und [63] genormt. Aus einem Schaltplan geht hervor,

- welche Art von Bauelementen
- mit welchen elektrischen Kenngrößen (Parametern)
- wie elektrisch miteinander verbunden sind.

Schaltpläne werden z. B. zur Beschreibung einer im Labor aufzubauenden Schaltung und bei der Entwicklung und Reparatur elektronischer Geräte eingesetzt.

Der Signal- oder Energiefluss in einem Schaltplan erfolgt in der Regel von links nach rechts. In dieser Richtung ist ein Schaltplan daher auch zu „lesen".

1.3.8 Ersatzschaltbild

Ein *Ersatzschaltbild* (*ESB*) ist auf den ersten Blick von einem Schaltplan kaum zu unterscheiden. Die in ihm enthaltenen *Schaltzeichen* stimmen mit denen in Schaltplänen gemäß Abschnitt 1.3.7 überein, bezeichnen aber *keine realen Bauelemente*, sondern *idealisierte Modelle von Bauelementen*. Das elektrische Verhalten dieser Modelle ist zwar mathematisch einfach zu beschreiben, kann aber mit dem der realen Bauelemente nicht identisch sein (Abschnitt 1.3.1). Um dennoch eine ausreichend genaue Nachbildung des Verhaltens einer realen elektrischen Schaltung zu erreichen, muss in der Regel das Verhalten eines einzelnen realen Bauelements durch eine *Ersatzschaltung* aus mehreren idealisierten Elementen nachgebildet werden. Auf verschiedene Möglichkeiten zum Modellieren des Verhaltens einfacher Bauelemente (elektrische Quelle, Widerstand, Kondensator, Spule, Transformator) wird in den entsprechenden Abschnitten dieses Buches eingegangen.

Durch Linien dargestellte *Verbindungsleitungen* sind in Ersatzschaltbildern stets als ideale (verlust- und verzögerungsfreie) elektrische Verbindungen aufzufassen, die dafür sorgen, dass alle mit einer solchen Leitung verbundenen Anschlüsse *zu jedem Zeitpunkt das gleiche elektrische Potenzial* haben.

Schaltpläne, anhand derer das Verhalten elektrischer Schaltungen untersucht werden soll, sind *stets als Ersatzschaltbilder aufzufassen*. Diese Denkweise bereitet Anfängern oftmals große

Schwierigkeiten und führt dazu, dass in Ersatzschaltbilder Informationen hineininterpretiert werden, die sie gar nicht enthalten. Ein Beispiel hierfür ist das Schaltzeichen für die Induktivität und die Spule. In einem *Ersatzschaltbild* wird durch dieses Schaltzeichen eine *ideale Spule* bezeichnet, die außer ihrer konstanten Induktivität keine weiteren Eigenschaften besitzt, insbesondere keinerlei Verluste. Sollen diese Verluste im Ersatzschaltbild modelliert werden, so ist hierfür unbedingt mindestens ein zusätzlicher Widerstand einzuzeichnen und bei der Untersuchung des Schaltungsverhaltens entsprechend zu berücksichtigen (Abschnitt 6.3.1). Soll eine Schaltung mit einem *Netzwerkanalyseprogramm* (Abschnitt 2.6) untersucht werden, so ist ebenfalls zu beachten, dass die verwendete Schaltungsbeschreibung den Charakter eines Ersatzschaltbildes haben muss.

1.3.9 Analyse und Synthese

Die Untersuchung eines Gegenstandes, Prozesses oder Zusammenhangs nennt man *Analyse*. Hierbei wird das Untersuchungsobjekt in der Regel physikalisch oder logisch *zerlegt*, bis seine Struktur und/oder Funktion hinreichend genau bekannt und z. B. mittels mathematischer Gleichungen beschreibbar ist. Die Analyse physikalisch existierender Objekte erfolgt oftmals auf Basis von Messungen ihres Verhaltens.

Mit dem Begriff *Synthese* wird das *Zusammenfügen* von Einzelteilen zu einem komplexeren Ganzen bezeichnet. Synthese ist prinzipiell schwieriger als Analyse, da es in der Regel nicht nur eine Möglichkeit gibt, die gewünschten Eigenschaften zu realisieren [47]. Je komplexer das zu entwickelnde Gebilde, desto anspruchsvoller ist das zu lösende *Optimierungsproblem*. Existieren Modelle des Zielsystems und der zur Verfügung stehenden Komponenten zu seiner Realisierung, so kann das Lösen des Optimierungsproblems theoretisch einem geeigneten Rechenprogramm überlassen werden. Praktisch wächst die erforderliche Rechenzeit exponentiell mit der Komplexität. An dieser Stelle sind qualifizierte Ingenieure gefragt, die auf Grund ihrer Erfahrung und Kreativität den Optimierungsprozess so steuern, dass in kurzer Zeit eine Lösung gefunden wird, die zwar in der Regel nicht optimal, für den jeweiligen Anwendungsfall aber *gut genug* ist.

1.4 Zählpfeile, Zählpfeilsysteme

Die Angabe des *vorzeichenbehafteten Zahlenwertes* einer Spannung oder eines Stroms ist nur zusammen mit der Angabe einer *Bezugsrichtung* eindeutig. Bei einer Spannung muss bekannt sein, zwischen welchen beiden Punkten *in welcher Reihenfolge* die Potenzialdifferenz gebildet wurde (Abschnitt 1.2.5). Bei einem Strom muss bekannt sein, welche *Annahme* seiner (technischen) Stromrichtung (Abschnitte 1.2.2 und 1.2.3) seiner Ermittlung zugrunde gelegt wurde.

Eine *skalare* elektrische (oder magnetische, siehe Kapitel 4) Größe, deren Wert vorzeichenbehaftet und nur zusammen mit einer Richtungsangabe hinsichtlich des Vorzeichens eindeutig ist, nennt man *Zählpfeilgröße*. Die Sinnfälligkeit dieser Bezeichnung ist u. a. aus den Erläuterungen zu den Gln. (2.76) und (2.82) ersichtlich.

Die Festlegung der Bezugsrichtung kann durch Angabe geeigneter Indizes am Formelzeichen der betreffenden Größe oder durch Einzeichnen eines *Richtungspfeils* in einem Schaltplan bzw. Ersatzschaltbild in unmittelbarer Nähe des Formelzeichens der Größe erfolgen. Als Bezeichnung für diese Pfeile sind die Begriffe *Bezugspfeil* und *Zählpfeil* üblich ([59], in [61] nur noch vage als „Pfeil“ bezeichnet). Bei komplizierten Anordnungen ist es ratsam, für *alle* Zählpfeilgrößen Zählpfeile einzuzeichnen.

1.4.1 Strom- und Spannungszählpfeile

Der *Zählpfeil eines Stroms* wird – bei farblicher Darstellung in rot – in (oder neben) die Darstellung des Leiters gezeichnet, durch den der Strom fließt (Bild 1.8a). Der *Zählpfeil einer Spannung* wird – bei farblicher Darstellung in blau – vom Ort des ersten Potenzials zum Ort des zweiten Potenzials (des *Bezugspotenzials*) nach Gl. (1.15) als gerader (oder gebogener) Pfeil eingezeichnet[6] (Bild 1.8b). Spannungszählpfeile sollen möglichst keine anderen grafischen Objekte berühren.

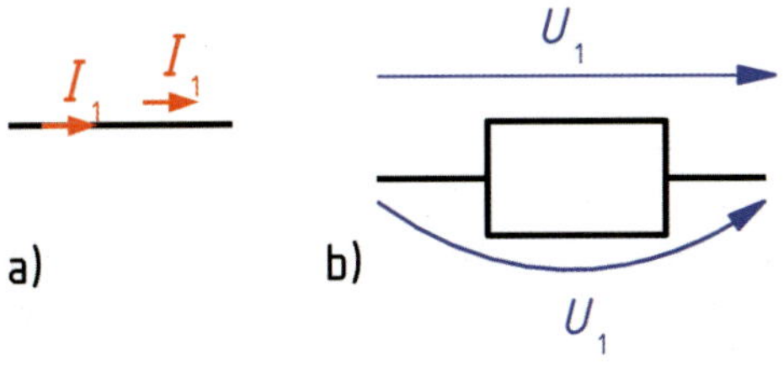

Bild 1.8 Varianten der Eintragung von Zählpfeilen für Strom (a) und Spannung an einem allgemeinen Zweipol (b)

In einfachen Anordnungen sind die *physikalischen Wirkungsrichtungen* formal unbekannter Zählpfeilgrößen häufig offensichtlich. Für solche unbekannten Größen und für vorgegebene Zählpfeilgrößen wählt man zweckmäßiger-, aber *nicht notwendigerweise* die Zählpfeilrichtungen so, dass die Zahlenwerte der zugehörigen Größen positive Vorzeichen haben.

In zu analysierenden Schaltungen sind in der Regel zunächst viele Ströme und Spannungen nach Betrag und Wirkungsrichtung unbekannt. Um eine unbekannte Zählpfeilgröße zu berechnen, muss unbedingt *am Anfang* des Lösungsweges die Richtung ihres Zählpfeils festgelegt werden. *Die hierbei gewählte Zählpfeilrichtung ist prinzipiell beliebig!* Am Ende des Lösungsweges entscheidet das Vorzeichen des Zahlenwertes einer Zählpfeilgröße, ob ihr Zählpfeil in der Wirkungsrichtung oder der entgegengesetzten Richtung eingetragen wurde. *Es ist ein verbreiteter Anfängerfehler, den Zählpfeil einer Zählpfeilgröße, für die ein negativer Zahlenwert berechnet wurde, als „falsch angenommen" zu bezeichnen und seine Richtung umzudrehen. Dann passt allerdings der Rechenweg nicht mehr zur Zählpfeilrichtung, womit die Lösung insgesamt falsch ist!*

Hat ein Strom einen positiven Zahlenwert, stimmt seine *technische Stromrichtung* mit der Zählpfeilrichtung überein. Anderenfalls sind technische Stromrichtung und Zählpfeilrichtung entgegengesetzt. Hat eine Spannung einen positiven Zahlenwert, so weist ihr Zählpfeil vom höheren zum niedrigeren elektrischen Potenzial. Anderenfalls weist der Zählpfeil vom niedrigeren zum höheren Potenzial.

Bild 1.9 zeigt die Zusammenschaltung zweier Zweipole ZP1 und ZP2 in vier Darstellungsvarianten, die alle den selben physikalischen Sachverhalt beschreiben. Die Varianten unterscheiden sich aber in der Richtung der Strom- und Spannungszählpfeile und damit in den Vorzeichen der zugehörigen Klemmengrößen.

[6] In [61] werden darüber hinaus etliche weitere Varianten zur Angabe der Bezugsrichtung elektrischer Spannungen angegeben, die im Gegensatz zu denen in [59] didaktisch nicht hilfreich sind.

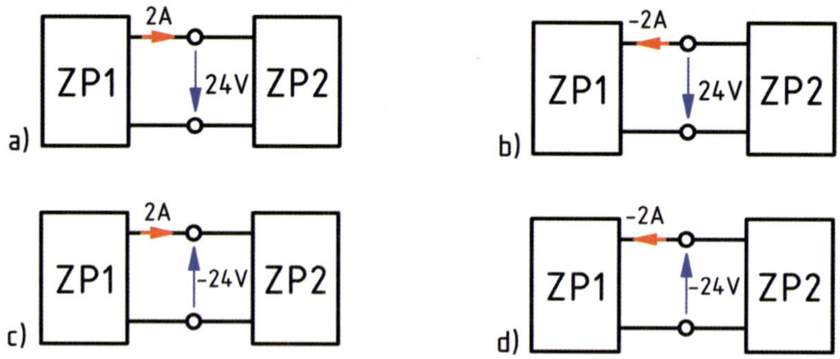

Bild 1.9 Verschiedene Anordnungen der Strom- und Spannungszählpfeile bei der Zusammenschaltung zweier Zweipole und Auswirkung auf die Vorzeichen der Zählpfeilgrößen

1.4.2 Zählpfeilsysteme an Zweipolen

Bei einem Zweipol gibt es *zwei prinzipiell unterschiedliche* Möglichkeiten zur Anordnung der Zählpfeile für die Klemmengrößen *zueinander*. Sind die Zählpfeile *gleichgerichtet*, nennt man dies *Verbraucher-Zählpfeilsystem (VZS)*, sind sie *entgegengerichtet*, *Erzeuger-Zählpfeilsystem (EZS)*.

In den beiden folgenden Abschnitten wird gezeigt:

- Sowohl an Verbrauchern als auch an Erzeugern dürfen beide Zählpfeilsysteme verwendet werden.
- Bei einem unbekannten Zweipol lässt sich aus den Vorzeichen der Klemmengrößen und der Art des verwendeten Zählpfeilsystems eindeutig schließen, ob es sich um einen Verbraucher oder einen Erzeuger handelt.

1.4.2.1 Verbraucher-Zählpfeilsystem

Bild 1.10 zeigt zwei verschiedene, übliche Darstellungen eines allgemeinen Zweipols mit Zählpfeilen im Verbraucher-Zählpfeilsystem. Die Zählpfeile der Klemmenspannungen sind wie üblich (aber nicht notwendig) von oben nach unten weisend eingezeichnet.

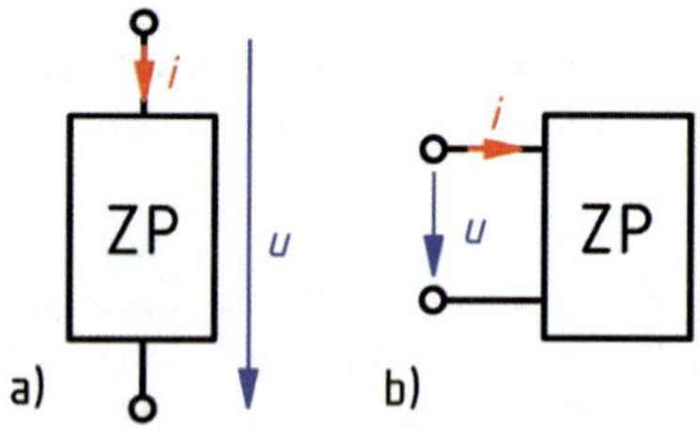

Bild 1.10 Verbraucher-Zählpfeilsystem an einem allgemeinen Zweipol in zwei verschiedenen Darstellungsvarianten

Die Identifikation des Zählpfeilsystems bei Zweipolen, deren Anschlüsse zu einer Seite hin gezeichnet sind (Bild 1.9, Bild 1.10b), bereitet Ungeübten oftmals Schwierigkeiten. Dann sollte man in Gedanken die Anschlüsse „geradeziehen", so dass sich eine Darstellung ergibt, in der das Zählpfeilsystem aufgrund der gleichgerichteten Zählpfeile sofort erkennbar ist (Bild 1.10a).

Freie positive Ladungsträger bewegen sich in einem *Verbraucher* vom höheren zum niedrigeren Potenzial (Abschnitt 1.2.4). Daraus folgt für einen Verbraucher bei Verbraucher-Zählpfeilsystem (Bild 1.11a): Ist $u > 0$, so ist auch $i > 0$. Ist $u < 0$, muss auch $i < 0$ sein. Allgemein gilt: *Bei einem Verbraucher haben die Klemmengrößen bei Verwendung des Verbraucher-Zählpfeilsystems immer gleiche Vorzeichen.*

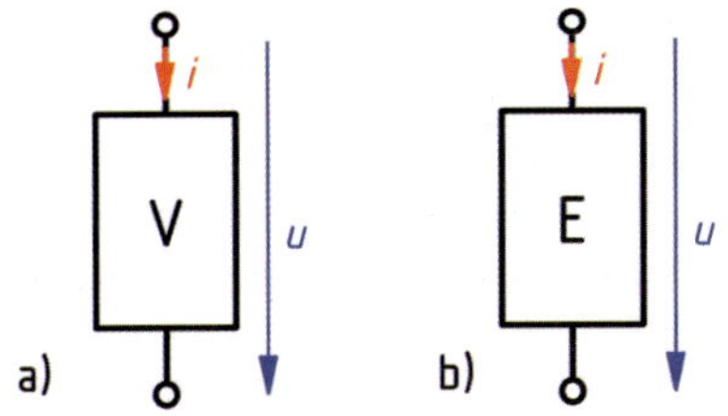

Bild 1.11 Verbraucher (a) und Erzeuger (b) mit Zählpfeilen im Verbraucher-Zählpfeilsystem

In einem *Erzeuger* werden freie positive Ladungsträger vom niedrigeren zum höheren Potenzial bewegt (Abschnitt 1.2.4). Daraus folgt für einen Erzeuger bei Verbraucher-Zählpfeilsystem (Bild 1.11b): Ist $u > 0$, so ist $i < 0$. Ist $u < 0$, so muss $i > 0$ gelten. Allgemein gilt: *Bei einem Erzeuger haben die Klemmengrößen bei Verwendung des Verbraucher-Zählpfeilsystems unterschiedliche Vorzeichen.*

1.4.2.2 Erzeuger-Zählpfeilsystem

In Bild 1.12 sind zwei verschiedene, übliche Darstellungen von Zweipolen mit Zählpfeilen im Erzeuger-Zählpfeilsystem angegeben. Die Zählpfeile der Klemmenspannungen sind wieder willkürlich von oben nach unten weisend eingezeichnet. In Bild 1.12a sind die einander entgegengerichteten Zählpfeile der Klemmengrößen sofort erkennbar.

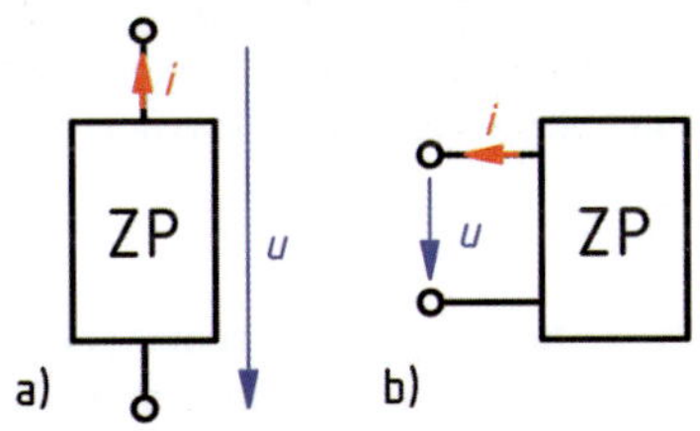

Bild 1.12 Erzeuger-Zählpfeilsystem an einem allgemeinen Zweipol in zwei verschiedenen Darstellungsvarianten

Aus den in Abschnitt 1.4.2.1 dargestellten Gründen gilt für einen *Erzeuger* bei Erzeuger-Zählpfeilsystem (Bild 1.13a): Ist $u > 0$, so ist auch $i > 0$. Ist $u < 0$, so gilt auch $i < 0$. Allgemein gilt: *Bei einem Erzeuger haben die Klemmengrößen bei Verwendung des Erzeuger-Zählpfeilsystems stets gleiche Vorzeichen.*

Daraus folgt für einen *Verbraucher* bei Erzeuger-Zählpfeilsystem (Bild 1.13b): Ist $u > 0$, so muss $i < 0$ sein. Ist $u < 0$, so muss $i > 0$ sein. Allgemein gilt: *Bei einem Verbraucher haben die Klemmengrößen bei Verwendung des Erzeuger-Zählpfeilsystems unterschiedliche Vorzeichen.*

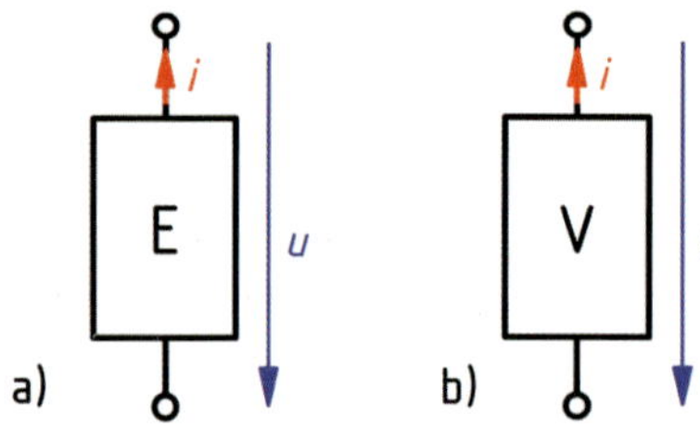

Bild 1.13 Erzeuger (a) und Verbraucher (b) mit Zählpfeilen im Erzeuger-Zählpfeilsystem

1.4.3 Zählpfeile an Zweitoren

Zweitore spielen bei der Verarbeitung elektrischer Signale, z. B. in der Nachrichtentechnik, eine überragende Rolle. Sie wandeln ein Signal an ihren *Eingangsklemmen* in ein (verändertes) Signal an ihren *Ausgangsklemmen* um. Die Wahl der Zählpfeilsysteme an den beiden Toren kann prinzipiell unabhängig voneinander erfolgen. In der Regel werden die Spannungszählpfeile an beiden Toren in der gleichen Richtung angenommen (Bild 1.14, Bild 1.15).

1.4.3.1 Symmetrisches Zählpfeilsystem

Soll nur ein einzelnes Zweitor betrachtet werden, ist es oft zweckmäßig, an beiden Toren das gleiche Zählpfeilsystem zu verwenden, da sich hierdurch eine bezüglich der Vorzeichen mathematisch symmetrische Beschreibung des Klemmenverhaltens des Zweitors ergibt. In der Regel wird das Verbraucher-Zählpfeilsystem gewählt, so dass die an gegenüberliegenden Klemmen der beiden Tore eingetragenen Stromzählpfeile in das Zweitor hinein weisen (Bild 1.14). Prinzipiell möglich, aber unüblich, ist die Verwendung des Erzeuger-Zählpfeilsystems an beiden Toren.

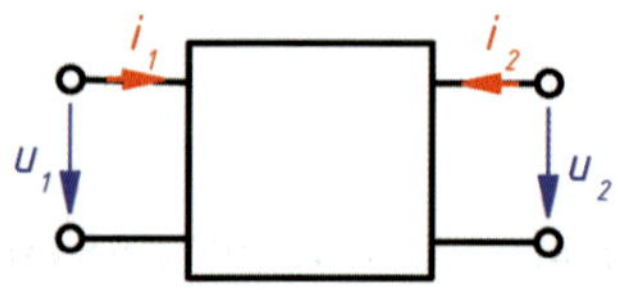

Bild 1.14 Symmetrisches Zählpfeilsystem an einem Zweitor

1.4.3.2 Ketten-Zählpfeilsystem

Bei der Signalverarbeitung werden häufig mehrere Zweitore kettenförmig hintereinander geschaltet. In diesem Fall sind die Klemmengrößen am Ausgang eines Zweitors identisch mit den Klemmengrößen am Eingang des nächsten Zweitors. Trägt man die Stromzählpfeile an den Eingangstoren im Verbraucher-Zählpfeilsystem an, so ergibt sich zwangsläufig, dass die Zählpfeile an den Ausgangstoren im Erzeuger-Zählpfeilsystem anliegen (Bild 1.15).

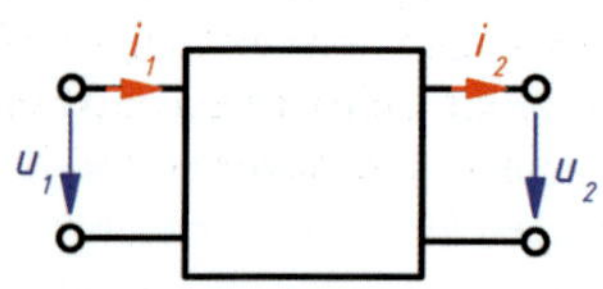

Bild 1.15 Ketten-Zählpfeilsystem an einem Zweitor

2 Gleichstromnetzwerke

Ein *Gleichstromnetzwerk* ist ein elektrisches Netzwerk, in dem alle Spannungen und Ströme *zeitlich konstant* (*zeitinvariant*) sind. Gleichstromnetzwerke sind aus den *elementaren Zweipolen der Gleichstromtechnik* aufgebaut:

- elektrischer Widerstand
- elektrische Spannungsquelle
- elektrische Stromquelle.

Der Begriff der Gleichstromnetzwerke schließt durchaus die Behandlung von Netzwerken ein, bei denen die Eigenschaften eines oder mehrerer Zweipole variabel sind. Dann sind gedanklich nacheinander mehrere Varianten des Netzwerks zu betrachten, von denen jede zeitlich konstante Eigenschaften aufweist.

Die für *beliebige* Netzwerke gültigen Begriffe, Gesetzmäßigkeiten und Verfahren sind für den Spezialfall der Gleichstromnetzwerke besonders einfach mathematisch zu formulieren und auszuwerten. Daher ist es zur Vermittlung von Verständnis für die fundamentalen Zusammenhänge in elektrischen Netzwerken sinnvoll, zunächst die in der Praxis weniger bedeutsamen Gleichstromnetzwerke zu betrachten. Die Kapitel 5 bis 9, in denen das Verhalten und die Berechnung von Netzwerken bei *zeitlich veränderlichen* (*zeitvarianten*) Vorgängen behandelt werden, setzen die sichere Beherrschung der hier vermittelten Inhalte voraus.

2.1 Grundgesetze im unverzweigten Gleichstromkreis

In diesem Abschnitt werden sehr einfache, nur aus zwei Zweipolen bestehende Netzwerke betrachtet.

2.1.1 Ohmsches Gesetz

Das Ohmsche Gesetz beschreibt das Klemmenverhalten einer in der Praxis besonders wichtigen und mathematisch besonders einfach zu beschreibenden Klasse *resistiver Zweipole*, also von Zweipolen, die elektrische Energie nur aufnehmen und nicht speichern können und somit stets als *Verbraucher* wirken.

2.1.1.1 Zusammenhang zwischen Strom und Spannung

Der deutsche Experimentalphysiker *Georg Simon Ohm* untersuchte um 1820 die Gesetzmäßigkeiten der Stromleitung in Metallen und Elektrolyten. Damals waren die uns heute selbstverständlichen Begriffe „Strom“ und „Spannung“ in der Elektrizitätslehre noch nicht allgemein gebräuchlich. Unter Verwendung selbst konstruierter Gleichspannungsquellen sowie Spannungs- und Strommesser stellte er fest, dass der Strom I durch die von ihm untersuchten *metallischen Leiter*[1] im Rahmen der Messgenauigkeit proportional zur an die Leiter gelegten Spannung U war. Ohm arbeitete mit vergleichsweise *kleinen Spannungen und Strömen* und bei

[1] Wenn Ohm statt mit metallischen Leitern mit damals bekannten Halbleitern wie Kohle oder Selen experimentiert hätte, wäre er zu völlig anderen Ergebnissen gekommen. Dann hätte sich die Elektrotechnik und damit unsere technische Umwelt möglicherweise ganz anders entwickelt.

konstanter Temperatur der Leiter. Die mathematische Formulierung der Beobachtung von Ohm lautet

$$I \sim U. \tag{2.1}$$

2.1.1.2 Elektrischer Leitwert, elektrischer Widerstand

Die durch Gl. (2.1) beschriebene *Proportionalität* kann durch Einführen eines Proportionalitätsfaktors G in eine *lineare Gleichung* umgewandelt werden:

$$I = GU \tag{2.2}$$

Nachfolgend wird davon ausgegangen, dass für die Klemmengrößen U und I des betrachteten Zweipols das Verbraucher-Zählpfeilsystem verwendet wird. Bei einem Verbraucher haben Spannung und Strom dann immer das gleiche Vorzeichen (Abschnitt 1.4.2.1). Der daher stets positive Faktor G bestimmt, wie groß der Strom I durch einen passiven Zweipol bei angelegter Spannung U ist. Da der Strom I gemäß Gl. (2.2) proportional zu G ansteigt, wird G als *elektrischer Leitwert* des Zweipols bezeichnet. Die Einheit des elektrischen Leitwertes ist das *Siemens*[2] mit dem Formelzeichen S. Aus Gl. (2.2) folgt

$$[G] = \frac{[I]}{[U]} = \frac{1\,\mathrm{A}}{1\,\mathrm{V}} = 1\,\mathrm{S}\ . \tag{2.3}$$

Der Kehrwert des elektrischen Leitwertes ist der *elektrische Widerstand R*:

$$R = \frac{1}{G} \geq 0 \tag{2.4}$$

Aus Gl. (2.4) ergibt sich mit Gl. (2.2)

$$R = \frac{U}{I}\,. \tag{2.5}$$

Die Einheit des elektrischen Widerstandes ist das *Ohm* mit dem Formelzeichen Ω. Mit Gl. (2.5) folgt

$$[R] = \frac{[U]}{[I]} = \frac{1\,\mathrm{V}}{1\,\mathrm{A}} = 1\,\Omega\,. \tag{2.6}$$

Meist wird die aus Gl. (2.5) abgeleitete lineare Gl. (2.7) als das *Ohmsche Gesetz* bezeichnet.

$$U = R\,I \tag{2.7}$$

Als *Ohmscher Widerstand* wird ein Zweipol bezeichnet, bei dem der Widerstandswert R gemäß Gl. (2.5) *vom Wert der Klemmengrößen U und I unabhängig* ist. Technisch sind Ohmsche Widerstände nur näherungsweise realisierbar, da der Zusammenhang zwischen Strom und Spannung bei allen leitfähigen Zweipolen mehr oder weniger nichtlinear ist, insbesondere für sehr kleine und sehr große Ströme, bei denen die statistische Natur der Elektronenbewegung bzw. die Erwärmung des Leiters durch den Stromfluss nicht mehr vernachlässigt werden können.

---

[2] In der englischsprachigen Fachliteratur wird oftmals die Einheit mho (Ohm rückwärts geschrieben) verwendet.

Beispiel 2.1 Berechnung des Stroms durch einen Ohmschen Widerstand

Eine Batterie liefert bei Anschluss eines Verbrauchers (z. B. einer Glühlampe) mit dem Widerstand $R = 7{,}5\ \Omega$ die Klemmenspannung $U = 3{,}9$ V. Wie groß ist der Strom I durch den Verbraucher?

Aus Gl. (2.7) ergibt sich der Strom zu

$$I = \frac{U}{R} = \frac{3{,}9\,\text{V}}{7{,}5\,\Omega} = 0{,}52\ \text{A}$$

für Verbraucher-Zählpfeilsystem am Verbraucher.

Das in Schaltplänen und Ersatzschaltbildern verwendete Schaltzeichen für Ohmsche Widerstände nach [63] ist ein nicht ausgefülltes Rechteck (Bild 2.1). Das Klemmenverhalten des *Modells* eines Ohmschen Widerstandes wird *vollständig* durch Angabe seines Widerstandswertes R *oder* seines Leitwertes G beschrieben. Obwohl in der Praxis die Angabe des Widerstandswertes üblich ist, wird in den folgenden Abschnitten *aus didaktischen Gründen* teilweise der Leitwert als Parameter zur Beschreibung des Klemmenverhaltens verwendet und dann der so beschriebene Zweipol insgesamt als *Ohmscher Leitwert* bezeichnet.

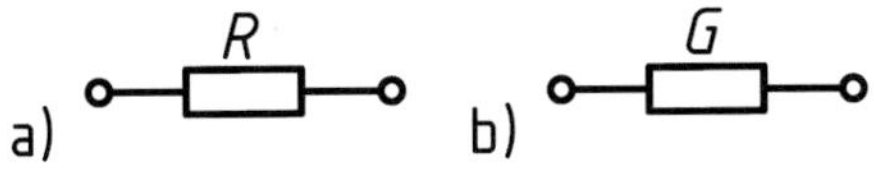

Bild 2.1 Schaltzeichen eines Ohmschen Widerstandes (a) und eines Ohmschen Leitwertes (b)

Die beiden Zweipoltypen „elektrischer Widerstand" und „elektrischer Leitwert" unterscheiden sich also in ihrem elektrischen Verhalten nicht. Sie werden lediglich durch unterschiedliche Kennwerte (Parameter) beschrieben.

Aus der Wortwahl der letzten Absätze geht hervor, dass der Begriff „*Widerstand*" in der Elektrotechnik drei unterschiedliche Dinge bezeichnet:

1. ein reales Bauelement
2. einen idealisierten Zweipol als Modell für das reale Bauelement
3. den Widerstandswert eines Widerstandes nach 1. oder 2.

Beispiel 2.2 Parameter eines Ohmschen Widerstandes

Durch einen Ohmschen Widerstand fließt bei einer Spannung von 24 V ein Strom von 6 A. Wie groß sind der Widerstandswert R und der Leitwert G des Widerstandes?

Aus Gl. (2.5) folgt $R = \dfrac{U}{I} = \dfrac{24\,\text{V}}{6\,\text{A}} = 4\,\Omega$ und aus Gl. (2.4) $G = \dfrac{1}{R} = \dfrac{1}{4\,\Omega} = 0{,}25\,\text{S}$.

Der durch das Ohmsche Gesetz beschriebene Zusammenhang wird grafisch durch die in Bild 2.2 dargestellte *Kennlinie* $U = \mathrm{f}(I)$ oder gleichwertig durch die in Bild 2.3 dargestellte Kennlinie $I = \mathrm{g}(U)$ beschrieben. Wichtige Eigenschaften dieser Kennlinien sind:

1. Sie sind Geraden wegen des linearen Zusammenhangs zwischen den Klemmengrößen.
2. Sie gehen durch den Ursprung (0 A, 0 V), da Widerstände passive Zweipole sind.
3. Sie verlaufen durch zwei Quadranten, da sich bei Umkehrung des Vorzeichens des Stroms auch das Vorzeichen der Spannung umkehrt.
4. Sie verlaufen durch den ersten und dritten Quadranten, wenn das Verbraucher-Zählpfeilsystem am Widerstand verwendet wird, da dann Strom und Spannung immer das gleiche

Vorzeichen haben. Bei Verwendung des Erzeuger-Zählpfeilsystems an einem Widerstand verlaufen sie durch den zweiten und den vierten Quadranten.
5. Sie sind punktsymmetrisch zum Ursprung, da das Klemmenverhalten Ohmscher Widerstände polaritätsunabhängig ist.

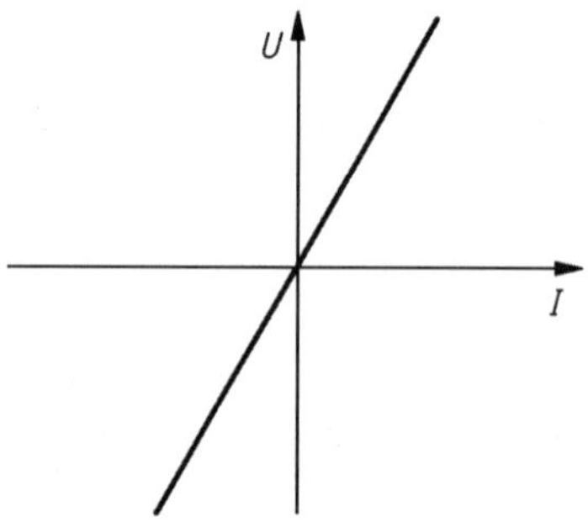

Bild 2.2 Kennlinie $U(I)$ eines Ohmschen Widerstandes bei VZS

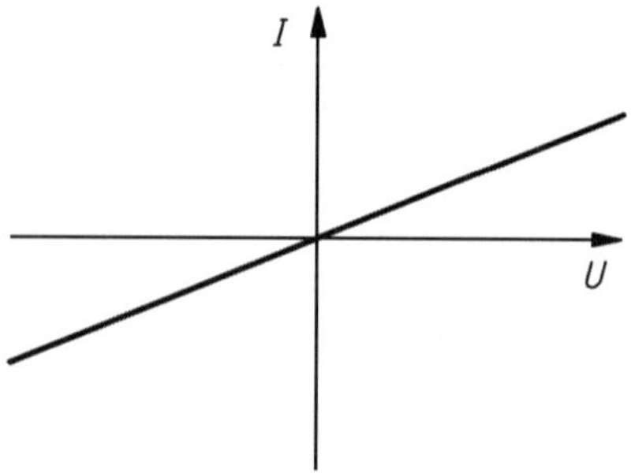

Bild 2.3 Kennlinie $I(U)$ eines Ohmschen Widerstandes bei VZS

2.1.2 Elektrische Widerstände

In diesem Abschnitt wird der Zusammenhang zwischen dem Widerstandswert und den geometrischen Abmessungen sowie den Materialeigenschaften für geometrisch besonders einfach aufgebaute Widerstände behandelt. Die hier nur plausibilisierten Zusammenhänge folgen aus den in Abschnitt 3.2 behandelten Grundgesetzen elektrischer Strömungsfelder.

2.1.2.1 Elektrische Leitfähigkeit, spezifischer elektrischer Widerstand

Betrachtet wird ein *gerader Leiter* aus einem Material, dessen Eigenschaften nicht ortsabhängig (*homogen*) sind und dessen Querschnittsgeometrie konstant über der Länge ist (Bild 2.4). Die Enden des Leiters seien mit *ideal leitfähigen Kontaktflächen* (*Elektroden*) senkrecht zur Leiterachse versehen.

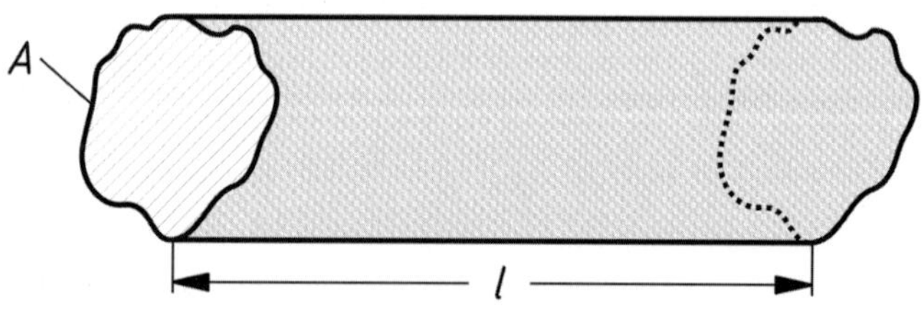

Bild 2.4 Gerader, homogener Leiter mit konstantem Querschnitt

Es leuchtet ein, dass der Wert des Widerstandes R zwischen den Elektroden proportional zur *Länge* l des Leiters ist. Also gilt

$$R \sim l\,. \tag{2.8}$$

Plausibel ist auch, dass der Wert des Leitwertes G zwischen den Elektroden proportional zum *Flächeninhalt* A des Leiterquerschnitts ist, also $G \sim A$ gilt und somit auch

$$R \sim \frac{1}{A}\,. \tag{2.9}$$

Die *Form* der Querschnittsfläche spielt keine Rolle. Darüber hinaus ist der Widerstandswert zwischen den Elektroden nur noch vom Material des Leiters abhängig. Die aus Gl. (2.8) und Gl. (2.9) folgende Proportionalität

$$R \sim \frac{l}{A} \tag{2.10}$$

kann durch Einfügen eines *Proportionalitätsfaktors* in eine Gleichung überführt werden. Dieser Proportionalitätsfaktor berücksichtigt die elektrischen Eigenschaften des Leitermaterials. Der Parameter ρ in der *Bemessungsgleichung*

$$R = \rho \frac{l}{A} \tag{2.11}$$

ist der *spezifische elektrische Widerstand* des Leitermaterials. Gl. (2.11) ist nicht allgemeingültig, sondern gilt exakt nur für Anordnungen gemäß Bild 2.4. Näherungsweise ist sie aber auch anwendbar, wenn der Leiter nicht gerade, sondern z. B. auf einen Trägerkörper aufgewickelt ist. Die Gleichung ist nicht mehr anwendbar, wenn das Material des Leiters *inhomogen* oder seine Querschnittsfläche nicht näherungsweise konstant ist.

In der Elektrotechnik ist es üblich, bei Leitern die Länge in m und die Querschnittsfläche in mm^2 anzugeben. Aus Gl. (2.11) ergibt sich als übliche Einheit von ρ

$$[\rho] = \frac{[R][A]}{[l]} = 1\,\frac{\Omega\,\mathrm{mm}^2}{\mathrm{m}} = 10^{-6}\,\Omega\,\mathrm{m}\,. \tag{2.12}$$

Mit Gl. (2.4) folgt aus Gl. (2.11)

$$G = \frac{1}{\rho}\frac{A}{l}\,. \tag{2.13}$$

Der Kehrwert des spezifischen elektrischen Widerstandes ist die *elektrische Leitfähigkeit*[3] κ des Leitermaterials

$$\kappa = \frac{1}{\rho}\,. \tag{2.14}$$

Aus Gl. (2.14) folgt mit Gl. (2.12) als übliche Einheit der elektrischen Leitfähigkeit

$$[\kappa] = \frac{1}{[\rho]} = 1\,\frac{\mathrm{m}}{\Omega\,\mathrm{mm}^2} = 1\,\frac{\mathrm{Sm}}{\mathrm{mm}^2} = 10^6\,\frac{\mathrm{S}}{\mathrm{m}}\,. \tag{2.15}$$

Mit Gl. (2.14) in Gl. (2.13) erhält man

$$G = \kappa\,\frac{A}{l}\,. \tag{2.16}$$

Tabelle 2.1 enthält für einige technisch wichtige metallische Leitermaterialien Anhaltswerte für die elektrische Leitfähigkeit bei 20 °C. Genauere Werte enthält Tabelle A3.1 in Anhang 3.

---

[3] alternative Formelzeichen für die elektrische Leitfähigkeit sind γ und σ

Tabelle 2.1 Anhaltswerte für die elektrische Leitfähigkeit einiger Metalle bei 20 °C

Material	Konstantan	Eisen	Platin	Aluminium	Gold	Kupfer	Silber
κ in Sm/mm^2	2	10	10	36	45	56	62

Den von technisch wichtigen Materialien abgedeckten Wertebereich des spezifischen Widerstandes stellt Bild 2.5 auf einer logarithmisch geteilten Skala dar. Mit einem Verhältnis von etwa $1 : 10^{23}$ für die dargestellten üblichen Stoffe von metallischen Leitern wie Silber (Ag) über Halbleiter wie Silizium (Si) bis hin zu Isolatoren wie Polyvinylchlorid (PVC) ist der spezifische elektrische Widerstand eine Werkstoffeigenschaft mit einem besonders großen Wertebereich.

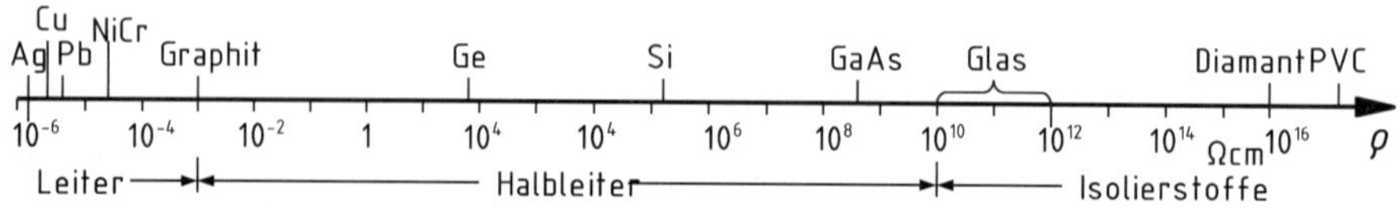

Bild 2.5 Wertebereich des spezifischen Widerstandes

Beispiel 2.3 Widerstand einer zweiadrigen Leitung

Ein Verbraucher ist mittels einer 1 km langen, zweiadrigen Kupferleitung mit dem Kupferquerschnitt $A = 2 \times 70\ mm^2$ angeschlossen. Die Leitung hat bei 20 °C die elektrische Leitfähigkeit $\kappa = 56\ Sm/mm^2$. Wie groß ist der Leitungswiderstand bei 20 °C?

Da der Strom durch den Hin- und den Rückleiter fließen muss, ist die Leiterlänge $l = 2 \cdot 1\ km = 2000\ m$. Da das Leitermaterial homogen und der Leiterquerschnitt konstant ist, darf Gl. (2.11) in Verbindung mit Gl. (2.14) angewandt werden:

$$R = \frac{l}{\kappa\, A} = \frac{2000\,\mathrm{m}}{56\,\frac{\mathrm{S\,m}}{\mathrm{mm}^2} \cdot 70\ \mathrm{mm}^2} = 0{,}51\ \Omega$$

Der Widerstand dieser recht langen Leitung, wie sie z. B. zur Energieversorgung eingesetzt wird, ist wegen ihrer großen Querschnittsfläche erstaunlich klein.

Beispiel 2.4 Länge eines Widerstandsdrahtes

Wie lang muss der Heizdraht eines Kochgerätes sein, der aus Chromnickel mit der Leitfähigkeit $\kappa = 0{,}91\ Sm/mm^2$ besteht und den Durchmesser $d = 0{,}45$ mm hat, wenn er den Widerstand $R = 55\ \Omega$ haben soll?

Bei dem Durchmesser $d = 0{,}45$ mm ist der Querschnitt $A = \pi\, d^2/4 = 0{,}159\ mm^2$. Nach Gl. (2.11) mit Gl. (2.14) wird dann die Leiterlänge

$$l = R\,\kappa\,A = 55\ \Omega \cdot 0{,}91\,\frac{\mathrm{S\,m}}{\mathrm{mm}^2} \cdot 0{,}159\ \mathrm{mm}^2 = 7{,}96\ \mathrm{m}.$$

Obwohl der Heizdraht nicht gerade, sondern aufgewickelt ist, wird hier näherungsweise mit der Bemessungsgleichung für gerade Leiter gerechnet.

Beispiel 2.5 Ersatz einer Kupferleitung durch eine widerstandsgleiche Aluminiumleitung

Eine Kupferleitung mit der Leitfähigkeit $\kappa_{Cu} = 56\ Sm/mm^2$ und dem Querschnitt $A = 10\ mm^2$ soll durch eine etwa widerstandsgleiche Aluminiumleitung mit der Leitfähigkeit $\kappa_{Al} = 36\ Sm/mm^2$ ersetzt werden. Welchen Querschnitt muss die Aluminiumleitung erhalten? Wie verhalten sich die Leitungsmassen zueinander, wenn die Dichte von Kupfer $\rho_{Cu} = 8{,}9\ g/cm^3$ und die Dichte von Aluminium $\rho_{Al} = 2{,}7\ g/cm^3$ beträgt?

Da beide Leitungen bei gleicher Länge den gleichen Widerstand haben sollen, gilt:

$$R = \frac{l}{\kappa_{Cu} A_{Cu}} = \frac{l}{\kappa_{Al} A_{Al}},$$

d. h.

$$\kappa_{Cu} A_{Cu} = \kappa_{Al} A_{Al},$$

$$A_{Al} = \frac{\kappa_{Cu}}{\kappa_{Al}} A_{Cu} = \frac{56\,\text{S m/mm}^2}{36\,\text{S m/mm}^2} 10\,\text{mm}^2 = 15{,}6\,\text{mm}^2.$$ Nächster Normquerschnitt: 16 mm²

Für das Verhältnis der beiden Massen ergibt sich:

$$\frac{m_{Al}}{m_{Cu}} = \frac{\rho_{Al} A_{Al} l}{\rho_{Cu} A_{Cu} l} = \frac{\rho_{Al} A_{Al}}{\rho_{Cu} A_{Cu}} = \frac{(2{,}7\,\text{g/cm}^3) \cdot 16\,\text{mm}^2}{(8{,}9\,\text{g/cm}^3) \cdot 10\,\text{mm}^2} = 0{,}485$$

Trotz seiner geringeren Leitfähigkeit ist das Aluminium hinsichtlich seiner Masse günstiger. Verglichen mit der Kupferleitung wird nur etwas weniger als die Hälfte der Masse an Leitermaterial benötigt.

Beispiel 2.6 Ersatz einer Aluminiumleitung durch eine Kupferleitung gleicher Abmessungen

Eine Verbindungsleitung in einer integrierten Schaltung hat eine Querschnittsfläche von A = 10 µm² und die Länge l = 10 mm. Wie groß ist der Widerstand der Leitung, wenn sie aus Aluminium bzw. alternativ aus Kupfer hergestellt wird?

$$R_{Al} = \frac{l}{\kappa_{Al} A} = \frac{10^{-2}\,\text{m}}{36 \frac{\text{S m}}{\text{mm}^2} \cdot 10\,(10^{-3}\,\text{mm})^2} \approx 28\,\Omega\,.$$

Obwohl die Leitung sehr kurz ist, hat sie wegen ihrer sehr kleinen Querschnittsfläche einen erheblichen, hinsichtlich der Funktion der Schaltung nicht zu vernachlässigenden Widerstand.

$$R_{Cu} = \frac{l}{\kappa_{Cu} A} = \frac{10^{-2}\,\text{m}}{56 \frac{\text{S m}}{\text{mm}^2} \times 10\,(10^{-3}\,\text{mm})^2} \approx 18\,\Omega\,.$$

Der um den Faktor κ_{Cu}/κ_{Al} = 56/36 = 1,6 verringerte Widerstand der Leitung wird mit deutlich erhöhtem Fertigungsaufwand erkauft.

Beispiel 2.7 Strom durch eine große Glasplatte

Auf den beiden Seiten einer 6 mm dicken Glasplatte befinde sich je ein 2 m² großer Metallbelag. Das Glas habe den spezifischen Widerstand ρ = 10 GΩm. Welcher Strom I fließt durch das Glas, wenn zwischen den Belägen die Spannung U = 3 kV anliegt?

Die Leiterlänge l ist hier durch die Dicke der Glasplatte gegeben. Der Leitungsquerschnitt kann mit guter Näherung gleich der Größe der Beläge gesetzt werden. Der Widerstand beträgt daher nach Gl. (2.11)

$$R = \frac{\rho l}{A} = \frac{10 \cdot 10^9\,\Omega\text{m} \cdot 6 \cdot 10^{-3}\,\text{m}}{2\,\text{m}^2} = 30\,\text{M}\Omega.$$

Mit Gl. (2.5) erhält man den Strom

$$I = \frac{U}{R} = \frac{3\,\text{kV}}{30\,\text{M}\Omega} = 0{,}1\,\text{mA}.$$

Wegen des geringen Abstandes l der beiden Metallbeläge und der großen Durchtrittsfläche A fließt durch den Isolator der durchaus messbare Strom I = 0,1 mA!

2.1.2.2 Lineare Widerstände

Betrachtet man einen bestimmten Wert I_0 des Klemmenstroms, der durch einen beliebigen Widerstand R fließt, so gehört hierzu beim Verbraucher-Zählpfeilsystem ein bestimmter Wert

$$U_0 = R\,I_0 \tag{2.17}$$

der Klemmenspannung. Das Wertepaar (I_0, U_0,) wird als *Arbeitspunkt* bezeichnet. Ändert sich der Klemmenstrom von I_0 ausgehend um einen beliebigen Wert ΔI, so ändert sich die Klemmenspannung um einen Wert ΔU.

Nur bei Ohmschen Widerständen gilt (vgl. Bild 2.6)

$$U_0 + \Delta U = R(I_0 + \Delta I) = R\,I_0 + R\,\Delta I = U_0 + R\,\Delta I\,, \tag{2.18}$$

also

$$\Delta U = R\,\Delta I\,. \tag{2.19}$$

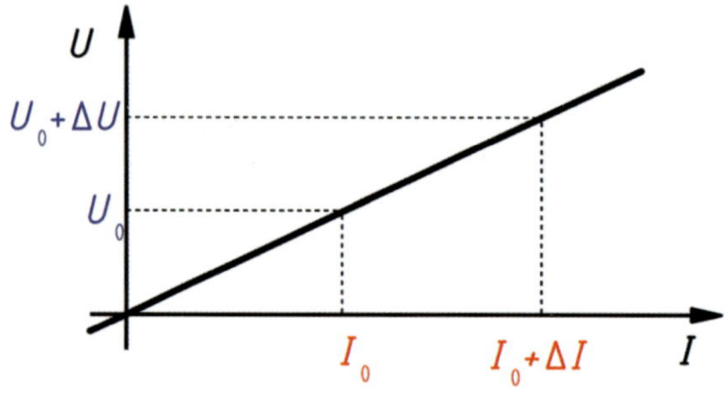

Bild 2.6 $U(I)$-Kennlinie eines Ohmschen Widerstandes bei VZS mit Arbeitspunkt

Betrachtet man kleine Änderungen ΔI um I_0 herum, so schreibt man im Grenzfall $\Delta I \to \pm 0$, aber $\Delta I \neq 0$ statt ΔI für die infinitesimal kleine Änderung $\mathrm{d}I$ und ebenso statt ΔU für die infinitesimal kleine Änderung $\mathrm{d}U$. Damit folgt für Ohmsche Widerstände

$$\frac{\Delta U}{\Delta I} = \frac{\mathrm{d}U}{\mathrm{d}I} = R = \frac{U}{I}\,. \tag{2.20}$$

Ein Ohmscher Widerstand hat für *beliebige* Werte von I_0 und ΔI stets den selben Widerstandswert R. *Die Steigung der Kennlinie U(I) ist bei Ohmschen Widerständen bei Verbraucher-Zählpfeilsystem gleich dem Widerstandswert R.* Daher wird bei Widerständen gern die Kennlinie $U(I)$ verwendet statt der meist üblichen Darstellung $I(U)$.

2.1.2.3 Nichtlineare Widerstände

Nun werden *nichtlineare resistive Zweipole* betrachtet, die hier als „nichtlineare Widerstände" bezeichnet werden, da nur ihr Klemmenverhalten, nicht aber ihre Funktion relevant ist. Die U-I-Kennlinien dieser Zweipole müssen wie die der linearen Widerstände durch den Ursprung der *U-I*-Ebene gehen, da sie passiv sind. Bei Verbraucher-Zählpfeilsystem verlaufen sie im ersten und dritten Quadranten. Nichtlineare Widerstände können *polaritätsabhängig* sein. In diesem Fall ist die Darstellung ihrer Kennlinie nur zusammen mit einer Festlegung der Strom- und Spannungs-Zählpfeile eindeutig. In Bild 2.7 sind die Kennlinien $U(I)$ zweier nichtlinearer Widerstände dargestellt.

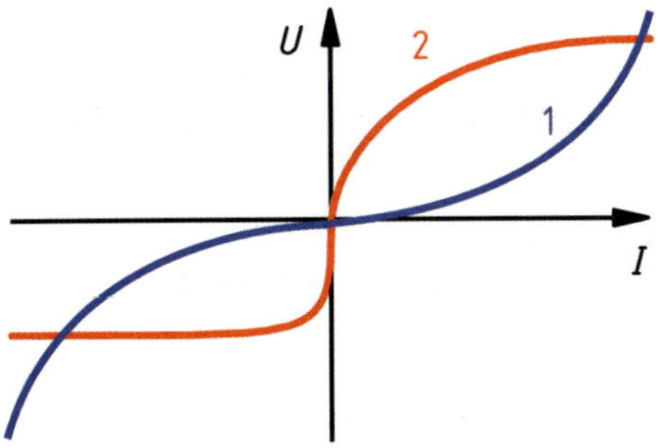

Bild 2.7 Kennlinien $U(I)$ nichtlinearer Widerstände bei VZS
1 polaritätsunabhängig (Glühlampe)
2 polaritätsabhängig (Z-Diode)

Betrachtet man wieder einen bestimmten Arbeitspunkt (I_0 , U_0), so wird der Quotient

$$\frac{U_0}{I_0} = R_0(I_0) \tag{2.21}$$

als *Gleichstromwiderstand* oder *statischer Widerstand* in diesem Arbeitspunkt bezeichnet. Grafisch ist R_0 gleich der Steigung der Geraden, die durch den Ursprung und den Arbeitspunkt (I_0 , U_0) verläuft, also der *Steigung der Sekante durch den Arbeitspunkt*, siehe Bild 2.8.

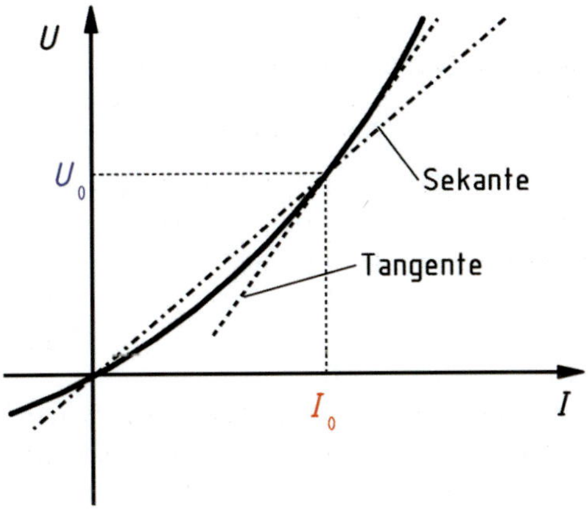

Bild 2.8 Kennlinie $U(I)$ eines nichtlinearen Widerstandes bei VZS mit Arbeitspunkt

Der statische Widerstand beschreibt das Klemmenverhalten eines nichtlinearen Widerstandes in einem bestimmten, festen Arbeitspunkt. Der Wert

$$\lim_{\Delta I \to 0} \left.\frac{\Delta U}{\Delta I}\right|_{I_0} = \left.\frac{\mathrm{d}U}{\mathrm{d}I}\right|_{I_0} = r(I_0) \tag{2.22}$$

wird als *differenzieller* oder *dynamischer Widerstand* des Zweipols im Arbeitspunkt (I_0, U_0) bezeichnet. Grafisch ist $r(I_0)$ gleich der *Steigung der Tangente an die Kennlinie im Arbeitspunkt* (I_0, U_0), siehe Bild 2.8.

Der differenzielle Widerstand beschreibt das Verhalten eines nichtlinearen Widerstandes bei kleinen Veränderungen (*Aussteuerungen*) der Klemmengrößen um einen bestimmten Arbeitspunkt herum. Damit werden die Veränderungen der Klemmengrößen in der Umgebung des Arbeitspunktes durch eine lineare Funktion angenähert (*Linearisierung im Arbeitspunkt*, Abschnitt 2.5.1). Diese *Näherung* ist um so genauer, je weniger die Kennlinie im Aussteuerbereich um den jeweiligen Arbeitspunkt gekrümmt ist und je geringer die Genauigkeitsanforderungen an die Berechnung sind.

Bei nichtlinearen Widerständen sind sowohl der statische als auch der dynamische Widerstand arbeitspunktabhängig. Nur bei linearen Widerständen gilt $R_0 = r = R = \text{const.}$

Wird statt der Kennlinie $U(I)$ die Kennlinie $I(U)$ betrachtet, so gelten die oben angestellten Überlegungen über Widerstandswerte sinngemäß für die Leitwerte und die Steigungen sind gleich dem *statischen Leitwert* $G_0(U_0)$ beziehungsweise dem *differenziellen Leitwert* $g(U_0)$ in einem Arbeitspunkt (I_0, U_0).

2.1.2.4 Temperaturabhängigkeit des Widerstandes

Der spezifische elektrische Widerstand ρ und die elektrische Leitfähigkeit κ sind bei jedem Material abhängig von der Temperatur ϑ in °C bzw. T in K. Man unterscheidet

- metallische Leiter: κ sinkt (d. h. ρ steigt) mit steigender Temperatur (*Kaltleiter*)
- Halbleiter: κ steigt (d. h. ρ sinkt) mit steigender Temperatur (*Heißleiter*)
- Isolatoren: κ steigt (d. h. ρ sinkt) leicht mit steigender Temperatur

Die Abhängigkeiten $\rho(\vartheta)$ und $\kappa(\vartheta)$ sind *bei jedem Material nichtlinear*. Für viele Werkstoffe lässt sich aber für kleine Temperaturänderungen ΔT die Temperaturabhängigkeit *näherungsweise* durch eine *lineare Funktion* (Polynom ersten Grades) beschreiben. Daraus folgt für die Änderung des Widerstandswertes eines Leiters gegenüber dem Wert bei *Bezugstemperatur*

$$R(\vartheta) = R_{\vartheta_0}(1 + \alpha_{\vartheta_0} \cdot (\vartheta - \vartheta_0)) \tag{2.23}$$

mit

R_{ϑ_0} Widerstandswert bei Bezugstemperatur

α_{ϑ_0} *linearer Temperaturkoeffizient* von ρ bei Bezugstemperatur ϑ_0 mit

$$[\alpha_{\vartheta_0}] = 1\,\text{K}^{-1} \tag{2.24}$$

$\Delta T = \vartheta - \vartheta_0$ Abweichung der betrachteten Temperatur von der Bezugstemperatur.

Je nach Grad der Nichtlinearität von $\rho(\vartheta)$ und den Anforderungen an die Genauigkeit des Ergebnisses ist der Temperaturbereich, für den die Näherung (2.23) akzeptable Ergebnisse liefert, unterschiedlich. Ein grober Anhaltswert ist der Bereich $\Delta T = \pm$ 100 K. Bild 2.9 zeigt schematisch die nichtlineare Abhängigkeit des Widerstandes von der Temperatur und die näherungsweise Beschreibung durch eine lineare Funktion.

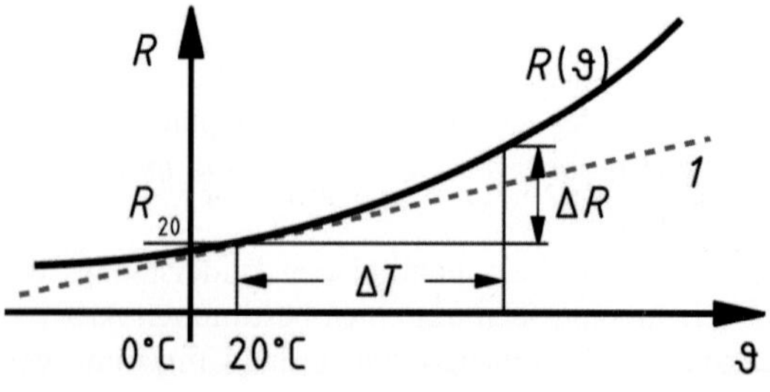

Bild 2.9 Nichtlineare Abhängigkeit des Widerstandes von der Temperatur und Näherungsgerade 1 für die Bezugstemperatur 20 °C

Für größere Temperaturänderungen wird die Temperaturabhängigkeit *näherungsweise* durch die *quadratische Funktion* (Polynom zweiten Grades)

$$R(\vartheta) = R_{\vartheta_0}(1 + \alpha_{\vartheta_0} \cdot (\vartheta - \vartheta_0) + \beta_{\vartheta_0} \cdot (\vartheta - \vartheta_0)^2) \tag{2.25}$$

beschrieben mit den auch in Gl. (2.23) auftretenden Größen sowie

β_{ϑ_0} *quadratischer Temperaturkoeffizient* von ρ bei Bezugstemperatur ϑ_0 mit

$$[\beta_{\vartheta_0}] = 1\,\mathrm{K}^{-2}\ . \tag{2.26}$$

Als Bezugstemperatur ϑ_0 wählt man zweckmäßigerweise eine typische *Betriebstemperatur*, für die die benötigten Materialparameter (ρ bzw. κ sowie α und ggf. β) verfügbar sind.

Anhaltswerte für die Temperaturkoeffizienten von ρ von einigen Metallen bei 20 °C können Tabelle 2.2 entnommen werden.

Tabelle 2.2 Temperaturkoeffizienten des spezifischen elektrischen Widerstandes einiger Metalle

Material	α_{20} in K^{-1}	β_{20} in K^{-2}
Eisen	$6 \cdot 10^{-3}$	$6 \cdot 10^{-6}$
Platin	$3{,}8 \cdot 10^{-3}$	$0{,}6 \cdot 10^{-6}$
Aluminium	$3{,}8 \cdot 10^{-3}$	$1{,}3 \cdot 10^{-6}$
Gold	$3{,}9 \cdot 10^{-3}$	$0{,}5 \cdot 10^{-6}$
Kupfer	$3{,}9 \cdot 10^{-3}$	$0{,}6 \cdot 10^{-6}$
Silber	$3{,}8 \cdot 10^{-3}$	$0{,}7 \cdot 10^{-6}$
Konstantan[4]	$0{,}01 \cdot 10^{-3}$	

Für die in Tabelle 2.2 aufgeführten reinen Metallen sollte man sich als groben Anhaltswert $\alpha_{20} \approx 0{,}4$ %/K merken. Bei einer Erhöhung der Temperatur um 100 K steigt der Widerstandswert also um etwa 40 %.

Beispiel 2.8 Temperaturabhängigkeit des Widerstandes einer Glühlampe

Eine Glühlampe enthält einen doppelt gewendelten Wolframdraht mit dem Durchmesser d = 24 µm und der Länge l = 62 cm. Der Widerstand des Drahtes zwischen dem kalten Einschaltzustand und der Betriebstemperatur ϑ = 2200 °C soll ermittelt und in einem Diagramm $R(\vartheta)$ dargestellt werden.

Die für Gl. (2.25) benötigten Temperaturkoeffizienten $\alpha_{20} = 4{,}1 \cdot 10^{-3}\,\mathrm{K}^{-1}$ und $\beta_{20} = 1 \cdot 10^{-6}\,\mathrm{K}^{-2}$ sowie die Leitfähigkeit $\kappa_{20} = 18{,}2\,\mathrm{Sm/mm}^2$ werden Tabelle A3.1 im Anhang 3 entnommen. Mit d = 0,024 mm ergibt sich der Leiterquerschnitt $A = \pi\, d^2/4 = 0{,}4524 \cdot 10^{-3}\,\mathrm{mm}^2$. Nach Gl. (2.11) mit (2.14) erhält man den Kaltwiderstand R_{20} für 20 °C

$$R_{20} = \frac{l}{\kappa_{20} A} = \frac{0{,}62\,\mathrm{m}}{18{,}2\dfrac{\mathrm{S\,m}}{\mathrm{mm}^2} \cdot 0{,}4524 \cdot 10^{-3}\,\mathrm{mm}^2} = 75{,}3\,\Omega.$$

Mit $\Delta\vartheta = \vartheta - 20°$ C liefert Gl. (2.25) die gesuchte Temperaturabhängigkeit des Widerstandes

$$R = R_{20}\,[1 + \alpha_{20}\,(\vartheta - 20\,°\mathrm{C}) + \beta_{20}\,(\vartheta - 20\,°\mathrm{C})^2]$$

$$R = 75{,}3\Omega\,[1 + 4{,}1 \cdot 10^{-3}\,\mathrm{K}^{-1}\,(\vartheta - 20\,°\mathrm{C}) + 10^{-6}\,\mathrm{K}^{-2}\,(\vartheta - 20\,°\mathrm{C})^2].$$

[4] Konstantan ist eine Legierung aus Kupfer, Nickel und Mangan, bei deren Entwicklung die Minimierung der Temperaturkoeffizienten von ρ angestrebt wurde.

Mit dieser Gleichung sind einige Werte zwischen $\vartheta = 20$ °C und $\vartheta = 2200$ °C berechnet und in Bild 2.10 dargestellt worden.

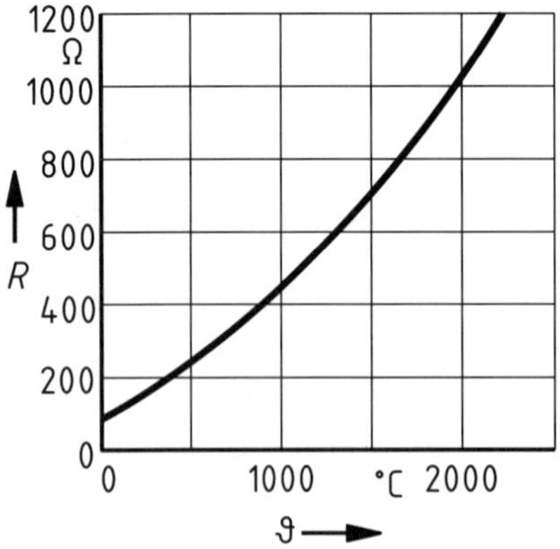

Bild 2.10 Widerstand eines Glühdrahtes in Abhängigkeit von seiner Temperatur

Bei der Betriebstemperatur $\vartheta = 2200$ °C gilt

$$R_{2200} \approx 75{,}3\,\Omega\,(1 + 8{,}7 + 4{,}8) \approx 1{,}1\,\text{k}\Omega\,.$$

Der durch den quadratischen Temperaturkoeffizienten verursachte Beitrag zur Widerstandserhöhung ist in diesem Beispiel also erheblich. Seine Vernachlässigung hätte zu einem grob falschen Ergebnis geführt.

Beispiel 2.9 Einschaltstrom und Betriebsstrom einer Glühlampe

Welche Ströme fließen durch die Glühlampe in Beispiel 2.8 im kalten Zustand bzw. bei Betriebstemperatur bei einer Spannung von $U = 230$ V?

Mit Gl. (2.5) erhält man für die Ströme bei $\vartheta = 20$ °C und bei $\vartheta = 2200$ °C

$$\vartheta = 20\,°\text{C:} \qquad I_{20} = \frac{U}{R_{20}} = \frac{230\,\text{V}}{75{,}3\,\Omega} = 3{,}05\,\text{A}$$

$$\vartheta = 2200\,°\text{C:} \qquad I_{2200} = \frac{U}{R_{2200}} = \frac{230\,\text{V}}{1106\,\Omega} = 0{,}208\,\text{A}.$$

Wenn die Glühlampe eingeschaltet wird, ist ihr Wolframdraht i. Allg. noch kalt und es fließt rund das 15-fache des normalen Betriebsstroms. Solche Einschaltstromstöße wirken sich u. U. störend auf andere Verbraucher, die an die selbe Versorgungsspannung angeschlossen sind, aus. Außerdem rüttelt jedes Einschalten durch den starken Stromstoß wegen der dabei auftretenden magnetischen Kräfte (Abschnitt 4.3.2) an dem dünnen Wolframdraht. Glühlampen brennen daher i. Allg. beim Einschalten durch.

Beispiel 2.10 Indirekte Messung der Wicklungstemperatur einer elektrischen Maschine

Eine elektrische Maschine enthält eine Wicklung aus Kupfer, die bei 20 °C einen Widerstand $R_{20} = 150\ \Omega$ aufweist. Wie groß ist die mittlere Wicklungstemperatur der Maschine, wenn der Wicklungswiderstand auf $R_x = 185\ \Omega$ angestiegen ist?

Da eine Temperaturerhöhung um weniger als 100 K vermutet wird, liefert Gl. (2.23)

$$185\,\Omega = 150\,\Omega\,(1 + 4 \cdot 10^{-3}\text{K}^{-1} \cdot \Delta T)\,.$$

Auflösen nach ΔT liefert

$$\Delta T = \left(\frac{185\,\Omega}{150\,\Omega} - 1\right) \cdot \frac{1}{4 \cdot 10^{-3}\text{K}^{-1}} = 58\,\text{K}$$

Der lineare Ansatz war also zulässig. Die mittlere Wicklungstemperatur der Maschine liegt demnach bei

$$\vartheta_{\text{mittel}} = 20\,°\text{C} + \Delta T = 78\,°\text{C} .$$

2.1.2.5 Ausführungsformen von Widerständen

Widerstände als technische Bauelemente sind in einer Vielzahl von Ausführungsformen erhältlich. Nachfolgend werden nur diskrete, zwei- und dreipolige Widerstände für Niederspannungsanwendungen berücksichtigt. Daneben gibt es mehrpolige Widerstände in monolithisch integrierten Halbleiterschaltungen (Abschnitt 10.5.6) und als *Widerstandsnetzwerke*, die mehrere Widerstände in einem Bauelement enthalten. Für Anwendungen in der Hochspannungstechnik werden hoch belastbare Widerstände mit sehr großen Abmessungen hergestellt.

Zur groben Klassifikation von Widerständen eignet sich die Unterscheidung in *annähernd lineare* und *stark nichtlineare* Widerstände. *Ideal lineare* Widerstände sind u. a. auf Grund der Temperaturabhängigkeit des Widerstandes (Abschnitt 2.1.2.4) nicht realisierbar.

Lineare Widerstände

Ihr Widerstandswert hängt nicht wesentlich vom elektrischen *Arbeitspunkt* (der durch Klemmenspannung bzw. Klemmenstrom beschreibbar ist) ab. Er kann aber durchaus von physikalischen Größen abhängen, die dem Widerstand *von außen aufgeprägt* werden, also z. B. Zeit, Temperatur, Druck, Magnetfeld, Beleuchtung. Zu dieser Gruppe gehören:

- Zweipolige *Festwertwiderstände* in Form eines Zylinders mit axialen Anschlussdrähten oder eines Quaders mit seitlichen Kontaktflächen, die in der Regel auf Leiterplatten montiert werden. Festwertwiderstände werden mit genormten Widerstandswerten und unterschiedlichen thermischen Belastbarkeiten in einer Vielzahl von mechanischen Bauformen angeboten. Die E 24-Normreihe enthält pro Dekade 24 verschiedene Widerstandswerte, die E 12-Normreihe 12 verschiedene (Anhang 8).
- Widerstände mit mechanisch durch Schieben oder Drehen verstellbarem Widerstandswert, die in der Regel als Dreipole mit einem *Schleifkontakt* auf der Widerstandsbahn ausgeführt werden. Soll ihr Wert nur einmalig oder selten eingestellt werden, so werden sie als *Trimmer* bezeichnet, sonst als *Potenziometer*.
- *Dehnungsmessstreifen* (DMS), die zur Messung kleiner mechanischer Verformungen eingesetzt werden [2], [21].
- *Feldplatten*, deren Widerstandswert von der Stärke eines externen Magnetfeldes abhängt.
- *Fremderwärmte temperaturabhängige Widerstände*. Ihre Temperatur wird nicht wesentlich durch ihre Klemmengrößen, sondern hauptsächlich durch die Umgebungstemperatur bestimmt. Zu dieser Gruppe gehören alle *Widerstandsthermometer*, z. B. aus Platin, mit denen Temperaturen über einen Temperaturbereich von weit über 1000 K gemessen werden können.
- *Photowiderstände* (Light Dependent Resistor, LDR), deren Widerstand von der Beleuchtungsstärke abhängig ist.

Nichtlineare Widerstände

Ihr Widerstandswert wird bei konstant gehaltenen physikalischen Umgebungsbedingungen im wesentlichen durch den *Arbeitspunkt* bestimmt. Zu dieser Gruppe gehören:

- *Spannungsabhängige Widerstände*, auch *Varistoren* genannt (Voltage Dependent Resistor, VDR), die bei Überschreiten einer bestimmten Klemmenspannung ihren Widerstandswert drastisch verringern [32]. Sie werden z. B. zum Ableiten von Überspannungen eingesetzt.

– *Selbsterwärmte temperaturabhängige Widerstände.* Bei ihnen führt eine Veränderung des Betriebstroms zu einer deutlichen Temperaturänderung, die eine Veränderung des Widerstandswertes bewirkt. Unterschieden werden *NTC-Widerstände* (Negative Temperature Coefficient) und *PTC-Widerstände* (Positive Temperature Coefficient). Bei NTC-Widerständen nimmt der Widerstandswert mit steigender Temperatur ab (*Heißleiter*). Bild 2.11 zeigt die Betriebskennlinie eines solchen Widerstandes. Ab dem Punkt P nimmt der Widerstand durch die Eigenerwärmung stärker ab, als der Strom zunimmt, so dass das Produkt $U = RI$ kleiner wird. Bei PTC-Widerständen nimmt der Widerstandswert mit steigender Temperatur zu (*Kaltleiter*). Aus der in Bild 2.12 dargestellten Betriebskennlinie eines PTC-Widerstandes ist zu erkennen, dass jenseits des Punktes P der Widerstand durch die Eigenerwärmung stärker wächst als die Spannung, so dass der Strom $I = U/R$ abnimmt.

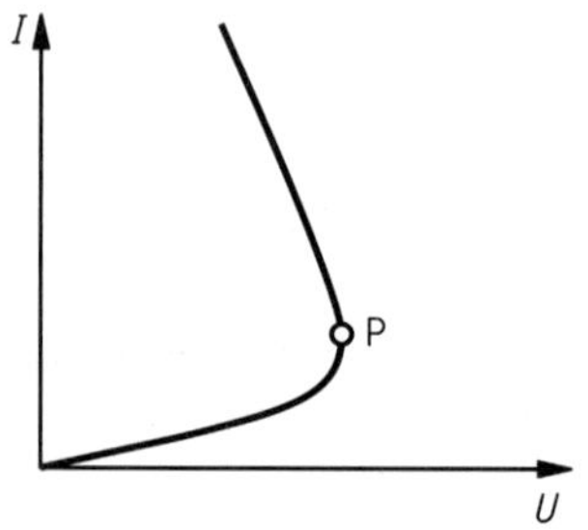

Bild 2.11 Schematische Betriebskennlinie eines selbsterwärmten NTC-Widerstandes

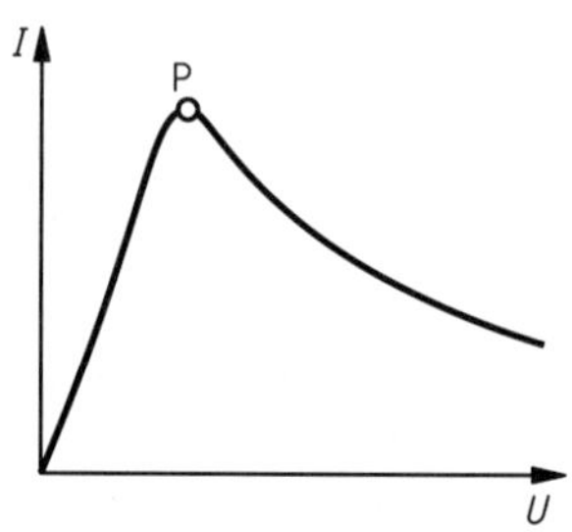

Bild 2.12 Schematische Betriebskennlinie eines selbsterwärmten PTC-Widerstandes

Alle oben aufgeführten linearen und nichtlinearen Widerstandstypen sind polaritätsunabhängig. Alle Halbleiterdioden (Abschnitt 10.5.2) können als nichtlineare, polaritätsabhängige Widerstände aufgefasst werden.

Ausführliche Informationen zu technischen Ausführungsformen von Widerständen sind [4] zu entnehmen.

Beispiel 2.11 Abhängigkeit des Widerstandswertes von der Spannung bei einem Varistor

Für einen Varistor ist der Widerstandswert in Abhängigkeit von der Spannung gesucht. Die *U*-*I*-Kennlinie verlaufe nach der Funktion

$$\frac{I}{A} = \left(\frac{U}{6\,\text{kV}}\right)^5 .$$

Aus Gl. (2.5) ergibt sich der Widerstand

$$R = \frac{U}{I} = \frac{U}{\left(\frac{U}{6\,\text{kV}}\right)^5 \text{A}} = 6^5 \frac{\frac{U}{\text{kV}}}{\left(\frac{U}{\text{kV}}\right)^5} \cdot \frac{\text{kV}}{\text{A}}$$

$$\frac{R}{\text{k}\Omega} = 7776 \left(\frac{U}{\text{kV}}\right)^{-4} .$$

Der Widerstand ist also nicht linear, sondern stark spannungsabhängig: Bei $U = 1$ kV beträgt er beispielsweise $R = 7776$ kΩ, bei $U = 3$ kV aber nur noch $R = 96$ kΩ.

2.1.3 Elektrische Quellen

Elektrische Quellen sind *aktive Zweipole*, die aufgrund ihres physikalischen Aufbaus elektrische Ladungen trennen können, wobei den Ladungsträgern elektrische Energie zugeführt wird (Abschnitt 1.2.4). In den nachfolgenden Abschnitten werden verschiedene *Modelle* für elektrische Quellen behandelt.

Die zuerst betrachteten *idealen Quellen* sind mathematisch sehr einfach beschreibbar. Eine ideale Quelle prägt der mit ihr verbundenen Schaltung über ihre Klemmen entweder eine bestimmte Spannung oder einen bestimmten Strom ein. Eine solche *eingeprägte Größe* wird auch als *Quellengröße* bezeichnet und mit dem Index „q“ versehen. Ideale Quellen sind allerdings technisch nicht realisierbar.

Das Modell der *linearen Quelle* ist etwas komplexer und damit aufwändiger zu beschreiben, kann das Klemmenverhalten realer Quellen aber schon in vielen Betriebsfällen mit ausreichender Genauigkeit beschreiben. Eine genauere Nachbildung des Verhaltens *realer Quellen* wie Trockenbatterien, Akkumulatoren (Abschnitt 10.3.3 und [28]), Solargeneratoren oder elektronischer Netzgeräte erfordert einen Modellierungsaufwand, der weit über den Rahmen der Grundlagenausbildung hinausgeht.

Nicht betrachtet werden *gesteuerte Quellen*, deren Verhalten durch Spannungen oder Ströme an anderen Stellen eines Netzwerks bestimmt werden. Sie werden zum Modellieren des Klemmenverhaltens aktiver Mehrpole wie z. B. Verstärkern benötigt [16], [23], [48].

2.1.3.1 Ideale Spannungsquelle

Eine ideale Spannungsquelle erzeugt eine bestimmte Potenzialdifferenz zwischen ihren Klemmen, die Quellenspannung U_q („Spannungseinspeisung“). Die Quellenspannung ist unabhängig vom Strom, der durch die Quelle fließt und kann positiv, null oder negativ sein. Eine ideale Spannungsquelle darf nicht im *Kurzschluss* (widerstandslose Verbindung der beiden Klemmen) betrieben werden. Ein Kurzschluss würde gleiches Potenzial zwischen den Klemmen der Spannungsquelle erzwingen, was für $U_q \neq 0$ zu einem Widerspruch führen würde. Wichtig für die im Abschnitt 2.6 behandelten Netzwerkanalyseverfahren ist folgende Tatsache: *Eine ideale Spannungsquelle mit der Quellenspannung null erzwingt identisches Potenzial an ihren beiden Klemmen und wirkt somit wie ein Kurzschluss.*

Ist die Polarität einer Spannungsquelle bekannt, so wird die Richtung ihres Spannungszählpfeils üblicherweise so gewählt, dass die Quellenspannung einen positiven Zahlenwert hat. Eine entgegengesetzte Wahl der Zählpfeilrichtung ist aber nicht falsch.

Das Schaltzeichen einer idealen Spannungsquelle nach [62] ist zusammen mit einem Zählpfeil für die Quellenspannung in Bild 2.13 dargestellt. Bei Verwendung dieses Schaltzeichens entscheidet das *Vorzeichen der Klemmenspannung zusammen mit der Richtung des Zählpfeils* über die Polarität der Quelle. Bild 2.14 zeigt das Schaltzeichen für eine Batterie bzw. einen Akkumulator nach [64], das nur für diese beiden technischen Quellenarten, nicht aber für allgemeine Spannungsquellen verwendet werden sollte. Bei diesem Schaltzeichen liegt die Polarität der Quelle fest: der kurze, dicke Strich kennzeichnet den negativen Pol. Damit erübrigt sich ein Zählpfeil für die Quellenspannung, die nur positiv sein kann. Ein Wechsel der Polarität der Quelle erfordert bei Verwendung dieses Schaltzeichens ein Umzeichnen des Schaltplans.

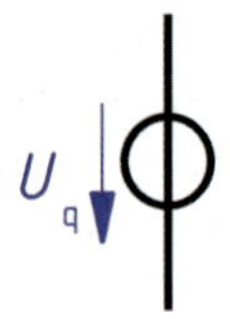

Bild 2.13 Schaltzeichen einer idealen Spannungsquelle

Bild 2.14 Schaltzeichen von Batterie bzw. Akkumulator

Die *Strom-Spannungs-Kennlinie* $U(I)$ einer idealen Spannungsquelle bei Verwendung des Erzeuger-Zählpfeilsystems gemäß Bild 2.15 ist in Bild 2.16 für den Fall eines positiven Wertes der Quellenspannung dargestellt. Die Kennlinie verläuft stets durch zwei Quadranten, da der durch die äußere Beschaltung bestimmte Strom durch die Quelle sowohl positive als auch negative Werte annehmen kann. Die Konsequenzen hieraus für den Leistungsumsatz der Quelle werden in Abschnitt 2.1.4 untersucht.

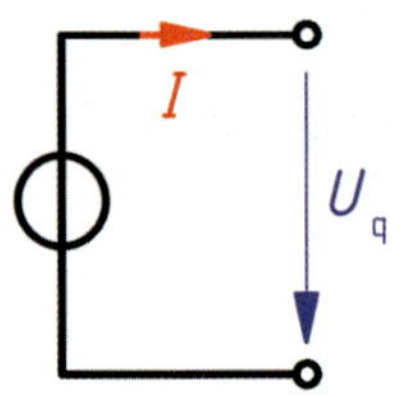

Bild 2.15 U und I im Erzeuger-Zählpfeilsystem an einer idealen Spannungsquelle

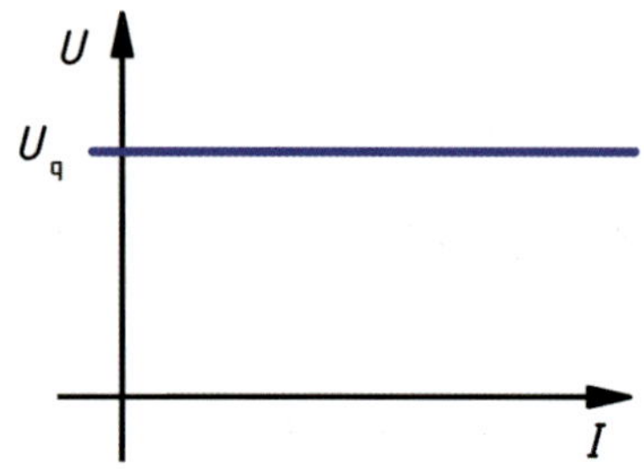

Bild 2.16 Kennlinie $U(I)$ einer idealen Spannungsquelle für $U_q > 0$

2.1.3.2 Ideale Stromquelle

Eine ideale Stromquelle treibt unabhängig von ihrer äußeren Beschaltung durch ihre Klemmen einen bestimmten *Quellenstrom* I_q („*Stromeinspeisung*"). Der Quellenstrom kann positiv, null oder negativ sein. Eine ideale Stromquelle darf nicht im *Leerlauf* (keine leitfähige Verbindung zwischen den Klemmen) betrieben werden, da dann der durch die Quelle eingeprägte Strom nicht fließen könnte, was für $I_q \neq 0$ zu einem Widerspruch führen würde. Eine besondere Rolle spielen bei der Netzwerkanalyse Stromquellen, deren Quellenstrom null ist: Eine ideale Stromquelle mit dem Quellenstrom null wirkt wie eine Unterbrechung.

Ist die Polarität einer Stromquelle bekannt, so wird die Richtung ihres Stromzählpfeils üblicherweise so gewählt, dass ihr Quellenstrom einen positiven Zahlenwert hat. Bild 2.17 zeigt das Schaltzeichen einer idealen Stromquelle nach der aktuellen Norm [62] mit eingezeichnetem Zählpfeil für den Quellenstrom.

Bild 2.17 Schaltzeichen einer idealen Stromquelle

Die *Strom-Spannungs-Kennlinie* $U(I)$ einer idealen Stromquelle bei Verwendung des Erzeuger-Zählpfeilsystems gemäß Bild 2.18 ist in Bild 2.19 für den Fall eines positiven Wertes des Quellenstroms dargestellt. Diese Kennlinie verläuft immer durch zwei Quadranten, da die Spannung über einer idealen Stromquelle durch die äußere Beschaltung der Quelle bestimmt wird und sowohl positive als auch negative Werte annehmen kann.

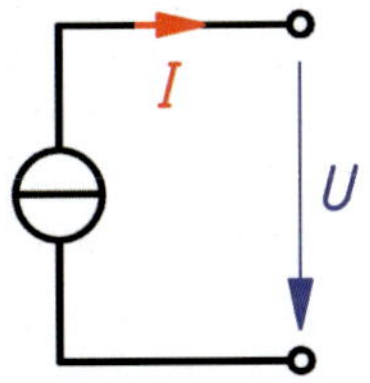

Bild 2.18 U und I im Erzeuger-Zählpfeilsystem an einer idealen Stromquelle

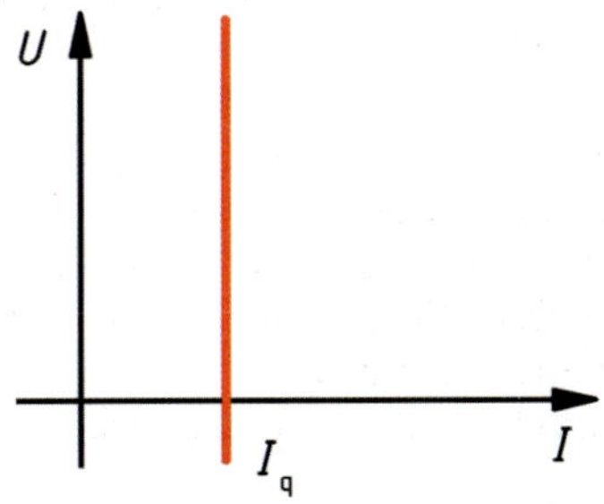

Bild 2.19 Kennlinie $U(I)$ einer idealen Stromquelle für den Fall $I_q > 0$

Das *Modell* der idealen Quelle ist immer in der Lage, sowohl als Erzeuger als auch als Verbraucher zu wirken, was bei realen Quellen in der Regel nicht der Fall ist.

2.1.3.3 Allgemeine lineare Quelle

Merkmal *linearer Quellen* ist die *lineare Abhängigkeit zwischen Klemmenstrom und Klemmenspannung*. Bild 2.21 zeigt die $U(I)$-Kennlinie einer linearen Quelle bei Verwendung des Erzeuger-Zählpfeilsystems gemäß Bild 2.20 für den Fall $U_0 > 0$.

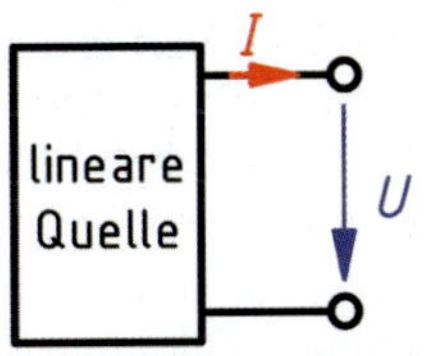

Bild 2.20 Lineare Quelle mit Zählpfeilen

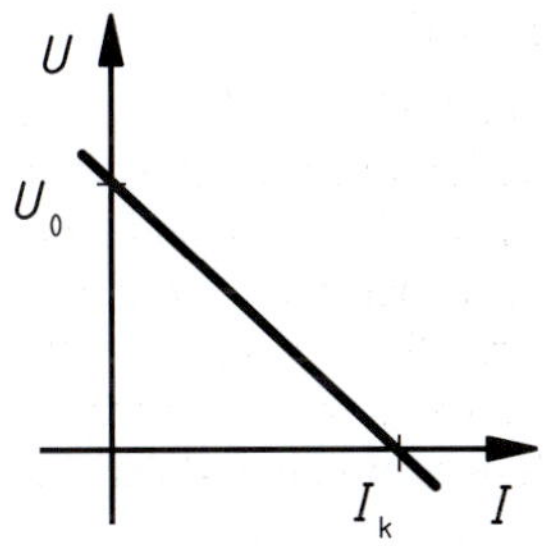

Bild 2.21 Kennlinie einer linearen Quelle bei EZS

Zwei besondere Arbeitspunkte einer linearen Quelle sind nach Bild 2.21

- Leerlauf (Klemmen offen): $I = 0$, $U = U_0$
- Kurzschluss (Klemmen kurzgeschlossen): $I = I_k$, $U = 0$

U_0 ist die *Leerlaufspannung* der Quelle (oft auch mit U_L bezeichnet[5]).

I_k ist der *Kurzschlussstrom* der Quelle.

---

[5] Hier wird U_0 statt U_L verwendet, um Verwechslungen mit der Lastspannung zu vermeiden.

Die *Strom-Spannungs-Kennlinie* $U(I)$ lässt sich bei jeder linearen Quelle durch die *lineare Funktion*

$$U(I) = U_0 - \frac{U_0}{I_k} \cdot I \tag{2.27}$$

mit festen Werten U_0 und I_k beschreiben. Das elektrische Verhalten einer linearen Quelle wird bei gegebenen Zählpfeilen also vollständig durch die *zwei Parameter* Leerlaufspannung und Kurzschlussstrom charakterisiert.

Die Kenngröße U_0/I_k hat die Dimension eines Widerstandes und wird *Innenwiderstand* R_i der linearen Quelle genannt:

$$R_i = \frac{U_0}{I_k} \tag{2.28}$$

Bei Verwendung des Erzeuger-Zählpfeilsystems haben U_0 und I_k stets gleiches Vorzeichen und R_i ist gleich der negativen Steigung der $U(I)$-Kennlinie der Quelle (Bild 2.21). Der Kehrwert des Innenwiderstandes wird als *Innenleitwert* der linearen Quelle bezeichnet:

$$G_i = \frac{1}{R_i} \tag{2.29}$$

Mit Gl. (2.28) in Gl. (2.27) erhält man die lineare Gleichung

$$U(I) = U_0 - R_i\, I\,, \tag{2.30}$$

die das Klemmenverhalten einer linearen Quelle mittels der zwei Parameter Leerlaufspannung und Innenwiderstand beschreibt. Aus Gl. (2.30) folgt durch Auflösen nach dem Klemmenstrom

$$I = \frac{U_0}{R_i} - \frac{U}{R_i}\,, \tag{2.31}$$

woraus mit Gl. (2.28) und Gl. (2.29) die lineare Gleichung

$$I(U) = I_k - G_i\, U \tag{2.32}$$

folgt, die mit den zwei Parametern Kurzschlussstrom I_k und Innenleitwert G_i das Klemmenverhalten einer linearen Quelle beschreibt.

Allgemein genügen also zwei von den drei Parametern (U_0, I_k und R_i bzw. G_i) zur vollständigen Beschreibung des Klemmenverhaltens einer linearen Quelle mit bekannten Zählpfeilen. Um diese beiden *Parameter messtechnisch zu bestimmen*, ist bei einer realen Quelle, die durch das Modell der linearen Quelle ausreichend genau beschrieben wird, die Aufnahme *zweier Messwert-Paare* (Klemmenstrom, Klemmenspannung) ausreichend[6]. In Bild 2.22 sind die Messwert-Paare (U_1, I_1) und (U_2, I_2) eingetragen. Die nachfolgenden Rechnungen und Ergebnisse setzen Erzeuger-Zählpfeilsystem an der Quelle voraus, gelten aber für Messwerte mit beliebigen Vorzeichen.

---

[6] Eine Gerade wird durch zwei verschiedene Punkte eindeutig beschrieben.

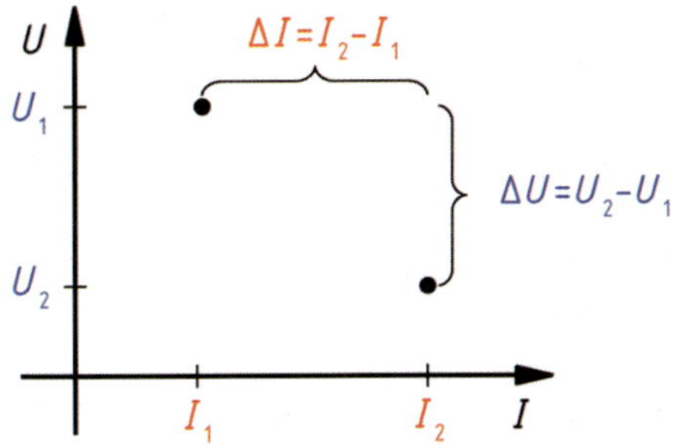

Bild 2.22 Bestimmung der Kennlinie einer linearen Quelle aus zwei Messpunkten

Aus den beiden Messwert-Paaren lässt sich zunächst der Innenwiderstand der Quelle bestimmen:

$$R_i = -\frac{\Delta U}{\Delta I} = -\frac{U_2 - U_1}{I_2 - I_1}. \tag{2.33}$$

Da Gl. (2.30) für jeden Punkt (U, I) der Kennlinie gilt, ist die Gleichung auch für die beiden Messpunkte gültig. Daraus folgen die beiden Bestimmungsgleichungen

$$U_1 = U_0 - R_i I_1 \tag{2.34}$$

und

$$U_2 = U_0 - R_i I_2, \tag{2.35}$$

von denen nur eine benötigt wird, um unter Verwendung des Ergebnisses der Gl. (2.33) die Leerlaufspannung U_0 zu berechnen. Anschließend kann aus R_i und U_0 über Gl. (2.28) der Kurzschlussstrom I_k bestimmt werden.

Besonders einfach ist die messtechnische Bestimmung der Quellen-Parameter, wenn mit einer der beiden Messungen direkt die Leerlaufspannung ermittelt werden kann. Der Kurzschlussstrom ist in der Praxis nicht direkt messtechnisch erfassbar, da reale elektrische Quellen meistens nicht kurzschlussfest sind und ein echter Kurzschluss (exakt null Ohm zwischen den Klemmen der Quelle) nicht realisierbar ist.

Das Modell der linearen Quelle lässt sich nur innerhalb gewisser Grenzen technisch realisieren. Da es mathematisch einfach handhabbar und für viele Anwendungsfälle hinreichend genau ist, spielt es in der Elektrotechnik jedoch eine bedeutende Rolle.

2.1.3.4 Lineare Spannungsquelle, lineare Stromquelle

Die Gln. (2.30) und (2.32) beschreiben gleichwertig das Klemmenverhaltens linearer Quellen bei Erzeuger-Zählpfeilsystem. Das Klemmenverhalten der aktiven Zweipole nach Bild 2.23 bzw. Bild 2.24, die jeweils aus einer *idealen Quelle* und einem *linearen Widerstand* (bzw. *linearen Leitwert*) bestehen, werden ebenfalls durch diese Gleichungen beschrieben, sofern $U_q = U_0$ und $I_q = I_k$ gesetzt wird. Damit folgt die Beschreibung des Klemmenverhaltens der linearen Spannungsquelle in der Form

$$U = U_q - R_i I \tag{2.36}$$

und der linearen Stromquelle in der mathematisch analogen Form

$$I = I_q - G_i U. \tag{2.37}$$

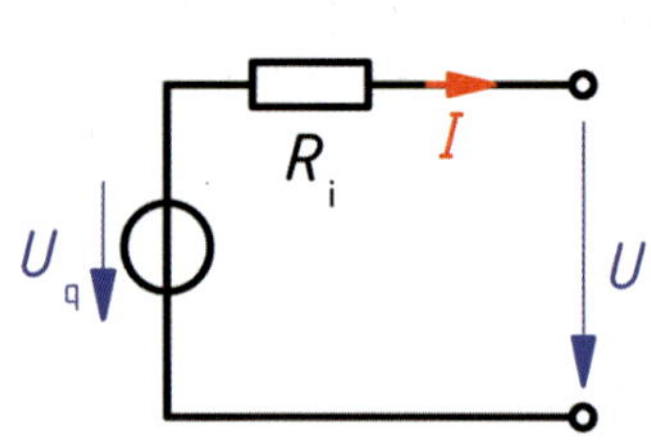

Bild 2.23 Lineare Spannungsquelle mit EZS

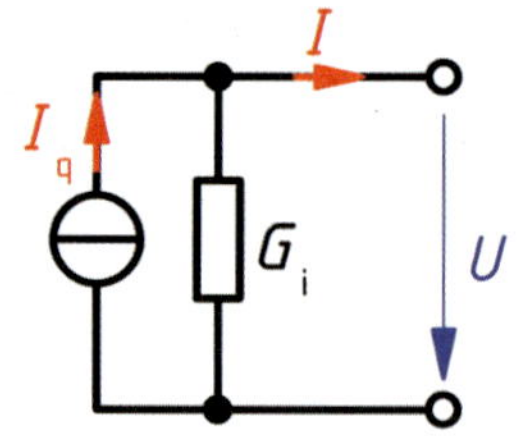

Bild 2.24 Lineare Stromquelle mit EZS

Die Quelle in Bild 2.23 wird als *lineare Spannungsquelle*, die Quelle in Bild 2.24 als *lineare Stromquelle* bezeichnet. Das *Klemmenverhalten* der beiden Quellen ist identisch, sofern die Bedingungen

$$U_q = I_q R_i \tag{2.38}$$

und

$$R_i = 1/G_i \tag{2.39}$$

erfüllt sind.

Interessant ist die Betrachtung von *Grenzfällen* dieser linearen Quellen:

- Eine lineare Spannungsquelle mit $R_i = 0$ verhält sich wie eine *ideale Spannungsquelle*.
- Eine lineare Stromquelle mit $G_i = 0$, also $R_i = 1/G_i \to \infty$ verhält sich wie eine *ideale Stromquelle*.
- Eine lineare Spannungsquelle mit $U_q = 0$ („*deaktivierte Quelle*") verhält sich wie ein *Ohmscher Widerstand* R_i.
- Eine lineare Stromquelle mit $I_q = 0$ („*deaktivierte Quelle*") verhält sich wie ein *Ohmscher Leitwert* G_i bzw. wie ein Ohmscher Widerstand $R_i = 1/G_i$.

Eine lineare Quelle mit sehr kleinem Innenwiderstand verhält sich also *näherungsweise* wie eine ideale Spannungsquelle, eine lineare Quelle mit sehr großem Innenwiderstand *näherungsweise* wie eine ideale Stromquelle.

Wie die obigen Grenzfälle verdeutlichen, lässt sich mittels des Modells der linearen Quelle bei geeigneter Wahl der Quellenparameter *das Klemmenverhalten beliebiger linearer elektrischer Zweipole beschreiben*. Von dieser Tatsache wird in Abschnitt 2.4.5 Gebrauch gemacht.

Da jede lineare Quelle bezüglich ihres Klemmenverhaltens gleichwertig als lineare Spannungs- oder lineare Stromquelle beschrieben werden kann, wählt man in einem konkreten Fall, also bei bekanntem Lastwiderstand R_{Last} an der Quelle, dasjenige Modell, das das Quellenverhalten *bei kleinen Änderungen des Lastwiderstandes* am ehesten beschreibt:

- Ist der Lastwiderstand viel größer als der Innenwiderstand der Quelle, wählt man das Modell der linearen Spannungsquelle, da sich bei kleinen Änderungen des Lastwiderstandes die Klemmenspannung U nur wenig ändert. Die Quelle verhält sich also *näherungsweise* wie eine ideale Spannungsquelle.
- Für $R_{Last} \ll R_i$ wählt man in der Regel das Modell der linearen Stromquelle, da sich bei kleinen Änderungen des Lastwiderstandes der Klemmenstrom nur wenig ändert. Die Quelle verhält sich also *näherungsweise* wie eine ideale Stromquelle.

Die Bilder 2.25 und 2.26 sollen diese Aussagen veranschaulichen. In diesen Bildern sind jeweils die Quellenkennlinie (bei Erzeuger-Zählpfeilsystem) und die Lastkennlinie (bei Verbraucher-Zählpfeilsystem) in einem gemeinsamen Diagramm dargestellt (vgl. Bilder 2.32 und 2.33). Die Schnittpunkte der Kennlinien von Quelle und Last sind die *Arbeitspunkte* der Schaltung. Man erkennt auch gut: je größer der Wert von R_i bzw. von R_{Last} ist, desto steiler verläuft die $U(I)$-Kennlinie der linearen Quelle bzw. des Lastwiderstandes.

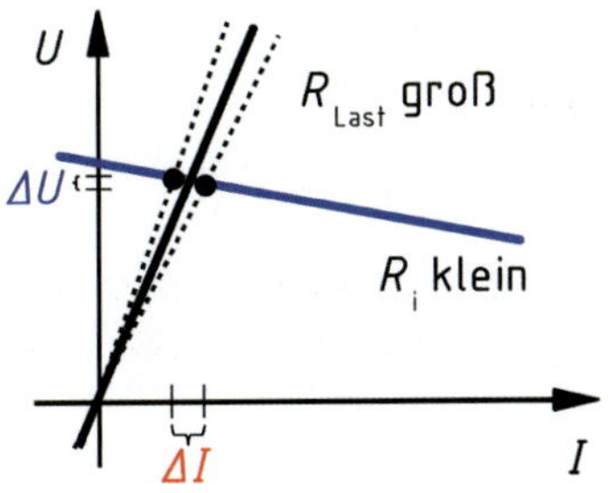

Bild 2.25 Lineare Spannungsquelle an großem Lastwiderstand

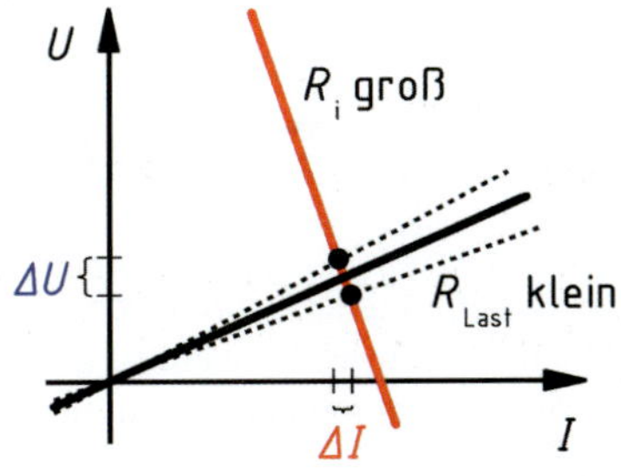

Bild 2.26 Lineare Stromquelle an kleinem Lastwiderstand

2.1.3.5 Reale Quellen

Technisch realisierte Quellen können nur in mehr oder weniger guter Näherung mittels der Modelle der idealen bzw. linearen Quelle beschrieben werden. Hochwertige *elektronisch geregelte Konstantspannungsquellen* verhalten sich innerhalb eines bestimmten Betriebsbereiches fast wie ideale Spannungsquellen. Bild 2.27 zeigt ein Beispiel für die Kennlinie $U(I)$ einer solchen realen Quelle. Diese Quelle liefert eine näherungsweise konstante (oftmals einstellbare) Spannung, sofern sie einen Strom zwischen null und einem bestimmten (oftmals einstellbaren) Maximalstrom liefern muss. Wird der Maximalstrom überschritten, senkt die Quelle ihre Spannung ab. Durch dieses Verhalten können die Quelle und die von ihr gespeiste Schaltung vor Überlastung geschützt werden. Die hier betrachtete reale Quelle kann keine negativen Ströme liefern.

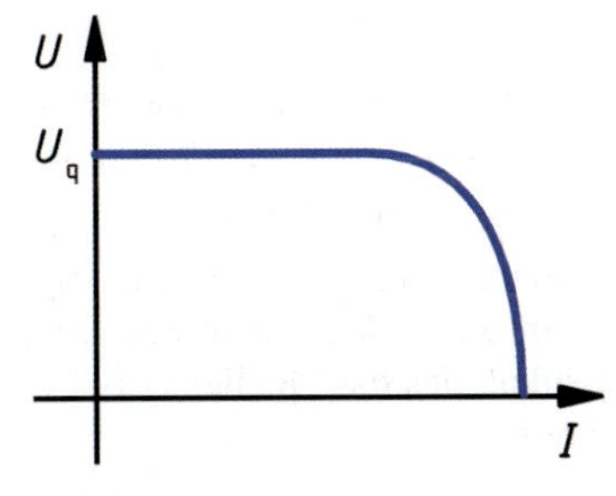

Bild 2.27 Kennlinie einer elektronisch geregelten Spannungsquelle mit Strombegrenzung (schematisch)

Eine ideale Gleichstromquelle kann innerhalb eines bestimmten Betriebsbereiches durch eine *elektronisch geregelte Konstantstromquelle* nachgebildet werden. Bild 2.28 zeigt ein Beispiel für die Kennlinie $U(I)$ einer solchen Quelle.

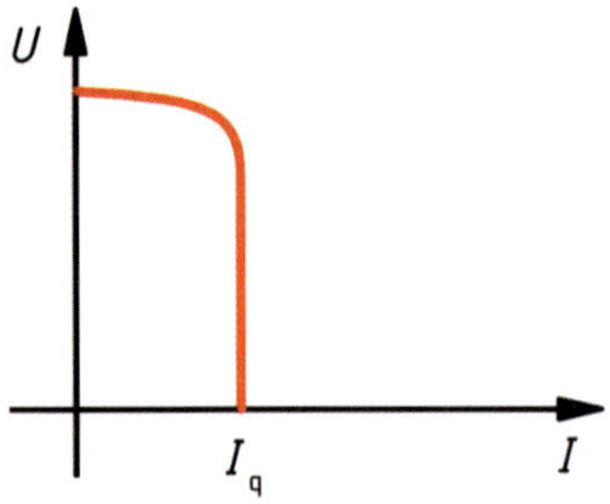

Bild 2.28 Kennlinie einer elektronisch geregelten Stromquelle mit Spannungsbegrenzung (schematisch)

Bei realen elektrischen Quellen, deren stets nichtlineares Klemmenverhalten durch das Modell der linearen Quelle beschrieben werden soll, sind die messtechnisch ermittelten Werte der Quellen-Parameter im allgemeinen abhängig von den gewählten Messpunkten!

Beispiel 2.12 Modellierung eines Akkumulators durch eine lineare Quelle

Ein Akkumulator liefert im Leerlauf die Spannung U_0 = 24,5 V und bei Belastung mit dem Nennstrom I_{nom} = 80 A die Nennspannung U_{nom} = 23,6 V. Das durch diese beiden Arbeitspunkte beschriebene Klemmenverhalten soll mittels des Modells der linearen Quelle nachgebildet werden. Für dieses Modell sind der Innenwiderstand R_i und der Kurzschlussstrom I_k zu bestimmen.

Nach Gl. (2.33) beträgt der Innenwiderstand

$$R_i = -\frac{\Delta U}{\Delta I} = \frac{U_0 - U_{nom}}{I_{nom} - 0} = \frac{24{,}5\ \text{V} - 23{,}6\ \text{V}}{80\ \text{A}} = 11{,}25\ \text{m}\Omega.$$

Der Kurzschlussstrom ergibt sich mit Gl. (2.28) zu

$$I_k = \frac{U_0}{R_i} = \frac{24{,}5\ \text{V}}{11{,}25\ \text{m}\Omega} = 2178\ \text{A}.$$

Dieser Wert ist um den Faktor 27 größer als der Nennstrom. Der tatsächliche Kurzschlussstrom ist wesentlich kleiner, da das Modell der linearen Quelle das tatsächliche Verhalten eines Akkumulators mit zunehmender Belastung immer schlechter beschreibt. Da Akkumulatoren der hier betrachteten Art bei Kurzschluss durchaus Ströme von vielen Hundert Ampere liefern können, ist dieser Betriebsfall unbedingt zu vermeiden, da er nach einigen Sekunden zur Explosion des Akkumulators führen kann.

Beispiel 2.13 Modellierung einer elektronischen Konstantstromquelle durch eine lineare Quelle

Eine elektronisch geregelte Konstantstromquelle liefert bei der Klemmenspannung U_1 = 2 V den Strom I_1 = 60 mA. Wenn sie an ihren Klemmen die Spannung U_2 = 8 V aufbauen muss, sinkt der Strom auf I_2 = 57 mA ab. Beide Messpunkte liegen im linearen Bereich der Quellenkennlinie. Gesucht sind die Kenngrößen U_0, I_k und R_i des linearen Quellenmodells, das diesen Kennlinienabschnitt beschreibt.

Gl. (2.33) liefert den Innenwiderstand

$$R_i = -\frac{\Delta U}{\Delta I} = \frac{U_2 - U_1}{I_1 - I_2} = \frac{8\ \text{V} - 2\ \text{V}}{60\ \text{mA} - 57\ \text{mA}} = 2\ \text{k}\Omega$$

und Gl. (2.34) die Leerlaufspannung

$$U_0 = U_1 + R_i\, I_1 = 2\ \text{V} + 2\ \text{k}\Omega \cdot 60\ \text{mA} = 122\ \text{V},$$

die hier nur theoretischen Wert hat, da die Kennlinie einer realen Konstantstromquelle nur in der Nähe des Kurzschlusspunktes linear verläuft (vgl. Bild 2.28). Der Kurzschlussstrom ergibt sich aus Gl. (2.28) zu

$$I_k = \frac{U_0}{R_i} = \frac{122\ \text{V}}{2\ \text{k}\Omega} = 61\ \text{mA}.$$

2.1.4 Energie und Leistung

In diesem Abschnitt wird anhand eines allgemeinen Modells die in einem *beliebigen* Zweipol umgesetzte Energie und Leistung aus den Klemmengrößen hergeleitet. Es wird gezeigt, dass die richtige Interpretation berechneter Energie- und Leistungswerte hinsichtlich der Richtung des Energieflusses einfach möglich ist, wenn konsequent mit Zählpfeilen gearbeitet wird. Die gleichermaßen für die Nachrichten- wie die Energietechnik wichtigen Begriffe Verlust, Wirkungsgrad und Leistungsanpassung werden eingeführt und auf einfache Schaltungen mit großer praktischer Bedeutung angewandt.

2.1.4.1 Energieumsatz von Zweipolen

Betrachtet wird eine Ladungsströmung durch einen beliebigen zeitinvarianten Zweipol (Bild 2.29). Die Klemmen des Zweipols sind mit A und B bezeichnet.

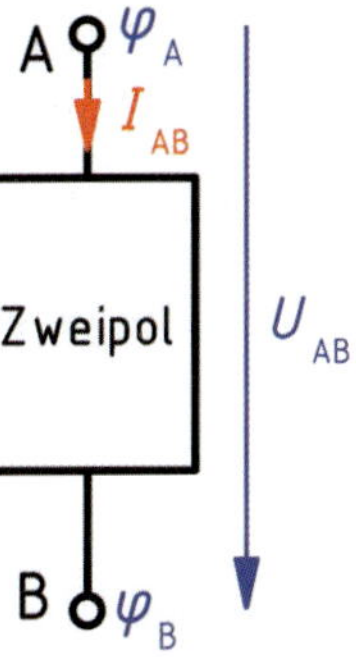

Bild 2.29 Allgemeiner Zweipol mit Zählpfeilen im VZS

Die Klemme A habe das Potenzial φ_A, die Klemme B das Potenzial φ_B. Aus der Definition des elektrischen Potenzials in Gl. (1.13) folgt: Die Energie einer Ladung ΔQ auf Potenzial φ_A ist

$$\Delta W_A = \Delta Q\, \varphi_A\,, \tag{2.40}$$

die Energie dieser Ladungsmenge auf Potenzial φ_B ist

$$\Delta W_B = \Delta Q\, \varphi_B\,. \tag{2.41}$$

Strömt die Ladung ΔQ innerhalb eines Zeitraumes Δt gleichförmig von Klemme A durch den Zweipol zu Klemme B, so fließt gemäß Gl. (1.7) von Klemme A zu Klemme B der Strom

$$I_{AB} = \frac{\Delta Q}{\Delta t}\,. \tag{2.42}$$

Bei der Strömung der Ladung ΔQ durch den Zweipol *verringert* sich ihre *elektrische Energie* formal um den Wert

$$\Delta W_{AB} = \Delta W_A - \Delta W_B\,. \tag{2.43}$$

Ist $\Delta W_{AB} > 0$, nimmt die Energie der Ladungsträger tatsächlich um ΔW_{AB} ab. Diese elektrische Energie wird dem Stromkreis im Zweipol entzogen. Somit nimmt der Zweipol elektrische Energie aus dem Stromkreis auf, wirkt also als *Verbraucher* (Abschnitt 1.3.4).

Ist $\Delta W_{AB} < 0$, so nimmt die Energie der Ladungsträger beim Durchströmen des Zweipols tatsächlich um $-\Delta W_{AB} = |\Delta W_{AB}|$ zu. Diese Energie wird den Ladungsträgern im Zweipol zugeführt, der somit als *Erzeuger* wirkt (Abschnitt 1.3.4).

Aus Gl. (2.43) folgt mit den Gln. (2.40), (2.41), (2.42) und der in Bild 2.29 im Verbraucher-Zählpfeilsystem angetragenen Spannung

$$U_{AB} = \varphi_A - \varphi_B \tag{2.44}$$

$$\Delta W_{AB} = \Delta Q \varphi_A - \Delta Q \varphi_B = \Delta Q(\varphi_A - \varphi_B) = \Delta Q U_{AB} = I_{AB} \Delta t U_{AB}, \tag{2.45}$$

also

$$\Delta W_{AB} = U_{AB} I_{AB} \Delta t . \tag{2.46}$$

Für den Fall zeitinvarianter Größen lautet die *allgemein übliche* Schreibweise der Gl. (2.46)

$$W = U I t . \tag{2.47}$$

Bei Verbraucher-Zählpfeilsystem nimmt ein Zweipol die mittels Gl. (2.47) berechnete elektrische Energie W auf. Ist W < 0, so gibt er tatsächlich die Energie |W| ab.

In Gl. (2.47) ist durch das *Weglassen der Indizes* der Klemmengrößen die Information über das verwendete Zählpfeilsystem verloren gegangen. Die Herleitung der Gleichung und die oben angegebene Interpretation der Bedeutung der mit ihr berechneten Energie gelten aber nur bei *Verbraucher-Zählpfeilsystem* am Zweipol!

Nun wird zur Beschreibung des oben betrachteten Vorgangs das *Erzeuger-Zählpfeilsystem* am Zweipol verwendet. Dies wird dadurch erreicht, dass nur der Zählpfeil der Spannung umgedreht wird, also eine Spannung $U_{BA} = \varphi_B - \varphi_A = -U_{AB}$ mit Zählpfeil von Klemme B zu Klemme A betrachtet wird. Dann folgt an Stelle von Gl. (2.46) die Gleichung

$$\Delta W_{AB} = -U_{BA} I_{AB} \Delta t , \tag{2.48}$$

die sich bei Weglassen aller Indizes bzgl. des Vorzeichens von Gl. (2.46) unterscheidet!

Wird bei einem Zweipol mit *Erzeuger-Zählpfeilsystem* die allgemein übliche Gl. (2.47) verwendet, so ist das Rechenergebnis anders zu interpretieren: *Bei Erzeuger-Zählpfeilsystem gibt ein Zweipol die mittels Gl. (2.47) berechnete elektrische Energie W ab. Ist W < 0, nimmt er |W| auf.*

Im Fall zeitvarianter Vorgänge sind in der Herleitung von Gl. (2.46) die Zeitfunktionen $u(t)$, $i(t)$ und infinitesimal kleine Größen $\Delta Q \to \mathrm{d}Q$, $\Delta t \to \mathrm{d}t$ und $\Delta W \to \mathrm{d}W$ zu betrachten. Anschließend ist über die Zeit zu integrieren, was zu der symbolischen Schreibweise

$$W = \int u(t)\, i(t)\, \mathrm{d}t \tag{2.49}$$

führt, die die Verallgemeinerung von Gl. (2.47) darstellt. Für die *Interpretation der berechneten Zahlenwerte* gelten unverändert die obigen Aussagen.

In der Mechanik übliche Einheiten für die Energie sind Joule und Newtonmeter (Gl. 1.3). In der Elektrotechnik wird als Basiseinheit der Energie die Wattsekunde verwendet:

$$[W] = 1\ \mathrm{Ws} \tag{2.50}$$

Da insbesondere in der Energietechnik sehr hohe Energiemengen[7] auftreten, werden in der Praxis oft die nicht kohärenten Energieeinheiten 1 kWh = $3{,}6 \cdot 10^6$ Ws, 1 MWh = $3{,}6 \cdot 10^9$ Ws und 1 GWh = $3{,}6 \cdot 10^{12}$ Ws verwendet.

7 Eine mittlere Windenergieanlage liefert ca. 3000 MWh pro Jahr, ein mittleres Steinkohle- oder Kernkraftwerk ca. 5000 GWh.

Beispiel 2.14 Energieumsatz einer Kühltasche

Eine Kühltasche zum Anschluss an das 12 V Bordnetz von Pkws nimmt einen Strom von 4 A auf. Wie groß ist die von der Kühltasche innerhalb von 8 Stunden aufgenommene elektrische Energie?

Aus Gl. (2.47) folgt

$$W = 12\ \mathrm{V} \cdot 4\ \mathrm{A} \cdot 8\ \mathrm{h} = 384\ \mathrm{Wh}\,.$$

2.1.4.2 Leistungsumsatz von Zweipolen

Die in einem Zweipol eines Gleichstromnetzwerks umgesetzte Energie hängt davon ab, wie lange dieser Zweipol (z. B. Glühlampe, Batterie) in Betrieb ist. Verdoppelt man die Betriebsdauer, so verdoppelt sich auch die umgesetzte Energie. Daher liegt es nahe, die umgesetzte Energie auf die Betriebsdauer zu beziehen, wodurch sich eine *Kenngröße für den Energieumsatz des Zweipols pro Zeit* ergibt: es ist die vom Zweipol umgesetzte *elektrische Leistung P*. Bei zeitinvarianten Anordnungen gilt

$$P = \frac{W}{t}\,. \tag{2.51}$$

Allgemein ist der Augenblickswert der Leistung gleich der zeitlichen Ableitung der Energie

$$p(t) = \frac{\mathrm{d}}{\mathrm{d}t} W(t)\,. \tag{2.52}$$

Ist W im betrachteten Zeitraum t nicht konstant, liefert Gl. (2.51) die *mittlere Leistung*. Mit Gl. (2.47) folgt aus Gl. (2.51) für beliebige Zweipole in Gleichstromnetzwerken

$$P = U\, I \tag{2.53}$$

bzw. allgemein für beliebige Zweipole bei zeitvarianten Klemmengrößen

$$p(t) = u(t)\, i(t)\,. \tag{2.54}$$

Die SI-Einheit der Leistung ist das Watt. Aus Gl. (2.53) folgt

$$[P] = [U] \cdot [I] = 1\ \mathrm{V} \cdot 1\ \mathrm{A} = 1\ \mathrm{W}\,. \tag{2.55}$$

Ausschließlich zur Berechnung der in Ohmschen Widerständen umgesetzten Leistung folgen aus dem Ohmschen Gesetz zusätzlich zu Gl. (2.53)

$$P = \frac{U^2}{R} \tag{2.56}$$

und

$$P = I^2 R\,. \tag{2.57}$$

Da das Ohmsche Gesetz in der Form von Gl. (2.7) nur für das Verbraucher-Zählpfeilsystem gilt, liegt den Gln. (2.56) und (2.57) implizit auch das Verbraucher-Zählpfeilsystem zugrunde!

Beispiel 2.15 Maximale Betriebsspannung eines Widerstandes

An welcher Spannung darf ein Widerstand mit dem Widerstandswert 4,7 kΩ und einer Belastbarkeit von 1/8 W maximal betrieben werden, damit er thermisch nicht überlastet wird?

Aus Gl. (2.56) folgt

$$U = \sqrt{P\,R} = \sqrt{0{,}125\ \mathrm{W} \cdot 4{,}7\ \mathrm{k\Omega}} \approx 24\ \mathrm{V}\,.$$

Beispiel 2.16 Betrieb eines Widerstandes mit halber Nennleistung

Ein Ohmscher Widerstand soll nur 50 % seiner Nennleistung aufnehmen. Wie weit ist seine Betriebsspannung dafür gegenüber der Spannung, bei der er seine Nennleistung aufnimmt, abzusenken?

Bei Betrieb mit Nennleistung gilt wegen Gl. (2.56)

$$U_{\mathrm{nom}} = \sqrt{P_{\mathrm{nom}}\, R}\,,$$

bei Betrieb mit halber Nennleistung

$$U_{0{,}5\,\mathrm{nom}} = \sqrt{P_{0{,}5\,\mathrm{nom}}\, R} = \sqrt{0{,}5 \cdot P_{\mathrm{nom}}\, R} = \sqrt{0{,}5} \cdot \sqrt{P_{\mathrm{nom}}\, R} = \sqrt{0{,}5} \cdot U_{\mathrm{nom}} = 0{,}7071 \cdot U_{\mathrm{nom}}\,.$$

Wegen der quadratischen Abhängigkeit zwischen Leistung und Spannung bei einem Ohmschen Widerstand führt eine Absenkung der Spannung um 30 % etwa zu einer Halbierung der umgesetzten Leistung.

2.1.4.3 Interpretation von berechneten Leistungen

Die Überlegungen zur Interpretation des berechneten Wertes der in einem Zweipol umgesetzten Energie in Abhängigkeit vom verwendeten Zählpfeilsystem aus Abschnitt 2.1.4.1 sind direkt auf elektrische Leistungen übertragbar, die mittels Gl. (2.53) berechnet wurden. Daraus folgen die in Tabelle 2.3 zusammengefassten Aussagen.

Tabelle 2.3 Interpretation von Leistungen aufgrund von Vorzeichen und Zählpfeilsystem

$P = UI$	VZS am Zweipol	EZS am Zweipol
$P > 0$	Zweipol nimmt die Leistung P auf, wirkt also als Verbraucher	Zweipol gibt die Leistung P ab, wirkt also als Erzeuger
$P < 0$	Zweipol gibt die Leistung $\lvert P \rvert$ ab, wirkt also als Erzeuger	Zweipol nimmt die Leistung $\lvert P \rvert$ auf, wirkt also als Verbraucher

Um die Richtung des Energiestroms bei einem Zweipol zu kennzeichnen, kann man auch für die Leistung P einen *Leistungszählpfeil* verwenden. Bei Verbraucher-Zählpfeilsystem weist der Zählpfeil für P zum betrachteten Zweipol, bei Erzeuger-Zählpfeilsystem vom Zweipol weg (Bild 2.30). Die *tatsächliche* Richtung des Energiestroms ergibt sich aus der Richtung des Zählpfeils für P zusammen mit dem Vorzeichen von P aus Tabelle 2.3.

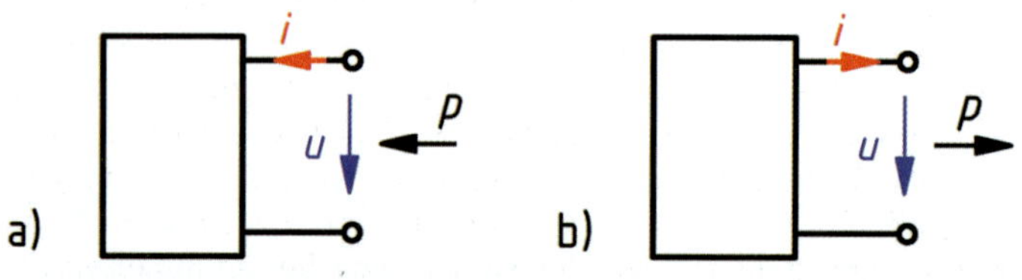

Bild 2.30 Zählpfeile für die in Zweipolen umgesetzte Leistung bei VZS (a) bzw. EZS (b)

2.1.4.4 Verluste und Wirkungsgrad

Bei der *Energieumwandlung* von einer Form W_{zu} (z. B. elektrischer Energie) in eine andere Form W_{Nutz} (z. B. mechanische Energie) wird stets ein Teil der zugeführten Energie in eine nicht erwünschte Form W_{Verlust} (meist Wärmeenergie) umgesetzt (Bild 2.31).

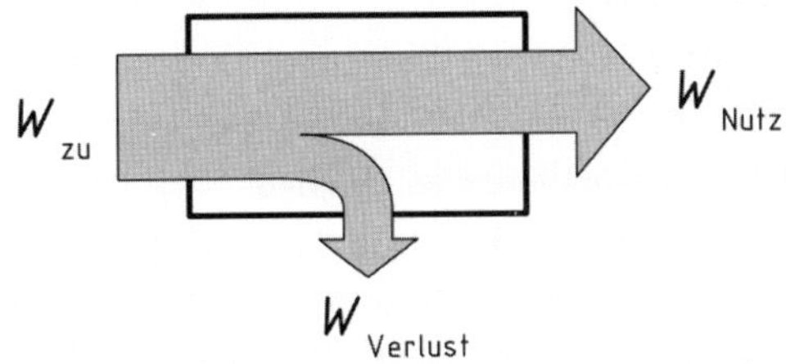

Bild 2.31 Schematisierter Energieumwandlungsprozess

Unter der Voraussetzung, dass innerhalb des Prozesses keine Energie gespeichert werden kann, gilt

$$W_{zu} = W_{Nutz} + W_{Verlust} \,. \tag{2.58}$$

Bezieht man die innerhalb eines Zeitintervalls umgesetzten Energien auf dieses Zeitintervall, erhält man gemäß Gl. (2.51) bzw. Gl. (2.52) eine Aussage über die umgesetzten Leistungen:

$$P_{zu} = P_{Nutz} + P_{Verlust} \tag{2.59}$$

Ein Maß für die *Effizienz der Energieumwandlung* ist der *Wirkungsgrad* η mit

$$\eta = \frac{P_{Nutz}}{P_{zu}} = \frac{P_{zu} - P_{Verlust}}{P_{zu}} = 1 - \frac{P_{Verlust}}{P_{zu}} \,. \tag{2.60}$$

Der Wirkungsgrad wird meist in Prozent angegeben. Bei physikalischen Prozessen kann er nicht größer als 100 % sein.

Gelegentlich wird zur Beurteilung von Energieumwandlungsprozessen auch der *energetische Wirkungsgrad*

$$\eta_W = \frac{W_{Nutz}}{W_{zu}} \tag{2.61}$$

verwendet, z. B. bei Ladung und Entladung von Akkumulatoren (Abschnitt 10.3.3).

Der Wirkungsgrad einer Rundfunkübertragung, also das Verhältnis der Empfangsleistung an der Antenne zu der im Sender erzeugten elektrischen Leistung liegt bei Werten von 10^{-14} oder noch darunter. Bei der Übertragung der Informationen von Forschungssatelliten zur Empfangsstation auf der Erde treten Wirkungsgrade auf, die noch um mehrere Zehnerpotenzen darunter liegen. Kleine Haushaltsgeräte haben teilweise nur geringe Wirkungsgrade von etwa 10 %. Es ist ein besonderer Vorteil großer elektrischer Maschinen, dass ihr Wirkungsgrad fast immer weit höher ist als der vergleichbarer anderer Kraftmaschinen. So haben Generatoren Wirkungsgrade bis über 98 % und große Transformatoren bis über 99 %. Auch bei der Energieübertragung ist die elektrische Energie den meisten anderen Möglichkeiten eines Energietransports und der anschließenden Energieumwandlung bezüglich der geringen Verluste überlegen.

Beispiel 2.17 Leistungsaufnahme und Verluste eines Elektromotors

Welche elektrische Leistung P_{Motor} muss ein Elektromotor aufnehmen, der mit einem Wirkungsgrad $\eta = 88$ % elektrische in mechanische Leistung umwandelt und eine Kreiselpumpe mit der Leistungsaufnahme $P_{Pumpe} = 3$ kW antreiben soll?

Da der Elektromotor $P_{Nutz} = 3{,}0$ kW mechanisch abgeben muss, ergibt sich nach Gl. (2.60) die notwendige Leistungsaufnahme zu

$$P_{Motor} = P_{zu} = \frac{P_{Nutz}}{\eta} = \frac{P_{Pumpe}}{\eta} = \frac{3\ \text{kW}}{0{,}88} = 3{,}409\ \text{kW}.$$

Die im Motor anfallende Verlustleistung beträgt

$$P_{\text{Verlust}} = P_{\text{zu}} - P_{\text{Nutz}} = 3{,}409\ \text{kW} - 3{,}0\ \text{kW} = 409\ \text{W}.$$

2.1.4.5 Leerlauf, Kurzschluss und Leistungsanpassung bei linearen Quellen

Zunächst wird eine Anordnung aus einer *beliebigen* elektrischen Quelle und einem *beliebigen, einstellbaren* Lastwiderstand R_{Last} betrachtet (Bild 2.32). Die über die Klemmen von der Quelle an die Last abgegebene Leistung lässt sich nach Gl. (2.53) über die den beiden Zweipolen gemeinsamen Klemmengrößen ausdrücken als

$$P_{\text{Last}} = U\,I. \tag{2.62}$$

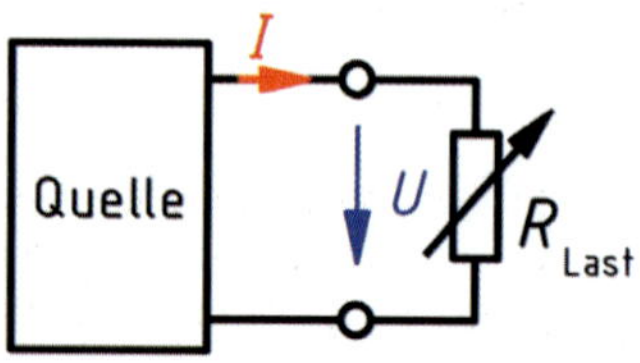

Bild 2.32 Quelle mit Lastwiderstand und Zählpfeilen für die Klemmengrößen

Bei $I = 0$ (*Leerlauf*, also $R_{\text{Last}} \to \infty$) und bei $U = 0$ (*Kurzschluss*, also $R_{\text{Last}} = 0$) gilt wegen Gl. (2.62) $P_{\text{Last}} = 0$, es wird also keine Leistung von der Quelle an die Last abgegeben. Im Bereich zwischen diesen beiden extremen Lastfällen muss es einen Wert von R_{Last} geben, für den die an die Last abgegebene Leistung maximal ist. Daraus ergibt sich die für nachrichtentechnische und messtechnische Anwendungen sehr wichtige Fragestellung: *Welchen Wert muss ein Lastwiderstand haben, damit eine gegebene Quelle möglichst viel Leistung an ihn abgibt?*

Bei *realen Quellen* mit beliebiger Abhängigkeit zwischen den Klemmengrößen (z. B. bei Solargeneratoren [41] oder elektronisch geregelten Quellen (Abschnitt 2.1.3.5) wird mittels der Strom-Spannungs-Kennlinie der Quelle *punktweise* das Produkt nach Gl. (2.53) berechnet. Man erhält in der Regel genau einen *Arbeitspunkt* (U_{Pmax}, I_{Pmax}), bei dem P_{Last} maximal ist. Dieser Arbeitspunkt kann eingestellt werden, indem die Quelle mit dem Lastwiderstand

$$R_{\text{Last}} = \frac{U_{\text{Pmax}}}{I_{\text{Pmax}}} \tag{2.63}$$

beschaltet wird.

Nun wird der besonders wichtige Spezialfall untersucht, dass es sich in Bild 2.32 bei der Quelle um eine *lineare Quelle* und bei dem einstellbaren Lastwiderstand um einen *linearen Widerstand* handelt. Die gemeinsamen Klemmengrößen U und I müssen nun sowohl Gl. (2.30) erfüllen, die das Klemmenverhalten linearer Quellen bei Erzeuger-Zählpfeilsystem beschreibt, als auch das Ohmsche Gesetz, das das Klemmenverhalten linearer Widerstände bei Verbraucher-Zählpfeilsystem beschreibt. Der sich bei der Zusammenschaltung ergebende *Arbeitspunkt* (U_{AP}, I_{AP}) muss also sowohl auf der *Quellenkennlinie* als auch auf der *Lastkennlinie* liegen. In Bild 2.33 sind die Kennlinien der beiden Zweipole für den Fall $U_0 > 0$ in einem gemeinsamen Diagramm dargestellt. Der Schnittpunkt der Kennlinien ist der sich einstellende Arbeitspunkt AP – im Fall einer linearen Quelle an einem linearen Zweipol kann es nur genau einer sein.

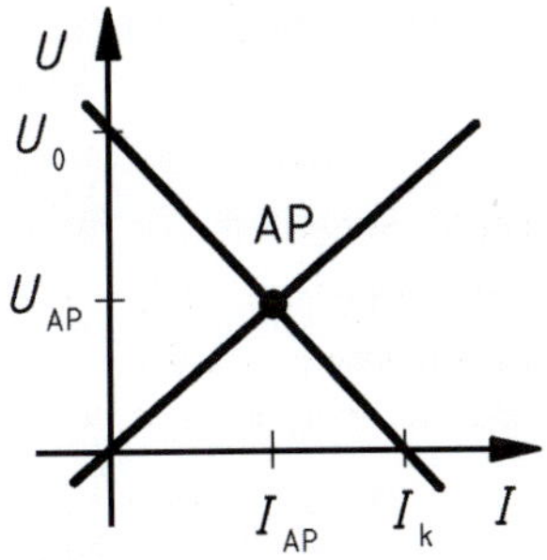

Bild 2.33 Grafische Bestimmung des Arbeitspunktes aus Quellen- und Lastkennlinie

Aus Gl. (2.62) folgt mit Gl. (2.30) die von der Quelle an die Last abgegebene Leistung

$$P_{\text{Last}} = U\,I = (U_0 - R_\text{i}\,I)\,I = U_0\,I - R_\text{i}\,I^2\,. \tag{2.64}$$

Die Funktion $P_{\text{Last}}\,(I)$ wird also durch eine nach unten geöffnete Parabel dargestellt, die bei $I = 0$ und $I = U_0/R_\text{i} = I_\text{k}$ Nullstellen hat (Bild 2.34). Daraus folgt, dass das Maximum der Funktion (2.64) bei $I = 0{,}5\,I_\text{k}$ liegen muss. Die zugehörige Spannung ist nach Gl. (2.20) bzw. Bild 2.34 $U = 0{,}5\,U_0$.

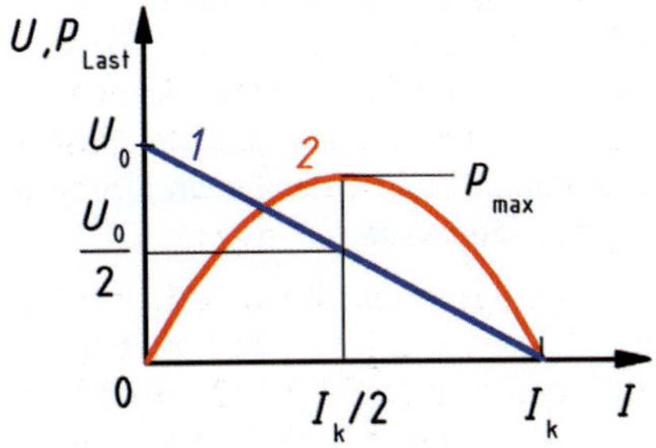

Bild 2.34 Strom-Spannungs-Kennlinie (1) und Strom-Leistungs-Kennlinie (2) einer linearen Quelle

Zum gleichen Ergebnis kommt man analytisch durch Ableiten der Funktion (2.64) nach der Variablen I und Nullsetzen des Ergebnisses:

$$\frac{\text{d}}{\text{d}I}P_{\text{Last}}(I) = U_0 - R_\text{i}\,2\,I = 0\,. \tag{2.65}$$

Daraus folgt

$$I = \frac{U_0}{2\,R_\text{i}} = \frac{1}{2}I_\text{k}\,. \tag{2.66}$$

Durch Einsetzen von Gl. (2.66) in Gl. (2.30) erhält man

$$U = U_0 - R_\text{i}\,\frac{U_0}{2\,R_\text{i}} = \frac{U_0}{2}\,. \tag{2.67}$$

Die maximal übertragbare Leistung ist also

$$P_{\max} = \frac{U_0}{2}\cdot\frac{I_\text{k}}{2} = \frac{1}{4}U_0\,I_\text{k}\,. \tag{2.68}$$

Der erforderliche Wert des Lastwiderstandes, um diesen Betriebspunkt einzustellen, ergibt sich aus seinen durch die Gln. (2.66) und (2.67) bestimmten Klemmengrößen zu

$$R_{\mathrm{Last}} = \frac{0{,}5\,U_0}{0{,}5\,I_{\mathrm{K}}} = \frac{U_0}{I_{\mathrm{k}}}, \tag{2.69}$$

woraus mit Gl. (2.28) die Bedingung für *Leistungsanpassung* bei linearen Quellen in Gleichstromnetzwerken folgt:

$$R_{\mathrm{Last}} = R_{\mathrm{i}}. \tag{2.70}$$

Eine lineare Quelle gibt maximale Leistung an einen Lastwiderstand ab, wenn der Wert des Lastwiderstandes gleich dem Innenwiderstand der Quelle ist.

Nun soll der *Wirkungsgrad* der gerade betrachteten Anordnung *im Anpassungsfall* untersucht werden. Die *Nutzleistung* P_{Nutz} ist die im Lastwiderstand umgesetzte Leistung. Die *zugeführte Leistung* P_{zu} ist die Leistung, die innerhalb der linearen Quelle in elektrische Leistung umgesetzt wird. Um sie berechnen zu können, ist es notwendig, die allgemeine lineare Quelle konkret durch eine *ideale Quelle*, in der die elektrische Energie zugeführt wird, und einen Widerstand zu modellieren. Gewählt wird eine lineare Spannungsquelle (Abschnitt 2.1.3.4) mit den Parametern $U_{\mathrm{q}} = U_0$ und R_{i}. Die in der idealen Quelle zugeführte Leistung ergibt sich aus dem Produkt ihrer Quellenspannung und des Stroms nach Gl. (2.66), der im Anpassungsfall durch sie fließt

$$P_{\mathrm{zu}} = U_0 \cdot \frac{1}{2} I_{\mathrm{k}}. \tag{2.71}$$

(Dieses Ergebnis erhält man auch bei Durchführung der Rechnung mit einer linearen Stromquelle.) Damit ist der Wirkungsgrad der Schaltung bei Leistungsanpassung

$$\eta = \frac{P_{\mathrm{Nutz}}}{P_{\mathrm{zu}}} = \frac{\frac{1}{4} U_0\, I_{\mathrm{k}}}{\frac{1}{2} U_0\, I_{\mathrm{k}}} = 0{,}5 = 50\,\%. \tag{2.72}$$

Das heißt, dass nur die Hälfte der innerhalb der Quelle zugeführten Leistung genutzt wird und die andere Hälfte verloren geht. Damit ist der Betriebsfall der Leistungsanpassung für die Energietechnik völlig unakzeptabel. Bei der Übertragung elektrischer Energie werden Wirkungsgrade von > 98 % angestrebt. Dies wird erreicht durch $R_{\mathrm{Last}} \gg R_{\mathrm{i}}$.

Beispiel 2.18 Maximale Leistungsabgabe einer linearen Quelle

Die Starterbatterie eines Kfz habe die Leerlaufspannung $U_0 = 13{,}8$ V und den Innenwiderstand $R_{\mathrm{i}} = 40$ mΩ. Welche Leistung kann der Akkumulator maximal an einen Verbraucher abgeben? Wie groß muss für diesen Fall der Widerstand des Verbrauchers sein?

Die maximal abgebbare Leistung beträgt nach Gl. (2.68) mit Gl. (2.28)

$$P_{\max} = \frac{U_0^2}{4\,R_{\mathrm{i}}} = \frac{13{,}8^2\,\mathrm{V}^2}{4 \cdot 40\,\mathrm{m\Omega}} = 1{,}19\,\mathrm{kW}.$$

Diese Leistung wird tatsächlich abgegeben, wenn die Anpassungsbedingung Gl. (2.70) erfüllt ist:

$$R_{\mathrm{Last}} = R_{\mathrm{i}} = 40\,\mathrm{m\Omega}.$$

Abschließend sollen die am Anfang dieses Abschnitts betrachteten extremen Lastfälle *Leerlauf* und *Kurzschluss* bei einer *linearen Spannungsquelle* und einer *linearen Stromquelle* betrachtet werden, die *identisches Klemmenverhalten* aufweisen, also die Gln. (2.38) und (2.39) erfüllen. In beiden Lastfällen geben beide Quellen keine Leistung ab.

Bei *Leerlauf* wird in der linearen Spannungsquelle *keine Leistung* umgesetzt, da kein Strom fließt. Dieser Betriebsfall ist also der *energetisch günstigste*. In der linearen Stromquelle muss bei Leerlauf der gesamte Quellenstrom I_q durch den Innenwiderstand R_i fließen. Die elektrische Leistung $I_q^2\ R_i$, die innerhalb der (idealen) Quelle zugeführt wird, geht auch innerhalb der (linearen) Quelle wieder verloren. Dies ist der *energetisch ungünstigste* Betriebsfall einer linearen Stromquelle.

Bei *Kurzschluss* einer linearen Spannungsquelle fließt durch die Quelle der Kurzschlussstrom U_q/R_i, der dazu führt, dass innerhalb der (idealen) Quelle dem Stromkreis die Leistung U_q^2/R_i zugeführt wird, die innerhalb des Innenwiderstandes der (linearen) Quelle gleich wieder dem Stromkreis entzogen wird. Dies ist der *energetisch ungünstigste* Betriebsfall einer linearen Spannungsquelle. Bei Kurzschluss einer linearen Stromquelle fließt der gesamte Quellenstrom durch den Kurzschluss. Die Spannung über der (idealen) Quelle und dem Innenwiderstand der (linearen) Quelle ist null. Damit wird bei Kurzschluss in einer linearen Stromquelle keine Leistung umgesetzt. Dieser Betriebsfall ist – auch wenn es zunächst paradox klingen mag – der *energetisch günstigste.*

Verallgemeinernd lässt sich feststellen: Lineare Quellen mit identischen Klemmenverhalten können sich bezüglich ihres *inneren Leistungsumsatzes* bei verschiedenen Betriebsfällen *stark unterscheiden.*

2.1.4.6 Leistungsbilanz

Der *Energieerhaltungssatz* ist eines der fundamentalen Gesetze der Physik. Er besagt, dass die *Summe aller Energien* in einem *abgeschlossenen* System *konstant* ist. Daraus folgt für abgeschlossene elektrische Netzwerke, die keine elektrische Energie speichern können, zu jedem Zeitpunkt: Die Summe der dem Netzwerk *zugeführten elektrischen Leistungen* ist gleich der Summe der vom Netzwerk *abgegebenen* (d. h. in eine nichtelektrische Energieform umgewandelten) *elektrischen Leistungen.*

Ein Widerstand kann elektrische Leistung nur aufnehmen. Was mit dieser Leistung geschieht, ist hier uninteressant, da ein Widerstand in einem *Ersatzschaltbild* einen beliebigen Verbraucher elektrischer Energie modelliert, der diese Energie in eine beliebige Energieform (z. B. Wärmeenergie, chemische Energie, mechanische Energie) umwandelt.

Das *Modell* der idealen Strom- oder Spannungsquelle kann prinzipiell elektrische Leistung sowohl abgeben als auch aufnehmen. Ob eine solche Quelle in einer Schaltung als Erzeuger oder Verbraucher elektrischer Leistung wirkt, wird durch die äußere Beschaltung der Quelle bestimmt.

Eine *Leistungsbilanz* gibt Aufschluss darüber, wie viel *elektrische Leistung* in einem Netzwerk insgesamt (von Erzeugern) zugeführt bzw. (von Verbrauchern) aufgenommen wird. Sie kann als *Plausibilitätstest* für die Ergebnisse einer Netzwerkanalyse verwendet werden. Stimmt die Leistungsbilanz nicht, so muss ein Fehler aufgetreten sein. Die in der Literatur üblichen mathematischen Formulierungen für eine Leistungsbilanz, nämlich $\Sigma\ P = 0$ und $\Sigma\ P_{ab} = \Sigma\ P_{auf}$, enthalten keine Vorschrift zur Berechnung der Leistungen. Dies kann zu Vorzeichenproblemen führen, die teilweise durch Plausibilitätsbetrachtungen oder Spezialfallbehandlung gelöst werden. Solche Schwierigkeiten sind durch konsequente Anwendung der Zählpfeile vermeidbar.

Die in einem beliebigen Zweipol umgesetzte Leistung wird *in jedem Fall* mittels Gl. (2.53)

$$P = U\,I$$

berechnet. Ein solcher Wert ist nur zusammen mit dem am betrachteten Zweipol verwendeten Zählpfeilsystem eindeutig (Abschnitt 2.1.4.3). Zu beachten ist, dass den nur für Widerstände geltenden Gln. (2.56) und (2.57) implizit das Verbraucher-Zählpfeilsystem zugrunde liegt.

Damit ergeben sich drei mögliche Varianten zum Aufstellen einer Leistungsbilanz:

1. Enthält eine Schaltung sowohl Zweipole mit Erzeuger-Zählpfeilsystem als auch mit Verbraucher-Zählpfeilsystem, so sollte die allgemeine Form

   $$\Sigma\, P_{\mathrm{EZS}} = \Sigma\, P_{\mathrm{VZS}} \tag{2.73}$$

   verwendet werden. Hier sind alle Leistungen, die bei Zweipolen mit Erzeuger-Zählpfeilsystem berechnet werden, auf der einen und alle Leistungen, die bei Zweipolen mit Verbraucher-Zählpfeilsystem berechnet werden, auf der anderen Seite, *jeweils mit ihren Vorzeichen*, einzusetzen.

2. Wenn an allen Zweipolen der betrachteten Schaltung das selbe Zählpfeilsystem verwendet wird, ist eine der beiden Seiten in Gl. (2.73) null. Dann kann die vereinfachte Form

   $$\Sigma\, P = 0 \tag{2.74}$$

   angewandt werden. Alle Leistungen werden wiederum mit Vorzeichen eingesetzt. In Gl. (2.74) haben alle tatsächlich abgegebenen Leistungen das entgegengesetzte Vorzeichen der tatsächlich aufgenommenen Leistungen.

3. Die spezielle Form

   $$\Sigma\, P_{\mathrm{ab}} = \Sigma\, P_{\mathrm{auf}} \tag{2.75}$$

   darf nur angewandt werden, wenn *jede einzelne* berechnete Leistung gemäß Tabelle 2.3 zunächst *interpretiert* (Zweipol gibt Leistung ab oder nimmt Leistung auf) und dann der *Betrag* der Leistung auf der entsprechenden Seite der Gl. (2.75) eingesetzt wird.

2.2 Verzweigte Gleichstromkreise

In diesem Abschnitt werden alle wichtigen Gesetze zur Berechnung einfacher Gleichstromnetzwerke vorgestellt. In formal verallgemeinerter Form gelten sie auch für Netzwerke mit zeitvarianten Strömen und Spannungen. Die hier vermittelten Inhalte bilden die Basis der Berechnungsverfahren für beliebig komplizierte Gleichstromnetzwerke, die in Abschnitt 2.4 behandelt werden.

2.2.1 Knoten, Zweig, Masche

2.2.1.1 Knoten

Ein Punkt eines elektrischen Netzwerks, in dem mindestens drei Anschlüsse von Schaltungselementen zusammentreffen, in dem sich also *der Strom verzweigen kann*, heißt *Knoten* des Netzwerks. Alle mit einem Knoten verbundenen Leitungen haben in einem *Ersatzschaltbild* stets das gleiche Potenzial wie der Knoten. Das nichtideale elektrische Verhaltungen *realer* Verbindungsleitungen ist ggf. in einem *Ersatzschaltbild* durch Einfügen geeigneter Schaltungselemente zu berücksichtigen.

Knoten werden in der Regel mit lateinischen Buchstaben (z. B. a, b, c, ...; K_1, K_2, K_3, ...) bezeichnet. Es ist empfehlenswert, Knoten in einem Schaltplan durch ausgefüllte Kreise an den Verbindungsstellen der Leitungen hervorzuheben (Bild 2.35).

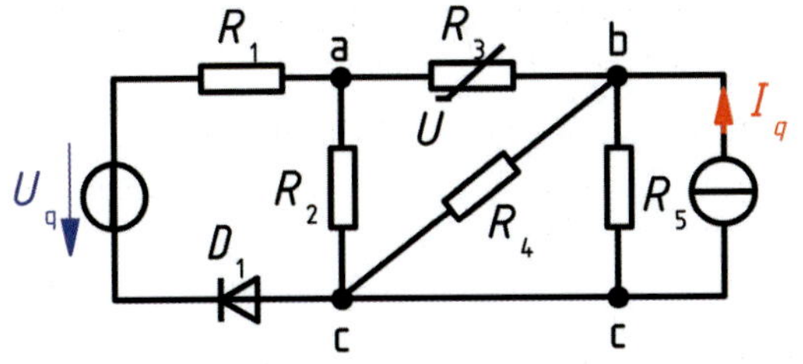

Bild 2.35 Gleichstromnetzwerk mit Knotenbezeichnungen

Sind in einem Schaltplan zwei oder mehr Knoten durch Verbindungsleitungen *unmittelbar* miteinander verbunden, so bilden sie im Sinne der Netzwerktheorie einen einzigen Knoten (*Superknoten*). Die beiden in Bild 2.35 mit c bezeichneten Knoten sind zwar grafisch getrennt dargestellt, bilden aber elektrisch nur einen Knoten! Das Netzwerk in Bild 2.35 enthält also die drei Knoten a, b und c.

Beim Arbeiten mit Netzwerkanalyseprogrammen (Abschnitt 2.6) ist zu beachten, dass dort – im Gegensatz zur Netzwerktheorie – *jede* Verbindung von mindestens *zwei* Anschlüssen von Schaltungselementen als Knoten bezeichnet wird, also auch die Verbindung zwischen nur *zwei* Zweipolen.

2.2.1.2 Zweig

Ein *Zweig* eines elektrischen Netzwerks verbindet genau zwei Knoten durch einen Zweipol oder durch mehrere hintereinander („*in Reihe*") geschaltete Zweipole. Durch alle Zweipole eines Zweiges fließt wegen des *Kontinuitätssatzes* (Abschnitt 3.1.1.2) stets der selbe Strom. Ein Knotenpaar darf durch beliebig viele *parallele Zweige* verbunden werden. Die 6 Zweige der Schaltung in Bild 2.35 werden mit Ausnahme des linken Zweiges durch je einen Zweipol gebildet. Der linke Zweig besteht aus der *Reihenschaltung* der mit D_1, U_q und R_1 bezeichneten Zweipole. Alle Zweige, die mit einem bestimmten Knoten unmittelbar verbunden sind, werden als *inzident* mit diesem Knoten bezeichnet.

2.2.1.3 Masche

Eine *Masche* in einem elektrischen Netzwerk ist ein *geschlossener Weg durch das Netzwerk*, der aus mindestens zwei[8] Zweigen besteht. Verzweigte Netzwerke enthalten stets mehrere Maschen. Von einer *betrachteten Masche* darf jeder Zweig des Netzwerks nur höchstens einmal durchlaufen und jeder Knoten nur höchstens einmal berührt werden (mit Ausnahme des Startknotens, der auch Zielknoten ist). Zur Netzwerkanalyse verwendete Maschen werden oft in den Schaltplan eingezeichnet. Maschen werden nachfolgend mit römischen Zahlen (I, II, III, IV, ...) oder z. B. mit M_1, M_2, M_3, ... (Bild 2.71) bezeichnet. Oft ist der *Umlaufsinn* einer Masche von Bedeutung. Er wird durch einen *Richtungspfeil* am eingezeichneten Maschenumlauf gekennzeichnet (Bild 2.71).

---

[8] Eine Ausnahme bildet ein unverzweigter Stromkreis, der aus genau einer Masche besteht (Abschnitt 2.1).

2.2.2 Kirchhoffsche Gesetze

Die Kirchhoffschen Gesetze bilden zusammen mit dem Ohmschen Gesetz die mathematische Berechnungsgrundlage für elektrische Gleichstromnetzwerke. Bei der praktischen Berechnung von Netzwerken mittels der Kirchhoffschen Gesetze ist sorgfältig zu unterscheiden zwischen den Vorzeichen, mit denen die *Formelzeichen* (Variablennamen) der Ströme und Spannungen in die Kirchhoffschen Gleichungen eingesetzt werden und den Vorzeichen der *Zahlenwerte* der Ströme und Spannungen, die bei den Zahlenwertrechnungen die Variablennamen ersetzen.

2.2.2.1 Knotensatz (1. Kirchhoffsches Gesetz)

In Gleichstromnetzwerken sind alle Größen zeitinvariant. Deshalb muss die Gesamtladung jedes Knotens im Netzwerk ebenfalls zeitinvariant sein. Daraus folgt, dass die Ladungen, die durch p Ströme zu einem Knoten transportiert werden, *unmittelbar* durch q andere Ströme wieder abtransportiert werden müssen. Für jeden Knoten muss also *in jedem Augenblick* gelten „*Summe der zufließenden gleich Summe der abfließenden Ströme*“:

$$\sum_{\mu=1}^{p} I_{\text{zu},\mu} = \sum_{\nu=1}^{q} I_{\text{ab},\nu} \,. \tag{2.76}$$

Zählt man alle zum Knoten hinfließenden Ströme positiv und alle abfließenden negativ (oder umgekehrt), so folgt bei n mit dem Knoten inzidenten Zweigen der *Knotensatz* in der einfach zu merkenden Kurzform „*Summe aller Ströme gleich null*“:

$$\sum_{\nu=1}^{n} I_\nu = 0 \tag{2.77}$$

Da die Zahlenwerte der einzelnen Ströme im Allgemeinen nicht bekannt sind, sollten die Ausdrücke „zufließend“ und „abfließend“ *immer* auf die Richtungen der zugehörigen *Stromzählpfeile* bezüglich des gerade betrachteten Knotens bezogen werden.

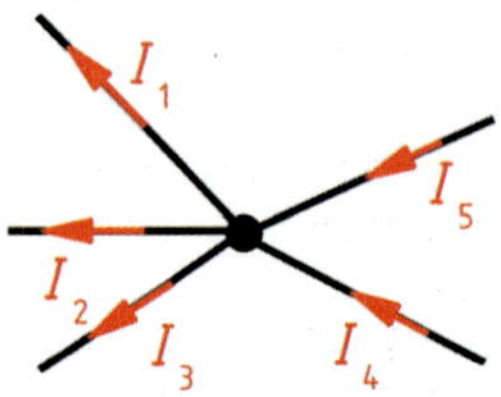

Bild 2.36 Knoten eines Netzwerks mit inzidenten Zweigen und Stromzählpfeilen

Werden die Ströme, deren Zählpfeile vom betrachteten Knoten *weg* weisen, positiv gezählt, so führt die Anwendung der Gl. (2.77) auf den Knoten in Bild 2.36 zu

$$I_1 + I_2 + I_3 - I_4 - I_5 = 0. \tag{2.78}$$

Zählt man die zum Knoten *hin* weisen positiv, ergibt sich

$$-I_1 - I_2 - I_3 + I_4 + I_5 = 0. \tag{2.79}$$

Anwendung des Knotensatzes in der Form von Gl. (2.76) auf den Knoten ergibt

$$I_4 + I_5 = I_1 + I_2 + I_3. \tag{2.80}$$

Die drei Ansätze führen offensichtlich zur gleichen Aussage.

Beispiel 2.19 Anwendung des Knotensatzes

In Bild 2.36 gilt für die Ströme $I_1 = 4$ A, $I_2 = -5$ A, $I_4 = 7$ A, $I_5 = -10$ A. Der Strom I_3 ist zu bestimmen.

Aus jeder der Gln. (2.78) bis (2.80) ergibt sich für den gesuchten Strom

$$I_3 = -I_1 - I_2 + I_4 + I_5 = -4\text{ A} - (-5\text{ A}) + 7\text{ A} + (-10\text{ A}) = -2\text{ A}.$$

Wie die letzte Zeile zeigt, ist bei der Anwendung des Knotensatzes streng zwischen den Vorzeichen der Zahlenwerte der Ströme und den aus den Zählpfeilrichtungen folgenden mathematischen Operationszeichen + und – zu unterscheiden!

Der Knotensatz ist direkt auf Netzwerke mit beliebig zeitvarianten Größen übertragbar, solange die Voraussetzung, dass die Knotenladungen konstant sind, gilt. Ist dies nicht mehr der Fall, so ist die Ladungsspeicherfähigkeit der Knoten im *Ersatzschaltbild* durch Kapazitäten zu modellieren (vgl. Beispiel 5.9 in Abschnitt 5.5.3.2).

2.2.2.2 Maschensatz (2. Kirchhoffsches Gesetz)

Betrachtet wird eine allgemeine Masche in einem Gleichstromnetzwerk (Bild 2.37).

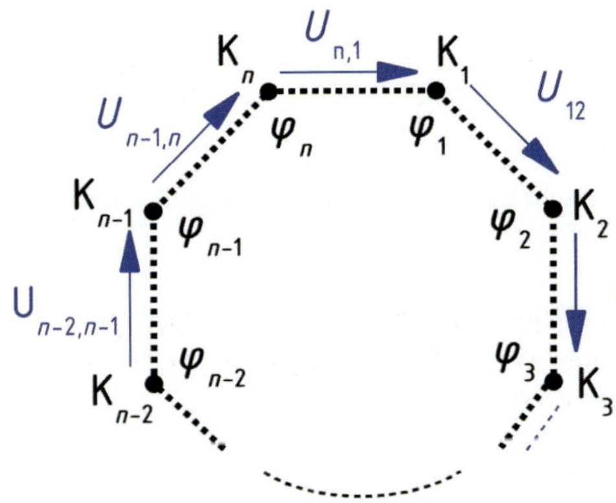

Bild 2.37 Allgemeine Masche eines Netzwerks mit *n* Zweigen

Die Masche enthält die *n* Knoten K_1 bis K_n mit den *eindeutigen* elektrischen Potenzialen φ_1 bis φ_n. Zwischen den Knoten liegen *n* betrachtete Zweige aus beliebigen Zweipolen. Die Spannungen zwischen benachbarten Knoten (*Zweigspannungen*) können mittels Gl. (1.15) jeweils als Differenz der zugehörigen Knotenpotenziale ausgedrückt werden. Die einzelnen Zweigspannungen können sich aus *Spannungsabfällen* über Widerständen oder Stromquellen oder *Quellenspannungen* über Spannungsquellen oder einer Kombination daraus zusammensetzen. Die Summe der Zweigspannungen über einen *geschlossenen Maschenumlauf* (*Umlaufspannung*) in Richtung der Spannungszählpfeile ist (Bild 2.37)

$$U_{12} + U_{23} + \ldots + U_{n-1,n} + U_{n,1} = (\varphi_1 - \varphi_2) + (\varphi_2 - \varphi_3) + \ldots + (\varphi_{n-1} - \varphi_n) + (\varphi_n - \varphi_1) = 0\,. \quad (2.81)$$

Offensichtlich heben sich die Potenziale in benachbarten Klammerausdrücken gegenseitig auf. Die Umlaufspannung ist also stets null. Daraus folgt der *Maschensatz* in der einfach zu merkenden Kurzform „*Summe aller Spannungen gleich null*“:

$$\sum_{\nu=1}^{n} U_\nu = 0 \quad (2.82)$$

Vor dem Aufstellen einer Maschengleichung ist ein *Umlaufsinn* für die Masche zu wählen. Seine Richtung ist prinzipiell beliebig. Alle Spannungsabfälle über Widerständen und Stromquellen und alle Quellenspannungen von Spannungsquellen sind in Gl. (2.82) *positiv* einzusetzen, wenn ihre Spannungszählpfeile *in Richtung des Umlaufsinns* weisen, sonst *negativ*. Nur bei Spannungs- und Stromquellen müssen *Spannungszählpfeile* im Schaltplan eingezeichnet sein. Bei Widerständen reicht es aus, wenn *Stromzählpfeile* in ihren Zweigen eingezeichnet sind. Dann wird für die Spannungsabfälle $+RI$ bzw. $-RI$ eingesetzt, je nachdem, ob Umlaufsinn der Masche und Stromzählpfeil gleiche bzw. entgegengesetzte Richtung haben.

Beispiel 2.20 Anwendung des Maschensatzes

Wie groß ist der Strom I_3 in dem in Bild 2.38 dargestellten Netzwerkausschnitt? Die Werte aller Widerstände und Quellenspannungen sowie die Ströme I_1, I_2 und I_4 seien bekannt.

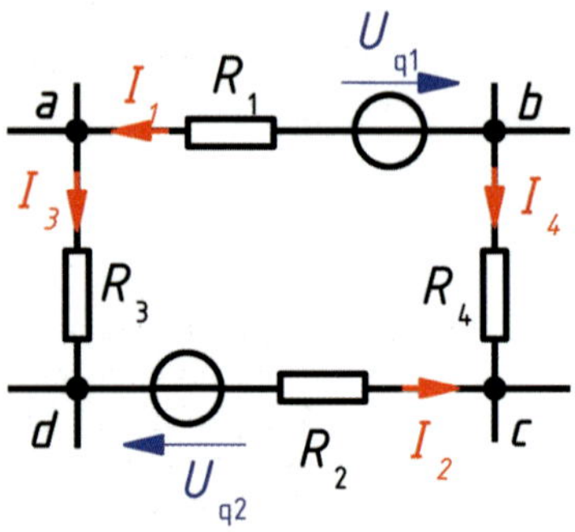

Bild 2.38 Masche eines Netzwerks mit Zählpfeilen für Ströme und Quellenspannungen

Ein Maschenumlauf im – willkürlich gewählten – Uhrzeigersinn liefert

$$-R_1 I_1 + U_{q1} + R_4 I_4 - R_2 I_2 + U_{q2} - R_3 I_3 = 0.$$

Daraus folgt

$$I_3 = \frac{-R_1 I_1 + U_{q1} + R_4 I_4 - R_2 I_2 + U_{q2}}{R_3}.$$

Der Maschensatz kann auch verwendet werden, um die Spannung zwischen zwei beliebigen Punkten eines Netzwerks zu berechnen, die *nicht* durch einen Zweig *direkt* miteinander verbunden sind. Hierbei wird von der Eindeutigkeit der Knotenpotenziale Gebrauch gemacht. Man wählt einen Umlauf, *der sich über den Zählpfeil der gesuchten Spannung schließt*. So kann z. B. in dem Schaltungsausschnitt in Bild 2.38 die Spannung U_{bd} zwischen den Knoten b und d bestimmt werden. Aus dem z. B. über den Knoten c geschlossenen Umlauf folgt

$$U_{bd} - U_{q2} + R_2 I_2 - R_4 I_4 = 0, \tag{2.83}$$

also

$$U_{bd} = R_4 I_4 - R_2 I_2 + U_{q2}. \tag{2.84}$$

Aus Gl. (2.84) folgt allgemeingültig, dass man nur vom Knoten am Anfang des Zählpfeils der gesuchten Spannung zum Knoten an seiner Spitze durch Zweige des Netzwerks zu laufen und dabei die Spannungen nach den oben genannten Vorzeichenregeln zu addieren braucht.

Der Maschensatz ist über die Gleichstromnetzwerke hinaus näherungsweise auch auf Netzwerke mit beliebig zeitvarianten Strömen anwendbar, sofern die Spannungsinduktionswirkung der durch die Ströme erzeugten Magnetfelder vernachlässigt werden kann. Anderenfalls ist anstelle des Maschensatzes das allgemeinere *Induktionsgesetz* (Abschnitt 4.3.1.4) anzuwenden oder die Induktionswirkung durch Induktivitäten im *Ersatzschaltbild* zu modellieren.

2.2.3 Parallelschaltung von Widerständen

In den folgenden Abschnitten werden Parallelschaltungen beliebig vieler Widerstände untersucht. Aus didaktischen Gründen werden dabei zunächst nicht Widerstände, sondern Leitwerte betrachtet.

2.2.3.1 Gesamtwiderstand

Werden n Widerstände R_μ bzw. Leitwerte

$$G_\mu = 1/R_\mu \tag{2.85}$$

gemäß Bild 2.39a *parallel geschaltet*, so liegen alle Zweipole an der selben Spannung U und die durch die parallelen Zweige fließenden Ströme I_μ addieren sich zum Gesamtstrom I_{ges}.

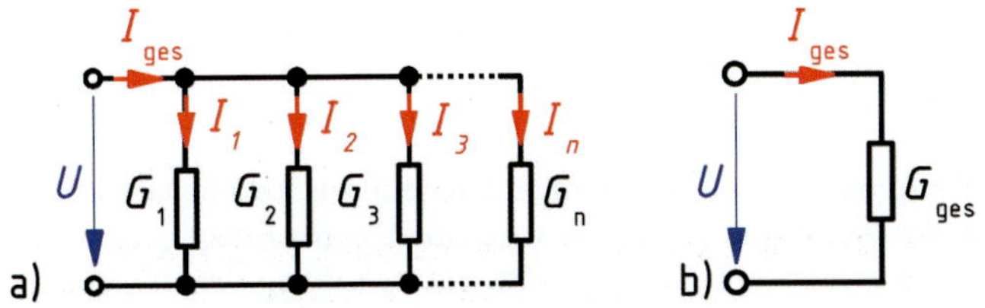

Bild 2.39 Parallelschaltung von Leitwerten mit Zählpfeilen im VZS (a) und Ersatz-Zweipol (b)

Mit den in Bild 2.39a eingetragenen Zählpfeilen folgt aus dem Ohmschen Gesetz

$$I_1 = U\,G_1\,,\ I_2 = U\,G_2\,,\ \dots\ I_n = U\,G_n\,. \tag{2.86}$$

Die Anwendung des Knotensatzes auf den oberen *Superknoten* in Bild 2.39a ergibt

$$I_{ges} = I_1 + I_2 + \dots + I_n = \sum_{\mu=1}^{n} I_\mu\,. \tag{2.87}$$

Gl. (2.86) in Gl. (2.87) führt zu

$$I_{ges} = U(G_1 + G_2 + \dots + G_n) = U\sum_{\mu=1}^{n} G_\mu\,. \tag{2.88}$$

Das Klemmenverhalten der Schaltung in Bild 2.39a kann nachgebildet werden durch die *Ersatzschaltung* in Bild 2.39b, die aus nur einem Leitwert bzw. Widerstand

$$R_{ges} = 1/G_{ges} \tag{2.89}$$

besteht. Für die Ersatzschaltung gilt

$$I_{ges} = U\,G_{ges}\,. \tag{2.90}$$

Der *Koeffizientenvergleich* der Gln. (2.88) und (2.90) ergibt

$$G_{ges} = \sum_{\mu=1}^{n} G_\mu\,. \tag{2.91}$$

Bei einer Parallelschaltung von Widerständen addieren sich ihre Leitwerte zum Gesamtleitwert. Daraus folgt: *Bei der Parallelschaltung mehrerer Leitwerte ist der Gesamtleitwert stets größer als der größte Einzelleitwert.* Die Parallelschaltung n gleicher Leitwerte G ergibt den Gesamtleitwert

$$G_{\text{ges}} = n\,G\,. \tag{2.92}$$

Mit Gl. (2.89) und Gl. (2.85) in Gl. (2.91) folgt für den Gesamtwiderstand einer Parallelschaltung von n Widerständen R_μ

$$\frac{1}{R_{\text{ges}}} = \sum_{\mu=1}^{n} \frac{1}{R_\mu} \tag{2.93}$$

beziehungsweise

$$R_{\text{ges}} = \frac{1}{\sum\limits_{\mu=1}^{n} \frac{1}{R_\mu}}\,. \tag{2.94}$$

Bei Verwendung eines Taschenrechners mit Kehrwert-Taste ist die Auswertung von Gl. (2.94) besonders einfach: Die Kehrwerte der Widerstandswerte werden addiert und abschließend der Kehrwert der Summe gebildet.

Der Wert des Gesamtwiderstandes gemäß Gl. (2.94) wird mit jedem zusätzlich parallel geschalteten Widerstand kleiner, da der Nenner des Bruches vergrößert wird. Entsprechend der aus Gl. (2.91) abgeleiteten Folgerung ergibt sich: *Bei einer Parallelschaltung von Widerständen ist der Gesamtwiderstand stets kleiner als der kleinste Einzelwiderstand.*

Beispiel 2.21 Parallelschaltung von drei Widerständen

Die drei gemäß Bild 2.39a parallel geschalteten Widerstände $R_1 = 10\ \Omega$, $R_2 = 20\ \Omega$, $R_3 = 30\ \Omega$ liegen an der Spannung $U = 6$ V. Gesucht sind der Gesamtwiderstand R_{ges} und der Strom I_{ges}.

Mit Gl. (2.94) ergibt sich der Gesamtwiderstand

$$R_{\text{ges}} = \frac{1}{\frac{1}{R_1} + \frac{1}{R_2} + \frac{1}{R_3}} = \frac{1}{\frac{1}{10\Omega} + \frac{1}{20\Omega} + \frac{1}{30\Omega}} = \frac{60}{11}\Omega = 5{,}45\ \Omega$$

und der Strom

$$I_{\text{ges}} = \frac{U}{R_{\text{ges}}} = \frac{6\ \text{V}}{\frac{60}{11}\Omega} = 1{,}1\ \text{A}.$$

Für den häufig auftretenden Fall der *Parallelschaltung von zwei Widerständen* folgt mit $n = 2$ aus Gl. (2.93)

$$\frac{1}{R_{\text{ges}}} = \frac{1}{R_1} + \frac{1}{R_2} = \frac{R_2 + R_1}{R_1 \cdot R_2}\,, \tag{2.95}$$

also

$$R_{\text{ges}} = \frac{R_1 \cdot R_2}{R_1 + R_2}\,. \tag{2.96}$$

Gl. (2.96) sollte man auswendig kennen, da sie sehr häufig benötigt wird. Als Merkhilfe dafür, wo das Pluszeichen und wo der Multiplikationspunkt hingehören, ist eine Dimensionsbetrachtung der beiden Seiten der Gleichung hilfreich.

Werden *n* Widerstände mit gleichem Widerstandswert *R* parallelgeschaltet, folgt aus Gl. (2.94)

$$R_{ges} = \frac{1}{n} R . \tag{2.97}$$

Oft wird die Parallelschaltung von Widerständen bei einem Rechen*ansatz* mit einem senkrechten Doppelstrich symbolisiert, z. B. $R_1 \parallel R_2$, sprich „R_1 parallel R_2“. Ein solcher symbolischer Ausdruck wird nach Gl. (2.96) ausgewertet:

$$R_1 \parallel R_2 = \frac{R_1 \cdot R_2}{R_1 + R_2} \tag{2.98}$$

Beispiel 2.22 Dimensionierung einer Parallelschaltung von Widerständen

Durch Parallelschalten von Widerständen der Norm-Reihe E 12 (Anhang 8) mit einer Toleranz des Widerstandswertes von 5 % ist ein Widerstand mit dem Wert $R_{ges} = 20\ \Omega$ zu realisieren.

Da in Parallelschaltungen der Gesamtwiderstand kleiner als der kleinste Einzelwiderstand ist, muss ein Widerstandswert aus der Norm-Reihe ausgewählt werden, dessen Wert größer als der benötigte Wert ist. Willkürlich wird der nächstliegende Wert $R_1 = 22\ \Omega$ verwendet. Aus Gl. (2.95) folgt

$$R_2 = \frac{1}{\dfrac{1}{R_{ges}} - \dfrac{1}{R_1}},$$

was mit den gegebenen Zahlenwerten $R_2 = 220\ \Omega$ ergibt. Dies ist zufällig ein Wert der E 12-Norm-Reihe. Anderenfalls würde man den am nächsten benachbarten Wert der Normreihe wählen.

2.2.3.2 Stromteilerregel

Bei der Parallelschaltung von Widerständen bzw. Leitwerten gemäß Bild 2.39a ist nach Gl. (2.86) der Strom in einem Zweig proportional zum Leitwert dieses Zweiges, da an allen Zweigen die selbe Spannung anliegt. Für zwei beliebige Zweigströme gilt also bei Verbraucher-Zählpfeilsystem an allen Widerständen

$$I_\mu = U G_\mu \tag{2.99}$$

und

$$I_\nu = U G_\nu . \tag{2.100}$$

Da bei einer Gleichung die Ausdrücke links und rechts des Gleichheitszeichens den gleichen Wert haben, folgt aus der Division der linken und rechten Seite der Gl. (2.99) durch die linke bzw. rechte Seite der Gl. (2.100) und Kürzen des Faktors *U* auf der rechten Seite sowie mit Gl. (2.85) die als *Stromteilerregel* bekannte Gleichung

$$\frac{I_\mu}{I_\nu} = \frac{G_\mu}{G_\nu} = \frac{R_\nu}{R_\mu} . \tag{2.101}$$

Bei einer Parallelschaltung von Widerständen verhalten sich die Zweigströme zueinander wie die zugehörigen Zweigleitwerte.

Einer der betrachteten Ströme darf auch der Gesamtstrom sein, d. h. für den Index μ oder den Index ν darf der Index „ges" eingesetzt werden, z. B.

$$\frac{I_\mu}{I_{ges}} = \frac{G_\mu}{G_{ges}} = \frac{R_{ges}}{R_\mu} \tag{2.102}$$

mit G_{ges} nach Gl. (2.91) und R_{ges} nach Gl. (2.94).

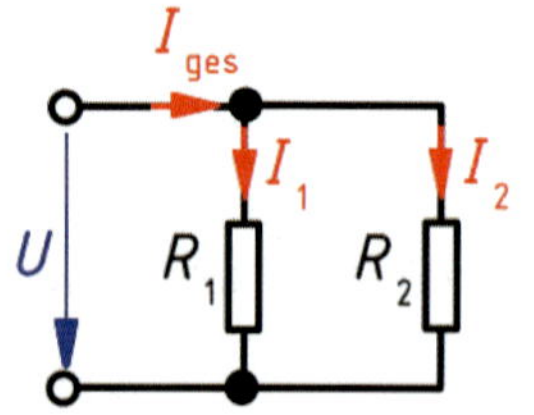

Bild 2.40 Parallelschaltung von zwei Widerständen

Für den in Bild 2.40 dargestellten, häufig auftretenden Spezialfall der *Parallelschaltung von zwei Widerständen* R_1 und R_2 gilt speziell

$$\frac{I_1}{I_{ges}} = \frac{G_1}{G_{ges}} = \frac{R_{ges}}{R_1} \quad \text{bzw.} \quad \frac{I_2}{I_{ges}} = \frac{G_2}{G_{ges}} = \frac{R_{ges}}{R_2}, \tag{2.103}$$

woraus mit Gl. (2.96) die häufig benötigten Gleichungen

$$\frac{I_1}{I_{ges}} = \frac{R_2}{R_1 + R_2} \quad \text{bzw.} \quad \frac{I_2}{I_{ges}} = \frac{R_1}{R_1 + R_2} \tag{2.104}$$

folgen. *Bei einer Parallelschaltung von zwei Widerständen verhält sich ein Teilstrom zum Gesamtstrom wie der Widerstand des anderen Zweiges zur Summe der Widerstände der Zweige.* (Die Summe der Widerstände in den beiden parallelen Zweigen wird auch als „Ringwiderstand der Masche" bezeichnet.)

Gl. (2.104) ist prinzipiell auch anwendbar, wenn eine *Parallelschaltung mehrerer Widerstände* vorliegt. Dazu werden gedanklich alle Widerstände außer dem im betrachteten Zweig zu einem resultierenden Widerstand, der den anderen Zweig bildet, zusammengefasst. Der Strom durch den betrachteten Zweig verhält sich zum Gesamtstrom wie der resultierende Widerstand der Parallelschaltung der Widerstände in den anderen Zweigen zur Summe aus dem Widerstand des betrachteten Zweiges und dem resultierenden Widerstand der anderen Zweige.

Bei allen Formen und Anwendungen der Stromteilerregel ist zu beachten, dass die oben angegeben Gleichungen nur gelten, wenn die Stromzählpfeile in allen Zweigen bezüglich der gemeinsamen Spannung im Verbraucher-Zählpfeilsystem angetragen sind. Ströme mit umgekehrter Zählpfeilrichtung sind mit negativem Vorzeichen in die Gleichungen einzusetzen.

Beispiel 2.23 Stromaufteilung bei Parallelschaltung von drei Widerständen

Durch eine Parallelschaltung von drei Widerständen $R_1 = 10\ \text{k}\Omega$, $R_2 = R_3 = 40\ \text{k}\Omega$ entsprechend Bild 2.39a fließt der Strom $I_{ges} = 60$ mA. Der Teilstrom I_1 ist zu berechnen.

Gl. (2.102) liefert unter Berücksichtigung der Gl. (2.91)

$$\frac{I_1}{I_{ges}} = \frac{G_1}{G_{ges}} = \frac{G_1}{G_1 + G_2 + G_3}.$$

Mit Gl. (2.4) erhält man hieraus

$$I_1 = I_{ges} \frac{\frac{1}{R_1}}{\frac{1}{R_1} + \frac{1}{R_2} + \frac{1}{R_3}} = 60\,\text{mA} \frac{\frac{1}{10\,\text{k}\Omega}}{\frac{1}{10\,\text{k}\Omega} + \frac{1}{40\,\text{k}\Omega} + \frac{1}{40\,\text{k}\Omega}} = 40\,\text{mA}.$$

2.2.4 Reihenschaltung von Widerständen

2.2.4.1 Gesamtwiderstand

Werden n Widerstände R_μ gemäß Bild 2.41a in Reihe geschaltet, so fließt durch alle Widerstände der selbe Strom I.

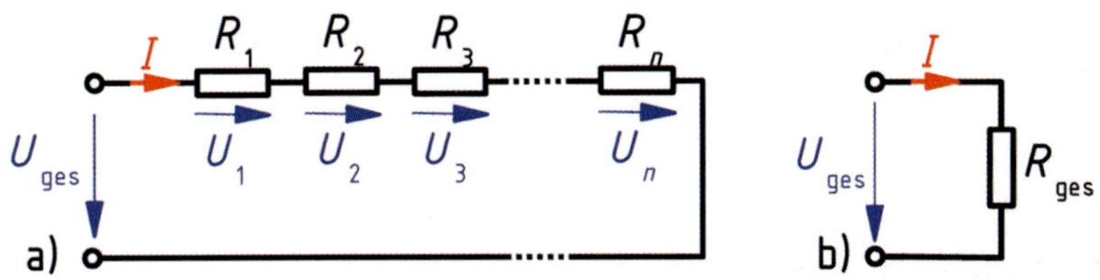

Bild 2.41 Reihenschaltung von Widerständen mit Zählpfeilen im VZS (a) und Ersatz-Zweipol (b)

Mit den in Bild 2.41a eingetragenen Zählpfeilen folgt aus dem Ohmschen Gesetz

$$U_1 = I\,R_1\,,\quad U_2 = I\,R_2\,,\quad ...,\quad U_n = I\,R_n\,. \tag{2.105}$$

Die Anwendung des Maschensatzes auf einen Umlauf, der die Einzelspannungen sowie die Gesamtspannung umfasst, liefert

$$U_{ges} = U_1 + U_2 + ... + U_n = \sum_{\mu=1}^{n} U_\mu\,. \tag{2.106}$$

Aus Gl. (2.105) in Gl. (2.106) folgt

$$U_{ges} = I(R_1 + R_2 + ... + R_n) = I \sum_{\mu=1}^{n} R_\mu\,. \tag{2.107}$$

Das Klemmenverhalten der Schaltung in Bild 2.41a kann also nachgebildet werden durch die Ersatzschaltung in Bild 2.41b, die aus nur einem Widerstand R_{ges} besteht. Für die Ersatzschaltung gilt

$$U_{ges} = I\,R_{ges}\,. \tag{2.108}$$

Der Koeffizientenvergleich von Gl. (2.107) und Gl. (2.108) ergibt

$$R_{ges} = \sum_{\mu=1}^{n} R_\mu\,. \tag{2.109}$$

Bei einer Reihenschaltung von Widerständen addieren sich ihre Widerstandswerte zum Gesamtwiderstand. Daraus folgt: *Werden mehrere Widerstände in Reihe geschaltet, so ist der*

Gesamtwiderstand größer als der größte Einzelwiderstand. Eine Reihenschaltung n gleicher Widerstände mit dem Wert R hat nach Gl. (2.109) den Gesamtwiderstand

$$R_{\text{ges}} = n\,R\,. \tag{2.110}$$

Beispiel 2.24 Reihenschaltung von drei Widerständen

Eine Reihenschaltung der Widerstände $R_1 = 10\ \Omega$, $R_2 = 20\ \Omega$, $R_3 = 30\ \Omega$ entsprechend Bild 2.41a liegt an der Spannung $U_{\text{ges}} = 6$ V. Gesucht sind der Gesamtwiderstand R_{ges} und der Strom I.

Mit Gl. (2.109) ergibt sich der Gesamtwiderstand

$$R_{\text{ges}} = R_1 + R_2 + R_3 = 10\ \Omega + 20\ \Omega + 30\ \Omega = 60\ \Omega,$$

aus dem der Strom folgt:

$$I = \frac{U_{\text{ges}}}{R_{\text{ges}}} = \frac{6\text{ V}}{60\ \Omega} = 0{,}1\text{ A}.$$

2.2.4.2 Spannungsteilerregel

Bei der Reihenschaltung von Widerständen gemäß Bild 2.41a ist nach Gl. (2.105) die Spannung über einem Teilwiderstand proportional zu seinem Widerstandswert, da durch alle Widerstände der selbe Strom fließt. Für zwei beliebige Teilspannungen gilt also bei Verbraucher-Zählpfeilsystem an allen Widerständen

$$U_\mu = I\,R_\mu \tag{2.111}$$

und

$$U_\nu = I\,R_\nu\,. \tag{2.112}$$

Aus Gl. (2.111) und Gl. (2.112) folgt entsprechend der Herleitung von Gl. (2.101) die als *Spannungsteilerregel* bekannte Gleichung

$$\frac{U_\mu}{U_\nu} = \frac{R_\mu}{R_\nu}\,. \tag{2.113}$$

Bei einer Reihenschaltung von Widerständen verhalten sich die Teilspannungen zueinander wie die Werte der Widerstände, über denen sie abfallen.

Für den Index μ oder den Index ν in Gl. (2.113) darf der Index „ges“ eingesetzt werden, z. B.

$$\frac{U_\mu}{U_{\text{ges}}} = \frac{R_\mu}{R_{\text{ges}}}\,. \tag{2.114}$$

Eine sehr verbreitete technische Anwendung von Gl. (2.114) ist der *einstellbare Spannungsteiler* unter Verwendung eines *Potenziometers*, dessen Schaltung in Bild 2.42a dargestellt ist.

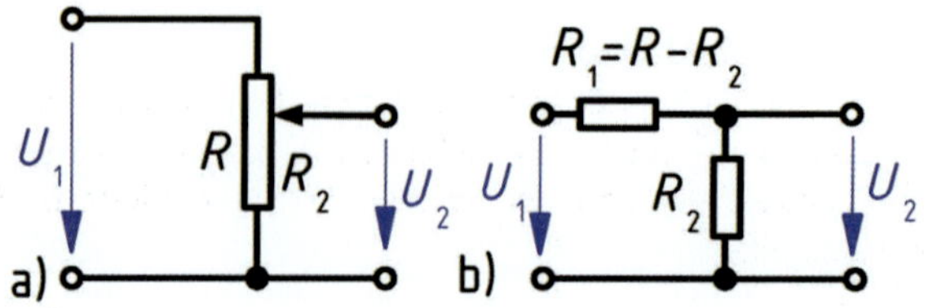

Bild 2.42 Unbelasteter Spannungsteiler mit einem Potenziometer (a) und Ersatzschaltung (b)

Ein Potenziometer ist ein *Dreipol*. Zwischen zwei seiner Klemmen liegt der Gesamtwiderstand R. Die dritte Klemme ist mit einem mechanisch verstellbaren *Schleifer* verbunden, der den Gesamtwiderstand elektrisch in zwei Teilwiderstände R_1 und R_2 mit

$$R = R_1 + R_2 \tag{2.115}$$

aufteilt. Wird eine Eingangsspannung an die beiden festen Anschlüsse des Potenziometers gelegt, so kann zwischen dem Schleifer und einem der festen Anschlüsse eine Ausgangsspannung abgegriffen werden, die durch Verändern der Schleiferstellung zwischen 0 und der Eingangsspannung einstellbar ist. Die Anwendung von Gl. (2.114) auf die Schaltung in Bild 2.42a liefert für den Fall, dass der Spannungsteiler *an seinem Ausgang unbelastet* ist, über seine Ausgangsklemmen also kein Strom fließt,

$$\frac{U_2}{U_1} = \frac{R_2}{R}. \tag{2.116}$$

Bild 2.42b zeigt das Ersatzschaltbild der Schaltung in Bild 2.42a. Ist der Widerstand R_2 in Bild 2.42a proportional zur mechanischen Schleiferstellung (Schiebeweg oder Drehwinkel, siehe [4]), gilt also

$$R_2 = k\,R, \tag{2.117}$$

so hat das Potenziometer eine *lineare Stellkennlinie* und die Skala für den Wert k reicht von $k = 0$ bis $k = 1$. Gl. (2.115) ergibt mit Gl. (2.117)

$$R_1 = (1-k)\,R. \tag{2.118}$$

Aus Gl. (2.116) folgt mit Gl. (2.117) für den unbelasteten Spannungsteiler

$$\frac{U_2}{U_1} = k\,. \tag{2.119}$$

Das Spannungsteilungsverhältnis kann beim unbelasteten Spannungsteiler also direkt von der Skala abgelesen werden.

Das elektrische Verhalten belasteter Spannungsteiler wird im folgenden Abschnitt behandelt.

2.2.5 Gemischte Schaltungen

Ein Zweipol, der aus einer Reihen- oder Parallelschaltung von Zweipolen besteht, die ihrerseits wiederum aus einer Parallel- oder Reihenschaltung von passiven Zweipolen bestehen, wird als „gemischte Schaltung" bezeichnet. Zur Analyse dieser Zweipole reicht die Anwendung der Gesetze aus, die für Parallelschaltungen (Abschnitt 2.2.3) und Reihenschaltungen (Abschnitt 2.2.4) von Widerständen gelten. In diesem Abschnitt werden zwei gemischte Schaltungen behandelt, die besonders praxisrelevant sind: der belastete Spannungsteiler und dessen Verallgemeinerung, der mehrstufige Spannungsteiler.

2.2.5.1 Belasteter Spannungsteiler

Betrachtet wird ein Spannungsteiler gemäß Bild 2.43a, der aus zwei Ohmschen Widerständen R_1 und R_2 besteht, die an der Eingangsspannung U_1 liegen. Diese beiden Widerstände können auch die Teilwiderstände $(1-k)\,R$ und $k\,R$ eines Potenziometers mit dem Gesamtwiderstand R sein (Gln. (2.117) und (2.118) in Abschnitt 2.2.4.2).

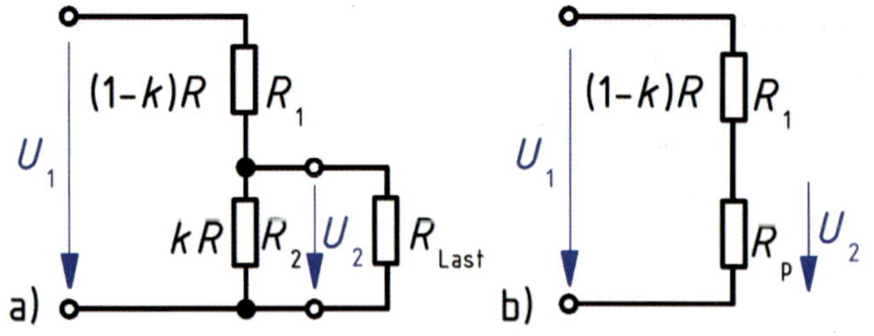

Bild 2.43 Belasteter Ohmscher Spannungsteiler (a) und Ersatzschaltbild (b)

An der über dem Widerstand R_2 abgegriffenen Ausgangsspannung U_2 liegt der Lastwiderstand R_{Last}. Im Gegensatz zum unbelasteten Spannungsteiler (Abschnitt 2.2.4.2) fließt nun ein Strom durch die Ausgangsklemmen des Spannungsteilers. Die Ausgangsspannung U_2 fällt nicht mehr über dem Widerstand R_2 ab, sondern über der Parallelschaltung aus R_2 und R_{Last}, die zu dem Ersatz-Widerstand R_{P} mit

$$R_{\text{P}} = \frac{R_{\text{Last}}\, R_2}{R_{\text{Last}} + R_2} \tag{2.120}$$

zusammengefasst wird. Damit ergibt sich das in Bild 2.43b dargestellte Ersatzschaltbild des belasteten Spannungsteilers. Mittels dieses Ersatzschaltbildes lässt sich unter Verwendung der Gl. (2.114) das Spannungsteilungsverhältnis des belasteten Spannungsteilers berechnen:

$$\frac{U_2}{U_1} = \frac{R_{\text{P}}}{R_{\text{P}} + R_1} = \frac{\dfrac{R_{\text{Last}} R_2}{R_{\text{Last}} + R_2}}{\dfrac{R_{\text{Last}} R_2}{R_{\text{Last}} + R_2} + R_1} = \frac{R_{\text{Last}} R_2}{R_{\text{Last}} R_2 + R_{\text{Last}} R_1 + R_2 R_1} = \frac{R_2}{R_1 + R_2 + \dfrac{R_1 R_2}{R_{\text{Last}}}} \tag{2.121}$$

Für $R_{\text{Last}} \to \infty$ (keine Belastung des Spannungsteilers) geht Gl. (2.121) in Gl. (2.116) über. Für $R_{\text{Last}} \to 0$ (hohe Belastung des Spannungsteilers) bricht die Ausgangsspannung gegenüber dem Fall des unbelasteten Spannungsteilers ein. Dieser Sachverhalt lässt sich besser untersuchen, wenn man die Gln. (2.117) und (2.118) in Gl. (2.121) einsetzt, so dass das Spannungsteilungsverhältnis nur noch vom Widerstandsverhältnis k und dem Verhältnis R/R_{Last} abhängig ist:

$$\frac{U_2}{U_1} = \frac{k}{1 + (1-k)k\dfrac{R}{R_{\text{Last}}}} = \frac{1}{\dfrac{1}{k} + (1-k)\dfrac{R}{R_{\text{Last}}}} \tag{2.122}$$

Die Funktion (2.122) ist – im Gegensatz zur Funktion (2.119) – bzgl. des Widerstandsverhältnisses k nichtlinear. Bild 2.44 zeigt das Spannungsteilungsverhältnis belasteter Spannungsteiler als Funktion des Widerstandsverhältnisses k für fünf verschiedene Werte von R_{Last}. Da der Wert von R_{Last} bezogen auf R angegeben wird, ist diese Darstellung allgemeingültig.

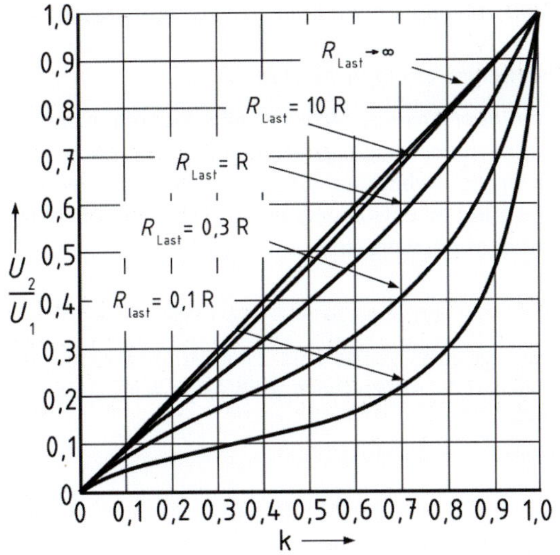

Bild 2.44 Spannungsteilungsverhältnis belasteter Ohmscher Spannungsteiler als Funktion des Widerstandsverhältnisses k für verschiedene Werte des Parameters R_{Last}

Aus Bild 2.44 geht hervor, dass bei einem Potenziometer, das auch unter Last noch eine näherungsweise lineare Abhängigkeit der Ausgangsspannung von der Schleiferstellung aufweisen soll, der Widerstand des Potenziometers bei etwa 10 % des Lastwiderstandes liegen muss. Eine solche Schaltung belastet die speisende Spannungsquelle stark und ist wegen der hohen Verluste im Potenziometer mit einem geringen Wirkungsgrad verbunden.

2.2.5.2 Mehrstufiger Spannungsteiler

Ein mehrstufiger Spannungsteiler ist eine *Kettenschaltung* aus mindestens 2 Spannungsteilern. Hier wird eine Schaltung gemäß Bild 2.45 betrachtet, die aus Ohmschen Widerständen besteht. Die $R_{\mu 1}$ werden als *Längswiderstände*, die $R_{\mu 2}$ als *Querwiderstände* bezeichnet.

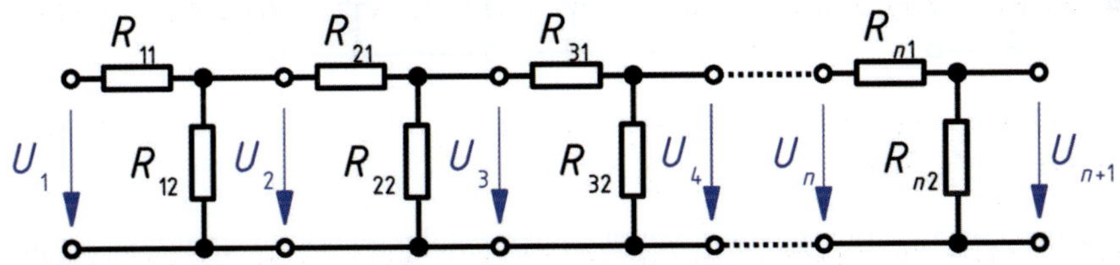

Bild 2.45 Prinzipschaltung eines n-stufigen Spannungsteilers

Die Berechnung des Spannungsteilungsverhältnisses mehrstufiger Spannungsteiler ist über die Querspannungen zwischen den einzelnen Teilerstufen einfach möglich, denn es gilt – mathematisch offensichtlich – die Gleichung

$$\frac{U_{\text{n+1}}}{U_1} = \frac{U_{\text{n+1}}}{U_{\text{n}}} \cdot \frac{U_{\text{n}}}{U_{\text{n-1}}} \cdot \ldots \cdot \frac{U_4}{U_3} \cdot \frac{U_3}{U_2} \cdot \frac{U_2}{U_1} . \tag{2.123}$$

Jeder der Quotienten auf der rechten Seite von Gl. (2.123) stellt ein Spannungsteilungsverhältnis dar, das über den *Gesamt-Querwiderstand am Ausgang der zugehörigen Stufe* und den *Längswiderstand dieser Stufe* ausgedrückt werden kann. *Die Ausgangsspannung der vorher-*

gehenden Stufe wird dabei jeweils als bekannt angenommen. Widerstände vorhergehender Stufen gehen daher nicht mit ein! Auf diese Weise lässt sich *schrittweise vom Ausgang der Schaltung zurück zum Eingang* das Spannungsteilungsverhältnis aufstellen.

Die Schaltung in Bild 2.45 kann auch als *mehrstufiger Stromteiler* verwendet werden, wenn als Eingangsgröße nicht die Eingangsspannung, sondern der Eingangsstrom betrachtet wird. Dann ist auf jeden Knoten der Schaltung (vom Eingang der Schaltung zum Ausgang fortschreitend) die *Stromteilerregel* (2.104) anzuwenden. Die hierbei entstehenden Ausdrücke können bei Kettenschaltungen mit vielen Gliedern sehr umfangreich werden.

Beispiel 2.25 Zweistufiger Spannungsteiler

Die Ausgangsspannung U_A des zweistufigen Spannungsteilers gemäß Bild 2.46a ist als Funktion der Eingangsspannung U_E und der gegebenen Widerstandswerte zu berechnen. Bild 2.46b zeigt die Schaltung aus Bild 2.46a mit hervorgehobener Kettenstruktur.

Gl. (2.123) liefert den Ansatz

$$\frac{U_A}{U_E} = \frac{U_A}{U_2} \cdot \frac{U_2}{U_E} .$$

Zunächst wird die Querspannung U_2 vor der letzten Stufe als bekannt angenommen. Damit folgt aus der Spannungsteilerregel Gl. (2.114)

$$\frac{U_A}{U_2} = \frac{R_4}{R_3 + R_4} .$$

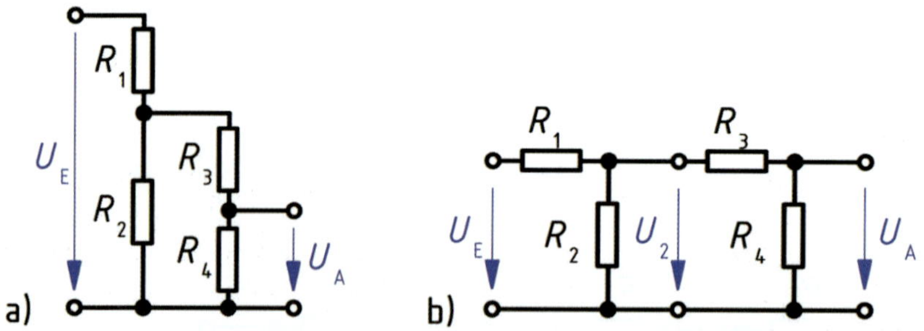

Bild 2.46 Zweistufiger Spannungsteiler in Darstellung entsprechend Bild 2.43 (a) und als Kettenschaltung (b)

Die Widerstände vor dieser Stufe (R_1, R_2) haben keinen Einfluss auf das betrachtete Spannungsteilungsverhältnis! Nun muss die als bekannt angenommene Querspannung U_2 zurückgeführt werden auf die nächste, näher am Eingang der Schaltung gelegene Querspannung. Hier ist das schon die Eingangsspannung U_E. Nun folgt aus Gl. (2.114) in symbolischer Schreibweise

$$\frac{U_2}{U_E} = \frac{R_2 \parallel (R_3 + R_4)}{R_1 + R_2 \parallel (R_3 + R_4)} .$$

Die Multiplikation der Teil-Spannungsteilungsverhältnisse ergibt das Gesamt-Spannungsteilungsverhältnis, aus dem die Ausgangsspannung berechenbar ist, hier also

$$U_A = U_E \frac{R_4}{R_3 + R_4} \cdot \frac{R_2 \parallel (R_3 + R_4)}{R_1 + R_2 \parallel (R_3 + R_4)} .$$

Dieses Zwischenergebnis ist unter Verwendung von Gl. (2.98) weiter auszuwerten.

2.2.6 Brückenschaltungen

Die Berechnung von Brückenschaltungen ist mit den grundlegenden Regeln zur Berechnung gemischter Schaltungen (Abschnitt 2.2.5) nicht möglich, da sie weder auf eine Reihen- noch auf eine Parallelschaltung zurückgeführt werden können. Sie sind allerdings durch Anwendung der Kirchhoffschen Gesetze (Abschnitt 2.2.2) analysierbar.

Brückenschaltungen spielen in der Messtechnik eine große Rolle (z. B. [2], [18], [21], [22], [35]), insbesondere als Wechselstrom-Brückenschaltungen, für welche die in diesem Abschnitt enthaltenen Aussagen und Gleichungen – in mathematisch erweiterter Form – ebenfalls gelten.

2.2.6.1 Struktur

Eine Brückenschaltung besteht stets aus *zwei parallelen Zweigen* aus jeweils mindestens zwei passiven Zweipolen und *einem Querzweig*, der häufig durch einen Spannungsmesser gebildet wird. Bild 2.47 zeigt eine Brückenschaltung aus fünf Widerständen, bei der der Querzweig durch R_5 gebildet wird.

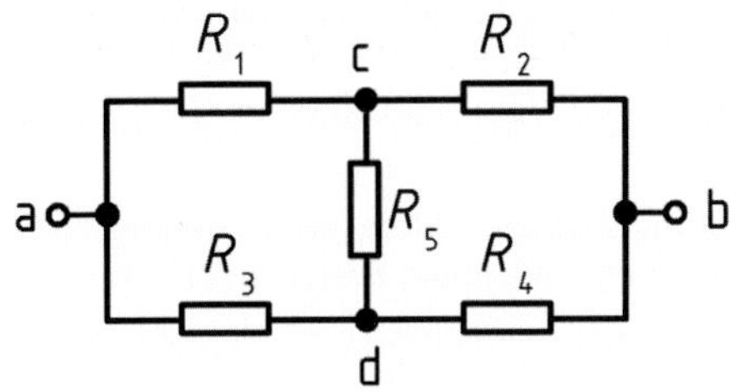

Bild 2.47 Struktur einer Brückenschaltung

2.2.6.2 Abgleichbedingung

Eine Brückenschaltung nach Bild 2.48 ist *abgeglichen*, wenn die Spannung über ihrem Querzweig null ist, die Knoten c und d also auf dem gleichen Potenzial liegen. Das ist genau dann der Fall, wenn eine zwischen den Knoten a und b angelegte Spannung durch die aus R_1 und R_2 bzw. R_3 und R_4 gebildeten Spannungsteiler im gleichen Verhältnis aufgeteilt wird, also

$$U_1 : U_2 = U_3 : U_4 \tag{2.124}$$

gilt. Wegen

$$U_1 + U_2 = U_3 + U_4, \tag{2.125}$$

muss dann

$$U_1 = U_3 \tag{2.126}$$

gelten, woraus

$$U_1 - U_3 = U_5 = 0 \tag{2.127}$$

folgt. Die in Gl. (2.124) mittels der *Teilspannungen* formulierte *Abgleichbedingung* wird von der in Bild 2.48 dargestellten Brückenschaltung erfüllt, wenn die mittels der *Widerstände* in den beiden parallelen Zweigen formulierte *Abgleichbedingung*

$$R_1 : R_2 = R_3 : R_4 \tag{2.128}$$

erfüllt ist.

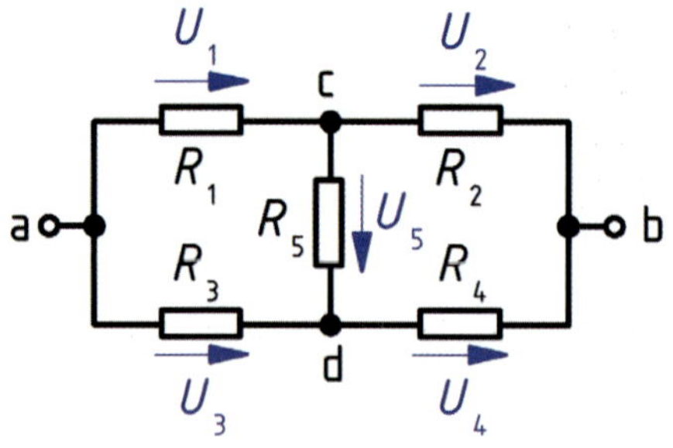

Bild 2.48 Spannungen in einer Brückenschaltung

2.2.7 Sternschaltungen, Dreieckschaltungen

Eine *Sternschaltung* besteht aus mindestens drei Zweipolen, die jeweils mit einer ihrer Klemmen mit einem gemeinsamen Schaltungsknoten, dem *Sternpunkt* (vgl. Bild 2.51) verbunden sind. Hier werden nur Sternschaltungen aus *genau drei passiven Zweipolen*, nämlich Ohmschen Widerständen, betrachtet.

Eine *Polygonschaltung* (auch *Ringschaltung* genannt) besteht aus mindestens drei Zweipolen mit von außen zugänglichen Anschlüssen (vgl. Bild 2.50), die in Reihe geschaltet sind und genau eine Masche bilden. Eine *Dreieckschaltung* ist der einfachste Fall einer Polygonschaltung. Hier werden nur Dreieckschaltungen aus *passiven Zweipolen*, nämlich Ohmschen Widerständen, betrachtet.

Bei der Behandlung der Mehrphasensysteme (Abschnitt 8) spielen Stern- und Polygonschaltungen, die entweder nur aus aktiven oder nur aus passiven Zweipolen bestehen, eine überragende Rolle.

2.2.7.1 Struktur

Der Widerstand zwischen den Klemmen a und b der Zweipole in Bild 2.49 ist mit den Regeln für die Berechnung des resultierenden Widerstandes von Reihen- und Parallelschaltungen von Widerständen nicht bestimmbar.

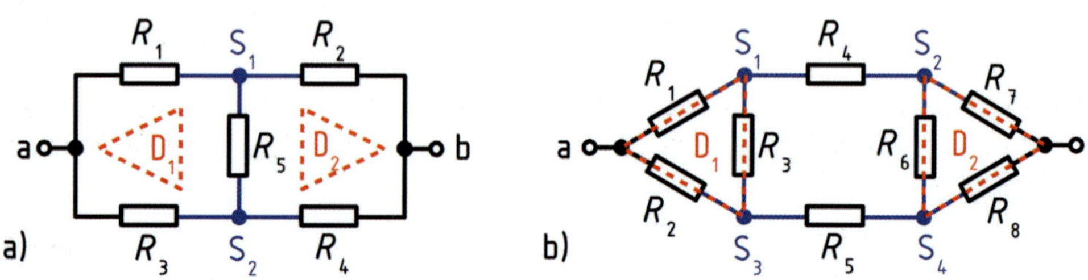

Bild 2.49 Ohmsche Zweipole, die Stern- und Dreieckschaltungen enthalten

Beide Schaltungen in Bild 2.49 enthalten *Sternschaltungen* (blau, Sternpunkte bezeichnet mit S_μ) und *Dreieckschaltungen* (rot, bezeichnet mit D_ν) Ohmscher Widerstände.

Nicht nur Dreieckschaltungen gemäß Bild 2.50, sondern auch Sternschaltungen gemäß Bild 2.51 werden hier als *Dreipole* betrachtet; der Sternpunkt der Sternschaltungen sei also von außen *nicht* zugänglich.

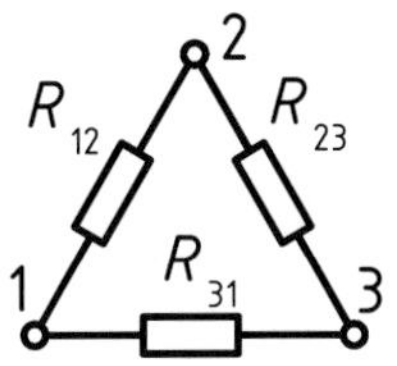

Bild 2.50 Dreieckschaltung aus Widerständen

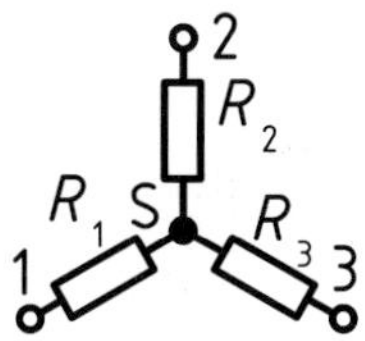

Bild 2.51 Sternschaltung aus drei Widerständen

Zu jeder dreipoligen Sternschaltung gibt es eine *bezüglich des Klemmenverhaltens äquivalente* Dreieckschaltung und umgekehrt. Das heißt: Werden an einander entsprechende Klemmenpaare der beiden äquivalenten Schaltungen gleiche Spannungen gelegt, so fließen über einander entsprechende Klemmen gleiche Ströme. Diese Aussage gilt über den hier betrachteten Fall (alle enthaltenen Zweipole sind Ohmsche Widerstände) hinaus auch, wenn die enthaltenen Zweipole beliebige lineare, passive Zweipole sind (Abschnitt 6). Eine weitere, eingeschränkte Verallgemeinerung ist möglich für lineare, passive Netzwerke, die mehr als drei Klemmen haben [16].

2.2.7.2 Dreieck-Stern-Transformation

Aus dem oben genannten gleichen Klemmenverhalten äquivalenter Stern- und Dreieckschaltungen folgt, dass der Widerstand zwischen einander entsprechenden Klemmenpaaren der Schaltungen in den Bildern 2.50 und 2.51 gleich sein muss. In Tabelle 2.4 sind die einander entsprechenden Widerstände zwischen zwei Klemmen zeilenweise einander gegenübergestellt.

Tabelle 2.4 Widerstände zwischen Klemmenpaaren bei Stern- und Dreieckschaltung

Klemmenpaar	Widerstand der Sternschaltung	Widerstand der Dreieckschaltung	
1 – 2	$R_1 + R_2$	$R_{12} \parallel (R_{23} + R_{31})$	(2.129)
2 – 3	$R_2 + R_3$	$R_{23} \parallel (R_{12} + R_{31})$	(2.130)
3 – 1	$R_3 + R_1$	$R_{31} \parallel (R_{12} + R_{23})$	(2.131)

Die drei Zeilen von Tabelle 2.4 entsprechen somit drei Gleichungen. Addiert man zwei dieser Gleichungen und subtrahiert die dritte, so erhält man Bestimmungsgleichungen für die Widerstände der Sternschaltung:

$$R_1 = \frac{R_{31} R_{12}}{R_{12} + R_{23} + R_{31}}, \tag{2.132}$$

$$R_2 = \frac{R_{12} R_{23}}{R_{23} + R_{31} + R_{12}}, \tag{2.133}$$

$$R_3 = \frac{R_{23} R_{31}}{R_{31} + R_{12} + R_{23}}. \tag{2.134}$$

Die Nenner der drei Gleichungen sind identisch. Durch Vergleich mit den Bildern 2.50 und 2.51 erkennt man die einprägsame Merkregel:

$$\text{Sternwiderstand} = \frac{\text{Produkt der am Knoten liegenden Dreieckwiderstände}}{\text{Summe aller Dreieckwiderstände}}$$

Durch Kehrwertbildung von Gl. (2.132) erhält man

$$G_1 = \frac{R_{12} + R_{23} + R_{31}}{R_{12}\,R_{31}} = \frac{1}{R_{31}} + \frac{R_{23}}{R_{12}\,R_{31}} + \frac{1}{R_{12}} = G_{31} + G_{12} + \frac{G_{31}\,G_{12}}{G_{23}} \tag{2.135}$$

und entsprechend aus Gl. (2.133) bzw. Gl. (2.134)

$$G_2 = G_{12} + G_{23} + \frac{G_{12}\,G_{23}}{G_{31}}, \tag{2.136}$$

$$G_3 = G_{23} + G_{31} + \frac{G_{23}\,G_{31}}{G_{12}}. \tag{2.137}$$

Aufgrund der systematischen Bezeichnung der Widerstände in den Bildern 2.50 und 2.51 lassen sich die Gln. (2.132) bis (2.134) und die Gln. (2.135) bis (2.137) durch *zyklisches Vertauschen* aller Indizes ($1 \rightarrow 2$; $2 \rightarrow 3$; $3 \rightarrow 1$) ineinander überführen.

2.2.7.3 Stern-Dreieck-Transformation

Die Umrechnung einer gegeben Sternschaltung nach Bild 2.51 in eine äquivalente Dreieckschaltung gemäß Bild 2.50 ist ebenfalls einfach möglich. Löst man Gl. (2.132) nach R_{12} auf und setzt in die resultierende Gleichung die Quotienten aus den Gln. (2.133) und (2.134) sowie aus den Gln. (2.133) und (2.132) ein, so erhält man nach einigen Umformungen

$$R_{12} = R_1 + R_2 + \frac{R_1\,R_2}{R_3} \tag{2.138}$$

und entsprechend

$$R_{23} = R_2 + R_3 + \frac{R_2\,R_3}{R_1}, \tag{2.139}$$

$$R_{31} = R_3 + R_1 + \frac{R_3\,R_1}{R_2}. \tag{2.140}$$

Die Gln. (2.138) bis (2.140) entsprechen strukturell den Gln. (2.135) bis (2.137). Durch Bilden der Kehrwerte der Gln. (2.138) bis (2.140) erhält man die Gleichungen für die Leitwerte der Dreieckschaltung:

$$G_{12} = \frac{G_1\,G_2}{G_1 + G_2 + G_3}, \tag{2.141}$$

$$G_{23} = \frac{G_2\,G_3}{G_2 + G_3 + G_1}, \tag{2.142}$$

$$G_{31} = \frac{G_3\,G_1}{G_3 + G_1 + G_2}, \tag{2.143}$$

die strukturell den Gln. (2.132) bis (2.134) entsprechen. Es gilt die Merkregel:

$$\text{Dreieckleitwert} = \frac{\text{Produkt der zwischen den Knoten liegenden Sternleitwerte}}{\text{Summe aller Sternleitwerte}}$$

Haben alle Widerstände einer Sternschaltung den selben Wert, d. h.

$$R_1 = R_2 = R_3 = R_\curlywedge, \tag{2.144}$$

so müssen alle Widerstände einer äquivalenten Dreieckschaltung ebenfalls den selben Wert haben, d. h.

$$R_{12} = R_{23} = R_{31} = R_\Delta\,, \tag{2.145}$$

nämlich nach Gl. (2.138) bis (2.140)

$$R_\Delta = 3\,R_\curlywedge. \tag{2.146}$$

Beispiel 2.26 Widerstand eines Zweipols aus Stern- und Dreieckschaltungen

Die Schaltung in Bild 2.52 enthält die Widerstände $R_1 = R_2 = R_3 = 90\ \Omega$, $R_4 = 20\ \Omega$, $R_5 = 40\ \Omega$, $R_6 = 60\ \Omega$, $R_7 = 10\ \Omega$. Der Widerstand R zwischen den Klemmen a und b soll berechnet werden.

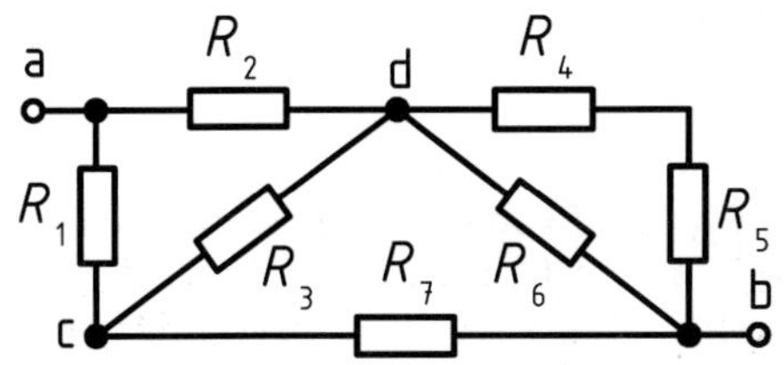

Bild 2.52 Zweipol mit Stern- und Dreieckschaltungen

Die Widerstände R_4, R_5 und R_6 zwischen den Knoten d und b werden nach Gl. (2.109) und (2.94) zusammengefasst zu dem Ersatz-Widerstand

$$R_p = \frac{1}{\dfrac{1}{R_6} + \dfrac{1}{R_4 + R_5}} = \frac{1}{\dfrac{1}{60\ \Omega} + \dfrac{1}{20\ \Omega + 40\ \Omega}} = 30\ \Omega.$$

Nun ist eine Brückenschaltung mit Struktur entsprechend Bild 2.49a erkennbar. Der Zweipol enthält zwei Sternschaltungen mit den Sternpunkten c und d sowie zwei Dreieckschaltungen zwischen den Knoten a, c, d sowie c, d, b. Die Dreieckschaltung zwischen den Knoten a, c und d in Bild 2.52 wird in eine äquivalente Sternschaltung umgeformt, deren Widerstände nach Gl. (2.146)

$$R_\curlywedge = R_\Delta/3 = 90\ \Omega/3 = 30\ \Omega$$

betragen. Damit ergibt sich die Ersatzschaltung in Bild 2.53, deren Klemmenwiderstand nach den Regeln für gemischte Schaltungen berechenbar ist. (Ebenso wäre es möglich gewesen, das Dreieck zwischen den Knoten c, d und b in eine Sternschaltung umzuwandeln.)

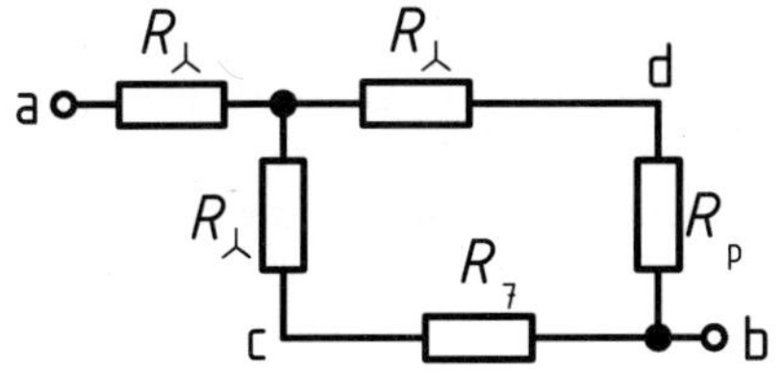

Bild 2.53 Netzwerk aus Bild 2.52 nach Dreieck-Stern-Transformation

Somit beträgt der Gesamtwiderstand zwischen den Klemmen a und b

$$R = R_\lambda + \frac{1}{\dfrac{1}{R_\lambda + R_p} + \dfrac{1}{R_\lambda + R_7}} = 30\,\Omega + \frac{1}{\dfrac{1}{30\,\Omega + 30\,\Omega} + \dfrac{1}{30\,\Omega + 10\,\Omega}} = 54\,\Omega$$

Beispiel 2.27 Widerstand einer Brückenschaltung

Die Brückenschaltung in Bild 2.54a besteht aus den Widerständen $R_1 = 6\ \Omega$, $R_2 = 4\ \Omega$, $R_3 = 6\ \Omega$, $R_4 = 10\ \Omega$, $R_5 = 10\ \Omega$, $R_6 = 5\ \Omega$ und liegt an der Quellenspannung $U_q = 6$ V. Wie groß ist der Strom I_1?

Die Dreieckschaltung zwischen den Punkten a, b und c wird, wie in Bild 2.54b dargestellt, in eine äquivalente Sternschaltung umgewandelt. Mit den Gln. (2.132) bis (2.134) erhält man die Widerstände

$$R_a = \frac{R_2\,R_3}{R_2 + R_3 + R_4} = \frac{4\,\Omega \cdot 6\,\Omega}{4\,\Omega + 6\,\Omega + 10\,\Omega} = 1{,}2\,\Omega,$$

$$R_b = \frac{R_2\,R_4}{R_2 + R_3 + R_4} = \frac{4\,\Omega \cdot 10\,\Omega}{4\,\Omega + 6\,\Omega + 10\,\Omega} = 2\,\Omega,$$

$$R_c = \frac{R_3\,R_4}{R_2 + R_3 + R_4} = \frac{6\,\Omega \cdot 10\,\Omega}{4\,\Omega + 6\,\Omega + 10\,\Omega} = 3\,\Omega.$$

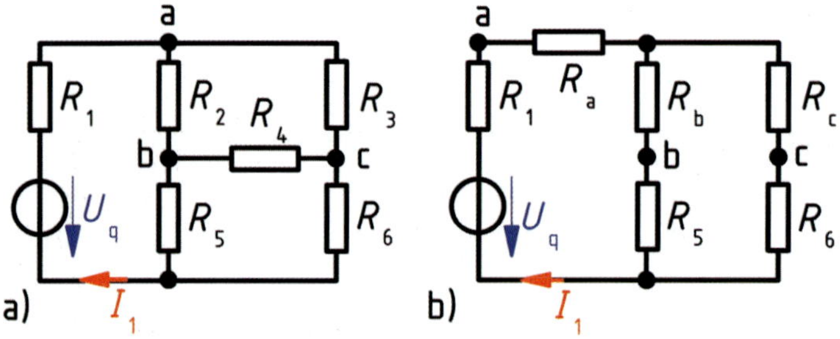

Bild 2.54 Brückenschaltung original (a) und nach Umformung (b)

Mit den Gln. (2.109) und (2.96) folgt der Gesamtwiderstand

$$R_{ges} = R_1 + R_a + \frac{(R_b + R_5)(R_c + R_6)}{R_b + R_5 + R_c + R_6} = 6\,\Omega + 1{,}2\,\Omega + \frac{(2\,\Omega + 10\,\Omega)(3\,\Omega + 5\,\Omega)}{2\,\Omega + 10\,\Omega + 3\,\Omega + 5\,\Omega} = 12\,\Omega$$

und der Strom $I_1 = U_q/R_{ges} = 6\ \text{V}/(12\ \Omega) = 0{,}5$ A.

2.3 Strom-, Spannungs- und Leistungsmessung

In diesem Abschnitt werden die Grundbegriffe der Messung von Strömen, Spannungen und Leistungen behandelt. Er soll und kann eine Einführung in die elektrische Messtechnik jedoch nicht ersetzen. Vor der Durchführung und Auswertung von Messungen sollten die grundlegenden Unterschiede zwischen *Genauigkeit* und *Auflösung*, *systematischer* und *zufälliger* Abweichung sowie *relativer* und *absoluter Abweichung* bekannt sein. Hierzu sei auf die umfangreiche Literatur zu diesem Gebiet verwiesen, z. B. [2], [18].

2.3.1 Ideale und reale Strommesser

Ein Gerät zum Messen des Stroms, der durch einen Zweig fließt, wird als *Strommesser* oder *Amperemeter* bezeichnet. Das direkte Messen eines Stroms erfordert immer das *Auftrennen* einer elektrischen Verbindung an der Stelle, an der das Amperemeter in den Stromkreis eingeschaltet wird, siehe Bild 2.55a. Das in Schaltplänen verwendete Schaltzeichen eines Amperemeters ist ein Kreis mit dem Buchstaben A, dem Zeichen der Einheit für den elektrischen Strom. Ein Amperemeter zeigt einen positiven Messwert an, wenn der Strom innerhalb des Messgerätes von dessen positivem Anschluss (oft mit „+“ bezeichnet) zum negativen Anschluss (oft mit „-“ oder „⊥“ oder „COM“ bezeichnet) fließt.

Damit ein Amperemeter den zu messenden Strom nicht beeinflusst, muss sein *Innenwiderstand* R_{iA} vernachlässigbar klein sein. Das Modell des *idealen Amperemeters* hat den Innenwiderstand $R_{iA} = 0$. Ein solches Amperemeter ist nicht realisierbar. Reale Amperemeter haben je nach Messbereich Widerstände, die in der Regel im Bereich von einigen mΩ bis zu einigen kΩ liegen und somit vom Verhalten eines idealen Amperemeters deutlich abweichen. Ein *reales Amperemeter* wird in einem *Ersatzschaltbild* durch die *Reihenschaltung* aus einem idealen Amperemeter und einem Widerstand R_{iA} nachgebildet, siehe Bild 2.55b. (Teilweise wird der Wert des Innenwiderstandes auch direkt an das Schaltzeichen des Amperemeters geschrieben.) Das Ersatzschaltbild zeigt, dass das reale Amperemeter zwar den Strom durch den Widerstand R_{Last} anzeigt, dieser Strom aber wegen des in Reihe geschalteten Widerstandes R_{iA} kleiner ist als der Strom, der ohne Amperemeter durch den Widerstand fließen würde. Die Messung hat also eine verfälschende *Rückwirkung* auf das Messobjekt.

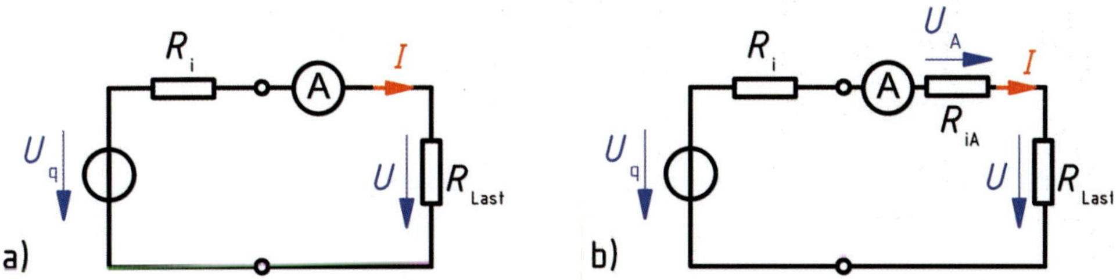

Bild 2.55 Stromkreis mit eingeschaltetem Amperemeter: Schaltung (a) und Ersatzschaltbild (b)

2.3.2 Ideale und reale Spannungsmesser

Ein Gerät zum Messen der elektrischen Spannung zwischen zwei Punkten einer Schaltung wird als *Spannungsmesser* oder *Voltmeter* bezeichnet. Zur Spannungsmessung werden die beiden Anschlüsse des Voltmeters mit den betreffenden Punkten verbunden. Ein Auftrennen des Stromkreises ist nicht erforderlich, siehe Bild 2.56a. Das Schaltzeichen eines Voltmeters ist ein Kreis mit dem Buchstaben V. Ein Voltmeter zeigt einen positiven Messwert an, wenn das elektrische Potenzial an seinem positiven Anschluss höher als am negativen Anschluss ist.

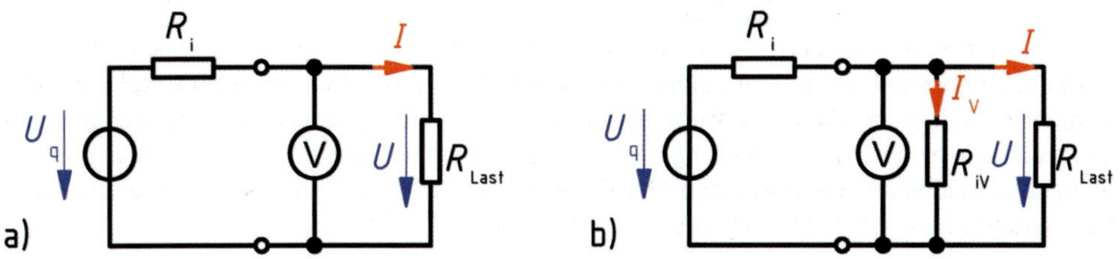

Bild 2.56 Stromkreis mit eingeschaltetem Voltmeter: Schaltung (a) und Ersatzschaltbild (b)

Damit ein Voltmeter die Schaltung, in die es eingebracht wurde, nicht beeinflusst, darf es keinen zusätzlichen Stromfluss bewirken. Sein *Innenwiderstand* R_{iV} muss also möglichst groß sein. Das Modell des *idealen Voltmeters* hat den Innenwiderstand $R_{iV} \to \infty$. Elektronische Voltmeter mit messbereichsunabhängigen Innenwiderständen von über 10 MΩ sind sehr preiswert realisierbar. Ein *reales Voltmeter* wird in einem *Ersatzschaltbild* durch die *Parallelschaltung* aus einem idealen Voltmeter und einem Widerstand R_{iV} nachgebildet, siehe Bild 2.56b. (Teilweise wird der Wert des Innenwiderstandes auch direkt an das Schaltzeichen des Voltmeters geschrieben.) Das Ersatzschaltbild zeigt, dass das reale Voltmeter die tatsächlich über dem Widerstand R_{Last} abfallende Spannung anzeigt. Diese Spannung ist jedoch kleiner als die Spannung, die ohne Voltmeter an R_{Last} liegt, da der Strom durch den Innenwiderstand des Voltmeters einen zusätzlichen Spannungsabfall über dem Innenwiderstand der Quelle verursacht. Also ist eine solche Spannungsmessung prinzipiell nicht rückwirkungsfrei.

Bei *Zeigerinstrumenten* ohne eingebaute elektronische Verstärker unterscheiden sich die Innenwiderstände der einzelnen Strom- und Spannungsmessbereiche deutlich voneinander. Daher ändert sich beim Umschalten des Messbereiches auch die Rückwirkung des Messgerätes auf das Messobjekt. Dies macht sich evtl. durch Sprünge in aufgenommenen Messwertreihen bemerkbar.

2.3.3 Indirekte Strommessung

Da insbesondere hochwertige elektronische Voltmeter hinsichtlich ihres Innenwiderstandes ein nahezu ideales Verhalten aufweisen, empfiehlt sich zur Messung des Stroms durch einen in der Schaltung ohnehin vorhandenen Ohmschen Widerstand die indirekte Strommessung. Dabei wird der Spannungsabfall gemessen, den der unbekannte Strom über dem bekannten Widerstand hervorruft und aus dem Ohmschen Gesetz der fließende Strom berechnet. Dieses Verfahren hat neben einer geringen Rückwirkung auch den Vorteil, dass der Stromkreis zur Messung nicht aufgetrennt zu werden braucht.

2.3.4 Stromrichtiges und spannungsrichtiges Messen

Sollen die Klemmengrößen eines Zweipols *gemeinsam* gemessen werden, gibt es zwei prinzipiell unterschiedliche Möglichkeiten, die beiden benötigten Messgeräte für eine solche *Kombinationsmessung* in die Schaltung einzubringen.

Bild 2.57 zeigt die Schaltung für das stromrichtige Messen der Klemmengrößen eines Widerstandes R_{Last}.

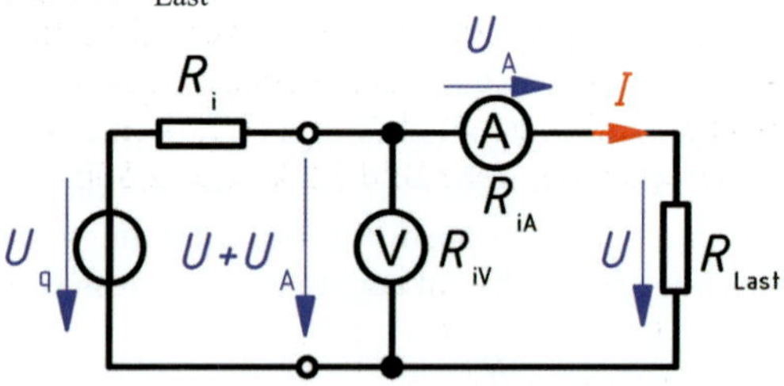

Bild 2.57 Schaltung für stromrichtiges Messen

Bei der stromrichtigen Messung zeigt das Amperemeter den tatsächlich durch den Lastwiderstand fließenden Strom an. Das Voltmeter zeigt jedoch die Spannung an, die über R_{Last} und R_{iA} zusammen abfällt, also nicht die gesuchte Spannung über dem Lastwiderstand. Eine stromrichtige Messschaltung empfiehlt sich, wenn

$$R_{iA} \ll R_{Last} \tag{2.147}$$

gilt.

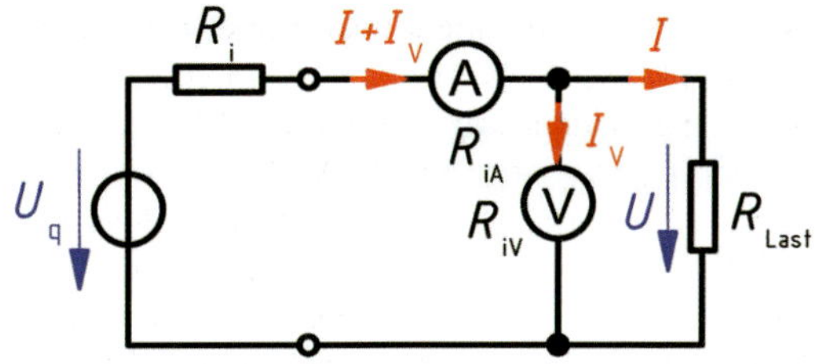

Bild 2.58 Schaltung für spannungsrichtiges Messen

Die Schaltung für spannungsrichtiges Messen ist in Bild 2.58 dargestellt. Nun zeigt das Voltmeter die Klemmenspannung am Lastwiderstand, das Amperemeter jedoch einen zu hohen Wert, nämlich den Gesamtstrom durch die Parallelschaltung aus R_{Last} und R_{iV}. Diese Messschaltung sollte eingesetzt werden, wenn

$$R_{\mathrm{iV}} \gg R_{\mathrm{Last}} \tag{2.148}$$

gilt. Ob in einem bestimmten Fall die strom- oder die spannungsrichtige Messung einen kleineren Fehler verursacht, ist durch Vergleich der Bedingungen (2.147) und (2.148) zu überprüfen. In Grenzfällen sollte die spannungsrichtige Messung verwendet werden, sofern

$$\sqrt{R_{\mathrm{iA}}\ R_{\mathrm{iV}}} > R_{\mathrm{Last}} \tag{2.149}$$

erfüllt ist, ansonsten die stromrichtige Messung.

2.3.5 Leistungsmessung

Die Messung der in einem Zweipol umgesetzten Leistung kann bei Gleichstromnetzwerken mittels getrennter Messung der Klemmengrößen und anschließender Multiplikation der Messwerte erfolgen. Alternativ kann ein *Leistungsmesser*, auch *Wattmeter* genannt, verwendet werden. Ein Wattmeter ist ein Vierpol und besteht aus einem möglichst niederohmigen Strompfad mit zwei Anschlüssen sowie einem möglichst hochohmigen Spannungspfad mit zwei Anschlüssen. (Da der Potenzialunterschied zwischen den zum Strompfad und den zum Spannungspfad gehörenden Komponenten eines Wattmeters nicht beliebig groß werden darf, werden in der Regel eine Klemme des Strompfades und eine Klemme des Spannungspfades zusammengeschaltet.) Auf elektromagnetischem oder elektronischem Weg wird das Produkt aus Strom durch den Strompfad und Spannung über dem Spannungspfad gebildet und angezeigt. Bei Zeigerinstrumenten erfolgt durch die mechanische Trägheit des Messwerks zusätzlich eine zeitliche Mittelwertbildung. Bezüglich der Anschaltung der beiden Klemmenpaare des Wattmeters an den betrachteten Zweipol ist entsprechend Abschnitt 2.3.4 wieder zwischen der strom- und der spannungsrichtigen Messung zu unterscheiden, siehe Bild 2.59a bzw. 2.59b.

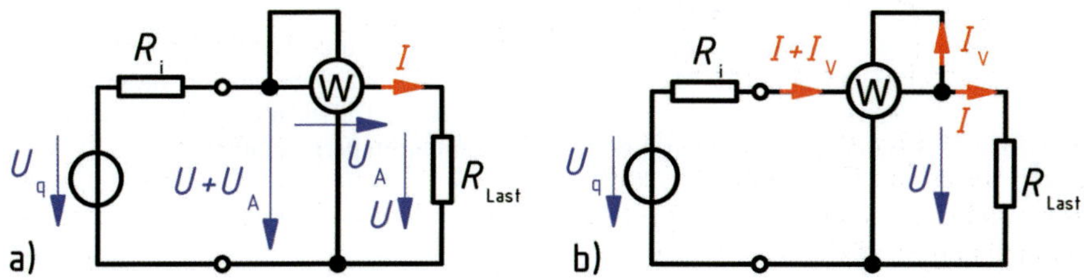

Bild 2.59 Leistungsmessung: stromrichtig (a) bzw. spannungsrichtig (b)

Bei Wattmetern führt wie bei Volt- und Amperemetern die Vertauschung der Klemmen des Spannungs- oder des Strompfades zu einer Vorzeichenumkehr der Anzeige.

Der große Vorteil der Leistungsmessung mit einem Wattmeter statt mit getrennten Volt- und Amperemetern wird erst in der Wechselstromtechnik deutlich (Abschnitt 6.2.2.4).

2.3.6 Kompensationsmessverfahren

Das oben behandelte Verfahren zur Spannungsmessung ist nicht anwendbar, wenn der unvermeidliche Strom durch den Innenwiderstand R_{iV} des Voltmeters zu unannehmbaren Fehlern führt. Dies ist z. B. der Fall, wenn die Leerlaufspannung einer Spannungsquelle mit sehr großem Innenwiderstand R_i gemessen werden soll, also für $R_i \gg R_{iV}$. In einem solchen Fall sollte ein *Kompensationsmessverfahren* eingesetzt werden. Hierfür ist eine Schaltung erforderlich, die eine genau einstellbare Spannung erzeugt. Diese Spannung wird *gegen* die zu messende Spannung geschaltet. Sind die einstellbare bekannte und die unbekannte Spannung gleich groß, fließt in der durch die beiden Quellen gebildeten Masche kein Strom. Dies kann durch ein Amperemeter nachgewiesen werden. (Die bei *Nullverfahren* eingesetzten hochempfindlichen Nullindikatoren für den Strom werden als *Galvanometer* bezeichnet.) In abgeglichenem Zustand fließt durch das Messobjekt kein Strom und seine Klemmenspannung ist somit gleich der gesuchten Leerlaufspannung.

Beispiel 2.28 Spannungsmessung mittels Kompensationsschaltung

Mit Hilfe der Kompensationsschaltung in Bild 2.60 soll die Quellenspannung U_q der im unteren Zweig befindlichen Quelle bestimmt werden. Die Versorgungsspannung U_1 sei bekannt.

Durch Verschieben des Abgriffs wird das Potenziometer so eingestellt, dass das Galvanometer keinen Ausschlag mehr zeigt, d. h. dass der Strom $I = 0$ wird.

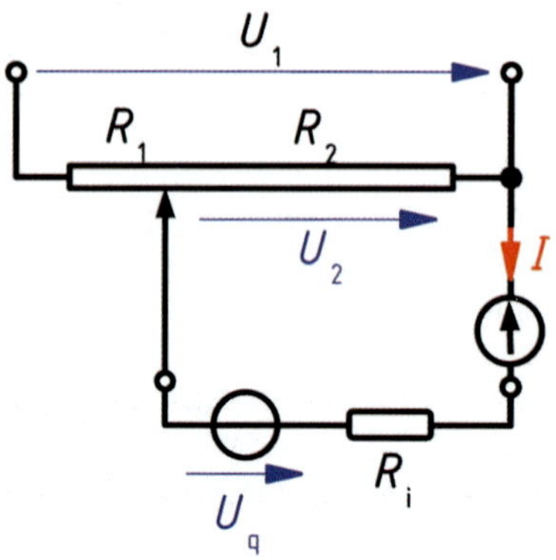

Bild 2.60 Kompensationsschaltung zur Spannungsmessung

Wegen $I = 0$ tritt in der unteren Masche weder am Galvanometer noch am Innenwiderstand R_i der auszumessenden Quelle eine Spannung auf. Die Maschengleichung (2.82) reduziert sich für diese Masche damit auf $U_2 - U_q = 0$. Andererseits ist wegen $I = 0$ der aus den beiden Teilwiderständen R_1 und R_2 des Potenziometers gebildete Spannungsteiler unbelastet. Aus der Spannungsteilerregel folgt

$$U_q = U_2 = \frac{R_2}{R_1 + R_2} U_1 \,.$$

Man könnte also bei konstantem U_1 aus der Position des Abgriffs direkt den Wert der gesuchten Quellenspannung ablesen, vgl. Gln. (2.115) bis (2.119).

2.4 Analyse linearer Gleichstromnetzwerke

Thema dieses Abschnitts sind Verfahren zur Berechnung beliebig komplizierter linearer Gleichstromnetzwerke. Bei allen Netzwerken wird vorausgesetzt, dass sie *zusammenhängend* sind, es also mindestens eine elektrisch leitende (galvanische) Verbindung zwischen zwei beliebigen Knoten des Netzwerks gibt. Die Abarbeitung der Verfahren kann rein schematisch erfolgen. Damit eignen sie sich sehr gut zur Umsetzung in Software. Schon mit Grundkenntnissen in der Softwareentwicklung ist es möglich, ein Programm zu schreiben, das lineare Gleichstromnetzwerke nach einem der behandelten Verfahren analysiert. Jedes der Verfahren erfordert das Lösen eines linearen Gleichungssystems (LGS), das reelle Konstanten miteinander verknüpft.

Alle behandelten Verfahren sind auch zur Analyse linearer Sinusstromnetzwerke (Abschnitt 6) geeignet. Hierfür ist lediglich die mathematische Formulierung zu verallgemeinern. Die Berechnung erfordert dann das Lösen eines linearen Gleichungssystems, das komplexe Konstanten miteinander verknüpft.

2.4.1 Grundlagen

In diesem Abschnitt werden Begriffe und Zusammenhänge erklärt, die für das Verständnis der nachfolgend vorgestellten Analyseverfahren unverzichtbar sind. Weiterhin werden Regeln zur Vereinfachung von Netzwerken angegeben, durch deren Anwendung sich der Analyseaufwand oftmals verringern lässt.

2.4.1.1 Kennzeichen linearer Gleichstromnetzwerke

Lineare Gleichstromnetzwerke bestehen ausschließlich aus *linearen Widerständen* und *linearen* oder *idealen Quellen*. Da das Klemmenverhalten jeder linearen Quelle mittels eines linearen Widerstandes und einer idealen Quelle modelliert werden kann (Abschnitt 2.1.3.4), ist jedes lineare Gleichstromnetzwerk unter ausschließlicher Verwendung dreier elementarer Zweipoltypen, nämlich

- linearer Widerstände,
- idealer Spannungsquellen und
- idealer Stromquellen

beschreibbar.

Enthält ein Netzwerk mindestens einen nichtlinearen Widerstand oder eine nichtlineare Quelle, so ist das gesamte Netzwerk nichtlinear und kann nicht in seiner Gesamtheit mit den hier behandelten Verfahren berechnet werden. Auf die Analyse nichtlinearer Netzwerke wird in Abschnitt 2.5 eingegangen.

Werden beliebig viele lineare Zweipole in beliebiger Weise *widerspruchsfrei* (Abschnitt 2.4.1.6) zu einem Netzwerk verschaltet, so wird der Zusammenhang zwischen einem beliebigen Strom oder einer beliebigen Spannung und einem beliebigen anderen Strom oder einer beliebigen anderen Spannung im Netzwerk stets durch *eine lineare Gleichung* beschrieben. Diese Aussage folgt aus der Linearität des Ohmschen Gesetzes und der Kirchhoffschen Gesetze, die die Klemmengrößen der linearen Zweipole des Netzwerks miteinander verknüpfen. Der Zusammenhang zwischen *allen* Strömen und Spannungen in einem linearen Gleichstromnetzwerk wird durch ein *System linearer algebraischer Gleichungen* beschrieben.

Zunächst sollen zwei fundamentale Eigenschaften *linearer Systeme* erwähnt werden, die den Zusammenhang zwischen ihren Ein- und Ausgangsgrößen charakterisieren. Dazu wird ein allgemeines lineares System gemäß Bild 2.61 betrachtet, das *m Eingangsgrößen* (*Ursachengrößen*, *Anregungsgrößen*) x_μ zu *n Ausgangsgrößen* (*Wirkungsgrößen*, *Reaktionsgrößen*) y_ν verknüpft.

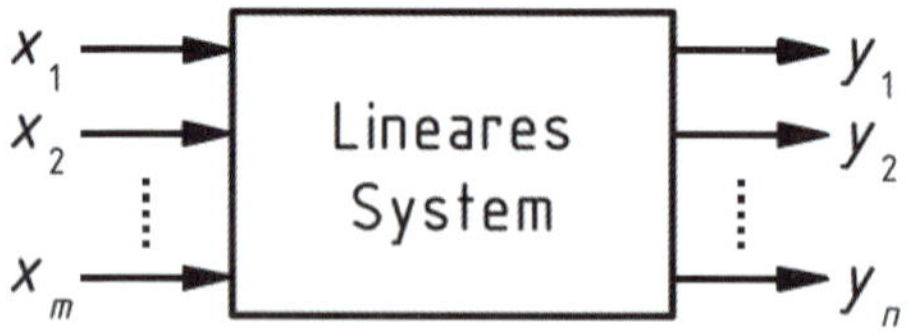

Bild 2.61 Allgemeines lineares System mit Ein- und Ausgangsgrößen

Das Verhalten jedes linearen Systems zeichnet sich aus durch:

1. **Homogenität**

   Bewirkt eine Eingangsgröße x_μ die Ausgangsgröße $y_\nu(x_\mu)$, so bewirkt die Eingangsgröße $K \cdot x_\mu$ die Ausgangsgröße

   $$y_\nu(K \cdot x_\mu) = K \cdot y_\nu(x_\mu), \tag{2.150}$$

   wobei *K* eine beliebige Konstante ist.

2. **Additivität**

   Bewirkt eine Eingangsgröße x_μ die Ausgangsgröße $y_\nu(x_\mu)$ und eine andere Eingangsgröße x_λ die Ausgangsgröße $y_\nu(x_\lambda)$, so bewirken die beiden Eingangsgrößen x_μ und x_λ zusammen die Ausgangsgröße

   $$y_\nu(x_\mu, x_\lambda) = y_\nu(x_\mu) + y_\nu(x_\lambda). \tag{2.151}$$

Was folgt aus diesen abstrakten Eigenschaften für die hier betrachteten Netzwerke? Bild 2.62 zeigt einzelne Zweipole aus einem zusammenhängenden linearen Gleichstromnetzwerk: eine Spannungsquelle mit der Quellenspannung U_{q3}, eine Stromquelle mit dem Quellenstrom I_{q6} und einen Widerstand R_8, durch den der Strom I_8 fließt. Die elektrischen Verbindungen zwischen den drei Zweipolen können beliebig kompliziert sein.

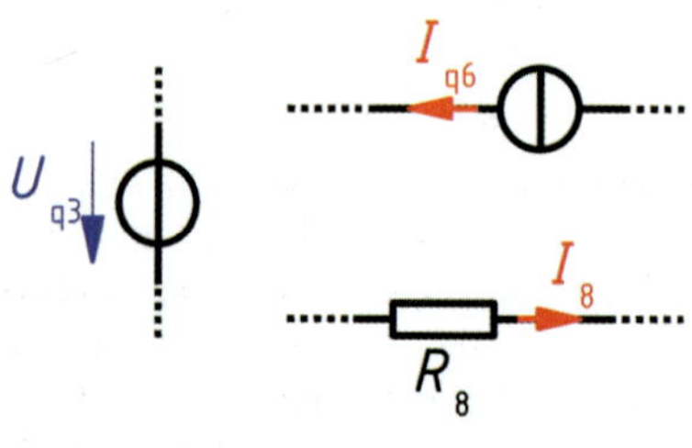

Bild 2.62 Teile eines linearen Gleichstromnetzwerks

Die Quellenspannung U_{q3} bewirkt einen *Teil*strom $I_8(U_{q3})$ durch R_8, der Quellenstrom I_{q6} einen *Teil*strom $I_8(I_{q6})$ durch R_8. Eine Verdopplung der Quellenspannung U_{q3} würde wegen der Homogenität gemäß Gl. (2.150) auch zu einer Verdopplung des durch sie bewirkten *Teil*stroms durch R_8 führen: $I_8(2 \cdot U_{q3}) = 2 \cdot I_8(U_{q3})$. Der Gesamtstrom I_8 durch R_8 ergibt sich wegen der Additivität gemäß Gl. (2.151) aus der *vorzeichenbehafteten Addition* aller Teilströme durch R_8, die durch die im Netzwerk vorhandenen Quellen hervorgerufen werden.

2.4.1.2 Bei der Netzwerkanalyse zu lösende mathematische Aufgabe

Jeder *Zweig* eines linearen Gleichstromnetzwerks besteht aus einem (oder kann mittels der in Abschnitt 2.4.1.6 behandelten Regeln umgeformt werden in einen) von vier Typen von (Ersatz-) Zweipolen:

I linearer (Ersatz-)Widerstand
II lineare (Ersatz-)Spannungsquelle
III ideale (Ersatz-)Spannungsquelle
IV ideale Stromquelle, ggf. in Reihe mit einem weiteren (Ersatz-)Zweipol vom Typ I bis III.

Ein lineares Gleichstromnetzwerk, bei dem

- alle Widerstandswerte R_λ
- alle Quellengrößen $U_{q\mu}$ bzw. $I_{q\nu}$

bekannt sind, *gilt als analysiert*, wenn

1. die Ströme durch alle Widerstände
2. die Ströme durch alle Spannungsquellen
3. die Spannungen über allen Stromquellen

ermittelt worden sind. (Die Spannungen über den Widerständen lassen sich bei Bedarf anschließend einfach mittels des Ohmschen Gesetzes einzeln berechnen.)

Zu ermitteln sind also im Wesentlichen *alle Zweigströme* und nur im relativ seltenen Fall IV Spannungen. (In diesem Fall ist der Zweigstrom gegeben.)

Alternativ können auch *alle Zweigspannungen* bestimmt werden, aus denen mittels des Ohmschen Gesetzes und ggf. des Maschensatzes in den Fällen I, II und IV die Zweigströme berechenbar sind. Lediglich im relativ seltenen Fall III muss zusätzlich der Knotensatz zur Berechnung des Stroms durch die ideale Spannungsquelle angewandt werden. (In diesem Fall ist die Zweigspannung gegeben.)
Schließlich können aus den ermittelten Strömen und Spannungen die in den einzelnen Zweipolen umgesetzten *Leistungen* berechnet werden.

Bei der Analyse eines *linearen Gleichstromnetzwerks mit z Zweigen* sind also *z unbekannte Größen* zu berechnen. Hierzu ist im allgemeinen das *Lösen eines Systems aus z linearen, voneinander unabhängigen, algebraischen Gleichungen* erforderlich. Bei einem physikalisch sinnvollen (vgl. Abschnitt 2.4.1.6) Netzwerk hat das lineare Gleichungssystem immer *eine eindeutige Lösung*, d. h. alle gesuchten Größen haben einen eindeutigen Wert.

Das Lösen linearer Gleichungssysteme ist mathematisch prinzipiell keine Herausforderung [5]. Es stellt aber handwerklich bzw. bei der Implementierung in Form von Software für einen Taschenrechner mit nur wenigen Speicherplätzen ein Problem dar, das wegen der quadratischen Abhängigkeit des Schreibaufwandes bzw. Speicherplatzbedarfes von z schon bei relativ kleinen Netzwerken (etwa ab $z > 5$) sehr zeit- bzw. platzaufwändig werden kann. Bei der Analyse eines großen Netzwerks mit vielen tausend Elementen liegt der Speicherplatzbedarf für das vollständige Gleichungssystem weit oberhalb der Größe des Hauptspeichers aktueller Arbeitsplatzrechner.

Daher ist es wünschenswert, Analyseverfahren einzusetzen, bei denen die *Größe des zu lösenden linearen Gleichungssystems* kleiner als z ist. Dies ist bei den vereinfachten Analyseverfahren, die in den Abschnitten 2.4.6 und 2.4.7 behandelt werden, der Fall. Bei diesen Verfahren werden diejenigen Gleichungen, die nicht im Rahmen der Lösung des linearen Gleichungssystems ausgewertet werden, später *einzeln* ausgewertet, was insbesondere für Menschen eine erhebliche Vereinfachung darstellt. *Die Gesamtzahl der zu lösenden Gleichungen ist aber in jedem Fall (mindestens) gleich z.*

2.4.1.3 Topologie und Graph eines Netzwerks

Unter der *Topologie*[9] *eines Netzwerks* versteht man seine *Struktur*. Sie wird beschrieben durch

- die *Anzahl k der echten Knoten* (Abschnitt 2.2.1.1)
- die Anzahl z der Zweige
- die *Anordnung der Zweige* zwischen den Knoten, also auch die Anordnung der Maschen.

Für die Topologie ist es irrelevant, aus welcher Art von Zweipolen die einzelnen Zweige bestehen.

Die Topologie eines Netzwerks wird in Form eines Graphen dargestellt. Ein *Graph* besteht aus *Kanten* (hier den Zweigen des Netzwerks) und *Knoten* (hier den *echten* Knoten des Netzwerks). Kanten werden nach Möglichkeit durch gerade Strecken oder durch Bögen dargestellt, bei Bedarf auch durch einfach geknickte Strecken. In den Bildern 2.63a bis 2.63d sind Beispiele für Graphen von Netzwerken dargestellt.

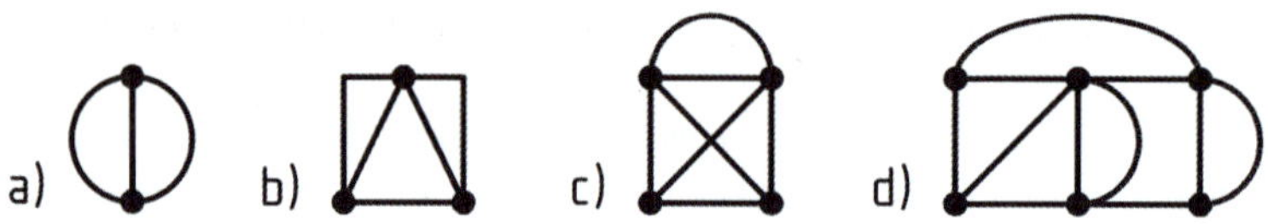

Bild 2.63 Beispiele für Graphen von Netzwerken

2.4.1.4 Vollständiger Baum eines Graphen

Ein *vollständiger Baum* eines Graphen ist eine *zusammenhängende Verbindung aller Knoten* des Graphen, die *keine Masche* enthält. In komplexen Graphen existieren meistens mehrere verschiedene vollständige Bäume. Im Bild 2.64 sind in rot einige mögliche vollständige Bäume des Graphen in Bild 2.63c dargestellt. Um k Knoten maschenfrei miteinander zu verbinden, werden $k-1$ Zweige benötigt. Daher enthält jeder vollständige Baum – unabhängig von der Topologie des Graphen – *genau* $k-1$ Zweige. Zu unterscheiden ist zwischen vollständigen Bäumen mit *linienförmiger Struktur* (Bilder 2.64a und 2.64b) und solchen mit *sternförmiger Struktur* (Bild 2.64c und 2.64d).

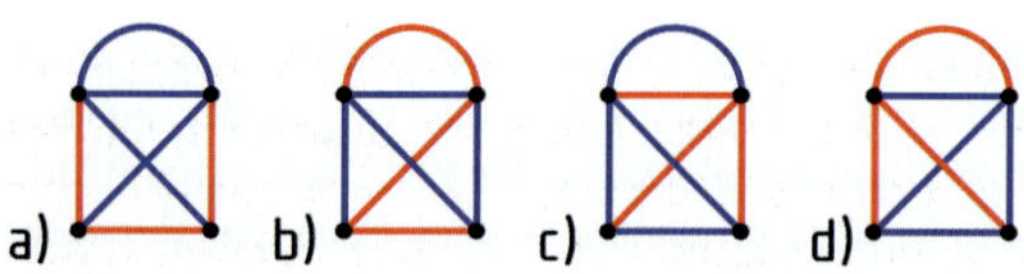

Bild 2.64 Einige vollständige Bäume (rot markiert) des Graphen in Bild 2.63c

2.4.1.5 Baumzweige, Verbindungszweige

Diejenigen Zweige eines Graphen, die zum ausgewählten vollständigen Baum gehören, heißen *Baumzweige*, die anderen *Verbindungszweige*. Die in Bild 2.64 rot dargestellten Zweige sind Baumzweige, die blau dargestellten Verbindungszweige. Ein Graph mit z Zweigen und k Knoten enthält $z-(k-1)=z-k+1$ Verbindungszweige. Durch einen vollständigen Baum und

---

[9] Die Topologie ist die Lehre von der Anordnung geometrischer Objekte zueinander.

einen Verbindungszweig wird *genau eine Masche* (eine sogenannte *Elementarmasche*) definiert (vgl. Bild 2.64). Die Menge aller Verbindungszweige eines Graphen definiert somit zusammen mit dem zugehörigen vollständigen Baum $z - k + 1$ verschiedene Maschen, die jeweils aus genau einem (nur in dieser Masche enthaltenen) Verbindungszweig und einem oder mehreren Baumzweigen bestehen.

2.4.1.6 Netzwerkumformung

Ziel einer Netzwerkumformung im Rahmen der Netzwerkanalyse ist es stets, ein *lineares Teilnetzwerk* in ein einfacheres, bezüglich seines *Klemmenverhaltens* aber identisches lineares Ersatznetzwerk umzuwandeln.

In Verallgemeinerung der Aussagen in Abschnitt 2.2.7 zur Äquivalenz von Stern- und Dreieckschaltungen bedeutet *identisches Klemmenverhalten zweier n-Pole* (Bild 2.65):

- Liegen an einander entsprechenden Klemmen gleiche Spannungen, so fließen gleiche Ströme durch einander entsprechende Klemmen.
- Fließen in einander entsprechende Klemmen gleiche Ströme, so treten zwischen einander entsprechenden Klemmen gleiche Spannungen auf.
- Der Widerstand zwischen beliebigen Paaren einander entsprechender elektrischer Klemmen ist gleich groß.

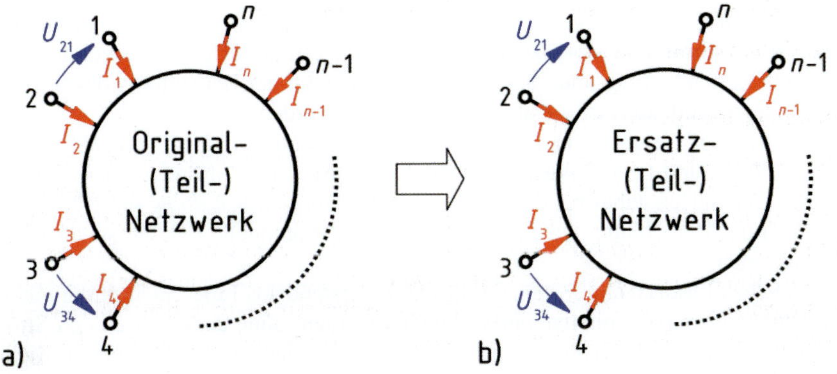

Bild 2.65 *n*-poliges Original- (a) und Ersatznetzwerk (b) mit identischem Klemmenverhalten

Vor einer Netzwerkumformung sollte man sich klarmachen, welche Größen (Spannungen, Ströme, evtl. Widerstandswerte) im Netzwerk zu bestimmen sind. Diese gesuchten Größen sollten bei der Netzwerkumformung möglichst erhalten bleiben. Ist dies nicht möglich oder zweckmäßig, so müssen die bei der Berechnung der vereinfachten Schaltung erzielten Ergebnisse auf die Originalschaltung übertragen und daraus in einem zweiten Schritt die gesuchten Größen berechnet werden.

Regeln für die Netzwerkumformung

1. *In Reihe geschaltete Widerstände* können gemäß Gl. (2.109) zu einem Ersatz-Widerstand zusammengefasst werden.
2. *Parallel geschaltete Leitwerte* können gemäß Gl. (2.91) zu einem Ersatz-Leitwert zusammengefasst werden.

3. *In Reihe geschaltete ideale Spannungsquellen* können gemäß Gl. (2.82) durch eine ideale Ersatz-Spannungsquelle ersetzt werden. Z. B. gilt in Bild 2.66 $U_{qers} = U_{q1} - U_{q2} + U_{q3}$.

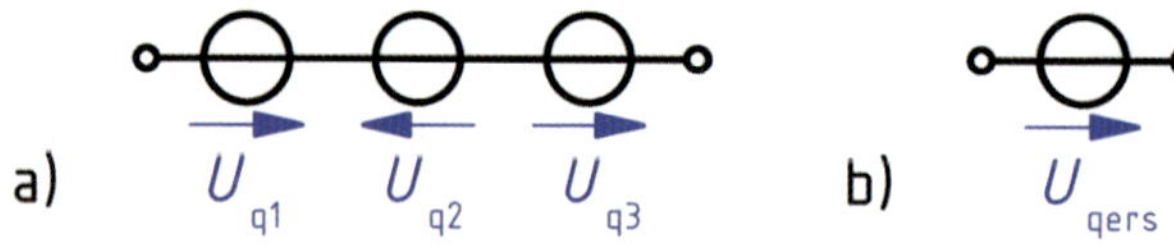

Bild 2.66 Zusammenfassung einer Reihenschaltung idealer Spannungsquellen (a) zu einer idealen Ersatz-Spannungsquelle (b)

4. *Parallel geschaltete ideale Stromquellen* können gemäß Gl. (2.77) durch eine ideale Ersatz-Stromquelle ersetzt werden. Z. B. gilt in Bild 2.67 $I_{qers} = I_{q1} - I_{q2} + I_{q3}$.

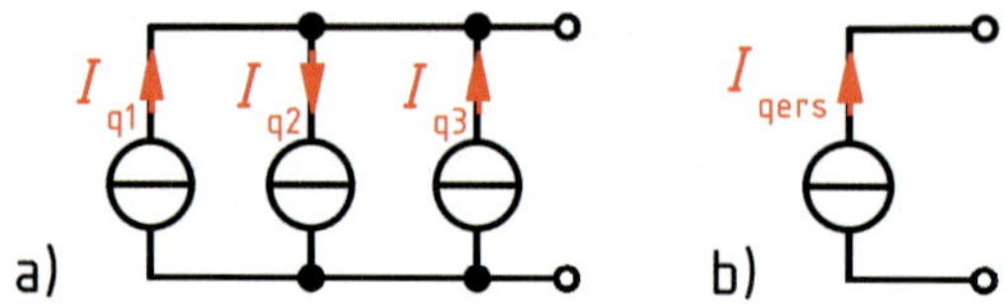

Bild 2.67 Zusammenfassung einer Parallelschaltung idealer Stromquellen (a) zu einer idealen Ersatz-Stromquelle (b)

5. *Widerstände, die parallel zu einer idealen Spannungsquelle geschaltet sind,* beeinflussen die Spannungen und Ströme *in der übrigen Schaltung* nicht und dürfen daher bei der Berechnung *der übrigen Schaltung* unberücksichtigt bleiben. (Bei der Berechnung des Stroms durch die Spannungsquelle müssen sie aber berücksichtigt werden!)
6. *Widerstände, die in Reihe zu einer idealen Stromquelle geschaltet sind,* haben *keine strombegrenzende Wirkung* und beeinflussen somit die Spannungen und Ströme *in der übrigen Schaltung* nicht. Sie dürfen daher bei der Berechnung *der übrigen Schaltung* unberücksichtigt bleiben. (Bei der Berechnung der Spannung über der Stromquelle müssen sie aber berücksichtigt werden!)
7. *Knoten mit gleichem elektrischen Potenzial* dürfen widerstandslos (aber auch durch einen beliebigen passiven Zweipol) miteinander verbunden werden, ohne dass sich an den Strömen und Spannungen in der Schaltung etwas ändert. Durch eine solche Verbindung fließt kein Strom. Ein Kurzschluss zwischen zwei Knoten führt aber dazu, dass die zuvor im Sinne der Netzwerktheorie unterschiedlichen Knoten zu einem *Superknoten* (Abschnitt 2.2.1.1) zusammengefasst werden, was eine Änderung der Topologie des Netzwerks zur Folge hat.
8. *Zweige, durch die kein Strom fließt,* dürfen aus der Schaltung entfernt werden, ohne dass sich an den Strömen und Spannungen in der Schaltung etwas ändert. Ein Zweig, durch den kein Strom fließt, trägt nämlich nicht dazu bei, die Knoten, die er verbindet, auf ein bestimmtes Potenzial zu bringen. Auch durch einen solchen Eingriff ändert sich die Topologie des Netzwerks.
9. *Lineare Spannungsquellen* dürfen durch *lineare Stromquellen* ersetzt werden und umgekehrt, ohne dass sich an den Strömen und Spannungen *in der übrigen Schaltung* etwas ändert. (Der Leistungsumsatz innerhalb der Quellen wird sich hierdurch aber in der Regel ändern, Abschnitt 2.1.4.5.)

Unzulässige Schaltungen

Bestimmte Zusammenschaltungen idealer Quellen führen zu einem physikalischen Widerspruch und sind daher unzulässig. Der Versuch, ein solches Netzwerk zu berechnen, führt zu einem nicht lösbaren Gleichungssystem.

a. *Parallelschaltung idealer Spannungsquellen mit unterschiedlichen Quellenspannungen.* Dies würde zu einem Widerspruch führen, da in einem Gleichstromnetzwerk die Potenzialdifferenz zwischen zwei Knoten einen eindeutigen Wert hat.
b. *Reihenschaltung idealer Stromquellen mit unterschiedlichen Quellenströmen.* Dies würde zu einem Widerspruch führen, da durch alle Zweipole eines Zweiges stets der gleiche Strom fließt.

Die nachfolgenden Verschaltungen idealer Quellen sind zwar physikalisch sinnvoll, führen bei der Netzwerkanalyse aber dazu, dass es nicht eine eindeutige Lösung, sondern unendlich viele verschiedene Lösungen gibt. Damit ist eine vollständige Netzwerkanalyse im Sinne des Abschnitts 2.4.1.2 nicht möglich.

a. *Parallelschaltung idealer Spannungsquellen mit identischen Quellenspannungen.* Es gibt keine Möglichkeit, die Aufteilung des Gesamtstroms auf die einzelnen Quellen zu bestimmen.
b. *Reihenschaltung idealer Stromquellen mit identischen Quellenströmen.* Es gibt keine Möglichkeit, die Aufteilung der Gesamtspannung auf die einzelnen Quellen zu bestimmen.

In der Praxis stellen die vier oben genannten Fälle keine Probleme dar, da es keine idealen Quellen gibt. Der erste Fall kann aber bei Quellen mit sehr kleinen Innenwiderständen schon bei geringen Unterschieden zwischen den Quellenspannungen zu großen Ausgleichsströmen führen, die eine thermische Zerstörung der Quellen bewirken können. Daher sollten selbst Batterien mit gleicher Nennspannung nicht direkt parallelgeschaltet werden.

Beispiel 2.29 Schrittweise Vereinfachung einer Schaltung

Betrachtet wird das Netzwerk in Bild 2.68a, in dem alle Widerstände sowie die Quellenspannung U_{q1} und der Quellenstrom I_{q2} bekannt sind. Da das Netzwerk $z = 6$ Zweige enthält, ist gemäß Abschnitt 2.4.1.2 prinzipiell ein System aus 6 Gleichungen zu lösen, um die 5 unbekannten Zweigströme sowie die Spannung über der Stromquelle zu berechnen. Durch schrittweises Vereinfachen mittels der oben angegeben Regeln kann das Netzwerk in ein Ersatznetzwerk umgewandelt werden, das nur das Lösen eines wesentlich kleineren Gleichungssystems erfordert. Aus den dann bekannten Größen des Ersatznetzwerks können durch schrittweises Rückgängigmachen der Vereinfachungen die gesuchten Größen des Originalnetzwerks berechnet werden.

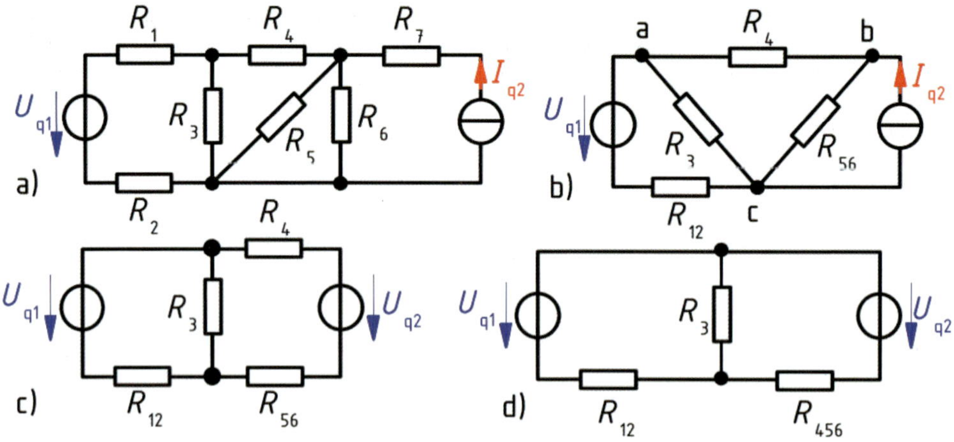

Bild 2.68 Netzwerk (a) mit zusammengefassten Widerständen (b), nach Umwandlung der linearen Stromquelle in eine lineare Spannungsquelle (c) und vereinfachte Schaltung (d)

Die beiden unteren Knoten in Bild 2.68a können zu einem echten Knoten *c* zusammengefasst werden. Die parallelen Widerstände R_5 und R_6 dürfen durch den Widerstand R_{56} ersetzt und die beiden in Reihe liegenden Widerstände R_1 und R_2 zum Widerstand R_{12} zusammengefasst werden. Der Widerstand R_7 liegt in Reihe mit einer idealen Stromquelle und hat somit keinen Einfluss auf den Zweigstrom I_{q2}. Er darf zur Berechnung der Schaltungsteile links des Zweiges mit der Stromquelle weggelassen werden. Damit erhält man die Ersatzschaltung in Bild 2.68b.

Die ideale Stromquelle I_{q2} und den parallelen Widerstand R_{56} kann man als lineare Stromquelle auffassen, die zur Berechnung der übrigen Schaltung in eine lineare Spannungsquelle mit der Quellenspannung $U_{q2} = I_{q2}\, R_{56}$ umgewandelt werden darf. So erhält man die Ersatzschaltung in Bild 2.68c. Das Zusammenfassen der Widerstände R_4 und R_{56} zu R_{456} ergibt schließlich die Schaltung in Bild 2.68d, die noch drei unbekannte Zweigströme enthält. Damit ist nur noch ein Gleichungssystem aus 3 Gleichungen zu lösen. Nachdem die drei Ströme berechnet sind, sind durch Anwenden der Strom- und Spannungsteilerregel sowie des Ohmschen Gesetzes die übrigen Ströme und Spannungen des Originalnetzwerks einfach zu ermitteln.

Diese Vorgehensweise zur Analyse kleiner Netzwerke fördert das elektrotechnische Verständnis und den Umgang mit den grundlegenden Gesetzen der Gleichstromtechnik, wird in der Praxis aber nur selten angewandt.

Beispiel 2.30 Zusammenfassen von Quellen

Der Strom I_1 im Netzwerk in Bild 2.69a soll berechnet werden. Bekannt sind $U_{q1} = 16$ V; $I_{q2} = 4{,}8$ A; $U_{q3} = 10$ V; $I_{q4} = 7{,}5$ A; $R_1 = 2{,}1\ \Omega$; $R_2 = 5\ \Omega$; $R_3 = 0{,}4\ \Omega$.

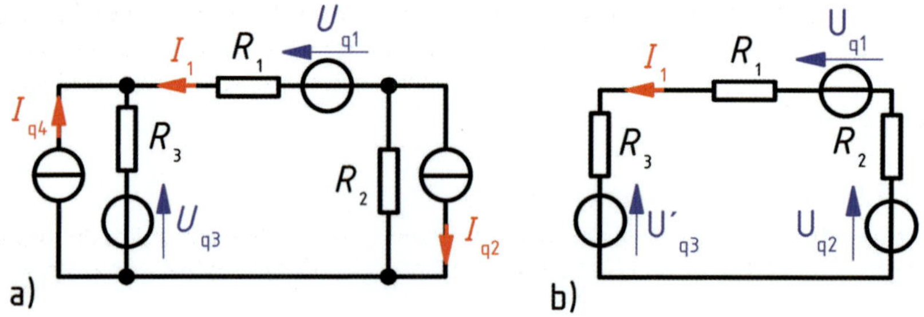

Bild 2.69 Netzwerk zu Beispiel 2.30 (a) und Ersatznetzwerk (b)

Die Schaltung in Bild 2.69a enthält drei Maschen. Wenn es gelingt, die beiden linken und die beiden rechten Zweige jeweils zu einem Ersatzzweig zusammenzufassen, entsteht ein Ersatznetzwerk, das nur noch eine Masche enthält. Der Strom in dieser Masche ist der gesuchte Strom, der trivial zu berechnen ist.

Zunächst wird die lineare Spannungsquelle mit der Quellenspannung U_{q3} und dem Innenwiderstand R_3 in eine lineare Stromquelle mit dem Quellenstrom

$$I_{q3} = U_{q3}/R_3 = 10\ \text{V}/(0{,}4\ \Omega) = 25\ \text{A}$$

(Zählpfeil in Gegenrichtung zu dem von U_{q3}) und dem parallelen Innenwiderstand R_3 umgewandelt. Nun können die beiden parallelen Stromquellen zu einer Stromquelle mit

$$I'_{q3} = I_{q3} - I_{q4} = 25\ \text{A} - 7{,}5\ \text{A} = 17{,}5\ \text{A}$$

(Zählpfeil wie der von I_{q3}) zusammengefasst werden. Die durch I'_{q3} und R_3 gebildete lineare Stromquelle wird nun durch eine lineare Spannungsquelle mit der Quellenspannung

$$U'_{q3} = R_3\, I'_{q3} = 0{,}4\ \Omega \cdot 17{,}5\ \text{A} = 7\ \text{V}$$

(Zählpfeil siehe Bild 2.69b) und dem Innenwiderstand R_3 ersetzt. Die durch I_{q2} und R_2 gebildete lineare Stromquelle wird ersetzt durch eine lineare Spannungsquelle mit der Quellenspannung

$$U_{q2} = R_2\, I_{q2} = 5\ \Omega \cdot 4{,}8\ \text{A} = 24\ \text{V}$$

(Zählpfeil in Gegenrichtung zu dem von I_{q2}) und dem Innenwiderstand R_2. Damit ergibt sich die in Bild 2.69b dargestellte Ersatzschaltung. Aus ihr folgt durch Anwendung des Maschensatzes

$$I_1 = \frac{U'_{q3} - U_{q1} - U_{q2}}{R_1 + R_2 + R_3} = \frac{7\ \text{V} - 16\ \text{V} - 24\ \text{V}}{2{,}1\ \Omega + 5\ \Omega + 0{,}4\ \Omega} = -\,4{,}4\ \text{A}.$$

2.4.2 Rekursive Berechnung

In *linearen* Netzwerken, die nur *eine Quelle* enthalten, kann man sich in manchen Fällen durch eine *rekursive Berechnung* sehr viel Rechenarbeit ersparen. Bei diesem Ansatz werden nicht, wie sonst üblich, ausgehend von der gegebenen Quellengröße an den Klemmen der ansonsten passiven Schaltung die gesuchten Ströme und/oder Spannungen berechnet, sondern es wird umgekehrt eine Spannung oder ein Strom in einem Teil des Netzwerks, der weit von der Quelle entfernt ist, mit einem beliebigen (glatten) Wert angenommen. Dann werden schrittweise unter Verwendung der Kirchhoffschen Sätze und des Ohmschen Gesetzes weitere Ströme und Spannungen „rückwärts" (zur Quelle hin, daher der Name des Verfahrens) berechnet. Schließlich erhält man einen Wert der Quellengröße, der sich in der Regel vom vorgegebenen Wert unterscheiden wird. Da es sich um ein lineares Netzwerk mit nur einer Quelle handelt, erhält man durch Multiplikation aller berechneten Spannungen und Ströme mit dem selben Korrekturfaktor die richtigen Werte (vgl. Aussagen über lineare Netzwerke in Abschnitt 2.4.1.1). Der Korrekturfaktor ist der Quotient aus gegebener und berechneter Quellengröße. Die rekursive Berechnung ist insbesondere bei *Schaltungen mit kettenartiger Struktur*, zu denen die *mehrstufigen Spannungsteiler* (Abschnitt 2.2.5.2) gehören, anwendbar. Dieser Schaltungstyp wird auch als *Abzweigschaltung* bezeichnet.

Beispiel 2.31 Rekursive Berechnung einer Abzweigschaltung

Die Abzweigschaltung in Bild 2.70 liegt an der Spannung $U = 100$ V. Die Widerstände haben die Werte $R_1 = 10\ \Omega$, $R_2 = 12\ \Omega$, $R_3 = 25\ \Omega$, $R_4 = 40\ \Omega$, $R_5 = 40\ \Omega$, $R_6 = 60\ \Omega$. Die Spannung U_6 ist zu berechnen.

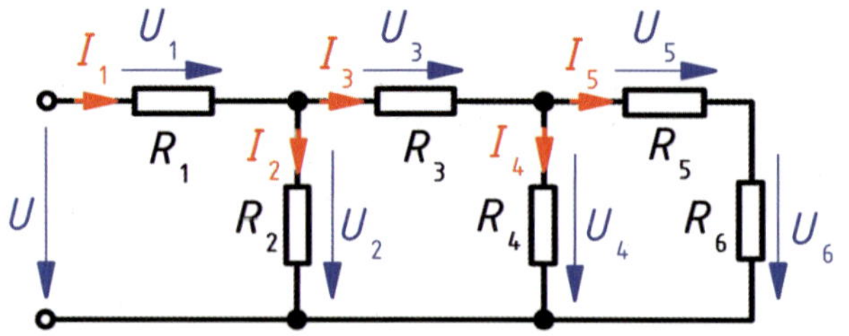

Bild 2.70 Abzweigschaltung

Für die gesuchte Spannung wird ein willkürlich gewählter Wert $U_6' = 60$ V angesetzt. Hieraus ergibt sich über mehrere Zwischenwerte schließlich ein Wert U' für die Eingangsspannung:

$$I_5' = U_6'/R_6 = 60\text{ V}/(60\ \Omega) = 1\text{ A}$$

$$U_5' = R_5 I_5' = 40\ \Omega \cdot 1\text{ A} = 40\text{ V}$$

$$U_4' = U_5' + U_6' = 40\text{ V} + 60\text{ V} = 100\text{ V}$$

$$I_4' = U_4'/R_4 = 100\text{ V}/(40\ \Omega) = 2{,}5\text{ A}$$

$$I_3' = I_4' + I_5' = 2{,}5\text{ A} + 1\text{ A} = 3{,}5\text{ A}$$

$$U_3' = R_3 I_3' = 25\ \Omega \cdot 3{,}5\text{ A} = 87{,}5\text{ V}$$

$$U_2' = U_3' + U_4' = 87{,}5\text{ V} + 100\text{ V} = 187{,}5\text{ V}$$

$$I_2' = U_2'/R_2 = 187{,}5\text{ V}/(12\ \Omega) = 15{,}625\text{ A}$$

$$I_1' = I_2' + I_3' = 15{,}625\text{ A} + 3{,}5\text{ A} = 19{,}125\text{ A}$$

$$U_1' = R_1 I_1' = 10\ \Omega \cdot 19{,}125\text{ A} = 191{,}25\text{ V}$$

$$U' = U_1' + U_2' = 191{,}25\text{ V} + 187{,}5\text{ V} = 378{,}75\text{ V}$$

Der Korrekturfaktor für *alle* Ströme und Spannungen ist also

$$K = \frac{U}{U'} = \frac{100\text{ V}}{378{,}75\text{ V}} \approx 0{,}264.$$

Daraus folgt speziell der Wert der gesuchten Spannung

$$U_6 = K\,U_6' = 0{,}264 \cdot 60\text{ V} = 15{,}8\text{ V}.$$

2.4.3 Knoten- und Maschenanalyse

In diesem Abschnitt wird ein Verfahren zur Netzwerkanalyse unter alleiniger Verwendung der Kirchhoffschen Sätze und des Ohmschen Gesetzes vorgestellt. Das Verfahren ist in seiner Grundform sehr einfach verständlich und sehr einfach anwendbar. Das zu lösende lineare Gleichungssystem ist aber stets größer als bei den in den Abschnitten 2.4.6 und 2.4.7 behandelten vereinfachten Analyseverfahren. Daher sollte es nur zur Berechnung einfacher Netzwerke verwendet werden.

2.4.3.1 Prinzip des Verfahrens

Zu analysieren ist ein lineares Gleichstromnetzwerk mit k Knoten und z Zweigen. Die Anwendung des Kirchhoffschen Knotensatzes auf $k - 1$ beliebig ausgewählte Knoten des Netzwerks führt zu $k - 1$ linear unabhängigen Gleichungen für die Zweigströme. Die Gleichung für den k-ten Knoten liefert keine zusätzliche Information, da alle Ströme in der Knotengleichung für diesen Knoten bereits in den anderen Knotengleichungen enthalten sind.

Die fehlenden $z - k + 1$ Gleichungen zur Berechnung der z unbekannten Größen erhält man durch Anwendung des Kirchhoffschen Maschensatzes auf eine geeignete Auswahl an Maschen. Die Maschen sind so zu wählen, dass die aus ihnen gewonnenen Maschengleichungen voneinander *linear unabhängig* sind, also keine der Gleichungen aus den anderen Gleichungen abgeleitet werden kann. Zur Identifikation eines solchen Satzes linear unabhängiger Maschengleichungen verwendet man einen prinzipiell beliebig auswählbaren vollständigen Baum des Graphen des Netzwerks. Wie bereits in Abschnitt 2.4.1.5 erwähnt, wird durch jeden der

$$m = z - k + 1 \tag{2.152}$$

Verbindungszweige und eine Teilmenge der Baumzweige genau eine Elementarmasche des Netzwerks bestimmt. Die m Maschengleichungen für diese Maschen sind stets linear unabhängig voneinander, da in jeder der Gleichungen eine neue Größe enthalten ist, nämlich die Spannung über dem zugehörigen Verbindungszweig. Empfehlenswert ist die Wahl eines vollständigen Baumes mit *sternförmiger Struktur* (Bild 2.64), da hierbei Maschen entstehen, die weniger Baumzweige enthalten als bei Wahl eines vollständigen Baumes mit linienförmiger Struktur. Dies führt wiederum zu einfacheren Maschengleichungen, was den Aufwand zum Lösen des linearen Gleichungssystems vermindert.

Enthält das Netzwerk keine Stromquellen, lassen sich mittels der so gewonnenen z linear unabhängigen Gleichungen ohne Schwierigkeiten die gesuchten Zweigströme berechnen.

2.4.3.2 Vorgehensweise

Vor der Netzwerkanalyse sind, sofern nicht vorgegeben, *Zählpfeile* für alle beteiligten Ströme und Spannungen festzulegen. Anschließend kann nach folgendem Schema vorgegangen werden:

1. Ggf. Anwenden der Regeln zur *Netzwerkumformung* (Abschnitt 2.4.1.6), insbesondere Zusammenfassen von Schaltungsteilen, deren elektrische Größen nicht gesucht sind.
2. Aufstellen der $k - 1$ voneinander unabhängigen *Knotengleichungen* $\Sigma I = 0$. Es empfiehlt sich, Ströme mit *zum* betrachteten Knoten weisendem Zählpfeil *positiv* zu zählen.
3. Zeichnen des Graphen des Netzwerks und Auswahl eines vollständigen Baumes.
4. Aufstellen der $m = z - k + 1$ voneinander unabhängigen *Maschengleichungen* mittels des vollständigen Baumes. Der *Umlaufsinn* ist für jede Masche beliebig wählbar. Spannungsabfälle $U = R\,I$ über Widerständen und Quellenspannungen U_q werden positiv gezählt, wenn die Zählpfeile (von U bzw. I bzw. U_q) mit dem Umlaufsinn der Masche übereinstimmen, sonst negativ. Die bekannten Quellenspannungen U_q werden auf die rechten Seiten der Gleichungen gebracht.
5. Lösen des linearen Gleichungssystems für die z unbekannten Zweigströme.
6. Ggf. Rückgängigmachen der unter 1. durchgeführten Netzwerkumformungen.

2.4.3.3 Matrixschreibweise des Gleichungssystems

Das bei der Knoten- und Maschenanalyse zu lösende Gleichungssystem lässt sich darstellen als *Matrizengleichung* [5] in der *Form*

$$\underline{R}\,\vec{I} = \vec{U} \tag{2.153}$$

mit der quadratischen $z \times z$-*Koeffizientenmatrix*

$$\underline{R} = \begin{bmatrix} R_{11} & R_{12} & \ldots & R_{1z} \\ R_{21} & R_{22} & \ldots & R_{2z} \\ \ldots & \ldots & \ldots & \ldots \\ R_{z1} & R_{z2} & \ldots & R_{zz} \end{bmatrix}. \tag{2.154}$$

Die Koeffizientenmatrix wird durch die Topologie des Netzwerks und die Parameter der enthaltenen Widerstände bestimmt. Die Dimension der Elemente von $\underline{R}$ ist zeilenweise entweder "1", wenn die betreffende Zeile des Gleichungssystems eine Knotengleichung ist, oder "Widerstand", wenn die Zeile eine Maschengleichung ist. Bei großen, schwach vermaschten Netzwerken sind viele Elemente von $\underline{R}$ gleich null.

Der Spaltenvektor der gesuchten *Wirkungsgrößen*, hier der unbekannten Zweigströme

$$\vec{I} = \begin{bmatrix} I_1 \\ I_2 \\ \ldots \\ I_z \end{bmatrix}, \tag{2.155}$$

ist der *Lösungsvektor* des Gleichungssystems. Der Spaltenvektor der *Anregungsgrößen*, hier der bekannten Quellenspannungen

$$\vec{U} = \begin{bmatrix} U_1 \\ U_2 \\ \ldots \\ U_z \end{bmatrix}, \tag{2.156}$$

wird oft als „*rechte Seite*" des Gleichungssystems bezeichnet. Die Elemente der rechten Seite sind bei allen Knotengleichungen null. Bei Maschengleichungen können die Elemente eine oder mehrere vorzeichenbehaftete Quellenspannungen enthalten.

Beispiel 2.32 Anwendung der Knoten- und Maschenanalyse auf eine Netzwerk mit linearen Spannungsquellen

Zur Berechnung der 8 unbekannten Ströme des Netzwerks in Bild 2.71a soll mit Hilfe der Knoten- und Maschenanalyse ein Gleichungssystem aufgestellt und als Matrizengleichung dargestellt werden.

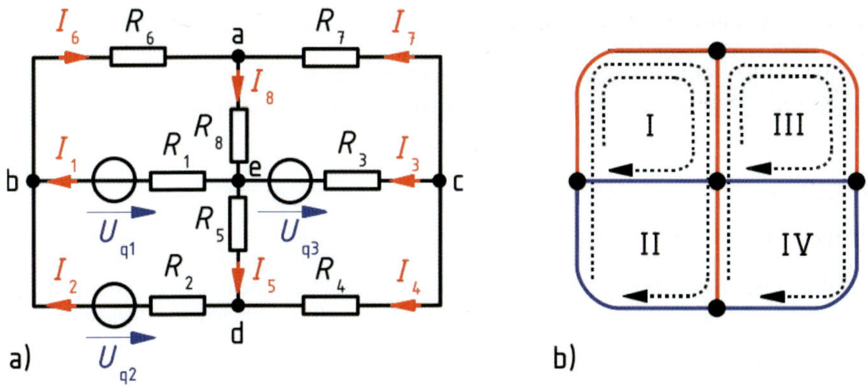

Bild 2.71 Netzwerk mit 8 unbekannten Zweigströmen (a) und Graph des Netzwerks mit vollständigem Baum und Elementarmaschen (b)

Das Netzwerk enthält $z = 8$ Zweige und $k = 5$ Knoten. Daher werden $k - 1 = 4$ Knotengleichungen und $z - k + 1 = 4$ Maschengleichungen benötigt. Die Stromzählpfeile sind in Bild 2.71a eingetragen.

Die Knotengleichungen werden für die Knoten a, b, c und d aufgestellt. Für den Knoten c soll die Zählpfeilrichtung vom Knoten weg als positiv gelten; bei den Knoten a, b und d wird die Zählpfeilrichtung zum Knoten hin als positiv festgelegt. Man erhält dann die Kotengleichungen

$$\mathrm{K_a}: \quad I_6 + I_7 - I_8 = 0,$$

$$\mathrm{K_b}: \quad I_1 + I_2 - I_6 = 0,$$

$$\mathrm{K_c}: \quad I_3 + I_4 + I_7 = 0,$$

$$\mathrm{K_d}: \quad -I_2 + I_4 + I_5 = 0.$$

Bei Wahl eines vollständigen Baumes gemäß Bild 2.71b ergeben sich die ebenfalls in Bild 2.71b eingetragenen Elementarmaschen I, II, III und IV. Wählt man für alle Maschen als Umlaufsinn den Uhrzeigersinn, erhält man die Maschengleichungen

$$\mathrm{M_I}: \quad R_6 I_6 + R_8 I_8 + R_1 I_1 - U_{q1} = 0,$$

$$\mathrm{M_{II}}: \quad R_6 I_6 + R_8 I_8 + R_5 I_5 + R_2 I_2 - U_{q2} = 0,$$

$$\mathrm{M_{III}}: \quad -R_8 I_8 - R_7 I_7 + R_3 I_3 - U_{q3} = 0,$$

$$\mathrm{M_{IV}}: \quad -R_5 I_5 - R_8 I_8 - R_7 I_7 + R_4 I_4 = 0.$$

Das aus vier Knoten- und vier Maschengleichungen bestehende Gleichungssystem wird nun nach Strömen geordnet und die Quellenspannungen werden auf die rechten Seiten der Gleichungen gebracht. Damit folgt die Darstellung des Gleichungssystems in Form einer Matrizengleichung:

$$\begin{bmatrix} 0 & 0 & 0 & 0 & 0 & 1 & 1 & -1 \\ 1 & 1 & 0 & 0 & 0 & -1 & 0 & 0 \\ 0 & 0 & 1 & 1 & 0 & 0 & 1 & 0 \\ 0 & -1 & 0 & 1 & 1 & 0 & 0 & 0 \\ R_1 & 0 & 0 & 0 & 0 & R_6 & 0 & R_8 \\ 0 & R_2 & 0 & 0 & R_5 & R_6 & 0 & R_8 \\ 0 & 0 & R_3 & 0 & 0 & 0 & -R_7 & -R_8 \\ 0 & 0 & 0 & R_4 & -R_5 & 0 & -R_7 & -R_8 \end{bmatrix} \cdot \begin{bmatrix} I_1 \\ I_2 \\ I_3 \\ I_4 \\ I_5 \\ I_6 \\ I_7 \\ I_8 \end{bmatrix} = \begin{bmatrix} 0 \\ 0 \\ 0 \\ 0 \\ U_{q1} \\ U_{q2} \\ U_{q3} \\ 0 \end{bmatrix}$$

Um das Hantieren mit Einheiten zu vermeiden, sollten für die Zahlenwertrechnung alle Spannungen, Ströme und Widerstände durch geeignete *Normierung* (d. h. Division durch geeignete Bezugsgrößen) in einheitenlose Größen überführt werden. Dabei ist zu beachten, dass $[U] = [I]\,[R]$ gelten muss, also z. B. die Zahlenwerte aller Spannungen in V, aller Ströme in mA und aller Widerstände in kΩ einzusetzen sind.

Beispiel 2.33 Berechnung des Laststroms als Funktion des Lastwiderstandes

Ein Generator mit der Quellenspannung $U_{q1} = 300$ V und dem Innenwiderstand $R_{i1} = 0{,}25\ \Omega$ sowie ein Akkumulator mit der Quellenspannung $U_{q2} = 270$ V und dem Innenwiderstand $R_{i2} = 0{,}12\ \Omega$ sind nach Bild 2.72 parallel auf einen Verbraucher R_{Last} geschaltet. Wie teilt sich der Laststrom I_{Last} auf die beiden Quellen auf, wenn der Verbraucherwiderstand im Bereich $0 < R_{Last} < 10\ \Omega$ verändert wird? Die einzelnen Ströme sind abhängig vom Verbraucherwiderstand grafisch darzustellen.

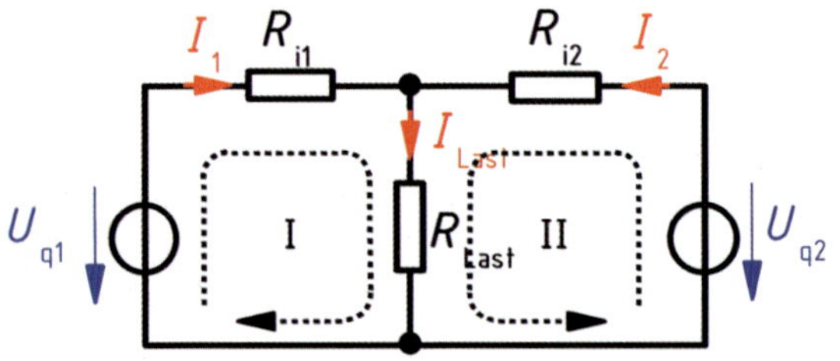

Bild 2.72 Generator und Akkumulator an gemeinsamem Verbraucher R_{Last}

Das Netzwerk enthält $k = 2$ Knoten und $z = 3$ Zweige. Die Zählpfeile für die gesuchten 3 Ströme sind in Bild 2.72 eingetragen. Es ist nur $k - 1 = 1$ Knotengleichung aufzustellen:

$$\text{K:}\quad I_1 + I_2 - I_{Last} = 0.$$

Die $z - k + 1 = 2$ Maschen und ihr Umlaufsinn werden so gewählt, wie in Bild 2.72 eingezeichnet. (Der vollständige Baum besteht hier nur aus dem Zweig mit dem Widerstand R_{Last}.) Die Maschengleichungen lauten dann

$$\text{M}_\text{I}:\ R_{i1}\,I_1 + R_{Last}\,I_{Last} - U_{q1} = 0,$$

$$\text{M}_\text{II}:\ R_{i2}\,I_2 + R_{Last}\,I_{Last} - U_{q2} = 0$$

oder, nach den Teilströmen I_1 und I_2 auflöst,

$$I_1 = \frac{U_{q1} - R_{Last}I_{Last}}{R_{i1}}, \qquad I_2 = \frac{U_{q2} - R_{Last}I_{Last}}{R_{i2}}.$$

Nach Einsetzen dieser Ausdrücke in die Knotengleichung erhält man

$$I_{Last} = I_1 + I_2 = \frac{U_{q1} - R_{Last}I_{Last}}{R_{i1}} + \frac{U_{q2} - R_{Last}I_{Last}}{R_{i2}} = \frac{U_{q1}}{R_{i1}} + \frac{U_{q2}}{R_{i2}} - \left(\frac{R_{Last}}{R_{i1}} + \frac{R_{Last}}{R_{i2}}\right) I_{Last}.$$

Damit ergibt sich für den Strom durch den Verbraucher

$$I_{Last} = \frac{\dfrac{U_{q1}}{R_{i1}} + \dfrac{U_{q2}}{R_{i2}}}{1 + \dfrac{R_{Last}}{R_{i1}} + \dfrac{R_{Last}}{R_{i2}}} = \frac{R_{i2}U_{q1} + R_{i1}U_{q2}}{R_{i1}R_{i2} + R_{i2}R_{Last} + R_{i1}R_{Last}}.$$

Durch Einsetzen dieser Gleichung in die Ausdrücke für die Teilströme folgt nach Kürzen durch R_{Last}

$$I_1 = \frac{U_{q1}}{R_{i1}} - \frac{\frac{R_{i2}}{R_{i1}} U_{q1} + U_{q2}}{\frac{R_{i1} R_{i2}}{R_{Last}} + R_{i2} + R_{i1}}, \qquad I_2 = \frac{U_{q2}}{R_{i2}} - \frac{U_{q1} + \frac{R_{i1}}{R_{i2}} U_{q2}}{\frac{R_{i1} R_{i2}}{R_{Last}} + R_{i2} + R_{i1}}.$$

Nach Einsetzen der Zahlenwerte erhält man hieraus die zugeschnittenen Größengleichungen

$$\frac{I_1}{A} = 1200 - \frac{13800}{\frac{1}{R_{Last}/\Omega} + 12{,}333}, \qquad \frac{I_2}{A} = 2250 - \frac{28750}{\frac{1}{R_{Last}/\Omega} + 12{,}333}$$

und mit der Knotengleichung K

$$\frac{I_{Last}}{A} = 3450 - \frac{42550}{\frac{1}{R_a/\Omega} + 12{,}333}.$$

Die Ströme als Funktion des Lastwiderstandes R_{Last} sind in Bild 2.73 dargestellt.

Der Akkumulator ist bei $R_{Last} = 2{,}25\ \Omega$ mit $I_2 = 0$ stromlos, da in diesem Fall die Klemmenspannung des Verbrauchers $U_{Last} = R_{Last}\, I_{Last}$ mit 270V gerade gleich der Quellenspannung U_{q2} des Akkumulators ist. Der Laststrom wird in diesem Fall also vollständig vom Generator geliefert: $I_{Last} = I_1 = 120$ A. Bei $R_{Last} > 2{,}25\ \Omega$ wird der Akkumulator geladen und bei $R_{Last} < 2{,}25\ \Omega$ entladen.

Dieser Übergang vom Lade- in den Entladezustand eines Akkumulators tritt z. B. in den elektrischen Anlagen von Kraftfahrzeugen auf. Während der Fahrt wird der Akku durch die Lichtmaschine geladen; gleichzeitig werden die Verbraucher gespeist. Die Verteilung der Ströme richtet sich nach dem Verbraucherwiderstand R_{Last} sowie der Lichtmaschinen- und der Akkumulator-Quellenspannung, die wiederum von der Motordrehzahl bzw. dem Ladezustand abhängen.

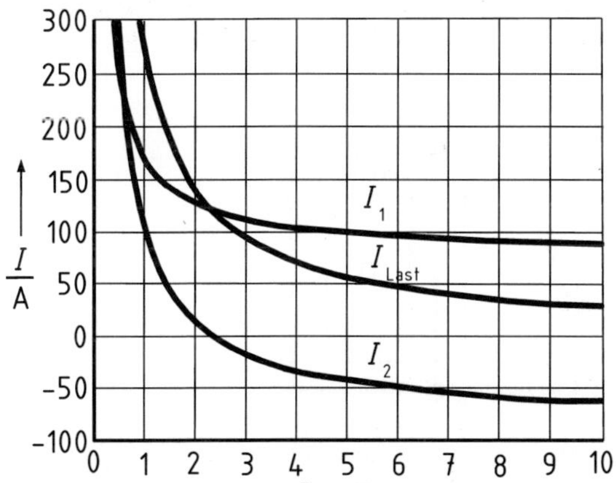

Bild 2.73 Teilströme I_1 und I_2 sowie Verbraucherstrom I_{Last} für Beispiel 2.33 in Abhängigkeit vom Verbraucherwiderstand R_{Last}

2.4.3.4 Modifiziertes Verfahren zur Behandlung von Stromquellen

Enthält ein zu analysierendes Netzwerk einen oder mehrere Zweige mit einer *idealen Stromquelle*, sind bei Anwendung des in Abschnitt 2.4.3.2 beschriebenen Verfahrens die zugehörigen Zweigströme im Vektor $\vec{I}$ bekannt; dafür treten im Vektor $\vec{U}$ nun auch unbekannte Spannungsabfälle über den Stromquellen auf. Dies erfordert ein Umordnen der betroffenen Gleichungen, bevor das lineare Gleichungssystem gelöst werden kann.

Alternativ kann das oben beschriebene Verfahren an einigen Stellen durch eine Sonderbehandlung für diese Stromquellen modifiziert werden. Bei Anwendung der nachfolgend vorgeschlagenen Ergänzungen zu dem Verfahren aus Abschnitt 2.4.3.2 lässt sich das zu lösende lineare Gleichungssystem pro Zweig mit einer idealen Stromquelle um eine Gleichung reduzieren. Dies kann bei der Netzwerkanalyse mit einem Taschenrechner den Rechenaufwand erheblich verringern.

Zu 1.: Alle Parallelschaltungen aus einer idealen Stromquelle und einem linearen Widerstand werden als *lineare Stromquellen* aufgefasst und in lineare Spannungsquellen umgewandelt. Hierdurch verringert sich die Zahl der Zweige im Netzwerk und damit die Anzahl der Gleichungen im Gleichungssystem jeweils um eins.

Zu 3.: Der vollständige Baum wird so gewählt, dass Zweige mit *idealen Stromquellen* in Verbindungszweigen liegen. Dadurch wird erreicht, dass die unbekannten Spannungen über diesen Stromquellen jeweils nur in einer Maschengleichung auftreten.

Zu 4.: Die Maschengleichungen für Verbindungszweige, die eine *ideale Stromquelle* enthalten, werden zwar aufgestellt, jedoch nicht dem Gleichungssystem hinzugefügt.

Zu 5.: Die Größe des zu lösenden Gleichungssystems ist um die Anzahl der Stromquellen kleiner als die Anzahl z der Zweige.

Zu 6.: Die Spannungsabfälle über *idealen Stromquellen* werden mittels je einer der Maschengleichungen, die unter 4. aufgestellt, aber bisher nicht verwendet wurden, *einzeln* berechnet. Anschließend wird für *lineare Stromquellen*, die unter 1. in lineare Spannungsquellen umgewandelt wurden, aus dem unter 5. berechneten Zweigstrom der Strom durch den Parallelwiderstand der Stromquelle und daraus die Spannung über der Stromquelle berechnet.

Beispiel 2.34 Anwendung der Knoten- und Maschenanalyse auf ein Netzwerk mit Stromquelle

Für die Schaltung in Bild 2.74a sind die unbekannten Zweigströme sowie die Spannung über der Stromquelle zu berechnen. Die Werte der Widerstände R_1, R_2, R_3 sowie die Quellenparameter I_{q4} und U_{q5} seien bekannt.

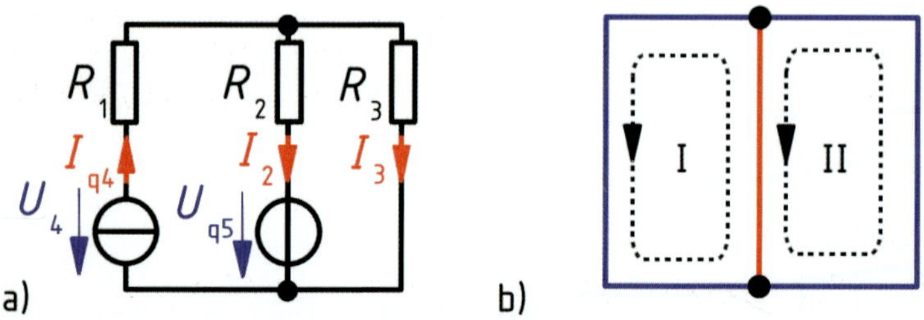

Bild 2.74 Einfaches Gleichstromnetzwerk mit Stromquelle (a) und vollständiger Baum mit Bezeichnung der Maschen (b)

Die Schaltung enthält $z = 3$ Zweige und $k = 2$ Knoten. Es sind also $k - 1 = 1$ Knotengleichung und $m = z - k + 1 = 2$ Maschengleichungen aufzustellen. Somit ist prinzipiell ein lineares Gleichungssystem mit $z = 3$ Gleichungen zu lösen. Mit der oben beschriebenen Sonderfallbehandlung von Stromquellen lässt sich das zu lösende Gleichungssystem um eine Gleichung reduzieren. Hierzu wird ein vollständiger Baum gewählt, bei dem die Stromquelle in einem Verbindungszweig liegt, z. B. entsprechend Bild 2.74b. Die Knotengleichung wird für den unteren Knoten aufgestellt:

$$\text{K:}\quad -I_{q4} + I_2 + I_3 = 0$$

Die Maschenumläufe werden entsprechend Bild 2.74b in den „Augen“ der Schaltung im mathematisch positiven Sinn durchgeführt und ergeben

$$\mathrm{M_I}: -U_{q5} - I_2 R_2 - I_{q4} R_1 + U_4 = 0$$

$$\mathrm{M_{II}}: -I_3 R_3 + I_2 R_2 + U_{q5} = 0\,.$$

Die unbekannte Spannung über der Stromquelle erscheint nur in der ersten Maschengleichung, die zunächst zurückgestellt wird. Die Knotengleichung und die zweite Maschengleichung bilden ein lineares Gleichungssystem zur Berechnung der unbekannten Zweigströme I_2 und I_3, aus dem nach wenigen Schritten das Ergebnis

$$I_2 = I_{q4}\frac{R_3}{R_2 + R_3} - \frac{U_{q5}}{R_2 + R_3}, \qquad I_3 = I_{q4}\frac{R_2}{R_2 + R_3} + \frac{U_{q5}}{R_2 + R_3}$$

folgt. Durch Einsetzen dieser Ausdrücke in die zurückgestellte erste Maschengleichung erhält man die Spannung über der Stromquelle

$$U_4 = I_{q4}\left(R_1 + \frac{R_2 R_3}{R_2 + R_3}\right) + U_{q5}\left(\frac{R_3}{R_2 + R_3}\right).$$

Die Zweigströme und die Spannung über der Stromquelle setzen sich deutlich erkennbar entsprechend Gl. (2.151) aus je zwei Anteilen zusammen, die durch die beiden im Netzwerk enthaltenen Quellen verursacht werden.

2.4.4 Anwendung des Überlagerungssatzes

Der Überlagerungssatz eröffnet eine Möglichkeit zur *Analyse linearer Netzwerke mit mehreren Quellen*. Er nutzt die in Abschnitt 2.4.1.1 erläuterte Eigenschaft der *Additivität* bei *linearen Systemen*. Die Anwendung des Überlagerungssatzes ist bei beliebigen linearen Systemen möglich, also nicht auf elektrische Netzwerke beschränkt und wird auch als *Superpositionsverfahren* bezeichnet. Die Verwendung des Überlagerungssatzes zur Berechnung elektrischer Netzwerke geht auf den deutschen Physiker von Helmholtz zurück. Das Superpositionsverfahren ist *kein eigenständiges Analyseverfahren*, sondern wird in Verbindung mit anderen Verfahren (s. insbesondere Abschnitte 2.4.3 und 2.4.5) oder einfach mit den Kirchhoffschen Gesetzen verwendet. Der Überlagerungssatz wird ebenfalls bei der Analyse linearer elektrischer Netzwerke mit beliebig zeitvarianten Größen und bei der Analyse elektrischer und magnetischer Felder in linearen Anordnungen angewandt.

2.4.4.1 Prinzip des Verfahrens

Der Überlagerungssatz kann allgemeingültig folgendermaßen formuliert werden:

Bei einem linearen System mit mehreren voneinander unabhängigen Ursachengrößen lässt sich eine (resultierende) Wirkungsgröße durch Überlagerung (d. h. bei skalaren Größen vorzeichenrichtige Addition) der Teilwirkungen der einzelnen Ursachen berechnen.

Im Rahmen der Netzwerkanalyse ist der Überlagerungssatz nur anwendbar bei linearen Netzwerken, die mehrere unabhängige[10] Quellen enthalten. Empfehlenswert ist die Anwendung des Überlagerungssatzes, wenn in einem Netzwerk mit mehreren Quellen nur wenige Größen (meist Zweigströme) gesucht sind. Eine Anwendung des Überlagerungssatzes im Rahmen einer vollständigen Netzwerkanalyse ist meist nicht ratsam.

---

[10] Also Quellen, deren Quellengröße nicht von anderen elektrischen Größen im Netzwerk abhängt.

Sollen in einem Netzwerk Leistungen berechnet werden, ist unbedingt zu beachten, dass zunächst die hierfür erforderlichen *resultierenden* Werte der Ströme und Spannungen ermittelt werden müssen und erst danach die Leistungen berechnet werden dürfen. Eine Berechnung von Teilleistungen aus den Teilströmen bzw. Teilspannungen mit anschließender Überlagerung zur Gesamtleistung führt zu falschen Ergebnissen, da der Zusammenhang zwischen Strömen bzw. Spannungen und Leistungen *nichtlinear* ist, vgl. Gl. (2.56) und Gl. (2.57).

2.4.4.2 Vorgehensweise

Zunächst sind, sofern nicht gegeben, *Zählpfeile* für alle beteiligten Ströme und Spannungen festzulegen. Die Anwendung des Überlagerungssatzes erfolgt danach in 4 Schritten:

1 Ggf. *Vereinfachen* von Schaltungsteilen, die keine Quelle enthalten und deren elektrische Größen nicht gesucht sind (Abschnitt 2.4.1.6).
2. *Deaktivieren* aller *Quellen* im Netzwerk bis auf die gerade betrachtete (Abschnitt 2.1.3.4). Bei Spannungsquellen wird also die Quellenspannung auf null gesetzt, bei Stromquellen der Quellenstrom. Ideale Spannungsquellen wirken[11] dann wie ein Kurzschluss, ideale Stromquellen wie eine Unterbrechung.
3. *Berechnen* der gesuchten Teilströme bzw. Teilspannungen mit einem beliebigen Verfahren.
4. Nachdem die Schritte 2. und 3. für alle Quellen im Netzwerk durchgeführt worden sind, *Überlagern* der durch die einzelnen Quellen bewirkten Teilströme bzw. Teilspannungen zu den resultierenden Größen. Dabei sind die Richtungen der Zählpfeile der Teilgrößen und der Gesamtgröße zu beachten, da diese nicht unbedingt übereinstimmen müssen.

Zur Berechnung der durch eine bestimmte Quelle hervorgerufenen Teilströme ist es häufig sinnvoll, auf den durch die Quelle fließenden Gesamtstrom (ggf. mehrfach) die *Stromteilerregel* anzuwenden. Bei idealen Stromquellen ist dieser Gesamtstrom bereits gegeben. Bei idealen Spannungsquellen kann er aus der Quellenspannung und dem *resultierenden Lastwiderstand* der Quelle oft einfach berechnet werden.

Beispiel 2.35 Anwendung des Überlagerungssatzes auf ein einfaches Netzwerk

Das in Bild 2.75a dargestellte lineare Netzwerk wurde bereits in Beispiel 2.34 mittels der Knoten- und Maschenanalyse untersucht. Nun sollen mittels des Überlagerungssatzes die unbekannten Zweigströme sowie die Spannung über der Stromquelle berechnet werden.

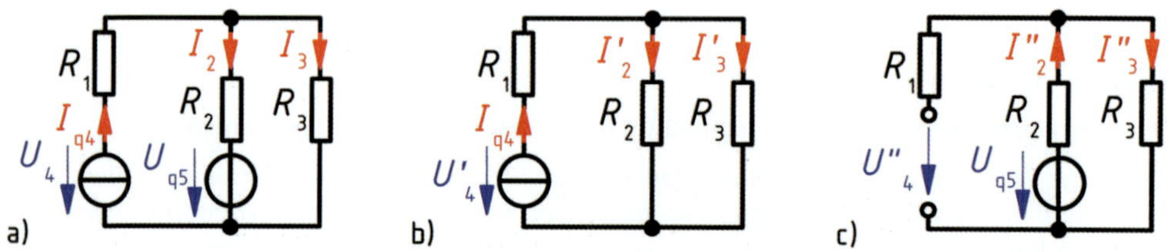

Bild 2.75 Lineares Gleichstromnetzwerk mit zwei Quellen (a), Teilnetzwerk mit deaktivierter Spannungsquelle (b), Teilnetzwerk mit deaktivierter Stromquelle (c)

[11] Die Formulierung „Spannungsquellen werden kurzgeschlossen" ist irreführend und sollte vermieden werden.

Zunächst wird die Wirkung des Quellenstroms I_{q4} untersucht. Dazu wird die Spannungsquelle deaktiviert, d. h. $U_{q5} = 0$ gesetzt. Der Strom I_{q4} teilt sich im oberen Knoten in zwei Teilströme I_2' und I_3' auf (Zählpfeile in Bild 2.75b), die mittels der Stromteilerregel in der Form von Gl. (2.104) berechnet werden:

$$I_2' = I_{q4} \frac{R_3}{R_2 + R_3}, \qquad I_3' = I_{q4} \frac{R_2}{R_2 + R_3}.$$

Die Spannung über der Stromquelle folgt aus der Anwendung des Maschensatzes auf die linke oder die äußere Masche:

$$U_4' = I_{q4} R_1 + I_2' R_2 = I_{q4} R_1 + I_3' R_3 = I_{q4} \left(R_1 + \frac{R_2 R_3}{R_2 + R_3} \right)$$

Nun wird die Wirkung der Spannungsquelle untersucht, wofür die Stromquelle durch eine Unterbrechung ersetzt wird (Bild 2.75c). Die Spannungsquelle kann nur einen Strom durch die rechte Masche treiben. Mit den Zählpfeilen in Bild 2.75c folgt

$$I_2'' = I_3'' = \frac{U_{q5}}{R_2 + R_3}.$$

Ein Maschenumlauf um die äußere Masche liefert die Spannung über der Stromquelle:

$$U_4'' = I_3'' R_3 = U_{q5} \frac{R_3}{R_2 + R_3}.$$

Da durch den Widerstand R_1 kein Strom fließt, taucht er in der Gleichung für U_4'' nicht auf.

Nun müssen die Teilströme und Teilspannungen unter Berücksichtigung ihrer Zählpfeilrichtungen überlagert werden:

$$I_2 = I_2' - I_2'' = I_{q4} \frac{R_3}{R_2 + R_3} - \frac{U_{q5}}{R_2 + R_3}$$

$$I_3 = I_3' + I_3'' = I_{q4} \frac{R_2}{R_2 + R_3} + \frac{U_{q5}}{R_2 + R_3}$$

$$U_4 = U_4' + U_4'' = I_{q4} \left(R_1 + \frac{R_2 R_3}{R_2 + R_3} \right) + U_{q5} \left(\frac{R_3}{R_2 + R_3} \right)$$

Die Berechnung der Teilnetzwerke erforderte lediglich die Anwendung der Kirchhoffschen Gesetze. Das Ergebnis der Berechnung stimmt natürlich mit dem des Beispiels 2.34 überein.

Beispiel 2.36 Reihenschaltung linearer Quellen an einem Lastwiderstand

Der Strom I in der Schaltung in Bild 2.76a soll mit dem Überlagerungssatz ermittelt werden.

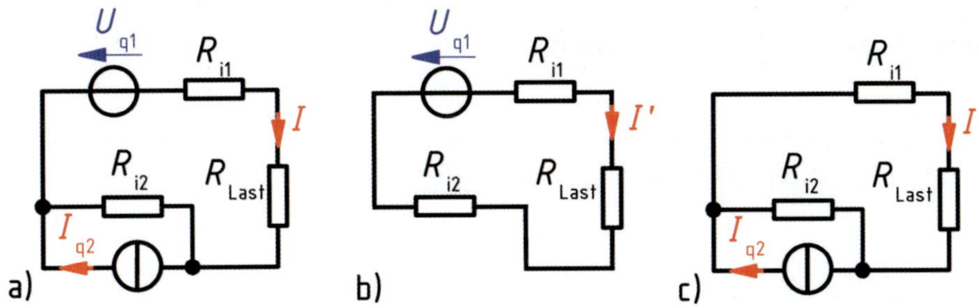

Bild 2.76 Schaltung mit einer Strom- und einer Spannungsquelle (a) und Teilschaltungen mit jeweils nur einer wirksamen Quelle (b, c)

Zunächst wird die ideale Stromquelle I_{q2} deaktiviert, also gemäß Bild 2.76b durch eine Unterbrechung ersetzt. Von der linearen Stromquelle bleibt somit nur der Innenwiderstand R_{i2} wirksam. Man erhält dann für den durch die Spannungsquelle bewirkten Teilstrom

$$I' = \frac{U_{q1}}{R_{i1} + R_{i2} + R_{Last}}.$$

Dann wird die ideale Spannungsquelle U_{q1} gemäß Bild 2.76c durch einen Kurzschluss ersetzt. Jetzt erhält man mit der Stromteilerregel in der Form von Gl. (2.104) den durch die Stromquelle bewirkten Teilstrom

$$I'' = I_{q2} \frac{R_{i2}}{R_{i2} + R_{i1} + R_{Last}}.$$

Insgesamt fließt durch den Verbraucher R_{Last} der Strom

$$I = I' + I'' = \frac{U_{q1} + R_{i2} I_{q2}}{R_{i1} + R_{i2} + R_{Last}}.$$

Beispiel 2.37 Parallelschaltung linearer Quellen an einem Lastwiderstand

Die bereits in Beispiel 2.33 behandelte Schaltung, die in Bild 2.77a in leicht abgewandelter Form wiedergegeben ist, soll mit Hilfe des Überlagerungssatzes berechnet werden. Gesucht ist der Strom I_2 durch den Akkumulator, wenn der Lastwiderstand den Wert $R_{Last} = 6\ \Omega$ hat.

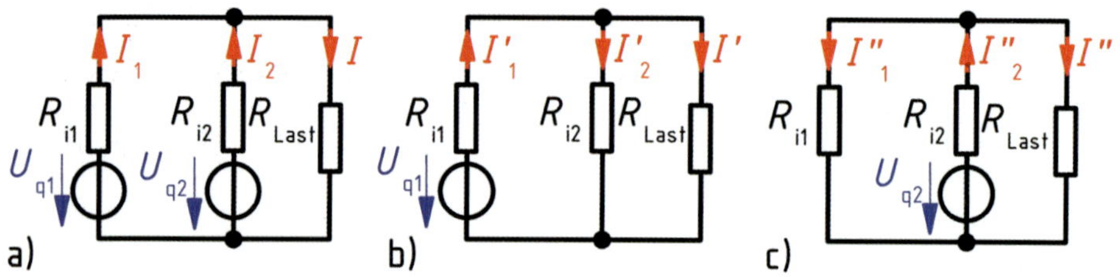

Bild 2.77 Schaltung mit zwei Spannungsquellen (a) und Teilschaltungen mit jeweils nur einer wirksamen Spannungsquelle (b, c)

Zunächst wird gemäß Bild 2.77b die Spannungsquelle U_{q2} deaktiviert. Mit dem die aktive Quelle belastenden Gesamtwiderstand, der mit den Gln. (2.109) und (2.94) zu

$$R' = R_{i1} + \frac{1}{\frac{1}{R_{Last}} + \frac{1}{R_{i2}}} = 0{,}25\ \Omega + \frac{1}{\frac{1}{6\ \Omega} + \frac{1}{0{,}12\ \Omega}} = 0{,}3676\ \Omega$$

berechnet wird, erhält man den Strom durch die Quelle

$$I_1' = \frac{U_{q1}}{R'} = \frac{300\ \mathrm{V}}{0{,}3676\ \Omega} = 816\ \mathrm{A}$$

und mit der Stromteilerregel Gl. (2.104) den gesuchten Teilstrom

$$I_2' = I_1' \frac{R_{Last}}{R_{Last} + R_{i2}} = 816\ \mathrm{A} \frac{6\ \Omega}{6\ \Omega + 0{,}12\ \Omega} = 800\ \mathrm{A}.$$

Nun wird gemäß Bild 2.77c die Spannungsquelle U_{q1} deaktiviert. Aus dem die Quelle U_{q2} belastenden Gesamtwiderstand

$$R'' = R_{i2} + \frac{1}{\frac{1}{R_{Last}} + \frac{1}{R_{i1}}} = 0{,}12\,\Omega + \frac{1}{\frac{1}{6\,\Omega} + \frac{1}{0{,}25\,\Omega}} = 0{,}36\,\Omega$$

folgt direkt der zweite Teilstrom durch den Akkumulator

$$I_2'' = \frac{U_{q2}}{R''} = \frac{270\,\text{V}}{0{,}36\,\Omega} = 750\,\text{A}\,.$$

Schließlich werden die Teilströme I_2' und I_2'' unter Berücksichtigung der Zählpfeilrichtungen zum Gesamtstrom

$$I_2 = -I_2' + I_2'' = -800\,\text{A} + 750\,\text{A} = -50\,\text{A}$$

überlagert. Da die Zählpfeile für die Klemmengrößen des Akkumulators im Erzeuger-Zählpfeilsystem angetragen sind und U_{q2} positiv ist, ergibt sich nach Gl. (2.53) für die in der Quelle umgesetzte Leistung ein negativer Wert. Das bedeutet nach Abschnitt 2.1.4.3, dass die Quelle Leistung aufnimmt, also als Verbraucher wirkt. Der Akkumulator wird somit im hier betrachteten Lastfall geladen.

2.4.5 Netzwerkanalyse mit Ersatz-Quellen

Die nachfolgend beschriebene Netzwerkanalyse mit Ersatz-Quellen ist empfehlenswert, wenn in einem *linearen Netzwerk* nur die *Klemmengrößen eines passiven Zweipols* von Interesse sind. In der Gleichstromtechnik kann dieser passive Zweipol nur ein Ohmscher Widerstand sein. Besonders hilfreich ist das Verfahren, wenn das Netzwerk für unterschiedliche Werte des passiven Zweipols betrachtet wird. Dies ist z. B. der Fall, wenn dieser Zweipol so dimensioniert werden soll, dass die in ihm umgesetzte Leistung maximal wird (Leistungsanpassung, Abschnitt 2.1.4.5).

2.4.5.1 Prinzip des Verfahrens

Betrachtet wird ein aus beliebig vielen aktiven und passiven Zweipolen bestehendes lineares Netzwerk. Dieses Netzwerk wird gedanklich *in zwei Teile aufgeteilt*, die über ein gemeinsames Klemmenpaar gemäß Bild 2.78 miteinander verbunden sind:

- Einen *linearen passiven Zweipol*, dessen elektrische Klemmengrößen gesucht sind.
- Das restliche *lineare aktive Teilnetzwerk*, das das Originalnetzwerk ohne den Zweig mit dem passiven Zweipol umfasst. Die Klemmen können als die *Ausgangsklemmen* dieses aktiven Zweipols aufgefasst werden.

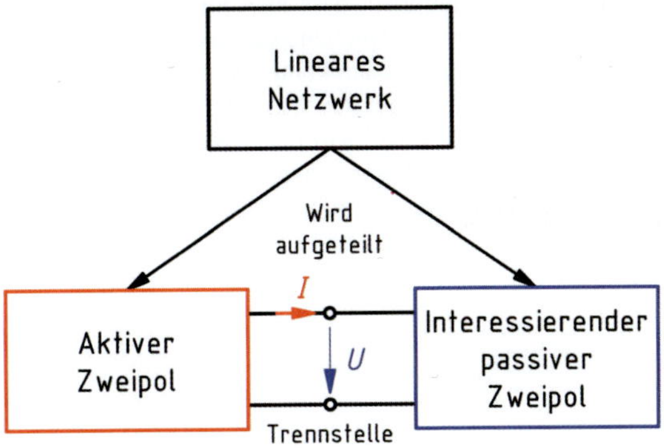

Bild 2.78 Aufteilung eines Netzwerks in zwei verbundene Zweipole

Da vom linearen aktiven Zweipol nur das *Klemmenverhalten* interessiert (nicht aber irgendwelche Ströme, Spannungen oder umgesetzten Leistungen im Inneren), kann er durch einen einfacheren, *bezüglich des Klemmenverhaltens äquivalenten Ersatz-Zweipol* modelliert werden. Das Klemmenverhalten *jedes* linearen aktiven Zweipols lässt sich mittels des Modells der *linearen Quelle* (Abschnitt 2.1.3.3) beschreiben. Daher wird das Modell des aktiven Zweipols hier als „*Ersatz-Quelle*" bezeichnet. Die Zählpfeile für die Klemmengrößen werden üblicherweise so gewählt, dass sie für den aktiven Zweipol ein Erzeuger-Zählpfeilsystem und damit für den passiven Zweipol ein Verbraucher-Zählpfeilsystem bilden (Bild 2.78).

2.4.5.2 Ersatz-Spannungsquelle

Nach dem *Satz von Helmholtz* (in der englischsprachigen Literatur als *Thévenin's Theorem* bezeichnet) kann das Klemmenverhalten jedes linearen aktiven Zweipols (Bild 2.79a) durch eine *Ersatz-Spannungsquelle* gemäß Bild 2.79b modelliert werden. In Verbindung mit den Zählpfeilen für die Klemmengrößen wird das Klemmenverhalten einer Ersatz-Spannungsquelle vollständig durch die beiden Parameter *Quellenspannung* U_0 und *Innenwiderstand* R_i beschrieben. Die Quellenspannung bildet die Wirkung aller idealen Quellen, der Innenwiderstand die Wirkung aller passiven Elemente innerhalb des aktiven Zweipols bezüglich des betrachteten Klemmenpaares nach. U_0 ist die *Leerlaufspannung* an den Klemmen des aktiven Zweipols, d. h. die Klemmenspannung U ohne Belastung durch den passiven Zweipol. R_i ist der Widerstand zwischen den Klemmen des aktiven Zweipols, wenn alle idealen Quellen in ihm deaktiviert, ihre Quellengrößen also gleich null gesetzt werden (Abschnitt 2.1.3.4).

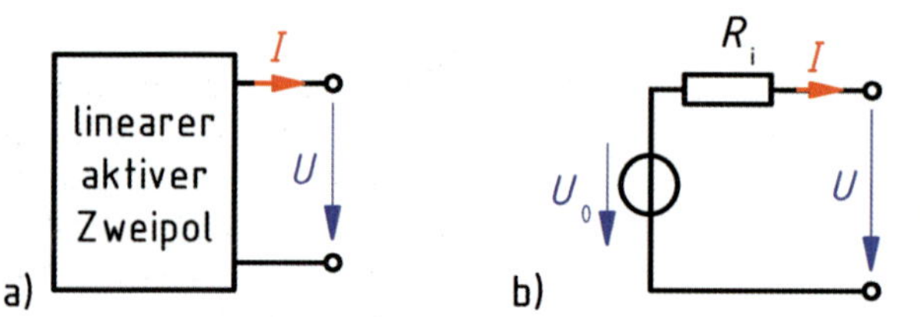

Bild 2.79 Linearer aktiver Zweipol (a) und Ersatz-Spannungsquelle (b)

Beispiel 2.38 Veranschaulichung des Satzes von Helmholtz

Dieses Beispiel soll den *Denkansatz* zur Bestimmung der Parameter einer Ersatz-Spannungsquelle veranschaulichen, nicht den Rechenweg. Dazu wird der aktive Zweipol mit den Klemmen a und b in Bild 2.80a betrachtet. Er besteht aus einer linearen Spannungsquelle mit den Parametern U_{q1} und R_1, einer linearen Stromquelle mit den Parametern I_{q2} und R_2 sowie den linearen Widerständen R_3 und R_4.

Wenn die Klemmen a und b des Zweipols leerlaufen, tritt zwischen ihnen eine (noch unbekannte) Leerlaufspannung U_0 auf. Dieser Sachverhalt lässt sich dadurch nachbilden, dass man alle *idealen* Quellen deaktiviert und statt ihrer eine neue ideale Spannungsquelle mit der Quellenspannung U_0 einführt, die gemäß Bild 2.80b in Reihe mit einer der Klemmen liegt. Diese Quelle kann keinen Strom durch irgendeinen der Widerstände und damit auch keinen Spannungsabfall über einem der Widerstände bewirken. Von den linearen Quellen bleiben nur die Innenwiderstände R_1 und R_2 übrig. Auf diese Weise kann die Wirkung der Quellenspannung U_{q1} und des Quellenstroms I_{q2} durch die Ersatz-Quellenspannung U_0 nachgebildet werden. Die Berechnung des Wertes von U_0 ist z. B. mittels des Überlagerungssatzes möglich.

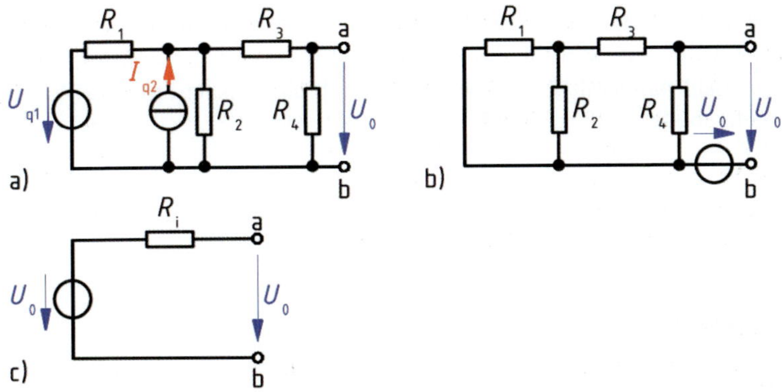

Bild 2.80 Leerlaufender aktiver Zweipol (a) mit den Ausgangsklemmen a und b nach dem Ersetzen der idealen Quellen durch eine Ersatz-Quellenspannung U_0 (b) und Ersatz-Spannungsquelle (c) mit Innenwiderstand R_i

Die Wirkung der Widerstände R_1, R_2, R_3 und R_4 in Bild 2.80b kann durch einen einzigen Widerstand nachgebildet werden, der als Innenwiderstand R_i einer linearen Spannungsquelle gemäß Bild 2.80c aufgefasst werden kann. Die Berechnung des Wertes von R_i ist immer durch Anwendung der Gleichungen in den Abschnitten 2.2.3.1, 2.2.4.1 und ggf. 2.2.7 möglich.

2.4.5.3 Ersatz-Stromquelle

Nach dem *Satz von Mayer* (in der englischsprachigen Literatur als *Norton's Theorem* bezeichnet) kann das Klemmenverhalten jedes linearen aktiven Zweipols (Bild 2.81a) durch eine *Ersatz-Stromquelle* gemäß Bild 2.81b modelliert werden. In Verbindung mit den Zählpfeilen für die Klemmengrößen wird das Klemmenverhalten einer Ersatz-Stromquelle vollständig durch die beiden Parameter *Quellenstrom* I_k und *Innenleitwert* G_i beschrieben. Der Quellenstrom bildet die Wirkung aller idealen Quellen, der Innenleitwert die Wirkung aller passiven Elemente innerhalb des aktiven Zweipols bezüglich des betrachteten Klemmenpaares nach. I_k ist der *Kurzschlussstrom* über die Klemmen des aktiven Zweipols, d. h. der Strom I, der bei externem Kurzschluss der Klemmen des Zweipols fließt. G_i ist gleich dem Leitwert zwischen den Klemmen des aktiven Zweipols, wenn alle idealen Quellen in ihm deaktiviert, ihre Quellengrößen also gleich null gesetzt werden (Abschnitt 2.4.3).

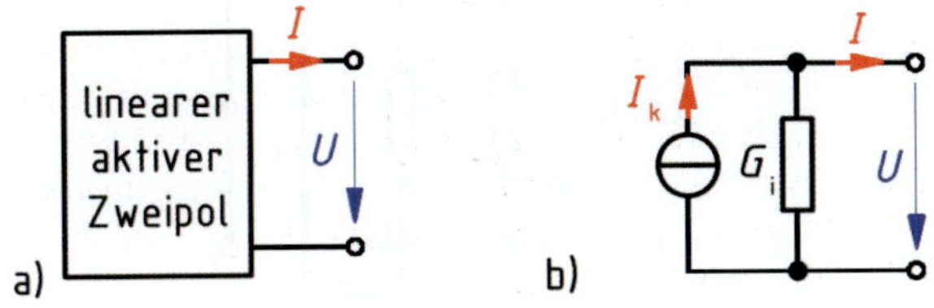

Bild 2.81 Linearer aktiver Zweipol (a) und Ersatz-Stromquelle (b)

2.4.5.4 Vorgehensweise

Das Klemmenverhalten eines linearen aktiven Zweipols kann fast immer[12] *sowohl* durch eine Ersatz-Spannungsquelle gemäß Abschnitt 2.4.5.2 *als auch* durch eine Ersatz-Stromquelle gemäß Abschnitt 2.4.5.3 nachgebildet werden. Wählt man

$$U_0 = R_i\, I_k \tag{2.157}$$

und

$$G_i = 1/R_i\,, \tag{2.158}$$

so zeigen beide Typen von Ersatz-Quellen identisches Klemmenverhalten.

Daraus folgt, dass man zur Ermittlung der Parameter eines der beiden Ersatz-Quellenmodelle nicht darauf angewiesen ist, *entweder* Leerlaufspannung U_0 *und* Innenwiderstand R_i der Ersatz-Spannungsquelle *oder* Quellenstrom I_k *und* Innenleitwert G_i der Ersatz-Stromquelle zu bestimmen, sondern dass auch die Bestimmung von U_0 und I_k ausreicht, da R_i mittels Gl. (2.157) und ggf. G_i mittels (2.158) aus diesen Parametern berechenbar ist. Die Zulässigkeit dieses Ansatzes ergibt sich aus folgender Überlegung: Die Gerade, die das Klemmenverhalten einer beliebigen linearen Quelle darstellt, wird durch zwei *beliebige*, unterschiedliche Arbeitspunkte (Bild 2.22) *vollständig* beschrieben. Zur Bestimmung der Parameter U_0 und I_k betrachtet man zwei mathematisch besonders einfach zu handhabende Arbeitspunkte, nämlich den Leerlauf- und den Kurzschlussfall beim aktiven Zweipol und seiner Ersatz-Quelle.

Zur Berechnung von U_0 und I_k werden oft der *Überlagerungssatz* (Abschnitt 2.4.4) sowie die *Stromteilerregel* (Abschnitt 2.2.3.2) angewandt.

Bei Netzwerken mit wenigen Zweipolen kann die Berücksichtigung der folgenden Hinweise eventuell helfen, den Rechenaufwand zu minimieren:

Liegen gemäß Bild 2.82a innerhalb des aktiven Zweipols Widerstände *direkt in Reihe zu dem betrachteten Klemmenpaar*, so sollte zunächst die Leerlaufspannung U_0 ermittelt werden, da über den stromlosen Widerständen keine Spannung abfällt und sie daher keinen Einfluss auf diesen Parameter haben.

Liegen gemäß Bild 2.82b innerhalb des aktiven Zweipols Widerstände *direkt parallel zu dem betrachteten Klemmenpaar*, sollte zunächst der Kurzschlussstrom I_k ermittelt werden, da durch die spannungslosen Widerstände kein Strom fließt und sie daher keinen Einfluss auf diesen Parameter haben.

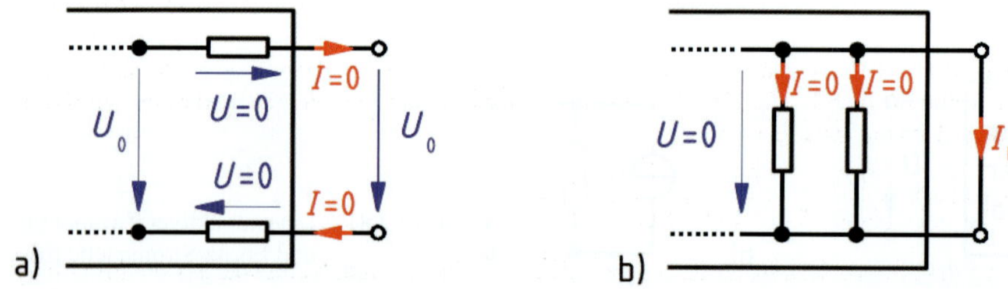

Bild 2.82 Vereinfachung der Berechnung der Ersatzquellen-Parameter bei Widerständen am Ausgang des aktiven Zweipols in Reihe zum Ausgang bei Leerlauf (a) bzw. parallel zum Ausgang bei Kurzschluss (b)

[12] Die einzige Ausnahme ist der Spezialfall, dass der lineare aktive Zweipol eine ideale Quelle ist. Dann kann der aktive Zweipol nur durch eine Ersatz-Quelle des entsprechenden Typs nachgebildet werden. Dieser triviale Fall wird hier nicht weiter berücksichtigt.

Nach der Bestimmung der Parameter der Ersatz-Quelle wird die Gesamtschaltung, nun modelliert durch die Ersatz-Quelle und den passiven Zweipol, betrachtet. Besteht der passive Zweipol aus einem Widerstand R_a, so sind die gesuchten Klemmengrößen am passiven Zweipol (Zählpfeile gemäß Bild 2.79 bzw. 2.81) sehr einfach zu berechnen. Im Fall der Ersatz-Spannungsquelle gilt

$$I = \frac{U_0}{R_i + R_a}, \tag{2.159}$$

$$U = I\,R_a = U_0 \frac{R_a}{R_i + R_a}, \tag{2.160}$$

im Fall der Ersatz-Stromquelle folgt aus der Stromteilerregel (2.104)

$$I = I_k \frac{R_i}{R_i + R_a}, \tag{2.161}$$

$$U = I\,R_a = I_k \frac{R_i\,R_a}{R_i + R_a}. \tag{2.162}$$

Beispiel 2.39 Bestimmung der Parameter einer Ersatz-Spannungsquelle

Die Schaltung in Bild 2.83a enthält eine lineare Spannungsquelle mit der Quellenspannung $U_{q1} = 18$ V und dem Innenwiderstand $R_{i1} = 5\ \Omega$, die über einen Widerstand $R = 7\ \Omega$ zu einer linearen Stromquelle mit dem Quellenstrom $I_{q2} = 2$ A und dem Innenwiderstand $R_{i2} = 8\ \Omega$ parallel geschaltet ist. Für diese Schaltung sollen die Parameter U_0 und R_i der Ersatz-Spannungsquelle nach Bild 2.83b bestimmt werden.

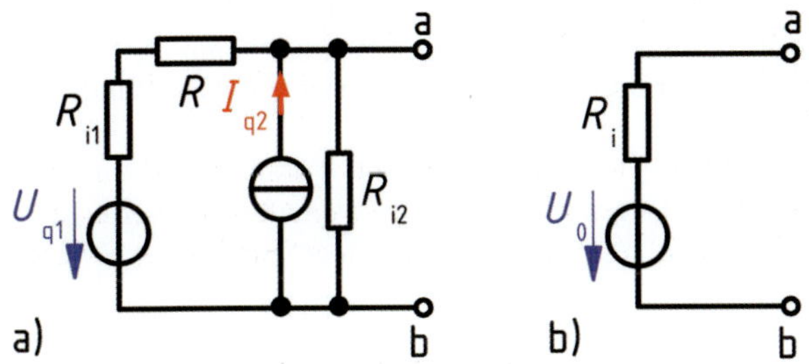

Bild 2.83 Modellierung eines aktiven Zweipols (a) durch eine Ersatz-Spannungsquelle (b)

Zur Ermittlung des Innenwiderstandes R_i wird in Bild 2.83a die ideale Spannungsquelle durch einen Kurzschluss und die ideale Stromquelle durch eine Leitungsunterbrechung ersetzt. Zwischen den Klemmen a und b liegt dann der Innenleitwert

$$\frac{1}{R_i} = \frac{1}{R_{i1} + R} + \frac{1}{R_{i2}} = \frac{1}{5\,\Omega + 7\,\Omega} + \frac{1}{8\,\Omega} = \frac{1}{4{,}8\,\Omega}.$$

Die Berechnung des Kurzschlussstroms ist mit geringerem Rechenaufwand verbunden als die Ermittlung der Leerlaufspannung, da der Widerstand R_{i2} und bei Deaktivierung der Spannungsquelle auch die Reihenschaltung von R_{i1} und R parallel zu den Klemmen liegen. Unter Verwendung des Überlagerungssatzes (Abschnitt 2.4.4) erhält man den durch den externen Kurzschluss von der Klemme a zur Klemme b fließenden Kurzschlussstrom

$$I_k = \frac{U_{q1}}{R_{i1} + R} + I_{q2} = \frac{18\text{ V}}{5\,\Omega + 7\,\Omega} + 2\text{ A} = 3{,}5\text{ A}.$$

Die Leerlaufspannung der Ersatz-Spannungsquelle liefert Gl. (2.157):

$$U_0 = R_i\, I_k = 4{,}8\ \Omega \cdot 3{,}5\ \text{A} = 16{,}8\ \text{V}$$

Die Ersatz-Spannungsquelle in Bild 2.83b hat also die Leerlaufspannung U_0 = 16,8 V und den Innenwiderstand R_i = 4,8 Ω.

Beispiel 2.40 Bestimmung der Parameter einer Ersatz-Stromquelle

Für die Schaltung in Bild 2.84a, die aus einer idealen Spannungsquelle mit der Quellenspannung U_q = 20 V und den Widerständen R_1 = 3 Ω, R_2 = 7 Ω und R_3 = 17,9 Ω besteht, sollen die Parameter der Ersatz-Stromquelle nach Bild 2.84b bestimmt werden.

Nachdem die ideale Spannungsquelle in Bild 2.84a durch einen Kurzschluss ersetzt wurde, liegt zwischen den Klemmen a und b der Innenwiderstand

$$R_i = R_3 + \frac{R_1 R_2}{R_1 + R_2} = 17{,}9\ \Omega + \frac{3\ \Omega \cdot 7\ \Omega}{3\ \Omega + 7\ \Omega} = 20\ \Omega\,.$$

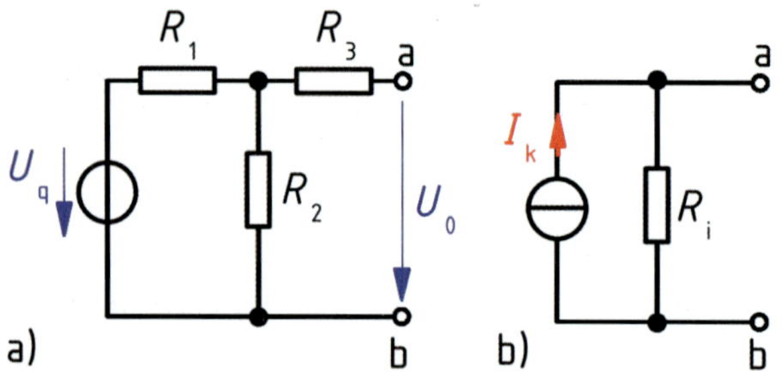

Bild 2.84 Umwandlung eines aktiven Zweipols (a) in eine Ersatz-Stromquelle (b)

Die Berechnung der Leerlaufspannung ist mit geringerem Rechenaufwand verbunden als die Ermittlung des Kurzschlussstroms, da der Widerstand R_3 in Reihe zu den Klemmen liegt und somit die Leerlaufspannung nicht beeinflusst. Über die Spannungsteilerregel Gl. (2.114) erhält man mit dem Zählpfeil für U_0 in Bild 2.84a unmittelbar

$$U_0 = \frac{R_2}{R_1 + R_2} U_q = \frac{7\ \Omega}{3\ \Omega + 7\ \Omega} 20\ \text{V} = 14\ \text{V}.$$

Aus Gl. (2.157) ergibt sich der Kurzschlussstrom

$$I_k = \frac{U_0}{R_i} = \frac{14\ \text{V}}{20\ \Omega} = 700\ \text{mA}.$$

Dieses Beispiel zeigt ebenso wie Beispiel 2.39, dass es nicht unbedingt am einfachsten ist, zunächst den Parameter der idealen Quelle zu bestimmen, der zu dem gesuchten Ersatz-Quellentyp gehört.

Beispiel 2.41 Anwendung einer Ersatz-Spannungsquelle zur Netzwerkanalyse

Das Netzwerk in Bild 2.85a enthält die Widerstände R_1 = 1 Ω, R_2 = 2 Ω, R_4 = 25 Ω, R_5 = 40 Ω sowie die Quellenspannungen U_{q1} = 16,2 V und U_{q2} = 11,4 V. Der Strom I_3 soll in Abhängigkeit vom Wert des Widerstandes R_3 berechnet werden. Weiterhin ist der Wert von R_3 gesucht, bei dem die von R_3 aufgenommene Leistung maximal wird.

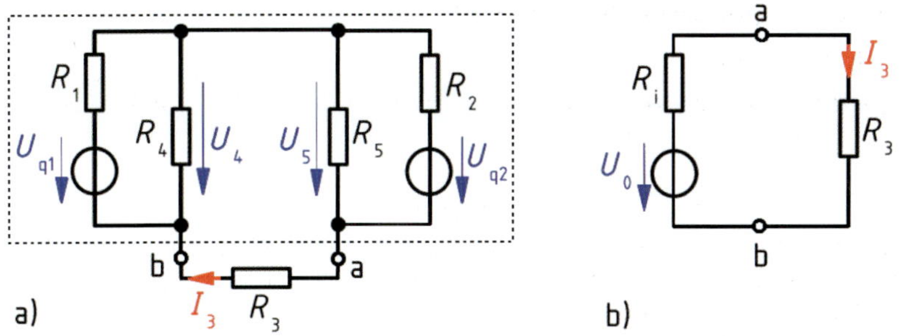

Bild 2.85 Netzwerk (a) mit unbekanntem Strom I_3 und Ersatz-Spannungsquelle (b) zur Bestimmung dieses Stroms

Zur Lösung solcher Aufgabenstellungen ist das Verfahren der Ersatz-Quellen hervorragend geeignet.

Zunächst wird der Widerstand R_3 an den Klemmen a und b vom restlichen Netzwerk abgetrennt. Für die nachfolgenden Rechenschritte sind die Klemmen a und b also offen. Man erhält den Innenwiderstand R_i des gestrichelt eingerahmten aktiven Zweipols in Bild 2.85a, indem man die beiden idealen Spannungsquellen durch Kurzschlüsse ersetzt, wodurch eine Reihenschaltung zweier Parallelschaltungen von Widerständen mit dem Gesamtwiderstand

$$R_i = \frac{R_1 R_4}{R_1 + R_4} + \frac{R_2 R_5}{R_2 + R_5} = \frac{1\,\Omega \cdot 25\,\Omega}{1\,\Omega + 25\,\Omega} + \frac{2\,\Omega \cdot 40\,\Omega}{2\,\Omega + 40\,\Omega} = 2{,}87\,\Omega$$

entsteht. Der Maschensatz liefert den Ansatz zur Berechnung der Leerlaufspannung zwischen den Klemmen a und b:

$$U_0 = U_4 - U_5\,.$$

Die Spannungen U_4 und U_5 über den Widerständen R_4 und R_5 folgen aus der Anwendung der Spannungsteilerregel auf die beiden verbliebenen Maschen, in denen die Spannungsquellen liegen:

$$U_4 = \frac{R_4}{R_1 + R_4} U_{q1} = \frac{25\,\Omega}{1\,\Omega + 25\,\Omega} 16{,}2\text{ V} = 15{,}6\text{ V},$$

$$U_5 = \frac{R_5}{R_2 + R_5} U_{q2} = \frac{40\,\Omega}{2\,\Omega + 40\,\Omega} 11{,}4\text{ V} = 10{,}9\text{ V}.$$

Daraus folgt für die Leerlaufspannung

$$U_0 = U_4 - U_5 = 15{,}6\text{ V} - 10{,}9\text{ V} = 4{,}7\text{ V}.$$

Die Parameter der Ersatz-Spannungsquelle in Bild 2.85b sind damit bekannt.

Nun wird der Widerstand R_3 nach Bild 2.85b an die Ersatz-Quelle geschaltet. Der gesuchte Strom durch den Widerstand R_3 folgt aus Gl. (2.159) zu

$$I_3 = \frac{U_0}{R_i + R_3} = \frac{4{,}7\text{ V}}{2{,}87\,\Omega + R_3}\,.$$

Die Funktion $I_3 = f(R_3)$ ist in Bild 2.86 grafisch dargestellt.

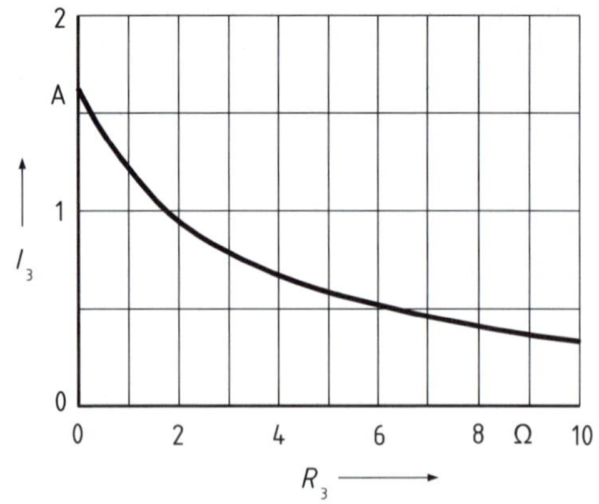

Bild 2.86 Funktion $I_3(R_3)$ für Beispiel 2.41

Nach Gl. (2.70) nimmt ein linearer Widerstand an einer linearen Quelle dann maximale Leistung auf, wenn sein Wert gleich dem des Innenwiderstandes der Quelle ist (Anpassungsfall). Daraus folgt unmittelbar die Bedingung $R_3 = R_i = 2{,}87\ \Omega$ für maximale Leistungsaufnahme. Da das den Widerstand speisende *Original*-Netzwerk eine andere Struktur als eine lineare Quelle hat, ist der Wirkungsgrad der Gesamtschaltung in diesem Betriebsfall aber schlechter als 50 %.

2.4.6 Maschenstromverfahren

Das Maschenstromverfahren (auch Maschenstromanalyse, Maschenanalyse oder Umlaufanalyse genannt) ist ein vereinfachtes Analyseverfahren für lineare Netzwerke. Das bei diesem Verfahren zu lösende Gleichungssystem ist stets kleiner als das bei der Knoten- und Maschenanalyse (Abschnitt 2.4.3) zu lösende.

2.4.6.1 Prinzip des Verfahrens

Jeder einzelne der m Verbindungszweige eines Netzwerks schließt über einen oder mehrere Baumzweige genau eine Masche des Netzwerks (Abschnitt 2.4.1.5). *In jeder dieser unabhängigen Elementarmaschen nimmt man einen – zunächst unbekannten – Maschenstrom an.* In jedem Verbindungszweig fließt also *genau ein* Maschenstrom. In jedem Baumzweig überlagern sich *mindestens zwei* Maschenströme zum Zweigstrom.

Beispiel 2.42 Zusammenhang zwischen Maschenströmen und Zweigströmen

Die Bilder 2.87a und 2.87b zeigen die Graphen zweier einfacher Netzwerke. Die Baumzweige sind rot, die Verbindungszweige blau dargestellt. Weiterhin sind in die Graphen die Zählpfeile für die Zweigströme eingetragen. Der Zusammenhang zwischen den zu wählenden Maschenströmen und den Zweigströmen ist aufzuzeigen.

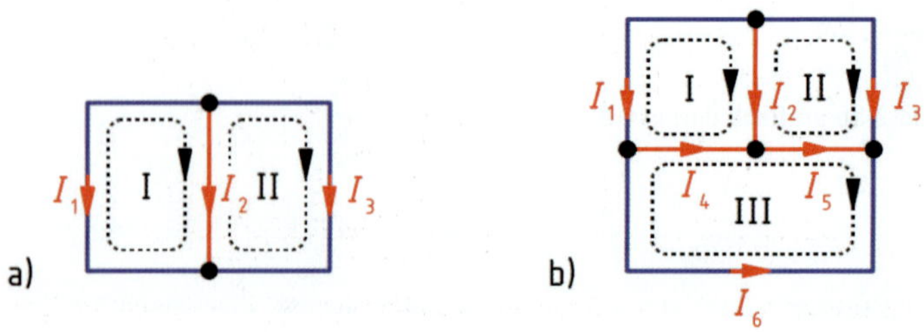

Bild 2.87 Beispiele für Maschenströme in unterschiedlichen Graphen

Jeder Verbindungszweig bildet mit einem (Bild 2.87a) bzw. zwei (Bild 2.87b) Baumzweigen genau eine Masche. In jeder Masche wird ein Umlauf eingetragen und mit I und II (Bild 2.87a) bzw. I bis III (Bild 2.87b) bezeichnet. Der Umlaufsinn ist willkürlich in allen Maschen im Uhrzeigersinn gewählt worden. Nun wird in jeder eingetragenen Masche ein Maschenstrom angenommen, dessen Zählpfeilrichtung mit der Richtung des Maschenumlaufs übereinstimmt und der als Index die Bezeichnung der Masche erhält. Damit ergibt sich der Zusammenhang zwischen Maschen- und Zweigströmen für Bild 2.87a

$$I_1 = -I_{\mathrm{I}}, \quad I_3 = I_{\mathrm{II}}$$

und durch Anwendung des Knotensatzes auf einen der beiden Knoten

$$I_2 = -I_1 - I_3 = I_{\mathrm{I}} - I_{\mathrm{II}} .$$

Man erkennt, dass der Zusammenhang zwischen dem Strom I_2 im Baumzweig und den Maschenströmen auch ohne explizites Aufstellen der Knotengleichung möglich ist: man braucht nur die durch den Baumzweig fließenden Maschenströme I_{I} und I_{II} unter Berücksichtigung der Zählpfeilrichtungen der beteiligten Ströme zu überlagen.

Für Bild 2.87b ergibt sich entsprechend für die Ströme in den Verbindungszweigen

$$I_1 = -I_{\mathrm{I}}, \quad I_3 = I_{\mathrm{II}}, \quad I_6 = -I_{\mathrm{III}}$$

und für die Ströme in den Baumzweigen

$$I_2 = I_{\mathrm{I}} - I_{\mathrm{II}}, \quad I_4 = -I_{\mathrm{I}} + I_{\mathrm{III}}, \quad I_5 = -I_{\mathrm{II}} + I_{\mathrm{III}} .$$

Beim Maschenstromverfahren werden m unabhängige *Maschengleichungen* aufgestellt, in denen *nicht die Zweigströme*, sondern die unbekannten *Maschenströme* auftreten. Die Lösung dieses *Gleichungssystems aus m Gleichungen* liefert zunächst die Werte der Maschenströme. Mit den Maschenströmen sind aber auch – bis auf ihre Vorzeichen – die Ströme in den *Verbindungszweigen* bekannt. Wählt man als Maschenströme die Ströme in den zugehörigen Verbindungszweigen, so entfällt die Umrechnung der Maschenströme in die Verbindungszweigströme. Anschließend werden die $k - 1$ Ströme in den *Baumzweigen* durch Anwendung des Knotensatzes *einzeln* berechnet.

Um den Rechenaufwand möglichst gering zu halten, ist es empfehlenswert, einen vollständigen Baum mit *sternförmiger Struktur* zu wählen. Dies führt zu einfacheren Maschengleichungen, da die Maschenströme nur durch wenige Baumzweige fließen. Weiterhin brauchen jeweils nur wenige Maschenströme überlagert zu werden, um die Baumzweigströme zu berechnen.

Beispiel 2.43 Auswirkung der Baumstruktur auf die Komplexität der Maschengleichungen

Für den Graphen des Netzwerks in Bild 2.88a sind der vollständige Baum mit sternförmiger (Bild 2.88b) und ein vollständiger Baum mit linienförmiger (Bild 2.88c) Struktur hinsichtlich der Komplexität der zugehörigen Maschengleichungen zu vergleichen.

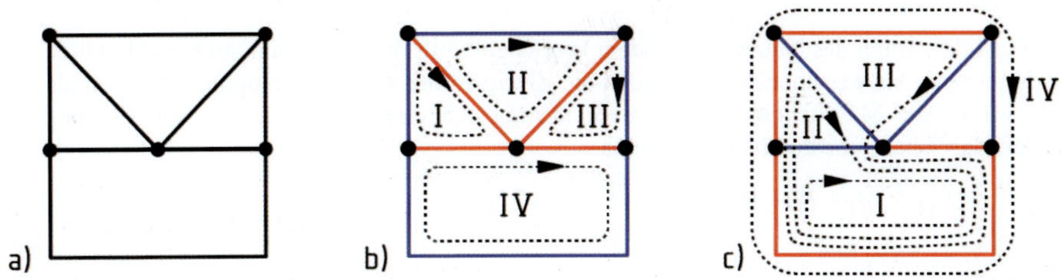

Bild 2.88 Graph eines Netzwerks (a) und vollständiger Baum mit sternförmiger (b) bzw. linienförmiger (c) Struktur mit zugehörigen Maschen

Der Graph enthält $k = 5$ Knoten und $z = 8$ Zweige. Jeder vollständige Baum des Graphen enthält also $k - 1 = 4$ Baumzweige; die restlichen $z - k + 1 = 4$ Zweige sind Verbindungszweige. Die zu den Verbindungszweigen gehörenden Maschen I, II, III und IV sind in den Bildern 2.88b und 2.88c gestrichelt eingezeichnet. Die Maschen in Bild 2.88b bestehen jeweils aus 3 Zweigen, die in Bild 2.88c aus 3, 4, 5 und 4 Zweigen. Je mehr Zweige eine Masche enthält, desto komplizierter wird die zugehörige Maschengleichung. Pro Baumzweig müssen in Bild 2.88b jeweils 2 Maschenströme überlagert werden. In Bild 2.88c sind es 3, 4, 3 und 2 Maschenströme. Verallgemeinernd lässt sich feststellen, dass die Wahl eines vollständigen Baumes mit sternförmiger Struktur in zweifacher Hinsicht zu geringerem mathematischem Aufwand führt als die Wahl eines Baumes mit linienförmiger Struktur.

Die Anzahl

$$m = z - k + 1 \qquad (2.163)$$

der unabhängigen Maschen ist bei jedem Netzwerk mit mehr als einer Masche kleiner als die Anzahl z der Zweige. Daher ist das Gleichungssystem, das beim Maschenstromverfahren zu lösen ist, immer kleiner als bei der Knoten- und Maschenanalyse. Die Anzahl der *insgesamt* auszuwertenden Gleichungen ist in beiden Fällen $m + (k - 1)$ und damit gleich der Anzahl z der Zweige!

Die Anwendung des Maschenstromverfahrens empfiehlt sich insbesondere, wenn $m \ll z$ ist oder wenn nur einzelne Zweigströme innerhalb eines Netzwerks gesucht sind und ein vollständiger Baum so gewählt werden kann, dass die gesuchten Ströme weitgehend in Verbindungszweigen des Baumes fließen.

Beispiel 2.44 Anwendung des Maschenstromverfahrens auf ein Netzwerk ohne Stromquellen

Das Netzwerk in Bild 2.89a enthält die Widerstände $R_1 = 1\ \Omega$, $R_2 = 2\ \Omega$, $R_3 = 5\ \Omega$, $R_4 = 25\ \Omega$, $R_5 = 40\ \Omega$ sowie die Quellenspannungen $U_{q1} = 16{,}2$ V und $U_{q2} = 11{,}4$ V. Alle Zweigströme sollen bestimmt werden.

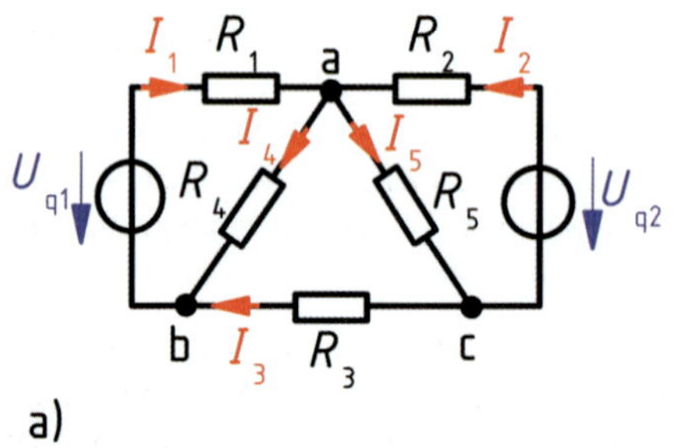

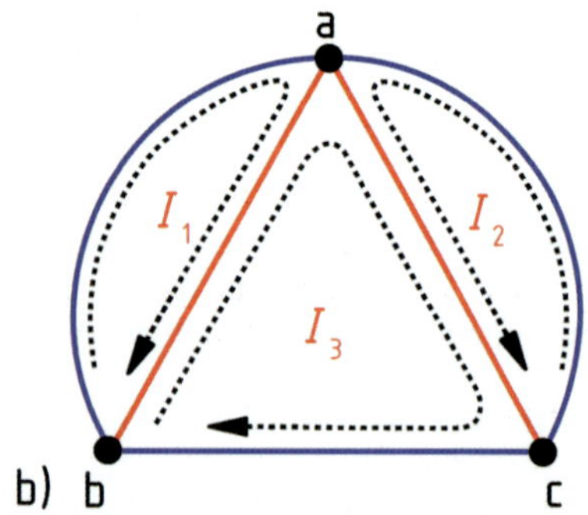

Bild 2.89 Netzwerk mit Zählpfeilen für die gesuchten Zweigströme (a) und Graph mit vollständigem Baum und den Zählpfeilen der Maschenströme (b)

In Bild 2.89b ist der Graph des Netzwerks, in dem bereits ein vollständiger Baum ausgewählt wurde (rot markiert), dargestellt. Als Maschenströme werden die Zweigstrome in den Verbindungszweigen, also I_1, I_2 und I_3 gewählt. Die Maschengleichungen werden aufgestellt, indem die Maschen in Richtung der Zählpfeile der Maschenströme durchlaufen werden:

$$\text{M}_1\text{:} \quad R_1 I_1 + R_4(I_1 - I_3) - U_{q1} = 0$$

$$\text{M}_2\text{:} \quad R_2 I_2 + R_5(I_2 + I_3) - U_{q2} = 0$$

$$\text{M}_3\text{:} \quad R_3 I_3 + R_4(-I_1 + I_3) + R_5(I_2 + I_3) = 0$$

Nun wird das Gleichungssystem nach Strömen geordnet und die Spannungen werden auf die rechte Seite gebracht. Damit erhält man die Matrizengleichung

$$\begin{bmatrix} (R_1+R_4) & 0 & -R_4 \\ 0 & (R_2+R_5) & R_5 \\ -R_4 & R_5 & (R_3+R_4+R_5) \end{bmatrix} \cdot \begin{bmatrix} I_1 \\ I_2 \\ I_3 \end{bmatrix} = \begin{bmatrix} U_{q1} \\ U_{q2} \\ 0 \end{bmatrix}.$$

In diesem Beispiel enthält der Spaltenvektor der Ströme nur die zu berechnenden Maschenströme, der Spaltenvektor der Spannungen nur bekannte Quellenspannungen. Das Einsetzen der Zahlenwerte ergibt

$$\begin{bmatrix} 26\,\Omega & 0 & -25\,\Omega \\ 0 & 42\,\Omega & 40\,\Omega \\ -25\,\Omega & 40\,\Omega & 70\,\Omega \end{bmatrix} \cdot \begin{bmatrix} I_1 \\ I_2 \\ I_3 \end{bmatrix} = \begin{bmatrix} 16{,}2\ \text{V} \\ 11{,}4\ \text{V} \\ 0 \end{bmatrix},$$

woraus mit dem Taschenrechner oder z. B. einem Programm zur numerischen Mathematik die Werte der Maschenströme

$$I_1 = 1{,}2\ \text{A}, \qquad I_2 = -\,0{,}3\ \text{A}, \qquad I_3 = 0{,}6\ \text{A}$$

folgen. Eine Umrechnung der Maschen- in Verbindungszweigströme ist nicht erforderlich. Durch Überlagerung der Maschenströme lassen sich nun die noch fehlenden Ströme in den Baumzweigen ermitteln:

$$I_4 = I_1 - I_3 = 1{,}2\ \text{A} - 0{,}6\ \text{A} = 0{,}6\ \text{A}, \qquad I_5 = I_2 + I_3 = -\,0{,}3\ \text{A} + 0{,}6\ \text{A} = 0{,}3\ \text{A}.$$

2.4.6.2 Behandlung von Stromquellen

Enthält ein Netzwerk einen oder mehrere Zweige mit idealen Stromquellen, so sind die Zweigströme dieser Zweige bekannt; stattdessen sind nun die Spannungen über den Stromquellen unbekannt. Ein vollständiger Baum ist so zu wählen, dass Stromquellen in Verbindungszweigen liegen, da Ströme in Baumzweigen stets durch die Überlagerung mehrerer Maschenströme gebildet werden. Stromquellen in Netzwerken führen dazu, dass nach dem Sortieren der Maschengleichungen nach Spannungen und Strömen – im Gegensatz zu Beispiel 2.44 – der Vektor der Ströme auch bekannte Quellenströme und der Vektor der Spannungen auch unbekannte Spannungen über Stromquellen enthält. Daher sind die Maschengleichungen vor dem Anwenden eines Lösungsalgorithmus noch so zu sortieren, dass alle bekannten Quellengrößen auf ihren rechten Seiten stehen.

Beispiel 2.45 Anwendung des Maschenstromverfahrens auf ein einfaches Netzwerk mit Stromquelle

In Bild 2.90a ist das bereits in Beispiel 2.35 betrachte Netzwerk mit einer idealen Stromquelle nochmals dargestellt. Bild 2.90b enthält den Graphen des Netzwerks mit einem vollständigen Baum, der aus dem Zweig mit der Spannungsquelle besteht. Das Gleichungssystem, das sich bei Verwendung dieses vollständigen Baumes ergibt, ist aufzustellen und zu diskutieren.

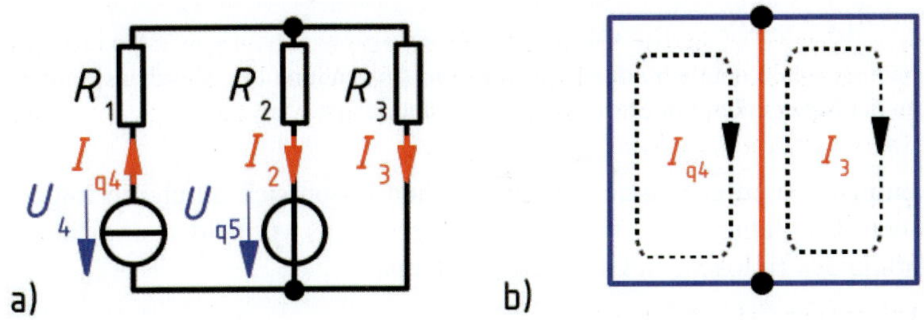

Bild 2.90 Netzwerk mit Stromquelle (a) und Graph mit vollständigem Baum und den Zählpfeilen der Maschenströme (b)

Die beiden Maschenumläufe ergeben

$$\text{M}_3\text{: } R_3 I_3 - U_{q5} + R_2(I_3 - I_{q4}) = 0\,,$$

$$\text{M}_4\text{: } R_1 I_{q4} + R_2(-I_3 + I_{q4}) + U_{q5} - U_4 = 0\,,$$

was bei einer Sortierung nach Strömen und Spannungen entsprechend Beispiel 2.44 zu den Gleichungen

$$I_3(R_2 + R_3) + I_{q4}(-R_2) = U_{q5}\,,$$

$$I_3(-R_2) + I_{q4}(R_1 + R_2) = U_4 - U_{q5}$$

führt, die als Matrizengleichung

$$\begin{bmatrix} R_2 + R_3 & -R_2 \\ -R_2 & R_1 + R_2 \end{bmatrix} \cdot \begin{bmatrix} I_3 \\ I_{q4} \end{bmatrix} = \begin{bmatrix} U_{q5} \\ U_4 - U_{q5} \end{bmatrix}$$

geschrieben werden können. Das Gleichungssystem kann in dieser Form nicht gelöst werden, sondern ist so umzuordnen, dass die rechte Seite nur bekannte Größen enthält, also zu

$$I_3(R_2 + R_3) = U_{q5} + I_{q4} R_2\,,$$

$$I_3(-R_2) - U_4 = -I_{q4}(R_1 + R_2) - U_{q5}\,,$$

was als Matrizengleichung

$$\begin{bmatrix} R_2 + R_3 & 0 \\ -R_2 & -1 \end{bmatrix} \cdot \begin{bmatrix} I_3 \\ U_4 \end{bmatrix} = \begin{bmatrix} U_{q5} + R_2 I_{q4} \\ -(R_1 + R_2) I_{q4} - U_{q5} \end{bmatrix}$$

dargestellt werden kann. Der Vektor auf der rechten Seite enthält nur noch bekannte Größen, der Vektor auf der linken Seite nur gesuchte Größen. Die ehemalige Widerstandsmatrix enthält nun in der zu U_4 gehörigen Spalte auch dimensionslose Größen. Die erste Gleichung reicht zur Bestimmung von I_3 aus:

$$I_3 = \frac{U_{q5} + R_2 I_{q4}}{R_2 + R_3} = I_{q4} \frac{R_2}{R_2 + R_3} + \frac{U_{q5}}{R_2 + R_3}$$

Der Baumzweigstrom ergibt sich aus der Überlagerung der Maschenströme:

$$I_2 = I_{q4} - I_3 = I_{q4} - \left(I_{q4} \frac{R_2}{R_2 + R_3} + \frac{U_{q5}}{R_2 + R_3} \right) = I_{q4} \frac{R_3}{R_2 + R_3} - \frac{U_{q5}}{R_2 + R_3}$$

Aus der zweiten Gleichung des Gleichungssystems lässt sich schließlich U_4 berechnen:

$$U_4 = -I_3 R_2 + I_{q4}(R_1 + R_2) + U_{q5} = -\left(I_{q4} \frac{R_2}{R_2 + R_3} + \frac{U_{q5}}{R_2 + R_3} \right) R_2 + I_{q4}(R_1 + R_2) + U_{q5}$$

$$= I_{q4} \left(R_1 + \frac{R_2 R_3}{R_2 + R_3} \right) + U_{q5} \frac{R_3}{R_2 + R_3}$$

An diesem einfachen Beispiel ist schon deutlich erkennbar, dass die Anwendung des Maschenstromverfahrens in seiner Grundform bei Netzwerken mit Stromquellen umständlich ist.

Die in Beispiel 2.45 exemplarisch aufgezeigten Schwierigkeiten lassen sich durch die folgenden beiden Modifikationen des elementaren Maschenstromverfahrens vermeiden und führen sogar zu einer Verkleinerung des zu lösenden Gleichungssystems:

- *Lineare Stromquellen* (ideale Stromquellen parallel zu mindestens einem Widerstand) können in *lineare Spannungsquellen* umgewandelt werden. Dadurch reduziert sich die Zahl der Zweige und damit auch die Zahl der zu berechnenden Maschenströme.
- Der Strom in Zweigen, die eine *ideale Stromquelle* enthalten, ist bekannt. Wählt man solche Zweige als Verbindungszweige, so treten die unbekannten Spannungen über den Stromquellen *nur in jeweils einer einzigen Gleichung* auf. Diese Gleichungen können nach dem Lösen des restlichen Gleichungssystems *einzeln* ausgewertet werden.

2.4.6.3 Vorgehensweise

Unter Berücksichtigung der obigen Empfehlungen zur Behandlung von Stromquellen (im folgenden Text rot hervorgehoben) ergibt sich das *modifizierte Maschenstromverfahren*:

Vor der Netzwerkanalyse sind, sofern nicht gegeben, *Zählpfeile* für alle beteiligten Ströme und Spannungen festzulegen.

1. Ggf. *Netzwerkumformung*, insbesondere:
   - Zusammenfassen von Schaltungsteilen, deren elektrische Größen nicht gesucht sind.
   - *Umwandeln linearer Stromquellen in lineare Spannungsquellen.*
2. Auswählen eines *vollständigen Baumes* des Netzwerks. Dabei ist zu beachten:
   - *Ideale Stromquellen* müssen in Verbindungszweigen liegen.
   - Sind nur einzelne Ströme gesucht, so sollten sie in Verbindungszweigen fließen.
   - *Ideale Spannungsquellen* sollten in Baumzweigen liegen[13].
   - Möglichst einen Baum mit sternförmiger Struktur wählen.
3. *Eintragen der Zählpfeile für die Maschenströme* in den unabhängigen Maschen des gewählten Baumes. Der Strom im Verbindungszweig einer Masche sollte als Maschenstrom gewählt werden.
4. *Aufstellen der Maschengleichungen* für die ausgewählten Maschen. Als Umlaufsinn in einer Masche wird die Zählpfeilrichtung des zugehörigen Maschenstroms gewählt. Widerstände in Baumzweigen werden stets von mehreren Maschenströmen durchflossen. Der Spannungsabfall über einem solchen Widerstand ergibt sich aus der vorzeichenrichtigen Überlagerung der Teilspannungen $R\,(\pm I_\mu)$, die durch die Maschenströme I_μ, die durch ihn fließen (nicht die Zweigströme!), hervorgerufen werden: Stimmt die Richtung des Zählpfeils eines Maschenstroms I_μ mit dem Umlaufsinn in der gerade betrachteten Masche überein, so gilt $U_\mu = R\,(+I_\mu)$, sonst $U_\mu = R\,(-I_\mu)$.
5. *Umformen des Gleichungssystems:*
   - Alle Spannungen über Quellen werden auf die „rechte Seite“ gebracht.
   - Sortieren der Spannungsabfälle nach Maschenströmen.
   - Alle Terme, die durch Stromquellen erzeugte Spannungsabfälle über Widerständen beschreiben, werden auf die rechte Seite gebracht, da diese Ausdrücke bekannt sind.
   - Alle Gleichungen, die einen Spannungsabfall über einer idealen Stromquelle enthalten, werden zunächst aus dem Gleichungssystem entfernt.

---

[13] Hierdurch ergibt sich ein einfacheres Koeffizientenschema, da weniger Koppelwiderstände auftreten (Abschnitt 2.4.6.4).

6. *Lösen des Gleichungssystems* für die unbekannten Maschenströme, womit auch die Ströme in den Verbindungszweigen bekannt sind.
7. *Berechnen der gesuchten Baumzweigströme* durch vorzeichenrichtige Überlagerung der Maschenströme.
8. Berechnen der *Spannungsabfälle über idealen Stromquellen* mittels der unter 5. aus dem Gleichungssystem entfernten *einzelnen* Gleichungen.
9. Ggf. Rückgängigmachen der unter 1. durchgeführten Netzwerkumformungen. Hierbei ggf. Berechnung der Spannungen über Stromquellen, die in lineare Spannungsquellen umgewandelt wurden.

Das Rechenschema zum Lösen des linearen Gleichungssystems kann z. B. in folgender Form aufgeschrieben werden:

$$\begin{array}{r|cccc|c} & I_1 & I_2 & \ldots & I_n & r.S. \\ \hline \mathrm{M}_1: & R_{11} & R_{12} & \ldots & R_{1n} & U_{ges1} \\ \mathrm{M}_2: & R_{21} & R_{22} & \ldots & R_{2n} & U_{ges2} \\ \ldots & \ldots & \ldots & \ldots & \ldots & \ldots \\ \mathrm{M}_n: & R_{n1} & R_{n2} & \ldots & R_{nn} & U_{gesn} \end{array} \tag{2.164}$$

Das Gleichungssystem hat in Matrizenschreibweise prinzipiell die Form

$$\underline{R}\,\vec{I} = \vec{U} \tag{2.165}$$

mit der quadratischen *Widerstandsmatrix* $\underline{R}$, dem Spaltenvektor $\vec{I}$ der Maschenströme sowie dem Spaltenvektor $\vec{U}$ der Spannungen über Quellen.

2.4.6.4 Vereinfachtes Aufstellen der Matrizengleichung

Das beim Maschenstromverfahren zu lösende Gleichungssystem hat eine bestimmte Struktur, die es ermöglicht, die Matrizengleichung ohne vorheriges explizites Aufschreiben der einzelnen Maschengleichungen direkt zu erstellen (vgl. Beispiel 2.32).

Für die folgenden Betrachtungen müssen die aus den Maschen M_1, M_2, ... M_n resultierenden Gleichungen in (2.164) innerhalb der n Zeilen die selbe Reihenfolge haben wie die zugehörigen Maschenströme (I_1, I_2, ..., I_n) innerhalb der n Spalten. Daher ist es empfehlenswert, die Maschenumläufe M_μ mit den Indizes μ der zugehörigen Maschenströme I_μ zu bezeichnen.

Zunächst sind zwei Begriffe zu definieren:

- Der *Summenwiderstand* (auch *Maschenwiderstand* genannt) einer Masche ist die Summe der Widerstände in allen Zweigen, aus denen die Masche besteht.
- Der *Koppelwiderstand* zwischen zwei Maschen ist die *vorzeichenbehaftete* Summe der Widerstände in denjenigen Baumzweigen, durch die die Maschenströme beider Maschen fließen. Haben die Zählpfeile der beiden betrachteten Maschenströme an einem Widerstand gleiche Richtung, so wird sein Wert mit positivem Vorzeichen berücksichtigt, sonst mit negativem Vorzeichen.

Man kann dann die folgenden Gesetzmäßigkeiten nutzen, um das Aufstellen des Gleichungssystems in der Form von Gl. (2.164) bzw. in Form von Gl. (2.165) zu vereinfachen.

1. Die quadratische Widerstandsmatrix $\underline{R}$ ist stets symmetrisch zu ihrer Hauptdiagonalen, es gilt also $R_{\mu\nu} = R_{\nu\mu}$. (Diese Tatsache ermöglicht einen Plausibilitätstest der Elemente von $\underline{R}$.)
2. Auf der Hauptdiagonalen von $\underline{R}$ stehen die *Summenwiderstände* $R_{\mu\mu}$ der zugehörigen Maschen μ. Ideale Quellen in den Zweigen einer Masche liefern keinen Beitrag zum Summenwiderstand (wohl aber in Reihe mit idealen Quellen liegende Widerstände).
3. Die Widerstände $R_{\mu\nu}$ außerhalb der Hauptdiagonalen von $\underline{R}$ sind die vorzeichenbehafteten *Koppelwiderstände* zwischen den Maschen μ und ν. Ideale Spannungsquellen[14] liefern keinen Beitrag zu den Koppelwiderständen.
4. Eine Spannung $U_{\text{ges}\mu}$ enthält die *negative* Summe[15] der Spannungen über allen Quellen in der zugehörigen Masche μ.

Beispiel 2.46 Vereinfachtes Aufstellen der Matrizengleichung bei einem Netzwerk ohne Stromquellen

Für die Schaltung aus Beispiel 2.44, die in Bild 2.91a noch einmal dargestellt ist, soll die Matrizengleichung zur Berechnung der Maschenströme direkt aufgestellt werden. Der vollständige Baum soll nun aus den Zweigen mit den Spannungsquellen bestehen.

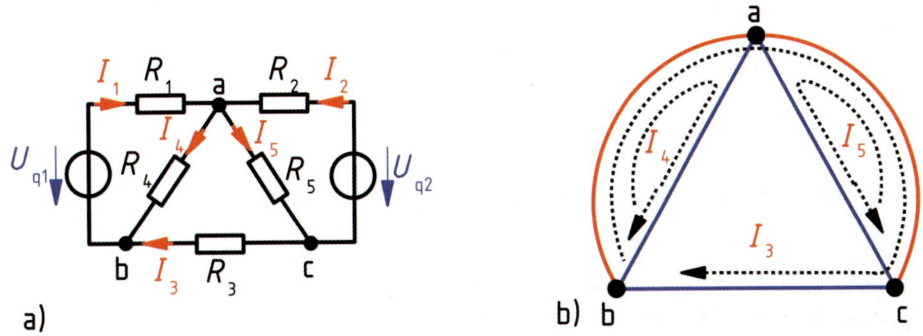

Bild 2.91 Netzwerk mit Zählpfeilen für die gesuchten Zweigströme (a) und Graph mit vollständigem Baum und den Zählpfeilen der Maschenströme (b)

Der vollständige Baum und die Zählpfeile der Maschenströme sind Bild 2.91b zu entnehmen. Zunächst werden die Summenwiderstände in die Widerstandsmatrix eingetragen: Der Maschenstrom I_3 fließt durch R_1, R_2 und R_3; I_4 durch R_1 und R_4; I_5 durch R_2 und R_5. Danach folgen die Koppelwiderstände: Die Zählpfeile der Maschenströme I_3 und I_4 haben an R_1 gleiche Richtung, die Zählpfeile von I_3 und I_5 an R_2 entgegengesetzte Richtung. Für I_4 und I_5 gibt es keinen Koppelwiderstand, daher wird der Wert null eingetragen. Schließlich werden auf der rechten Seite die in den Maschen vorhandenen Quellenspannungen eingetragen, wobei auf die oben genannte Vorzeichenregelung zu achten ist: Der Zählpfeil von I_3 weist gegen die Richtung des Zählpfeils von U_{q1} und in Richtung des Zählpfeils von U_{q2}; der Zählpfeil von I_4 weist gegen die Richtung des Zählpfeils von U_{q1}; der Zählpfeil von I_5 gegen die Richtung des Zählpfeils von U_{q2}. Damit erhält man die Matrizengleichung

$$\begin{bmatrix} (R_1 + R_2 + R_3) & R_1 & -R_2 \\ R_1 & (R_1 + R_4) & 0 \\ -R_2 & 0 & (R_2 + R_5) \end{bmatrix} \cdot \begin{bmatrix} I_3 \\ I_4 \\ I_5 \end{bmatrix} = \begin{bmatrix} U_{q1} - U_{q2} \\ U_{q1} \\ U_{q2} \end{bmatrix}$$

---

[14] Ideale Stromquellen spielen hier keine Rolle, da Baumzweige keine idealen Stromquellen enthalten dürfen.

[15] Spannungen, deren Zählpfeil in Richtung des Maschenumlaufs weisen, sind also auf der rechten Seite mit negativem Vorzeichen anzusetzen und umgekehrt.

und nach Einsetzen der Zahlenwerte aus Beispiel 2.44

$$\begin{bmatrix} 8\,\Omega & 1\,\Omega & -2\,\Omega \\ 1\,\Omega & 26\,\Omega & 0 \\ -2\,\Omega & 0 & 42\,\Omega \end{bmatrix} \cdot \begin{bmatrix} I_3 \\ I_4 \\ I_5 \end{bmatrix} = \begin{bmatrix} 4{,}8\,\text{V} \\ 16{,}2\,\text{V} \\ 11{,}4\,\text{V} \end{bmatrix}$$

die Ergebnisse

$$I_3 = 0{,}6\,\text{A}, \qquad I_4 = 0{,}6\,\text{A}, \qquad I_5 = 0{,}3\,\text{A}$$

und durch Überlagerung die Ströme in den Baumzweigen

$$I_1 = I_3 + I_4 = 1{,}2\,\text{A}, \qquad I_2 = -\,I_3 + I_5 = -\,0{,}3\,\text{A},$$

was natürlich mit den Ergebnissen des Beispiels 2.44 übereinstimmt.

Beispiel 2.47 Anwendung des Maschenstromverfahrens auf ein Netzwerk mit allen Quellenarten

Das in Bild 2.92a dargestellte Netzwerk soll mit dem Maschenstromverfahren analysiert werden. Die Werte aller Widerstände und Quellengrößen seien bekannt.

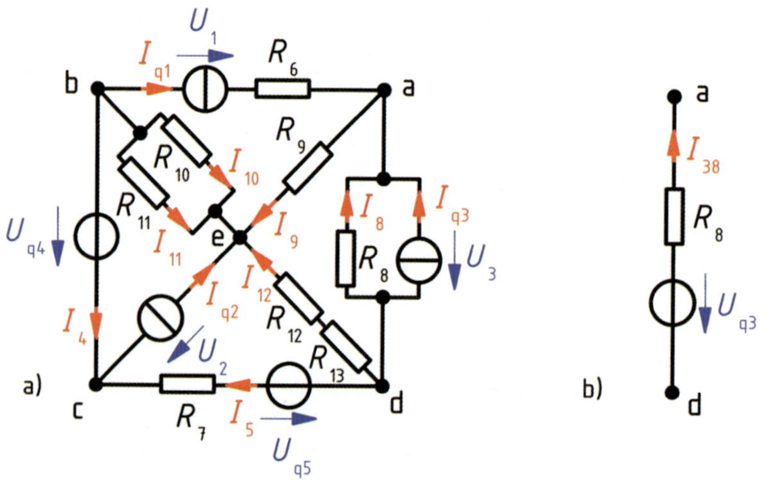

Bild 2.92 Netzwerk mit verschiedenen Quellenarten (a) mit Ersatz-Zweipol für die Zweige zwischen den Knoten a und d (b)

Das in Bild 2.92a dargestellte Original-Netzwerk enthält die $k = 5$ Knoten a bis e und $z = 10$ Zweige. Es sind also $m = z - k + 1 = 6$ Maschengleichungen aufzustellen und zu lösen. Die beiden parallelen Zweige zwischen den Knoten b und e können vorübergehend zu einem Zweig zusammengefasst werden. Das Netzwerk enthält in den beiden Zweigen a-b und c-e ideale Stromquellen. Die beiden parallelen Zweige zwischen den Knoten a und d können als lineare Stromquelle aufgefasst werden. Daher ist zu erwarten, dass bei Anwendung der modifizierten Maschenstromanalyse nur noch ein Gleichungssystem mit 2 Gleichungen zu lösen ist.

Das in Abschnitt 2.4.6.3 beschriebene Verfahren wird nun unter Berücksichtigung der Hinweise in Abschnitt 2.4.6.4 Punkt für Punkt angewandt:

Zählpfeile für alle benötigten Größen sind bereits in Bild 2.92a vorgegeben.

1. Die Reihenschaltung der Widerstände R_{12} und R_{13} wird zum Widerstand

$$R_{1213} = R_{12} + R_{13}$$

zusammengefasst, die parallelen Zweige mit den Widerständen R_{10} und R_{11} zu einem Zweig mit dem Widerstand

$$R_{1011} = \frac{R_{10}\,R_{11}}{R_{10} + R_{11}}$$

und dem Zweigstrom

$$I_{1011} = I_{10} + I_{11}\,,$$

dessen Zählpfeil vom Knoten b zum Knoten e weist. Die lineare Stromquelle zwischen den Knoten a und d wird durch eine lineare Spannungsquelle gemäß Bild 2.92b ersetzt mit

$$U_{q3} = R_8\,I_{q3}\,,$$

wobei die umgekehrte Richtung des Zählpfeils von U_{q3} gegenüber dem von I_{q3} zu beachten ist. Der Strom durch den neuen Zweig wird

$$I_{38} = I_{q3} + I_8$$

genannt. Das umgeformte Netzwerk hat noch 8 Zweige.

2. Die Zweige a-b und c-e müssen wegen der enthaltenen Stromquellen Verbindungszweige sein. Der Zweig b-c mit der idealen Spannungsquelle sollte Baumzweig sein. Der Baum soll eine möglichst sternförmige Struktur haben. Daher wird der in Bild 2.93 rot dargestellte vollständige Baum ausgewählt.

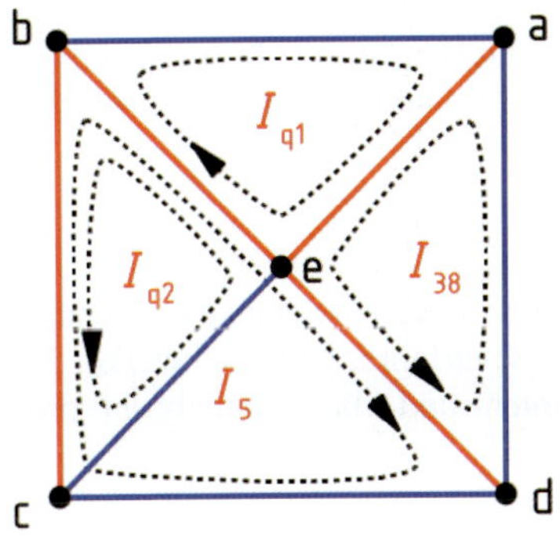

Bild 2.93 Graph der Schaltung aus Bild 2.92a nach Netzwerkumformung mit vollständigem Baum und Zählpfeilen für die Maschenströme

3. Als Maschenströme werden die 4 Ströme I_{q1}, I_{q2}, I_5 und I_{38} in den Verbindungszweigen gewählt; ihre Zählpfeile sind in Bild 2.93 eingezeichnet.

4. Das Lösungsschema nach (2.164) kann aus Bild 2.92a mit Bild 2.93 direkt aufgestellt werden:

	I_{q1}	I_{q2}	I_5	I_{38}	$r.S.$
M_1:	$R_6 + R_9 + R_{1011}$	R_{1011}	$-R_{1011}$	R_9	$-U_1$
M_2:	R_{1011}	R_{1011}	$-R_{1011}$	0	$U_2 - U_{q4}$
M_5:	$-R_{1011}$	$-R_{1011}$	$R_7 + R_{1011} + R_{1213}$	R_{1213}	$U_{q4} + U_{q5}$
M_{38}:	R_9	0	R_{1213}	$R_8 + R_9 + R_{1213}$	U_{q3}

5. Die Maschenströme I_{q1} und I_{q2} sind bekannt und damit auch die Produkte dieser Ströme mit den Widerständen in den ersten beiden Spalten der Widerstandsmatrix (im Lösungsschema blau hervorgehoben). Die ersten beiden Gleichungen werden aus dem Gleichungssystem entfernt und später einzeln zur Berechnung der Spannungen U_1 und U_2 über den Stromquellen (im Lösungsschema rot her-

vorgehoben) verwendet. In den beiden verbleibenden unteren Gleichungen werden die blau markierten Terme auf die rechte Seite gebracht, wodurch das zu lösende Gleichungssystem in Matrizenschreibweise entsteht:

$$\begin{bmatrix} R_7 + R_{1011} + R_{1213} & R_{1213} \\ R_{1213} & R_8 + R_9 + R_{1213} \end{bmatrix} \cdot \begin{bmatrix} I_5 \\ I_{38} \end{bmatrix} = \begin{bmatrix} U_{q4} + U_{q5} + R_{1011}(I_{q1} + I_{q2}) \\ U_{q3} - R_9 I_{q1} \end{bmatrix}$$

6. Das Lösen dieses Gleichungssystems liefert die Werte der Maschenströme I_5 und I_{38}.
7. Die Baumzweigströme ergeben sich aus der Überlagerung der Maschenströme:

$$I_4 = I_{q2} - I_5, \quad I_9 = I_{q1} + I_{38}, \quad I_{12} = -I_5 - I_{38}, \quad I_{1011} = -I_{q1} - I_{q2} + I_5.$$

8. Mittels der beiden zurückgestellten Gleichungen und der nun bekannten Zweigströme lassen sich die Spannungen über den Stromquellen berechnen:

$$U_1 = -(R_6 + R_9 + R_{1011})I_{q1} + R_{1011}(-I_{q2} + I_5) - R_9 I_{38},$$

$$U_2 = U_{q4} + R_{1011}(I_{q1} + I_{q2} - I_5).$$

9. Schließlich sind die Umformungen des Originalnetzwerks rückgängig zu machen. Der eingeführte Zweigstrom I_{1011} wird mittels der Stromteilerregel aufgeteilt:

$$I_{10} = I_{1011} \frac{R_{11}}{R_{10} + R_{11}}, \quad I_{11} = I_{1011} \frac{R_{10}}{R_{10} + R_{11}}.$$

Die lineare Spannungsquelle wird in eine lineare Stromquelle rückgewandelt:

$$I_8 = I_{38} - I_{q3}, \quad U_3 = -R_8 I_8$$

Damit ist das Netzwerk vollständig analysiert. Zur Kontrolle der Ergebnisse einer Rechnung mit Zahlenwerten könnte überprüft werden, ob der Knotensatz für alle Knoten erfüllt ist. Alternativ könnte die Leistungsbilanz (Abschnitt 2.1.4.6) für die Schaltung aufgestellt werden.

2.4.7 Knotenpotenzialverfahren

Das Knotenpotenzialverfahren (auch Knotenpotenzialanalyse oder Knotenanalyse genannt) ist wie das Maschenstromverfahren ein vereinfachtes Analyseverfahren für Netzwerke. Das zu lösende Gleichungssystem ist stets kleiner als bei der Knoten- und Maschenanalyse (Abschnitt 2.4.3).

2.4.7.1 Prinzip des Verfahrens

Beim Knotenpotenzialverfahren werden zunächst unter ausschließlicher Verwendung von Knotengleichungen die *Potenziale von $k-1$ Knoten des Netzwerks gegenüber einem frei wählbaren Bezugsknoten* im Netzwerk berechnet. Die Zweigspannungen sind die Differenzen der Potenziale der Endknoten der Zweige. Die Ströme in den Zweigen ergeben sich danach mittels des Ohmschen Gesetzes und ggf. der Kirchhoffschen Gesetze aus den Zweigspannungen. Zur Durchführung des Knotenpotenzialverfahrens wird *kein vollständiger Baum* benötigt. Damit ist dieses Verfahren noch schematischer anwendbar als die Maschenstromanalyse und eignet sich hervorragend zur Realisierung in Software. Verfahren zur numerischen Schaltungsanalyse wie z. B. SPICE (Abschnitt 2.6) verwenden Algorithmen [38], die auf dem Knotenpotenzialverfahren basieren.

Das Knotenpotenzialverfahren erfordert prinzipiell das Lösen eines *Gleichungssystems* mit nur $k-1$ Gleichungen zur Ermittlung der Knotenpotenziale. Aus den Knotenpotenzialen werden anschließend die z gesuchten Zweiggrößen *einzeln* berechnet. Damit ist für eine vollständige

Netzwerkanalyse im Sinne des Abschnitts 2.4.1.2 die Zahl der *insgesamt* zu lösenden Gleichungen allerdings größer als z.

Der Bezugsknoten wird in der Regel mit „0“ bezeichnet. Das Potenzial des gewählten Bezugsknotens kann im Rahmen dieses Verfahrens stets zu 0 V angenommen werden, da in der Regel die absolute Größe der Knotenpotenziale irrelevant ist. Sollten ausnahmsweise die absoluten Werte der Potenziale der Knoten von Interesse sein, so wählt man als Bezugsknoten einen Knoten, dessen Potenzial φ_0 bekannt ist und berechnet zunächst das Netzwerk unter der Annahme $\varphi_0 = 0$ V. Danach addiert man den tatsächlichen Wert von φ_0 zu allen berechneten Knotenpotenzialen. Empfehlenswert ist die Wahl eines Bezugsknotens, der mit möglichst vielen Zweigen des Netzwerks inzident ist („*zentraler Knoten*“). Hierdurch wird das Koeffizientenschema des zu lösenden Gleichungssystems vereinfacht. In der Praxis haben viele Schaltungen bereits einen Bezugsknoten, der als „Masse“ bezeichnet wird. Es bietet sich an, diesen Knoten als Bezugsknoten zu wählen, da dann die berechneten Knotenpotenziale mit den schaltungstechnisch interessierenden Spannungen zwischen Knoten und Masse übereinstimmen.

Beispiel 2.48 Aufstellen der Knotengleichungen bei einem Netzwerk aus Widerständen und Stromquelle

Für Knoten a des in Bild 2.94 dargestellten Netzwerkausschnitts ist die Knotengleichung so aufzustellen, dass sie die Potenziale der dargestellten Knoten miteinander verknüpft.

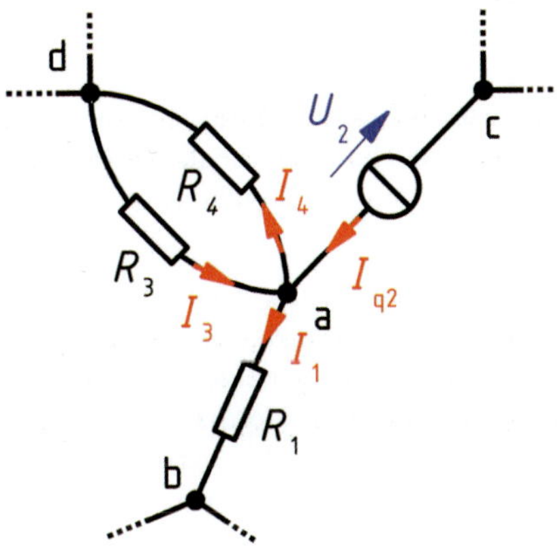

Bild 2.94 Ausschnitt aus einem Netzwerk zur Analyse mit dem Knotenpotenzialverfahren

Mit Rücksicht auf das in Abschnitt 2.4.7.4 behandelte Verfahren zum vereinfachten Aufstellen des Gleichungssystems setzt man bei der Knotenpotenzialanalyse Ströme, deren Zählpfeil vom betrachteten Knoten *weg* weist, in einer Knotengleichung *positiv* an. Damit erhält man für Knoten a die Knotengleichung

$$I_1 - I_{q2} - I_3 + I_4 = 0\,.$$

Durch Anwenden des Ohmschen Gesetzes, Ausdrücken der Zweigspannungen über die Knotenpotenziale und mit den Leitwerten $G_\mu = 1/R_\mu$ folgt daraus

$$(\varphi_a - \varphi_b)G_1 - I_{q2} - (\varphi_d - \varphi_a)G_3 + (\varphi_a - \varphi_d)G_4 = 0\,.$$

Sortieren nach den Knotenpotenzialen ergibt

$$\varphi_a(G_1 + G_3 + G_4) + \varphi_b(-G_1) + \varphi_d(-G_3 - G_4) = I_{q2}\,.$$

Zu dieser Gleichung kommt man unabhängig von der Richtung der Stromzählpfeile für I_1, I_3 und I_4! Somit sind für diesen Schritt noch keine Stromzählpfeile für die unbekannten Zweigströme erforderlich.

(Dadurch, dass die Ströme, deren Zählpfeil vom betrachteten Knoten weg weist, positiv angesetzt wurden, erscheinen Quellenströme, deren Zählpfeil zum betrachteten Knoten *hin* weist, auf der *rechten* Seite der Gleichung mit *positivem* Vorzeichen. Die Leitwerte der Zweige, die mit dem betrachteten Knoten inzident sind, stehen mit *positivem* Vorzeichen als Faktor bei dem Potenzial des betrachteten Knotens.) Sind alle Knotenpotenziale bekannt, lassen sich die Zweigströme und die Spannung über der idealen Stromquelle mittels der oben bereits verwendeten Zusammenhänge einfach ermitteln:

$$I_1 = (\varphi_a - \varphi_b)G_1\,, \quad I_3 = (\varphi_d - \varphi_a)G_3\,, \quad I_4 = (\varphi_a - \varphi_d)G_4\,, \quad U_2 = (\varphi_a - \varphi_c)$$

Erst zur Berechnung der Zweigströme müssen also die zugehörigen Stromzählpfeile bekannt sein.

Das Knotenpotenzialverfahren ist besonders effizient, wenn nicht Zweigströme, sondern nur Knotenpotenziale oder Zweigspannungen gesucht sind oder wenn $k - 1 \ll z$ ist. Letzteres ist bei stark vermaschten Netzwerken der Fall.

2.4.7.2 Behandlung von Spannungsquellen

Lineare Spannungsquellen können – zumindest gedanklich – in lineare Stromquellen umgewandelt werden. Hierdurch wird das Aufstellen der Knotengleichungen vereinfacht. Die bei der Umwandlung entstehenden zusätzlichen Zweige sind bei der Knotenpotenzialanalyse nicht nachteilig, da die Anzahl der Knoten nicht vergrößert wird.

Ein Zweig, der aus einer *idealen Spannungsquelle* besteht, führt dazu, dass die Differenz der Potenziale seiner Endknoten bekannt ist. Wählt man als Bezugsknoten einen Knoten, der mit einer oder mehreren idealen Spannungsquellen verbunden ist, so sind die Potenziale der auf der anderen Seite der Spannungsquellen liegenden Knoten trivial zu berechnen. In einem solchen Fall kann man diese Knotenpotenziale durch *einzelne* Gleichungen *vor* dem Lösen des Gleichungssystems berechnen, wodurch die Zahl der Gleichungen im Gleichungssystem um die Anzahl der idealen Spannungsquellen reduziert wird.

Im Fall eines Zweiges aus einer *idealen Spannungsquelle*, bei dem keiner der Endknoten der Bezugsknoten ist, braucht mit dem Gleichungssystem nur das Potenzial des einen der beiden Knoten berechnet zu werden. Das Potenzial des anderen Knotens unterscheidet sich dann nur um den (bekannten) Wert der Quellenspannung vom zu berechnenden Potenzial. In Bild 2.95 kann φ_a durch den Ausdruck $\varphi_b + U_{qab}$ oder φ_b durch den Ausdruck $\varphi_a - U_{qab}$ ersetzt werden, so dass mit dem Gleichungssystem nur eins der beiden Potenziale berechnet zu werden braucht.

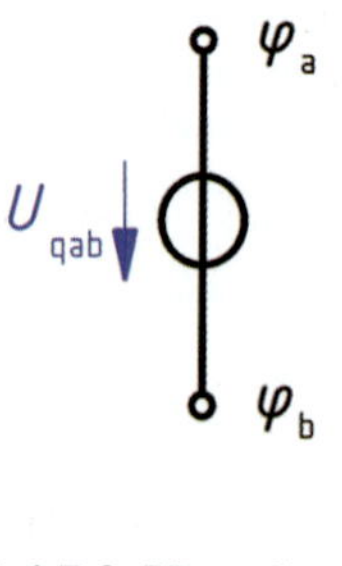

Bild 2.95 Zweig, der aus einer idealen Spannungsquelle besteht

2.4.7.3 Vorgehensweise

Unter Berücksichtigung der obigen Empfehlungen zur Behandlung von Spannungsquellen (im folgenden Text blau hervorgehoben) ergibt sich das *modifizierte Knotenpotenzialverfahren*:

Vor der Netzwerkanalyse sind, sofern nicht gegeben, *Zählpfeile* für alle beteiligten Ströme und Spannungen festzulegen.

1. Ggf. *Netzwerkumformung*:
   - Zusammenfassen von Schaltungsteilen, deren elektrische Größen nicht gesucht sind.
   - *Umwandeln von Zweigen aus linearen Spannungsquellen in lineare Stromquellen.*
2. Auswahl eines Bezugsknotens. Dabei ist zu beachten:
   - Möglichst einen zentralen Knoten wählen.
   - Enthält ein Netzwerk Zweige aus *idealen Spannungsquellen*, so ist ein Knoten empfehlenswert, der mit möglichst vielen dieser Zweig inzident ist.
3. Eindeutige *Bezeichnung aller Knoten* des Netzwerks.
4. *Aufstellen der Knotengleichungen* für alle Knoten außer dem Bezugsknoten.
   Ströme mit vom betrachteten Knoten *weg* weisendem Zählpfeil sollten positiv angesetzt werden (ergibt ein einfacheres Koeffizientenschema).
   - Enthält ein Zweig nur *Widerstände*, so wird der Zweigstrom durch die Potenzialdifferenz über dem Zweig und den (gesamten) Zweig*leitwert* ausgedrückt: $I = \Delta\varphi\ G$
   - Enthält ein Zweig nur eine *ideale Spannungsquelle*, ist der Zweigstrom gleich dem Strom durch die Quelle.
   - Enthält ein Zweig eine *ideale Stromquelle* (ggf. in Reihe mit weiteren Zweipolen), so wird der Quellenstrom der Stromquelle als Zweigstrom eingesetzt.
5. *Umformen des Gleichungssystems*:
   - Alle *Ströme durch Quellen* werden auf die „rechte Seite“ gebracht.
   - Sortieren der Ströme nach Knotenpotenzialen.
   - Alle Terme, die durch *ideale Spannungsquellen* erzeugte Ströme durch Widerstände beschreiben, werden auf die rechte Seite gebracht, da diese Ausdrücke bekannt sind.
   - Alle Gleichungen, die einen Strom durch eine *ideale Spannungsquelle* enthalten, werden zunächst aus dem Gleichungssystem entfernt.
6. *Lösen des Gleichungssystems* für die unbekannten Knotenpotenziale.
7. *Berechnen der gesuchten Zweigströme* und der *Spannungen über idealen Stromquellen* mittels des Ohmschen Gesetzes und ggf. der Kirchhoffschen Gesetze.
8. Berechnen der *Ströme durch ideale Spannungsquellen* mittels der unter 5. aus dem Gleichungssystem entfernten Gleichungen.
9. Eventuell unter 1. durchgeführte Netzwerkumformungen rückgängig machen. Hierbei ggf. die Ströme durch lineare Spannungsquellen berechnen, die in lineare Stromquellen umgewandelt wurden.

Eine übliche Schreibweise für das Rechenschema zum Lösen des linearen Gleichungssystems ist:

$$\begin{array}{c|cccc|c} & \varphi_1 & \varphi_2 & \dots & \varphi_n & r.S. \\ \hline K_1: & G_{11} & G_{12} & \dots & G_{1n} & I_{ges1} \\ K_2: & G_{21} & G_{22} & \dots & G_{2n} & I_{ges2} \\ \dots & \dots & \dots & \dots & \dots & \dots \\ K_n: & G_{n1} & G_{n2} & \dots & G_{nn} & I_{gesn} \end{array} \tag{2.166}$$

Das Gleichungssystem hat in Matrizenschreibweise prinzipiell die Form

$$\underline{G}\,\vec{\varphi} = \vec{I} \qquad (2.167)$$

mit der quadratischen *Leitwertmatrix* $\underline{G}$, dem Vektor $\vec{\varphi}$ der Knotenpotenziale sowie dem Vektor $\vec{I}$ der Ströme durch Quellen.

Beispiel 2.49 Anwendung des Knotenpotenzialverfahrens auf ein Netzwerk ohne ideale Spannungsquellen

Das Netzwerk aus Beispiel 2.44, das in Bild 2.96a nochmals dargestellt ist, soll mit dem Knotenpotenzialverfahren analysiert werden. Die Zahlenwerte aus Beispiel 2.44 sollen weiterhin gelten.

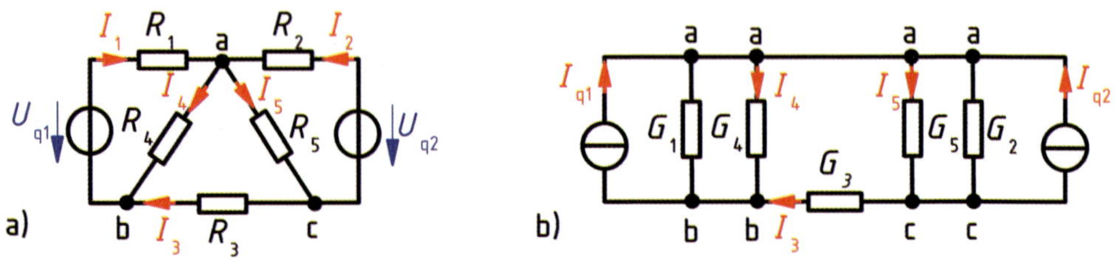

Bild 2.96 Netzwerk mit linearen Spannungsquellen (a) und nach Umwandlung der linearen Spannungsquellen in lineare Stromquellen (b)

Zunächst werden die beiden linearen Spannungsquellen in lineare Stromquellen umgewandelt und alle Widerstände in Leitwerte umgerechnet. Man erhält dann die Schaltung in Bild 2.96b. Auf die mögliche Zusammenfassung der parallelen Leitwerte G_1 und G_4 bzw. G_2 und G_5 zu Ersatz-Leitwerten wird in diesem Beispiel verzichtet. Mit den Zahlenwerten aus Beispiel 2.44 erhält man

$$I_{q1} = \frac{U_{q1}}{R_1} = 16{,}2\ \mathrm{A}\,, \quad I_{q2} = \frac{U_{q2}}{R_2} = 5{,}7\ \mathrm{A}\,, \quad G_1 = \frac{1}{R_1} = 1\ \mathrm{S}\,, \quad G_2 = \frac{1}{R_2} = 0{,}5\ \mathrm{S}\,,$$

$$G_3 = \frac{1}{R_3} = 0{,}2\ \mathrm{S}\,, \quad G_4 = \frac{1}{R_4} = 40\ \mathrm{mS}\,, \quad G_5 = \frac{1}{R_5} = 25\ \mathrm{mS}.$$

Knoten a wird als Bezugsknoten mit $\varphi_a = 0$ V gewählt, da er mit 6 Zweigen inzident ist (gegenüber 4 Zweigen bei den Knoten b und c).

Die $k - 1 = 2$ Knotengleichungen werden für die Knoten b und c aufgestellt. Die Richtungen der nicht eingetragenen Zählpfeile der Zweigströme werden *gedanklich* vom gerade betrachteten Knoten weg weisend angenommen. Man erhält dann die Kotengleichungen

$$\mathrm{K_b}\colon\ G_1(\varphi_b - \varphi_a) + G_3(\varphi_b - \varphi_c) + G_4(\varphi_b - \varphi_a) + I_{q1} = 0\,,$$

$$\mathrm{K_c}\colon\ G_2(\varphi_c - \varphi_a) + G_3(\varphi_c - \varphi_b) + G_5(\varphi_c - \varphi_a) + I_{q2} = 0\,.$$

Durch Berücksichtigung von $\varphi_a = 0$ V, Ordnen des Gleichungssystems nach Potenzialen und Verschieben der bekannten Quellenströme auf die rechte Seite erhält man die Matrizengleichung

$$\begin{bmatrix} G_1 + G_3 + G_4 & -G_3 \\ -G_3 & G_2 + G_3 + G_5 \end{bmatrix} \cdot \begin{bmatrix} \varphi_b \\ \varphi_c \end{bmatrix} = \begin{bmatrix} -I_{q1} \\ -I_{q2} \end{bmatrix}$$

zur Berechnung der Knotenpotenziale mit einer zur Hauptdiagonalen symmetrischen Matrix. Nach dem Einsetzen der Zahlenwerte

$$\begin{bmatrix} 1{,}24\,\text{S} & -0{,}2\,\text{S} \\ -0{,}2\,\text{S} & 0{,}725\,\text{S} \end{bmatrix} \cdot \begin{bmatrix} \varphi_\text{b} \\ \varphi_\text{c} \end{bmatrix} = \begin{bmatrix} -16{,}2\,\text{A} \\ -5{,}7\,\text{A} \end{bmatrix}$$

erhält man die Lösungen

$$\varphi_\text{b} = -15\,\text{V}\,, \quad \varphi_\text{c} = -12\,\text{V}\,.$$

Die unbekannten Zweigströme müssen unter Berücksichtigung ihrer Zählpfeile in Bild 2.96a berechnet werden:

$$I_3 = G_3\,(\varphi_\text{c} - \varphi_\text{b}) = 0{,}2\ \text{S} \cdot 3\ \text{V} = 0{,}6\ \text{A},$$

$$I_4 = G_4\,(\varphi_\text{a} - \varphi_\text{b}) = G_4\,(-\,\varphi_\text{b}) = 40\ \text{mS} \cdot 15\ \text{V} = 0{,}6\ \text{A},$$

$$I_5 = G_5\,(\varphi_\text{a} - \varphi_\text{c}) = G_5\,(-\,\varphi_\text{c}) = 25\ \text{mS} \cdot 12\ \text{V} = 0{,}3\ \text{A}.$$

Die Zweigströme I_1 und I_2 ergeben sich aus den Knotenpotenzialen und dem Maschensatz (vgl. Bild 2.96a), z. B. durch den Ansatz

$$U_\text{ab} = -\varphi_\text{b} = -I_1 R_1 + U_\text{q1}\,, \qquad U_\text{ac} = -\varphi_\text{c} = -I_2 R_2 + U_\text{q2}\,,$$

woraus

$$I_1 = \frac{U_\text{q1} + \varphi_\text{b}}{R_1} = 1{,}2\,\text{A}\,, \qquad I_2 = \frac{U_\text{q2} + \varphi_\text{c}}{\text{R}_2} = -0{,}3\,\text{A}$$

folgt. Alternativ können die Ströme durch Anwendung des Knotensatzes auf die Knoten b und c im Original-Netzwerk (Bild 2.96a) berechnet werden.

2.4.7.4 Vereinfachtes Aufstellen der Matrizengleichung

Das beim Knotenpotenzialverfahren zu lösende Gleichungssystem hat bei Beachtung der in Beispiel 2.48 genannten Vorschrift für das Aufstellen der Knotengleichungen eine bestimmte Struktur, die es ermöglicht, die Matrizengleichung ohne vorheriges explizites Aufschreiben der einzelnen Knotengleichungen direkt zu erstellen.

Für die folgenden Betrachtungen müssen die aus den Knoten K_a, K_b, ..., K_n resultierenden Gleichungen in (2.166) innerhalb der n Zeilen die selbe Reihenfolge haben wie die zugehörigen Knotenpotenziale (φ_a, φ_b, …, φ_n) innerhalb der n Spalten. Daher ist es empfehlenswert, die Knoten K_μ mit den Indizes μ der zugehörigen Knotenpotenziale φ_μ zu bezeichnen.

Zunächst sind zwei Begriffe zu definieren:

- Der *Knotenleitwert* eines Knotens ist die Summe der Leitwerte aller Zweige, die direkt mit dem Knoten verbunden sind.
- Der *Koppelleitwert* zwischen zwei Knoten ist die *negative* Summe der Leitwerte der Zweige zwischen diesen Knoten.

Man kann dann folgende Gesetzmäßigkeiten nutzen, um das Aufstellen der Knotengleichungen in Form von (2.166) bzw. in Form von Gl. (2.167) zu vereinfachen.

1. Die quadratische Leitwertmatrix $\underline{G}$ ist stets symmetrisch zu ihrer Hauptdiagonalen, es gilt also $G_{\mu\nu} = G_{\nu\mu}$. (Diese Tatsache ermöglicht einen Plausibilitätstest der Elemente von $\underline{G}$.)
2. Auf der Hauptdiagonalen von $\underline{G}$ stehen die *Knotenleitwerte* $G_{\mu\mu}$ der zugehörigen Knoten μ. Zweige, die nur aus einer idealen Spannungsquelle bestehen oder eine Stromquelle enthalten, liefern keinen Beitrag zum Knotenleitwert.

3. Die Leitwerte $G_{\mu\nu}$ außerhalb der Hauptdiagonalen von $\underline{G}$ sind die *Koppelleitwerte* zwischen den Knoten μ und ν. Zweige, die nur aus einer idealen Spannungsquelle bestehen oder eine Stromquelle enthalten, liefern keinen Beitrag zum Koppelleitwert.
4. Ein Strom $I_{\text{ges}\mu}$ enthält die Summe der Ströme durch Quellen, deren Zählpfeil zum Knoten μ hin weist.

Beispiel 2.50 Vereinfachtes Aufstellen den Matrizengleichung bei einem Netzwerk ohne ideale Spannungsquellen

Das in Bild 2.96a dargestellte Netzwerk aus Beispiel 2.49 soll mit Hilfe des Knotenpotenzialverfahrens analysiert werden; nun soll jedoch der Knoten b der Bezugsknoten mit $\varphi_b = 0$ V sein. Die Zahlenwerte aus Beispiel 2.44 sollen weiterhin gelten.

Nach Umformung des Netzwerks (Bild 2.96b) werden die Knotenleitwerte der Knoten a und c berechnet, die auf der Hauptdiagonalen der Leitwertmatrix eingetragen werden. Dazu werden alle Leitwerte addiert, die mit dem jeweiligen Knoten verbunden sind:

$$G_{aa} = G_1 + G_4 + G_5 + G_2 = 1\text{ S} + 40\text{ mS} + 25\text{ mS} + 0{,}5\text{ S} = 1{,}565\text{ S}.$$

$$G_{cc} = G_3 + G_5 + G_2 = 0{,}2\text{ S} + 25\text{ mS} + 0{,}5\text{ S} = 0{,}725\text{ S}$$

Anschließend werden die Leitwerte zwischen den Knoten ermittelt. Sie werden mit negativen Vorzeichen versehen als Koppelleitwerte in die Leitwertmatrix eingetragen:

$$G_{ac} = G_{ca} = -(G_5 + G_2) = -(25\text{ mS} + 0{,}5\text{ S}) = -0{,}525\text{ S}.$$

Die Zählpfeile der Quellenströme I_{q1} und I_{q2} sind beide zum Knoten a hin gerichtet. Diese Quellenströme werden also zu

$$I_{\text{gesa}} = I_{q1} + I_{q2} = 16{,}2\text{ A} + 5{,}7\text{ A} = 21{,}9\text{ A}$$

zusammengefasst. Der Zählpfeil des Quellenstroms I_{q2} weist vom Knoten c weg und wird deshalb mit negativem Vorzeichen berücksichtigt als

$$I_{\text{gesc}} = -I_{q2} = -5{,}7\text{ A}.$$

Die Matrizengleichung zur Bestimmung der beiden Knotenpotenziale φ_a und φ_c lautet somit

$$\begin{bmatrix} G_1 + G_2 + G_4 + G_5 & -(G_2 + G_5) \\ -(G_2 + G_5) & \text{G}_2 + \text{G}_3 + \text{G}_5 \end{bmatrix} \cdot \begin{bmatrix} \varphi_a \\ \varphi_c \end{bmatrix} = \begin{bmatrix} I_{q1} + I_{q2} \\ -I_{q2} \end{bmatrix}$$

sowie mit Zahlenwerten

$$\begin{bmatrix} 1{,}565\text{ S} & -0{,}525\text{ S} \\ -0{,}525\text{ S} & 0{,}725\text{ S} \end{bmatrix} \cdot \begin{bmatrix} \varphi_a \\ \varphi_c \end{bmatrix} = \begin{bmatrix} 21{,}9\text{ A} \\ -5{,}7\text{ A} \end{bmatrix}$$

und ergibt die Lösung

$$\varphi_a = 15\text{ V}, \qquad \varphi_c = 3\text{ V}.$$

Da die Zweigspannungen $U_{ab} = \varphi_a - \varphi_b = 15$ V und $U_{ac} = \varphi_a - \varphi_c = 12$ V die gleichen Werte haben wie in Beispiel 2.49, ergeben sich auch die gleichen Werte für die Zweigströme wie dort, weshalb hier auf die weitere Berechnung verzichtet wird.

Beispiel 2.51 Anwendung des Knotenpotenzialverfahrens auf ein Netzwerk mit allen Quellenarten

Das in Bild 2.97a dargestellte, in Beispiel 2.47 bereits mit dem Maschenstromverfahren analysierte Netzwerk soll nun mittels des Knotenpotenzialverfahrens berechnet werden. Die Werte aller Widerstände und Quellengrößen seien bekannt.

Das in Bild 2.97a dargestellte Original-Netzwerk enthält die $k = 5$ Knoten a bis e und $z = 10$ Zweige. Es sind also $k - 1 = 4$ Knotengleichungen aufzustellen und zu lösen. Das Netzwerk enthält im Zweig b-c eine ideale Spannungsquelle. Daher ist zu erwarten, dass bei Anwendung der modifizierten Knotenpotenzialanalyse nur noch ein Gleichungssystem mit 3 Gleichungen zu lösen ist.

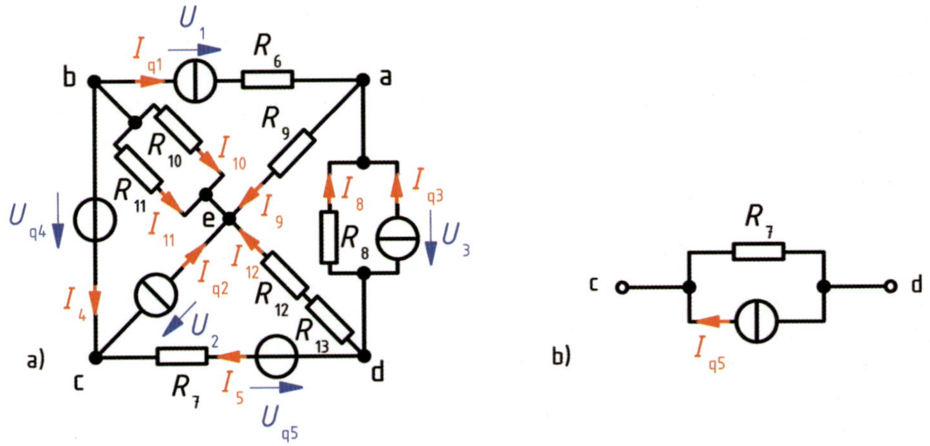

Bild 2.97 Netzwerk mit verschiedenen Quellenarten (a) mit Ersatz-Zweipol für den Zweig zwischen den Knoten c und d (b)

Das in Abschnitt 2.4.7.3 beschriebene Verfahren wird nun unter Berücksichtigung der Hinweise in Abschnitt 2.4.7.4 schrittweise angewandt:

Zählpfeile für alle benötigten Größen sind bereits in Bild 2.97a vorgegeben.

1. Zur Verringerung des Schreibaufwandes wird die Reihenschaltung von R_{12} und R_{13} zusammengefasst zum Ersatz-Widerstand

   $$R_{1213} = R_{12} + R_{13}\,.$$

   Die lineare Spannungsquelle im Zweig zwischen den Koten c und d wird zum einfacheren Aufstellen des Gleichungssystems umgewandelt in eine lineare Stromquelle mit dem Quellenstrom

   $$I_{q5} = \frac{U_{q5}}{R_7}$$

   und dem Innenwiderstand R_7 gemäß Bild 2.97b.

2. In dieser Schaltung bieten sich mehrere Knoten als Bezugsknoten an: Knoten b oder c, da an ihnen eine ideale Spannungsquelle liegt und sie nach der Netzwerkumformung beide mit 4 Knoten inzident sind; Knoten d und e, da sie nach der Netzwerkumformung beide mit 5 Zweigen inzident sind. Gewählt wird hier Knoten e, um zu zeigen, wie ideale Spannungsquellen, die nicht am Bezugsknoten liegen, zu behandeln sind. Damit gilt $\varphi_e = 0$ V.

3. Alle Knoten sind bereits eindeutig bezeichnet.

4. Das Gleichungssystem in Form von (2.166) wird direkt anhand der Schaltung in Bild 2.97a unter Berücksichtigung der Umformungen aus Schritt 1. aufgestellt. Dabei gilt

   $$G_\mu = 1/R_\mu\,.$$

   Zunächst werden die Knotenleitwerte, die auf der Hauptdiagonalen der Leitwertmatrix stehen, mit positiven Vorzeichen eingetragen, anschließend die Koppelleitwerte mit negativen Vorzeichen. Anschließend werden die durch Stromquellen getriebenen Quellenströme und die Ströme durch Zweige aus idealen Spannungsquellen (rot) auf der rechten Seite eingetragen; bei zum betrachteten Knoten hin weisendem Stromzählpfeil mit positivem Vorzeichen, anderenfalls mit negativem.

	φ_a	$\varphi_b = \varphi_c + U_{q4}$	φ_c	φ_d	r. S.
K_a:	$G_8 + G_9$	0	0	$-G_8$	$I_{q1} + I_{q3}$
K_b:	0	$G_{10} + G_{11}$	0	0	$-I_{q1} - I_4$
K_c:	0	0	G_7	$-G_7$	$I_4 - I_{q2} + I_{q5}$
K_d:	$-G_8$	0	$-G_7$	$G_7 + G_8 + G_{1213}$	$-I_{q3} - I_{q5}$

5. Das Potenzial φ_b kann durch das Potenzial φ_c und U_{q4} ausgedrückt werden, was im obigen Lösungsschema bereits eingetragen ist:

$$\varphi_b = \varphi_c + U_{q4} .$$

Nun können die Inhalte der zweiten (blau) und der dritten Spalte zusammengefasst werden. Das Produkt aus der Quellenspannung U_{q4} und den Leitwerten $G_{10} + G_{11}$ ist bekannt und wird daher auf die rechte Seite des Gleichungssystems übertragen:

	φ_a	φ_c	φ_d	r. S.
K_a:	$G_8 + G_9$	0	$-G_8$	$I_{q1} + I_{q3}$
K_b:	0	$G_{10} + G_{11}$	0	$-I_{q1} - I_4 - U_{q4}(G_{10} + G_{11})$
K_c:	0	G_7	$-G_7$	$I_4 - I_{q2} + I_{q5}$
K_d:	$-G_8$	$-G_7$	$G_7 + G_8 + G_{1213}$	$-I_{q3} - I_{q5}$

Durch Addition der Knotengleichungen für die Knoten b und c, zwischen denen die ideale Spannungsquelle liegt, wird der unbekannte Strom I_4 durch diese Quelle aus dem Gleichungssystem eliminiert und es entsteht ein System aus 3 Gleichungen zur Bestimmung von 3 Knotenpotenzialen, das in Matrizenschreibweise lautet:

$$\begin{bmatrix} G_8 + G_9 & 0 & -G_8 \\ 0 & G_7 + G_{10} + G_{11} & -G_7 \\ -G_8 & -G_7 & G_7 + G_8 + G_{1213} \end{bmatrix} \cdot \begin{bmatrix} \varphi_a \\ \varphi_c \\ \varphi_d \end{bmatrix} = \begin{bmatrix} I_{q1} + I_{q3} \\ -I_{q1} - I_{q2} + I_{q5} - U_{q4}(G_{10} + G_{11}) \\ -I_{q3} - I_{q5} \end{bmatrix}$$

6. Das Lösen dieses Gleichungssystems liefert die Werte der Knotenpotenziale φ_a, φ_c und φ_d. Damit ist auch $\varphi_b = \varphi_c + U_{q4}$ bekannt.
7. Die Ströme durch die Widerstände ergeben sich aus den Zweigspannungen und den Zweigwiderständen:

$$I_8 = \frac{\varphi_d - \varphi_a}{R_8}, \quad I_9 = \frac{\varphi_a}{R_9}, \quad I_{10} = \frac{\varphi_b}{R_{10}}, \quad I_{11} = \frac{\varphi_b}{R_{11}}, \quad I_{12} = \frac{\varphi_d}{R_{1213}} .$$

Die Spannungen über den Stromquellen folgen aus dem Maschensatz:

$$U_1 = \varphi_b - \varphi_a - R_6 I_{q1}, \quad U_2 = -\varphi_c .$$

8. Der Strom I_4 durch die ideale Spannungsquelle kann mittels der aus dem Gleichungssystem entfernten Knotengleichung für Knoten b oder Knoten c berechnet werden, z. B.:

$$I_4 = -I_{q1} - \varphi_b(G_{10} + G_{11}) .$$

9. Der Strom I_5 durch die lineare Spannungsquelle in Zweig c-d lässt sich mit dem Maschensatz oder unter Verwendung des Ersatz-Zweipols in Bild 2.97b berechnen als

$$I_5 = \frac{U_{q5} + \varphi_d - \varphi_c}{R_7} = \frac{U_{q5}}{R_7} + \frac{\varphi_d - \varphi_c}{R_7} ,$$

alternativ auch durch Anwenden des Knotensatzes auf Knoten c oder d.

2.4.8 Vergleich der Berechnungsverfahren

Zur vollständigen Analyse umfangreicher linearer Netzwerke mit z Zweigen und k Knoten ist die Anwendung der *Knoten- und Maschenanalyse* nicht zu empfehlen, da sie prinzipiell das Lösen eines *Gleichungssystems* mit z Gleichungen erfordert. Bei dem in Abschnitt 2.4.3.4 vorgestellten modifizierten Verfahren vermindert sich die Größe des Gleichungssystems um so viele Gleichungen, wie es Zweige mit Stromquellen im Netzwerk gibt. Zur Berechnung sämtlicher unbekannten Ströme und Spannungen sind jedoch stets z Gleichungen zu lösen.

Beim *Maschenstromverfahren* ist prinzipiell ein *Gleichungssystem* mit nur $z - k + 1$ Gleichungen zu lösen. Bei dem in Abschnitt 2.4.6.3 vorgestellten modifizierten Verfahren vermindert sich die Zahl der Gleichungen im Gleichungssystem um die Anzahl der Zweige mit Stromquellen. Auch bei diesem Verfahren ist aber die Gesamtzahl der zu lösenden Gleichungen gleich z.

Das *Knotenpotenzialverfahren* liefert nach dem Lösen eines *Gleichungssystems* mit prinzipiell $k - 1$ Gleichungen zunächst die Potenziale von $k - 1$ Knoten gegenüber einem Bezugsknoten. Die Zahl der Gleichungen im Gleichungssystem kann bei dem in Abschnitt 2.4.7.3 vorgestellten modifizierten Verfahren pro Zweig, der aus einer idealen Spannungsquelle besteht, um eine Gleichung vermindert werden. Da im Regelfall nicht die Ermittlung der Knotenpotenziale das Ziel der Netzwerkanalyse ist, müssen aus den Knotenpotenzialen anschließend die Zweigströme berechnet werden. Hierfür sind z weitere einzelne Gleichungen erforderlich. Damit ist die Anzahl der insgesamt zu lösenden Gleichungen deutlich größer als z.

Vergleicht man verschiedene Analyseverfahren bezüglich ihrer *Komplexität*, so wird die Anzahl der *einzeln* zu lösenden Gleichungen in der Regel nicht berücksichtigt, da der Aufwand zum Lösen solcher Gleichungen nur proportional mit ihrer Anzahl steigt. Der Aufwand zum Lösen eines linearen *Gleichungssystems* steigt aber prinzipiell quadratisch mit der Anzahl der enthaltenen Gleichungen. Daher wird bei der Abschätzung des Rechenaufwandes ausschließlich die Anzahl der Gleichungen im Gleichungssystem betrachtet.

Bei der Analyse kleiner Netzwerke mit dem Taschenrechner ist jede Verkleinerung des zu lösenden Gleichungssystems willkommen. Daher ist die Anwendung der beschriebenen modifizierten Verfahren hilfreich. Bei der Realisierung eines Netzwerkanalyseprogramms für große Netzwerke erfordert die Programmierung der Sonderfallbehandlungen hingegen Mehraufwand, so dass die Umsetzung der grundlegenden Algorithmen einfacher ist. Die Wahl eines vollständigen Baumes zur Identifikation linear unabhängiger Maschen, die bei der *Knoten- und Maschenanalyse* und dem *Maschenstromverfahren* erforderlich ist, erübrigt sich bei der Knotenpotenzialanalyse. Damit ist das letztgenannte Verfahren die erste Wahl zur schematischen Analyse elektrischer Netzwerke.

Die Anwendung des *Überlagerungssatzes* ist immer dann zu empfehlen, wenn nur sehr wenige Ströme oder Spannungen in einem linearen Netzwerk mit einfacher Struktur, jedoch mehreren Quellen zu berechnen sind.

Die *Netzwerkanalyse mit Ersatz-Quellen* wird gern eingesetzt, wenn lediglich die Klemmengrößen eines **passiven** Zweiges, der auch nichtlinear und hinsichtlich seiner Parameter variabel sein darf, innerhalb eines ansonsten linearen Netzwerks bestimmt werden sollen.

Alle obigen Aussagen gelten auch für die Analyse von Sinusstromnetzwerken mit den genannten Verfahren (Abschnitt 6).

2.5 Analyse nichtlinearer elektrischer Netzwerke

Sobald ein elektrisches Netzwerk mindestens ein nichtlineares Schaltungselement enthält, ist das gesamte Netzwerk nichtlinear. Zur Analyse nichtlinearer Netzwerke stehen die Kirchhoffschen Sätze sowie die auf ihnen basierende Knoten- und Maschenanalyse, das Maschenstromverfahren und das Knotenpotenzialverfahren zur Verfügung. Nicht anwendbar ist der Überlagerungssatz! Nur lineare Teile eines insgesamt nichtlinearen Netzwerks dürfen in eine Ersatz-Quelle umgewandelt werden.

Da es bei detaillierter Betrachtung in der Praxis keine exakt linearen Netzwerke gibt, kann die Analyse eines linearen Modells einer eigentlich nichtlinearen Schaltung nur eine Näherungslösung liefern.

2.5.1 Linearisierung im Arbeitspunkt

Ein üblicher Ansatz zur Berechnung nichtlinearer Netzwerke ist die *Linearisierung im Arbeitspunkt.* Hierbei wird das Verhalten aller nichtlinearen Elemente im Netzwerk in ihren jeweiligen Arbeitspunkten durch lineare Gleichungen angenähert. Danach können wieder alle Verfahren zur Analyse linearer Netzwerke angewandt werden. Das Problem dieses Verfahrens besteht darin, dass diese Arbeitspunkte zunächst unbekannt sind und ihre Lage abgeschätzt werden muss. Damit können die verwendeten Linearisierungen zunächst auch nur Näherungen sein. Mittels der Ergebnisse der Analyse des linearisierten Netzwerks sind die Arbeitspunkte und daraus folgend die Linearisierungen zu korrigieren. Es ist also *iterativ* vorzugehen. Ist die Kennlinie eines Bauelements im interessierenden Bereich nur schwach gekrümmt, so kann auf Iterationen oftmals verzichtet werden.

Beispiel 2.52 Annäherung einer Diodenkennlinie durch eine Gerade

Betrachtet wird eine Diode (Abschnitt 10.5.2) mit dem in Bild 2.98a dargestellten Schaltzeichen und der in Bild 2.98c dargestellte Kennlinie. Diese Kennlinie ist im Bereich zwischen den Punkten P und Q, d. h. für 7,5 A < I < 23 A, so schwach gekrümmt, dass sie mittels der in Bild 2.98c gestrichelt eingezeichneten *Näherungsgeraden* beschrieben werden kann.

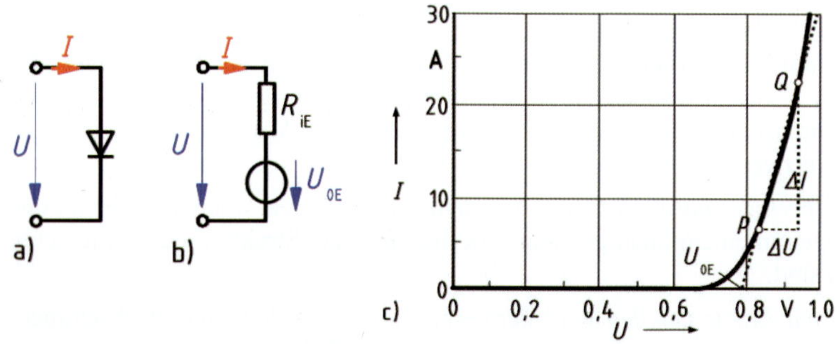

Bild 2.98 Diode (a), lineare Ersatzschaltung (b) und Kennlinie der Diode mit gestrichelt eingezeichneter Näherungsgerade (c)

Da die Näherungsgerade nicht durch den Nullpunkt geht, kann man sie als *Kennlinie einer linearen Quelle* (Abschnitt 2.1.3.3) auffassen. Das Klemmenverhalten der Diode kann somit im betrachteten Bereich durch eine lineare *Ersatz-Spannungsquelle* gemäß Bild 2.98b nachgebildet werden. Die Näherungsgerade beschreibt eine lineare Quelle, die im Leerlauf ($I = 0$) die Klemmenspannung

$$U = U_{0E} = 0{,}78\ \text{V} > 0$$

liefert, wie Bild 2.98c zu entnehmen ist. Daher wurde der Zählpfeil der Ersatz-Leerlaufspannung U_{0E} in Bild 2.98b in der gleichen Richtung eingetragen wie der der Klemmenspannung U. Fließt ein Strom $I > 0$ durch den Zweipol, steigt wegen des Spannungsabfalls über dem Ersatz-Innenwiderstand der linearen Quelle die Klemmenspannung an gemäß

$$U = U_{0E} + R_{iE}\, I\,.$$

Das Ersatzschaltbild der Diode ist also eine lineare Quelle mit Verbraucher-Zählpfeilsystem, die *im betrachteten Arbeitsbereich* die Leistung $P = U\,I > 0$ *aufnimmt* (Abschnitt 2.1.4.3). Dies ist nicht überraschend, da eine Diode ein passiver Zweipol ist.

Die Kenngrößen U_{0E} und R_{iE} lassen sich auf die in Abschnitt 2.1.3.3 beschriebene Weise aus der Näherungsgeraden ermitteln. Die Leerlaufspannung U_{0E} ist bereits oben direkt aus Bild 2.98c abgelesen worden. Der Innenwiderstand lässt sich im vorliegenden Fall nicht mittels Gl. (2.33) berechnen, da diese Gleichung nur für Quellen mit Erzeuger-Zählpfeilsystem gilt. Beim hier vorliegenden Verbraucher-Zählpfeilsystem an der linearen Quelle gilt hingegen umgekehrtes Vorzeichen, also

$$R_{iE} = \frac{\Delta U}{\Delta I} = \frac{0{,}115\ \text{V}}{15{,}5\ \text{A}} = 7{,}4\ \text{m}\Omega\,.$$

Beispiel 2.53 Spannungsstabilisierung mit einer Z-Diode

Zur Spannungsstabilisierung wird in der in Bild 2.99a dargestellten Schaltung zu den beiden linearen Spannungsquellen mit den Quellenspannungen $U_{q1} = 6{,}5$ V, $U_{q2} = 11{,}7$ V und den Innenwiderständen $R_{i1} = 52\ \Omega$, $R_{i2} = 117\ \Omega$ die Z-Diode ZPD6 (Abschnitt 10.5.2.3) parallelgeschaltet. Die Z-Dioden-Kennlinie ist in Bild 2.99d dargestellt (Zählpfeilrichtungen der Klemmengrößen beachten). Gesucht ist die Strom-Spannungs-Kennlinie $U(I)$ der Gesamtschaltung bezüglich der Klemmen a-b.

Der Näherungsgeraden für den hier relevanten Teil der Kennlinie der Z-Diode in Bild 2.99d können die Ersatz-Leerlaufspannung

$$U_{0E} = 6{,}1\ \text{V}$$

und der Innenwiderstand (vgl. Beispiel 2.52)

$$R_{iE} = \Delta U / \Delta I_z = 0{,}2\text{V}/50\ \text{mA} = 4\ \Omega$$

entnommen werden. Damit folgt die Beschreibung des Klemmenverhaltens der Z-Diode im Arbeitsbereich durch das in Bild 2.99b eingezeichnete Modell mit der Gleichung

$$U = U_{0E} + R_{iE}\, I_z = 6{,}1\ \text{V} + 4\ \Omega\, I_z$$

Dieses Modell ist einsetzbar oberhalb des Punktes P der Kennlinie in Bild 2.99d, also für $I_z > 3$ mA, d. h. im Bereich

$$U > 6{,}1\ \text{V} + 4\ \Omega \cdot 3\ \text{mA} = 6{,}112\ \text{V}.$$

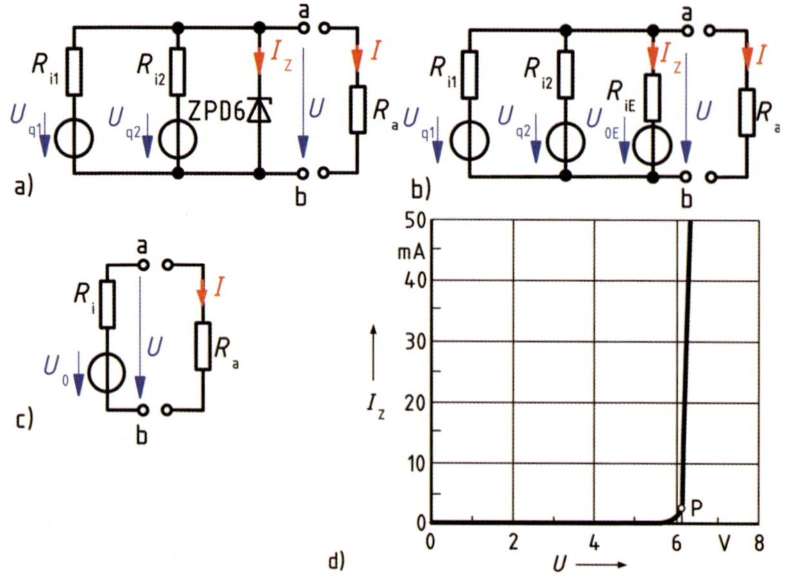

Bild 2.99 Schaltung zur Spannungsstabilisierung mit Z-Diode (a), linearisierte Schaltung (b), Ersatz-Spannungsquelle der Gesamtschaltung (c), Kennlinie der Z-Diode (d)

In Bild 2.99b ist die Z-Diode durch die lineare Ersatzschaltung ersetzt worden. Nach dem Verfahren der Ersatz-Spannungsquelle (Abschnitt 2.4.5.2) erhält man für die linearisierte Gesamtschaltung mit Gl. (2.94) den Innenwiderstand

$$R_\mathrm{i} = \frac{1}{\dfrac{1}{R_\mathrm{i1}} + \dfrac{1}{R_\mathrm{i2}} + \dfrac{1}{R_\mathrm{iE}}} = \frac{1}{\dfrac{1}{52\,\Omega} + \dfrac{1}{117\,\Omega} + \dfrac{1}{4\,\Omega}} = 3{,}6\,\Omega$$

und mit dem Überlagerungssatz (Abschnitt 2.4.4) den Kurzschlussstrom

$$I_\mathrm{k} = \frac{U_\mathrm{q1}}{R_\mathrm{i1}} + \frac{U_\mathrm{q2}}{R_\mathrm{i2}} + \frac{U_\mathrm{0E}}{R_\mathrm{iE}} = \frac{6{,}5\,\mathrm{V}}{52\,\Omega} + \frac{11{,}7\,\mathrm{V}}{117\,\Omega} + \frac{6{,}1\,\mathrm{V}}{4\,\Omega} = 1{,}75\,\mathrm{A}$$

sowie mit Gl. (2.157) die Leerlaufspannung

$$U_0 = R_\mathrm{i}\, I_\mathrm{k} = 3{,}6\,\Omega \cdot 1{,}75\,\mathrm{A} = 6{,}3\,\mathrm{V}.$$

Damit sind die Elemente der Ersatz-Spannungsquelle in Bild 2.99c bekannt. Die *U*-*I*-Kennlinie folgt der Gl. (2.30)

$$U = U_0 - R_\mathrm{i}\, I = 6{,}3\,\mathrm{V} - 3{,}6\,\Omega \cdot I$$

und hat den in Bild 2.100 dargestellten nahezu waagerechten Verlauf (1). Die Kennlinie ist gültig, solange die Bedingung $U > 6{,}112$ V eingehalten wird. Dies trifft für Lastströme

$$I < \frac{U_0 - 6{,}112\,\mathrm{V}}{R_\mathrm{i}} = \frac{6{,}3\,\mathrm{V} - 6{,}122\,\mathrm{V}}{3{,}6\,\Omega} \approx 52\,\mathrm{mA}$$

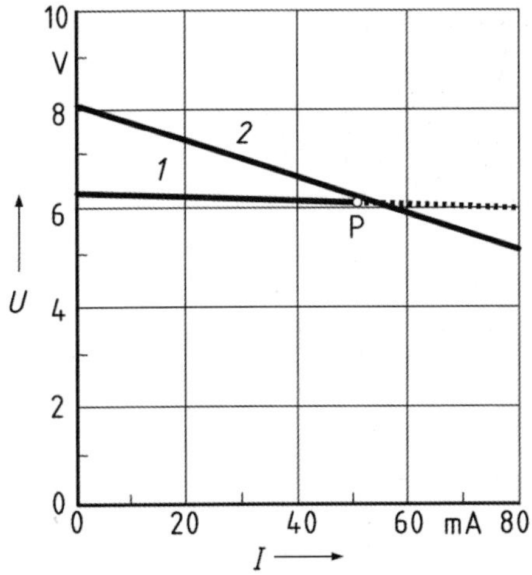

Bild 2.100 Strom-Spannungskennlinie (1) der stabilisierten Schaltung nach Bild 2.99a und Kennlinie derselben Schaltung ohne Z-Diode (2)

zu. Wird der Laststrom $I > 52$ mA, sinkt die Spannung U an der Z-Diode auf Werte ab, bei denen nach Bild 2.99d die Näherungsgerade das Verhalten der Z-Diode nicht mehr hinreichend genau beschreibt. Bei weiter steigender Belastung wandert der Arbeitspunkt der Z-Diode in den horizontalen Teil der Kennlinie (links von Punkt P in Bild 2.99d). In diesem Betriebszustand stellt die Z-Diode einen sehr großen Widerstand dar und ist in der Schaltung Bild 2.99a praktisch unwirksam. Deshalb geht die U-I-Kennlinie in Bild 2.100 für Ströme $I > 58$ mA in die Kennlinie (2) über, die für die Schaltung ohne Z-Diode mit dem Innenwiderstand $R_{i1}R_{i2}/(R_{i1} + R_{i2}) = 36\ \Omega$ gilt.

2.5.2 Grafische Arbeitspunktbestimmung

Enthält ein ansonsten lineares Netzwerk nur *genau einen nichtlinearen passiven Zweig*, kann das Klemmenverhalten des linearen Teilnetzwerks durch eine Ersatz-Quelle nachgebildet werden. Trägt man die lineare Kennlinie der Ersatz-Quelle und die Kennlinie des nichtlinearen Zweipols in ein Diagramm ein, sind die Schnittpunkte der beiden Kennlinien die möglichen Arbeitspunkte der Schaltung.

Beispiel 2.54 Grafische Arbeitspunktbestimmung bei einem nichtlinearen Netzwerk

Die Schaltung in Bild 2.101a enthält neben den linearen Widerständen $R_1 = 7$ kΩ und $R_2 = 13$ kΩ einen spannungsabhängigen Widerstand, dessen Kennlinie in Bild 2.102 dargestellt ist. Es gilt $U_q = 280$ V. Gesucht sind der Strom I und die Spannung U zwischen den Klemmen a und b.

Der lineare Teil der Schaltung (links der Klemmen a-b) wird in eine Ersatz-Spannungsquelle umgewandelt. Bei Leerlauf an den Klemmen a und b liefert die Spannungsteilerregel die Leerlaufspannung

$$U_0 = \frac{R_2}{R_1 + R_2} U_q = \frac{13\ \text{k}\Omega}{7\ \text{k}\Omega + 13\ \text{k}\Omega} 280\ \text{V} = 182\ \text{V}\,.$$

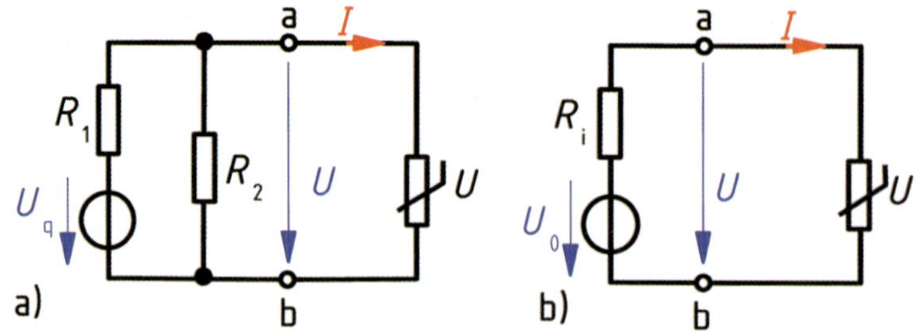

Bild 2.101 Netzwerk mit einem nichtlinearen Zweipol (a) und nach Umwandlung des linearen Teils in eine Ersatz-Spannungsquelle (b)

Der Innenwiderstand des linken Schaltungsteils ergibt sich mit Gl. (2.96) zu

$$R_\mathrm{i} = \frac{R_1 R_2}{R_1 + R_2} = \frac{7\,\mathrm{k\Omega} \cdot 13\,\mathrm{k\Omega}}{7\,\mathrm{k\Omega} + 13\,\mathrm{k\Omega}} = 4{,}55\,\mathrm{k\Omega}\,.$$

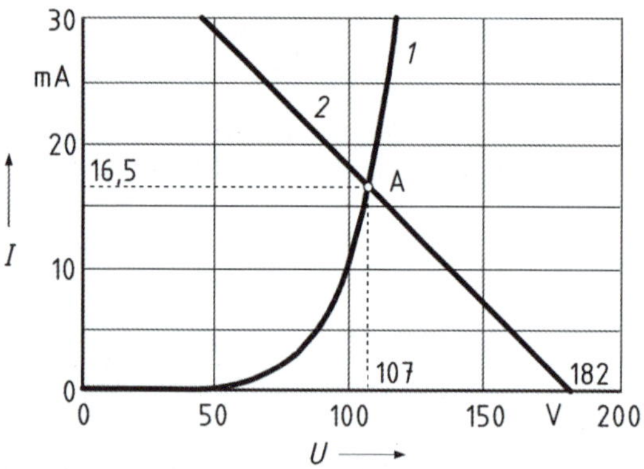

Bild 2.102 Kennlinie des nichtlinearen Zweipols (1) und Kennlinie der Ersatz-Spannungsquelle (2) für die Schaltung in Bild 2.101b

Damit sind die Kenngrößen der Ersatz-Spannungsquelle in Bild 2.101b bekannt. Ihre *I*-*U*-Kennlinie wird gemäß Gl. (2.30) beschrieben durch

$$U = U_0 - R_\mathrm{i} I = 182\,\mathrm{V} - 4{,}55\,\mathrm{k\Omega} \cdot I$$

und als (2) in Bild 2.102 eingetragen. Der Arbeitspunkt der Schaltung ist der Schnittpunkt der Kennlinien im Arbeitspunkt A bei

$$U = 107\,\mathrm{V}, \qquad I = 16{,}5\,\mathrm{mA}.$$

2.5.3 Stabilität des Arbeitspunktes

Die Strom-Spannungs-Kennlinien mancher passiver Zweipole – z. B. von Gasentladungsstrecken (Abschnitt 10.2.3), Tunneldioden (Abschnitt 10.5.2.7), Thyristor-Dioden (Abschnitt 10.5.4.1) – weisen Bereiche auf, in denen die Spannung *U* trotz steigenden Stroms *I* abnimmt. Wenn ein Bauelement mit einer solchen Kennlinie an einen aktiven Zweipol angeschlossen wird, kann die grafische Arbeitspunktbestimmung nach Abschnitt 2.5.2 zu mehreren Lösungen führen. Welcher dieser Zustände sich tatsächlich einstellt, hängt davon ab, ob der jeweilige Arbeitspunkt *stabil* oder *instabil* ist. Stabilität liegt dann vor, wenn zufallsbedingte geringfügige Stromänderungen von selbst wieder zu dem vorherigen Arbeitspunkt zurück führen.

Beispiel 2.55 Untersuchung der Stabilität von Arbeitspunkten einer Gasentladungsstrecke

Die beiden Arbeitspunkte A und B in Bild 2.103b, die sich als Schnittpunkte der Kennlinien des nichtlinearen passiven (1) und des linearen aktiven Zweipols (2) ergeben, sollen hinsichtlich ihrer Stabilität untersucht werden.

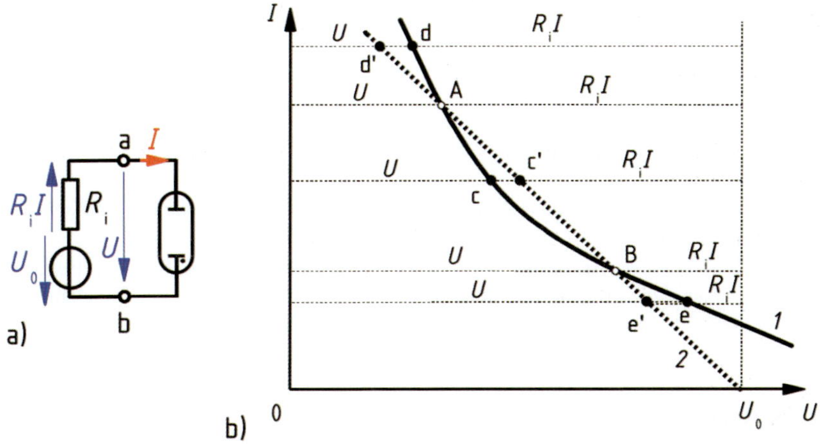

Bild 2.103 Aktiver Zweipol mit Gasentladungsstrecke (a), grafische Arbeitspunktbestimmung (b) mit dem fallenden Kennlinienabschnitt der Gasentladungsstrecke (1) und der Kennlinie des aktiven Zweipols (2)

Nach dem Maschensatz gilt für die Schaltung Bild 2.103a

$$U_0 = U + R_i I.$$

In Bild 2.103b entsprechen die horizontalen Strecken zwischen der Strom-Achse und der nichtlinearen Kennlinie der Klemmenspannung U und die Strecken zwischen der Quellen-Kennlinie und der vertikalen Geraden $U = U_0$ der Spannung $R_i I$ am Innenwiderstand der Quelle.

Wenn sich der Strom I ausgehend vom Punkt A verringert oder ausgehend vom Punkt B erhöht, ergibt sich eine Situation, wie sie durch die Punkte c und c′ markiert ist: Die Spannung U am nichtlinearen Zweipol und die Spannung $R_i I$ am Innenwiderstand der Quelle sind zusammen genommen kleiner als die Quellenspannung U_0. Die Tatsache, dass die Quelle eine höhere Spannung U_0 aufbaut, als an den passiven Bauelementen abfallen kann, führt zwangsläufig zu einer Erhöhung des Stroms I. Diese Überlegung zeigt, dass sowohl eine Verringerung des Stroms I im Punkt A als auch eine Erhöhung des Stroms I im Punkt B dazu führt, dass sich der Arbeitspunkt auf den Punkt A zu bewegt. Damit ist klar, dass der Punkt B nicht stabil sein kann.

Wenn sich ausgehend vom Punkt A der Strom I erhöht, ergibt sich ein Zustand, der durch die Punkte d und d′ gekennzeichnet ist. Die Spannung U am nichtlinearen Zweipol und die Spannung $R_i I$ am Innenwiderstand der Quelle sind jetzt zusammengenommen größer als die Quellenspannung U_0. Die von der Quelle aufgebaute Spannung U_0 reicht also nicht aus, um den erhöhten Strom I durch die passiven Bauelemente zu treiben, was dazu führt, dass der Strom I wieder abnimmt. Es zeigt sich also, dass im Punkt A sowohl eine zufällige Verringerung als auch eine zufällige Vergrößerung des Stroms I zu einer Rückkehr zum ursprünglichen Arbeitspunkt führt. Damit ist nachgewiesen, dass der Punkt A ein stabiler Arbeitspunkt ist.

Im Gegensatz dazu ist der Punkt B instabil. Wie schon gezeigt, führt eine geringfügige Erhöhung des Stroms I zu einem weiteren Anwachsen des Stroms, bis der Punkt A erreicht ist. Bei einer Verringerung des Stroms (Punkte e und e′) liegt hingegen wieder die gleiche Situation wie bei den Punkten d und d′ vor. Das heißt der Strom nimmt weiter ab, bis entweder ein neuer stabiler Arbeitspunkt oder der Wert $I = 0$ erreicht wird.

Entscheidend für die Stabilität des Arbeitspunktes A ist offensichtlich die Tatsache, dass die Summe der Spannungen U und $R_i I$ bei Anwachsen des Stroms größer und bei Abnehmen des Stroms kleiner wird. Wenn diese Bedingung erfüllt ist, führt jede infinitesimal kleine Stromänderung $\mathrm{d}I$ zu einer Änderung $\mathrm{d}(U + R_i I)$ der Spannungssumme, die das gleiche Vorzeichen hat wie die Stromänderung $\mathrm{d}I$. Dies lässt sich allgemein durch die *Stabilitätsbedingung*

$$\frac{\mathrm{d}(U + R_i I)}{\mathrm{d}I} > 0$$

oder auch in der Form

$$-\frac{\mathrm{d}I}{\mathrm{d}U} > \frac{1}{R_i}$$

formulieren. In einem stabilen Arbeitspunkt muss *die I-U-Kennlinie des passiven Zweipols steiler sein als die Kennlinie des aktiven Zweipols.*

Bei der Überprüfung der Stabilität von Arbeitspunkten muss darauf geachtet werden, dass den Betrachtungen stets die *isothermen Kennlinien* (Kennlinien für konstant gehaltene Temperatur des Bauelements) zugrunde gelegt werden, da eine *kurzzeitige* geringfügige Stromänderung in der Regel keine spürbare Temperaturänderung bewirkt.

2.5.4 Numerische Berechnung

Die exakte Analyse nichtlinearer Netzwerke erfordert erheblichen mathematischen Aufwand. Schon bei Vorhandensein weniger nichtlinearer Zweipole muss man auf eine *geschlossene Lösung*, die die Werte der gesuchten Größen als *Funktionen* der gegebenen Größen *in allgemeiner Form* beschreibt, verzichten. Stattdessen erhält man durch Anwendung geeigneter *numerischer Verfahren* aus den *Zahlenwerten* der gegebenen Größen die zugehörigen *Zahlenwerte* der gesuchten Größen. Diese Rechnungen werden in der Regel nicht mit Taschenrechnern oder gar manuell ausgeführt, sondern mittels spezieller Netzwerkanalyseprogramme (Abschnitt 2.6) auf Arbeitsplatzrechnern.

2.6 Grundlagen der numerischen Netzwerkanalyse

Der Einsatz von Programmen zur Untersuchung des Verhaltens komplexer technischer Anordnungen ist seit Jahrzehnten insbesondere im Bauingenieurwesen und im Fahrzeugbau eine Selbstverständlichkeit. In der Elektrotechnik werden Programme zur *Analyse elektromagnetischer Felder* noch vergleichsweise selten eingesetzt. Das Verhalten elektrischer Netzwerke, die aus *konzentrierten Elementen* bestehen, wird jedoch schon seit über 40 Jahren mittels spezieller Simulationsprogramme nachgebildet. Ohne diese Programme wäre der Entwurf mikroelektronischer Schaltungen mit Hunderten bis Milliarden von Elementen unmöglich.

Von jedem Elektroingenieur kann heutzutage erwartet werden, dass er weiß, wie solche Simulationsprogramme prinzipiell funktionieren und dass er mit einem solchen Programm einfache Schaltungen untersuchen kann. Entwickler mikroelektronischer Schaltungen müssen darüber hinaus mit weiteren Programmen zum *rechnerunterstützten Schaltungs- und Systementwurf* (*Electronic Design Automation*, EDA) vertraut sein [29], [45].

Auf keinen Fall darf vergessen werden, dass ein klassisches Simulationsprogramm *nicht zum Entwurf* (also der Synthese), sondern zur *Verifikation* (also der Analyse) dienen soll. Zunächst ist eine Schaltung *systematisch* zu entwerfen. Danach ist zu überprüfen, ob der Entwurf den Anforderungen gerecht wird.

Wer Simulationsprogramme einsetzt, muss wissen, dass das Ergebnis einer Simulation immer nur so gut sein kann wie das verwendete *Modell* der untersuchten Anordnung (*Garbage in – Garbage out*). Wer z. B. das Verhalten eines kleinen Transformators genau untersuchen will, darf nicht mit dem Modell des verlust- und streuungsfreien, linearen Transformators (Abschnitt 6.3.2) arbeiten. Beim Entwurf hochintegrierter Schaltungen kann die Simulation des Schaltungsverhaltens nur dann verlässliche Ergebnisse liefern, wenn die *parasitären Effekte*, die unvermeidlich durch die physikalische Realisierung entstehen, abgeschätzt und im Simulationsmodell berücksichtigt werden.

Das im Rahmen der Grundlagenausbildung am weitesten verbreitete Schaltungssimulationsprogramm ist PSPICE, das inzwischen von der US-amerikanischen EDA-Firma Cadence Design Systems weiterentwickelt wird. Der Grund für diese Monopolstellung ist die Verfügbarkeit einer kostenlosen Evaluationsversion von PSPICE, deren Einschränkung hinsichtlich der Anzahl der verwendbaren Schaltungselemente im Rahmen der Ausbildung nur selten stört.

In den folgenden Abschnitten wird nicht auf den handwerklichen Umgang mit PSPICE eingegangen; hierzu sei auf die einschlägige Literatur, z. B. [1], [23], [30] verwiesen. Vielmehr sollen die *funktionale Struktur* und der *Datenfluss* in Schaltungssimulationsprogrammen in weitgehend allgemeingültiger Form erklärt werden.

2.6.1 Das Programm SPICE

SPICE ist die Abkürzung für „*Simulation Program with Integrated Circuit Emphasis*“. Es handelt sich also um ein Simulationsprogramm für analoge Schaltungen, das insbesondere für die Berechnung des elektrischen Verhaltens integrierter Schaltungen entwickelt wurde.

SPICE wurde um 1970 von Laurence W. Nagel im Rahmen seiner Doktorarbeit bei Prof. Donald O. Pederson an der *University of California* in Berkeley (USA) entwickelt [38]. SPICE ist bezüglich seiner Genauigkeit bis heute der Referenz-Simulator. Bezüglich der Rechengeschwindigkeit und der Komplexität der verarbeitbaren Schaltungen gibt es inzwischen wesentlich leistungsfähigere Programme.

SPICE wurde ursprünglich in FORTRAN geschrieben, der Quellcode 1972 als „public domain“ veröffentlicht; SPICE ist also ein nicht-kommerzielles Produkt. Am weitesten verbreitet ist die Version 2G6 von 1983. Das Programm hat *keine grafische Benutzeroberfläche*, sondern arbeitet im *Stapelbetrieb*, liest also alle benötigten Daten aus einer oder mehreren Dateien ein und schreibt die *Simulationsergebnisse* in eine weitere *Datei*. SPICE wird in Berkeley schon lange nicht mehr gepflegt. Von einer Vielzahl von Entwicklern wurde der ursprüngliche Quellcode von SPICE so modifiziert, dass SPICE lange Zeit für fast jeden Rechner vom Homecomputer bis zum Großrechner unter fast allen Betriebssystemen verfügbar war.

Auf der Basis des Quellcode von SPICE entwickelten ab etwa 1985 diverse Firmen kommerzielle Abkömmlinge (Derivate) von SPICE mit erweiterten Analysemöglichkeiten und komfortablerer Bedienung. Das erfolgreichste SPICE-Derivat ist PSPICE, das zunächst keine grafische Benutzeroberfläche hatte und dessen Programmcode nur etwa 0,5 MByte groß war.

2.6.2 Datenfluss in Netzwerkanalyse-Programmen

In diesem Abschnitt werden die Ein- und Ausgabedaten eines Schaltungssimulators am Beispiel von SPICE erklärt. Einen Überblick über den Datenfluss gibt Bild 2.104.

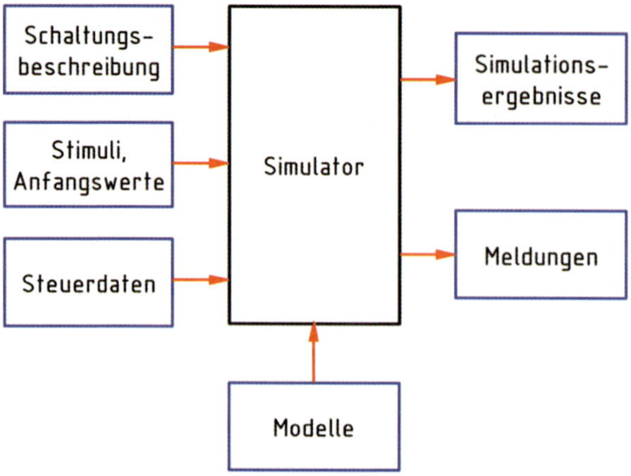

Bild 2.104 Ein- und Ausgabedaten eines Schaltungssimulators

Die Beschreibung der zu simulierenden Schaltung steht in einer (prinzipiell für Menschen lesbaren) Text-Datei, der *Netzliste*. Netzlisten wurden ursprünglich manuell mittels eines *Text-Editors* erstellt. Wird die zu simulierende Schaltung mittels eines *grafischen Schaltplan-Editors* (*Schematic Editor*) in den Rechner eingegeben, so erzeugt ein Hilfsprogramm, der *Netzlister*, die Netzliste. Das *Netzlistenformat* definiert, wie folgende Informationen, die die Schaltung vollständig beschreiben, in der Netzliste codiert werden:

- welche Schaltungselemente von welchem Typ vorhanden sind,
- welche Parameter diese Schaltungselemente haben,
- wie die Schaltungselemente miteinander verbunden sind.

Die Netzliste wird vom Simulator eingelesen und auf *formale Korrektheit* überprüft. Danach werden für jedes Schaltungselement entsprechend seinem Typ (z. B. Ohmscher Widerstand, idealer Kondensator, Bipolar-Transistor, Feldeffekt-Transistor) anhand des *Modells* für diesen Elementtyp und der Parameter des Elements Einträge im zu lösenden Gleichungssystem vorgenommen. Ein Modell beschreibt das Verhalten eines Schaltungselement-Typs durch eine *Ersatzschaltung* aus elementaren Zwei- oder Mehrpolen, die der Simulator direkt verarbeiten kann. Im Fall von SPICE und seinen Derivaten sind Modelle für die wichtigsten Halbleiterarten bereits fest im Programmcode enthalten. Weitere Modelle können aus Dateien eingelesen werden. In der Regel werden mehrere Modelle zu einer *Modell-Bibliothek* zusammengefasst. In SPICE-Netzlisten können Modellbeschreibungen auch direkt integriert werden.

Die Verbindung mindestens zweier Schaltungselement-Anschlüsse in der Netzliste wird als *Knoten* bezeichnet, was nicht mit der Definition dieses Begriffs in der Netzwerktheorie (Abschnitt 2.2.1.1) übereinstimmt. Im SPICE-Netzlistenformat werden Knoten mit positiven Zahlen bezeichnet. Der *Bezugsknoten* „0“ muss in der Schaltung unbedingt vorhanden sein, da er bei der in SPICE verwendeten Knotenpotenzialanalyse automatisch als Bezugsknoten gewählt wird. Alle anderen Knoten der Schaltung müssen eine galvanische Verbindung zu diesem Bezugsknoten haben, damit ihr elektrisches Potenzial bestimmbar ist.

Sind in einer Schaltung *Teilschaltungen* mehrfach enthalten, so empfiehlt es sich, zur Vereinfachung der Datenpflege und der Wiederverwendung von Entwurfsdaten (*Design Re-Use*) diese Schaltungsteile entsprechend einem Unterprogramm in der Softwaretechnik als Einheit zu definieren, die dann an mehreren Stellen der Schaltung instanziiert wird. In SPICE werden solche Teilschaltungen als *Subcircuit* bezeichnet.

Neben der Beschreibung der zu simulierenden Schaltung benötigt der Simulator noch Angaben über evtl. zu berücksichtigende elektrische *Anfangsbedingungen* (z. B. Vorladung von Kondensatoren) sowie die *Eingangsignale* der Schaltung (*Stimuli*). Bei SPICE werden diese Daten als *Initial Condition* bzw. als Quellen in die Netzliste integriert. In anderen Simulationsumgebungen werden sie separat definiert.

Über *Steuerdaten* werden dem Simulator weitere Informationen zugeführt, insbesondere über

- Simulationstyp, z. B. Gleichstromanalyse, Sinusstromanalyse, Transientenanalyse
- auszugebende Größen (Spannungen, Ströme)
- Simulationsablauf, z. B. Anfangs- und Endzeitpunkt der Ergebnisausgabe
- Variation von Parametern, z. B. von Widerstands- oder Kapazitätswerten
- Anzunehmende Temperatur der Schaltungselemente
- Angabe des Pfades zu benötigten Dateien, z. B. mit Modellen oder Stimuli.

Nachdem auf Grund der Steuerdaten aus der Schaltungsbeschreibung und den Stimuli ein Gleichungssystem aufgestellt worden ist, wird ein in Software implementierter Lösungsalgorithmus (*Solver*) aktiviert, um das Gleichungssystem zu lösen. Im Fall von Netzwerken, die nur aus linearen, zeitinvarianten Schaltungselementen bestehen und mit ebensolchen Quellen angeregt werden, ist das Gleichungssystem direkt lösbar. Bei nichtlinearen Netzwerken sind in der Regel mehrere *Iterationen* erforderlich, um die Lösung zu erhalten. In bestimmten Fällen ist ein *Konvergieren des Lösungsalgorithmus* nur durch geschicktes Modellieren und Setzen geeigneter Anfangsbedingungen zu erreichen. Bei Netzwerken mit zeitvarianten Parametern oder Quellen werden Lösungen für diskrete Zeitpunkte berechnet, zwischen denen bei der Auswertung interpoliert werden muss. Die Länge der Zeitintervalle kann vom Benutzer oder vom Lösungsalgorithmus gewählt werden.

Die Ergebnisse der Simulation werden immer in eine oder mehrere Dateien geschrieben.

Neben den berechneten elektrischen Größen werden in der Regel auch statistische Informationen über den Ablauf der Simulation sowie ggf. Warn- und Fehlermeldungen ausgegeben. Die Dateien mit den Simulationsergebnissen können bei der Simulation des Verhaltens umfangreicher Schaltungen über einen längeren Zeitraum durchaus viele GByte groß werden.

2.6.3 Struktur einer integrierten Schaltungssimulations-Umgebung

Eine moderne Simulationsumgebung (*Simulation Workbench*) verfügt über eine grafische Benutzeroberfläche und ermöglicht eine grafische Darstellung der Eingangs- und Ausgangssignale der Schaltung. Evtl. können aus den Simulationsergebnissen mittels eines Datenaufbereitungs-Programms (*Post Processor*) noch weitere Informationen gewonnen werden, z. B. Aussagen über die umgesetzten Leistungen. In Bild 2.105 ist die Struktur eines Simulationssystems dargestellt, das zur *Schaltungseingabe* (*Design Entry*) einen Schaltplan-Editor verwendet. Dieser Editor ist nicht Teil des eigentlichen Simulators! Alle Werkzeuge verwenden neben einer einheitlichen grafischen Benutzerschnittstelle (*Graphical User Interface*, GUI) eine gemeinsame Datenverwaltung (*Design Data Management*) und erscheinen damit aus Anwendersicht „aus einem Guss". Solche integrierten Entwicklungsumgebungen – die in der Regel noch wesentlich mehr Funktionen anbieten – werden als *Design Framework* bezeichnet.

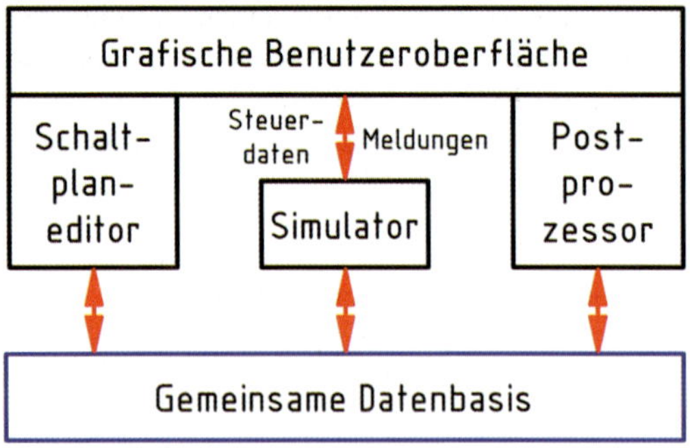

Bild 2.105 Struktur eines Simulationssystems mit Schaltplan-Editor

Die Schaltungseingabe mit einem Schaltplan-Editor ist bei komplexen digitalen Schaltungen nicht mehr handhabbar. Daher werden solche Schaltungen mittels einer *Hardwarebeschreibungssprache* (*Hardware Description Language, HDL*) [29], [45] entworfen. Der eine Schaltung beschreibende *HDL-Code* **wird** in der Regel mit einem „intelligenten" Text-Editor erstellt, der schon bei der Eingabe den Code auf Fehler überprüft. Ergänzt wird dieser Ansatz durch eine Vielzahl grafischer Entwurfswerkzeuge, die die vom Anwender eingegebenen Informationen ebenfalls in HDL-Code umsetzen.

2.6.4 Das SPICE Netzlistenformat

Eine SPICE-Netzliste kann mit einem beliebigen Text-Editor erstellt werden. Dabei ist zu beachten:

- Eingabedateien dürfen keinerlei Formatierungs-Informationen enthalten (außer Zeilenvorschub), müssen also ggf. durch „Nur Text speichern" erzeugt werden.
- *Groß- und Kleinschreibung* sind erlaubt, jedoch *keine nationalen Sonderzeichen wie z. B. Umlaute*.
- Groß- und Kleinbuchstaben habe die gleiche Bedeutung.
- Die erste Zeile jeder Eingabedatei ist die *Titelzeile*. Ihr Inhalt wird als Überschrift in der Ausgabedatei verwendet, ansonsten aber ignoriert.
- *Kommentarzeilen* beginnen mit einem Stern (*).
- Die *Reihenfolge* der Elementbeschreibungen in der Schaltungsbeschreibung ist beliebig.
- Die Angaben zur Beschreibung eines Elements sind *auf einer Zeile* von maximal 79 Zeichen Länge enthalten.
- Die einzelnen Angaben auf einer Zeile sind durch ein oder mehr *Leerzeichen* voneinander zu trennen.
- *Steueranweisungen* stehen hinter der Schaltungsbeschreibung. Sie beginnen immer mit einem Punkt.
- Die *letzte Zeile* einer SPICE-Eingabedatei muss die **.END** Steueranweisung sein.

Die Syntax zur Beschreibung der drei Grundzweipole der Gleichstromtechnik ist sehr einfach:

R<*name*>	<*knoten1*>	<*knoten2*>	<*widerstandswert in* Ω>
V<*name*>	<*knoten1*>	<*knoten2*>	<*quellenspannung in* V>
I<*name*>	<*knoten1*>	<*knoten2*>	<*quellenstrom in* A>

Das erste Zeichen einer Zeile bezeichnet den Typ des Elements: „R" für einen Ohmschen Widerstand, „V" (nicht „U"!) für eine Spannungsquelle, „I" für eine Stromquelle. Die nachfolgenden Zeichen <*name*> identifizieren ein Schaltungselement durch einen individuellen Namen. Jeder Name muss innerhalb der ersten 8 Zeichen in einer Schaltung eindeutig sein. Beispiele hierfür sind: R1, R_LAST, R_I, I3, I_EIN, V_PLUS, V_ERSATZ

Die Knotenbezeichnungen <*knoten1*> und <*knoten2*> sind positive ganze Zahlen. Der Bezugsknoten erhält die Knotennummer „0". Die Zählpfeile für die Quellengrößen bei Spannungs- und Stromquelle weisen implizit von <*knoten1*> zu <*knoten2*> .

Der Wert der Schaltungselement-Parameter wird in Ohm, Volt bzw. Ampere angegeben. Dabei können Werte als ganze Zahlen (z. B. 47), Dezimalbrüche mit Dezimal*punkt* (z. B. 13.8), im Exponentialformat (z. B. 1.3E7) oder unter Verwendung der folgenden Abkürzungen für Zehnerpotenzen angegeben werden:

$T = 10^{12}$	$G = 10^{9}$	$MEG = 10^{6}$ (!)	$K = 10^{3}$
$M = 10^{-3}$ (!)	$U = 10^{-6}$	$N = 10^{-9}$	$P = 10^{-15}$

Wichtig: zwischen der Zahl und der o. g. Abkürzung darf kein Leerzeichen stehen!

Unterschiedliche Schreibweisen für die Zahl 1000 sind

1000 1000.0 1K 1E3 1.0E3

Zur Berechnung einfacher linearer Gleichstromnetzwerke wird nur der einfachste Analysetyp von SPICE, die Berechnung des *Arbeitspunktes* (*Operating Point*) benötigt. Der Analysetyp wird durch eine Steueranweisung nach der Schaltungsbeschreibung festgelegt. Die Anweisung zur Arbeitspunktberechnung heißt „**.OP**". Sie bewirkt, dass die *Potenziale aller Knoten* gegenüber dem Bezugsknoten und die *Ströme durch alle Spannungsquellen* ausgegeben werden. Fließt ein gesuchter Strom in einem Zweig des Netzwerks, der keine Spannungsquelle enthält, muss man in den Zweig eine Spannungsquelle mit 0 V einfügen, damit der Strom ausgegeben wird. Der Zählpfeil des Stroms weist implizit in Richtung des Zählpfeils der Quellenspannung (an Spannungsquellen wird also Verbraucher-Zählpfeilsystem verwendet)!

2.6.5 Berechnung linearer Gleichstromnetzwerke mit SPICE im Stapelbetrieb

Mit den Informationen aus Abschnitt 2.6.4 lassen sich Netzlisten zur Berechnung linearer Gleichstromnetzwerke schreiben, was an einem einfachen Beispiel demonstriert werden soll.

Beispiel 2.56 Netzliste zur Analyse der Schaltung in Beispiel 2.44

Um die Schaltung in Beispiel 2.44 analysieren zu können, sind in Reihe zu den Widerständen R_3, R_4 und R_5 Spannungsquellen mit Quellenspannungen von 0 V zu schalten, damit die Ströme ausgegeben werden. Die folgende Netzliste wird mit einem Texteditor erstellt und in einer Datei BEISPIEL256.CIR gespeichert:

```
BEISPIEL 2.56
VQ1   1 0 16.2
R1    1 2 1
R2    2 3 2
VQ2   3 4 11.4
R4    2 5 25
V4    5 0 0
R5    2 6 40
V5    6 4 0
R3    4 7 5
V3    7 0 0
.OP
.END
```

Als Analyseergebnis erhält man u. a. die gesuchten Ströme durch die Spannungsquellen:

```
VOLTAGE SOURCE CURRENTS
NAME  CURRENT
VQ1      - 1.200E+00
VQ2        3.000E-01
V4         6.000E-01
V5         3.000E-01
V3         6.000E-01
```

Da an den Spannungsquellen implizit das Verbraucher-Zählpfeilsystem verwendet wird, ist das Vorzeichen der Ströme I_1 (durch VQ1) und I_2 (durch VQ2) gegenüber den Ergebnissen des Beispiels 2.44 umgekehrt.

3 Elektrisches Potenzialfeld

Zwischen elektrischen Ladungen treten ähnlich wie zwischen Massen Kräfte auf, die allerdings je nach Polarität anziehend oder abstoßend wirken können. Man erklärt dieses Phänomen der zwischen Körpern über den Raum hinweg wirkenden Kräfte über die *Modellvorstellung* eines *Feldes*, bei Massen als Gravitationsfeld und bei elektrischen Ladungen als elektrisches bzw. magnetisches Feld bezeichnet. Mit Hilfe des in Kapitel 4 behandelten magnetischen Feldes werden die Komponenten der Kraftwirkungen zwischen elektrischen Ladungen beschrieben, die *ausschließlich* auf deren *Bewegung* zurückzuführen sind.

Hinsichtlich der *Ursache* unterscheidet man zwischen *elektrischen Wirbelfeldern*, die durch die zeitliche Änderung eines Magnetfeldes erzeugt werden (Abschnitte 4.3.1.2 und 4.3.1.3), und *elektrischen Potenzialfeldern*, die von elektrischen Ladungen ausgehen, unabhängig von deren Bewegungszustand (Abschnitt 3.3).

Hinsichtlich der *Wirkung* des elektrischen Feldes wird unterschieden, ob dieses in *leitenden Räumen* auftritt, in denen die Kraftwirkung eine Ladungsströmung zur Folge hat (Abschnitt 3.2), oder in *nichtleitenden Räumen*, in denen zwar auch die Kraftwirkung, aber keine Ladungsströmung auftreten kann (Abschnitt 3.3).

Hinsichtlich der *Zeitabhängigkeit* unterscheidet man zwischen *elektrostatischen Feldern*, die die zeitlich konstante Wechselwirkung zwischen ruhenden Ladungen beschreiben, den *stationären elektrischen Strömungsfeldern*, in denen Ladungsströmungen mit zeitlich konstanten Geschwindigkeiten (Gleichströme) auftreten, und den *zeitlich veränderlichen Feldern*, in denen die Feldgrößen als Zeitfunktionen beschrieben werden müssen.

In diesem Kapitel werden die in elektrischen Leitern und Nichtleitern auftretenden wirbelfreien elektrischen Felder (Potenzialfelder) erläutert. Das in elektrischen Leitern auftretende elektrische *Strömungsfeld* lässt sich über die modellhafte Vorstellung strömender Ladungsträger relativ anschaulich beschreiben. Dagegen erfordert die Betrachtung des in *Nichtleitern* auftretenden *elektrischen Feldes* abstraktere Vorstellungen, die nicht mehr an Materie gebunden sind. Dies folgt schon daraus, dass solche elektrischen Felder auch im Vakuum existieren können. Daher wird zunächst das elektrische Strömungsfeld und erst danach das elektrische Feld in Nichtleitern erläutert.

3.1 Definition und Wirkung der elektrischen Ladung

In Abschnitt 1.2.1 wurde bereits verbal beschrieben, wie man elektrische Ladungen wahrnehmen kann, und in Gl. (1.4) ist ihre SI-Einheit angegeben. Weiter wird in Kapitel 10 bei der Erläuterung der elektrischen Eigenschaften der Materie die elektrische Ladung aus elektronentheoretischer Sicht betrachtet. In diesem Abschnitt erfolgt nun die auf die makroskopische, d. h. feldtheoretische Sicht zugeschnittene, abstraktere Erläuterung der elektrischen Ladung, ihrer räumlichen Verteilung und der davon abhängigen Wirkungen.

3.1.1 Definition der elektrischen Ladung

Die *elektrische Ladung* kann in ihrer physikalischen Natur zwar nicht erklärt, wohl aber über ihre physikalischen Wirkungen und Eigenschaften als physikalische *Zustandsgröße* beschrieben werden.

Ladung ist ein Elementarzustand, der bestimmten Elementarteilchen des Mikrokosmos eigen ist.

Diese nur bestimmten Elementarteilchen eigene Ladung hat immer den gleichen Betrag, der als *Elementarladung*

$$e = 1{,}602 \cdot 10^{-19}\ \text{C} \tag{3.1}$$

bezeichnet wird.

Man kennt nur zwei unterschiedliche Arten des Ladungszustandes, die als *positive* oder *negative* elektrische Ladung bezeichnet werden. Die elektrische Ladung Q ist somit naturgemäß eine *wertdiskrete Größe*, deren Betrag immer ein ganzzahliges Vielfaches der Elementarladung e ist.

Elektrische Ladung kann als ein an Elementarteilchen gebundener, unveränderbarer Zustand weder erzeugt noch vernichtet werden.

Gemessen an den Gegebenheiten praktisch üblicher Anordnungen sind die Abstände zwischen den Ladungsträgern im atomaren Bereich und der Betrag der Elementarladung so klein, dass man in der *makroskopischen Betrachtung* die elektrische Ladung – genau wie in der Mechanik die Masse – als eine beliebig fein unterteilbare Größe mit räumlich kontinuierlicher Verteilung auffassen kann. Daher kann auch jedes – nicht ionisierte – Atom ungeachtet der mikrokosmisch diskreten Ladungsverteilung als insgesamt *elektrisch neutral* wirkend, d. h. als *ungeladen* betrachtet werden. Hinsichtlich der äußeren elektrischen Wirkung kann also z. B. nicht unterschieden werden zwischen einem Neutron, das keine Ladungen trägt, und einem Wasserstoffatom, das mikrokosmisch gesehen zwei ungleichnamige Elementarladungen trägt, deren Wirkungen sich makroskopisch gesehen aber gegenseitig kompensieren.

Ähnliche Betrachtungen gelten auch für größere Raumgebiete: Befinden sich in einem Raumgebiet positive und negative Ladungen in gleichen Mengen und gleicher räumlicher Verteilung, d. h. ideal miteinander vermischt, ist der Raum elektrisch neutral. Maßgebend für die elektrische Wirkung ist also nicht die Anzahl der in einem Raum vorhandenen elektrischen Elementarladungen, sondern die *resultierende Ladungsmenge* als Summe dieser Elementarladungen unter Beachtung ihres Vorzeichens

$$Q = e \cdot n_{+} - e \cdot n_{-}\,, \tag{3.2}$$

die kurz auch als *Ladung eines Körpers* bezeichnet wird. Darin sind n_{+} die Anzahl der positiven, n_{-} die Anzahl der negativen Elementarladungsträger und e der Wert der Elementarladung. Entsprechend dieser Definition unterscheidet man zwischen positiv und negativ geladenen Räumen bzw. positiven und negativen Ladungen.

Elektrische Wirkungen können aber auch von Körpern ausgehen, deren positive und negative Ladungen zwar gleich groß sind, jedoch eine räumlich ungleichmäßige Verteilung aufweisen [17]. Im einfachsten Fall sind in einem Körper die gleich großen positiven und negativen Ladungsmengen nicht gleichmäßig verteilt, sondern in unterschiedlichen Teilgebieten dieses Körpers konzentriert, sodass ihre *Ladungsschwerpunkte* einen endlichen Abstand l voneinander haben (Bild 3.1). Von einem solchen als *Dipol* bezeichneten Körper gehen trotz seiner resultierenden Ladungsmenge null auch elektrische Wirkungen aus.

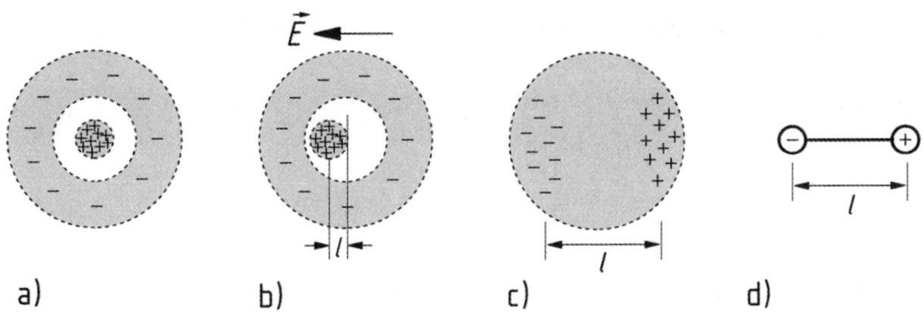

Bild 3.1 Schematisch skizzierte, räumliche Ladungsverteilungen
a) und b) in einem Atom (mikrokosmisch betrachtet),
c) auf einer Kugel (makroskopisch gesehen) und
d) auf zwei durch einen Abstand getrennten Kugeln.
Makroskopische elektrische Wirkung: a) neutral, b) elektronische Polarisation ($\varepsilon_r > 1$),
c) und d) elektrischer Dipol

3.1.1.1 Reale Ladungsverteilungen und deren Beschreibung

Für die Beschreibung der elektrischen Wirkung eines Raumgebiets aus makroskopischer Sicht kann der mikrokosmisch diskrete Charakter der Ladung außer acht gelassen werden. Man stellt sich also vor, die „körnig" (punktuell, diskret) über den Raum verteilten Elementarladungen (Elektronen, Protonen) seien kontinuierlich über den Raum „verschmiert" (über ihre Zwischenräume hinweg verteilt). Die Ladung wird also als eine *raum- und wertkontinuierliche Größe* betrachtet, die nicht an bestimmte Materiebausteine gebunden ist.

Eine solche in jedem Raumpunkt eindeutig definierte Ladung ist somit eine Größe, die man sich aus der mikrokosmischen Sicht als einen räumlichen Mittelwert der diskret verteilten Elementarladungen vorstellen muss. Befindet sich beispielsweise in einem hinreichend kleinen Raumgebiet ΔV die Anzahl Δn_+ Protonen und Δn_- Elektronen (Bild 3.2a), so hat dieses Raumgebiet entsprechend Gl. (3.2) die Ladung $\Delta Q = (\Delta n_+ - \Delta n_-)e$ und damit die mittlere Ladungsdichte

$$\frac{\Delta Q}{\Delta V} = \frac{(\Delta n_+ - \Delta n_-)\,e}{\Delta V}. \tag{3.3}$$

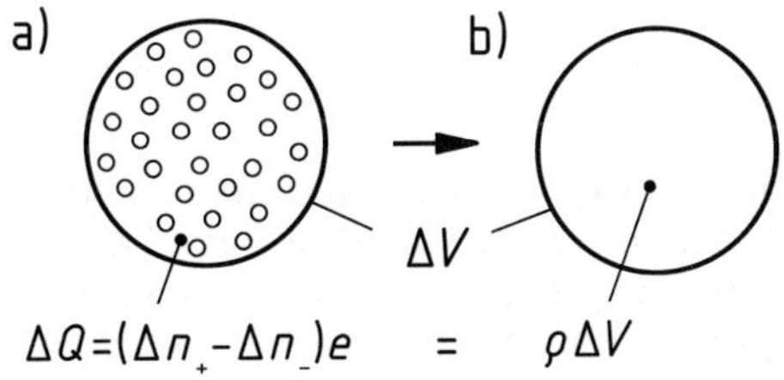

Bild 3.2 Raumgebiet ΔV mit Elementarladungsträgern (a), deren Ladung als kontinuierlich verteilt aufgefasst durch die Raumladungsdichte ρ beschrieben wird (b)

Kann man die positiven und negativen Elementarladungen aus makroskopischer Sicht als ideal gleichmäßig ineinander verschachtelt über das Raumgebiet ΔV verteilt annehmen, so lässt sich dem gesamten Raumgebiet die gleiche mittlere Ladungsdichte $\Delta Q/\Delta V$ zuordnen. Dieser Mittelwert gilt dann für jeden Raumpunkt sowohl zwischen den Ladungsträgern (wo sich real keine Ladung befindet) als auch innerhalb derselben (wo real eine extrem große Ladungsdichte herrscht) (Bild 3.2b). Bildet man mit dieser Vorstellung den Grenzwert für ein gegen null strebendes Volumen ($\Delta V \to 0$), so bekommt man die Definition der *Raumladungsdichte*

$$\rho = \lim_{\Delta V \to 0} \frac{\Delta Q}{\Delta V} = \frac{\mathrm{d}Q}{\mathrm{d}V}, \tag{3.4}$$

mit der sich beliebige Ladungsverteilungen als Raumfunktion angeben lassen, z. B. $\rho(x, y, z)$ in kartesischen Koordinaten oder $\rho(\vec{r}\,)$, wenn $\vec{r}$ der Ortsvektor vom Ursprung zum betrachteten Volumen ist.

Ist die Raumladungsdichte ρ nach Gl. (3.4) für ein Raumgebiet V als Ortsfunktion $\rho(x, y, z)$ bekannt, lässt sich die in diesem Raumgebiet befindliche Ladung

$$Q = \int_V \rho \,\mathrm{d}V = \iiint_V \rho\,(x, y, z)\,\mathrm{d}x\,\mathrm{d}y\,\mathrm{d}z \tag{3.5}$$

durch Integration über das Raumgebiet berechnen. Umgekehrt lässt sich aber aus der für einen Raum gegebenen Ladung Q nicht unbedingt auch deren Verteilung, also die Ortsfunktion der Raumladungsdichte $\rho(x, y, z)$ berechnen. Nur in Fällen einer *homogen* über den Raum V verteilten Ladung Q ist die Raumladungsdichte

$$\rho = \frac{Q}{V}. \tag{3.6}$$

Idealisierte Ladungsverteilungen

Einheitliche Materie und damit einheitliche Ladungsstrukturen erstrecken sich nie über einen unendlich ausgedehnten Raum, sondern immer nur über mehr oder weniger scharf begrenzte Gebiete unterschiedlichster Geometrie und Ausdehnung. Beispiele sind im Luftraum parallel verlaufende Leitungen oder Metallplatten, die durch eine Isolierstoffschicht getrennt sind (Bild 3.26 oder 3.28). Praktisch stellt sich daher im allgemeinen die Aufgabe, die Ladungsverteilung jeweils in begrenzten Raumgebieten zu beschreiben. Dabei lässt sich häufig der Raum so diskretisiert betrachten, dass einzelne Gebiete mit extrem unterschiedlichen Ladungsverteilungen vorliegen. Weiter ermöglicht es die Art der Raumdiskretisierung auch häufig, dass man für einzelne begrenzte Gebiete, abhängig von ihrer Ausdehnung und dem Betrachtungsabstand, *idealisierte Ladungsverteilungen* annehmen kann, die sich mit vereinfachten Definitionen relativ einfach wie folgt beschreiben lassen.

Für die Berechnung der idealisierten Ladungsverteilung gilt der Kommentar zu Gl. (3.6) sinngemäß, d. h. ist die Raumfunktion der Ladungsverteilung gegeben, so lässt sich durch deren Integration die Ladung Q berechnen. Umgekehrt lässt sich aber aus einer gegebenen Ladung Q deren Verteilung nur in Sonderfällen bestimmen, beispielsweise besonders einfach bei homogener Verteilung nach Gl. (3.8) oder (3.10).

Flächenladungsdichte

Bei Elektroden, z. B. einer Metallplatte in Bild 3.3, befindet sich die Ladung Q im allgemeinen in bzw. auf der Oberfläche A mit einer „Schichtdicke“, die vernachlässigbar klein ist, in einer beliebigen gleich- oder ungleichmäßigen Verteilung. In einem Flächenelement ΔA befindet sich dann die Teilladung ΔQ, die als homogen über ΔA verteilt aufgefasst werden kann, wenn ΔA infinitesimal klein ist ($\Delta A \to 0$). Bezieht man nun die mit der Fläche $\Delta A \to 0$ gegen null strebende Ladung ($\Delta Q \to 0$) auf die Fläche ΔA, so bekommt man einen Grenzwert, der die *Flächenladungsdichte*

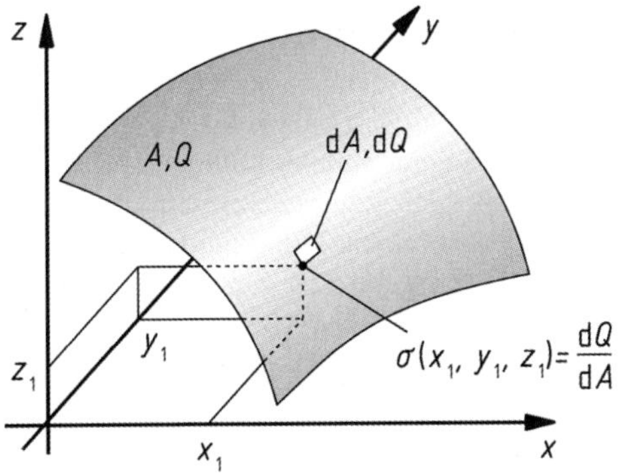

Bild 3.3 Flächenladungsdichte σ als Raumfunktion in kartesischen Koordinaten dargestellt

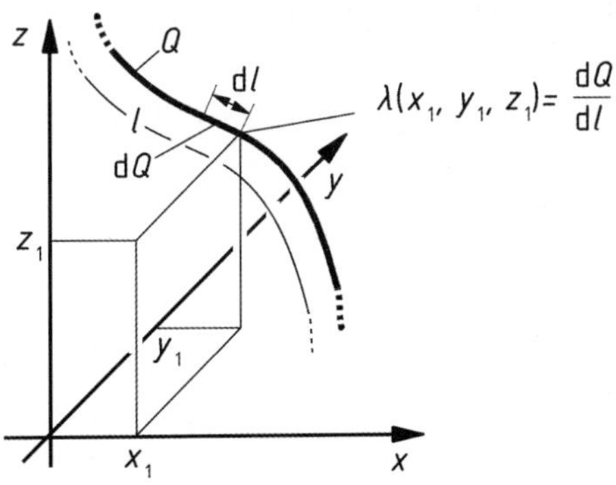

Bild 3.4 Linienladungsdichte λ als Raumfunktion in kartesischen Koordinatendargestellt

$$\sigma = \lim_{\Delta A \to 0} \frac{\Delta Q}{\Delta A} = \frac{dQ}{dA} \tag{3.7}$$

definiert. Mit der Flächenladungsdichte σ lässt sich die Verteilung der Ladung – konzentriert in einer Schichtdicke null angenommen – über eine Fläche beschreiben mit einer der Geometrie der Fläche entsprechenden Ortsfunktion $\sigma(x, y, z)$. In den einfachen Fällen einer homogen über eine Fläche A verteilten Ladung Q lässt sich Gl. (3.7) auch in der Form

$$\sigma = \frac{Q}{A} \tag{3.8}$$

schreiben mit σ konstant über A.

Linienladungsdichte

Wird ein Leiter aus einer Entfernung betrachtet, die groß ist gegenüber seinen Querschnittsabmessungen, so können diese als vernachlässigbar klein und damit der Leiter als Linie angenommen werden. Befindet sich auf einem solchen *Linienleiter* der Länge l die Ladung Q in beliebiger, also auch ungleichmäßiger Verteilung, stellt man sich den Leiter, wie in Bild 3.4 skizziert, in Leiterelemente der Länge Δl unterteilt vor. Über diese Teillängen Δl können die jeweiligen Teilladungen ΔQ als homogen verteilt aufgefasst werden, wenn Δl gegen null strebt ($\Delta l \to 0$). Man kann dann die mit der Länge ($\Delta l \to 0$) auch gegen null strebende Ladung ($\Delta Q \to 0$) auf die Länge Δl beziehen und bekommt so einen Grenzwert, der die *Linienladungsdichte*

$$\lambda = \lim_{\Delta l \to 0} \frac{\Delta Q}{\Delta l} = \frac{dQ}{dl} \tag{3.9}$$

definiert. Ist die Ladung Q über die ganze Linienleiterlänge l homogen verteilt, lässt sich Gl. (3.9) auch in der Form

$$\lambda = \frac{Q}{l} \tag{3.10}$$

schreiben mit λ konstant über l.

Punktladung

Sind die räumlichen Abmessungen eines geladenen Gebiets mit dem Volumen V (Bild 3.5) vernachlässigbar klein gegenüber dem Betrachtungsabstand r, so lässt sich seine Ladung Q als in einem Punkt konzentriert modellieren. Die so idealisiert angenommene Ladung, als *Punktladung* Q_p bezeichnet, lässt sich (einfacher, als wenn sie über ein Raumgebiet verteilt ist) mit einer einzigen Ortsangabe, z. B. in Bild 3.5 mit x_1, y_1, z_1, beschreiben. Die Punktladung ist ein abstrakter Begriff, der die Vorstellung einer gegen unendlich strebenden Raumladungsdichte erfordert ($\rho \to \infty$).

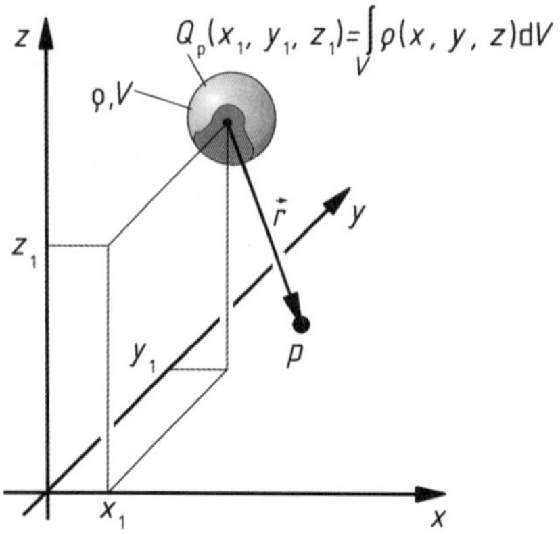

Bild 3.5 Ladungsgebiet V als Punktladung Q_p dargestellt

Beispiel 3.1 Raumladungsdichte des Elektrons

Ein Elektron wird häufig als Punktladung mit $Q_p = -e = -1{,}6 \cdot 10^{-19}$ C aufgefasst. Das erfordert aber die Vorstellung, dass für ein mit dem Volumen $V \to 0$ aufgefasstes Elektron eine Raumladungsdichte $\rho = -e/V \to -\infty$ anzunehmen ist. Da das Elektron zwar unvorstellbar klein ist, aber immer noch räumliche Ausdehnungen hat, ist auch seine Raumladungsdichte endlich. Nimmt man es beispielsweise kugelförmig mit dem Radius $r_e \approx 1{,}4 \cdot 10^{-12}$ mm an, berechnet man entsprechend Gl. (3.6) die Raumladungsdichte $\rho_e \approx -1{,}6 \cdot 10^{-19}\text{C}/[(1{,}4 \cdot 10^{-12}\text{ mm})^3\, 4\pi/3] \approx -13{,}9 \cdot 10^{15}\text{ C/mm}^3$ mit einem unvorstellbar großen, aber endlichen Wert.

3.1.1.2 Ladungserhaltungs- und Kontinuitätssatz

In einem Gebiet, dessen Grenzen für Materie, d. h. auch für Elektronen oder Protonen, undurchlässig sind, bleibt die Ladung Q entsprechend Gl. (3.2) stets konstant. Man bezeichnet diese bis heute nicht widerlegte Erfahrung als *Ladungserhaltungssatz* und bezeichnet das Gebiet, in dem er gilt, als ein *abgeschlossenes System*.

Befinden sich in einem abgeschlossenen System n Ladungen Q_ν, von denen jede für sich in einem beliebigen Teilgebiet dieses Systems beliebig verteilt sein kann, z. B. auf unterschiedlichen Elektroden konzentriert, lautet die mathematische Formulierung des *Ladungserhaltungssatzes*

$$\sum_{\nu=1}^{n} Q_\nu = \text{const.} \tag{3.11}$$

oder mit der Raumladungsdichte nach Gl. (3.5)

$$\int_{V \text{ des abgeschlossenen Systems}} \rho \,\mathrm{d}V = \text{const.} \tag{3.12}$$

Sind idealisierte Ladungsverteilungen gegeben, kann in Gl. (3.12) das Produkt $\rho\,\mathrm{d}V = \mathrm{d}Q$ durch das Produkt $\sigma\,\mathrm{d}A$ nach Gl. (3.7) bzw. $\lambda\,\mathrm{d}l$ nach Gl. (3.9) ersetzt werden.

$$\int\limits_{A \text{ innerhalb des abgeschlossenen Systems}} \sigma\,\mathrm{d}A = \text{const}; \qquad \int\limits_{l \text{ innerhalb des abgeschlossenen Systems}} \lambda\,\mathrm{d}l = \text{const} \tag{3.13}$$

Kann durch die ein Raumgebiet V begrenzende *Hüllfläche* Ladung fließen, muss sich die Ladung Q in diesem Raumgebiet genau um den durch die Hüllfläche fließenden Ladungsanteil ändern, da Ladung nicht entstehen oder verschwinden kann. Um diesen verbal einleuchtenden Tatbestand auch mathematisch auswertbar zu formulieren, werden die durch die Hüllfläche strömenden Ladungen und die dadurch bedingte Ladungsänderung innerhalb des durch die Hüllfläche begrenzten Raumes auf die Zeit bezogen und gleich gesetzt, wie im Folgenden erläutert ist.

In Abschnitt 1.2.2 ist der elektrische Strom $i = \mathrm{d}Q/\mathrm{d}t$ (Gl. (1.9)) in einem Leiter als die pro Zeit t durch seinen Querschnitt fließende Ladung Q erklärt. Weiter ist in Abschnitt 3.2.2 hergeleitet, dass der durch eine Fläche A fließende Strom nach Gl. (3.37) auch als Integral der dort näher erläuterten Stromdichte $\vec{J}$ über diese Fläche A berechnet werden kann.

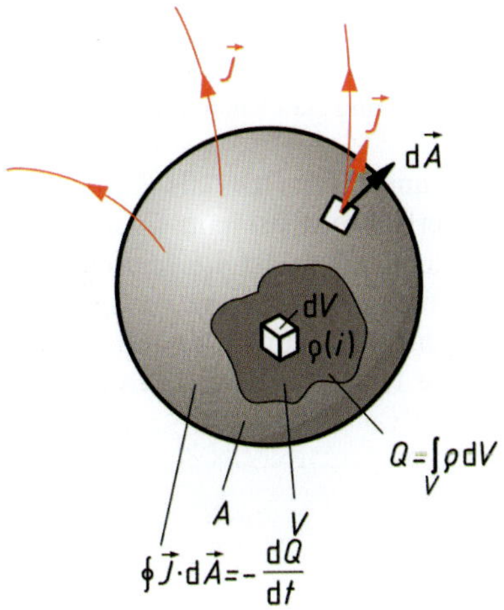

Bild 3.6 Änderung der Raumladung Q im Volumen infolge der Stromdichte $\vec{J}$ durch die Hüllfläche um V

Betrachtet man ein Raumgebiet, z. B. das in Bild 3.6 skizzierte, beschreibt das Integral der Stromdichte $\vec{J}$ über die das Raumgebiet V einschließende Hüllfläche A entsprechend Gl. (3.37) den aus dem Raumgebiet V herausfließenden Strom $i = \oint \vec{J}\cdot\mathrm{d}\vec{A}$. Dieser ist nach Gl. (1.9) die pro Zeit durch die Hüllfläche A aus dem Volumen V ausströmende Ladung $\mathrm{d}Q/\mathrm{d}t = \oint \vec{J}\cdot\mathrm{d}\vec{A}$ und damit gleich der zeitlichen *Ladungsverminderung* $-\mathrm{d}Q/\mathrm{d}t$ im eingeschlossenen Raumgebiet V. Bestimmt man über die Raumladungsdichte ρ die Ladung des Raumgebiets $Q = \int_V \rho\,\mathrm{d}V$ (Gl. (3.5)) und setzt deren zeitliche Verminderung $-\mathrm{d}Q/\mathrm{d}t$ gleich der pro Zeit durch die Hüllfläche ausströmenden Ladung, ergibt sich der *Kontinuitätssatz*

$$\frac{\mathrm{d}}{\mathrm{d}t}\int\limits_V \rho\,\mathrm{d}V = -\oint \vec{J}\cdot\mathrm{d}\vec{A} \tag{3.14}$$

Gl. (3.14) gilt über das Beispiel nach Bild 3.6 hinaus ganz allgemein für beliebige Orientierungen der Stromdichte $\vec{J}$ und der davon abhängigen Zu- oder Abnahme der im Volumen V eingeschlossenen Ladung Q, wenn den Regeln der Vektorrechnung entsprechend der Flächenvektor $\mathrm{d}\vec{A}$ immer aus dem eingeschlossenen Volumen herausweisend angetragen wird.

Je nach Aufgabenstellung kann in Gl. (3.14) selbstverständlich $\rho \mathrm{d}V$ durch $\sigma \mathrm{d}A$ bzw. $\lambda \mathrm{d}l$ ersetzt werden, oder es können die integralen Größen $\sum Q = \int \rho \,\mathrm{d}V$ gemäß Gl. (3.5) und $\sum I = \oint \vec{J} \cdot \mathrm{d}\vec{A}$ gemäß Gl. (3.37) eingeführt werden:

$$\frac{\mathrm{d}}{\mathrm{d}t} \sum_{\nu=1}^{n} Q_\nu = -\sum_{\mu=1}^{m} I_\mu \tag{3.15}$$

Zu beachten ist auch hier, dass in Gl. (3.15) die Zählpfeile für die Ströme I_μ wie die Vektoren $\mathrm{d}\vec{A}$ aus der Hülle herausweisend anzutragen sind.

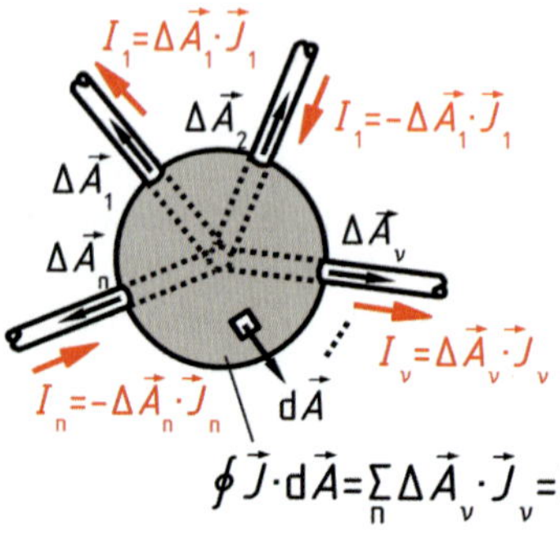

Bild 3.7 Grafische Darstellung zum Knotensatz

Aus der integralen Form des Kontinuitätssatzes (3.15) folgt unmittelbar das als *Knotensatz* (1. Kirchhoffscher Satz) bezeichnete Grundgesetz der Netzwerklehre (Abschnitt 2.2.2.1). Da sich im idealisierten Knoten eines Netzwerks die Ladungen nicht ändern, ist die zeitliche Ableitung $\mathrm{d}Q/\mathrm{d}t$, also die linke Seite der Gl. (3.15) null. Denkt man sich den Knoten von einer Hülle eingeschlossen, durch die alle m im Knoten verbundenen Leitungen hindurchgehen, muss die Summe der m in den Leitungen und damit durch die Hülle fließenden Ströme entsprechend der rechten Seite der Gl. (3.15) null sein (Bild 3.7).

$$\sum_{\mu=1}^{m} I_\mu = 0 \tag{3.16}$$

Zu beachten ist, dass die Ströme mit positiven oder negativen Vorzeichen einzusetzen sind, je nachdem, ob im Netzwerk ihre Stromzählpfeile vom Knoten wegweisend (aus der Hülle heraus) oder zum Knoten hinweisend (in die Hülle hinein) eingetragen sind (s. Regeln zu Gl. (2.76) in Abschnitt 2.2.2.1).

3.1.2 Wirkungen der elektrischen Ladung

Die folgenden Abschnitte befassen sich mit den Wirkungen elektrischer Ladungen, die sich relativ zum Beobachter und damit auch relativ zueinander in Ruhe befinden, d. h. mit den Erscheinungen *elektrostatischer Felder*. Die Beschränkung auf ruhende Ladungen bedeutet keinesfalls, dass alle hier angesprochenen Gesetze ausschließlich im Bereich der Elektrostatik Gültigkeit hätten. Die allgemeineren Grundgesetze des elektromagnetischen Feldes, in denen die der Elektrostatik als ein einfacher Sonderfall enthalten sind, werden jedoch erst in späteren Abschnitten behandelt.

3.1.2.1 Coulombsches Gesetz

Die Theorie des elektrostatischen Feldes basiert auf der *experimentell nachgewiesenen* Kraftwirkung zwischen Ladungen, die durch das Coulombsche Gesetz beschrieben wird. Daher wird im Folgenden, ausgehend vom Coulombschen Gesetz, die *Modellvorstellung* des elektrischen Feldes erläutert.

Nach allen Erfahrungen und experimentellen Untersuchungen ist die Kraftwirkung zwischen zwei Ladungen Q_1 und Q_2 (Bild 3.8a) proportional dem Produkt dieser Ladungen und umgekehrt proportional dem Quadrat ihres Abstandes r. Die Überführung dieser zunächst nur als Proportion $|\vec{F}| \sim |Q_1 Q_2|/r^2$ zu beschreibenden Naturbeobachtung in eine Gleichung $|\vec{F}| = 1/(4\pi\varepsilon_0)\,|Q_1 Q_2|/r^2$ erfordert im SI-Einheitensystem (Vierersystem) mit den Einheiten Newton (N) für die Kraft F, Amperesekunden (As) für die Ladung Q und Meter (m) für die Länge r die Einführung eines dimensionsbehafteten Proportionalitätsfaktors $1/(4\pi\varepsilon_0)$. Die darin enthaltene, als *elektrische Feldkonstante*

$$\varepsilon_0 = 8{,}854188 \cdot 10^{-12}\,\frac{\text{As}}{\text{Vm}} \tag{3.17}$$

bezeichnete Größe ist experimentell über Wägeverfahren oder die Ausbreitungsgeschwindigkeit elektromagnetischer Wellen bestimmbar.

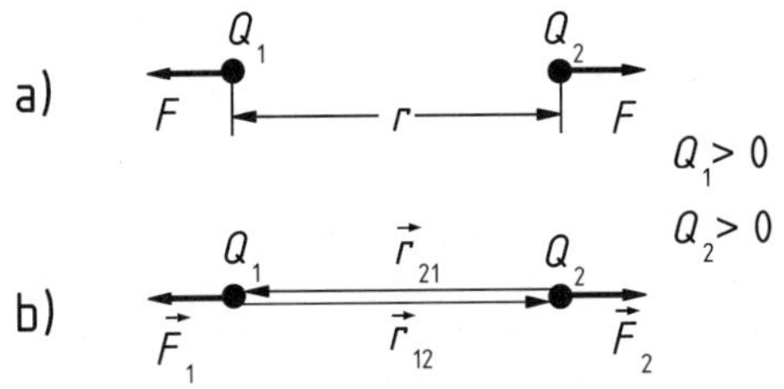

Bild 3.8 Kraftwirkung zwischen elektrischen Punktladungen

Entsprechend den zwei Ladungsarten (positive bzw. negative) können anziehende oder abstoßende Kräfte zwischen Ladungen auftreten. Um neben dem Betrag auch Richtung und Orientierung der Kraft als Gleichung formulieren zu können, wird entsprechend Bild 3.8b der Abstand zwischen den Ladungen als Vektor $\vec{r}$ eingeführt mit folgender Vereinbarung. Der Abstandsvektor $\vec{r}$ wird als auf diejenige Ladung Q weisend angenommen, für die die auf sie wirkende Kraft berechnet werden soll. Zur Berechnung von $\vec{F}_1$ bzw. $\vec{F}_2$ ist also $\vec{r}_{21}$ als von Q_2 nach Q_1 bzw. $\vec{r}_{12}$ als von Q_1 nach Q_2 orientiert anzunehmen. Damit lässt sich das *Coulombsche Gesetz*

$$\vec{F}_{1/2} = \frac{1}{4\pi\,\varepsilon_0}\,\frac{Q_1 Q_2}{r^2}\left(\frac{\vec{r}_{21/12}}{r}\right) \tag{3.18}$$

als Vektorgleichung schreiben, nach der sich unter Beachtung der Vorzeichen der Ladungen Q_1 und Q_2 die Kraft mit Betrag, Richtung und Orientierung ergibt. Für quantitative Auswertungen wird die elektrische Feldkonstante entsprechend Gl. (3.17) eingesetzt. Das Coulombsche Gesetz nach Gl. (3.18) beschreibt vollständig die *Kraftwirkung zwischen ruhenden Ladungen*:

Gleichnamige Ladungen stoßen sich ab, ungleichnamige ziehen sich an, d. h. ist $Q_1 \cdot Q_2$ positiv, wirkt $\vec{F}_{1/2}$ jeweils in der Orientierung $\vec{r}_{21/21}$ (Abstoßung), ist $Q_1 \cdot Q_2$ negativ, wirkt $\vec{F}_{1/2}$ jeweils entgegen der Orientierung $\vec{r}_{21/21}$ (Anziehung). Es gilt das *Reaktionsprinzip*, d. h. $\vec{F}_1$ und $\vec{F}_2$ wirken mit gleichen Beträgen, aber entgegengesetzten Orientierungen in der Verbindungsgeraden zwischen Q_1 und Q_2 ($\vec{F}_1 = -\vec{F}_2$).

Das Coulombsche Gesetz gilt streng nur für Punktladungen, näherungsweise aber auch für geladene Körper, deren Linearabmessungen klein sind gegenüber ihrem Abstand voneinander.

Beispiel 3.2 Verhältnis von Coulomb- zu Gravitationskraft

Das Coulombsche Gesetz ist formal ähnlich dem die Kraftwirkung zwischen zwei Massen m_1 und m_2 beschreibenden Gravitationsgesetz

$$F_{\mathrm{m}} = \frac{k}{4\pi}\,\frac{m_1 m_2}{r^2}$$

mit $k = 8{,}38 \cdot 10^{-10}$ Nm²/kg². Trotz dieser formalen Ähnlichkeit besteht zwischen den beiden fundamentalen Grundgleichungen ein qualitativer wie quantitativer Unterschied. Zwischen Massen können nur anziehende, zwischen Ladungen aber anziehende oder abstoßende Kräfte auftreten. Berechnet man für zwei Elektronen bzw. Protonen mit ihren Ruhemassen $m_{\mathrm{e}} = 9{,}11 \cdot 10^{-31}$ kg bzw. $m_{\mathrm{p}} = 1{,}67 \cdot 10^{-27}$ kg und Ladungen $e = 1{,}6 \cdot 10^{-19}$ As das Verhältnis der Beträge von Coulomb- zu Gravitationskraft

$$\frac{F_{\mathrm{c}}}{F_{\mathrm{m}}} = \frac{Q^2/(4\pi\,\varepsilon_0\,r^2)}{m^2 k/(4\pi\,r^2)} = \left(\frac{Q}{m}\right)^2 \frac{1}{k\,\varepsilon_0} \approx \begin{cases} 4{,}2\cdot 10^{42} & \text{für Elektronen,} \\ 1{,}3\cdot 10^{36} & \text{für Protonen,} \end{cases} \tag{3.19}$$

so erkennt man auch den extremen quantitativen Unterschied.

3.1.2.2 Feldwirkung der elektrischen Ladung

Das Coulombsche Gesetz wird der *Fernwirkungstheorie* zugeordnet, da eine Ladung Q_1 über beliebige räumliche Entfernungen hinweg die an einer zweiten Ladung Q_2 angreifende Kraft $\vec{F}_2$ bewirkt und umgekehrt. Der Ursache (Ladung) wird also eine in beliebig weit entfernten Raumgebieten auftretende Wirkung (Kraft auf eine zweite Ladung) *unmittelbar* zugeschrieben. Der die Ladungen umgebende Raum hat nach dieser Auffassung keine die Kraftwirkung vermittelnde Funktion.

Die *Nahwirkungs-* oder *Feldtheorie* dagegen erklärt alle zu beobachtenden Wirkungen als *besondere physikalische Zustände des Raumes* und ordnet konsequenterweise jeder *Wirkung*, hier der Kraftwirkung, eine *im selben Raumpunkt zur selben Zeit* auftretende *Feldgröße* zu, die die durch den Raumzustand begründete Ursache beschreibt.

Elektrische Feldstärke

Im Folgenden wird die modellhafte Vorstellung einer Feldgröße, die die *Kraftwirkung* auf Ladungen verursacht, unmittelbar aus dem Coulombschen Gesetz anhand der in Bild 3.8b skizzierten zwei Punktladungen Q_1 und Q_2 entwickelt. Auf die im Raumpunkt 1 befindliche Ladung Q_1 wirkt nach Gl. (3.18) die Coulomb-Kraft

$$\vec{F}_1 = Q_1 \underbrace{\left[\frac{Q_2}{4\pi\,\varepsilon_0\,r_{21}^2}\left(\frac{\vec{r}_{21}}{r_{21}}\right)\right]}_{\text{als Raumzustand aufgefasst}}. \tag{3.20}$$

Nach der Feldtheorie soll diese Kraftwirkung über eine mit ihr zusammen an ein und demselben Ort auftretende Feldgröße beschrieben werden. Die Kraft $\vec{F}_1$ selbst darf nicht als Feldgröße im Sinne einer Zustandsgröße des Raumes aufgefasst werden, da sie auch von Betrag und Vorzeichen einer dort – zufällig – auftretenden Ladung Q_1 abhängt. Bezieht man aber die Kraft $\vec{F}_1$ auf die Ladung Q_1, auf die sie wirkt, erhält man eine Größe

$$\frac{\vec{F}_1}{Q_1} = \frac{Q_2}{4\pi\,\varepsilon_0\,r_{21}^2}\left(\frac{\vec{r}_{21}}{r_{21}}\right) = \vec{E}_1\,, \tag{3.21}$$

die unabhängig von der im Raumpunkt 1 vorhandenen Ladung Q_1 ist. Diese Größe kann daher als der dem Raumpunkt eigene Zustand angesehen werden, der sozusagen das *Vermögen* des Raumes beschreibt, in diesem Punkt eine Kraft auf eine Ladung auszuüben.

Über den speziellen Fall der zwei Punktladungen hinaus ist der Quotient *Kraft pro Ladung* als eine allein dem Raum eigene Feldgröße definiert, die als *elektrische Feldstärke* mit dem Symbol $\vec{E}$ bezeichnet wird. Wirkt also in einem Raumpunkt auf eine Ladung Q eine Kraft $\vec{F}$, herrscht in diesem Raumpunkt eine elektrische Feldstärke

$$\vec{E} = \frac{\vec{F}}{Q}, \tag{3.22}$$

die wie die Kraft $\vec{F}$ ein Vektor ist. Bei positiver Ladung sind die elektrische Feldstärke und die Kraft gleich orientiert ($\vec{E} \uparrow\uparrow \vec{F}$), bei negativer Ladung entgegengesetzt ($\vec{E} \uparrow\downarrow \vec{F}$).

Nach der Definition wird das elektrostatische Feld durch eine Kraft auf eine Ladung festgestellt. Die Ladung wirkt also als *Indikator*, man nennt sie deshalb *Probeladung*. Die dem Raumpunkt eigene elektrische Feldstärke $\vec{E}$ ist vom Wert der Probeladung insofern unabhängig, als der Feldzustand auch dann besteht, wenn infolge des Fehlens einer Probeladung keine Kräfte beobachtet werden.

Die SI-Einheit der elektrischen Feldstärke folgt unmittelbar aus Gl. (3.22)

$$[E] = 1\frac{\text{N}}{\text{C}} = 1\frac{\text{VAs/m}}{\text{As}} = 1\frac{\text{V}}{\text{m}}. \tag{3.23}$$

Elektrische Flussdichte
Die nach Gl. (3.21) definierte elektrische Feldstärke

$$\vec{E}_1(Q_2) \quad = \frac{\vec{F}_1}{Q_1} \quad = \frac{Q_2}{4\pi\,\varepsilon_0\, r_{21}^2}\left(\frac{\vec{r}_{21}}{r_{21}}\right) \tag{3.24}$$

Elektrische Feldstärke (Wirkungsgröße)	Definition (Messvorschrift für die Wirkungsgröße)	Abhängigkeit von Ladung im Abstand r und Raumeigenschaft (ε_0) (Rechenvorschrift)

ist zwar unmittelbar im Raumpunkt ihrer Wirkung definiert (Nahwirkungstheorie), sie ist aber über die Rechenanweisung von Gl. (3.24) immer noch der räumlich entfernten primären Ursache Q_2 zugeordnet. Der Einfluss der *Raumeigenschaften* auf die Verknüpfungen zwischen der körperlich existenten Ladung (primäre Ursache) und der von ihr in einem beliebigen Raumpunkt verursachten Feldgröße (Wirkungsgröße des Raumes) kann also in diesem einfachen Beispiel noch nicht aufgezeigt werden, sondern erst im Zuge der in den folgenden Abschnitten erläuterten Ausweitung der Feldtheorie auf kompliziertere Gegebenheiten geklärt werden. Es erweist sich dabei insbesondere für den von Materie erfüllten Raum (Abschnitt 3.4) als zweckmäßig, eine weitere Feldgröße, die als *elektrische Flussdichte* $\vec{D}$ bezeichnet wird, einzuführen mit der Definitionsgleichung

$$\vec{D}_1(Q_2) \quad = \varepsilon_0\, \vec{E}_1(Q_2) \quad = \frac{Q_2}{4\pi\, r^2}\left(\frac{\vec{r}_{21}}{r_{21}}\right), \tag{3.25}$$

elektrische Flussdichte	Definition über Raumeigenschaft	Abhängigkeit von Ladung und Raumgeometrie (Rechenvorschrift)

aus der deutlich wird, dass man die Ladung Q als die körperlich existente primäre Ursache des elektrischen Feldes allein über die Raumgeometrie in die dem Raumpunkt zugeordnete Feldgröße elektrische Flussdichte $\vec{D}\,(Q)$ umrechnen kann. Dementsprechend wird die elektrische Flussdichte $\vec{D}$ als die *Feldgröße der Ursache* angesehen. Mit ihrer Definition entsprechend Gl. (3.25) bzw. Gl. (3.27) sind der die Wirkung des Feldes beschreibende Feldvektor Feldstärke $\vec{E}$, der der Ursache des Feldes zugeordnete Feldvektor Flussdichte $\vec{D}$ und die elektrische Feldkonstante ε_0 so miteinander verknüpft, dass alle drei Größen in demselben Raumpunkt und zu derselben Zeit auftreten (Bild 3.9).

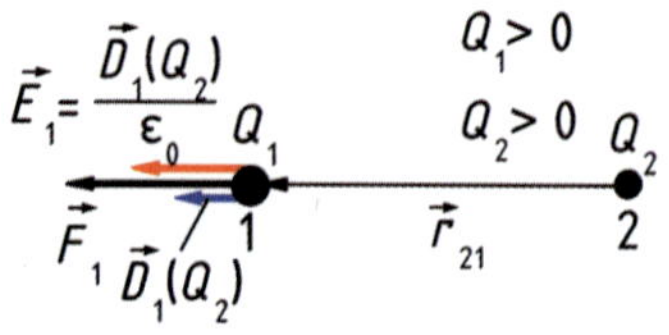

Bild 3.9 Zur Definition der Feldgrößen aus der Kraftwirkung

Ähnlich wie nach Gl. (3.21) für die elektrische Feldstärke festgestellt, kommt auch der für den speziellen Fall zweier Punktladungen hergeleiteten Definitionsgleichung (3.25) der elektrischen Flussdichte $\vec{D}$ allgemeinere Bedeutung zu. Man ersetzt dazu in Gl. (3.25) die elektrische Feldkonstante ε_0 durch eine als *Permittivität*

$$\varepsilon = \varepsilon_0\,\varepsilon_\mathrm{r} \tag{3.26a}$$

bezeichnete Größe, in der die *relative Permittivität*

$$\varepsilon_\mathrm{r} = \frac{\varepsilon}{\varepsilon_0} \tag{3.26b}$$

den Einfluss der Materie auf das elektrische Feld beschreibt. In der so allgemein für Materieräume gültigen *Definition der elektrischen Flussdichte*

$$\vec{D} = \varepsilon\,\vec{E} \tag{3.27}$$

wird also auch der Einfluss der Materie auf den Zusammenhang zwischen Ursachen- ($\vec{D}$) und Wirkungsfeldgröße ($\vec{E}$) punktbezogen über den Materialparameter ε_r beschrieben. Die Zweckmäßigkeit dieser Definition erkennt man schon hier aus der Vorstellung eines *inhomogenen Raumes*, für den ε nicht als konstante Größe, sondern als Ortsfunktion gegeben ist.

Vorstehende Erläuterungen zeigen, dass der elektrischen Ladung in der Feldtheorie eine doppelte Bedeutung zukommt: einerseits *verursacht* sie ein elektrisches Feld, andererseits erfährt sie im elektrischen Feld aber auch eine Kraft*wirkung*. Dabei mag durch das einfache Beispiel hier zunächst der Eindruck erweckt werden, dass die Felddarstellung ein – entbehrlicher – mathematischer Formalismus sei, da nach dem Coulombschen Gesetz Gl. (3.18) die Kraftwirkung des Feldes auch unmittelbar auf die dieses Feld erregenden Ladungen zurückführbar ist. Gerade in der Einführung der Feldvorstellung zeichnet sich jedoch der entscheidende Wandel der physikalischen Auffassung ab, deren Bedeutung erst bei der Behandlung schnell veränderlicher Felder und deren räumlicher Ausbreitung in vollem Umfang erkennbar wird.

3.2 Elektrisches Feld in Leitern (Strömungsfeld)

In diesem Abschnitt wird das Feld strömender Ladungen in Gebieten mit *linearem, passivem Material* behandelt. Die Spannung U an einem solchen Gebiet ist durch das *Ohmsche Gesetz*

$U = I \cdot R$ mit dem Strom I durch dieses Gebiet verknüpft, sodass es gleichgültig ist, ob man als *Ursache* für die räumliche Ladungsströmung einen (von außen) eingeprägten Strom I oder eine (von außen) angelegte Spannung betrachtet. Auf das Problem des i. Allg. in einem geschlossenen Kreis auftretenden Strömungsfeldes unter Einbeziehung seiner Ursache [17], die lokalisiert in diesem Kreis liegen (z. B. galvanische Quelle) oder nicht lokalisierbar mit diesem verknüpft (zeitvariantes Magnetfeld) sein kann, wird erst in Abschnitt 4 eingegangen.

3.2.1 Wesen und Darstellung des elektrischen Strömungsfeldes

Wie in Abschnitt 10.4 erläutert wird, existieren in elektrischen Leitern frei bewegliche Ladungsträger. Wirkt also in einem solchen Leiter eine elektrische Feldstärke $\vec{E}$, z. B. durch Anlegen einer Spannung, übt diese Kräfte $\vec{F} = Q\vec{E}$ auf die Ladungsträger aus, sodass sich ihren *unregelmäßigen thermischen Bewegungen* eine *gerichtete Bewegungskomponente* überlagert. Es kommt also zu einer resultierenden Ladungsströmung in Richtung der Kraftwirkung, was als elektrisches Strömungsfeld bezeichnet wird. Man sagt auch, die frei beweglichen Ladungsträger *driften* in Richtung der Kraftwirkung.

3.2.1.1 Driftladung

In der Feldlehre wird, ähnlich wie in Abschnitt 3.1.1.1 für die Ladung Q erläutert, die Elementarladung e der frei beweglichen Ladungsträger als Kontinuum aufgefasst, wie im Folgenden erläutert. Einen langen, geraden Leiter aus homogenem Material mit dem Querschnitt A_q stellt man sich, wie in Bild 3.10 skizziert, in Volumenelemente $\Delta V = A_q\,\Delta l$ der Länge Δl unterteilt vor, in denen sich Δn_d frei bewegliche Ladungsträger mit der Elementarladung e befinden. Die sich damit insgesamt in einem Volumenelement befindliche, frei bewegliche Ladung wird zur Unterscheidung von der allgemeinen Raumladung nach Gl. (3.2) (die in einem solchen Leiter null ist) als *Driftladung* $\Delta Q_d = e\,\Delta n_d$ bezeichnet. Da diese Driftladung als Kontinuum, d. h. über die „Zwischenräume" ihrer Träger hinweg kontinuierlich über das Volumen ΔV „verschmiert" angenommen wird, lässt sich ähnlich den Gln. (3.2) bis (3.4) eine *Driftladungsdichte*

$$\eta = \lim_{\Delta V \to 0} \frac{\Delta Q_d}{\Delta V} = \frac{dQ_d}{dV} \tag{3.28}$$

definieren, die sich als räumlicher Mittelwert der real nur in den Ladungsträgern existierenden Driftladung auch jedem Raumpunkt zuordnen lässt. Mit dieser (vorzeichenbehafteten) Driftladungsdichte η lässt sich nun auch für ein infinitesimal kleines Volumenelement $dV = A_q\,dl$ mit der infinitesimal kleinen Leiterlänge dl eine infinitesimale Teil-Driftladung

$$dQ_d = \eta\,dV = \eta\,A_q\,dl \tag{3.29}$$

bestimmen.

3.2.1.2 Driftgeschwindigkeit und elektrische Stromdichte

Betrachtet wird weiter der in Bild 3.10 dargestellte Leiterabschnitt. Strömt die in dem Volumenelement $dV = A_q\,dl$ der Länge dl befindliche (positiv angenommene) Driftladung $dQ_d = \eta\,dV$ in der Zeit dt durch die Stirnfläche A_q dieses Volumens, entspricht der Quotient dQ_d/dt als Ladung, die pro Zeit durch den Leiterquerschnitt strömt, der Definition des elektrischen Stroms

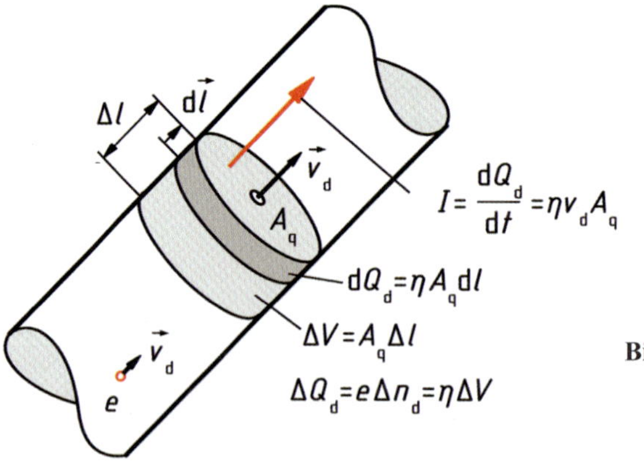

Bild 3.10 Zusammenhang zwischen Driftgeschwindigkeit $\vec{v}_d$ einer homogenen Driftladungsströmung und dem diese beschreibenden Strom I

$$I = \frac{dQ_d}{dt} = \eta\, A_q \frac{dl}{dt} = \eta\, v_d A_q\,, \tag{3.30}$$

wie sie bereits mit Gl. (1.9) angegeben ist. Da sich das „Ladungspaket" $\eta\, A_q dl$ mit seiner Länge dl in der Zeit dt durch die Fläche A_q schiebt, gibt der Quotient dl/dt die *Driftgeschwindigkeit* v_d dieser Ladung an. Ist wie im vorliegenden Beispiel eines geraden, langen Leiters die Ladungsströmung homogen über den Leiterquerschnitt A_q verteilt, stellt sich in allen Punkten der Querschnittsfläche A_q die gleiche Driftgeschwindigkeit v_d = const ein, die nach Gl. (3.30) proportional dem Quotienten Strom I zu Querschnitt A_q ist ($I/A_q = \eta\, v_d$). Damit lässt sich also die mechanische Größe der Driftgeschwindigkeit $\vec{v}_d$ proportional der elektrischen Größe Strom pro Fläche schreiben, die als *elektrische Stromdichte*[1]

$$J = \frac{I}{A_q} = \eta\, v_d \tag{3.31}$$

bezeichnet wird. Die Driftladungsdichte η der hier als Kontinuum vorgestellten Driftladung entspricht dem Produkt $n{\cdot}e$ aus *Driftladungsträgerkonzentration* n und Elementarladung e bei der elektronentheoretischen Erklärung der Ladungsströmung (Abschnitt 10.4.3.1, Gl. (10.45)).

Bei inhomogener Ladungsströmung kann man sich, wie in Bild 3.11 skizziert, das Leitungsgebiet in infinitesimal kleine „*Stromröhren*" des Querschnitts dA_q unterteilt vorstellen, in denen jeweils ein infinitesimal kleiner Strom dI fließt, der dann jeweils wieder als gleichmäßig über den Querschnitt verteilt aufgefasst werden kann. Damit gilt auch Gl. (3.31) sinngemäß, d. h. in differenzieller Schreibweise

$$J = \frac{dI}{dA_q} = \eta\, v_d\,, \tag{3.32}$$

die dann – in allgemeingültiger, vektorieller Form geschrieben – der vollständigen *Definition der elektrischen Stromdichte*

$$\vec{J} = \eta\, \vec{v}_d \tag{3.33}$$

entspricht. In jedem Punkt eines Strömungsfeldes ist die Stromdichte $\vec{J}$ proportional zur in diesem Punkt auftretenden Driftgeschwindigkeit $\vec{v}_d$ der Driftladung.

[1] Statt des Symbols J wird auch das Symbol S für die elektrische Stromdichte verwendet.

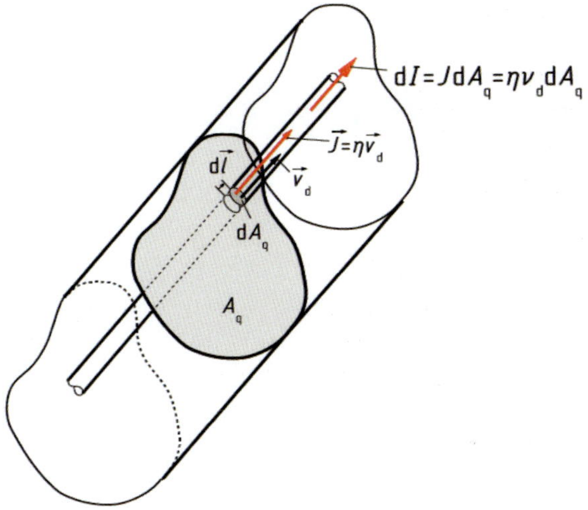

Bild 3.11 Zusammenhang zwischen Driftgeschwindigkeit $\vec{v}_d$ einer inhomogenen Driftladungsströmung und der diese beschreibenden Stromdichte $\vec{J}$

Wie in der Strömungsmechanik üblich, lässt sich auch die Strömungsgeschwindigkeit der Driftladung anschaulich durch „*Strömungslinien*" darstellen, die als *Feldlinien* bezeichnet werden. Im Fall eines homogenen geraden Leiters mit konstantem Querschnitt verteilt sich die Ladungsströmung gleichmäßig über den Leiterquerschnitt, d. h. an jedem Punkt innerhalb des Leitervolumens tritt die gleiche Driftgeschwindigkeit der Driftladung in Leiterlängsrichtung auf, die durch gleiche Vektoren $\vec{v}_d$ gekennzeichnet werden kann (Bild 3.12). Zeichnet man in ein solches Richtungsfeld *durchgehende Linienzüge, deren Tangentenrichtungen überall mit den Richtungen der Vektoren* $\vec{v}_d$ *der Driftgeschwindigkeit übereinstimmen*, vermittelt dieses *Feldlinienbild* einen anschaulichen Eindruck von der räumlichen Verteilung der Ladungsströmung (Bild 3.12).

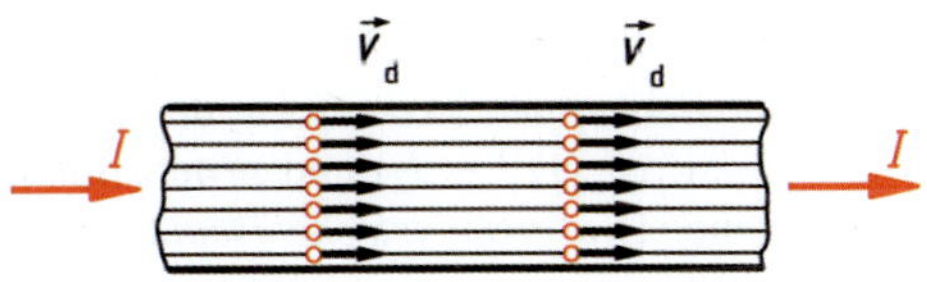

Bild 3.12 Feldlinienbild der Driftgeschwindigkeit $\vec{v}_d$ einer Ladungsströmung in einem geraden Leiter konstanten Querschnitts

Die Zweckmäßigkeit der Feldliniendarstellung wird besonders deutlich, wenn nicht nur lange gerade Leiter konstanten Querschnitts, sondern z. B. solche mit gestuften Querschnitten betrachtet werden. In Bild 3.13 ist eine Leiterschiene der konstanten Dicke d skizziert, deren Breite sich aber an der Stelle x sprungartig von einem Wert $b_1 = b$ auf den doppelten Wert $b_2 = 2\,b$ ändert.

Damit sind nach Gl. (3.31) die Stromdichte $J = I/A$ und die Driftgeschwindigkeit $v_d = J/\eta$ in dem breiteren Abschnitt 3 des Leiters halb so groß wie im schmaleren 1. Die Abschnitte 1 und 3 sollen so weit von der Stelle x entfernt sein, dass in ihnen die Ladungsströmung näherungsweise homogen ist. Mit der Annahme, dass sich die Ladungsströmung ähnlich wie die Strömung von Flüssigkeiten beim unstetigen Übergang vom kleineren auf den größeren Leiterquerschnitt stetig in den größeren Querschnitt ausbreitet, ergibt sich eine Geschwindigkeitsverteilung, wie sie in Bild 3.13 durch die eingezeichneten Vektoren dargestellt ist.

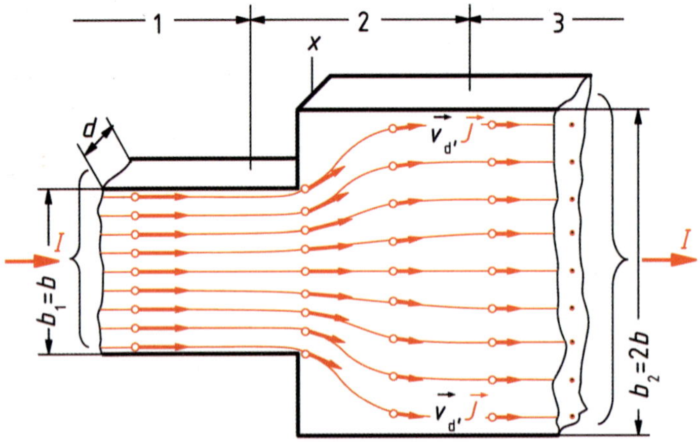

Bild 3.13 Feldlinienbild der Driftgeschwindigkeit $\vec{v}_d$ einer Driftladungsströmung bzw. der Stromdichte $\vec{J}$ in einem Leiter mit unstetiger Querschnittsänderung

Auch in dieses durch Vektoren in Richtung und Intensität (Betrag der Vektoren) grafisch dargestellte Feld der Strömungsgeschwindigkeit lassen sich Feldlinien einzeichnen, deren Tangentenrichtungen überall parallel zu den Vektoren $\vec{v}_d$ der Strömungsgeschwindigkeit liegen (Bild 3.13). Werden alle Feldlinien durchgehend gezeichnet, tritt durch jeden Querschnitt des Leiters die gleiche Anzahl von Feldlinien. Kennzeichnet die in allen Querschnitten A gleiche Anzahl n der Feldlinien den in allen Querschnitten *gleichen Strom I*, entspricht der Betrag der Stromdichte $J = I/A$ dem Kehrwert des Feldlinienabstandes, der aber wiederum der *Feldliniendichte* (n/A) proportional ist. Felder wie das nach Bild 3.13 werden *durch das ebene Feldlinienbild vollständig beschrieben*, da dieses dem Strömungsfeld in allen Längsschnitten der Leiterschiene entspricht, d. h. der Stromdichtevektor $\vec{J}$ ist in *allen* Punkten der Längsebene des Leiters jeweils über die Dicke d konstant. Damit sind für die Abschnitte 1 und 3 der Leiterschiene in Bild 3.13 mit $A_1 = b_1 d$ bzw. $A_2 = b_2 d$ die Stromdichte $J_1 = I/(b_1 d)$ bzw. $J_2 = I/(b_2 d)$ und die Feldliniendichte $n/(b_1 d)$ bzw. $n/(b_2 d)$. Mit d = const ist also der *Betrag der Stromdichte* umgekehrt proportional dem ebenen Feldlinienabstand $[(b_1/n)^{-1} \sim J_1$ bzw. $(b_2/n)^{-1} \sim J_2]$ und *proportional der Feldliniendichte* ($n/b_1 \sim J_1$ bzw. $n/b_2 \sim J_2$) in der Ebene. Die *geometrische Deutung* des ebenen Feldlinienbildes ist also besonders einfach, da sie eindimensional breitenbezogen erfolgen kann.

Allgemein lässt sich feststellen, dass bei der grafischen Darstellung eines Strömungsfeldes durch Feldlinien der Vektor der Strömungsgeschwindigkeit in allen Punkten des Gebiets tangential zu den Feldlinien gerichtet ist mit einem Betrag, der proportional der Dichte der Feldlinien, also umgekehrt proportional ihrem Abstand ist. *Die Anzahl der Feldlinien darf willkürlich gewählt werden.* Sie können damit i. Allg. nicht quantitativ ausgewertet werden – es sei denn, ein *Maßstabsfaktor* ist festgelegt. Feldlinienbilder vermitteln in homogenen Leitern einen anschaulichen Eindruck, wie sich die Strömungsgeschwindigkeit über das Leitungsgebiet verteilt. Insbesondere bei inhomogenen Strömungen werden die Gebiete hoher Strömungsgeschwindigkeit (Stromdichte) durch die sich hier zusammendrängenden Feldlinien (Dichte der Feldlinien ist groß) eindrucksvoll hervorgehoben.

Da die Vektoren der Stromdichte $\vec{J}$ und der Driftgeschwindigkeit $\vec{v}_d$ der Ladung die gleiche Richtung haben und sich nur betragsmäßig um den Faktor η unterscheiden, ergibt sich für die Stromdichte $\vec{J}$ das gleiche Feldlinienbild wie für die Strömungsgeschwindigkeit $\vec{v}_d$

der Ladung. (Dies gilt allerdings nicht mehr für Leitungsgebiete inhomogener Materialverteilung, in denen die spezifische Leitfähigkeit κ und damit der Faktor η nicht konstant, sondern ortsabhängig ist.) Beispielsweise gilt das in Bild 3.13 für die vom Strom I durchflossene Leiterschiene skizzierte Feldlinienbild nicht nur für die Strömungsgeschwindigkeit $\vec{v}_d$ der Ladung, sondern entsprechend Gl. (3.33) auch für die in diesem Leiter auftretende Stromdichte $\vec{J}$. Die Richtung der Vektoren $\vec{J}$ wird durch die Tangenten an die Feldlinien bestimmt und der Betrag J der Vektoren ist umgekehrt proportional dem Abstand zwischen den Feldlinien.

3.2.2 Stromdichte und Strom

In *homogenen* Strömungsfeldern, wie sie z. B. in langen, geraden Leitern mit konstantem Querschnitt A_q auftreten, wird der Zusammenhang zwischen der Stromdichte J und dem Strom I vollständig durch die Gl. (3.31) beschrieben. Unbedingt zu beachten ist allerdings, dass in der Gleichung für den Strom

$$I = J\,A_q \tag{3.34}$$

die Fläche A_q der Leiterquerschnitt ist, der *rechtwinklig* zur Richtung der gleichmäßig über den Querschnitt verteilten Driftgeschwindigkeit $\vec{v}_d$ bzw. der Stromdichte $\vec{J}$ liegt (Bild 3.14). Betrachtet man aber eine Fläche A_α, die, wie in Bild 3.14 skizziert, um den Winkel $0 < \alpha < \pi/2$ gegenüber der Querschnittsfläche A_q geneigt ist, so ist diese Fläche $A_\alpha = A_q/\cos\,\alpha$ abhängig vom Neigungswinkel α größer als die Querschnittsfläche A_q. Der Strom I und die Stromdichte $\vec{J}$ sind aber im ganzen Leiter, also auch in der geneigten Fläche A_α die gleichen wie in der Querschnittsfläche A_q. Man erkennt aus Bild 3.14, dass für den Zusammenhang zwischen dem Strom I und dem Betrag der Stromdichte J in einer Fläche A_α beliebiger Neigung zum Querschnitt sinngemäß die Gl. (3.34) gilt, wenn nicht die Fläche A_α selbst, sondern deren Projektion in eine Ebene senkrecht zur Leiterlängsachse, d. h. zur Richtung der Stromdichte $\vec{J}$, eingesetzt wird, die also der Querschnittsfläche entspricht $[I = J\,(A_\alpha \cos\,\alpha) = J\,A_q]$.

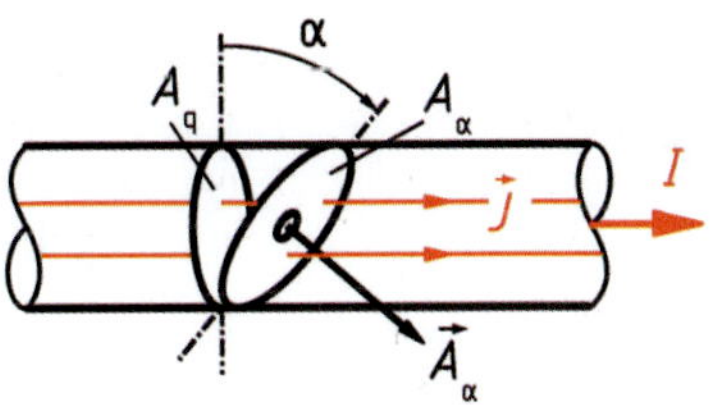

Bild 3.14 Strom I und Stromdichte $\vec{J}$ in einem geraden Leiter

Die Erläuterungen zu Bild 3.14 können allgemeingültig auf homogene Strömungsfelder der Stromdichte $\vec{J}$ in einer beliebigen um den Winkel $(\pi/2) - \alpha$ gegenüber dem Stromdichtevektor $\vec{J}$ geneigten ebenen Fläche A übertragen werden. Für den durch diese Fläche A fließenden Strom I gilt (Bild 3.15)

$$I = J\,A\,\cos\,\alpha. \tag{3.35}$$

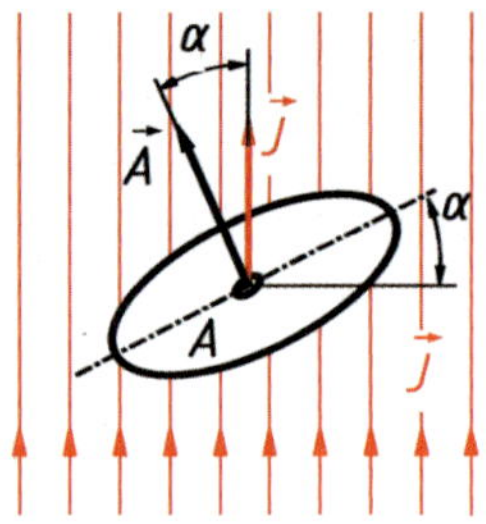

Bild 3.15 Beschreibung der Lage einer ebenen Fläche A im homogenen elektrischen Strömungsfeld

Für die formale Beschreibung des Zusammenhangs zwischen Strom I und Stromdichte J gelten folgende Festlegungen (Bild 3.16):

a) Die räumliche Lage einer ebenen Fläche A wird durch einen Vektor $\vec{A}$ beschrieben, der senkrecht auf dieser Fläche steht und willkürlich gewählt in eine der beiden möglichen Richtungen weist.
b) Die Größe der ebenen Fläche A ist gleich dem Betrag des Vektors $\vec{A}$.
c) Der *Zählpfeil* für den Strom I wird *in Richtung des Flächenvektors* $\vec{A}$ durch die Fläche A weisend angetragen. Dieser Stromzählpfeil beschreibt entsprechend Abschnitt 1.4.1 im Zusammenhang mit dem Vorzeichen des nach Gl. (3.35) bzw. (3.36) berechneten Zahlenwertes für den Strom I die Stromrichtung durch die Fläche A.

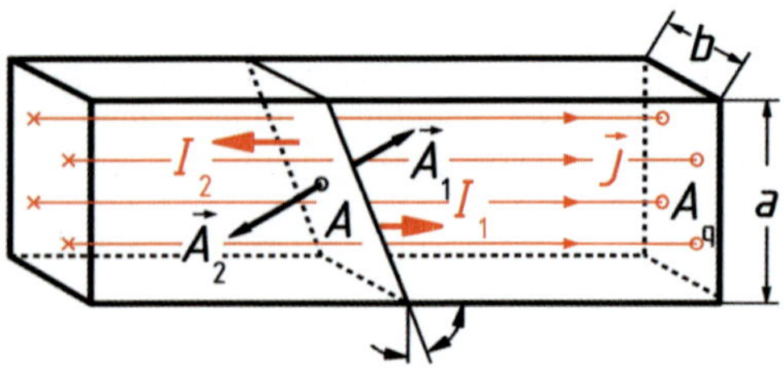

Bild 3.16 Zur Definition der Richtung des Stromzählpfeils

Mit diesen Vereinbarungen kann Gl. (3.35) als Vektorgleichung

$$I = \vec{J} \cdot \vec{A} \tag{3.36}$$

geschrieben werden. Die rechte Seite stellt das Skalarprodukt aus Stromdichtevektor $\vec{J}$ und Flächenvektor $\vec{A}$ dar, das nach den Regeln der Vektorrechnung $JA \cos \alpha$ ergibt [5]. Da die durch den Stromdichtevektor $\vec{J}$ gegebene Richtung der Ladungsströmung im Skalarprodukt $\vec{J} \cdot \vec{A}$ nicht mehr zum Ausdruck kommt, muss sie mit der Vereinbarung nach c) durch einen Zählpfeil für I beschrieben werden.

Beispiel 3.3 Berechnung des Stroms in einem homogenen Strömungsfeld

In dem in Bild 3.16 skizzierten Leiter mit dem rechteckigen Querschnitt $A_q = ab = 2\ \text{cm} \cdot 1{,}5\ \text{cm}$ tritt ein homogenes elektrisches Strömungsfeld in Leiterlängsrichtung auf mit der gegebenen Stromdichte $J = 5\ \text{A/mm}^2$. Der Strom I durch die um $(\pi/2) - \alpha$ gegenüber der Leiterlängsachse geneigte Schnittfläche $A = a'b = 2{,}15\ \text{cm} \cdot 1{,}5\ \text{cm} = 3{,}22\ \text{cm}^2$ ist zu berechnen.

Mit der gegebenen Länge $a' = 2{,}15$ cm der Schnittfläche $A = a'b$ ergibt sich der Kosinus ihres Neigungswinkels α zur Querschnittsfläche $A_q = a\,b$ zu $\cos \alpha = a/a' = 2\ \text{cm}/(2{,}15\ \text{cm}) = 0{,}93$ und damit der Winkel $\alpha = 21{,}5°$.

Lösung 1: Der Flächenvektor $\vec{A}_1$ wird rechtwinklig zu der gegebenen Schnittfläche A im Bild 3.16 willkürlich gewählt nach rechts weisend angetragen. Dieser Flächenvektor $\vec{A}_1$ schließt mit dem Stromdichtevektor $\vec{J}$ des Strömungsfeldes den Winkel $\alpha = 21{,}5°$ ein. Für den Strom I_1 durch die Fläche A ist der Zählpfeil in Richtung des Flächenvektors $\vec{A}_1$, also in Bild 3.16 von links nach rechts durch die Fläche weisend einzutragen. Der Zahlenwert dieses Stroms $I_1 = \vec{J} \cdot \vec{A}_1 = J\,A \cos\alpha = (5\,\text{A/mm}^2)$ $3{,}22\,\text{cm}^2 \cdot 0{,}93 = 150\,\text{kA}$ ist nach Gl. (3.36) positiv, d. h. die positive Ladung fließt in Richtung des Zählpfeils I_1, was auch der Richtung des Stromdichtevektors $\vec{J}$ entspricht.

Lösung 2: Der Flächenvektor $\vec{A}_2$ wird rechtwinklig zur Fläche A in Bild 3.16 willkürlich gewählt nach links weisend angetragen. Damit schließen die Vektoren $\vec{A}_2$ und $\vec{J}$ den Winkel $\pi - \alpha = 158{,}5°$ ein und entsprechend bekommt man nach Gl. (3.36) für den Strom einen negativen Zahlenwert $I_2 = \vec{J} \cdot \vec{A}_2 = J\,A \cos(\pi - \alpha) = (5\,\text{A/mm}^2)\,3{,}22\,\text{cm}^2\,(-0{,}93) = -150\,\text{kA}$. Für diesen Strom I_2 ist der Zählpfeil in Richtung des Flächenvektors $\vec{A}_2$, also in Bild 3.16 von rechts nach links durch die Fläche A weisend anzutragen. Da bei negativem Zahlenwert für den Strom die positive Ladungsströmung entgegen der Zählpfeilrichtung erfolgt, führt Lösung 2 wie Lösung 1 auf eine von links nach rechts strömende positive Ladung, was der gegebenen Stromdichte $\vec{J}$ entspricht.

In einem *inhomogenen* Strömungsfeld, wie es z. B. im Bereich 2 der Leiterschiene nach Bild 3.13 auftritt, sind i. Allg. weder der Betrag noch die Richtung der Stromdichte $\vec{J}$ über eine betrachtete Fläche A konstant. Ist eine Fläche nicht eben, kann sie nicht durch einen einzigen Flächenvektor gekennzeichnet werden. Um auch in solchen Fällen den Zusammenhang zwischen Strom I und Stromdichte $\vec{J}$ beschreiben zu können, wird die gegebene Fläche A in *infinitesimal kleine Flächenelemente* $\mathrm{d}A$ unterteilt, für die dann angenommen werden kann, dass

1.) ein solches Flächenelement $\mathrm{d}A$ auch bei gekrümmten Flächen näherungsweise eben und somit durch einen Flächenvektor $\mathrm{d}\vec{A}$ eindeutig beschrieben ist und
2.) die Stromdichte $\vec{J}$ über dieses Flächenelement $\mathrm{d}A$ nach Betrag und Richtung konstant ist.

Damit lässt sich entsprechend Gl. (3.36) der durch ein infinitesimal kleines Flächenelement $\mathrm{d}A$ fließende infinitesimale Teilstrom

$$\mathrm{d}I = \vec{J} \cdot \mathrm{d}\vec{A}$$

berechnen. Der gesamte Strom durch eine Fläche A ist die Summe aller Teilströme $\mathrm{d}I$, die als Integral

$$I = \int_A \vec{J} \cdot \mathrm{d}\vec{A} \qquad (3.37)$$

geschrieben wird. Die Zählpfeile von $\mathrm{d}I$ und I haben die gleiche Richtung wie $\mathrm{d}\vec{A}$.

Zur näheren Erläuterung der Gl. (3.37) wird die in dem inhomogenen Strömungsfeld des Bereichs 2 der Leiterschiene nach Bild 3.13 liegende Querschnittsfläche A_2 betrachtet (Bild 3.17). Man stellt sich das Strömungsfeld in einzelne „*Strömungsröhren*" mit infinitesimal kleinen Querschnitten $\mathrm{d}A_\mathrm{q}$ unterteilt vor, deren Mittellinien parallel zu den Feldlinien der Stromdichte verlaufen. Diese Strömungsröhren durchdringen die betrachtete Fläche A_2 jeweils unter einem bestimmten Winkel α zu den Flächennormalen $\mathrm{d}\vec{A}_2$ und begrenzen dabei die Flächenelemente $\mathrm{d}A_2$. Mit dem Stromdichtevektor $\vec{J}$ in Richtung der Längsachse der Strömungsröhre, dem Flächenvektor $\mathrm{d}\vec{A}_2$ in Richtung der Flächennormalen und dem Durchdringungswinkel α ergibt sich der Strom $\mathrm{d}I = \vec{J} \cdot \mathrm{d}\vec{A}_2$ in der Strömungsröhre. Die Summation (Integration) der Ströme aller Strömungsröhren durch die Fläche A_2 ergibt den Strom $I = \int_{A_2} \vec{J} \cdot \mathrm{d}\vec{A}_2 = \int_{A_2} J \cdot \mathrm{d}A_2 \cos\alpha$ durch die Fläche A_2.

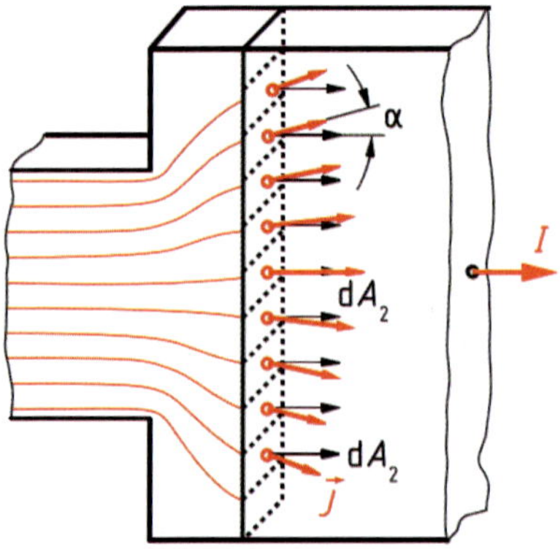

Bild 3.17 Stromdichtevektoren $\vec{J}$ und Flächenvektoren d$\vec{A}_2$ in einer Fläche A_2 im inhomogenen elektrischen Strömungsfeld

Die Berechnung des Stroms I durch eine bekannte Fläche A ist bei bekannter Stromdichte $\vec{J}$ mit Gl. (3.37) ohne Schwierigkeiten möglich. Dagegen kann die Berechnung der Stromdichte $\vec{J}$ aus einem gegebenen Strom I zu erheblichen Schwierigkeiten führen, da die Stromdichte $\vec{J}$ nur implizit in Gl. (3.37) enthalten ist. Eine Berechnung der Stromdichte $\vec{J}$ als Ortsfunktion für inhomogene Strömungsfelder kann mit dem hier vorausgesetzten mathematischen Grundlagenwissen nur durchgeführt werden, wenn sich durch *Symmetrieüberlegungen* das Problem vereinfachen lässt, wie in Beispiel 3.4 gezeigt ist. In komplizierten Anordnungen ist nur eine näherungsweise Berechnung des Strömungsfeldes mit *numerischen Verfahren* auf leistungsfähigen Rechnern möglich.

Beispiel 3.4 Strömungsfeld in einer Trockenzelle

In einer Trockenzelle (Abschnitt 10.3.3.1) entsprechend Bild 3.18a mit *konzentrischen zylindrischen Elektroden* A (Anode) und K (Kathode) soll die Stromdichte $\vec{J}$ im Elektrolyten Y für den Belastungsstrom $I = 1$ A mit Zählpfeil gemäß Bild 3.18a berechnet werden. Der Elektrolyt sei zwischen Anode und Kathode *homogen* mit dem konstanten spezifischen Widerstand ρ.

In der Anordnung wird sich ein *zylindersymmetrisches* elektrisches Strömungsfeld ausbilden, wie es in Bild 3.18a skizziert ist (Randverzerrungen des Feldes werden außer Acht gelassen). Die Stromdichte $\vec{J}$ hat in jedem Punkt nur eine radiale Komponente J_{r}. Ihr Betrag ist in allen Punkten mit dem gleichen Abstand r von der Mittellinie M konstant. Aus diesen *Symmetrieüberlegungen* folgt der Ansatz für die elektrische Stromdichte $\vec{J} = J_{\mathrm{r}}(r) \cdot \vec{e}_{\mathrm{r}}$. Nun wird der aus dem Kontinuitätssatz (3.14) für stationäre elektrische Strömungsfelder folgende *Knotensatz für differenzielle Feldgrößen*

$$\oint_A \vec{J} \cdot \mathrm{d}\vec{A} = 0$$

angesetzt.

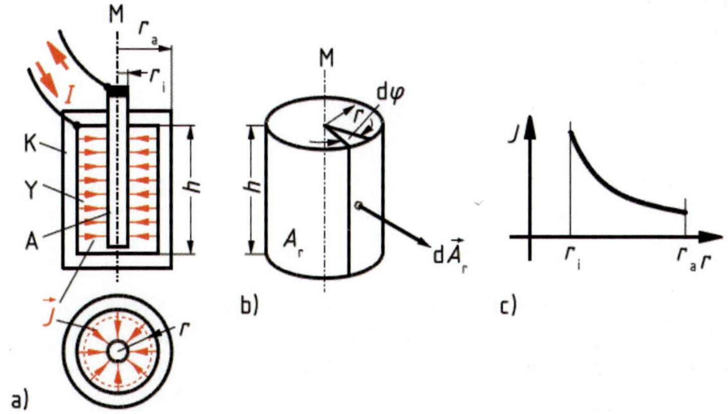

Bild 3.18 Elektrisches Strömungsfeld in einer Trockenzelle
a) Feldlinienbild der Stromdichte $\vec{J}$ in Längs- und Querschnitt
b) konzentrischer Zylindermantel als Integrationsfläche
c) Betrag der Stromdichte J in Abhängigkeit vom Radius r

Zur Berechnung der Stromdichte wählt man eine konzentrisch *zwischen den Elektroden* liegende geschlossene Zylinderoberfläche als Integrationsfläche A. Sie besteht aus der Zylindermantelfläche A_r mit dem Radius r (Bild 3.18b) sowie der oberen und der unteren Stirnfläche. Durch die untere Stirnfläche fließt kein Strom. Durch die obere Stirnfläche fließt der Gesamtstrom I über den Pluspol der Batterie aus der Integrationshülle hinaus. Da die Stromdichte $\vec{J}$ über die Höhe h der Zylindermantelfläche A_r den gleichen Betrag und die gleiche Richtung hat, kann A_r in infinitesimal kleine ebene Streifen dA_r der Höhe h und der tangentialen Breite $r\,d\varphi$ zerlegt werden. Die Normalenvektoren $d\vec{A}_r$ dieser Flächenelemente $dA_r = h\,r\,d\varphi$ werden auf der Mantelfläche *nach außen weisend* angetragen, es gilt also $d\vec{A}_r = dA_r \cdot \vec{e}_r$. Der Zählpfeil des Stroms I weist ebenfalls aus der Integrationshülle *heraus*. Der Strom I geht daher ebenfalls mit positivem Vorzeichen in die Knotengleichung ein. Daraus folgt

$$\int_{A_r} \vec{J} \cdot d\vec{A}_r + I = 0$$

$$-I = \int_{A_r} \vec{J} \cdot d\vec{A}_r = \int_0^{2\pi} J_r \cdot \vec{e}_r\,(h\,r\,d\varphi) \cdot \vec{e}_r = \int_0^{2\pi} J_r\,h\,r\,d\varphi = J_r\,h\,r \int_0^{2\pi} d\varphi$$

und durch Integration über den Umfang des Zylindermantels

$$-I = J_r h r \int_0^{2\pi} d\varphi = J_r h r \cdot 2\,\pi$$

sowie schließlich durch Auflösen nach der gesuchten radialen Komponente der Stromdichte

$$J_r = -\frac{I}{2\pi h r} \sim \frac{1}{r}\,.$$

Die formale Rechnung ergibt also einen negativen Wert der radialen Komponente der Stromdichte und bestätigt damit den in Bild 3.18a dargestellten Feldverlauf. In Bild 3.18c ist der Betrag der Stromdichte $|\vec{J}| = |J_r(r)| \geq 0$ als Funktion von r dargestellt.

Für eine Zelle mit h = 55 mm ergibt die quantitative Auswertung $J = 1\,\text{A}/(2\,\pi \cdot 55\,\text{mm} \cdot r) = (2{,}9\,\text{mA/mm})/r$. Da der Betrag der Stromdichte J umgekehrt proportional dem Radius r ist, strebt er für $r \to 0$ gegen Unendlich. Die innere Elektrode muss also einen Mindestdurchmesser $2\,r_{min}$ haben, damit bei einem maximal zugelassenen Belastungsstrom I_{max} eine maximal zulässige Stromdichte J_{zul} im Elektrolyten nicht überschritten wird [$2\,r_i > 2\,r_{min} = I/(\pi\, h\, J_{zul})$].

3.2.3 Elektrische Feldstärke und elektrische Spannung

Zur Erklärung des Zusammenhangs zwischen der die Driftgeschwindigkeit $\vec{v}_d$ beschreibenden Feldgröße Stromdichte $\vec{J}$ und der elektrischen Feldstärke $\vec{E}$ wird das homogene elektrische Strömungsfeld in einem geraden Leiter der Länge l, des konstanten Querschnitts A_q und des konstanten spezifischen Widerstandes ρ entsprechend Bild 3.19 betrachtet.

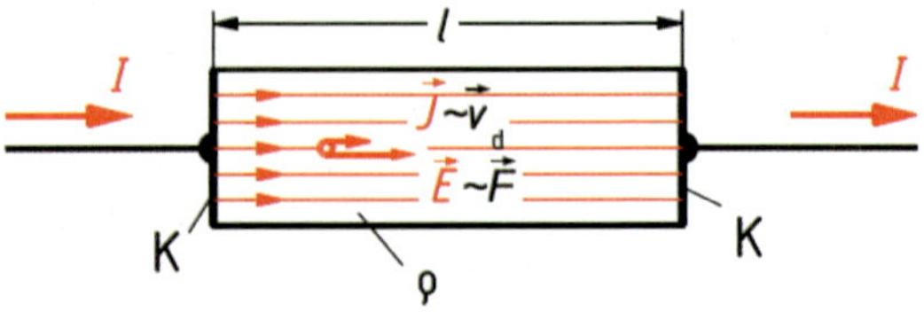

Bild 3.19 Feldlinienbild für Stromdichte $\vec{J}$ und elektrische Feldstärke $\vec{E}$ in einem geraden Leiter konstanten Querschnitts mit idealen Elektroden an den Stirnseiten

Durch Kontaktierungen K mittels als widerstandslos angenommener *Elektroden* soll sich der Strom I unmittelbar hinter den Stirnflächen des Leiters gleichmäßig über den Leiterquerschnitt A_q verteilen, sodass über die ganze Länge l die konstante Stromdichte $J = I/A_q$ parallel zur Leitermittellinie in Richtung des Stroms I auftritt. Dieser Strom I erfordert nach dem Ohmschen Gesetz die Spannung $U = I\,R$ über die Leiterlänge. Setzt man den Widerstand des Leiters $R = \rho l/A_q$ entsprechend Gl. (2.11) in die Gleichung für die Klemmenspannung U ein ($U = I\,\rho\, l/A_q$), enthält diese nach Umformung

$$\frac{U}{l} = \frac{\rho\, I}{A_q} = \rho\, J \tag{3.38}$$

die Feldgröße Stromdichte $J = I/A_q$ und eine *längenbezogene Spannung* U/l, die nach den Erläuterungen in Abschnitt 3.1.2.2 als *Kraft pro Ladung*, also als *elektrische Feldstärke* $E = F/Q = U/l$, gedeutet werden kann. Die hier für das homogene Strömungsfeld mögliche skalare Betrachtung der Feldgrößen darf nicht davon ablenken, dass die elektrische Feldstärke $\vec{E} = \vec{F}/Q$ naturgemäß eine Vektorgröße ist, die in passiven, isotropen Gebieten die gleiche Richtung wie die Stromdichte $\vec{J}$ hat. Ersetzt man in Gl. (3.38) den Quotienten U/l durch die Feldgröße E und schreibt diese ebenso wie die Feldgröße Stromdichte $\vec{J}$ als Vektor $\vec{E}$, bekommt man die Vektorgleichung

$$\vec{E} = \rho \vec{J}\,, \tag{3.39}$$

die den Zusammenhang zwischen den beiden Feldgrößen $\vec{E}$ und $\vec{J}$ allgemeingültig für passive Gebiete beschreibt, in denen der spezifische Widerstand *richtungsunabhängig* (*isotrop*) ist, was hier immer vorausgesetzt wird. Man erkennt aus Gl. (3.39), dass ein für die Stromdichte $\vec{J}$ gewonnenes Feldlinienbild auch als ein solches für die elektrische Feldstärke $\vec{E}$ gedeutet werden kann, sofern der spezifische Widerstand ρ des Strömungsgebiets konstant ist.

Bei *homogenen Strömungsfeldern* wie im Leiter nach Bild 3.19 verteilen sich der Strom I gleichmäßig über den Querschnitt A_q und die Spannung U gleichmäßig über die Länge l. Damit ist in einfacher Weise der Zusammenhang zwischen Strom und Stromdichte ($I = J\,A_q$) entsprechend Gl. (3.34) und der zwischen Spannung und elektrischer Feldstärke

$$U = E\,l \tag{3.40}$$

beschrieben.

In *inhomogenen Strömungsfeldern* wie z. B. dem in Bild 3.13 ist die Stromdichte $\vec{J}$ und damit auch die elektrische Feldstärke $\vec{E} = \rho\vec{J}$ weder in Betrag noch Richtung über die Länge des Leitungsgebiets konstant. Eine mittlere Feldstärke mit dem Betrag $E_{\text{mitt}} = U/l$ hat wenig Bedeutung, zumal es fraglich ist, welcher Längenwert einzusetzen wäre. In inhomogenen Feldern muss die elektrische Feldstärke $\vec{E}$ daher als *Ortsfunktion* betrachtet werden. Dieses wird anschaulich anhand eines inhomogenen Strömungsfeldes entsprechend Bild 3.13 erläutert. Bei konstantem spezifischem Widerstand ρ für die dargestellte Leiterschiene ist mit dem Feldlinienbild für die Stromdichte $\vec{J}$ auch das für die elektrische Feldstärke $\vec{E} = \rho\vec{J}$ gegeben (Bild 3.20). Man stellt sich nun eine Linie *entlang einer Feldlinie* der elektrischen Feldstärke $\vec{E}$ in diesem Feld in infinitesimal kleine Strecken $\mathrm{d}\vec{l}$ unterteilt vor, über die die Feldstärke $\vec{E}$ jeweils als konstant angenommen werden kann (Bild 3.20, zweite Feldlinie von oben). Über jede dieser Teilstrecken $\mathrm{d}l$ kann dann eine Teilspannung $\mathrm{d}U = E\,\mathrm{d}l$ entsprechend Gl. (3.40) als Produkt aus elektrischer Feldstärke E und Weg $\mathrm{d}l$ berechnet werden, da jeweils entlang der Strecke $\mathrm{d}l$ die elektrische Feldstärke E mit konstantem Betrag *parallel* zu $\mathrm{d}l$ auftritt. Summiert, d. h. integriert man die Teilspannungen $\mathrm{d}U$ über alle Teilstrecken $\mathrm{d}l$ entlang einer Feldlinie, stellt das Integral die über diese Feldlinie wirkende Spannung

$$U = \int_l \mathrm{d}U = \int_l E\,\mathrm{d}l \qquad (3.41)$$

dar.

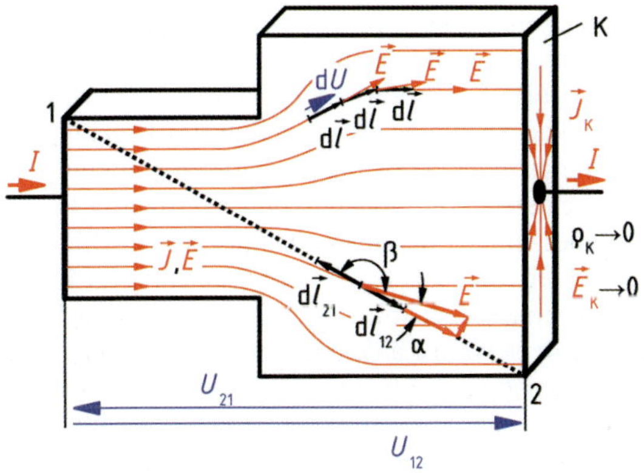

Bild 3.20 Zur Berechnung der Spannung $U = \int \vec{E} \cdot \mathrm{d}\vec{l}$ als Wegintegral der elektrischen Feldstärke $\vec{E}$

Zur Erläuterung allgemeinerer Gesetzmäßigkeiten für die Spannung im elektrischen Strömungsfeld wird angenommen, dass die stirnseitigen Kontaktierungen K der Leiterschiene in Bild 3.20 *ideale Elektroden* sind, also einen gegen null gehenden spezifischen Widerstand haben ($\rho_K \to 0$). Dann kann sich in diesen Kontaktierungen K der Strom I ausbreiten, ohne einen Spannungsabfall zu bewirken. (Die Stromdichte J_K erfordert in den Kontaktierungen keine elektrische Feldstärke $E_K = \rho J_K \to 0$, da $\rho \to 0$.) In der Grenzfläche zwischen Kontaktierung K und Leiter L können keine Spannungen (Potenzialunterschiede) auftreten. Mit $E_K = 0$ gilt zwischen beliebigen Punkten der Grenzfläche auch $U = \int E_K \mathrm{d}l = 0$. Für solche Flächen, auch *Äquipotenzialflächen* (ÄPF) genannt, gelten folgende Gesetzmäßigkeiten:

a) Die *$\vec{E}$-Feldlinien verlaufen immer rechtwinklig zu den Äquipotenzialflächen*, da in diesen $E = 0$ gilt, also keine Komponente von $\vec{E}$ auftreten kann.

b) *Entlang allen Feldlinien* zwischen zwei Äquipotenzialflächen ergibt das Wegintegral der elektrischen Feldstärke nach Gl. (3.41) den gleichen Spannungswert, nämlich die Differenz der Potenziale der beiden Äquipotenzialflächen.

c) Zwischen zwei Äquipotenzialflächen liefert das Integral

$$U = \int \vec{E} \cdot \mathrm{d}\vec{l} = \int \rho \, \vec{J} \cdot \mathrm{d}\vec{l} \tag{3.42}$$

des Skalarproduktes aus elektrischer Feldstärke $\vec{E} = \rho \vec{J}$ und Wegvektor $\mathrm{d}\vec{l}$ *über beliebige Wege* immer den gleichen Spannungswert U.

Die unter c) genannte Regel ist im Folgenden anhand des Bildes 3.20 erläutert. In den als Äquipotenzialflächen aufzufassenden Grenzflächen zur Kontaktierung treten keine Spannungen bzw. Potenzialunterschiede auf. Wie zwischen Anfangs- und Endpunkt jeder E-Feldlinie muss auch zwischen einem beliebigen Punkt der einen und einem beliebigen Punkt der anderen Grenzfläche die gleiche Spannung U auftreten. Der in Bild 3.20 gestrichelt eingetragene Weg zwischen den Punkten 1 und 2 wird betrachtet und, wie für die Feldlinien erläutert, in infinitesimal kleine Wegelemente $\mathrm{d}l$ zerlegt. Die über diesen Streckenelementen $\mathrm{d}\vec{l}_{12}$ auftretenden Spannungen $\mathrm{d}U_{12} = \mathrm{d}l_{12}\, E \cos\alpha$ ergeben sich als Produkt aus dem jeweiligen Wegelement $\mathrm{d}\vec{l}_{12}$ und der Komponente von $\vec{E}$ in Richtung dieses Wegelements ($E \cos\alpha$). Da dieses Produkt $\mathrm{d}l_{12}\, E \cos\alpha$ auch als Skalarprodukt $\vec{E} \cdot \mathrm{d}\vec{l}_{12}$ geschrieben werden kann, führt die Summation, d. h. die Integration, der Teilspannungen $\mathrm{d}U_{12}$ über alle Teilstrecken $\mathrm{d}\vec{l}_{12}$ der Linie zwischen 1 und 2 auf den Ausdruck $U_{12} = \int_1^2 \vec{E} \cdot \mathrm{d}\vec{l}_{12}$, der Gl. (3.42) entspricht.

Bisher wurden nur von 1 nach 2 verlaufende Integrationswege in Bild 3.20 erläutert. Da auch die elektrische Feldstärke $\vec{E}$ von 1 nach 2 gerichtet ist, ergibt das Integral des Skalarproduktes $\int \vec{E} \cdot \mathrm{d}\vec{l}_{12}$ mit $-\pi/2 \leqq \alpha \leqq \pi/2$ nur positive Werte, also eine positive Spannung U_{12}. Im Zusammenhang mit dem eingezeichneten Zählpfeil für die Spannung U_{12} bestätigt das Ergebnis die Polarität des in Bild 3.20 dargestellten Strömungsfeldes. (Die stets positiv angenommenen Ladungsträger bewegen sich in passiven Gebieten stets vom höheren zum niedrigeren Potenzial.) Wählt man die Integrationsrichtung nun aber entlang der gestrichelten Linie in Bild 3.20 von 2 nach 1, ist der Wegvektor $\mathrm{d}\vec{l}_{21}$ auch in dieser Richtung von 2 nach 1 anzutragen. Damit wird dann das Skalarprodukt $\vec{J} \cdot \mathrm{d}\vec{l}_{21} = J\,\mathrm{d}l \cos\beta$ negativ, da $\pi/2 \leqq \beta \leqq 3\pi/2$, sodass auch das Integral, also die Spannung nach Gl. (3.42), mit negativem Zahlenwert berechnet wird. Trägt man aber den Zählpfeil für diese Spannung U_{21} auch in der Integrationsrichtung, also von 2 nach 1 weisend an (Bild 3.20), gibt dieser mit dem negativen Zahlenwert für U_{21} auch wieder die richtige Polarität des Strömungsgebiets an. Es ist also zu Gl. (3.42) die allgemeine Regel zu beachten:

Der Zählpfeil für die nach Gl. (3.42) berechnete Spannung U ist immer in der Integrationsrichtung $\mathrm{d}\vec{l}$ *anzutragen.*

Die vorstehende anschauliche Erläuterung des Zusammenhangs zwischen der elektrischen Feldstärke $\vec{E}$ und der Spannung U darf nicht darüber hinwegtäuschen, dass eine quantitative Auswertung der Gl. (3.42) bei inhomogenen Feldern schwierig sein kann. Ist die elektrische Feldstärke $\vec{E}$ als Ortsfunktion gegeben, kann zwar grundsätzlich immer die Spannung U berechnet werden, nicht aber umgekehrt aus der gegebenen Spannung die elektrische Feldstärke. Mit elementaren Mathematikkenntnissen lassen sich i. Allg. nur Felder berechnen, die gewisse Symmetrien aufweisen, was allerdings bei praktischen Gegebenheiten häufig der Fall ist. Komplizierte elektrische Feldanordnungen werden mittels numerischer Methoden berechnet.

Beispiel 3.5 Strömungsfeld in einer Kreisringscheibe

Eine Kreisringscheibe entsprechend Bild 3.21 mit dem spezifischen Widerstand ρ, dem Innen- bzw. Außenradius r_1 bzw. r_2 und der Höhe h wird vom Innen- zum Außenumfang vom Strom $I > 0$ durchflossen. Innen- und Außenumfang sind so kontaktiert, dass sie Äquipotenzialflächen darstellen. Die Spannung, die erforderlich ist, damit der Strom I in der Scheibe fließt, und der Widerstand der Scheibe sind zu berechnen.

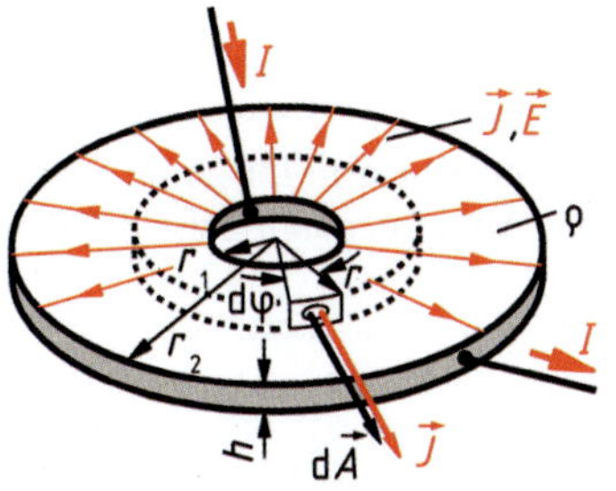

Bild 3.21 Elektrisches Strömungsfeld in einer leitenden Scheibe

Der Strom I verteilt sich so in der Scheibe, dass die Stromdichtevektoren senkrecht auf Innen- und Außenumfangsflächen stehen (Äquipotenzialflächen). Damit folgt aus Symmetrieüberlegungen, dass die Feldlinien der Stromdichte $\vec{J}$ und damit auch der elektrischen Feldstärke $\vec{E} = \rho \vec{J}$ radial nach außen gerichtet sind (Bild 3.21). In axialer Richtung ist über die Höhe h bei konstanten Radien r die Stromdichte $\vec{J}$ konstant. Damit gilt für eine konzentrisch in der Scheibe angenommene Zylindermantelfläche A_r mit dem Radius r (in Bild 3.21 gestrichelt eingezeichnet) entsprechend Gl. (3.37)

$$I = \int_{A_r} \vec{J}_r \cdot d\vec{A} = \int_0^{2\pi} J_r\, h\, r \mathrm{d}\varphi = J_r\, h\, r \int_0^{2\pi} \mathrm{d}\varphi = J_r\, h \cdot 2\pi\, r.$$

Diese Gleichung lässt sich nach der radialen Komponente der gesuchten Stromdichte

$$J_r = \frac{I}{h \cdot 2\pi\, r} \tag{3.43}$$

auflösen. Damit ergibt sich nach Gl. (3.39) die radiale Komponente der elektrischen Feldstärke

$$E_r = \rho\, J_r = I \frac{\rho}{h \cdot 2\pi} \cdot \frac{1}{r}. \tag{3.44}$$

Wird diese radial gerichtete elektrische Feldstärke $\vec{E}$ entsprechend Gl. (3.41) entlang einer Feldlinie ($\mathrm{d}\vec{l} = \mathrm{d}\vec{r}$, $\vec{E}$ parallel $\mathrm{d}\vec{r}$) von r_1 nach r_2 integriert, erhält man die Spannung

$$U = \int_{r_1}^{r_2} E_r\, \mathrm{d}r = I \frac{\rho}{h \cdot 2\pi} \int_{r_1}^{r_2} \frac{1}{r}\, \mathrm{d}r = I \frac{\rho}{h \cdot 2\pi} [\ln r]_{r_1}^{r_2} = I \frac{\rho}{h \cdot 2\pi} \ln \frac{r_2}{r_1}. \tag{3.45}$$

Der Widerstand

$$R = \frac{U}{I} = \frac{\rho}{h \cdot 2\pi} \ln \frac{r_2}{r_1} \tag{3.46}$$

der Scheibe zwischen Innen- und Außenumfang folgt aus seiner Definitionsgleichung (2.5) mit der in Gl. (3.45) berechneten Spannung.

3.2.4 Elektrisches Potenzial

Das Feldlinienbild für die Stromdichte $\vec{J}$ oder auch für die elektrische Feldstärke $\vec{E}$ vermittelt einen anschaulichen Eindruck von der Strömungsverteilung. Man erkennt z. B. Gebiete hoher Stromdichten und damit Verlustdichten $\rho\, J^2$ (Abschnitt 3.2.5) sowie die dadurch verursachten thermischen Beanspruchungen. Dagegen kann man die Spannungsverteilung (Potenzialverteilung) im Strömungsfeld nur indirekt erkennen. Es kann daher zweckmäßig sein, Linien bzw. Flächen zu zeichnen, die jeweils den geometrischen Ort aller Punkte darstellen, die die gleiche Spannung gegenüber einem gemeinsamen Bezugspunkt, also gleiches elektrisches Potenzial haben. Solche Linien bzw. Flächen sind z. B. die im Anschluss an Gl. (3.41) für das Strömungsfeld nach Bild 3.20 erläuterten *Äquipotenzialflächen* in den Kontaktierungen. Für die grafische Darstellung der Spannungsverteilung im Strömungsfeld werden außer den als Grenzflächen jeweils zwischen idealen Elektroden und Leiter existierenden Äquipotenzialflächen weitere Äquipotenzialflächen in das Feldbild eingezeichnet (Bild 3.22). Die Konstruktionsanweisung hierfür folgt direkt aus der Definition der Äquipotenzialfäche. Da in ihr keine Spannung auftreten darf, muss für alle Wegelemente Δl innerhalb der Äquipotenzialfläche die Bedingung

$$\Delta U = \int_{\Delta l} \vec{E} \cdot \mathrm{d}\vec{l} = 0 \tag{3.47}$$

erfüllt sein. Dies ist mit $E \neq 0$ und $\Delta l \neq 0$ nur gegeben, wenn der elektrische Feldstärkevektor $\vec{E}$ überall senkrecht auf der Äquipotenzialfläche und damit auf jedem in ihr liegenden Wegvektor $\mathrm{d}\vec{l}$ steht, da dann $\vec{E} \cdot \mathrm{d}\vec{l} = E\,\mathrm{d}l \cos(\pi/2) = 0$ ist.

Äquipotenzialflächen verlaufen immer so, dass sie rechtwinklig von den Feldlinien der elektrischen Feldstärke durchdrungen werden.

Da die elektrische Spannung per Definition zwischen *zwei* Punkten auftritt, können immer je zwei Äquipotenzialflächen durch eine zwischen ihnen auftretende Spannung gekennzeichnet werden (Bild 3.22). Für die Feldbeschreibung ist es aber zweckmäßiger, bereits einer einzelnen Äquipotenzialfläche einen Spannungswert zuzuordnen, was nur möglich ist, wenn dieser gegenüber einem für das betreffende Feld festgelegten *einheitlichen Bezugspunkt* gemessen wird.

Eine solche dem einzelnen Feldpunkt zugeordnete Größe mit der Dimension der Spannung wird als *elektrisches Potenzial* mit dem Symbol φ bezeichnet (vgl. Abschnitt 1.2.4). Der Zusammenhang zwischen Spannung und Potenzial in einem Potenzialfeld lässt sich anhand von Bild 3.22 wie folgt erklären:

Die Driftladung Q_d bewegt sich in einem passiven Leiter infolge der auftretenden elektrischen Feldstärke $\vec{E}$, d. h. die Driftgeschwindigkeit $\vec{v}_\mathrm{d}$ und damit die Stromdichte $\vec{J} = \eta\vec{v}_\mathrm{d}$ sind gleich orientiert wie die Feldstärke ($\vec{J} \uparrow\uparrow \vec{E}$).

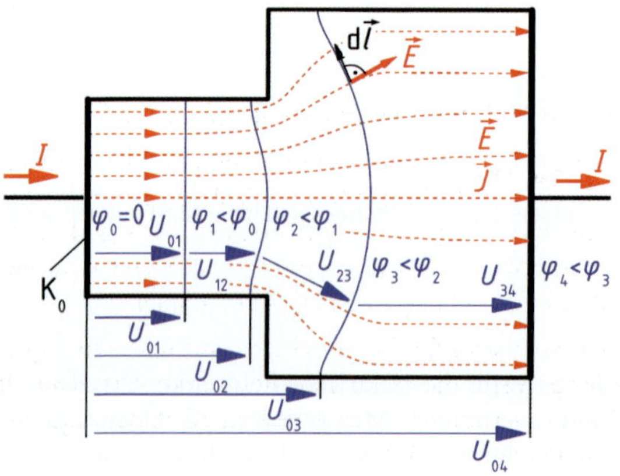

Bild 3.22 Feldlinien der elektrischen Feldstärke $\vec{E}$ und Äquipotenziallinien φ mit eingezeichneten Spannungen U

Die Energie der von der Stromdichte $\vec{J}$ im Leiter verursachten Erwärmung wird der Driftladung im elektrischen Feld entzogen, d. h. die *potenzielle Feldenergie* der Driftladung wird entlang ihres Bewegungsweges durch das Feld kleiner (in Wärmeenergie umgeformt). Da das Potenzial φ wie die Spannung U als Energie pro Ladung definiert ist (Abschnitte 3.3.2 und 3.3.6.1), muss auch das Potenzial entlang des wie E orientierten Weges kleiner werden. In Bild 3.22 gilt also $\varphi_0 > \varphi_1 > \varphi_2 > \varphi_3 \ldots$

Die in gleicher Orientierung wie $\vec{E}$ berechnete Spannung $U_{01} = \int_0^1 \vec{E} \cdot \mathrm{d}\vec{l}$, $U_{02} = \int_0^2 \vec{E} \cdot \mathrm{d}\vec{l}, \ldots$ ist positiv, der zugehörige Spannungszählpfeil weist vom Bezugspunkt K_0 zur Äquipotenzialfläche mit dem Potenzial $\varphi_1, \varphi_2, \ldots$ Diesem positiven Spannungswert entspricht ein positiver Wert der Potenzialdifferenz $(\varphi_0 - \varphi_1)$, $(\varphi_0 - \varphi_2)$, ..., wenn in dieser vom Bezugspotenzial φ_0 der jeweils kleinere Wert des Potenzials φ_1, φ_2 subtrahiert wird. In Bild 3.22 gilt also $U_{01} = \int_0^1 \vec{E} \cdot \mathrm{d}\vec{l} = \varphi_0 - \varphi_1$, $U_{02} = \int_0^2 \vec{E} \cdot \mathrm{d}\vec{l} = \varphi_0 - \varphi_2, \ldots$ und damit für die Spannung zwischen beliebigen Äquipotenzialflächen $U_{12} = \int_1^2 \vec{E} \cdot \mathrm{d}\vec{l} = \varphi_1 - \varphi_2$, $U_{23} = \int_2^3 \vec{E} \cdot \mathrm{d}\vec{l} = \varphi_2 - \varphi_3, \ldots$ Diese beispielhaften Erläuterungen gelten nun für *beliebige Potenzialfelder* und sind daher in folgender allgemeingültiger Schreibweise zusammengefasst. Das elektrische Potenzial

$$\varphi_p = \varphi_0 - \int_{p_0}^{p} \vec{E} \cdot \mathrm{d}\vec{l} = \varphi_0 - U_{0p} = \varphi_0 + \int_{p}^{p_0} \vec{E} \cdot \mathrm{d}\vec{l} = \varphi_0 + U_{p0} \tag{3.48}$$

eines beliebigen Raumpunktes p ergibt sich aus dem beliebig wählbaren Bezugspotenzial φ_0 des ebenfalls beliebig wählbaren Bezugspunktes p_0 minus der Spannung U_{0p} zwischen Bezugspunkt p_0 und Feldpunkt p, die als Wegintegral der elektrischen Feldstärke $\vec{E}$ vom Bezugspunkt p_0 zum Feldpunkt zu berechnen ist.

Das Potenzial steigt entgegen der Richtung der elektrischen Feldstärke an, der Vektor der elektrischen Feldstärke ist also vom höheren zum niedrigeren Potenzial gerichtet. Damit weist der – in Integrationsrichtung $\mathrm{d}l$ anzutragende – Zählpfeil der elektrischen Spannung U bei positiven Zahlenwerten vom höheren zum niederen Potenzial (Bild 3.22). Um einen quantitativen Eindruck von der Spannungsverteilung in einem Strömungsfeld zu vermitteln, werden die Äquipotenzialflächen so gezeichnet, dass jeweils zwischen zwei räumlich aufeinanderfolgenden die gleiche Potenzialdifferenz besteht (Abschnitt 3.3.3).

Löst man Gl. (3.48) nach der Spannung auf und ersetzt die Potenziale φ_0 und φ_p durch die Potenziale beliebiger Raumpunkte p_1 und p_2, ergibt sich die Spannung

$$U_{12} = \int_{p_1}^{p_2} \vec{E} \cdot \mathrm{d}\vec{l} = \varphi_1 - \varphi_2 \tag{3.49}$$

zwischen den beiden beliebigen Raumpunkten als Differenz der Potenziale dieser Punkte.

In Bild 3.23 ist beispielhaft das Strömungsfeld in einer rechteckigen Leiterplatte der Dicke d dargestellt, die diagonal vom Strom I durchflossen wird. Da das Strömungsfeld in allen Punkten der Platte jeweils über die Dicke d konstant ist, genügt eine *ebene Felddarstellung*, d. h. es wird ein gleichermaßen für alle Längsschichten über die Dicke d geltendes Feldlinienbild gezeichnet. Die *Äquipotenzialflächen* werden in dieser Darstellung zu *Äquipotenziallinien.*

Die voll ausgezogenen E-Feldlinien schneiden rechtwinklig die gestrichelt gezeichneten Äquipotenziallinien (Äquipotenzialflächen). Man sagt auch, die *Feldlinien verlaufen orthogonal zu den Äquipotenziallinien.* Die Zusammendrängung sowohl der Feldlinien als auch der Äquipotenziallinien kennzeichnet deutlich die Gebiete hoher Feldstärke.

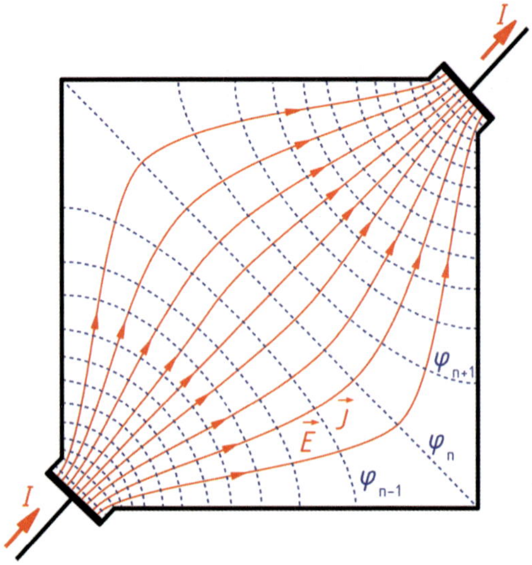

Bild 3.23 Feld- und Äquipotenziallinien im Strömungsfeld einer rechteckigen Leiterplatte

Beispiel 3.6 Strömungsfeld eines Halbkugelerders

Um in Schaltungen oder Netzen eindeutige Spannungen gegen Erde zu bekommen, wird häufig ein bestimmter Punkt galvanisch mit der Erde verbunden. Man sagt, dieser Punkt der Schaltung bzw. des Netzes sei *geerdet*, er habe Erdpotenzial φ_0, das i. Allg. mit null angenommen wird ($\varphi_0 = 0$). Fließen – z. B. in Schadensfällen – große Ströme über die Erdungsstelle, verändert sich aber in deren Folge das Potenzial des Erdreiches in der Umgebung der Erdungsstelle. Für theoretische Untersuchungen der entstehenden Potenzialverschiebungen soll unabhängig von den tatsächlichen praktischen Gegebenheiten näherungsweise angenommen werden, der Erder bestehe aus einer in das Erdreich eingebetteten *Halbkugelelektrode* (Bild 3.24a), deren spezifischer Widerstand vernachlässigbar klein gegenüber dem des Erdreiches ist.

Das elektrische Strömungsfeld im Erdreich und das Potenzialfeld an der Erdoberfläche sollen bestimmt werden für den Fall, dass sich der Strom I = 100 A über den Erder symmetrisch in das Erdreich verteilt und zu einer als unendlich weit entfernt angenommenen Schadenstelle ins Netz zurückfließt. Für das Erdreich wird der konstante spezifische Widerstand ρ = 50 Ωm und für den *Halbkugelerder* der Radius r_K = 1 m angenommen.

Die halbkugelförmige Oberfläche des Erders ist eine Äquipotenzialfläche, von der die Feldlinien der Stromdichte $\vec{J}$ rechtwinklig ausgehen und sich *radialsymmetrisch* (sternförmig) in das Erdreich ausbreiten (Bild 3.24). Nimmt man eine konzentrisch zum Kugelerder liegende Halbkugelschale mit dem Radius r an, gilt für alle Punkte ihrer Oberfläche, dass der Betrag der Stromdichte konstant ist und der Vektor $\vec{J}$ wie auch der Flächenvektor $\mathrm{d}\vec{A}$ senkrecht auf dieser Oberfläche stehen (Bild 3.24a).

Somit gilt $\vec{J} \cdot \mathrm{d}\vec{A} = J\,\mathrm{d}A$, sodass sich aus Gl. (3.37) der Strom

$$I = \int_A \vec{J} \cdot \mathrm{d}\vec{A} = J \int_A \mathrm{d}A = J \cdot 2\pi\, r^2 \qquad (3.50)$$

ergibt, der durch die Halbschale fließt. Mit der aus Gl. (3.50) folgenden radialen Komponente der Stromdichte

$$J_r = \frac{I}{2\pi\, r^2} = \frac{100\ \mathrm{A}}{2\pi\, r^2} = 15{,}9 \frac{\mathrm{A}}{r^2} \qquad (3.51)$$

kann entsprechend Gl. (3.39) auch die radiale Komponente der elektrische Feldstärke

$$E_r = \rho\, J_r = \frac{\rho\, I}{2\pi\, r^2} = 50\ \Omega\mathrm{m} \cdot 15{,}9 \frac{\mathrm{A}}{r^2} = 795\ \mathrm{V} \frac{\mathrm{m}}{r^2} \qquad (3.52)$$

berechnet werden.

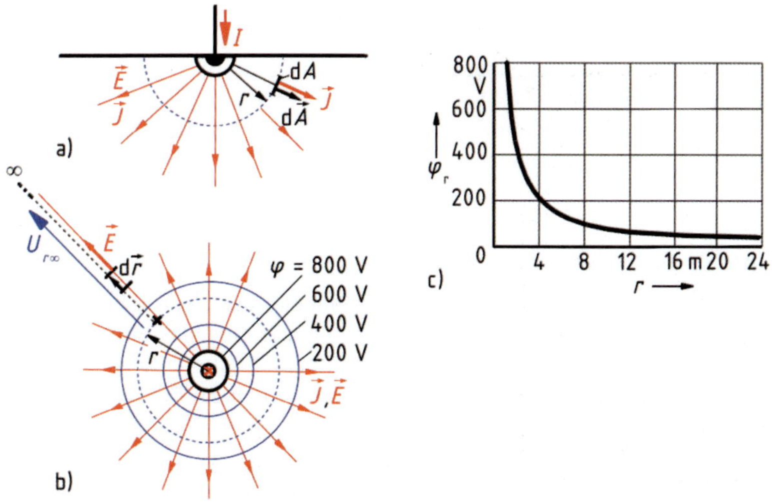

Bild 3.24 Strömungsfeld eines Halbkugelerders
a) Querschnitt durch Erder und Erdreich mit E- und J-Feldlinien
b) Erdoberfläche mit Feld- und Äquipotenziallinien
c) Potenzial φ_r in Abhängigkeit vom Radius r

Zur Darstellung des Potenzialfeldes wird als *Bezugspunkt* der vom Erder unendlich weit entfernte Erdbereich mit dem Potenzial

$$\varphi_0 = \varphi_{r\to\infty} = 0 \tag{3.53}$$

gewählt. Für einen beliebigen Punkt im Abstand r vom Mittelpunkt des Erders kann damit entsprechend Gl. (3.48) über das Wegintegral der elektrischen Feldstärke das Potenzial

$$\varphi_r = \varphi_{r\to\infty} - \int_{\infty}^{r} \vec{E}\cdot d\vec{l} = I\frac{\rho}{2\,\pi}\int_{r}^{\infty}\frac{dr}{r^2} = I\frac{\rho}{2\,\pi}\left(\frac{1}{r}-\frac{1}{\infty}\right) = 795\,\text{V}\frac{\text{m}}{r} \tag{3.54}$$

bestimmt werden (Bild 3.24b).

Alle Punkte mit gleichem Abstand r vom Erdermittelpunkt haben das gleiche Potenzial (und mit $\varphi_0 = 0$ die gleiche Spannung gegenüber dem unendlich fernen Bezugspunkt $r \to \infty$). Konzentrisch zum Kugelerder liegende Halbkugelschalen sind Äquipotenzialflächen, was auch aus der Überlegung folgt, dass diese Halbkugelschalen rechtwinklig zu den sich sternförmig ausbreitenden E-Feldlinien verlaufen. In Bild 3.24c ist das Potenzial als Funktion von r dargestellt (Rechenwerte s. Tabelle 3.1) und in Bild 3.24b die Äquipotenziallinien auf der Erdoberfläche für jeweils die gleiche Potenzialdifferenz $\varphi_n - \varphi_{n+1} = 100$ V. Man erkennt, dass durch einen z. B. im Fall eines Schadens fließenden Erdstrom das Potenzial der Erde zum Erder hin ansteigt, also keinesfalls mehr als konstant angenommen werden kann. Durch den dabei auftretenden Potenzialunterschied können Lebewesen gefährdet werden. Ein in unmittelbarer Nähe des Erders gehender Mensch, der etwa 0,5 m in radialer Richtung überbrückt, würde einer *Schrittspannung* $U_{schr} = \varphi_r - \varphi_{r+0,5\,m}$ ausgesetzt sein. (Z. B. ist bei $r = 1$ m diese Schrittspannung $U_{schr} = \varphi_{r=1\,m} - \varphi_{r=1,5\,m} = 795\text{ V} - 530\text{ V} = 265\text{ V}$.)

Tabelle 3.1 Potenzial in der Umgebung des Halbkugelerders in Beispiel 3.6

r in m	1	1,5	2	3	5	10	20
795 Vm/r in V	795	530	397	264	159	79,5	40

Die Schrittspannung ist abhängig von der Stromdichte J und dem spezifischen Widerstand ρ des Erdreiches. Insbesondere bei trockenen Böden müssen daher Erder mit großen Oberflächen (l/A möglichst klein) verwendet werden. Trotzdem kann es bei großen Strömen, wie sie beim Blitzeinschlag auftreten können, zu gefährlichen Spannungen kommen.

Bei Blitzeinschlag ist allerdings für den Potenzialanstieg nicht nur die hier betrachtete Ohmsche Spannung, sondern insbesondere auch die Selbstinduktionsspannung (Abschnitt 4.3.1.4) zu berücksichtigen.

3.2.5 Leistungsdichte im elektrischen Strömungsfeld

Nach Abschnitt 2.1.4.2 ist die in einem Leiter in Wärme umgeformte elektrische Leistung $P = UI$. In einem geraden Leiter nach Bild 3.19, in dem sich ein homogenes Strömungsfeld ausbildet, verteilt sich diese Leistung gleichmäßig über das gesamte Leitervolumen. Bezieht man die Leistung $P = UI$ auf das Leitervolumen $V = l\,A$, erhält man in allen Punkten des Strömungsfeldes den gleichen *volumenbezogenen Leistungsanteil*, der als *Leistungsdichte*

$$\frac{P}{V} = \frac{UI}{lA} = \frac{U}{l} \cdot \frac{I}{A} = EJ \tag{3.55}$$

bezeichnet wird. Die nach Gl. (3.55) als Produkt aus den Feldgrößen elektrische Feldstärke E und Stromdichte J erklärte Leistungsdichte ist damit wie die Feldgrößen dem *Feldpunkt* zugeordnet, sodass mit ihr auch in inhomogenen Strömungsfeldern die Leistungsverteilung als Ortsfunktion beschrieben werden kann. Man stellt sich dazu einen Feldraum in infinitesimal kleine Volumenelemente $\mathrm{d}V = \mathrm{d}l\,\mathrm{d}A$ unterteilt vor, deren Höhen $\mathrm{d}l$ parallel und deren Grundflächen $\mathrm{d}A$ rechtwinklig zu den Feldlinien der elektrischen Feldstärke $\vec{E}$ bzw. Stromdichte $\vec{J}$ liegen (Bild 3.25).

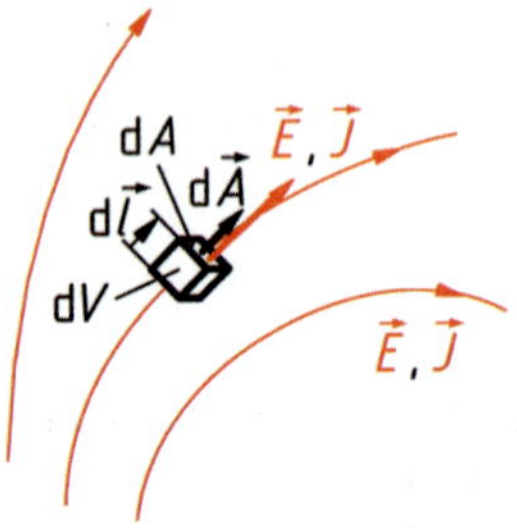

Bild 3.25 Zur Berechnung der Leistungsdichte im inhomogenen elektrischen Strömungsfeld

Da auch in inhomogenen Strömungsfeldern die Feldgrößen innerhalb solcher infinitesimal kleiner Volumenelemente $\mathrm{d}V$ als konstant angenommen werden können, lassen sich der durch ein Volumenelement $\mathrm{d}V$ fließende Strom $\mathrm{d}I = J\,\mathrm{d}A$ und die anliegende Spannung $\mathrm{d}U = E\,\mathrm{d}l$ in einfacher Weise als Produkte der Beträge ermitteln. Damit kann dann auch entsprechend Gl. (3.55) die in diesem Volumenelement in Wärme umgeformte elektrische Leistung $\mathrm{d}P = \mathrm{d}U\,\mathrm{d}I = EJ\,\mathrm{d}l\,\mathrm{d}A$ bestimmt werden. Diese auf das Volumen bezogen ergibt entsprechend Gl. (3.55) die Leistungsdichte

$$\frac{\mathrm{d}P}{\mathrm{d}V} = EJ \tag{3.56}$$

als Produkt aus den Beträgen der elektrischen Feldstärke E und der Stromdichte J. Für den Fall *aktiver* oder *anisotroper* Gebiete, in denen die Vektoren von Stromdichte $\vec{J}$ und elektrischer

Feldstärke $\vec{E}$ nicht mehr in die selbe Richtung weisen, wird Gl. (3.56) als Skalarprodukt $\vec{E} \cdot \vec{J}$ geschrieben. Damit gilt allgemein für die in beliebigen Strömungsfeldern auftretende Leistungsdichte

$$\frac{\mathrm{d}P}{\mathrm{d}V} = \vec{J} \cdot \vec{S} \,. \tag{3.57}$$

Mit Gl. (3.57) können die in inhomogenen Strömungsfeldern auftretenden ortsabhängigen *Verlustdichten* berechnet werden, z. B. die im Feld des Beispiels 3.4 in unmittelbarer Nähe der Elektrodenoberflächen. Die Kenntnis des räumlichen Verlaufes der Verlustdichte ist erforderlich, um die örtlich unterschiedlichen thermischen Belastungen und die daraus resultierenden Erwärmungen zu beurteilen.

3.3 Elektrisches Feld in Nichtleitern

Die über das elektrische Feld beschriebenen Kraftwirkungen auf elektrische Ladungen können in Nichtleitern naturgemäß keine Ladungsströmung zur Folge haben, da in nichtleitender Materie die Ladungsträger nicht frei beweglich sind. Das elektrische Feld äußert sich in Nichtleitern lediglich in einer Verschiebung von an Atomen gebunden Ladungen im mikrokosmischen Bereich.

Allein aus Gründen einer anschaulichen, leicht verständlichen Darstellung wird in den folgenden Abschnitten das elektrische Feld in Nichtleitern bevorzugt am Beispiel des *elektrostatischen Feldes* erläutert, das *zeitkonstant* zwischen *ruhenden* Ladungen auftritt.

3.3.1 Wesen und Darstellung des elektrischen Feldes in Nichtleitern

Im elektrischen Strömungsfeld ist die elektrische Feldstärke $\vec{E} = \rho \vec{J}$ proportional der Stromdichte $\vec{J}$, sodass in isotropen Materialien die E-Feldlinien parallel zu den J-Feldlinien verlaufen und man sich beide über die Ladungsströmung in dem Leitungsgebiet vorstellen kann. Für das elektrische Feld in Nichtleitern ist eine solche *strömungsmechanische Vorstellung* über den Verlauf der Feldlinien nicht möglich. Wird beispielsweise an die entsprechend Bild 3.26 in Luft angeordneten *Plattenelektroden* eine konstante Spannung U gelegt, bewirkt diese durch eine kurzzeitige Ladungsströmung in den Zuleitungen (Abschnitt 9.3.2) eine Ladungstrennung. Nach Abschluss dieses Vorgangs befinden sich positive bzw. negative Ladungen auf den Plattenoberflächen, die ein elektrisches – in diesem Fall elektrostatisches – Feldes im nichtleitenden Raum außerhalb der Platten bewirken. Das elektrische Feld bildet sich also zwischen Ladungen ungleicher Polarität aus und kann, wie im Folgenden erläutert, durch Feldlinien beschrieben werden. Die Feldlinien beginnen auf den positiven Ladungen, den *Quellen des Feldes*, und enden auf den negativen, den *Senken des Feldes*. Diese Feldlinien beschreiben die – mögliche – Kraftwirkung des elektrischen Feldes auf Ladungen über die nach Gl. (3.22) definierte elektrische Feldstärke $\vec{E}$ derart, dass die Richtung von $\vec{E}$ (mögliche Kraftrichtung) parallel zu den Tangentenrichtungen der Feldlinien liegt und der Betrag E proportional der Feldliniendichte bzw. umgekehrt proportional ihrem Abstand ist.

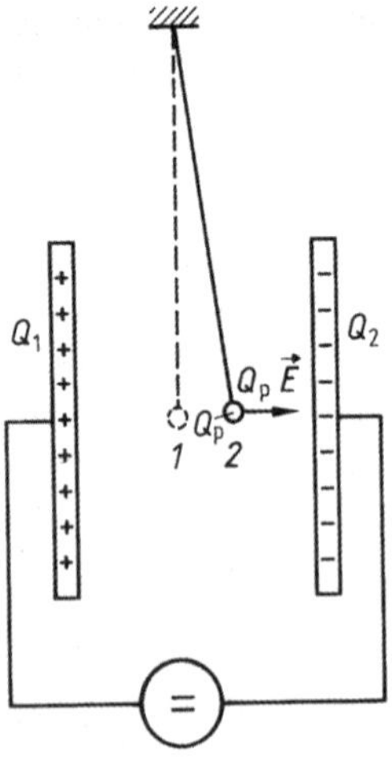

Bild 3.26 Kraft auf die elektrische Ladung im elektrischen Feld

3.3.2 Elektrische Feldstärke und Spannung

Die elektrische Feldstärke $\vec{E}$ kann im Strömungsfeld (Abschnitt 3.2.3) entsprechend Gl. (3.39) aus der die Strömungsgeschwindigkeit beschreibenden Stromdichte $\vec{J}$ berechnet werden. Für das elektrische Feld in Nichtleitern ist eine solche Berechnung zwar nicht möglich, sie kann aber auch hier in ähnlicher Weise wie in der für das Strömungsfeld abgeleiteten Gl. (3.38) als eine wegbezogene Spannung abgeleitet werden.

Für den einfachen Fall eines homogenen Feldes zwischen parallelen, ebenen, unendlich ausgedehnten Plattenelektroden entsprechend Bild 3.27 gilt für den Betrag der elektrischen Feldstärke

$$E = \frac{F}{Q} = \frac{U}{l_n}, \tag{3.58}$$

wenn U die Spannung und l_n die kürzeste Entfernung zwischen den Platten bedeutet, d. h. die Strecke, die als Normale zur Plattenoberfläche parallel zu den E-Feldlinien liegt.

Betrachtet man eine beliebige gerade Strecke l_{12} zwischen den Platten, z. B. die in Bild 3.27 von 1 nach 2 im Winkel α zu den Feldlinien verlaufende, gilt für diese die Gl. (3.58) nicht mehr. Die Richtung der betrachteten Länge l muss also beachtet werden, was dadurch geschieht, dass sie als Vektor geschrieben wird. Da ein Vektor aber nicht im Nenner einer Gleichung stehen darf, muss Gl. (3.58) zunächst in die Form

$$U = E\,l_n \tag{3.59}$$

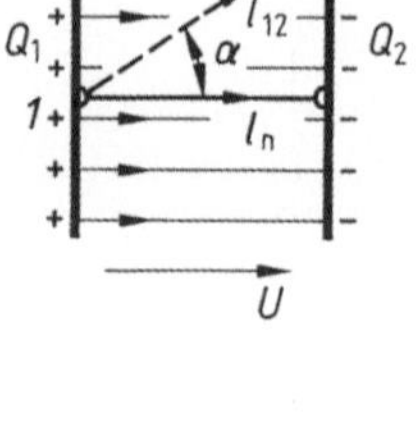

Bild 3.27 Zur Berechnung der Spannung im elektrischen Feld

umgeschrieben werden. Fasst man die Strecke l_n als Projektion der Strecke l_{12} in Richtung der elektrischen Feldstärke auf ($l_n = l_{12} \cos \alpha$) und diese wiederum als einen von 1 nach 2 gerichteten Vektor, kann die Spannung

$$U_{12} = E\, l_{12} \cos\alpha = \vec{E} \cdot \vec{l}_{12} \tag{3.60}$$

als Skalarprodukt des elektrischen Feldstärkevektors $\vec{E}$ und des von 1 nach 2 gerichteten Vektors $\vec{l}_{12}$ einer geraden Strecke l_{12} zwischen den Punkten 1 und 2 berechnet werden.

Wird an zwei Elektroden beliebiger Geometrie, z. B. zwei parallel zueinander liegende, zylindrische Leiter entsprechend Bild 3.28a, eine Spannung U gelegt, verursacht diese auf den beiden Zylinderoberflächen auch je eine Ladung Q unterschiedlicher Polarität. Die Ladung verteilt sich allerdings nicht mehr wie bei den parallelen Plattenelektroden nach Bild 3.27 gleichmäßig, sondern ungleichmäßig über die Oberfläche. In allen Fällen stellt sich aber im elektrostatischen Feld die *Ladungsverteilung auf Elektroden so ein, dass die elektrische Feldstärke $\vec{E}$ immer senkrecht zur Oberfläche steht*, *z. B.* beginnen bzw. enden die E-Feldlinien in Bild 3.28a senkrecht auf den Zylinderoberflächen. Dies macht bereits folgende anschauliche Überlegung deutlich: Würde die elektrische Feldstärke $\vec{E}$ nicht senkrecht auf einer leitenden Oberfläche (Elektrode) stehen, träte eine von null verschiedene Tangentialkomponente $E_t = E \cos \alpha$ an der Elektrodenoberfläche auf. In einem Leiter hätte diese aber unmittelbar eine Verschiebung freier Ladungsträger (Strömungsfeld) zur Folge, die erst dann beendet wäre, wenn die Tangentialkomponente der elektrischen Feldstärke verschwindet ($E_t = E \cos \alpha = 0$), diese also rechtwinklig auf der Oberfläche steht ($\alpha = \pi/2$).

Aus der Erkenntnis, dass die elektrische Feldstärke $\vec{E}$ immer senkrecht zu der Elektrodenoberfläche steht, folgt bereits anschaulich, dass sich zwischen Elektroden, deren Oberflächen nicht parallel zueinander liegen, ein *inhomogenes Feld* ausbildet (E-Feldlinien verlaufen nicht parallel und/oder mit ungleichmäßigen Abständen). Da sich in inhomogenen Feldern die elektrische Feldstärke zwischen zwei beliebigen Punkten *1* und *2* in Betrag und/oder Richtung ändern kann (Bild 3.28a), gilt Gl. (3.60) hier nicht mehr. Zur Berechnung der Spannung U_{12} zwischen zwei Punkten *1* und *2* muss man analog zu den Erläuterungen in Abschnitt 3.2.3 zunächst Teilspannungen $\mathrm{d}U = \vec{E} \cdot \mathrm{d}\vec{l}$ über infinitesimal kleine Längen dl bilden und diese dann entsprechend Gl. (3.42) über die gesamte Länge zwischen den Punkten *1* und *2* summieren, d. h. integrieren (Bild 3.28).

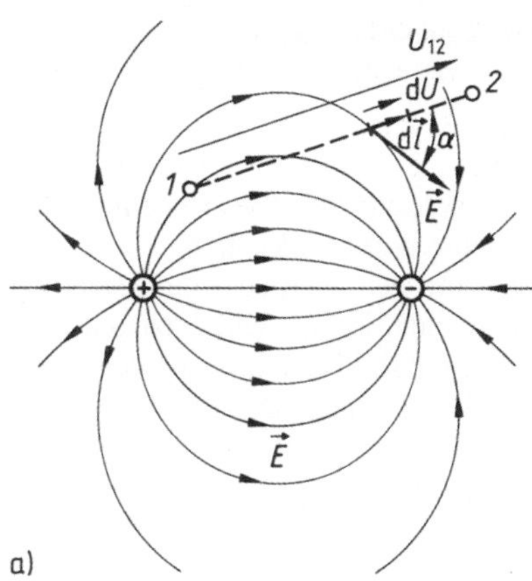

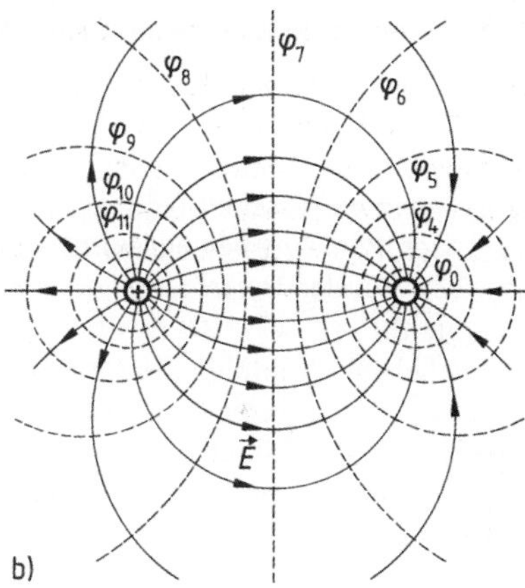

Bild 3.28 Elektrostatisches Feld zwischen langen, parallelen, zylindrischen Leitern
a) Feldlinienbild der elektrischen Feldstärke $\vec{E}$ mit grafischer Deutung der Berechnung einer Spannung $U_{12} = \int_1^2 \vec{E} \cdot \mathrm{d}\vec{l}$ als Wegintegral
b) Feld- und Äquipotenziallinien

Mit den zu Beginn dieses Abschnitts angeführten Erläuterungen soll zum einen der grundsätzliche Unterschied zwischen den Erscheinungsformen elektrischer Potenzialfelder in Leitern und Nichtleitern betont, zum anderen aber die Gleichartigkeit des physikalischen Charakters und der formalen Behandlung der elektrischen Feldstärke und der Spannung für beide Feldarten aufgezeigt werden. Für den Zusammenhang zwischen elektrischer Feldstärke $\vec{E}$, Spannung U und elektrischem Potenzial φ gelten im elektrostatischen Feld die gleichen Gesetze, wie sie in Abschnitt 3.2.3 und 3.2.4 für das stationäre elektrische Strömungsfeld abgeleitet wurden. Sie werden in diesem Abschnitt lediglich aus Gründen der übersichtlichen, geschlossenen Darstellung, mit einer separaten Gleichungsnummer versehen, wiederholt.

Im *elektrischen Potenzialfeld* kann die Spannung

$$U_{12} = \int_1^2 \vec{E} \cdot d\vec{l} \tag{3.61}$$

zwischen zwei beliebigen Punkten 1 und 2 als Integral des Skalarproduktes aus Feldstärkevektor $\vec{E}$ und Wegvektor $d\vec{l}$ berechnet werden. Für Gl. (3.61) gilt:

a) *Der Verlauf des Integrationsweges darf beliebig gewählt werden.* Für praktische Rechnungen wird immer der Weg gewählt, der den geringsten Rechenaufwand erfordert.
b) *Die Integrationsrichtung* $d\vec{l}$ *kann beliebig von* 1 *nach* 2 *oder umgekehrt von* 2 *nach* 1 *gewählt werden*, allerdings muss *der Zählpfeil der nach Gl. (3.61) berechneten Spannung immer in Integrationsrichtung* weisend angetragen werden.

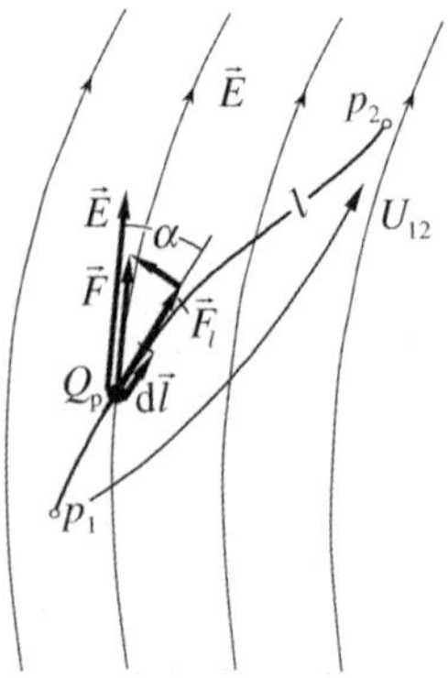

Bild 3.29 Verschiebung einer Probeladung Q_p im elektrischen Feld entlang eines beliebigen Weges.
$F_l = F \cos\alpha = Q_p E \cos\alpha$ ist die in Richtung des Verschiebungsweges $d\vec{l}$ fallende Komponente der in Richtung der elektrischen Feldstärke $\vec{E}$ wirkenden Coulomb-Kraft $\vec{F} = Q_p \vec{E}$

Stellt man sich in einem elektrischen Feld, z. B. dem nach Bild 3.29, eine *Probeladung* Q_p vor, die von Punkt p_1 nach Punkt p_2 bewegt wird, erfährt diese eine Kraftwirkung $\vec{F} = Q_p \vec{E}$ entsprechend Gl. (3.22). Bei der Verschiebung der Probeladung um den Weg $d\vec{l}$ ergibt sich eine mechanische Energie $dW = \vec{F} \cdot d\vec{l} = Q_p \vec{E} \cdot d\vec{l} = Q_p dU$, die dem elektrischen Feld entzogen wird, wenn sich die Probeladung Q_p infolge der *Feldkraft* $Q_p \vec{E}$ bewegt ($d\vec{l} \uparrow\uparrow \vec{E}$), oder die dem elektrischen Feld zugeführt wird, wenn die Probeladung Q_p durch eine eingeprägte (äußere) Kraft $\vec{F}_e = -Q_p \vec{E}$ entgegen der Feldkraft $Q_p \vec{E}$ bewegt wird ($d\vec{l} \uparrow\downarrow \vec{E}$). Multipliziert man nun Gl. (3.61) (nach der die zwischen den Punkten p_1 und p_2 auftretende Spannung U_{12} berechnet wird) mit der Probeladung Q_p

$$Q_p U_{12} = \int_1^2 Q_p \vec{E} \cdot d\vec{l} = \int_1^2 \vec{F} \cdot d\vec{l} = \int_1^2 (F \cos\alpha)\, dl = W_{12}, \tag{3.62}$$

stellt das Wegintegral der Kraft die bei der Bewegung der Ladung Q_p über den Weg von p_1 nach p_2 der Ladung Q_p zugeführte bzw. entzogene (mit dem Feld ausgetauschte) Energie W_{12} dar. Entsprechend der Gl. (3.62) kann diese Energie aber auch mit der über den Weg berechneten, also zwischen den Punkten p_1 und p_2 auftretenden Spannung bestimmt werden. Damit gibt die Gleichung (3.62) auch die physikalische Definition der Spannung

$$U_{12} = \frac{W_{12}}{Q} \tag{3.63}$$

als *Energieänderung pro Ladung* wieder. Über diese Gleichung lassen sich bei vielen Aufgaben umständliche Integrationen vermeiden.

Beispiel 3.7 Ablenkung eines Elektronenstrahls im elektrischen Feld

Zwischen den parallelen ebenen Elektroden A (Ablenkplatten) in einer Elektronenstrahl-Röhre (Abschnitt 10.1.3.3) liegt die Gleichspannung U (Bild 3.30). Ein Elektronenstrahl tritt bei 1 in das elektrostatische Feld zwischen den Elektroden und verlässt es bei 2. Die Rückwirkungen des Elektronenstrahls auf das elektrostatische Feld sollen vernachlässigbar sein, ebenso die an den Elektrodenrändern auftretenden Inhomogenitäten des Feldes. Die über den Weg von 1 nach 2 einem Elektron der Ladung $(-e)$ zugeführte Energie ist zu berechnen. Der Energieaustausch im inhomogenen Randfeld außerhalb des Bereiches 1 bis 2 sowie der mit einer an die Elektroden angeschlossenen Spannungsquelle soll hier nicht betrachtet werden.

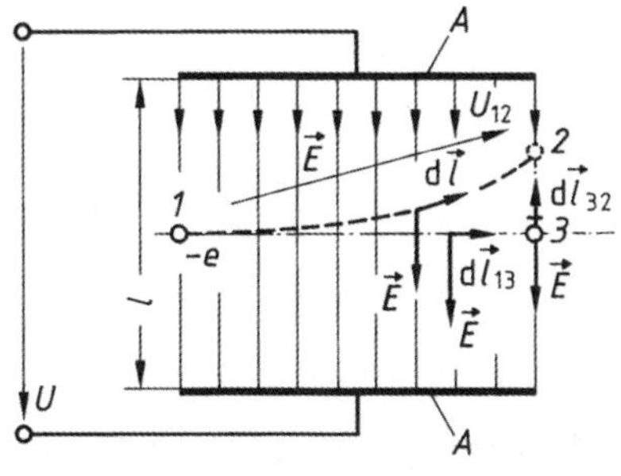

Bild 3.30 Ablenkung eines Elektronenstrahls im homogenen Feldbereich zwischen zwei ebenen Elektroden

Zwischen den parallelen ebenen Elektroden bildet sich im Bereich zwischen 1 und 2 ein näherungsweise homogenes elektrostatisches Feld aus (Bild 3.30). Damit ist nach Gl. (3.58) der Betrag der elektrischen Feldstärke $E = U/l$. Die einem Elektron der Ladung $(-e)$ in dem elektrischen Feld zugeführte Energie kann nach Abschnitt 3.3.6.1 entsprechend Gl. (3.93a) bestimmt werden. Dazu muss lediglich die vom Elektron auf dem Weg von 1 nach 2 durchlaufene Spannung U_{12} entsprechend Gl. (3.61) berechnet werden. Wählt man als Integrationsweg den tatsächlich von den Elektronen durchlaufenen Weg, der in Bild 3.30 gestrichelt gezeichnet angegeben ist, führt dies auf eine aufwändige Rechnung. Wesentlich zweckmäßiger ist es, entlang der geraden Strecken von 1 über 3 nach 2 zu integrieren. Das ist möglich, da im hier vorliegenden elektrischen Potenzialfeld der Integrationsweg zur Berechnung der Spannung U zwischen zwei Punkten beliebig gewählt werden darf. Man erkennt aus Bild 3.30, dass dieser Integrationsweg aus den zwei charakteristischen Abschnitten zwischen 1 und 3 bzw. 3 und 2 besteht, in denen das Skalarprodukt aus elektrischem Feldstärkevektor $\vec{E}$ und Wegvektor $d\vec{l}$ null ist $[\vec{E} \cdot d\vec{l}_{13} = E\, dl_{13} \cos(\pi/2) = 0]$ bzw. als algebraisches Produkt geschrieben werden darf $(\vec{E} \cdot d\vec{l}_{32} = E\, dl_{32} \cos \pi = -E\, dl_{32})$. Da außerdem über den Weg von 3 nach 2 die elektrische Feldstärke als konstant angenommen wird, lässt sich die Integration in eine Multiplikation überführen $(-\int_3^2 E\, dl_{32} = -E\, l_{32})$. Damit bekommt man einen sehr einfachen Ausdruck für die zwischen den Punkten *1* und *2* auftretende Spannung

$$U_{12} = \int_1^2 \vec{E} \cdot d\vec{l} = \int_3^2 \vec{E} \cdot d\vec{l}_{32} = -E\, l_{32}\,. \tag{3.64}$$

Mit den Beträgen für die elektrische Feldstärke $E = U/l$ und die Länge l_{32} folgt aus Gl. (3.64) ein negativer Zahlenwert, d. h. die Wirkungsrichtung dieser Spannung U_{12} ist umgekehrt wie die in Integrationsrichtung von 1 nach 2 eingezeichnete Zählpfeilrichtung für U_{12}.

Die Energie, die einem Elektron auf seiner Flugbahn von 1 nach 2 über das elektrische Feld zugeführt wird, ergibt sich nach Gl. (3.63) zu

$$W_{12} = U_{12}\,(-e) = e\,E\,l_{32}. \tag{3.65}$$

3.3.3 Elektrisches Potenzial und Eigenschaften des Potenzialfeldes

Unter Verweis auf den Absatz vor Gl. (3.61) werden auch hier die Gesetze zur Berechnung des elektrischen Potenzials lediglich wiederholend zusammengestellt. Die Erläuterungen in Abschnitt 3.2.4 gelten für sie sinngemäß.

Man wählt für die Beschreibung des Potenzials in einem elektrischen Feld einen beliebigen *Bezugspunkt* p_0 mit dem *Bezugspotenzial* φ_0. Damit ist für jeden einzelnen Punkt p des Feldraumes nach Gl. (3.48) das *Potenzial*

$$\varphi = \varphi_0 - \int_{p_0}^{p} \vec{E}\cdot d\vec{l} = \varphi_0 - U_{0p} \tag{3.66}$$

eindeutig bestimmt. Zwischen zwei beliebigen Punkten p_1 und p_2 besteht wie beim elektrischen Strömungsfeld, siehe Gl. (3.49), die Spannung

$$U_{12} = \int_{p_1}^{p_2} \vec{E}\cdot d\vec{l} = \varphi_1 - \varphi_2, \tag{3.67}$$

deren Zählpfeil vom Punkt p_1 zum Punkt p_2 weist.

Beispielsweise wird das Feld zwischen zwei parallelen zylindrischen Leitern nach Bild 3.28 betrachtet, die an eine konstante Spannung U angeschlossen sind. Es bildet sich ein inhomogenes elektrostatisches Feld aus (Abschnitt 3.3.2), das in Bild 3.28 durch die voll ausgezogenen E-Feldlinien dargestellt ist. Das Potenzial in diesem Feld soll nun auf das Potenzial der zylindrischen Oberfläche des negativ geladenen Leiters bezogen bestimmt werden. Diese willkürliche Wahl könnte z. B. dadurch begründet sein, dass dieser Leiter geerdet ist. Damit kann das Potenzial für den beliebigen Raumpunkt nach Gl. (3.66) berechnet werden:

$$\varphi = \varphi_0 - \int_{p_0}^{p} \vec{E}\cdot d\vec{l} = \int_{p}^{p_0} \vec{E}\cdot d\vec{l}$$

Für die qualitative Beurteilung des Feldbildes eines Potenzialfeldes ist es zweckmäßig, Potenzialwerte mit jeweils gleichen Abständen festzulegen.

$$\varphi_1 - \varphi_2 = \varphi_2 - \varphi_3 = \ldots = \varphi_{(n-1)} - \varphi_n = \text{const}$$

Verbindet man jeweils alle Punkte, die das gleiche Potenzial haben, bekommt man bei ebenen Darstellungen die *Äquipotenziallinien* (ÄPL) und bei räumlichen die *Äquipotenzialflächen* (ÄPF) als geometrischen Ort aller Punkte jeweils gleichen Potenzials.

Beispielsweise werden für das Feld zwischen den an der Spannung U liegenden zylindrischen Leitern nach Bild 3.28b die Potenzialwerte $\varphi_0 = 0$, $\varphi_1 = U/14$; $\varphi_2 = U/7$; … ; $\varphi_{14} = U$ festgelegt. Die sich für diese Werte ergebenden Äquipotenzialflächen sind parallel und exzentrisch zu den Zylinderleitern liegende Röhren. Ihre Schnittlinien mit einer rechtwinklig zu den beiden Zylinderleitern verlaufenden Darstellungsebene ergeben die in Bild 3.28b gestrichelt eingezeichneten Äquipotenziallinien.

Im Potenzialfeld hat jeder Raumpunkt genau ein Potenzial. Wird also entsprechend Bild 3.31a ausgehend von einem beliebigen Punkt p_1 mit dem Potenzial φ_1 für einen beliebigen zweiten Punkt p_2 das Potenzial

$$\varphi_2 = \varphi_1 - \int_{p_1}^{p_2} \vec{E} \cdot \mathrm{d}\vec{l}_{12} \tag{3.68a}$$

entsprechend Gl. (3.66) berechnet, muss sich *unabhängig vom gewählten Integrationsweg* immer der gleiche Wert φ_2 ergeben. Beispielsweise liefert die Integration entlang der Wege $l_1, l_2, l_3, \ldots$ in Bild 3.31a immer den gleichen Wert φ_2. Das gleiche gilt auch für den Weg von p_1 nach p_2 in Bild 3.31b. Berechnet man nun von diesem Punkt p_2 mit dem Potenzial φ_2 ausgehend wieder für den Punkt p_1 das Potenzial

$$\varphi_1 = \varphi_2 - \int_{p_2}^{p_1} \vec{E} \cdot \mathrm{d}\vec{l}_{21} = \left(\varphi_1 - \int_{p_1}^{p_2} \vec{E} \cdot \mathrm{d}\vec{l}_{12} \right) - \int_{p_2}^{p_1} \vec{E} \cdot \mathrm{d}\vec{l}_{21} \tag{3.68b}$$

(Bild 3.31b), muss sich unabhängig vom gewählten Integrationsweg wieder das diesem Punkt p_1 eigene Potenzial φ_1 ergeben. Nach Gl. (3.68b) muss also die Summe der beiden Wegintegrale von p_1 nach p_2 und von dort zurück nach p_1 null ergeben

$$\int_{p_1}^{p_2} \vec{E} \cdot \mathrm{d}\vec{l}_{12} + \int_{p_2}^{p_1} \vec{E} \cdot \mathrm{d}\vec{l}_{21} = \int_{p_1}^{p_2} \vec{E} \cdot \mathrm{d}\vec{l}_{12} - \int_{p_1}^{p_2} \vec{E} \cdot \mathrm{d}\vec{l}_{12} = 0.$$

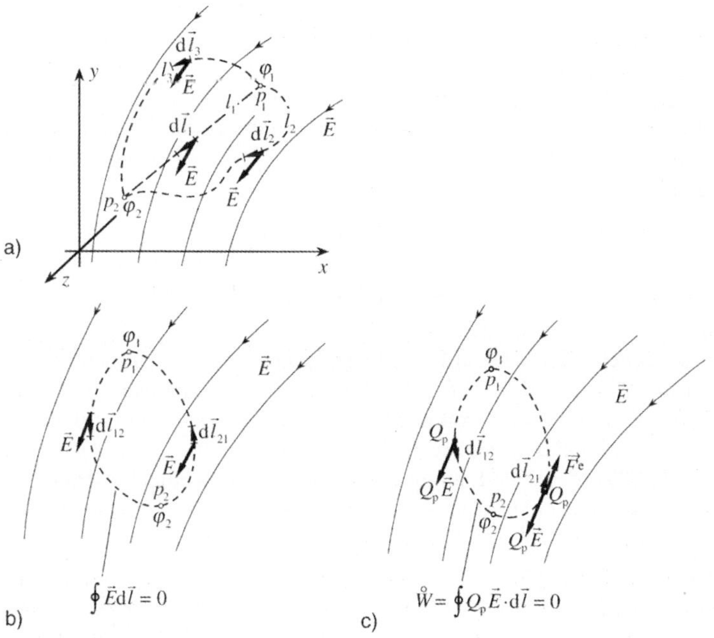

Bild 3.31
Wegintegral der elektrischen Feldstärke
a) über verschiedene Wege zur Berechnung des Potenzials
b) über einen geschlossenen Weg (Umlaufspannung $\mathring{U}$)
c) multipliziert mit einer Ladung Q zur Bestimmung der Umlaufenergie $\mathring{W}$

Allgemeingültig lässt sich feststellen, dass im elektrischen Potenzialfeld das Wegintegral der elektrischen Feldstärke zwischen zwei Punkten unabhängig vom gewählten Weg immer den gleichen Spannungswert bzw. die gleiche Potenzialdifferenz liefert. *Über einen beliebigen, aber geschlossenen Umlauf ist das Wegintegral der elektrischen Feldstärke also stets null*:

$$\oint \vec{E} \cdot \mathrm{d}\vec{l} = 0 \qquad (3.69)$$

Man nennt ein solches über einen geschlossenen Weg gebildetes Wegintegral auch *Umlaufintegral* und kennzeichnet es mit einem Kreis im Integralzeichen. Physikalisch kann man Gl. (3.69) so interpretieren, dass sich die potenzielle Energie einer Ladung Q, die (durch eine äußere eingeprägte Kraft) in einem Potenzialfeld über einen geschlossenen Umlauf herumgeführt wurde, nicht geändert hat (Bild 3.31c).

Auf dem Grundgesetz Gl. (3.69) basiert der für die Netzwerklehre fundamentale *Maschensatz*, nach dem in einer Masche, d. h. in einem geschlossenen Umlauf, die Spannungssumme (auch als Umlaufspannung $\mathring{U} = \sum U = \oint \vec{E} \cdot \mathrm{d}\vec{l}$ bezeichnet), d. h. das Umlaufintegral der elektrischen Feldstärke, stets null sein muss (Abschnitt 2.2.2.2).

3.3.4 Elektrische Flussdichte und elektrischer Fluss

In Abschnitt 3.1.2.2 wurde beschrieben, dass die Ursache des elektrischen Potenzialfeldes elektrische Ladungen sind. In der Feldtheorie wird diese Ursache aber durch die Feldgröße *elektrische Flussdichte* $\vec{D}$ beschrieben. Der Zusammenhang zwischen den Feldgrößen elektrische Feldstärke $\vec{E}$ und Flussdichte $\vec{D}$ ist in der Definitionsgleichung (3.27) festgelegt. In diesem Abschnitt werden Verfahren zur Bestimmung der elektrischen Flussdichte $\vec{D}$ aus der sie hervorrufenden elektrischen Ladungsverteilung erläutert.

Beispielhaft wird im Folgenden der in Bild 3.32 skizzierte Plattenkondensator betrachtet.

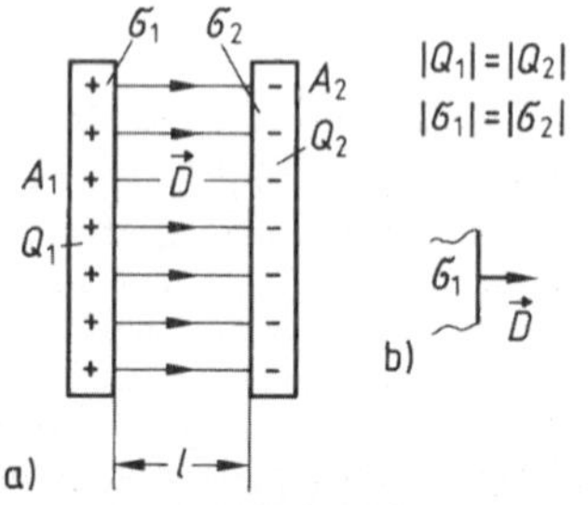

Bild 3.32 Elektrische Flussdichte $\vec{D}$ im Plattenkondensator (a) und Flächenladungsdichte σ in der Elektrodenoberfläche mit elektrischer Flussdichte $\vec{D}$ auf ihr (b)

Auf den sich parallel gegenüberstehenden ebenen Plattenelektroden mit gleich großen Flächen $A_1 = A_2 = A$ befinden sich die gleich großen positiven bzw. negativen Ladungen $Q_1 > 0$ und $Q_2 = -Q_1$. Sind die Plattenabmessungen sehr groß gegenüber dem Plattenabstand, bildet sich zwischen den Platten ein näherungsweise homogenes elektrisches Feld aus, dessen Randverzerrungen vernachlässigbar sind. Damit ist die Ladung auf den Platten gleichmäßig verteilt und es lässt sich nach Gl. (3.8) die *Flächenladungsdichte*

$$\sigma = \frac{Q}{A} \qquad (3.70)$$

berechnen. Dieser Flächenladungsdichte kann nun die in Abschnitt 3.1.2.2 erläuterte ebenfalls flächenbezogene Feldgröße *elektrische Flussdichte* zugeordnet werden.

An der Grenzfläche zwischen den leitenden Elektroden und dem nichtleitenden Feldraum ist der Betrag der elektrischen Flussdichte $\vec{D}$ gleich dem Betrag der Ladungsdichte σ [17].

$$D = \sigma \tag{3.71}$$

Bildhaft kann man sich vorstellen, die Ladungsdichte σ setzt sich an der Elektrodenoberfläche in die Feldgröße elektrische Flussdichte $\vec{D}$ um (Bild 3.32b). *Wie die E-Feldlinien beginnen bzw. enden auch die D-Feldlinien jeweils auf positiven bzw. negativen Ladungen.*

Trotz der mit Gl. (3.71) beschriebenen Gleichheit der Beträge von $\vec{D}$ und σ ist zu beachten, dass die lediglich als Rechengröße definierte Feldgröße elektrische Flussdichte D grundsätzlich von anderer Qualität ist als die Größe der Ladungsdichte σ, die in den Oberflächenladungen der Elektroden körperlich existent ist.

Der in Gl. (3.71) aufgezeigte Zusammenhang zwischen der Dichte der das elektrische Potenzialfeld direkt verursachenden Ladung und der diese Ursache beschreibenden Feldgröße elektrische Flussdichte D gilt nur unmittelbar an der Oberfläche leitender Elektroden, auf der die Feldvektoren bei isotropen Materialien immer senkrecht stehen. Um zu erläutern, wie sich die Flussdichte D im Feldraum zwischen den Elektroden ausbildet, wird folgendes Experiment betrachtet:

In das homogene elektrostatische Feld zwischen den Plattenelektroden 1 und 2 mit den Ladungen $Q_1 > 0$ und $Q_2 = -Q_1$ nach Bild 3.33 werden zwei zusammengelegte (also galvanisch verbundene) leitfähige, dünne Prüfplatten P_1 und P_2 (*Maxwellsche Doppelplatte*) gebracht, die parallel zu den Plattenelektroden, also senkrecht zu den $\vec{D}$-Feldlinien liegen. Trennt man diese Platten im Feldraum und zieht sie in getrenntem Zustand aus dem Feld heraus, kann man auf jeder der Platten eine Ladung Q_{p1} bzw. Q_{p2} messen (Bild 3.33b). Diese Ladungen haben den gleichen Betrag, aber unterschiedliche Polarität.

$$Q_{p1} = -Q_p < 0,\ Q_{p2} = +Q_p > 0$$

Man sagt, es seien Ladungen *influenziert* worden, und bezeichnet diese Erscheinung als *Influenz*. Ursache hierfür ist die überall im Feldraum, also auch am Ort der Prüfplatten, herrschende elektrische Feldstärke $\vec{E}$, die einen Teil der in Leitern vorhandenen freien Elektronen an die Oberfläche der einen Platte *verschiebt*, sodass in der anderen die positiven Kernladungen überwiegen.

Dividiert man die auf die Prüfplatten influenzierte Ladung Q_p durch die Fläche A_p der Prüfplatten, bekommt man eine Ladungsdichte $\sigma_p = Q_p/A_p$, deren Betrag im vorliegenden Fall des homogenen Feldes gleich ist dem der Ladungsdichte σ auf den Plattenelektroden, der wiederum gleich ist dem Betrag des Feldvektors der elektrischen Flussdichte $|\vec{D}| = |\sigma| = |\sigma_p|$.

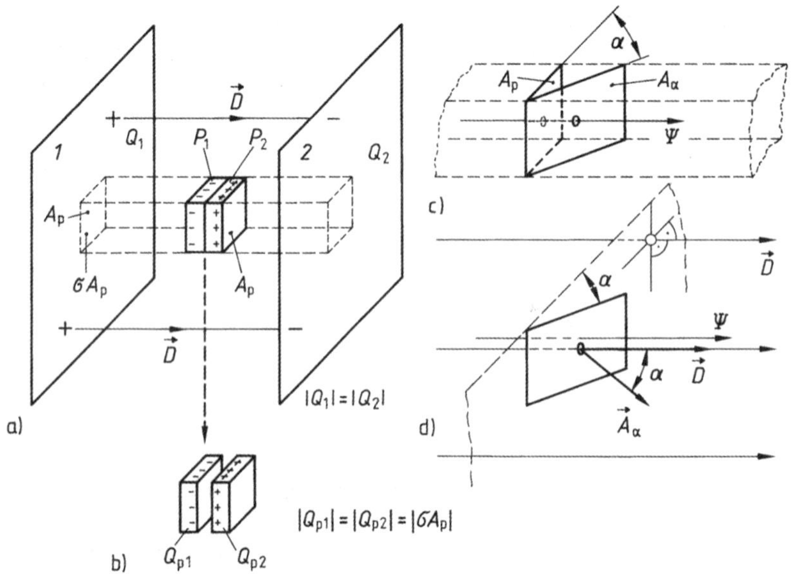

Bild 3.33 Zusammenhang zwischen Flächenladungsdichte σ, elektrischer Flussdichte $\vec{D}$ und elektrischem Fluss Ψ
a) homogenes elektrostatisches Feld im Plattenkondensator mit Maxwellscher Doppelplatte
b) Maxwellsche Doppelplatten nach Entfernen aus dem Feld des Plattenkondensators
c) Flussröhre mit Querschnitt A_p und Schnittfläche A_α in allgemeiner Lage
d) elektrischer Fluss Ψ durch Fläche A_α

Man stellt sich nun eine „Röhre" mit dem Querschnitt der Prüfplatten A_p vor, die parallel zu den D-Feldlinien verläuft (Bild 3.33c), und ordnet dieser per Definition einen *elektrischen Fluss*

$$\Psi = D A_p \tag{3.72}$$

zu, der als Produkt aus dem Betrag der elektrischen Flussdichte D und der Querschnittsfläche A_p der Röhre ist. Dieser durch den Röhrenquerschnitt A_p bestimmte elektrische Fluss Ψ tritt, wie aus Bild 3.33c zu erkennen ist, gleichermaßen in beliebigen Schnittflächen A_α durch die Röhre auf. Beispielsweise ist der Fluss durch die gegenüber der Querschnittsfläche A_p geneigten Fläche A_α in Bild 3.33c

$$\Psi_\alpha = \Psi_p = D A_p.$$

Beschreibt man analog den Erläuterungen in Abschnitt 3.2.2 zu Gl. (3.36) die räumliche Lage der ebenen Fläche A_α durch einen senkrecht auf ihr stehenden Flächenvektor $\vec{A}_\alpha$, so schließt dieser mit dem Vektor der elektrischen Flussdichte $\vec{D}$ den Winkel α ein (Bild 3.34d), und man bekommt die Bestimmungsgleichung für den elektrischen Fluss

$$\Psi = \vec{D} \cdot \vec{A} = D A \cos \alpha, \tag{3.73}$$

die allerdings nur für ebene Flächen A gilt, in denen die *elektrische Flussdichte* $\vec{D}$ *konstant* ist. Dabei ist analog den Erläuterungen zum Strom I der *Zählpfeil des elektrischen Flusses* Ψ in *Richtung des Flächenvektors* $\vec{A}$ einzutragen.

In *inhomogenen Feldern* (Bild 3.34) lassen keine „Flussröhren" (mit beliebig großen Querschnittsflächen A_p) mehr festlegen, in denen überall die gleiche elektrische Flussdichte $\vec{D}$ auftritt.

In Bild 3.34 ist eine beliebige Fläche A in einem inhomogenen Feld skizziert. Zerlegt man die Fläche A in infinitesimal kleine Flächenelemente dA, die durch parallel zu den $\vec{D}$-Feldlinien verlaufende Flussröhren mit den elektrischen Teilflüssen dΨ begrenzt sind, gilt für jede dieser Flächen dA nach obigen Erläuterungen

$$\mathrm{d}\Psi = \vec{D} \cdot \mathrm{d}\vec{A}\,. \tag{3.74}$$

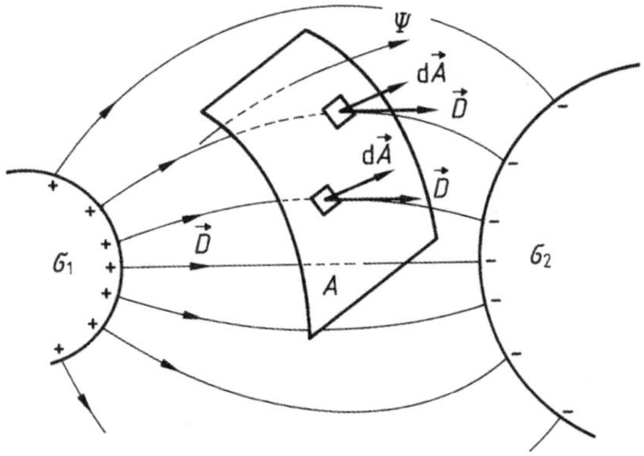

Bild 3.34 Zur Berechnung des elektrischen Flusses $\Psi = \int \vec{D} \cdot \mathrm{d}\vec{A}$ als Flächenintegral der elektrischen Flussdichte $\vec{D}$

Summiert, d. h. integriert man alle Teilflüsse dΨ, bekommt man den die Fläche A durchdringenden *elektrischen Fluss*

$$\Psi = \int_A \vec{D} \cdot \mathrm{d}\vec{A}\,. \tag{3.75}$$

Die größte praktische Bedeutung erlangt die Definition des elektrischen Flusses Ψ bei der Formulierung des *Gaußschen Satzes der Elektrostatik*

$$\mathring{\Psi} = \oint \vec{D} \cdot \mathrm{d}\vec{A} = Q. \tag{3.76}$$

Dieser besagt, dass der elektrische Fluss Ψ durch eine geschlossene Fläche (*Hüllfläche*) gleich ist der von dieser Fläche eingeschlossenen elektrischen Ladung. Der elektrische Hüllenfluss kann als Flächenintegral der elektrischen Flussdichte $\vec{D}$ über eine beliebig geformte, aber geschlossene (was durch den Kreis über Ψ bzw. im Integralzeichen beschrieben ist) Fläche berechnet werden. Der *Flächenvektor* d$\vec{A}$ *ist immer aus der Hüllfläche herausweisend anzutragen*; dann stimmt das Vorzeichen des berechneten elektrischen Hüllenflusses $\mathring{\Psi}$ mit dem Vorzeichen der von der Hüllfläche eingeschlossenen Ladung überein.

Beispiel 3.8 Elektrisches Feld innerhalb eines Koaxialkabels

Bei einem sehr langen, geraden Koaxialkabel entsprechend Bild 3.35 habe der Innenleiter mit dem Außendurchmesser d_i die positive und der Außenleiter mit dem Innendurchmesser d_a die negative Ladung pro Länge $\lambda = Q/l$. Die elektrische Flussdichte $\vec{D}$ im Koaxialkabel ist zu berechnen.

Aus Symmetrieüberlegungen folgt, dass die D-Feldlinien radialsymmetrisch vom Innenleiter zum Außenleiter verlaufen (Bild 3.35b). Die Flussdichte $\vec{D}$ hat also nur eine Radialkomponente D_r.

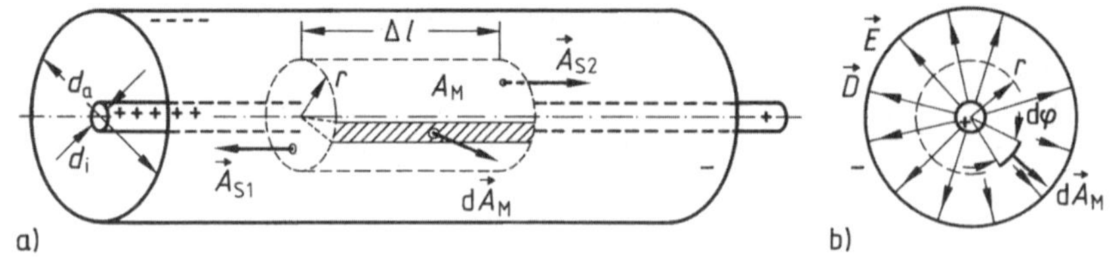

Bild 3.35 Koaxialkabel
a) gedachter konzentrischer Zylinder zwischen Innen- und Außenleiter für die Anwendung des Gaußschen Satzes
b) Querschnitt mit Feldlinienbild

Wählt man, wie in Bild 3.35 gestrichelt skizziert, einen geschlossenen Zylinder mit dem Radius r und der Länge Δl in konzentrischer Lage um den Innenleiter, so gilt, dass der Vektor $\vec{D}$ in der Mantelfläche A_M dieses Zylinders in allen Punkten einen konstanten Betrag hat und senkrecht auf der Mantelfläche A_M steht. Zu den Stirnflächen A_{S1} und A_{S2} des Zylinders verlaufen die D-Feldlinien parallel. Die Flächenvektoren $d\vec{A}_M$ und $d\vec{A}_S$ des so gedachten Zylinders müssen nach außen weisend angetragen werden. Dabei können die Flächenelemente $dA_M = \Delta l \, r \, d\varphi$ der Mantelfläche als ebene Längsstreifen mit der tangentialen Breite $r \, d\varphi$ aufgefasst werden (Bild 3.35), da sich über die axiale Länge Δl bei konstantem r der Vektor $\vec{D}$ weder in Betrag noch Richtung ändert. Mit der gegebenen längenbezogenen Ladung λ ergibt sich die vom Zylinder eingeschlossene Ladung $\Delta Q = \lambda \Delta l$ und der Gaußsche Satz der Elektrostatik kann entsprechend Gl. (3.76) wie folgt aufgestellt werden.

$$\oint \vec{D} \cdot d\vec{A} = \int_{A_M} D_r \, dA_M \cos 0 + \int_{A_{S1}} D_r \, dA_{S1} \cos(\pi/2) + \int_{A_{S2}} D_r \, dA_{S2} \cos(\pi/2)$$

$$= D_r \, \Delta l \, r \int_0^{2\pi} d\varphi = D_r \, \Delta l \cdot 2\pi \, r = \Delta Q \tag{3.77}$$

Man kann diese Gleichung mit $\Delta Q = \lambda \Delta l$ explizit nach der Radialkomponente der elektrischen Flussdichte

$$D_r = \lambda/(2\pi \, r) \tag{3.78}$$

auflösen und erkennt, dass diese umgekehrt proportional dem Radius r ist. Zu den Vorzeichen in Gl. (3.77) ist zu bemerken, dass der gedachte Zylinder die positive Ladung ΔQ des Innenleiters einschließt. Die auf dieser Ladung beginnenden D-Feldlinien durchdringen den gedachten Zylinder von innen nach außen, verlaufen also parallel zu den per Definition ebenfalls nach außen weisend auf einer Hüllfläche anzutragenden Flächenvektoren des Zylindermantels. Damit liefert das Integral des Skalarproduktes $\vec{D} \cdot d\vec{A}$ auf der linken Seite des Gaußschen Satzes Gl. (3.77) positive Zahlenwerte, was dem positiven Vorzeichen der eingeschlossenen Ladung entspricht.

Die Schwierigkeit bei der Berechnung elektrischer Felder mit Hilfe des Gaußschen Satzes liegt darin, dass die elektrische Flussdichte $\vec{D}$ nur implizit in Gl. (3.76) enthalten ist. Lediglich in Fällen, in denen aus Symmetrieüberlegungen der *qualitative Feldverlauf* bekannt ist, lässt sich Gl. (3.76) so anwenden, dass ihre explizite Auflösung nach der elektrischen Flussdichte möglich wird. Man kann also mit Hilfe des Gaußschen Satzes bei gegebenem $\vec{D}$-Feld i. Allg. immer den elektrischen Hüllenfluss $\mathring{\Psi}$ und damit die von der Hülle eingeschlossene Ladung Q berechnen, dagegen umgekehrt aus dem gegebenen Fluss bzw. aus der gegebenen Ladung die elektrische Flussdichte $\vec{D}$ nur in Sonderfällen, wenn der qualitative Feldverlauf bekannt ist und das Feld bestimmte Symmetrien aufweist.

3.3.5 Zusammenhang zwischen elektrischer Ladung und Spannung

Um den Zusammenhang zwischen den elektrischen Größen Ladung Q und Spannung U zu erläutern, werden die in Bild 3.36 dargestellten ebenen Platten mit den Flächen $A_1 = A_2 = A$ betrachtet, die sich im Abstand l parallel zueinander gegenüberstehen.

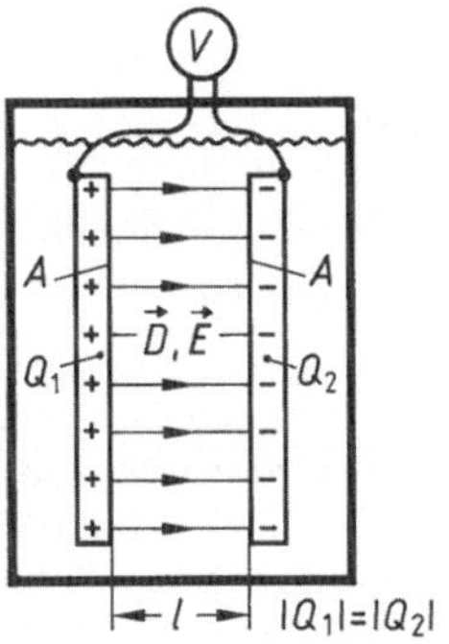

Bild 3.36 Plattenkondensator in einem mit Öl gefüllten Gefäß

Auf die eine Platte wurde eine positive Ladung $Q_1 > 0$, auf die andere eine negative Ladung $Q_2 < 0$ gebracht, die betragsmäßig gleich sind ($Q_1 = -Q_2 = Q$). Diese Ladungen verursachen ein näherungsweise homogenes elektrostatisches Feld zwischen den Platten (die Verzerrungen zu den Plattenrändern hin sollen vernachlässigbar sein). Für dieses homogene Feld gilt nach den Gln. (3.70) und (3.71) für den Zusammenhang zwischen elektrischer Flussdichte D und Plattenladung

$$Q = \sigma A = D A. \tag{3.79}$$

Mit der zwischen den Platten verschobenen Ladung Q stellt sich eine Spannung U zwischen den Platten ein, die mit einem *elektrostatischen Spannungsmesser* gemessen werden kann. Ein solcher Spannungsmesser hat einen nahezu unendlich großen Innenwiderstand, d. h. über ihn fließt kein Strom, der den Ladungsunterschied der Platten ausgleichen würde. Der Zusammenhang zwischen der Spannung U und der elektrischen Feldstärke E des homogenen Feldes zwischen den Platten wird mit Gl. (3.59) beschrieben:

$$U = E\, l \tag{3.80}$$

Dividiert man Gl. (3.79) durch Gl. (3.80), bekommt man die auf die Plattenspannung U bezogene Plattenladung

$$\frac{Q}{U} = \frac{D}{E} \cdot \frac{A}{l}. \tag{3.81}$$

Ordnet man die Platten in einem Gefäß an, welches zunächst evakuiert, also luftleer ist, misst man bei einer Plattenladung Q_L die Plattenspannung U_L. Füllt man dann das Gefäß mit Isolieröl, misst man eine Spannung $U_Ö$, die sich von der bei Vakuum gemessenen unterscheidet. Da die Platten isoliert angeordnet sind, kann sich ihre Ladung durch das Einfüllen des Öls nicht geändert haben ($Q_Ö = Q_L = Q$). Da auch die Plattenfläche A und ihr Abstand l nicht verändert werden, folgt aus Gl. (3.81)

$$\frac{Q}{U_L} = \frac{D}{E_L} \cdot \frac{A}{l} \neq \frac{Q}{U_Ö} = \frac{D}{E_Ö} \cdot \frac{A}{l},$$

also die Tatsache, dass der Zusammenhang zwischen den Feldgrößen elektrische Flussdichte $\vec{D}$ und elektrische Feldstärke $\vec{E}$ vom Material des Feldraumes abhängen muss.

Diese Materialabhängigkeit wird durch die *Permittivität* $\varepsilon = \varepsilon_0 \varepsilon_r$ berücksichtigt, die in Gl. (3.27) bei der Definition der elektrischen Flussdichte eingeführt wurde.

Die *relative Permittivität* ε_r gibt ähnlich wie die relative Permeabilität μ_r im magnetischen Feld (Abschnitt 4.1.5) ausschließlich den Einfluss des Werkstoffs an (Tabelle 3.2). Soweit Bereiche in der Tabelle für ε_r angegeben sind, zeigen die Stoffe eine merkliche Abhängigkeit von ihrer Zusammensetzung. Die relativen Permittivitäten von Gasen liegen sehr nahe bei 1, z. B. $\varepsilon_r = 1{,}0006$ für Luft bei 1000 hPa. Bei vielen Werkstoffen ist die relative Permittivität ε_r *temperaturabhängig*. Darüber hinaus ist ε_r prinzipiell *frequenzabhängig* [27], [36]. Allerdings ist die Frequenzabhängigkeit insbesondere im Bereich niedriger Frequenzen meist unbedeutend.

Tabelle 3.2 Beispiele für relative Permittivitäten ε_r fester und flüssiger Isolierstoffe bei 20 °C und Frequenzen $f < 2$ MHz

Eis bei –20 °C	16,0	Mineralöl	2,2	Polyvinylchlorid, weich	4 bis 5,5
Glas, gewöhnlich	5 bis 7	Pertinax	4,8		
Glimmer	5 bis 8	Petroleum	2,1	Porzellan	4,5 bis 6,5
Gummi	2,7	Polyäthylen	2,2 bis 2,3	Quarz	3,8 bis 5
Hartpapier	5 bis 6	Polystyrol	2,4 bis 3	Wasser, destilliert	80
Hölzer	1 bis 7	Polyvinylchlorid (PVC), hart	3,2 bis 3,5		
Keramikmassen	bis 4000				

3.3.5.1 Kapazität

Ersetzt man in Gl. (3.81) den Quotienten D/E durch die Permittivität ε, erkennt man, dass der Quotient Ladung durch Spannung

$$\frac{Q}{U} = \varepsilon \frac{A}{l} \tag{3.82}$$

nur von der Geometrie der Anordnung und den Materialeigenschaften des Feldraumes abhängig ist. Dieser hier am übersichtlichen Beispiel paralleler ebener Platten erläuterte Zusammenhang lässt sich sinngemäß auch auf Elektrodenanordnungen beliebiger Geometrie übertragen. Wegen der großen praktischen Bedeutung dieser Gesetzmäßigkeit wurden folgende allgemeingültige Begriffe festgelegt:

Eine Anordnung aus zwei *Elektroden* (elektrisch leitfähige Gebilde) beliebiger Geometrie, die durch einen nicht leitfähigen Raum, das *Dielektrikum*, getrennt sind, nennt man *Kondensator*.

Befinden sich auf den Elektroden gleich große Ladungen unterschiedlicher Polarität $Q > 0$ und $-Q$, tritt zwischen ihnen die Spannung U auf. Der Quotient Ladung durch Spannung wird als *Kapazität*

$$C = \frac{Q}{U} \tag{3.83}$$

des Kondensators bezeichnet.

Die Kapazität C ist nur von der Geometrie der Anordnung und den Materialeigenschaften des Dielektrikums im felderfüllten Raum abhängig.

Die Ladung Q, die ein Kondensator pro Spannung U zu speichern vermag, wird durch die Kapazität C dieses Kondensators angegeben.

In der Praxis ist häufig die ladungsspeichernde Wirkung von Kondensatoren von Nutzen, z. B. zur Speisung von Elektronenblitzröhren, zur Glättung pulsierender Gleichspannungen, in Schwingkreisen usw. Für diesen Zweck verwendet man Kondensatoren mit großflächigen Elektroden aus dünnen Metallfolien, die durch ein Dielektrikum aus dünnen Isolierfolien getrennt und wechselweise zusammengeschichtet (Bild 3.37a) bzw. aufgerollt (Bild 3.37b) sind, oder *Elektrolytkondensatoren*, auf deren kompliziertere Wirkungsweise hier nicht eingegangen wird. Im Gegensatz zu solchen gezielt genutzten Kapazitäten sind die zwischen allen spannungsführenden Teilen unvermeidbar wirksamen *parasitären Kapazitäten* häufig unerwünscht. Beispielsweise können über die zwischen zwei Leitungen bestehende Kapazität Störungen übertragen werden, die die Funktion einer Schaltung beeinträchtigen oder sogar verhindern.

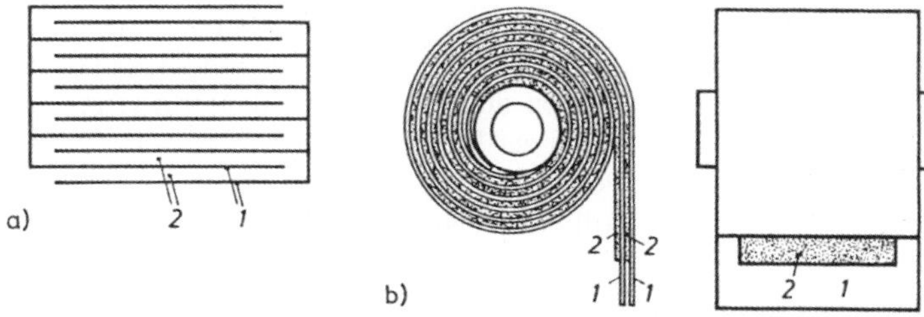

Bild 3.37 Schematische Darstellung ausgeführter Kondensatoren in geschichteter (a) und aufgerollter (b) Form
1 Elektroden aus Metallfolien
2 Dielektrikum aus Isolierstofffolien

Die zwischen zwei Elektroden auftretende Kapazität lässt sich nach dem folgenden grundsätzlichen Schema berechnen:

Auf den zwei in ihrer Geometrie gegebenen Elektroden 1 und 2 werden gleich große positive und negative Ladungen $Q_1 = -Q_2 = Q$ angenommen. Für das von diesen Ladungen zwischen den Elektroden erregte elektrostatische Feld wird mit Hilfe des *Gaußschen Satzes* entsprechend Gl. (3.76) die elektrische Flussdichte D berechnet (Beispiel 3.8). Mit der für das Dielektrikum des Feldraumes zwischen den Elektroden gegebenen Permittivität ε kann nach Gl. (3.27) die elektrische Feldstärke $\vec{E} = \vec{D} / \varepsilon$ berechnet werden. Diese über einen beliebigen Weg zwischen den Elektroden entsprechend Gl. (3.67) integriert, ergibt die Spannung U zwischen den Elektroden, mit der die Kapazität $C = Q/U$ als Quotient aus angenommener Ladung Q und der dafür über D und E berechneten Spannung U bestimmt werden kann.

Beispiel 3.9 Kapazitätsbelag eines Koaxialkabels

Für das in Beispiel 3.8 behandelte, in Bild 3.35 dargestellte Koaxialkabel ist die längenbezogene Kapazität, der so genannte Kapazitätsbelag C/l zu berechnen. Der Innenleiter hat den Durchmesser $d_i = 1$ mm, der Außenleiter den Innendurchmesser $d_a = 10$ mm und das Dielektrikum zwischen Innen- und Außenleiter die relative Permittivität $\varepsilon_r = 2$.

Für eine axiale Länge Δl des Kabels wird eine positive bzw. negative Ladung des Betrags $\Delta Q = \lambda \, \Delta l$ auf dem Innen- bzw. Außenleiter angenommen (λ ist die Ladung pro Länge). Für diese Ladung wurde in Beispiel 3.8 die elektrische Flussdichte $D = \lambda/(2\pi\, r) = \Delta Q/(\Delta l \cdot 2\pi\, r)$ berechnet. Dieser elektrischen Flussdichte entspricht im Dielektrikum der Permittivität $\varepsilon_0\, \varepsilon_r$ nach Gl. (3.27) die elektrische Feldstärke $E = D/\varepsilon_0\, \varepsilon_r = \Delta Q/(\Delta l \cdot 2\pi\, r\, \varepsilon_0\, \varepsilon_r)$. Damit kann entsprechend Gl. (3.61) die Spannung U zwischen Innen-

und Außenleiter berechnet werden. Man wählt einen radialen Integrationsweg, über den der Wegvektor $\mathrm{d}\vec{l} = \mathrm{d}\vec{r}$ immer parallel zu dem Feldstärkevektor $\vec{E}$ liegt, also $\vec{E} \cdot \mathrm{d}\vec{l} = E\,\mathrm{d}r$ gilt. Damit beträgt die Spannung

$$U = \int \vec{E} \cdot \mathrm{d}\vec{l} = \frac{\Delta Q}{\Delta l \cdot 2\pi\,\varepsilon_0\,\varepsilon_\mathrm{r}} \int_{r_\mathrm{i}}^{r_\mathrm{a}} \frac{1}{r}\,\mathrm{d}r = \frac{\Delta Q}{\Delta l \cdot 2\pi\,\varepsilon_0\,\varepsilon_\mathrm{r}} [\ln r]_{r_\mathrm{i}}^{r_\mathrm{a}} = \frac{\Delta Q}{\Delta l \cdot 2\pi\,\varepsilon_0 \varepsilon_\mathrm{r}} \ln \frac{r_\mathrm{a}}{r_\mathrm{i}}\,.$$

Das Auflösen dieser Gleichung nach $\Delta Q/U$ liefert entsprechend Gl. (3.83) die Kapazität

$$\Delta C = \frac{\Delta Q}{U} = \frac{\Delta l \cdot 2\pi\,\varepsilon_0\,\varepsilon_\mathrm{r}}{\ln (r_\mathrm{a}/r_\mathrm{i})} \tag{3.84}$$

für ein Kabelstück der Länge Δl. Mit den gegebenen Zahlenwerten ergibt sich der Kapazitätsbelag

$$\frac{C}{l} = \frac{2\pi\,\varepsilon_0\,\varepsilon_\mathrm{r}}{\ln (r_\mathrm{a}/r_\mathrm{i})} = \frac{2\pi \cdot 8{,}854 \cdot 2\ \mathrm{pF/m}}{\ln (5/0{,}5)} = 48{,}3\ \mathrm{pF/m}$$

des Koaxialkabels, der die Übertragungseigenschaften des Kabels maßgebend beeinflusst.

Bei den meisten Kondensatoren, die speziell zum Zweck der Ladungsspeicherung gebaut sind, ist das elektrostatische Feld deutlich erkennbar auf den durch die Elektrodenform scharf begrenzten Raum beschränkt. In solchen Fällen muss bei der Berechnung der elektrischen Flussdichte aus der Elektrodenladung nicht immer die vollständig geschlossene Hülle um die Elektrode im Gaußschen Satz berücksichtigt werden. Soll beispielsweise die Kapazität des Plattenkondensators nach Bild 3.38 berechnet werden, gilt der Gaußsche Satz nach Gl. (3.76) für die gestrichelt eingezeichnete geschlossene Quaderoberfläche um eine der beiden Elektroden. (Zweckmäßigerweise wählt man die positiv geladene.) Da man weiß, dass sich das Feld des Plattenkondensators praktisch ausschließlich zwischen den Platten und hier näherungsweise homogen ausbildet, kann der Gaußsche Satz als Summe aus zwei Integralen geschrieben werden, die sich auf

a) die Oberflächenanteile $A_{(D=0)}$ beziehen, in denen kein Feld auftritt, die Integration also null ergibt, und
b) die Oberflächenanteile $A_{(D\neq 0)}$, in denen $D \neq 0$ ist, die Integration also ausgeführt werden muss, dabei aber in eine Multiplikation überführt werden kann, weil D über diesen Flächenanteil konstant ist.

Für den *Plattenkondensator* in Bild 3.38 gilt also

$$\oint \vec{D} \cdot \mathrm{d}\vec{A} = \int_{A(D=0)} \vec{D} \cdot \mathrm{d}\vec{A} + \int_{A(D\neq 0)} \vec{D} \cdot \mathrm{d}\vec{A} = D\,A_{(D\neq 0)} = Q$$

mit der punktiert umrandeten Fläche $A_{(D\neq 0)}$, die der Projektion der Kondensatorplatten entspricht ($A_{(D\neq 0)} = A$).

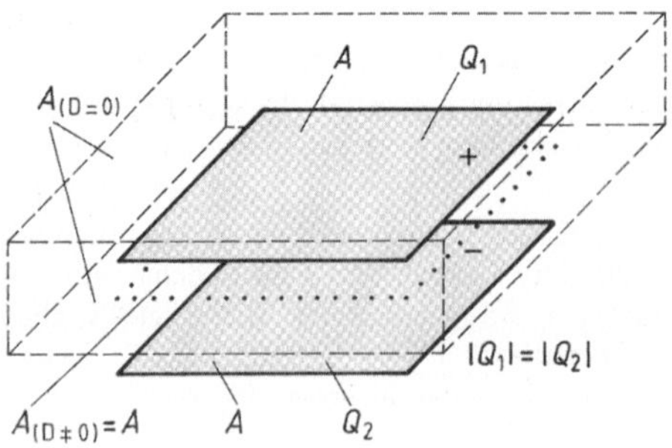

Bild 3.38 Plattenkondensator mit quaderförmiger Hüllfläche (gestrichelt eingezeichnet) um die Elektrode mit der Ladung $Q_1 > 0$ (der Bereich der Hüllfläche zwischen den Plattenelektroden, in dem $D \neq 0$ ist, ist gepunktet umrandet)

Für Kondensatoren mit plattenförmigen parallelen Elektroden der Fläche A_{Pl}, die durch ein dünnes folienartiges Dielektrikum getrennt sind, gilt also

$$Q_{\mathrm{Pl}} = D\, A_{\mathrm{Pl}}. \tag{3.85}$$

Daraus folgt die elektrische Feldstärke $E = D/\varepsilon$, die über den Plattenabstand a konstant ist, sodass die Spannung zwischen den Platten

$$E\, a = U \tag{3.86}$$

sich nach Gl. (3.59) berechnen lässt. Damit ergibt sich für den Plattenkondensator die Kapazität

$$C = \frac{Q}{U} = \frac{D\, A_{\mathrm{Pl}}}{(D/\varepsilon)a} = \varepsilon \frac{A_{\mathrm{Pl}}}{a}. \tag{3.87}$$

Beispiel 3.10 Elektrodenfläche eines Folienkondensators

Ein Kondensator soll aus dünnen Metallfolien aufgebaut werden, die durch eine Kunststofffolie der Dicke $a = 0{,}2$ mm und der relativen Permittivität $\varepsilon_r = 4$ gegeneinander isoliert sind. Wie groß ist die erforderliche Elektrodenfläche pro Kapazität?

Die Flächenabmessungen der Elektroden von Folienkondensatoren mit Kapazitätswerten im oder über dem nF-Bereich sind sehr groß gegenüber ihrem Abstand a, sodass sie als Plattenkondensatoren aufgefasst werden können. Damit gilt Gl. (3.87), nach der sich die Elektrodenfläche $A_{\mathrm{Pl}} = Ca/\varepsilon$ bzw. die kapazitätsbezogene Elektrodenfläche $A_{\mathrm{Pl}}/C = a/\varepsilon = 0{,}2\ \mathrm{mm}/(4 \cdot 8{,}8542\ \mathrm{pF/m}) = 5{,}65\ \mathrm{m^2/\mu F}$ ergibt.

In der praktischen Ausführung sind die beiden Elektrodenflächen als Metallfolien ausgeführt und mit je einer Isolierstofffolie zusammen aufgerollt (Bild 3.37b) oder übereinandergeschichtet (Bild 3.37a). In beiden Fällen werden jeweils beide Seiten jeder Metallfolie als Elektrode wirksam, sodass praktisch für jede Elektrode $A_{\mathrm{Fol}} = A_{\mathrm{Pl}}/2 \approx 2{,}8\ \mathrm{m^2/\mu F}$ Metallfolie benötigt wird.

3.3.5.2 Zeitliche Änderung von Strom und Spannung im Kondensator

Die mit Gl. (3.83) formulierte Definition der Kapazität C gilt nicht nur für elektrostatische Felder, sondern auch für zeitvariante elektrische Felder. Bei zeitvarianten Größen muss Gl. (3.83) zu jeder Zeit von den Augenblickswerten erfüllt sein. Für konstante Kapazitäten C gilt also, dass sich bei einer Ladungsänderung pro Zeit $\mathrm{d}Q/\mathrm{d}t$ auch die Spannung entsprechend ändern muss:

$$\frac{\mathrm{d}Q}{\mathrm{d}t} = \frac{C\,\mathrm{d}u}{\mathrm{d}t} \tag{3.88}$$

Da die zeitliche Ladungsänderung $\mathrm{d}Q/\mathrm{d}t$ durch den zu- bzw. abfließenden Strom entsprechend $\mathrm{d}Q/\mathrm{d}t = i$ bewirkt wird, ergibt sich aus Gl. (3.88) für den Augenblickswert des Stroms die Differenzialgleichung

$$i = \frac{\mathrm{d}Q}{\mathrm{d}t} = C\frac{\mathrm{d}u}{\mathrm{d}t} \tag{3.89}$$

bzw. für den Augenblickswert der Spannung die Integralgleichung in symbolischer Form

$$u = \frac{1}{C}\int i\,\mathrm{d}t\,. \tag{3.90}$$

3.3.5.3 Parallel- und Reihenschaltung von Kondensatoren

Werden mehrere ideale Kondensatoren entsprechend Bild 3.39 *parallel geschaltet*, kommt dies einer Vergrößerung der Elektrodenfläche gleich, was bei gegebener Spannung U eine entsprechende Vergrößerung der gespeicherten Ladung Q zur Folge hat, s. Gl. (3.87).

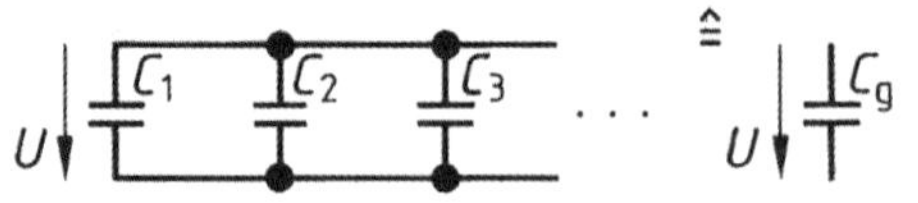

Bild 3.39 Resultierende Kapazität C_g parallel geschalteter idealer Kondensatoren

Sind C_1, C_2, C_3, … die Kapazitäten der parallelgeschalteten Kondensatoren mit den Einzelladungen Q_1, Q_2, Q_3, … , ist die gesamte gespeicherte Ladung

$$Q_g = Q_1 + Q_2 + Q_3 + \dots$$

Ersetzt man die Ladungen entsprechend Gl. (3.83) durch die an allen Kondensatoren gleiche Spannung U multipliziert mit der jeweiligen Kapazität, ergibt sich

$$U\,C_g = U\,C_1 + U\,C_2 + U\,C_3 + \dots = U\,(C_1 + C_2 + C_3 + \dots)$$

und nach Kürzen durch U die resultierende *Kapazität einer Parallelschaltung von Kondensatoren*

$$C_g = C_1 + C_2 + C_3 + \dots . \tag{3.91}$$

Bei der *Reihenschaltung* von Kondensatoren mit den Kapazitäten C_1, C_2, C_3, … entsprechend Bild 3.40 fließt stets durch alle Kondensatoren der gleiche Strom i.

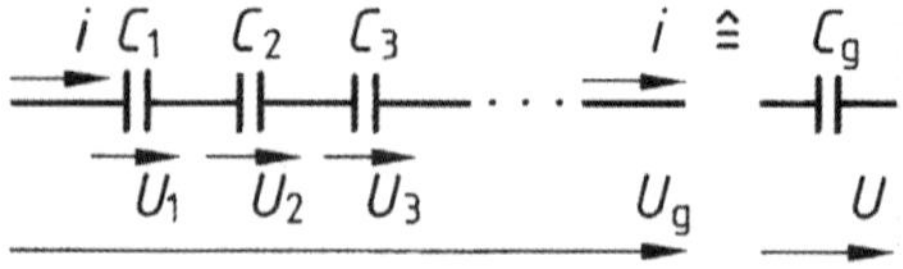

Bild 3.40 Resultierende Kapazität C_g in Reihe geschalteter idealer Kondensatoren

Waren beim Einschalten dieses Stroms (Abschnitt 9.3.2) *alle Kondensatoren ungeladen*, muss sich auf allen Elektroden die betragsmäßig gleiche Ladung $Q = \int i\,dt$ ansammeln. Die sich dabei an jedem Kondensator entsprechend Gl. (3.83) einstellende Spannung $U = Q/C$ ist abhängig von der Kapazität C des jeweiligen Kondensators. Aus der Gesamtspannung

$$U_g = U_1 + U_2 + U_3 + \dots$$

der Reihenschaltung folgt mit $Q_1 = Q_2 = Q_3 = \dots = Q$

$$\frac{Q}{C_g} = \frac{Q}{C_1} + \frac{Q}{C_2} + \frac{Q}{C_3} + \cdots$$

und nach Division durch Q der Kehrwert der resultierenden *Kapazität einer Reihenschaltung von Kondensatoren*

$$\frac{1}{C_g} = \frac{1}{C_1} + \frac{1}{C_2} + \frac{1}{C_3} + \cdots . \tag{3.92}$$

Beispiel 3.11 Plattenkondensator mit geschichtetem Dielektrikum

In einem Plattenkondensator entsprechend Bild 3.41 besteht das Dielektrikum aus drei Isolationsschichten der jeweils konstanten Dicke $a_1 = 2$ mm, $a_2 = 3$ mm, $a_3 = 3$ mm und den relativen Permittivitäten $\varepsilon_{r1} = 3$, $\varepsilon_{r2} = 1$ (Luft), $\varepsilon_{r3} = 9$. Die sich parallel gegenüberliegenden Elektroden A_1 und A_2 haben die gleiche Fläche $A_1 = A_2 = A = 0{,}1\ \text{m}^2$. Für den gegebenen Kondensator sind die Kapazität C und für den Fall, dass der Kondensator an die Spannung $U = 10$ kV gelegt wird, die gespeicherte Ladung Q, der Betrag der elektrischen Flussdichte D, der Betrag der elektrischen Feldstärke E sowie die Spannungsverteilung auf die drei Isolierschichten zu berechnen.

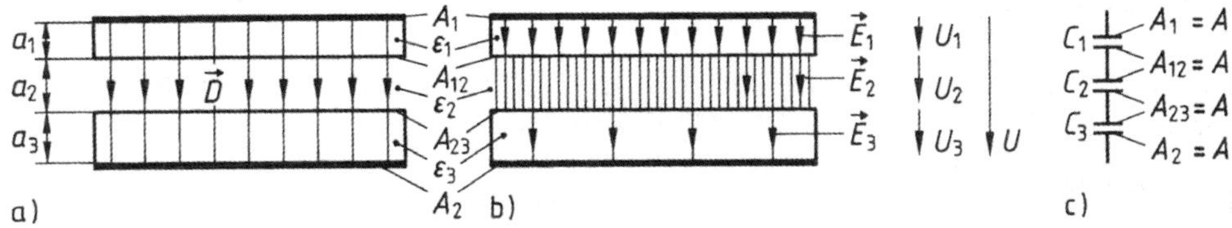

Bild 3.41 Plattenkondensator mit geschichtetem Dielektrikum
a) Feldlinienbild der elektrischen Flussdichte $\vec{D}$
b) Feldlinienbild der elektrischen Feldstärke $\vec{E}$
c) Modellierung durch eine Reihenschaltung von drei Kondensatoren

Die Trennflächen A_{12} und A_{23} zwischen den Dielektrika verlaufen parallel zu den Elektrodenflächen und damit senkrecht zu dem sich zwischen den parallel liegenden ebenen Elektroden ausbildenden elektrischen Feld. Sie liegen also in den Äquipotenzialflächen des E-Feldes. Man könnte sich somit eine dünne Metallfolie in den Trennflächen A_{12} und A_{23} vorstellen (wodurch der Feldverlauf nicht gestört würde) und die Anordnung als eine Reihenschaltung von drei Plattenkondensatoren (Bild 3.41c) ansehen, deren jeweilige Kapazität nach Gl. (3.87) berechnet werden kann.

$$C_1 = A\ \varepsilon_0\ \varepsilon_{r1}/a_1 = (0{,}1\ \text{m}^2 \cdot 3 \cdot 8{,}854\ \text{pF/m})/(2\ \text{mm}) = 1{,}330\ \text{nF},$$

$$C_2 = A\ \varepsilon_0\ \varepsilon_{r2}/a_2 = (0{,}1\ \text{m}^2 \cdot 1 \cdot 8{,}854\ \text{pF/m})/(3\ \text{mm}) = 0{,}295\ \text{nF},$$

$$C_3 = A\ \varepsilon_0\ \varepsilon_{r3}/a_3 = (0{,}1\ \text{m}^2 \cdot 9 \cdot 8{,}854\ \text{pF/m})/(3\ \text{mm}) = 2{,}650\ \text{nF}.$$

Aus diesen drei Teilkapazitäten folgt entsprechend Gl. (3.92)

$$1/C = (1/C_1) + (1/C_2) + (1/C_3) = (1{,}33\ \text{nF})^{-1} + (0{,}295\ \text{nF})^{-1} + (2{,}65\ \text{nF})^{-1} = 4{,}5/\text{nF}$$

die resultierende, d. h. die zwischen den gegebenen Plattenelektroden wirksame Kapazität $C = (1/4{,}5)$ nF $= 222$ pF.

Die angeschlossene Quelle mit der Spannung $U = 10$ kV verschiebt im Plattenkondensator entsprechend Gl. (3.83) die Ladung $Q = C\,U = 222\ \text{pF} \cdot 10\ \text{kV} = 2{,}22\ \mu\text{C}$. Diese Ladung Q verteilt sich bei Vernachlässigung der Randverzerrungen gleichmäßig über die Plattenoberfläche, sodass sich zwischen den Plattenelektroden ein homogenes Feld der elektrischen Flussdichte $\vec{D}$ einstellt (Bild 3.41a), deren Betrag $D = Q/A = 2{,}22\ \mu\text{C}/(0{,}1\ \text{m}^2) = 22{,}2\ \mu\text{C/m}^2$ sich nach Gl. (3.85) ergibt.

Die Feldlinien der elektrischen Flussdichte $\vec{D}$ beginnen jeweils auf der Plattenoberfläche mit den positiven Ladungen und enden jeweils auf der Plattenoberfläche mit den negativen Ladungen. Sie treten mit gleicher Dichte (gleichem Abstand) in allen drei Isolierschichten auf (Bild 3.41a). Im Gegensatz zu der allein von der Ladung Q abhängigen elektrischen Flussdichte $\vec{D}$ ist die elektrische Feldstärke $\vec{E}$ auch von den Eigenschaften des Dielektrikums abhängig. Sie ist damit nicht mehr in allen drei Isolierschichten gleich, sondern abhängig von deren Permittivität entsprechend Gl. (3.27). Mit $D/\varepsilon_0 = (22{,}2\ \mu\text{C/m}^2)/(8{,}854$ pC/Vm$) = 2{,}5$ MV/m ergeben sich die Beträge der elektrischen Feldstärken

$$E_1 = D/(\varepsilon_0\ \varepsilon_{r3}) = (2{,}5\ \text{MV/m})/3 = 834\ \text{kV/m} = 8{,}34\ \text{kV/cm},$$

$$E_2 = D/(\varepsilon_0\ \varepsilon_{r2}) = (2{,}5\ \text{MV/m})/1 = 2500\ \text{kV/m} = 2{,}5\ \text{kV/cm},$$

$$E_3 = D/(\varepsilon_0\ \varepsilon_{r3}) = (2{,}5\ \text{MV/m})/9 = 278\ \text{kV/m} = 2{,}78\ \text{kV/cm}.$$

Die Feldstärken verhalten sich umgekehrt wie die relativen Permittivitäten, d. h. in *Luft* mit der kleinsten relativen Permittivität ε_r herrscht die größte Feldstärke. Da die elektrische Feldstärke, bei der ein Isolierstoff durchschlägt (*Durchbruchfeldstärke*), außerdem in Luft mit etwa 30 kV/cm geringer als in den meisten festen oder flüssigen Isolierstoffen ist, müssen in Hochspannungsisolierungen unbedingt *Lufteinschlüsse vermieden werden.*

Die Spannungsverteilung auf die drei Isolierstoffschichten folgt aus Gl. (3.59)

$$U_1 = a_1\,E_1 = 2\text{ mm}\cdot 834\text{ kV/m} = 1{,}67\text{ kV},$$

$$U_2 = a_2\,E_2 = 3\text{ mm}\cdot 2500\text{ kV/m} = 7{,}5\text{ kV},$$

$$U_3 = a_3\,E_3 = 3\text{ mm}\cdot 278\text{ kV/m} = 0{,}83\text{ kV}.$$

3.3.6 Energie und Kräfte im elektrischen Feld

Im elektrischen Feld wirken Kräfte sowohl unmittelbar auf elektrische Ladungen als auch auf Grenzflächen zwischen Stoffen unterschiedlicher Permittivität. Durch entsprechende Verschiebung der Ladung oder der Grenzflächen und damit der auf sie wirkenden Kräfte wird mechanische Energie reversibel in Feldenergie umgeformt, woraus folgt, dass das elektrische Feld ein *reversibler Energiespeicher* ist.

3.3.6.1 Gespeicherte Energie im elektrischen Feld

Wie in Abschnitt 3.3.2 anhand des Bildes 3.29 erläutert wurde, wird im elektrischen Feld auf eine Ladung Q entsprechend Gl. (3.22) die Kraft $\vec{F} = \vec{E}\,Q$ ausgeübt. Bewegt sich eine Ladung *infolge* dieser Kraft über eine Strecke l, z. B. in Bild 3.29 von p_1 nach p_2, wird dabei *elektrische Feldenergie in mechanische Energie umgeformt*, die sich nach den Gesetzen der Mechanik [7] als Wegintegral des Skalarproduktes aus Kraft- und Wegvektor ergibt ($W_{\text{mech}} = \int_l \vec{F}\cdot \mathrm{d}\vec{l}$). Wird durch eine *äußere eingeprägte Kraft* $\vec{F}_{\text{mech}} = -\,\vec{E}\,Q$ eine Ladung *gegen die elektrische Feldkraft* $\vec{E}\,Q$ bewegt, wird die dafür aufzubringende *mechanische Energie in elektrische Feldenergie umgeformt*. Ersetzt man im Wegintegral die Kraft $\vec{F}$ entsprechend Gl. (3.22) durch das Produkt aus Feldstärke $\vec{E}$ und Ladung Q, ergibt sich die mit dem elektrischen Feld in Wechselwirkung stehende Energie

$$W_{\text{e}} = \int_l \vec{F}\cdot \mathrm{d}\vec{l} = Q\int_l \vec{E}\cdot \mathrm{d}\vec{l} = Q\,U. \tag{3.93}$$

Wird also eine Ladung Q im elektrischen Feld auf einem beliebigen Weg l zwischen zwei Punkten 1 und 2 verschoben, tritt dabei eine Energieumformung auf, die auch als Produkt aus der Ladung Q und der Spannung U_{12}, die über den Verschiebungsweg zwischen den Punkten 1 und 2 wirksam ist, berechnet werden kann.

Die in dem elektrischen Feld zwischen zwei Elektroden insgesamt gespeicherte Energie ist durch die das Feld bestimmenden Größen der Ladung Q auf und der Spannung U zwischen den Elektroden bestimmt. Zur Erläuterung wird der Kondensator in Bild 3.42 betrachtet, dem Energie über eingeprägte mechanische Kräfte zugeführt werden soll. Infolge einer solchen eingeprägten Kraft $\vec{F}_{\text{mech}}$ wird eine infinitesimal kleine positive Ladung dQ entgegen der Feldkraft $\vec{F}_{\text{e}}$ von der negativen Kondensatorplatte 2 auf die positive Platte 1 entlang einer Feldlinie $\vec{E}$ verschoben. Damit ist die Ladung beider Elektroden betragsmäßig um dQ, die Spannung zwischen den Elektroden um dU = dQ/C und die Feldenergie um

$$\mathrm{d}W_{\text{e}} = \int_2^1 \vec{F}_{\text{mech}}\cdot \mathrm{d}\vec{l}_{21} = \int_1^2 \vec{F}_{\text{e}}\cdot \mathrm{d}\vec{l}_{12} = \mathrm{d}Q\int_1^2 E\cdot \mathrm{d}l = U\,\mathrm{d}Q = (Q/C)\,\mathrm{d}Q \tag{3.94a}$$

vergrößert worden. Denkt man sich den Vorgang – mit ungeladenem Kondensator beginnend – hinreichend oft wiederholt, erhält man die *Energie des geladenen Kondensators*

$$W_e = \int_0^Q \frac{Q}{C}\,dQ = \frac{Q^2}{2\,C} = \frac{C\,U^2}{2} = \frac{Q\,U}{2}. \tag{3.94b}$$

Praktisch wird die mit der Ladungstrennung verbundene Energie i. Allg. nicht mechanisch über eine Ladungsbewegung entgegen den Feldkräften im Feldraum zugeführt, sondern elektrisch über den Strom einer außen angeschlossenen Spannungsquelle.

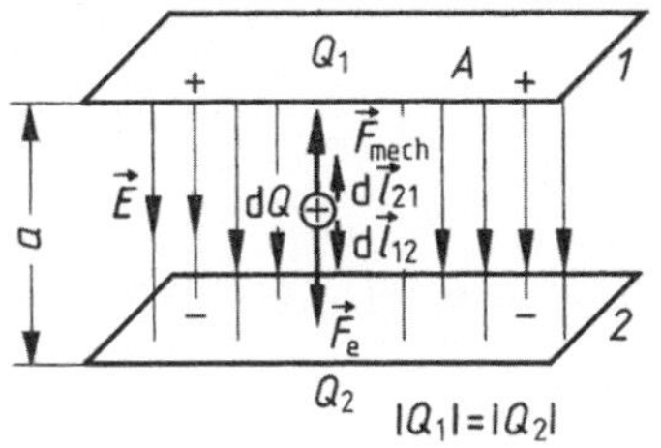

Bild 3.42 Kräfte auf eine Ladung dQ im homogenen Feld eines Plattenkondensators

Insbesondere bei inhomogenen Feldern interessiert neben der gesamten über die Spannung U und die Ladung Q beschriebenen Energie in einem Feldraum noch deren *räumliche Verteilung.* Um diese zu beschreiben, ist die auf das Volumen bezogene Energie, die Energiedichte, als eine weitere Größe definiert, die aus den Feldvektoren berechnet werden kann, wie die folgende Betrachtung zeigt.

Das in Bild 3.42 dargestellte Feld des Plattenkondensators kann unter Vernachlässigung der Randverzerrung als homogen aufgefasst werden. Dann lassen sich in Gl. (3.94) die Ladung Q bzw. die Spannung U entsprechend Gl. (3.85) bzw. Gl. (3.86) ersetzen und man bekommt die Energie

$$W_e = \frac{D\,E\,A\,a}{2} = \frac{D\,E\,V}{2} \tag{3.95}$$

des Feldraumes V eines Kondensators. Bezieht man diese auf das Volumen $V = A\,a$, ergibt sich die *Energiedichte des elektrischen Feldes*

$$w_e = \frac{W_e}{V} = \frac{D\,E}{2} = \frac{\vec{D}\cdot\vec{E}}{2}. \tag{3.96}$$

In Gl. (3.96) ist das algebraische Produkt der Beträge $D\,E$ durch das Skalarprodukt $\vec{D}\cdot\vec{E}$ ersetzt. Beide Schreibweisen sind gleichberechtigt, sofern die Vektoren der elektrischen Feldstärke $\vec{E}$ parallel zu den Vektoren der elektrischen Flussdichte $\vec{D}$ liegen ($\vec{D}\cdot\vec{E} = D\,E$ cos $0 = D\,E$). Dies ist in den hier ausschließlich betrachteten isotropen Materialien stets der Fall.

Den Feldraum inhomogener Felder kann man sich analog den Erläuterungen für das Strömungsfeld in Bild 3.26 in infinitesimal kleine Volumenelemente dV = dl dA unterteilt vorstellen, in denen das Feld homogen angenommen werden kann. Liegen die Längen dl dieser würfelförmigen Volumenelemente parallel zu den $\vec{E}$-Feldlinien, stellen die Flächen dA Äquipotenzialflächen dar (Bild 3.43). Damit kann man sich diese Würfel als Kondensatoren vorstellen mit der Ladung dQ = D dA und der Spannung dU = E dl. Werden auf diese Teilkondensatoren die obigen Erläuterungen übertragen, gilt Gl. (3.96) entsprechend, und man bekommt den allgemeinen Ausdruck für die in beliebigen elektrischen Feldern gespeicherte Energiedichte

$$w_e = \frac{dW_e}{dV} = \frac{\vec{D} \cdot \vec{E}}{2} = \frac{\varepsilon \vec{E}^2}{2} = \frac{\vec{D}^2}{2\varepsilon}. \tag{3.97}$$

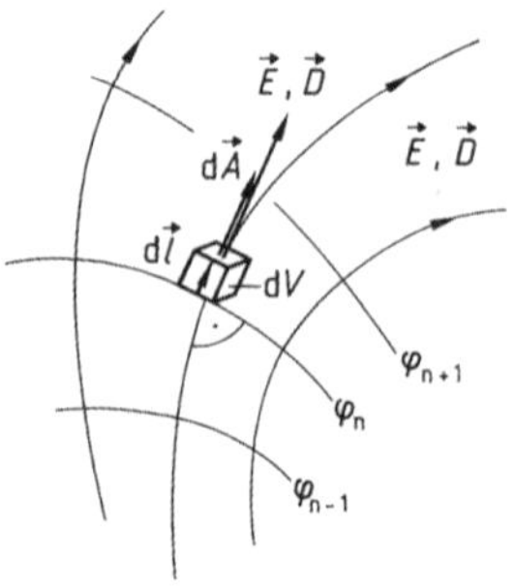

Bild 3.43 Zur Berechnung der Energie im inhomogenen elektrischen Feld

In Gl. (3.97) sind die Größen $\vec{D}$ bzw. $\vec{E}$ jeweils entsprechend Gl. (3.27) ersetzt. Integriert man diese Energiedichte über ein bestimmtes Feldvolumen V, so bekommt man die gesamte in diesem Volumen gespeicherte *elektrische Feldenergie*

$$W_e = \frac{1}{2} \int_V \vec{E} \cdot \vec{D} \, dV. \tag{3.98}$$

Beispiel 3.12 Blitzkondensator

Kurzzeitig fließende große Ströme, wie sie beispielsweise beim Impulselektroschweißen oder in Blitzröhren auftreten, können durch Kondensatorentladungen erreicht werden.

Auf welche Spannung muss ein Kondensator der Kapazität $C = 2000\ \mu F$ aufgeladen werden, damit bei seiner Entladung die elektrische Energie $W_e = 20$ kWs umgeformt werden kann? Welcher mittlere Strom I_{mi} fließt, wenn die Entladung in der Zeit $t = 10$ ms erfolgt?

Soll die geforderte elektrische Energie durch die vollständige Entladung des Kondensators auf $U_e = 0$ entnommen werden, ist entsprechend Gl. (3.94) die zu Beginn der Entladung erforderliche Kondensatorspannung $U_a = \sqrt{2\,W_e / C} = \sqrt{2 \cdot 20\ \text{kWs}/(2000\ \mu\text{F})} \approx 4{,}5$ kV .

Die bei dieser Spannung vom Kondensator gespeicherte Ladung ist nach Gl. (3.83) $Q = C\,U = 2000\ \mu F \cdot 4{,}5\ kV = 9$ As, die in der Zeit $t = 10$ ms durch den mittleren Strom $I_{mi} = Q/t = 9$ As/(10 ms) = 900 A ausgeglichen wird.

3.3.6.2 Irreversible Energieumformung (Verlustleistung) im elektrischen Feld

Da alle praktisch eingesetzten Isolierstoffe einen endlichen Widerstand R haben, fließt im Dielektrikum zwischen den an die Spannung U angeschlossenen Elektroden auch ein Leitungsstrom I_R. Dieser verursacht eine in Wärme umgewandelte Verlustleistung $P_R = U\,I_R$, die besonders bei schlechteren Isolatoren eine Erwärmung des Isolierstoffs zur Folge hat.

Weiter fließt ein Strom I_F über die *Oberfläche* von Isolatoren, der besonders bei verschmutzter und feuchter Oberfläche merkliche Werte annehmen kann. Die Verlustleistung in einem solchen *Oberflächenwiderstand* R_F ist $P_F = I_F^2\,R_F = I_F\,U$, wenn U die am Oberflächenwiderstand liegende Spannung ist. Eine dritte Art von Verlusten tritt im Dielektrikum eines Kondensators auf, wenn dieser an eine *Wechselspannung* angeschlossen wird. Die Wechselspannung erzwingt eine fortwährende Umladung, d. h. Umpolung der Elektroden des Kondensators, wodurch sich wiederum die Orientierung der elektrischen Feldstärke im Dielektrikum fortwährend umkehrt. Damit kehren sich gleichermaßen die Orientierungen der Kräfte auf die Ladungsträger des Dielektrikums und der dadurch hervorgerufenen molekularen Verzerrungszustände um. Die dabei irreversibel in Wärme umgeformte Energie bezeichnet man als *dielektrische Verluste* P_d. Ihr Betrag ist abhängig von der Frequenz f, mit der die Umladung des Kondensators erfolgt, der Kapazität C des Kondensators, der angelegten Spannung U und einem vom Material des Dielektrikums abhängigen *dielektrischen Verlustfaktor d*. Der Verlustfaktor d selbst ist auch von der Frequenz f der Umpolarisierung und der Temperatur abhängig. Er ist in Tabelle 3.3 beispielhaft für einige Isolierstoffe angegeben.

Tabelle 3.3 Anhaltswerte für den dielektrischen Verlustfaktor d von Isolierstoffen bei 20 °C

Isolierstoff	bei 50 Hz	bei 1 kHz	bei 1 MHz
Glimmer	$0{,}3\cdot10^{-3}$	$0{,}1\cdot10^{-3}$	$0{,}17\cdot10^{-3}$
Hartpapier	$4\cdot10^{-3}$ bis $6\cdot10^{-3}$	$25\cdot10^{-3}$ bis 0,1	$20\cdot10^{-3}$ bis $50\cdot10^{-3}$
Papier, imprägniert	$5\cdot10^{-3}$ bis $10\cdot10^{-3}$	$1{,}5\cdot10^{-3}$ bis $10\cdot10^{-3}$	$30\cdot10^{-3}$ bis $60\cdot10^{-3}$
Polystyrol	–	$2{,}5\cdot10^{-3}$	$0{,}4\cdot10^{-3}$ bis $2\cdot10^{-3}$
Polyvinylchlorid (PVC), hart	$20\cdot10^{-3}$	$15\cdot10^{-3}$ bis $20\cdot10^{-3}$	$15\cdot10^{-3}$
Polyvinylchlorid, weich	0,1 bis 0,15	0,1 bis 0,15	0,1
Polyethylen	$0{,}1\cdot10^{-3}$ bis $0{,}5\cdot10^{-3}$	$0{,}1\cdot10^{-3}$ bis $0{,}5\cdot10^{-3}$	$0{,}2\cdot10^{-3}$ bis $1\cdot10^{-3}$
Porzellan	$17\cdot10^{-3}$ bis $25\cdot10^{-3}$	$10\cdot10^{-3}$ bis $20\cdot10^{-3}$	$6\cdot10^{-3}$ bis $12\cdot10^{-3}$
Quarz	–	$0{,}1\cdot10^{-3}$	$0{,}1\cdot10^{-3}$

Wird ein verlustbehafteter Kondensator an eine Sinusspannung U (Abschnitt 5.4.3) gelegt, stellt sich ein Sinusstrom I ein, der gegenüber dieser Spannung um den Winkel φ nahe $\pi/2$ phasenverschoben ist (Bild 6.9b). In diesem Fall entsteht im Kondensator die *dielektrische Verlustleistung*

$$P_d = 2\pi f C\, U^2\, d. \tag{3.99}$$

Durch dielektrische Verluste können sich Isolierstoffe besonders bei großen Feldstärken und/oder Frequenzen merklich erwärmen, was zwar i. Allg. unerwünscht ist, in der Elektrowärmetechnik (z. B. bei Mikrowellenherden) und Medizin aber auch genutzt wird.

3.3.6.3 Kräfte auf Grenzflächen im elektrischen Feld

Neben den Coulomb-Kräften, die entsprechend Gl. (3.22) direkt auf die elektrischen Ladungen wirken und über diese berechnet werden können, sind im elektrischen Feld auch Kraftwirkungen an *Grenzflächen zwischen Bereichen unterschiedlicher Permittivität* zu beobachten. Diese Kräfte lassen sich unmittelbar aus den Wechselwirkungen zwischen elektrischen Ladungen bzw. zwischen Feldern und Ladungen nur erklären, wenn man die *Polarisation* der Dielektrika, also die mikrokosmischen Elementarladungen, in die Betrachtung einbezieht, wodurch die quantitative Bestimmung der Kräfte jedoch äußerst kompliziert wird.

Einfacher ist die Berechnung der Kräfte aus dem *Energieerhaltungssatz*. Man betrachtet dazu eine gedachte, infinitesimal kleine (virtuelle) Verschiebung $d\vec{l}$ einer Grenzfläche zwischen zwei Dielektrika der Permittivitäten ε_1 bzw. ε_2 (Bild 3.44). Erfolgt diese Verschiebung in einem *abgeschlossenen System* (dem System wird von außen keine Energie zugeführt oder entzogen), ändert sich dabei der Energieinhalt des Systems nicht. Nimmt man eine auf die Grenzfläche in Richtung der Verschiebung $d\vec{l}$ wirkende Kraft $\vec{F}$ an, folgt daraus bei der

Verschiebung eine mechanische Energie $\mathrm{d}W_{\mathrm{mech}} = \vec{F} \cdot \mathrm{d}\vec{l}$. Um einen gleich großen Betrag $\mathrm{d}W_{\mathrm{e}} = \mathrm{d}W_{\mathrm{mech}}$ muss sich bei der Verschiebung die elektrische Feldenergie W_{e} des Feldraumes ändern, wenn keine weiteren Energiebeiträge, wie z. B. Verluste oder Ladungsänderungen, in der für die Verschiebung aufzustellende Energiebilanz zu berücksichtigen sind. Durch Gleichsetzen der Beträge von mechanischer Energie und Feldenergie

$$\mathrm{d}W_{\mathrm{mech}} = F\,\mathrm{d}l = \mathrm{d}W_{\mathrm{e}} \tag{3.100}$$

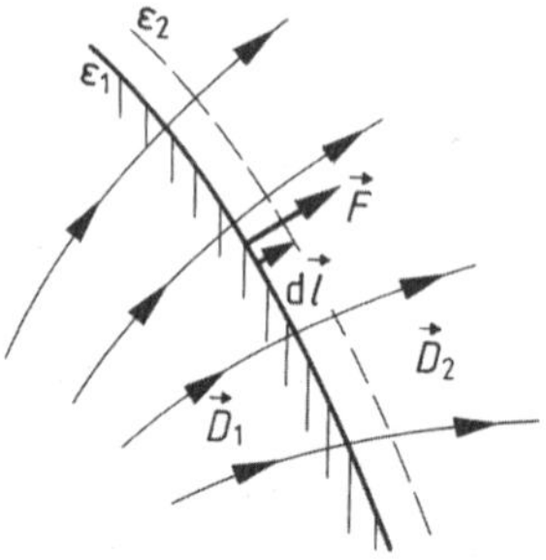

Bild 3.44 Virtuelle Verschiebung einer Grenzfläche um $\mathrm{d}\vec{l}$ zwischen unterschiedlichen Dielektrika

bekommt man die in der angenommenen Verschiebungslinie wirksame Kraft ($\vec{F}$ parallel zu $\mathrm{d}\vec{l}$)

$$F = \frac{\mathrm{d}W_{\mathrm{e}}}{\mathrm{d}l}. \tag{3.101}$$

Die Wirkungsrichtung der Kraftwirkung kann bei abgeschlossenen Systemen anschaulich aus der Energiebilanz abgeleitet werden.

Wird z. B. ein *Plattenkondensator* nach Bild 3.42 auf die Ladung $\pm Q$ aufgeladen und klemmt man dann die Spannungsquelle ab, bleibt bei einer angenommenen Verringerung des Plattenabstandes (Verschiebung der Grenzfläche zwischen Elektrode und Dielektrikum) um $\mathrm{d}a$ die Ladung Q auf den Platten konstant. Dagegen wird die im Kondensator gespeicherte Feldenergie $W_{\mathrm{e}} = Q^2/(2C)$ gemäß Gl. (3.94b) *kleiner*, da durch die Verschiebung der Platten die Kapazität $C = \varepsilon A_{\mathrm{Pl}}/a$ infolge des um $\mathrm{d}a$ verringerten Abstandes größer wird. Der Verkleinerung der Feldenergie $\mathrm{d}W_{\mathrm{e}}$ muss eine mechanische Energie $\mathrm{d}W_{\mathrm{mech}} = F\,\mathrm{d}l$ entsprechen, der nach Gl. (3.101) die Kraft

$$F = \frac{\mathrm{d}W_{\mathrm{e}}}{\mathrm{d}l} = \frac{\mathrm{d}}{\mathrm{d}a} \cdot \frac{Q^2 a}{2\,\varepsilon\,A_{\mathrm{Pl}}} = \frac{Q^2}{2\,\varepsilon\,A_{\mathrm{Pl}}} \tag{3.102}$$

entspricht. Diese Kraft wirkt in Richtung der Verkleinerung des Plattenabstandes, da dabei die Feldenergie verkleinert, d. h. in mechanische Energie $F\,\mathrm{d}l$ umgeformt wird. *Die Platten ziehen sich also an*, was durch die Erfahrung bestätigt wird.

In als nicht abgeschlossen anzusehenden Systemen ist die Bestimmung der Kraft aus der Energiebilanz nicht mehr so einfach möglich, wie im vorstehenden Beispiel gezeigt ist. Wird beispielsweise bei einem an eine konstante Spannung angeschlossenen Kondensator eine virtuelle Verringerung $\mathrm{d}a$ des Plattenabstandes angenommen, erhöht sich dabei die gespeicherte Feldenergie $W_{\mathrm{e}} = U^2\,C/2$ entsprechend der Vergrößerung der Kapazität C. Trotzdem wirkt auch hier die Kraft in Richtung der Verkleinerung des Plattenabstandes. In diesem Fall werden die bei der Plattenverschiebung auftretende mechanische Energie und die Vergrößerung der im Kondensator gespeicherten Feldenergie als elektrische Energie aus der Spannungsquelle zugeführt, an die der Kondensator angeschlossen ist. Allgemeingültige Regeln zur Bestimmung der Kraftwirkung im elektrischen Feld sind der weiterführenden Literatur, z. B. [17] zu entnehmen.

4 Magnetisches Feld

Das magnetische Feld wird als ein Raumzustand betrachtet, der von relativ zum Beobachter *bewegten* elektrischen Ladungen verursacht wird und der sich seinerseits wiederum *Kraftwirkungen* auf *bewegte elektrische* Ladungen ausübt.

4.1 Beschreibung und Berechnung des magnetischen Feldes

Trotz der Vielfalt der heute verwendeten technischen Werkstoffe genügt es, im Rahmen praktischer Rechnungen diese hinsichtlich ihrer magnetischen Eigenschaften in nur zwei Gruppen einzuteilen. Die *magnetisch neutralen Stoffe* wie Luft, Wasser, Nichteisenmetalle, Kunststoffe usw. dürfen bei der praktischen Berechnung magnetischer Felder wie Vakuum behandelt werden. Dagegen zeigen die *ferromagnetischen Stoffe* ein *verstärkendes*, aber *nichtlineares Magnetisierungsverhalten*. Wegen der herausragenden praktischen Bedeutung der ferromagnetischen Werkstoffe werden ihre magnetischen Eigenschaften ausführlich in Abschnitt 4.2 behandelt.

4.1.1 Wesen und Darstellung des magnetischen Feldes

4.1.1.1 Wirkungen und Ursachen des magnetischen Feldes

Das magnetische Feld äußert sich ähnlich wie das Gravitationsfeld oder das elektrische Feld in *Kraftwirkungen*. Besonders auffällig sind diese an Eisenteilen in der Nähe von Naturmagneten oder stromdurchflossenen Leitern. Neben solchen direkt zu beobachtenden *äußeren Kräften* kann das magnetische Feld auch *Kräfte im Inneren elektrischer Leiter* bewirken. Diese nicht direkt als mechanische Kräfte messbaren Wirkungen verursachen *Ladungstrennungen*, die als *elektrische Spannungen* in Erscheinung treten. Üblicherweise werden sie als *Induktionsvorgang* beschrieben, d. h. das magnetische Feld kann elektrische Spannungen induzieren. Man unterscheidet also zwei Wirkungen des magnetischen Feldes, die Kraftwirkungen, die in Abschnitt 4.3.2, und die Induktionswirkungen, die in Abschnitt 4.3.1 erläutert werden.

Alle hier beschriebenen Wirkungen können gleichermaßen in der Umgebung elektrischer Ströme als auch in der von Naturmagneten beobachtet werden. Man nimmt nach dem heutigen Kenntnisstand die *Bewegung elektrischer Ladungen als die primäre Ursache magnetischer Erscheinungen* an. In *Naturmagneten* handelt es sich um die *Eigenbewegung der Ladungsträger* im atomaren Verband, bei fließenden Strömen um die *makroskopisch messbare Bewegung freier Ladungsträger* (z. B. freie Elektronen im metallischen Leiter).

4.1.1.2 Feldbilder und Feldlinien

Da das magnetische Feld sich in Kraftwirkungen äußert, muss es wie diese auch einen *Richtungscharakter* haben, d. h. es muss für jeden Punkt des Raumes nicht nur eine bestimmte *Intensität*, sondern auch eine bestimmte *Richtung* angegeben werden. Daher muss das magnetische Feld mit Hilfe von Vektoren, d. h. als *Vektorfeld*, beschrieben werden.

Den Richtungscharakter kann man experimentell sehr anschaulich darstellen, indem man kleine längliche Eisenteilchen etwa in Form von Eisenfeilspänen oder kleinen Magnetnadeln in ein Magnetfeld, z. B. in die Umgebung eines stromdurchflossenen Leiters, bringt.

Die Eisenteilchen stellen sich durch die auf sie wirkenden mechanischen Kräfte in die Wirkungsrichtung des magnetischen Feldes ein, wie Bild 4.1 zeigt, in dem auf ein Kartonblatt gestreute Eisenfeilspäne in der Umgebung einfacher Leiteranordnungen dargestellt sind. In Bild 4.1a tritt der Leiter in der Mitte senkrecht durch das Kartonblatt hindurch. Bild 4.1b zeigt ein Kartonblatt, welches durch den Durchmesser eines vom Strom durchflossenen Drahtrings senkrecht zur Ringebene gelegt ist.

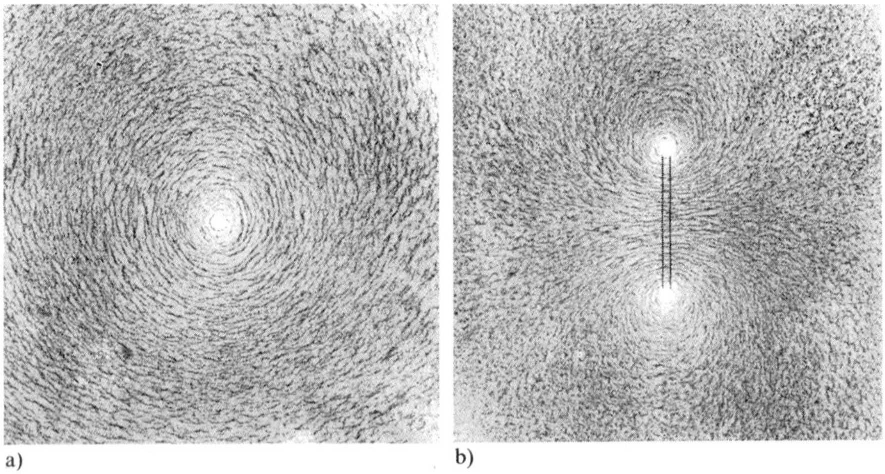

Bild 4.1 Mit Hilfe von Eisenfeilspänen dargestelltes magnetisches Feld eines stromdurchflossenen geraden Leiters (a) und einer stromdurchflossenen Windung (b)

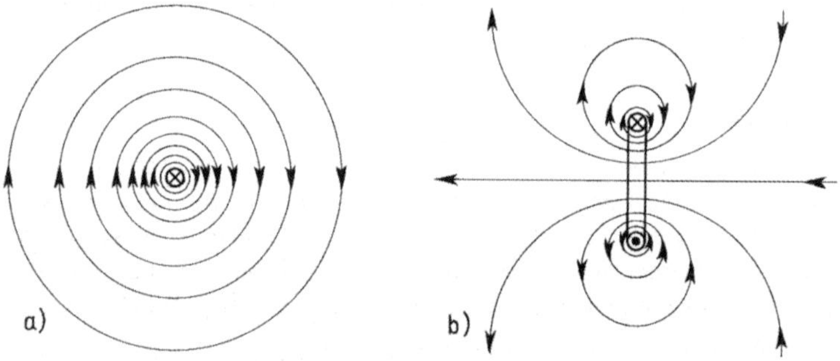

Bild 4.2 Feldlinienbilder eines stromdurchflossenen geraden Leiters (a) und einer stromdurchflossenen Windung (b), jeweils senkrecht zum Leiter bzw. zur Windungsebene

Ähnlich anschaulich wie die experimentell aufgenommenen Bilder mit Eisenfeilspänen sind die aus analytischen Überlegungen und Rechnungen gewonnenen *Feldlinienbilder*, wie sie z. B. in den Bildern 4.2 bis 4.4 wiedergegeben sind. Dabei darf aber nicht übersehen werden, dass diese Liniendarstellung nur die anschauliche Wiedergabe einer *Modellvorstellung* für das kontinuierlich den Raum durchsetzende, *hinsichtlich seines physikalischen Wesens nicht er-*

klärbare magnetische Feld ist. *Den Feldlinien darf also keinerlei körperliche Existenz beigemessen werden.*

Für die Felder des geraden Leiters und der Windung entsprechend Bild 4.1 sind die zugehörigen Feldlinienbilder in Bild 4.2 wiedergegeben. Darin bedeuten die mit *Kreuz* bzw. *Punkt* bezeichneten kleinen Kreise die Querschnitte der Leiter mit den in die Bildebene *hinein-* bzw. *herausfließenden* Strömen.

In den beiden Feldlinienbildern 4.3 und 4.4 sind die Felder von Spulen mit 3 bzw. vielen *Windungen* dargestellt. Mit Spulen lassen sich magnetische Felder großer Intensität erzeugen, z. B. in elektrischen Maschinen.

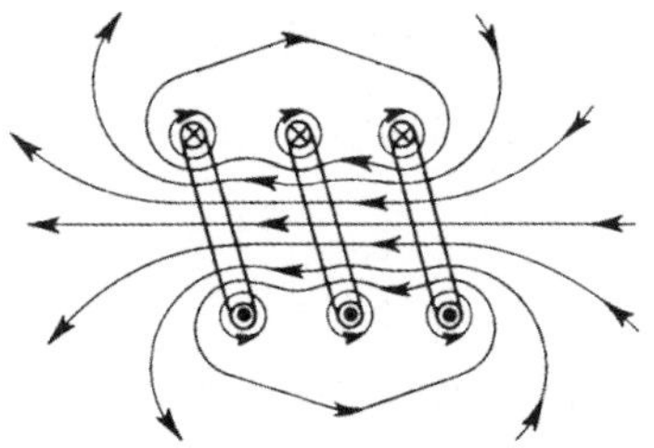

Bild 4.3 Feldlinienbild einer Spule mit drei stromdurchflossenen Windungen

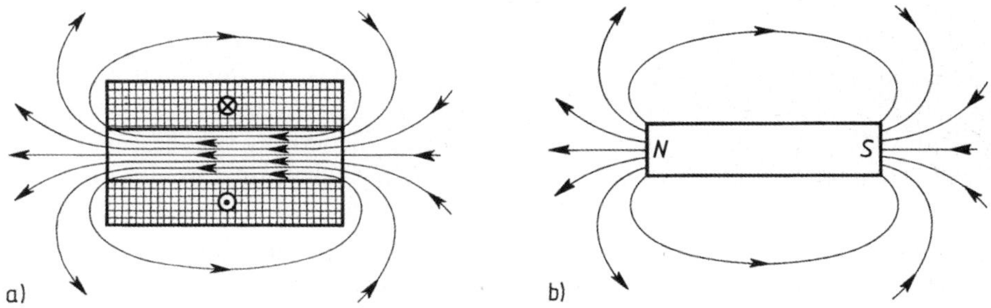

Bild 4.4 Feldlinienbild einer langen zylindrischen Spule mit eng aneinanderliegenden Windungen (a) und eines geometrisch vergleichbaren Naturmagneten (b)

4.1.1.3 Feldrichtung und Polarität

In den Bildern 4.2 bis 4.4 sind an den Feldlinien *Richtungspfeile* angetragen, ohne dass dieses begründet wurde. Wie häufig bei solchen Angaben, ist die Wahl der Richtung zunächst willkürlich, hat dann allerdings Konsequenzen auf die weiteren Gesetzmäßigkeiten. So kann auch die Richtungsfestlegung für das Magnetfeld, die entsprechend den Beschreibungen in Abschnitt 4.1.3.2 in den Bildern 4.2 bis 4.4 angegeben ist, *lediglich historisch* begründet werden.

Die in allen Feldbildern zu erkennende *rechtswendige* Umschlingung der elektrischen Strömung durch magnetische Feldlinien folgt aus der allgemein für magnetische Felder gültigen *Rechtsschrauben-* oder auch *Korkenzieherregel*:

Denkt man sich eine *Rechtsschraube* in der *konventionellen Stromrichtung* (Bild 4.2a) vorwärts geschraubt, so stimmt die zugehörige *Drehrichtung mit der Feldrichtung* überein. Oder auch umgekehrt: beim Vorwärtsschrauben in *Feldrichtung* entspricht die Drehrichtung der *Stromrichtung* in der felderzeugenden Spule (Bilder 4.2b und 4.3).

Zur Kennzeichnung der Richtung eines Feldes, das von nicht messbaren Ladungsbewegungen, also z. B. mikrokosmischen Ladungsbewegungen in Naturmagneten, erregt wird, bezeichnet man die *Austrittsfläche* der Feldlinien als *Nordpol* und die *Eintrittsfläche* als *Südpol* (Bild 4.4). Diese Bezeichnungen sind ursprünglich über die *Kompassnadel* (kleiner Naturmagnet) aus denen der geografischen Pole der Erde abgeleitet. Da sich aber ungleichnamige Magnetpole anziehen, ergibt sich, dass der *geografische Nordpol*, auf den der Nordpol einer Kompassnadel weist, der *magnetische Südpol* der Erde ist und umgekehrt. Auch bei stromdurchflossenen Spulen, die ja die gleichen magnetischen Wirkungen wie Naturmagnete zeigen, werden die Aus- bzw. Eintrittsflächen häufig als Nord- bzw. Südpol bezeichnet (Bild 4.4).

4.1.2 Vektorielle Feldgrößen des magnetischen Feldes

Die in Abschnitt 4.1.1.2 und 4.1.1.3 erläuterten Feldbilder vermitteln einen mehr *qualitativen* Eindruck darüber, wie sich das magnetische Feld in Richtung und Intensität über den Raum verteilt. *Quantitativ* wird dieses zweckmäßigerweise mit Hilfe von *Feldvektoren* beschrieben, die für den einzelnen Raumpunkt definiert und als Funktion der Raumkoordinaten (*Ortsfunktion)* angegeben werden können.

4.1.2.1 Magnetische Flussdichte

Das magnetische Feld hat an einem bestimmten Punkt eines Raumes eine bestimmte *Richtung* und eine bestimmte *Intensität*[1)], die beide durch einen diesem Punkt zugeordneten Feldvektor vollständig beschrieben werden können.

Die Ortsabhängigkeit der *Feldrichtung* folgt bereits offensichtlich aus Bild 4.1, das aber darüber hinaus auch noch einen Eindruck von der Ortsabhängigkeit der *Intensität* des Feldes vermittelt. Beispielsweise ist die Richtungsorientierung der Eisenfeilspäne in der Nähe des stromdurchflossenen Leiters sehr deutlich, mit zunehmender Entfernung von diesem aber immer weniger ausgeprägt zu erkennen. Mit kleiner werdender Feldintensität werden die Späne in immer geringerem Maße gegen ihre Reibung auf dem Kartonblatt in die Feldrichtung gedreht.

Analog zu den Erläuterungen in Abschnitt 3.2.1 wird in den Feldlinienbildern 4.2 bis 4.4 die Ortsabhängigkeit der Feldintensität dadurch zum Ausdruck gebracht, dass der Abstand zwischen den einzelnen Feldlinien jeweils umgekehrt proportional der Stärke des Feldes (Betrag des Feldvektors) in diesem Gebiet gewählt ist. Die *Dichte der Feldlinien ist also ein Maß für die Intensität* des Feldes. Da man beliebig viele Feldlinien zeichnen kann, ist aber zu beachten, dass der Abstand kein absoluter, sondern *nur ein relativer Maßstab* ist.

Für die mathematisch exakte Beschreibung der Feldintensität nach Betrag und Richtung ist eine Vektorgröße festgelegt, die als *magnetische Flussdichte* bezeichnet und mit dem Größensymbol $\vec{B}$ dargestellt wird. Ihre Definition ist im Folgenden anschaulich anhand des Bildes 4.5 erläutert.

In der historischen Entwicklung wurde die *Richtung des Flussdichtevektors* $\vec{B}$ so festgelegt, dass er in *Längsrichtung* eines frei beweglich im Feld angeordneten magnetischen Dipols (z. B. Kompassnadel) *von dessen Süd- zum Nordpol weist* (Bild 4.5a). Der Betrag der magnetischen Flussdichte wurde aus dem *Drehmoment* abgeleitet, mit dem sich der magnetische Dipol in die Feldrichtung einstellt. Heute wird die magnetische Flussdichte unter Beibehaltung der ursprünglichen Richtungsfestlegung aus der *Kraftwirkung* $\vec{F}$ auf eine mit der Geschwindigkeit $\vec{v}$ im Magnetfeld bewegte elektrische Ladung definiert, wie ebenfalls in Bild 4.5 dargestellt ist.

---

1) Hier wird absichtlich das naheliegende Wort „Stärke“ vermieden, da man unter der „Feldstärke“ nach der historischen Bezeichnung etwas anderes als die hier zunächst für die Wirkung des Feldes maßgebende Intensitätsgröße versteht (Abschnitt 4.1.2.3).

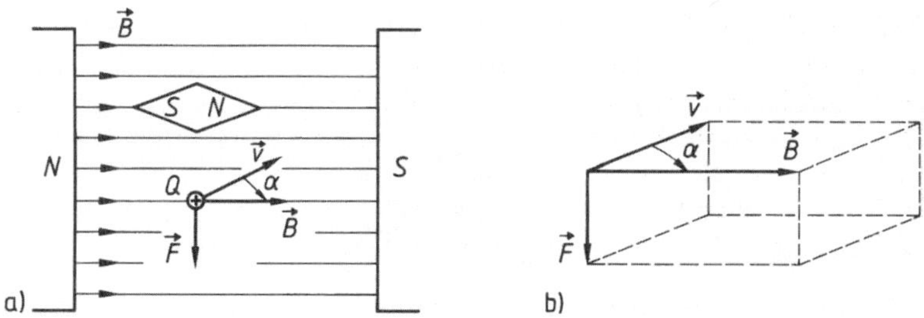

Bild 4.5 Richtungsdefinition der magnetischen Flussdichte $\vec{B}$

Hat die mit der Geschwindigkeit $\vec{v}$ bewegte Ladung Q eine sehr kleine räumliche Ausdehnung (*Punktladung*), so lassen sich für jeden Raumpunkt folgende Feststellungen treffen:

a) Der auf die Ladung Q wirkende *Kraftvektor* $\vec{F}$ steht immer *rechtwinklig* auf der Ebene, die durch die Vektoren der Ladungsgeschwindigkeit $\vec{v}$ und der magnetischen Flussdichte $\vec{B}$ festgelegt ist.

b) Die *Richtung* des Kraftvektors $\vec{F}$ auf eine positive Ladung Q weist in die Richtung der Axialbewegung einer Rechtsschraube (Korkenzieher), die man sich so gedreht vorstellt, dass der Geschwindigkeitsvektor $\vec{v}$ *auf kürzestem Weg* in die Richtung des Flussdichtevektors $\vec{B}$ überführt wird.

c) Der *Betrag* des Kraftvektors $\vec{F}$ ist vom Betrag der Ladung Q, von den Beträgen des Flussdichtevektors $\vec{B}$ und des Geschwindigkeitsvektors $\vec{v}$ und dem Sinus des von diesen beiden Vektoren eingeschlossenen Winkels α abhängig:

$$F = Q v B \sin\alpha \tag{4.1}$$

Die in a) bis c) beschriebenen experimentellen Beobachtungen bzw. Festlegungen lassen sich mathematisch mit Hilfe eines *Vektorproduktes*

$$\vec{F} = Q(\vec{v} \times \vec{B}) \tag{4.2}$$

zusammenfassen. Diese im Magnetfeld auf *bewegte Ladungen ausgeübte Kraft* wird als *Lorentz-Kraft* bezeichnet zur Unterscheidung von der vom elektrischen Feld ausgeübten *Coulomb-Kraft*, die auch auf ruhende Ladungen wirkt (Abschnitt 3.1.2.2).

Beispiel 4.1 Hall-Generator

Ein häufig verwendeter Sensor zur praktischen Messung der magnetischen Flussdichte $\vec{B}$ ist der *Hall-Generator*. Dieser besteht entsprechend Bild 4.6a aus einem homogenen, isotropen Halbleiterplättchen der Dicke d und der Breite b, das von einem Steuerstrom I durchflossen wird. Quer zur Richtung des Steuerstroms I kann über die Breite b des Halbleiters die *Hall-Spannung* U_H abgegriffen werden.

Es ist zu erläutern, dass das Messprinzip des Hall-Generators direkt durch die Definitionsgleichung für die magnetische Flussdichte $\vec{B}$ Gl. (4.2) beschrieben werden kann.

Ohne Einwirkung eines Magnetfeldes verteilt sich der Strom I homogen über den Querschnitt bd des Halbleiters, sodass sich nach Gl. (3.31) eine Stromdichte $J = I/(bd)$ einstellt, der nach Gl. (3.33) die Driftgeschwindigkeit $\vec{v} = \vec{J}/(ne)$ der Ladungsträger in Längsrichtung des Halbleiters entspricht. Wird der Hall-Generator in ein Magnetfeld gebracht, das eine senkrecht zur Plättchenfläche stehende *Komponente* hat, so wirken auf die strömenden Ladungen Kräfte $\vec{F}$ entsprechend Gl. (4.2), die die Ladungen Q senkrecht zu ihrer Geschwindigkeit $\vec{v}$ an den Rand des Halbleiters drängen. Somit stellt sich senkrecht zur Längsrichtung ein *Ladungsunterschied* ein, dem eine Spannung U_H entspricht, die gemessen werden kann und die bei konstantem Steuerstrom I, also konstanter Ladungsgeschwindigkeit $v = I/(bdne)$, ein Maß für die zur Plättchenoberfläche senkrechte Komponente der magnetischen Flussdichte B ist.

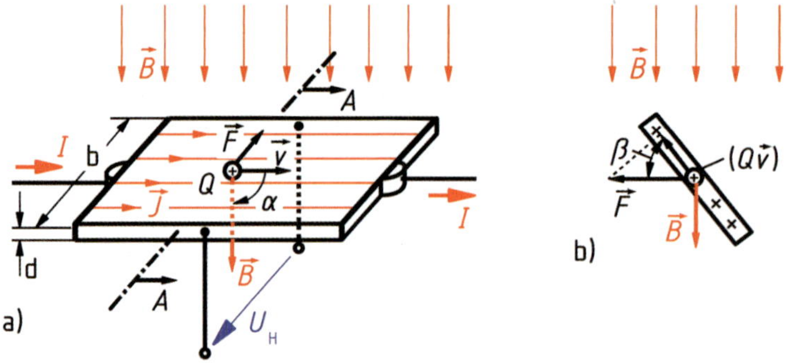

Bild 4.6 Prinzip des Hall-Generators
a) perspektivische Darstellung des Halbleiterplättchens
b) Querschnitt $A - A$

Nach Gl. (4.2) ist die Kraftwirkung und damit die Hall-Spannung U_H nicht nur vom *Betrag* der magnetischen Flussdichte B, sondern auch von deren *Richtung* zur Geschwindigkeitsrichtung der Ladungen abhängig. Ordnet man den Hall-Generator so an, dass seine Längsachse und damit der Vektor der Ladungsgeschwindigkeit $\vec{v}$ in der Flussdichterichtung $\vec{B}$ liegt ($\alpha = 0$ oder $\alpha = \pi$), so ist nach Gl. (4.2) die Kraft auf die Ladung $\vec{F} = Q(\vec{v} \times \vec{B}) = Qv\,B \sin\alpha = 0$ und damit auch die Hall-Spannung U_H null. Liegt der Hall-Generator mit seiner Längsachse *senkrecht zur magnetischen Flussdichte* ($\alpha = \pi/2$ oder $\alpha = 3\,\pi/2$), so steht der Kraftvektor $\vec{F} = Q(\vec{v} \times \vec{B})$ mit maximalem Betrag $|Q|\ vB$ senkrecht auf der Ebene, die durch die Ladungsgeschwindigkeit $\vec{v}$ in Längsachse des Halbleiters und den Flussdichtevektor $\vec{B}$ bestimmt ist (Bild 4.6b). Der Kraftvektor $\vec{F}$ liegt aber nur dann auch in der Halbleiterebene, wenn dieser mit seiner Breite b senkrecht zur Feldrichtung steht. Bei beliebigem Winkel β zwischen der Querachse des Halbleiters und dem Flussdichtevektor $\vec{B}$ entsprechend Bild 4.6b bewirkt nur die *Komponente* $F \cos\beta$, die in der Halbleiterebene liegt, die Ladungstrennung quer zur Längsachse und damit die Hall-Spannung U_H über die Breite b des Halbleiters.

Soll die magnetische Flussdichte $\vec{B}$ an einem beliebigen Ort bestimmt werden, so wird der Hall-Generator an diesen Ort gebracht, um Längs- und Querachse gedreht so eingestellt, dass sich die maximale Hall-Spannung U_H ergibt. Damit ist die Wirkungslinie des Flussdichtevektors $\vec{B}$ entsprechend Gl. (4.2) senkrecht zur Fläche des Hall-Generators festgestellt ($\alpha = \beta = \pi/2$ oder $3\,\pi/2$). Die Richtung und der Betrag des Flussdichtevektors können nach den Erläuterungen in Abschnitt 4.3.1.1 aus Richtung und Betrag der Hall-Spannung U_H bestimmt werden.

4.1.2.2 Durchflutung, Zusammenhang zwischen Feldgrößen und erregendem Strom

Zur Ableitung der wesentlichen weiteren Größen des magnetischen Feldes werden zunächst nur Felder betrachtet, bei denen im ganzen Feldraum der *Betrag* der magnetischen Flussdichte B näherungsweise konstant ist. Solche Felder treten z. B. in *Toroid- oder Ringspulen* nach Bild 4.7 mit konstantem innerem Spulenquerschnitt A_q auf, wenn der Durchmesser d_q des Spulenquerschnitts vergleichsweise klein gegenüber dem Durchmesser d_R der Ringspule ist. Bei den in Bild 4.7 dargestellten Spulen sollen diese Bedingungen hinreichend erfüllt sein, sodass der Betrag der magnetischen Flussdichte B innerhalb jeder Spule als näherungsweise überall gleich groß angenommen werden kann.

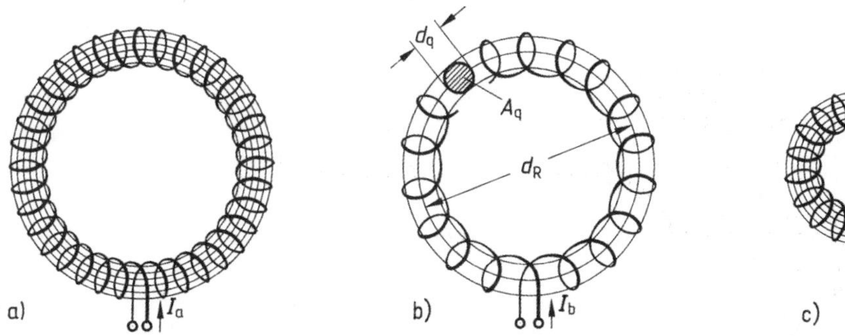

Bild 4.7 Ringspulen mit gleichem Spulenquerschnitt A_q, aber unterschiedlichem Ringdurchmesser d_R und Windungszahl N
a) und b) gleicher Durchmesser d_R der Ringspule, c) halb so großer Durchmesser der Ringspule wie bei a),
a) Windungszahl $N = 36$, b) und c) halbe Windungszahl von a),
a) und c) gleich große magnetische Flussdichte, doppelt so groß wie bei b) bei gleich großen Strömen $I_a = I_b = I_c$

Um die Abhängigkeit des magnetischen Feldes von Strom, Windungszahl und geometrischen Abmessungen zu zeigen, werden die in Bild 4.7 dargestellten drei Ringspulen betrachtet, die sich in Windungszahl und Abmessungen unterscheiden. Experimentell lässt sich feststellen, dass der Betrag der magnetischen Flussdichte B im Inneren einer Ringspule proportional dem Produkt aus Spulenstrom I und Windungszahl N, aber umgekehrt proportional der Spulenlänge $l = d_R\,\pi$ ist.

$$B \sim \frac{NI}{l} \tag{4.3}$$

Bei gleichem Spulenstrom I erhält man z. B. mit den in Bild 4.7 gewählten Werten für die Spule in Teilbild b eine halb so große, in Teilbild c eine gleich große magnetische Flussdichte wie in Teilbild a, was durch die unterschiedliche Zahl von 6 bzw. 3 eingezeichneten Feldlinien angedeutet ist.

Weiter wird der Zusammenhang zwischen Strom (Ursache) und magnetischer Flussdichte (Wirkung) wie bei den meisten physikalischen Vorgängen durch den Werkstoff im Feldraum beeinflusst. Die Erfahrung lehrt, dass insbesondere Eisen bei sonst gleichen Verhältnissen eine extrem verstärkende Wirkung auf Magnetfelder ausübt, wie in Abschnitt 4.2 gezeigt wird. Diese das Magnetfeld verstärkenden (bei wenigen Materialien auch vermindernden) Wirkungen werden aus Zweckmäßigkeitsgründen über einen Faktor berücksichtigt, der als *Permeabilität* μ bezeichnet wird. Damit kann die Proportion in Gl. (4.3) in die Gleichung

$$B = \mu \cdot \frac{NI}{l} \tag{4.4}$$

überführt werden.

Von großer praktischer Bedeutung ist die Erkenntnis, dass für die Erregung eines Magnetfeldes das Produkt NI aus Windungszahl und Strom maßgebend ist, dass also mit kleinen Strömen und großen Windungszahlen gleiche Wirkungen erzielt werden wie mit großen Strömen und kleinen Windungszahlen. Man hat daher für dieses Produkt, welches die Stromsumme angibt, die vom Feld umschlungen wird bzw. die die geschlossenen Feldlinien durchströmt, die *elektrische Durchflutung*

$$\Theta = NI \tag{4.5}$$

als eine eigene Größe definiert, die in der Einheit A angegeben wird. Durch Variieren von Strom I und Windungszahl N ergibt sich eine Möglichkeit, Magnetspulen an bestimmte Betriebsspannungen anzupassen.

Nicht immer stellt sich nun die elektrische Durchflutung in einer so konzentrierten und leicht erfassbaren Art dar wie bei der hier betrachteten Ringspule. Zum Beispiel können Leiteranordnungen mit verschiedenen Strömen oder inhomogene Strömungsfelder (Abschnitt 3.2.2) auftreten. Man muss daher unabhängig von der Art und der räumlichen Verteilung der elektrischen Strömung die elektrische Durchflutung Θ in einer Fläche A als Summe aller in dieser Fläche auftretenden Ströme I bzw. als das Integral der Stromdichte $\vec{J}$ über diese Fläche A berechnen:

$$\Theta = \sum I = \int_A \vec{J} \cdot \mathrm{d}\vec{A} \tag{4.6}$$

Die elektrische Durchflutung Θ hat wie der Strom I Richtungscharakter, der durch einen *Zählpfeil* zum Ausdruck gebracht wird. Wie für den Strom (Abschnitt 3.2.2) beschreibt auch der Zählpfeil für Θ bei positiven Zahlenwerten die Bewegungsrichtung positiver Ladungen. Damit folgt für die formale Handhabung, dass der Zählpfeil für Θ wie der für den Strom I, vgl. Gl. (3.37), in Richtung des Flächenvektors $\mathrm{d}\vec{A}$ weisend anzutragen ist. Beispielsweise ist die elektrische Durchflutung Θ in der von den Strömen I_1 bis I_4 durchflossenen Fläche A in Bild 4.9 für den eingezeichneten Zählpfeil $\Theta = I_1 - I_2 + I_3 - I_4$.

4.1.2.3 Magnetische Feldstärke

Im ingenieurwissenschaftlichen Bereich ist es üblich, den in Gl. (4.4) hinter der Permeabilität μ stehenden Ausdruck NI/l (für Spulen entsprechend Bild 4.7 die auf die Spulenlänge l bezogene Durchflutung) als die das Feld ursprünglich, d. h. ohne den Materialeinfluss, bestimmende Feldgröße anzusehen und mit einem eigenen Namen zu belegen. Damit kann die magnetische Flussdichte (Wirkungsgröße des Feldes) als Produkt einer von den Werkstoffeinflüssen unabhängigen zweiten Feldgröße und einer allein dem Werkstoff des Feldraumes eigenen Größe dargestellt werden. Diese *die Ursache des magnetischen Feldes beschreibende Feldgröße* wird historisch bedingt als *magnetische Feldstärke H* bezeichnet. Im speziellen Fall einer Ringspule nach Bild 4.7 wird also in jedem Raumpunkt im Inneren der Ringspule näherungsweise die magnetische Feldstärke mit dem Betrag

$$H = \frac{NI}{l} \tag{4.7}$$

erregt. Aus dieser kann dann mit der jedem Raumpunkt eigenen Permeabilität μ die magnetische Flussdichte mit dem Betrag

$$B = \mu H \tag{4.8}$$

des Raumpunktes berechnet werden. Gl. (4.7) gilt allerdings für die Ringspule nur dann, wenn in ihrem Inneren die Permeabilität μ konstant, ihm Material also *magnetisch homogen* ist.

Mit der Festlegung, dass die Materialeigenschaften durch die *skalare* Größe μ beschrieben werden sollen, folgt aus Gl. (4.8), dass die magnetische Feldstärke $\vec{H}$ genau wie die magnetische Flussdichte $\vec{B}$ Vektorcharakter haben muss, d. h. eine gerichtete Größe ist. Der Vektorcharakter der magnetischen Feldstärke $\vec{H}$ wird auch deutlich, wenn man Gl. (4.7) in die Form

$$Hl = \int_l \vec{H} \cdot \mathrm{d}\vec{l} = NI \tag{4.9}$$

umschreibt und die linke Seite als das Integral des Skalarproduktes des Vektors $\vec{H}$ und des ebenfalls mit einem Richtungscharakter behafteten, d. h. als Vektor zu schreibenden, Wegelements $\mathrm{d}\vec{l}$ entlang der Spulenlänge l auffasst. In den Beispielen des Bildes 4.7 konnten diese Vektoreigenschaften nur deshalb außer Acht gelassen werden, weil die die Spulenlänge l beschreibende Strecke an allen Stellen parallel zu den Feldlinien für $\vec{B}$ und $\vec{H}$ verläuft, sodass das Integral des Produktes der Vektoren $\vec{H} \cdot \mathrm{d}\vec{l}$ auch als algebraisches Produkt Hl geschrieben werden kann. Die Fälle, in denen das Skalarprodukt der Vektoren $(\vec{H} \cdot \mathrm{d}\vec{l})$ gebildet werden muss (was i. Allg. bei inhomogenen Feldern gegeben ist), sind in Abschnitt 4.1.3.1 erläutert.

Zusammenfassend lässt sich sagen, dass die magnetischen Eigenschaften eines Raumes durch zwei Feldvektoren eindeutig und allgemeingültig beschrieben werden können, die über die skalare Größe *Permeabilität* μ entsprechend

$$\vec{B} = \mu\vec{H} \tag{4.10}$$

miteinander verknüpft sind.

Für jeden Punkt des Feldraumes beschreibt der Vektor der magnetischen Feldstärke $\vec{H}$ die *Ursache* des Feldes. Er kann *in magnetisch homogenen Räumen* allein aus der elektrischen Durchflutung und der Geometrie des Feldraumes berechnet werden. Aus dem Feldvektor $\vec{H}$ der Ursache ergibt sich dann durch Multiplikation mit der nur von den Materialeigenschaften des Feldraumes abhängigen Permeabilität μ der Feldvektor magnetische Flussdichte $\vec{B}$, der die *Wirkung* des magnetischen Feldes beschreibt.

Nach der heute üblichen Betrachtungsweise ist der Name magnetische *Feldstärke* irreführend, da in ihm die Wirkung des Feldes, z. B. die Kraftwirkung, zum Ausdruck kommt, die aber, wie in Abschnitt 4.3 gezeigt wird, durch die magnetische Flussdichte beschrieben wird. Es wäre also konsequent, analog zum elektrischen Feld, in dem die Wirkungsgröße $\vec{E}$ als elektrische Feldstärke bezeichnet wird, auch die Wirkungsgröße $\vec{B}$ des magnetischen Feldes magnetische Feldstärke zu nennen. Die Ursachengröße $\vec{H}$ würde dann *magnetische Erregung* genannt analog zur teilweise üblichen Bezeichnung *elektrische Erregung* $\vec{D}$ für die Ursachengröße im elektrostatischen Feld. Um für den Anfänger einen leichteren Vergleich mit dem größeren Teil der Literatur zu ermöglichen, soll hier die Bezeichnung Feldstärke für die Ursachen- und magnetische Flussdichte für die Wirkungsgröße beibehalten werden.

4.1.2.4 Einheiten der magnetischen Feldgrößen

Im SI-Einheitensystem (Abschnitt 1.1.2 und Anhang 2) ergibt sich die abgeleitete Einheit der *magnetischen Feldstärke H* zu A/m, was auch aus Gl. (4.7) zu erkennen ist.

Die abgeleitete Einheit der magnetischen Flussdichte $\vec{B}$ folgt aus ihrer Definition über die Kraftwirkung auf stromdurchflossene Leiter (Abschnitt 4.3.2.3) oder die Induktionswirkung (Abschnitt 4.3.1.2) mit $\mathrm{Vs/m^2}$. Diese abgeleitete Einheit wird mit dem Namen *Tesla* und dem Symbol T bezeichnet.

Mit der abgeleiteten Einheit Volt mit 1 V = 1 W/A = 1 Nm/(As) kann der Zusammenhang zwischen magnetischen, elektrischen und mechanischen Einheiten über die Gleichung

$$1\,\mathrm{T} = 1\frac{\mathrm{Vs}}{\mathrm{m}^2} = 1\frac{\mathrm{N}}{\mathrm{Am}} \tag{4.11}$$

aufgezeigt werden. Der letzte Einheitenausdruck in Gl. (4.11) folgt auch unmittelbar aus der Definitionsgleichung für die magnetische Flussdichte entsprechend Gl. (4.2).

Üblicherweise wird die *Permeabilität*

$$\mu = \mu_\mathrm{r}\,\mu_0 \tag{4.12}$$

in zwei Faktoren aufgespaltet, die *relative Permeabilität* μ_r und die *magnetische Feldkonstante* μ_0, mit denen Gl. (4.10) in der Form

$$\vec{B} = \mu_\mathrm{r}\,\mu_0\,\vec{H} \tag{4.13}$$

geschrieben wird.

Die *relative Permeabilität* μ_r ist ein *einheitenloser Zahlenfaktor*, der das Verhältnis der Permeabilität eines bestimmten Stoffs (Luft, Eisen u. a.) zu der des Vakuums angibt. Für Vakuum ist also $\mu_\mathrm{r} = 1$. Für das Feldmedium Luft hat μ_r nahezu denselben Wert, nämlich $\mu_\mathrm{r} = 1{,}0000004$, sodass bei Feldern in Luft praktisch $\mu_\mathrm{r} = 1$ gesetzt werden kann. Die Größe der relativen Permeabilität anderer Medien, besonders von Eisen, ist in Abschnitt 4.2.1.3 beschrieben.

Die *magnetische Feldkonstante* μ_0 ist gleich der Permeabilität μ des Vakuums. Sie ist eine dimensionsbehaftete Konstante, deren Einheit T/(A/m) = Vs/(Am) = H/m aus Gl. (4.13) folgt. Darin ist H die abgeleitete Einheit *Henry* entsprechend 1 H = 1 Vs/A. Im SI-Einheitensystem ergibt sich im Zusammenhang mit der Definition des Ampere die magnetische Feldkonstante

$$\mu_0 = 4\pi \cdot 10^{-7}\,\frac{\mathrm{H}}{\mathrm{m}} = 1{,}2566371\,\frac{\mu\mathrm{H}}{\mathrm{m}}\,. \tag{4.14}$$

Beispiel 4.2 Dimensionierung einer Ringspule

Eine Ringspule nach Bild 4.7 ohne ferromagnetischen Kern (*Luftspule*) hat den mittleren Ringdurchmesser $d_\mathrm{R} = 20$ cm. Welche elektrische Durchflutung ist erforderlich, um innerhalb der Spule die magnetische Flussdichte $B = 0{,}01$ T zu erzeugen?

Man erhält nach Gl. (4.13) für die magnetische Feldstärke $H = B/(\mu_\mathrm{r}\,\mu_0) = 0{,}01\ \mathrm{T}/(1 \cdot 1{,}257\ \mu\mathrm{Tm/A}) = 7{,}958$ kA/m. Mit dem mittleren Ringumfang $l = \pi\, d_\mathrm{R} = \pi \cdot 20$ cm ergibt sich dann nach Gl. (4.5) und (4.7) die elektrische Durchflutung $\Theta = NI = Hl (7{,}958\ \mathrm{kA/m})\ \pi \cdot 20\ \mathrm{cm} = 5000$ A.

Diese Durchflutung kann z. B. mit 5000 Windungen, in denen der Strom 1 A fließt, erzeugt werden, aber auch mit 1000 Windungen bei 5 A, 200 Windungen bei 25 A usw. Die Aufteilung des Produktes wird in der Praxis durch die Spannung bestimmt, die für die Erzeugung des magnetisierenden Stroms zur Verfügung steht.

4.1.3 Integrale Größen des magnetischen Feldes

Die in Abschnitt 4.1.2.1 und 4.1.2.3 erläuterten Feldvektoren $\vec{B}$ und $\vec{H}$ sind für jeden Raumpunkt definiert und somit geeignet, magnetische Felder vollständig zu beschreiben. Betrag und Richtung der Feldgrößen werden in Abhängigkeit von den Ortskoordinaten, also als Ortsfunktion, angegeben. Häufig interessiert aber weniger die örtliche Verteilung der Feldgrößen, sondern mehr ihre *resultierende Wirkung* über ein bestimmtes räumlich ausgedehntes Feldgebiet. Beispielsweise ist die Spannung, die in einer Leiterschleife vom magnetischen Feld induziert wird, nicht abhängig von der räumlichen Verteilung des Feldes in dieser Schleife, sondern allein von der summarischen Wirkung, d. h. dem Flächenintegral des Feldes. Für solche Problemstellungen sind *integrale Feldgrößen* definiert, die einfacher zu handhaben sind als die i. Allg. mathematisch aufwändigen Ortsfunktionen der Feldvektoren.

4.1.3.1 Magnetische Spannung

In Abschnitt 3.2.3 ist die elektrische Spannung U als Wegintegral der wegbezogenen vektoriellen Feldgröße, der elektrischen Feldstärke $\vec{E}$ (Spannung pro Weg), abgeleitet. In *formaler Analogie* hierzu kann im magnetischen Feld auch aus der wegbezogenen vektoriellen Feldgröße, der magnetischen Feldstärke $\vec{H}$ (Strom pro Weg), eine integrale Feldgröße, die *magnetische Spannung* V, berechnet werden. Man multipliziert hierzu die Feldgröße H mit dem Weg l. Für das Feld der Ringspulen in Abschnitt 4.1.2.2 ist dies algebraisch in der Form Hl möglich, da hier der Weg l als Ringmittellinie über den ganzen Ringumfang parallel zur $\vec{H}$ -Feldlinie verläuft und der Betrag des Vektors $\vec{H}$ über l konstant ist. Schreibt man also Gl. (4.7) gemäß Gl. (4.9) in der Form $Hl = IN$, so kann die linke Seite Hl als magnetische Spannung

$$\mathring{V} = Hl \tag{4.15}$$

gedeutet werden.

Im hier zunächst betrachteten speziellen Fall ist es die magnetische Spannung, die über eine *geschlossene* Kreislinie der Ringspule (Mittellinie) auftritt und die man demzufolge auch als *magnetische Umlaufspannung* $\mathring{V}$ bezeichnet. Der besondere Charakter dieser über einen geschlossenen Weg auftretenden magnetischen Spannung wird durch einen Kreis über dem Symbol V gekennzeichnet ($\mathring{V}$). Es zeigt sich, dass eine solche magnetische Umlaufspannung immer gleich der elektrischen Durchflutung ist, die von diesem Umlauf eingeschlossen wird (Abschnitt 4.1.3.2), in diesem Fall also dem Produkt aus Windungszahl N der Ringspule und Spulenstrom I. Soll die magnetische Spannung V entlang eines *beliebigen* Weges in einem *inhomogenen* Feld dargestellt werden, so darf analog zu den Erläuterungen in Abschnitt 3.2.3 das Produkt Hl immer nur für infinitesimal kleine Wegstrecken dl gebildet werden, über die die magnetische Feldstärke $\vec{H}$ als konstant angenommen werden kann (Bild 4.8).

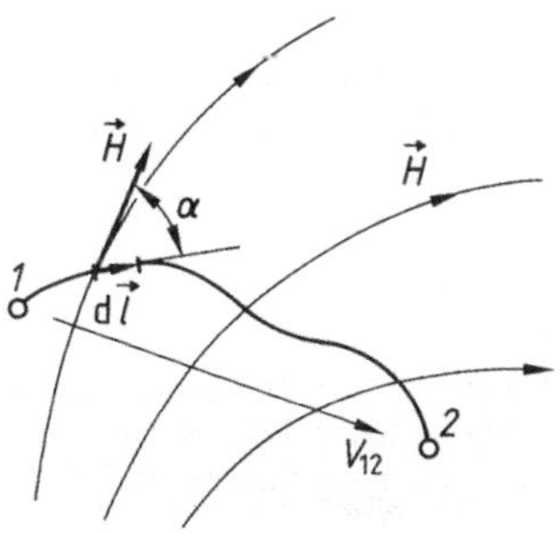

Bild 4.8 Magnetische Spannung V_{12} als Wegintegral der magnetischen Feldstärke $\vec{H}$

Außerdem darf nur die Komponente der magnetischen Feldstärke $\vec{H}$ in das Produkt einbezogen werden, die in Richtung des Wegelements fällt. Damit ergibt sich für jedes Wegelement $d\vec{l}$ die elementare magnetische Spannung

$$dV = H\,dl\cos\alpha\,, \tag{4.16}$$

die auch als Skalarprodukt

$$dV = \vec{H}\cdot d\vec{l} \tag{4.17}$$

der beiden Vektoren $\vec{H}$ und $d\vec{l}$ geschrieben werden kann.

Summiert man alle Elementarspannungen $\mathrm{d}V$ entlang eines Weges, der durch die Punkte 1 und 2 begrenzt ist (Bild 4.8), so bekommt man die *Definitionsgleichung für die magnetische Spannung*

$$V_{12} = \int_1^2 \vec{H} \cdot \mathrm{d}\vec{l} \,. \tag{4.18}$$

Die magnetische Spannung ist im Gegensatz zu den Vektoren $\vec{H}$ und $\vec{l}$ eine *skalare Größe*. Ihre Einheit ist das Ampere (A). Da dieser skalaren Größe ähnlich wie der elektrischen Spannung (Abschnitt 3.2.3) ein Richtungscharakter zukommt, wird sie durch einen *Zählpfeil* dargestellt, der in die Integrationsrichtung (Richtung des Integrationsvektors $\mathrm{d}\vec{l}$) weisend anzutragen ist (Bild 4.8).

4.1.3.2 Durchflutungssatz

In Abschnitt 4.1.3.1 ist für das spezielle Beispiel der Ringspule dargestellt, dass die magnetische Spannung V entlang eines geschlossenen Umlaufs, die *Umlaufspannung* $\mathring{V}$ nach Gl. (4.15), gleich ist der Summe der von diesem Umlauf eingeschlossenen Ströme. Diese Aussage ist einer der wichtigsten Sätze für das Magnetfeld, der Durchflutungssatz, der den Zusammenhang zwischen Magnetfeld und elektrischem Strömungsfeld beschreibt. Nach dem *Durchflutungssatz*

$$\oint \vec{H} \cdot \mathrm{d}\vec{l} = \sum I = \Theta \tag{4.19}$$

ist das *Wegintegral der magnetischen Feldstärke* $\vec{H}$ *längs eines beliebigen geschlossenen Weges immer gleich der Summe aller Ströme (elektrischen Durchflutung* Θ*), die vom geschlossenen Weg umfasst werden* (Bild 4.9).

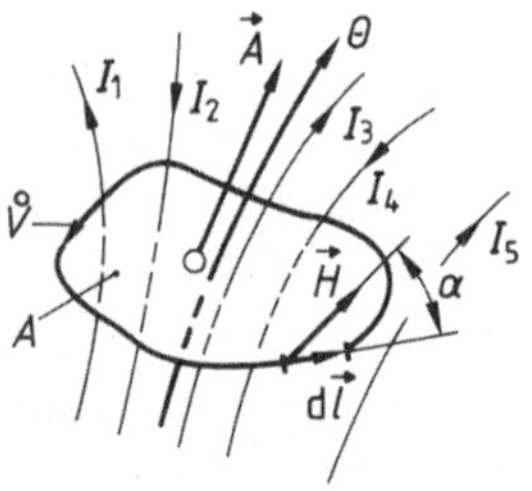

Bild 4.9 Magnetische Umlaufspannung $\mathring{V}$

Der *geschlossene* Integrationsweg wird durch einen *Kreis im Integralzeichen* gekennzeichnet. Die Ströme, deren *Zählpfeile* vom gewählten Integrationsumlauf $\mathrm{d}\vec{l}$ *rechtswendig* umschlossen werden, sind mit *positivem*, die *linkswendig* umschlossenen mit *negativem Vorzeichen* in die Stromsumme aufzunehmen. Beispielsweise lautet der Durchflutungssatz für den in Bild 4.9 dargestellten Umlauf $\oint \vec{H} \cdot \mathrm{d}\vec{l} = I_1 - I_2 + I_3 - I_4 = \Theta$. Wird die Summe der Ströme als elektrische Durchflutung Θ angegeben, so ist das Umlaufintegral der magnetischen Feldstärke ($\oint \vec{H} \cdot \mathrm{d}\vec{l}$) *rechtswendig* um den Zählpfeil für Θ zu bilden.

Beispiel 4.3 Magnetfeld in einer Ringspule

Für die in Beispiel 4.2 betrachtete Ringspule nach Bild 4.7 sind die Beträge der magnetischen Feldstärke H und der magnetischen Flussdichte B am Innen- und Außenrand des Feldes zu bestimmen, wenn die dort errechnete Durchflutung Θ = 5000 A besteht und der Durchmesser des Spulenquerschnitts d_q = 3 cm beträgt.

Mit den in Beispiel 4.2 angegebenen Daten ist die Länge des Umlaufs am Innenrand $l_i = \pi$ (20 cm – 3 cm) = 53,4 cm und am Außenrand $l_a = \pi$ (20 cm + 3 cm) = 72,3 cm. Da der Betrag der magnetischen Feldstärke H längs der Wege l_i und l_a jeweils konstant ist und die Integrationsrichtung $\mathrm{d}\vec{l}$ in Richtung der magnetischen Feldstärke $\vec{H}$ liegt ($\alpha = 0$), vereinfacht sich Gl. (4.19) zu $\oint \vec{H} \cdot \mathrm{d}\vec{l} = \oint H \cdot \mathrm{d}l = Hl = \Theta$, sodass man für innen und außen die magnetische Feldstärke $H_i = \Theta/l_i$ = 5 kA/(53,4 cm) = 9,36 kA/m und $H_a = \Theta/l_a$ = 5 kA/(72,3 cm) = 6,92 kA/m und nach Gl. (4.13) mit $\mu = \mu_0$ = 1,26 µH/m die magnetische Flussdichte $B_i = \mu_0 H_i$ = (1,26 µH/m) · 9,35 kA/m = 11,8 mT und $B_a = \mu_0 H_a$ = (1,26 µH/m) · 6,91 kA/m = 8,7 mT erhält. Die Abweichungen von der magnetischen Flussdichte B = 0,01 T an der Feldmittellinie (nach Beispiel 4.2) sind schon merklich, trotzdem kann man in solchen Fällen häufig mit mittleren Werten rechnen.

Die Gültigkeit des Durchflutungssatzes kann für beliebige Räume experimentell, für homogene Räume (μ = const) auch analytisch mit Hilfe des *Biot-Savartschen Gesetzes* nachgewiesen werden. Wesentlich ist die Aussage, dass lediglich die Ströme den *Wert des Umlaufintegrals* bestimmen, die innerhalb des Integrationsumlaufs fließen. *Das darf aber nicht dahingehend gedeutet werden, dass die Ströme außerhalb des Umlaufs das Feld nicht beeinflussen würden*! Zum Beispiel bestimmt der Strom I_5 in Bild 4.9 wohl den Feldverlauf im Bereich des Umlaufs mit, nicht aber den Wert des Umlaufintegrals $\oint \vec{H} \cdot \mathrm{d}\vec{l}$ entlang dieses Umlaufs, der unabhängig von I_5 und damit vom Feldverlauf ausschließlich von der eingeschlossenen elektrischen Durchflutung $(I_1 - I_2 + I_3 - I_4)$ bestimmt ist.

Fließen die Ströme in räumlich ausgedehnten Leitern (Strömungsgebieten), auf die sie sich mit unterschiedlichen Stromdichten verteilen, so muss die vom Umlaufintegral eingeschlossene Fläche in infinitesimal kleine Flächenelemente dA unterteilt werden, über die jeweils die Stromdichte $\vec{J}$ als konstant angenommen werden kann. Dann ergibt sich mit Gl. (4.6) der Durchflutungssatz Gl. (4.19) in der Form

$$\oint \vec{H} \cdot \mathrm{d}\vec{l} = \int_A \vec{J} \cdot \mathrm{d}\vec{A} = \Theta \tag{4.20}$$

Die *Integrationsrichtung* $\mathrm{d}\vec{l}$ und damit die *Richtung des Zählpfeils der magnetischen Umlaufspannung* $\mathring{V} = \oint \vec{H} \cdot \mathrm{d}\vec{l}$ *ist rechtswendig um den Flächenvektor* $\mathrm{d}\vec{A}$ und damit *rechtswendig um den Zählpfeil für* Θ festgelegt (Gl. (4.6) und Bild 4.9), da definitionsgemäß der Richtungscharakter der Flächenvektoren $\mathrm{d}\vec{A}$ die Richtung des Zählpfeils von Θ bestimmt.

Bei der Anwendung des Durchflutungssatzes sind hinsichtlich der Lösungsschwierigkeiten zwei Arten von Aufgabenstellungen zu unterscheiden: Kennt man den Feldverlauf, d. h. ist die Ortsfunktion der magnetischen Feldstärke $\vec{H}$ gegeben, so lässt sich mit Gl. (4.19) die elektrische Durchflutung Θ bestimmen. Soll aber umgekehrt bei gegebener Durchflutung Θ die magnetische Feldstärke $\vec{H}$ an bestimmten Punkten des Raumes berechnet werden, so können unüberwindliche Schwierigkeiten auftreten, da der Durchflutungssatz ja nur eine Aussage über das Integral der magnetischen Feldstärke $\oint \vec{H} \cdot \mathrm{d}\vec{l}$ liefert, nicht aber darüber, wie sich diese entlang des Integrationsweges ändert. Der Durchflutungssatz lässt sich somit nur in bestimmten Fällen, in denen der *räumliche Feldverlauf qualitativ bekannt* ist, explizit nach H auflösen. Bei der Ringspule nach Bild 4.7 ist z. B. die magnetische Feldstärke vom Betrag her nicht bekannt. Da man aber weiß, dass die Feldlinien als konzentrische Kreise durch das Innere der Ringspule verlaufen, entlang denen der Betrag der Feldstärke H konstant ist, lässt sich das Linienintegral $\oint \vec{H} \cdot \mathrm{d}\vec{l}$ in eine einfache Multiplikation Hl überführen, sodass der Durchflutungssatz explizit nach der magnetischen Feldstärke H aufgelöst werden kann, wie in Beispiel 4.3 gezeigt ist.

Der Durchflutungssatz gilt allgemein. Es ist völlig gleichgültig, wie die elektrischen Strömungen innerhalb des magnetischen Kreises *örtlich verteilt* sind. Für Spulen gilt der Satz z. B. sowohl bei der Ringspule nach Bild 4.7 mit ihren über die ganze geschlossene Feldlänge verteilten Windungen als auch bei Feldern entsprechend den Bildern 4.2 bis 4.4, in denen Windungen konzentriert über Teillängen der Felder angeordnet sind.

Der Durchflutungssatz gilt auch für *beliebige Räume* mit *beliebigen Stoffen* sowie für *beliebige Umlaufwege*. Man braucht also nicht unbedingt entlang einer Feldlinie zu integrieren, sondern kann jeden beliebigen Integrationsweg wählen; er muss lediglich *geschlossen* sein, also wieder am Anfangspunkt enden. Bei praktischen Rechnungen wird der Integrationsweg so gewählt, dass sich der *geringste Rechenaufwand* ergibt.

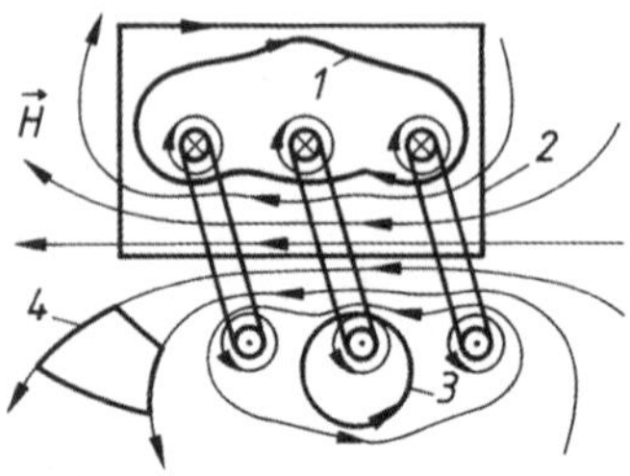

Bild 4.10 Feldlinienbild der magnetischen Feldstärke $\vec{H}$ einer stromdurchflossenen Spule mit verschiedenen geschlossenen Wegen zur Bildung der magnetischen Umlaufspannung

Beispielsweise sind im Feld der Spule in Bild 4.10 mehrere durch dickere Striche hervorgehobene Integrationswege angegeben. Der Integrationsweg 1 fällt mit einer Feldlinie zusammen, die eine Durchflutung dreier Windungen umschließt. Das Umlaufintegral $\oint_1 \vec{H} \cdot d\vec{l}$ entlang dieses Weges liefert den Wert der eingeschlossenen Durchflutung $\Theta = 3\,I$. Der Integrationsweg 2, der nicht entlang einer Feldlinie verläuft, führt zum gleichen Ergebnis $\oint_2 \vec{H} \cdot d\vec{l} = 3I$, da er auch mit drei Strömen verkettet ist. Das Umlaufintegral über den Weg 3 liefert $\oint_3 \vec{H} \cdot d\vec{l} = I$, da nur die Durchflutung einer Windung eingeschlossen wird. Die magnetische Umlaufspannung über Integrationsweg 4 ist null, da keine Durchflutung eingeschlossen wird ($\oint_4 \vec{H} \cdot d\vec{l} = 0$).

Beispiel 4.4 Magnetfeld außerhalb eines langen, geraden Leiters

Eine allgemeine Bestimmungsgleichung für die magnetische Feldstärke $\vec{H}$ außerhalb eines geraden, unendlich langen, stromdurchflossenen Leiters ist herzuleiten.

Aus Symmetriegründen muss ein solcher stromdurchflossener Leiter ein zylindersymmetrisches Feld erzeugen, das durch konzentrische Feldlinien um den Leiter, entsprechend Bild 4.2a, beschrieben wird. Der qualitative Feldverlauf ist also bekannt, die Aufgabe beschränkt sich somit auf die quantitative Bestimmung von H und kann deshalb mit Hilfe des Durchflutungssatzes gelöst werden.

Wählt man einen Integrationsweg, der wie die Feldlinien einen konzentrischen Kreis mit dem Radius r um den Leiter beschreibt, so liegt entlang dieses Weges in jedem Punkt der Vektor der magnetischen Feldstärke $\vec{H}$ tangential zur Feldlinie in Richtung des Integrationsvektors $d\vec{l}$ (Bild 4.11). Das Skalarprodukt $\vec{H} \cdot d\vec{l}$ im Durchflutungssatz Gl. (4.19) lässt sich also als algebraisches Produkt schreiben ($\alpha = 0$).

$$\oint \vec{H} \cdot d\vec{l} = \oint H\, dl = I \tag{4.21}$$

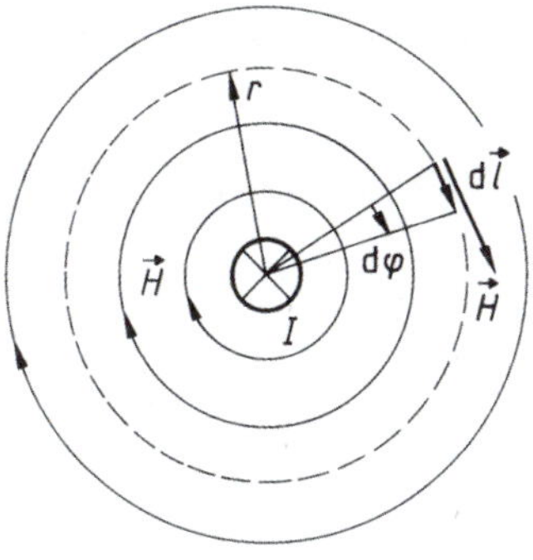

Bild 4.11 Feldlinienbild der magnetischen Feldstärke $\vec{H}$ außerhalb eines stromdurchflossenen, unendlich langen, geraden Leiters

Da der Betrag der magnetischen Feldstärke H entlang eines konzentrischen Kreises konstant ist, kann H vor das Integral gezogen werden. Ersetzt man weiter das Wegelement $\mathrm{d}l$ durch das Produkt $r\,\mathrm{d}\varphi$, so lässt sich das Umlaufintegral als bestimmtes Integral in den Grenzen 0 bis $2\,\pi$ angeben.

$$\oint H\,\mathrm{d}l = Hr\int_0^{2\pi}\mathrm{d}\varphi = Hr\cdot 2\,\pi = I \tag{4.22}$$

In dieser Form lässt sich der Durchflutungssatz explizit nach der magnetischen Feldstärke

$$H = \frac{I}{2\,\pi\,r} \tag{4.23}$$

auflösen. Für jeden Punkt im Feldraum um den geraden Leiter beträgt die magnetische Feldstärke $H = I/(2\,\pi\,r)$ mit r als der kürzesten Entfernung des Punktes zur Mittellinie des Leiters.

Das Beispiel zeigt exemplarisch, wie man in einfachen Anordnungen trotz der integralen Aussage des Durchflutungssatzes den Feldvektor $\vec{H}$ als Ortsfunktion bestimmen kann. Voraussetzung für den Lösungsansatz ist allerdings die Kenntnis des qualitativen Feldverlaufes, d. h. man muss wissen, dass entlang konzentrischer Kreise um den Leiter der magnetische Feldstärkevektor tangential gerichtet und dem Betrag nach konstant ist.

Beispiel 4.5 Magnetfeld innerhalb eines langen, geraden Leiters

Das magnetische Feld im Inneren eines geraden, unendlich langen Leiters mit kreisförmigem Querschnitt ist zu berechnen.

Für Gleichstrom und Wechselstrom niedriger Frequenz kann eine gleichmäßige Verteilung des Stroms I über den Leiterquerschnitt $A_\mathrm{q} = r_0^2\,\pi$ angenommen werden, sodass entsprechend Gl. (3.34) die Stromdichte näherungsweise als homogen mit dem Betrag

$$J = \frac{I}{r_0^2\,\pi}$$

angenommen werden kann. Da man aus Symmetriegegebenheiten ableiten kann, dass auch im Inneren des kreisförmigen Leiterquerschnitts die Feldlinien konzentrische Kreise beschreiben müssen, lässt sich der Durchflutungssatz analog zu den in Beispiel 4.4 erläuterten Überlegungen auch für den Innenraum des Leiters anwenden.

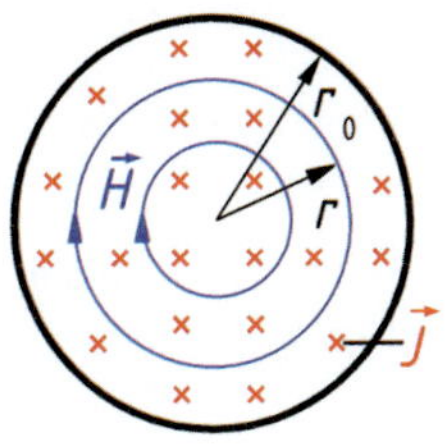

Bild 4.12 Feldlinienbild der magnetischen Feldstärke $\vec{H}$ im Inneren eines stromdurchflossenen, unendlich langen, geraden Leiters

Für einen entlang einer Feldlinie gewählten konzentrischen Umlauf mit dem Radius r (Bild 4.12) folgt aus dem Durchflutungssatz Gl. (4.20) entsprechend Gl. (4.22)

$$\oint \vec{H} \cdot d\vec{l} = Hr \cdot 2\pi = \int_A \vec{J} \cdot d\vec{A} = \frac{r^2 \pi I}{r_0^2 \pi} \tag{4.24}$$

Da der Stromdichtevektor $\vec{J}$ senkrecht auf dem vom Umlauf begrenzten Teil $r^2\pi$ der Querschnittsfläche steht und sein Betrag J konstant ist, kann das Integral $\int \vec{J} \cdot d\vec{A}$ in Gl. (4.24) als Produkt JA der Beträge von Stromdichte- und Flächenvektor geschrieben werden. Die Auflösung der Gl. (4.24) nach H ergibt die Bestimmungsgleichung für den Betrag der magnetischen Feldstärke im Inneren des Leiters

$$H = r \frac{I}{2\pi r_0^2} \, . \tag{4.25}$$

Beispiel 4.6 Magnetische Umlaufspannungen

Es ist zu beweisen, dass im magnetischen Feld eines unendlich langen, geraden Leiters auch für die in Bild 4.13 skizzierten Umlaufwege der Durchflutungssatz erfüllt ist.

Bildet man das Umlaufintegral nach Gl. (4.19) entlang des Umlaufs *1*, so lässt sich dieses als Summe von vier Teilintegrale darstellen. Die Umlaufspannung setzt sich also aus vier magnetischen Teilspannungen zusammen.

$$\oint \vec{H} \cdot d\vec{l} = \int_a^b \vec{H} \cdot d\vec{l} + \int_b^c \vec{H} \cdot d\vec{l} + \int_c^d \vec{H} \cdot d\vec{l} + \int_d^a \vec{H} \cdot d\vec{l} = V_{ab} + V_{bc} + V_{cd} + V_{da} \tag{4.26}$$

Im 1. und 3. Abschnitt weist der Integrationsvektor $d\vec{l}$ in Richtung des magnetischen Feldstärkevektors $\vec{H}$, sodass $\vec{H} \cdot d\vec{l}$ als algebraische Multiplikation $H\,dl$ geschrieben werden kann mit $dl = r\,d\varphi$. Im 2. und 4. Abschnitt steht der Vektor der magnetischen Feldstärke $\vec{H}$ senkrecht auf dem Integrationsvektor $d\vec{l} = d\vec{r}$, sodass das Skalarprodukt $H\,dr \cos\alpha$ null ergibt. Mit der so bestimmten Umlaufspannung

$$\oint \vec{H} \cdot d\vec{l} = \int_0^{\varphi_1} H\,r\,d\varphi + \int_{\varphi_1}^{2\pi} H\,r\,d\varphi \tag{4.27}$$

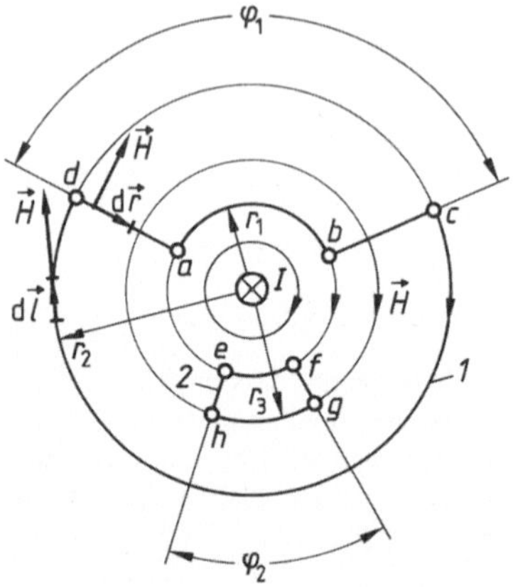

Bild 4.13 Feldlinienbild der magnetischen Feldstärke $\vec{H}$ eines vom Strom I durchflossenen, unendlich langen, geraden Leiters mit den magnetischen Umlaufspannungen $\mathring{V} = I$ über den Integrationsweg 1 und $\mathring{V} = 0$ über den Integrationsweg 2

und dem in Beispiel 4.4 ermittelten Ergebnis $H = I/(2\pi\,r)$ ergibt sich

$$\oint \vec{H} \cdot d\vec{l} = \frac{I}{2\pi}\varphi_1 + \frac{I}{2\pi}(2\pi - \varphi_1) = I \, , \tag{4.28}$$

d. h. für den Umlauf 1 ist der Durchflutungssatz erfüllt.

Nach ähnlichen Überlegungen ergibt sich für den Umlauf 2 der Ausdruck

$$\oint \vec{H} \cdot \mathrm{d}\vec{l} = \frac{I}{2\pi}\varphi_2 - \frac{I}{2\pi}\varphi_2 = 0\,, \tag{4.29}$$

der ebenfalls dem Durchflutungssatz entspricht. Der Umlauf 2 umfasst keinen Strom, d. h. die eingeschlossene elektrische Durchflutung ist null.

Beispiel 4.7 Durchflutungen bei einem Dreiphasen-Transformator

In Bild 4.14a ist ein verzweigter Eisenkreis skizziert, wie er z. B. beim Dreiphasentransformator verwendet wird. Die drei Schenkel 1; 2; 3 werden von drei Wicklungen – Primärwicklungen – *U*, *V*, *W* schaltungsgemäß in gleicher Umlaufrichtung umschlungen. Dementsprechend sind die Zählpfeile (durch Kreuze bzw. Punkte charakterisiert) für die Ströme in den Spulen in Bild 4.14a eingetragen. In den drei Wicklungen mögen die Ströme

$$i_\mathrm{U} = 0{,}4\ \mathrm{A}\ \sin[\omega t], \tag{4.30a}$$

$$i_\mathrm{V} = 0{,}4\ \mathrm{A}\ \sin[\omega t - (2\pi/3)], \tag{4.30b}$$

$$i_\mathrm{W} = 0{,}4\ \mathrm{A}\ \sin[\omega t - 2\,(2\pi/3)], \tag{4.30c}$$

fließen. Unter ω ist die Kreisfrequenz des sinusförmigen Wechselstroms zu verstehen (Abschnitt 5.1). Die Windungszahl jeder der drei Wicklungen beträgt $N_\mathrm{U} = N_\mathrm{V} = N_\mathrm{W} = 1200$. Für einen bestimmten Zeitpunkt entsprechend $\omega t = \pi/2$ sind die Augenblickswerte der *Fensterdurchflutungen* zu berechnen.

In den beiden durch den Kern gebildeten Fenstern werden (willkürlich) gleiche Zählpfeilrichtungen für die elektrischen Durchflutungen Θ_1 und Θ_2 gewählt, wie sie in Bild 4.14a eingetragen sind. Damit ist auch die Integrationsrichtung für das Umlaufintegral der magnetischen Feldstärke $\oint \vec{H} \cdot \mathrm{d}\vec{l}$, also die Zählpfeilrichtung der magnetischen Umlaufspannung $\overset{\circ}{V}$ (rechtswendig der Zählpfeilrichtung für Θ zugeordnet), in gleicher Umlaufrichtung bei beiden Fenstern festgelegt (Bild 4.14a).

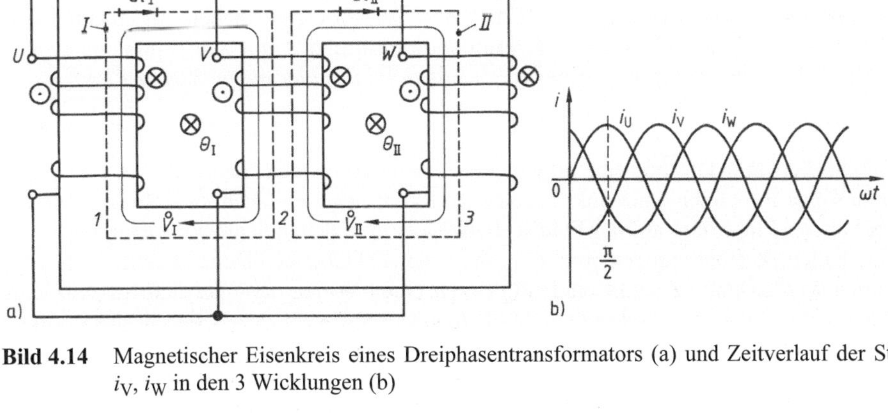

Bild 4.14 Magnetischer Eisenkreis eines Dreiphasentransformators (a) und Zeitverlauf der Ströme i_U, i_V, i_W in den 3 Wicklungen (b)

Die Augenblickswerte der Spulenströme nach Gl. (4.30a bis c) betragen für $\omega t = \pi/2$

$$i_\mathrm{U} = 0{,}4\ \mathrm{A}\ \sin 90^\circ \quad = +\,0{,}4\ \mathrm{A}, \tag{4.31a}$$

$$i_\mathrm{V} = 0{,}4\ \mathrm{A}\ \sin(-30^\circ) \quad = -\,0{,}2\ \mathrm{A}, \tag{4.31b}$$

$$i_\mathrm{W} = 0{,}4\ \mathrm{A}\ \sin(-150^\circ) \quad = -\,0{,}2\ \mathrm{A}. \tag{4.31c}$$

Unter Beachtung der Vorzeichen dieser Stromwerte und ihrer Zählpfeilrichtungen bezüglich der Zählpfeilrichtung für die elektrische Durchflutung Θ ergibt sich nach Gl. (4.6)

$$\Theta_{\mathrm{I}} = \sum_{\text{Fenster } I} i = + N_{\mathrm{U}} i_{\mathrm{U}} - N_{\mathrm{V}} i_{\mathrm{V}} = 1200 \cdot 0{,}4\mathrm{A} - 1200\,(-0{,}2\mathrm{A}) = +720\ \mathrm{A}\,, \tag{4.32a}$$

$$\Theta_{\mathrm{II}} = \sum_{\text{Fenster } II} i = + N_{\mathrm{V}} i_{\mathrm{V}} - N_{\mathrm{W}} i_{\mathrm{W}} = 1200\,(-0{,}2\mathrm{A}) - 1200\,(-0{,}2\mathrm{A}) = 0\,. \tag{4.32b}$$

Die elektrische Durchflutung im Umlauf I (Fenster I) ist positiv, d. h. es strömt zum Zeitpunkt entsprechend $\omega t = \pi/2$ eine (stets formal betrachtete *positive*) Ladungsmenge in Richtung des eingetragenen Zählpfeils für Θ_{I} durch den Umlauf I. Damit bildet sich das $\vec{H}$ -Feld rechtswendig um das Fenster I aus, liegt also in der Integrationsrichtung $\mathrm{d}\vec{l}_{\mathrm{I}}$, sodass sich die magnetische Umlaufspannung $\mathring{V}_{\mathrm{I}} = \oint \vec{H} \cdot \mathrm{d}\vec{l}_{\mathrm{I}}$ positiv ergibt.

Die elektrische Durchflutung im Umlauf II (Fenster II) ist null, d. h. zum betrachteten Zeitpunkt strömt eine positive Ladungsmenge entsprechend $i_{\mathrm{V}} N_{\mathrm{V}}$ der Wicklung *V* entgegen der Zählpfeilrichtung Θ_{II} und eine gleich große positive Ladungsmenge entsprechend $i_{\mathrm{W}} N_{\mathrm{W}}$ der Wicklung *W* in Richtung der Zählpfeilrichtung für Θ_{II} durch den Umlauf II. Die Umlaufspannung $\mathring{V}_{\mathrm{II}} = \oint \vec{H} \cdot \mathrm{d}\vec{l}_{\mathrm{II}}$ ist damit entsprechend Gl. (4.19) auch null ($\oint \vec{H} \cdot \mathrm{d}\vec{l}_{\mathrm{II}} = \Theta_{\mathrm{II}} = 0$). Das darf allerdings nicht dahingehend gedeutet werden, dass auch das Feld über diesem Umlauf, also in den Schenkeln 2 und 3, null ist, was ja offensichtlich nicht der Fall ist.

4.1.3.3 Magnetischer Fluss

Die resultierende Wirkung des magnetischen Feldes, wie z. B. die Erzeugung elektrischer Spannungen, ist außer von Betrag und Richtung des Feldes, also dem Feldvektor $\vec{B}$, auch noch von Größe und Lage der Fläche abhängig, die an der Wirkung beteiligt wird.

Um Größe und räumliche Lage (Richtung) einer betrachteten Fläche zu beschreiben, muss auch für diese ein Vektor eingeführt werden. Analog den Erläuterungen zur Berechnung der integralen Größe Strom *I* aus der Vektorgröße Stromdichte $\vec{J}$ in Abschnitt 3.2.2 stellt man sich das magnetische Feld in einzelne „Feldröhren" unterteilt vor, die parallel zu den Feldlinien verlaufen und deren Querschnitte $\mathrm{d}A_{\mathrm{q}}$ so klein sind, dass das Feld über $\mathrm{d}A_{\mathrm{q}}$ homogen, d. h. $B = \mathrm{const}$ angenommen werden kann. Dann lässt sich für einen solchen infinitesimal kleinen *Querschnitt* $\mathrm{d}A_{\mathrm{q}}$, *der senkrecht zur Röhrenlängsachse* und damit zum Flussdichtevektor $\vec{B}$ steht, eine infinitesimale Größe definieren, die als *differenzieller magnetischer Fluss*

$$\mathrm{d}\Phi = B\,\mathrm{d}A_{\mathrm{q}} \tag{4.33}$$

bezeichnet wird (Bild 4.15). Für eine allgemeine Beschreibung stellt man sich vor, die Flussröhre durchdringe in beliebigem Winkel α eine im Raum liegende, auch nichtebene Fläche *A*. Das dabei von der Flussröhre auf der Fläche *A* abgegrenzte Flächenelement d*A* kann bei einem infinitesimal kleinen Röhrenquerschnitt $\mathrm{d}A_{\mathrm{q}}$ auch bei nichtebener Fläche *A* immer als eben angenommen werden und ist somit eindeutig durch einen Winkel α, unter dem es zum Röhrenquerschnitt $\mathrm{d}A_{\mathrm{q}}$ liegt, zu beschreiben. Mathematisch geschieht dieses durch einen Vektor $\mathrm{d}\vec{A}$, der senkrecht auf dem Flächenelement d*A* steht und dessen Betrag gleich dem Betrag der Fläche ist. Man erkennt aus Bild 4.15, dass das der Flussröhre eigene Flächenelement d*A* in der Fläche *A* um so größer wird, je flacher die Flussröhre die Fläche *A* schneidet.

$$\mathrm{d}A = \frac{\mathrm{d}A_{\mathrm{q}}}{\cos\alpha} \tag{4.34}$$

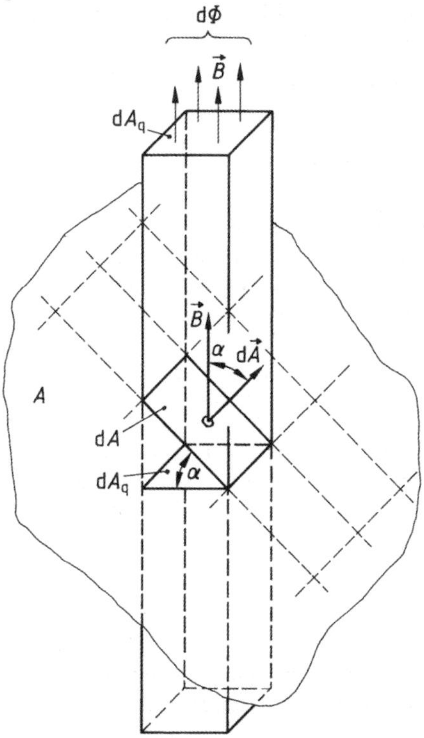

Bild 4.15 Zur Definition des differenziellen magnetischen Flusses $d\Phi$ als Skalarprodukt $d\vec{A} \cdot \vec{B}$ aus Flächen- und Flussdichtevektor

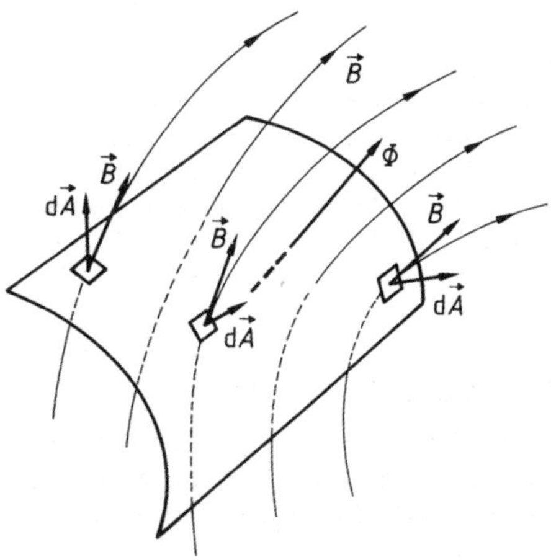

Bild 4.16 Magnetischer Fluss $\Phi = \int_A \vec{B} \cdot d\vec{A}$ als Flächenintegral der magnetischen Flussdichte

Da der differenzielle Fluss $d\Phi$ durch das Flächenelement dA aber unabhängig von dessen Winkellage α zur Querschnittsfläche dA_q gleich ist dem „Röhrenfluss" nach Gl. (4.33), ergibt sich durch Einsetzen von Gl. (4.34) in Gl. (4.33) der differenzielle magnetische Fluss

$$d\Phi = B\, dA \cos\alpha \tag{4.35}$$

durch ein Flächenelement dA, dessen Normale $d\vec{A}$ in einem beliebigen Winkel α zum Flussdichtevektor $\vec{B}$ steht. In vektorieller Schreibweise wird diese Gleichung als Skalarprodukt

$$d\Phi = \vec{B} \cdot d\vec{A} \tag{4.36}$$

der beiden Vektoren $\vec{B}$ und $d\vec{A}$ dargestellt.

Ist der Fluss Φ eines (auch inhomogenen) magnetischen Feldes durch eine beliebige (auch nichtebene) Fläche A zu berechnen, so wird die Fläche in einzelne Flächenelemente dA unterteilt und die Teilflüsse $d\Phi$ werden durch diese Flächenelemente nach Gl. (4.36) bestimmt (Bild 4.16). Alle Teilflüsse $d\Phi = \vec{B} \cdot d\vec{A}$ über die ganze Fläche A summiert, d. h. integriert, ergeben die allgemeine Gleichung für den *magnetischen Fluss*

$$\Phi = \int_A \vec{B} \cdot d\vec{A} = \int_A B\, dA \cos\alpha \tag{4.37}$$

durch die Fläche A.

Beispiel 4.8 Magnetischer Fluss eines langen, geraden Leiters

In Bild 4.17 ist das Feld eines unendlich langen, geraden Leiters skizziert, wie es in Beispiel 4.4 berechnet ist. Hier soll der magnetische Fluss Φ durch die eingezeichnete Fläche $A = b \cdot l$ berechnet werden, in deren Ebene auch die Mittellinie des Leiters liegt.

Die $\vec{B}$-Feldlinien stellen konzentrische Kreise um den stromdurchflossenen Leiter dar und schneiden somit die Fläche A in einem rechten Winkel. In jedem Punkt der Fläche A haben damit die Flächenvektoren $\mathrm{d}\vec{A}$ und der Flussdichtevektor $\vec{B}$ die gleiche Richtung ($\alpha = 0$) senkrecht zur Fläche A. Der magnetische Fluss Φ durch die Fläche A kann damit entsprechend Gl. (4.37) als algebraisches Produkt

$$\Phi = \int_A \vec{B} \cdot \mathrm{d}\vec{A} = \int_A B \, \mathrm{d}A \tag{4.38}$$

geschrieben werden, und zwar als positives, wenn der Flächenvektor $\mathrm{d}\vec{A}$, wie in Bild 4.17 willkürlich angenommen, nach oben weisend angetragen wird ($\cos \alpha = +1$).

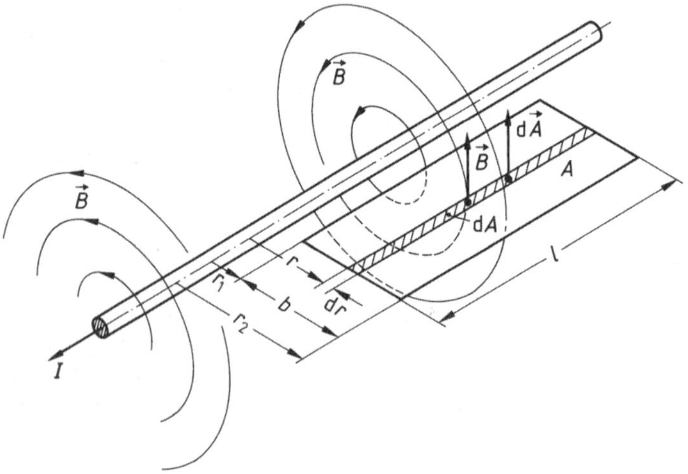

Bild 4.17 Zur Berechnung des magnetischen Flusses Φ, der von einem stromdurchflossenen, unendlich langen, geraden Leiter in der Fläche A erregt wird

In Beispiel 4.4 wurde der Betrag der magnetischen Feldstärke $H = I/(2\pi\, r)$ berechnet. Im Luftraum mit $\mu = \mu_0$ ist also der Betrag der magnetischen Flussdichte $B = H\mu_0$ eine Funktion von r. In der Fläche A müssen damit die Flächenelemente, über die B konstant angenommen werden darf, in radialer Richtung eine infinitesimal kleine Ausdehnung haben, sodass sie sich als $\mathrm{d}A = l\,\mathrm{d}r$ beschreiben lassen. (Bei konstantem r ändert sich B über l nicht.) Setzt man diese Werte in Gl. (4.38) ein, ergibt sich für den magnetischen Fluss

$$\Phi = \int_{r_1}^{r_2} \mu_0 \frac{I}{2\pi\, r} l \,\mathrm{d}r = \mu_0 \frac{I}{2\pi} l \int_{r_1}^{r_2} \frac{1}{r} \mathrm{d}r = I \frac{\mu_0}{2\pi} l \ln \frac{r_2}{r_1} \tag{4.39}$$

Werden ebene Flächen in homogenen Feldern betrachtet, d. h. tritt durch alle Punkte einer Fläche A die magnetische Flussdichte $\vec{B}$ mit gleichem Betrag B und gleichem Winkel α zur Flächennormalen $\vec{A}$ auf, kann B vor das Integral gezogen werden, sodass sich der magnetische Fluss

$$\Phi = \vec{B} \cdot \vec{A} = BA \cos \alpha \tag{4.40}$$

als Skalarprodukt der Vektoren magnetische Flussdichte $\vec{B}$ und Fläche $\vec{A}$ ergibt.

Die Einheit des magnetischen Flusses ist in den SI-Einheiten mit dem eigenen Namen Weber (Wb) entsprechend der Definition

$$1 \text{ Wb} = 1 \text{ Vs} \tag{4.41}$$

festgelegt.

Wie in Abschnitt 4.3.1.2 bei der Beschreibung des Induktionsvorgangs erläutert, ist für die Wirkung des magnetischen Flusses seine Richtung maßgebend, die aber aus dem Skalarprodukt $\vec{B} \cdot \vec{A}$ nicht ohne weiteres zu ersehen ist. Daher muss analog der skalaren Größe $I = \vec{J} \cdot \vec{A}$ auch die skalare Größe magnetischer Fluss Φ als *Zählpfeilgröße* aufgefasst werden.

Der *Zählpfeil für den magnetischen Fluss* Φ ist immer in Richtung des Flächenvektors $\mathrm{d}\vec{A}$ anzutragen. Der Zählpfeil für Φ gibt an, in welcher Richtung das *resultierende* Feld in einer Fläche diese durchdringt. Beispielsweise kann die in Bild 4.16 skizzierte gewölbte Fläche A nicht durch einen einzigen Flächenvektor $\vec{A}$ gekennzeichnet werden, sondern nur durch die Summe der Flächenelementvektoren $\mathrm{d}\vec{A}$, die in unterschiedlichen räumlichen Richtungen liegen. Gleichwohl kann aber der ganzen Fläche A *ein einziger Zählpfeil* Φ zugeordnet werden, da dieser nur qualitativ die Wirkungsrichtung des resultierenden Feldes durch diese Fläche beschreiben soll. In Bild 4.16 ist der Zählpfeil Φ also von links unten nach rechts oben durch die Fläche weisend anzutragen.

Da die Richtung des senkrecht zur Fläche definierten Flächenvektors zunächst willkürlich gewählt werden kann, ergibt sich auch die Richtung des Zählpfeils für den magnetischen Fluss durch diese Fläche willkürlich. Allerdings wird sich das Vorzeichen des nach Gl. (4.37) bzw. (4.40) berechneten magnetischen Flusses abhängig von der gewählten Richtung des Flächenvektors und damit des Zählpfeils für Φ positiv oder negativ ergeben. Wählt man beispielsweise wie in Bild 4.18 den Flächenvektor $\vec{A}_1$ und damit den Zählpfeil Φ_1 nach oben weisend, so ergibt sich bei dem eingezeichneten Flussdichteverlauf $\vec{B}$ nach Gl. (4.40) der magnetische Fluss $\Phi_1 = A_1 B \cos \alpha$ positiv. Wählt man die Richtung des Flächenvektors $\vec{A}_2$ und des zugehörigen Zählpfeils Φ_2 nach unten weisend, so ergibt sich bei demselben Flussdichteverlauf nach Gl. (4.40) der magnetische Fluss $\Phi_2 = A_2 B \cos \alpha_2 = A_2 B \cos(\pi - \alpha_1)$ aber negativ.

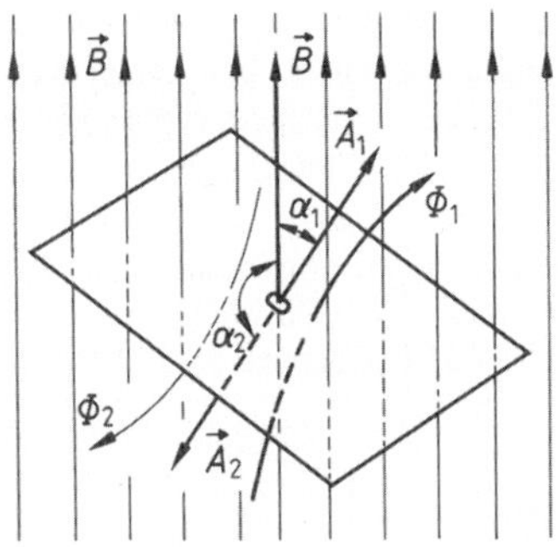

Bild 4.18 Zur Richtungsdefinition für den Zählpfeil des magnetischen Flusses Φ

Beispiel 4.9 Ruhende Leiterschleife im homogenen Magnetfeld

In dem in Bild 4.19a skizzierten homogenen magnetischen Feld mit der magnetischen Flussdichte $B = 0{,}5$ T zwischen den Polen eines Naturmagneten befindet sich eine Drahtschleife mit der Länge $l = 10$ cm und der Breite $b = 5$ cm in einer Ebene, die um den Winkel $\alpha = 30°$ gegenüber den Polebenen geneigt ist. Der magnetische Fluss Φ durch die Drahtschleife ist zu bestimmen. Die Drahtschleife soll als Linienleiter (Leiterdurchmesser vernachlässigbar klein) aufzufassen sein, d. h. die eingeschlossene Fläche ist durch die Mittellinie des Leiters eindeutig bestimmt.

Die Drahtschleife begrenzt eine ebene Fläche, die in ihrer Gesamtheit durch den einen Flächenvektor $\vec{A}$ mit dem Betrag $A = bl$ beschrieben werden kann. Der Vektor $\vec{A}$ senkrecht zur Fläche wird, wie in Bild 4.19a skizziert, (willkürlich) nach unten gerichtet angenommen. Da in dem homogenen Feld in jedem Punkt der Fläche A der Flussdichtevektor $\vec{B}$ denselben Betrag B und dieselbe Winkellage α gegenüber dem Flächenvektor $\vec{A}$ hat, kann der magnetische Fluss Φ nach Gl. (4.40) berechnet werden.

$$\Phi = \vec{B} \cdot \vec{A} = 0{,}5 \frac{\text{Vs}}{\text{m}^2} 0{,}1\text{m} \cdot 0{,}05\text{m} \cdot \cos 30^\circ = 2{,}16 \text{ mWb} \tag{4.42}$$

Der magnetische Fluss ergibt sich als positiver Zahlenwert für den in Richtung von A anzutragenden Zählpfeil für Φ.

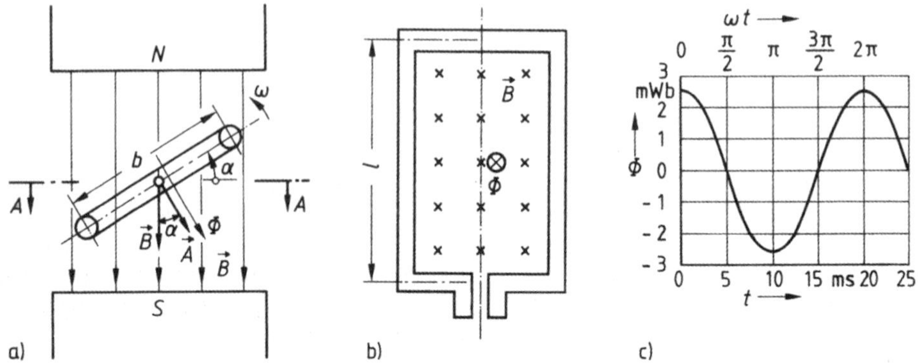

Bild 4.19 Drehende Drahtschleife in einem zeitinvarianten, homogenen Magnetfeld
a) Längsschnitt durch den Feldraum mit begrenzenden Polen
b) Querschnitt A – A
c) Zeitverlauf des magnetischen Flusses Φ durch die mit der Winkelgeschwindigkeit ω rotierende Drahtschleife

Beispiel 4.10 Drehende Leiterschleife im homogenen Magnetfeld

In Beispiel 4.9 ist eine im Magnetfeld stillstehende Drahtschleife betrachtet. Bei sonst unveränderten Gegebenheiten soll nun eine Drehung dieser Drahtschleife um ihre Längsachse mit der konstanten Winkelgeschwindigkeit [7] $\omega = 2\pi \cdot 50/\text{s}$ angenommen werden. Zur Zeit $t = 0$ liege die Schleifenebene parallel zu den Polflächen. Der magnetische Fluss Φ durch die Drahtschleife ist zu berechnen.

Infolge der Drehung der Drahtschleife ergibt sich der ihre räumliche Lage in Bild 4.19a beschreibende Winkel α als Zeitfunktion $\alpha = \omega t$. Der Flächenvektor $\vec{A}$ und damit der Zählpfeil Φ werden wie in Bild 4.19a angetragen. Sie ändern ihre Lage *relativ zur hier betrachteten Drahtschleife* nicht, auch wenn diese gedreht wird. Damit ändert sich aber der Winkel α zwischen Flussdichte- und Flächenvektor zeitlich und der magnetische Fluss ergibt sich nach Gl. (4.40) als Zeitfunktion

$$\Phi = \vec{A} \cdot \vec{B} = 0{,}5 \frac{\text{Vs}}{\text{m}^2} 0{,}1\text{m} \cdot 0{,}05\text{m} \cdot \cos\left(2\pi \cdot 50 \frac{\text{t}}{\text{s}}\right) = 2{,}5\text{mWb} \cdot \cos\left(2\pi \cdot 50 \frac{\text{t}}{\text{s}}\right). \tag{4.43}$$

Die Zeitfunktion für den magnetischen Fluss Φ ist in Bild 4.19c dargestellt und wie folgt zu deuten. In den Abschnitten $t = 0$ bis 5 ms; 15 ms bis 25 ms usw., in denen Φ positive Werte annimmt, stimmt die Wirkungsrichtung des magnetischen Feldes auf die Drahtschleife mit der Richtung des eingetragenen Zählpfeils für Φ überein, in den Abschnitten $t = 5$ ms bis 15 ms; 25 ms bis 35 ms usw., in denen Φ negative Werte hat, ist die Wirkungsrichtung dagegen umgekehrt zu der durch den Zählpfeil beschriebenen Richtung. Auf die Bedeutung der so beschriebenen Wirkungsrichtung, z. B. für die Polarität der induzierten Spannung, wird in Abschnitt 4.3.1.2 und 4.3.1.3 insbesondere in den Beispielen 4.21 bis 4.23 eingegangen.

Abschließend soll noch eine Eigenheit des magnetischen Feldes erläutert werden, die anschaulich bereits aus den Bildern 4.2 bis 4.3 folgt. In diesen Bildern kann man sich jede Feldlinie als Mittellinie aneinandergrenzender Flussröhren vorstellen, die ohne Anfang und Ende die sie erregenden stromdurchflossenen Leiter umschlingen. *Quellen des Feldes* mit dort beginnenden Feldlinien, wie etwa im elektrostatischen Feld (Abschnitt 3.3) z. B. bei Bild 3.29, gibt es im magnetischen Feld nicht, jedenfalls nicht im hier betrachteten Flussdichtefeld $\vec{B}$. Zwischen dem magnetischen $\vec{B}$-Feld und dem *stationären* elektrischen Strömungsfeld $\vec{J}$ besteht eine Analogie. Bei ersterem ergibt sich der magnetische Fluss Φ als Integral des Skalarproduktes aus dem quellenfreien $\vec{B}$-Vektor und dem Flächenvektor $\vec{A}$, bei letzterem der Strom I als Integral des Skalarproduktes aus dem quellenfreien stationären Stromdichtevektor $\vec{J}$ und dem Flächenvektor $\vec{A}$. In beiden Fällen kann sich der Fluss Φ bzw. der Strom I in Knoten wohl verzweigen, aber immer nur so, dass *an jeder Stelle des geschlossenen Kreises die Summe der in den parallelen Zweigen auftretenden Teilflüsse bzw. Teilströme gleich bleibt.*

4.1.3.4 Ohmsches Gesetz des magnetischen Kreises

In Abschnitt 4.1.2.2 ist für die Ringspule nach Bild 4.7 der Zusammenhang zwischen der elektrischen Durchflutung $\Theta = NI$ (Windungszahl der Spule N, Spulenstrom I) und der von dieser in der Spule erregten magnetischen Flussdichte B mit Gl. (4.4) beschrieben. Unter den genannten Voraussetzungen, dass die mit der mittleren Spulenlänge $l = \pi\, d_R$ berechnete magnetische Flussdichte $B = \mu N I/l = \mu\, \Theta/l$ über die Windungsfläche A_q der Ringspule konstant angenommen werden kann, beträgt nach Gl. (4.40) der Fluss Φ in der Ringspule

$$\Phi = B A_q = \Theta \frac{\mu A_q}{l}. \tag{4.44}$$

Der im geschlossenen magnetischen Kreis auftretende Fluss Φ ist proportional seiner Ursache, der elektrischen Durchflutung Θ, und einem Faktor, der nur vom Material und der Geometrie des magnetischen Kreises abhängig ist. Analog zur in der Gleichstromtechnik gültigen Beziehung $I = U G$, welche in ähnlicher Weise über den elektrischen Leitwert $G = 1/R$ die Verknüpfung von Ursache (elektrische Spannung U) und Wirkung (elektrischer Strom I) im elektrischen Kreis beschreibt (Abschnitt 2.1.1), wird die Größe

$$\Lambda = \frac{\mu A}{l}$$

als *magnetischer Leitwert* der Ringspule bezeichnet. Der für den speziellen Fall der Ringspule gezeigte Zusammenhang lässt sich zum „*Ohmschen Gesetz des magnetischen Kreises*“

$$\Phi = \Theta \Lambda = \frac{\Theta}{R_m} \tag{4.45}$$

verallgemeinern, das auch als *Hopkinsonsches Gesetz* bezeichnet wird. Die elektrische Durchflutung Θ bewirkt in einem magnetischen Kreis einen sich endlos um Θ schließenden magnetischen Fluss Φ, dessen Betrag vom magnetischen Leitwert Λ bzw. *magnetischen Widerstand* R_m des Kreises abhängig ist. (Streng genommen besteht die Analogie zum Ohmschen Gesetz, das ja nur für lineare Widerstände gilt, nur dann, wenn der magnetische Leitwert Λ linear, also nicht von den magnetischen Feldgrößen abhängig ist.)

Häufig empfiehlt es sich, den geschlossenen magnetischen Kreis wie bei elektrischen Stromkreisen in n solche Teilabschnitte zu zerlegen, in denen jeweils der Feldverlauf als näherungsweise *homogen* angenommen werden kann, sodass ihre magnetischen Teilwiderstände $R_{m\nu}$

ähnlich wie bei der Ringspule berechnet werden können. Ist l_ν die Länge, A_ν die Fläche und μ_ν die Permeabilität eines solchen ν-ten Teilabschnitts (Bild 4.20a), so ergibt sich für diesen der magnetische Teilwiderstand

$$R_{\mathrm{m}\nu} = \frac{1}{\Lambda_\nu} = \frac{l_\nu}{A_\nu\,\mu_\nu}\,. \tag{4.46}$$

Besteht der geschlossene magnetische Kreis aus n hintereinandergeschalteten Teilabschnitten, so kann der magnetische Kreiswiderstand

$$R_\mathrm{m} = \sum_{\nu=1}^{n} R_{\mathrm{m}\nu} \tag{4.47}$$

als Summe aller Teilwiderstände berechnet werden.

Setzt man diese Summe in Gl. (4.45) ein ($\Phi R_\mathrm{m} = \Theta$) und ersetzt die Durchflutung Θ durch Gl. (4.19), so erkennt man durch Vergleich dieses Ausdruckes

$$\Phi \sum_{\nu=1}^{n} R_{\mathrm{m}\nu} = \Theta = \oint \vec{H} \cdot \mathrm{d}\vec{l} \tag{4.48}$$

mit Gl. (4.26), dass sich das Umlaufintegral $\oint \vec{H} \cdot \mathrm{d}\vec{l}$ auch als Summe der magnetischen Teilspannungen V_ν deuten lässt (Bild 4.20c).

$$\Theta = \Phi \sum_{\nu=1}^{n} R_{\mathrm{m}\nu} = \overset{\circ}{V} = \sum_{\nu=1}^{n} V_\nu \tag{4.49}$$

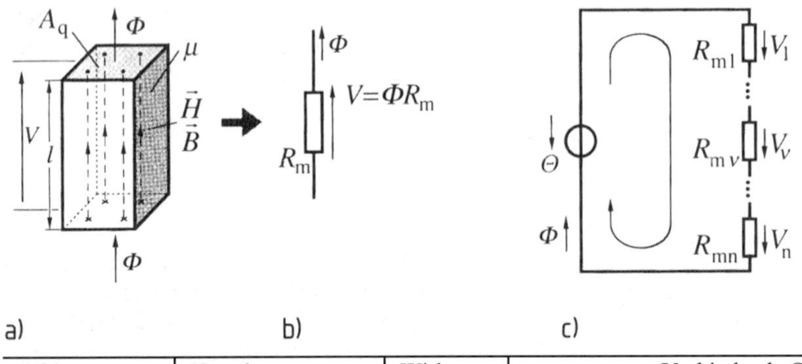

Feld	Ursache	Wirkung	Verbindende Größen		
elektrischer Stromkreis	Quellen-spannung U_q	Strom I	Widerstand R	Leitwert G	Leitfähigkeit κ
magnetischer Kreis	Quellendurchflu-tung Θ	Fluss Φ	magnetischer Widerstand R_m	magnetischer Leitwert Λ	Permeabili-tät μ

d)

Bild 4.20 Realer Abschnitt eines magnetischen Kreises (a)
Magnetisches Ersatzschaltzeichen des Abschnitts (b)
Magnetisches Ersatzschaltbild eines geschlossenen magnetischen Kreises (c)
Analogie zwischen den Größen des elektrischen Strömungsfeldes und des Magnetfeldes (d)

In dieser Gleichung kann eine formale Analogie zur Spannungsgleichung einer mit einem elektrischen Widerstand belasteten elektrischen Spannungsquelle sehen, in der die elektrische Durchflutung (analog zur Quellenspannung U_q) als Ersatzschaltelement in Art einer *magnetischen Quelle* in das *magnetische Ersatzschaltbild* eines geschlossen magnetischen Kreises eingeführt wird. Die Spannungsgleichung für den unverzweigten magnetischen Kreis.

$$\sum V_\nu = \Theta \tag{4.50}$$

besagt dann, dass über den geschlossenen Umlauf die Summe aller magnetischen Spannungen gleich der elektrischen Durchflutung ist.

So anschaulich nun diese Analogiebetrachtungen auch erscheinen mögen, so muss doch nachdrücklich darauf verwiesen werden, dass ihre Anwendung bei der quantitativen Lösung praktischer Aufgabenstellungen i. Allg. *wenig Nutzen bringt*. Dies liegt daran, dass im Gegensatz zu elektrischen Stromkreisen der Widerstand $R_{m\nu}$ in den am häufigsten vorkommenden magnetischen Kreisen mit Eisen nicht konstant ist, sondern vom Fluss Φ abhängt (Abschnitt 4.2), also nichtlinear ist. Sollen dagegen Fluss- oder magnetische Spannungsverteilungen lediglich qualitativ abgeschätzt werden, können die aufgezeigten Analogien im Zusammenhang mit der Strom- bzw. Spannungsteilerregel (Abschnitte 2.2.3.2 und 2.2.4.2) sehr wohl nützlich sein. Wie für elektrische Kreise gelten auch für magnetische folgende Regeln:

Bei *Reihenschaltungen magnetischer Widerstände* $R_{m\nu}$, in denen der gleiche magnetische Fluss $\Phi = V_1/R_{m1} = V_2/R_{m2} = \ldots$ auftritt, sind die magnetischen Spannungen V_ν proportional den magnetischen Widerständen $R_{m\nu}$, an denen sie auftreten (*magnetische Spannungsteilerregel*).

$$\frac{V_1}{V_2} = \frac{R_{m1}}{R_{m2}} \tag{4.51}$$

Bei *Parallelschaltungen magnetischer Widerstände* $R_{m\nu}$ an der gleichen magnetischen Spannung $V = \Phi_1 R_{m1} = \Phi_2 R_{m2} = \ldots$ sind die magnetischen Flüsse Φ_ν umgekehrt proportional den Widerständen $R_{m\nu}$, in denen sie auftreten (*magnetische Stromteilerregel*).

$$\frac{\Phi_1}{\Phi_2} = \frac{R_{m2}}{R_{m1}} \tag{4.52}$$

4.1.4 Überlagerung magnetischer Felder

Soll das von mehreren stromdurchflossenen Leitern hervorgerufene magnetische Feld bestimmt werden, kann diese Aufgabe häufig dadurch erleichtert werden, dass man zunächst die Felder aller Einzelleiter und durch deren *Überlagerung* das gesuchte *resultierende Feld* ermittelt. Die in einem Raumpunkt für jeden Einzelleiter berechneten Feldvektoren werden also geometrisch addiert. Zu beachten ist allerdings, dass dieses Verfahren – wie alle Überlagerungsverfahren – nur in *linearen Räumen* zulässig ist, d. h. in solchen Räumen, in denen die Permeabilität μ konstant, also nicht von der magnetischen Flussdichte abhängig ist. Für ferromagnetische Stoffe ist dieses Verfahren also prinzipiell nicht anwendbar.

Als einfaches Beispiel mit einer erheblichen praktischen Bedeutung wird das Feld von zwei geraden, parallelen Leitern nach Bild 4.21b betrachtet. Diese Anordnung liegt überall dort vor, wo Hin- und Rückleitung eines Stromkreises parallel geführt sind (z. B. bei Freileitungen und Sammelschienen). Daher wird angenommen, dass die beiden Leiter in entgegengesetzter Richtung vom gleichen Strom I durchflossen sind. In der Leiterumgebung sollen sich keine ferromagnetischen Stoffe befinden, sodass eine relative Permeabilität $\mu_r = 1$ (z. B. Luft) angenommen werden kann.

Für den einzelnen unendlich langen geraden Leiter mit kreisförmigem Querschnitt ist das Feld der magnetischen Feldstärke $\vec{H}$ in den Beispielen 4.4 und 4.5 berechnet worden. Da μ_r in Luft, Isolationsmaterial und Kupfer praktisch den gleichen Wert 1 hat, ergibt sich mit Gl. (4.23) bzw. (4.25) in Beispiel 4.4 bzw. 4.5 der Betrag der magnetischen Flussdichte $B = \mu H$

außerhalb des Leiters $$B_a = \frac{\mu_0 I}{2\pi r},$$

und innerhalb des Leiters $$B_i = \frac{\mu_0 I r}{2\pi r_0^2}.$$

Die $\vec{B}$-Feldlinien stellen konzentrische Kreise dar, wie in den Bildern 4.11 und 4.12 dargestellt. In einer axialen Schnittebene, die durch die Leitermittellinie bestimmt ist, tritt die magnetische Flussdichte $\vec{B}$ rechtwinklig auf. Ihre Komponente senkrecht zur Schnittebene B ist in Bild 4.21a in Abhängigkeit vom Abstand r zur Mittellinie dargestellt. Der Wechsel des Vorzeichens von B bei $r = 0$ gibt die entgegengesetzte Richtung (Orientierung) des Flussdichtevektors links und rechts der Leitermittellinie an.

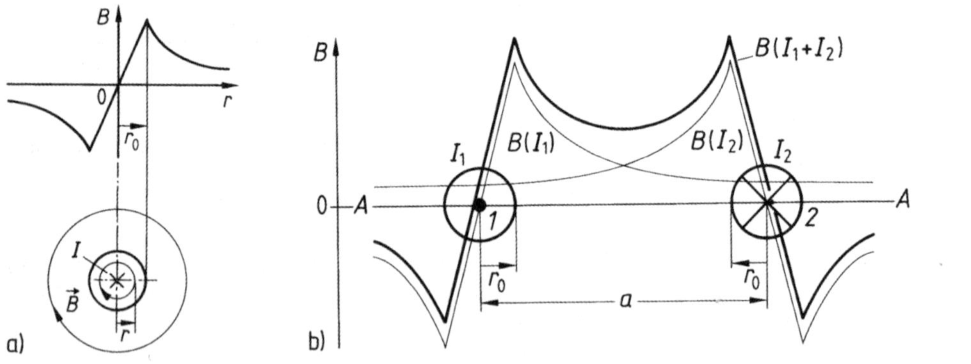

Bild 4.21 Wert der zur Fläche orthogonalen Komponente der magnetischen Flussdichte B in einer ebenen Fläche durch die Mittellinie unendlich langer gerader Leiter
a) stromdurchflossener Einzelleiter,
b) in entgegengesetzter Richtung von gleich großen Strömen $I_1 = I_2$ durchflossene parallel zueinander liegende Leiter

Für die Doppelleitung nach Bild 4.21b lässt sich nun das resultierende Feld durch Überlagerung der Felder der Einzelleiter bestimmen. Beispielhaft wird hier nur das Feld in der Ebene A–A betrachtet, die durch die Mittellinien der Leiter 1 und 2 geht. In Bild 4.21b sind die zur Schnittebene orthogonalen Komponenten der magnetischen Flussdichten $\vec{B}\,(I_1)$ und $\vec{B}\,(I_2)$ der Einzelfelder, die von den Leiterströmen I_1 bzw. I_2 entsprechend Bild 4.21a erregt werden, unter Beachtung der unterschiedlichen Stromrichtungen aufgetragen. Der magnetische Flussdichtevektor $\vec{B}$ steht senkrecht auf der Ebene A–A und weist nach oben, wenn die orthogonale Komponente von B positiv, und nach unten, wenn diese Komponente von B negativ ist. Das resultierende Feld $\vec{B}\,(I_1 + I_2)$ in der Schnittebene kann somit durch algebraische Addition der Kurven $B(I_1)$ und $B(I_2)$ ermittelt werden und ergibt sich als die in Bild 4.21b dick ausgezogene Kurve. Zwischen den Leitern addieren sich die Einzelfelder zu einem verstärkten, nach oben gerichteten resultierenden Feld. Außerhalb der Leiter subtrahieren sich die Einzelfelder zu einem abgeschwächten, nach unten gerichteten resultierenden Feld.

Beispiel 4.11 Überlagerung der Magnetfelder dreier paralleler Leiter

Für die Umgebung der in Bild 4.22a skizzierten Leiteranordnung eines Dreiphasensystems soll das magnetische Feld berechnet werden. Die Leiter liegen im Luftraum ($\mu = \mu_0$) in den Ecken eines gleichseitigen Dreiecks mit 20 cm Seitenlänge. Sie verlaufen parallel zueinander und können als unendlich lang angenommen werden. Zur Demonstration des grundsätzlichen Rechengangs soll die magnetische Flussdichte $\vec{B}$ in den Raumpunkten A, B und C für den Zeitpunkt bestimmt werden, zu dem die Augenblickswerte der Ströme für die eingezeichneten Stromzählpfeile (alle drei weisen in die Bildebene) $I_1 = -100$ A und $I_2 = I_3 = +50$ A betragen.

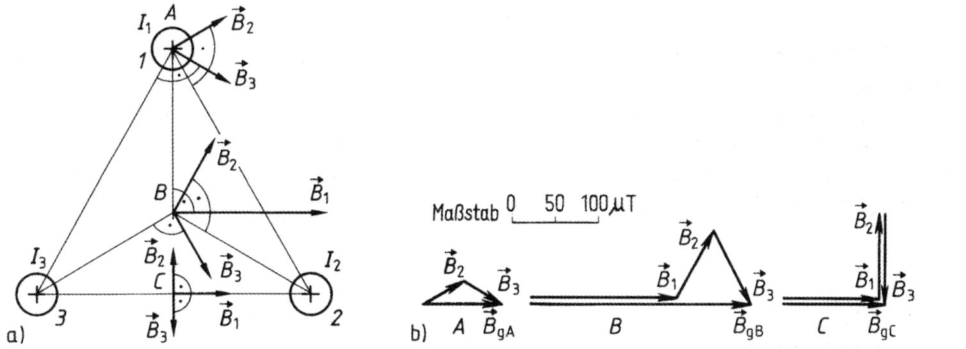

Bild 4.22 Überlagerung der magnetischen Felder stromdurchflossener Einzelleiter
a) in den Punkten A, B und C erregte magnetische Flussdichte (Beträge sind nicht maßstäblich gezeichnet) der Einzelleiter 1, 2 und 3,
b) geometrische Addition der Einzel-Flussdichten für die Punkte A, B, C

Punkt A liegt in der Mitte von Leiter 1, sodass hier vom Strom I_1 keine magnetische Flussdichte erregt wird ($B_1 = 0$). Die Leiter 2 und 3 sind $r_{A2} = r_{A3} = r_A = 20$ cm entfernt, sodass sie mit $B = \mu H$ nach Gl. (4.23) je die Beträge der magnetischen Flussdichte

$$B_2 = B_3 = \frac{\mu_0 I_2}{2\pi r_A} = \frac{(4\pi \cdot 10^{-7}\,\text{H/m})\,50\text{A}}{2\pi \cdot 20\text{cm}} = 50\ \mu\text{T}$$

erzeugen. Da diese magnetischen Flussdichten nicht gleichgerichtet sind, müssen sie ihrer Richtung entsprechend vektoriell addiert werden. Das ist grafisch in Bild 4.22b durchgeführt. Der magnetische Flussdichtevektor $\vec{B}_2$ liegt senkrecht zur Verbindungslinie A–2, rechtswendig um I_2 (Bild 4.22a), $\vec{B}_3$ liegt senkrecht zu A–3, rechtswendig um I_3. Mit dem in Bild 4.22b angegebenen Maßstab ergibt sich die resultierende magnetische Flussdichte $B_{gA} = 87\ \mu$T.

Punkt B hat zu den drei Leitern die gleiche Entfernung $r_{B1} = r_{B2} = r_{B3} = r_B = 20\ \text{cm}/\sqrt{3} = 11{,}6$ cm. Der Strom I_1 erregt entsprechend Gl. (4.23) an der Stelle B den Betrag der magnetischen Flussdichte

$$B_1 = \frac{\mu_0 I_1}{2\pi r_B} = \frac{(4\pi \cdot 10^{-7}\,\text{H/m})\,100\text{A}}{2\pi \cdot 11{,}6\ \text{cm}} = 172\ \mu\text{T},$$

während B_2 und B_3 infolge der halb so großen Ströme $I_2 = I_3 = 50$ A nur halb so groß sind ($B_2 = B_3 = 0{,}5 B_1 = 86\ \mu$T).

Bei der in Bild 4.22b skizzierten Überlagerung der drei magnetischen Flussdichten ist zu beachten, dass $\vec{B}_2$ und $\vec{B}_3$ rechtswendig dem Stromdichtevektor $\vec{J}$, also den Zählpfeilen für I_2 und I_3, $\vec{B}_1$ aber linkswendig dem Zählpfeil für I_1 zuzuordnen ist, da I_2 und I_3 mit positivem, I_1 aber negativem Zahlenwert angegeben ist. Als Ergebnis liefert die grafische Addition $B_{gB} = 258\ \mu$T.

In **Punkt C** tritt nur die magnetische Flussdichte B_1 auf, verursacht durch I_1 im Leiter 1, da sich die gleich großen Teilflussdichten B_2 und B_3 aufheben. In ähnlichen Rechnungen wie vorher erhält man $B_1 = 116\ \mu T$ und $B_2 = B_3 = 100\ \mu T$. Die resultierende magnetische Flussdichte ist $B_{gC} = B_1 = 116\ \mu T$.

Die grafische Ermittlung überlagerter Felder ist auch in Bild 4.65 und 4.66 gezeigt.

4.1.5 Magnetisches Feld in Materie

In Materie bildet sich das Magnetfeld anders aus als im Vakuum. Da als Ursache des Magnetfeldes ausschließlich bewegte Ladungen angesehen werden, müssen also in der Materie Ladungsbewegungen stattfinden, die ein – sozusagen der Materie eigenes – zusätzliches Magnetfeld erzeugen. Für die hier interessierende makroskopische Beschreibung des Feldes kann auf die Erklärung der komplizierten mikrokosmischen Vorgänge verzichtet werden und es genügt die einfache, aber hier ausreichende Modellvorstellung, dass sich im Inneren der Materie mikrokosmische Kreisströme Δi ausbilden, die jeweils ein zu ihrer Kreisbahn senkrecht stehendes Elementarfeld $\Delta\vec{B}$ erregen (Bild 4.23). Da aber selbst diese grobe Modellvorstellung als Grundlage einer quantitativen Berechnung zu kompliziert ist, begnügt man sich damit, wie schon in Abschnitt 4.1.2.3 beschrieben, das resultierende Elementarfeld $\vec{B}$ über die relative Permeabilität μ_r in die Rechnung einzuführen.

4.1.5.1 Typisches Verhalten der Materie im Magnetfeld

Hinsichtlich ihres magnetischen Verhaltens kann die Materie aus der für die Praxis interessierenden makroskopischen Sicht in die im Folgenden beschriebenen Gruppen unterteilt werden. Dabei wird auf die oben erwähnte Modellvorstellung Bezug genommen, nach der in Materie elementare Kreisströme Δi auftreten. Die von ihnen erregten *Elementarfelder* $\Delta\vec{B}$ sind allerdings im unmagnetisierten Zustand so unregelmäßig orientiert (Bild 4.23a), dass kein resultierendes Feld nach außen in Erscheinung tritt.

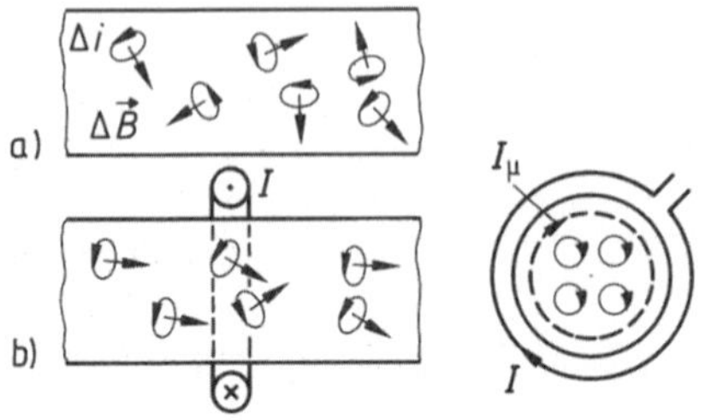

Bild 4.23 Modellvorstellung innerer Elementarfelder $\Delta\vec{B}$ in Materie
a) unregelmäßig orientiert ohne äußere Erregung,
b) regelmäßig orientiert bei äußerer Erregung durch den makroskopischen Strom I
I_μ resultierender Kreisstrom der mikrokosmischen Elementarströme Δi

Bleibt in einer Materie die *regellose Orientierung* der Elementarfelder auch erhalten, wenn in ihr ein von außen eingeprägtes magnetisches Feld auftritt, so spricht man von einem *magnetisch neutralen Stoff*, für den die relative Permeabilität $\mu_r = 1$ ist, z. B. Luft. Dagegen orientieren sich in den magnetisch nicht neutralen Stoffen die Elementarströme unter Einwirkung eines äußeren Feldes in einer Richtung (Bild 4.23b), d. h. es bildet sich eine von null verschiedene, resultierende innere Erregung I_μ aus, die ein zusätzliches, sozusagen inneres Feld erregt, das sich dem äußeren überlagert.

In den *diamagnetischen Stoffen* wirken die inneren Erregungen dem äußeren Feld entgegen und schwächen dieses ($\mu_r < 1$). Die bekannten diamagnetischen Stoffe bilden aber nur ein äußerst geringes Gegenfeld aus (z. B. Wismut: $\mu_r = 1 - 0{,}16 \cdot 10^{-3}$). Für diamagnetische Stoffe hat die relative Permeabilität μ_r *unabhängig von B* bzw. *H* einen *konstanten* Wert, die Stoffe sind also magnetisch linear.

Die Materie, in der die inneren Erregungen *verstärkend* auf das äußere Feld einwirken, unterteilt man in zwei Gruppen. *Paramagnetische* Stoffe zeigen wie die diamagnetischen nur eine äußerst schwache, allerdings verstärkende Wirkung auf das äußere Feld ($\mu_r > 1$) (z. B. Palladium: $\mu_r = 1 + 0{,}78 \cdot 10^{-3}$). Auch für paramagnetische Stoffe ist μ_r eine *konstante* Größe, die nicht von B bzw. H abhängt; sie sind also magnetisch ebenfalls linear.

In *ferromagnetischen Stoffen* treten sehr *große verstärkende* innere Erregungen auf (μ_r bis ca. 10^5), die aber mehr oder weniger *abhängig sind von der magnetischen Feldstärke* innerhalb des Stoffs. Die relative Permeabilität $\mu_r = f(H)$ ist für ferromagnetische Stoffe also keine Konstante, sondern eine Funktion der magnetischen Feldstärke H. Außerdem fallen die einmal durch ein äußeres Feld in eine bestimmte Richtung orientierten Elementarströme und die von ihnen verursachten Elementarfelder nach Verschwinden des äußeren Feldes nicht vollständig wieder in ihre regellose Ausgangslage zurück, d. h. es bleibt ein der Materie eigenes Feld bei diesen Stoffen zurück. Je nachdem in welcher Stärke das Eigenfeld bestehen bleibt, unterscheidet man *weichmagnetische Stoffe* und *hartmagnetische Stoffe*.

4.1.5.2 Brechung magnetischer Feldlinien an Grenzflächen

Verläuft ein magnetisches Feld in beliebiger Richtung zur Grenzfläche zwischen zwei Medien mit unterschiedlicher Permeabilität, so ändern erfahrungsgemäß magnetische Flussdichte und Feldstärke ihren Betrag und ihre Richtung beim Übertritt vom einen in das andere Medium.

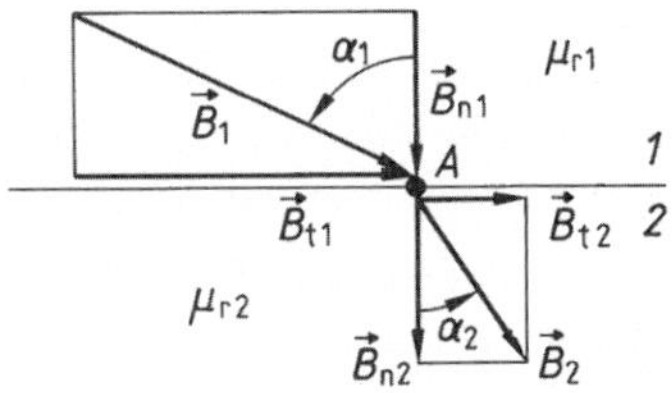

Bild 4.24 Brechung einer magnetischen Feldlinie an der Grenzschicht zwischen Materien unterschiedlicher Permeabilität

Zur Untersuchung dieser Erscheinung wird in Bild 4.24 die im Punkt A der Grenzfläche aus dem Medium mit der relativen Permeabilität μ_{r1} in der Richtung $\vec{B}_1$ ankommende Feldlinie betrachtet. Der Betrag der magnetischen Flussdichte im Punkt A des Feldmediums 1 ist durch die Länge des Vektors $\vec{B}_1$ dargestellt. Wird diese magnetische Flussdichte nun bezüglich der Grenzfläche in eine Normalkomponente $\vec{B}_{n1}$ und eine Tangentialkomponente $\vec{B}_{t1}$ zerlegt, so folgt aus der Quellenfreiheit der magnetischen Flussdichte für die Normalkomponente, dass sie unverändert durch die Grenzfläche geht.

$$\vec{B}_{n1} = \vec{B}_{n2} = \vec{B}_n \tag{4.53}$$

Anders verhält sich die Tangentialkomponente $\vec{B}_{t1}$ der magnetischen Flussdichte. Zu beiden Seiten der Grenzfläche müssen die tangentialen magnetischen Feldstärkekomponenten $\vec{H}_t$ gleich sein, da nur dann bei gleicher betrachteter Länge die gleiche magnetische Spannung entlang der Grenzlinie auftritt, die ohne Durchflutung in der Grenzfläche nach dem Durchflutungssatz erzwungen wird. Daraus folgt

$$H_{t1} = H_{t2} \qquad \text{oder} \qquad \frac{B_{t1}}{\mu_{r1}\mu_0} = \frac{B_{t2}}{\mu_{r2}\mu_0} \tag{4.54}$$

mit den relativen Permeabilitäten μ_{r1} und μ_{r2} der beiden Medien.

Die Tangentialkomponenten der magnetischen Flussdichte B_{t1} und B_{t2} verhalten sich also in den beiden Medien wie deren relative Permeabilitäten.

$$\frac{B_{t1}}{B_{t2}} = \frac{\mu_{r1}}{\mu_{r2}} \tag{4.55}$$

Damit liegen $\vec{B}_n$ und $\vec{B}_{t2}$ bzw. $\vec{B}_{t1}$ fest, woraus die magnetische Flussdichte $\vec{B}_2$ nach Größe und Richtung bestimmt werden kann. Bildet man für den *Einfallwinkel* α_1 und den *Ausfallwinkel* α_2 der magnetischen Flussdichte $\vec{B}$ entsprechend Bild 4.24 den Tangens

$$\tan\alpha_1 = \frac{B_{t1}}{B_n}; \qquad \tan\alpha_2 = \frac{B_{t2}}{B_n}$$

und dividiert beide Gleichungen durcheinander, so ergibt sich nach Einsetzen der Gl. (4.55) das *Brechungsgesetz für magnetische Feldlinien an Grenzflächen*

$$\frac{\tan\alpha_1}{\tan\alpha_2} = \frac{\mu_{r1}}{\mu_{r2}}. \tag{4.56}$$

Hat beispielsweise das Medium 1 eine sehr große relative Permeabilität μ_{r1} (z. B. Eisen), das Medium 2 dagegen eine kleine relative Permeabilität μ_{r2} (z. B. Luft), so wird auch der Winkel α_1 sehr viel größer als der Winkel α_2 sein. Da Eisen eine um mehrere Zehnerpotenzen größere Permeabilität als Luft aufweist, ist α_2 meist sehr klein [$\tan\alpha_2 = (\tan\alpha_1)/\mu_{rFe}$], d. h. die Feldlinien treten in der Regel aus Eisen *fast senkrecht in die Luft* aus.

4.2 Magnetisches Feld in Ferromagnetika

In diesem Abschnitt werden Anordnungen behandelt, in denen das magnetische Feld hauptsächlich in ferromagnetischen Materialien (nachfolgend teilweise kurz als „Eisen“ bezeichnet) verläuft. In solchen „*Eisenkreisen*“ interessieren von den magnetischen Feldgrößen in vielen Fällen nur die Beträge. Die Genauigkeit der unter Verwendung der hier vorgestellten Verfahren ermittelten Rechenergebnisse sollte nicht überschätzt werden. In der Regel ist daher bei Endergebnissen die Angabe von Zahlenwerten mit mehr als zwei signifikanten Ziffern nicht sinnvoll.

4.2.1 Ferromagnetische Eigenschaften

Die auffallenden Kennzeichen ferromagnetischer Materie sind die extrem verstärkende Wirkung auf das Magnetfeld und die Abhängigkeit dieser Wirkung vom Wert der magnetischen Feldstärke. Dieses quantitativ wie auch qualitativ gegenüber dem der paramagnetischen Materie unterschiedliche Verhalten erklärt sich aus dem grundsätzlich anderen magnetischen Wirkungsmechanismus im atomaren bzw. molekularen Bereich. Allgemein lässt sich feststellen, dass der Zusammenhang zwischen magnetischer Flussdichte und magnetischer Feldstärke, also die Permeabilität, bestimmt wird durch die auftretende *magnetische Flussdichte* bzw. *Feldstärke*, die *Art des ferromagnetischen Materials* und durch die *Vorgeschichte* des Materials, d. h. durch den Magnetisierungszustand, der zuletzt eingestellt war. Außerdem wird dieser Zusammenhang von der Temperatur und eventuell vorhandenen mechanischen Spannungen innerhalb des Materials beeinflusst.

Da die Magnetisierungsvorgänge in Ferromagnetika äußerst kompliziert sind, werden sie für praktische Anwendungen nicht analytisch auf die Vorgänge in der Mikrostruktur zurückgeführt, sondern über die experimentell aufgenommene Abhängigkeit der magnetischen Flussdichte B von der magnetischen Feldstärke H beschrieben. Die so ermittelte Funktion $B = f(H)$ wird i. Allg. grafisch oder auch tabellarisch angegeben und den praktischen Rechnungen zugrundegelegt (Abschnitt 4.2.1.2). Für den Einsatz von Digitalrechnern muss eine grafisch vorliegende Funktion $B = f(H)$ tabelliert oder durch einen analytischen Ausdruck approximiert werden.

Interessiert die Permeabilität μ oder die relative Permeabilität $\mu_r = \mu/\mu_0$, kann diese aus dem experimentell aufgenommenen Zusammenhang $B = f(H)$ als $\mu = B/H$ entsprechend Gl. (4.13) ebenfalls als Funktion der magnetischen Feldstärke oder auch der magnetischen Flussdichte [$\mu_r = f(H)$ oder $\mu_r = f(B)$] berechnet und dargestellt werden.

4.2.1.1 Hystereseschleife

Wird in den Innenraum der Toroidspule nach Bild 4.7 ein Eisenkern eingebaut bzw. die Spule um einen solchen Eisenring gewickelt und speist man diese mit einem veränderlichen Erregerstrom I, so lässt sich die magnetische Flussdichte B in Abhängigkeit von der Feldstärke $H = NI/l$ ermitteln. Die so experimentell aufgenommenen Kurven $B = f(H)$ zeigen grundsätzlich einen in Bild 4.25 dargestellten Verlauf mit folgenden typischen Eigenschaften:

- Die Abhängigkeit der magnetischen Flussdichte B von der magnetischen Feldstärke H ist in hohem Maße *nichtlinear*.
- Die Abhängigkeit $B = f(H)$ ist *nicht eindeutig*. Bei ansteigender magnetischer Feldstärke H werden (für gleiche H-Werte) kleinere Flussdichtewerte B ermittelt als bei fallender.
- Die Flussdichtewerte B sind in Eisen *wesentlich* größer als die bei gleicher magnetischer Feldstärke H in Luft auftretenden.

Wird eine bestimmte Eisensorte von einem völlig unmagnetisierten Zustand ausgehend aufmagnetisiert (Bild 4.25), ist bei $I = 0$ und damit $H = 0$ auch die magnetische Flussdichte null ($B = 0$). Mit zunehmender magnetischer Feldstärke H steigt die magnetische Flussdichte B entsprechend der Kurve 1 an, die man als *Neukurve* bezeichnet. Wird (im hier betrachteten Beispiel bei etwa $H = 120$ A/cm entsprechend $B = 1{,}4$ T) die Feldstärke H wieder verringert, nimmt die magnetische Flussdichte B nicht entsprechend der Neukurve 1, sondern entsprechend dem oberen Zweig 2 der dick ausgezogenen Kurve $B = f(H)$ ab (im in Bild 4.25 betrachteten Beispiel bis $H = -120$ A/cm entsprechend $B = -1{,}4$ T). Steigt von diesem Punkt, dem *Umkehrpunkt*, ausgehend, die magnetische Feldstärke H wieder an, so steigt die magnetische Flussdichte B nicht wieder entsprechend dem Zweig 2, sondern entsprechend dem unteren Zweig 3 der dick ausgezogenen Kurve in Bild 4.25 an, bis der positive Umkehrpunkt (hier bei $H = 120$ A/cm, $B = 1{,}4$ T) wieder erreicht ist.

Ein entsprechend bei einer anderen Eisensorte aufgenommener Verlauf der magnetischen Flussdichte in Abhängigkeit von der Feldstärke ist in der gestrichelten Kurve $B = g(H)$ mit den Zweigen 4 und 5 in Bild 4.25 skizziert.

Das beschriebene Experiment zeigt deutlich, dass bei der Magnetisierung von Eisen keineswegs immer zu einer bestimmten magnetischen Feldstärke H der gleiche Flussdichtewert B gehört. Der Unterschied zwischen den zu einem H-Wert gehörenden B-Werten – Abstand zwischen dem auf- und dem absteigenden Zweig der Kurve $B = f(H)$ – ist einerseits abhängig von der Eisensorte (Bild 4.25) und zum anderen davon, bis zu welchen maximalen Flussdichtewerten (Umkehrpunkten) die Magnetisierung erfolgt ist (Bild 4.26).

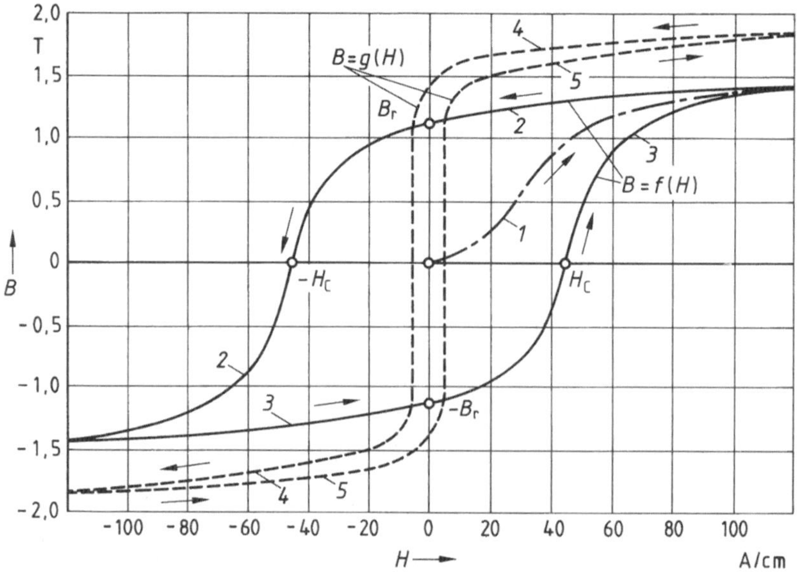

Bild 4.25 Hystereseschleifen $B = f(H)$ einer magnetisch harten und $B = g(H)$ einer magnetisch weichen Eisensorte
1 Neukurve der harten Eisensorte, B_r Remanenzflussdichte, H_c Koerzitivfeldstärke

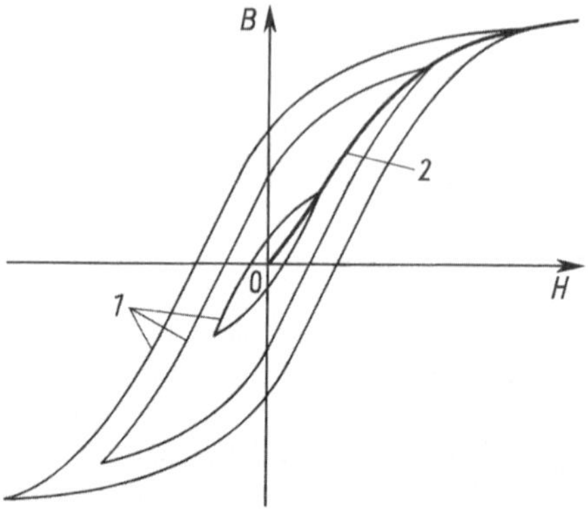

Bild 4.26 Hystereseschleifen (1) und Magnetisierungs-, d. h. Kommutierungskurve (2) einer bestimmten Eisensorte

Die in den Bildern 4.25 und 4.26 dargestellten zyklischen Magnetisierungsverläufe werden als *Hystereseschleifen* bezeichnet. Eisensorten mit schmaler Hystereseschleife nennt man *magnetisch weich*, solche mit breiter Schleife *magnetisch hart*, da sie sich nur mit größerem Aufwand ummagnetisieren lassen. Gekennzeichnet ist die Breite der Hystereseschleifen durch die *Koerzitivfeldstärke* H_c bei der magnetischen Flussdichte $B = 0$ und die *Remanenzflussdichte* B_r, die beim Abschalten des erregenden Stroms ($H = 0$) *verbleibt* (Bild 4.25).

Die Breite der Hystereseschleife, genauer gesagt die von ihr eingeschlossene Fläche A_H, ist proportional der Energiedichte $w_H \sim A_H$ der bei einem *Ummagnetisierungszyklus*, d. h. bei einem einmaligen Durchlaufen der Hystereseschleife, dem Eisen zugeführten Wärmeenergie. Diese Energie (auch als *Hystereseverlustenergie* bezeichnet) wird bei der Umorientierung der Elementardipole in der Mikrostruktur dem Magnetfeld entzogen und in Wärme umgeformt (Abschnitt 4.3.2.1, letzter Absatz).

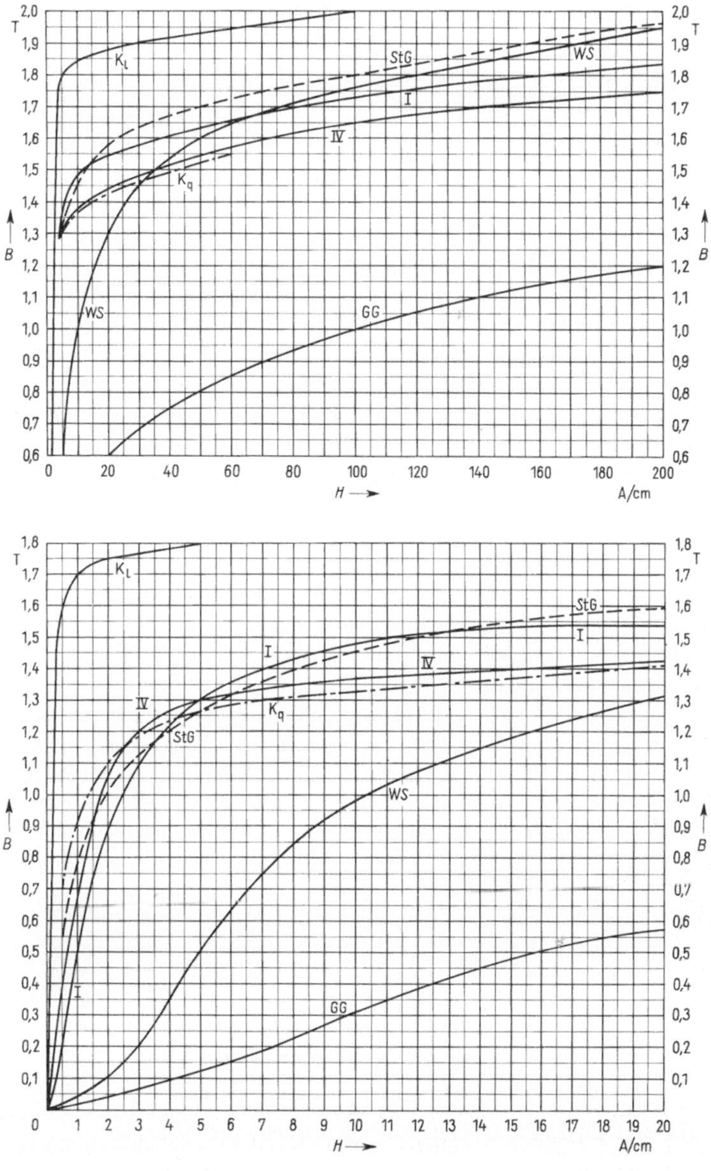

Bild 4.27 Magnetisierungskurven von magnetisch weichen Werkstoffen
I und IV Elektroblech unterschiedlicher Magnetisierungs- und Verlusteigenschaften (Blechsorten hoher Sättigungsflussdichten haben hohe spezifische Ummagnetisierungsverlustleistungen und umgekehrt); K_l kaltgewalztes, kornorientiertes Blech in Walzrichtung, K_q dasselbe, quer zur Walzrichtung magnetisiert; GG Grauguss, StG Stahlguss, WS Walzstahl

4.2.1.2 Magnetisierungskurve

Bei relativ schmalen Hystereseschleifen, wie sie z. B. für Eisen gelten, das für Wechselstrommagnetisierung geeignet ist, wird den Rechnungen i. Allg. nicht die vollständige Hystereseschleife, sondern eine mittlere *Kommutierungskurve* zugrunde gelegt. Diese als Kommutierungs- oder als *Magnetisierungskurve* bezeichnete Funktion ist die *Verbindungslinie aller Umkehrpunkte* der bis zu unterschiedlichen maximalen magnetischen Flussdichten aufgenommenen Hystereseschleifen (Kurve 2 in Bild 4.26).

In Bild 4.27 sind Magnetisierungskurven für verschiedene technisch wichtige, magnetisch weiche Werkstoffe wiedergegeben. Alle Kurven zeigen den für ferromagnetische Stoffe typischen Verlauf, den Übergang in die *Sättigung*. Die magnetische Flussdichte B steigt mit zunehmender Erregung, d. h. zunehmender Feldstärke H, von $H = 0$ aus zunächst relativ steil an und geht dann mit einer mehr oder weniger scharf ausgeprägten Krümmung in einen extrem flachen Anstieg über, der sich asymptotisch einer Tangente der Steigung $\mathrm{d}B/\mathrm{d}H = \mu_0$ nähert. Der Bereich des kleiner werdenden *Anstiegs* der Kurve $B = f(H)$ wird als *Sättigungsbereich* bezeichnet, man sagt, das Eisen komme in die Sättigung oder sei gesättigt. Das „Sättigungsknie" liegt bei den meisten Eisensorten zwischen etwa 1,0 T und 1,5 T. Im darüber liegenden Bereich erfordert eine Vergrößerung der magnetischen Flussdichte eine unverhältnismäßig große Steigerung der magnetischen Feldstärke und damit der elektrischen Durchflutung. Daher werden magnetische Flussdichten in höheren Sättigungsbereichen möglichst vermieden.

Beispiel 4.12 Magnetisierung von Elektroblech

Für einen Ringkern aus Elektroblech entsprechend Material I (Bild 4.27) mit dem mittleren Durchmesser $d_{mi} = 20$ cm sollen verschiedene Magnetisierungszustände berechnet werden.

a) Wie groß müssen die elektrischen Durchflutungen Θ_1 und Θ_2 sein, wenn die magnetischen Flussdichten $B_1 = 0{,}9$ T und $B_2 = 1{,}8$ T erzeugt werden sollen?

Für die magnetische Flussdichte $B_1 = 0{,}9$ T ist nach der Magnetisierungskurve in Bild 4.27 die magnetische Feldstärke $H_1 = 2{,}0$ A/cm erforderlich und für $B_2 = 1{,}8$ T die magnetische Feldstärke $H_2 = 160$ A/cm. Mit der mittleren Länge $l = \pi\, d_{mi} = \pi \cdot 20\ \text{cm} = 62{,}8$ cm der Feldlinien müssen die elektrischen Durchflutungen $\Theta_1 = H_1\, l = (2{,}0\ \text{A/cm}) \cdot 62{,}8\ \text{cm} = 126$ A und $\Theta_2 = H_2\, l = (160\ \text{A/cm}) \cdot 62{,}8\ \text{cm} = 10050$ A betragen. Hier zeigt sich der typische Einfluss der Sättigung, infolge der die doppelte magnetische Flussdichte $B_2 = 2B_1$ die rund 80-fache elektrische Durchflutung $\Theta_2 \approx 80\ \Theta_1$ erfordert.

b) Welche relativen Permeabilitäten μ_{r1} und μ_{r2} hat das Eisen in den beiden Magnetisierungsfällen?

Entsprechend Gl. (4.13) erhält man mit Gl. (4.14)

$$\mu_{r1} = \frac{B_1}{\mu_0 H_1} = \frac{0{,}9\ \text{T}}{(1{,}257\ \mu\text{H/m})\ 2{,}0\ \text{A/cm}} = 3580$$

und
$$\mu_{r2} = \frac{B_2}{\mu_0 H_2} = \frac{1{,}8\ \text{T}}{(1{,}257\ \mu\text{H/m})\ 160\text{A/cm}} = 89{,}5\,.$$

Das Beispiel zeigt die starke Abhängigkeit der Permeabilität von der magnetischen Feldstärke.

Beispiel 4.13 Magnetfeld in einem Eisenring

Zwei Leiter mit den Strömen $I_1 = 100$ A und $I_2 = 200$ A sind entsprechend Bild 4.28 durch einen Stahlgussring mit dem mittleren Durchmesser $d_{mi} = 10$ cm geführt. Wie groß ist die magnetische Flussdichte im Eisenring?

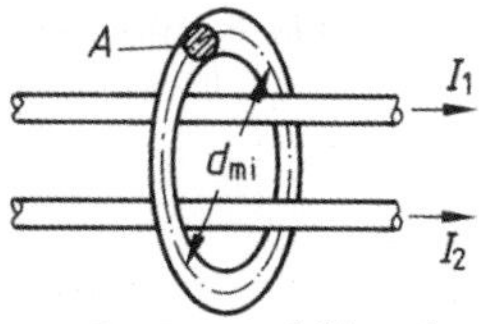

Bild 4.28 Eisenring um zwei stromdurchflossene Leiter

Da die Permeabilität des Eisens sehr groß ist gegenüber der der Luft ($\mu_{rFe} \gg 1$), konzentriert sich der magnetische Fluss im Stahlgussring, sodass sich bei konstantem Querschnitt A eine über dem Ringumfang näherungsweise konstante magnetische Flussdichte B und damit auch näherungsweise konstante magnetische Feldstärke H einstellt, auch wenn die elektrische Durchflutung $\Theta = I_1 + I_2$ nicht symmetrisch zum Ringmittelpunkt liegt. Damit gilt für den mittleren Umfang des Stahlgussrings nach dem Durchflutungssatz Gl. (4.19)

$$\oint \vec{H} \cdot d\vec{l} = H \pi d_{mi} \Theta = I_1 + I_2 ,$$

aus dem sich die magnetische Feldstärke

$$H = \frac{I_1 + I_2}{\pi d_{mi}} = \frac{(100 + 200)\text{A}}{\pi \cdot 10\text{cm}} = 9{,}55 \frac{\text{A}}{\text{cm}}$$

ergibt, für die aus der Magnetisierungskurve für Stahlguss in Bild 4.27 die magnetische Flussdichte $B = f(H = 9{,}55\ \text{A/cm}) = 1{,}44\ \text{T}$ folgt.

Um zu zeigen, dass bei der hier vorliegenden Nichtlinearität das in Abschnitt 4.1.4 erläuterte Verfahren der Überlagerung von Einzelfeldern nicht zulässig ist, sollen auch noch die Einzelflussdichten, die *jeweils für nur einen Strom* I_1 *oder* I_2 auftreten würden, bestimmt werden. Analog zu obigem Rechengang ergeben sich

$$H(I_1) = \frac{I_1}{\pi d_{mi}} = \frac{100\ \text{A}}{\pi \cdot 10\ \text{cm}} = 3{,}18 \frac{\text{A}}{\text{cm}} \quad \text{und} \quad B(I_1) = 1{,}14\ \text{T}$$

$$H(I_2) = \frac{I_2}{\pi d_{mi}} = \frac{200\ \text{A}}{\pi \cdot 10\ \text{cm}} = 6{,}36 \frac{\text{A}}{\text{cm}} \quad \text{und} \quad B(I_2) = 1{,}33\ \text{T}$$

Die Summe der Teilflussdichten $B(I_1) + B(I_2) = 2{,}47$ T ist also wesentlich größer als die sich tatsächlich einstellende magnetische Flussdichte $B(I_1 + I_2) = 1{,}44$ T, die nur aus der resultierenden Durchflutung berechnet werden darf.

4.2.1.3 Permeabilität und Suszeptibilität

Aus der in den letzten Abschnitten beschriebenen Abhängigkeit $B = f(H)$ ergibt sich, dass bei ferromagnetischen Stoffen auch die Permeabilität $\mu = B/H$ von der magnetischen Feldstärke und von der jeweiligen Vorgeschichte des Magnetwerkstoffs abhängig ist.

Für praktische Rechnungen wird die Permeabilität $\mu = \mu_0 \mu_r = B/H$ als Quotient aus der magnetischen Flussdichte B und der magnetischen Feldstärke H üblicherweise nicht aus der Hystereseschleife (Bild 4.26, Kurven 1), sondern aus der Magnetisierungskurve (Bild 4.26, Kurve 2) berechnet und ist somit eine *eindeutige* Funktion von H oder B. Da die magnetische Feldkonstante μ_0 unabhängig von H ist, wird i. Allg. die *relative Permeabilität*

$$\mu_r = \frac{B}{\mu_0 H} = f(H) \tag{4.57}$$

berechnet und als Funktion von H dargestellt. Ihr für Eisen typischer Verlauf ist in Bild 4.29 skizziert. Der Maximalwert μ_{rmax} der relativen Permeabilität liegt abhängig von der Eisensorte in der Größenordnung von 5000.

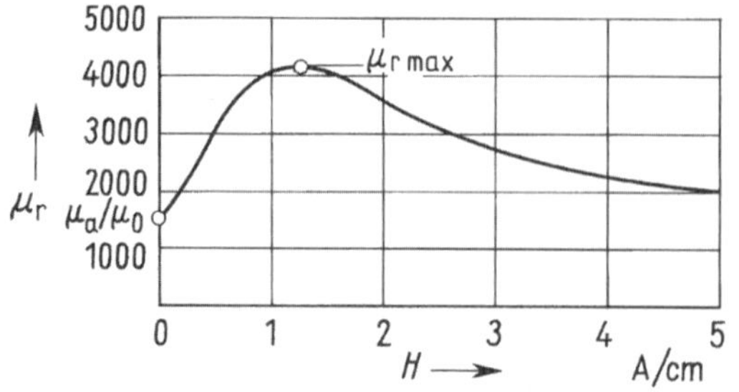

Bild 4.29 Permeabilitätskurve von Elektroblech nach der Magnetisierungskurve I in Bild 4.27
μ_a Anfangspermeabilität
μ_{rmax} maximale relative Permeabilität

Praktische Bedeutung hat auch eine *Wechselmagnetisierung* im Bereich ΔB um eine zeitlich konstante *Vormagnetisierung* B_A, die den *Arbeitspunkt* bestimmt. Die dabei durchlaufenen Magnetisierungszustände werden durch eine lanzettenförmige Kurve beschrieben, wie sie in Bild 4.30b schematisch dargestellt ist. Die Steigung der Geraden durch die beiden Umkehrpunkte beschreibt näherungsweise dieses Magnetisierungsverhalten und wird als *reversible Permeabilität*

$$\mu_{rev} = \frac{\Delta B}{\Delta H} \tag{4.58}$$

bezeichnet (Bild 4.30b). Die reversible Permeabilität ist *nicht* gleich der *differenziellen Permeabilität*

$$\mu_d = \frac{dB}{dH}, \tag{4.59}$$

die die *Steigung der Magnetisierungskurve* angibt.

Die grundsätzlichen Unterschiede zwischen der reversiblen Permeabilität μ_{rev}, der differenziellen Permeabilität μ_d und der Permeabilität μ sind in Bild 4.30 anschaulich dargestellt. Zu beachten ist auch, dass reversible und differenzielle Permeabilität keine relativen Permeabilitäten vergleichbar μ_r, sondern Permeabilitäten entsprechend $\mu = \mu_r\,\mu_0$ sind. Ebenso wird die Anfangspermeabilität μ_a i. Allg. nicht als relative Permeabilität $\mu_{ra} = \mu_a/\mu_0$ (Bild 4.29), sondern als Permeabilität $\mu_a = \mu_{ra}\,\mu_0$ angegeben.

Die relative Permeabilität μ_r hat den Charakter einer *Verstärkungszahl* für ein in Werkstoffen bewirktes Magnetfeld, da sie für das Vakuum zu $\mu_r = 1$ definiert ist (Abschnitt 4.1.2.4). Da dieser Verstärkungseffekt durch eine *innere Feldstärke* H_{Fe} des Eisens zustande kommt, die zusätzlich zu der über den äußeren Erregerstrom I berechneten *äußeren Feldstärke* H auftritt, lassen sich beide auch zu einer resultierenden Feldstärke $(H + H_{Fe})$ zusammenfassen. Wollte man nun mit dieser resultierenden magnetischen Feldstärke $(H + H_{Fe})$ die in der Materie bewirkte magnetische Flussdichte B berechnen, so müsste dafür die relative Permeabilität $\mu_r = 1$ zugrunde gelegt werden, da ja der Materialeinfluss über H_{Fe} bereits in der resultierenden Feldstärke $(H + H_{Fe})$ berücksichtigt ist. Für die magnetische Flussdichte gilt dann

$$B = \mu_0\mu_r H = \mu_0(H + H_{Fe}) = \mu_0 H + \mu_0 H_{Fe} = B_0 + J\,. \tag{4.60}$$

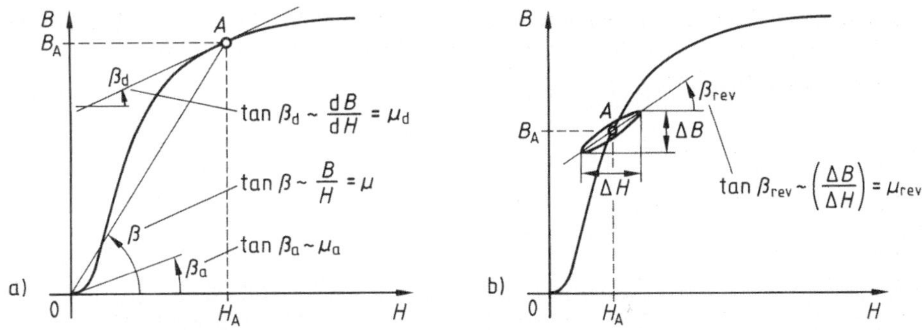

Bild 4.30 Grafische Darstellung der Permeabilitätsdefinition
a) Permeabilität μ, differenzielle Permeabilität $\mu_d = dB/dH$ und Anfangspermeabilität μ_a
b) reversible Permeabilität $\mu_{rev} = \Delta B/\Delta A$ (zum anschaulichen Vergleich der μ-Definitionen ist eine lanzettenförmige Magnetisierungsschleife nicht maßstabsgerecht vergrößert um die Magnetisierungskurve gezeichnet statt korrekt zwischen die Äste einer Hystereseschleife [36])

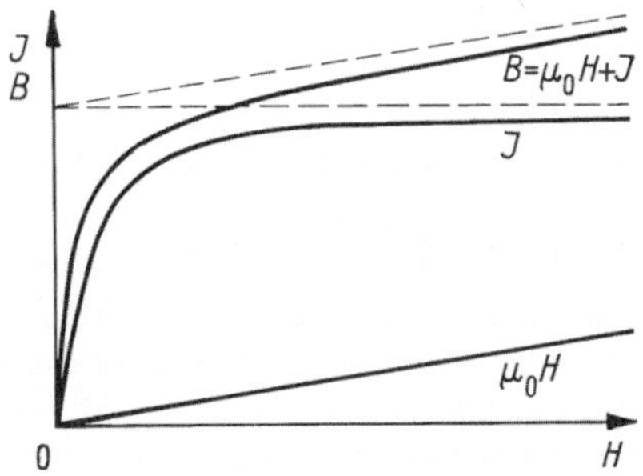

Bild 4.31 Magnetische Flussdichte B, B_0 und magnetische Polarisation J entsprechend Gl. (4.60), abhängig von der magnetischen Feldstärke H (gestrichelte Geraden: Asymptoten zu B und J)

Darin ist B die magnetische Flussdichte, die in der Materie, z. B. Eisen, von der Feldstärke H eines äußeren Stroms verursacht wird. Sie kann auch gedeutet werden als Summe einer von der *äußeren magnetischen Feldstärke* H verursachten Flussdichtekomponente B_0 und einer von der *inneren magnetischen Feldstärke* H_{Fe} verursachten Flussdichtekomponente J [17]. Die durch die innere magnetische Feldstärke H_{Fe} des Eisens verursachte Flussdichtekomponente wird als *magnetische Polarisation* J bezeichnet. Bild 4.31 zeigt den prinzipiellen Verlauf der drei magnetischen Flussdichten $\mu_0 H$, J und B für Ferromagnetika. Zur Kennzeichnung der qualitativen Unterschiede ist der quantitative Einfluss von $\mu_0 H$ übertrieben groß dargestellt. Mit praktischen Werten würde die Gerade $\mu_0 H$ nahezu in der H-Achse verlaufen.

Auch bei großen und größten magnetischen Feldstärken H steigt B immer noch, da mit der äußeren Feldstärke H auch ihr unmittelbarer Beitrag $\mu_0 H$ zur magnetischen Flussdichte ständig zunimmt. Mit zunehmendem H nähert sich B aber immer mehr der gestrichelten, mit μ_0 ansteigenden Geraden in Bild 4.31. Demgegenüber strebt die Polarisation J einem endlichen Grenzwert zu, bei dem der mögliche Feldbeitrag durch die innere Erregung des Eisens voll eingesetzt ist.

Aus der für die Beträge der magnetischen Flussdichten aufgestellten Gl.(4.60) geht hervor, dass auch die Polarisation $\vec{J}$ wie die magnetische Flussdichte $\vec{B}$ Vektorcharakter hat. Wird die Polarisation $\vec{J}$ in Abhängigkeit von der magnetisierenden (vom äußeren Strom I bewirkten) Feldstärke $\vec{H}$ dargestellt, so kann man unter Verwendung einer weiteren Werkstoffgröße χ_m auch $\vec{J} = \chi_m \mu_0 \vec{H}$ schreiben und erhält dann für Gl. (4.60)

$$\vec{B} = (1 + \chi_m)\mu_0 \vec{H} = \mu_r \mu_0 \vec{H}, \quad \text{also} \quad \mu_r = 1 + \chi_m. \tag{4.61}$$

Die Werkstoffgröße χ_m wird *Suszeptibilität* genannt. Sie stellt die Verbindung zwischen Gl. (4.13) und (4.60) her.

4.2.1.4 Dauermagnete

Wie in Abschnitt 4.2.1.1, insbesondere in Bild 4.25 gezeigt, bleibt in ferromagnetischen Stoffen grundsätzlich nach dem Abschalten des erregenden Stroms, also bei der Feldstärke $H = 0$, noch eine Remanenzflussdichte B_r bestehen. Dauermagnete, auch *Permanentmagnete* genannt, sind metallische oder keramische Magnetwerkstoffe, bei denen dieser Remanenzzustand, in den sie durch eine einmalig aufgebrachte äußere Erregung versetzt wurden, besonders ausgeprägt ist. Die einmalige äußere Erregung wird i. Allg. durch die elektrische Durchflutung einer Spule realisiert. Für Dauermagnete eignen sich besonders solche Werkstoffe, die neben ausreichender Remanenz auch eine große Koerzitivfeldstärke H_c haben, damit merkliche entmagnetisierende Wirkungen erst bei möglichst großen magnetischen Gegenfeldstärken auftreten.

4.2.2 Berechnung des magnetischen Feldes im Eisenkreis

Die Berechnung inhomogener Felder ist im allgemeinen Fall recht schwierig, da der Durchflutungssatz zunächst nur das *Wegintegral* der magnetischen Feldstärke angibt. Mit dem Durchflutungssatz lässt sich die elektrische Durchflutung bei bekanntem Feldverlauf bestimmen, nicht aber umgekehrt der Feldverlauf bei gegebener Durchflutung. Man kann also nur Aufgaben lösen, für die der *qualitative Feldverlauf* bekannt ist, sodass der Durchflutungssatz nach der magnetischen Feldstärke aufgelöst werden kann. Diese Einschränkung ist aber relativ bedeutungslos, da in der Mehrzahl der praktischen Aufgabenstellungen magnetische Kreise behandelt werden, die sich durch folgende Merkmale auszeichnen:

- Der magnetische Kreis besteht in der *überwiegenden Länge aus Eisen* und nur in einer relativ geringen Länge aus magnetisch neutralem Material (meist Luft).
- Da die Permeabilität des Eisens sehr groß ist gegenüber der von magnetisch neutralen Stoffen, kann für die Berechnung der Durchflutung mit genügender Genauigkeit angenommen werden, dass *in den Eisenwegen der gleiche magnetische Fluss Φ auftritt wie in den mit den Eisenwegen sozusagen in Reihe geschalteten magnetisch neutralen Bereichen („Luftspalten“).*
- Es wird angenommen, dass der in Luftstrecken parallel zu den Eisenwegen auftretende Fluss – entsprechend Abschnitt 4.2.2.1 als *Streuung* bezeichnet – vernachlässigbar klein ist.
- Die Bereiche des magnetisch neutralen Stoffs werden durch *ebene Flächen A (Polflächen) begrenzt, die parallel zueinander liegen* und relativ zu ihrer Flächenausdehnung einen geringen Abstand haben, sodass zwischen den Polflächen ein näherungsweise homogenes Feld mit einer magnetischen Flussdichte $B = \Phi/A$ angenommen werden kann, deren Betrag gleich dem Quotienten Fluss durch Polfläche ist.

4.2.2.1 Magnetische Streuung und Randverzerrung

Ist das Feld für einen bestimmten Eisenkreis zu berechnen, so muss zunächst abgeschätzt werden, ob die oben genannten Voraussetzungen zutreffen. Dieses wird im Folgenden beispielhaft erläutert an einem aus Eisen- und Luftstrecken bestehenden Eisenkreis entsprechend Bild 4.32.

Wird der magnetische Fluss Φ in diesem Kreis beispielsweise durch eine um das Joch 1 gewickelte Spule erzeugt, so verteilt er sich nicht, wie etwa bei der Spule nach Bild 4.4a, symmetrisch zur Spulenachse im Raum, sondern er hat den in Bild 4.32 angegebenen, durch die Form der Eisenteile bestimmten Verlauf. Parallel zum Flussverlauf über die *Luftspalte* 4 von der Länge δ und den Anker 2 breitet sich nur ein relativ kleiner Flussanteil durch die das Eisen umgebende Luft aus, vornehmlich durch das Fenster 5 zwischen den Schenkeln 3. Die Größe der beiden Teilflüsse durch Luftspalt und *Anker* bzw. durch das Fenster ist nach Abschnitt 4.1.3.4 durch das Verhältnis der magnetischen Widerstände beider Wege bestimmt.

Ist nun der durch den Anker 2 gehende Teil des Flusses für den beabsichtigten Zweck nutzbar, z. B. für die Kräfte auf diesen Anker, so wird er als *Nutzfluss* bezeichnet. Im Gegensatz dazu heißt der durch die Luft neben dem beabsichtigten Weg „vorbeistreuende" Teil des Flusses *magnetischer Streufluss*. Neben dieser aus dem geometrischen Flussverlauf deutbaren Streuung wird in Abschnitt 4.3.1.5 noch eine über die Induktionswirkungen definierte Streuung eingeführt, der hier aber keine Bedeutung zukommt.

Zumindest überschlägig kann man die Flussanteile in den als magnetisch parallel geschaltet aufgefassten Zweigen des magnetischen Nutz- und Streuflusses aus dem magnetischen Widerstandsverhältnis dieser Zweige entsprechend Abschnitt 4.1.3.4 abschätzen. Dabei wird man feststellen, dass es erst bei Sättigung des Eisens zu merklichen Streuflüssen kommt, d. h. für die praktische Berechnung von Eisenkreisen kann der genannte Streufluss häufig vernachlässigt werden.

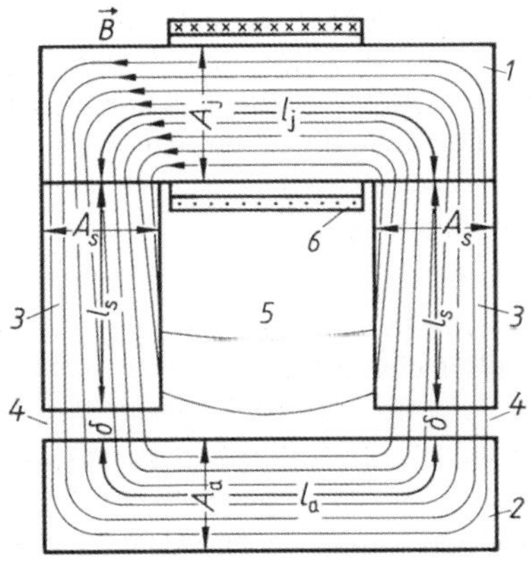

Bild 4.32 Typischer Eisenkreis
1 Joch
2 Anker
3 Schenkel (Pole)
4 Luftspalt
6 Erregerspule
l_j, l_s, l_a Längen der Eisenwege
A_j, A_s, A_a Eisenquerschnitte für Joch, Schenkel und Anker
δ Luftspaltlänge
$A_L = A_s$ Luftspaltquerschnitt

Bei genauer Betrachtung des magnetischen Feldes in Luftspaltstrecken kann dieses nicht als homogen aufgefasst werden. Abhängig vom Verhältnis der Luftspaltlänge δ zur Breite b der Polflächen wird sich eine Aufweitung des Feldes zum Rand des Luftspaltes hin ergeben ähnlich Bild 4.33. Diese Feldverzerrung wird bei praktischen Rechnungen häufig näherungsweise berücksichtigt, indem man eine *Ersatzluftspaltfläche* A_E einführt mit der in Bild 4.33 eingezeichneten Ersatzbreite

$$b_E = b\,(1 + K_L) \tag{4.62}$$

Die Ersatzbreite b_E bzw. der Faktor K_L ist in Abhängigkeit vom Verhältnis Luftspaltlänge δ zu Polbreite b abzuschätzen. Bei auch in der Tiefe begrenzten Polflächen ist zusätzlich ein Korrekturfaktor für diese Dimension anzusetzen.

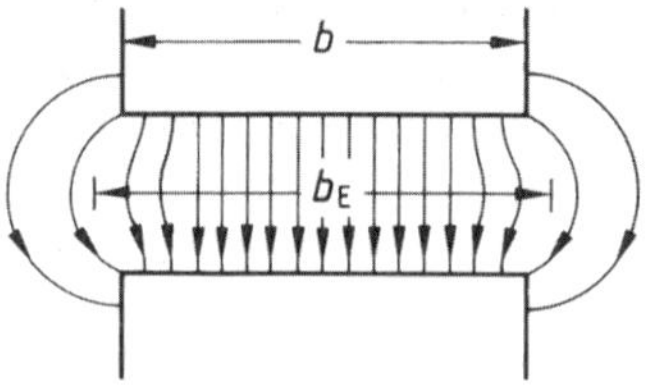

Bild 4.33 Randverzerrung des magnetischen Feldes im Luftspalt zwischen zwei Polflächen der Breite b mit eingezeichneter Ersatzluftspaltbreite b_E

Da Luftspalte in magnetischen Kreisen in sehr vielen Anwendungsfällen möglichst klein ausgeführt werden, wird man in den meisten dieser Fälle die Randverzerrung des Feldes außer Acht lassen und für den Luftspaltquerschnitt die begrenzende Polfläche annehmen dürfen.

4.2.2.2 Ermittlung der elektrischen Durchflutung

Praktisch ausgeführte Eisenkreise lassen sich entsprechend den zu Anfang des Abschnitts 4.2.2 angeführten Erläuterungen i. Allg. als in einzelne Abschnitte unterteilt auffassen, die jeweils homogen aus Eisen oder magnetisch neutralem Stoff bestehen. Innerhalb jedes Abschnitts kann das Feld wenigstens näherungsweise als homogen angesehen werden, wodurch es der unmittelbaren Berechnung zugänglich wird. Bild 4.32 zeigt das im Prinzip immer wiederkehrende Schema eines solchen magnetischen Kreises, bei dem die elektrische Durchflutung über stromdurchflossene Spulen um das Joch 1 oder die beiden Schenkel 3 aufgebracht wird. Sieht man von den Krümmungen der Feldlinien im Joch 1 und Anker 2 ab und vernachlässigt den quer durch das Fenster des Kreises gehenden Streufluss, so ist das Feld *abschnittsweise* homogen. Lässt man den Streufluss unberücksichtigt, so ist es bei unverzweigtem Kreis unbedeutend, wo die Durchflutung räumlich angeordnet ist. Allein wegen der Streuung legt man die Durchflutung möglichst nahe an diejenige Stelle, wo das größte Feld gewünscht wird, z. B. in die Nähe des Luftspaltes. Bei der Berechnung magnetischer Eisenkreise müssen nach der Art der Lösungswege zwei Arten von Aufgabenstellungen unterschieden werden:

a) Bei gegebenem Fluss Φ ist die für seine Erregung erforderliche elektrische Durchflutung Θ zu berechnen.
b) Bei gegebener elektrischer Durchflutung Θ ist der von dieser bewirkte Fluss Φ zu bestimmen.

Die 2. Art der Aufgabenstellung lässt direkte Lösungen nur unter der vereinfachenden Annahme einer konstanten Permeabilität zu, was aber i. Allg. auf zu ungenaue Ergebnisse führt. Genauere Ergebnisse bekommt man mit Hilfe von Iterations- oder Interpolationsverfahren, die das Problem auf die 1. Art der Aufgabenstellung zurückführen, der somit eine grundlegende Bedeutung zukommt.

Zur Berechnung eines *Eisenkreises* ist für einen bestimmten Querschnitt A, z. B. den des Luftspaltes, der Fluss Φ (oder die magnetische Flussdichte B, mit der ja auch der Fluss $\Phi = AB$ bestimmt ist) gegeben. Unter den oben genannten Voraussetzungen lässt sich annehmen, dass dieser Fluss Φ unverzweigt im geschlossenen Kreis, d. h. in den Querschnitten A_v aller Teilabschnitte, auftritt. Im exemplarisch betrachteten Eisenkreis nach Bild 4.32 ergeben sich also mit den jeweiligen Querschnitten die magnetische Flussdichte für das Joch $B_j = \Phi/A_j$, die Schenkel $B_s = \Phi/A_s$, den Anker $B_a = \Phi/A_a$ und die Luftspalte $B_L = \Phi/A_L$. Für die berechneten magnetischen Flussdichten B werden dann aus der für das vorliegende Material gültigen *Magnetisierungskurve* (Bild 4.27) die zugehörigen Werte der magnetischen Feldstärke $H_v = f(B_v)$ ermittelt. In Luftspalten gilt $H_L = B_L/\mu_0$.

Sind so die magnetischen Feldstärken H_ν in den einzelnen Abschnitten ν bekannt, so können aus ihnen mit den *mittleren Längen* (in Bild 4.32 l_a, δ, l_s und l_j) die für die einzelnen Abschnitte benötigten *magnetischen Spannungen* $V_\nu = H_\nu l_\nu$ berechnet werden. Da abschnittsweise Homogenität des magnetischen Feldes angenommen wird, kann Hl statt $\vec{H} \cdot \vec{l}$ gesetzt werden, weil Feldstärkevektor $\vec{H}_\nu$ und Wegvektor $\vec{l}_\nu$ in jedem Abschnitt gleiche Richtung haben und H_ν über l_ν konstant ist. Die Addition der einzelnen Spannungen V_ν des magnetischen Kreises ergibt dann nach dem Durchflutungssatz Gl. (4.19) in der Form der Gl. (4.49) die erforderliche elektrische Durchflutung Θ. In der Anordnung nach Bild 4.32 ist also die Summe der magnetischen Teilspannungen

$$\mathring{V} = \sum Hl = H_a\, l_a + 2H_L\, \delta + 2H_s\, l_s + H_j\, l_j = \Theta\,. \tag{4.63}$$

Zusammenfassend sind im Folgenden die für die Rechnung (die zweckmäßigerweise in Tabellenform durchgeführt wird) benötigten Gleichungen noch einmal zusammengestellt.

Für jeden Abschnitt ν der insgesamt n Abschnitte eines magnetischen Kreises erhält man mit dem Querschnitt A_ν und dem Fluss Φ die magnetische Flussdichte

$$B_\nu = \frac{\Phi}{A_\nu} \tag{4.64}$$

und für diese aus der Magnetisierungskurve (Bild 4.27) bzw. nach $H_L = B_L/\mu_0$ die zugehörige magnetische Feldstärke $H_\nu = f(B_\nu)$, aus der sich die magnetische Spannung

$$V_\nu = H_\nu l_\nu \tag{4.65}$$

ergibt. Die elektrische Durchflutung in einem Kreis aus n Abschnitten ist

$$\Theta = \sum_{\nu=1}^{n} V_\nu\,. \tag{4.66}$$

Ist die Streuung nicht vernachlässigbar, muss ihr Wert entsprechend Abschnitt 4.2.2.1 abgeschätzt und in den Flüssen der betroffenen Abschnitte des Kreises berücksichtigt werden. Dann ergeben sich unterschiedliche Flüsse Φ_ν in den Abschnitten, sodass die magnetischen Flussdichten $B_\nu = \Phi_\nu/A_\nu$ in diesen Abschnitten nach Gl. (4.64) mit Φ_ν berechnet werden müssen.

Eine Besonderheit stellen *Dauermagnetkreise* dar, für die Gl. (4.66) mit $\Theta = 0$ erfüllt ist, da für mindestens einen der n Abschnitte in Gl. (4.65) $H_\nu < 0$ eingesetzt werden muss [17].

Beispiel 4.14 Magnetfeld in einem Eisenring mit Luftspalt

Ein Stahlgussring mit dem mittleren Ringdurchmesser d_{mi} = 15 cm und dem Eisenquerschnitt A = 4 cm^2 ist an einer Stelle geschlitzt, sodass hier ein Luftspalt von gleichem Querschnitt A und der Länge δ = 1 mm vorhanden ist. Im Ring soll der Fluss Φ = 0,46 mWb auftreten, wobei die Streuung und die Aufweitung des Feldes im Luftspalt vernachlässigt werden. Wie groß muss die elektrische Durchflutung Θ sein?

Die einzelnen Ergebnisse der Rechnungen mit Gl. (4.64) bis (4.66) sind in Tabelle 4.1 zusammengestellt, ausgehend von der in Eisen und Luftspalt gleichen magnetischen Flussdichte $B = \Phi/A$ = 0,46 mWb/(4 cm^2) = 1,15 Wb/m^2 = 1,15 T und der mittleren Eisenlänge $l = \pi\, d_{mi} - \delta = \pi \cdot 15$ cm – 0,1 cm = 47,0 cm.

Tabelle 4.1 Berechnung eines geschlitzten Stahlgussrings für Beispiel 4.14

Werkstoff	Flussdichte B in T	Feldstärke H in A/cm	Weglänge l in cm	magnetische Spannung V in A
Stahlguss	1,15	3,3	47,0	155
Luft	1,15	9150	0,1	915
				$\Theta = 1070$ A

In dem Beispiel wird eindrucksvoll gezeigt, dass der Luftspalt trotz seiner relativ kleinen Länge eine wesentlich größere magnetische Spannung erfordert als der vom gleichen Fluss durchsetzte Eisenweg.

Beispiel 4.15 Elektromagnet

Im Bild 4.34 ist der magnetische Kreis eines Hubmagneten mit seinen Abmessungen skizziert. In allen Abschnitten liegen rechteckige Querschnitte der Dicke $d = 80$ mm vor. Schenkel s und Joch j sind aus Elektroblech entsprechend Kurve I in Bild 4.27 geschichtet, der Anker a ist aus Grauguss gefertigt. Die für die Luftspaltflussdichte $B_L = 0{,}9$ T erforderliche elektrische Durchflutung Θ soll berechnet werden. Dabei soll ein Streufluss, d. h. ein Teilfluss, der entsprechend Bild 4.32 zwischen den Schenkeln s verläuft, von 15 % des Jochflusses Φ_j angenommen werden. Zur Vereinfachung der Rechnung wird dieser Streufluss allerdings nicht als kontinuierlich über die Schenkellänge, sondern als konzentriert in unmittelbarer Luftspaltnähe aus dem Schenkel abzweigend betrachtet.

Aus der geforderten magnetischen Flussdichte $B_L = 0{,}9$ T im Luftspaltquerschnitt $A_L = 10 \cdot 8\ \text{cm}^2 = 80\ \text{cm}^2$ ergibt sich im Luftspalt der magnetische Fluss $\Phi_L = B_L A_L = 0{,}9\ \text{T}\ 80\ \text{cm}^2 = 7{,}2$ mWb. Dementsprechend tritt auch im Anker a der gleiche magnetische Fluss $\Phi_a = \Phi_L = 7{,}2$ mWb auf, unter Berücksichtigung der Streuung in Joch und Schenkel aber der magnetische Fluss $\Phi_j = \Phi_s = \Phi_L/0{,}85 = 7{,}2\ \text{mWb}/0{,}85 = 8{,}5$ mWb. Diese Werte werden in die Flussspalte in Tabelle 4.2 eingetragen. Die weitere Rechnung erfolgt entsprechend den Gln. (4.64) bis (4.66). Schließlich erhält man die für den ganzen Kreis notwendige elektrische Durchflutung $\Theta = 15280$ A.

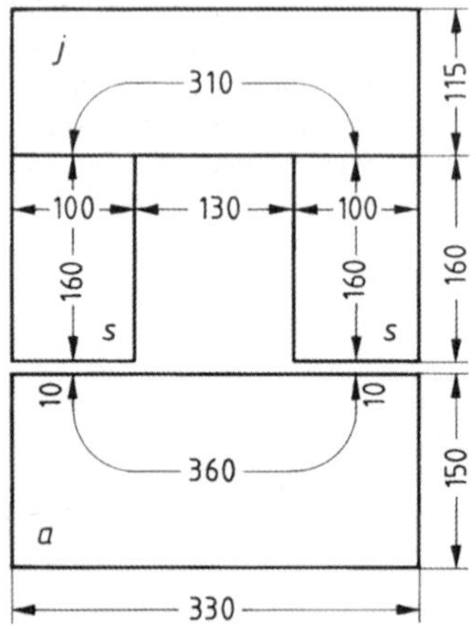

Bild 4.34 Magnetischer Kreis des in Beispiel 4.15 behandelten Elektromagneten (Maße in mm)

Tabelle 4.2 Berechnung eines Elektromagneten für Beispiel 4.15

Abschnitt	Werkstoff	Fluss Φ in mWb	Querschnitt A in cm²	Flussdichte B in T	Feldstärke H in A/cm	Weglänge l in cm	magnetische Spannung V in A
Anker	Grauguss	7,2	120	0,6	20	36	720
Luftspalt	Luft	7,2	80	0,9	7200	2 × 1	14400
Schenkel	Elektrobl.	8,5	80	1,06	2,8	2 × 16	90
Joch	Elektrobl.	8,5	92	0,925	2,2	31	70
							Θ = 15280A

In praktisch ausgeführten Eisenkreisen tritt häufig aus konstruktiven Gründen zwischen *Joch* und *Schenkel* eine *Stoßfuge* auf (überlappt geschichtete Bleche), die in einem über Erfahrungswerte bestimmten *Ersatzluftspalt* in der Rechnung berücksichtigt wird. Infolge seiner geringen Länge (0,01 mm bis 0,1 mm) wird er in Fällen, in denen weitere wesentlich größere Luftspalte δ im Kreis auftreten, wie im vorliegenden Beispiel zwischen Schenkel und Anker, häufig vernachlässigt.

Beispiel 4.16 Magnetisierungskennlinie bei einem Eisenkreis mit Luftspalt

Durch wiederholtes Durchrechnen des magnetischen Kreises aus Beispiel 4.15 mit unterschiedlichen magnetischen Flussdichten soll seine Magnetisierungskennlinie $B_L = f(\Theta)$ für Luftspaltflussdichten B_L zwischen 0 und 1,6 T errechnet werden.

In analog zu Tabelle 4.2 durchgeführten Rechnungen des gegebenen magnetischen Kreises wird für verschiedene angenommene Werte der Luftspaltflussdichte B_{L1}, B_{L2}, ... die zugehörige elektrische Durchflutung Θ_1, Θ_2, ... bestimmt. Die so gewonnene Funktion $B_L = f(\Theta)$ ergibt grafisch dargestellt die untere Kurve in Bild 4.35.

Wegen der zunehmenden Eisensättigung verläuft die Kurve mit steigender elektrischer Durchflutung immer flacher. Den Einfluss von Luft und Eisen erkennt man deutlich mit Hilfe der in Bild 4.35 eingetragenen Geraden, die den Durchflutungsanteil für den magnetischen Fluss im Luftspalt beschreibt. Der durch die Gerade begrenzte Anteil V_L gibt die zum Erreichen der jeweiligen magnetischen Flussdichte notwendige magnetische Spannung für den Luftspalt an, der horizontale Abstand V_{Fe} zwischen beiden Kurven die zusätzliche magnetische Spannung für Eisen. Bei mäßigen Sättigungen wird der weitaus größte Durchflutungsanteil für die Luftstrecke benötigt, während der Einfluss des Eisens bei größeren Sättigungen immer mehr in Erscheinung tritt. Die untere Kurve in Bild 4.35 ist die typische Kennlinie aller magnetischen Kreise mit Eisenwegen.

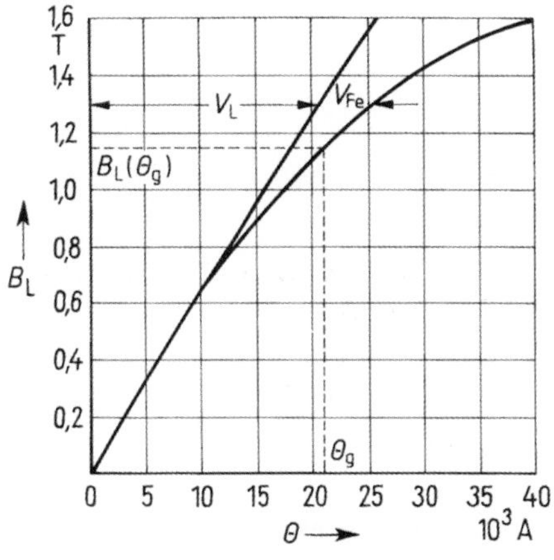

Bild 4.35 Luftspaltflussdichte B_L in Abhängigkeit von der elektrischen Durchflutung Θ
V_L Durchflutungsanteil für die Luftspaltstrecke
V_{Fe} Durchflutungsanteil für die Eisenstrecke

Der für kleine magnetische Flussdichten geringe Eiseneinfluss gestattet häufig Näherungsrechnungen, in denen der Einfluss des Eisens ganz außer Acht gelassen wird, d. h. die magnetische Luftspaltspannung wird gleich der elektrischen Durchflutung gesetzt (magnetische Spannung des Eisens wird gleich null angenommen), sodass aus der so aufgestellten *linearen Gleichung* die Luftspaltspannung direkt berechnet werden kann.

Beispiel 4.17 Ermittlung der Luftspaltflussdichte

Für einen in Abmessungen und Material vorgegebenen magnetischen Kreis soll bei gegebener elektrischer Durchflutung Θ_g die sich einstellende Luftspaltflussdichte $B_L(\Theta_g)$ bestimmt werden.

Es werden verschiedene Luftspaltflussdichten angenommen und die dafür erforderlichen Durchflutungen, wie in Beispiel 4.16 erläutert, berechnet. Mit diesen Werten wird die Magnetisierungskennlinie $B_L = f(\Theta)$ des magnetischen Kreises gezeichnet (Bild 4.35). Aus dieser Kurve wird die zu Θ_g gehörige Luftspaltflussdichte $B_L(\Theta_g)$ aufgesucht, wie dies in Bild 4.35 gestrichelt eingezeichnet ist.

Beispiel 4.18 Dimensionierung eines verzweigten Eisenkreises

Für einen Eisenkreis mit drei Schenkeln entsprechend Bild 4.36, von denen der linke die magnetisierende Wicklung trägt, sollen die Flüsse Φ_1 und Φ_3 in den beiden äußeren Schenkeln und die notwendige elektrische Durchflutung Θ_1 in der Wicklung auf Schenkel 1 berechnet werden, sodass im mittleren Schenkel der Fluss $\Phi_2 = 3$ mWb auftritt. Der Eisenkern ist aus Elektroblech entsprechend IV in Bild 4.27 aufgebaut und hat die Dicke $d = 60$ mm. Die Streuung soll vernachlässigt werden.

Da der Fluss von der am linken Schenkel wirkenden Durchflutung erzeugt wird, tritt in diesem der gesamte Fluss $\Phi_1 = \Phi_2 + \Phi_3$ auf, der sich auf die beiden Schenkel 2 und 3 verteilt. Die Teilflüsse verhalten sich umgekehrt wie die magnetischen Widerstände. Mit Gl. (4.46) folgt aus Gl. (4.52)

$$\frac{\Phi_2}{\Phi_3} = \frac{l_3/(\mu_{r3}\mu_0 A_3)}{l_2/(\mu_{r2}\mu_0 A_2)} \quad \text{oder} \quad \frac{\Phi_2 l_2}{\mu_{r2}\mu_0 A_2} = \frac{\Phi_3 l_3}{\mu_{r3}\mu_0 A_3} \quad \text{oder} \quad H_2 l_2 = H_3 l_3 \,. \tag{4.67}$$

Die magnetischen Spannungen Hl an parallelen Zweigen sind gleich (Abschnitt 4.1.3.4).

Mit den Abmessungen des Kerns in Bild 4.36 ergeben sich die Querschnitte $A_1 = A_2 = A_3 = 6\text{ cm} \cdot 6\text{ cm} = 36\text{ cm}^2$ und Längen $l_1 = l_3 = 67$ cm und $l_2 = 31$ cm. Mit diesen Größen und dem geforderten Fluss $\Phi_2 = 3$ mWb wird für den mittleren Schenkel 2 die magnetische Flussdichte $B_2 = \Phi_2/A_2 = 3\text{ mWb}/(36\text{ cm}^2) = 833$ mT und dafür aus der Magnetisierungskurve IV in Bild 4.27 die magnetische Feldstärke $H_2 = f(B_2 = 833\text{ mT}) = 1{,}3$ A/cm bestimmt. Damit kann für den äußeren Schenkel 3 nach Gl. (4.67) die magnetische Feldstärke $H_3 = H_2\, l_2/l_3 = (1{,}3\text{ A/cm}) \cdot 31\text{ cm}/(67\text{ cm}) = 0{,}6$ A/cm bestimmt werden, für die aus der Magnetisierungskurve IV in Bild 4.27 die magnetische Flussdichte $B_3 = f(H_3 = 0{,}6\text{ A/cm}) = 450$ mT und mit dem Querschnitt A_3 der magnetische Fluss $\Phi_3 = B_3 A_3 = 450\text{ mT} \cdot 36\text{ cm}^2 = 1{,}62$ mWb folgt. Die Summe der magnetischen Flüsse in den Schenkeln 2 und 3 ergibt den magnetischen Fluss $\Phi_1 = \Phi_2 + \Phi_3 = 3\text{ mWb} + 1{,}62\text{ mWb} = 4{,}62$ mWb in Schenkel 1.

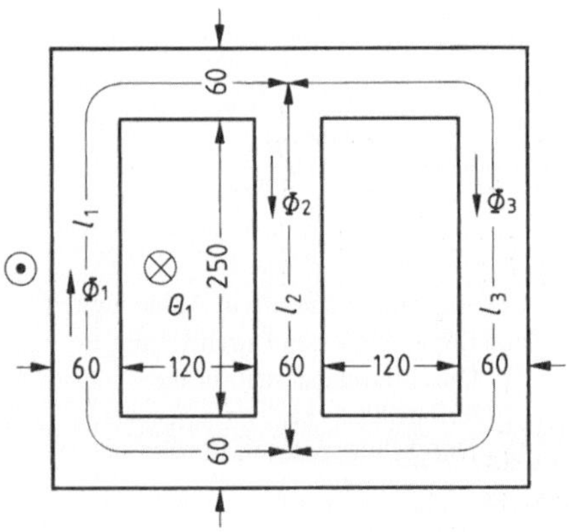

Bild 4.36 Verzweigter Eisenkreis mit einer Erregerwicklung zu Beispiel 4.18 (Maße in mm)

Für die Berechnung der erforderlichen elektrischen Durchflutung müssen die magnetischen Spannungen über Schenkel *1* und *2* oder *1* und *3* addiert werden. In Tabelle 4.3 wird die Durchflutung $\Theta_1 = \mathring{V} = V_1 + V_2 = 340$ A berechnet.

Tabelle 4.3 Berechnung der elektrischen Durchflutung für Beispiel 4.18 (Werkstoff Elektroblech)

Abschnitt	Φ in mWb	A in cm²	B in T	H in A/cm	l in cm	V in A
Schenkel *1*	4,62	36	1,28	4,5	67	300
Schenkel *2*	3	36	0,83	1,3	31	40
						$\Theta = 340$ A

4.3 Wirkungen im magnetischen Feld

Die große praktische Bedeutung des magnetischen Feldes beruht darauf, dass sich mit geringem Energieaufwand äußerst intensive Felder erzeugen lassen, die eine wirtschaftliche Energieumwandlung von elektrischer Energie in mechanische und umgekehrt ermöglichen. So kann man sich heute die großen Generatoren und Motoren der Energietechnik nur auf der Basis des magnetischen Feldes vorstellen. Energieumformer, die das elektrostatische Feld nutzen, z. B. der *Van-de-Graaf-Generator*, haben nur für Sonderfälle in der Laboranwendung Bedeutung. Die Grundgesetze, nach denen Energieumwandlungen im magnetischen Feld ablaufen, sind das Induktionsgesetz, maßgebend für die Erzeugung von Spannungen, und die die Kraftwirkung beschreibenden Gesetze, abgeleitet aus der Lorentz-Kraft und dem Energieerhaltungssatz für Feldanordnungen.

4.3.1 Spannungserzeugung im magnetischen Feld, elektrisches Wirbelfeld

Pauschal sagt man, durch die zeitliche Änderung eines Magnetfeldes werde eine elektrische Spannung induziert. Dabei bleibt aber offen, welche Größe des Magnetfeldes sich zeitlich ändert und wo die Spannung induziert wird. Etwas genauer anhand praktisch üblicher Gegebenheiten betrachtet, lassen sich diese zeitlichen Änderungen als Bewegung eines Leiters im zeitinvarianten Magnetfeld (Bild 4.37a) oder als zeitliche Änderung der magnetischen Flussdichte $\vec{B}$ bei ruhendem Leiter definieren (Bild 4.37b). Die dabei induzierte Spannung u lässt sich im ersten Fall als zwischen zwei Punkten des bewegten Leiters, im letzten Fall als in einem den ruhenden Leiter einbeziehenden geschlossenen Umlauf auftretend beschreiben. Selbstverständlich können Kombinationen beider Grenzfälle vorliegen (Bild 4.37c).

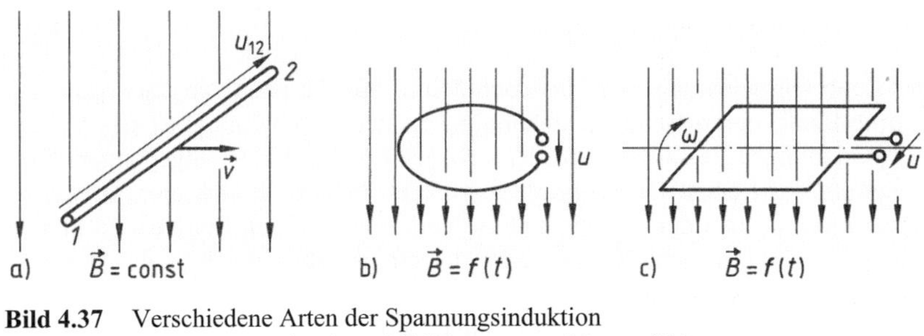

Bild 4.37 Verschiedene Arten der Spannungsinduktion
a) bewegter Leiter im zeitlich konstanten Magnetfeld
b) ruhende Leiterschleife im zeitvarianten Magnetfeld
c) bewegte Leiterschleife im zeitvarianten Magnetfeld

4.3.1.1 Induktionswirkung im bewegten Leiter

Zur Erläuterung der Spannungserzeugung in Leitern, die sich in einem *zeitlich konstanten* Magnetfeld *bewegen*, wird ein gerader Leiter L betrachtet, der entsprechend Bild 4.38a mit der konstanten Geschwindigkeit $\vec{v}$ durch ein homogenes, zeitlich konstantes Magnetfeld der magnetischen Flussdichte $\vec{B}$ bewegt wird. Die Längsachse des geraden Leiters und die beiden Vektoren $\vec{v}$ und $\vec{B}$ sollen jeweils senkrecht zueinander stehen. Zwei Punkte 1 und 2 auf dem Leiter mit dem Abstand l sind gleitend mit zwei ruhenden Schienen K galvanisch verbunden, über die die Spannung des bewegten Leiters vom ruhenden Standpunkt aus gemessen werden kann.

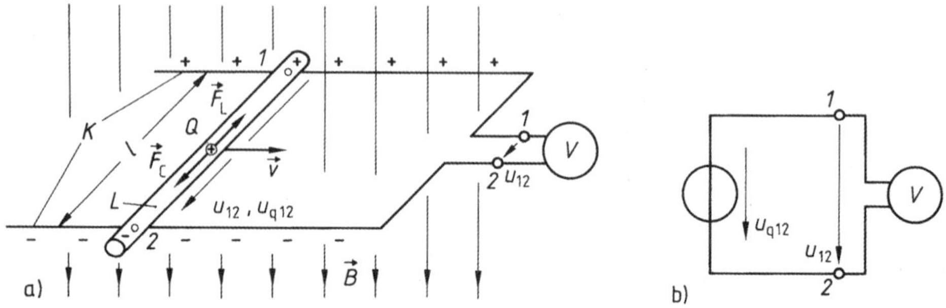

Bild 4.38 Bewegter Leiter im zeitlich konstanten Magnetfeld
a) Experimentelle Ausführung des auf Kontaktschienen *K* gleitenden geraden Leiters *L*
b) elektrische Ersatzschaltung der Anordnung nach a)

Auf die freien Ladungsträger im Leiter mit der Ladung Q, die mit ihm im Magnetfeld bewegt werden, wirkt entsprechend Gl. (4.2) die *Lorentz-Kraft*

$$\vec{F}_L = Q(\vec{v} \times \vec{B}) \tag{4.68}$$

in Längsrichtung des Leiters (Abschnitt 4.1.2.1). Infolge dieser Lorentz-Kraft verschieben sich positive Ladungen zum Punkt 1 bzw. negative zum Punkt 2 des Leiters. Die Leiterbewegung im Magnetfeld bewirkt also eine Ladungstrennung, sodass ein Leiterende positiv geladen gegenüber dem anderen erscheint. Es entstehen *Polladungen*, die ein elektrisches Feld hervorrufen, dessen Feldlinien auf der positiven Polladung (hohes Potenzial) beginnen und auf der negativen (niedriges Potenzial) enden (Abschnitt 3.2.4). Die elektrische Feldstärke $\vec{E}$ dieses Feldes ist vom hohen zum niedrigen Potenzial gerichtet und verursacht entsprechend Gl. (3.22) die *Coulomb-Kraft*

$$\vec{F}_C = Q\vec{E}, \tag{4.69}$$

die im Inneren des Leiters in Richtung von Plus nach Minus auf die positiven Ladungsträger wirkt. Diese Coulomb-Kraft, deren Betrag unabhängig von der Geschwindigkeit des Leiters von der Größe der Polladungen bestimmt wird, ist also der Lorentz-Kraft entgegengerichtet, die durch die Bewegung des Leiters im Magnetfeld entsteht. Nun stellt sich ein *stationärer Gleichgewichtszustand* ein, in dem der Ladungsunterschied zwischen den Leiterenden gerade so groß ist, dass die dadurch verursachte Coulomb-Kraft betragsmäßig gleich ist der Lorentz-Kraft. Unter Beachtung der entgegengesetzten Wirkungsrichtungen beider Kräfte gilt für den Gleichgewichtszustand $\vec{F}_L = -\vec{F}_C$ oder mit Gl. (4.68) und (4.69)

$$Q(\vec{v} \times \vec{B}) = -Q\vec{E}\,. \tag{4.70}$$

Aus diesem Gleichgewichtszustand lässt sich die von Plus nach Minus wirkende elektrische Feldstärke

$$\vec{E} = -(\vec{v} \times \vec{B}) \tag{4.71}$$

ableiten, deren Integral über die Leiterlänge l die *in einem bewegten Leiter induzierte Spannung*

$$U_{12} = \int_1^2 \vec{E} \cdot \mathrm{d}\vec{l} = \int_1^2 -(\vec{v} \times \vec{B}) \cdot \mathrm{d}\vec{l}$$

für einen von 1 nach 2 weisend angetragenen Spannungszählpfeil ergibt, der in Bild 4.41 aus den im nächsten Absatz erläuterten Gründen mit dem Kleinbuchstaben $u_{12} = U_{12}$ gekennzeichnet ist.

Anhand von Bild 4.41 ist hier zunächst der einfache Fall des mit konstanter Geschwindigkeit $\vec{v}$ im zeitkonstanten homogenen Magnetfeld bewegten Leiters betrachtet, in dem eine zeitkonstante Spannung U_{12} induziert wird. Diese Betrachtungen gelten sinngemäß auch für Leiter beliebiger Geometrie (Bild 4.39), die mit beliebiger, also auch zeitvarianter Geschwindigkeit $\vec{v}$ durch homogene oder inhomogene (aber zeitinvariante) Magnetfelder bewegt werden. Die dabei im Leiter induzierte Spannung

$$u_{12} = \int_1^2 -(\vec{v} \times \vec{B}) \cdot \mathrm{d}\vec{l} \tag{4.72}$$

kann auch zeitvariant sein, z. B. bei Bewegungen eines Leiters im inhomogenen Feld oder mit nichtkonstanter Geschwindigkeit v. Die induzierte Spannung wird daher allgemeingültig durch den Kleinbuchstaben u gekennzeichnet.

Da beim bewegten Leiter die *Induktionswirkung als in diesem lokalisiert* erklärt werden kann [17], lässt er sich bei Vernachlässigung seines Widerstandes auch als Spannungsquelle entsprechend Bild 4.38b darstellen. Die in Bild 4.38a am bewegten Leiter angetragene Spannung u_{12} entspricht der *Quellenspannung*

$$u_{q12} = \int_1^2 -(\vec{v} \times \vec{B}) \cdot \mathrm{d}\vec{l} \; . \tag{4.73}$$

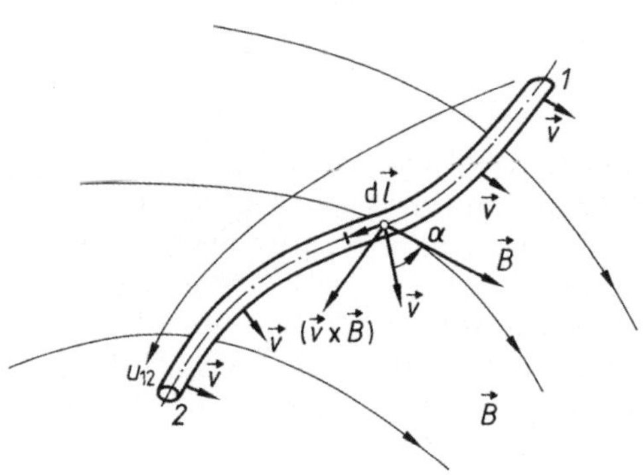

Bild 4.39 Richtungsdefinitionen zur Spannungsinduktion im bewegten Leiter entsprechend Gl. (4.72)

Mit Hilfe des Maschensatzes $\sum u = u_{q12} - u_{12} = 0$ kann auch die im *Leerlauf* auftretende *Klemmenspannung*

$$u_{12} = u_{q12} = \int_1^2 -(\vec{v} \times \vec{B}) \cdot d\vec{l} \tag{4.74}$$

dieser Spannungsquelle auf die Induktionswirkung zurückgeführt werden.

Beispiel 4.19 Unipolarmaschine im Leerlauf

In Bild 4.40 ist schematisch eine Unipolarmaschine skizziert, die zur Erzeugung kleiner Gleichspannungen geeignet ist. Hierbei sind die Leiter L den Speichen eines Rades vergleichbar leitend zwischen Welle W und Radkranz K aufgespannt. Die induzierte Spannung wird über Kontakte S, die auf der Welle bzw. dem Radkranz schleifen, den Anschlussklemmen zugeführt. Für eine solche Unipolarmaschine mit der Leiterlänge $r_a = 250$ mm, der konstanten Drehzahl $n = 3000\ \text{min}^{-1}$ und einem parallel zur Drehachse gerichteten homogenen Magnetfeld der magnetischen Flussdichte $B = 1{,}2$ T ist die Leerlaufspannung zu berechnen.

In den parallel geschalteten Leitern zwischen Welle und Radkranz wird eine konstante Spannung U (bzw. Quellenspannung U_q) induziert. Trägt man den Zählpfeil U_q an den Leiter L von der Welle zum Radkranz weisend ein (Bild 4.40b), so liegt die Integrationsrichtung, also der Wegvektor $d\vec{l} = d\vec{r}$, ebenfalls in dieser Richtung und damit parallel, aber entgegengesetzt zum Vektor $(\vec{v} \times \vec{B})$, wie aus Bild 4.40b zu erkennen ist. Damit kann Gl. (4.73) in der skalaren Form

$$U_q = \int_W^K -(\vec{v} \times \vec{B}) \cdot d\vec{l} = \int_W^K v\, B\, dr \tag{4.75}$$

geschrieben werden. Da die Leitergeschwindigkeit v bei konstanter Winkelgeschwindigkeit $\omega = 2\pi n = 2\pi \cdot 3000\ \text{min}^{-1}/(60\ \text{s/min}) = 100\ \pi\ \text{s}^{-1}$ zwar zeitlich, nicht aber über die Leiterlänge konstant ist, muss sie mit $v = \omega r$ in die Integration einbezogen werden. Damit ergibt sich aus Gl. (4.75) die Quellenspannung

$$U_q = \int_W^K \omega r\, B\, dr = \omega B \int_0^{r_a} r\, dr = \omega B \frac{r_a^2}{2} = 100\ \pi \text{s}^{-1} \cdot 1{,}2\text{T} \cdot \frac{(0{,}25\text{m})^2}{2} = 11{,}8\text{V} \tag{4.76}$$

mit einem positiven Zahlenwert, d. h. an der Welle stellt sich der Plus-, am Radkranz der Minuspol ein. Man kann sich davon überzeugen, dass diese sich aus der formalen Rechnung ergebende Polarität auch aus der ladungstrennenden Wirkung der Lorentz-Kraft $\vec{F}_L$ auf die mit dem Leiter bewegten Ladungen entsprechend Gl. (4.68) gefolgert werden kann.

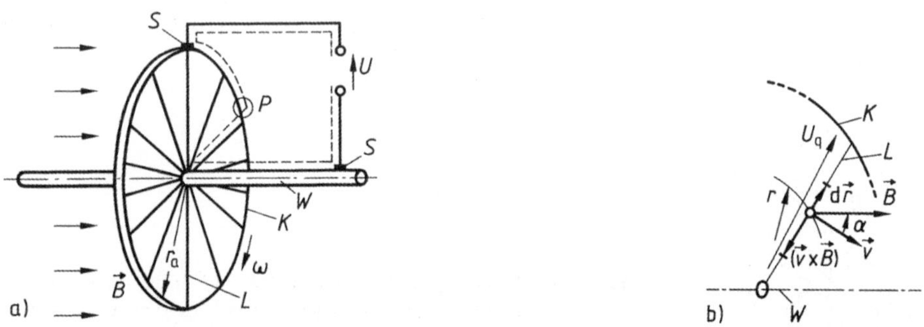

Bild 4.40 Prinzip der Unipolarmaschine (Barlowsches Rad)

a) Rotation radial in einer Kreisscheibe angeordneter Leiter L in einem homogenen magnetischen Feld $\vec{B}$, das die Kreisscheibe senkrecht durchdringt, mit Spannungsabgriff über Bürsten S von der Welle W und dem am Kreisumfang angeordneten Radkranz K

b) Einzelner Leiter L mit den auf ihn bezogenen Richtungen für Vektoren und Zählpfeil

Die in Bild 4.40a eingetragene Klemmenspannung U ergibt sich aus dem Maschensatz $\sum U = U_q - U = 0$ ebenfalls als positiver Wert

$$U = U_q = 11{,}8\,\mathrm{V},$$

d. h. der in Bild 4.40a eingetragene Zählpfeil weist vom Plus- zum Minuspol.

In der Praxis treten häufig *gerade* Leiter auf, die in einem *homogenen* Magnetfeld bewegt werden. In solchen Fällen ist die im Leiter induzierte elektrische Feldstärke nach Gl. (4.71) über die Leiterlänge l konstant ($\vec{v} \times \vec{B}$ = const), sodass die Integration nach Gl. (4.72) in eine Multiplikation überführt werden kann. Mit dem Winkel α zwischen Geschwindigkeitsvektor $\vec{v}$ und magnetischem Flussdichtevektor $\vec{B}$ und dem Winkel β zwischen dem Vektor ($\vec{v} \times \vec{B}$) und der als Vektor beschriebenen Leiterlänge $\vec{l}$ (Bild 4.41) gilt

$$u = -(\vec{v} \times \vec{B}) \cdot \vec{l} = -(vB \sin \alpha)\, l \cos \beta\,. \qquad (4.77)$$

Dabei ist der Zählpfeil für u entlang des Leiters in der Richtung anzutragen, in der man die Richtung des Vektors $\vec{l}$ annimmt.

Für den besonders einfachen, aber häufig auftretenden Fall, dass ein gerader Leiter mit der Länge l *rechtwinklig* zur Feldrichtung $\vec{B}$ liegend mit der Geschwindigkeit $\vec{v}$ *rechtwinklig* zur Längsachse l und zur Feldrichtung $\vec{B}$ durch ein *homogenes* Feld bewegt wird, ergibt sich aus Gl. (4.77) mit $\alpha = 90°$ und $\beta = 0°$ oder $\beta = 180°$ der Betrag der in ihm induzierten Spannung

$$u = vBl. \qquad (4.78)$$

Alle hier angeführten Betrachtungen gelten grundsätzlich auch, wenn sich der im Magnetfeld bewegte Leiter in einem galvanisch geschlossenen Kreis befindet, sodass die in ihm induzierte Spannung einen Strom zur Folge hat. Für diesen Fall stellt man den realen stromdurchflossenen bewegten Leiter wie folgt als Ersatz-Spannungsquelle (Abschnitt 2.4.5.2) dar. Der bewegte Leiter wird zunächst als *widerstandslos* aufgefasst, sodass die in ihm induzierte Spannung wie oben beschrieben bestimmt werden kann. Der auftretende Strom kann dabei unberücksichtigt bleiben, da die Stromdichte $\vec{J}$ im Inneren des idealen Leiters mit einem spezifischen Widerstand $\rho = 0$ keinen Spannungsabfall bewirkt, der eine elektrische Feldstärke $\vec{E} = \rho \vec{J}$ zur Folge hätte, die bei der Integration nach Gl. (4.72) berücksichtigt werden müsste. Der Widerstand R des realen Leiters wird als Ersatzwiderstand sozusagen außerhalb des Induktionsvorgangs mit dem idealen Leiter in Reihe geschaltet angenommen, sodass er lediglich für den stromabhängigen Zusammenhang zwischen der Quellenspannung u_q, die entsprechend Gl. (4.73) im idealen Leiter induziert wird, und der Klemmenspannung u in Erscheinung tritt.

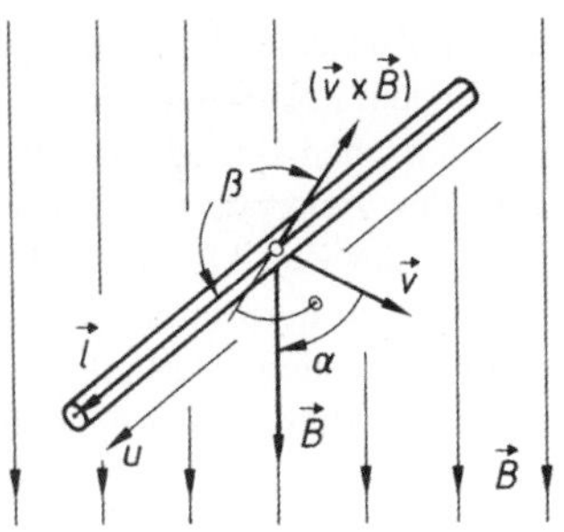

Bild 4.41 Spannung u, die in einem mit der Geschwindigkeit $\vec{v}$ in einem homogenen Magnetfeld der zeitlich konstanten magnetischen Flussdichte $\vec{B}$ bewegten geraden Leiter der Länge $\vec{l}$ induziert wird

Beispiel 4.20 Unipolarmaschine unter Last

Die in Beispiel 4.19 für den Leerlauffall betrachtete Unipolarmaschine wird mit dem Strom I = 1000 A belastet. Der Anker soll aus 100 zwischen Welle und Radkranz sternförmig angeordneten Leitern bestehen, die je den Widerstand R_L = 50 mΩ haben. Der Widerstand der Leitungen und Kontakte sei vernachlässigbar. Die sich bei der Belastung einstellende Klemmenspannung ist zu berechnen.

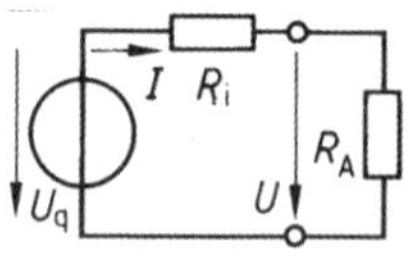

Bild 4.42 Mit dem Widerstand R_A belastete Ersatz-Spannungsquelle

Für die Berechnung der Klemmenspannung U wird die reale Unipolarmaschine durch eine Ersatz-Spannungsquelle beschrieben, wie in Bild 4.42 skizziert. In dem als ideal, d. h. widerstandslos aufgefassten Leiterrad wird, wie in Beispiel 4.19 erläutert, die Quellenspannung U_q = 11,8 V induziert. Der Widerstand der Leiter wird mit dem idealen Leiterrad in Reihe geschaltet und beträgt, da alle 100 Leiter parallel geschaltet sind, R_i = 50 mΩ/100 = 0,5 mΩ. Mit Hilfe des Maschensatzes $\sum U = U_q - IR_i - U = 0$ ergibt sich die Klemmenspannung $U = U_q - IR_i$ = 11,8V – 1000 A·0,5 mΩ = 11,3 V.

Grundsätzlich ist bei der Betrachtung der Induktionswirkung im bewegten stromdurchflossenen Leiter nach dem oben erläuterten Schema eine Beeinflussung des Magnetfeldes durch den Strom im Leiter zu berücksichtigen. In praktischen Fällen ist diese *Rückwirkung* des durch den Induktionsvorgang bewirkten Stroms auf das verursachende Magnetfeld häufig aber so gering, dass sie vernachlässigt werden kann. Nur dann ist, wie in Beispiel 4.20 gezeigt, auch die im Belastungsfall in dem bewegten, idealen Leiter induzierte Spannung gleich der im stromlosen bewegten Leiter induzierten. Beeinflusst der durch den Induktionsvorgang hervorgerufene Strom I im Leiter das ursprüngliche (bei I = 0 auftretende) magnetische Feld in nicht mehr zu vernachlässigender Weise, so muss die Induktionswirkung im bewegten stromdurchflossenen Leiter mit dem *resultierenden Feld* berechnet werden.

4.3.1.2 Induktionswirkung im zeitvarianten Magnetfeld

Die Spannungsinduktion, die auf der Bewegung eines Leiters im zeitlich konstanten Magnetfeld beruht, wurde in Abschnitt 4.3.1.1 erläutert. Im Folgenden wird gezeigt, dass auch in ruhenden Leitern eine Spannung induziert wird, wenn sich die magnetische Flussdichte des magnetischen Feldes zeitlich ändert. Die wesentlichen Merkmale dieser Art der Spannungsinduktion werden anhand des Bildes 4.43 erläutert.

Das zwischen den Polen eines Magneten M nach Bild 4.43a bewirkte Feld möge sich proportional dem erregenden Strom i in der Spule S ändern (Abschnitt 4.2.2.2). Zwischen den Polen ist eine Leiterschleife angeordnet, die unbewegt z. B. in der mit I bezeichneten Position des Bildes 4.43a liegt, also in einer Ebene rechtwinklig zur Richtung der magnetischen Flussdichte $\vec{B}$. Wird der Strom i und damit die magnetische Flussdichte B des Feldes zwischen den Polen entsprechend der Zeitfunktion $B_1 = B_0 - K_1 t$ in Bild 4.43b linear mit der Zeit kleiner (z. B. dadurch, dass der Vorschaltwiderstand R_v vergrößert wird), so wird vom an der Leiterschleife angeschlossenen Spannungsmesser eine konstante Spannung entsprechend dem Verlauf von U_1 in Bild 4.43b angezeigt. Durch Variieren der Versuchsbedingungen erhält man folgende Aussagen, die als charakteristisch für die Induktionswirkung des zeitvarianten Feldes anzusehen sind:

a) *Je schneller sich die magnetische Flussdichte B in der Leiterschleife mit der Zeit ändert, desto größer ist die in der Leiterschleife induzierte Spannung.* Fällt z. B. die magnetische Flussdichte $B_1 = B_0 - K_1 t$ entsprechend Kurve B_1 in Bild 4.43b, so zeigt der Spannungsmesser die Spannung U_1 an. Fällt die magnetische Flussdichte $B_2 = B_0 - 2K_1 t$ entsprechend Kurve B_2 in Bild 4.43b doppelt so schnell wie im Fall 1, so wird auch eine doppelt so große Spannung $U_2 = 2\,U_1$ angezeigt wie im Fall 1.
b) *Die angezeigte Spannung ist nicht vom momentanen Wert B der magnetischen Flussdichte, sondern* nur *von deren Änderungsgeschwindigkeit* d*B*/d*t abhängig.* Ändert sich z. B. die magnetische Flussdichte B_3 zeitlich ähnlich wie B_1, d. h. verlaufen die Zeitfunktionen B_1 und B_3 parallel (Kurve B_1 und B_3 in Bild 4.43b), wird in beiden Fällen unabhängig vom jeweiligen Wert von B der gleiche Spannungswert $U_3 = U_1 = \text{const}$ angezeigt, da die Änderungsgeschwindigkeit in beiden Fällen die gleiche ist ($\mathrm{d}B_3/\mathrm{d}t = \mathrm{d}B_1/\mathrm{d}t = \text{const}$).
c) *Wird die Richtung der Flussdichteänderung (Vorzeichen der Steigung) umgekehrt, kehrt sich auch die* Richtung der induzierten *Spannung (Polarität) um.* Wird z. B. die magnetische Flussdichte $B_4 = B_0 + K_1 t$ entsprechend Kurve B_4 in Bild 4.43b von B_0 ausgehend nicht verkleinert, sondern vergrößert, so wird die Spannung $U_4 = -\,U_1$ angezeigt.
d) *Die angezeigte Spannung U ist außer von der Änderungsgeschwindigkeit* d*B*/d*t der magnetischen Flussdichte B auch noch von Lage und Größe der Fläche abhängig*, die von der Leiterschleife in dem zeitvarianten Magnetfeld begrenzt wird. Die Leiterschleife in Bild 4.43a soll z. B. aus ihrer Stellung 1 in der Ebene rechtwinklig zum Feldvektor $\vec{B}$ jeweils in eine Stellung 2 bzw. 3 gedreht sein, die um den Winkel α bzw. den Winkel $\pi/2$ gegenüber der ursprünglichen Lage gedreht ist. In allen drei Stellungen soll die magnetische Flussdichte $B_1 = B_0 - K_1 t$ jeweils mit gleicher Änderungsgeschwindigkeit K_1 entsprechend Kurve B_1 in Bild 4.43b geändert werden. Die angezeigte Spannung ist dann in der Stellung 1 maximal $U_{1,1} = U_{max} = U_1$, in Stellung 3 ist sie $U_{1,3} = 0$ und in der Stellung 2 mit dem beliebigen Winkel α wird $U_{1,2} = U_1 \cos\alpha$ angezeigt.

Alle beschriebenen Beobachtungen werden quantitativ durch die Gleichung

$$u = -\frac{\mathrm{d}B}{\mathrm{d}t} A \cos\alpha \tag{4.79}$$

beschrieben, wenn d*B*/d*t* die zeitliche Änderung der magnetischen Flussdichte, A die von der Leiterschleife eingeschlossene Fläche und α der Winkel zwischen dem Flächenvektor $\vec{A}$ (senkrecht auf der Ebene der Leiterschleife) und dem Vektor der magnetischen Flussdichte $\vec{B}$ ist. Auch die beobachtete Polarität bzw. Spannungsrichtung wird mit Gl. (4.79) für alle Fälle richtig beschrieben, wenn der *Zählpfeil der induzierten Spannung u* an der Stelle, an der sie gemessen wird (im Beispiel in Bild 4.43a also zwischen den Klemmen a – b der Leiterschleife), *rechtswendig* dem Zählpfeil für den magnetischen Fluss Φ zugeordnet wird, der seinerseits wiederum entsprechend Abschnitt 4.1.3.3 in Richtung des Flächenvektors $\vec{A}$ weisend anzutragen ist.

Gl. (4.79) lässt sich entsprechend Gl. (4.40) auch als Skalarprodukt der Vektoren $(\mathrm{d}\vec{B}/\mathrm{d}t)$ und $\vec{A}$ schreiben.

$$u = -\frac{\mathrm{d}\vec{B}}{\mathrm{d}t} \cdot \vec{A} \tag{4.80}$$

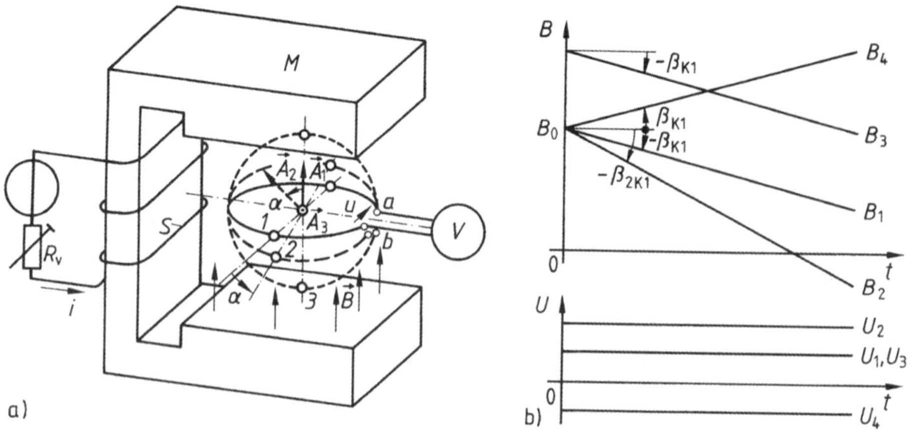

Bild 4.43 Spannungsinduktion bei ruhender Leiterschleife im zeitvarianten Magnetfeld
a) Leiterschleife in Ebene 1, 2 und 3, die senkrecht, im Winkel $[(\pi/2) - \alpha]$ und parallel zur Flussdichterichtung liegen
b) zeitlicher Verlauf der magnetischen Flussdichte und der induzierten Spannung

Ist das Feld nicht homogen innerhalb der Fläche A, so muss das Skalarprodukt der Gl. (4.80) in ein Integral überführt werden in Analogie zur Berechnung des magnetischen Flusses Φ in Abschnitt 4.1.3.3 bei inhomogenen Feldern nach dem Integral $\int \vec{B} \cdot d\vec{A}$ statt des Produktes $\vec{B} \cdot \vec{A}$. Daraus folgt die allgemein gültige Gleichung für die von einem Magnetfeld mit zeitvarianter magnetischer Flussdichte $\vec{B}$ in einer die Fläche $\vec{A}$ einschließenden Leiterschleife *induzierten Spannung*

$$u = -\int_A \frac{d\vec{B}}{dt} \cdot d\vec{A}. \tag{4.81}$$

Beispiel 4.21 Spannungsinduktion durch einen Mischstrom

In Bild 4.44a ist ein Transformator mit dem Kernquerschnitt $A_{Fe} = 100\ \text{cm}^2$ skizziert. Die Primärwicklung a wird von einem Mischstrom $i = I_0 + \hat{i}_1 \sin(\omega t)$ durchflossen, der im ungesättigten Eisenkern die magnetische Flussdichte

$$B = B_0 + B_1 \sin(\omega t) = 0{,}6\text{T} + 0{,}2\text{T} \sin\left(100\pi \frac{t}{\text{s}}\right) \tag{4.82}$$

hervorruft (Bild 4.44b). Die in der Leiterschleife b (Sekundärwicklung) zwischen den Klemmen 1 und 2 auftretende Spannung ist zu berechnen.

Da der Strom i laut Aufgabenstellung nur mit positiven Werten gegeben ist, fließt er immer in Richtung des in Bild 4.44a eingezeichneten Stromzählpfeils für i, sodass diesem die Richtung der Flussdichtefeldlinien $\vec{B}$ auch immer rechtswendig zugeordnet ist.

In Bild 4.44a ist für die Leiterschleife b der Sekundärseite der Flächenvektor $\vec{A}$ und damit auch der Flusszählpfeil Φ nach oben weisend eingetragen. Dann muss der Zählpfeil für die induzierte Spannung u diesem Flusszählpfeil rechtswendig zugeordnet, also an den Klemmen der Leiterschleife b von 1 nach 2 weisend, angetragen werden. Der Wert dieser Spannung ergibt sich nach Gl. (4.81)

$$u_{12} = -\int_{A_{Schl}} \frac{d\vec{B}}{dt} \cdot d\vec{A} \tag{4.83}$$

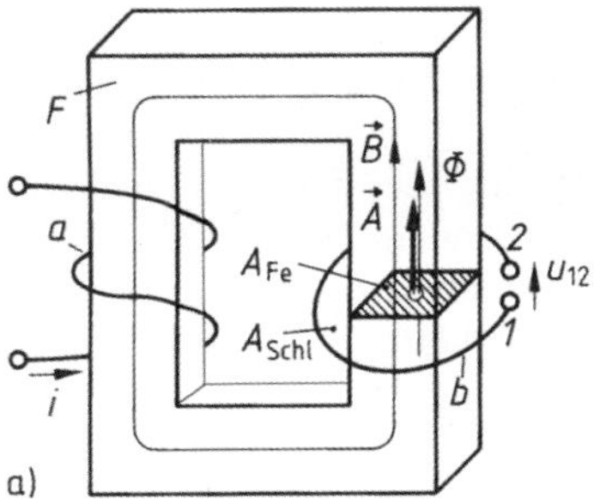

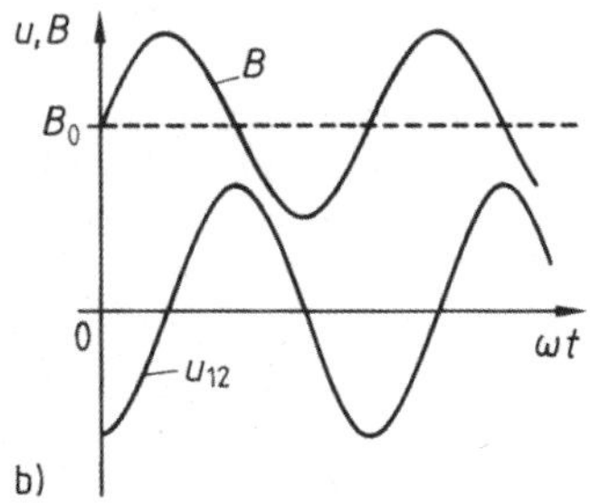

Bild 4.44 Spannung u_{12}, die in einer Leiterschleife um einen Eisenkern induziert wird
a) Eisenkreis F mit Erregerwicklung a und Sekundärwicklung b
b) zeitlicher Verlauf der magnetischen Flussdichte B im Eisenkreis und der induzierten Spannung u_{12}

durch Integration der Änderungsgeschwindigkeit der Flussdichte über die von der Leiterschleife eingeschlossene Fläche A_{Schl}. Da das magnetische Feld praktisch nur im Eisen verläuft, liefert die Integration über den Flächenanteil $(A_{\text{Schl}} - A_{\text{Fe}})$ außerhalb des Eisenquerschnitts A_{Fe} keinen nennenswerten Beitrag zur induzierten Spannung u_{12}. Da weiter innerhalb des Eisens die magnetische Flussdichte B über den Querschnitt A_{Fe} näherungsweise konstant ist, kann das Integral in Gl. (4.83) auf die Fläche $A_{\text{Fe}} < A_{\text{Schl}}$ des Kernquerschnitts beschränkt und hier entsprechend Gl. (4.80) in ein Produkt überführt werden.

$$u_{12} = -\frac{d\vec{B}}{dt} \cdot \vec{A}_{\text{Fe}} \tag{4.84}$$

Eine weitere Vereinfachung der Rechnung kann im vorliegenden Beispiel dadurch erreicht werden, dass die Differenziation des Vektors $\vec{B}$ in die Differenziation der skalaren Größe $\vec{B} \cdot \vec{A}$ in der Form

$$\frac{d\vec{B}}{dt} \cdot \vec{A}_{\text{Fe}} = \frac{d}{dt}(\vec{B} \cdot \vec{A}_{\text{Fe}}) = \frac{d}{dt}(B\, A_{\text{Fe}} \cos\alpha) \tag{4.85}$$

überführt wird (α ist der Winkel zwischen den Vektoren $\vec{B}$ und $\vec{A}_{\text{Fe}}$). Zeitlich ändert sich in dem Produkt $BA_{\text{Fe}} \cos\alpha$ nur der Betrag der magnetischen Flussdichte B entsprechend Gl. (4.82). Die Richtung von $\vec{B}$ ist immer parallel zu $\vec{A}_{\text{Fe}}$, sodass $\cos\alpha = 1$ gilt. Damit folgt aus Gl. (4.84) die Spannung $u_{12} = -A_{\text{Fe}}\, dB/dt$ und nach Einsetzen der magnetischen Flussdichte B aus Gl. (4.82) die in der Leiterschleife induzierte Spannung

$$\begin{aligned} u_{12} &= -A_{\text{Fe}} \frac{d}{dt}[B_0 + B_1 \sin(\omega t)] = -A_{\text{Fe}} B_1 \omega \cos(\omega t) \\ &= -100\,\text{cm}^2 \cdot 0{,}2\text{T} \frac{100\,\pi}{\text{s}} \cos\left(100\,\pi \frac{t}{\text{s}}\right) = -\,0{,}628\,\text{V} \cos\left(100\,\pi \frac{t}{\text{s}}\right) \end{aligned} \tag{4.86}$$

(Bild 4.44b). Das Beispiel zeigt eindrucksvoll, dass der Wert der induzierten Spannung u in jedem Augenblick t allein von der in diesem Augenblick auftretenden Änderungsgeschwindigkeit dB_t/dt der magnetischen Flussdichte B_t abhängt, nicht aber vom momentanen Wert der magnetischen Flussdichte. Dieser wird maßgebend durch den Gleichanteil B_0 bestimmt, der aber nach der Differenziation in der Spannungsgleichung (4.86) nicht mehr in Erscheinung tritt.

Die Beschreibung des Induktionsvorgangs durch Gl. (4.81) hat den Vorteil, dass die Abhängigkeit der induzierten Spannung sowohl von der Betrags- als auch von der Richtungsänderung des Flussdichtevektors $\vec{B}$ klar zum Ausdruck kommt. Diesem Vorteil steht aber der Nachteil der unter Umständen aufwändigeren Differenziation eines Vektors gegenüber. Die im Beispiel

4.21 gezeigte Möglichkeit der Umwandlung der Vektor- in die Skalardifferenziation kann nicht auf alle Aufgabenstellungen übertragen werden, da die Differenziation eines Vektors nach der Zeit wiederum einen Vektor ergibt, dessen *Betrag und Richtung* unter Umständen zu berücksichtigen sind [17]. Abgesehen von solchen Sonderfällen hat aber der in Beispiel 4.21 gezeigte Lösungsweg für praktische Rechnungen größte Bedeutung, sodass Gl. (4.80) bzw. (4.81) häufig von vornherein auf die skalare Differenziation zugeschnitten, also als $u = -(\vec{B} \cdot \vec{A})/\mathrm{d}t$ angegeben wird, dann aber mit Gl. (4.40) in der Form $u = -\,\mathrm{d}\Phi/\mathrm{d}t$, die im folgenden Abschnitt behandelt wird.

4.3.1.3 Induktionsgesetz in allgemeiner Form

Die durch ein zeitvariantes Magnetfeld in einer ruhenden Leiterschleife induzierte Spannung kann, wie in Beispiel 4.21 gezeigt, nach Umformung der Gl. (4.80) auch in der Form $u = -\mathrm{d}(\vec{B} \cdot \vec{A})/\mathrm{d}t$ angegeben werden, vgl. Gl. (4.85). Damit lässt sich entsprechend Gl. (4.40) die in einer Leiterschleife induzierte Spannung als zeitliche Änderung des magnetischen Flusses $\Phi = \vec{B} \cdot \vec{A}$ in dieser Schleife deuten ($u = -\,\mathrm{d}\Phi/\mathrm{d}t$).

Auch die in einem bewegten Leiter induzierte Spannung lässt sich i. Allg. über die Flussänderung beschreiben. Beispielsweise ist in Abschnitt 4.3.1.1 für die in Bild 4.38a dargestellte Anordnung die zwischen den Klemmen 1 und 2 auftretende Spannung mit Gl. (4.74) über die Induktionswirkung im bewegten Leiter L beschrieben. Liegen in der Anordnung nach Bild 4.38a Leiter, Geschwindigkeit $\vec{v}$ und magnetische Flussdichte $\vec{B}$ rechtwinklig zueinander, so gilt $u_{12} = -B\,l\,v$. In dieser Gleichung lässt sich das Produkt $l\,v$ mit $v = \mathrm{d}x/\mathrm{d}t$ auch als Flächenänderung $\mathrm{d}A/\mathrm{d}t = l\mathrm{d}x/\mathrm{d}t$ deuten. Dadurch ist aber auch mit $u_{12} = -\,B(\mathrm{d}A/\mathrm{d}t) = -\,\mathrm{d}(BA)/\mathrm{d}t$ und $BA = \Phi$ die induzierte Spannung $u_{12} = -\,\mathrm{d}\Phi/\mathrm{d}t$ auf die *Flussänderung* in der aus Kontaktschienen, Spannungsmesser und bewegtem Leiter bestehenden Leiterschleife zurückgeführt. Auch die Spannungsrichtung wird mit der Gleichung $u_{12} = -\,\mathrm{d}\Phi/\mathrm{d}t$ richtig beschrieben. Im Beispiel nach Bild 4.38a ist der Flächenvektor $\vec{A}$ und damit auch der Zählpfeil für den Fluss Φ nach unten weisend anzutragen, da dann der eingetragene Zählpfeil der Spannung u_{12} (an den Klemmen, an denen sie gemessen wird) rechtswendig diesem Zählpfeil Φ zugeordnet ist. Für die in Bild 4.38a gegebene Richtung der magnetischen Flussdichte $\vec{B}$ ist der Fluss $\Phi = \vec{B} \cdot \vec{A}$ positiv ($\vec{A}$ liegt in Richtung $\vec{B}$), seine zeitliche Änderung $\mathrm{d}\Phi/\mathrm{d}t$ aber negativ, da bei der gegebenen Geschwindigkeitsrichtung $\vec{v}$ die Fläche A kleiner wird ($\mathrm{d}A/\mathrm{d}t$ negativ). Für negative Werte $\mathrm{d}\Phi/\mathrm{d}t$ wird die Spannung $u_{12} = -\,\mathrm{d}\Phi/\mathrm{d}t$ mit positiven Werten berechnet, d. h. in Bild 4.38a ist die Klemme 1 der positive und 2 der negative Pol, was mit dem Ergebnis nach Gl. (4.74) übereinstimmt.

Über die hier betrachteten speziellen Beispiele hinaus lässt sich zusammenfassend feststellen, dass man allgemeingültig die in einem geschlossenen Umlauf induzierte Spannung aus der zeitlichen Änderung des von diesem Umlauf eingeschlossenen magnetischen Flusses Φ berechnen kann [17]. Die mathematische Formulierung wird als *Induktionsgesetz*

$$u = -\frac{\mathrm{d}\Phi}{\mathrm{d}t} \tag{4.87}$$

bezeichnet. Es ist unbedeutend, ob die zeitliche Änderung des Flusses Φ durch eine zeitliche Änderung der magnetischen Flussdichte $\vec{B}$, durch eine Bewegung von Leitern oder Leiterteilen im betrachteten Umlauf oder durch die Überlagerung beider verursacht wird. Unabhängig von der Art der Ursache gilt für die Richtungszuordnung:

Der *Zählpfeil* für die nach Gl. (4.87) bestimmte *Spannung u* ist an der Stelle, an der sie messbar in *Erscheinung tritt* (z. B. zwischen den Klemmen einer geöffneten Leiterschleife), *rechts-*

wendig dem Zählpfeil für den magnetischen Fluss Φ in der Schleife zugeordnet anzutragen. Der Zählpfeil für Φ ist im Richtungssinn des rechtwinklig auf der vom Umlauf begrenzten Fläche stehenden Flächenvektors $\vec{A}$ anzutragen (Abschnitt 4.1.3.3).

Die mit Gl. (4.87) beschriebene Spannung u ist die über den geschlossenen Umlauf um die Flussänderung $\mathrm{d}\Phi/\mathrm{d}t$ wirksame, die auch als Umlaufspannung $\mathring{u} = \oint \vec{E} \cdot \mathrm{d}\vec{l}$ bezeichnet wird. Um dies zum Ausdruck zu bringen, wird sie auch entsprechend Gl. (3.35) als Wegintegral $\int \vec{E} \cdot \mathrm{d}\vec{l}$ der elektrischen Feldstärke $\vec{E}$ geschrieben. So erhält man das *Induktionsgesetz* in der Form

$$\oint \vec{E} \cdot \mathrm{d}\vec{l} = -\frac{\mathrm{d}\Phi}{\mathrm{d}t}. \tag{4.88}$$

Beispiel 4.22 Spannungsinduktion in einer drehenden Leiterschleife

In einem homogenen, zeitinvarianten Magnetfeld der magnetischen Flussdichte $\vec{B}$ dreht sich eine Leiterschleife entsprechend Bild 4.45 mit der konstanten Winkelgeschwindigkeit ω. Die in der Schleife induzierte Spannung u, die über Schleifringe abgegriffen wird, ist zu berechnen.

***Lösung* a.** Die Richtung der von der Leiterschleife begrenzten ebenen Fläche $A = 2rl$ wird durch den senkrecht auf ihr stehenden Flächenvektor $\vec{A}$ beschrieben. In Bild 4.45 ist seine Richtung willkürlich gewählt. Damit ist der Flusszählpfeil Φ auch in dieser Richtung festgelegt. Die in dem als Leiterschleife realisierten Umlauf induzierte Spannung u tritt an den Schleifringen messbar in Erscheinung und muss hier durch einen Zählpfeil rechtswendig dem Zählpfeil für Φ zugeordnet angetragen werden.

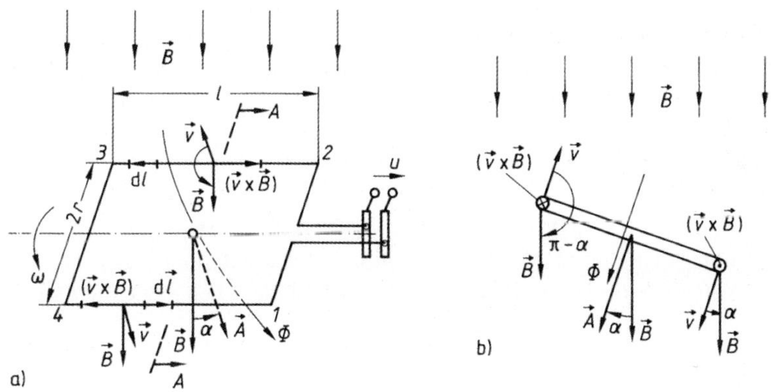

Bild 4.45 Mit der Winkelgeschwindigkeit ω im Magnetfeld rotierende Leiterschleife (a) mit Querschnitt A – A durch die Leiterschleife (b)

Für diese Spannung gilt Gl. (4.87), in der der Fluss Φ entsprechend Gl. (4.40) durch das Produkt der Vektoren $\vec{A}$ und $\vec{B}$ zu ersetzen ist.

$$u = -\frac{\mathrm{d}\Phi}{\mathrm{d}t} = -\frac{\mathrm{d}}{\mathrm{d}t}(\vec{A} \cdot \vec{B}) = -\frac{\mathrm{d}}{\mathrm{d}t}(AB\cos\alpha)$$

Die Beträge der Fläche $A = 2rl$ und der gegebenen magnetischen Flussdichte B sind konstant, der Winkel $\alpha = \omega t$ ist aber gleich dem Produkt aus gegebener Winkelgeschwindigkeit ω und der Zeit t. Die induzierte Spannung

$$u = -\frac{\mathrm{d}}{\mathrm{d}t}[AB\cos(\omega t)] = AB\,\omega\sin(\omega t) \tag{4.89}$$

ist also eine Sinusspannung, die aus dem sinusförmig zeitvarianten Fluss in der Leiterschleife berechnet wird, der sich seinerseits wieder aus der Drehung der Schleifenebene im zeitinvarianten Magnetfeld ergibt (Beispiel 4.10).

Lösung b. Man kann die induzierte Spannung auch über die Bewegung der Einzelleiter im Magnetfeld entsprechend Gl. (4.72) berechnen:

In den Breitseiten 1 bis 2 und 3 bis 4 der Leiterschleife in Bild 4.45a wird keine Spannung induziert. Der Vektor ($\vec{v} \times \vec{B}$) ist immer quer zur Längsachse dieser Leiterstücke gerichtet, sodass die Spannung entsprechend Gl. (4.72) über diese Abschnitte gleich null ist.

$$\int_1^2 -(\vec{v} \times \vec{B}) \cdot \mathrm{d}\vec{l} = \int_3^4 -(\vec{v} \times \vec{B}) \cdot \mathrm{d}\vec{l} = 0$$

In den Längsseiten 2 bis 3 und 4 bis 1 der Leiterschleife wird dagegen je eine Spannung nach Gl. (4.72) induziert, die entsprechend Gl. (4.74) die Klemmenspannung

$$u = \int_2^3 -(\vec{v} \times \vec{B}) \cdot \mathrm{d}\vec{l} + \int_4^1 -(\vec{v} \times \vec{B}) \cdot \mathrm{d}\vec{l} \tag{4.90}$$

an den Schleifringen ergeben. Die beiden Vektoren $\vec{v}$ und $\vec{B}$ treten in den beiden Leiterabschnitten 4 bis 1 bzw. 2 bis 3 mit den unterschiedlichen Winkeln α bzw. $(\pi - \alpha)$ zueinander auf (Bild 4.45b), die entsprechend $\alpha = \omega t$ zeitabhängig sind, sodass auch der Betrag des Vektors ($\vec{v} \times \vec{B}$) zeitabhängig ist. Seine Richtung liegt immer in Leiterlängsrichtung, bei positiven Betragswerten (0 8 (< () entgegengesetzt, bei negativen Betragswerten ((8 (< 2 () gleich der Richtung des Integrationsvektors 8 EMBED Equation.3 8 8 8 (Bild 4.45b). Da weiter die magnetische Flussdichte B über die Leiterlänge l konstant ist, lässt sich Gl. (4.90) in skalarer Form

$$u = [vB \sin(\pi - \alpha)]\, l + [vB \sin\alpha]\, l = 2vBl \sin\alpha$$

schreiben, aus der mit der Leitergeschwindigkeit $v = r\,\omega$ die an den Schleifringen gemessene Spannung

$$u = 2rlB\,\omega \sin\omega t \tag{4.91}$$

folgt. Da $2rl$ die Fläche A der Leiterschleife beschreibt, entspricht die Gl. (4.91) der Gl. (4.89), d. h. die Rechnung über ($\vec{v} \times \vec{B}$) führt erwartungsgemäß zum gleichen Ergebnis wie die über $\mathrm{d}\Phi/\mathrm{d}t$.

Das Beispiel 4.22 ist typisch für viele praktische Aufgabenstellungen, bei denen sich die über Leiterbewegungen induzierte Spannung auch über die zeitliche Flussänderung $\mathrm{d}\Phi/\mathrm{d}t$ berechnen lässt. Man kann bei Aufgaben dieser Art allein nach Zweckmäßigkeit den einen oder anderen Lösungsweg – also den über ($\vec{v} \times \vec{B}$) oder $\mathrm{d}\Phi/\mathrm{d}t$ – wählen.

Beispiel 4.23 Spannungsinduktion bei zeitvariantem Magnetfeld

Die Leiterschleife entsprechend Bild 4.45 soll sich mit der Winkelgeschwindigkeit ω in einem homogenen Feld drehen, in dem sich die magnetische Flussdichte, wie in Bild 4.43b angegeben, zeitlich nach der Funktion $B = B_0 + K_1 t$ ändert. Die an den Schleifringen auftretende Spannung u ist zu berechnen.

In dieser Aufgabe wird die Spannung übersichtlich mit $\mathrm{d}\Phi/\mathrm{d}t$ entsprechend Gl. (4.87) berechnet. Der Rechengang kann, wie in Beispiel 4.22 bis zur ersten Gleichung erläutert, durchgeführt werden, da es bis dahin ohne Bedeutung ist, wie sich der Betrag der magnetischen Flussdichte B zeitlich ändert. Allerdings darf die Differenziation nicht mehr, wie in Beispiel 4.22 gezeigt, durchgeführt werden, da auch der Betrag von B eine Zeitfunktion ist. Unter Beachtung der Produktregel für die Differenziation folgt statt der Lösung in Gl. (4.89) die Gleichung

$$u = -\frac{\mathrm{d}}{\mathrm{d}t}(AB\cos\alpha) = -A\left[\frac{\mathrm{d}B}{\mathrm{d}t}\cos\alpha + B\frac{\mathrm{d}}{\mathrm{d}t}(\cos\alpha)\right], \tag{4.92}$$

die nach Einsetzen der Werte für $B = B_0 + K_1 t$ und $\alpha = \omega t$ die Spannung ergibt.

$$u = A(B_0 + K_1 t)\,\omega \sin(\omega t) - AK_1 \cos(\omega t) \tag{4.93}$$

Beispiel 4.24 Unipolarmaschine im Leerlauf

Für die in Beispiel 4.19 behandelte Unipolarmaschine soll die induzierte Spannung über $\mathrm{d}\Phi/\mathrm{d}t$ berechnet werden.

Man bezieht einen Betrachtungsstandpunkt am Ende einer Speiche auf dem Radkranz, z. B. den Punkt P in Bild 4.40. Bei Drehung des Speichenrades ändert sich von diesem Standpunkt aus gesehen die Fläche, die von einem Umlauf von Punkt P über Speiche, Welle, Bürste, Spannungszählpfeil U, Bürste, Radkranz zurück zum Punkt P begrenzt wird, im Bereich des Kreissegmentes Bürste, Punkt P, Welle. Über diese Flächenänderung $\mathrm{d}A/\mathrm{d}t = (r_\mathrm{a}^2/2)\,\mathrm{d}\varphi/\mathrm{d}t = (r_\mathrm{a}^2/2)\,\omega$ lässt sich mit der zeitlich konstanten magnetischen Flussdichte B senkrecht zu diesem Teil der Schleifenfläche auch eine Flussänderung $\mathrm{d}\Phi/\mathrm{d}t = B\,\mathrm{d}A/\mathrm{d}t = B\,\omega\, r_\mathrm{a}^2/2$ und damit eine Spannung berechnen, die der in Beispiel 4.19 entspricht. Man erkennt, dass dieser mögliche Lösungsweg weniger anschaulich ist als der in Beispiel 4.19 über ($\vec{v}\times\vec{B}$) gezeigte.

Magnetischer Spulenfluss

Wird nicht, wie bisher in diesem Abschnitt, eine Leiterschleife betrachtet, die mit einem einzigen Umlauf die eingeschlossene Fläche beschreibt, sondern eine über mehrere Umläufe geführte, so gilt Gl. (4.87) sinngemäß. Im einfachsten Fall N dicht aneinanderliegender, aufeinanderfolgender Einzelumläufe entsprechend den N *Windungen* einer konzentriert gewickelten Spule (Bild 4.46a) werden vom gesamten Umlauf N gleiche Flächen A eingeschlossen, in denen jeweils näherungsweise der gleiche magnetische Fluss Φ auftritt. Man kann davon ausgehen, dass jede Windung näherungsweise mit dem gleichen Fluss $\Phi = \int \vec{B}\cdot \mathrm{d}\vec{A}$ und damit der gleichen Flussänderung $\mathrm{d}\Phi/\mathrm{d}t$ verkettet ist.

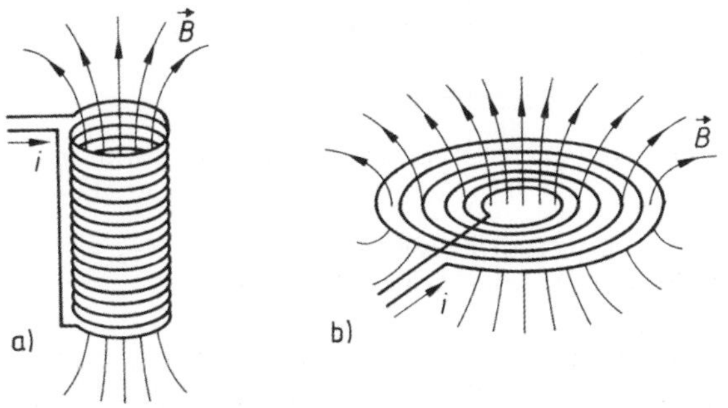

Bild 4.46 Extreme Spulenformen
a) lange Spule mit vernachlässigbarer radialer Dicke
b) kurze Spule mit radialer Wicklungsausdehnung

Dann wird in jeder Windung näherungsweise die gleiche Umlaufspannung $u_\nu = -\,\mathrm{d}\Phi/\mathrm{d}t$ induziert und die gesamte in der Spule mit N Windungen induzierte Spannung ist

$$u = \sum_{\nu=1}^{N} u_\nu = -N\frac{\mathrm{d}\Phi}{\mathrm{d}t}\,. \tag{4.94}$$

Ist der Fluss Φ_ν nicht mehr in allen Windungen näherungsweise der gleiche, wie in Bild 4.46b dargestellt, sind auch die Teilspannungen $u_\nu = -\,\mathrm{d}\Phi_\nu/\mathrm{d}t$ der Windungen unterschiedlich, was bei der Summation

$$u = \sum u_\nu = -\frac{\mathrm{d}}{\mathrm{d}t}\sum_{\nu=1}^{N}\Phi_\nu \tag{4.95}$$

beachtet werden muss. Aus Zweckmäßigkeitsgründen wurde für die Summe aller einzelnen magnetischen Windungsflüsse Φ_ν eine eigene Größe definiert, der *magnetische Spulenfluss*

$$\Psi = \sum_{\nu=1}^{N}\Phi_\nu\,. \tag{4.96}$$

Für den praktisch besonders wichtigen Fall der konzentriert gewickelten Spule gilt die Näherung

$$\Psi = N\Phi \tag{4.97}$$

mit dem Fluss Φ durch die Spulenfläche.

Mit der Definition des Spulenflusses Ψ lautet das *Induktionsgesetz für Spulen*

$$u = -\frac{\mathrm{d}\Psi}{\mathrm{d}t}. \tag{4.98}$$

4.3.1.4 Selbstinduktionsspannung

Bei den bisherigen Betrachtungen wird als Ursache der Spannungserzeugung ein *äußerer*, sich ändernder magnetischer Fluss angenommen. Eine Spannung kann aber auch in einer Windung oder Spule dadurch induziert werden, dass ein in ihr fließender Strom sich zeitlich ändert. Dadurch ändert sich auch der mit der Spule verkettete Fluss zeitlich, sodass in der Spule nicht nur ein Ohmscher Spannungsabfall als Folge des Stroms auftritt, sondern auch noch eine Spannung als Folge der *Stromänderung* induziert wird. Diese induzierte Spannung bezeichnet man als *Spannung der Selbstinduktion* oder kurz *Selbstinduktionsspannung*.

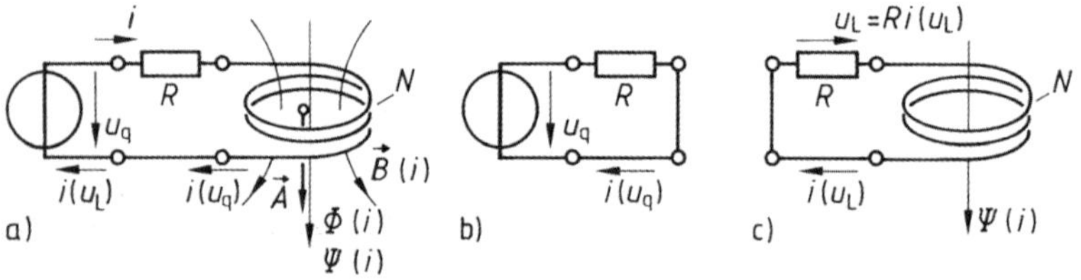

Bild 4.47 Zur Beschreibung der Selbstinduktion mit Hilfe des Überlagerungssatzes
a) vollständige Masche aus Spannungsquelle, Spule und Widerstand
b) Teilstrom $i(u_q)$, wenn u_L unwirksam ist
c) Teilstrom $i(u_L)$, wenn u_q unwirksam ist

In Bild 4.47a ist eine Spannungsquelle dargestellt, an die eine Spule mit N Windungen angeschlossen ist. Alle Ohmschen Widerstände des Kreises, also der der Spule und der Innenwiderstand der Quelle, sind im Ersatzwiderstand R zusammengefasst. Die Spannung $u_q > 0$ verursacht einen Strom i mit positivem Vorzeichen für die eingetragene Zählpfeilrichtung, sodass die von i in der Spule bewirkte magnetische Flussdichte $\vec{B}(i)$ rechtswendig dem Zählpfeil von i zugeordnet ist. Mit der Kennzeichnung der Spulenfläche durch den Vektor $\vec{A}$ in Bild 4.47a ist auch der Zählpfeil für den magnetischen Fluss $\Phi(i) = \int \vec{B}(i) \cdot \mathrm{d}\vec{A}$ bzw. für den Spulenfluss $\Psi(i) = N\Phi(i)$ (alle Windungen sind als mit dem gleichen Fluss Φ verkettet angenommen) in dieser Richtung festgelegt. Ändert sich der Strom i zeitlich beispielsweise dadurch, dass die Spannung u_q der Spannungsquelle oder der Wert des Widerstandes R sich zeitlich ändert, so ändert sich auch der von der Spule umfasste magnetische Fluss $\Phi(i)$ zeitlich und in der widerstandslosen Spule wird eine Spannung $u_L = -\,\mathrm{d}\Psi(i)/\mathrm{d}t$ induziert entsprechend Abschnitt 4.3.1.3, Gl. (4.98). Diese Selbstinduktionsspannung u_L ist zusätzlich zu der Spannung u_q in der aus Spule, Spannungsquelle und Widerstand gebildeten Masche wirksam. Um die Abhängigkeit des Stroms i von *beiden* Spannungen u_q und u_L zu untersuchen, wird dieser mit Hilfe des Überlagerungssatzes (Abschnitt 2.3.4) wie folgt berechnet:

a) Der von der Spannung u_q verursachte *Teilstrom* $i(u_q)$ wird berechnet, indem man die Selbstinduktionsspannung u_L der als zweite Spannungsquelle in der Masche wirkenden Spule als unwirksam annimmt (Bild 4.47b). Mit dem Maschensatz ergibt sich der Teilstrom

$$i(u_q) = \frac{u_q}{R}$$

mit positivem Wert.

b) Der durch die Selbstinduktionsspannung u_L verursachte *Teilstrom* $i(u_L)$ wird berechnet, indem die Spannung u_q der Spannungsquelle als unwirksam ($u_q = 0$) angenommen wird (Bild 4.47c). Die nun über den Widerstand R geschlossene Leiterschleife umfasst den zeitvarianten Spulenfluss $\Psi(i)$. Die in diesem Umlauf induzierte Selbstinduktionsspannung u_L tritt messbar als Spannungsabfall $Ri(u_L) = u_L$ am Widerstand R in Erscheinung. Nach Abschnitt 4.3.1.3 wird die induzierte Spannung $u_L = Ri(u_L)$ nach Gl. (4.98) berechnet

$$Ri(u_L) = -\frac{\mathrm{d}\Psi(i)}{\mathrm{d}t}$$

und ihr Zählpfeil rechtswendig dem Zählpfeil des Spulenflusses $\Psi(i)$ zugeordnet (Bild 4.47c).

Die Selbstinduktionsspannung verursacht also einen Teilstrom

$$i(u_L) = -\frac{1}{R} \cdot \frac{\mathrm{d}\Psi(i)}{\mathrm{d}t},$$

für den die in Bild 4.47c eingetragene Zählpfeilrichtung gilt.

Der sich tatsächlich (messbar) im Kreis einstellende, den magnetischen Spulenfluss $\Psi(i)$ erregende Strom

$$i = i(u_q) + i(u_L) = \frac{u_q}{R} - \frac{1}{R} \cdot \frac{\mathrm{d}\Psi(i)}{\mathrm{d}t}$$

ergibt sich als Summe der beiden Teilströme nach a) und b) unter Beachtung der in Bild 4.47 eingetragenen Zählpfeilrichtungen. Wird der Strom i zeitlich größer, steigt auch der von ihm bewirkte Spulenfluss $\Psi(i)$ an. Dann ergibt sich für den Differenzialquotienten $\mathrm{d}\Psi(i)/\mathrm{d}t$ ein positiver Zahlenwert, sodass die Selbstinduktionsspannung $u_L = -\mathrm{d}\Psi(i)/\mathrm{d}t$ und der durch sie verursachte Teilstrom $i(u_L)$ negativ werden. Der durch die Selbstinduktionsspannung u_L verursachte Teilstrom $i(u_L)$ fließt also entgegen der in Bild 4.47c bzw. a eingetragenen Zählpfeilrichtung, also entgegen der Richtung des größer werdenden Stroms i, wirkt also dessen Ansteigen entgegen.

Wird der Strom i zeitlich kleiner, wird auch der Spulenfluss $\Psi(i)$ kleiner und damit der Differenzialquotient $\mathrm{d}\Psi(i)/\mathrm{d}t$ negativ. Dann wird aber der Teilstrom $i(u_L)$ infolge der Selbstinduktionsspannung positiv, d. h. dieser Teilstrom fließt in Richtung seines Zählpfeils in Bild 4.47c bzw. 4.47a. Ein kleiner werdender Strom i hat also einen in gleicher Richtung fließenden Teilstrom $i(u_L)$ zur Folge, der von der Selbstinduktionsspannung verursacht wird und der somit dem Kleinerwerden des Stroms i entgegenwirkt.

Das hier betrachtete Beispiel zeigt deutlich, dass Selbstinduktionsvorgänge auch nach der *Lenzschen Regel* beurteilt werden können, nach der eine Wirkung immer ihrer Ursache entgegengerichtet ist. *Allgemeingültig lässt sich feststellen, dass jede zeitliche Stromänderung eine Selbstinduktionsspannung hervorruft, die der Stromänderung entgegenwirkt, also den ur-*

sprünglichen Strom aufrechtzuerhalten versucht. Primär gilt diese Aussage für den magnetischen Fluss, der über den Durchflutungssatz mit dem ihn erregenden Strom verknüpft ist, d. h. sind mehrere Wicklungen mit einem Fluss verkettet, muss die Summe der Ströme in allen Wicklungen betrachtet werden.

4.3.1.5 Selbst- und Gegeninduktivität

In der Praxis treten sehr häufig Anordnungen auf, in denen die Selbstinduktionsspannungen berücksichtigt werden müssen. Daher wurde eine weitere magnetische Definitionsgröße eingeführt, mit der man die Selbstinduktionsspannung direkt aus der Stromänderung berechnen kann. Diese Größe wird als *Selbstinduktivität* oder kurz *Induktivität L* bezeichnet. Die Definition dieser Größe wird im Folgenden für eine Toroidspule nach Bild 4.51 beschrieben, bei der alle N Windungen mit dem gleichen magnetischen Fluss Φ verkettet sind, d. h. es gilt nach Gl. (4.97) für den magnetischen Spulenfluss $\Psi = N\Phi$. Mit der elektrischen Durchflutung $\Theta = NI$ lässt sich entsprechend Gl. (4.45) der magnetische Spulenfluss

$$\Psi = N\Phi = N\Lambda\Theta = N\Lambda NI = N^2\Lambda I = LI \tag{4.99}$$

auch über den magnetischen Leitwert Λ des Kreises berechnen. Die so eingeführte Größe Induktivität

$$L = \frac{\Psi}{I} = N^2\Lambda = \frac{N^2}{R_\mathrm{m}} \tag{4.100}$$

ist allgemeingültig als *magnetischer Spulenfluss pro erregendem Strom* definiert. Sie ist eine Größe, die allein durch die geometrischen Abmessungen der Spule und die Materialeigenschaften des Feldraumes bestimmt ist, wie das Beispiel der Toroidspule nach Bild 4.7 mit $L = N^2\mu_\mathrm{r}\mu_0 A_\mathrm{q}/(d_\mathrm{R}\,\pi)$ deutlich zeigt. Für die Toroidspule ist nach Abschnitt 4.1.3.4 $\Lambda = \mu A_\mathrm{q}/\,(d_\mathrm{R}\,\pi)$.

Ist in Gl. (4.100) der magnetische Leitwert Λ bzw. magnetische Widerstand R_m konstant, so ist auch die Induktivität L konstant, sodass sich nach dem Induktionsgesetz Gl. (4.98) die *Selbstinduktionsspannung*

$$u_\mathrm{L} = -\frac{\mathrm{d}\Psi}{\mathrm{d}t} = -N^2\Lambda\frac{\mathrm{d}i}{\mathrm{d}t} = -L\frac{\mathrm{d}i}{\mathrm{d}t} \tag{4.101}$$

als Produkt aus der Konstanten L und der zeitlichen Ableitung des Stroms ergibt. Die allein von Windungszahl und magnetischem Leitwert abhängige Induktivität ist aber nur dann eine Konstante, wenn die relative Permeabilität μ_r unabhängig vom erregenden Strom i ist. Für Eisen ist die relative Permeabilität μ_r in starkem Maße von der sich einstellenden magnetischen Feldstärke H abhängig, die wiederum durch die Größe des Erregerstroms i bestimmt wird. *Die Induktivität L ist daher für Spulen mit magnetischen Eisenkreisen keine Konstante, sondern eine Funktion des Spulenstroms, sodass in Gl. (4.101) die letzten beiden Ausdrücke* $N^2\Lambda\,\mathrm{d}i/\mathrm{d}t$ *und* $L\,\mathrm{d}i/\mathrm{d}t$ *nicht mehr gültig sind!*

Die Einheit der Induktivität L ergibt sich entsprechend Gl. (4.100), indem die Einheiten Wb = Vs für den magnetischen Spulenfluss Ψ und A für den Strom I eingesetzt werden. Mit der eigens für die Induktivität eingeführten Einheit Henry (H) gilt

$$1\,\mathrm{H} = 1\frac{\mathrm{Vs}}{\mathrm{A}}. \tag{4.102}$$

Bei praktischen Rechnungen empfiehlt es sich i. Allg. nicht, die Induktivität über den magnetischen Widerstand, sondern direkt aus dem Quotienten Ψ durch I zu berechnen. Soll beispielsweise für eine mit den geometrischen Abmessungen, der Windungszahl N und den Materialeigenschaften μ gegebenen Spule die Induktivität L berechnet werden, so wird ein elektrischer Strom I in der Spule angenommen. Aus diesem wird mittels der Windungszahl über den Durchflutungssatz die magnetische Feldstärke H in der Spule und daraus mittels μ die magnetische Flussdichte B in der Spule berechnet. Schließlich wird der magnetische Fluss Φ und aus ihm mittels

$$L = \frac{N\Phi}{I}, \tag{4.103}$$

die Selbstinduktivität berechnet (vorausgesetzt, alle N Windungen sind mit dem gleichen Fluss Φ verkettet). Bei magnetisch linearem Material kürzt sich immer beim letzten Berechnungsschritt der am Anfang der Rechnung angenommene Strom I aus dem Ergebnis heraus.

Beispiel 4.25 Induktivität einer langen, dünnen Spule

Für eine runde Spule entsprechend Bild 4.46a mit dem Innendurchmesser $d_i = 20$ mm, dem Außendurchmesser $d_a = 21$ mm, der Länge $l = 150$ mm und der Windungszahl $N = 1000$ ist die Induktivität L zu berechnen.

Man weiß aus Erfahrung, dass bei einer langen, dünnen Spule, wie sie hier vorliegt, die magnetische Spannung im Außenraum der Spule vernachlässigbar klein ist gegenüber der im Spuleninneren, wo H und B in guter Näherung als konstant angenommen werden können. Somit gilt näherungsweise der Durchflutungssatz nach Gl. (4.19) in der Form

$$\oint \vec{H} \cdot \mathrm{d}\vec{l} = H_i l = NI . \tag{4.104}$$

Für den Luftraum im Inneren der Spule ergibt sich mit $\mu_i = \mu_0$ die magnetische Flussdichte

$$B_i = \mu_0 H_i = \mu_0 \frac{NI}{l} . \tag{4.105}$$

Bei der gegenüber dem Durchmesser $d_i = 20$ mm geringen Spulendicke $(d_a - d_i)/2 = 0{,}5$ mm kann näherungsweise angenommen werden, dass alle Windungen mit dem gleichen magnetischen Fluss Φ, und zwar dem in der Spulenfläche $A_i = d_i^2\pi/4$, verkettet sind, sodass der Spulenfluss nach Gl. (4.97) berechnet werden kann.

$$\Psi = NB_i d_i^2 \frac{\pi}{4} = \frac{IN^2 d_i^2 \mu_0 \pi}{4l} \tag{4.106}$$

Damit ergibt sich entsprechend Gl. (4.103) die Induktivität

$$L = \frac{N\Phi}{I} = \frac{\pi}{4}\mu_0 \frac{N^2 d_i^2}{l} = \frac{\pi}{4} \cdot 4\pi \frac{\text{nH}}{\text{cm}} \cdot \frac{1000^2\,(2\text{cm})^2}{15\text{cm}} = 2{,}64\text{mH} \tag{4.107}$$

der Spule. Die Induktivität einer Spule ist also proportional zum Quadrat der Windungszahl.

Beispiel 4.26 Äußere Induktivität einer Doppelleitung

Für die mit zwei gleichen Drähten (Hin- und Rückleitung) des Radius r_0 im Abstand a verlegte Freileitung nach Bild 4.21 soll eine Bestimmungsgleichung für die Selbstinduktivität abgeleitet werden ohne Berücksichtigung des Feldes im Leiterinneren („*äußere Selbstinduktivität*“).

Das von einem in Hin- und Rückleitung gleich groß angenommenen Strom I bewirkte magnetische Feld ist in Bild 4.21b dargestellt. Die Bestimmung der magnetischen Flussdichte B in einer Verbindungslinie zwischen den Leitermittellinien wurde in Abschnitt 4.1.4 erläutert. Bezeichnet man die Koordinate dieser

Verbindungslinie mit r, in der Mitte des linken Leiters mit $r = 0$ beginnend, so ergibt sich im Bereich zwischen den Außenradien r_0 der beiden Leiter, also von $r = r_0$ bis $r = a - r_0$, der Betrag der magnetischen Flussdichte

$$B = B(I_1) + B(I_2) = \frac{\mu_0 I_1}{2\pi r} + \frac{\mu_0 I_2}{2\pi(a-r)}. \tag{4.108}$$

Da die magnetische Flussdichte eine Funktion von r ist unabhängig von der Längsrichtung der Leiter, kann der von der Doppelleitung eingeschlossene magnetische Fluss wie in Beispiel 4.8 erläutert berechnet werden. Für eine Leiterlänge l ist mit $\mathrm{d}A = l\mathrm{d}r$ und $I_1 = I_2 = I$ nach Gl. (4.37)

$$\Phi = \int_A \vec{B} \cdot \mathrm{d}\vec{A} = \int_{r=r_0}^{(a-r_0)} B(r) l \mathrm{d}r = l\frac{\mu_0}{2\pi} I \left[\int_{r=r_0}^{(a-r_0)} \frac{\mathrm{d}r}{r} + \int_{r=r_0}^{(a-r_0)} \frac{\mathrm{d}r}{a-r} \right] = lI\frac{\mu_0}{\pi} \ln\frac{a-r_0}{r_0}. \tag{4.109}$$

Die äußere Selbstinduktivität der Doppelleitung wird nach Gl. (4.103) mit $N = 1$ bestimmt

$$L = \frac{N\Phi}{I} = \frac{l\mu_0}{\pi} \ln\frac{a-r_0}{r_0} \tag{4.110}$$

und üblicherweise als auf die Leitungslänge l bezogene Größe (Induktivitätsbelag) angegeben:

$$\frac{L}{l} = \frac{\mu_0}{\pi} \ln\frac{a-r_0}{r_0} \tag{4.111}$$

Der von einem zeitvarianten Strom i_1 in einer Spule 1 mit der Induktivität L_1 bewirkte zeitvariante magnetische Spulenfluss $\Psi_1 = L_1 i_1$ induziert in dieser Spule eine Selbstinduktionsspannung u_1, die sich bei konstanter Induktivität nach Gl. (4.101) zu $u_1 = -L_1 \mathrm{d}i_1/\mathrm{d}t$ ergibt. Ist nun der von i_1 in der Spule 1 bewirkte magnetische Fluss $\Phi_1(i_1)$ ganz oder teilweise noch mit einer zweiten Spule verkettet, so wird auch in dieser Spule 2 eine Spannung induziert, die man als *Gegeninduktionsspannung* bezeichnet zur Unterscheidung von der Selbstinduktionsspannung. Selbstverständlich kann der Vorgang auch umgekehrt ablaufen, d. h. sind zwei Spulen magnetisch gekoppelt, so wird ein zeitvarianter Strom in Spule 2 auch eine Spannung in Spule 1 induzieren. In Bild 4.48 ist die magnetische Kopplung zweier Spulen schematisch dargestellt. Dabei sind die Spulen 1 und 2 der Einfachheit halber mit nur je einer Windung gezeichnet. Sie können natürlich auch aus N_1 und N_2 Windungen bestehen, allerdings muss man dann statt mit dem Fluss Φ durch die Spulenfläche mit dem Spulenfluss Ψ rechnen. Entsprechend Bild 4.48 durchsetzt im allgemeinen Fall nur ein bestimmter Prozentsatz des Flusses der einen Spule auch die andere. Man bezeichnet diesen Prozentsatz als Kopplungsgrad k_1 bzw. k_2. Ein in der Spule 1 (Bild 4.48a) fließender Strom I_1 erzeugt einen Fluss Φ_1, der aus dem *Nutzfluss* $\Phi_{12} = k_1\Phi_1$ und dem *Streufluss* $\Phi_{10} = (1 - k_1)\Phi_1$ besteht. Lässt man durch die Spule 2 (Bild 4.51b) einen Strom I_2 fließen, so ergeben der *Nutzfluss* $\Phi_{21} = k_2\Phi_2$ und der *Streufluss* $\Phi_{20} = (1 - k_2)\Phi_2$ zusammen den gesamten Fluss Φ_2 durch die Spule 2.

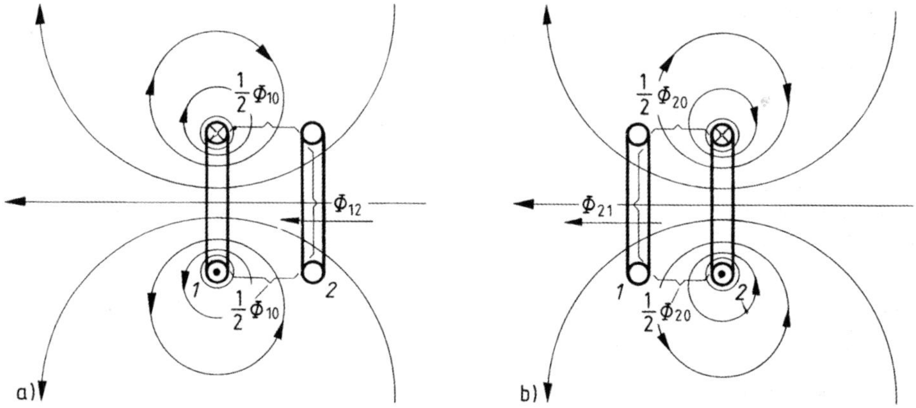

Bild 4.48 Magnetischer Nutzfluss Φ_{12} bzw. Φ_{21} und Streufluss Φ_{10} bzw. Φ_{20} bei zwei magnetisch gekoppelten Spulen, wenn jeweils nur eine Spule – Spule 1 (a), Spule 2 (b) – vom Strom durchflossen ist

$$\Phi_1 = \Phi_{10} + \Phi_{12} \quad \text{und} \quad \Phi_2 = \Phi_{20} + \Phi_{21}$$

Dabei sind die Streuflüsse Φ_{10} bzw. Φ_{20} jeweils nur mit der sie erregenden Spule selbst verkettet, während die Nutzflüsse Φ_{12} bzw. Φ_{21} auch mit der jeweils anderen Spule verkettet sind. Für die in der jeweils anderen Spule erzeugte Spannung ist nur der den beiden Spulen gemeinsame Fluss maßgebend. Man erhält nach Bild 4.48a für die von einer zeitlichen Änderung des Stroms i_1 in der Spule 2 erzeugte Spannung u_2 und nach Bild 4.48b für die von einer zeitlichen Änderung des Stroms i_2 in der Spule 1 erzeugte Spannung u_1 mit dem Induktionsgesetz Gl. (4.98) und $\Psi = N\Phi$ die Gleichungen

$$u_2 = -N_2 \frac{d\Phi_{12}}{dt} \quad \text{und} \quad u_1 = -N_1 \frac{d\Phi_{21}}{dt}. \qquad (4.112)$$

Für die Richtung der Gegeninduktionsspannung nach Gl. (4.112) gelten die gleichen Gesetzmäßigkeiten, wie sie für das allgemeine Induktionsgesetz Gl. (4.87) festgelegt sind. Der *Zählpfeil für die Gegeninduktionsspannung* u_1 bzw. u_2 ist also *rechtswendig* zu dem durch den *Flächenvektor* $\vec{A}_1$ bzw. $\vec{A}_2$ gegebenen *Flusszählpfeil* Φ_{21} bzw. Φ_{12} anzutragen.

Bei Gleichheit der magnetischen Teilflüsse Φ_{12} und Φ_{21} ist der Unterschied der Spannungen nur durch die Windungszahlen beider Spulen bestimmt. Für diesen Fall ergibt die Division beider Gleichungen das *Übersetzungsverhältnis* $\ddot{u} = u_1/u_2 = N_1/N_2$ des idealen Transformators (Abschnitt 6.3.2).

Wie bei der Berechnung der Selbstinduktion kann man auch die Gegeninduktionsspannungen unmittelbar durch die Stromänderungen di/dt angeben. Man ersetzt dazu die Teilflüsse Φ_{12} und Φ_{21} in Gl. (4.112) durch Gl. (4.45) mit $\Theta = iN$.

$$\Phi_{12} = \Lambda_{12} N_1 i_1 \quad \text{und} \quad \Phi_{21} = \Lambda_{21} N_2 i_2$$

Wird für beide Spulen der gleiche Kopplungsgrad $k_1 = k_2 = k$ und der gleiche magnetische Teilleitwert $\Lambda_{12} = \Lambda_{21} = k\Lambda$ vorausgesetzt, so ergeben sich mit

$$\frac{d\Phi_{12}}{dt} = k\Lambda N_1 \frac{di_1}{dt} \quad \text{und} \quad \frac{d\Phi_{21}}{dt} = k\Lambda N_2 \frac{di_2}{dt}$$

aus Gl. (4.112) die Gegeninduktionsspannungen

$$u_2 = -k\,\Lambda N_1 N_2 \frac{\mathrm{d}i_1}{\mathrm{d}t} \qquad \text{und} \qquad u_1 = -k\,\Lambda N_1 N_2 \frac{\mathrm{d}i_2}{\mathrm{d}t}.$$

Der beiden Gleichungen gemeinsame Faktor vor den Differenzialquotienten wird analog der Selbstinduktivität L als *Gegeninduktivität*

$$M = N_1 N_2 k \Lambda \tag{4.113}$$

bezeichnet. Damit können die induzierten Spannungen

$$u_2 = -M \frac{\mathrm{d}i_1}{\mathrm{d}t} \qquad \text{und} \qquad u_1 = -M \frac{\mathrm{d}i_2}{\mathrm{d}t} \tag{4.114}$$

direkt aus der Stromänderung berechnet werden.

Für die Gegeninduktivität M wird dieselbe Einheit wie für die Induktivität L verwendet, also im SI-System Henry (H).

Die Flüsse Φ_{10} bzw. Φ_{20} in Bild 4.48 werden als *Streuflüsse* (Abschnitt 4.2.2.1) bezeichnet, da sie nicht zur magnetischen Kopplung der beiden Spulen beitragen, die in vielen Fällen als der gewollte Nutzeffekt angesehen wird, z. B. beim Transformator (Abschnitt 6.3.2). Dementsprechend werden die Flüsse Φ_{12} bzw. Φ_{21}, die mit beiden Spulen verkettet sind, als *Nutz-* oder *Hauptflüsse* bezeichnet. Zu beachten ist, dass die in Bild 4.48 dargestellten Feldbilder mit ihrer einfachen und geometrisch anschaulichen Zuordnung von Nutz- und Streufluss nur möglich sind, wenn felderzeugende Ströme lediglich in der einen Spule oder Windung fließen, die andere aber, wie in Bild 4.48 dargestellt, stromfrei ist. Fließen Ströme in beiden Spulen, so ergibt sich eine Überlagerung der beiden Felder, die im Feldbild meist *keine eindeutige Zuordnung von Feldräumen zu Nutz- und Streufluss* ermöglicht. Die Erklärung der Streuung bzw. Kopplung erfolgt dann auf der Basis des für beide Spulenkreise aufgestellten gekoppelten Spannungsgleichungssystems (Transformatorgleichungen, siehe Abschnitt 6.3.2 und [17]).

4.3.1.6 Selbst- und Gegeninduktionsspannung im Verbraucher-Zählpfeilsystem

Bei der Netzwerkberechnung in Abschnitt 5 wird die Selbstinduktionsspannung u_L, die ein zeitvarianter Strom i an einer idealen Spule verursacht, ausschließlich mit Hilfe der Induktivität L berechnet. Dies kann grundsätzlich mit Gl. (4.101) erfolgen, die für die rechtswendige Zuordnung der Zählpfeile für u_L und Ψ bzw. Φ gilt (Bild 4.51). Diese Zuordnung führt aber, wie aus Bild 4.51 hervorgeht, auf das Erzeuger-Zählpfeilsystem, da der Zählpfeil für Φ wiederum rechtswendig dem Zählpfeil für i zugeordnet ist, der diesen magnetischen Fluss Φ bewirkt. Trägt man, wie in der Netzwerklehre üblich, die *Strom- und Spannungszählpfeile* an einer Spule in gleicher Richtung, also nach dem *Verbraucher-Zählpfeilsystem* an, so entspricht dies einer Umkehrung des Zählpfeils für u_L in Bild 4.51, was eine *Umkehrung des Vorzeichens* dieser Spannung in Gl. (4.101) zur Folge hat. Für die *Selbstinduktionsspannung* an einer Spule der Induktivität L gilt also im *Verbraucher-Zählpfeilsystem*

$$u_L = L \frac{\mathrm{d}i}{\mathrm{d}t}. \tag{4.115}$$

Analog zur Selbstinduktionsspannung wird in der Netzwerklehre üblicherweise auch für die *Gegeninduktionsspannung der Zählpfeil so eingetragen, dass sich eine Linkszuwendung zum Zählpfeil des magnetischen Flusses ergibt.* Das entspricht aber auch einer Umkehrung des

Vorzeichens dieser Spannung, sodass Gl. (4.114) mit positivem Vorzeichen geschrieben werden muss [17].

$$u_2 = M\frac{\mathrm{d}i_1}{\mathrm{d}t} \quad \text{und} \quad u_1 = M\frac{\mathrm{d}i_2}{\mathrm{d}t} \tag{4.116}$$

4.3.1.7 Wirbelströme

Während die Induktionswirkungen in drahtförmigen Leitern noch relativ einfach mit Hilfe der integralen Größen Spannung und Strom zu beschreiben sind, jedenfalls solange diese Leiter geometrisch einfache Formen darstellen, können die in mehrdimensional ausgedehnten Leitern (z. B. in Platten) induzierten elektrischen Größen nur über das elektrische Strömungsfeld, also mit Hilfe der Vektoren elektrische Feldstärke $\vec{E}$ und Stromdichte $\vec{J}$, beschrieben werden. Wird beispielsweise, wie in Bild 4.49 dargestellt, eine Metallscheibe 2 mit der Geschwindigkeit v durch ein Magnetfeld zwischen den Polen 1 bewegt, so entstehen in den in das Feld eintretenden bzw. aus diesen austretenden Bereichen der Scheibe Umlaufspannungen. Diese haben in einer leitfähigen Scheibe Ströme (*Wirbelströme*) zur Folge, die durch ein elektrisches Strömungsfeld $\vec{J}$, ähnlich wie in Bild 4.49 skizziert, beschrieben werden. Nicht nur durch Bewegungen entstehen derartige Wirbelströme, sondern auch in ruhenden leitfähigen Gebieten, wenn in diesen zeitliche Änderungen des magnetischen Feldes auftreten, z. B. in den Blechen mit Wechselstrom erregter magnetischer Kreise (Bild 4.50).

Beabsichtigt sind solche Wirbelströme beispielsweise in Zählerscheiben als Wirbelstrombremse, in Induktionsöfen und in magnetischen Abschirmungen für Geräte der Nachrichtentechnik. Unbeabsichtigt und störend sind Wirbelströme in den Eisenkreisen elektrischer Maschinen wie Motoren, Generatoren und Transformatoren. Würde man diese als massive Eisenblöcke ausführen, so würden bei ihrer Magnetisierung mit Wechselstrom Spannungen und damit Ströme induziert, die erhebliche Erwärmungen und elektrische Verluste zur Folge hätten. Eisenkreise werden daher häufig aus *gegeneinander isolierten Blechen* (Dicke z. B. 0,5 mm) aufgebaut, sodass die Isolationsebenen parallel zur Flussrichtung und damit rechtwinklig zu der Ebene liegen, in der sich die induzierten Umlaufspannungen und die durch sie hervorgerufenen Ströme ausbilden (Bild 4.50). Dadurch wird das Verhältnis von induzierter Umlaufspannung zu Länge des Umlaufweges, d. h. zum Widerstand der Strombahn, entsprechend klein, sodass die Wirbelströme und die durch sie verursachten Verluste in tragbaren Grenzen bleiben.

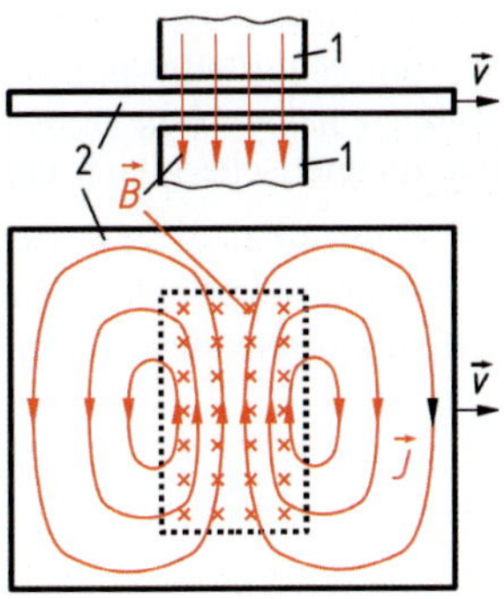

Bild 4.49 Wirbelstromdichte $\vec{J}$ in einer Scheibe 2, die im Magnetfeld zwischen den Polen 1 bewegt wird

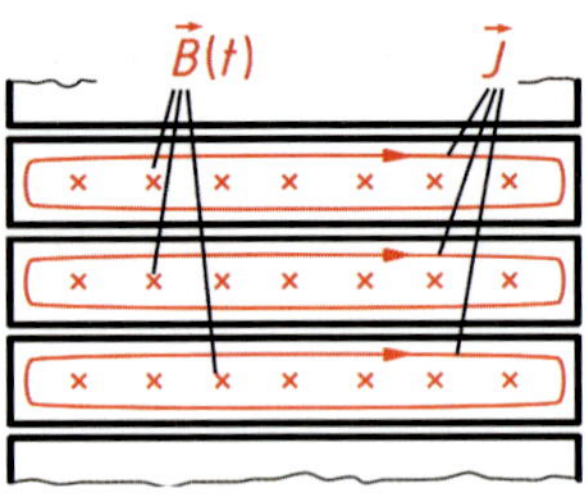

Bild 4.50 Wirbelstromdichte $\vec{J}$, die von einem zeitvarianten Magnetfeld in den Querschnittsebenen eines geblechten Eisenkerns verursacht wird

4.3.2 Energie und Kräfte im magnetischen Feld

In der Natur spielen sich neben den irreversiblen energieumformenden Vorgängen, wie sie z. B. in stromdurchflossenen Widerständen ablaufen (die elektrische Energie UIt wird in Wärmeenergie umgewandelt), auch reversible energiespeichernde Vorgänge ab. So wird z. B. der potenzielle Energieinhalt einer Masse, die durch äußere Kräfte von der Erde (zweite Masse) entfernt wird, größer; sie speichert Energie, die sie wieder abzugeben vermag. Wenn nämlich diese Masse nicht mehr durch äußere Kräfte in einer bestimmten Höhe (Abstand von Erdmittelpunkt) gehalten wird, fällt sie zur Erde zurück. In der Mechanik beschreibt man dieses Energiespeichervermögen in Massen über das Gravitationsfeld.

Ähnlich kann auch das magnetische Feld Energie speichern. Schaltet man z. B. eine Spule an eine Spannungsquelle, so beginnt ein Strom zu fließen (Abschnitt 9.3.2.1), d. h. die Spule nimmt elektrische Energie auf, die in dem durch den Strom bewirkten Magnetfeld der Spule gespeichert wird. Dass es sich hier, ähnlich wie beim Anheben der Masse, um einen speichernden, d. h. einen reversiblen Vorgang handelt, wird klar, wenn die stromdurchflossene Spule von der Spannungsquelle abgeschaltet und unterbrechungslos an einen Widerstand angeschlossen wird. Für eine bestimmte Zeit fließt dann nämlich noch ein Strom (Abschnitt 9.3.2.2), obwohl keine äußere Spannungsquelle mehr im Kreis wirksam ist. Dieser Strom kann über das Induktionsgesetz berechnet werden und erklärt sich aus dem nach Abschalten der Spannungsquelle zunächst noch vorhandenen Magnetfeld, das abgebaut wird. Dabei wird der magnetische Fluss kleiner ($\mathrm{d}\Phi/\mathrm{d}t \neq 0$), sodass eine Spannung induziert wird, über die die gespeicherte magnetische Energie wieder in elektrische umgeformt wird.

Außerdem können reversible Wechselwirkungen zwischen mechanischer und magnetischer Energie auftreten. Nähert man z. B. einen ferromagnetischen Körper den Polen eines Naturmagneten, so wird dieser angezogen, d. h. es wirken Kräfte auf ihn. Bewegt sich der Körper infolge dieser Kräfte, z. B. bei fehlenden äußeren (haltenden) Kräften, wird der Körper beschleunigt und prallt letztlich mit einer bestimmten Geschwindigkeit, also kinetischer Energie, auf die Pole des Naturmagneten auf. Dabei nimmt nachweislich die vom Naturmagneten bewirkte *magnetische Feldenergie* ab, sodass der Energieerhaltungssatz in jedem Augenblick erfüllt ist, d. h. bei fehlenden Verlusten (Reibung) ist die abgegebene magnetische gleich der aufgenommenen mechanischen Energie.

In den nächsten Abschnitten sollen zunächst Beziehungen zur Berechnung der Feldenergie abgeleitet werden und über den Energieerhaltungssatz die im Magnetfeld auftretenden mechanischen Kräfte bestimmt werden.

4.3.2.1 Energie des magnetischen Feldes

Die in einem magnetischen Feld gespeicherte Energie wird zweckmäßigerweise nach dem Energieerhaltungssatz aus der elektrischen Energie bestimmt, die über den das Feld bewirkenden Strom zugeführt wird. Dazu wird die in Bild 4.51 dargestellte *Toroidspule* mit Eisenkern betrachtet, deren N Windungen an eine Quelle der Gleichspannung $U_q > 0$ angeschlossen werden, sodass in ihnen der Strom i fließt (Abschnitt 9.3.2.1).

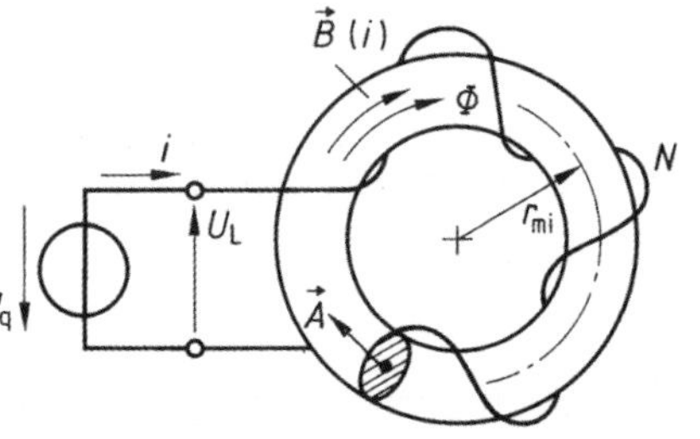

Bild 4.51 Toroidspule mit zugeordneten Zählpfeilen für Strom i, Spannung U und magnetischen Fluss Φ

Der vom Wert $i = 0$ ansteigende Strom i bewirkt eine ansteigende magnetische Flussdichte $\vec{B}(i)$ rechtswendig zum Strom. Der Flächenvektor des Eisenkerns $\vec{A}$ und damit der Zählpfeil für den magnetischen Fluss Φ werden wie in Bild 4.51 skizziert angenommen und der Zählpfeil der Selbstinduktionsspannung U_L entsprechend Abschnitt 4.3.1.3 rechtswendig um den Flusszählpfeil Φ angetragen. Sind keine Wirkwiderstände im Kreis zu berücksichtigen, folgt aus dem Maschensatz $U_q + U_L = 0$ mit $U_L = -N\mathrm{d}\Phi/\mathrm{d}t$ die Gleichung $U_q = N\mathrm{d}\Phi/\mathrm{d}t$, die nach Multiplikation mit $i\,\mathrm{d}t$ die von der Spannungsquelle dem magnetischen Kreis im Zeitraum $\mathrm{d}t$ elektrisch zugeführte Energie

$$\mathrm{d}W = U_q i\,\mathrm{d}t = iN\mathrm{d}\Phi \tag{4.117}$$

ergibt. Mit dem mittleren Radius r_{mi} der Toroidspule folgt aus dem Durchflutungssatz $iN = 2\pi r_{mi} H$ die magnetische Feldstärke H, die näherungsweise über den Querschnitt A als konstant angenommen wird. Da der Flächenvektor $\vec{A}$ parallel zu dem der magnetischen Flussdichte $\vec{B} = \mu\vec{H}$ liegt, ergibt sich die über die Klemmen der Spannungsquelle fließende Energie nach Gl. (4.117)

$$\mathrm{d}W = 2\pi r_{mi} HA\mathrm{d}B.$$

Aus der gewählten Zuordnung von i und U_q und dem Vorzeichen der berechneten Energie folgt, dass die Energie von der Spannungsquelle abgegeben und von der Spule aufgenommen wird. Sie muss daher in dem vom Strom i in der Spule bewirkten magnetischen Feld gespeichert sein, da voraussetzungsgemäß keine Verluste auftreten. Da sich in einem Toroidkern mit dem Radius $r_{mi} \gg \sqrt{A}$ das magnetische Feld nahezu homogen ausbildet, ergibt sich die Energie, die in der Zeit $\mathrm{d}t$ pro Volumen V elektrisch zugeführt wird, indem $\mathrm{d}W$ durch das Volumen $V = 2\pi r_{mi} A$ des Kerns dividiert wird.

$$\mathrm{d}w = \frac{\mathrm{d}W}{V} = H\mathrm{d}B \tag{4.118}$$

Steigt der Strom von $i = 0$ bis $i = I_{max}$ an, so steigt auch das Feld von $B = H = 0$ bis $B = B_{max}$ und $H = H_{max} = B_{max}/\mu$ an. Die Energiedichte in einem Feld der magnetischen Flussdichte B ergibt sich daher als Integral $w = \int H\,\mathrm{d}B$ in den Grenzen $B = 0$ und $B = \pm B_{max}$.

Diese für das einfache Modell einer Toroidspule abgeleiteten Beziehungen können für beliebige homogene und inhomogene Felder verallgemeinert werden. In einem magnetischen Feld der magnetischen Flussdichte B_{max} und der magnetischen Feldstärke H herrscht also die *Energiedichte*

$$w = \int_{B=0}^{B_{max}} H\,\mathrm{d}B\,. \tag{4.119}$$

Der gesamte *Energieinhalt* W des magnetischen Feldes ergibt sich als Integral der Energiedichte w über das Feldvolumen V.

$$W = \int_V \left[\int_{B=0}^{B_{max}} H \, \mathrm{d}B \right] \mathrm{d}V \tag{4.120}$$

Für Felder in Stoffen mit *konstanter Permeabilität* (z. B. Luft) gilt $H = B/\mu = \text{const} \cdot B$, sodass das Integral in Gl. (4.119) allgemeingültig gelöst werden kann und für die magnetische *Energiedichte*

$$w = \frac{B^2}{2\mu} = \frac{HB}{2} = \frac{\mu H^2}{2} \tag{4.121}$$

gilt.

Ist die Induktivität L einer Anordnung (Spule, Leitung usw.) bekannt, so lässt sich der Energieinhalt des von einem Strom i in dieser Anordnung bewirkten magnetischen Feldes auch direkt aus Induktivität L und Strom i ermitteln, was klar wird, wenn man vorstehende Ableitung mit der Selbstinduktionsspannung in der Form $U_L = -L\,\mathrm{d}i/\mathrm{d}t$ durchführt, statt in der Form $U_L = -\mathrm{d}\Phi/\mathrm{d}t$. Dann ergibt sich die dem Feld zugeführte elektrische Energie $\mathrm{d}W = Li\,\mathrm{d}i$, d. h. die Energie des vom Strom i bewirkten Feldes beträgt $W = \int L\,i\,\mathrm{d}i$. Daraus folgt für Anordnungen mit *konstanter Induktivität* L ($\mu = \text{const}$) die in einem vom Strom I bewirkten magnetischen Feld gespeicherte Energie

$$W = L\frac{I^2}{2}. \tag{4.122}$$

Diese Beziehung ist in vielen Fällen auch geeignet, die Induktivität einer Anordnung über die magnetische Feldenergie über $L = 2W/I^2$ zu berechnen.

Ist die Permeabilität nicht konstant, sondern eine Funktion der magnetischen Feldstärke H, so lässt sich das Integral nicht mehr allgemeingültig lösen. Wie aus Bild 4.52 zu ersehen ist, gibt bei ferromagnetischen Stoffen das Integral von Gl. (4.119) die Fläche zwischen B-Achse und Hystereseschleife $B(H)$ an. Man kann daraus erkennen, dass beim Aufmagnetisieren $B_A(H)$ die vom Magnetfeld aufgenommene Energie W_A entsprechend der Fläche $A_A = \int H(B_A)\mathrm{d}B$ (Energiedichte) größer ist als die bei der Entmagnetisierung vom Feld abgegebene Energie W_E entsprechend der Fläche $A_E = \int H(B_E)\mathrm{d}B$ (Energiedichte). Die Differenz beider Energien ist die beim Ummagnetisieren in Wärme umgewandelte Energie $W_A - W_E$. Sie entspricht der von der Hystereseschleife eingeschlossenen Fläche $A_M = A_A - A_E$ (Energiedichte). Diese Energie wird als Ummagnetisierungs- oder Hysteresearbeit bezeichnet. Bei Magnetisierung mit Sinusstrom wird die Hystereseschleife entsprechend der Frequenz f mehrere Male pro Zeit durchlaufen, sodass sich die für die Ummagnetisierung pro Zeit benötigte Energie als Produkt aus der Ummagnetisierungsenergie während eines Umlaufs (entspricht der von der Hystereseschleife eingeschlossenen Fläche) und der Frequenz (Umläufe pro Zeit) ergibt. Diese über Strom und Spannung zugeführte Leistung wird als *Hysterese- oder Ummagnetisierungsverlust* bezeichnet.

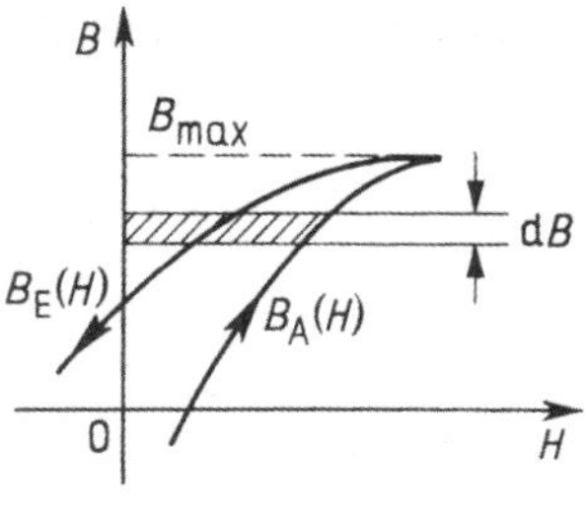

Bild 4.52 Grafische Deutung der magnetischen Energiedichte $\int H\,\mathrm{d}B$ bei der Hystereseschleife

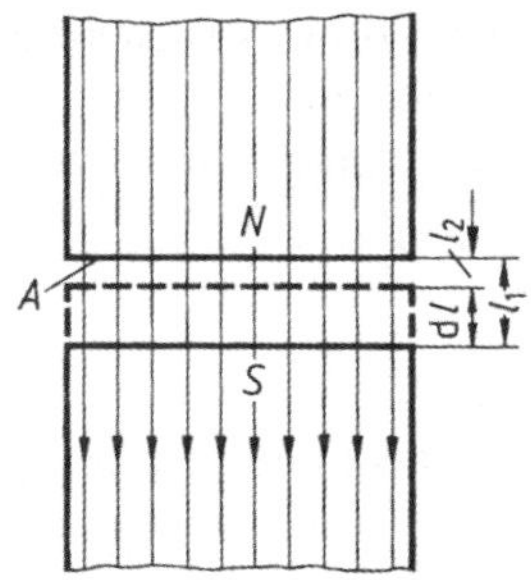

Bild 4.53 Virtuelle Verschiebung dl einer Polfläche (Grenzfläche) im Magnetfeld zur Ermittlung der auf sie wirkenden Kraft

4.3.2.2 Kraftwirkung auf Grenzflächen

Bild 4.53 zeigt zwei Pole eines magnetischen Eisenkreises mit dem anfänglichen Abstand (Luftspaltlänge) l_1. Das zwischen beiden Polen bestehende magnetische Feld kann bei nicht zu großem Luftspalt näherungsweise als homogen angenommen werden. Der für die auftretenden Kräfte belanglose Richtungssinn des Feldes ist durch Nord- und Südpol und durch Pfeile an den Feldlinien gekennzeichnet. Erfahrungsgemäß ziehen sich zwei derartig im Feld einander gegenüberstehende Pole an, sie üben also über ihre Flächen A Anziehungskräfte F aufeinander aus. Bewegen sich die Pole, also die Grenzflächen zwischen Eisen und Luft, infolge der anziehenden Kräfte um den Weg $\mathrm{d}l = l_1 - l_2$ aufeinander zu, so wird dabei die mechanische Arbeit

$$\mathrm{d}W_{\mathrm{mech}} = F\,\mathrm{d}l \tag{4.123}$$

geleistet. Um diese Arbeit muss sich die Energie des magnetischen Feldes verringern, wenn sonst keine Energie dem System zu- oder abgeführt wird, z. B. dadurch, dass Verluste auftreten oder dass das Magnetfeld von einer an eine Spannungsquelle angeschlossenen Spule bewirkt wird. Setzt man voraus, dass die in Eisen und Luft gleiche magnetische Flussdichte sich während der Verkürzung des Luftspaltes nicht ändert, ergeben sich die magnetischen Feldstärken H in Luft (Index L) und Eisen (Index Fe) nach Gl. (4.13) mit $\mu_r = 1$ für Luft

$$H_L = \frac{B}{\mu_0} \quad \text{und} \quad H_{\mathrm{Fe}} = \frac{B}{\mu_r \mu_0}. \tag{4.124}$$

Unter der Voraussetzung konstanter magnetischer Flussdichte B ändert sich bei einer angenommenen Luftspaltverkürzung um dl die Feldenergie lediglich im Bereich $A\,\mathrm{d}l$, in dem sich die Feldstärke von $H_L = B/\mu_0$ auf $H_{\mathrm{Fe}} = B/(\mu_0\,\mu_r)$ verkleinert. Mit der Energiedichte $w = \int H\,\mathrm{d}B$ nach Gl. (4.119) und dem hier jeweils angenommenen homogenen Feldverlauf im Luft- bzw. Eisenvolumen (V_L bzw. V_{Fe}) ergibt sich der Wert

$$\mathrm{d}W = \mathrm{d}V_L w_L - \mathrm{d}V_{\mathrm{Fe}} w_{\mathrm{Fe}} = A\,\mathrm{d}l \left(\int_0^B \frac{B}{\mu_0}\mathrm{d}B - \int_0^B \frac{B}{\mu_0 \mu_r}\mathrm{d}B \right), \tag{4.125}$$

um den die Energie des magnetischen Feldes kleiner wird. Nach dem Energieerhaltungssatz muss eine gleich große mechanische Energie $\mathrm{d}W_{\mathrm{mech}} = F\mathrm{d}l$ auftreten. Durch Gleichsetzen dieser beiden Energiebeträge ergibt sich die *Kraft auf die Polflächen.*

$$F = A\left(\frac{B^2}{2\mu_0} - \int_0^B \frac{B}{\mu_0\mu_\mathrm{r}}\mathrm{d}B\right) \tag{4.126}$$

Da für Eisen (von höheren Sättigungen abgesehen) $\mu_\mathrm{r} = f(B)$ sehr groß gegenüber 1 ist, gilt $H_\mathrm{Fe} \ll H_\mathrm{L}$ und damit auch $W_\mathrm{Fe} \ll W_\mathrm{L}$, sodass näherungsweise die Kraft auf die Polflächen

$$F \approx A\frac{B^2}{2\mu_0} \tag{4.127}$$

berechnet werden kann. Bezieht man diese Kraft auf die Polfläche A, so bekommt man die *mechanische Zugspannung* auf die Grenzfläche zwischen Eisen und Luft, also auf die Polfläche von Magneten

$$\sigma = \frac{F}{A} \approx \frac{B^2}{2\mu_0}. \tag{4.128}$$

Mit $\mu_0 = 1{,}257\ \mu\mathrm{Tm/A}$ ergibt sich im SI-Einheitensystem für diese mechanische Spannung die Einheit

$$[\sigma] = \frac{1\,\mathrm{T}^2}{1\,\mathrm{Tm/A}} = 1\frac{\mathrm{TA}}{\mathrm{m}} = 1\frac{\mathrm{VsA}}{\mathrm{m}^3} = 1\frac{\mathrm{N}}{\mathrm{m}^2}. \tag{4.129}$$

Beispiel 4.27 Mechanische Spannung bei einem Zugmagneten

Für einen Zugmagneten entsprechend Bild 4.54 soll die Zugspannung als Funktion der Luftspaltlänge δ berechnet werden. Dazu wird angenommen, dass die Permeabilität des Eisens gegen unendlich strebt, also im Eisen keine magnetische Feldenergie gespeichert ist. Der Magnet wird über eine Spule mit $N = 1000$ Windungen, die von einer Gleichspannungsquelle mit dem Strom $I = 1$ A gespeist wird, bewirkt.

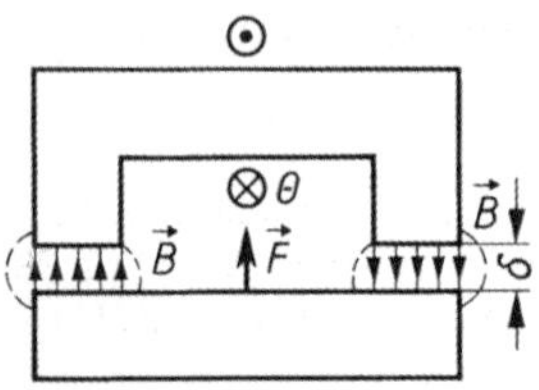

Bild 4.54 Elektromagnet

Da der Wirkwiderstand der Spule unabhängig von der Luftspaltlänge konstant ist, sind auch Strom und elektrische Durchflutung $\Theta = NI = 1000 \cdot 1$ A konstant. Aus dem Durchflutungssatz $\oint \vec{H} \cdot \mathrm{d}\vec{l} = \Theta$ folgt, dass die sich einstellende magnetische Flussdichte $B = \mu_0\Theta/(2\delta)$ und damit die Zugspannung entsprechend Gl. (4.128)

$$\sigma \approx \frac{B^2}{2\mu_0} = \frac{\mu_0\Theta^2}{8\delta^2} = \frac{I^2\mu_0 N^2}{8\delta^2} \tag{4.130}$$

eine Funktion der Luftspaltlänge δ ist. In Bild 4.55 ist die Zugspannung in Abhängigkeit von δ aufgetragen. Theoretisch würde mit δ gegen null die Zugspannung σ gegen unendlich streben, da infolge der Annahme $\mu_\mathrm{r} \to \infty$ bei $\delta \to 0$ der magnetische Widerstand des Kreises gegen null und damit die magnetische Flussdichte gegen unendlich streben würden. Bei praktischen Gegebenheiten macht sich aber bei steigender magnetischer Flussdichte infolge Sättigung der magnetische Widerstand des Eisens zunehmend bemerkbar, d. h. mit $\delta \to 0$ nähert sich der magnetische Widerstand des Kreises und damit die magnetische Flussdichte wie auch die Zugspannung σ einem endlichen Wert.

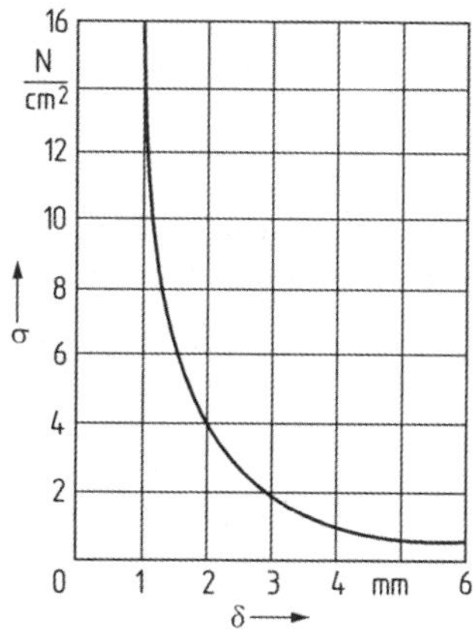

Bild 4.55 Mechanische Zugspannung σ auf die Polflächen in Abhängigkeit von der Luftspaltlänge δ für einen Elektromagneten nach Bild 4.54 mit der Gleichstromdurchflutung Θ = 1000 A

Zu beachten ist, dass die in diesem Beispiel berechnete Zugspannung *nur für den stationären Betrieb* gilt, d. h. die für jede Luftspaltlänge δ berechnete Zugspannung gilt nur, wenn dieser Luftspalt bereits so lange eingestellt war, dass alle Ausgleichsvorgänge abgeklungen sind. Betrachtet man den eigentlichen Anziehungsvorgang dynamisch, so ist die infolge der durch die Luftspaltänderung bewirkten Flussänderung entstehende Induktionsspannung in der Spule zu berücksichtigen, die eine Stromänderung bewirkt, die den bei kleiner werdendem Luftspalt größer werdenden Fluss wieder zu verkleinern versucht. Für solche dynamischen Vorgänge müssen also die magnetische Flussdichte wie auch die Zugspannung als Funktionen der Zeit betrachtet werden.

Die vorstehend für die speziellen Anordnungen des Bildes 4.54 angestellten Betrachtungen lassen sich auf Grenzflächen erweitern, die in einem beliebigen Winkel zur Feldrichtung verlaufen [17]. Ohne Beweis sei für solche Anordnungen festgestellt, dass auf die Grenzfläche zwischen Stoffen verschiedener Permeabilität im magnetischen Feld Kräfte ausgeübt werden, die unabhängig vom Verlauf der Feldlinien *immer senkrecht auf die Grenzfläche wirken, sodass sie das Volumen des Stoffs mit der kleineren Permeabilität zu verkleinern versuchen.*

Beispiel 4.28 Mechanische Spannung bei einer Spule mit Tauchanker

In Bild 4.56 ist eine Spule dargestellt, in die ein federnd aufgehängter Eisenkern (Anker) hineingezogen wird, wenn die Spule mit einem Strom I durchflossen wird. Die Zugspannung auf den Anker ist für den Fall zu berechnen, dass die Spule N = 1000 Windungen hat und I = 0,5 A beträgt. Die Spulenlänge l = 15 cm ist sehr groß gegenüber dem Innendurchmesser d_2 = 1,0 cm.

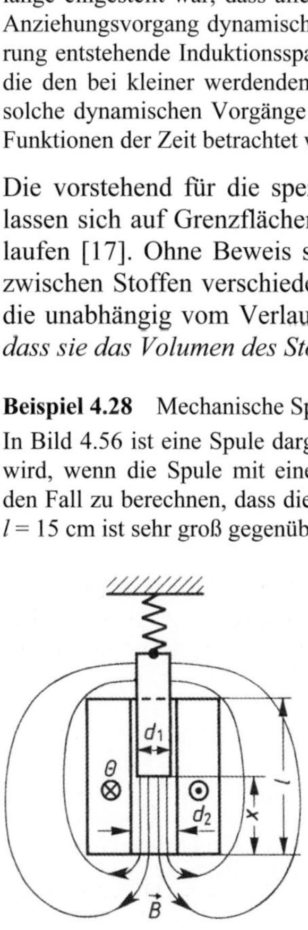

Bild 4.56 Spule mit Tauchanker

Wäre kein Eisenkern in der Spule, könnte bei $d_2 \ll l$ näherungsweise angenommen werden, dass das Feld außerhalb der Spule keinen Beitrag zur magnetischen Umlaufspannung liefert. Dann folgte aus dem Durchflutungssatz Gl. (4.19) $\Theta = \oint \vec{H} \cdot d\vec{l}$ die Feldstärke im Inneren der Spule $H \approx \Theta/l$. Füllte der Eisenkern den ganzen Innenraum der Spule aus, so lägen die Verhältnisse allerdings genau umgekehrt. Dann wäre im Spuleninneren (Eisen) $H \approx 0$ und das Feld außerhalb der Spule H_a erfüllte den Durchflutungssatz $\int \vec{H}_a \cdot d\vec{l} \approx \Theta$. Hieraus kann die Feldstärke H allerdings nur mit aufwändigen Verfahren bestimmt werden, da das Feld außerhalb der Spule stark inhomogen ist. Füllt der Tauchanker nur zum Teil den Innenraum der Spule aus, z. B. $x \geqq 0{,}5\ l$, gilt näherungsweise wieder, dass das H-Feld ausschließlich im Bereich x des Spuleninneren den Durchflutungssatz $H \approx \Theta/x$ erfüllt. Die magnetische Flussdichte an der Stirnfläche des Ankers im Inneren der Spule ist also nach diesem Modell

$$B \approx \frac{\mu_0 I N}{x}. \tag{4.131}$$

Die auf die Grenzfläche (Stirnfläche) infolge dieser magnetischen Flussdichte wirkende Zugspannung beträgt nach Gl. (4.128)

$$\sigma \approx \frac{B^2}{2\mu_0} = \frac{\mu_0 I^2 N^2}{2x^2} = \frac{1{,}26\,(\mu\text{Vs/Am})\,0{,}5^2\ \text{A}^2 \cdot 1000^2}{2x^2} = \frac{0{,}156}{x^2}\text{N}\,. \tag{4.132}$$

Man erkennt, dass die Zugspannung mit zunehmender Eintauchtiefe quadratisch größer wird. Für $x = 0{,}5\ l = 7{,}5$ cm beträgt die Zugspannung z. B. $\sigma = (0{,}156/7{,}5^2)$ N/cm^2 = 2,8 mN/cm^2 und mit dem Durchmesser $d_1 = 0{,}9\ d_2$ die Zugkraft $F = (0{,}9 \cdot 0{,}5)^2$ cm^2 $\pi \cdot 2{,}8$ mN/cm^2 = 1,8 mN. Zugspannung und Zugkraft steigen aber nicht bis zur vollen Eintauchtiefe ($x = 0$) quadratisch mit dem Weg an. Gl. (4.131) ist eine Näherungslösung, die mit $x \to 0$ immer ungenauer wird, weil das Feld außerhalb der Spule stärker in Erscheinung tritt (bei $x = 0$ ist das H-Feld im Inneren der Spule näherungsweise null und fast nur außerhalb der Spule vorhanden).

Um einen Eindruck von der Größe der Zugspannung auf Eisenflächen zu vermitteln, ist diese in Bild 4.57 in Abhängigkeit von der magnetischen Flussdichte dargestellt. Bedenkt man, dass mit Rücksicht auf die Eisensättigung unter wirtschaftlichen Gesichtspunkten magnetische Flussdichten von mehr als 1,6 T bis 1,8 T kaum zu realisieren sind, so erkennt man aus Bild 4.57, dass sich an den Polflächen von Elektromagneten Zugspannungen von über 100 N/cm^2 kaum erreichen lassen.

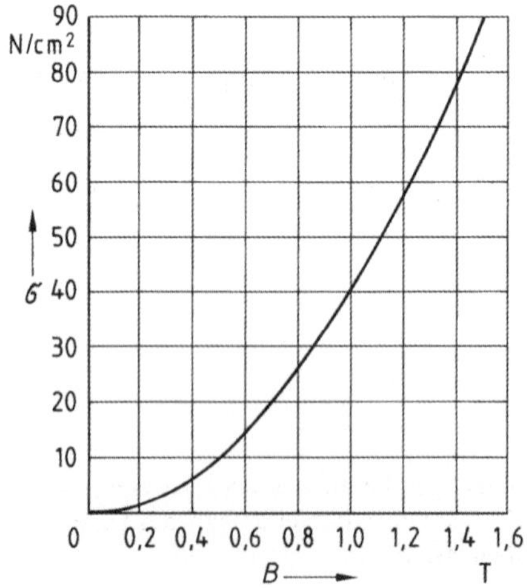

Bild 4.57 Mechanische Zugspannung σ auf Grenzflächen zwischen ungesättigtem Eisen und Luft in Abhängigkeit von der magnetischen Flussdichte B in der Grenzfläche

Da die Kraft sich aus dem Produkt von Zugspannung und Fläche ergibt, lässt sich diese zwar nahezu beliebig mit der Polfläche vergrößern, allerdings steigt mit dieser Fläche auch das Gewicht des Magneten an, da gleichzeitig mit der Polfläche alle Querschnittsflächen des magnetischen Kreises vergrößert werden müssen, um zu vermeiden, dass in einzelnen Bereichen des Kreises übermäßige Sättigungen auftreten.

4.3.2.3 Kraftwirkung auf stromdurchflossene Leiter im Magnetfeld

In Abschnitt 4.1.2.1 wurde die Definitionsgleichung (4.2) zur Bestimmung der magnetischen Flussdichte $\vec{B}$ über die Kraftwirkung auf bewegte Ladungen eingeführt. Es handelt sich um die *Lorentz-Kraft*

$$\vec{F} = Q\,(\vec{v} \times \vec{B}). \tag{4.133}$$

Nach den Regeln der Vektorrechnung steht diese Kraft $\vec{F}$ senkrecht auf der Fläche, die aus den Vektoren der Geschwindigkeit $\vec{v}$ und der magnetischen Flussdichte $\vec{B}$ bestimmt ist, und wirkt in Richtung der axialen Bewegung einer Rechtsschraube, deren Drehrichtung so ist, dass der Geschwindigkeitsvektor $\vec{v}$ auf kürzestem Weg in den Vektor $\vec{B}$ gedreht wird (Bild 4.5). Ihr Betrag ist $F = QvB \sin\alpha$ mit dem Winkel α zwischen den Vektoren $\vec{v}$ und $\vec{B}$. Mit Gl. (4.133) kann direkt die Kraftwirkung auf bewegte Ladungen berechnet werden.

Sie ist dann besonders geeignet, wenn die Ladungen und ihre Geschwindigkeiten gegeben sind, also bei der Bestimmung der Laufbahnen frei im Raum beweglicher Ladungen, z. B. bei der Ablenkung des Elektronenstrahls in einer Elektronenstrahl-Röhre mit magnetischem Ablenksystem (Bildröhre in Fernsehgeräten und Computermonitoren). Wird dagegen die Kraftwirkung auf stromdurchflossene Leiter gesucht, empfiehlt sich eine Weiterentwicklung der Gl. (4.133). Dazu wird ein vom Strom I durchflossener Leiter entsprechend Bild 4.58 betrachtet. In einem Element dieses Leiters der Länge $d\vec{l}$ befindet sich die Ladungsmenge dQ, die sich mit der Geschwindigkeit $\vec{v}$ bewegt, vgl. Bild 3.10 und Gl. (3.30). Wird der erste Term in Gl. (3.30) $I = dQ/dt$ mit dl erweitert, gilt mit $v = dl/dt$ der Zusammenhang $dQ\,\vec{v} = I\,d\vec{l}$, wenn der Vektor $d\vec{l}$ in der Längsachse des Leiters in Richtung des Zählpfeils für den Strom I liegt ($d\vec{l} \parallel \vec{v}$). Damit folgt aus Gl. (4.133) die Kraft, die auf das vom Strom I durchflossene Leiterelement dl wirkt.

$$d\vec{F} = I(d\vec{l} \times \vec{B}) \tag{4.134}$$

Die resultierende Kraft, die an einem Leiter beliebiger Länge und Lage angreift, ergibt sich durch Integration der Teilkräfte $d\vec{F}$ über die ganze Leiterlänge l

$$\vec{F} = I \int_l d\vec{l} \times \vec{B}. \tag{4.135}$$

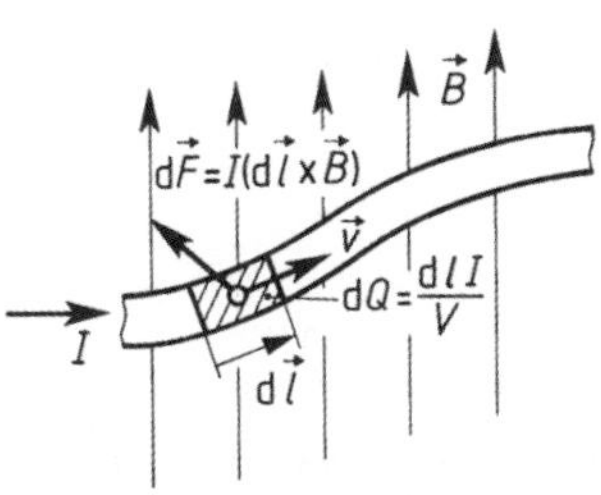

Bild 4.58 Richtungszuordnungen für die Kraftwirkung entsprechend Gl. (4.134) auf ein stromdurchflossenes Leiterelement im Magnetfeld

Beispiel 4.29 Drehmoment eines Scheibenläufermotors

Bei einem Gleichstrommotor mit Scheibenläufer sind die stromführenden Ankerleiter L sternförmig radial nach außen gerichtet auf einer unmagnetischen Trägerscheibe angeordnet, die zwischen den Polen von Naturmagneten N, S drehbar gelagert ist. In Bild 4.59 ist der radiale Querschnitt durch einen Polbereich mit Scheibe und einem Leiter L skizziert. Das von diesem Leiter über die Trägerscheibe auf die Welle übertragene Drehmoment ist zu bestimmen. Gegeben sind der Leiterstrom $I = 5$ A, der Innenradius der Pole $r_i = 50$ mm, ihr Außenradius $r_a = 100$ mm und die magnetische Flussdichte zwischen den Polen $B = 0{,}5$ T. Die Aufweitung des Feldes an den Polrändern (Abschnitt 4.2.2.1) ist zu vernachlässigen.

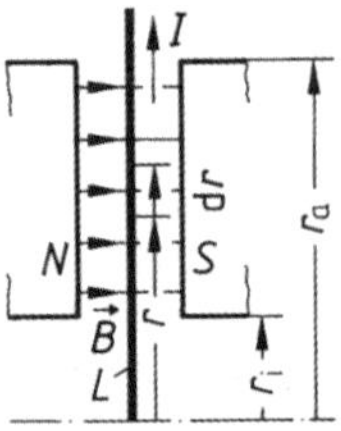

Bild 4.59 Schnitt durch ein Polpaar eines Scheibenläufermotors

Der Betrag der auf ein Leiterelement der Länge dl wirkenden Umfangskraft dF ist nach Gl. (4.134)

$$dF = |\, I(d\vec{r} \times \vec{B})\,| = IB\,dr\,, \tag{4.136}$$

da der Leiter rechtwinklig zur Flussdichterichtung liegt (Bild 4.59). Der Beitrag d$M = r$dF, den die Kraft dF eines Leiterelements dl = dr zum *Drehmoment M* liefert, ist abhängig vom Radius r. Damit muss das vom ganzen Leiter ausgeübte Drehmoment als Integral über die im Magnetfeld befindliche Leiterlänge berechnet werden.

$$M = \int r\,dF = \int_{r_i}^{r_a} IB\,r\,dr = IB\frac{r_a^2 - r_i^2}{2} = 5\text{A} \cdot 0{,}5\text{T}\frac{(0{,}1^2 - 0{,}05^2)\,\text{m}^2}{2} = 0{,}0094\text{Nm} \tag{4.137}$$

Die Umrechnung der elektrischen Einheit VAs in die mechanische Einheit Nm erfolgt in den SI-Einheiten über 1 W = 1 VA = 1 Nm/s.

Für beliebig geformte Leiter in inhomogenen Feldern ist die Auswertung des Integrals in Gl. (4.135) nicht ganz einfach, da sowohl die magnetische Flussdichte $\vec{B}$ als auch das Wegelement d$\vec{l}$ als Ortsfunktionen einzusetzen sind. Praktisch treten recht häufig einfache Leiterformen in homogenen Feldern auf, für die das Integral in ein Produkt überführt werden kann. So ergibt sich die Kraft auf einen geraden Leiter der Länge $\vec{l}$ in Richtung des Zählpfeils für den Strom I im homogenen Feld der magnetischen Flussdichte $\vec{B}$ entsprechend Bild 4.60

$$\vec{F} = I(\vec{l} \times \vec{B})\,, \tag{4.138}$$

d. h. am Leiter greift eine Kraft $F = I\,lB\,\sin\alpha$ an, die senkrecht auf der Fläche aus Leiter $\vec{l}$ und magnetischer Flussdichte $\vec{B}$ steht.

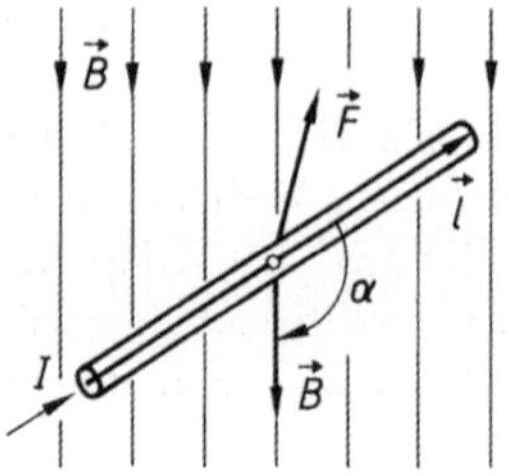

Bild 4.60 Richtungszuordnungen für die Kraftwirkung entsprechend Gl. (4.138) auf einen stromdurchflossenen geraden Leiter im homogenen Magnetfeld

Abschließend soll anhand der Bilder 4.38 und 4.61 erläutert werden, dass die mit Gl. (4.133) bis (4.135) beschriebenen Richtungszuordnungen im Einklang mit den Richtungsdefinitionen für den Induktionsvorgang wie auch dem Energieerhaltungssatz stehen. Gleichzeitig soll dabei die sich im Magnetfeld vollziehende elektromechanische bzw. mechanisch-elektrische Energieumformung beschrieben werden, wie sie in jedem Elektromotor bzw. Generator nach gleichem Prinzip abläuft.

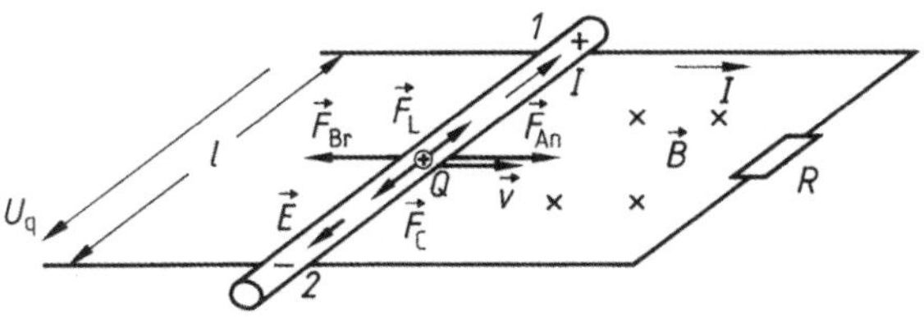

Bild 4.61 Im Magnetfeld bewegter stromdurchflossener Leiter

Infolge der Bewegung des geraden Leiterstückes 1–2 der Länge l mit der konstanten Geschwindigkeit $\vec{v}$ durch das homogene Magnetfeld der magnetischen Flussdichte $\vec{B}$ wird auf die Ladungen Q eine Lorentz-Kraft $\vec{F}_L = Q(\vec{v} \times \vec{B})$ ausgeübt, die die positiv angenommenen freien Ladungsträger im bewegten Leiter entgegen der durch den Potenzialunterschied U_q bedingten elektrischen Feldstärke $\vec{E} = \vec{F}_C / Q$ vom negativen zum positiven Potenzial der Spannungsquelle treibt (Abschnitt 4.3.1.1). Dadurch wird bei angeschlossenem Widerstand R ein Strom I in dieser Richtung im Kreis auftreten. Dieser in Bild 4.61 eingezeichnete Strom

$$I = \frac{U_q}{R} = \frac{Blv}{R} \tag{4.139}$$

ergibt sich aus dem Maschensatz $U_q - IR = 0$ mit Gl. (4.74) bzw. (4.77) und den für diese aufgestellten Richtungsregeln positiv (U_q wird für die in Bild 4.61 eingetragenen Richtungspfeile positiv). Infolge der Bewegung des Leiters im Magnetfeld werden also die Ladungsträger zum höheren Potenzial bewegt, wodurch ihre potenzielle Energie erhöht wird. Diese potenzielle elektrische Energie wird dann im Widerstand R wieder von den Ladungsträgern abgegeben und in Wärmeenergie umgeformt.

Um zu klären, welchen Ursprungs die über das Magnetfeld in den Stromkreis eingespeiste elektrische Energie letztlich ist, seien im Folgenden auch die äußeren am Leiter angreifenden Kräfte betrachtet.

Die elektrische Leistung wird über die Spannung U_q und den Strom I berechnet. Die Ladung dQ fließt im bewegten Leiter von Minus nach Plus und erhöht dabei ihre potenzielle Energie um $dW = U_q dQ$. Die den Ladungen dQ dadurch zugeführte Leistung ist abhängig davon, wie viel Ladung pro Zeit (dQ/dt) die Länge des Leiters – also die Spannung U_q – durchläuft. Damit lässt sich die Leistung über die integralen Feldgrößen, nämlich den im Leiter fließenden Strom $I = dQ/dt$ und die im Leiter induzierte Spannung U_q, bestimmen

$$P = \frac{dW}{dt} = IU_q \, . \tag{4.140}$$

Auf den vom Strom I durchflossenen Leiter im Magnetfeld wirkt entsprechend Gl. (4.138) die Kraft $\vec{F}_{Br} = I(\vec{l} \times \vec{B})$. Die Richtungszuordnungen lassen sich für die einfachen Verhältnisse in Bild 4.61 leicht aus der Anschauung angeben. $d\vec{l}$ muss im Leiter in Richtung des Zählpfeils für den Strom I angenommen werden. Da dieser Strom I mit positivem Wert berechnet wird, ergibt sich die Bremskraft $\vec{F}_{Br}$ entgegengerichtet zum Geschwindigkeitsvektor $\vec{v}$. Der Betrag dieser Kraft ist $F_{Br} = IlB$.

Um den Leiter in Richtung der Geschwindigkeit $\vec{v}$ zu bewegen, ist eine Antriebskraft $\vec{F}_{An}$ in Richtung $\vec{v}$ notwendig, die die bremsende Reaktionskraft $\vec{F}_{Br}$ überwindet. Die Reaktionskraft auf den stromdurchflossenen Leiter ist also ihrer Ursache, der Geschwindigkeit $\vec{v}$, entgegengerichtet. Die von der Antriebskraft aufzubringende mechanische Leistung $P_{An} = \vec{F}_{An} \cdot \vec{v}$ beträgt im Fall stationärer Bewegung ($\vec{F}_{An} = -\vec{F}_{Br}$).

$$P_{An} = F_{An} v = IlBv = IU_q = I(IR) \tag{4.141}$$

Dem Leiter wird also mechanische Leistung $F_{An}v$ zugeführt und über die Induktionswirkung in eine gleich große elektrische Leistung IU_q der den Induktionsvorgang beschreibenden Spannungsquelle umgewandelt, die wiederum über den Strom im Wirkwiderstand in Wärmeleistung I^2R umgeformt wird.

Das Prinzip der Wechselwirkung zwischen den Strömen infolge induzierter Spannungen und den durch sie verursachten Kräften wird in der Elektrotechnik in vielfältiger Weise genutzt. *Generatoren* erzeugen elektrische Spannungen und Ströme. Dabei formen sie mechanische Antriebsleistung in elektrische Leistung um. *Elektromotoren* nehmen hingegen elektrische Leistung aus dem Netz auf, die sie in mechanische umformen und an der Welle wieder abgeben. Die Wirkungsweise von Generatoren und Motoren ist grundsätzlich gleich, sie unterscheiden sich durch die Richtung der Energieumformung. Man kann i. Allg. dieselben Maschinen sowohl als Generatoren wie als Motoren verwenden.

Bei den bisherigen Betrachtungen der Kraftwirkung auf stromdurchflossene Leiter wurde außer acht gelassen, dass diese ihrerseits auch ein Magnetfeld (*Eigenfeld*) erzeugen, wodurch das gegebene Feld (*Erregerfeld*) verändert wird [17]. Dieses ist auch bei vielen Aufgaben zulässig, d. h. in Gl. (4.134), (4.135) und (4.138) darf für die magnetische Flussdichte B der Wert eingesetzt werden, der dem gegebenen Erregerfeld ohne Berücksichtigung des vom stromdurchflossenen Leiter bewirkten Eigenfeldes entspricht. Dabei sollte man allerdings nicht vergessen, dass das *resultierende* (*messbare*) *Feld* erheblich vom laut Aufgabenstellung gegebenen Erregerfeld abweichen kann, wie aus Bild 4.62 zu erkennen ist. Darin ist $\vec{B}_A$ die magnetische Flussdichte des bei stromlosem Leiter von einer äußeren Anordnung bewirkten homogenen Feldes (z. B. zwischen den Polen eines Magneten). Das vom stromdurchflossenen Leiter bewirkte Eigenfeld wird durch kreisförmige, konzentrisch den Leiter umgebende Feldlinien $\vec{B}(I)$ beschrieben. Durch Überlagerung (nur in linearen Räumen zulässig), d. h. durch geometrische Addition der Feldvektoren an jedem Ort, ergibt sich das resultierende, stark inhomogene Feld $\vec{B}$.

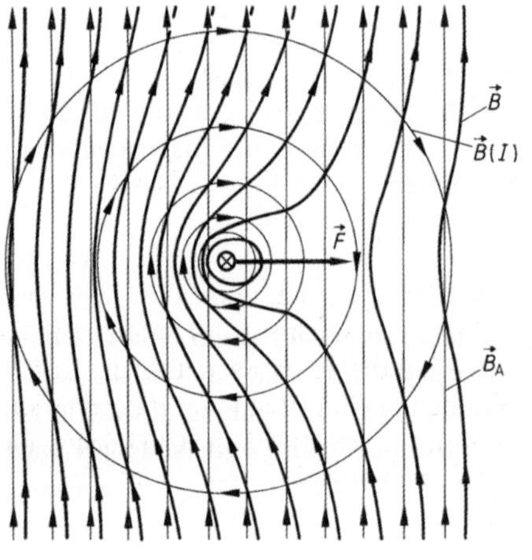

Bild 4.62 Feldlinienbild für die resultierende magnetische Flussdichte $\vec{B}$ aus Eigenfeld $\vec{B}(I)$ eines stromdurchflossenen, unendlich langen, geraden Leiters im homogenen Erregerfeld $\vec{B}_A$

Aus dem einseitig verdrängten *resultierenden Feld* $\vec{B}$ lässt sich auch eine recht einprägsame Richtungsregel für die Kraftwirkung ableiten. Nach dem mechanischen Spannungszustand, der dem magnetischen Feld zukommt, sind die im Feld wirksamen mechanischen Spannungen immer so gerichtet, dass sie die Feldlinien zu verkürzen versuchen. Man könnte sich danach also vorstellen, dass durch das *Bestreben der Feldlinien, sich „gerade zu ziehen"*, der Leiter in Richtung der „Feldverdünnung" abgedrängt werden soll.

Diese anschauliche Vorstellung kann dazu verleiten, das resultierende Feld $\vec{B}$ auch der quantitativen Berechnung der Kraft zugrunde zu legen. Das ist grundsätzlich möglich, in speziellen Fällen sogar unumgänglich [17]. Zweckmäßigerweise führt man quantitative Rechnungen aber mit oben angeführten Gleichungen aus, in die die magnetische Flussdichte $\vec{B}_A$ des ursprünglichen magnetischen Feldes eingesetzt wird, welches bei stromlosem Leiter auftreten würde.

4.3.2.4 Kraftwirkung zwischen stromdurchflossenen Leitern

Befinden sich in einem Raumgebiet zwei von Strömen I durchflossene Leiter, so üben diese gegenseitig Kräfte aufeinander aus, die wie in Abschnitt 4.3.2.3 erklärt, bestimmt werden können. In einfachen Fällen genügt es [17], das Feld, das der Strom im einen Leiter am Ort des zweiten als stromlos angenommenen Leiters bewirkt, zu berechnen. Mit der magnetischen Flussdichte dieses Feldes und dem Strom des zweiten Leiters wird dann die Kraft auf diesen Leiter nach Gl. (4.135) bzw. (4.138) bestimmt. In gleicher Weise lässt sich über das vom zweiten Leiter am Ort des ersten bewirkte Feld die auf diesen wirkende Kraft berechnen.

In Bild 4.63 sind zwei gerade, im Abstand r parallel verlaufende, lange, stromdurchflossene Leiter mit ihren jeweiligen Einzelfeldern sowie dem daraus durch Überlagerung gewonnenen resultierenden Feld dargestellt, und zwar für die Fälle, dass die Stromrichtungen in den beiden Leitern entgegengesetzt (Bild 4.63a) bzw. gleich (Bild 4.63b) sind.

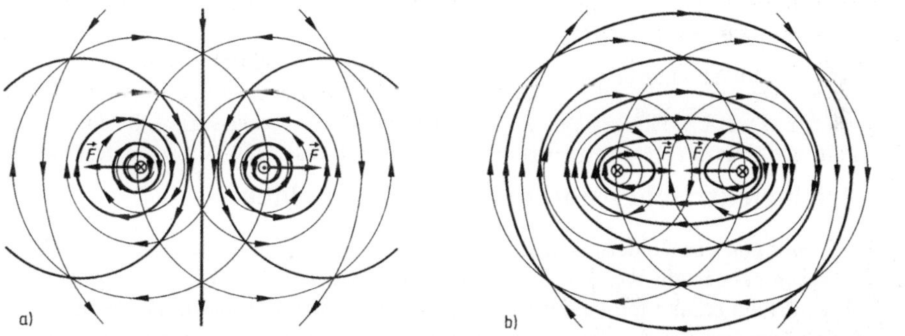

Bild 4.63 Magnetische Felder unendlich langer, gerader, paralleler, stromdurchflossener Leiter: a) entgegengesetzte, b) gleiche Stromrichtung

Für viele praktische Fälle kann man näherungsweise linienförmige Leiter annehmen, d. h. man kann über den Leiterquerschnitt eine konstante magnetische Flussdichte $\vec{B}$ voraussetzen. Da bei parallel verlaufenden, langen Leitern die magnetische Flussdichte $\vec{B}$ auch über die Leiterlänge konstant ist, darf die auf jeden Leiter wirkende Kraft nach Gl. (4.138) berechnet werden. Mit $B(I_2) = \mu_0 H(I_2) = \mu_0 I_2/(2\pi r)$ [s. Gl. (4.23)] ergibt sich für parallele Leiter, bei denen die magnetische Flussdichte $\vec{B}$ immer rechtwinklig zur Leiterrichtung $\vec{l}$ steht, unmittelbar der Betrag der Kraft

$$F = I_1 l B(I_2) = I_1 l \mu_0 \frac{I_2}{2\pi r} \tag{4.142}$$

auf den Leiter 1. Aussagekräftiger ist der pro Länge zwischen zwei parallelen Leitern wirkende Betrag der Kraft

$$\frac{F}{l} = \frac{I_1 I_2 \mu_0}{2\pi r}. \tag{4.143}$$

Die Richtung der Kraftwirkung kann über das Vektorprodukt $\vec{l} \times \vec{B}$ mit dem Vektor des Weges $\vec{l}$ in Richtung des Stroms I bestimmt werden und führt zur Erkenntnis, dass sich Leiter bei gleicher Stromrichtung anziehen, bei entgegengesetzter aber abstoßen. Man kann sich leicht davon überzeugen, dass auf beide Leiter die gleiche Kraft wirkt, in diesem Fall also der Satz „actio gleich reactio" erfüllt ist.

Ohne aus Umfangsgründen hier näher darauf eingehen zu können, sei erwähnt, dass bei der Betrachtung der Kraftwirkung einzelner, insbesondere nichtgerader *Leiterstücke* aufeinander nicht immer dieser Satz „actio gleich reactio" erfüllt ist, d. h. es können unterschiedlich große Kräfte berechnet werden, deren Wirkungsrichtungen auch nicht mehr in einer gemeinsamen Geraden liegen müssen. Erst wenn sich die Integration der an den einzelnen Leiterelementen $\mathrm{d}\vec{l}$ angreifenden Kraftelemente $\mathrm{d}\vec{F}$ entsprechend Gl. (4.135) über zwei *vollständige, also geschlossene Stromkreise* erstreckt, sind die resultierenden, auf jeden vollständigen Stromkreis wirkenden Kräfte $\vec{F} = I \oint \mathrm{d}\vec{l} \times \vec{B}$ gleich groß und wirken in einer Geraden.

Beispiel 4.30 Kräfte auf parallele Leiter bei Kurzschluss

Wie groß sind die auf die Länge bezogenen Kurzschlusskräfte F an parallelen Leitern im Abstand $r = 5$ cm, wenn in den Leitern der Kurzschlussstrom $I = 30$ kA auftritt?

Aus Gl. (4.143) folgt unmittelbar die Kraft pro Länge

$$\frac{F}{l} = \frac{I^2 \mu_0}{2\pi r} = \frac{(30\mathrm{kA})^2 \cdot 1{,}26\,\mu\mathrm{H/m}}{2\pi \cdot 5\mathrm{cm}} = 3{,}6\frac{\mathrm{kN}}{\mathrm{m}}.$$

4.4 Vergleich elektrischer und magnetischer Felder

In diesem die Lehre von den Feldern abschließenden Abschnitt sollen die wichtigsten Gesetze vergleichend zusammengestellt werden. In Tabelle 4.4 sind nebeneinander die *Grundgesetze* der drei in diesem Band erläuterten Felder so aufgelistet, dass ihre *formale Analogie* zum Ausdruck kommt. Die an den jeweils gleichen Stellen der Gleichungen stehenden Formelzeichen werden auch als einander analoge Größen bezeichnet, z. B. sind Stromdichte $\vec{J}$, elektrische Flussdichte $\vec{D}$ und magnetische Flussdichte $\vec{B}$ jeweils einander analoge Größen der drei unterschiedlichen Felder.

Beim elektrischen Strömungsfeld sind keine Energiegrößen angeführt, da im elektrischen Strömungsfeld nur eine *irreversible* Energieumformung in Wärmeenergie von Bedeutung ist. Im Gegensatz zum elektrostatischen und magnetischen Feld stellt also das Strömungsfeld praktisch keinen Energiespeicher dar. Die analoge Speichermöglichkeit des Strömungsfeldes besteht in der kinetischen Energie $v^2 m/2$ der bewegten Ladungsträger, die aber wegen ihrer Geringfügigkeit (verschwindend kleine Masse und extrem kleine Geschwindigkeit) in den Theorien der Elektrotechnik vernachlässigbar ist.

Daneben kann noch eine *Analogie nach Ursache und Wirkung* gesehen werden, die z. B. für die Feldgrößen in Tabelle 4.5 zusammengestellt ist.

In Abschnitt 4.1.3.2 sind im Durchflutungssatz Gl. (4.20) und in Abschnitt 4.3.1.3 im Induktionsgesetz Gl. (4.88) die Verknüpfungen zwischen elektrischem und magnetischem Feld aufgezeigt. Diese Verknüpfung wird umfassend und allgemeingültig in den *Maxwell*schen *Gleichungen* mit verallgemeinertem Durchflutungssatz

$$\oint \vec{H} \cdot d\vec{l} = \Theta = \int \left(\vec{J} + \frac{d\vec{D}}{dt} \right) \cdot d\vec{A} \tag{4.144}$$

und Induktionsgesetz

$$\oint \vec{E} \cdot d\vec{l} = -\int \frac{d\vec{B}}{dt} \cdot d\vec{A} \tag{4.145}$$

beschrieben. Der hier im Durchflutungssatz auftretende Ausdruck $d\vec{D}/dt$ berücksichtigt die magnetische Wirkung, die infolge zeitlicher Änderungen des elektrischen Feldes in Nichtleitern auftritt. Dieser Anteil ist allerdings nur bei sehr schnellen Feldänderungen von Bedeutung. Bei niederfrequenten Vorgängen kann die *Verschiebungsstromdichte* $d\vec{D}/dt$ gegenüber der galvanischen Stromdichte $\vec{J}$ vernachlässigt werden ($dD/dt \ll J$), sodass der Durchflutungssatz nach Gl. (4.20) gilt. Die Maxwellschen Gleichungen sind Ausgangspunkt für eine vektorielle Berechnung elektromagnetischer Felder, insbesondere bei schnellen zeitlichen Änderungen und/oder inhomogenen Räumen, auf die im Rahmen dieses Grundlagenbuches jedoch nicht eingegangen wird.

Schon in Abschnitt 4.1.3.2 und 4.3.1.2 wird bei der Erläuterung von Durchflutungssatz und Induktionsgesetz darauf hingewiesen, dass sowohl das magnetische als auch das induzierte elektrische Feld *Wirbelfelder* sind. Im magnetischen Feld umgeben die geschlossenen $\vec{B}$-Feldlinien die sie erzeugende elektrische Durchflutung und im induzierten elektrischen Feld umgeben die geschlossenen $\vec{E}$-Feldlinien den sie induzierenden zeitvarianten magnetischen Fluss. Dagegen beschreibt das wirbelfreie elektrische Feld einen Raumzustand mit $\vec{E}$-Feldlinien, die Anfang und Ende haben. Sie beginnen und enden auf Ladungen unterschiedlicher Polarität, die als Quellen und Senken des Feldes bezeichnet werden. Solche Felder werden daher als *Quellenfelder* bezeichnet.

Der Charakter des reinen Wirbelfeldes gilt im magnetischen Feld nur für die magnetische Flussdichte $\vec{B}$. Für die $\vec{H}$-Feldlinien trifft das dann nicht zu, wenn der Fluss in ein Medium mit anderer relativer Permeabilität μ_r übergeht. Gl. (4.13) zeigt im Zusammenhang mit Gl. (4.53) und (4.54) diese unterschiedlichen magnetischen Feldstärken z. B. für ein senkrecht zur Grenzfläche mit konstanter magnetischer Flussdichte $\vec{B}$ von Eisen in Luft übergehendes Feld deutlich auf.

Tabelle 4.4 Formale Analogien von elektrischen und magnetischen Größen

Größen	elektrisches Strömungsfeld	elektrisches Feld in Nichtleitern	magnetisches Feld
Feldvektoren	$\vec{E}, \vec{J}$	$\vec{E}, \vec{D}$	$\vec{H}, \vec{B}$
Zusammenhang zwischen den Feldvektoren	$\vec{J} = \kappa \vec{E}$	$\vec{D} = \varepsilon \vec{E}$	$\vec{B} = \mu \vec{H}$

Tabelle 4.4 Fortsetzung

Größen	elektrisches Strömungsfeld	elektrisches Feld in Nichtleitern	magnetisches Feld
integrale Größen			
Ströme und Flüsse	$I = \int \vec{J} \cdot d\vec{A}$	$\Psi = \int \vec{D} \cdot d\vec{A}$	$\Phi = \int \vec{B} \cdot d\vec{A}$
Spannungen	$U = \int \vec{E} \cdot d\vec{l}$	$U = \int \vec{E} \cdot d\vec{l}$	$V = \int \vec{H} \cdot d\vec{l}$
Zusammenhang zwischen den integralen Größen (Ohmsches Gesetz)	$U = IR$	$U = \Psi \frac{1}{C}$	$V = \Phi R_m$
Kenngrößen			
Widerstände	$R = \frac{l}{\kappa A}$ 1)	$\frac{1}{C} = \frac{l}{\varepsilon A}$ 1)	$R_m = \frac{l}{\mu A}$ 1)
Leitwerte	$G = \frac{1}{R}$	C	$\Lambda = \frac{1}{R_m}$
gespeicherte Energiedichte	–	$w_e = \frac{1}{2} \vec{E} \cdot \vec{D}$	$w_m = \frac{1}{2} \vec{H} \cdot \vec{B}$
gespeicherte Energie	–	$W_e = \frac{1}{2} CU^2$	$W_m = \frac{1}{2} LI^2$

1) gilt nur für homogene Felder in Gebieten der Länge l und des konstanten Querschnitts A.

Tabelle 4.5 Analogien elektrischer und magnetischer Größen in Ursache und Wirkung

Feldvektoren der	elektrisches Strömungsfeld	dielektrisches Verschiebungsfeld	magnetisches Feld
Ursache	$\vec{E}$	$\vec{D}$	$\vec{H}$
Wirkung	$\vec{J}$	$\vec{E}$	$\vec{B}$
Verknüpfungsgleichung	$\vec{J} = \kappa \vec{E}$	$\vec{E} = \vec{D} / \varepsilon$	$\vec{B} = \mu \vec{H}$

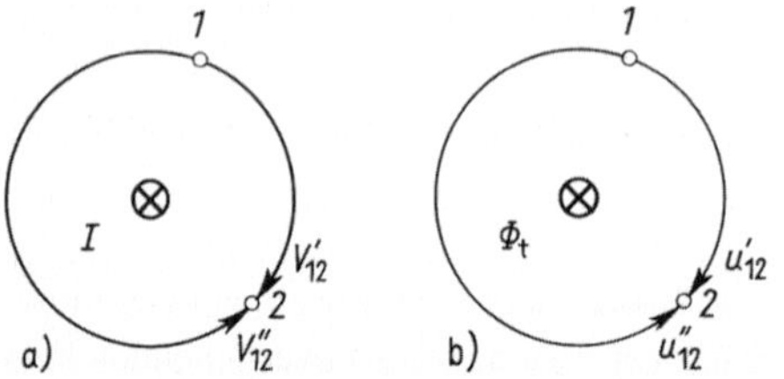

Bild 4.64 Mehrdeutigkeit der magnetischen und elektrischen Spannung im magnetischen (a) und elektrischen (b) Wirbelfeld

Spannung und Potenzial können im Wirbelfeld *mehrdeutig* sein. Nach Bild 4.64 kann das Wegintegral der magnetischen bzw. elektrischen Spannung V_{12} bzw. u_{12} von Punkt 1 nach Punkt 2 rechts oder links um den Strom I bzw. den Fluss Φ herum gebildet werden. Beide Spannungen sind im allgemeinen Fall *ungleich*: $V_{12}' \neq V_{12}''$ bzw. $u_{12}' \neq u_{12}''$. Besonders deutlich wird die Mehrdeutigkeit eines Potenzials, wenn man über mehrere Umläufe integriert. Bildet man z. B. entsprechend Bild 4.64b das Wegintegral der elektrischen Feldstärke von Punkt 1 ausgehend, dem man das Potenzial null zuordnet, über einen vollen Umlauf um den Fluss Φ bis wieder hin zum Punkt 1, so ergibt sich für diesen dann das Potenzial $0 + u = - d\Phi/dt$. Wiederholt man die Umläufe, so steigt das Potenzial mit jedem Umlauf, nimmt also bei n Umläufen den Wert $0 + nu = - n d\Phi/dt$ an. Es ist also nicht ohne weiteres möglich, einem Punkt im Wirbelfeld ein eindeutiges Potenzial zuzuordnen.

5 Einfacher Sinusstromkreis

In der Praxis bieten sinusförmige Strom- und Spannungsverläufe entscheidende Vorteile und werden daher sehr häufig angestrebt und – zumindest näherungsweise – auch erreicht. Wegen der überragenden Bedeutung der Sinusstromtechnik sind spezielle Rechenverfahren entwickelt worden, mit deren Hilfe das Zusammenwirken sinusförmiger Ströme und Spannungen auf einfache Weise beschrieben werden kann.

5.1 Periodische Ströme und Spannungen

Man kann elektrische Vorgänge grob unterteilen in solche, die zeitunabhängig sind (Gleichströme, Gleichspannungen, Abschnitt 2) und solche, die eine Zeitabhängigkeit aufweisen. Bei den zeitabhängigen Vorgängen ist wiederum zu unterscheiden zwischen einmaligen Prozessen (z. B. einem Einschalt- bzw. Ausschaltvorgang (Abschnitt 9.3) oder einem Impuls), unregelmäßigen oder zufälligen Prozessen (z. B. Rauschen) und solchen, die sich regelmäßig, d. h. periodisch wiederholen.

5.1.1 Periodische Zeitfunktionen

5.1.1.1 Periodizität

Wenn sich ein Vorgang in einem festen zeitlichen Abstand T in genau gleicher Weise fortwährend wiederholt, nennt man ihn periodisch. T heißt die (kleinste) *Periodendauer*. Ein solcher Vorgang, wie z. B. der in Bild 5.1 dargestellte Strom $i(t)$, wird durch eine periodische Zeitfunktion beschrieben. Die besondere Eigenschaft dieser Funktion besteht darin, dass

$$i(t+nT)=i(t) \qquad (5.1)$$

gilt, wobei für n jede ganze Zahl eingesetzt werden darf und T der kleinste positive Wert ist, der Gl. (5.1) erfüllt.

Während die Periodendauer T angibt, wie viel Zeit für eine Periode benötigt wird, bezeichnet ihr Reziprokwert

$$f=\frac{1}{T} \qquad (5.2)$$

die *Frequenz*. Sie beschreibt, wie häufig sich der Vorgang pro Zeit wiederholt. Ihre Einheit ist

$$[f]=\frac{1}{\text{s}}=1\ \text{Hz (Hertz)}; \qquad (5.3)$$

d. h. die Frequenz in der Einheit Hertz gibt an, wie viele Perioden in jeder Sekunde ablaufen.

5.1.1.2 Arithmetischer Mittelwert

Zur Beurteilung der Wirkung, die eine nach einer periodischen Zeitfunktion verlaufende Größe (z. B. ein Strom $i(t)$, eine Spannung $u(t)$, oder eine Leistung $p(t)$) über längere Zeit hervorruft, genügt es häufig, einen geeigneten Mittelwert dieser Größe, z. B. den arithmetischen Mittelwert, anzugeben. Für den in Bild 5.1 dargestellten Strom $i(t)$ bzw. für eine periodische Spannung $u(t)$ erhält man den arithmetischen Mittelwert

$$\bar{i} = \frac{1}{T}\int_{t_0}^{t_0+T} i(t)\,\mathrm{d}t \qquad \text{bzw.} \qquad \bar{u} = \frac{1}{T}\int_{t_0}^{t_0+T} u(t)\,\mathrm{d}t. \tag{5.4}$$

Die Integration ab einem beliebig wählbaren Zeitpunkt t_0 über eine Periodendauer T liefert ein Ergebnis, das sich anschaulich als die Fläche zwischen der Kurve und der t-Achse deuten lässt; dabei sind Flächenanteile oberhalb der t-Achse positiv, Flächenanteile unterhalb der t-Achse negativ genommen. Wenn man diese Fläche gleichmäßig über die in Bild 5.1 als Strecke dargestellte Integrationsdauer T verteilt, erhält man ein Rechteck, dessen Höhe dem arithmetischen Mittelwert $\bar{i}$ entspricht.

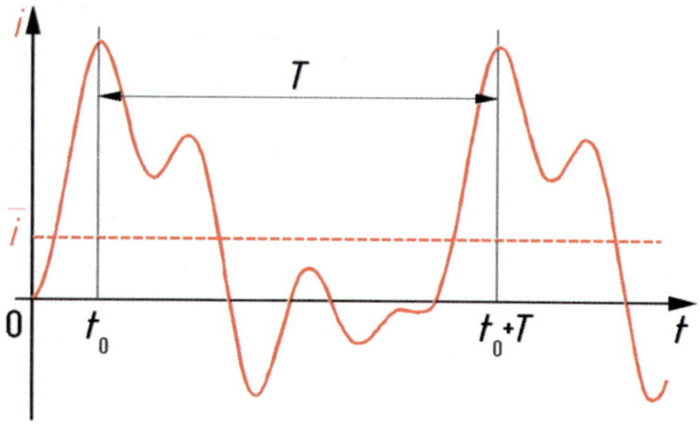

Bild 5.1 Stromverlauf nach einer periodischen Zeitfunktion $i(t + nT) = i(t)$
T Periodendauer
$\bar{i}$ arithmetischer Mittelwert

5.1.2 Wechselgrößen

5.1.2.1 Definition einer Wechselgröße

Wie man dem Beispiel der in Bild 5.1 dargestellten periodischen Zeitfunktion $i(t)$ entnehmen kann, ist es möglich, dass der Funktionswert i während einer Periodendauer T (u. U. sogar mehrmals) sein Vorzeichen wechselt, sodass positive und negative Flächenanteile zum arithmetischen Mittelwert beitragen. Als Wechselgröße bezeichnet man eine Größe, die

1. nach einer periodischen Zeitfunktion verläuft und
2. den arithmetischen Mittelwert null hat.

Für einen *Wechselstrom* bzw. für eine *Wechselspannung* gilt also

$$\bar{i} = \frac{1}{T}\int_{t_0}^{t_0+T} i(t)\,\mathrm{d}t = 0 \qquad \text{bzw.} \qquad \bar{u} = \frac{1}{T}\int_{t_0}^{t_0+T} u(t)\,\mathrm{d}t = 0 \tag{5.5}$$

Diese Bedingung ist beim Stromverlauf $i(t)$ nach Bild 5.1 nicht erfüllt, wohl aber bei dem Wechselstrom in Bild 5.2.

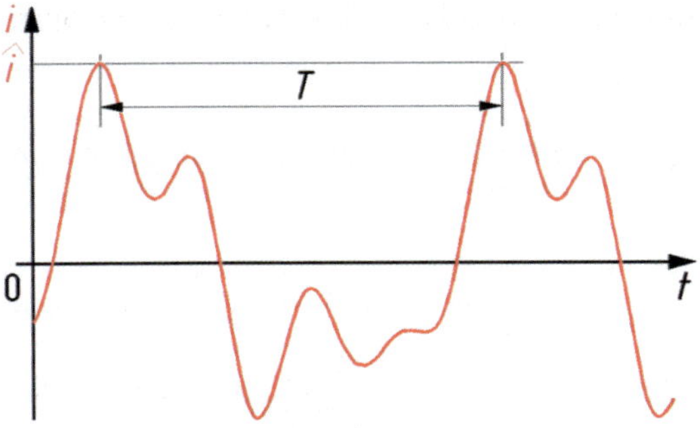

Bild 5.2 Wechselstrom
T Periodendauer
$\hat{i}$ Scheitelwert

5.1.2.2 Gleichrichtwert

Da der arithmetische Mittelwert einer Wechselgröße nach Gl. (5.5) definitionsgemäß null ist, kann er nicht zur Beurteilung der Wirkung einer solchen Wechselgröße herangezogen werden. Wenn man hingegen den arithmetischen Mittelwert aus dem Betrag der Wechselgröße bildet, erhält man einen von null verschiedenen Wert, der es gestattet, Wechselgrößen hinsichtlich bestimmter Eigenschaften miteinander zu vergleichen (z. B. Drehmoment- oder Elektrolysewirkung).

Im Fall von Wechselströmen beschreibt die Betragbildung eine ideale *Zweiweggleichrichtung*, die mit einer *Gleichrichter-Brückenschaltung* nach Bild 5.3a durchgeführt werden kann. Wenn der zugeführte Wechselstrom i beispielsweise den in Bild 5.2 angegebenen Verlauf hat, fließt durch den Widerstand R der in Bild 5.3b dargestellte Strom $|\,i\,|$. Den arithmetischen Mittelwert der gleichgerichteten Wechselgröße

$$\overline{|\,i\,|} = \frac{1}{T}\int_{t_0}^{t_0+T} |i(t)|\,\mathrm{d}t \qquad \text{bzw.} \qquad \overline{|\,u\,|} = \frac{1}{T}\int_{t_0}^{t_0+T} |u(t)|\,\mathrm{d}t. \tag{5.6}$$

bezeichnet man als den *Gleichrichtwert* der Wechselgröße.

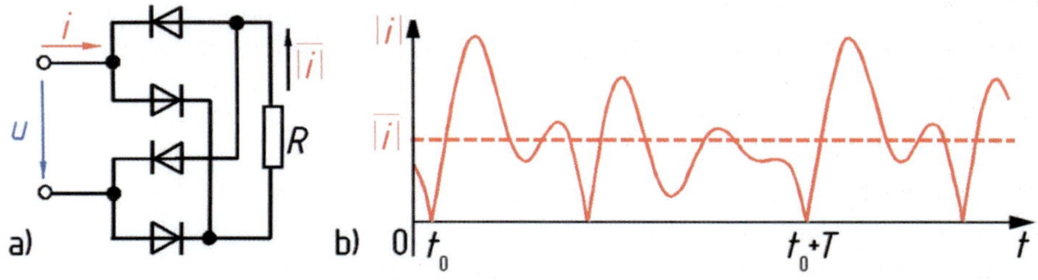

Bild 5.3 Gleichrichter-Brückenschaltung (a) und Stromverlauf (b) nach idealer Gleichrichtung des Stroms $i(t)$ aus Bild 5.2 mit Gleichrichtwert $\overline{|\,i\,|}$

5.1.2.3 Effektivwert

Eine wichtige Wirkung elektrischer Ströme und Spannungen besteht darin, dass durch ihr Zusammenwirken einem Verbraucher elektrische Energie zugeführt wird. Man definiert deshalb für Wechselströme und Wechselspannungen (und darüber hinaus auch für andere periodische Zeitfunktionen) zusätzlich zum arithmetischen einen weiteren Mittelwert, den Effektivwert, und zwar so, dass alle Ströme bzw. Spannungen mit demselben Effektivwert dem gleichen

Ohmschen Verbraucher in derselben Zeit t die gleiche Energie W zuführen. Dabei wird davon ausgegangen, dass die betrachtete Zeit t sehr viel größer als die Periodendauern T_v der zu vergleichenden Wechselgrößen ist.

Wenn an einen Verbraucher mit dem Widerstand R eine Gleichspannung U angelegt wird, fließt der Strom $I = U/R$ und im Verlauf der Zeit t wird von ihm gemäß Gl. (2.47) die elektrische Energie

$$W = U\,I\,t = R\,I^2\,t = \frac{U^2}{R}t \tag{5.7}$$

aufgenommen. Entsprechend ergibt sich, wenn Strom i und Spannung u zeitabhängig sind, für eine infinitesimale kurze Zeit dt die infinitesimale Energie

$$\mathrm{d}W = u\,i\,\mathrm{d}t = R\,i^2\,\mathrm{d}t = \frac{u^2}{R}\mathrm{d}t\,. \tag{5.8}$$

Durch Integrieren erhält man unter der Voraussetzung, dass der Widerstand R konstant ist, die über die gesamte Zeit t vom Widerstand aufgenommene elektrische Energie

$$W = \int_0^t u\,i\,\mathrm{d}t = R\int_0^t i^2\,\mathrm{d}t = \frac{1}{R}\int_0^t u^2\,\mathrm{d}t\,. \tag{5.9}$$

Der direkte Vergleich der Gln. (5.7) und (5.9) zeigt, dass ein Wechselstrom i einem konstanten Widerstand R dann in derselben Zeit t dieselbe Energie W umsetzt wie ein Gleichstrom I, sofern

$$\int_0^t i^2\,\mathrm{d}t = I^2 t \qquad \text{bzw.} \qquad \int_0^t u^2\,\mathrm{d}t = U^2\,t \tag{5.10}$$

gilt. Man ordnet deshalb einem Wechselstrom i, für den Gl. (5.10) zutrifft, die Größe I als Effektivwert zu. Entsprechendes gilt für eine Wechselspannung u und deren Effektivwert U.

Da i und u Wechselgrößen sind, deren Verläufe sich in jeder Periode wiederholen, kann man das Integrationsintervall in Gl. (5.10) zu einem beliebigen Zeitpunkt t_0 beginnen und auf eine Periodendauer T beschränken. Man erhält dann

$$\int_{t_0}^{t_0+T} i^2\,\mathrm{d}t = I^2\,T \qquad \text{bzw.} \qquad \int_{t_0}^{t_0+T} u^2\,\mathrm{d}t = U^2\,T. \tag{5.11}$$

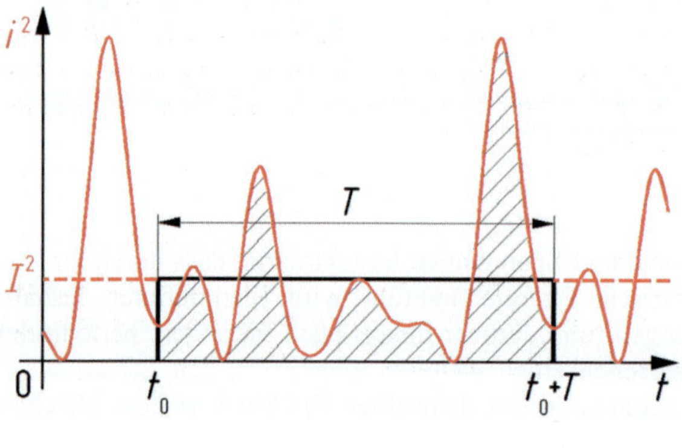

Bild 5.4 Quadrat des Stroms $i(t)$ aus Bild 5.2.
Zeitlicher Verlauf $i^2(t)$
T Periodendauer
I^2 Quadrat des Effektivwertes

Der durch Gl. (5.11) beschriebene Rechenvorgang ist in Bild 5.4 grafisch nachvollzogen: Der Stromverlauf $i(t)$ aus Bild 5.2 wird quadriert und als $i^2(t)$ in Bild 5.4 dargestellt.

Beginnend bei dem beliebig gewählten Zeitpunkt t_0 wird die Funktion $i^2(t)$ über eine Periodendauer T integriert. Das Ergebnis kann anschaulich als die (schraffierte) Fläche unter der Kurve gedeutet werden und muss denselben Wert haben wie das Produkt $I^2 \cdot T$, das als die Fläche des Rechtecks mit den Kantenlängen I^2 und T dargestellt werden kann. Demzufolge erhält man den Wert I^2, indem man das Integral durch die Periodendauer T dividiert. Nach Wurzelziehen ergibt sich hieraus der Effektivwert als der *quadratische Mittelwert* des Stroms und nach analoger Überlegung auch der der Spannung

$$I = \sqrt{\frac{1}{T} \int_{t_0}^{t_0+T} i^2 \, \mathrm{d}t} \quad \text{bzw.} \quad U = \sqrt{\frac{1}{T} \int_{t_0}^{t_0+T} u^2 \, \mathrm{d}t} \, . \tag{5.12}$$

5.1.2.4 Scheitelfaktor und Formfaktor

Häufig ist es wichtig zu wissen, wie groß die höchste Spannung $\hat{u}$ ist, die während einer Periode auftritt. Zu diesem Zweck gibt man den *Scheitelfaktor* ξ an, um den der Scheitelwert $\hat{u}$ den Effektivwert U übersteigt. Entsprechendes gilt für den Scheitelwert $\hat{i}$ (Bild 5.2) und den Effektivwert I des Stroms:

$$\xi = \frac{\hat{i}}{I} \quad \text{bzw.} \quad \xi = \frac{\hat{u}}{U} \, . \tag{5.13}$$

Eine weitere wichtige Beurteilungsgröße ist das Verhältnis von Effektivwert zu Gleichrichtwert (z. B. für das Verhältnis von Verlustleistung und Drehmoment bei Gleichstrommaschinen). Für diese als *Formfaktor* (engl. *Crest Factor*) bezeichnete Größe

$$F = \frac{I}{\overline{\overline{|i|}}} \quad \text{bzw.} \quad F = \frac{U}{\overline{\overline{|u|}}} \tag{5.14}$$

gilt $F \geq 1$. Der Formfaktor F ist umso kleiner, je mehr sich die Kurvenform einer symmetrischen Rechteckschwingung annähert.

Drehspulmessgeräte zeigen wegen der mechanischen Trägheit ihres Messsystems bei schnell veränderlichen Strömen i den arithmetischen Mittelwert nach Gl. (5.4) an. Bei Wechselstrom wird daher der Wert null angezeigt. Schaltet man dem Drehspulmesswerk einen Zweiweggleichrichter wie in Bild 5.3a vor, zeigt es den Gleichrichtwert $\overline{\overline{|i|}}$ nach Gl. (5.6) und mit einem vorgeschalteten Einweggleichrichter den halben Gleichrichtwert $0{,}5 \; \overline{\overline{|i|}}$ an. Der einfacheren Handhabung wegen sind die Skalen solcher Wechselstrommessgeräte unter Berücksichtigung des Formfaktors F für Sinusstrom so kalibriert, dass unmittelbar der Effektivwert I abgelesen werden kann. Es ist unbedingt zu beachten, dass diese Umskalierung nur für Sinusstrom exakt gültig ist und für Wechselströme mit anderen Kurvenformen bei den angezeigten Werten mehr oder weniger große Fehler auftreten.

5.1.2.5 Mischgrößen

Physikalische Größen, die nach einer periodischen Zeitfunktion wie in Bild 5.1 verlaufen, ohne dass ihr arithmetischer Mittelwert null ist, werden als *Mischgrößen* bezeichnet. Sie bestehen aus der Überlagerung einer Gleichgröße mit einer Wechselgröße.

Da es sich beim Effektivwert nach Gl. (5.12) nicht um den arithmetischen, sondern um den quadratischen Mittelwert handelt, darf man zur Bestimmung des Effektivwertes einer Mischgröße nicht einfach die Effektivwerte der überlagerten Anteile addieren. Wenn I_- der *Gleichanteil* und $i_\sim(t)$ der *Wechselanteil* einer Mischgröße $i(t) = I_- + i_\sim(t)$ sind, ergibt sich vielmehr der Effektivwert I dieser Mischgröße nach Gl. (5.12) zu

$$I = \sqrt{\frac{1}{T}\int\limits_{t_0}^{t_0+T}(I_- + i_\sim)^2\,\mathrm{d}t} = \sqrt{\frac{1}{T}\int\limits_{t_0}^{t_0+T}(I_-^2 + 2I_-i_\sim + i_\sim^2)\,\mathrm{d}t}\;. \tag{5.15}$$

Wenn man in Gl. (5.15) die Integration über jeden Summanden in der Klammer separat durchführt, erhält man

$$I = \sqrt{\frac{1}{T}\int\limits_{t_0}^{t_0+T} I_-^2\,\mathrm{d}t + \frac{1}{T}\int\limits_{t_0}^{t_0+T} 2I_-i_\sim\mathrm{d}t + \frac{1}{T}\int\limits_{t_0}^{t_0+T} i_\sim^2\,\mathrm{d}t}\;. \tag{5.16}$$

Unter dem Wurzelzeichen des Ausdrucks steht die Summe dreier Terme, von denen der erste den Wert I_-^2 und der letzte – gemäß der Definition des Effektivwertes in Gl. (5.12) – das Quadrat $I_\sim^2$ des Effektivwertes des Wechselanteils ergibt. Der in der Mitte stehende Term stellt (abgesehen vom konstanten Faktor $2I_-$) den arithmetischen Mittelwert $\overline{i_\sim}$ des Wechselanteils dar, der aber nach Gl. (5.5) definitionsgemäß null ist. Somit gilt für den *Effektivwert einer Mischgröße*

$$I = \sqrt{I_-^2 + I_\sim^2}\;. \tag{5.17}$$

Messgeräte, bei denen der angezeigte Wert vom Quadrat des Stroms abhängt, wie z. B. das *Dreheisenmessgerät* oder das *elektrodynamische Messgerät* [35], zeigen aufgrund ihres Messprinzips prinzipiell direkt den quadratischen Mittelwert, d. h. den Effektivwert an.

5.2 Sinusgrößen

Unter den periodischen Zeitfunktionen sind die Sinusfunktionen die einzigen, bei denen man nach der Differenziation wieder eine Funktion des ursprünglichen Typs erhält. Wie Gl. (3.89) und Gl. (4.115) zeigen, sind Strom i und Spannung u sowohl an einer Induktivität L als auch an einer Kapazität C über die Ableitung nach der Zeit miteinander verknüpft, sodass sinusförmig verlaufende Spannungen an diesen Schaltungselementen wieder sinusförmig verlaufende Ströme zur Folge haben und umgekehrt. Dabei ist die *Phasenverschiebung* zwischen den Sinusgrößen Spannung u und Strom i von entscheidender Bedeutung.

5.2.1 Eigenschaften von Sinusgrößen

5.2.1.1 Erzeugung von Sinusspannungen

In den Verbundnetzen der elektrischen Energieverteilung werden Sinusspannungen größtenteils durch die Generatoren der Kraftwerke erzeugt. Für Not- oder mobile Versorgung werden Gleichspannungen mit Hilfe von Wechselrichtern in Sinusspannungen umgeformt [24]. In der Nachrichtentechnik werden Sinusspannungen mit Oszillatorschaltungen unter Einsatz von Transistoren sowie Schwingkreisen bzw. Schwingquarzen erzeugt [19], [48].

Die Erzeugung von Sinusspannungen in Generatoren beruht grundsätzlich auf dem *Induktionsgesetz* (Abschnitt 4.3.1.3). In eine Spule mit N Windungen wird eine Spannung u induziert, die der Änderungsgeschwindigkeit $\mathrm{d}\Phi/\mathrm{d}t$ des magnetischen Flusses Φ proportional ist. Bei rechtswendiger Zuordnung (Abschnitt 4.3.1.3) der Zählpfeile für den Fluss Φ und die Spannung u ergibt sich nach Gl. (4.87) die induzierte Spannung

$$u = -N\frac{\mathrm{d}\Phi}{\mathrm{d}t}. \qquad (5.18)$$

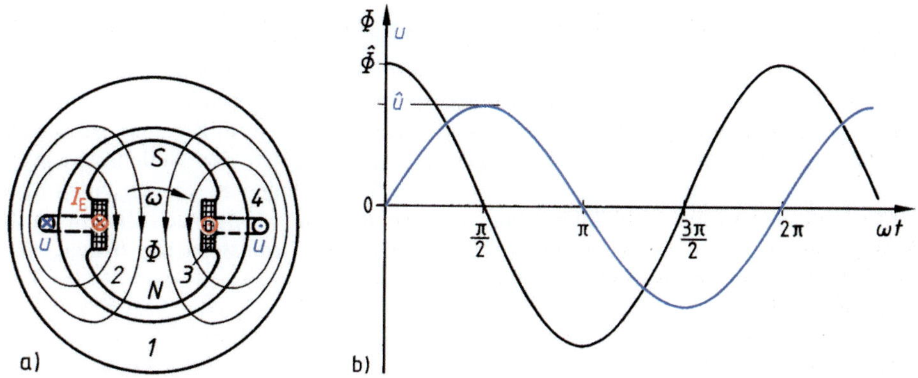

Bild 5.5 Querschnitt (a) durch einen Sinusspannungsgenerator sowie zeitliche Verläufe (b) seines magnetischen Flusses $\Phi(t)$ und der in der Ständerwicklung induzierten Spannung $u(t)$. 1 Ständer mit Wicklung 4, 2 Polrad mit Erregerwicklung 3

Durch Drehung einer Spule im Magnetfeld (Bild 4.45) oder eines Polrades in einem Generator (Bild 5.5a) oder durch einen Sinusstrom in der Erregerwicklung eines Transformators (Bild 4.44) kann ein magnetischer Fluss

$$\Phi - \hat{\Phi}\cos(\omega t) \qquad (5.19)$$

mit dem Scheitelwert $\hat{\Phi}$ und der *Kreisfrequenz* ω erzeugt werden. Bei einem zweipoligen Generator ist ω auch die Winkelgeschwindigkeit des Polrades. Der Fluss Φ induziert in der Spule, die er durchsetzt, die Spannung

$$u = -N\frac{d}{\mathrm{d}t}(\hat{\Phi}\cos(\omega t)) = N\,\omega\hat{\Phi}\sin(\omega t) = \hat{u}\sin(\omega t) \qquad (5.20)$$

mit dem Scheitelwert

$$\hat{u} = N\,\omega\hat{\Phi}. \qquad (5.21)$$

Die Verläufe von Fluss $\Phi(t)$ und Spannung $u(t)$ sind in Bild 5.5b dargestellt.

In Bild 5.5a ist der Querschnitt durch einen *Sinusspannungsgenerator* dargestellt. Im rohrförmigen Ständer 1 befindet sich in horizontaler Ebene die Ständerwicklung 4. In diesem Zylinder dreht sich das Polrad 2 mit der Erregerwicklung 3, die von einem Gleichstrom I_E durchflossen wird und so den Fluss Φ erzeugt. Der Luftspalt zwischen Ständer und Polrad erweitert sich von der Polmitte zu den Polenden hin, um eine annähernd sinusförmige Verteilung der magnetischen Flussdichte $B = d\Phi/\mathrm{d}A$ im Luftspalt zu erreichen.

5.2.1.2 Phasenlage, Periodendauer und Frequenz

In Bild 5.5b ist das Zeitdiagramm, also der zeitliche Verlauf eines sinusförmigen magnetischen Wechselflusses Φ und der durch ihn induzierten Sinusspannung u dargestellt. Diese Sinusgrößen erreichen zu verschiedenen Zeiten t ihre *Scheitelwerte* und *Nulldurchgänge*, d. h. diese Größen haben unterschiedliche *Phasenlagen*; sie sind gegeneinander phasenverschoben.

Bild 5.6 zeigt die sinusförmigen Verläufe eines Stroms $i = \hat{i}\,\sin(\omega t + \varphi_i)$ und einer Spannung $u = \hat{u}\,\sin(\omega t + \varphi_u)$. Ganz allgemein beginnt somit eine *Sinusfunktion* $x = \hat{x}\,\sin(\omega t + \varphi_x)$ zur Zeit $t = 0$ mit dem Wert $x_0 = \hat{x}\,\sin\varphi_x$ und geht um den *Nullphasenwinkel* φ_x früher als die normale Sinusfunktion $\sin(\omega t)$ durch null. Hierbei ist streng auf das Vorzeichen des Winkels zu achten: In Bild 5.6 ist z. B. der Nullphasenwinkel der Spannung $\varphi_u = 30°$ und der des Stroms $\varphi_i = -30°$. Der Nullphasenwinkel ist also ganz allgemein eine vorzeichenbehaftete Größe, die durch einen Einfachpfeil (mit nur einer Pfeilspitze) gekennzeichnet werden muss. Der Nullphasenwinkel wird positiv angegeben, wenn seine Pfeilspitze in Richtung steigender Werte von ωt weist, bzw. negativ bei entgegengesetzter Richtung. Um den Nullphasenwinkel vorzeichenrichtig aus einem Zeitdiagramm, z. B. Bild 5.6, entnehmen zu können, muss man den Winkelpfeil vom positiven Nulldurchgang (die Sinusfunktion wird nach diesem Nulldurchgang positiv), der am nächsten zum Ursprung liegt, zur Ordinatenachse richten. Die Pfeilspitzen müssen also stets an der Ordinatenachse liegen.

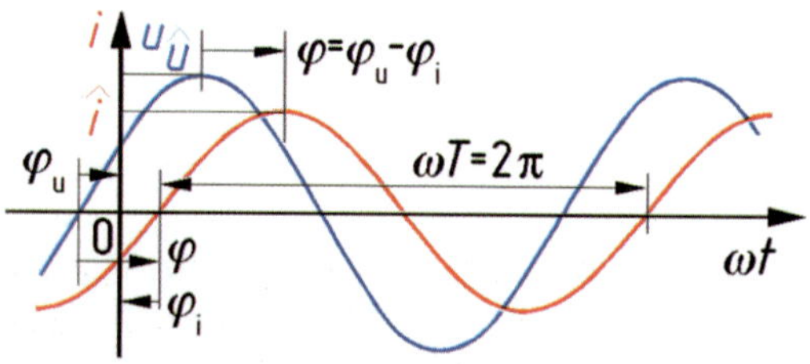

Bild 5.6 Sinusstrom $i = \hat{i}\,\sin(\omega t + \varphi_i)$ und Sinusspannung $u = \hat{u}\,\sin(\omega t + \varphi_u)$
φ Phasenverschiebungswinkel
T Periodendauer

Wichtiger als der Nullphasenwinkel ist in der Sinusstromtechnik die *Phasenverschiebung* zwischen zwei Sinusfunktionen. Von besonderer Bedeutung ist dabei der *Phasenverschiebungswinkel* φ, der an einem Sinusstromverbraucher zwischen der Spannung u und dem Strom i auftritt. Er wird ohne weiteren Index mit φ gekennzeichnet und ist als

$$\varphi = \varphi_u - \varphi_i \tag{5.22}$$

definiert. Oft wird der Phasenverschiebungswinkel φ einfach als *Phasenverschiebung* bezeichnet. Der Begriff „Phasenwinkel" sollte nicht für den Phasenverschiebungswinkel verwendet werden, um Verwechslungen mit dem Phasenwinkel ωt zu vermeiden. Der Phasenverschiebungswinkel gibt an, um welchen Winkel die Spannung dem Strom vorauseilt und ist – ebenso wie die Nullphasenwinkel φ_i und φ_u – durch einen Einfachpfeil zu kennzeichnen, der vom positiven Nulldurchgang der Spannung u zum nächstliegenden des Stroms i gerichtet ist. Wenn dieser Pfeil in Richtung der positiven ωt-Achse weist, ist der Phasenverschiebungswinkel φ positiv, sonst negativ. Diese Vorzeichen- und Richtungsfestlegung ist absolut verbindlich. Uneinheitliche Winkelvorzeichen bei diesen Größen führen zu schwerwiegenden, grundsätzlichen Fehlern.

Beispiel 5.1 Phasenverschiebungswinkel zwischen Spannung und Strom

Der Phasenverschiebungswinkel zwischen Spannung u und Strom i in Bild 5.6 soll vorzeichenrichtig beschrieben werden.

Nach Gl. (5.22) ist der Phasenverschiebungswinkel

$$\varphi = \varphi_{\mathrm{u}} - \varphi_{\mathrm{i}} = 30° - (-30°) = 60°. \tag{5.23}$$

Die Spannung u eilt dem Strom i um $\varphi = 60°$ voraus. Gleichbedeutend hiermit ist selbstverständlich die Aussage, dass der Strom der Spannung um 60° nacheilt.

Eine Sinusschwingung wiederholt sich nach Ablauf des Winkels $2\pi = 360° = \omega T$. Mit der *Kreisfrequenz* ω gilt somit für die in Bild 5.6 dargestellte *Periodendauer*

$$T = \frac{2\pi}{\omega} \tag{5.24}$$

und mit Gl. (5.2) für die Frequenz

$$f = \frac{1}{T} = \frac{\omega}{2\pi}. \tag{5.25}$$

Die Kreisfrequenz ω unterscheidet sich somit lediglich um den Faktor 2π von der Frequenz f. Für die Einheit der Kreisfrequenz ω gilt

$$[\omega] = \frac{\mathrm{rad}}{\mathrm{s}} = \frac{1}{\mathrm{s}} = \mathrm{s}^{-1}. \tag{5.26}$$

Sie darf nicht in Hertz angegeben werden!

Wichtige Frequenzbereiche der Elektrotechnik sind in Bild 5.7 zusammengestellt. Bei den Energieversorgungsnetzen sind 50 Hz oder 60 Hz üblich. Nach Bild 5.7 herrschen in der Energietechnik die kleinen Frequenzen vor, wobei allerdings für bestimmte Fertigungsverfahren Frequenzen bis zu 1 GHz zur Anwendung kommen. Die Nachrichtentechnik überstreicht den gesamten Frequenzbereich. Neuere Entwicklungen führen zu immer höheren Frequenzen (Höchstfrequenz). Bild 5.7 stellt gleichzeitig die verschiedenen Anwendungsgebiete der Sinusstromtechnik heraus.

Beispiel 5.2 Induktion einer sinusförmigen Spannung

In einer Spule mit der Windungszahl $N = 30$ ändert sich der magnetische Fluss des Scheitelwerts $\hat{\Phi} = 700$ mVs mit der Frequenz $f = 50$ Hz nach der Funktion $\Phi = \hat{\Phi}\cos(\omega t)$. Periodendauer T und Zeitfunktion $u(t)$ der induzierten Spannung sind zu bestimmen. Die Zählpfeile des magnetischen Flusses Φ und der Spannung u seien einander rechtswendig zugeordnet.

Für die Periodendauer gilt nach Gl. (5.25)

$$T = \frac{1}{f} = \frac{1}{50\ \mathrm{Hz}} = 0{,}02\ \mathrm{s} = 20\ \mathrm{ms}. \tag{5.27}$$

Die Sinusspannung der normalen Versorgungsnetze wiederholt also ihren Verlauf nach jeweils 20 ms.

Mit der Kreisfrequenz $\omega = 2\pi f = 2\pi \cdot 50\ \mathrm{Hz} = 314{,}2\ \mathrm{s}^{-1} = 0{,}3142\ \mathrm{ms}^{-1}$ nach Gl. (5.24) erhält man die Zeitfunktion des magnetischen Flusses in der Spule

$$\Phi = \hat{\Phi}\cos(\omega t) = 700\ \mathrm{mVs}\cos\left(0{,}3142\frac{t}{\mathrm{ms}}\right) \tag{5.28}$$

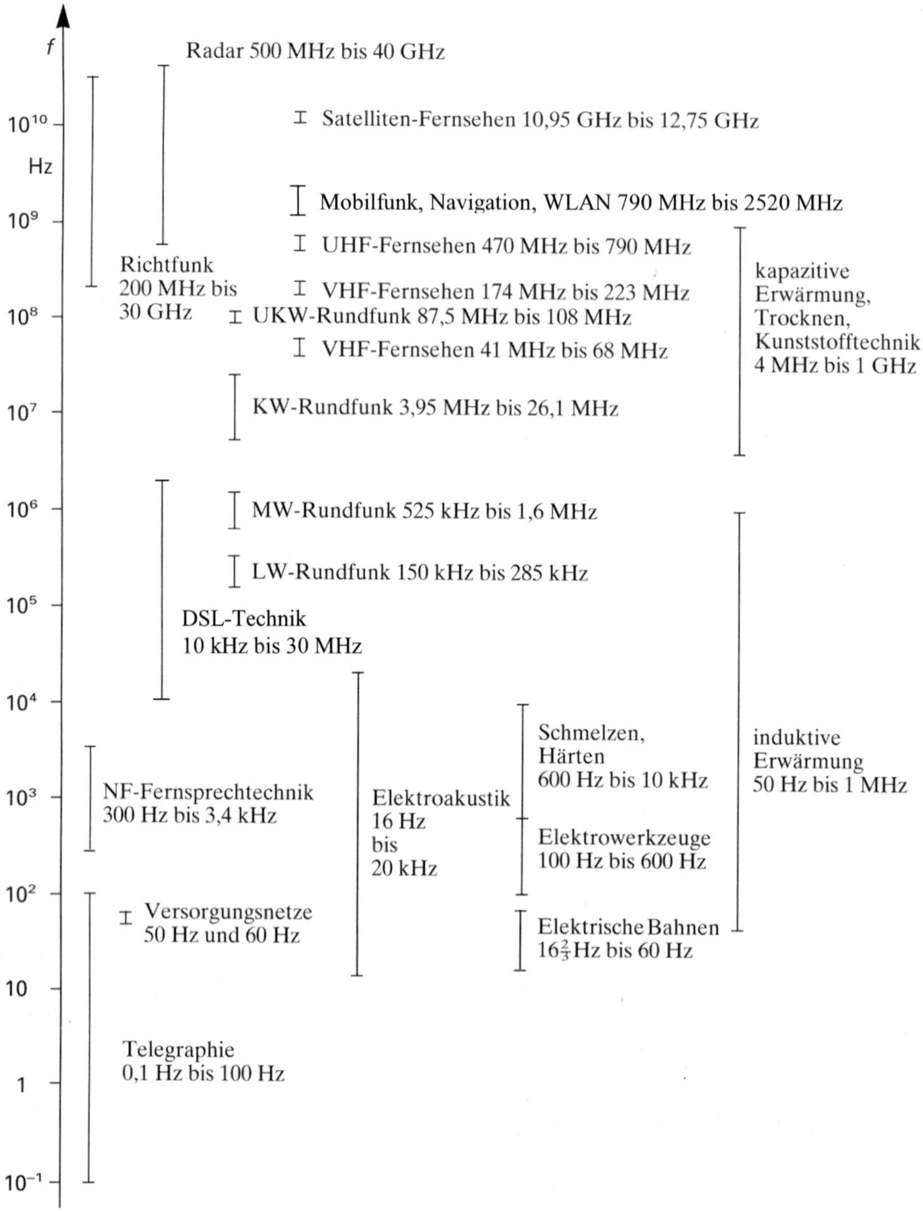

Bild 5.7 Wichtige Frequenzbereiche der Elektrotechnik

und nach Gl. (5.20) die Spannungsfunktion

$$u = N\,\omega\hat{\Phi}\,\sin(\omega t)$$

$$= 30 \cdot 314{,}2\ \text{s}^{-1} \cdot 700\ \text{mVs}\,\sin\left(0{,}3142\frac{t}{\text{ms}}\right) = 6{,}6\ \text{kV}\,\sin\left(0{,}3142\frac{t}{\text{ms}}\right).$$

Beispiel 5.3 Spannungsinduktion in einer Rahmenantenne

Eine Spule (z. B. eine Rahmenantenne) hat die Fläche A = 900 cm^2 und die Windungszahl N = 50. Sie wird von einer elektromagnetischen Welle mit dem Scheitelwert der magnetischen Feldstärke $\hat{H}$ = 10 µA/m und der Frequenz f = 5 MHz senkrecht und homogen durchsetzt. Wie groß ist der Scheitelwert $\hat{u}$ der in dieser Antenne induzierten Spannung?

Mit der Permeabilität von Luft μ_0 = 1,257 µH/m tritt nach Gl. (4.10) der Scheitelwert der magnetischen Flussdichte

$$\hat{B} = \mu_0\,\hat{H} = 1{,}257\frac{\mu\text{H}}{\text{m}} \cdot 10\frac{\mu\text{A}}{\text{m}} = 12{,}57\frac{\text{pVs}}{\text{m}^2} = 12{,}57\ \text{pT}$$

auf. (Die Feldgrößen elektromagnetischer Wellen sind verglichen mit den entsprechenden Größen elektrischer Maschinen extrem klein.) Der Scheitelwert des Flusses beträgt dann nach Gl. (4.40)

$$\hat{\Phi} = \hat{B}A = 12{,}57\frac{\text{pVs}}{\text{m}^2} \cdot 0{,}09\ \text{m}^2 = 1{,}131\ \text{pVs}.$$

Daher wird nach Gl. (5.21) mit der Kreisfrequenz $\omega = 2\pi f = 2\pi \cdot 5\ \text{MHz} = 31{,}42\ \mu\text{s}^{-1}$ der Scheitelwert der Spannung

$$\hat{u} = N\omega\hat{\Phi} = 50 \cdot 31{,}42\ \mu\text{s}^{-1} \cdot 1{,}131\ \text{pVs} = 1{,}777\ \text{mV}$$

in die Antenne induziert. Diese Spannung kann in einem Empfänger nach entsprechender Verstärkung als Signal genutzt werden. Bei UKW-Antennen treten Spannungen von nur wenigen µV auf.

5.2.1.3 Mittelwerte von Sinusgrößen

Der arithmetische Mittelwert einer Sinusgröße ist, wie man Bild 5.8a unmittelbar entnehmen kann, stets null. Rechnerisch lässt sich dies mit Gl. (5.4) nachweisen: Wenn man $i = \hat{i}\,\sin(\omega t)$ setzt und die Integration der Einfachheit halber bei $t_0 = 0$ beginnt, erhält man für den *arithmetischen Mittelwert* nach Gl. (5.4) zunächst

$$\overline{i} = \frac{1}{T}\int_0^T \hat{i}\,\sin(\omega t)\,\mathrm{d}t = \frac{1}{T}\left(-\frac{\hat{i}}{\omega}\cos(\omega t)\right)\Bigg|_{t=0}^{t=T} = \frac{\hat{i}}{\omega T}(-\cos(\omega T) + \cos 0). \qquad (5.29)$$

Da gemäß Gl. (5.24) $\omega T = 2\pi$ gilt, folgt hieraus

$$\overline{i} = \frac{\hat{i}}{2\pi}(-\cos(2\pi) + \cos 0) = \frac{\hat{i}}{2\pi}(-1+1) = 0. \qquad (5.30)$$

Damit ist auch formal der Beweis geführt, dass Gl. (5.5) erfüllt ist und sinusförmig verlaufende Größen Wechselgrößen sind.

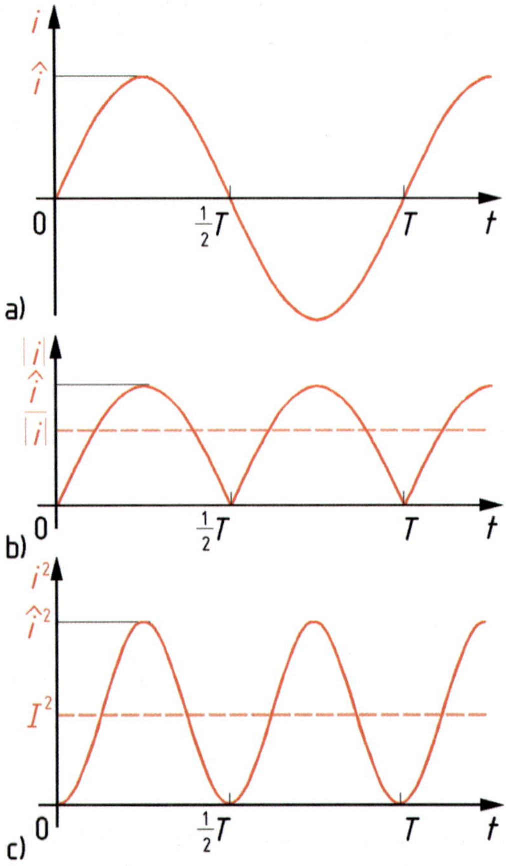

Bild 5.8 a) Sinusstrom $i = \hat{i}\ \sin(\omega t)$ arithmetischer Mittelwert $\bar{i} = 0$
b) Gleichgerichteter Sinusstrom $|i| = \hat{i}\ |\sin(\omega t)|$
$\overline{|i|}$ Gleichrichtwert
c) Quadrierter Sinusstrom $i^2 = \hat{i}^2 \sin^2(\omega t)$
I^2 Quadrat des Effektivwertes

Bei der Ermittlung des Gleichrichtwertes $\overline{|i|}$ einer Sinusgröße $i = \hat{i}\ \sin(\omega t)$ nutzt man die Tatsache, dass die positive und die negative Halbschwingung Verläufe zeigen, die – vom Vorzeichen abgesehen – identisch sind. Es genügt daher, wenn die Mittelwertbildung bei der Funktion $|\,i(t)\,|$ über die halbe Periodendauer $T/2$ der Sinusfunktion vorgenommen wird. Wenn man im Übrigen nach Gl. (5.6) verfährt und die Integration bei $t_0 = 0$ beginnt, ergibt sich der zusätzliche Vorteil, dass bis zum Ende des Integrationsbereiches bei $t = T/2$ die Funktionen $|\,i(t)\,|$ und $i(t)$ identisch sind. Für den Gleichrichtwert des Sinusstroms $i(t)$ ergibt sich somit

$$\overline{|i|} = \frac{1}{\frac{1}{2}T}\int_0^{T/2} \hat{i}\ |\sin(\omega t)|\ \mathrm{d}t = \frac{1}{\frac{1}{2}T}\int_0^{T/2} \hat{i}\sin(\omega t)\mathrm{d}t = \frac{2}{T}\left(-\frac{\hat{i}}{\omega}\cos(\omega t)\right)\Bigg|_{t=0}^{t=\frac{1}{2}T} \tag{5.31}$$

und mit $\omega T = 2\pi$ gemäß Gl. (5.24)

$$\overline{|i|} = \frac{2\hat{i}}{\omega T}\left(-\cos\frac{\omega T}{2} + \cos 0\right) = \frac{2\hat{i}}{2\pi}\left(-\cos\pi + \cos 0\right) = \frac{2}{\pi}\hat{i} \approx 0{,}6366\,\hat{i}. \tag{5.32}$$

Entsprechend gilt für den *Gleichrichtwert* einer Sinusspannung

$$\overline{|u|} = \frac{2}{\pi}\hat{u} \approx 0{,}6366\,\hat{u}\,. \tag{5.33}$$

Zur Bestimmung des Effektivwertes I einer Sinusgröße $i = \hat{i}\,\sin(\omega t)$ ist nach Gl. (5.12) zunächst die Zeitfunktion $i(t)$ zu quadrieren. Man erhält dann den in Bild 5.8c dargestellten Verlauf

$$i^2(t) = \hat{i}^2 \sin^2(2\,\omega t) = \frac{\hat{i}^2}{2}(1 - \cos(2\,\omega t)), \tag{5.34}$$

dessen arithmetischer Mittelwert sich zu

$$I^2 = \frac{1}{T}\int_0^T \frac{\hat{i}^2}{2}(1 - \cos(2\,\omega t))\,\mathrm{d}t = \frac{\hat{i}^2}{2} \tag{5.35}$$

ergibt, da die Funktion $\cos(2\,\omega t)$ eine Wechselgröße beschreibt, deren Mittelwert nach Gl. (5.5) definitionsgemäß null ist. Aus der Quadratwurzel erhält man schließlich den *Effektivwert* der Sinusgröße

$$I = \frac{1}{\sqrt{2}}\hat{i} \approx 0{,}7071\,\hat{i} \qquad \text{bzw.} \qquad U = \frac{1}{\sqrt{2}}\hat{u} \approx 0{,}7071\,\hat{u}\,. \tag{5.36}$$

Aus Gl. (5.36) ergibt sich der *Scheitelfaktor* einer Sinusgröße nach Gl. (5.13) zu

$$\xi = \frac{\hat{i}}{I} = \frac{\hat{u}}{U} = \sqrt{2} \approx 1{,}414\,. \tag{5.37}$$

Der *Formfaktor* ergibt sich nach Gl. (5.14) aus Gl. (5.32) und Gl. (5.36) zu

$$F = \frac{I}{\overline{|i|}} = \frac{U}{\overline{|u|}} = \frac{\pi}{2\sqrt{2}} \approx 1{,}111\,. \tag{5.38}$$

5.2.2 Zeigerdiagramme

Zur vollständigen Darstellung von Sinusgrößen werden deren Zeitfunktionen wie in Bild 5.6 als Sinuslinien über der Zeit t aufgetragen. Wenn mehrere Sinusgrößen gleichzeitig betrachtet werden, sind solche Diagramme aber sehr unübersichtlich. Es soll deshalb gezeigt werden, wie man sinusförmig zeitabhängige Größen einfacher symbolisch darstellen kann.

5.2.2.1 Zeiger

Mit Bild 5.9 wird ein Zeiger (Einfachpfeil) eingeführt, der mit dem unterstrichenen Formelzeichen der Sinusgröße (also z. B. bei der Spannung mit $\underline{u}$) bezeichnet wird. Die Länge dieses Zeigers entspricht dem *Scheitelwert* $\hat{u}$.

Das Unterstreichen weist darauf hin, dass dieses Formelzeichen nicht nur die physikalische Größe, sondern auch die Zeigereigenschaft symbolisieren soll.

Dreht sich nun in Bild 5.9 der Spannungszeiger $\underline{u}$ im mathematisch positiven Sinn (d. h. entgegengesetzt wie ein Uhrzeiger) mit der Winkelgeschwindigkeit ω, so stellen die Projektionen der Zeigerspitze auf die ruhende *Projektionsachse z* die *Augenblickswerte* $u = \hat{u}\,\sin(\omega t)$ dar, wie das für 12 Zeigerstellungen und die zugehörigen Augenblickswerte in Bild 5.9 gezeigt ist. Eine im Zeitdiagramm dargestellte Sinuslinie lässt sich somit als Projektion eines sich gleichmäßig drehenden Zeigers auf eine stillstehende Projektionsachse deuten. Die *Winkelgeschwindigkeit* ω des Zeigers ist dabei gleich der Kreisfrequenz $\omega = 2\,\pi\,f$ der betrachteten Schwingung.

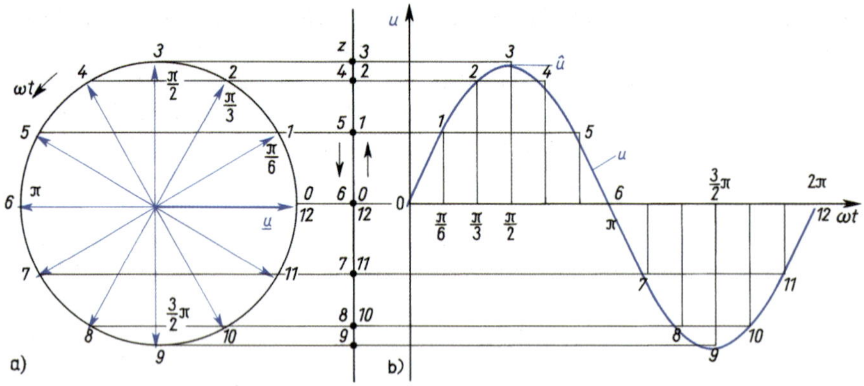

Bild 5.9 Zusammenhang zwischen Drehzeigerdiagramm (a) und Zeitdiagramm (b)
z Projektionsachse

Ebenso wie die Sinusschwingung ist auch ihr Zeiger durch vier Kennwerte eindeutig festgelegt:

1. Die *Art* (Qualität) der Sinusgröße wird durch das neben dem Zeiger stehende Formelzeichen (z. B. $\underline{u}$ oder $\underline{i}$) angegeben. Der Unterstrich symbolisiert hierbei den Zeigercharakter der Größe.
2. Der *Betrag* der Sinusgröße (hier der Scheitelwert, in Abschnitt 5.3.2.3 der Effektivwert) wird durch die Länge des Zeigers ausgedrückt. Hierfür benötigt man einen Maßstab (z. B. 1 cm ≙ 20 V oder 1 cm ≙ 5 A usw.), den man zweckmäßigerweise gesondert in das Zeigerdiagramm einträgt (Bild 5.13e).
3. Nach Abschnitt 5.2.1.2 können sich mehrere gleichfrequente Sinusgrößen durch ihre Phasenlage unterscheiden. Sie wird im Zeigerdiagramm durch den *Phasenverschiebungswinkel* φ zwischen den Zeigern berücksichtigt. Bild 5.10 enthält als Beispiel das aus Bild 5.6 übernommene Zeitdiagramm und das zugehörige Zeigerdiagramm mit dem Phasenverschiebungswinkel $\varphi = \varphi_u - \varphi_i$. Die Zuordnung zu den Zeitpunkten 0 und 1 ist einfach zu erkennen.
4. Die *Frequenz* f der Sinusschwingung bestimmt nach Gl. (5.25) die Winkelgeschwindigkeit ω der sich drehenden Zeiger. Zeigerdiagramme können daher, wenn der Phasenverschiebungswinkel φ auch beim Drehen erhalten bleiben soll, *nur gleichfrequente Vorgänge wiedergeben*. Da nur feststehende Zeiger gezeichnet werden können, sind die Darstellungen in Bild 5.9 und Bild 5.10 gewissermaßen Momentaufnahmen der sich drehenden Zeiger.

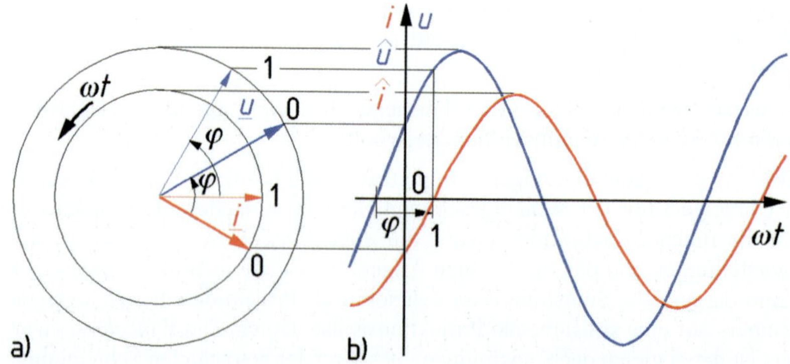

Bild 5.10 Drehzeigerdiagramm (a) und Zeitdiagramm (b) für einen Sinusstrom *i* und eine Sinusspannung *u*. 0, 1 Zeitpunkte

Die Vorstellung eines *Drehzeigers* ist für die Entwicklung des Zeitdiagramms aus dem Zeigerdiagramm nützlich; für die Bestimmung des Augenblickswertes ist sie sogar nötig. Für alle anderen Aufgaben, insbesondere für die Beschreibung der Beziehungen, in denen gleichfrequente Sinusschwingungen zueinander stehen, ist es zweckmäßiger, die sich drehenden Zeiger vom mitbewegten Standpunkt aus zu betrachten. Für einen Beobachter, der sich selber wie die Zeiger mit der Winkelgeschwindigkeit ω dreht, stehen die Zeiger still. Unter welchem Winkel er diese Zeiger sieht, hängt von seiner eigenen Winkelposition ab und ist daher – willkürlich – wählbar. Eindeutig festgelegt sind hingegen, wie Bild 5.10a zeigt, die Winkel zwischen den einzelnen Zeigern. Bei dieser Betrachtungsweise gelangt man zu Zeigern, die in der Bildebene stillstehen. Zur Unterscheidung von den rotierenden Zeigern werden diese *ruhenden Scheitelwertzeiger* mit $\hat{\underline{u}}$, $\hat{\underline{i}}$ usw. gekennzeichnet. Sie werden oftmals so dargestellt, dass ihre Winkelpositionen mit denen der rotierenden Zeiger zum Zeitpunkt $t = 0$ übereinstimmen (Zeitpunkt 0 in Bild 5.10).

Da man in der Elektrotechnik Sinusgrößen überwiegend nicht mit Scheitelwerten, sondern mit Effektivwerten beschreibt, empfiehlt es sich bei der praktischen Handhabung der ruhenden Zeiger, deren Länge nach dem Effektivwert zu bemessen. Im Unterschied zu den Scheitelwertzeigern werden die *Effektivwertzeiger* durch einen unterstrichenen Großbuchstaben (z. B. $\underline{U}$ oder $\underline{I}$) gekennzeichnet. Die Winkel zwischen den Effektivwertzeigern sind dieselben wie zwischen den entsprechenden Scheitelwertzeigern. Bei gleichem Maßstab sind die Scheitelwertzeiger lediglich um den Scheitelfaktor $\xi = \sqrt{2} \approx 1{,}414$ länger als die Effektivwertzeiger. Dieser Sachverhalt ist in Bild 5.11b dargestellt und auch aus dem Vergleich der Bilder 5.12a und b zu ersehen.

5.2.2.2 Zählpfeile

Nach Abschnitt 1.4.1 ist eine Beschreibung der Ströme und Spannungen in einem Netzwerk nur dann möglich, wenn in die Schaltung die zugehörigen Zählpfeile eingetragen werden. Erst sie ermöglichen die eindeutige Zuordnung der Ströme und Spannungen, insbesondere ihrer Richtungen; z. B. benötigt man zur eindeutigen Interpretation des Zeigerdiagramms in Bild 5.11b die Eintragung der Zählpfeile nach Bild 5.11a.

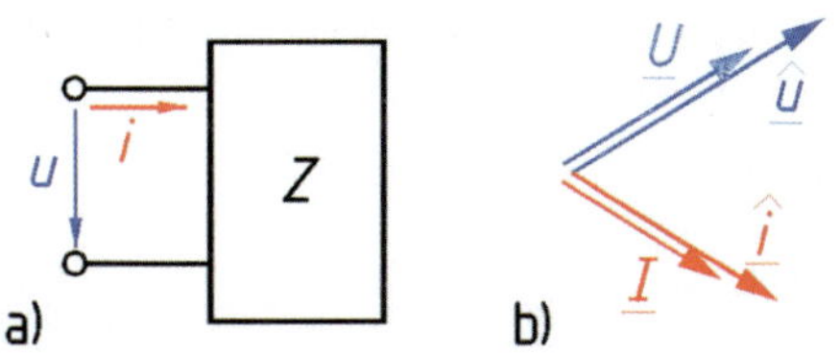

Bild 5.11 Zweipol Z mit Zählpfeilen u und i im Verbraucher-Zählpfeilsystem (a) und zugehörige Zeigerdiagramme (b)

Zeiger und Zählpfeile werden beide durch Einfachpfeile dargestellt; sie dienen jedoch völlig unterschiedlichen Zwecken. Die in Bild 5.11a eingetragenen Zählpfeile können keinesfalls ständig die Richtung von Strom i und Spannung u bezeichnen, da sich diese periodisch ändert (z. B. Bild 5.10b). Sie sind auch keine Zeiger im Sinne von Bild 5.11b, da ihre Länge und Richtung keine Aussage über Betrag und Phasenlage der zugehörigen Größe zulassen. Die in Bild 5.11a eingetragenen Zählpfeile sollen vielmehr nur angeben, in welcher Richtung Strom i und Spannung u positiv gezählt werden. Wann Strom und Spannung in diesem

Sinne tatsächlich positiv sind, kann dem zugehörigen Zeitdiagramm (Bild 5.10b) entnommen werden.

Es ist zu beachten, dass der Pfeil für den Phasenverschiebungswinkel im Zeitdiagramm vom positiven Nulldurchgang der betrachteten Sinusgröße zum Nulldurchgang der Bezugsgröße einzutragen ist. Im Gegensatz hierzu ist der Phasenverschiebungswinkel im Zeigerdiagramm von der Bezugsgröße zur betrachteten Größe einzutragen! Ein Beispiel hierfür ist Bild 5.10, wo der Strom die Bezugsgröße ist.

Die Zählpfeile werden wie in Bild 5.11a mit den Symbolen u und i bezeichnet, wenn die Zeitabhängigkeit dieser Größen im Einzelnen untersucht werden soll (Abschnitte 5.2.2.3 und 5.2.2.4). Wenn jedoch eine Darstellung mit Hilfe von Effektivwertzeigern oder die Anwendung der komplexen Rechnung (Abschnitt 5.3) beabsichtigt ist, werden wie in Bild 5.13 die Zählpfeile mit den Zeigersymbolen $\underline{U}$ und $\underline{I}$ bezeichnet.

5.2.2.3 Addition und Subtraktion von Sinusgrößen

Die Anwendung der Kirchhoffschen Gesetze und des Überlagerungssatzes verlangen eine Addition oder Subtraktion von Strömen und Spannungen. Dabei erhält man, wie in Bild 5.12 gezeigt, bei der Addition zweier Sinusschwingungen erneut eine Sinusschwingung derselben Frequenz [5].

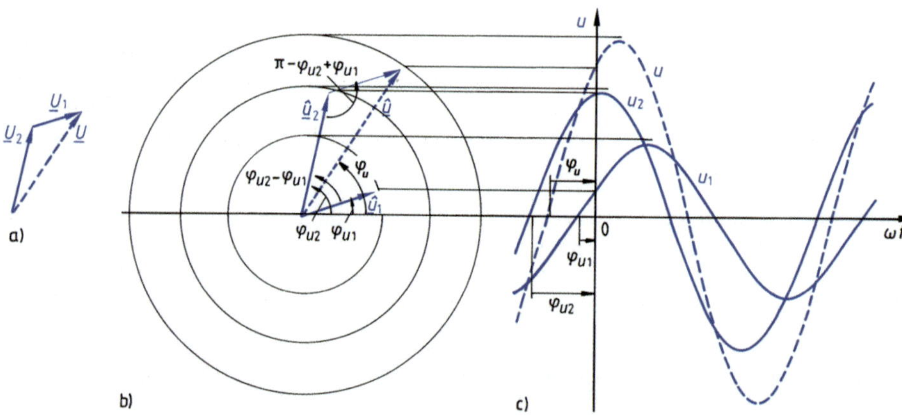

Bild 5.12 Addition von zwei Sinusspannungen $u_1 + u_2 = u$ im Effektivwert-Zeigerdiagramm (a), im Scheitelwert-Zeigerdiagramm (b) und im Zeitdiagramm (c)
φ_{u1}, φ_{u2}, φ_u Nullphasenwinkel der drei Spannungen

In Bild 5.12c werden die beiden Spannungen $u_1 = \hat{u}_1 \sin(\omega t + \varphi_{u1})$ und $u_2 = \hat{u}_2 \sin(\omega t + \varphi_{u2})$ zur Gesamtspannung

$$u = \hat{u} \sin(\omega t + \varphi_u) = \hat{u}_1 \sin(\omega t + \varphi_{u1}) + \hat{u}_2 \sin(\omega t + \varphi_{u2}) \tag{5.39}$$

überlagert. φ_{u1}, φ_{u2} und φ_u sind hierin die Nullphasenwinkel der drei Spannungen. Durch Anwendung der Additionstheoreme [53] erhält man

$$\begin{aligned} u &= \hat{u} \sin \varphi_u \cos(\omega t) + \hat{u} \cos \varphi_u \sin(\omega t) \\ &= \hat{u}_1 \sin \varphi_{u1} \cos(\omega t) + \hat{u}_1 \cos \varphi_{u1} \sin(\omega t) + \hat{u}_2 \sin \varphi_{u2} \cos(\omega t) + \hat{u}_2 \cos \varphi_{u2} \sin(\omega t) \\ &= (\hat{u}_1 \sin \varphi_{u1} + \hat{u}_2 \sin \varphi_{u2}) \cos(\omega t) + (\hat{u}_1 \cos \varphi_{u1} + \hat{u}_2 \cos \varphi_{u2}) \sin(\omega t). \end{aligned}$$

Aus dem Vergleich der ersten mit der dritten Zeile dieser Gleichung folgt

$$\hat{u}\sin\varphi_u = \hat{u}_1\sin\varphi_{u1} + \hat{u}_2\sin\varphi_{u2}, \tag{5.40}$$

$$\hat{u}\cos\varphi_u = \hat{u}_1\cos\varphi_{u1} + \hat{u}_2\cos\varphi_{u2}. \tag{5.41}$$

Wenn man Gl. (5.40) durch Gl. (5.41) dividiert, erhält man $\tan\varphi_u = \sin\varphi_u/\cos\varphi_u$ bzw. den resultierenden Nullphasenwinkel

$$\varphi_u = \arctan\frac{\hat{u}_1\sin\varphi_{u1} + \hat{u}_2\sin\varphi_{u2}}{\hat{u}_1\cos\varphi_{u1} + \hat{u}_2\cos\varphi_{u2}} \tag{5.42}$$

Wenn man Gl. (5.40) und Gl. (5.41) quadriert und addiert, findet man

$$\hat{u}^2\sin^2\varphi_u + \hat{u}^2\cos^2\varphi_u = (\hat{u}_1\sin\varphi_{u1} + \hat{u}_2\sin\varphi_{u2})^2 + (\hat{u}_1\cos\varphi_{u1} + \hat{u}_2\cos\varphi_{u2})^2 . \tag{5.43}$$

Hieraus folgt wegen $\sin^2\alpha + \cos^2\alpha = 1$

$$\hat{u}^2 = \hat{u}_1^2 + \hat{u}_2^2 + 2\hat{u}_1\hat{u}_2(\sin\varphi_{u1}\sin\varphi_{u2} + \cos\varphi_{u1}\cos\varphi_{u2}) \tag{5.44}$$

und mit $\sin\varphi_{u1}\sin\varphi_{u2} + \cos\varphi_{u1}\cos\varphi_{u2} = \cos(\varphi_{u2} - \varphi_{u1})$ nach [53] für den Scheitelwert der Summenspannung

$$\hat{u} = \sqrt{\hat{u}_1^2 + \hat{u}_2^2 + 2\hat{u}_1\hat{u}_2\cos(\varphi_{u2} - \varphi_{u1})} . \tag{5.45}$$

Zu den Ergebnissen Gl. (5.42) und Gl. (5.45) gelangt man auch, wenn man die Scheitelwertzeiger $\underline{\hat{u}}_1$ und $\underline{\hat{u}}_2$ in Bild 5.12b unter Beachtung von Phasenlage und Betrag *geometrisch* addiert, indem man z. B. den Zeiger $\underline{\hat{u}}_1$ parallel verschiebt und an die Spitze des Zeigers $\underline{\hat{u}}_2$ anfügt. Bei Anwendung des Kosinussatzes erhält man für den Scheitelwert der Summenspannung

$$\hat{u} = \sqrt{\hat{u}_1^2 + \hat{u}_2^2 + 2\,\hat{u}_1\,\hat{u}_2\cos(\pi - \varphi_{u2} + \varphi_{u1})} , \tag{5.46}$$

was unmittelbar auf Gl. (5.45) führt. Die senkrechte und die waagerechte Komponente des Zeigers $\underline{\hat{u}}$ ergeben sich aus den Summen der entsprechenden Komponenten der Scheitelwertzeiger $\underline{\hat{u}}_1$ und $\underline{\hat{u}}_2$ zu

$$\hat{u}\sin\varphi_u = \hat{u}_1\sin\varphi_{u1} + \hat{u}_2\sin\varphi_{u2} \quad \text{und} \quad \hat{u}\cos\varphi_u = \hat{u}_1\cos\varphi_{u1} + \hat{u}_2\cos\varphi_{u2}. \tag{5.47}$$

Man erhält auf diese Weise dieselben Zusammenhänge wie in Gl. (5.40) und Gl. (5.41).

Damit ist nachgewiesen, dass man die Summe mehrerer Sinusgrößen gleicher Frequenz ermitteln kann, indem man ihre Zeiger geometrisch addiert. Gleiches trifft sinngemäß auch für die Subtraktion zu, da sich die Subtraktion einer Sinusgröße $u = \hat{u}\sin(\omega t + \varphi_u)$ immer auf die Addition der Sinusgröße $-u = -\hat{u}\sin(\omega t + \varphi_u) = \hat{u}\sin(\omega t + \varphi_u + \pi)$ zurückführen lässt. Da zwischen den Sinusgrößen u und $-u$ ein Phasenverschiebungswinkel von $\pi = 180°$ besteht, haben die zugehörigen Zeiger genau entgegengesetzte Richtung. Die Multiplikation eines Zeigers mit dem Faktor -1 bewirkt also, wie in Bild 5.13d gezeigt, die Richtungsumkehr des Zeigers unter Beibehaltung seiner Länge.

Da Scheitelwert- und Effektivwert-Zeigerdiagramme sich lediglich durch den Maßstabsfaktor $\xi = \sqrt{2}$ unterscheiden, gelten die genannten Zusammenhänge entsprechend auch für die Effektivwertzeiger (Bilder 5.12a und b).

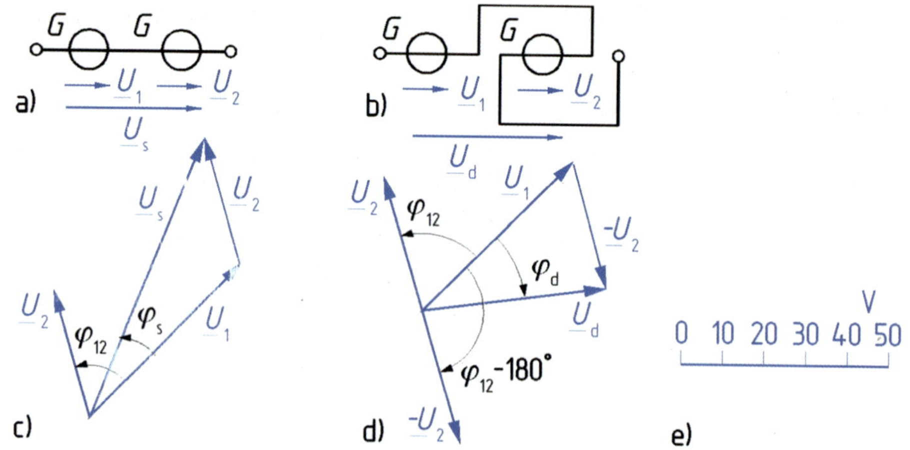

Bild 5.13 Addition (a) und Subtraktion (b) der beiden Sinusspannungen $\underline{U}_1$ und $\underline{U}_2$ mit Zeigerdiagrammen (c, d) und Spannungsmaßstab (e) zu Beispiel 5.4

Beispiel 5.4 Überlagerung von Sinusspannungen im Zeitbereich

Von zwei Sinusspannungen mit den Effektivwerten $U_1 = 50$ V und $U_2 = 30$ V eilt $\underline{U}_2$ um den Phasenverschiebungswinkel $\varphi_{12} = 60°$ gegenüber $\underline{U}_1$ voraus. Wie groß sind die Effektivwerte der Gesamtspannungen und ihre Phasenverschiebungswinkel gegenüber der Bezugsspannung $\underline{U}_1$, wenn die Generatoren G mit den Spannungen $\underline{U}_1$ und $\underline{U}_2$ nach Bild 5.13a in Summenreihenschaltung oder nach Bild 5.13b in Gegenreihenschaltung liegen?

Man trägt zunächst die Spannungszeiger $\underline{U}_1$ und $\underline{U}_2$ unter dem Winkel φ_{12} gegeneinander auf. Der dabei benutzte Spannungsmaßstab ist in Bild 5.13e dargestellt. In Bild 5.13c wird für die Summenreihenschaltung der Zeiger $\underline{U}_2$ in seiner vorgegebenen Richtung an den Zeiger $\underline{U}_1$ angetragen. Hieraus ergibt sich der Effektivwert U_s der Summenspannung und der zugehörige Phasenverschiebungswinkel φ_s. Entsprechend Gl. (5.45) lässt sich die Summenspannung

$$U_S = \sqrt{U_1^2 + U_2^2 + 2U_1U_2\cos\varphi_{12}} = \sqrt{50^2\,\mathrm{V}^2 + 30^2\,\mathrm{V}^2 + 2\cdot 50\,\mathrm{V}\cdot 30\mathrm{V}\cos 60°} = 70\ \mathrm{V} \tag{5.48}$$

berechnen. Nach Gl. (5.42) erhält man ihren Phasenverschiebungswinkel

$$\varphi_s = \arctan\frac{U_1\sin 0° + U_2\sin\varphi_{12}}{U_1\cos 0° + U_2\cos\varphi_{12}} = \arctan\frac{50\,\mathrm{V}\sin 0° + 30\,\mathrm{V}\sin 60°}{50\,\mathrm{V}\cos 0° + 30\,\mathrm{V}\cos 60°} = 21{,}8°\ . \tag{5.49}$$

Zur Ermittlung der Differenzspannung $\underline{U}_d = \underline{U}_1 - \underline{U}_2$ wird der Spannungszeiger $\underline{U}_2$ mit – 1 multipliziert, also in seiner Richtung umgekehrt und in Bild 5.13d als $-\underline{U}_2$ an die Spitze des Zeigers $\underline{U}_1$ angetragen. Der Winkel zwischen den zu addierenden Spannungen $\underline{U}_1$ und $-\underline{U}_2$ beträgt nun $\varphi_{12} - 180° = -120°$. Entsprechend Gl. (5.45) erhält man die Differenzspannung

$$\begin{aligned} U_d &= \sqrt{U_1^2 + U_2^2 + 2U_1U_2\cos(\varphi_{12} - 180°)} \\ &= \sqrt{50^2\,\mathrm{V}^2 + 30^2\,\mathrm{V}^2 + 2\cdot 50\,\mathrm{V}\cdot 30\,\mathrm{V}\cos(-120°)} = 43{,}6\ \mathrm{V} \end{aligned} \tag{5.50}$$

und ihren Phasenverschiebungswinkel

$$\begin{aligned} \varphi_d &= \arctan\frac{U_1\sin 0° + U_2\sin(\varphi_{12} - 180°)}{U_1\cos 0° + U_2\cos(\varphi_{12} - 180°)} \\ &= \arctan\frac{0 + 30\,\mathrm{V}\sin(-120°)}{50\,\mathrm{V} + 30\,\mathrm{V}\cos(-120°)} = -36{,}6° \end{aligned} \tag{5.51}$$

Die Summenspannung $\underline{U}_s$ eilt also gegenüber der Spannung $\underline{U}_1$ vor, die Differenzspannung $\underline{U}_d$ aber wegen des negativen Phasenverschiebungswinkels nach.

5.2.2.4 Differenziation und Integration von Sinusgrößen

Für die Zusammenhänge zwischen Strömen und Spannungen an Induktivitäten und Kapazitäten sind nach Gl. (3.89) und Gl. (4.115) die Differenzialquotienten nach der Zeit oder – bei umgekehrter Auflösung der Gleichungen, wie z. B. Gl. (3.90) – die Integrale über der Zeit von wesentlicher Bedeutung. Sowohl bei der Differenziation als auch bei der Integration von Sinusschwingungen erhält man jeweils wieder eine (phasenverschobene) Sinusschwingung. In Bild 5.14b ist das Zeitdiagramm eines Sinusstroms $i = \hat{i}\,\sin(\omega t + \varphi_i)$ dargestellt.

Die Differenziation nach der Zeit ergibt

$$f(t) = \frac{d}{dt}[\hat{i}\,\sin(\omega t + \varphi_i)] = \omega\hat{i}\,\cos(\omega t + \varphi_i) = \omega\hat{i}\,\sin\left(\omega t + \varphi_i + \frac{\pi}{2}\right), \tag{5.52}$$

also eine Sinusschwingung, die der ursprünglichen Funktion $i(t)$ um den Winkel $\pi/2 = 90°$ *vorauseilt* und deren Scheitelwert das ω-fache von $\hat{i}$ ist. In Bild 5.14a ist das entsprechende Effektivwertzeigerdiagramm (wegen der deutlicheren Darstellung in doppelter Größe) dargestellt. Hier wird die Differenziation durchgeführt, indem der Zeiger $\underline{I}$ um den Winkel $\pi/2 = 90°$ im *positiven* Drehsinn verdreht und sein Betrag I mit dem Faktor ω multipliziert wird. Auf diese Weise erhält man den Effektivwertzeiger $\underline{F}$, der der Sinusschwingung $f = \omega\hat{i}\,\sin(\omega t + \varphi_i + \pi/2)$ in Bild 5.14b entspricht.

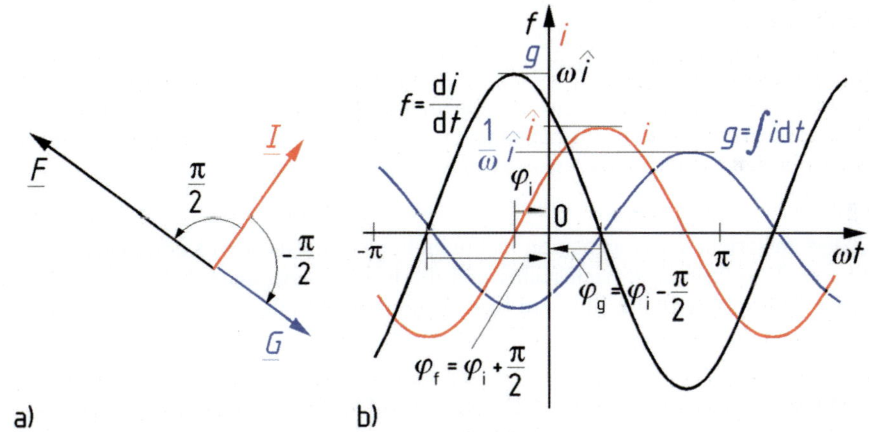

Bild 5.14 Differenziation und Integration eines Sinusstroms $i = \hat{i}\,\sin(\omega t + \varphi_i)$ im Zeigerdiagramm (a) und im Zeitdiagramm (b)

Die Integration des Sinusstroms $i = \hat{i}\,\sin(\omega t + \varphi_i)$ ergibt

$$g(t) = \int[\hat{i}\,\sin(\omega t + \varphi_i)]\,dt = \frac{1}{\omega}\hat{i}[-\cos(\omega t + \varphi_i)] + K = \frac{1}{\omega}\hat{i}\,\sin\left(\omega t + \varphi_i - \frac{\pi}{2}\right) + K, \tag{5.53}$$

also eine Sinusschwingung, die der ursprünglichen Funktion $i(t)$ um den Winkel $\pi/2 = 90°$ *nacheilt* und deren Scheitelwert das $1/\omega$-fache von $\hat{i}$ ist. Die Integrationskonstante K kann unberücksichtigt bleiben, da hier kein Gleichanteil auftreten kann. Im Zeigerdiagramm Bild 5.14a kommt man zu demselben Ergebnis, wenn man den Zeiger $\underline{I}$ um den Winkel $\pi/2 = 90°$ im *negativen* Drehsinn verdreht und seinen Betrag I mit dem Faktor $1/\omega$ multipliziert. Man erhält dann den Effektivwertzeiger $\underline{G}$, der der Sinusschwingung $g = (1/\omega)\,\hat{i}\,\sin(\omega t + \varphi_i - \pi/2)$ in Bild 5.14b entspricht.

5.3 Komplexe Rechnung

Die in Abschnitt 5.2.2 eingeführte Zeigerdarstellung von Sinusgrößen erleichtert deren analytische Behandlung ganz erheblich, da die Addition von Sinusfunktionen auf die geometrische Addition der Zeiger sowie Differenziation und Integration auf eine Drehung der Zeiger um einen rechten Winkel und eine Längenänderung zurückgeführt werden können.

Wenn man einen Zeiger vom Nullpunkt ausgehend in die komplexe Zahlenebene einträgt, so kann man den Ort der Zeigerspitze und somit den Zeiger selbst durch eine komplexe Zahl vollständig beschreiben. Hierdurch wird die *geometrische* Addition der Zeiger in eine *algebraische* Operation überführt. Auch wird der betrachtete Sinusvorgang aus dem in der Darstellung aufwändigen Zeitbereich in die einfacher zu handhabende *komplexe Zahlenebene* transformiert. Im Folgenden sollen zunächst einige Regeln für die komplexe Rechnung wiederholt und anschließend die komplexen Sinusgrößen betrachtet werden.

5.3.1 Begriffe und Rechenregeln

Da jedes Lehrbuch der Ingenieurmathematik (z. B. [5], [11], [40]) ausführlich das Rechnen mit komplexen Zahlen behandelt, genügt es hier, die für die Elektrotechnik wichtigen Begriffe und Rechenregeln kurz zusammenzufassen.

5.3.1.1 Darstellung komplexer Zahlen

In der komplexen Ebene von Bild 5.15a ist ein allgemeiner Zeiger $\underline{r}$, der z. B. für einen der in Abschnitt 5.2.2 eingeführten Strom- und Spannungszeiger stehen mag, als komplexe Zahl in der *Komponentenform*, die auch als *kartesische Form* bezeichnet wird

$$\underline{r} = a + \mathrm{j}\,b \tag{5.54}$$

eingetragen. Dies entspricht der Angabe von rechtwinkligen (kartesischen) Koordinaten a und b. Die positive reelle Achse weist nach rechts und die positive imaginäre Achse nach oben. Dem Brauch der Elektrotechnik folgend wird hier die imaginäre Einheit $\sqrt{-1}$ wegen der Verwechslungsgefahr mit dem Strom i nicht mit i bezeichnet, sondern mit j.

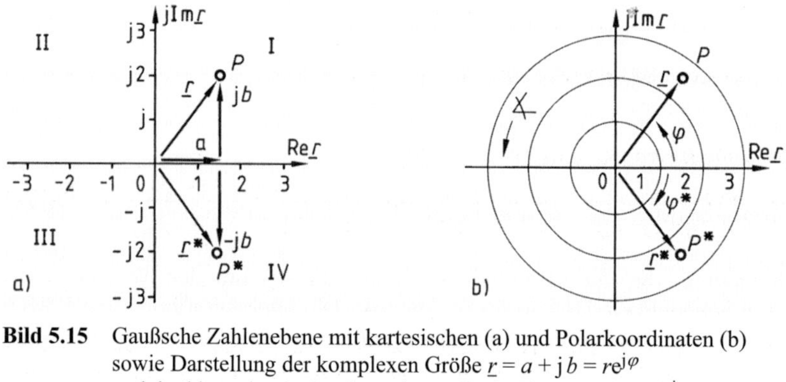

Bild 5.15 Gaußsche Zahlenebene mit kartesischen (a) und Polarkoordinaten (b) sowie Darstellung der komplexen Größe $\underline{r} = a + \mathrm{j}\,b = r\mathrm{e}^{\mathrm{j}\varphi}$ und der hierzu konjugiert komplexen Größe $\underline{r}^* = a - \mathrm{j}\,b = r\mathrm{e}^{-\mathrm{j}\varphi}$

In Gl. (5.54) stellen $a = \text{Re}\, \underline{r}$ den Realteil und $b = \text{Im}\, \underline{r}$ den Imaginärteil der komplexen Zahl $\underline{r}$ dar. Beide Komponenten können jeweils positive und negative Zahlenwerte annehmen. Eine Vorzeichenumkehr beim Imaginärteil führt zum *konjugiert Komplexen*

$$\underline{r}^* = a - \text{j}\, b. \tag{5.55}$$

Die in Abschnitt 5.2.2.1 für den Zeiger eingeführte Unterstreichung des zugehörigen Formelzeichens wird hier zur Kennzeichnung einer komplexen Größe beibehalten. Außer durch die *Komponenten a* und *b* ist eine komplexe Zahl auch durch ihren *Betrag* $r = |\, \underline{r}\, |$ und ihren ihr *Argument* φ bestimmt. Dies entspricht der Angabe von *Polarkoordinaten* wie in Bild 5.15b. Aus Bild 5.15 ergeben sich Betrag und Argument

$$r = |\, \underline{r}\, | = \sqrt{a^2 + b^2} \tag{5.56}$$

$$\varphi = \arctan \frac{b}{a} \;^{1)} \tag{5.57}$$

sowie Real- und Imaginärteil

$$a = r \cos \varphi \tag{5.58}$$

$$b = r \sin \varphi. \tag{5.59}$$

Damit folgt aus Gl. (5.54) die *trigonometrische Form*

$$\underline{r} = r \cos \varphi + \text{j}\, r \sin \varphi = r(\cos \varphi + \text{j} \sin \varphi) \tag{5.60}$$

sowie mit der *Eulerschen Gleichung* $\text{e}^{\text{j}\varphi} = \cos \varphi + \text{j} \sin \varphi$ die *Exponential- oder Polarform*

$$\underline{r} = r\, \text{e}^{\text{j}\varphi}. \tag{5.61}$$

Der zu einem Zeiger $\underline{r}$ konjugiert komplexe Zeiger $\underline{r}^* = r\text{e}^{\text{j}\varphi^*}$ hat nach Bild 5.15 den ursprünglichen Betrag r, jedoch beim Argument $\varphi^* = -\varphi$ das entgegengesetzte Vorzeichen.

Die Länge eines Zeigers wird allein durch seinen Betrag r bestimmt. Der Faktor $\text{e}^{\text{j}\varphi}$ beeinflusst den Betrag nicht, sondern gibt die Richtung des Zeigers an, in der er aus der positiven reellen Achse gedreht ist. Winkel, deren Drehrichtung dem Uhrzeigersinn entgegengerichtet sind, werden positiv gezählt. Der Faktor $\text{e}^{\text{j}\varphi}$ beträgt für einige häufig vorkommende Winkel

$$\text{e}^{\text{j}0} = \text{e}^{\text{j}\,0°} = \cos 0° + \text{j} \sin 0° = 1 \tag{5.62}$$

$$\text{e}^{\text{j}\frac{\pi}{2}} = \text{e}^{\text{j}\,90°} = \cos 90° + \text{j} \sin 90° = \text{j} \tag{5.63}$$

$$\text{e}^{-\text{j}\frac{\pi}{2}} = \text{e}^{-\text{j}\,90°} = \cos(-90°) + \text{j} \sin(-90°) = -\text{j} \tag{5.64}$$

$$\text{e}^{\text{j}\pi} = \text{e}^{\text{j}\,180°} = \cos 180° + \text{j} \sin 180° = -1 \tag{5.65}$$

5.3.1.2 Rechenregeln für komplexe Zahlen

Für Addition und Subtraktion benutzt man die Komponentenform Gl. (5.54), bei den übrigen Rechenoperationen am besten die Exponentialform Gl. (5.61).

---

1) $\varphi = \arctan(b/a)$ ist die (unendlich vieldeutige) Umkehrrelation zu der Funktion $b/a = \tan \varphi$. Hieraus ergibt sich bei Beschränkung auf die Hauptwerte $-\pi/2 < \varphi \leq \pi/2$ die eindeutige Funktion $\varphi = \text{Arctan}\,(b/a)$; im Komplexen entspricht dies einer Beschränkung auf die Halbebene $a \geq 0$.

Addition und Subtraktion

Mit den Zeigern $\underline{r}_1 = a_1 + \mathrm{j}\, b_1$ und $\underline{r}_2 = a_2 + \mathrm{j}\, b_2$ in Komponentenform erhält man sofort die Summe

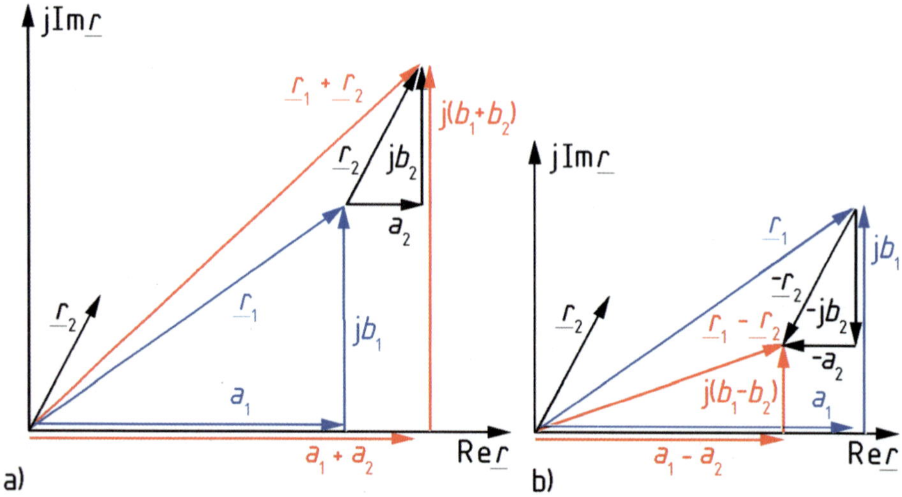

Bild 5.16 Addition (a) und Subtraktion (b) komplexer Zeiger

$$\underline{r}_1 + \underline{r}_2 = (a_1 + \mathrm{j}\, b_1) + (a_2 + \mathrm{j}\, b_2) = (a_1 + a_2) + \mathrm{j}\,(b_1 + b_2) \tag{5.66}$$

und die Differenz

$$\underline{r}_1 - \underline{r}_2 = (a_1 + \mathrm{j}\, b_1) - (a_2 + \mathrm{j}\, b_2) = (a_1 - a_2) + \mathrm{j}\,(b_1 - b_2). \tag{5.67}$$

Liegen die Zeiger in Exponentialform vor, so sind sie zunächst in die Komponentenform zu überführen. Bild 5.16 zeigt, wie Summe und Differenz grafisch bestimmt werden können.

Der Übergang von einer komplexen Größe zu ihrem konjugiert Komplexen entspricht nach Bild 5.15 einer Spiegelung an der reellen Achse. Daher gelten Aussagen über Summen und Differenzen komplexer Größen, z. B.

$$\underline{r}_1 + \underline{r}_2 - \underline{r}_3 = 0 \tag{5.68}$$

in gleicher Weise auch für die hierzu konjugiert komplexen Größen

$$\underline{r}_1^* + \underline{r}_2^* - \underline{r}_3^* = 0. \tag{5.69}$$

Multiplikation und Division

Mit den Zeigern $\underline{r}_1 = a_1 + \mathrm{j}\, b_1$ und $\underline{r}_2 = a_2 + \mathrm{j}\, b_2$ in Komponentenform erhält man das Produkt

$$\underline{r}_1 \cdot \underline{r}_2 = (a_1 + \mathrm{j}\, b_1) \cdot (a_2 + \mathrm{j}\, b_2) = (a_1 a_2 - b_1 b_2) + \mathrm{j}\,(a_1 b_2 + b_1 a_2). \tag{5.70}$$

Da das Produkt einer komplexen Zahl $\underline{r}_2 = a_2 + \mathrm{j}\, b_2$ mit ihrem konjugiert Komplexen $\underline{r}_2^* = a_2 - \mathrm{j}\, b_2$ stets eine reelle Zahl $\underline{r}_2 \underline{r}_2^* = (a_2 + \mathrm{j}\, b_2)\,(a_2 - \mathrm{j}\, b_2) = a_2^2 - \mathrm{j}^2 b_2^2 = a_2^2 + b_2^2$ ergibt, kann man den Nenner eines Bruches dadurch reell machen, dass man den Bruch mit dem konjugiert

Komplexen des Nenners erweitert. Das nutzt man aus, wenn zwei Zeiger in Komponentenform dividiert werden sollen. Man erhält dann

$$\frac{\underline{r}_1}{\underline{r}_2} = \frac{a_1 + \mathrm{j}b_1}{a_2 + \mathrm{j}b_2} = \frac{(a_1 + \mathrm{j}b_1)(a_2 - \mathrm{j}b_2)}{a_2^2 + b_2^2} = \frac{a_1a_2 + b_1b_2}{a_2^2 + b_2^2} + \mathrm{j}\frac{b_1a_2 - a_1b_2}{a_2^2 + b_2^2}. \tag{5.71}$$

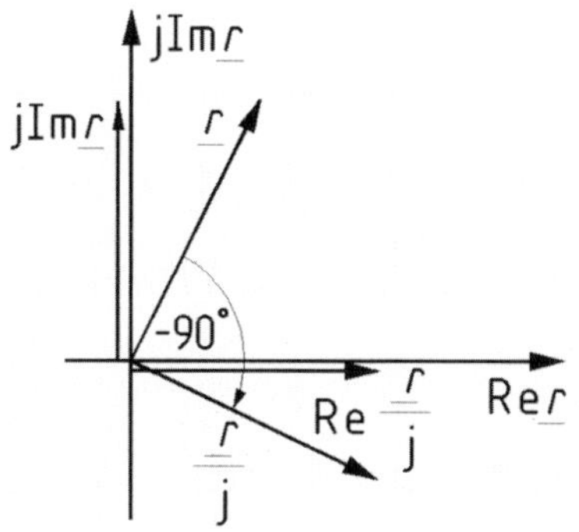

Bild 5.17 Division des komplexen Zeigers $\underline{r}$ durch die imaginäre Einheit j

Einfacher durchzuführen sind Multiplikation und Division, wenn die Zeiger $\underline{r}_1 = \underline{r}_1 e^{\mathrm{j}\varphi_1}$ und $\underline{r}_2 = \underline{r}_2 e^{\mathrm{j}\varphi_2}$ in der Exponentialform vorliegen. Man erhält dann das Produkt

$$\underline{r}_1 \cdot \underline{r}_2 = r_1\, e^{\mathrm{j}\varphi_1} \cdot r_2\, e^{\mathrm{j}\varphi_2} = r_1 r_2\, e^{\mathrm{j}(\varphi_1 + \varphi_2)} \tag{5.72}$$

und den Quotienten

$$\frac{\underline{r}_1}{\underline{r}_2} = \frac{r_1 e^{\mathrm{j}\varphi_1}}{r_2 e^{\mathrm{j}\varphi_2}} = \frac{r_1}{r_2} e^{\mathrm{j}(\varphi_1 - \varphi_2)}. \tag{5.73}$$

Von besonderer Bedeutung sind diese Zusammenhänge, wenn es sich bei dem zweiten Zeiger um die imaginäre Einheit $\underline{r}_2 = \mathrm{j}$ handelt. Mit Gl. (5.63) und Gl. (5.72) ergibt sich für das Produkt

$$\underline{r} \cdot \mathrm{j} = r\, e^{\mathrm{j}\varphi} \cdot e^{\mathrm{j}\,90^\circ} = r\, e^{\mathrm{j}(\varphi + 90^\circ)} \tag{5.74}$$

und mit Gl. (5.73) für den Quotienten

$$\frac{\underline{r}}{\mathrm{j}} = \frac{r\, e^{\mathrm{j}\varphi}}{\mathrm{j}} = \frac{r\, e^{\mathrm{j}\varphi}}{e^{\mathrm{j}90^\circ}} = r\, e^{\mathrm{j}(\varphi - 90^\circ)}. \tag{5.75}$$

Die Multiplikation eines Zeigers $\underline{r}$ mit der imaginären Einheit j führt also dazu, dass der Zeiger unter Beibehaltung seines Betrags um den Winkel $\pi/2 = 90°$ im positiven Drehsinn (d. h. gegen den Uhrzeigersinn) gedreht wird. Entsprechend bewirkt die Division eines Zeigers $\underline{r}$ durch die imaginären Einheit j eine Drehung um den Winkel $-\pi/2 = -90°$, ebenfalls unter Beibehaltung seines Betrags. Wie aus Bild 5.17 ersichtlich, gilt daher

$$\mathrm{Re}\frac{\underline{r}}{\mathrm{j}} = \mathrm{Im}\,\underline{r}. \tag{5.76}$$

Aus Gl. (5.75) und Gl. (5.64) folgt ferner für den Kehrwert der imaginären Einheit

$$\frac{1}{\mathrm{j}} = \frac{1}{e^{\mathrm{j}90^\circ}} = e^{-\mathrm{j}\,90^\circ} = -\mathrm{j}. \tag{5.77}$$

Eine Division durch j ist daher gleichbedeutend mit einer Multiplikation mit – j .

5.3.1.3 Komplexe Gleichungen

Unter Beachtung der in Abschnitt 5.3.1.2 aufgeführten Besonderheiten gelten für den Umgang mit komplexen Größen grundsätzlich dieselben Rechenregeln wie für reelle Größen. Wenn zwei komplexe Größen $\underline{r}_1$ und $\underline{r}_2$ einander gleichgesetzt werden, so bedeutet dies, dass beide Größen durch denselben Zeiger dargestellt werden können. Liegen die Größen in der Komponentenform $\underline{r}_1 = a_1 + \mathrm{j}\, b_1$ und $\underline{r}_2 = a_2 + \mathrm{j}\, b_2$ vor, so folgen aus ihrer Gleichheit

$$a_1 + \mathrm{j}\, b_1 = a_2 + \mathrm{j}\, b_2 \tag{5.78}$$

die zwei Bedingungen

$$a_1 = a_2 \quad \text{und} \quad b_1 = b_2. \tag{5.79}$$

Entsprechend folgen, wenn die gleichgesetzten Größen in der Exponentialform $\underline{r}_1 = r_1 \mathrm{e}^{\mathrm{j}\varphi_1}$ und $\underline{r}_2 = r_2\, \mathrm{e}^{\mathrm{j}\varphi_2}$ vorliegen

$$r_1 \mathrm{e}^{\mathrm{j}\varphi_1} = r_2\, \mathrm{e}^{\mathrm{j}\varphi_2}, \tag{5.80}$$

die zwei Bedingungen

$$r_1 = r_2 \quad \text{und} \quad \varphi_1 = \varphi_2. \tag{5.81}$$

Man kann also aus jeder komplexen Gleichung zwei reelle Gleichungen gewinnen, indem man entweder wie in Gl. (5.79) die Realteile gleichsetzt und die Imaginärteile gleichsetzt, oder indem man wie in Gl. (5.81) die Beträge gleichsetzt und die Argumente gleichsetzt.

Beispiel 5.5 Lösungen einer komplexen Gleichung

Gesucht sind die beiden komplexen Zahlen $\underline{r}_1$ und $\underline{r}_2$, die zueinander reziprok sind und die Realteile $a_1 = 0{,}3$ und $a_2 = 1{,}2$ haben.

Der Ansatz $\underline{r}_1 = 1/\underline{r}_2$ liefert nach konjugiert komplexem Erweitern wie in Gl. (5.71)

$$\underline{r}_1 = 0{,}3 + \mathrm{j}\, b_1 = \frac{1}{\underline{r}_2} = \frac{1}{1{,}2 + \mathrm{j}b_2} = \frac{1{,}2}{1{,}44 + b_2^2} + \mathrm{j}\frac{-b_2}{1{,}44 + b_2^2}\,. \tag{5.82}$$

Aus der Gleichsetzung der Realteile

$$0{,}3 = \frac{1{,}2}{1{,}44 + b_2^2} \tag{5.83}$$

folgt

$$b_2 = \pm\sqrt{\frac{1{,}2}{0{,}3} - 1{,}44} = \pm 1{,}6\,. \tag{5.84}$$

Die Gleichsetzung der Imaginärteile liefert

$$b_1 = \frac{-b_2}{1{,}44 + b_2^2} = \frac{\mp 1{,}6}{1{,}44 + 2{,}56} = \mp\, 0{,}4\,. \tag{5.85}$$

Es gibt also die beiden Lösungen $\underline{r}_1 = 0{,}3 - \mathrm{j}\, 0{,}4$; $\underline{r}_2 = 1{,}2 + \mathrm{j}\, 1{,}6$ und $\underline{r}_1 = 0{,}3 + \mathrm{j}\, 0{,}4$; $\underline{r}_2 = 1{,}2 - \mathrm{j}\, 1{,}6$.

5.3.2 Komplexe Größen der Sinusstromtechnik

In Abschnitt 5.2.2.1 ist ein mit konstanter Winkelgeschwindigkeit ω umlaufender Drehzeiger eingeführt worden, dessen Projektion auf eine Projektionsachse eine Sinusfunktion liefert. Dieser ist dann wegen der einfacheren Handhabung zu einem feststehenden Zeiger vereinfacht worden. Die Zeiger werden in ihrer Länge durch den Betrag der jeweiligen Größe festgelegt.

In diesem Buch ist das bei den Drehzeigern der Scheitelwert, z. B. $\hat{u}$ oder $\hat{i}$ und bei den feststehenden Zeigern meist der Effektivwert, z. B. U oder I. Die Lage der Zeiger ergibt sich bei den feststehenden Zeigern aus den Nullphasenwinkeln (z. B. φ_u oder φ_i) der jeweiligen Sinusgröße. Der feste Winkel zwischen dem Spannungs- und dem Stromzeiger ist bei beiden Zeigerarten der Phasenverschiebungswinkel $\varphi = \varphi_u - \varphi_i$.

Mit Hilfe dieser Zeiger kann man auf einfache Weise gleichfrequente Sinusgrößen addieren und subtrahieren (Abschnitt 5.2.2.3). Die Vorgehensweise ist dabei dieselbe wie bei der Addition und der Subtraktion komplexer Zahlen (Abschnitt 5.3.1.2). Ähnlich einfach gestaltet sich die Differenziation und die Integration von Sinusgrößen, die sich nach Abschnitt 5.2.2.4 auf eine Drehung des Zeigers um + 90° bzw. – 90° sowie auf eine Multiplikation seines Betrags mit ω bzw. $1/\omega$ zurückführen lassen. Auch diese Operationen können mit den Zeigern komplexer Zahlen nachvollzogen werden. Besonders einfach ist die Drehung eines Zeigers um 90° zu beschreiben, die nach Abschnitt 5.3.1.2 durch Multiplikation mit der imaginären Einheit $\mathrm{j} = \mathrm{e}^{\mathrm{j}\,90°}$ erreicht wird.

Bei Anwendung der komplexen Rechnung stehen einfache Rechenverfahren zur Verfügung, mit deren Hilfe man die Operationen rechnerisch nachvollziehen kann, die mit den Zeigern bei Addition, Subtraktion, Differenziation und Integration der entsprechenden Sinusgrößen vorgenommen werden müssen. Wegen dieses Vorteils werden die in Abschnitt 5.2.2 eingeführten Zeiger in die komplexe Ebene übertragen. Dabei wechselt man aus dem aufwändig zu handhabenden *Zeitbereich* in einen sogenannten *Bildbereich* über, der mit der komplexen Rechnung einfacher zu handhaben ist. In der Mathematik nennt man einen solchen Vorgang eine Transformation. Die Darstellung und Berechnung von Sinusgrößen mit Hilfe komplexer Zeiger nennt man auch die *symbolische Methode*.

5.3.2.1 Komplexe Drehzeiger

In Bild 5.18 ist der komplexe Drehzeiger $\underline{u}$ mit dem Betrag $\hat{u}$ dargestellt, der zur Zeit $t = 0$ den Winkel φ_u mit der reellen Achse einschließt und mit der Winkelgeschwindigkeit ω rotiert. Nach Gl. (5.61) kann dieser Zeiger durch den Ausdruck

$$\underline{u} = \hat{u}\,\mathrm{e}^{\mathrm{j}(\omega t + \varphi_u)} = \hat{u}\,\mathrm{e}^{\mathrm{j}\varphi_u}\,\mathrm{e}^{\mathrm{j}\omega t} \tag{5.86}$$

beschrieben werden.

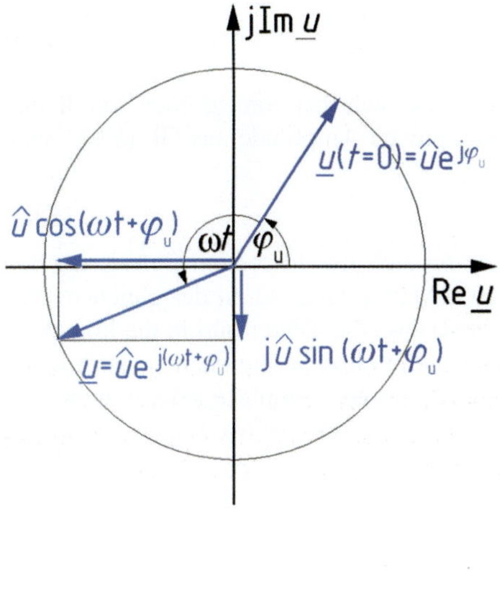

Bild 5.18 Komplexer Drehzeiger $\underline{u} = \hat{u}\,\mathrm{e}^{\mathrm{j}(\omega t + \varphi_u)}$

Er stellt symbolisch eine Sinusschwingung der Kreisfrequenz ω dar, die den Scheitelwert $\hat{u}$ und den Nullphasenwinkel φ_u hat. Auf die in Bild 5.9 beschriebene Weise gewinnt man aus diesem Zeigerdiagramm die Zeitfunktion, indem man die imaginäre Achse als Projektionsachse verwendet. Für den Augenblickswert ergibt sich dann

$$u = \mathrm{Im}\,\underline{u} = \hat{u}\sin(\omega t + \varphi_u). \tag{5.87}$$

Beispiel 5.6 Komplexer Spannungszeiger und Augenblickswert der Spannung

Man gebe bei einer Frequenz $f = 50$ Hz und einem Nullphasenwinkel $\varphi_u = -60°$ für die Sinusspannung $U = 230$ V den komplexen Drehzeiger $\underline{u}$ und den Augenblickswert u für die Zeit $t = 12$ ms an.

Entsprechend Gl. (5.37) erhält man den Scheitelwert $\hat{u} = \sqrt{2}\,U = 325{,}3$ V und nach Gl. (5.25) die Kreisfrequenz $\omega = 2\,\pi f = 314{,}2\ \mathrm{s}^{-1}$. Damit folgt aus Gl. (5.86) für den komplexen Drehzeiger

$$\underline{u} = \hat{u}\,\mathrm{e}^{\mathrm{j}(\omega t + \varphi_u)} = 325{,}3\ \mathrm{V}\ \mathrm{e}^{\mathrm{j}(314{,}2\mathrm{s}^{-1}t - 60°)}. \tag{5.88}$$

Aus Gl. (5.87) erhält man, wenn man die Winkel einheitlich in Radiant umrechnet, für $t = 12$ ms den Augenblickswert der Spannung

$$u = \mathrm{Im}\,\underline{u} = \hat{u}\sin(\omega t + \varphi_u) = 325{,}3\ \mathrm{V}\sin\left(314{,}2\ \mathrm{s}^{-1}\cdot 12\ \mathrm{ms} - \frac{\pi}{3}\right) = 132{,}3\ \mathrm{V}. \tag{5.89}$$

5.3.2.2 Komplexe Amplitude

Nach Abschnitt 5.3.2.1 benötigt man die konstante Drehung der Drehzeiger mit der Winkelgeschwindigkeit ω nur zur (seltenen) Bestimmung der Augenblickswerte. Man kann daher in den meisten Fällen auf den *Drehoperator* $\mathrm{e}^{\mathrm{j}\omega t}$ verzichten und die Betrachtungen auf den (meist willkürlich gewählten) Zeitpunkt $t = 0$ beschränken. Wenn man aus dem komplexen Drehzeiger der Spannung

$$\underline{u} = \hat{u}\,\mathrm{e}^{\mathrm{j}\varphi_u}\,\mathrm{e}^{\mathrm{j}\omega t} = \underline{\hat{u}}\,\mathrm{e}^{\mathrm{j}\omega t} \tag{5.90}$$

diesen Drehoperator eliminiert (indem man $t = 0$ setzt oder durch $\mathrm{e}^{\mathrm{j}\omega t}$ dividiert), bleibt ein ruhender Scheitelwertzeiger

$$\underline{\hat{u}} = \hat{u}\,\mathrm{e}^{\mathrm{j}\varphi_u} \tag{5.91}$$

übrig, der als die *komplexe Amplitude* der Schwingung in Gl. (5.90) bezeichnet wird.

5.3.2.3 Effektivwertzeiger

Scheitelwert (Amplitude) und Effektivwert unterscheiden sich bei Sinusgrößen durch den Scheitelfaktor $\xi = \sqrt{2}$. Man kann daher neben der komplexen Amplitude aus Gl. (5.91) auch den *komplexen Effektivwert*

$$\underline{U} = U\,\mathrm{e}^{\mathrm{j}\varphi_u} \tag{5.92}$$

definieren, der als Effektivwertzeiger darstellbar ist und sich nur in seinem Betrag um den Faktor $1/\sqrt{2}$ vom Scheitelwertzeiger $\hat{u}$ unterscheidet. Man gelangt so zu der gleichen Darstellung wie in Bild 5.11, mit dem einzigen Unterschied, dass die Zeiger nun in die komplexe Ebene verlagert werden. Diese Überlegungen gelten für alle Größen, die nach sinusförmigen Zeitfunktionen verlaufen, so z. B. auch für Sinusstrom, für den der komplexe Effektivwert

$$\underline{I} = I\,\mathrm{e}^{\mathrm{j}\varphi_i} \tag{5.93}$$

ist. Bei der Berechnung sinusförmiger Vorgänge bedient man sich fast immer der komplexen Effektivwertzeiger. Man bezeichnet diese Zeiger dann meist einfach als *komplexe Spannung* $\underline{U}$, *komplexen Strom* $\underline{I}$, usw. Hierdurch wird der eigentliche Charakter der betrachteten Sinusgrößen gleicher Frequenz natürlich nicht verändert. Mit Hilfe der komplexen Effektivwertzeiger werden lediglich die Effektivwerte und die Nullphasenwinkel der einzelnen Sinusgrößen wie in Bild 5.19a symbolisch dargestellt. Dabei geht man bei allen Überlegungen vom *eingeschwungenen Zustand* aus, d. h. es wird vorausgesetzt, dass alle betrachteten Sinusgrößen schon lange Zeit in der beschriebenen Weise schwingen. Der willkürlich gewählte zeitliche Nullpunkt $t = 0$ markiert lediglich den Start der Beobachtungszeit und darf keinesfalls als Einschaltaugenblick gedeutet werden. (Einschaltvorgänge werden in Abschnitt 9.3 behandelt.)

Da sich das Effektivwertzeigerdiagramm in Bild 5.19a aus der Momentaufnahme der ursprünglich rotierenden Drehzeiger zum Zeitpunkt $t = 0$ herleitet, hängt der Winkel, unter dem ein Effektivwertzeigerdiagramm in der komplexen Ebene erscheint, ausschließlich von der (willkürlichen) Wahl dieses zeitlichen Nullpunktes ab.

Häufig wählt man den Zeitpunkt $t = 0$ wie in Bild 5.19b so, dass einer der Zeiger in die reelle Achse fällt. Dieser Zeiger dient dann als *Bezugszeiger*, gegen den die Phasenverschiebungswinkel der anderen Zeiger gemessen werden.

Unabhängig von der Wahl des zeitlichen Nullpunktes bleibt, wie der Vergleich der Bilder 5.19 a und b zeigt, die Lage der einzelnen Zeiger relativ zueinander stets dieselbe. Der Winkel zwischen der komplexen Spannung $\underline{U}$ und dem komplexen Strom $\underline{I}$ hat in Bild 5.19a und b den selben Wert

$$\varphi = \varphi_u - \varphi_i \,. \tag{5.94}$$

Er bezeichnet genau wie in Bild 5.6 und in Übereinstimmung mit Gl. (5.22) den *Phasenverschiebungswinkel* φ, um den die Sinusspannung u dem Sinusstrom i vorauseilt. Er ist positiv, wenn der Zeiger $\underline{I}$ wie in Bild 5.19 um einen positiven Winkel gedreht werden muss, um die Winkelposition des Zeigers $\underline{U}$ zu erreichen, andernfalls ist er negativ. Der Phasenverschiebungswinkel φ ist daher im Zeigerdiagramm durch einen Einfachpfeil zu kennzeichnen, der vom Stromzeiger $\underline{I}$ zum Spannungszeiger $\underline{U}$ gerichtet ist. Wenn der Pfeil in mathematisch positiver Richtung (in Gegenuhrzeigerrichtung) weist, ist der Phasenverschiebungswinkel φ positiv, sonst negativ.

Anders als bei den in den Abschnitten 5.3.2.4 und 5.4.3 behandelten Widerstands-, Leitwert- und Leistungs-Zeigerdiagrammen kann man aus der absoluten Winkelposition eines Effektivwertzeigers in der komplexen Ebene keine Information entnehmen. Insofern ist die Lage der reellen und der imaginären Achse für ein Effektivwertzeigerdiagramm belanglos. Man geht daher meist dazu über, derartige Zeigerdiagramme wie in Bild 5.19c *ganz ohne Achsenkreuz darzustellen.*

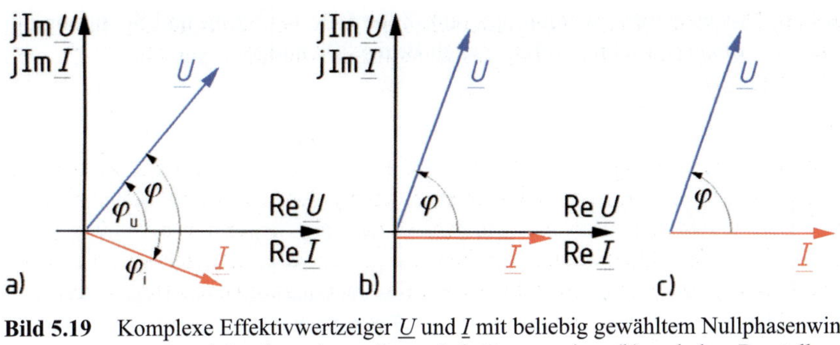

Bild 5.19 Komplexe Effektivwertzeiger $\underline{U}$ und $\underline{I}$ mit beliebig gewähltem Nullphasenwinkel φ_i (a), mit $\varphi_i = 0$ und dem komplexen Strom $\underline{I}$ als Bezugszeiger (b) und ohne Darstellung der Achsen (c). φ Phasenverschiebungswinkel

Tabelle 5.1 Rechenoperationen mit Sinusgrößen in unterschiedlichen Darstellungsformen

	Zeitfunktionen	*allgemeine Zeigerdiagramme*	*komplexe Größen*
Addition	Überlagerung der Zeitfunktionen	geometrische Addition der Zeiger	Addition der komplexen Größen
Multiplikation mit (– 1)	Vorzeichenumkehr der Zeitfunktion, d. h. Phasendrehung der Sinusfunktion um 180°	Richtungsumkehr des Zeigers	Multiplikation der komplexen Größe mit (– 1)
Multiplikation mit einem positiven reellen Faktor	Multiplikation des Scheitelwertes der Sinusschwingung mit dem positiven reellen Faktor	Multiplikation des Betrags des Zeigers mit dem positiven reellen Faktor	Multiplikation der komplexen Größe mit dem positiven reellen Faktor
Differenziation	Differenziation der Zeitfunktion, d. h. Phasenverschiebung der Sinusfunktion um + 90° und Multiplikation des Scheitelwertes mit ω	Drehung des Zeigers um + 90° und Multiplikation seines Betrags mit ω	Multiplikation der komplexen Größe mit j ω
Integration	Integration der Zeitfunktion, d. h. Phasenverschiebung der Sinusfunktion um – 90° und Division des Scheitelwertes durch ω	Drehung des Zeigers um – 90° und Division seines Betrags durch ω	Division der komplexen Größe durch j ω

Die Verlagerung der Zeiger in die komplexe Ebene ermöglicht es, die Operationen, die mit den Zeigern nach Abschnitt 5.2.2.3 und 5.2.2.4 bei Addition, Subtraktion, Differenziation und Integration der Sinusgrößen durchgeführt werden müssen, auf einfache Rechenoperationen mit komplexen Größen zurückzuführen. In Tabelle 5.1 sind diese Rechenoperationen zusammengestellt.

5.3.2.4 Komplexe Widerstände und Leitwerte

In den meisten Fällen hat die an einem Zweipol wie in Bild 5.11a anliegende Sinusspannung u eine andere Phasenlage als der durch den Zweipol fließende Sinusstrom i. Bei Verwendung der komplexen Effektivwertzeiger $\underline{U}$ und $\underline{I}$ ergeben sich dann Zeigerdiagramme wie in Bild 5.11b oder 5.21b. Dabei soll vorausgesetzt werden, dass die Zählpfeile für Strom und Spannung ein *Verbraucher-Zählpfeilsystem* (Abschnitt 1.4.2.1) nach Bild 5.20a bilden.

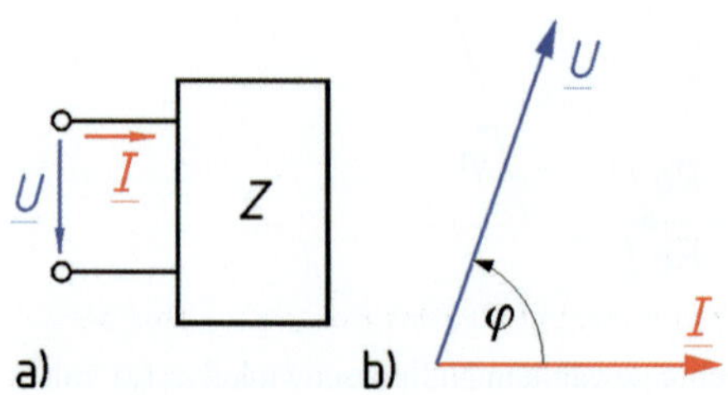

Bild 5.20 Zweipol mit Zählpfeilen für die komplexe Spannung $\underline{U}$ und den komplexen Strom $\underline{I}$ im Verbraucher-Zählpfeilsystem (a) und Strom-Spannungs-Zeigerdiagramm (b)

Wenn man bei einem passiven Zweipol die komplexe Spannung $\underline{U}$ durch den komplexen Strom $\underline{I}$ dividiert, erhält man eine komplexe Größe, die als *komplexer Widerstand* oder *Impedanz* des Zweipols bezeichnet wird.

$$\underline{Z} = \frac{\underline{U}}{\underline{I}} = \frac{U\,\mathrm{e}^{\mathrm{j}\varphi_\mathrm{u}}}{I\,\mathrm{e}^{\mathrm{j}\varphi_\mathrm{i}}} = \frac{U}{I}\,\mathrm{e}^{\mathrm{j}(\varphi_\mathrm{u}-\varphi_i)} \tag{5.95}$$

Diese Definition entspricht der des Gleichstromwiderstandes in Gl. (2.5) mit dem Unterschied, dass alle beteiligten Größen nun komplex sind. Für Gl. (5.95) ist die Kenntnis der Absolutwerte der Nullphasenwinkel φ_u und φ_i nicht erforderlich; wichtig ist vielmehr ihre Differenz, der Phasenverschiebungswinkel $\varphi = \varphi_\mathrm{u} - \varphi_\mathrm{i}$. So erhält man z. B. aus den Effektivwertzeigern nach Bild 5.19a und b denselben komplexen Widerstand $\underline{Z}$.

Wie jede komplexe Größe lässt sich die Impedanz als Zeiger

$$\underline{Z} = Z\,\mathrm{e}^{\mathrm{j}\varphi} = R + \mathrm{j}X \tag{5.96}$$

sowohl in der Exponential- als auch in der Komponentenform darstellen. Anders als bei den Effektivwertzeigern liegt das Argument φ des Impedanzzeigers in der komplexen Ebene eindeutig fest. Daher ist es bei Impedanz- und bei Admittanzzeigerdiagrammen stets notwendig, die reelle und die imaginäre Achse darzustellen.

Der Betrag Z der Impedanz $\underline{Z}$ wird als *Scheinwiderstand* bezeichnet. Der Realteil R der Impedanz $\underline{Z}$ heißt *Wirkwiderstand*, der Imaginärteil X wird *Blindwiderstand* oder *Reaktanz* genannt.

Zwischen Wirk-, Blind- und Scheinwiderstand bestehen über den Phasenverschiebungswinkel φ nach Gl. (5.56) bis (5.59) die Beziehungen

$$R = Z\cos\varphi, \tag{5.97}$$

$$X = Z\sin\varphi, \tag{5.98}$$

$$Z = \sqrt{R^2 + X^2}\,, \tag{5.99}$$

$$\varphi = \mathrm{Arctan}\,\frac{X}{R}, \tag{5.100}$$

die sich auch unmittelbar aus der Zeigerdarstellung in Bild 5.21a ablesen lassen.

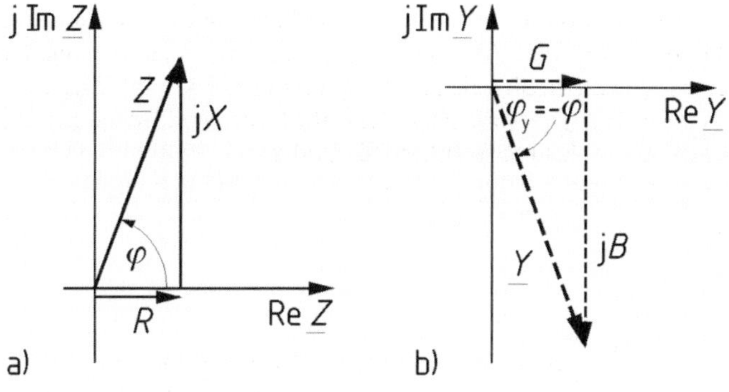

Bild 5.21 Impedanzzeigerdiagramm (a) und Admittanzzeigerdiagramm (b) des Zweipols in Bild 5.21

Die Division des komplexen Stroms $\underline{I}$ durch die komplexe Spannung $\underline{U}$ führt auf den auch als *Admittanz* bezeichneten *komplexen Leitwert*

$$\underline{Y} = \frac{\underline{I}}{\underline{U}} = \frac{I\,\mathrm{e}^{\mathrm{j}\varphi_\mathrm{i}}}{U\,\mathrm{e}^{\mathrm{j}\varphi_\mathrm{u}}} = \frac{I}{U}\mathrm{e}^{\mathrm{j}(\varphi_\mathrm{i}-\varphi_\mathrm{u})} = \frac{I}{U}\mathrm{e}^{-\mathrm{j}\varphi}, \tag{5.101}$$

der in Bild 5.21b ebenfalls als Zeiger dargestellt ist. Gl. (5.101) zeigt, dass das Argument φ_y der Admittanz

$$\underline{Y} = Y\,\mathrm{e}^{\mathrm{j}\varphi_\mathrm{y}} = G + \mathrm{j}B \tag{5.102}$$

dem Betrag nach mit dem Phasenverschiebungswinkel φ übereinstimmt, jedoch das entgegengesetzte Vorzeichen aufweist (Gl. (5.110)).

Der Betrag Y der Admittanz $\underline{Y}$ wird als *Scheinleitwert* bezeichnet. Der Realteil G heißt *Wirkleitwert*, der Imaginärteil B *Blindleitwert* oder *Suszeptanz.*

Zwischen Wirk-, Blind- und Scheinleitwert bestehen über den Winkel φ_y nach Gl. (5.56) bis (5.59) die Beziehungen

$$G = Y\cos\varphi_\mathrm{y}, \tag{5.103}$$

$$B = Y\sin\varphi_\mathrm{y}, \tag{5.104}$$

$$Y = \sqrt{G^2 + B^2}\,, \tag{5.105}$$

$$\varphi_\mathrm{y} = \operatorname{Arctan}\frac{B}{G}. \tag{5.106}$$

Aus den Definitionsgleichungen Gl. (5.95) für die Impedanz $\underline{Z}$ und Gl. (5.101) für die Admittanz $\underline{Y}$ folgt

$$\underline{Y} = \frac{1}{\underline{Z}}. \tag{5.107}$$

Setzt man beide Größen in der Exponentialform ein, erhält man

$$Y\,\mathrm{e}^{\mathrm{j}\varphi_\mathrm{y}} = \frac{1}{Z\mathrm{e}^{\mathrm{j}\varphi}} = \frac{1}{Z}\mathrm{e}^{-\mathrm{j}\varphi}, \tag{5.108}$$

$$Y = \frac{1}{Z}, \tag{5.109}$$

$$\varphi_\mathrm{y} = -\,\varphi. \tag{5.110}$$

Wenn man in Gl. (5.107) beide Größen in der Komponentenform einsetzt, empfiehlt sich die Erweiterung nach Gl. (5.71) mit dem konjugiert Komplexen des Nenners. Man erhält dann

$$G + \mathrm{j}B = \frac{1}{R + \mathrm{j}X} = \frac{R}{R^2 + X^2} + \mathrm{j}\frac{-X}{R^2 + X^2}, \tag{5.111}$$

$$G = \frac{R}{R^2 + X^2}, \tag{5.112}$$

$$B = \frac{-X}{R^2 + X^2}. \tag{5.113}$$

Wenn man Gl. (5.107) nach $\underline{Z}$ auflöst, ergibt sich entsprechend

$$R + \mathrm{j}X = \frac{1}{G + \mathrm{j}B} = \frac{G}{G^2 + B^2} + \mathrm{j}\frac{-B}{G^2 + B^2}, \tag{5.114}$$

$$R = \frac{G}{G^2 + B^2}, \tag{5.115}$$

$$X = \frac{-B}{G^2 + B^2}. \tag{5.116}$$

Die Gln. (5.112) bis (5.116) machen deutlich, dass i. Allg. der Wirkleitwert G *nicht* der Kehrwert des Wirkwiderstandes R ist. Die Gln. (5.113) und (5.116) zeigen darüber hinaus, dass Blindwiderstand X und Blindleitwert B (in Übereinstimmung mit Bild 5.21) *entgegengesetzte Vorzeichen* haben und dass auch ihre Beträge i. Allg. nicht reziprok zueinander sind.

5.4 Leistung

Für den Fall, dass Strom I und Spannung U an einem Verbraucher zeitinvariant sind, errechnet sich die Leistung als auf die Zeit bezogene Arbeit zu

$$P = \frac{W}{t} = U\,I. \tag{5.117}$$

Wenn der Strom i und die Spannung u zeitabhängig sind, ergibt sich entsprechend die zeitabhängige *Augenblicksleistung*

$$p(t) = u(t) \cdot i(t). \tag{5.118}$$

5.4.1 Wirkleistung

Für viele praktische Problemstellungen ist der zeitliche Verlauf der Augenblicksleistung $p(t)$ nur von geringem Interesse. Wesentlich wichtiger ist ihr arithmetischer Mittelwert $\overline{p}$, der mit dem Symbol P bezeichnet wird und den Namen Wirkleistung trägt. Gemäß Gl. (5.4) folgt für den arithmetischen Mittelwert der Augenblicksleistung beliebiger periodischer Ströme und Spannungen aus Gl. (5.118)

$$P = \overline{p} = \frac{1}{T}\int_{t_0}^{t_0+T} p(t)\,\mathrm{d}t = \frac{1}{T}\int_{t_0}^{t_0+T} u(t) \cdot i(t)\,\mathrm{d}t\,. \tag{5.119}$$

Das Integral in Gl. (5.119) beschreibt die während einer Periode aufgenommene oder abgegebene elektrische Energie. Nach Division durch die Periodendauer T ergibt sich somit die Wirkleistung P als der Mittelwert der Energie bezogen auf die Zeit. Die Einheit der Wirkleistung ist in Übereinstimmung mit Gl. (2.55) das Watt.

Die Messung der Wirkleistung P kann unmittelbar mit einem Wattmeter in einer Schaltung nach Bild 2.59a oder 2.59b erfolgen. Wegen der Trägheit des Messwerks kann der Zeiger dem Augenblickswert der Augenblicksleistung $p(t) = u(t) \cdot i(t)$ nicht mehr folgen. Er verharrt daher für Ströme und Spannungen mit Frequenzen oberhalb einer Hertz beim arithmetischen Mittelwert $\overline{p}$, der mit der Wirkleistung P identisch ist.

5.4.2 Scheinleistung

Neben Ohmschen Widerständen sind in Sinusstromnetzwerken weitere wichtige Zweipole (Abschnitt 5.5) zu berücksichtigen, deren Strom-Spannungs-Verhalten jedoch nicht mehr durch die Proportionalität der Augenblickswerte von Spannung u und Strom i gekennzeichnet ist. Für solche Zweipole ist der bei der Herleitung des Effektivwertes in Gl. (5.9) verwendete Zusammenhang $u = R\,i$ nicht gültig. Es kann daher nicht erwartet werden, dass man Gl. (5.117) allgemein auf Sinusstromvorgänge übertragen kann, indem man die Größen U und I als die Effektivwerte von Spannung und Strom interpretiert. Eine solche Betrachtungsweise ist nur für Ohmsche Widerstände zutreffend, wo das Produkt $U \cdot I$ dem zeitlichen Mittelwert $\overline{p}$ der Augenblicksleistung entspricht und daher die Wirkleistung P darstellt. An allen anderen Zweipolen stimmt das Produkt $U \cdot I$ nicht mit der umgesetzten Leistung überein. Es wird als *Scheinleistung*

$$S = U\,I \tag{5.120}$$

bezeichnet und ist lediglich als eine Rechengröße aufzufassen, die aber bei der Leistungsberechnung in Sinusstromkreisen von erheblicher Bedeutung ist.

Um Verwechslungen mit der Wirkleistung P auszuschließen, soll als Einheit der Scheinleistung S nicht das Watt, sondern das *Voltampere*

$$[S] = 1\ \mathrm{VA} \tag{5.121}$$

verwendet werden. Das Verhältnis von Wirkleistung zu Scheinleistung ist der *Leistungsfaktor*

$$\lambda = \frac{P}{S}\,. \tag{5.122}$$

5.4.3 Komplexe Leistung

Nach Abschnitt 5.1.2.3 nimmt ein Ohmscher Verbraucher mit dem Widerstand R die Wirkleistung

$$P = R\,I^2 \tag{5.123}$$

auf, wie aus den Gln. (5.9) und (5.11) folgt. In Analogie hierzu wird für einen komplexen Widerstand $\underline{Z} = R + \mathrm{j}X$ die komplexe Leistung

$$\underline{S} = \underline{Z}\,I^2 = R\,I^2 + \mathrm{j}XI^2 = P + \mathrm{j}Q \tag{5.124}$$

definiert, wie sie in Bild 5.22 als Zeiger dargestellt ist. Man beachte, dass in Gl. (5.124) nur die Größen $\underline{S}$ und $\underline{Z}$ komplex sind, während I lediglich den Effektivwert (also den Betrag) des Stroms darstellt. Der Leistungszeiger $\underline{S}$ hat daher dasselbe Argument φ wie der Impedanzzeiger $\underline{Z}$.

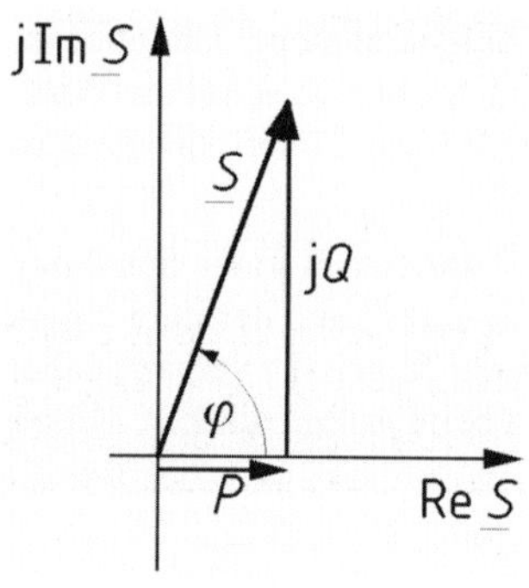

Bild 5.22 Leistungszeigerdiagramm des Zweipols in Bild 5.20

Wenn man in Gl. (5.124) mit Gl. (5.95) den Effektivwert U der Spannung einführt, erhält man unter Verwendung des konjugiert komplexen Admittanzzeigers $\underline{Y}^* = Y\,\mathrm{e}^{-\mathrm{j}\varphi_y}$ nach Abschnitt 5.3.1.1, der nach Gl. (5.108) auch als $\underline{Y}^* = (1/Z)\,\mathrm{e}^{\mathrm{j}\varphi}$ geschrieben werden kann, für die komplexe Leistung

$$\underline{S} = Z\,\mathrm{e}^{\mathrm{j}\varphi} \cdot \frac{U^2}{Z^2} = \frac{1}{Z}\mathrm{e}^{\mathrm{j}\varphi}\,U^2 = \underline{Y}^* U^2 = GU^2 - \mathrm{j}BU^2. \tag{5.125}$$

Der Betrag $S = Z\,I^2 = Y\,U^2$ der komplexen Leistung ist

$$S = U\,I, \tag{5.126}$$

also die bereits in Gl. (5.120) definierte Scheinleistung. Der Imaginärteil der komplexen Leistung

$$Q = X\,I^2 = -B\,U^2 \tag{5.127}$$

heißt *Blindleistung*. Ihre technische Bedeutung wird in den Abschnitten 5.5.2.3 und 5.5.3.3 erläutert.

Die komplexe Leistung $\underline{S}$ lässt sich auch direkt aus dem komplexen Strom $\underline{I}$ und der komplexen Spannung $\underline{U}$ berechnen. Mit Gl. (5.101) und unter Verwendung des konjugiert komplexen Stromzeigers $\underline{I}^* = I\,\mathrm{e}^{-\mathrm{j}\varphi_i}$ lässt sich Gl. (5.124) in

$$\underline{S} = \frac{\underline{U}}{\underline{I}} I^2 = \frac{U\,\mathrm{e}^{\mathrm{j}\varphi_u}}{I\,\mathrm{e}^{\mathrm{j}\varphi_i}} I^2 = U\,\mathrm{e}^{\mathrm{j}\varphi_u} \cdot I\,\mathrm{e}^{-\mathrm{j}\varphi_i} = \underline{U} \cdot \underline{I}^* \tag{5.128}$$

umformen. Hieraus folgt weiter

$$\underline{S} = U\,I\,\mathrm{e}^{\mathrm{j}(\varphi_u - \varphi_i)} = U\,I\,\mathrm{e}^{\mathrm{j}\varphi}, \tag{5.129}$$

$$S = |\,\underline{S}\,| = U\,I, \tag{5.130}$$

$$P = \mathrm{Re}\,\underline{S} = U\,I\cos\varphi, \tag{5.131}$$

$$Q = \mathrm{Im}\,\underline{S} = U\,I\sin\varphi. \tag{5.132}$$

5.4.4 Leistungsfaktor

Nach Gl. (5.122) gibt der Leistungsfaktor λ das Verhältnis von Wirkleistung zu Scheinleistung an. Bei sinusförmigen Spannungen und Strömen folgt aus Gl. (5.130) und Gl. (5.131) der Leistungsfaktor

$$\lambda = \frac{P}{S} = \cos\varphi, \tag{5.133}$$

also der Kosinus des Phasenverschiebungswinkels φ. Er gibt an, welcher Anteil der Scheinleistung als Wirkleistung in eine andere Energieform umgewandelt wird.

5.5 Ideale passive Zweipole bei Sinusstrom

Nach Abschnitt 1.3.3 werden alle Zweipole, die nicht imstande sind, zwischen ihren beiden Klemmen von sich aus eine elektrische Spannung aufzubauen, als *passive Zweipole* bezeichnet. In Gleichstromschaltungen werden als wirksame passive Zweipole nur Widerstände R berücksichtigt. Induktivitäten L verursachen bei Gleichstrom I keinen Spannungsabfall und Kapazitäten C wirken bei Gleichstrom wie eine Leitungsunterbrechung.

Da aber jeder Strom i mit einem magnetischen Feld verkettet ist und seine zeitliche Änderung nach dem Induktionsgesetz eine von der Induktivität L abhängige Spannung $u = L\,\mathrm{d}i/\mathrm{d}t$ verursacht, darf man bei Sinusstrom diese Spannung i. Allg. nicht mehr vernachlässigen. Außerdem ist jede Spannung u mit einem elektrischen Feld verbunden. Ihre zeitliche Änderung führt an einer Kapazität C zu einem Strom $i = C\,\mathrm{d}u/\mathrm{d}t$.

Bei Sinusstrom sind daher die drei passiven Grundzweipole Widerstand R, Induktivität L und Kapazität C zu beachten, die den Zusammenhang zwischen Spannungen und Strömen festlegen. Zunächst werden diese drei Zweipole jeweils einzeln als idealisierte, lineare Zweipole betrachtet, indem beim Widerstand R allein die Wirkungen des elektrischen Strömungsfeldes, bei der Induktivität L nur die Wirkungen des magnetischen Feldes und bei der Kapazität C nur die Wirkungen des elektrischen Feldes berücksichtigt werden.

5.5.1 Widerstand

Auch bei Sinusstrom wird in einem Widerstand R elektrische Energie irreversibel in Wärme umgesetzt. In Analogie zu dieser nicht umkehrbaren Energieumwandlung werden auch andere einseitige Energieumwandlungen, wie z. B. im Motor in mechanische Energie, durch Widerstände R modelliert. Zunächst sollen hier idealisiert angenommene lineare Widerstände betrachtet werden, bei denen Induktivität und Kapazität vernachlässigbar klein sind.

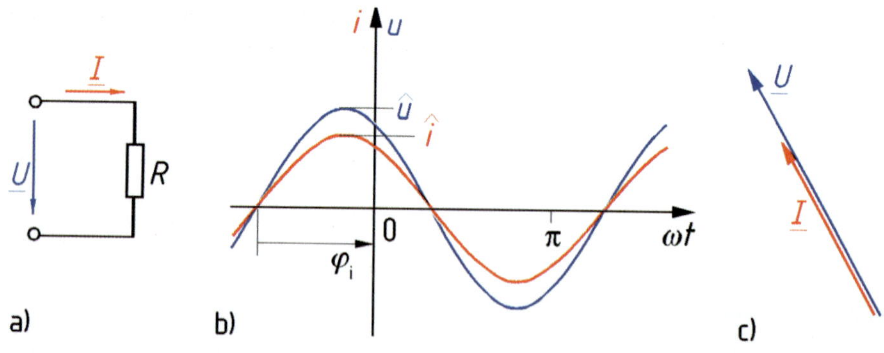

Bild 5.23 Strom und Spannung am Widerstand R im Verbraucher-Zählpfeilsystem (a), zugehöriges Zeitdiagramm (b) und Effektivwertzeigerdiagramm (c)[1]

5.5.1.1 Spannung, Strom und Phasenverschiebungswinkel

In Bild 5.23a ist das Schaltungssymbol für einen Widerstand R dargestellt; Strom- und Spannungszählpfeile sind im Verbraucher-Zählpfeilsystem eingetragen. Hierfür gilt nach dem Ohmschen Gesetz der Zusammenhang

$$u = R\,i. \tag{5.134}$$

Bei sinusförmigem Stromverlauf $i = \hat{i}\,\sin(\omega t + \varphi_\mathrm{i})$ folgt hieraus für die Spannung

$$u = R\,\hat{i}\,\sin(\omega t + \varphi_\mathrm{i}) \tag{5.135}$$

---

[1] Zur deutlicheren Wiedergabe sind die Effektivwertzeigerdiagramme in einem größeren Maßstab dargestellt als die Zeitdiagramme.

der in Bild 5.23b dargestellte, mit dem Strom i *gleichphasige* sinusförmige Verlauf; sein Scheitelwert ist $R\,\hat{i}$. Zum gleichen Ergebnis kommt man bei Anwendung der komplexen Rechnung. Wenn man statt der Zeitfunktion i den komplexen Strom $\underline{I}$ mit dem positiven reellen Faktor R multipliziert, ergibt sich die komplexe Spannung

$$\underline{U} = R\,\underline{I}. \tag{5.136}$$

Entsprechend gilt für den komplexen Strom

$$\underline{I} = \frac{1}{R}\underline{U}\,. \tag{5.137}$$

Durch die Multiplikation mit einem positiven reellen Faktor wird die Richtung eines komplexen Zeigers nicht verändert. Die Effektivwertzeiger $\underline{I}$ und $\underline{U}$ in Bild 5.23c[1)] haben daher dieselbe Richtung und bringen so die *Gleichphasigkeit* der Zeitfunktionen i und u zum Ausdruck.

5.5.1.2 Wirkwiderstand und Wirkleitwert

Aus Gl. (5.136) folgt mit Gl. (5.95) die in Bild 5.24a dargestellte Impedanz eines Ohmschen Widerstandes

$$\underline{Z}_{\mathrm{R}} = \frac{\underline{U}}{\underline{I}} = R. \tag{5.138}$$

Wie der Vergleich mit Gl. (5.96) zeigt, besteht dieser komplexe Widerstand nur aus seinem Realteil, dem Wirkwiderstand R, während der Blindwiderstand $X = 0$ ist.

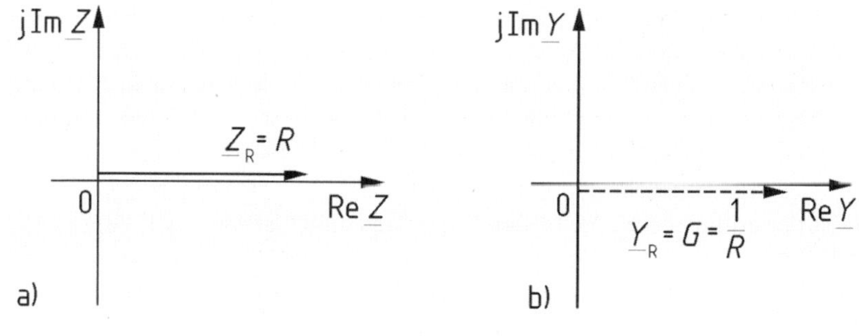

Bild 5.24 Impedanzzeigerdiagramm (a) und Admittanzzeigerdiagramm (b) eines Widerstandes

Für den Scheinwiderstand gilt

$$Z_{\mathrm{R}} = R\,. \tag{5.139}$$

Das Argument der Impedanz ist

$$\varphi_{\mathrm{R}} = 0\,. \tag{5.140}$$

Für die in Bild 5.24b dargestellte Admittanz erhält man aus Gl. (5.137)

$$\underline{Y}_{\mathrm{R}} = \frac{\underline{I}}{\underline{U}} = \frac{1}{R}\,. \tag{5.141}$$

Wie der Vergleich mit Gl. (5.102) zeigt, ist der Blindleitwert $B = 0$. Für den Wirkleitwert gilt

$$G = \frac{1}{R}\,. \tag{5.142}$$

Für den Scheinleitwert folgt ebenfalls

$$Y_R = \frac{1}{R}, \tag{5.143}$$

also in Übereinstimmung mit Gl. (5.109) das Reziproke des Scheinwiderstandes Z_R. Das Argument der Admittanz ist wie das der Impedanz

$$\varphi_{yR} = 0. \tag{5.144}$$

Der Wirkwiderstand R hat in der Praxis zwar den *gleichen physikalischen Charakter* wie der Gleichstromwiderstand, kann jedoch einen *anderen Wert* als dieser annehmen, wenn z. B. in einem Leiter Stromverdrängung [6] auftritt oder in dem ihn umgebenden magnetischen bzw. elektrischen Wechselfeld Verluste entstehen.

5.5.1.3 Wirkleistung

Nach Gl. (5.118) und Gl. (5.134) gilt bei einem Wirkwiderstand R für die Augenblicksleistung

$$p = u\,i = R\,i^2 = \frac{u^2}{R}. \tag{5.145}$$

Bei sinusförmigem Stromverlauf $i = \hat{i}\sin(\omega t + \varphi_i)$ folgt die Augenblicksleistung der in Bild 5.25b dargestellten Funktion

$$p = R\,i^2 = R\,\hat{i}^2 \sin^2(\omega t + \varphi_i) = \frac{R\,\hat{i}^2}{2}\,[1 - \cos(2\,(\omega t + \varphi_i))] \tag{5.146}$$

Die hierin vorgenommene Umformung nach der Formel $\sin^2 x = 0{,}5\,[1 - \cos(2x)]$ [53] zeigt ebenso wie das Zeitdiagramm in Bild 5.25b, dass die Frequenz der Augenblicksleistung p doppelt so groß ist wie die Frequenz f von Strom i und Spannung u. Charakteristisch für den Wirkwiderstand ist die Tatsache, dass die Augenblicksleistung p zu keinem Zeitpunkt negativ wird. Das bedeutet, dass entsprechend Bild 5.25a elektrische Energie immer nur in Richtung des Zählpfeils von p, also in den Widerstand hinein fließt und aus diesem nicht wieder zurückgewonnen werden kann. Die Energieumwandlung in einem Wirkwiderstand ist *irreversibel*, d. h. unumkehrbar.

Die *Wirkleistung* P ist der arithmetische Mittelwert $\overline{p}$ der Augenblickleistung. Mit Gl. (5.119) und Gl. (5.146) erhält man

$$P = \frac{1}{T}\int_{t_0}^{t_0+T} p\,\mathrm{d}t = \frac{1}{T}\int_{t_0}^{t_0+T} \frac{R\,\hat{i}^2}{2}[1 - \cos(2\,(\omega t + \varphi_i))]\,\mathrm{d}t. \tag{5.147}$$

Zweckmäßigerweise wählt man als Integrationsbeginn t_0 den Zeitpunkt eines Nulldurchgangs. Das Resultat der Integration, die während einer Periodendauer T aufgenommene Energie, lässt sich anschaulich als die in Bild 5.25b schraffierte Fläche unter der Leistungskurve darstellen. Wenn man diese Fläche gleichmäßig über die als Strecke dargestellte Integrationsdauer T verteilt, erhält man ein Rechteck, dessen Höhe dem arithmetischen Mittelwert $\overline{p} = P$ entspricht. Nach Auswertung wie in Gl. (5.35) und unter Verwendung von Gl. (5.36) folgt

$$P = \frac{R\,\hat{i}^2}{2} = R\,I^2 = U\,I = G\,U^2. \tag{5.148}$$

Dies ist der gleiche Zusammenhang, wie er in Gl. (2.57) für Gleichstrom angegeben wird; denn nach Abschnitt 5.1.2.3 ist der Effektivwert so definiert, dass ein Wechselstrom mit dem Effektivwert I während jeder Periode einem Wirkwiderstand R die gleiche Energie zuführt wie ein Gleichstrom der Stromstärke I.

In Bild 5.25c ist der komplexe Leistungszeiger $\underline{S}_R$ dargestellt. Wegen $\varphi_R = 0$ liegt er ebenso wie der Impedanzzeiger $\underline{Z}_R$ in der reellen Achse. Blindleistung Q tritt an einem idealen Widerstand nicht auf.

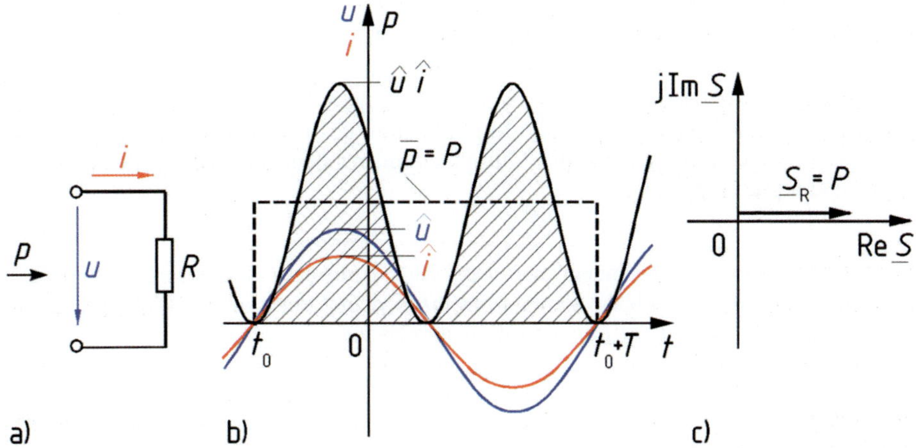

Bild 5.25 Widerstand R mit Verbraucher-Zählpfeilsystem (a), Strom i, Spannung u und Augenblicksleistung p im Zeitdiagramm (b) und Leistungszeigerdiagramm (c)

5.5.2 Induktivität

Die Eigenschaft der *Spule* oder *Drossel* als Speicher für die Energie des magnetischen Feldes wird durch ihre Induktivität L beschrieben, wie sie in Gl. (4.100) definiert ist. Gegenstand der folgenden Betrachtungen ist diese Induktivität L, die man sich als eine *ideale Spule* vorstellen kann, bei der nur der Einfluss des magnetischen Feldes zu berücksichtigen ist, während der Leiterwiderstand und die kapazitiven Wirkungen der Spulenwindungen vernachlässigbar klein sind. Ferner wird vorausgesetzt, dass die Induktivität *linear* ist, d. h. dass sich ihr Wert nicht in Abhängigkeit vom Strom bzw. von der Spannung ändert.

5.5.2.1 Spannung, Strom und Phasenverschiebungswinkel

In Bild 5.26a ist das Schaltzeichen für eine Induktivität L dargestellt[1]; Strom- und Spannungszählpfeile sind im Verbraucher-Zählpfeilsystem eingetragen. Hierfür gilt nach Gl. (4.115) der Zusammenhang

$$u = L\frac{\mathrm{d}i}{\mathrm{d}t} \tag{5.149}$$

bzw. (in symbolischer Schreibweise)

$$i = \frac{1}{L}\int u\,\mathrm{d}t\,. \tag{5.150}$$

[1] In diesem Buch wird durchgehend noch das veraltete Schaltzeichen für die Induktivität verwendet. Das Schaltzeichen nach der aktuellen Ausgabe der Norm [63] besteht aus einer Aneinanderreihung von vier Kreisbögen.

Mit Gl. (5.52) folgt bei sinusförmigem Stromverlauf $i = \hat{i}\,\sin(\omega t + \varphi_i)$ aus Gl. (5.149) für die Spannung

$$u = L\frac{\mathrm{d}}{\mathrm{d}t}[\hat{i}\,\sin(\omega t + \varphi_i)] = \omega L\hat{i}\,\cos(\omega t + \varphi_i) = \omega L\hat{i}\,\sin\left(\omega t + \varphi_i + \frac{\pi}{2}\right) \tag{5.151}$$

der in Bild 5.26b dargestellte, ebenfalls sinusförmige Verlauf, der gegenüber dem Strom i um den Winkel $\pi/2 = 90°$ voreilt; sein Scheitelwert ist $\omega L\hat{i}$. Zum gleichen Ergebnis kommt man bei Anwendung der komplexen Rechnung, wenn man gemäß Tabelle 5.1 in Gl. (5.149) die Differenziation der Zeitfunktion i durch die Multiplikation des komplexen Stroms $\underline{I}$ mit dem Faktor $\mathrm{j}\omega$ ersetzt. Unter Beibehaltung der Multiplikation mit dem positiven reellen Faktor L ergibt sich die komplexe Spannung

$$\underline{U} = \mathrm{j}\omega L\underline{I}\,. \tag{5.152}$$

Man gewinnt also den Zeiger $\underline{U}$, indem man den Zeiger $\underline{I}$ mit dem Faktor $\mathrm{j}\omega L$ multipliziert. Außer der Multiplikation des Effektivwertes I mit ωL bedeutet dies, wie in Bild 5.26c dargestellt, eine Drehung des Zeigers $\omega L\underline{I}$ um den Winkel $\pi/2 = 90°$.

Die Auflösung von Gl. (5.152) nach dem komplexen Strom

$$\underline{I} = \frac{1}{\mathrm{j}\omega L}\underline{U} \tag{5.153}$$

zeigt, dass man den Zeiger $\underline{I}$ erhält, indem man den Zeiger $\underline{U}$ durch den Ausdruck $\mathrm{j}\omega L$ dividiert. Außer der Division des Effektivwertes U durch ωL bedeutet dies in Übereinstimmung mit Bild 5.26c eine Drehung des Zeigers $\underline{U}/(\omega L)$ um den Winkel $-\pi/2 = -90°$.

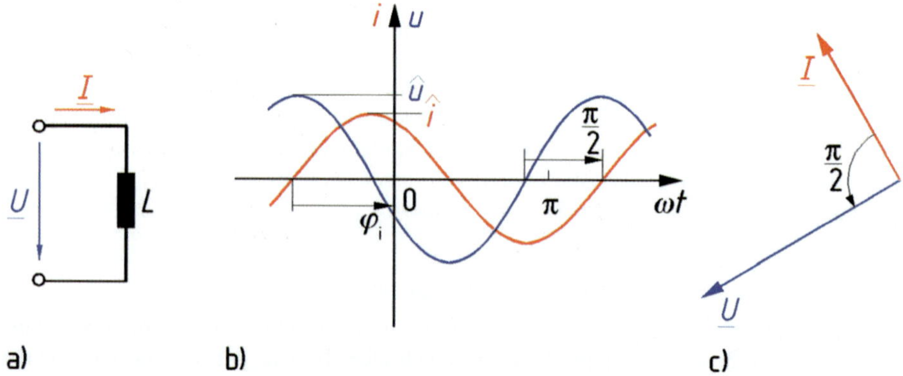

Bild 5.26 Strom und Spannung an der Induktivität L im Verbraucher-Zählpfeilsystem (a), zugehöriges Zeitdiagramm (b) und Effektivwertzeigerdiagramm (c)[1]

5.5.2.2 Induktiver Blindwiderstand und Blindleitwert

Dividiert man Gl. (5.152) durch den komplexen Strom $\underline{I}$, so erhält man für die Induktivität L die in Bild 5.27a dargestellte Impedanz

$$\underline{Z}_L = \frac{\underline{U}}{\underline{I}} = \mathrm{j}\,\omega L = \omega L\,\mathrm{e}^{\mathrm{j}90°}. \tag{5.154}$$

[1] Zur deutlicheren Wiedergabe sind die Effektivwertzeigerdiagramme in einem größeren Maßstab dargestellt als die Zeitdiagramme.

Wie der Vergleich mit Gl. (5.96) zeigt, ist der Wirkwiderstand $R = 0$. Für den induktiven Blindwiderstand gilt

$$X_\mathrm{L} = \omega L. \tag{5.155}$$

Für den Scheinwiderstand gilt ebenfalls

$$Z_\mathrm{L} = \omega L. \tag{5.156}$$

Das Argument der Impedanz ist der Phasenverschiebungswinkel

$$\varphi_\mathrm{L} = 90°. \tag{5.157}$$

Dividiert man Gl. (5.153) durch die komplexe Spannung $\underline{U}$, erhält man für die Induktivität L unter Berücksichtigung von Gl. (5.77) die in Bild 5.27b dargestellte Admittanz

$$\underline{Y}_\mathrm{L} = \frac{\underline{I}}{\underline{U}} = \frac{1}{\mathrm{j}\omega L} = \mathrm{j}\frac{-1}{\omega L} = \frac{1}{\omega L}\mathrm{e}^{-\mathrm{j}90°}. \tag{5.158}$$

Wie der Vergleich mit Gl. (5.102) zeigt, ist der Wirkleitwert $G = 0$. Für den induktiven Blindleitwert gilt

$$B_\mathrm{L} = \frac{-1}{\omega L}; \tag{5.159}$$

das ist das *negativ* Reziproke des Blindwiderstandes in Gl. (5.155).

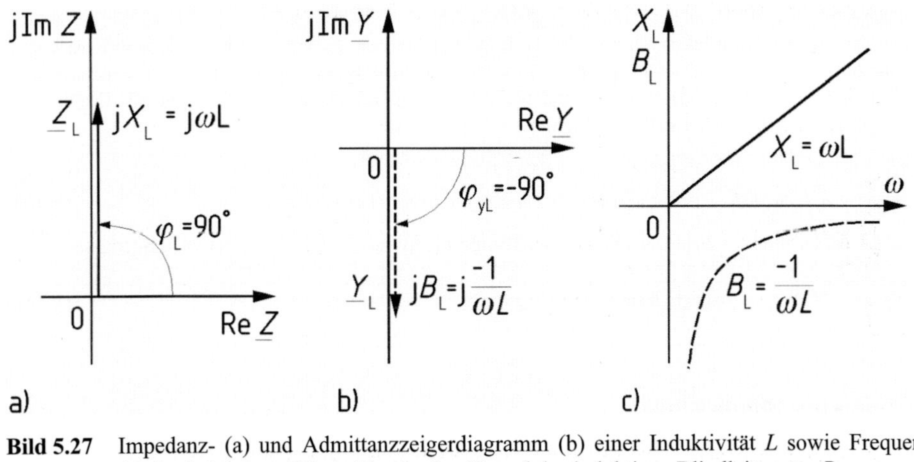

Bild 5.27 Impedanz- (a) und Admittanzzeigerdiagramm (b) einer Induktivität L sowie Frequenzgang (c) des induktiven Blindwiderstandes X_L und des induktiven Blindleitwertes B_L

Für den Scheinleitwert folgt

$$Y_\mathrm{L} = \frac{1}{\omega L}, \tag{5.160}$$

also in Übereinstimmung mit Gl. (5.109) der Kehrwert des Scheinwiderstandes Z_L. Das Argument der Admittanz ist

$$\varphi_{y\mathrm{L}} = -90° \tag{5.161}$$

und damit, wie in Gl. (5.110) allgemein formuliert, das Negative des Phasenverschiebungswinkels φ_L aus Gl. (5.157).

Induktiver Blindwiderstand X_L und induktiver Blindleitwert B_L hängen nach Gl. (5.155) und Gl. (5.159) von der Kreisfrequenz ω ab. Man bezeichnet diese in Bild 5.27c dargestellte Abhängigkeit allgemein als *Frequenzgang*. Der induktive Blindwiderstand nimmt mit wachsender Frequenz zu, der induktive Blindleitwert nimmt dem Betrag nach mit wachsender Frequenz ab.

Beispiel 5.7 Induktivitätsberechnung aus den Klemmengrößen

An einer Spule mit vernachlässigbar kleinem Wirkwiderstand R liegt eine Sinusspannung mit dem Effektivwert $U = 125$ V und der Frequenz $f = 40$ Hz. Der Strommesser zeigt den Effektivwert $I = 10$ A an. Welche Induktivität L hat die Spule?

Mit Gl. (5.95) und (5.155) ergibt sich

$$Z_L = \frac{U}{I} = \omega L. \tag{5.162}$$

Hieraus folgt für die Induktivität

$$L = \frac{U}{\omega I} = \frac{U}{2\pi f I} = \frac{125\ \text{V}}{2\pi \cdot 40\ \text{s}^{-1} \cdot 10\ \text{A}} = 49{,}7\ \text{mH}. \tag{5.163}$$

Man kann also durch Messung von Spannung, Strom und Frequenz die Induktivität L bestimmen, sofern der Wirkwiderstand R gegenüber dem Blindwiderstand X_L vernachlässigbar klein ist.

Beispiel 5.8 Frequenzabhängigkeit eines induktiven Blindwiderstandes

Haushaltsgeräte mit Stromwendermotoren können Funkstörungen verursachen, da das Bürstenfeuer am Stromwender eine Quelle hochfrequenter Störspannungen ist. Schaltet man eine Spule in die Netzzuleitung, so wird die Spuleninduktivität für die Netzfrequenz einen geringen Blindwiderstand bedeuten, hochfrequenten Störungen aber einen großen Blindwiderstand entgegensetzen und deren Eindringen in das Netz behindern. Welchen Blindwiderstand weist z. B. die Induktivität $L = 0{,}2$ mH für die Netzfrequenz $f_N = 50$ Hz und die Mittelwellenfrequenz $f_M = 1$ MHz auf?

Bei Netzfrequenz erhält man nach Gl. (5.155) den Blindwiderstand

$$X_{LN} = \omega_N L = 2\pi f_N L = 2\pi \cdot 50\ \text{Hz} \cdot 0{,}2\ \text{mH} = 0{,}06283\ \Omega. \tag{5.164}$$

Mit $f_M/f_N = 1\ \text{MHz}/50\ \text{Hz} = 20\,000$ wächst dieser Blindwiderstand für die Mittelwellenfrequenz auf

$$X_{LM} = \frac{f_M}{f_N} X_{LN} = 20\,000 \cdot 0{,}06283\ \Omega = 1257\ \Omega. \tag{5.165}$$

5.5.2.3 Induktive Blindleistung

Nach Gl. (5.118) und Gl. (5.149) gilt für die in der Induktivität umgesetzte Augenblicksleistung

$$p = u\,i = L\frac{\mathrm{d}i}{\mathrm{d}t} \cdot i. \tag{5.166}$$

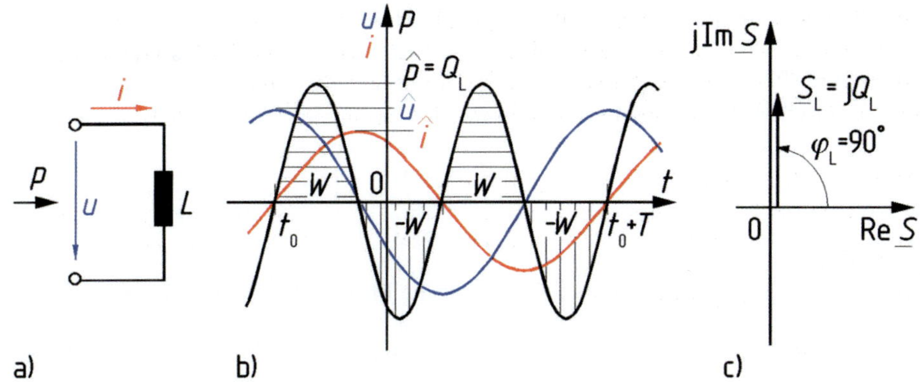

Bild 5.28 Induktivität L mit Verbraucher-Zählpfeilsystem (a), Strom i, Spannung u und Augenblicksleistung p im Zeitdiagramm (b) und Leistungszeigerdiagramm (c)

Bei sinusförmigem Stromverlauf $i = \hat{i}\,\sin(\omega t + \varphi_i)$ folgt die Augenblicksleistung der in Bild 5.28b dargestellten Funktion

$$p = \omega L\,\hat{i}^2 \cos(\omega t + \varphi_i)\,\sin(\omega t + \varphi_i) = \frac{\omega L\,\hat{i}^2}{2}\,\sin[2\,(\omega t + \varphi_i)]. \tag{5.167}$$

Die hierin vorgenommene Umformung nach der Formel $\cos x\,\sin x = 0{,}5\,\sin(2x)$ [53] zeigt ebenso wie das Zeitdiagramm in Bild 5.28b, dass die Frequenz der Augenblicksleistung p doppelt so groß ist wie die Frequenz f von Strom i und Spannung u. Charakteristisch für einen Blindwiderstand ist die Tatsache, dass der arithmetische Mittelwert der Augenblicksleistung $\overline{p} = 0$ ist. Während der Viertelperioden, in denen (bei Anwendung des Verbraucher-Zählpfeilsystems gemäß Bild 5.28a) Spannung u und Strom i dasselbe Vorzeichen haben, nimmt die Induktivität L (in Richtung des Zählpfeils von p) Energie auf, wirkt also als *Verbraucher*. In dieser Zeit sinkt der Betrag der Spannung von $\hat{u}$ auf null ab; der Betrag des Stroms steigt von null auf $\hat{i}$ an, sodass am Ende einer solchen Viertelperiode nach Gl. (4.122) in der Induktivität L die Energie $W = 0{,}5\,L\hat{i}^2$ gespeichert ist. Diese Energie entspricht einer der waagerecht schraffierten Flächen unter der Leistungskurve in Bild 5.28b. Während der jeweils folgenden Viertelperiode gibt die Induktivität L bei betragsmäßig steigender Spannung u, aber sinkendem Strom i die gespeicherte Energie W (entsprechend einer der senkrecht schraffierten Flächen über der Leistungskurve in Bild 5.28b) vollständig wieder ab, wirkt also als *Erzeuger*. Die während einer Periode insgesamt in der Induktivität umgesetzte Energie ist somit null. An einer Induktivität tritt also keine Wirkleistung P auf.

Dennoch wird analog zu Gl. (5.148) eine als *induktive Blindleistung* bezeichnete Größe

$$Q_L = \frac{\omega L\,\hat{i}^2}{2} = \omega L I^2 = X_L\,I^2 \tag{5.168}$$

eingeführt, die mit dem Scheitelwert $\hat{p}$ der Augenblicksleistung in Bild 5.28b identisch ist (Gl. (5.167)). Um Verwechslungen von Wirk- und Blindleistung zu vermeiden, soll für die Blindleistung Q als gesetzliche Einheit

$$[Q] = 1\ \text{var (Var)} \tag{5.169}$$

verwendet werden (Tabelle 1.2). Der Einheitenname Var ist aus „Volt-Ampere-reaktiv“ (reaktiv, weil an Reaktanzen auftretend) hervorgegangen. Keinesfalls soll für die Blindleistung die Einheit Watt verwendet werden.

In Bild 5.28c ist der komplexe Leistungszeiger $\underline{S}_L$ dargestellt. Da $P = 0$ ist und nach Gl. (5.168) $Q_L > 0$ gilt, liegt er ebenso wie der Impedanzzeiger $\underline{Z}_L$ in der positiven imaginären Achse.

5.5.3 Kapazität

Die Eigenschaft eines *Kondensators* als Speicher für die Energie des elektrischen Feldes wird durch seine Kapazität C beschrieben, so wie sie in Gl. (3.83) definiert ist. Gegenstand der folgenden Betrachtungen ist diese Kapazität C, die man sich als einen *idealen Kondensator* vorstellen kann, bei dem nur der Einfluss des elektrischen Feldes zu berücksichtigen ist, während Leitungs- und dielektrische Verluste sowie die Wirkungen des magnetischen Feldes vernachlässigbar klein sind. Ferner wird vorausgesetzt, dass die Kapazität *linear* ist, d. h. dass sich ihr Wert nicht in Abhängigkeit vom Strom bzw. von der Spannung ändert.

5.5.3.1 Spannung, Strom und Phasenverschiebungswinkel

In Bild 5.29a ist das Schaltungssymbol für eine Kapazität C dargestellt; Strom- und Spannungszählpfeile sind im Verbraucher-Zählpfeilsystem eingetragen. Hierfür gilt nach Gl. (3.89) der Zusammenhang

$$i = C\frac{\mathrm{d}u}{\mathrm{d}t} \tag{5.170}$$

bzw. (in symbolischer Schreibweise)

$$u = \frac{1}{C}\int i\,\mathrm{d}t\,. \tag{5.171}$$

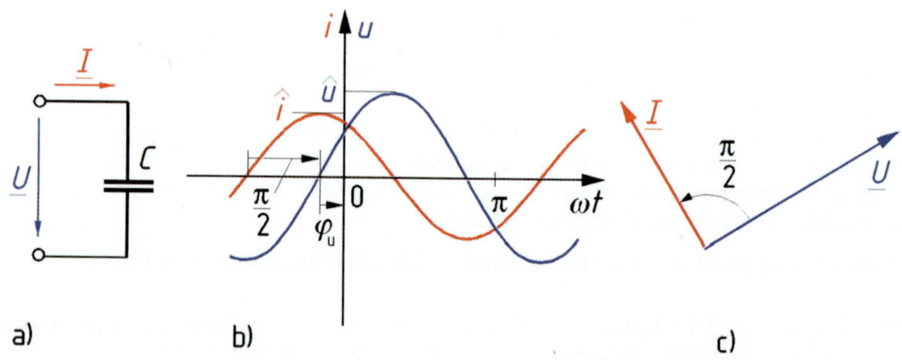

Bild 5.29 Spannung und Strom an der Kapazität C im Verbraucher-Zählpfeilsystem (a), zugehöriges Zeitdiagramm (b) und Effektivwertzeigerdiagramm (c)[1]

[1] Zur deutlicheren Wiedergabe sind die Effektivwertzeigerdiagramme in einem größeren Maßstab dargestellt als die Zeitdiagramme.

Mit Gl. (5.52) folgt bei sinusförmigem Spannungsverlauf $u = \hat{u}\sin(\omega t + \varphi_u)$ aus Gl. (5.170) für den Strom

$$i = C\frac{d}{dt}[\hat{u}\sin(\omega t + \varphi_u)]$$

$$= \omega C\hat{u}\cos(\omega t + \varphi_u) = \omega C\hat{u}\sin\left(\omega t + \varphi_u + \frac{\pi}{2}\right) \qquad (5.172)$$

der in Bild 5.29b dargestellte, ebenfalls sinusförmige Verlauf, der gegenüber der Spannung u um den Winkel $\pi/2 = 90°$ voreilt; sein Scheitelwert ist $\omega C\hat{u}$. Zu dem gleichen Ergebnis kommt man bei Anwendung der komplexen Rechnung, wenn man gemäß Tabelle 5.1 in Gl. (5.170) die Differenziation der Zeitfunktion u durch die Multiplikation der komplexen Spannung $\underline{U}$ mit dem Faktor $\mathrm{j}\,\omega$ ersetzt. Unter Beibehaltung der Multiplikation mit dem positiven reellen Faktor C ergibt sich der komplexe Strom

$$\underline{I} = \mathrm{j}\,\omega C\,\underline{U}. \qquad (5.173)$$

Man gewinnt also den Zeiger $\underline{I}$, indem man den Zeiger $\underline{U}$ mit dem Faktor $\mathrm{j}\,\omega C$ multipliziert. Außer der Multiplikation des Effektivwertes U mit ωC bedeutet dies, wie in Bild 5.29c dargestellt, eine Drehung des Zeigers $\omega C\underline{U}$ um den Winkel $\pi/2 = 90°$. Die Auflösung von Gl. (5.173) nach der komplexen Spannung

$$\underline{U} = \frac{1}{\mathrm{j}\omega C}\underline{I} \qquad (5.174)$$

zeigt, dass man den Zeiger $\underline{U}$ erhält, wenn man den Zeiger $\underline{I}$ durch den Ausdruck $\mathrm{j}\,\omega C$ dividiert. Außer der Division des Effektivwertes I durch ωC bedeutet dies in Übereinstimmung mit Bild 5.29c eine Drehung des Zeigers $\underline{I}/(\omega C)$ um den Winkel $-\pi/2 = -90°$.

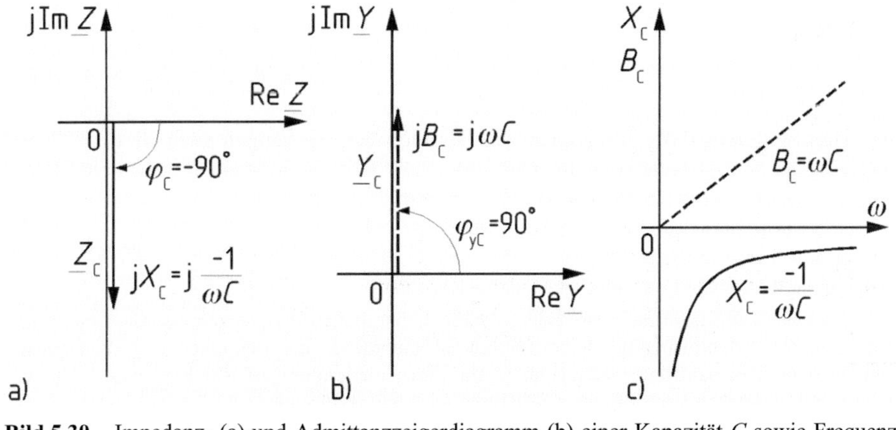

Bild 5.30 Impedanz- (a) und Admittanzzeigerdiagramm (b) einer Kapazität C sowie Frequenzgang (c) des kapazitiven Blindwiderstandes X_C und des kapazitiven Blindleitwertes B_C

5.5.3.2 Kapazitiver Blindwiderstand und Blindleitwert

Dividiert man Gl. (5.174) durch den komplexen Strom $\underline{I}$, so erhält man für die Kapazität C unter Berücksichtigung von Gl. (5.77) die in Bild 5.30a dargestellte Impedanz

$$\underline{Z}_C = \frac{\underline{U}}{\underline{I}} = \frac{1}{\mathrm{j}\omega C} = \mathrm{j}\frac{-1}{\omega C} = \frac{1}{\omega C}\mathrm{e}^{-\mathrm{j}90°}. \qquad (5.175)$$

Wie der Vergleich mit Gl. (5.96) zeigt, ist der Wirkwiderstand $R = 0$. Für den kapazitiven Blindwiderstand gilt

$$X_C = \frac{-1}{\omega C}. \tag{5.176}$$

Für den Scheinwiderstand folgt

$$Z_C = \frac{1}{\omega C}. \tag{5.177}$$

Das Argument der Impedanz ist der Phasenverschiebungswinkel

$$\varphi_C = -90°. \tag{5.178}$$

Dividiert man Gl. (5.173) durch die komplexe Spannung $\underline{U}$, so erhält man für die Kapazität C die in Bild 5.30b dargestellte Admittanz

$$\underline{Y}_C = \frac{\underline{I}}{\underline{U}} = \mathrm{j}\,\omega C = \omega C\,\mathrm{e}^{\mathrm{j}90°}. \tag{5.179}$$

Wie der Vergleich mit Gl. (5.102) zeigt, ist der Wirkleitwert $G = 0$. Für den kapazitiven Blindleitwert gilt

$$B_C = \omega C; \tag{5.180}$$

das ist das negativ Reziproke des Blindwiderstandes in Gl. (5.176). Für den Scheinleitwert folgt ebenfalls

$$Y_C = \omega C, \tag{5.181}$$

also in Übereinstimmung mit Gl. (5.109) der Kehrwert des Scheinwiderstandes Z_C. Das Argument der Admittanz ist

$$\varphi_{yC} = 90° \tag{5.182}$$

und damit, wie in Gl. (5.110) allgemein formuliert, das Negative des Phasenverschiebungswinkels φ_C aus Gl. (5.178).

Kapazitiver Blindwiderstand X_C und kapazitiver Blindleitwert B_C hängen nach Gl. (5.176) und Gl. (5.180) von der Kreisfrequenz ω ab. Der kapazitive Blindwiderstand nimmt dem Betrag nach mit wachsender Frequenz ab, der kapazitive Blindleitwert nimmt mit wachsender Frequenz zu. Beide Frequenzgänge sind in Bild 5.30c dargestellt.

Beispiel 5.9 Frequenzabhängigkeit einer parasitären Kapazität

Die in der Nachrichten- und Informationstechnik gebräuchlichen hohen Frequenzen erfordern meist eine Berücksichtigung der verhältnismäßig kleinen, durch die Geometrie der Leitungen und Bauelemente einer Schaltung bedingten parasitären Kapazität C, die einen niederohmigen Blindwiderstand X_C zwischen zwei Punkten darstellen kann. In einer Schaltung wird bei der Frequenz $f = 1$ MHz und der Spannung $U = 600$ mV der durch diese Kapazität C verursachte Strom $I = 0{,}3$ mA gemessen.

a) Wie groß sind Blindleitwert B_C und parasitäre Kapazität C?

Aus den Gln. (5.180) und (5.181) folgt

$$B_C = Y_C = \omega C = \frac{I}{U} = \frac{0{,}3\,\mathrm{mA}}{600\,\mathrm{mV}} = 0{,}5\ \mathrm{mS}. \tag{5.183}$$

Hieraus folgt für die Kapazität

$$C = \frac{B_C}{\omega} = \frac{B_C}{2\pi f} = \frac{0{,}5\ \mathrm{mS}}{2\pi \cdot 1\,\mathrm{MHz}} = 79{,}6\ \mathrm{pF}. \tag{5.184}$$

b) Wie groß ist bei gleichbleibender Spannung U der Strom I', wenn die Frequenz auf $f' = 20$ MHz erhöht wird?

Blindleitwert und Strom wachsen nach Gl. (5.181) proportional mit der Frequenz. Man erhält

$$I' = \frac{f'}{f} I = \frac{20\,\text{MHz}}{1\,\text{MHz}} \cdot 0{,}3\,\text{mA} = 6\,\text{mA}. \tag{5.185}$$

5.5.3.3 Kapazitive Blindleistung

Nach Gl. (5.118) und Gl. (5.170) gilt für die in einer idealen Kapazität umgesetzte Augenblicksleistung

$$p = u\,i = u \cdot C \frac{\mathrm{d}u}{\mathrm{d}t}. \tag{5.186}$$

Bei sinusförmigem Spannungsverlauf $u = \hat{u}\,\sin(\omega t + \varphi_u)$ folgt die Augenblicksleistung der in Bild 5.31b dargestellten Funktion

$$p = \omega C \hat{u}^2 \cos(\omega t + \varphi_u)\,\sin(\omega t + \varphi_u) = \frac{\omega C \hat{u}^2}{2} \sin[2\,(\omega t + \varphi_u)]. \tag{5.187}$$

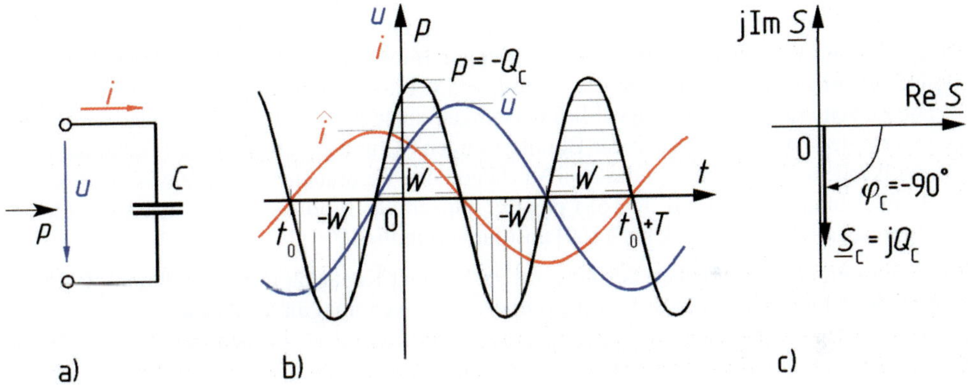

Bild 5.31 Kapazität C mit Verbraucher-Zählpfeilsystem (a), Strom i, Spannung u und Augenblicksleistung p im Zeitdiagramm (b) und Leistungszeigerdiagramm (c)

Die hierin vorgenommene Umformung nach der Formel $\cos x \sin x = 0{,}5 \sin(2x)$ [53] zeigt ebenso wie das Zeitdiagramm in Bild 5.31b, dass die Frequenz der Augenblicksleistung p doppelt so groß ist wie die Frequenz f von Spannung u und Strom i. Charakteristisch für einen Blindwiderstand ist die Tatsache, dass der arithmetische Mittelwert der Augenblicksleistung $\overline{p} = 0$ ist. Während der Viertelperioden, in denen (bei Anwendung des Verbraucher-Zählpfeilsystems nach Bild 5.31a) Strom i und Spannung u dasselbe Vorzeichen haben, nimmt die Kapazität C (in Richtung des Zählpfeils von p) Energie auf, wirkt also als *Verbraucher*. In dieser Zeit sinkt der Betrag des Stroms von $\hat{i}$ auf null ab. Der Betrag der Spannung steigt von null auf $\hat{u}$ an, sodass am Ende einer solchen Viertelperiode nach Gl. (3.94) in der Kapazität C die Energie $W = 0{,}5\,C\hat{u}^2$ gespeichert ist. Diese Energie entspricht einer der waagerecht schraffierten Flächen unter der Leistungskurve in Bild 5.31b.

Während der jeweils folgenden Viertelperiode gibt die Kapazität C bei betragsmäßig steigendem Strom i, aber sinkender Spannung u die gespeicherte Energie W (entsprechend einer der senkrecht schraffierten Flächen über der Leistungskurve in Bild 5.31b) vollständig wieder ab, wirkt also als *Erzeuger*. Die während einer Periode insgesamt in der Kapazität umgesetzte Energie ist somit null. An einer Kapazität tritt also keine Wirkleistung P auf.

Wie in Gl. (5.168) für die Induktivität wird auch für die Kapazität eine *kapazitive Blindleistung*

$$Q_C = \frac{-1}{\omega C} I^2 = X_C I^2 \tag{5.188}$$

eingeführt. Wie der Vergleich mit Gl. (5.187) zeigt, ist sie das Negative des Scheitelwertes $\hat{p}$ der Augenblicksleistung in Bild 5.31b

$$-\hat{p} = -\frac{\omega C \hat{u}^2}{2} = -\omega C U^2 = -\omega C \left(\frac{I}{\omega C}\right)^2 = \frac{-1}{\omega C} I^2 = X_C I^2 = Q_C\,. \tag{5.189}$$

Für die Einheit Var der Blindleistung (Tabelle 1.2) gelten die Erläuterungen zu Gl. (5.169).

Die Kapazität C ist der *duale Zweipol* zur Induktivität L (Tabelle 6.2). Dies zeigt sich z. B. in Bezug auf die Blindleistung Q: Wenn man eine Kapazität C in Reihe mit einer Induktivität L vom selben Sinusstrom i durchfließen lässt oder wenn man eine Kapazität C parallel zu einer Induktivität L an dieselbe Sinusspannung u legt, ergibt der Vergleich der Bilder 5.28b und 5.31b, dass die Kapazität C immer dann Energie aufnimmt, wenn die Induktivität L Energie abgibt, und umgekehrt. Die beiden Elemente L und C bilden dann einen Schwingkreis (Kapitel 7). Die *Gegenphasigkeit* der Augenblicksleistungen an Induktivität und Kapazität wird durch die unterschiedlichen Vorzeichen der Blindleistungen Q_L und Q_C ausgedrückt. Dabei ist die an sich willkürliche Vereinbarung, dass bei Vorliegen des Verbraucher-Zählpfeilsystems induktive Blindleistung Q_L nach Gl. (5.168) positiv, kapazitive Blindleistung Q_C nach Gl. (5.188) hingegen negativ gezählt wird, nach [60] absolut verbindlich.

Bild 5.31c zeigt den komplexen Leistungszeiger $\underline{S}_C$ einer Kapazität C. Da $P = 0$ und $Q_C < 0$ ist, liegt er ebenso wie der Impedanzzeiger $\underline{Z}_C$ in der negativen imaginären Achse.

Tabelle 5.2 Die idealen passiven Grundzweipole bei Sinusstrom

Schaltzeichen	*Zusammenhang zwischen Strom und Spannung* *Zeitfunktionen, komplexe Größen*	*Zusammenhang zwischen Strom und Spannung* *Effektivwert-Zeigerdiagramme*	*Komplexer Widerstand und Leitwert* *komplexe Größen, Phasenwinkel*	*Komplexer Widerstand und Leitwert* *Zeigerdiagramme*	*Komplexe Leistung* *Wirkleistung, Blindleistung, Leistungsfaktor*	*Komplexe Leistung* *Zeigerdiagramme*
Widerstand 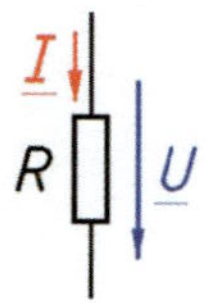	$u = R\,i$ $i = \frac{1}{R}u$ $\underline{U} = R \cdot \underline{I}$ $\underline{I} = \frac{1}{R} \cdot \underline{U}$	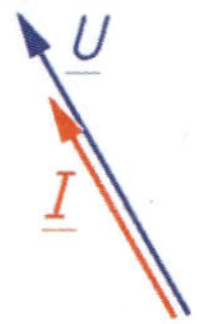	$\underline{Z} = R$ $\underline{Y} = \frac{1}{R}$ $\varphi = 0°$	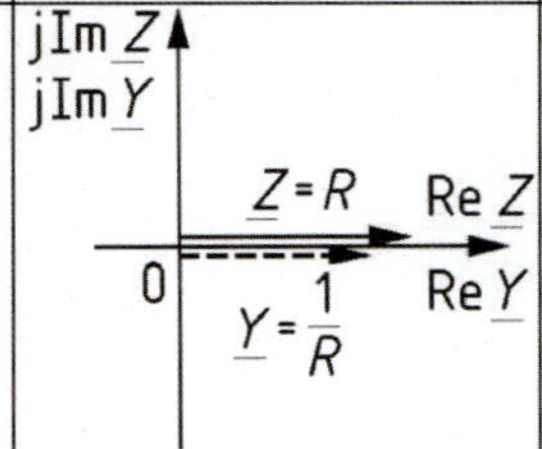	$P = R\,I^2$ $= \frac{1}{R}U^2$ $Q = 0$ $\cos\varphi = 1$	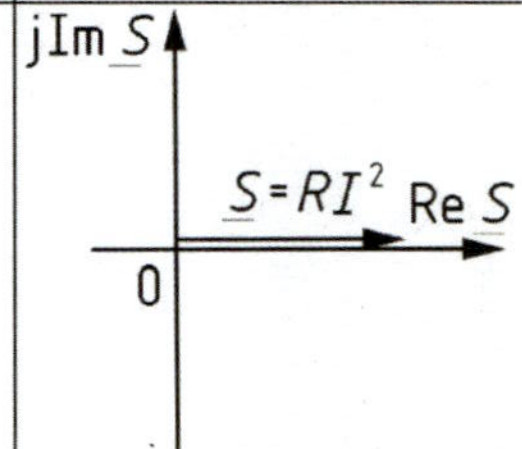
Induktivität 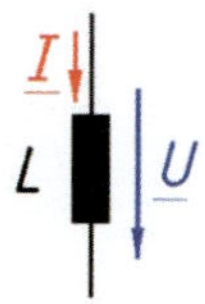	$u = L\frac{di}{dt}$ $i = \frac{1}{L}\int u\,dt$ $\underline{U} = j\omega L \cdot \underline{I}$ $\underline{I} = \frac{1}{j\omega L}$	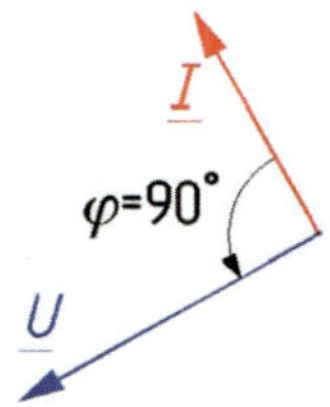	$\underline{Z} = j\omega L$ $\underline{Y} = \frac{1}{j\omega L}$ $= j\frac{-1}{\omega L}$ $\varphi = 90°$	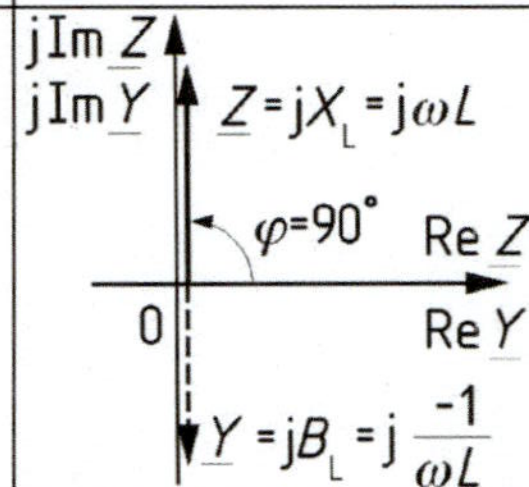	$P = 0$ $Q = \omega L\,I^2$ $= \frac{1}{\omega L}U^2$ $\cos\varphi = 0$	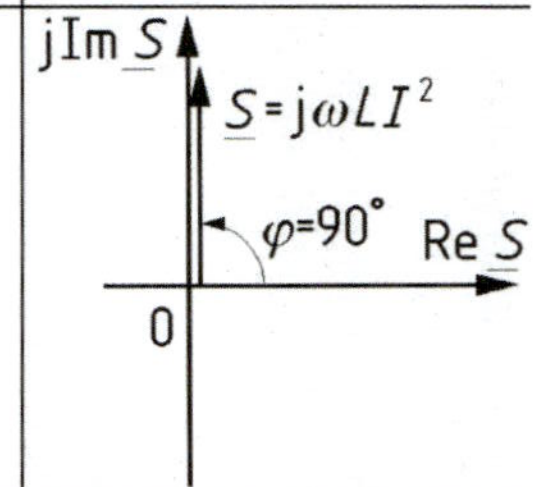
Kapazität 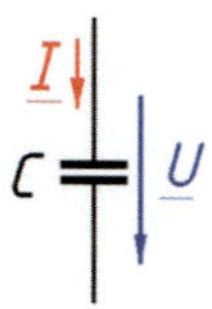	$u = \frac{1}{C}\int i\,dt$ $i = C\frac{du}{dt}$ $\underline{U} = \frac{1}{j\omega C} \cdot \underline{I}$ $\underline{I} = j\omega C \cdot \underline{U}$	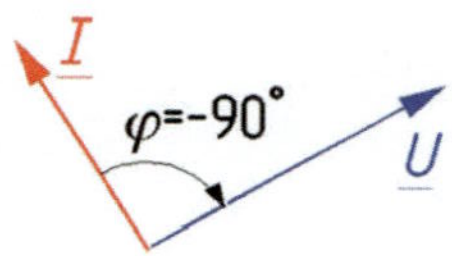	$\underline{Z} = \frac{1}{j\omega C}$ $= j\frac{-1}{\omega C}$ $\underline{Y} = j\omega C$ $\varphi = -90°$	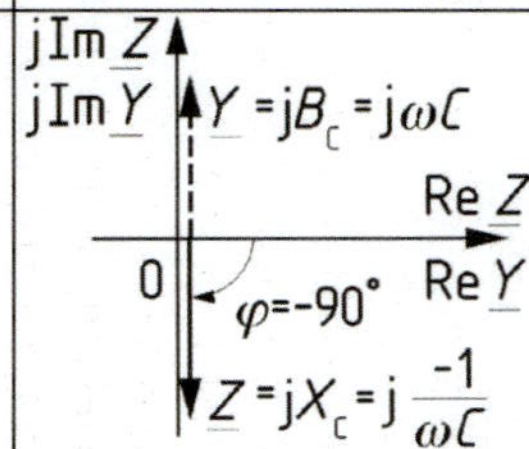	$P = 0$ $Q = -\frac{1}{\omega C}I^2$ $= -\omega C\,U^2$ $\cos\varphi = 0$	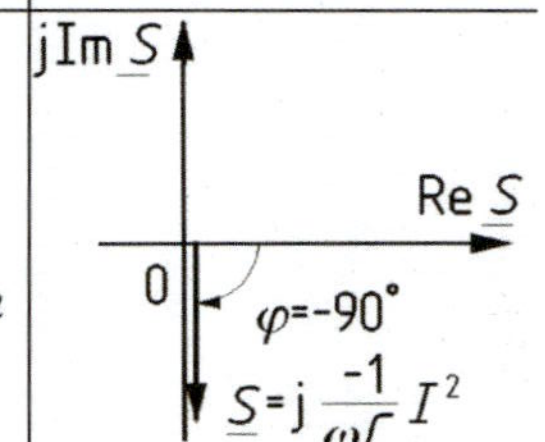

5.5.4 Gegenüberstellung der idealen passiven Zweipole

In den Abschnitten 5.5.1 bis 5.5.3 wird gezeigt, dass Widerstände R, Induktivitäten L und Kapazitäten C, an deren Klemmen jeweils eine Sinusspannung $u = \hat{u}\sin(\omega t + \varphi_u)$ anliegt, von einem Sinusstrom $i = \hat{i}\sin(\omega t + \varphi_i)$ durchflossen werden. Dies gilt allerdings nur unter der Voraussetzung, dass die Zweipole *linear* sind. Nichtlineare Wechselstromkreise werden in Abschnitt 9.2 behandelt.

Da Strom und Spannung sinusförmig sind, können beide Größen nach Abschnitt 5.3.2.3 als Effektivwertzeiger $\underline{I}$ bzw. $\underline{U}$ dargestellt werden. In Tabelle 5.2 werden diese Effektivwertzeigerdiagramme sowie die Diagramme für die Impedanz $\underline{Z}$, die Admittanz $\underline{Y}$ und die komplexe Leistung $\underline{S}$ der drei Zweipole einander gegenübergestellt. Beim Widerstand R haben die Effektivwertzeiger $\underline{I}$ und $\underline{U}$ dieselbe Richtung und beschreiben so die Gleichphasigkeit von Strom und Spannung; der Phasenverschiebungswinkel ist $\varphi = 0$. Bei der Induktivität L und der Kapazität C stehen die Zeiger $\underline{I}$ und $\underline{U}$ senkrecht aufeinander. Im Fall der Induktivität eilt die Spannung dem Strom um 90° voraus; bei der Kapazität eilt die Spannung dem Strom um 90° nach. Da der Phasenverschiebungswinkel φ stets vom Stromzeiger $\underline{I}$ zum Spannungszeiger $\underline{U}$ zu messen ist, erhält man für die Induktivität $\varphi = 90°$ und für die Kapazität $\varphi = -90°$.

6 Sinusstromnetzwerke

Im Folgenden wird gezeigt, dass die Kirchhoffschen Gesetze auch gültig sind für Sinusstromnetzwerke mit *konzentrierten Bauelementen* – das sind Bauelemente, deren räumliche Ausdehnung für die betrachteten Vorgänge keine Bedeutung haben. Sinusstromnetzwerke lassen sich daher wie Gleichstromnetzwerke mit den in Kapitel 2 ausführlich beschriebenen Methoden berechnen, wenn man statt der Rechnung mit den Gleichgrößen I und U und den reellen Größen R und G die in Kapitel 5 eingeführte komplexe Rechnung mit den komplexen Größen $\underline{I}$, $\underline{U}$, $\underline{Z}$ und $\underline{Y}$ anwendet.

6.1 Reihen- und Parallelschaltungen

6.1.1 Kirchhoffsche Gesetze

Die in Abschnitt 2.2.2 für Gleichstromnetzwerke erläuterten Kirchhoffschen Gesetze sind auch für Sinusstromnetzwerke anwendbar. Wie die nachfolgenden Überlegungen zeigen, ist dies jedoch durchaus nicht selbstverständlich, sondern an die Einhaltung bestimmter Bedingungen geknüpft.

6.1.1.1 Knotensatz

Wenn man die elektrische Stromdichte $\vec{J}$ über die Oberfläche eines abgeschlossenen Volumens integriert, erhält man nach Gl. (3.37) den durch diese Hüllfläche *austretenden* Strom

$$i\,(\mathrm{t}) = \oint \vec{J}\,\mathrm{d}\vec{A} = -\frac{\mathrm{d}Q}{\mathrm{d}t}\,, \tag{6.1}$$

der nach Gl. (3.14) gleich der zeitlichen Abnahme der in dem Volumen gespeicherten Ladung Q sein muss. Im Gleichstromfall, also für $i(t) = I = \text{const.}$ gilt

$$I = \oint \vec{J}\,\mathrm{d}\vec{A} = 0, \tag{6.2}$$

da sonst nach Gl. (6.1) die Ladung im Volumen zeitlich linear ab- bzw. zunehmen müsste. Dies aber ist nicht möglich, da im Volumen nur eine endliche Ladung gespeichert werden kann. Für Gleichstrom führt Gl. (6.2) unmittelbar auf den Knotensatz Gl. (2.77), demzufolge die Summe der aus einem abgeschlossenen Volumen (z. B. um einen Knoten) austretenden Gleichströme null ist.

Bei zeitvarianten Vorgängen ist es hingegen durchaus möglich, dass die Summe der aus einem Volumen austretenden Ströme *zeitweilig* von null verschiedene, positive oder negative Werte annimmt. Dies ist nach Gl. (6.1) gleichbedeutend mit einer zeitweiligen Ab- oder Zunahme der im Volumen gespeicherten Ladung. Nur wenn das betrachtete Volumen auf einen Punkt zusammenschrumpft, zu einem Gebiet also, in dem wegen seiner verschwindenden räumlichen Ausdehnung keine Ladung gespeichert werden kann, gilt auch für zeitvariante Vorgänge

$$i = \oint \vec{J}\,\mathrm{d}\vec{A} = 0. \tag{6.3}$$

Bei den *Modellen* von Netzwerken mit konzentrierten Bauelementen geht man wie bei den Gleichstromnetzwerken davon aus, dass die Verbindungsleitungen zwischen den Bauelementen widerstandslos sind (Abschnitt 1.3.8) und die Knoten keine räumliche Ausdehnung und damit auch keine Kapazität besitzen (Abschnitt 2.2.1.1). Für die Knoten derartiger Netzwerke folgt aus Gl. (6.3)

$$\sum_{\nu=1}^{n} i_\nu = 0 \tag{6.4}$$

und bei Anwendung der komplexen Rechnung für Sinusströme unter Berücksichtigung von Tabelle 5.1

$$\sum_{\nu=1}^{n} \underline{I}_\nu = 0 \,. \tag{6.5}$$

6.1.1.2 Maschensatz

Wenn man längs eines geschlossenen Weges die elektrische Feldstärke $\vec{E}$ integriert, erhält man nach dem Induktionsgesetz Gl. (4.88) die Umlaufspannung

$$u = \oint \vec{E}\,\mathrm{d}\vec{l} = -\frac{\mathrm{d}\Phi}{\mathrm{d}t}\,, \tag{6.6}$$

die bei rechtswendiger Zuordnung der Zählpfeile für Spannung und magnetischen Fluss gleich der zeitlichen Abnahme des magnetischen Flusses Φ ist, der die vom Integrationsweg umrandete Fläche durchsetzt. Wenn *kein fremderzeugter zeitvarianter magnetischer Fluss* vorhanden ist, sind *im Gleichstromfall* alle magnetischen Flüsse zeitlich konstant, sodass sich die Umlaufspannung

$$U = \oint \vec{E}\,\mathrm{d}\vec{l} = 0 \tag{6.7}$$

ergibt, was unmittelbar auf den Maschensatz Gl. (2.82) führt, demzufolge in einer Masche die Summe aller Gleichspannungen null ist.

Treten in einem Netzwerk zeitvariante Ströme auf, die in der betrachteten Masche einen zeitvarianten Fluss $\Phi(t)$ verursachen, muss man nach Gl. (6.6) davon ausgehen, dass die Summenspannung $u \neq 0$ ist. Für Sinusstromnetzwerke ist also die Anwendung des Maschensatzes nur zulässig, wenn man wie in Beispiel 6.1 in einem *Ersatzschaltbild* die magnetischen Wirkungen der fließenden Ströme durch konzentrierte Bauelemente modelliert (Spannungsquellen, Widerstände, Induktivitäten, Gegeninduktivitäten, vgl. Bild 6.1) und die Verbindungslinien als widerstandslos und die in ihnen fließenden Ströme als ohne magnetische Wirkung betrachtet. In diesem Fall gilt auch für Sinusstromnetzwerke

$$\sum_{\nu=1}^{n} u_\nu = 0 \tag{6.8}$$

und unter Berücksichtigung von Tabelle 5.1 für Sinusspannungen

$$\sum_{\nu=1}^{n} \underline{U}_\nu = 0. \tag{6.9}$$

Beispiel 6.1 Modell eines von einem zeitvarianten Magnetfeld durchsetzten Stromkreises

Für einen Stromkreis, der von einem sinusförmigen magnetischen Wechselfeld durchsetzt wird, soll ein Ersatzschaltbild mit konzentrierten Bauelementen angegeben werden. Hierzu soll vereinfachend angenommen werden, dass alle magnetischen Wirkungen des Stromkreises nach Bild 6.1a durch eine Spule mit N Windungen modelliert werden, die vom fremderzeugten magnetischen Wechselfluss $\Phi_1(t)$ vollständig durchsetzt wird. Die induzierte Summenspannung u (Zählpfeil dem des Flusses Φ_1 rechtswendig zugeordnet) bewirkt einen Wechselstrom i (Zählpfeil gleichsinnig mit dem von u), der seinerseits nach dem Durchflutungssatz Gl. (4.19) in der Spule einen zusätzlichen magnetischen Wechselfluss $\Phi_2(t)$ erzeugt (Zählpfeil dem des Stroms i rechtswendig zugeordnet). Der Drahtwiderstand der Spule sei R_{Sp}, ihre Induktivität habe den Wert L.

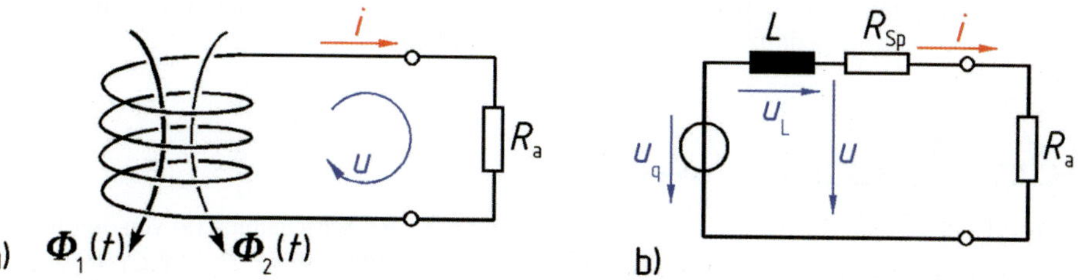

Bild 6.1 Von fremderzeugtem Wechselfluss Φ_1 durchsetzte Spule (a) mit induziertem Strom i und selbsterzeugtem Fluss Φ_2; Ersatzschaltbild (b) mit konzentrierten Bauelementen

Aus dem Induktionsgesetz Gl. (6.6) folgt für die Umlaufspannung

$$u = -N\frac{\mathrm{d}}{\mathrm{d}t}(\Phi_1 + \Phi_2) = (R_{Sp} + R_a)\,i\,; \tag{6.10}$$

sie fällt am Spulenwiderstand R_{Sp} und dem Abschlusswiderstand R_a ab und lässt sich hinsichtlich ihres Zustandekommens in zwei Anteile u_q und u_L zerlegen. Die Spannung

$$u_q = -N\frac{\mathrm{d}\Phi_1}{\mathrm{d}t}$$

ist auf den fremderzeugten Fluss Φ_1 zurückzuführen und wirkt in dem Stromkreis wie eine Quellenspannung. Ihr Zählpfeil bildet zusammen mit dem Stromzählpfeil ein Erzeuger-Zählpfeilsystem. Der durch den Fluss Φ_2 erzeugten Spannung u_L wird in Bild 6.1b die entgegengesetzte Zählpfeilrichtung nach Art des Verbraucher-Zählpfeilsystems zugeordnet. Mit der hieraus resultierenden Vorzeichenumkehr und Gl. (4.103) erhält man

$$u_L = +N\frac{\mathrm{d}\Phi_2}{\mathrm{d}t} = L\frac{\mathrm{d}i}{\mathrm{d}t}\,.$$

Aus Gl. (6.10) folgt hiermit die Spannungsgleichung

$$u_q - L\frac{\mathrm{d}i}{\mathrm{d}t} = R_{Sp}\,i + R_a\,i\,,$$

die gleichermaßen auch die Maschengleichung für die Ersatzschaltung Bild 6.1b darstellt und für Sinusgrößen unter Berücksichtigung von Tabelle 5.1 in die komplexe Gleichung

$$\underline{U}_q = \mathrm{j}\omega L\,\underline{I} + R_{Sp}\underline{I} + R_a\,\underline{I} \tag{6.11}$$

übergeht.

6.1.2 Reihenschaltung passiver Zweipole

Da für Sinusstromnetzwerke mit konzentrierten Bauelementen der Maschensatz gilt, ergeben sich für die Reihenschaltung von passiven Zweipolen (R, L, C) weitgehend die gleichen Zusammenhänge wie bei der in Abschnitt 2.2.4 beschriebenen Reihenschaltung von Gleichstromwiderständen.

6.1.2.1 Impedanz von Reihenschaltungen

Bild 6.2a zeigt die *Reihenschaltung* der Impedanzen $\underline{Z}_1$, $\underline{Z}_2$ und $\underline{Z}_3$, die an der Gesamtspannung $\underline{U}$ liegt. Alle Zweipole werden vom selben Strom $\underline{I}$ durchflossen; an allen wird das Verbraucher-Zählpfeilsystem verwendet. Für die drei in Reihe geschalteten Impedanzen soll eine äquivalente Gesamtimpedanz $\underline{Z}$ nach Bild 6.2b gefunden werden.

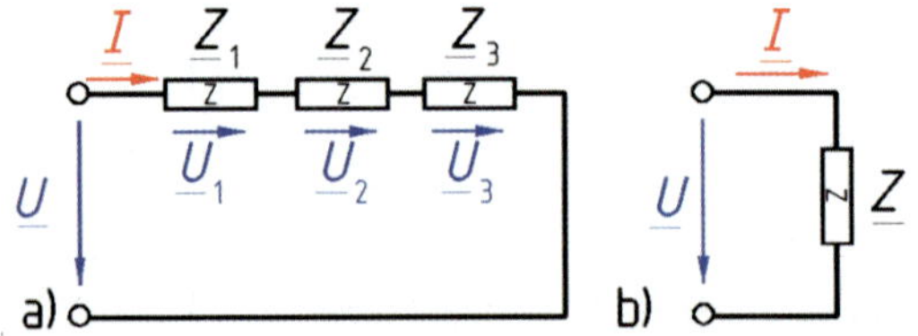

Bild 6.2 Reihenschaltung (a) von drei Impedanzen $\underline{Z}_1$, $\underline{Z}_2$ und $\underline{Z}_3$ sowie Gesamtimpedanz $\underline{Z}$ der Ersatzschaltung (b)

Der Maschensatz liefert für die Schaltung in Bild 6.2a mit den Teilspannungen $\underline{U}_1$, $\underline{U}_2$ und $\underline{U}_3$ die Spannungsgleichung

$$\underline{U} = \underline{U}_1 + \underline{U}_2 + \underline{U}_3. \tag{6.12}$$

Sowohl die Teilspannungen $\underline{U}_\nu$ in Bild 6.2a als auch die Gesamtspannung $\underline{U}$ in Bild 6.2b lassen sich als Produkte der jeweiligen Impedanz $\underline{Z}_\nu$ und des Stroms $\underline{I}$ ausdrücken. Man erhält

$$\underline{Z}\,\underline{I} = \underline{Z}_1\,\underline{I} + \underline{Z}_2\,\underline{I} + \underline{Z}_3\,\underline{I}. \tag{6.13}$$

Wird Gl. (6.13) durch den Strom $\underline{I}$ dividiert, ergibt sich die Gesamtimpedanz

$$\underline{Z} = \underline{Z}_1 + \underline{Z}_2 + \underline{Z}_3. \tag{6.14}$$

Für die Reihenschaltung einer beliebigen Anzahl n von Impedanzen $\underline{Z}_\nu$ darf man Gl. (6.14) allgemein erweitern auf

$$\underline{Z} = \sum_{\nu=1}^{n} \underline{Z}_\nu. \tag{6.15}$$

6.1.2.2 Spannungsteilerregel

In einer Reihenschaltung nach Bild 6.2a wird die Spannung $\underline{U}$ in die Teilspannungen $\underline{U}_\nu$ aufgeteilt. Da in einer solchen Spannungsteilerschaltung alle Impedanzen $\underline{Z}_\nu$ vom selben Strom $\underline{I}$ durchflossen werden, lassen sich die Teilspannungen und die Gesamtspannung als

$$\underline{U}_\nu = \underline{Z}_\nu\,\underline{I} \qquad \text{bzw.} \qquad \underline{U} = \underline{Z}\,\underline{I} \tag{6.16}$$

beschreiben. Hieraus folgt für das Verhältnis zweier Spannungen

$$\frac{\underline{U}_\mu}{\underline{U}_\nu} = \frac{\underline{Z}_\mu}{\underline{Z}_\nu} \qquad \text{bzw.} \qquad \frac{\underline{U}_\nu}{\underline{U}} = \frac{\underline{Z}_\nu}{\underline{Z}}. \tag{6.17}$$

Gl. (6.17) beschreibt die Spannungsteilerregel für Sinusstromnetzwerke. Sie besagt, dass bei einer Reihenschaltung von Impedanzen die komplexen Spannungen sich so zueinander verhalten wie die Impedanzen, an denen sie abfallen.

Beispiel 6.2 Reihenschaltung von Impedanzen

Die Impedanzen $\underline{Z}_1 = 100\ \Omega\ e^{j32°}$, $\underline{Z}_2 = 100\ \Omega\ e^{-j47°}$ und $\underline{Z}_3 = 100\ \Omega\ e^{j63°}$ liegen nach Bild 6.2a in Reihe an einer Sinusspannung mit dem Effektivwert $U = 100$ V und dem Nullphasenwinkel φ_u. Gesucht sind die Gesamtimpedanz $\underline{Z}$ sowie Betrag und Phasenlage der Teilspannung $\underline{U}_1$.

Mit Gl. (6.14) erhält man die Gesamtimpedanz

$$\underline{Z} = \underline{Z}_1 + \underline{Z}_2 + \underline{Z}_3 = 100\ \Omega\ e^{j32°} + 100\ \Omega\ e^{-j47°} + 100\ \Omega\ e^{j63°} = 210\ \Omega\ e^{j\,19{,}2°},$$

einfacher nachvollziehbar in der Komponentenform

$$\underline{Z} = (84{,}8 + j\ 53{,}0)\ \Omega + (68{,}2 - j\ 73{,}1)\ \Omega + (45{,}4 + j\ 89{,}1)\ \Omega = (198{,}4 + j\ 69{,}0)\ \Omega.$$

Aus der Spannungsteilerregel Gl. (6.17) folgt die Teilspannung

$$\underline{U}_1 = \frac{\underline{Z}_1}{\underline{Z}}\underline{U} = \frac{100\ \Omega\ e^{j32°}}{210\ \Omega\ e^{j\,19{,}2°}} \cdot 100\,\mathrm{V}\, e^{j\varphi_u} = 47{,}6\ \mathrm{V}\ e^{j(\varphi_u + 12{,}8°)} = U_1\ e^{j\varphi_{u1}}.$$

Die Teilspannung $\underline{U}_1$ hat also den Effektivwert $U_1 = 47{,}6$ V und eilt der Gesamtspannung $\underline{U}$ um den Winkel $\varphi_{u1} - \varphi_u = 12{,}8°$ voraus.

6.1.2.3 Reihenschaltung der Grundzweipole

Für die RL-, RC- und RLC-Reihenschaltung soll nun jeweils der Zusammenhang zwischen dem Strom und den Spannungen untersucht werden. Außerdem werden die Impedanz, die Admittanz, die komplexe Leistung und der Leistungsfaktor angegeben.

RL-Reihenschaltung

In der Schaltung nach Bild 6.3a ergeben sich nach den Gln. (5.136) und (5.152) die Teilspannungen $\underline{U}_R = R\,\underline{I}$ und $\underline{U}_L = j\,\omega L\,\underline{I}$. Hieraus folgt nach Gl. (6.9) für die Gesamtspannung

$$\underline{U} = \underline{U}_R + \underline{U}_L = R\,\underline{I} + j\,\omega L\,\underline{I}. \tag{6.18}$$

Die Lage der Spannungszeiger relativ zu dem willkürlich gewählten Stromzeiger $\underline{I}$ ist Bild 6.3b zu entnehmen. Nach Division durch den Strom $\underline{I}$ führt Gl. (6.18) auf die in Bild 6.3c dargestellte Impedanz

$$\underline{Z} = R + jX = \frac{\underline{U}}{\underline{I}} = R + j\,\omega L = Z\,e^{j\varphi} \tag{6.19}$$

mit dem Scheinwiderstand

$$Z = \frac{U}{I} = \sqrt{R^2 + (\omega L)^2} \tag{6.20}$$

und dem nach Gl. (5.100) stets positiven Phasenverschiebungswinkel

$$\varphi = \mathrm{Arctan}\,\frac{X}{R} = \mathrm{Arctan}\,\frac{\omega L}{R}. \tag{6.21}$$

Für die Admittanz (Bild 6.3d) erhält man nach den Gln. (5.89) bis (5.93)

$$\underline{Y} = G + \mathrm{j}B = \frac{1}{\underline{Z}} = \frac{1}{R + \mathrm{j}\omega L} \tag{6.22}$$

$$= \frac{R}{R^2 + \omega^2 L^2} + \mathrm{j}\frac{-\omega L}{R^2 + \omega^2 L^2} = \frac{1}{Z}\,\mathrm{e}^{-\mathrm{j}\varphi}.$$

Der Wirkleitwert G ist in dieser Schaltung nicht gleich dem Leitwert $1/R$ des Ohmschen Zweipols in Bild 6.3a (vgl. Abschnitt 5.3.2.4).

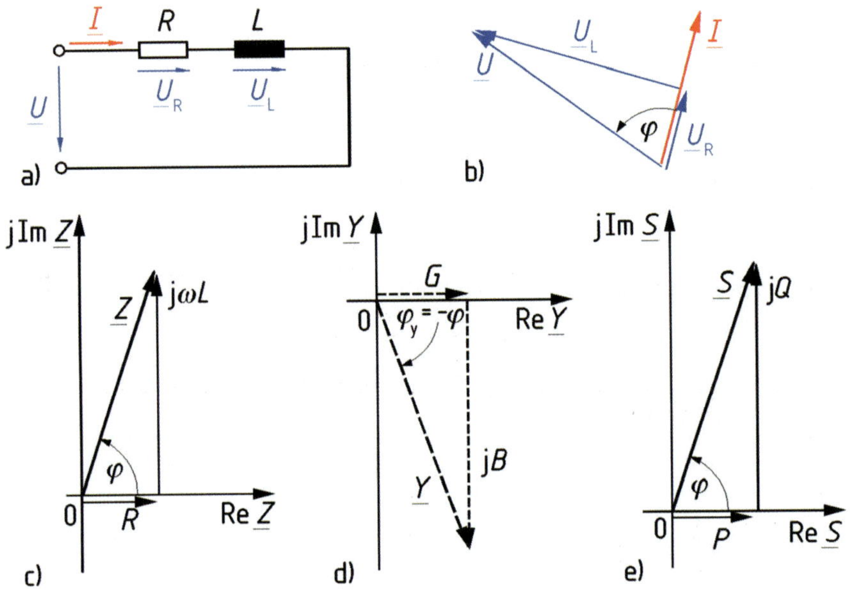

Bild 6.3 RL-Reihenschaltung (a) mit Strom-Spannungs-Zeigerdiagramm (b) und den Zeigerdiagrammen für die Impedanz (c), die Admittanz (d) und die komplexe Leistung (e)

Aus Gl. (5.124) folgt die in Bild 6.3e dargestellte komplexe Leistung

$$\underline{S} = P + \mathrm{j}Q = \underline{Z}\,I^2 = R\,I^2 + \mathrm{j}\omega L\,I^2 \tag{6.23}$$

bzw. in der Exponentialform

$$\underline{S} = S\,\mathrm{e}^{\mathrm{j}\varphi} = \underline{Z}\,I^2 = \sqrt{R^2 + \omega^2 L^2}\;I^2\,\mathrm{e}^{\mathrm{j}\varphi} \tag{6.24}$$

sowie mit Gl. (5.133) der Leistungsfaktor

$$\cos\varphi = \frac{P}{S} = \frac{R}{\sqrt{R^2 + \omega^2 L^2}}. \tag{6.25}$$

RC-Reihenschaltung

In der Schaltung nach Bild 6.4a ergeben sich nach den Gln. (5.136) und (5.174) die Teilspannungen $\underline{U}_\mathrm{R} = R\,\underline{I}$ und $\underline{U}_\mathrm{C} = (1/\mathrm{j}\,\omega C)\,\underline{I}$. Hieraus folgt für die Gesamtspannung

$$\underline{U} = \underline{U}_\mathrm{R} + \underline{U}_\mathrm{C} = R\,\underline{I} + \frac{1}{\mathrm{j}\omega C}\,\underline{I}. \tag{6.26}$$

Die Lage der Spannungszeiger relativ zu dem willkürlich gewählten Stromzeiger $\underline{I}$ ist Bild 6.4b zu entnehmen. Nach Division durch den Strom $\underline{I}$ führt Gl. (6.26) auf die in Bild 6.4c dargestellte Impedanz

$$\underline{Z} = R + \mathrm{j}X = \frac{\underline{U}}{\underline{I}} = R + \frac{1}{\mathrm{j}\omega C} = R + j\frac{-1}{\omega C} = Z\,\mathrm{e}^{\mathrm{j}\varphi} \tag{6.27}$$

mit dem Scheinwiderstand

$$Z = \frac{U}{I} = \sqrt{R^2 + \frac{1}{(\omega C)^2}} \tag{6.28}$$

und dem nach Gl. (5.100) stets negativen Phasenverschiebungswinkel

$$\varphi = \mathrm{Arctan}\,\frac{X}{R} = \mathrm{Arctan}\,\frac{-1}{\omega C R} = -\mathrm{Arctan}\,\frac{1}{\omega C R}\,. \tag{6.29}$$

Für die Admittanz (Bild 6.4d) erhält man nach den Gln. (5.107) bis (5.113)

$$\underline{Y} = G + \mathrm{j}B = \frac{1}{\underline{Z}} = \frac{1}{R + \mathrm{j}\dfrac{-1}{\omega C}} = \frac{R}{R^2 + \dfrac{1}{\omega^2 C^2}} + \mathrm{j}\frac{\dfrac{1}{\omega C}}{R^2 + \dfrac{1}{\omega^2 C^2}} = \frac{1}{Z}\,\mathrm{e}^{-\mathrm{j}\varphi}\,. \tag{6.30}$$

Der Wirkleitwert G ist in dieser Schaltung nicht gleich dem Leitwert $1/R$ des Ohmschen Zweipols in Bild 6.4a (vgl. Abschnitt 5.3.2.4).

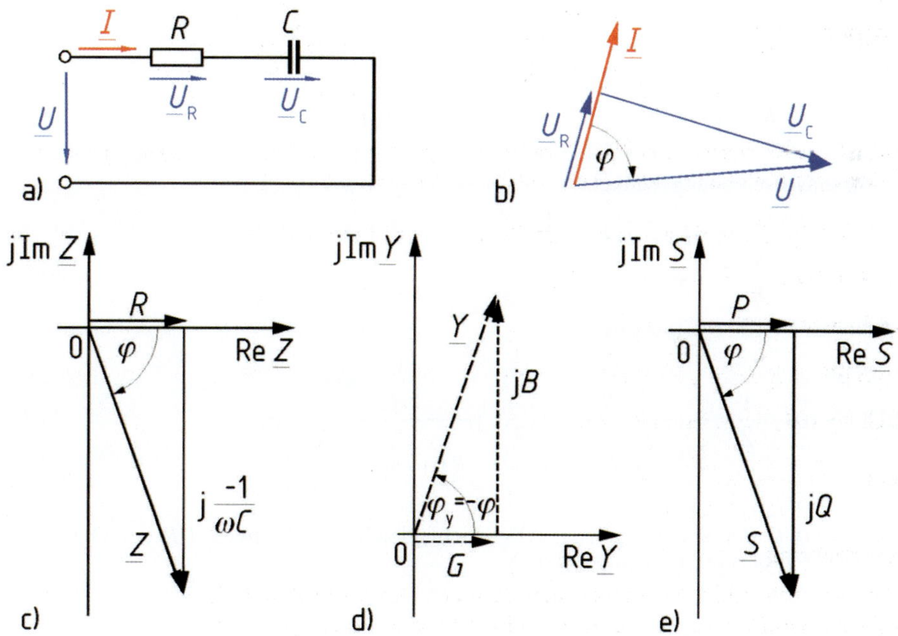

Bild 6.4 RC-Reihenschaltung (a) mit Strom-Spannungs-Zeigerdiagramm (b) und den Zeigerdiagrammen für die Impedanz (c), die Admittanz (d) und die komplexe Leistung (e)

Aus Gl. (5.124) folgt die in Bild 6.4e dargestellte komplexe Leistung

$$\underline{S} = P + \mathrm{j}Q = \underline{Z}\,I^2 = R\,I^2 + \mathrm{j}\frac{-1}{\omega C}I^2 \tag{6.31a}$$

bzw. in der Exponentialform

$$\underline{S} = S\,\mathrm{e}^{\mathrm{j}\varphi} = \underline{Z}\,I^2 = \sqrt{R^2 + \frac{1}{\omega^2 C^2}}\;I^2\,\mathrm{e}^{\mathrm{j}\varphi} \tag{6.31b}$$

sowie mit Gl. (5.133) der Leistungsfaktor

$$\cos\varphi = \frac{P}{S} = \frac{R}{\sqrt{R^2 + \frac{1}{\omega^2 C^2}}}\,. \tag{6.32}$$

RLC-Reihenschaltung

In dem elementaren Reihenschwingkreis nach Bild 6.5a ergibt sich mit den Teilspannungen $\underline{U}_\mathrm{R}$, $\underline{U}_\mathrm{L}$ und $\underline{U}_\mathrm{C}$ nach den Gln. (5.136), (5.152) und (5.174) die in Bild 6.5b als Zeiger dargestellte Gesamtspannung

$$\underline{U} = \underline{U}_\mathrm{R} + \underline{U}_\mathrm{L} + \underline{U}_\mathrm{C} = R\,\underline{I} + \mathrm{j}\,\omega L\,\underline{I} + \frac{1}{\mathrm{j}\omega C}\,\underline{I} \tag{6.33}$$

und nach Division durch $\underline{I}$ die Impedanz (Bild 6.5c)

$$\underline{Z} = R + \mathrm{j}X = \frac{\underline{U}}{\underline{I}} = R + \mathrm{j}\omega\,L + \frac{1}{\mathrm{j}\omega\,C} = R + \mathrm{j}\left(\omega L - \frac{1}{\omega C}\right) = Z\,\mathrm{e}^{\mathrm{j}\varphi} \tag{6.34}$$

mit dem Scheinwiderstand

$$Z = \frac{U}{I} = \sqrt{R^2 + \left(\omega L - \frac{1}{\omega C}\right)^2} \tag{6.35}$$

und dem Phasenverschiebungswinkel

$$\varphi = \mathrm{Arctan}\,\frac{X}{R} = \mathrm{Arctan}\,\frac{\omega L - \frac{1}{\omega C}}{R}\,. \tag{6.36}$$

Für die Admittanz (Bild 6.5d) erhält man

$$\underline{Y} = G + \mathrm{j}B = \frac{1}{\underline{Z}} = \frac{R}{R^2 + \left(\omega L - \frac{1}{\omega C}\right)^2} + \mathrm{j}\frac{\frac{1}{\omega C} - \omega L}{R^2 + \left(\omega L - \frac{1}{\omega C}\right)^2}\,. \tag{6.37}$$

Der Wirkleitwert G der Schaltung ist i. Allg. nicht gleich dem Leitwert $1/R$ des Ohmschen Zweipols in Bild 6.5a (vgl. Abschnitt 5.3.2.4).

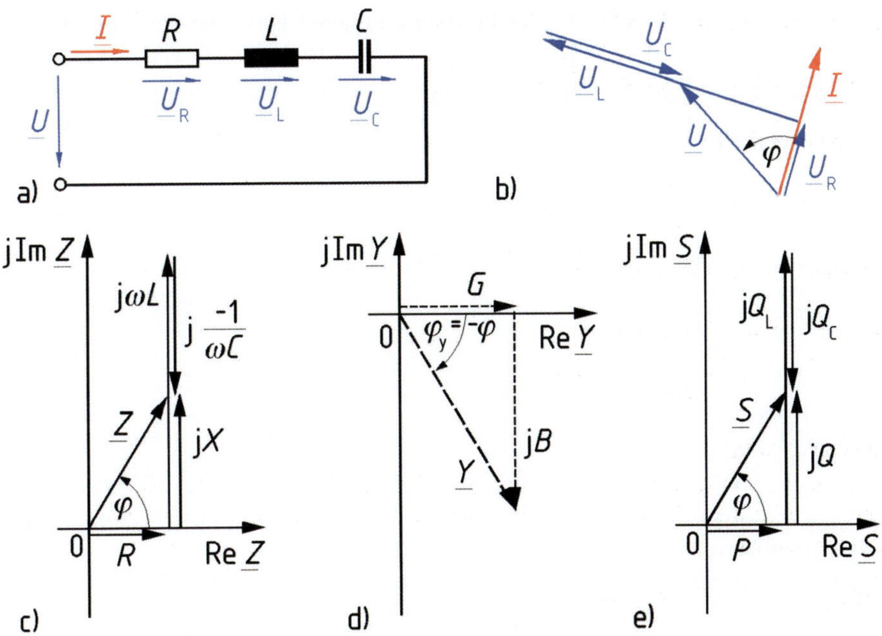

Bild 6.5 RLC-Reihenschaltung (a) mit Strom-Spannungs-Zeigerdiagramm (b) und den Zeigerdiagrammen für die Impedanz (c), die Admittanz (d) und die komplexe Leistung (e)

Die Wirkleistung P, die induktive Blindleistung Q_L und die kapazitive Blindleistung Q_C ergeben gemäß Bild 6.5e zusammen die komplexe Leistung

$$\underline{S} = P + j(Q_L + Q_C) = R\,I^2 + j\left(\omega L\,I^2 + \frac{-1}{\omega C} I^2\right). \tag{6.38}$$

Hieraus folgt für den Leistungsfaktor

$$\cos\varphi = \frac{P}{S} = \frac{R}{\sqrt{R^2 + \left(\omega L - \frac{1}{\omega C}\right)^2}}. \tag{6.39}$$

Aus Bild 6.5b, c und e ersieht man, dass sich die induktiven und die kapazitiven Anteile bei Spannung, Impedanz und Leistung teilweise kompensieren. *Die induktive und die kapazitive Teilspannung können daher jeweils größer sein als die Gesamtspannung*. Im Fall $\omega L > 1/(\omega C)$ überwiegt der induktive Blindwiderstand; die Schaltung verhält sich dann *ohmsch-induktiv* und der Phasenverschiebungswinkel φ ist positiv wie in Bild 6.5. Wenn hingegen $1/(\omega C) > \omega L$ ist, liegt *ohmsch-kapazitives* Verhalten mit negativem Phasenverschiebungswinkel φ vor. Für $\omega L = 1/(\omega C)$ verhält sich die Schaltung rein ohmsch mit dem Phasenverschiebungswinkel $\varphi = 0$, der Spannung $\underline{U} = \underline{U}_R$, der Impedanz $\underline{Z} = R$ und der Leistung $\underline{S} = P$. Dieses in Schwingkreisen auftretende Verhalten wird in Abschnitt 7.2.2 näher untersucht.

Beispiel 6.3 Scheinwiderstand einer RLC-Reihenschaltung

Der Wirkwiderstand R = 100 Ω, die Induktivität L = 250 mH und die Kapazität C = 15 μF liegen nach Bild 6.5a in Reihe an der Sinusspannung U = 36 V. Bei welchen Kreisfrequenzen fließt durch die Schaltung der Strom I = 0,2 A?

Der Scheinwiderstand $Z = U/I = 36\ \text{V}/0{,}2\ \text{A} = 180\ \Omega$ kann nach Bild 6.6 sowohl im ohmsch-kapazitiven als auch im ohmsch-induktiven Bereich auftreten. Für den Blindwiderstand gilt nach Gl. (5.99)

$$X = \pm\sqrt{Z^2 - R^2} = \pm\sqrt{180^2 - 100^2}\ \Omega = \pm 149{,}7\ \Omega\ .$$

Andererseits gilt für diesen Blindwiderstand nach Gl. (6.34)

$$X = \omega L - \frac{1}{\omega C}\ .$$

Daraus folgt für die gesuchte Kreisfrequenz die quadratische Gleichung

$$\omega^2 - \frac{X}{L}\omega - \frac{1}{LC} = 0$$

mit der Lösung

$$\omega = \frac{X}{2L} \overset{+}{(-)} \sqrt{\left(\frac{X}{2L}\right)^2 + \frac{1}{LC}}\ ,$$

in der das negative Vorzeichen ausgeschlossen wird, weil sich sonst eine negative Kreisfrequenz ergäbe, was physikalisch nicht sinnvoll wäre.

Mit $X = \pm\ 149{,}7\ \Omega$ und den gegebenen Werten erhält man die beiden Kreisfrequenzen

$$\omega_{1,2} = \pm\frac{149{,}7\ \Omega}{2 \cdot 0{,}25\ \text{H}} + \sqrt{\left(\frac{149{,}7\ \Omega}{2 \cdot 0{,}25\ \text{H}}\right)^2 + \frac{1}{0{,}25\ \text{H} \cdot 15\ \mu\text{F}}}\ ,$$

$$\omega_1 = 298\ \text{s}^{-1} \quad \text{und} \quad \omega_2 = 896\ \text{s}^{-1}\ .$$

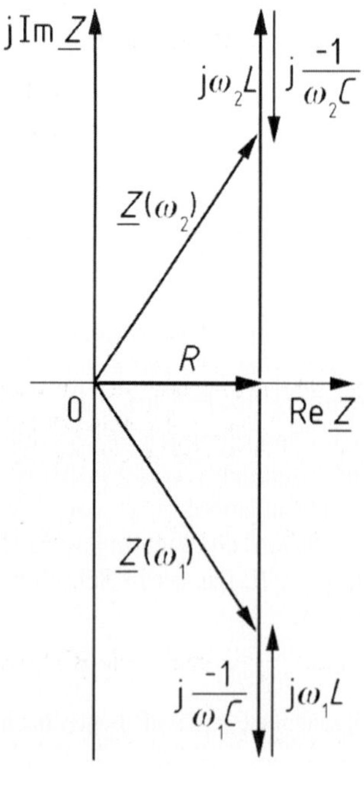

Bild 6.6 Gleiche Scheinwiderstände Z einer RLC-Reihenschaltung bei zwei verschiedenen Kreisfrequenzen ω_1 und ω_2

6.1.3 Parallelschaltung passiver Zweipole

Für Sinusstromnetzwerke mit konzentrierten Bauelementen gilt nach Abschnitt 6.1.1.1 der Knotensatz. Daher ergeben sich für die Parallelschaltung von passiven Zweipolen analoge Zusammenhänge wie bei der in Abschnitt 2.2.3 beschriebenen Parallelschaltung von Gleichstromwiderständen.

6.1.3.1 Admittanz von Parallelschaltungen

Bild 6.7a zeigt die Parallelschaltung der Admittanzen $\underline{Y}_1$, $\underline{Y}_2$ und $\underline{Y}_3$, die vom Gesamtstrom $\underline{I}$ durchflossen wird. Alle Zweipole liegen an derselben Spannung $\underline{U}$. Für die drei parallel liegenden Admittanzen soll eine äquivalente Gesamtadmittanz $\underline{Y}$ nach Bild 6.7b gefunden werden.

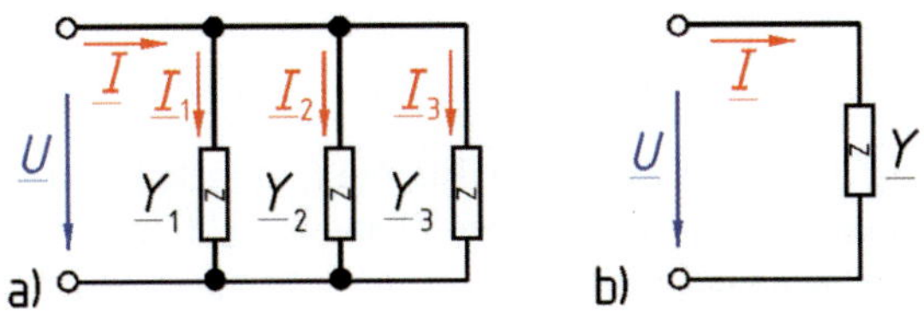

Bild 6.7 Parallelschaltung (a) von drei Admittanzen $\underline{Y}_1$, $\underline{Y}_2$ und $\underline{Y}_3$ sowie Gesamtadmittanz $\underline{Y}$ der Ersatzschaltung (b)

Der Knotensatz Gl. (6.5) liefert für die Schaltung in Bild 6.7a mit den Teilströmen $\underline{I}_1$, $\underline{I}_2$ und $\underline{I}_3$ die Stromgleichung

$$\underline{I} = \underline{I}_1 + \underline{I}_2 + \underline{I}_3. \tag{6.40}$$

Sowohl die Teilströme $\underline{I}_\nu$ in Bild 6.7a als auch der Gesamtstrom $\underline{I}$ in Bild 6.7b lassen sich mit Hilfe von Gl. (5.101) als Produkte der jeweiligen Admittanz $\underline{Y}_\nu$ und der Spannung $\underline{U}$ ausdrücken. Man erhält dann

$$\underline{Y}\,\underline{U} = \underline{Y}_1\,\underline{U} + \underline{Y}_2\,\underline{U} + \underline{Y}_3\,\underline{U}. \tag{6.41}$$

Wenn Gl. (6.41) durch die Spannung $\underline{U}$ dividiert wird, ergibt sich die Gesamtadmittanz

$$\underline{Y} = \underline{Y}_1 + \underline{Y}_2 + \underline{Y}_3. \tag{6.42}$$

Für die Parallelschaltung einer beliebigen Anzahl n von Admittanzen $\underline{Y}_\nu$ darf man Gl. (6.42) allgemein erweitern auf

$$\underline{Y} = \sum_{\nu=1}^{n} \underline{Y}_\nu\,. \tag{6.43}$$

Beispiel 6.4 Parallelschaltung von Impedanzen

Vier Sinusstrom-Zweipole liegen ähnlich wie in Bild 6.7a parallel und führen folgende vier Ströme: $I_1 = 0{,}4$ A bei $\cos\varphi_1 = 0{,}2$ induktiv, $I_2 = 0{,}8$ A bei $\cos\varphi_2 = 1$, $I_3 = 0{,}7$ A bei $\cos\varphi_3 = 0{,}7$ induktiv und $I_4 = 0{,}6$ A bei $\cos\varphi_4 = 0{,}5$ kapazitiv. Der Gesamtstrom I und der zugehörige Leistungsfaktor $\cos\varphi$ sollen berechnet werden.

Zweckmäßigerweise wird für die Spannung der Nullphasenwinkel $\varphi_u = 0$ gewählt (Bild 6.8). Für die Nullphasenwinkel der Ströme folgt dann aus Gl. (5.94)

$$\varphi_i = \varphi_u - \varphi = -\,\varphi$$

mit $\varphi > 0$ für ohmsch-induktive und $\varphi < 0$ für ohmsch-kapazitive Zweipole. Man erhält, wie Bild 6.8 zeigt, aus der Summe der Ströme $\underline{I}_1 + \underline{I}_2 + \underline{I}_3 + \underline{I}_4$ den Gesamtstrom

$$\underline{I} = 0{,}4\text{ A } e^{-j78{,}46°} + 0{,}8\text{ A } e^{j0°} + 0{,}7\text{ A } e^{-j45{,}57°} + 0{,}6\text{ A } e^{j60°} = 1{,}71\text{ A } e^{-j12{,}6°}$$

und den Leistungsfaktor $\cos\varphi = \cos(-\,\varphi_i) = \cos 12{,}56° = 0{,}976$.

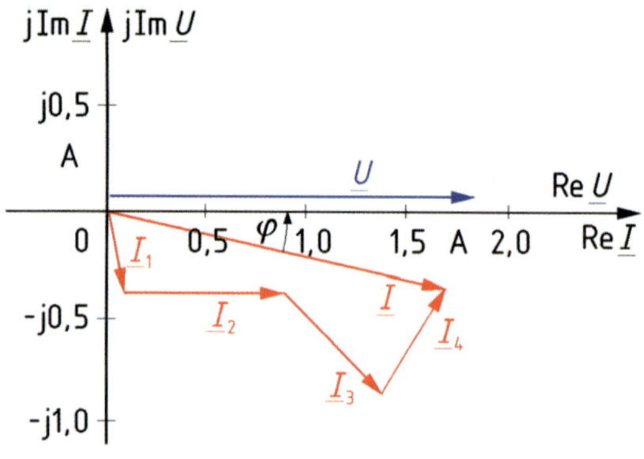

Bild 6.8 Addition von vier komplexen Strömen nach Beispiel 6.4

6.1.3.2 Stromteilerregel

In einer Parallelschaltung nach Bild 6.7a wird der Strom $\underline{I}$ in die Teilströme $\underline{I}_\nu$ aufgeteilt. Da in einer solchen Stromteilerschaltung alle Admittanzen $\underline{Y}_\nu$ an derselben Spannung $\underline{U}$ liegen, lassen sich die Teilströme bzw. der Gesamtstrom nach Gl. (5.101) als

$$\underline{I}_\nu = \underline{Y}_\nu \, \underline{U} \quad \text{bzw.} \quad \underline{I} = \underline{Y} \, \underline{U} \tag{6.44}$$

beschreiben. Hieraus folgt für das Verhältnis zweier Ströme

$$\frac{\underline{I}_\mu}{\underline{I}_\nu} = \frac{\underline{Y}_\mu}{\underline{Y}_\nu} \quad \text{bzw.} \quad \frac{\underline{I}_\nu}{\underline{I}} = \frac{\underline{Y}_\nu}{\underline{Y}} \, . \tag{6.45}$$

Gl. (6.45) beschreibt die Stromteilerregel für Sinusstromnetzwerke. Sie besagt, dass bei einer Parallelschaltung von Admittanzen die komplexen Ströme sich so zueinander verhalten wie die Admittanzen, die von ihnen durchflossen werden.

6.1.3.3 Parallelschaltung der Grundzweipole

Im Folgenden wird für die GC-, GL- und GCL-Parallelschaltung jeweils der Zusammenhang zwischen der Spannung und den Strömen untersucht. Ferner werden die Impedanz, die Admittanz, die komplexe Leistung und der Leistungsfaktor angegeben.

GC-Parallelschaltung

In der Schaltung nach Bild 6.9a ergeben sich nach den Gln. (5.137) und (5.142) sowie Gl. (5.173) die Teilströme $\underline{I}_\text{G} = G\,\underline{U}$ und $\underline{I}_\text{C} = \text{j}\,\omega C\,\underline{U}$. Hieraus folgt nach Gl. (6.5) für den Gesamtstrom

$$\underline{I} = \underline{I}_\text{G} + \underline{I}_\text{C} = G\,\underline{U} + \text{j}\omega C\,\underline{U} \, . \tag{6.46}$$

Die Lage der Stromzeiger relativ zu dem willkürlich gewählten Spannungszeiger $\underline{U}$ ist Bild 6.9b zu entnehmen. Nach Division durch die Spannung $\underline{U}$ führt Gl. (6.46) auf die in Bild 6.9c dargestellte Admittanz

$$\underline{Y} = G + \text{j}B = \frac{\underline{I}}{\underline{U}} = G + \text{j}\omega\, C = Y\,\text{e}^{\text{j}\varphi_\text{y}} \tag{6.47}$$

mit dem Scheinleitwert

$$Y = \frac{I}{U} = \sqrt{G^2 + (\omega C)^2} \tag{6.48}$$

und dem Winkel

$$\varphi_y = \mathrm{Arctan}\frac{B}{G} = \mathrm{Arctan}\frac{\omega C}{G}.$$

Mit Gl. (5.110) folgt hieraus der stets negative Phasenverschiebungswinkel

$$\varphi = -\varphi_y = -\mathrm{Arctan}\frac{\omega C}{G}. \qquad (6.49)$$

Für die Impedanz (Bild 6.9d) erhält man nach den Gln. (5.115) und (5.116)

$$\underline{Z} = R + \mathrm{j}X = \frac{1}{\underline{Y}} = \frac{1}{G + \mathrm{j}\omega C}$$

$$= \frac{G}{G^2 + \omega^2 C^2} + \mathrm{j}\frac{-\omega C}{G^2 + \omega^2 C^2} = \frac{1}{Y}\mathrm{e}^{-\mathrm{j}\varphi_y}. \qquad (6.50)$$

Zu beachten ist, dass der Wirkwiderstand R in dieser Schaltung nicht mit dem Widerstand $1/G$ des Ohmschen Zweipols in Bild 6.9a übereinstimmt (vgl. Abschnitt 5.3.2.4).

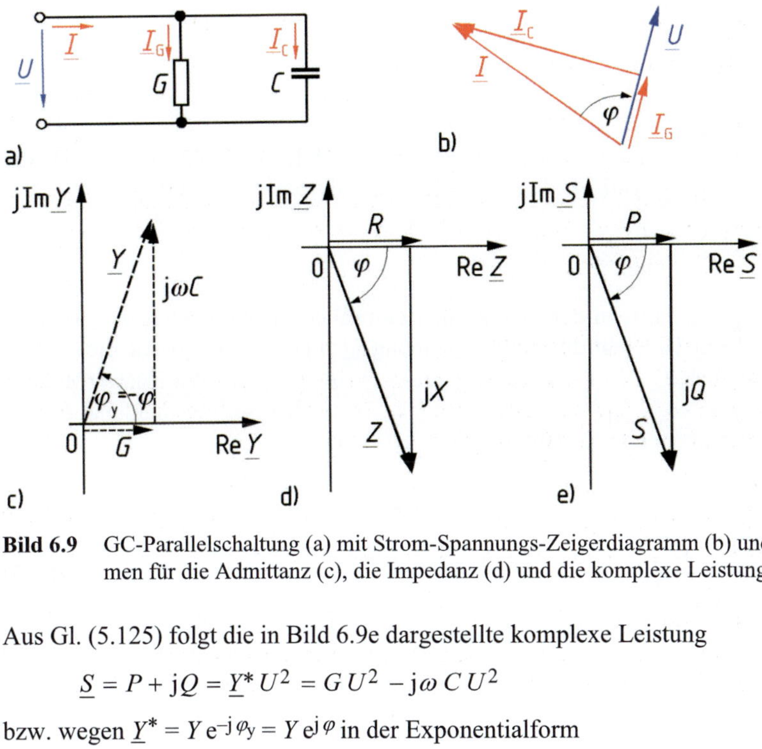

Bild 6.9 GC-Parallelschaltung (a) mit Strom-Spannungs-Zeigerdiagramm (b) und den Zeigerdiagrammen für die Admittanz (c), die Impedanz (d) und die komplexe Leistung (e)

Aus Gl. (5.125) folgt die in Bild 6.9e dargestellte komplexe Leistung

$$\underline{S} = P + \mathrm{j}Q = \underline{Y}^* U^2 = G U^2 - \mathrm{j}\omega C U^2 \qquad (6.51\mathrm{a})$$

bzw. wegen $\underline{Y}^* = Y\,\mathrm{e}^{-\mathrm{j}\varphi_y} = Y\,\mathrm{e}^{\mathrm{j}\varphi}$ in der Exponentialform

$$\underline{S} = S\,\mathrm{e}^{\mathrm{j}\varphi} = \underline{Y}^* U^2 = \sqrt{G^2 + \omega^2 C^2}\; U^2\,\mathrm{e}^{\mathrm{j}\varphi} \qquad (6.51\mathrm{b})$$

sowie mit Gl. (5.133) der Leistungsfaktor

$$\cos\varphi = \frac{P}{S} = \frac{G}{\sqrt{G^2 + \omega^2 C^2}}. \qquad (6.52)$$

Beispiel 6.5 GC-Parallelschaltung

Der Ohmsche Widerstand $R_1 = 170\ \Omega$ und die Kapazität $C_1 = 25\ \mu F$ liegen wie in Bild 6.9a parallel an der Sinusspannung $U = 230$ V, $f = 50$ Hz. Gesucht sind die Impedanz $\underline{Z}$ der Schaltung und die umgesetzte komplexe Leistung $\underline{S}$.

Nach Gl. (6.47) hat die Schaltung die Admittanz

$$\underline{Y} = G_1 + \mathrm{j}\omega\, C_1 = \frac{1}{170\ \Omega} + \mathrm{j}\,2\pi \cdot 50\ \mathrm{Hz} \cdot 25\ \mu\mathrm{F} = (5{,}882 + \mathrm{j}\ 7{,}854)\ \mathrm{mS}.$$

Hieraus folgt direkt die Impedanz

$$\underline{Z} = R + \mathrm{j}X = \frac{1}{\underline{Y}} = (61{,}1 - \mathrm{j}\,81{,}6)\ \Omega.$$

Man erkennt, dass der Wirkwiderstand der Schaltung $R = 61{,}1\ \Omega$ beträgt und nicht mit dem Ohmschen Widerstand $R_1 = 170\ \Omega$ übereinstimmt. Auch der Blindwiderstand $X = -\ 81{,}6\ \Omega$ ist nicht mit dem Blindwiderstand der Kapazität $X_1 = -\ 1/(\omega C) = -\ 127\ \Omega$ identisch.

Mit Gl. (6.51a) erhält man die komplexe Leistung

$$\underline{S} = \underline{Y}^*\, U^2 = \frac{1}{R_1} U^2 - \mathrm{j}\,\omega\, C_1 U^2 = 311\ \mathrm{W} - \mathrm{j}\ 416\mathrm{var}.$$

Die Schaltung nimmt also Wirkleistung auf und gibt Blindleistung ab.

GL-Parallelschaltung

In der Schaltung nach Bild 6.10a ergeben sich nach den Gln. (5.137), (5.142) und (5.153) die Teilströme $\underline{I}_G = G\,\underline{U}$ und $\underline{I}_L = (1/\mathrm{j}\,\omega L)\ \underline{U}$. Hieraus folgt nach Gl. (6.5) für der Gesamtstrom

$$\underline{I} = \underline{I}_G + \underline{I}_L = G\,\underline{U} + \frac{1}{\mathrm{j}\omega\, L}\underline{U}. \tag{6.53}$$

Die Lage der Stromzeiger relativ zu dem willkürlich gewählten Spannungszeiger $\underline{U}$ ist Bild 6.10b zu entnehmen. Nach Division durch die Spannung $\underline{U}$ führt Gl. (6.53) auf die in Bild 6.10c dargestellte Admittanz

$$\underline{Y} = G + \mathrm{j}B = \frac{\underline{I}}{\underline{U}} = G + \mathrm{j}\frac{-1}{\omega\, L} = Y\ \mathrm{e}^{\mathrm{j}\varphi_y} \tag{6.54}$$

mit dem Scheinleitwert

$$Y = \frac{I}{U} = \sqrt{G^2 + \frac{1}{(\omega\, L)^2}} \tag{6.55}$$

und dem Winkel

$$\varphi_y = \mathrm{Arctan}\frac{B}{G} = \mathrm{Arctan}\frac{-1}{\omega\, L\, G} = -\mathrm{Arctan}\frac{1}{\omega\, L\, G}.$$

Mit Gl. (5.110) folgt hieraus der stets positive Phasenverschiebungswinkel

$$\varphi = -\,\varphi_y = \mathrm{Arctan}\frac{1}{\omega\, L\, G}. \tag{6.56}$$

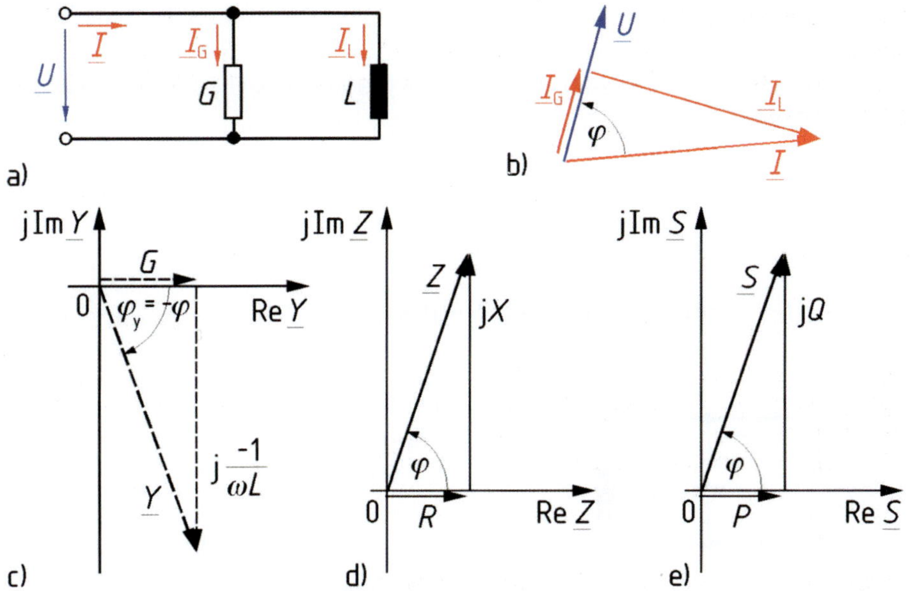

Bild 6.10 GL-Parallelschaltung (a) mit Strom-Spannungs-Zeigerdiagramm (b) und den Zeigerdiagrammen für die Admittanz (c), die Impedanz (d) und die komplexe Leistung (e)

Für die Impedanz (Bild 6.10d) erhält man

$$\underline{Z} = R + \mathrm{j}X = \frac{1}{\underline{Y}} = \frac{1}{G + \mathrm{j}\dfrac{-1}{\omega L}}$$

$$= \frac{G}{G^2 + \dfrac{1}{\omega^2 L^2}} + \mathrm{j}\frac{\dfrac{1}{\omega L}}{G^2 + \dfrac{1}{\omega^2 L^2}} = \frac{1}{Y}\mathrm{e}^{-\mathrm{j}\varphi_y}\,. \tag{6.57}$$

Es ist zu beachten, dass der Wirkwiderstand R der Schaltung nicht mit dem Widerstand $1/G$ des Ohmschen Zweipols in Bild 6.10a übereinstimmt (vgl. Abschnitt 5.3.2.4). Aus Gl. (5.125) folgt die in Bild 6.10e dargestellte komplexe Leistung

$$\underline{S} = P + \mathrm{j}Q = \underline{Y}^* U^2 = G\,U^2 + \mathrm{j}\frac{1}{\omega L}U^2 \tag{6.58a}$$

bzw. wegen $\underline{Y}^* = Y\,\mathrm{e}^{-\mathrm{j}\varphi_y} = Y\,\mathrm{e}^{\mathrm{j}\varphi}$ in der Exponentialform

$$\underline{S} = S\,\mathrm{e}^{\mathrm{j}\varphi} = \underline{Y}^* U^2 = \sqrt{G^2 + \frac{1}{\omega^2 L^2}}\;U^2\,\mathrm{e}^{\mathrm{j}\varphi} \tag{6.58b}$$

sowie mit Gl. (5.133) der Leistungsfaktor

$$\cos\varphi = \frac{P}{S} = \frac{G}{\sqrt{G^2 + \dfrac{1}{\omega^2 L^2}}}\,. \tag{6.59}$$

GCL-Parallelschaltung

In dem elementaren Parallelschwingkreis nach Bild 6.11a ergibt sich mit den Teilströmen $\underline{I}_G$, $\underline{I}_C$ und $\underline{I}_L$ nach den Gln. (5.137), (5.142), (5.173) und (5.153) der in Bild 6.11b als Zeiger dargestellte Gesamtstrom

$$\underline{I} = \underline{I}_G + \underline{I}_C + \underline{I}_L = G\,\underline{U} + \mathrm{j}\,\omega C\,\underline{U} + \frac{1}{\mathrm{j}\omega L}\underline{U} \tag{6.60}$$

und nach Division durch $\underline{U}$ die Admittanz (Bild 6.11c)

$$\underline{Y} = G + \mathrm{j}B = \frac{\underline{I}}{\underline{U}} = G + \mathrm{j}\omega\,C + \frac{1}{\mathrm{j}\omega\,L} = G + \mathrm{j}\left(\omega\,C - \frac{1}{\omega\,L}\right) = Y\,\mathrm{e}^{\mathrm{j}\varphi_y} \tag{6.61}$$

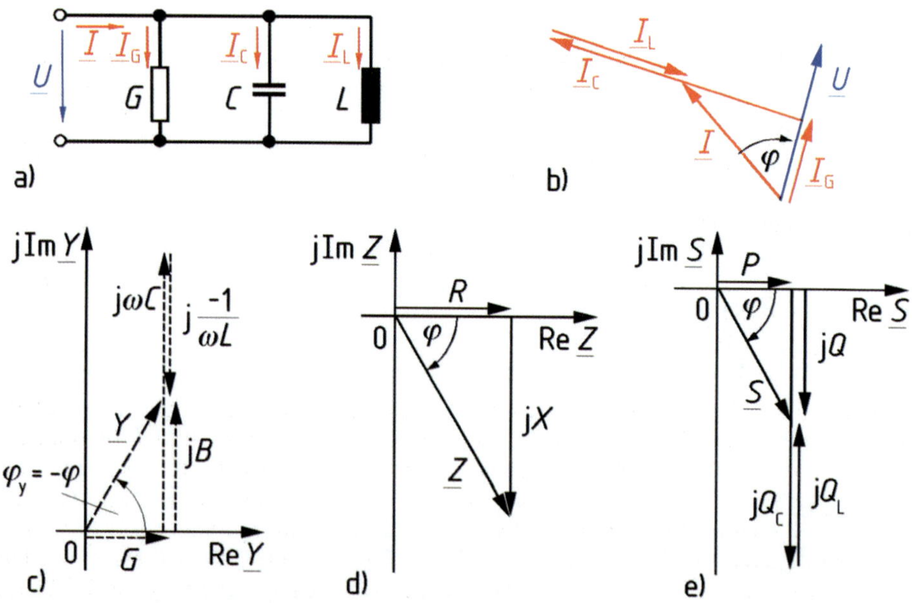

Bild 6.11 GCL-Parallelschaltung (a) mit Strom-Spannungs-Zeigerdiagramm (b) und den Zeigerdiagrammen für die Admittanz (c), die Impedanz (d) und die komplexe Leistung (e)

mit dem Scheinleitwert

$$Y = \frac{I}{U} = \sqrt{G^2 + \left(\omega\,C - \frac{1}{\omega\,L}\right)^2} \tag{6.62}$$

und dem Winkel

$$\varphi_y = \mathrm{Arctan}\frac{B}{G} = \mathrm{Arctan}\frac{\omega\,C - \dfrac{1}{\omega\,L}}{G}.$$

Mit Gl. (5.110) folgt hieraus der Phasenverschiebungswinkel

$$\varphi = -\varphi_\mathrm{Y} = \mathrm{Arctan}\frac{\dfrac{1}{\omega L} - \omega C}{G}. \tag{6.63}$$

Für die Impedanz (Bild 6.11d) erhält man

$$\underline{Z} = R + \mathrm{j}X = \frac{1}{\underline{Y}} = \frac{G}{G^2 + \left(\omega C - \dfrac{1}{\omega L}\right)^2} + \mathrm{j}\frac{\dfrac{1}{\omega L} - \omega C}{G^2 + \left(\omega C - \dfrac{1}{\omega L}\right)^2}. \tag{6.64}$$

Der Wirkwiderstand R der Schaltung stimmt also i. Allg. nicht mit dem Widerstand $1/G$ des Ohmschen Zweipols in Bild 6.11a überein (vgl. Abschnitt 5.3.2.4).

Mit Gl. (5.125) ergeben die Wirkleistung P, die induktive Blindleistung Q_L und die kapazitive Blindleistung Q_C gemäß Bild 6.11e zusammen die komplexe Leistung

$$\underline{S} = P + \mathrm{j}(Q_\mathrm{L} + Q_\mathrm{C}) = GU^2 + \mathrm{j}\left(\frac{1}{\omega L}U^2 - \omega C\,U^2\right). \tag{6.65}$$

Hieraus folgt für den Leistungsfaktor

$$\cos\varphi = \frac{P}{S} = \frac{G}{\sqrt{G^2 + \left(\dfrac{1}{\omega L} - \omega C\right)^2}}. \tag{6.66}$$

Aus Bild 6.11b, c und e erkennt man, dass sich die induktiven und die kapazitiven Anteile bei Strom, Admittanz und Leistung teilweise kompensieren. *Der induktive und der kapazitive Teilstrom können daher größer sein als der Gesamtstrom.* Im Fall $\omega C > 1/(\omega L)$ überwiegt der kapazitive Blindleitwert; die Schaltung verhält sich dann *ohmsch-kapazitiv* und der Phasenverschiebungswinkel φ ist negativ wie in Bild 6.11. Wenn hingegen $1/(\omega L) > \omega C$ ist, liegt *ohmsch-induktives* Verhalten mit positivem Phasenverschiebungswinkel φ vor. Für $\omega C = 1/(\omega L)$ verhält sich die Schaltung wie die RLC-Reihenschaltung nach Bild 6.5 rein ohmsch mit dem Phasenverschiebungswinkel $\varphi = 0$ und der Admittanz $\underline{Y} = G$. Näheres zu Parallelschwingkreisen findet sich in Abschnitt 7.2.2.2.

6.2 Verzweigte Sinusstromkreise

6.2.1 Duale Schaltungen

6.2.1.1 Analogien zu Gleichstromnetzwerken

Für Sinusstromnetzwerke mit konzentrierten Bauelementen gelten nach Abschnitt 6.1.1 die Kirchhoffschen Gesetze in analoger Form wie für Gleichstromnetzwerke. Deshalb sind auch für die Berechnung von Strömen und Spannungen sowie von Gesamtimpedanzen und -admittanzen in Sinusstromnetzwerken die gleichen Regeln anzuwenden wie in Gleichstromnetzwerken. Die Abschnitte 6.1.2 und 6.1.3 machen dies für die Reihen- und Parallelschaltung deutlich. Um die in Kapitel 2 für Gleichstromnetzwerke ausführlich beschriebenen Berechnungsverfahren für Sinusstromnetzwerke übernehmen zu können, sind lediglich die in Tabelle 6.1 aufgeführten Gleichgrößen durch die entsprechenden komplexen Größen zu ersetzen.

Diese formale Analogie darf allerdings nicht ohne weiteres auf die Leistung ausgedehnt werden. So ist z. B. leicht zu erkennen, dass der Ausdruck $P = U \cdot I$ für die Gleichstromleistung nach Gl. (2.53) bei einem Austausch der Größen nach Tabelle 6.1 nicht auf die komplexe Leistung $\underline{S} = \underline{U} \cdot \underline{I}^*$ nach Gl. (5.128) führt, da hier nicht der komplexe Strom $\underline{I}$, sondern das konjugiert Komplexe hierzu, also $\underline{I}^*$ benötigt wird. Solange man sich aber auf die Berechnung von Strömen und Spannungen beschränkt, können alle für den Gleichstromkreis ermittelten Ergebnisse von Abschnitt 2.2 und die Netzwerkanalyseverfahren des Abschnitts 2.4 unter Anwendung von Tabelle 6.1 auf Sinusstromnetzwerke übertragen werden.

Tabelle 6.1 Einander entsprechende Größen bei der Berechnung von Gleichstrom- und Sinusstromnetzwerken

Gleichstromnetzwerke		*Sinusstromnetzwerke*	
Gleichspannung	U	komplexe Spannung	$\underline{U}$
Gleichstrom	I	komplexer Strom	$\underline{I}$
Gleichstromwiderstand	R	komplexer Widerstand, Impedanz	$\underline{Z}$
Gleichstromleitwert	G	komplexer Leitwert, Admittanz	$\underline{Y}$

6.2.1.2 Gemischte Schaltungen

Ebenso wie bei den Gleichstromnetzwerken behalten auch für Sinusstromnetzwerke die für Reihen- und Parallelschaltungen hergeleiteten Regeln ihre Gültigkeit, wenn die beteiligten Zweipole ihrerseits wieder aus Reihen- bzw. Parallelschaltungen bestehen. Dies wird anhand der Schaltungen Bild 6.12a und 6.13a verdeutlicht. Auf die Dualität dieser beiden Schaltungen wird in Abschnitt 6.2.1.3 näher eingegangen.

Beispiel 6.6 Zeigerdiagramm und Admittanz einer gemischten Schaltung

Für die Schaltung nach Bild 6.12a sollen das Strom-Spannungs-Zeigerdiagramm skizziert und die Admittanz $\underline{Y}$ berechnet werden.

Ausgehend von dem in Bild 6.12b willkürlich gewählten Strom $\underline{I}_{\mathrm{RL}}$ erhält man wie in Gl. (6.18) aus den Teilspannungen $\underline{U}_{\mathrm{R}}$ und $\underline{U}_{\mathrm{L}}$ die Gesamtspannung

$$U = \underline{U}_{\mathrm{R}} + \underline{U}_{\mathrm{L}} = R\,\underline{I}_{\mathrm{RL}} + \mathrm{j}\,\omega L\,\underline{I}_{\mathrm{RL}}. \tag{6.67}$$

Hieraus folgt nach Gl. (5.173) der Strom durch die Kapazität

$$\underline{I}_{\mathrm{C}} = \mathrm{j}\,\omega C\,\underline{U} \tag{6.68}$$

und nach der Knotenregel der Gesamtstrom

$$\underline{I} = \underline{I}_{\mathrm{RL}} + \underline{I}_{\mathrm{C}}\,. \tag{6.69}$$

Mit den Gln. (6.67) bis (6.69) erhält man das in Bild 6.12b wiedergegebene Strom-Spannungs-Zeigerdiagramm.

Die Admittanz

$$\underline{Y} = \frac{1}{R + \mathrm{j}\omega L} + \mathrm{j}\,\omega C \tag{6.70}$$

der Schaltung ergibt sich, indem man die Admittanzen der RL-Reihenschaltung nach Gl. (6.22) und der Kapazität nach Gl. (5.179) addiert (Bild 6.12c). Ob dabei der Phasenverschiebungswinkel $\varphi > 0$ oder wie in Bild 6.13 $\varphi < 0$ ist, hängt von den Werten R, L und C sowie von der Kreisfrequenz ω ab.

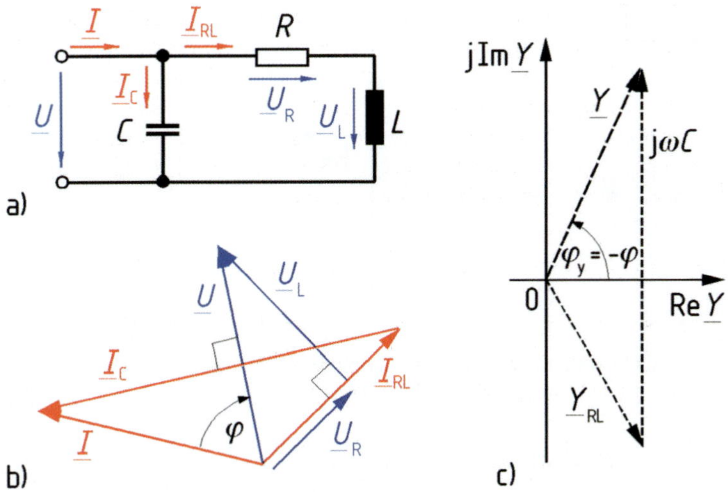

Bild 6.12 Parallelschaltung einer RL-Reihenschaltung und einer Kapazität C (a) mit Strom-Spannungs-Zeigerdiagramm (b) und Admittanzzeigerdiagramm (c)

Beispiel 6.7 Strom-Spannungs-Zeigerdiagramm und Impedanz einer gemischten Schaltung

Für die Schaltung nach Bild 6.13a sollen das Strom-Spannungs-Zeigerdiagramm skizziert und die Impedanz $\underline{Z}$ berechnet werden.

Ausgehend von der in Bild 6.13b willkürlich gewählten Spannung $\underline{U}_{GC}$ erhält man wie in Gl. (6.46) aus den Teilströmen $\underline{I}_G$ und $\underline{I}_C$ den Gesamtstrom

$$\underline{I} = \underline{I}_G + \underline{I}_C = G\,\underline{U}_{GC} + j\,\omega\,C\,\underline{U}_{GC}\,. \tag{6.71}$$

Hieraus folgt nach Gl. (5.152) die Spannung an der Induktivität

$$\underline{U}_L = j\,\omega\,L\,\underline{I} \tag{6.72}$$

und nach dem Maschensatz die Gesamtspannung

$$\underline{U} = \underline{U}_{GC} + \underline{U}_L. \tag{6.73}$$

Mit den Gln. (6.71) bis (6.73) erhält man das in Bild 6.13b wiedergegebene Strom-Spannungs-Zeigerdiagramm.

Die Impedanz

$$\underline{Z} = \frac{1}{G + j\,\omega\,C} + j\,\omega\,L \tag{6.74}$$

der Schaltung ergibt sich, indem man die Impedanzen der GC-Parallelschaltung nach Gl. (6.50) und der Induktivität nach Gl. (5.154) addiert (Bild 6.13c). Ob dabei der Phasenverschiebungswinkel $\varphi > 0$ ist wie in Bild 6.13 oder nicht, hängt von den Werten G, C und L sowie von der Kreisfrequenz ω ab.

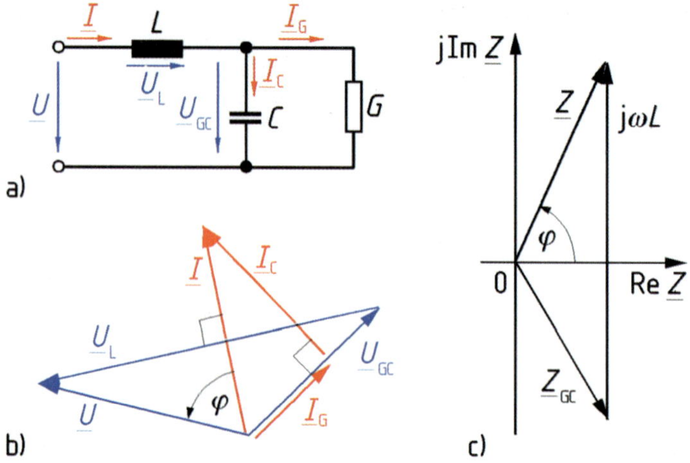

Bild 6.13 Reihenschaltung einer GC-Parallelschaltung und einer Induktivität L (a) mit Strom-Spannungs-Zeigerdiagramm (b) und Impedanzzeigerdiagramm (c)

6.2.1.3 Dualitätsbeziehungen bei Sinusstromnetzwerken

In Tabelle 6.2 werden die zueinander dualen Schaltungen und Schaltungselemente einander gegenübergestellt. Die Dualität von Spannung und Strom gilt bei Sinusstromnetzwerken für die komplexen Größen $\underline{U}$ und $\underline{I}$ und erstreckt sich damit sowohl auf die Effektivwerte U und I als auch auf die Nullphasenwinkel φ_u und φ_i. Entsprechend bedeutet die Dualität von Widerstand und Leitwert bei Sinusstromnetzwerken, dass sowohl die komplexen Größen $\underline{Z}$ und $\underline{Y}$ als auch ihre Realteile R und G, ihre Imaginärteile X und B, ihre Beträge Z und Y sowie ihre Winkel φ und φ_y zueinander dual sind. Darüber hinaus folgt aus dem Vergleich der Gln. (5.149) und (5.170) allgemein und aus dem Vergleich der Gln. (5.152) und (5.173) speziell für sinusförmige Vorgänge, dass auch eine Dualität zwischen der Induktivität L und der Kapazität C besteht. Diese in Tabelle 6.2 zusammengestellten *dualen Entsprechungen* werden z. B. bestätigt, wenn man die Schaltungen Bild 6.12a und Bild 6.13a miteinander vergleicht. Die Schaltungen sind dual, denn Bild 6.13a zeigt die Parallelschaltung einer Kapazität C und einer RL-Reihenschaltung, während in Bild 6.14a eine Induktivität L zu einer GC-Parallelschaltung in Reihe geschaltet ist.

Infolge dieser Dualität haben die zu Bild 6.13a gehörenden Gln. (6.67) bis (6.70) dieselbe Struktur wie die zu Bild 6.14a gehörenden Gln. (6.71) bis (6.74). Sie lassen sich durch einen Austausch der dualen Größen nach Tabelle 6.2 ineinander überführen, was bei den Gln. (6.70) und (6.74) besonders augenfällig ist. Hier ist auch gut zu erkennen, dass die Kreisfrequenz ω in der einen wie in der anderen Gleichung unverändert an der gleichen Stelle steht. Solche Größen, die sich bei der Überführung einer Gleichung in die hierzu duale Gleichung nicht ändern, nennt man *invariant*.

Bei den Sinusstromnetzwerken sind die Zusammenhänge zwischen den dualen Größen bei den Leistungen etwas komplizierter als bei Gleichstromnetzwerken, da nach Gl. (5.129) das Argument der komplexen Leistung $\underline{S} = U I \mathrm{e}^{\mathrm{j}\varphi}$ mit dem Phasenverschiebungswinkel φ übereinstimmt, der gleichzeitig das Argument der Impedanz $\underline{Z} = Z \mathrm{e}^{\mathrm{j}\varphi}$ ist. Die Anwendung der dualen Entsprechungen nach Tabelle 6.2 führt daher unter Berücksichtigung von Gl. (5.110) zu der Umwandlung

$$\underline{S} = U I \mathrm{e}^{\mathrm{j}\varphi} \quad \rightarrow \quad I U \mathrm{e}^{\mathrm{j}\varphi_y} = U I \mathrm{e}^{-\mathrm{j}\varphi} = \underline{S}^*.$$

Tabelle 6.2 Duale Entsprechungen in Sinusstromnetzwerken

Schaltungen und Schaltungs-elemente	Ringschaltung (Masche)		Sternschaltung (Knoten)	
	Reihenschaltung		Parallelschaltung	
	Leerlauf		Kurzschluss	
	ideale Spannungsquelle		ideale Stromquelle	
Duale Größen	komplexe Spannung	$\underline{U}$	komplexer Strom	$\underline{I}$
	Effektivwert	U	Effektivwert	I
	Nullphasenwinkel	φ_u	Nullphasenwinkel	φ_I
	komplexer Widerstand, Impedanz	$\underline{Z}$	komplexer Leitwert, Admittanz	$\underline{Y}$
	Scheinwiderstand	Z	Scheinleitwert	Y
	Argument	φ	Argument	φ_y
	Wirkwiderstand	R	Wirkleitwert	G
	Blindwiderstand	X	Blindleitwert	B
	Induktivität	L	Kapazität	C
Invariante Größen	Frequenz		f	
	Kreisfrequenz		ω	
	Energie		W	
	Scheinleistung		S	
	Wirkleistung		P	
	Leistungsfaktor		$\cos\varphi$	
Teilinvariante Größen	komplexe Leistung	$\underline{S}$	Konjugiert komplexe Leistung	$\underline{S}^*$
	Blindleistung	Q	negative Blindleistung	$-Q$
	Phasenverschiebungswinkel	φ	negativer Phasenverschiebungswinkel	$-\varphi$

Die komplexe Leistung $\underline{S}$ geht also bei der Anwendung der dualen Entsprechungen in die konjugiert komplexe Leistung $\underline{S}^*$ über, weil der Phasenverschiebungswinkel φ zum negativen Phasenverschiebungswinkel $\varphi_y = -\varphi$ wird. Während die Wirkleistung $P = \text{Re}\,\underline{S}$ bei dieser Umformung unverändert bleibt, also invariant ist, geht die Blindleistung $Q = \text{Im}\,\underline{S}$ in die negative Blindleistung $-Q = \text{Im}\,\underline{S}^*$ über. Die drei Größen $\underline{S}$, Q und φ, die bei der Anwendung der dualen Entsprechungen zwar ihren Betrag beibehalten, aber insgesamt oder in Teilen ihr Vorzeichen ändern, werden in Tabelle 6.2 als *teilinvariant* bezeichnet.

Beispiel 6.8 Duale Sinusstromschaltungen

1. Für die RL-Reihenschaltung Bild 6.14a sind a) der Phasenverschiebungswinkel φ und der Leistungsfaktor $\cos\varphi$ gesucht. Ferner sollen die Wirkleistung P und die Blindleistung Q für den Fall bestimmt werden, dass b) der Strom I bzw. c) die Spannung U bekannt ist.
2. Mit Hilfe von Tabelle 6.2 sollen die Ergebnisse auf die hierzu duale Schaltung Bild 6.14b übertragen werden.

1. RL-Reihenschaltung

a) Nach den Gln. (6.21) und (6.25) gilt für Phasenverschiebungswinkel und Leistungsfaktor der RL-Reihenschaltung

$$\varphi = \operatorname{Arctan}\frac{\omega L}{R} \qquad \text{und} \qquad \cos\varphi = \frac{R}{\sqrt{R^2+\omega^2 L^2}}\,.$$

b) Aus der komplexen Leistung nach Gl. (6.23)

$$\underline{S} = P + \mathrm{j}Q = R\,I^2 + \mathrm{j}\,\omega L\,I^2$$

folgen die Wirkleistung $P = R\,I^2$ und die Blindleistung $Q = \omega L\,I^2$.

c) Aus der vorgegebenen Spannung U lässt sich nach Gl. (6.20) der Strom

$$I = \frac{U}{\sqrt{R^2+\omega^2 L^2}}$$

berechnen. In die Leistungsformel eingesetzt, erhält man die komplexe Leistung sowie Wirk- und Blindleistung

$$\underline{S} = \frac{R\,U^2}{R^2+\omega^2 L^2} + \mathrm{j}\frac{\omega L\,U^2}{R^2+\omega^2 L^2}\,; \qquad P = \frac{R\,U^2}{R^2+\omega^2 L^2}\,; \qquad Q = \frac{\omega L\,U^2}{R^2+\omega^2 L^2}\,.$$

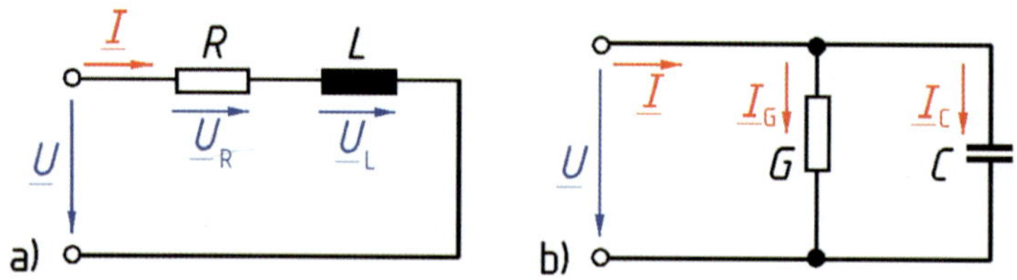

Bild 6.14 Beispiel für duale Schaltungen

2. GC-Parallelschaltung

a) Aufgrund der dualen Entsprechungen nach Tabelle 6.2 erhält man für das Argument der Admittanz, also den negativen Phasenverschiebungswinkel

$$\varphi_y = \operatorname{Arctan}\frac{\omega C}{G} \qquad \text{bzw.} \qquad \varphi = -\,\varphi_y = -\operatorname{Arctan}\frac{\omega C}{G}\,.$$

und für den Leistungsfaktor

$$\cos\varphi = \frac{G}{\sqrt{G^2+\omega^2 C^2}}\,.$$

b) Ferner ergibt sich die konjugiert komplexe Leistung

$$\underline{S}^* = P - \mathrm{j}Q = G\,U^2 + \mathrm{j}\,\omega C\,U^2$$

und hieraus die Wirkleistung $P = G\,U^2$ und die Blindleistung $Q = -\,\omega C\,U^2$.

c) Bei vorgegebenem Strom gilt für die konjugiert komplexe Leistung sowie für Wirk- und Blindleistung

$$\underline{S}^* = \frac{G\,I^2}{G^2+\omega^2 C^2} + \mathrm{j}\frac{\omega C\,I^2}{G^2+\omega^2 C^2}\,; \qquad P = \frac{G\,I^2}{G^2+\omega^2 C^2}\,; \qquad Q = \frac{-\,\omega C\,I^2}{G^2+\omega^2 C^2}\,.$$

6.2.2 Leistungen

6.2.2.1 Addition von Leistungen

Impedanzen bzw. Spannungen dürfen nur addiert werden, wenn die zugehörigen Zweipole in Reihe liegen. Entsprechend dürfen Admittanzen bzw. Ströme nur addiert werden, wenn die zugehörigen Zweipole parallel geschaltet sind. Im Gegensatz dazu sind zur Ermittlung der Gesamtleistung die Leistungen der einzelnen Zweipole in jedem Fall zu addieren, gleichgültig, ob diese parallel oder in Reihe oder komplizierter (z. B. im Stern oder im Dreieck, Abschnitt 8) geschaltet sind. Dies gilt bei Sinusstromnetzwerken sowohl für die Wirkleistung

$$P = \sum_{\nu=1}^{n} P_\nu \tag{6.75}$$

als auch für die Blindleistung

$$Q = \sum_{\nu=1}^{n} Q_\nu \tag{6.76}$$

und wegen

$$\underline{S} = \sum_{\nu=1}^{n} (P_\nu + \mathrm{j}Q_\nu) = \sum_{\nu=1}^{n} P_\nu + \mathrm{j}\sum_{\nu=1}^{n} Q_\nu = P + \mathrm{j}Q$$

auch für die komplexe Leistung

$$\underline{S} = \sum_{\nu=1}^{n} \underline{S}_\nu\,, \tag{6.77}$$

nicht aber für die Scheinleistung! Da die induktive und die kapazitive Blindleistung nach Abschnitt 5.4 entgegengesetzte Vorzeichen haben, ist es leicht möglich, dass wie in Bild 6.5e und Bild 6.11e die Gesamtblindleistung Q dem Betrag nach kleiner ist als die Beträge der induktiven und der kapazitiven Blindleistungen Q_L und Q_C. Diese Tatsache wird bei der Blindleistungskompensation ausgenutzt (Abschnitt 6.2.2.2).

Beispiel 6.9 Leistungen in einer gemischten Schaltung

Die Zweipole in der Schaltung Bild 6.12a, die in Bild 6.15a noch einmal dargestellt ist, haben die Werte $R = 60\ \Omega$, $L = 300$ mH, $C = 57\ \mu$F. Die Schaltung wird an einer Sinusspannung $U = 230$ V, $f = 50$ Hz betrieben. Gesucht sind die Wirk- und Blindleistungen der einzelnen Zweipole sowie Wirk- und Blindleistung der Gesamtschaltung.

Der Strom durch die RL-Reihenschaltung ist nach Gl. (6.20)

$$I_\mathrm{RL} = \frac{U}{\sqrt{R^2 + \omega^2 L^2}} = \frac{230\ \mathrm{V}}{\sqrt{(60\ \Omega)^2 + (100\pi\ \mathrm{s}^{-1} \cdot 300\ \mathrm{mH})^2}} = 2{,}059\ \mathrm{A}$$

Nach Gl. (6.23) gilt für die komplexe Leistung der RL-Reihenschaltung

$$\underline{S}_\mathrm{RL} = P_\mathrm{R} + \mathrm{j}Q_\mathrm{L} = R\,I_\mathrm{RL}^2 + \mathrm{j}\omega L I_\mathrm{RL}^2\,.$$

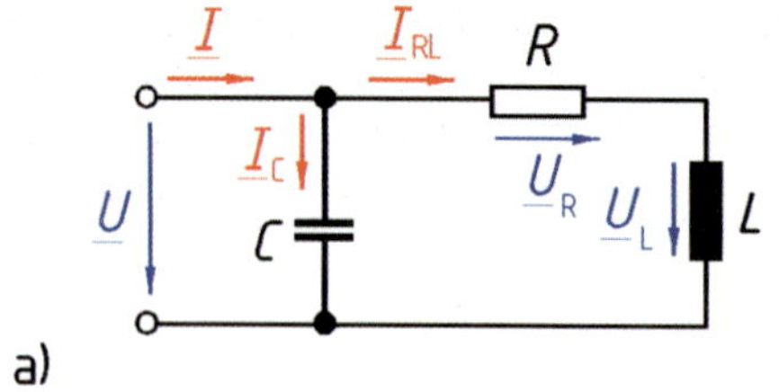

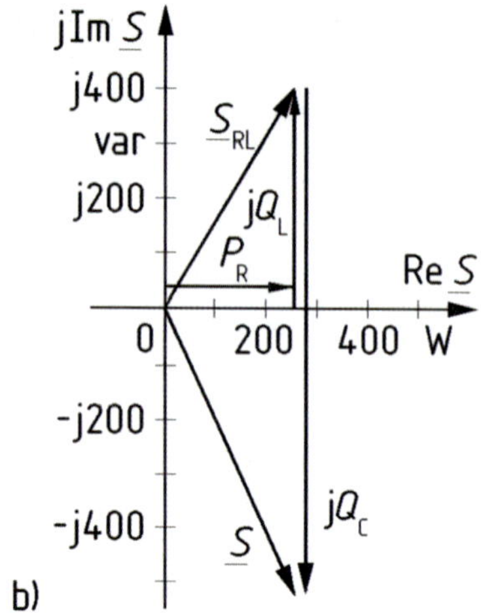

Bild 6.15 Kombinierte Reihen- und Parallelschaltung dreier Zweipole (a) und zugehöriges Leistungszeigerdiagramm (b) nach Beispiel 6.9

Also nimmt der Wirkwiderstand R die Wirkleistung

$$P_R = R\,I_{RL}^2 = 60\,\Omega \cdot (2{,}059\text{ A})^2 = 254\text{ W}$$

und die Induktivität L die Blindleistung

$$Q_L = \omega L\,I_{RL}^2 = 100\pi\,\text{s}^{-1} \cdot 300\text{ mH} \cdot (2{,}059\text{ A})^2 = 399\text{ var}$$

auf. Die Kapazität nimmt nach Gl. (5.125) und (5.179) die komplexe Leistung

$$\underline{S}_C = \underline{Y}^*\,U^2 = -\text{j}\omega\,CU^2\,,$$

also die Blindleistung

$$Q_C = -\omega C\,U^2 = -100\pi\,\text{s}^{-1} \cdot 57\,\mu\text{F} \cdot (230\text{ V})^2 = -\,947\text{ var}$$

auf, d. h. sie gibt Blindleistung ab. Für die komplexe Gesamtleistung folgt aus der geometrischen Addition von $\underline{S}_{RL}$ und $\underline{S}_C$ nach Bild 6.15b

$$S = \underline{S}_{RL} + \underline{S}_C = P_R + \text{j}(Q_L + Q_C) = 254\text{ W} + \text{j}(399 - 947)\text{ var.}$$

Die von der Schaltung insgesamt aufgenommene Wirkleistung ist mit der im (einzigen) Wirkwiderstand R umgesetzten Wirkleistung P = 254 W identisch. Die Gesamtblindleistung $Q = (399 - 947)$ var $= -\,548$ var hat einen negativen Wert. Die Schaltung gibt also Blindleistung ab.

6.2.2.2 Blindleistungskompensation

Nach Abschnitt 5.4.1 gibt allein die Wirkleistung $P = U\,I\cos\varphi$ Aufschluss über den Mittelwert der Energie, die bezogen auf die Zeit von einem Verbraucher aufgenommen und in eine andere Energieform (z. B. Wärme, Licht, mechanische Energie) umgewandelt wird. Nach Bild 6.16b würde der mit der Spannung $\underline{U}$ gleichphasige Anteil des Stroms, der *Wirkstrom* $\underline{I}_w$ mit dem Betrag $I_w = I\cos\varphi$, zur Erzeugung dieser Wirkleistung ausreichen. Der andere, um + 90° oder – 90° gegenüber der Spannung phasenverschobene Anteil des Stroms wird als *Blindstrom* I_b bezeichnet. Er hat den Betrag $I_b = |I\sin\varphi|$ und ist maßgebend für die vom Verbraucher umgesetzte Blindleistung $Q = U\,I\sin\varphi$. Obwohl die Blindleistung Q zur Energieübertragung keinen Beitrag liefert, führt der mit ihr verbundene Blindstrom I_b dazu, dass der vom Verbraucher aufgenommene Strom I größer ist als der Wirkstrom I_w. Ein größerer Strom verursacht aber größere Stromwärmeverluste in Zuleitung und Erzeuger bzw. verlangt dickere und teurere Zuleitungen und größere Generatoren, um die zulässigen Erwärmungen (z. B. in Kabeln und in den Generatorwicklungen) und die zulässigen Spannungsabfälle nicht zu überschreiten. Daher muss man versuchen, den vom Generator gelieferten Gesamtstrom möglichst auf den Wirkstromanteil $\underline{I}_W$ zu reduzieren, indem die Blindleistung des Verbrauchers kompensiert wird. Diese ist in der Praxis meist induktiv und führt insbesondere für Wechselstrommotoren bei Teillast zu niedrigen Leistungsfaktoren cos φ.

Eine Kompensation induktiver Blindleistung gelingt durch die Parallelschaltung einer Kapazität C nach Bild 6.16a. Der Verbraucher liegt weiterhin an der Versorgungsspannung $\underline{U}$. Die Kapazität C ist für eine vollständige Kompensation so zu bemessen, dass die Summe der induktiven Verbraucherblindleistung Q und der Blindleistung $Q_C = -\omega C U^2$ der Kapazität (Tabelle 5.2) wie in Bild 6.16c

$$Q + Q_C = Q - \omega C U^2 = 0$$

ergibt. Für die Kapazität folgt hieraus der Wert

$$C = \frac{Q}{\omega U^2}. \tag{6.78}$$

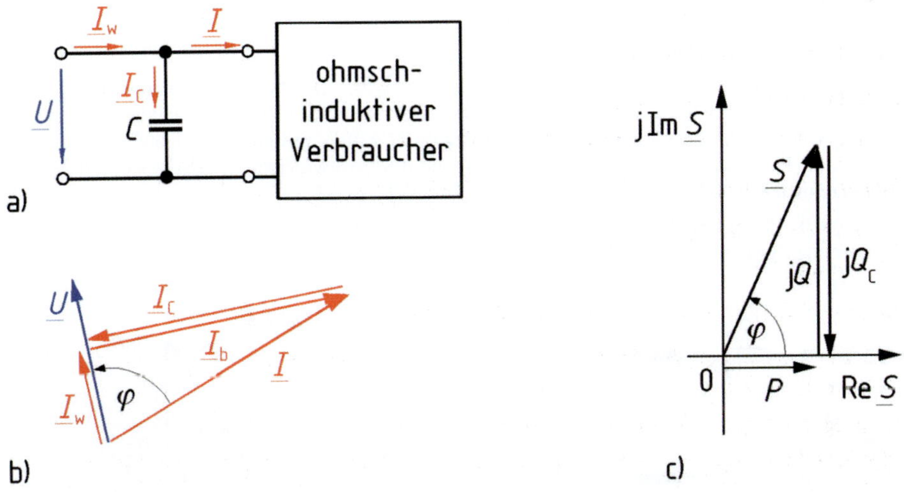

Bild 6.16 Ohmsch-induktiver Verbraucher mit parallelgeschalteter Kapazität C zur vollständigen Blindleistungskompensation (a), Strom-Spannungs- (b) und Leistungszeigerdiagramm (c)

Bei großen Leistungen wird die benötigte kapazitive Blindleistung durch *Blindleistungsgeneratoren*, die auch als *Phasenschieber* bezeichnet werden, erzeugt [13], [14]. Eine Blindleistungskompensation durch Reihenschaltung einer Kapazität ist hingegen nicht ratsam (Beispiel 6.11), da hierdurch ein Reihenschwingkreis (Abschnitt 7.2.2.1) entstünde, der nahe seiner Resonanzfrequenz betrieben wird, wodurch an den Klemmen des zu kompensierenden Verbrauchers eine veränderte Spannung aufträte, die nach Abschnitt 6.1.2.3 ein Vielfaches der Versorgungsspannung betragen kann. In der Praxis begnügt man sich meist mit einer Kompensation auf cos φ = 0,9. Dadurch wird das Auftreten unkontrollierbarer Resonanzen zwischen Verbraucher und parallel liegendem Kondensator vermieden. Größere Betriebe verfügen meist in der Schaltanlage über eine umschaltbare *Kondensatorbatterie*, deren Teile je nach vorliegendem Leistungsfaktor zu- oder abgeschaltet werden können. Große Versorgungsbereiche werden durch eigene Blindleistungsgeneratoren kompensiert; hier können nachts fast leer laufende Netze mit großer Ladeleistung für die Kabel und Freileitungen auch *induktive* Blindleistung zur Kompensation erfordern.

Beispiel 6.10 Blindleistungskompensation eines Wechselstrommotors

Ein Wechselstrommotor hat eine mechanische Leistung von 20 kW bei einem Wirkungsgrad von 85 %, sein Leistungsfaktor ist $\cos\varphi = 0{,}75$. Der Motor liegt an einem Sinusspannungsnetz mit $U = 230$ V und $f = 50$ Hz. Welche Kapazität muss zum Motor parallel geschaltet werden, um seine Blindleistung vollständig zu kompensieren? Welche Stromreduzierung wird dadurch erreicht?

Der Motor nimmt die Wirkleistung $P = P_{mech}/\eta = 20\text{ kW}/0{,}85 = 23{,}53$ kW auf. Die Scheinleistung beträgt $S = P/\cos\varphi = (23{,}53/0{,}75)\,\text{kVA} = 31{,}37\,\text{kVA}$ und die Blindleistung $Q = \sqrt{S^2 - P^2} = 20{,}75\,\text{kvar}$. Zur Kompensierung der Blindleistung ist nach Gl. (6.78) die Kapazität

$$C = \frac{Q}{\omega U^2} = \frac{20{,}75\,\text{kvar}}{100\pi\,\text{s}^{-1}\cdot(230\,\text{V})^2} = 1249\,\mu\text{F}$$

erforderlich. Unkompensiert nimmt der Motor aus dem Netz den Strom $I = S/U = 31{,}37$ kVA/230 V = 136 A auf. Nach der Kompensierung reduziert sich der Strom auf den Wirkanteil $I_w = P/U =$ 23,53 kW/230 V = 102 A, also um 25 %.

Beispiel 6.11 Leuchtstofflampen-Schaltungen

Eine Leuchtstofflampe wird an einem Sinusspannungsnetz $U = 230$ V, $f = 50$ Hz betrieben und zur Stabilisierung des Arbeitspunktes (Abschnitt 2.5.3) mit einer Drosselspule in Reihe geschaltet. Bei einem Strom $I_1 = 0{,}4$ A nimmt die Leuchtstofflampe die Leistung $P_L = 40$W mit $\cos\varphi_L = 1$ auf. Die Drosselspule, die durch die Reihenschaltung der Induktivität L_D und des Wirkwiderstandes R_D modelliert werden kann, hat die Verlustleistung $P_D = 10{,}6$ W.

Leuchtstofflampe und Drosselspule lassen sich somit als Ersatzschaltung gemäß Bild 6.17a darstellen und durch die Impedanz $\underline{Z}_1$ in Bild 6.17d beschreiben.

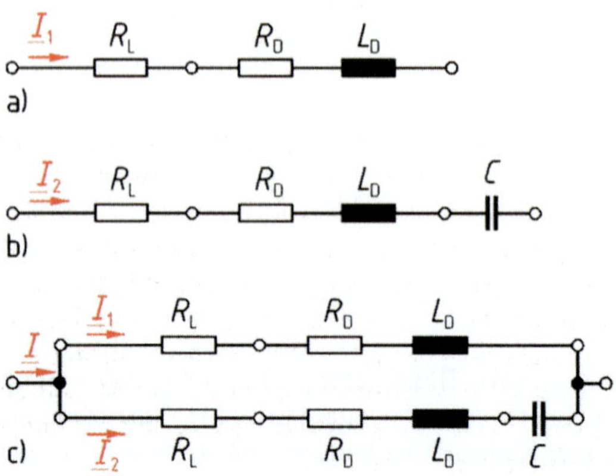

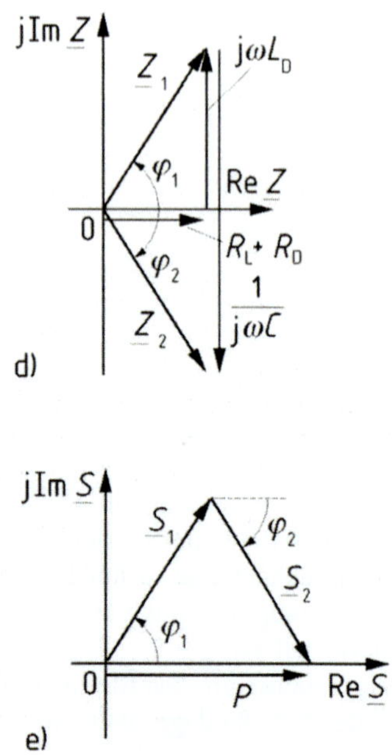

Bild 6.17 Betriebsschaltungen für Leuchtstofflampen (R_L)
a) mit Vorschaltdrossel (R_D, L_D)
b) mit zusätzlichem Reihen-Kondensator C
c) Duo-Schaltung
d) Impedanzzeigerdiagramm
e) Leistungszeigerdiagramm der Duo-Schaltung

a) Wie groß sind Schein-, Wirk- und Blindleistung sowie der Leistungsfaktor dieser Schaltung und welche Induktivität besitzt die Drosselspule?

Mit der Scheinleistung $S_1 = UI_1 = 230\,\mathrm{V} \cdot 0{,}4\,\mathrm{A} = 92\,\mathrm{VA}$ und der gesamten Wirkleistung $P_1 = P_\mathrm{L} + P_\mathrm{D} = 50{,}6\,\mathrm{W}$ ergibt sich die Blindleistung $Q_1 = \sqrt{S_1^2 - P_1^2} = 76{,}84\,\mathrm{var}$ und der Leistungsfaktor $\cos\varphi_1 = P_1/S_1 = 0{,}55$. Aus Gl. (5.168) folgt die Induktivität

$$L_\mathrm{D} = \frac{Q_1}{\omega I_1^2} = \frac{76{,}84\,\mathrm{var}}{100\pi\,\mathrm{s}^{-1} \cdot (0{,}4\,\mathrm{A})^2} = 1{,}53\,\mathrm{H}\,.$$

b) Zu dieser Schaltung wird als Vorbereitung für Aufgabenteil c) nun nach Bild 6.17b ein (als verlustlos angenommener) Kondensator in Reihe geschaltet, dessen Kapazität C so zu bestimmen ist, dass die Gesamtschaltung ohmsch-kapazitiv wird, der Scheinwiderstand $Z_1 = Z_2$ aber den gleichen Wert beibehält wie im Fall a), sodass der Strom und der Leistungsfaktor sich ebenfalls nicht ändern, d. h. $I_2 = I_1$ und $\cos\varphi_2 = \cos\varphi_1$.

Nach Bild 6.17d ist diese Bedingung nur zu erfüllen, wenn $\varphi_2 = -\varphi_1$ und $\underline{Z}_2 = \underline{Z}_1^*$ werden. Dies wird erreicht, wenn $1/(\omega C) = 2\,\omega L_\mathrm{D}$ ist. Hieraus folgt die Kapazität

$$C = \frac{1}{2\omega^2 L_\mathrm{D}} = \frac{1}{2 \cdot (100\pi\,\mathrm{s}^{-1})^2 \cdot 1{,}529\,\mathrm{H}} = 3{,}3\,\mu\mathrm{F}\,.$$

c) Wie groß sind die insgesamt aufgenommene Wirk- und Blindleistung, wenn eine Schaltung nach Bild 6.17a und eine Schaltung nach Bild 6.17b in einer *Duo-Schaltung* nach Bild 6.17c parallelgeschaltet werden?

Die komplexen Leistungen $\underline{S}_1$ der Schaltung 6.17a und $\underline{S}_2$ der Schaltung 6.17b sind ebenso wie die zugehörigen Impedanzen $\underline{Z}_1$ und $\underline{Z}_2$ zueinander konjugiert komplex und addieren sich daher nach Bild 6.17e zu

$$\underline{S} = \underline{S}_1 + \underline{S}_2 = (P_1 + \mathrm{j}Q_1) + (P_1 - \mathrm{j}Q_1) = 2\,P_1 = 101{,}2\,\mathrm{W} + \mathrm{j}\,0.$$

Erwartungsgemäß verdoppelt sich die Wirkleistung beim Betrieb zweier Lampen auf $P = 101{,}2\,\mathrm{W}$, die Blindleistung reduziert sich bei der Duo-Schaltung auf den Wert $Q = 0$.

6.2.2.3 Leistungsanpassung

Ebenso wie bei Gleichspannungsquellen ist auch bei Sinusspannungsquellen die abgebbare Leistung in der Praxis begrenzt. Dies trifft im Prinzip auch auf das allgemeine Energieversorgungsnetz in Westeuropa zu, wird hier aber i. Allg. nicht wahrgenommen, weil das Netz bislang so leistungsfähig ist, dass die Versorgungsspannung – zumindest näherungsweise – als starr, d. h. belastungsunabhängig angesehen werden kann. Bei einzeln betriebenen Sinusspannungsquellen, z. B. bei Labornetzgeräten, ist dies nicht mehr der Fall. Vielmehr muss hier die Abhängigkeit der Klemmenspannung von der Belastung berücksichtigt werden. Analog zum Gleichstromkreis, siehe Gln. (2.36) und (2.37), gilt bei Sinusstromkreisen für das Modell der *Ersatz-Spannungsquelle* mit der *Innenimpedanz* $\underline{Z}_\mathrm{i}$ bzw. der *Ersatz-Stromquelle* mit der *Innenadmittanz* $\underline{Y}_\mathrm{i}$ (Ersatzschaltungen analog zu den Bildern 2.23 und 2.24)

$$\underline{U} = \underline{U}_0 - \underline{Z}_\mathrm{i}\,\underline{I} \qquad \text{bzw.} \qquad \underline{I} = \underline{I}_\mathrm{k} - \underline{Y}_\mathrm{i}\,\underline{U}. \tag{6.79}$$

Wenn an die Quelle die Lastimpedanz $\underline{Z}_\mathrm{a}$ angeschlossen wird, folgt für den Strom aus Bild 6.18a

$$\underline{I} = \frac{\underline{U}_0}{\underline{Z}_\mathrm{i} + \underline{Z}_\mathrm{a}} = \frac{U_0\,\mathrm{e}^{\mathrm{j}\varphi_{\mathrm{u}0}}}{(R_\mathrm{i} + \mathrm{j}X_\mathrm{i}) + (R_\mathrm{a} + \mathrm{j}X_\mathrm{a})} \tag{6.80}$$

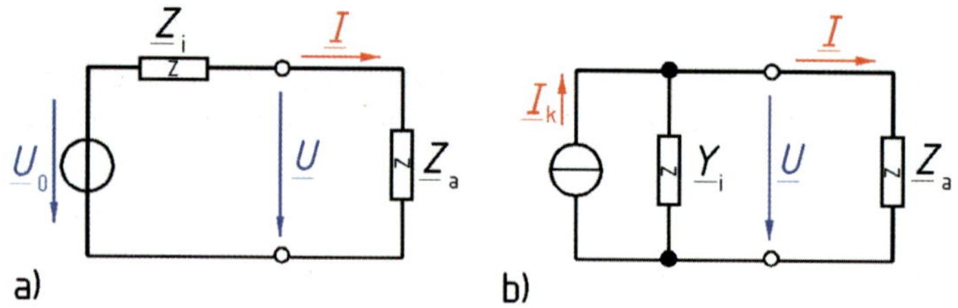

Bild 6.18 Belastete Sinusquelle
a) Ersatz-Spannungsquelle, b) Ersatz-Stromquelle

mit dem Betrag

$$I = \frac{U_0}{\sqrt{(R_i + R_a)^2 + (X_i + X_a)^2}}.$$

Nach Gl. (5.124) wird an die Impedanz $\underline{Z}_a = R_a + jX_a$ die Wirkleistung

$$P = R_a I^2 = \frac{R_a U_0^2}{(R_i + R_a)^2 + (X_i + X_a)^2} \tag{6.81}$$

abgegeben. Damit sie maximal wird, muss offensichtlich für den Blindwiderstand X_a der Last die *1. Anpassungsbedingung*

$$X_a = -X_i \tag{6.82}$$

erfüllt sein. Die abgegebene Wirkleistung hat dann den Wert

$$P_1 = \frac{R_a U_0^2}{(R_i + R_a)^2}. \tag{6.83}$$

Den Wirkwiderstand R_a, für den die abgegebene Leistung P_1 maximal wird, erhält man, wenn man Gl. (6.83) nach R_a ableitet und den Differenzialquotienten gleich null setzt:

$$\frac{dP_1}{dR_a} = \frac{(R_i + R_a)^2 - 2\,R_a\,(R_i + R_a)}{(R_i + R_a)^4} U_0^2 = 0$$

Aus $(R_i + R_a)^2 = 2\,R_a\,(R_i + R_a)$ erhält man die *2. Anpassungsbedingung*

$$R_a = R_i. \tag{6.84}$$

Die maximal abgebbare (verfügbare) Leistung der Quelle ergibt sich aus Gl. (6.83) zu

$$P_{max} = \frac{U_0^2}{4\,R_i}. \tag{6.85}$$

Sie wird dann abgegeben, wenn sowohl Gl. (6.82) als auch (6.84) erfüllt sind. Beide Gleichungen lassen sich zu der *allgemeinen Anpassungsbedingung* zusammenfassen

$$\underline{Z}_a = R_i - jX_i = \underline{Z}_i^*. \tag{6.86}$$

Eine entsprechende Rechnung für die Ersatz-Stromquelle nach Bild 6.18b führt zum gleichen Ergebnis $\underline{Z}_a = 1/\underline{Y}_i^*$.

6.2.2.4 Leistungsmessung

Die Wirkleistung P kann nach Abschnitt 5.4.1 mit einer Schaltung nach Bild 2.59 gemessen werden. Für sinusförmige Ströme und Spannungen wird dann nach den Gln. (5.128) und (5.131) der Wert

$$P = U\,I \cos\varphi = \operatorname{Re}\,(\underline{U}\,\underline{I}^*) \tag{6.87}$$

angezeigt. Für die Blindleistung gilt nach den Gln. (5.128), (5.132) und (5.76)

$$Q = U\,I \sin\varphi = \operatorname{Im}\,(\underline{U}\,\underline{I}^*) = \operatorname{Re}\left(\frac{\underline{U}}{\mathrm{j}} \cdot \underline{I}^*\right). \tag{6.88}$$

Der Vergleich mit Gl. (6.87) ergibt, dass das Wattmeter dann die Blindleistung Q anzeigt, wenn an seine Spannungsklemmen statt der Spannung $\underline{U}$ die Spannung $(\underline{U}/\mathrm{j})$, also eine um 90° nacheilende Spannung angelegt wird.

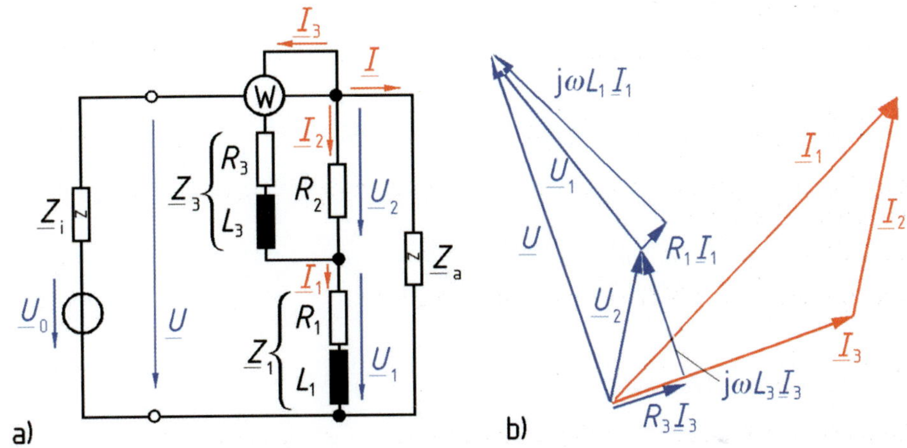

Bild 6.19 Blindleistungsmessung unter Verwendung der Hummel-Schaltung
a) Schaltung, b) Strom-Spannungs-Zeigerdiagramm

Beispiel 6.12 Blindleistungsmessung unter Verwendung der Hummel-Schaltung

Ein *elektrodynamisches Wattmeter* kann zur Wirkleistungsmessung (Bild 2.59) verwendet werden, weil sein Strompfad vom Verbraucherstrom i (oder einem bestimmten Bruchteil dieses Stroms) und sein Spannungspfad von einem Strom i_3 durchflossen wird, der der Verbraucherspannung u proportional ist. Wegen seiner mechanischen Trägheit zeigt das multiplizierende Messwerk dann einen Wert an, der proportional zu

$$\overline{i\,i_3} \sim \overline{i\,u} = \overline{p} = P$$

ist. Entsprechend ist nach Gl. (6.88) für sinusförmige Ströme und Spannungen die Messung der Blindleistung Q möglich, wenn man am Spannungspfad eine um 90° gegenüber der Verbraucherspannung u nacheilende Spannung und einen ebenso nacheilenden Strom i_3 erzeugt.

Dies gelingt z. B. mit der Hummel-Schaltung nach Bild 6.19a. Gegeben seien eine Spule mit der Induktivität L_1 und dem Wirkwiderstand R_1 sowie die Induktivität L_3 und der Wirkwiderstand R_3, die die Eigenschaften des Spannungspfades des Leistungsmessers sowie ggf. einer weiteren, dazu in Reihe geschalteten Spule modellieren. Der Widerstand R_2 soll so dimensioniert werden, dass der Strom i_3 der Spannung u um 90° nacheilt.

Nach Gl. (5.74) lautet die aufgestellte Bedingung mit komplexen Größen

$$\underline{U} = \mathrm{j}k\,\underline{I}_3 \qquad \text{bzw.}\ \frac{\underline{U}}{\underline{I}_3} = \mathrm{j}k \qquad \text{bzw.}\ \mathrm{Re}\left(\frac{\underline{U}}{\underline{I}_3}\right) = 0.$$

Mit $\underline{U}_2 = \underline{Z}_3\,\underline{I}_3$ gilt nach der Spannungsteilerregel Gl. (6.17)

$$\frac{\underline{U}}{\underline{U}_2} = \frac{\underline{U}}{\underline{Z}_3\,\underline{I}_3} = \frac{\underline{Z}_1 + \dfrac{1}{\dfrac{1}{R_2} + \dfrac{1}{\underline{Z}_3}}}{\dfrac{1}{\dfrac{1}{R_2} + \dfrac{1}{\underline{Z}_3}}} = \underline{Z}_1\left(\frac{1}{R_2} + \frac{1}{\underline{Z}_3}\right) + 1\ .$$

Hieraus folgt

$$\frac{\underline{U}}{\underline{I}_3} = \frac{\underline{Z}_1\,\underline{Z}_3}{R_2} + \underline{Z}_1 + \underline{Z}_3$$

und nach Einsetzen der gegebenen Größen

$$\frac{\underline{U}}{\underline{I}_3} = \frac{1}{R_2}(R_1 + \mathrm{j}\omega L_1)(R_3 + \mathrm{j}\omega L_3) + R_1 + \mathrm{j}\omega L_1 + R_3 + \mathrm{j}\omega L_3.$$

Nach Aufspalten in Real- und Imaginärteil

$$\frac{\underline{U}}{\underline{I}_3} = \frac{R_1 R_3 - \omega^2 L_1 L_3}{R_2} + R_1 + R_3 + \mathrm{j}\omega\left(\frac{R_1 L_3}{R_2} + \frac{R_3 L_1}{R_2} + L_1 + L_3\right)$$

folgt, da der Realteil null sein muss,

$$\frac{R_1 R_3 - \omega^2 L_1 L_3}{R_2} = -(R_1 + R_3)$$

und schließlich

$$R_2 = \frac{\omega^2 L_1 L_3 - R_1 R_3}{R_1 + R_3}.$$

Für diesen Wert von R_2 ergibt sich, wie in Bild 6.19b gezeigt, die geforderte Phasenverschiebung von 90° zwischen dem Strom $\underline{I}_3$ und der Spannung $\underline{U}$, sodass der vom Wattmeter angezeigte Wert der Blindleistung Q proportional ist.

6.3 Netzwerkumformung

In Abschnitt 2.4.1.6 wird die Netzwerkumformung für Gleichstromnetzwerke behandelt. Die dortigen Überlegungen sollen jetzt auf Sinusstromnetzwerke übertragen werden, wobei wieder vorausgesetzt werden muss, dass die betrachteten Netzwerke *linear* sind, die in ihnen enthaltenen Schaltungselemente Wirkwiderstand R, Induktivität L und Kapazität C sowie die Quellenspannungen U_q und die Quellenströme I_q also unabhängig von Strom i, Spannung u und Frequenz f feste Werte haben.

Zu unterscheiden ist zwischen bedingt äquivalenten Schaltungen, die nur *bei einer bestimmten Frequenz f* gleiches Klemmenverhalten zeigen, und *unbedingt äquivalenten Schaltungen*, die *unabhängig von der Frequenz* gleiches Klemmenverhalten zeigen. Die meisten Ersatzschaltungen, die man für passive Sinusstromnetzwerke angeben kann, sind nur bedingt äquivalent. Im Folgenden werden die verschiedenen Ersatzschaltungen betrachtet und auf reale Bauelemente Kondensator und Spule der Sinusstromtechnik angewandt. Insbesondere werden auch Ersatzschaltungen für magnetisch gekoppelte Spulen, also Transformatoren und Übertrager, angegeben.

6.3.1 Ersatzschaltungen passiver technischer Zweipole

In den Abschnitten 6.1.2 und 6.1.3 werden Reihen- und Parallelschaltungen von linearen passiven Grundzweipolen zusammengefasst. Daher muss es umgekehrt auch möglich sein, das Klemmenverhalten eines allgemeinen realen passiven Zweipols bei Sinusstrom durch Reihen- und Parallelschaltungen von idealisierten Grundzweipolen zumindest näherungsweise nachzubilden.

Beim *Modellieren* eines passiven Zweipols werden Klemmenstrom $\underline{I}$ oder Klemmenspannung $\underline{U}$ bzw. Impedanz $\underline{Z}$ oder Admittanz $\underline{Y}$ in Komponenten zerlegt. Die Ersatzschaltungen haben nur für eine bestimmte Frequenz f das gleiche Klemmenverhalten wie der untersuchte Zweipol (bedingte Äquivalenz). Auch die Stern-Dreieck-Transformation entsprechend den Abschnitten 2.2.7.2 bzw. 2.2.7.3 führt i. Allg. auf nur bedingt äquivalente Schaltungen.

6.3.1.1 Reihen-Ersatzschaltung

In Abschnitt 6.1.2 werden Reihenschaltungen von Grundzweipolen R, L, C zu Impedanzen $\underline{Z}$ zusammengefasst. Jetzt ist umgekehrt die Aufgabe zu lösen, eine beliebige gegebene Impedanz $\underline{Z}$ in die Reihenschaltung von Wirkwiderstand R und Blindwiderstand X zu zerlegen. Hierbei soll selbstverständlich das Klemmenverhalten unverändert bleiben.

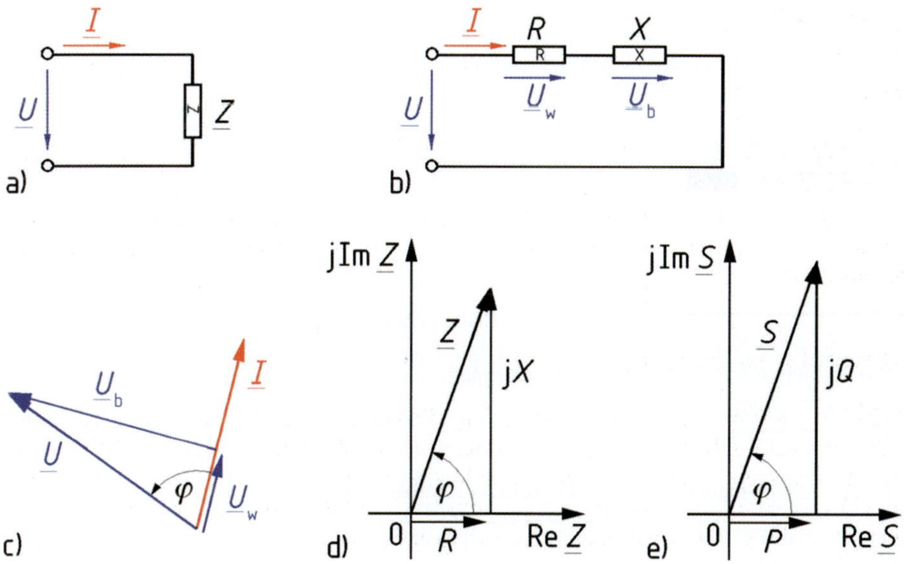

Bild 6.20 Sinusstromverbraucher (a) mit Reihen-Ersatzschaltung (b) und Zeigerdiagrammen für den Strom und die Spannungskomponenten (c) sowie für die Impedanz (d) und die komplexe Leistung (e)

Wenn die Impedanz $\underline{Z} = \underline{Z}\,e^{j\varphi}$ des zu untersuchenden Zweipols nach Bild 6.20a bekannt ist, kann man den Spannungszeiger $\underline{U}$ in eine mit dem Strom $\underline{I}$ gleichphasige Komponente, die *Wirkspannung*

$$U_w = U \cos \varphi \tag{6.89}$$

und in eine hierzu senkrechte, gegenüber dem Strom um 90° phasenverschobene Komponente, nämlich die *Blindspannung*

$$U_b = |U \sin \varphi| \tag{6.90}$$

zerlegen. Für die Gesamtspannung gilt dann allgemein

$$\underline{U} = \underline{U}_w + \underline{U}_b. \tag{6.91}$$

Der Zerlegung der Spannung $\underline{U}$ in ihre Komponenten $\underline{U}_w$ und $\underline{U}_b$ nach Bild 6.20c entspricht die Aufteilung der Impedanz $\underline{Z} = R + jX$ nach Bild 6.20d in den *Wirkwiderstand*

$$R = Z \cos \varphi \tag{6.92}$$

und den *Blindwiderstand*

$$X = Z \sin \varphi\,. \tag{6.93}$$

Das Klemmenverhalten des Zweipols mit der Impedanz $\underline{Z}$ ist also durch eine Reihen-Ersatzschaltung nach Bild 6.20b aus dem Wirkwiderstand R und dem Blindwiderstand X modellierbar. Als Schaltungselement für den Blindwiderstand ist für $X > 0$ eine Induktivität L mit $X = \omega L$ und für $X < 0$ eine Kapazität C mit $X = -1/(\omega C)$ zu verwenden.

Die vom Zweipol aufgenommene Wirkleistung $P = R\,I^2$ kann dann unmittelbar dem Wirkwiderstand R und die Blindleistung $Q = X\,I^2$ dem Blindwiderstand X der Reihen-Ersatzschaltung zugeordnet werden.

Beispiel 6.13 Reihen-Ersatzschaltung einer Spule

Eine Spule nimmt bei der Sinusspannung $U = 230$ V, $f = 50$ Hz den Strom $I = 3$ A und die Wirkleistung $P = 236$ W auf. Die Elemente der Reihen-Ersatzschaltung in Bild 6.21 sowie der Verlustfaktor und die Güte der Spule sind zu bestimmen.

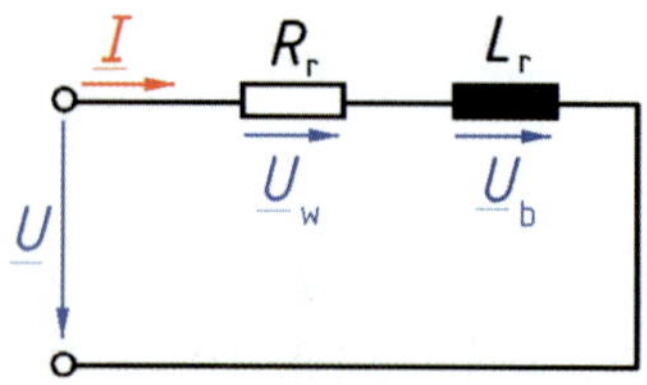

Bild 6.21 Reihen-Ersatzschaltung einer Spule

Aus der Wirkleistung $P = R_r I^2$ folgt der Wirkwiderstand

$$R_r = \frac{P}{I^2} = \frac{236\ \text{W}}{(3\ \text{A})^2} = 26{,}2\ \Omega\,.$$

Entsprechend liefert die induktive (und daher positive) Blindleistung

$$X_r I^2 = Q = \sqrt{S^2 - P^2} = \sqrt{(230\ \text{V} \cdot 3\ \text{A})^2 - (236\ \text{W})^2} = 648{,}4\ \text{var}\,,$$

den Blindwiderstand

$$\omega L_r = X_r = \frac{Q}{I^2} = \frac{648{,}4\ \text{var}}{(3\ \text{A})^2} = 72{,}04\ \Omega$$

und die Induktivität

$$L_\mathrm{r} = \frac{X_\mathrm{r}}{\omega} = \frac{72{,}04\,\Omega}{2\pi \cdot 50\,\mathrm{s}^{-1}} = 229\,\mathrm{mH}\,.$$

Induktivitäten dieser Größenordnung sind nur durch Spulen mit ferromagnetischen Kernen zu realisieren. Die Reihen-Ersatzschaltung Bild 6.21 mit den ermittelten Werten R_r und L_r gilt nur für die vorgegebene Frequenz $f = 50$ Hz. Eine besser geeignete Ersatzschaltung wird in Bild 6.27a angegeben.

Bei einer Luftspule darf man i. Allg. davon ausgehen, dass eine für $f = 50$ Hz ermittelte Reihen-Ersatzschaltung im gesamten Niederfrequenz-Bereich von 0 Hz bis zu einigen 100 Hz ungefähre Gültigkeit hat. Für höhere Frequenzen gelten andere Werte; außerdem ist dann die parallel liegende *parasitäre Wicklungskapazität* zu berücksichtigen.

Der *Verlustfaktor d* eines passiven Zweipols ist definiert als das Verhältnis der aufgenommenen Wirkleistung P zum Betrag der umgesetzten Blindleistung $|Q|$. Hier gilt also

$$d = \frac{P}{|Q|} = \frac{R_\mathrm{r}\, I^2}{|X_\mathrm{r}|\, I^2} = \frac{R_\mathrm{r}}{\omega L_\mathrm{r}}\,.$$

Die *Güte Q* (nicht zu verwechseln mit der Blindleistung Q) ist der Kehrwert des Verlustfaktors. Hier ergibt sich

$$Q = \frac{1}{d} = \frac{\omega L_\mathrm{r}}{R_\mathrm{r}}\,.$$

Sowohl der Verlustfaktor als auch die Güte sind also explizit frequenzabhängig. Die Angabe der Güte eines (nicht schwingungsfähigen, vgl. Abschnitt 7.2.3) Zweipols ohne Angabe der zugehörigen Frequenz ist daher sinnlos. Zur expliziten kommt die implizite Frequenzabhängigkeit durch die oben diskutierte Abhängigkeit der Modellparameter R_r und L_r von der Frequenz.

Beispiel 6.14 Reihen-Ersatzschaltung eines Kondensators

Eine Sinusspannung $U = 16$ V der Frequenz $f = 1$ kHz führt an einem Kondensator zu einem um 89,5° voreilenden Sinusstrom $I = 1$ mA. Die Elemente der Reihen-Ersatzschaltung in Bild 6.22 sind zu bestimmen.

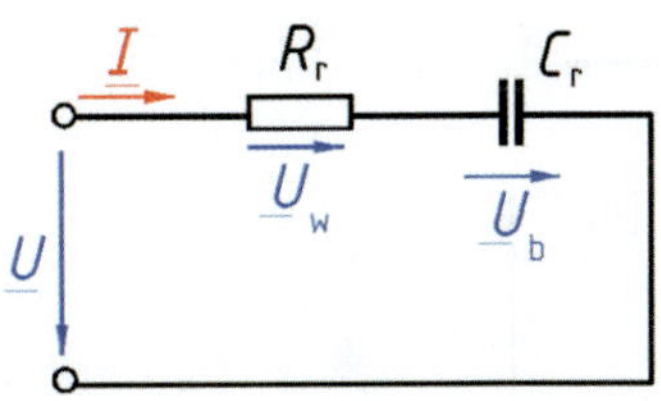

Bild 6.22 Reihen-Ersatzschaltung eines Kondensators

Mit dem Phasenverschiebungswinkel $\varphi = \varphi_\mathrm{u} - \varphi_\mathrm{i} = -89{,}5°$ und dem Scheinwiderstand $Z = U/I = 16\,\mathrm{k\Omega}$ folgt nach Gl. (6.92) der Wirkwiderstand

$$R_\mathrm{r} = Z \cos\varphi = 16\,\mathrm{k\Omega} \cdot \cos(-89{,}5°) = 140\,\Omega$$

und nach Gl. (6.93) der Blindwiderstand

$$\frac{-1}{\omega C_\mathrm{r}} = X_\mathrm{r} = Z \sin\varphi = 16\,\mathrm{k\Omega} \cdot \sin(-89{,}5°) = -15{,}999\,\mathrm{k\Omega}$$

sowie die Kapazität

$$C_\mathrm{r} = \frac{-1}{\omega X_\mathrm{r}} = \frac{-1}{2\pi \cdot 10^3\,\mathrm{s}^{-1} \cdot (-15{,}999\,\mathrm{k\Omega})} = 9{,}948\,\mathrm{nF} \approx 9{,}95\,\mathrm{nF}\,.$$

Für die genannte Betriebsfrequenz ist die Schaltung in Bild 6.22 mit den berechneten Werten R_r und C_r ein geeignetes Modell zur Beschreibung des Klemmenverhaltens des Kondensators. Bei Frequenzänderung ändert sich u. a. der Wert R_r. Für Frequenzen $f > 10$ MHz ist zusätzlich die *parasitäre Induktivität* des Bauelements zu berücksichtigen. Da die Reihen-Ersatzschaltung für sehr tiefe Frequenzen wegen $Z(f \to 0) \to \infty$ kein physikalisch sinnvolles Ergebnis liefert, bevorzugt man im NF-Bereich meist die Parallel-Ersatzschaltung nach Bild 6.25.

6.3.1.2 Parallel-Ersatzschaltung

Ähnlich wie in Abschnitt 6.3.1.1 mit dem Spannungszeiger geschehen, kann man an einem Sinusstromverbraucher nach Bild 6.23a auch den Stromzeiger $\underline{I}$ in eine mit der Spannung $\underline{U}$ gleichphasige Komponente, den *Wirkstrom*

$$I_w = I \cos \varphi \tag{6.94}$$

und in eine hierzu senkrechte, gegenüber der Spannung um 90° phasenverschobene Komponente, den *Blindstrom*

$$I_b = |I \sin\varphi| \tag{6.95}$$

zerlegen. Für den Gesamtstrom gilt dann allgemein

$$\underline{I} = \underline{I}_w + \underline{I}_b\,. \tag{6.96}$$

Der Zerlegung der Stroms $\underline{I}$ in seine Komponenten $\underline{I}_w$ und $\underline{I}_b$ nach Bild 6.23c entspricht die Aufteilung der Admittanz $\underline{Y} = Y\,\mathrm{e}^{\,\mathrm{j}\varphi_y} = G + \mathrm{j}B$ nach Bild 6.23d in den *Wirkleitwert*

$$G = Y \cos \varphi_y = Y \cos \varphi \tag{6.97}$$

und den *Blindleitwert*

$$B = Y \sin \varphi_y = -\,Y \sin \varphi\,. \tag{6.98}$$

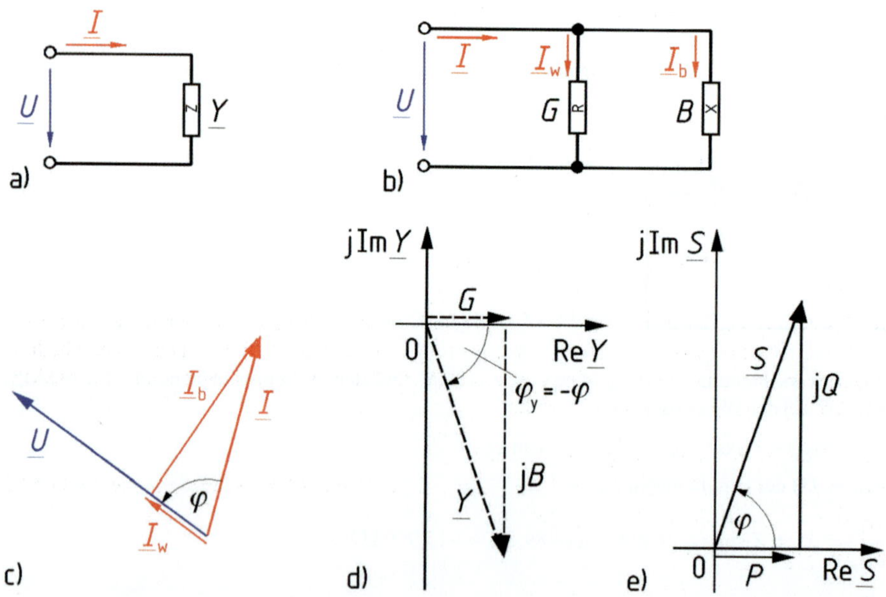

Bild 6.23 Sinusstromverbraucher (a) mit Parallel-Ersatzschaltung (b) und Zeigerdiagrammen für die Spannung und die Stromkomponenten (c) sowie für die Admittanz (d) und die komplexe Leistung (e)

Der Zweipol mit der Admittanz $\underline{Y}$ ist also durch eine Parallel-Ersatzschaltung nach Bild 6.23b aus dem Wirkleitwert G und dem Blindleitwert B darstellbar. Als Schaltungselement für den Blindleitwert ist für $B > 0$ eine Kapazität C mit $B = \omega C$ und für $B < 0$ eine Induktivität L mit $B = -1/(\omega L)$ zu verwenden.

Die vom Zweipol aufgenommene Wirkleistung $P = G\,U^2$ kann unmittelbar dem Wirkleitwert G und die Blindleistung $Q = -B\,U^2$ dem Blindleitwert B der Parallel-Ersatzschaltung zugeordnet werden.

Beispiel 6.15 Parallel-Ersatzschaltung einer Spule

Für die in Beispiel 6.13 behandelte Spule sollen nun die Elemente der Parallel-Ersatzschaltung in Bild 6.24 bestimmt werden.

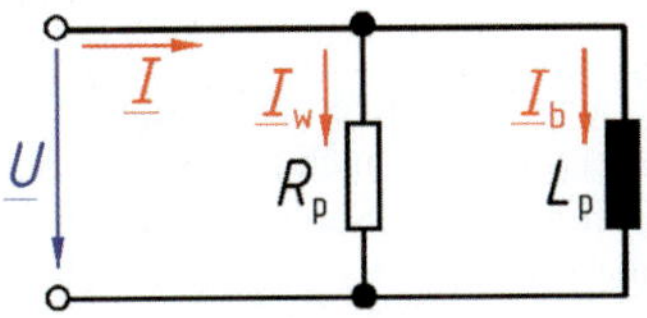

Bild 6.24 Parallel-Ersatzschaltung einer Spule

Aus der Wirkleistung $P = G_\mathrm{p}\,U^2$ folgen der Wirkleitwert

$$G_\mathrm{p} = \frac{P}{U^2} = \frac{236\ \mathrm{W}}{(230\ \mathrm{V})^2} = 4{,}46\ \mathrm{mS}$$

und der Wirkwiderstand

$$R_\mathrm{p} = \frac{1}{G_\mathrm{p}} = \frac{1}{4{,}461\ \mathrm{mS}} = 224\ \Omega\,.$$

Entsprechend liefert die induktive (und daher positive) Blindleistung

$$-B_\mathrm{p} U^2 = Q = \sqrt{S^2 - P^2} = \sqrt{(230\ \mathrm{V} \cdot 3\ \mathrm{A})^2 - (236\ \mathrm{W})^2} = 648{,}4\ \mathrm{var}$$

den Blindleitwert

$$-\frac{1}{\omega L_\mathrm{p}} = B_\mathrm{p} = \frac{-Q}{U^2} = \frac{-648{,}4\ \mathrm{var}}{(230\ \mathrm{V})^2} = -12{,}3\ \mathrm{mS}$$

und die Induktivität

$$L_\mathrm{p} = \frac{-1}{\omega B_\mathrm{p}} = \frac{-1}{2\pi \cdot 50\ s^{-1} \cdot (-12{,}3\ \mathrm{mS})} = 260\ \mathrm{mH}\,.$$

Die Parallel-Ersatzschaltung Bild 6.24 mit den ermittelten Werten R_p und L_p gilt nur für die Frequenz $f = 50$ Hz. Sie gibt das Frequenzverhalten der Spule weniger gut wieder als die Reihen-Ersatzschaltung Bild 6.21. Insbesondere stellt sie im Widerspruch zum Verhalten einer realen Spule für sehr niedrige Frequenzen (d. h. für $f \to 0$) einen Kurzschluss dar.

Beispiel 6.16 Parallel-Ersatzschaltung eines Kondensators

Für den Kondensator aus Beispiel 6.14 sind die Elemente der Parallel-Ersatzschaltung nach Bild 6.25 sowie der Verlustfaktor und die Güte zu bestimmen.

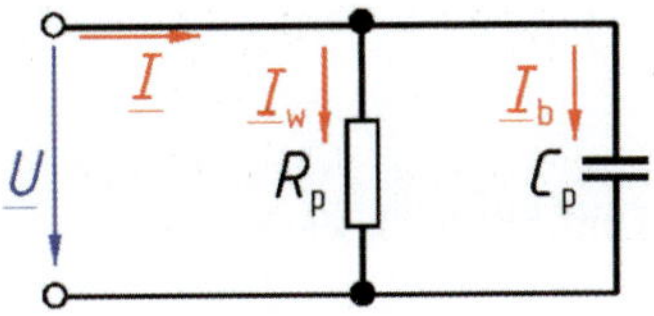

Bild 6.25 Parallel-Ersatzschaltung eines Kondensators

Mit dem Scheinleitwert $Y = I/U = 62{,}5\ \mu\text{S}$ folgt nach Gl. (6.124) der Wirkleitwert

$$G_\text{p} = Y \cos\varphi = 62{,}5\ \mu\text{S} \cdot \cos(-89{,}5°) = 0{,}545\ \mu\text{S}$$

und der Wirkwiderstand

$$R_\text{p} = \frac{1}{G_\text{p}} = \frac{1}{0{,}545\ \mu\text{S}} = 1{,}83\ \text{M}\Omega\,.$$

Entsprechend erhält man nach Gl. (6.98) den Blindleitwert

$$\omega C_\text{p} = B_\text{p} = -Y \sin\varphi = -62{,}5\ \mu\text{S} \cdot \sin(-89{,}5°) = 62{,}498\ \mu\text{S}$$

und die Kapazität

$$C_\text{p} = \frac{B_\text{p}}{\omega} = \frac{62{,}498\ \mu\text{S}}{2\pi \cdot 10^3\ \text{s}^{-1}} = 9{,}947\ \text{nF} \approx 9{,}95\ \text{nF}\,.$$

Die Parallel-Ersatzschaltung Bild 6.25 mit den ermittelten Werten R_p und C_p gilt für die vorgegebene Betriebsfrequenz (hier $f = 1$ kHz). Man darf aber i. Allg. davon ausgehen, dass sie auch für Frequenzen, die um den Faktor 10 darüber oder darunter liegen, noch ungefähre Gültigkeit hat. Sie wird daher meist gegenüber der Reihen-Ersatzschaltung nach Bild 6.22 bevorzugt. Für die Kapazitäten in beiden Schaltungen gilt $C_\text{p} \approx C_\text{r}$; die Widerstände R_p und R_r unterscheiden sich hingegen erheblich. Für sehr tiefe Frequenzen ist der Scheinwiderstand $Z(f \to 0) = R_\text{p}$ der Parallel-Ersatzschaltung allerdings zu klein, da der Parallelwiderstand R_p neben den *Ableitungsverlusten* vor allem die *Umpolarisierungsverluste* im Dielektrikum modelliert, die bei tiefen Frequenzen jedoch gegenüber den Ableitungsverlusten unbedeutend sind. Bei einem auf eine Gleichspannung aufgeladenen Kondensator führt der Ableitwiderstand zur allmählichen Selbstentladung des Kondensators. Dieser Effekt kann nur durch die Parallel-Ersatzschaltung modelliert werden.

Der *Verlustfaktor d* des Kondensatormodells ergibt sich zu (vgl. Beispiel 6.13)

$$d = \frac{P}{|Q|} = \frac{G_\text{p} U^2}{|B_\text{p}| U^2} = \frac{1/R_\text{p}}{\omega C_\text{p}} = \frac{1}{\omega R_\text{p} C_\text{p}}\,,$$

die *Güte Q* ist

$$Q = \frac{1}{d} = \omega R_\text{p} C_\text{p}\,.$$

Wie in Beispiel 6.13 kommt zu der expliziten Frequenzabhängigkeit von Verlustfaktor und Güte eine implizite durch die Frequenzabhängigkeit der Parameter R_p und C_p.

6.3.1.3 Gemischte Schaltungen

Neben der einfachen Reihen- oder Parallel-Ersatzschaltung werden häufig auch kombinierte Reihen- und Parallelschaltungen der Grundzweipole R, C und L als Ersatzschaltungen für reale passive Zweipole oder Zweitore verwendet, um deren Frequenzverhalten auch für einen größeren Frequenzbereich ausreichend genau zu modellieren.

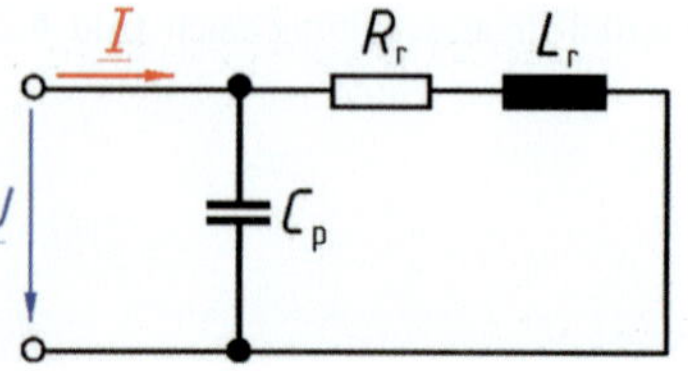

Bild 6.26 Ersatzschaltung einer Luftspule

Um das Frequenzverhalten einer *Luftspule* für Frequenzen oberhalb einiger 100 Hz nachzubilden, ist wegen der Kapazitäten zwischen den einzelnen Wicklungsteilen zusätzlich zu der RL-Reihenschaltung in Bild 6.21 im einfachsten Fall eine Parallelkapazität C_p nach Bild 6.26 vorzusehen.

Für *Eisenspulen* ist die einfache Reihen-Ersatzschaltung in Bild 6.21 schon im NF-Bereich unbefriedigend: Bei konstantem Strom I wird in diesem Modell unabhängig von der Frequenz die konstante Wirkleistung $P = R_r I^2$ umgesetzt. Dies trifft in guter Näherung nur für die *Kupferverluste*, also die im Draht der Wicklung umgesetzte Wirkleistung zu. Deshalb wird in der Ersatzschaltung für die Eisenspule in Bild 6.27a der Widerstand $R_r = R_{Cu}$ gesetzt. Zusätzlich treten aber im Spulenkern mit wachsender Frequenz zunehmende, *spannungsabhängige* Verluste (*Hystereseverluste*, *Wirbelstromverluste*) auf, die sich durch eine Erwärmung des Kerns bemerkbar machen. Diese *Eisenverluste* werden in Bild 6.27a durch den Widerstand R_{Fe} parallel zur Induktivität L berücksichtigt. Damit erhält man ein grobes Modell des Frequenzverhaltens einer Eisenspule im NF-Bereich. Tatsächlich sind bei diesem Modell für Eisenspulen insbesondere die Parameter L und R_{Fe}, in geringerem Maße aber auch R_{Cu} frequenzabhängig.

Bild 6.27b gibt das U-I-Zeigerdiagramm der Ersatzschaltung wieder. Hierin sind $\underline{U}_R$ der Spannungsabfall am Wirkwiderstand der Wicklung und $\underline{U}_L$ der von der Wicklungsinduktivität verursachte Spannungsabfall. Ferner sind $\underline{I}_\mu$ der zur Erzeugung des magnetischen Flusses benötigte *Magnetisierungsstrom* und $\underline{I}_V$ der durch die Verluste des Kerns verursachte Wirkstrom.

Beispiel 6.17 Ersatzschaltung einer Spule mit Eisenkern

Die Spule aus den Beispielen 6.13 und 6.15 sei eine Eisenspule mit dem Gleichstromwiderstand $R_{Cu} = 14\ \Omega$. Gesucht sind die beiden übrigen Elemente der Ersatzschaltung nach Bild 6.27 bei $f = 50$ Hz.

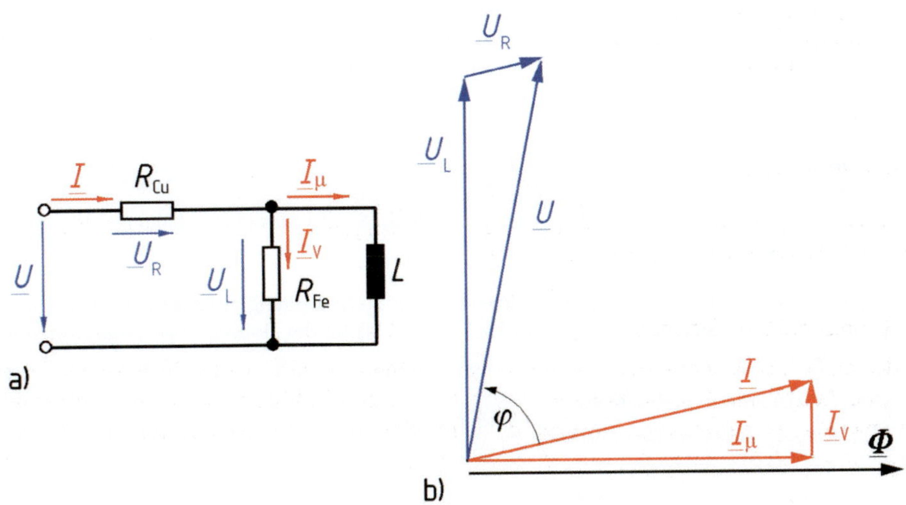

Bild 6.27 Ersatzschaltung einer Spule mit Eisenkern (a) und Strom-Spannungs-Zeigerdiagramm (b)

Aus Beispiel 6.13 ist die Impedanz der Spule bei 50 Hz

$$\underline{Z} = R_r + j\,\omega L_r = 26{,}22\ \Omega + j\ 72{,}04\ \Omega$$

bekannt. Daraus ergibt sich die Impedanz der Parallelschaltung von R_{Fe} und L

$$\underline{Z}_p = \underline{Z} - R_{Cu} = 12{,}22\ \Omega + j\ 72{,}04\ \Omega$$

und die Admittanz dieser Parallelschaltung

$$\frac{1}{R_{\mathrm{Fe}}} - \mathrm{j}\frac{1}{\omega L} = \underline{Y}_{\mathrm{p}} = \frac{1}{\underline{Z}_{\mathrm{p}}} = \frac{1}{12{,}22\,\Omega + \mathrm{j}\,72{,}04\,\Omega} = 2{,}289\ \mathrm{mS} - \mathrm{j}\,13{,}49\ \mathrm{mS}\,.$$

Hieraus folgen der Eisenverlustwiderstand

$$R_{\mathrm{Fe}} = \frac{1}{2{,}289\ \mathrm{mS}} = 437\ \Omega$$

und mit

$$\omega L = \frac{1}{13{,}49\ \mathrm{mS}} = 74{,}12\ \Omega$$

die Induktivität

$$L = \frac{74{,}12\ \Omega}{\omega} = \frac{74{,}12\ \Omega}{2\pi \cdot 50\ \mathrm{s}^{-1}} = 236\ \mathrm{mH}\,.$$

Auch wenn nur eine bedingt äquivalente (also nur für eine bestimmte Frequenz gültige) Ersatzschaltung gefordert ist, lässt sich diese nicht immer in Form einer einfachen Reihen- oder Parallelschaltung darstellen, wie Beispiel 6.18 zeigt. In der Ersatzschaltung können durchaus auch negative Wirkwiderstände auftreten. Diese sind selbstverständlich nicht realisierbar. Dennoch behält die Ersatzschaltung als Darstellung des *Klemmenverhaltens* der Original-Anordnung ihre Gültigkeit (Beispiel 6.19).

Beispiel 6.18 Umrechnung eines Zweitors von Π- in T-Schaltung

Wegen der räumlichen Anordnung der drei Elemente in dem Zweitor in Bild 6.28a bezeichnet man eine solche Schaltungsstruktur als *Π-Schaltung*. Der Wirkwiderstand $R = 5\ \mathrm{k\Omega}$ und die Blindwiderstände $X_{\mathrm{L}} = 10\ \mathrm{k\Omega}$ und $X_{\mathrm{C}} = -20\ \mathrm{k\Omega}$ seien gegeben. Gesucht sind die Elemente der äquivalenten *T-Schaltung* nach Bild 6.28b.

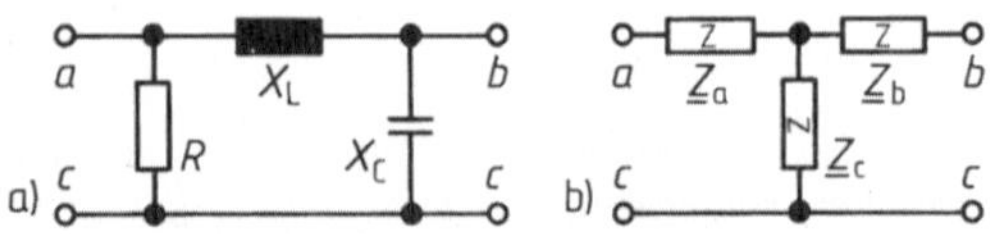

Bild 6.28 Zweitor in Π-Schaltung (a) und T-Ersatzschaltung (b)

Die Π-Schaltung kann als Dreieck- und die T-Schaltung als Sternschaltung aufgefasst werden. Unter Beachtung von Tabelle 6.1 sind daher die Gln. (2.132) bis (2.134) für die *Dreieck-Stern-Transformation* anwendbar und man erhält

$$\underline{Z}_{\mathrm{a}} = \frac{\mathrm{j}X_{\mathrm{L}}R}{R + \mathrm{j}X_{\mathrm{L}} + \mathrm{j}X_{\mathrm{C}}} = \frac{\mathrm{j}\,50\ \mathrm{k\Omega}^2}{(5 - \mathrm{j}\,10)\ \mathrm{k\Omega}} = (-4 + \mathrm{j}\,2)\ \mathrm{k\Omega}$$

$$\underline{Z}_{\mathrm{b}} = \frac{\mathrm{j}X_{\mathrm{L}}\,\mathrm{j}X_{\mathrm{C}}}{R + \mathrm{j}X_{\mathrm{L}} + \mathrm{j}X_{\mathrm{C}}} = \frac{200\ \mathrm{k\Omega}^2}{(5 - \mathrm{j}\,10)\ \mathrm{k\Omega}} = (8 + \mathrm{j}\,16)\ \mathrm{k\Omega}\,,$$

$$\underline{Z}_{\mathrm{c}} = \frac{\mathrm{j}X_{\mathrm{C}}R}{R + \mathrm{j}X_{\mathrm{L}} + \mathrm{j}X_{\mathrm{C}}} = \frac{-\mathrm{j}\,100\ \mathrm{k\Omega}^2}{(5 - \mathrm{j}\,10)\ \mathrm{k\Omega}} = (8 - \mathrm{j}\,4)\ \mathrm{k\Omega}\,.$$

Wegen ihres negativen Realteils ist die Impedanz $\underline{Z}_{\mathrm{a}}$ nicht realisierbar. Trotzdem gibt die T-Schaltung nach Bild 6.28b mit den oben berechneten Werten das Verhalten der vorgegebenen Π-Schaltung für die zugrundeliegende Betriebsfrequenz richtig wieder.

Beispiel 6.19 Klemmenverhalten einer Brückenschaltung

Die Brückenschaltung in Bild 6.29a enthält den Wirkwiderstand R = 5 kΩ und die Blindwiderstände X_L = 10 kΩ und X_C = – 20 kΩ und liegt an der Sinusspannung U = 100 V. Gesucht sind der Klemmenstrom I und seine Phasenverschiebung gegenüber der Klemmenspannung U.

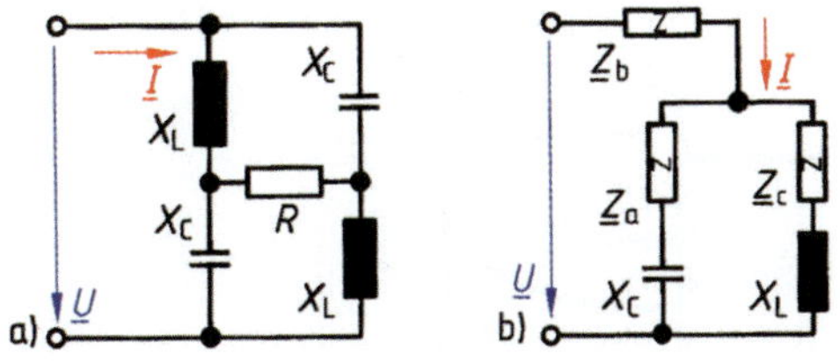

Bild 6.29 Brückenschaltung (a) mit Ersatzschaltung (b)

Die obere Dreieckschaltung in Bild 6.29a kann wie in Beispiel 6.18 in die äquivalente Sternschaltung umgewandelt werden, sodass sich die Schaltung Bild 6.29b mit der Impedanz

$$\underline{Z} = \underline{Z}_b + \cfrac{1}{\cfrac{1}{\underline{Z}_a + \mathrm{j}X_C} + \cfrac{1}{\underline{Z}_c + \mathrm{j}X_L}}$$

ergibt. Mit den vorgegebenen sowie den in Beispiel 6.18 berechneten Werten erhält man

$$\underline{Z} = (8 + \mathrm{j}\,16)\,\mathrm{k\Omega} + \cfrac{1}{\cfrac{1}{(-4 + \mathrm{j}\,2)\,\mathrm{k\Omega} - \mathrm{j}\,20\,\mathrm{k\Omega}} + \cfrac{1}{(8 - \mathrm{j}\,4)\,\mathrm{k\Omega} + \mathrm{j}\,10\,\mathrm{k\Omega}}}$$

$$\underline{Z} = (22{,}5 + \mathrm{j}\,17{,}5)\,\mathrm{k\Omega}\,.$$

Hieraus folgt der komplexe Strom

$$\underline{I} = \frac{\underline{U}}{\underline{Z}} = \frac{U}{(22{,}5 + \mathrm{j}\,17{,}5)\,\mathrm{k\Omega}} = \frac{100\,\mathrm{V}\,\mathrm{e}^{\mathrm{j}\varphi_u}}{28{,}5\,\mathrm{k\Omega}\,\mathrm{e}^{\mathrm{j}37{,}87°}} = 3{,}51\,\mathrm{mA}\,\mathrm{e}^{\mathrm{j}(\varphi_u - 37{,}9°)}.$$

Der Klemmenstrom hat also den Effektivwert 3,51 mA und eilt der Klemmenspannung um 37,9° nach.

6.3.2 Transformator

Mit der in Abschnitt 4.3.1.5 eingeführten *Gegeninduktivität M* wird häufig in Ersatzschaltbildern die *magnetische Kopplung* zwischen oder innerhalb von Bauelementen beschrieben, beispielsweise in der Energietechnik beim *Leistungstransformator* (Herauf- oder Heruntertransformieren von Wechselspannungen und -strömen [39]) oder beim *Trenntransformator* (galvanische Trennung in Netzteilen), in der Nachrichtentechnik beim *Übertrager* (breitbandige Anpassung, Abschnitt 6.2.2.3) und in der Messtechnik (Spannungs- bzw. Stromwandler [35] zum Verringern von Messspannungen bzw. -strömen). Beim *Volltransformator* (Bild 6.30) sind mindestens zwei Wicklungen vorhanden, die von einem gemeinsamen magnetischen Feld durchsetzt werden. Die *Primärwicklung* 1 ist an eine Spannungsquelle angeschlossen. Sie stellt die *Eingangsseite* des Transformators dar, der die Energie zugeführt wird. Die *Sekundärwicklung* 2 ist demgegenüber die *Ausgangsseite*, der Energie entnommen werden kann.

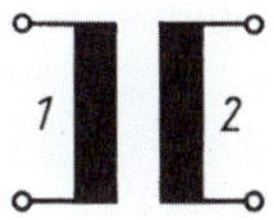

Bild 6.30 Schaltzeichen des Transformators
1 Primärwicklung
2 Sekundärwicklung

Die Wicklungen können mit mehreren *Anzapfungen* versehen sein (z. B. zur Spannungseinstellung). Transformatoren können auch mehr als zwei voneinander galvanisch getrennte Wicklungen aufweisen (z. B. zur Versorgung von Verbrauchern, die galvanisch getrennt sein sollen). Hier werden jedoch nur *Zweiwicklungstransformatoren* für Sinusstrom behandelt.

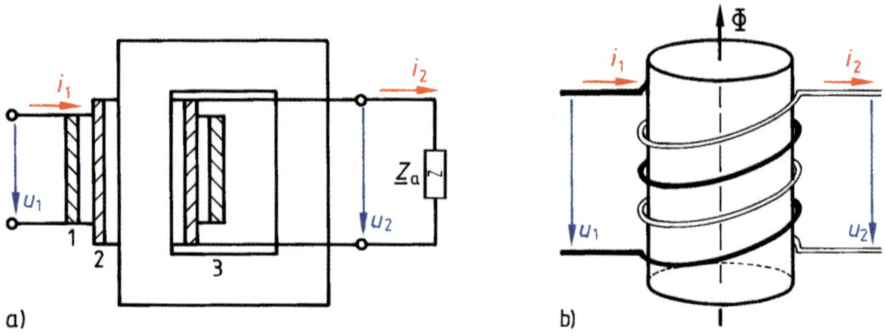

Bild 6.31 Transformator (a) mit Primärwicklung 1, Sekundärwicklung 2 und Kern 3. Ströme und Spannungen im Kettenzählpfeilsystem an gleichsinnig gewickelten Spulen (b)

6.3.2.1 Idealer Übertrager

Für den Transformator nach Bild 6.31a, der aus den beiden Spulen 1 und 2 mit den Windungszahlen N_1 und N_2 und dem Kern 3 besteht, sollen die folgenden idealisierenden Annahmen gelten: Die Spulen sollen ohne Spalte und nach Bild 6.31b gleichsinnig ineinander gewickelt sein und die Wirkwiderstände $R_1 = 0$ und $R_2 = 0$ aufweisen. Der Kern soll die Permeabilität $\mu \to \infty$ und keine Ummagnetisierungs- und Wirbelstromverluste haben (Abschnitt 4.3.1.7). Somit wird vorausgesetzt, dass in diesem Transformator *keine Verluste* auftreten, der magnetische Widerstand $R_m = 0$ bzw. der magnetische Leitwert $\Lambda \to \infty$ ist und alle Windungen der Spulen 1 und 2 stets vom selben magnetischen Fluss Φ durchsetzt werden, also *keine Streuung* auftritt. In der Praxis versucht man bei hochwertigen Transformatoren, diesem Idealzustand möglichst nahe zu kommen. Ein solcher Transformator ist *technisch nicht realisierbar*, jedoch ist sein Klemmenverhalten *sehr einfach beschreibbar*. Deshalb soll zunächst das Übertragungsverhalten eines solchen idealen Übertragers untersucht werden.

Da Primär- und Sekundärspule gleichsinnig gewickelt sind und vom selben magnetischen Fluss Φ durchsetzt werden, treten nach dem Induktionsgesetz Gl. (4.94) (bei rechtswendiger Zuordnung von Spannungs- und Flusszählpfeil nach Bild 6.31b) an den Klemmen dieser Wicklungen die Spannungen

$$u_1 = -N_1 \frac{\mathrm{d}\Phi}{\mathrm{d}t} \qquad \text{und} \qquad u_2 = -N_2 \frac{\mathrm{d}\Phi}{\mathrm{d}t}$$

auf, sodass für das Verhältnis der beiden Spannungen das positive *Übersetzungsverhältnis*

$$\ddot{u} = \frac{u_1}{u_2} = \frac{U_1}{U_2} = \frac{N_1}{N_2} \tag{6.99}$$

angegeben werden kann. Dies gilt für die Augenblickswerte u_1 und u_2 beider Spannungen und damit auch für ihre Effektivwerte U_1 und U_2.

Da der magnetische Widerstand des Kerns $R_m = 0$ ist, muss nach dem Durchflutungssatz Gl. (4.19) in der Form des „Ohmschen Gesetzes des magnetischen Kreises“ Gl. (4.45) für die elektrische Durchflutung

$$\Theta = R_m \Phi = 0$$

gelten. Nach dem in Bild 6.31 verwendeten *Kettenzählpfeilsystem* (Bild 1.15) werden die beiden gleichsinnig gewickelten Spulen in entgegengesetzter Richtung von den Strömen i_1 bzw. i_2 durchflossen. Für die Gesamtdurchflutung gilt daher

$$\Theta = N_1 i_1 - N_2 i_2 = 0.$$

Damit ergibt sich für das Verhältnis sowohl der Augenblickswerte als auch der Effektivwerte der beiden Ströme

$$\frac{i_1}{i_2} = \frac{I_1}{I_2} = \frac{N_2}{N_1} = \frac{1}{ü}. \tag{6.100}$$

Die Ströme werden also genau im umgekehrten Verhältnis transformiert wie die Spannungen. Wegen

$$ü = \frac{N_1}{N_2} = \frac{U_1}{U_2} = \frac{I_2}{I_1} \tag{6.101}$$

wird die Spannung zur größeren Windungszahl hinauf, der Strom jedoch im gleichen Verhältnis heruntertransformiert. Nach Gl. (6.99) sind die Spannungen u_1 und u_2 und nach Gl. (6.100) die Ströme i_1 und i_2 jeweils untereinander *phasengleich*. Primär- und sekundärseitig besteht dann der gleiche Phasenverschiebungswinkel φ zwischen Strom und Spannung, der z. B. in der Schaltung nach Bild 6.32 durch die Lastimpedanz $\underline{Z}_a$ bestimmt wird. Für die Scheinleistungen gilt mit Gl. (6.101)

$$S_1 = U_1 I_1 = \frac{N_1}{N_2} U_2 \cdot \frac{N_2}{N_1} I_2 = S_2 . \tag{6.102}$$

Dass die primärseitig aufgenommene und die sekundärseitig abgegebene Wirkleistung $P_1 = P_2$ gleich sind, folgt auch aus dem Energieerhaltungssatz, da im idealen Übertrager voraussetzungsgemäß keine Verluste auftreten. Entsprechend gilt für die Blindleistungen $Q_1 = Q_2$.

Diese näherungsweise auch für reale Transformatoren geltenden Eigenschaften werden in den Leistungstransformatoren dazu genutzt, die für eine Fernübertragung zu großen Ströme auf kleinere Werte herunterzutransformieren, wobei die Spannung entsprechend wächst (z. B. auf 400 kV). Vor dem Verbraucher muss die Spannung jedoch wieder auf die normale Niederspannung der Verbrauchernetze (z. B. 230 V) heruntertransformiert werden.

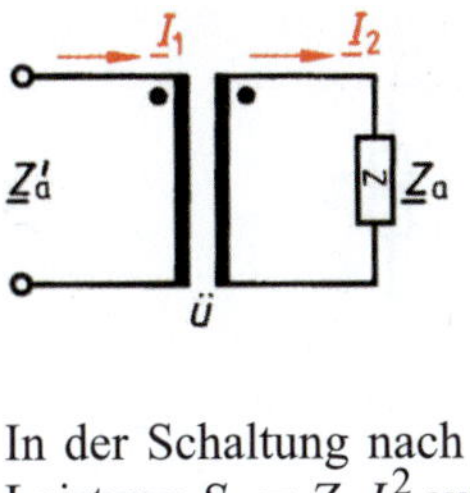

Bild 6.32 Idealer Übertrager mit sekundärseitig angeschlossener Impedanz $\underline{Z}_a$ und der Eingangsimpedanz $\underline{Z}'_a$ als auf die Primärseite umgerechnete Sekundärimpedanz

In der Schaltung nach Bild 6.32 tritt an der Lastimpedanz $\underline{Z}_a$ nach Gl. (5.124) die komplexe Leistung $\underline{S}_2 = \underline{Z}_a I_2^2$ auf. Entsprechend ergibt sich auf der Primärseite die komplexe Leistung $\underline{S}_1 = \underline{Z}'_a I_1^2 = \underline{S}_2$, wenn man mit $\underline{Z}'_a$ die Eingangsimpedanz der Schaltung bezeichnet. Durch das

Zwischenschalten des idealen Übertragers mit dem Übersetzungsverhältnis $ü$ nach Gl. (6.101) wird somit die Impedanz $\underline{Z}_a$ von der Sekundärseite in die Eingangsimpedanz

$$\underline{Z}'_a = \frac{I_2^2}{I_1^2} \underline{Z}_a = ü^2 \; \underline{Z}_a \tag{6.103}$$

transformiert. *Impedanzen werden also quadratisch mit dem Übersetzungsverhältnis auf die größere Windungszahl hinauftransformiert.*

Diese Möglichkeit, eine Impedanz, die z. B. durch den Eingang eines Empfängers festgelegt ist, in gewünschter Weise verlustfrei (d. h. ohne Vorwiderstand oder Spannungsteiler) in ihrer Größe zu verändern, also z. B. der Innenimpedanz des Senders anzupassen, wird in der Nachrichtentechnik genutzt.

Das in den Bildern 6.32 und 6.33 verwendete Schaltzeichen für den idealen Übertrager ist aus Bild 6.30 abgeleitet. Die gegenüber den Symbolen für Induktivitäten schlankeren Rechtecke sollen andeuten, dass dieses Schaltungselement nur die Sekundärgrößen auf die Primärseite bzw. umgekehrt übersetzt, aber selbst *keine Wirk- oder Blindwiderstände* aufweist. Die Punkte kennzeichnen den primär- und sekundärseitig gleichen *Wicklungssinn*, vgl. Anhang 4.

Bild 6.33a zeigt ein elektrisches Netzwerk mit einem idealen Übertrager mit dem Übersetzungsverhältnis $ü$, Spannungsquelle $\underline{U}_q$ mit Innenimpedanz $\underline{Z}_i$ sowie der Lastimpedanz $\underline{Z}_a$. Wenn man die Sekundärgrößen entsprechend Bild 6.33b auf die Primärseite umrechnet (gestrichene Größen, Kennzeichen '), erhält man die folgenden Transformationen:

$$\underline{U}_2 \;\rightarrow\; \underline{U}'_2 = ü\,\underline{U}_2\,, \tag{6.104a}$$

$$\underline{I}_2 \;\rightarrow\; \underline{I}'_2 = \frac{1}{ü}\,\underline{I}_2\,, \tag{6.104b}$$

$$\underline{Z}_a \;\rightarrow\; \underline{Z}'_a = ü^2\,\underline{Z}_a\,. \tag{6.104c}$$

Die Ströme $\underline{I}_1 = \underline{I}'_2$ und die Spannungen $\underline{U}_1 = \underline{U}'_2$ sind dann jeweils identisch. Man kann also für die Beschreibung des Sinusstromverhaltens den idealen Übertrager aus der Schaltung entfernen. Bis auf die jetzt nicht mehr sichtbare galvanische Trennung gibt Bild 6.33b das Schaltungsverhalten, von der Primärseite aus betrachtet, richtig wieder. In entsprechender Weise ist auch eine Umrechnung der Primärgrößen $\underline{U}_q$, $\underline{Z}_i$, $\underline{I}_1$ und $\underline{U}_1$ auf die Sekundärseite möglich.

Beispiel 6.20 Impedanztransformation

Die Schaltung nach Bild 6.33a enthält einen Generator mit dem Innenwiderstand $R_i = 10\ \Omega$ und der sinusförmigen Quellenspannung mit dem Effektivwert $U_q = 100\,\text{V}$ sowie den Widerstand $R_a = 1\,\text{k}\Omega$. Durch Anpassung mit einem als ideal anzunehmenden Übertrager soll die größtmögliche Leistung auf R_a übertragen werden. Übersetzungsverhältnis $ü$ und von der Last aufgenommene Leistung P_a sind zu bestimmen.

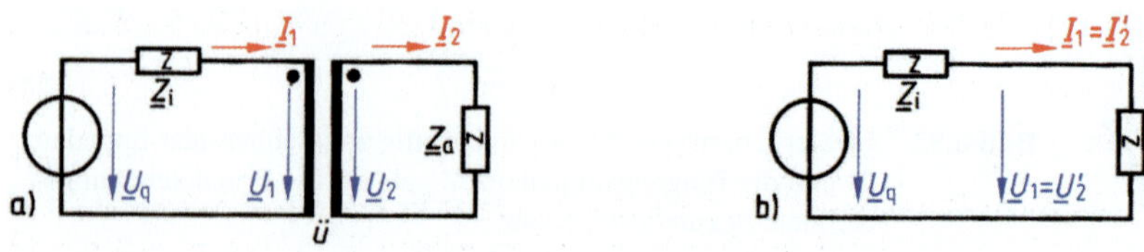

Bild 6.33 Schaltung mit idealem Übertrager (a) und Ersatzschaltung mit auf die Primärseite umgerechneten Größen (b)

Nach Gl. (6.85) erhält man die maximale Leistung

$$P_{\mathrm{a\,max}} = \frac{U_\mathrm{q}^2}{4\,R_\mathrm{i}} = \frac{(100\ \mathrm{V})^2}{4 \cdot 10\ \Omega} = 250\ \mathrm{W}$$

bei Leistungsanpassung, d. h. für $R_\mathrm{i} = \underline{R}_\mathrm{a}' = ü^2\,R_\mathrm{a}$. Hieraus ergibt sich das erforderliche Übersetzungsverhältnis

$$ü = \sqrt{\frac{R_\mathrm{i}}{R_\mathrm{a}}} = \sqrt{\frac{10\ \Omega}{1\ \mathrm{k}\Omega}} = 0{,}1\,.$$

6.3.2.2 Verlustloser, streuungsbehafteter Transformator

Im Folgenden soll auf zwei der drei Bedingungen verzichtet werden, die ein idealer Übertrager erfüllt. Die hier betrachteten magnetisch gekoppelten Spulen sollen nämlich sowohl eine *Streuung*, d. h. einen *magnetischen Kopplungsgrad* $k < 1$, als auch einen endlichen magnetischen Leitwert $\Lambda < \infty$ aufweisen. Die Annahme, dass keine Verluste auftreten, soll aber weiterhin gelten. Enger gefasst wird nun die Definition des Übersetzungsverhältnisses als das *Verhältnis der Windungszahlen* der beiden Wicklungen $ü = N_1/N_2$.

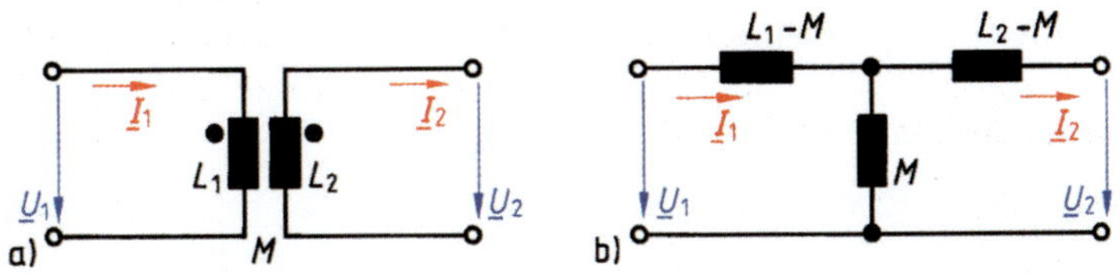

Bild 6.34 Verlustloser Transformator (a) und seine T-Ersatzschaltung (b)

Das in den Bildern 6.31 bis 6.34 und auch weiterhin verwendete *Kettenzählpfeilsystem* bewirkt, dass auf der Primärseite das Verbraucher- und auf der Sekundärseite das Erzeuger-Zählpfeilsystem vorliegt (vgl. Abschnitt 1.4.2). Für die vom Primärstrom i_1 hervorgerufenen Spannungsanteile sind daher die Gln. (4.115) und (4.116) zu verwenden, für die auf den Sekundärstrom i_2 zurückzuführenden Spannungsanteile gelten hingegen die Gln. (4.101) und (4.114). Die primär- und sekundärseitig getrennt durchgeführte Überlagerung dieser Spannungsanteile führt auf das Gleichungssystem, die sog. *Transformatorgleichungen*,

$$u_1 = L_1 \frac{\mathrm{d}i_1}{\mathrm{d}t} - M \frac{\mathrm{d}i_2}{\mathrm{d}t} \tag{6.105a}$$

$$u_2 = M \frac{\mathrm{d}i_1}{\mathrm{d}t} - L_1 \frac{\mathrm{d}i_2}{\mathrm{d}t} \tag{6.105b}$$

bzw. *nur für sinusförmige Ströme und Spannungen* unter Verwendung von Tabelle 5.1 auf

$$\underline{U}_1 = \mathrm{j}\,\omega L_1\,\underline{I}_1 - \mathrm{j}\,\omega M\,\underline{I}_2 \tag{6.106a}$$

$$\underline{U}_2 = \mathrm{j}\,\omega M\,\underline{I}_1 - \mathrm{j}\,\omega L_2\,\underline{I}_2\,. \tag{6.106b}$$

Hierin sind L_1 bzw. L_2 nach Gl. (4.100) die *Selbstinduktivität* der Primär- bzw. Sekundärwicklung und M nach Gl. (4.113) die *Gegeninduktivität* zwischen beiden Wicklungen. Wenn man die Gln. (6.106a, b) in

$$\underline{U}_1 = \mathrm{j}\,\omega\,(L_1 - M)\,\underline{I}_1 + \mathrm{j}\,\omega M\,(\underline{I}_1 - \underline{I}_2) \tag{6.107a}$$

$$\underline{U}_2 = -\mathrm{j}\,\omega\,(L_2 - M)\,\underline{I}_2 + \mathrm{j}\,\omega M\,(\underline{I}_1 - \underline{I}_2). \tag{6.107b}$$

umformt, ist leicht zu erkennen, dass dies die Spannungsgleichungen für die beiden Maschen in der *T-Ersatzschaltung* Bild 6.34b sind.

Somit ist nachgewiesen, dass die Ersatzschaltung in Bild 6.34b das Klemmenverhalten eines verlustlosen Transformators – bis auf die galvanische Trennung – richtig wiedergibt. Dabei ist es belanglos, dass meist eine der beiden Induktivitäten $L_1 - M$ und $L_2 - M$ in diesem Modell negativ wird. Dies bedeutet lediglich, dass diese Ersatzschaltung nicht tatsächlich aufgebaut werden kann und zeigt, dass die Induktivitäten $L_1 - M$ und $L_2 - M$ nicht unmittelbar physikalisch interpretierbar sind.

Beispiel 6.21 Verlustloser Übertrager

Für einen verlustlosen Übertrager mit den Windungszahlen $N_1 = 1200$ und $N_2 = 600$, dem magnetischen Leitwert $\Lambda = 0{,}5\ \mu\text{Vs/A}$ und dem Kopplungsgrad $k = 0{,}9$ sind die Elemente der Ersatzschaltung nach Bild 6.34b gesucht. Ferner soll unter Verwendung dieser T-Ersatzschaltung das Spannungsverhältnis $\underline{U}_1/\underline{U}_2$ für sekundärseitigen Leerlauf und das Stromverhältnis $\underline{I}_1/\underline{I}_2$ für sekundärseitigen Kurzschluss bestimmt werden.

Für die Selbstinduktivität der Primär- bzw. der Sekundärwicklung erhält man mit Gl. (4.100)

$$L_1 = N_1^2\,\Lambda = 1200^2 \cdot 0{,}5\ \mu\text{H} = 720\ \text{mH},$$

$$L_2 = N_2^2\,\Lambda = 600^2 \cdot 0{,}5\ \mu\text{H} = 180\ \text{mH}.$$

Für die Gegeninduktivität folgt mit Gl. (4.113)

$$M = k\,N_1\,N_2\,\Lambda = k\sqrt{L_1 \cdot L_2} = 0{,}9 \cdot 1200 \cdot 600 \cdot 0{,}5\ \mu\text{H} = 324\ \text{mH}.$$

Die Induktivitäten in der Ersatzschaltung haben somit die Werte

$$L_1 - M = 396\ \text{mH}, \qquad L_2 - M = -\,144\ \text{mH}, \qquad M = 324\ \text{mH}.$$

Für sekundärseitigen Leerlauf erhält man nach der Spannungsteilerregel Gl. (6.17)

$$\frac{\underline{U}_1}{\underline{U}_2} = \frac{\text{j}\omega(L_1 - M) + \text{j}\omega M}{\text{j}\omega M} = \frac{L_1}{M} = \frac{720\ \text{mH}}{324\ \text{mH}} = 2{,}22\,.$$

Für sekundärseitigen Kurschluss erhält man nach der Stromteilerregel Gl. (6.45)

$$\frac{\underline{I}_1}{\underline{I}_2} = \frac{\dfrac{1}{\text{j}\omega(L_2 - M)} + \dfrac{1}{\text{j}\omega M}}{\dfrac{1}{\text{j}\omega(L_2 - M)}} = \frac{L_2}{M} = \frac{180\ \text{mH}}{324\ \text{mH}} = 0{,}556\,.$$

Trotz der negativen Induktivität $L_2 - M = -\,144$ mH in der Ersatzschaltung führt die Rechnung zu zutreffenden Ergebnissen. Zu beachten ist auch, dass die Ergebnisse von denen für den idealen Übertrager mit $ü = N_1/N_2 = 2$ bzw. $1/ü = 0{,}5$ abweichen.

6.3.2.3 Transformator ohne Eisenverluste

Die beim Betrieb technischer Transformatoren auftretende Verlustleistung kann unterteilt werden in die *Kupferverluste*, die durch die Wirkwiderstände der (Kupfer-)Wicklungen entstehen und die *Eisenverluste*, die beim Ummagnetisieren und infolge von Wirbelströmen im (Eisen-) Kern auftreten. Ausgehend von Bild 6.34b werden die Kupferverluste in der Ersatzschaltung Bild 6.35 dadurch berücksichtigt, dass primär- und sekundärseitig der Wirkwiderstand R_1 bzw. R_2 der jeweiligen Wicklung vorgeschaltet wird.

Das Transformatorverhalten wird somit durch die Maschengleichungen zu Bild 6.35

$$\underline{U}_1 = R_1\,\underline{I}_1 + \mathrm{j}\,\omega\,(L_1 - M)\,\underline{I}_1 + \mathrm{j}\,\omega\,M\,(\underline{I}_1 - \underline{I}_2) \tag{6.108a}$$

$$\underline{U}_2 = -\,R_2\,\underline{I}_2 - \mathrm{j}\,\omega\,(L_2 - M)\,\underline{I}_2 + \mathrm{j}\,\omega\,M\,(\underline{I}_1 - \underline{I}_2) \tag{6.108b}$$

beschrieben, die nach Strömen geordnet ähnlich wie die Gln. (6.106a, b) auf das folgende Gleichungssystem führen:

$$\underline{U}_1 = (R_1 + \mathrm{j}\,\omega\,L_1)\,\underline{I}_1 - \mathrm{j}\,\omega\,M\,\underline{I}_2 \tag{6.109a}$$

$$\underline{U}_2 = \mathrm{j}\,\omega\,M\,\underline{I}_1 - (R_2 + \mathrm{j}\,\omega\,L_2)\,\underline{I}_2. \tag{6.109b}$$

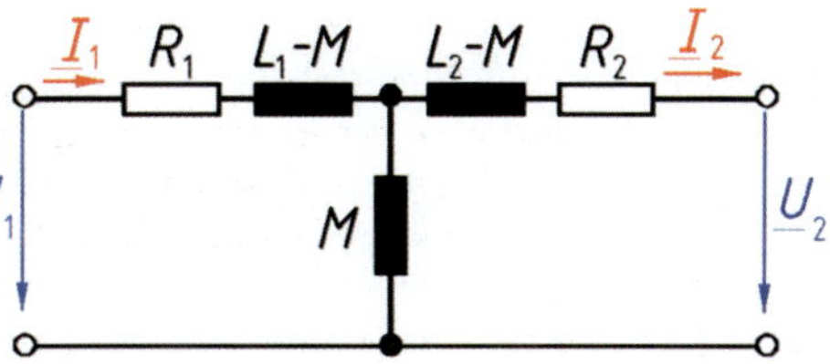

Bild 6.35 Ersatzschaltbild für den Transformator ohne Berücksichtigung der Eisenverluste

Zu einer anschaulich besser zu interpretierenden Ersatzschaltung gelangt man, wenn man wie in Abschnitt 6.3.2.1 die Sekundärgrößen auf die Primärseite umrechnet. Nach den Gln. (6.104a, b) sind dann statt der Sekundärspannung $\underline{U}_2$ die Spannung $\underline{U}_2' = \ddot{u}\,\underline{U}_2$ und statt des Sekundärstroms $\underline{I}_2$ der Strom $\underline{I}_2' = \underline{I}_2 / \ddot{u}$ einzusetzen. Die Gln. (6.109a, b) lassen sich so in der Form

$$\underline{U}_1 = R_1\underline{I}_1 + \mathrm{j}\omega\,(L_1 - \ddot{u}\,M)\,\underline{I}_1 + \mathrm{j}\omega\,\ddot{u}\,M\left(\underline{I}_1 - \frac{1}{\ddot{u}}\underline{I}_2\right) \tag{6.110a}$$

$$\ddot{u}\,\underline{U}_2 = -\ddot{u}^2 R_2\,\frac{1}{\ddot{u}}\underline{I}_2 - \mathrm{j}\omega\,(\ddot{u}^2 L_2 - \ddot{u}\,M)\,\frac{1}{\ddot{u}}\underline{I}_2 + \mathrm{j}\omega\,\ddot{u}\,M\left(\underline{I}_1 - \frac{1}{\ddot{u}}\underline{I}_2\right) \tag{6.110b}$$

darstellen. Die Gln. (6.110a, b) führen tatsächlich wieder auf die Gln. (6.109a, b), wenn man ausmultipliziert, nach Strömen ordnet und Gl. (6.110b) durch $\ddot{u}$ dividiert. Formal kann die in den Gln. (6.110a, b) vorgenommene Umformung mit jedem beliebigen Wert für $\ddot{u}$ erfolgen; mit $\ddot{u} = 1$ führt sie z. B. auf die Gln. (6.108a, b). Hier soll aber das in Gl. (6.99) definierte Übersetzungsverhältnis $\ddot{u} = N_1/N_2$ eingesetzt werden, sodass die auf die Primärseite umgerechneten Sekundärgrößen nach den Gln. (6.104a – c) verwendet werden dürfen. Das sich dann ergebende Gleichungssystem

$$\underline{U}_1 = R_1\,\underline{I}_1 + \mathrm{j}\,\omega L_{1\sigma}\underline{I}_1 + \mathrm{j}\,\omega L_{1\mathrm{h}}\,(\underline{I}_1 - \underline{I}_2') \tag{6.111a}$$

$$\underline{U}_2' = -\,R_2'\,\underline{I}_2' - \mathrm{j}\,\omega\,L_{2\sigma}'\,\underline{I}_2' + \mathrm{j}\,\omega L_{2\mathrm{h}}'\,(\underline{I}_1 - \underline{I}_2') \tag{6.111b}$$

stellt die Spannungsgleichungen für die beiden Maschen in der Ersatzschaltung Bild 6.36 dar.

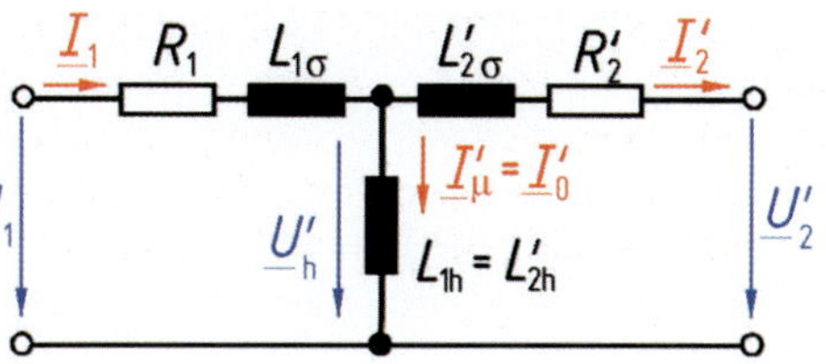

Bild 6.36 Ersatzschaltung für den Transformator ohne Eisenverluste mit auf die Primärseite umgerechneten Größen

Aus dem Vergleich mit den Gln. (6.110a, b) erhält man die hierin enthaltenen Elemente, nämlich die *primäre Streuinduktivität*

$$L_{1\sigma} = L_1 - ü\, M \tag{6.112}$$

die *primäre Hauptinduktivität*

$$L_{1h} = ü\, M \tag{6.113}$$

und die *sekundäre Streuinduktivität*

$$L_{2\sigma} = L_2 - \frac{1}{ü}\, M\,, \tag{6.114}$$

die in Bild 6.36 als auf die *Primärseite umgerechnete sekundäre Streuinduktivität*

$$L'_{2\sigma} = ü^2\, L_{2\sigma} = ü^2\, L_2 - ü\, M \tag{6.115}$$

vorkommt. Die *sekundäre Hauptinduktivität*

$$L_{2h} = \frac{1}{ü} M \tag{6.116}$$

tritt in Gl. (6.111 b) als *auf die Primärseite umgerechnete sekundäre Hauptinduktivität*

$$L'_{2h} = ü^2 L_{2h} = ü\, M \tag{6.117}$$

auf. Diese ist, wie der Vergleich mit Gl. (6.113) zeigt, mit der primären Hauptinduktivität L_{1h} identisch und wird in der Ersatzschaltung Bild 6.36 durch dasselbe Schaltungselement dargestellt.

Die Bedeutung dieser Schaltungselemente lässt sich veranschaulichen, wenn man z. B. die primäre Hauptinduktivität nach Gl. (6.113) mit Hilfe der Gln. (6.99), (4.113) und (4.100) als

$$L_{1h} = ü\, M = \frac{N_1}{N_2} N_1 N_2\, k\, \Lambda = k\, N_1^2 \Lambda = k\, L_1,$$

also als den Teil der Primärspulen-Induktivität L_1 beschreibt, der mit der Erzeugung des *primären magnetischen Nutzflusses* Φ_{12} (Bild 4.48) in Zusammenhang gebracht werden kann. Entsprechende Zusammenhänge lassen sich herstellen zwischen der sekundären Hauptinduktivität L_{2h} und dem *sekundären Nutzfluss* Φ_{21} sowie zwischen der primären (bzw. sekundären) Streuinduktivität $L_{1\sigma}$ (bzw. $L_{2\sigma}$) und dem primären (bzw. sekundären) *Streufluss* $\Phi_{1\sigma}$ (bzw. $\Phi_{2\sigma}$). Für einen streuungsfreien Transformator gilt daher $L_{1\sigma} = L_{2\sigma} = 0$.

Der *auf die Primärseite umgerechnete Magnetisierungsstrom*

$$\underline{I}'_{\mu} = \underline{I}_1 - \underline{I}'_2 = \underline{I}_1 - \frac{1}{ü}\underline{I}_2 \tag{6.118}$$

ist der Strom, der – von der Primärseite aus betrachtet – zur Erzeugung des magnetischen Nutzflusses $\Phi_{12} = \Phi_{21}$ erforderlich ist. Bei einem Transformator ohne Eisenverluste ist er mit dem *primärseitigen Leerlaufstrom* $\underline{I}'_0$ identisch. Er ist mit dem Nutzfluss in Phase und eilt der *Hauptfeldspannung*

$$\underline{U}'_h = \mathrm{j}\omega\, L_{1h}\, \underline{I}'_{\mu} \tag{6.119}$$

um 90° nach.

6.3.2.4 Transformator mit Kupfer- und Eisenverlusten

Bei technisch realisierten Transformatoren treten neben den Kupferverlusten auch Ummagnetisierungs- und Wirbelstromverluste im Kern auf. Diese Eisenverluste sind näherungsweise proportional dem Quadrat der Spannung und werden in der Ersatzschaltung Bild 6.37a durch den parallel zur Hauptinduktivität L_{1h} liegenden Wirkwiderstand R_{Fe} berücksichtigt. Der Leerlaufstrom $\underline{I}_0'$ erhält dadurch neben seiner Blindkomponente $\underline{I}_\mu'$ auch einen Wirkanteil, nämlich den mit der Hauptfeldspannung $\underline{U}_h'$ gleichphasigen Verluststrom $\underline{I}_v'$, sodass die Eisenverluste durch das Produkt $\underline{U}_h' \underline{I}_v'$ beschrieben werden können.

Mit Hilfe der Ersatzschaltung Bild 6.37a ist es nun einfach möglich, das Verhalten eines Transformators unter Last zu beschreiben. Bild 6.37b zeigt das zugehörige *U*-*I*-Zeigerdiagramm. Zu beachten ist jedoch, dass die Spannungen $R_1 \underline{I}_1$, $\mathrm{j}\omega L_{1\sigma} \underline{I}_1$, $R_2' \underline{I}_2'$, $\mathrm{j}\omega L_{2\sigma}' \underline{I}_2'$ übertrieben groß dargestellt sind. In der Praxis betragen sie i. Allg. nur wenige Prozent der Spannungen $\underline{U}_1$ und $\underline{U}_2'$.

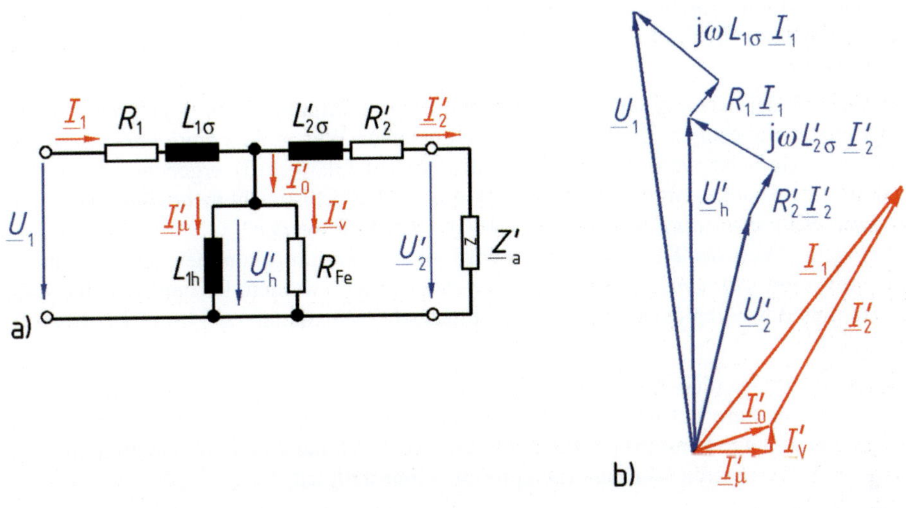

Bild 6.37 Sekundärseitig belasteter Transformator.
Vollständige Ersatzschaltung mit auf die Primärseite umgerechneten Größen (a) und Strom-Spannungs-Zeigerdiagramm (b)

7 Ortskurven und Schwingkreise

In Abschnitt 5 und 6 sind Schaltungselemente bzw. Netzwerke unter der Voraussetzung betrachtet worden, dass alle die Betriebseigenschaften eines Netzwerks bestimmenden Größen wie Widerstände, Kapazitäten, Induktivitäten sowie die Frequenz der Ströme und Spannungen *zeitlich konstant* bleiben. In der Praxis interessiert aber häufig auch die Abhängigkeit der Betriebseigenschaften von einer oder mehreren dieser Größen. Beispielsweise interessiert in der Nachrichtentechnik der Einfluss der Frequenz auf die Eigenschaften einer Schaltung oder in der Energietechnik die Abhängigkeit der Spannung von der Belastung, d. h. dem Widerstand. Man betrachtet also die interessierende Größe, z. B. Spannung oder Strom, in Abhängigkeit von einer als *Variable* aufgefassten *reellen* Größe.

Bei allen solchen Untersuchungen ist unbedingt zu beachten, in welcher Art sich die Variable zeitlich ändert. Betrachtet man z. B. die Spannung u an einer Induktivität L, durch die der Sinusstrom $i = \hat{i}\,\sin(\omega t)$ fließt, in Abhängigkeit von der Kreisfrequenz ω, so sind folgende Fälle zu unterscheiden:

a) Die Änderung der Kreisfrequenz entsprechend einer Zeitfunktion $\omega_t = f(t)$ wird in die Betrachtungen einbezogen. Dann kann für den einzelnen Wert *ω kein stationärer Betriebszustand* vorausgesetzt werden. Die sich entsprechend Gl. (4.115) ergebende Spannung $u = L\mathrm{d}i/\mathrm{d}t = L\,\hat{i}\;\mathrm{d}[\sin(\omega_t\,t)]/\mathrm{d}t = [L\,\hat{i}\,\cos(\omega_t\,t)]\cdot(\omega_t + t\,\mathrm{d}\omega_t/\mathrm{d}t)$ ist nicht mehr sinusförmig und *kann daher nicht mehr als eine komplexe Größe dargestellt werden.*

b) Jeder einzelne Wert der Kreisfrequenz ω wird als konstant angenommen. Dann kann für jeden Wert ω ein *stationärer Betriebszustand* vorausgesetzt werden, für den sich eine stationäre, mittels der komplexen Rechnung bestimmbare Sinusspannung $\underline{U} = \mathrm{j}\omega L\underline{I}$ (Tabelle 5.2) einstellt.

In diesem Abschnitt werden in Abhängigkeit von einer Variablen (auch als *Parameter* bezeichnet) p nur stationäre Betriebszustände betrachtet. Jeden Wert der Variablen p muss man sich also jeweils so lange konstant gehalten vorstellen, bis sich die von diesem Wert abhängige Größe $x = f(p)$ *stationär* (mit konstanter Amplitude) eingestellt hat.

In Abschnitt 7.1 wird allgemein das Verfahren beschrieben, mit dem die Abhängigkeit einer komplexen Größe von einer beliebigen als Variable aufgefassten reellen Größe dargestellt werden kann. In Abschnitt 7.2 werden die Betriebseigenschaften von Schwingkreisen in Abhängigkeit von der Frequenz erläutert.

7.1 Ortskurven

7.1.1 Erläuterung und Konstruktion von Ortskurven

Zeigerdiagramme stellen in anschaulicher Weise die Summation gleichfrequenter Sinusgrößen in komplexer Darstellung dar, in der hier betrachteten Sinusstromtechnik also von Spannungen oder Strömen, aber auch von zeitunabhängigen komplexen Größen, z. B. von Impedanzen oder Admittanzen. Diese Zeigerdiagramme gelten jedoch jeweils nur für eine bestimmte, konstante Frequenz und bestimmte, konstante Werte der Schaltungselemente.

Soll eine die Betriebseigenschaften einer Schaltung beschreibende komplexe Größe wie Spannung oder Strom in Abhängigkeit von einer als Variable aufgefassten Größe dieser Schaltung (z. B. Induktivität, Kapazität, Widerstand oder Frequenz) dargestellt werden, könnte man für verschiedene – jeweils konstant angenommene – Werte dieser Variablen das Zeigerdiagramm angeben und so die Betriebseigenschaften durch eine Vielzahl von Zeigerdiagrammen beschreiben. Beispielsweise kann man die Abhängigkeit der Impedanz $\underline{Z} = R + \mathrm{j}\omega L$ einer Reihenschaltung nach Bild 7.1a aus Wirkwiderstand R und Induktivität L von der Kreisfrequenz ω durch Zeigerdiagramme darstellen, die jeweils für eine konstante Kreisfrequenz ω_1, $2\omega_1$, $3\omega_1$, … , $n\,\omega_1$ gelten (Bild 7.1b).

Eine solche Darstellung wird wesentlich übersichtlicher, wenn man alle nichtinteressierenden Größen der Zeigerdiagramme fortlässt, nur die komplexen Zeiger der in Abhängigkeit von der Variablen betrachteten Größe zeichnet und mit dem zugehörigen Wert der Variablen beziffert (Bild 7.1c). In dieser Darstellung ist also nur noch die zu betrachtende Größe mit Betrag und Phasenlage in Abhängigkeit von dem Parameter angegeben.

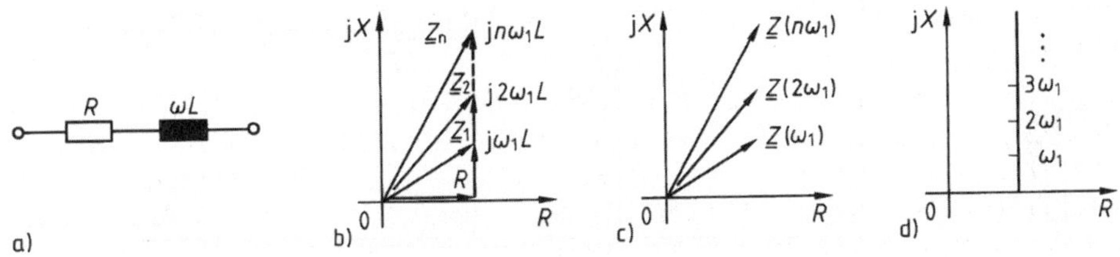

Bild 7.1 Entwicklung der Ortskurve für eine Impedanz $\underline{Z} = R + \mathrm{j}\omega L$ mit der Kreisfrequenz ω als Variable
a) Schaltung
b) vollständige Zeigerdiagramme für die Kreisfrequenzen ω_1, $2\omega_1$, … , $n\omega_1$
c) resultierende Zeiger für $\underline{Z}$
d) Ortskurve für $\underline{Z}$

Eine weitere Vereinfachung ergibt sich, wenn man auch die Zeiger der darzustellenden Größe fortlässt und nur noch die Kurve zeichnet, auf der die Spitzen der Zeiger liegen (Bild 7.1d). Diese Kurve, als *Ortskurve* bezeichnet, ist also der *geometrische Ort* aller Werte der von einer reellen Variablen abhängigen komplexen Größe in der komplexen Ebene. Sie wird der Variablen entsprechend beziffert (*parametriert*).

Ohne näher auf die allgemeine Theorie oder Konstruktionsregeln für Ortskurven [5], [12], einzugehen, werden in den folgenden Abschnitten die Ortskurven an Beispielen erläutert, die für die Betriebseigenschaften einiger Schaltungen von grundsätzlicher Bedeutung sind. Für weitere Anwendungen wird auf [12] verwiesen.

7.1.1.1 Ortskurven für Spannung und Impedanz

Im Folgenden werden Ortskurven für eine Reihenschaltung aus Wirkwiderstand R und Blindwiderstand X entsprechend Bild 7.2a ermittelt. Für die Reihenschaltung gilt die Spannungsgleichung

$$\underline{U} = R\,\underline{I} + \mathrm{j}X\,\underline{I}. \tag{7.1}$$

In Bild 7.2 sind einige Zeigerdiagramme der Spannungen gezeichnet für den Fall, dass der *Strom $\underline{I}$ konstant* ist und sich nur R oder nur X ändert. Der Stromzeiger $\underline{I}$ ist dabei in die positive reelle Achse der komplexen Ebene gelegt.

Bei *variablem Blindwiderstand* X und konstantem Wirkwiderstand R ergeben sich die in Bild 7.2b dargestellten Spannungsdiagramme, da X negativ, null oder positiv sein kann. Der Zeiger der Wirkspannung $R\,\underline{I}$ liegt auf der reellen Achse, da er mit dem Stromzeiger $\underline{I}$ in Phase liegt. An der Spitze des Zeigers $R\,\underline{I}$ wird rechtwinklig der Zeiger der Blindspannung $\mathrm{j}X\underline{I}$ angetragen, sodass sich je nach Vorzeichen und Betrag die Strecken $\overline{\mathrm{DA}}$, $\overline{\mathrm{DB}}$, $\overline{\mathrm{DC}}$, $\overline{\mathrm{DE}}$, $\overline{\mathrm{DF}}$, $\overline{\mathrm{DG}}$ ergeben. Dementsprechend wandert der Endpunkt des Spannungszeigers $\underline{U}$ auf der zur reellen Achse senkrechten Geraden durch den Punkt D. Diese durch den Punkt $\underline{I}\,R$ auf der reellen Achse parallel zur Imaginärachse verlaufende Gerade (in Bild 7.2b dick schwarz ausgezogen) ist somit die Ortskurve des Spannungszeigers $\underline{U}$ nach Gl. (7.1) für den variablen Parameter Blindwiderstand X. Sie kann in der Einheit Ω des Blindwiderstandes parametriert werden.

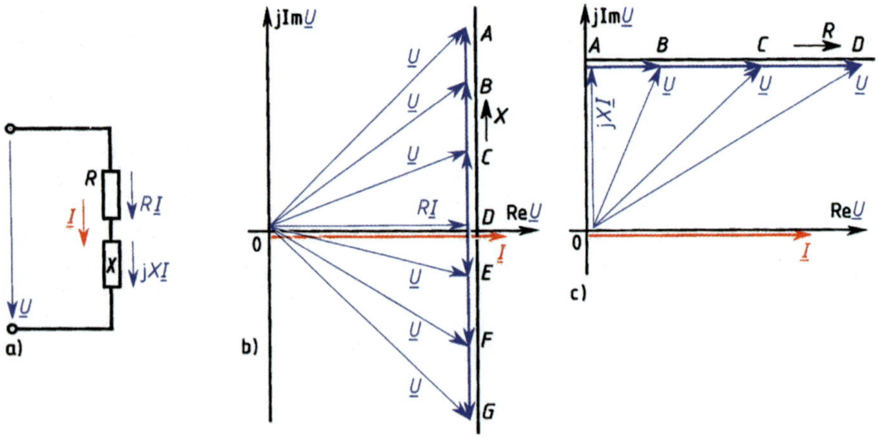

Bild 7.2 Ortskurven der Spannung $\underline{U}$ an einer Reihenschaltung (a) aus Wirkwiderstand R und Blindwiderstand X bei konstantem Strom $\underline{I}$ mit der Variablen Blindwiderstand X (b) bzw. Wirkwiderstand R (c)

Ähnlich ergibt sich die Ortskurve der Spannung $\underline{U}$ für konstanten Strom $\underline{I}$ und konstanten Blindwiderstand X, aber *variablen Wirkwiderstand* $R \geq 0$. Wird wie in Bild 7.2c der Zeiger des konstanten Stroms $\underline{I}$ in die reelle Achse gelegt, liegt der ebenfalls konstante Spannungszeiger $\mathrm{j}X\underline{I}$ auf der Imaginärachse, von dessen Spitze ausgehend der mit R veränderliche Zeiger der Wirkspannung $R\,\underline{I}$ parallel zur reellen Achse entsprechend den Strecken $\overline{\mathrm{AB}}$, $\overline{\mathrm{AC}}$, $\overline{\mathrm{AD}}$ angetragen ist. Die Spitze des Spannungszeigers $\underline{U}$ liegt also je nach Größe des Wirkwiderstandes R auf der Geraden durch die Punkte A und D. Die Ortskurve (in Bild 7.2c dick schwarz aus gezogen) verläuft somit parallel zur reellen Achse durch den Punkt $\mathrm{j}X\underline{I}$ (in Bild 7.2c ist willkürlich $X > 0$ angenommen worden) auf der Imaginärachse.

Dividiert man die Größen des Spannungszeigerdiagramms entsprechend Bild 7.2, also die Gl. (7.1), durch den konstanten Strom $\underline{I}$, so erhält man die Impedanz

$$\underline{Z} = \frac{\underline{U}}{\underline{I}} = R + \mathrm{j}X. \tag{7.2}$$

Man erkennt, dass für die Impedanz ähnliche Zeigerdiagramme und damit Ortskurven gelten, wie sie in Bild 7.2b und c für die Spannung dargestellt sind. Beispielsweise ergibt sich für konstanten Wirkwiderstand R und veränderlichen Blindwiderstand X der Zeiger der Impedanz $\underline{Z} = R + jX$, indem der Zeiger R auf der reellen Achse und von dessen Spitze ausgehend der Zeiger des Blindwiderstandes jX parallel zur Imaginärachse angetragen wird, in ähnlicher Weise, wie in Bild 7.2b für die Spannung $\underline{U}$ dargestellt. Die Ortskurven der Spannung $\underline{U}$ und der Impedanz $\underline{Z}$ unterscheiden sich bei der Reihenschaltung lediglich im Wert um den des Maßstabsfaktors I und in der Dimension um die des Stroms.

Beispiel 7.1 Impedanz-Ortskurve einer RLC-Reihenschaltung

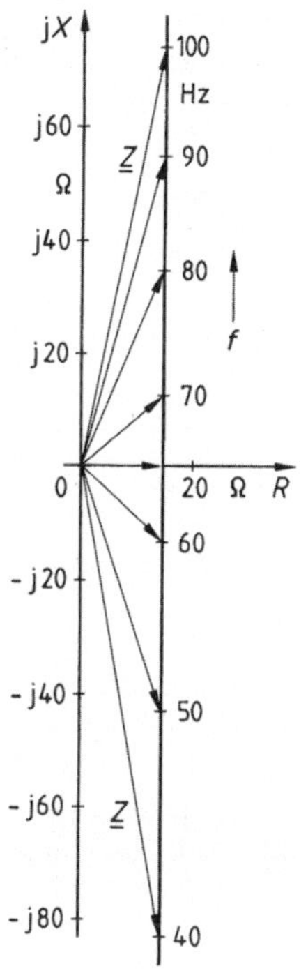

Eine aus Wirkwiderstand $R = 15\ \Omega$, Induktivität $L = 0{,}2$ H und Kapazität $C = 30\ \mu$F bestehende Reihenschaltung ist an die Sinusspannung $U = 120$ V angeschlossen. Die Ortskurve der Impedanz $\underline{Z}$ soll für Frequenzen im Bereich $f = 40$ Hz bis 100 Hz ermittelt werden.

Für die Impedanz $\underline{Z} = R + j\,[\omega L - 1/(\omega C)]$ der Reihenschaltung werden mit verschiedenen Frequenzen Zeigerdiagramme entsprechend Bild 7.3 gezeichnet. Der von der Frequenz unabhängige Zeiger des Wirkwiderstandes $R = 15\ \Omega$ ist auf der reellen Achse angetragen. Von dessen Spitze ausgehend liegt der Zeiger des Blindwiderstandes $X = \omega L - 1/(\omega C)$ parallel zur Imaginärachse in negativer oder positiver Richtung (abhängig vom Wert für $\omega = 2\pi f$). Also ist die Ortskurve die in Bild 7.3 dick ausgezogene Gerade. Ihre Parametrierung erfolgt in der Einheit Hz für die Variable Frequenz f.

Bei der Frequenz $f = 65$ Hz ist die Impedanz $Z = R = 15\ \Omega$ reell und hat ihren minimalen Betrag (Resonanzfall, Abschnitt 7.2.2.1). In den Grenzfällen $f \to 0$ und $f \to \infty$ geht $Z \to \infty$, denn bei $f \to 0$ unterbricht die Kapazität und bei $f \to \infty$ die Induktivität den Stromkreis. Die Ortskurve strebt für diese Extremwerte gegen $(15 - j\,\infty)\ \Omega$ bzw. $(15 + j\,\infty)\ \Omega$.

Bild 7.3 Ortskurve der Impedanz $\underline{Z}$ zu Beispiel 7.1

Ortskurven für die Spannung $\underline{U} = \underline{I}/(G + jB)$ und die Impedanz $\underline{Z} = 1/(G + jB)$ einer Parallelschaltung aus Wirkleitwert G und Blindleitwert B können analog den Erläuterungen in Abschnitt 7.1.1.2 ermittelt werden. Sie ergeben sich als Kreise ähnlich wie in Bild 7.4.

7.1.1.2 Ortskurven für Strom und Admittanz

Für die Admittanz und den komplexen Strom bei einer GCL-Parallelschaltung ergeben sich mathematisch analoge Ausdrücke wie für die Impedanz und die komplexe Spannung einer RLC-Reihenschaltung. Durch eine Parallelschaltung von Wirkleitwert G und Blindleitwert B an einer Spannung $\underline{U}$ fließt der Strom $\underline{I} = G\,\underline{U} + jB\,\underline{U}$, für den ähnliche Ortskurven gelten, wie sie in Abschnitt 7.1.1.1 für die Spannung $\underline{U}$ nach Gl. (7.1) abgeleitet sind (Bild 7.2b und c). Völlig andersartig verlaufen die Ortskurven für komplexen Strom und Admittanz einer Reihenschaltung, wie im Folgenden gezeigt wird.

Betrachtet wird eine *Reihenschaltung* aus Wirkwiderstand R und Blindwiderstand X (Bild 7.2a) an einer *konstanten Spannung* $\underline{U}$. Die Ortskurven für den Strom $\underline{I}$ sollen bestimmt werden für den Fall, dass entweder nur der Wirkwiderstand R oder nur der Blindwiderstand X als Variable aufgefasst wird.

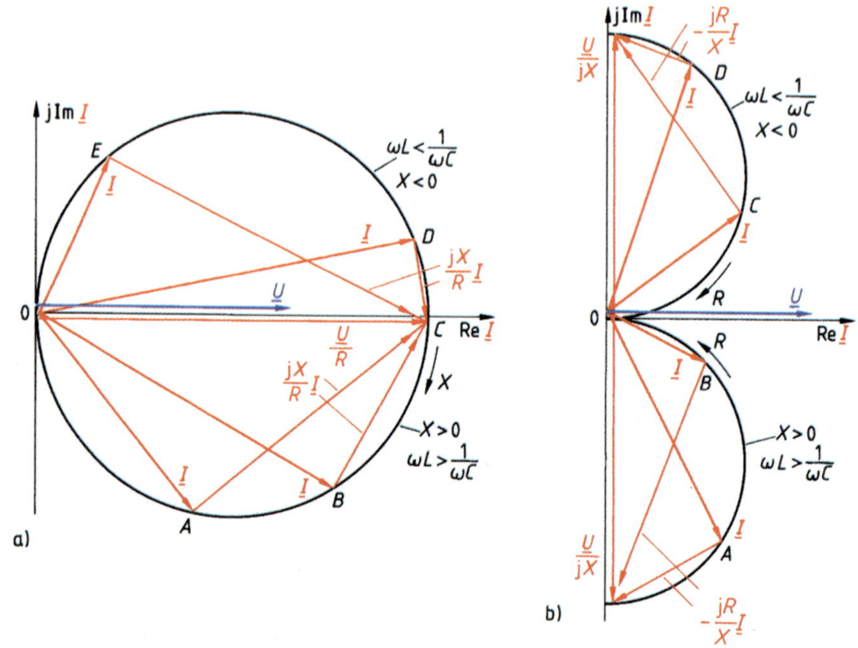

Bild 7.4 Ortskurven des Stroms $\underline{I}$ in einer Reihenschaltung nach Bild 7.2a aus Wirkwiderstand R und Blindwiderstand X bei konstanter Spannung $\underline{U}$ mit der Variablen Blindwiderstand X (a) bzw. Wirkwiderstand R (b)

Ist der Blindwiderstand X die Variable und der Wirkwiderstand R konstant, so dividiert man zweckmäßigerweise die Spannungsgleichung (7.1) durch den konstanten Wirkwiderstand R. In der dadurch entstehenden Stromgleichung

$$\underline{U}/R = \underline{I} + \mathrm{j}\frac{X}{R}\underline{I} \tag{7.3}$$

haben die Ausdrücke $\underline{U}/R$ und $\mathrm{j}\,(X/R)\underline{I}$ den Charakter von Stromzeigern. Für die Darstellung der Gl. (7.3) in der komplexen Ebene wird die konstante Spannung als Bezugszeiger $\underline{U}$ gewählt und auf die reelle Achse gelegt (Bild 7.4a). Damit liegt der gleichphasige Stromzeiger $\underline{U}/R$ ebenfalls auf der reellen Achse. Die Stromzeiger $\underline{I}$ und $\mathrm{j}\,(X/R)\,\underline{I}$ stehen jeweils senkrecht aufeinander und müssen sich für jeden Wert des Blindwiderstandes X zu dem konstanten Stromzeiger $\underline{U}/R$ zusammensetzen (Bild 7.4a).

Ändert sich mit dem Blindwiderstand X der Stromzeiger $\mathrm{j}\,(X/R)\,\underline{I}$, muss sich bei konstantem Verhältnis $\underline{U}/R$ auch der Strom $\underline{I}$ ändern, und zwar so, dass der Eckpunkt des rechten Winkels zwischen $\mathrm{j}\,(X/R)\,\underline{I}$ und $\underline{I}$ einen Halbkreis über dem Durchmesser $\underline{U}/R$ beschreibt (*Thaleskreis*, Bild 7.4a). Die Strecken $\overline{0\mathrm{A}}$ bis $\overline{0\mathrm{E}}$ geben entsprechend Gl. (7.3) unmittelbar die Ströme $\underline{I}$ nach Betrag und Phase an, die sich bei den entsprechenden Blindwiderständen (X-Werten) einstellen. Der dick schwarz ausgezogene Kreis ist die Ortskurve des Stroms $\underline{I}$ bei *konstanter*

Spannung $\underline{U}$ und variablem Blindwiderstand X. Im unteren Halbkreis in Bild 7.4a ist ein gegenüber der Spannung $\underline{U}$ nacheilender Strom $\underline{I}$ dargestellt, d. h. die Schaltung hat induktiven Charakter, dagegen gehört der obere Halbkreis zu einem gegenüber $\underline{U}$ voreilenden Strom $\underline{I}$, er beschreibt also einen kapazitiven Schaltungscharakter.

Um das entsprechende Kreisdiagramm für *veränderlichen Wirkwiderstand R* bei *konstantem Blindwiderstand X* zu erhalten, dividiert man Gl. (7.1) durch jX.

$$\frac{\underline{U}}{\mathrm{j}X} = -\mathrm{j}\frac{\underline{U}}{X} = \underline{I} - \mathrm{j}\frac{R}{X}\underline{I} \tag{7.4}$$

Die in Gl. (7.4) auf der rechten Seite stehende geometrische Summe der beiden einen rechten Winkel einschließenden Stromzeiger $\underline{I}$ und $-\mathrm{j}\,(R/X)\underline{I}$ ist gleich dem Stromzeiger $\underline{U}/(\mathrm{j}X)$. Er bildet den Durchmesser des Halbkreises, auf dem die Ecke des rechten Winkels liegt (Thaleskreis).

Für einen positiven Zahlenwert des Blindwiderstandes X (überwiegende Induktivität, also $\omega L > 1/(\omega C)$) liegt der Zeiger $\underline{U}/(\mathrm{j}X)$ auf der negativen Imaginärachse (unterer Teil von Bild 7.4b), sodass sich die Ortskurve der Ströme als Halbkreis über der negativen Imaginärachse ergibt. Die Ströme $\underline{I}$ eilen der Spannung $\underline{U}$ nach.

Für einen negativen Zahlenwert des Blindwiderstandes X infolge überwiegender Kapazität wird der Zeiger $\underline{U}/(\mathrm{j}X)$ positiv, sodass dieser auf der positiven Imaginärachse liegt (oberer Teil von Bild 7.4b). Man erhält in ähnlicher Weise wie oben beschrieben als Ortskurve für $\underline{I}$ den oberen Halbkreis in Bild 7.4b für Ströme $\underline{I}$, die der Spannung $\underline{U}$ vorauseilen.

Beispiel 7.2 Admittanz- und Impedanz-Ortskurven einer gemischten Schaltung

In einer Schaltung nach Bild 7.5a sind in einem Zweig der Wirkwiderstand $R = 50\ \Omega$, die Induktivität $L = 80\ \mu\mathrm{H}$ und die Kapazität $C = 12{,}5$ nF in Reihe geschaltet. Der andere Zweig enthält nur die Kapazität $C_\mathrm{p} = 5{,}0$ nF. Die Ortskurven der Admittanz $\underline{Y}$ und der Impedanz $\underline{Z}$ der Schaltung sollen für einen Kreisfrequenzbereich $\omega = 0{,}5 \cdot 10^6\ \mathrm{s}^{-1}$ bis $\omega = 4{,}0 \cdot 10^6\ \mathrm{s}^{-1}$ (entsprechend etwa $f = 80$ kHz bis 640 kHz) ermittelt werden.

Mit der Impedanz der Reihenschaltung

$$\underline{Z}_\mathrm{r} = R + \mathrm{j}X_\mathrm{r} = R + \mathrm{j}\left(\omega L - \frac{1}{\omega C}\right) = 50\,\Omega + \mathrm{j}\left(\omega \cdot 80\,\mu\mathrm{H} - \frac{1}{\omega \cdot 12{,}5\,\mathrm{nF}}\right)$$

und der Admittanz $\underline{Y}_\mathrm{cp} = \mathrm{j}\,\omega C_\mathrm{p} = \mathrm{j}\,\omega \cdot 5{,}0$ nF der der Reihenschaltung parallel geschalteten Kapazität C_p ergibt sich die Gesamtadmittanz

$$\underline{Y}_\mathrm{g} = \underline{Y}_\mathrm{cp} + \frac{1}{\underline{Z}_\mathrm{r}} = G_\mathrm{g} + \mathrm{j}B_\mathrm{g}\,. \tag{7.5}$$

der Parallelschaltung nach Bild 7.5a. Um die Ortskurve dieser Admittanz zu zeichnen, werden Kreisfrequenzwerte in sinnvoller Stufung angenommen und für jeden dieser Kreisfrequenzwerte die Admittanz berechnet. Diese Rechnung kann einfach mit Hilfe von Taschenrechner oder geeigneten Programmen auf einem PC durchgeführt werden. Die berechneten Leitwerte $\underline{Y}_\mathrm{g}$ werden als Punkte in die komplexe Zahlenebene übertragen und mit den zugehörigen Kreisfrequenzwerten parametriert (Bild 7.5b). Der durch die eingetragenen Punkte gelegte Linienzug stellt die Ortskurve für die Admittanz der Schaltung dar, auf der auch für beliebige Werte zwischen den markierten Kreisfrequenzwerten die Admittanz $\underline{Y}_\mathrm{g}$ nach Betrag und Phase oder Real- und Imaginärteil abgelesen werden kann (Bild 7.5b).

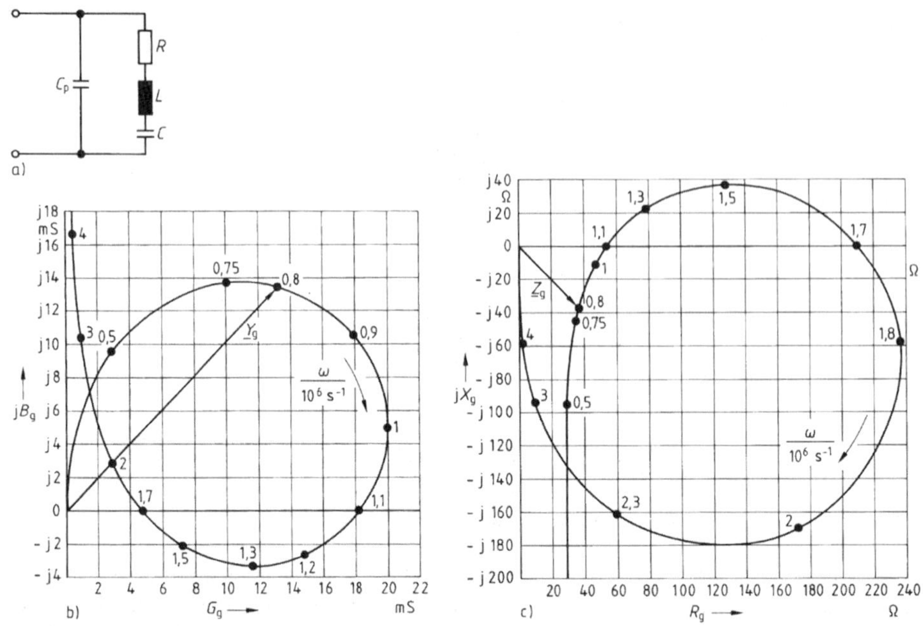

Bild 7.5 Parallelschaltung (a) zu Beispiel 7.2 sowie Ortskurven der Admittanz $\underline{Y}_g$ (b) und der Impedanz $\underline{Z}_g$ (c) dieser Parallelschaltung (für $\omega = 0{,}8 \cdot 10^6\ \text{s}^{-1}$ sind beispielhaft die Zeiger $\underline{Y}_g$ und $\underline{Z}_g$ eingetragen)

In ähnlicher Weise kann auch die Ortskurve der Impedanz der Parallelschaltung in Bild 7.5a bestimmt werden. Die Rechnung erfolgt über den Kehrwert der Gesamtadmittanz nach Gl. (7.5), der gleich der Gesamtimpedanz

$$\underline{Z}_g = \frac{1}{\underline{Y}_g} = \frac{1}{G_g + \mathrm{j}B_g} = \frac{G_g - \mathrm{j}B_g}{G_g^2 + B_g^2} = \frac{G_g}{G_g^2 + B_g^2} + \mathrm{j}\frac{-B_g}{G_g^2 + B_g^2} = R_g + \mathrm{j}X_g \tag{7.6}$$

ist.

Beispiel 7.3 Strom-Ortskurven

Eine Parallelschaltung nach Bild 7.6a, bestehend aus dem Wirkwiderstand $R_1 = 50\ \Omega$ und der Induktivität $L = 0{,}2$ H sowie dem Wirkwiderstand $R_2 = 20\ \Omega$ und der Kapazität $C = 30\ \mu$F, ist an die Sinusspannung $\underline{U} = 100$ V angeschlossen. Die in der Parallelschaltung fließenden Ströme $\underline{I}_1$, $\underline{I}_2$ und $\underline{I}$ sollen für die Frequenzen $f = 0$ Hz, 25 Hz, 50 Hz, 75 Hz und 100 Hz mittels *Zeigerdiagrammen* bestimmt und die Ortskurven der drei Ströme gezeichnet werden.

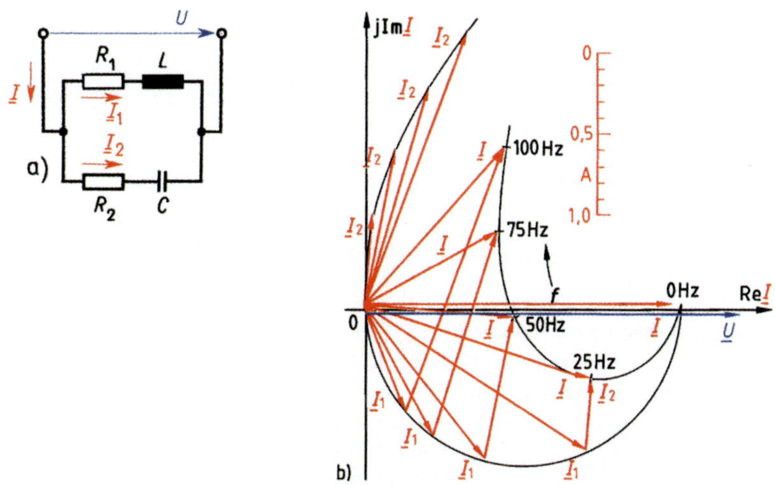

Bild 7.6 Parallelschwingkreis (a) zu Beispiel 7.3 und Ortskurven der Ströme (b)

Zunächst werden nach Gl. (6.20) bzw. (6.28) und Gl. (6.21) bzw. (6.29) die Scheinwiderstände Z_1 bzw. Z_2 und Phasenverschiebungswinkel φ_1 bzw. φ_2 des oberen bzw. unteren Zweiges und damit die Zweigströme $\underline{I}_1$ bzw. $\underline{I}_2$ berechnet. Der resultierende Strom $\underline{I}$ ergibt sich durch die geometrische Addition der Zeiger $\underline{I}_1$ und $\underline{I}_2$, wie in Bild 7.6b gezeigt. Gegenüber der Spannung $\underline{U}$ eilen die Ströme im Zweig 1 nach, im Zweig 2 dagegen vor. Bei der Frequenz $f \to 0$ fließt, da $\omega L \to 0$ gilt, nur ein reiner Wirkstrom $I = I_1 =$ 2 A im Zweig 1, während der Zweig 2 wegen $1/(\omega C) \to \infty$ stromlos ist. Bei der Frequenz $f \to \infty$ fließt, da jetzt $1/(\omega C) \to 0$ gilt, nur der Wirkstrom $I = I_2 = 5$ A im Zweig 2, der Zweig 1 ist wegen $\omega L \to \infty$ stromlos.

7.1.2 Inversion komplexer Größen und Ortskurven

Unter der Inversion einer komplexen Größe versteht man die Bildung ihres Kehrwertes. Sie hat in der Elektrotechnik eine besondere Bedeutung, da die Admittanz der Kehrwert der Impedanz ist und umgekehrt, sodass man mit dieser Beziehung die durch das Ohmsche Gesetz ausgedrückten Divisionen in Multiplikationen überführen kann. Zum Beispiel kann der Quotient $\underline{I} = \underline{U}/\underline{Z}$ nach Inversion der Impedanz $\underline{Z}$ mittels der Admittanz $\underline{Y} = 1/\underline{Z}$ als Produkt $\underline{I} = \underline{U}\,\underline{Y}$ geschrieben werden. Analytisch lässt sich die Inversion einer komplexen Größe einfach durchführen, wenn man sie in der Exponentialform darstellt. Dann ergibt sich die zu $\underline{Z} = Z\,\mathrm{e}^{\mathrm{j}\varphi}$ inverse Größe

$$\underline{Y} = \frac{1}{Z\,\mathrm{e}^{\mathrm{j}\varphi}} = \frac{1}{Z}\mathrm{e}^{-\mathrm{j}\varphi} = Y\mathrm{e}^{\mathrm{j}\varphi_Y}\,. \tag{7.7}$$

Die Winkel φ und φ_Y der beiden inversen Größen $\underline{Z}$ und $\underline{Y}$ unterscheiden sich nur in ihrem Vorzeichen ($\varphi_Y = -\varphi$), wie Bild 7.7 zeigt. In kartesischer Form folgt für die Admittanz

$$\underline{Y} = \frac{1}{\underline{Z}} = \frac{1}{R + \mathrm{j}X} = \frac{R - \mathrm{j}X}{R^2 + X^2} = \frac{R}{R^2 + X^2} - \mathrm{j}\frac{X}{R^2 + X^2}\,. \tag{7.8}$$

In der praktischen Anwendung sollten Impedanz- und Admittanz-Zeiger nicht gemäß Bild 7.7 in eine gemeinsame komplexe Ebene eingetragen werden, da die unterschiedlichen Richtungen der imaginären Achsen und die daraus resultierende unterschiedliche Orientierung positiver Winkel zu Fehlern führen können.

Die grafische Konstruktion inverser Größen ist in [5] erläutert.

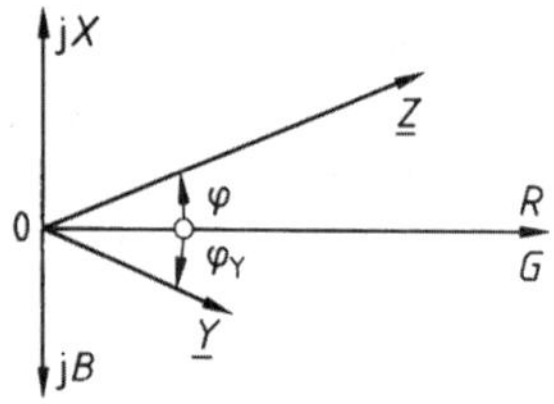

Bild 7.7 Zeiger $\underline{Z}$ und dazu inverser Zeiger $\underline{Y}$

Die Bedeutung der Inversion von komplexen Größen kommt erst bei der Inversion von Ortskurven voll zur Geltung. Kennt man die Ortskurve, z. B. die Abhängigkeit der Impedanz von der Frequenz, und will man die Abhängigkeit des Kehrwertes dieser Größe darstellen, z. B. die der Admittanz von der Frequenz, so muss die gegebene Ortskurve invertiert werden. Dies könnte man auf rechnerischem Weg durch punktweise Kehrwertbildung erreichen, was aber recht mühsam wäre. Aufbauend auf den vorstehend für einzelne komplexe Größen beschriebenen Inversionsvorschriften sind deshalb Regeln entwickelt worden, mittels derer Ortskurven in der Form von Geraden oder Kreisen *geschlossen* invertiert werden können. Für die Ableitungen und erläuternden Konstruktionsvorschriften sei auf [5] verwiesen, während hier lediglich die wichtigsten Regeln angeführt werden sollen:

1. Die Inversion einer *Geraden durch den Nullpunkt* ergibt wieder eine Gerade durch den Nullpunkt.
2. Die Inversion einer *Geraden, die nicht durch den Nullpunkt* geht, ergibt einen Kreis durch den Nullpunkt.
3. Die Inversion eines *Kreises durch den Nullpunkt* ergibt eine Gerade, die nicht durch den Nullpunkt geht.
4. Die Inversion eines *Kreises, der nicht durch den Nullpunkt* geht, ergibt wieder einen Kreis, der nicht durch den Nullpunkt geht.

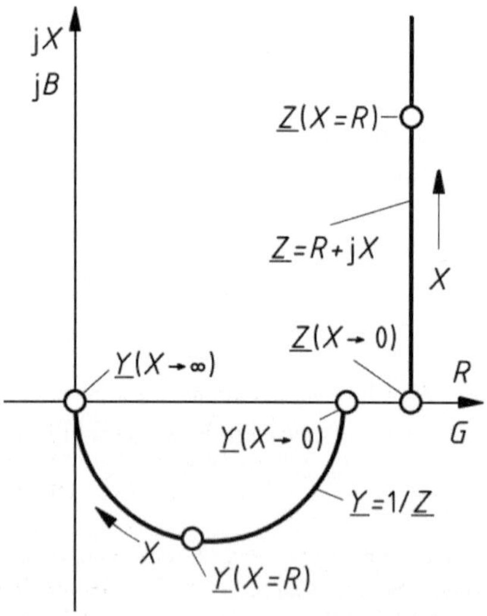

Bild 7.8 Einander inverse Ortskurven $\underline{Z} = R + \mathrm{j}X$ (Gerade) und $\underline{Y} = 1/\underline{Z}$ (Kreis)

Die Kenntnis dieser Regeln erübrigt häufig langwierige Rechnungen. Weiß man nämlich, dass die gesuchte Ortskurve für eine komplexe Größe eine Gerade oder ein Kreis ist, so brauchen nur zwei bzw. drei Werte dieser Größe berechnet zu werden, um die vollständige Ortskurve zeichnen zu können, da eine Gerade bzw. ein Kreis durch zwei bzw. drei verschiedene Punkte eindeutig bestimmt sind. Ist die zu invertierende Ortskurve nur ein Teil einer Geraden oder eines Kreises, können die oben genannten Regeln sinngemäß angewandt werden.

Soll beispielsweise die Admittanz $\underline{Y} = 1/\underline{Z} = 1/(R + \mathrm{j}X)$ einer Reihenschaltung aus R und X in Abhängigkeit von der Variablen X dargestellt werden, so weiß man, dass die Ortskurve der Impedanz $\underline{Z} = R + \mathrm{j}X$ eine Gerade ist und deren Inversion, also die Ortskurve für $\underline{Y}$, ein Kreis. Es genügt also, drei Werte für $\underline{Y}$ zu berechnen. Zweckmäßigerweise wählt man drei ausgezeichnete Werte, z. B. $X = 0$, $X \rightarrow \infty$ und $|X| = R$, um den vollständigen Kreis zu konstruieren (Bild 7.8).

Beispiel 7.4 Inversion von einzelnen Zeigern und einer Ortskurve

Für eine Reihenschaltung aus konstantem Blindwiderstand $X = 2\ \Omega$ und variablem Wirkwiderstand R ist die Ortskurve der Impedanz $\underline{Z} = R + \mathrm{j}X$ und der Admittanz $\underline{Y} = 1/\underline{Z}$ zu zeichnen. Dazu sollen für die drei Werte $R_0 = 0\ \Omega$, $R_1 = 2\ \Omega$ und $R_2 = 6\ \Omega$ die Impedanz- und Admittanzzeiger gezeichnet werden.

In Bild 7.9 sind die Zeiger der drei Impedanzen $\underline{Z}_0 = \mathrm{j}\,2\ \Omega$, $\underline{Z}_1 = 2\ \Omega + \mathrm{j}\,2\ \Omega$ und $\underline{Z}_2 = 6\ \Omega + \mathrm{j}\,2\ \Omega$ in den ersten Quadranten einer komplexen Zahlenebene eingetragen. Die Ortskurve der Impedanz $\underline{Z}$ mit der Variablen R ist die parallel zur reellen Achse verlaufende Halbgerade durch den Punkt $\mathrm{j}\,2\ \Omega$ auf der imaginären Achse.

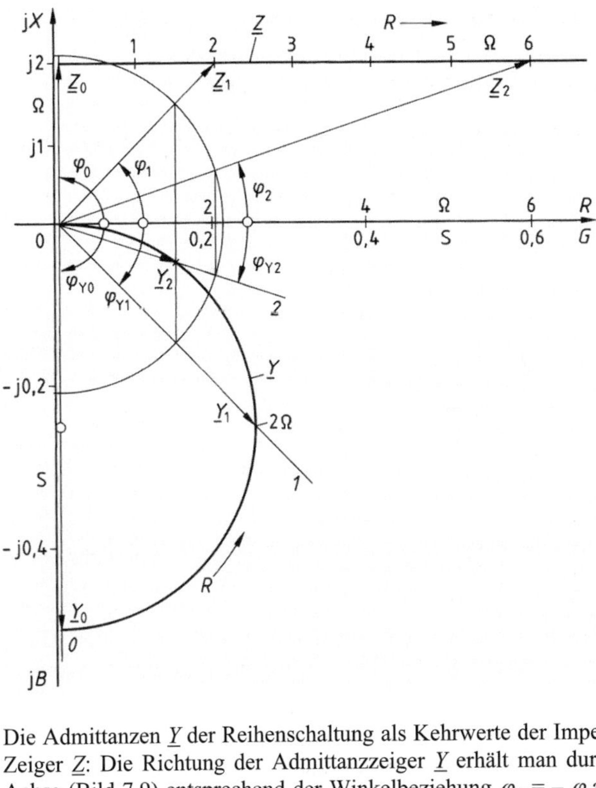

Bild 7.9 Einander inverse komplexe Größen, Impedanz $\underline{Z}$ und Admittanz $\underline{Y} = 1/\underline{Z}$ sowie deren Ortskurven (Beispiel 7.4)

Die Admittanzen $\underline{Y}$ der Reihenschaltung als Kehrwerte der Impedanzen ergeben sich durch Inversion der Zeiger $\underline{Z}$: Die Richtung der Admittanzzeiger $\underline{Y}$ erhält man durch Spiegeln der Zeiger $\underline{Z}$ an der reellen Achse (Bild 7.9) entsprechend der Winkelbeziehung $\varphi_Y = -\varphi$ aus Gl. (7.7). Auf den $\underline{Z}_0$, $\underline{Z}_1$ und $\underline{Z}_2$ entsprechenden gespiegelten Geraden 0, 1 und 2 werden die aus den Kehrwerten der Beträge von $\underline{Z}$ berechneten Leitwerte $Y_0 = 1/Z_0 = 1/(2\ \Omega) = 0{,}5$ S, $Y_1 = 1/Z_1 = 1/(\sqrt{2^2 + 2^2}\,\Omega) = 0{,}35$ S und $Y_2 = 1/Z_2 = 1/(\sqrt{6^2 + 2^2}\,\Omega) = 0{,}16$ S angetragen und so die drei Zeiger der Admittanzen $\underline{Y}_0$, $\underline{Y}_1$ und $\underline{Y}_2$ bestimmt

(Bild 7.9). Die Ortskurve für die Admittanz $\underline{Y}$ als invertierte Halbgerade, die nicht durch den Nullpunkt geht, ist ein Kreisbogen, der durch die Spitzen der drei Zeiger $\underline{Y}_0$, $\underline{Y}_1$ und $\underline{Y}_2$ eindeutig bestimmt ist (in Bild 7.9 dick ausgezogen).

7.1.3 Amplituden- und Phasenwinkeldiagramme

Der Vorteil der Ortskurvendarstellung liegt darin, dass sie in *einer* Kurve gleichzeitig die Abhängigkeit der *Amplitude* und der *Phasenlage* einer komplexen Größe von einem reellen Parameter p aufzeigt. Will man die Abhängigkeit von *Betrag* Z und *Argument* (Phasenwinkel) φ einer komplexen Größe $\underline{Z} = Z\,\mathrm{e}^{\mathrm{j}\varphi} = f(p)$ von dem Parameter in reellen Koordinatensystemen darstellen, so sind dazu zwei Kurven notwendig: eine für den Betrag $Z(p)$ und eine zweite für den Phasenwinkel $\varphi(p)$. Sie werden häufig in getrennten Koordinatensystemen als Funktion der *gemeinsamen* Variablen p dargestellt. Man spricht dann von *Betrags-* oder *Amplitudendiagrammen* $Z = f(p)$ und *Phasenwinkeldiagrammen* $\varphi = g(p)$.

Liegt eine Ortskurve vor, könnte man punktweise Betrag Z und Phasenwinkel φ ablesen und in zwei Diagrammen über der Variablen p auftragen, wie in Bild 7.10 angedeutet. In den meisten Fällen werden die Amplituden- und Phasenwinkeldiagramme unmittelbar aus den gegebenen analytischen komplexen Ausdrücken entwickelt, sei es, weil ihre Erstellung zweckmäßiger ist als die der Ortskurven, z. B. weil nur einer der beiden kennzeichnenden Werte (Amplitude oder Phasenlage) betrachtet werden soll oder weil im gegebenen Fall die Darstellung in Amplituden- und Phasenwinkeldiagrammen gebräuchlicher ist als die in Ortskurven.

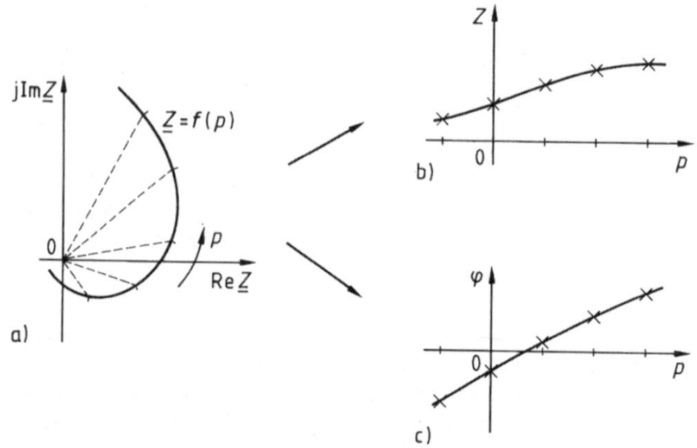

Bild 7.10 Übertragung von einer Ortskurvendarstellung (a) zu einem Amplituden- (b) und einem Phasenwinkeldiagramm (c)

Sehr häufig werden komplexe Größen in Abhängigkeit von der *Frequenz* betrachtet. Diese Darstellung wird als *Frequenzgang* bezeichnet. Die Ortskurven in Bild 7.5 stellen beispielsweise den Frequenzgang der Impedanz $\underline{Z}(\omega)$ bzw. der Admittanz $\underline{Y}(\omega)$ der Schaltung nach Bild 7.5a dar.

In vielen Fällen werden *bezogene Größen* eingeführt. Durch geschickte Wahl der Bezugsgrößen kann die Aussage solcher *normierten Darstellungen allgemeingültig* für bestimmte Schaltungstypen sein. Vorteilhaft ist hierbei, dass alle Variablen in *einheitenlose Größen* überführt werden können.

Beispiel 7.5 RC-Schaltung als Übertragungsvierpol

Die Frequenzabhängigkeit der Kondensatorspannung $\underline{U}_C$ in einer Reihenschaltung (Spannungsteiler, Abschnitt 6.1.2.3) aus Wirkwiderstand R und Kapazität C an einer Spannung $\underline{U}$ entsprechend Bild 7.11a soll untersucht werden.

Bezieht man die Kondensatorspannung $\underline{U}_C$ (in solchen Darstellungen auch als Ausgangsgröße $\underline{U}_2 = \underline{U}_C$ des als *Übertragungsvierpol* aufgefassten Spannungsteilers bezeichnet [16]) auf die angelegte Spannung $\underline{U}$ (*Eingangsgröße* $\underline{U}_1 = \underline{U}$ des Übertragungsgliedes), ergibt sich für diesen Quotienten der Ausdruck

$$\frac{\underline{U}_2}{\underline{U}_1} = \frac{1/(\mathrm{j}\omega C)}{R + 1/(\mathrm{j}\omega C)} = \frac{1}{1 + \mathrm{j}RC\omega}. \tag{7.9}$$

In Bild 7.11b ist der Frequenzgang dieser auf die Eingangsspannung bezogenen Ausgangsspannung als Ortskurve dargestellt.

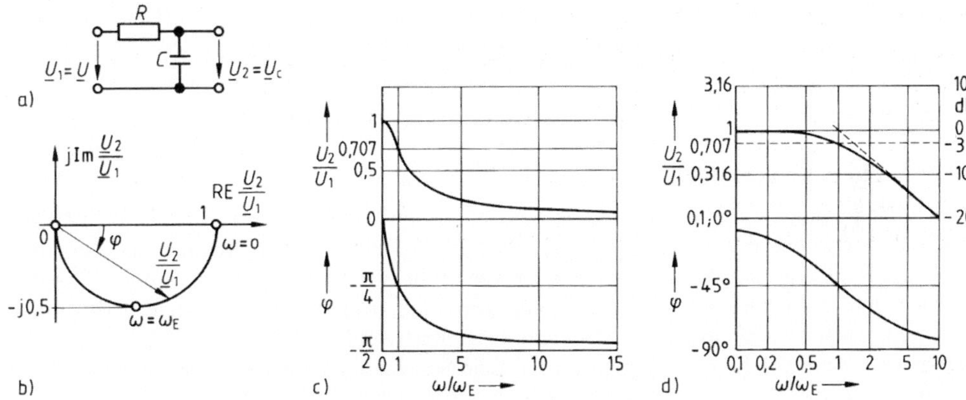

Bild 7.11 Darstellung des Frequenzgangs $\underline{U}_2/\underline{U}_1$ für die Schaltung (a) in der komplexen Ebene (Ortskurve) (b), in reellen Koordinaten linearen Maßstabs (c) und als Bode-Diagramm (d), d. h. als Frequenzgang im doppeltlogarithmischen (Amplitudengang) bzw. einfachlogarithmischen (Phasengang) Maßstab

Häufig wird auch die Variable ω normiert. Als Bezugsgröße wird eine Kreisfrequenz (*Kennkreisfrequenz*) gewählt, bei der die Schaltung ein ganz bestimmtes, charakteristisches Verhalten zeigt. Hier wird als Bezugswert die Grenz- oder *Eckkreisfrequenz* ω_E gewählt, bei der der Scheinwiderstand $1/(\omega_E C)$ der Kapazität den gleichen Wert hat wie der Wirkwiderstand R [16]. Wird die aus der Bedingung $R = 1/(\omega_E C)$ folgende Eckkreisfrequenz $\omega_E = 1/(RC)$ in Gl. (7.9) eingeführt, ergibt sich der einfache Ausdruck

$$\frac{\underline{U}_2}{\underline{U}_1} = \frac{1}{1 + \mathrm{j}\omega/\omega_E}, \tag{7.10}$$

in dem nur einheitenlose Größen auftreten. Für diesen Ausdruck ist der Frequenzgang als Amplituden- und Phasengang im linearen Maßstab in Bild 7.11c dargestellt.

Eine Darstellung der bezogenen Größen im logarithmischen Maßstab, wie sie in Bild 7.11d gezeigt ist, wird als *Bode-Diagramm* bezeichnet. Dabei wird i. Allg. der Betrag der frequenzabhängig dargestellten bezogenen Größe in dB angegeben (rechtsseitige Ordinatenbeschriftung in Bild 7.11d). Die Skalen der in dB bezifferten Amplitudenordinaten und der in Grad bezifferten Phasenwinkelordinaten können im Diagramm auch so gewählt werden, dass ihre Nullpunkte zusammenfallen [16].

Eine ausführliche Erläuterung *frequenzabhängiger Darstellungen komplexer Größen* ist in [16] und [18] zu finden.

7.2 Schwingkreise

Im magnetischen bzw. elektrischen Feld wird Energie gespeichert, die entsprechend Gl. (4.122) von der Induktivität L und dem durch sie fließenden Strom i bzw. entsprechend Gl. (3.94) von der Kapazität C und der an ihr liegenden Spannung u bestimmt ist. Ändert sich der Strom i bzw. die Spannung u, so ändert sich auch die gespeicherte Energie. Bei entsprechender Schaltung von Induktivität und Kapazität kann infolge der unterschiedlichen Phasenlage von Strom und Spannung in diesen beiden Schaltungselementen (Tabelle 5.2) Energie zwischen ihnen pendeln. Sie wirken als Speicher, die ihre *Energie austauschen*. Eine solche Schaltung wird als *Schwingkreis* bezeichnet und man sagt, sie sei *schwingungsfähig*. Von entscheidender Bedeutung für den Ablauf einer solchen Schwingung ist es, ob diese ohne äußere Beeinflussung als *freie Schwingung* oder von außen gesteuert als *erzwungene Schwingung* abläuft.

7.2.1 Freie Schwingungen

Freie Schwingungen treten in realisierten Schwingkreisen infolge der unvermeidbaren Verluste praktisch nur instationär auf, d. h. sie klingen mit der Zeit ab; die Schwingungen verlaufen *gedämpft*. Solche gedämpften Schwingungen werden in Abschnitt 9.3 als instationäre Vorgänge behandelt. Stationäre freie Schwingungen treten nur in ungedämpften, d. h. verlustfreien Schwingkreisen auf, die aber praktisch nicht ausgeführt werden können. Im vorliegenden Abschnitt über stationäre Schwingungen werden freie Schwingungen daher nur zur anschaulichen Erläuterung der in Schwingkreisen ablaufenden Umspeichervorgänge behandelt bzw. als Näherung, die für einige Schwingungsperioden zulässig sein kann.

Eine Induktivität L und eine Kapazität C werden in einem geschlossenen Kreis entsprechend Bild 7.12a zusammengeschaltet. Treten im Kreis keine Verluste auf, so wird eine durch einmalige Aufladung des Kondensators dem Kreis zugeführte Energie als ungedämpfte Schwingung zwischen Kapazität C und Induktivität L hin- und herpendeln. Diese Energiependelung wird durch Strom und Spannung im Kreis bewirkt, die sich sinusförmig ändern. Bild 7.12b zeigt eine Periode der an L und C liegenden Spannung u und des gegenüber dieser um 90° phasenverschobenen Stroms i, der durch L und C fließt.

Zusammen mit den in Bild 7.12a eingetragenen Zählpfeilen für Spannung u und Strom i ergeben sich damit die von Halbperiode zu Halbperiode wechselnden Polaritäten so, wie sie in Bild 7.12c eingetragen sind. Während der Entladung des Kondensators in der 1. und 3. Viertelperiode fließt der Strom von + nach – durch die Induktivität, während seiner Ladung in der 2. und 4. Viertelperiode von + nach – durch die Kapazität. In Bild 7.12d sind die zeitlichen Verläufe der elektrischen Energie $W_e = Cu^2/2$ in der Kapazität C entsprechend Gl. (3.94) und der magnetischen Energie $W_m = Li^2/2$ in der Induktivität L entsprechend Gl. (4.122) wiedergegeben. Da in diesem Fall des *ungedämpften Schwingkreises* keine Energie irreversibel in Wärme umgeformt und, wenn die Schwingung einmal besteht, auch keine Energie mehr zugeführt wird, ist der *gesamte Energieinhalt* des Schwingkreises zu jedem Zeitpunkt *konstant*:

$$W = W_e + W_m = \frac{Cu^2}{2} + \frac{Li^2}{2} = \text{const} \qquad (7.11)$$

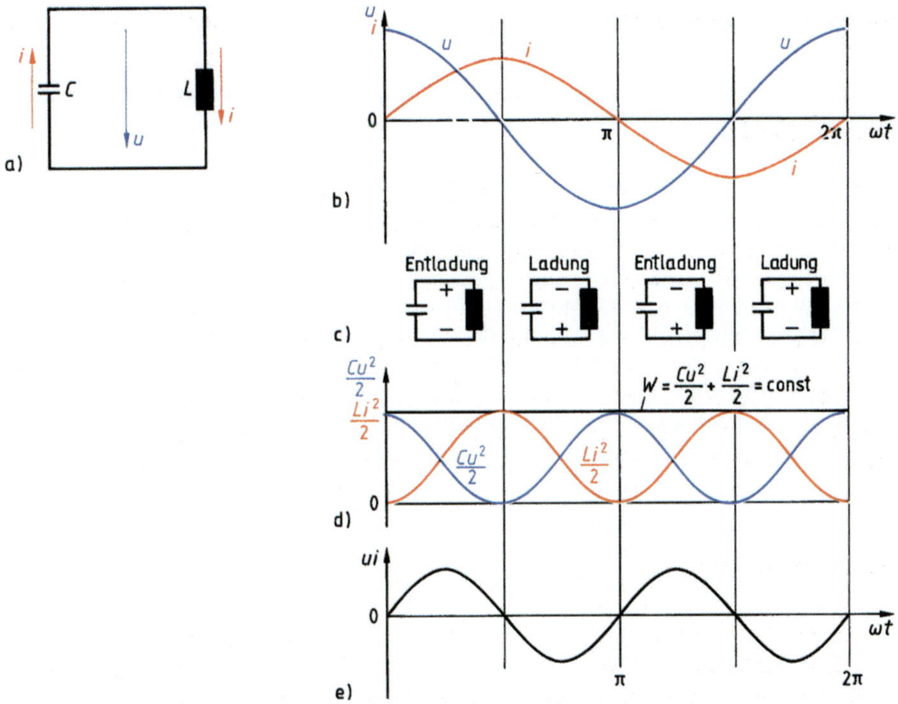

Bild 7.12 Verlauf und Richtung von Strom, Spannung und Leistung im verlustfreien Schwingkreis aus Induktivität L und Kapazität C

a) Schaltung mit Strom- und Spannungszählpfeil
b) zeitlicher Verlauf von Strom i und Spannung u für die in Schaltung a) eingetragenen Zählpfeile
c) Darstellung der in der Schaltung auftretenden Polaritäten
d) zeitlicher Verlauf der in L und C gespeicherten Energie
e) zeitlicher Verlauf der von L und C aufgenommenen bzw. abgegebenen Leistung (das Vorzeichen ist im Zusammenhang mit den Zählpfeilen in a) zu interpretieren, Verbraucher-Zählpfeilsystem bei L, Erzeuger-Zählpfeilsystem bei C)

Die Energie schwingt innerhalb des Kreises hin und her, wobei abwechselnd Kapazität C und Induktivität L die Rolle von *Erzeuger* oder *Verbraucher* übernehmen. Zur Zeit $t = 0$ ist mit dem Scheitelwert der Spannung $\hat{u}$ die Kapazität C auf die maximale Energie aufgeladen. Sie wirkt von da an als Erzeuger und treibt den – vom Anfangswert null ausgehend – größer werdenden Entladestrom i durch die als Verbraucher wirkende Induktivität L, bis bei $\omega t = \pi/2$ mit dem Scheitelwert des Stroms $\hat{i}$ die Induktivität die maximale Energie in ihrem Magnetfeld gespeichert hat. Danach wirkt die Induktivität als Erzeuger und lädt die Kapazität von der Spannung $u = 0$ bis zum Scheitelwert $-\hat{u}$ bei $\omega t = \pi$ mit kleiner werdendem Strom um usw. Die aus den Klemmengrößen u und i der Zweipole C und L berechnete Leistung $p = u\,i$ wechselt von Viertel- zu Viertelperiode der Spannung ihr Vorzeichen, wie in Bild 7.12e dargestellt. Aus dem Vorzeichen dieser Leistung ergibt sich im Zusammenhang mit dem Erzeuger-Zählpfeilsystem an C und dem Verbraucher-Zählpfeilsystem an L die Richtung des Leistungsflusses (vgl. Abschnitt 2.1.4.3).

7.2.2 Erzwungene Schwingungen

Erzwungene elektrische Schwingungen verlaufen mit der Frequenz der von außen eingeprägten periodischen Erregergröße, also Spannung oder Strom. Sind Scheitelwert und Frequenz dieser periodischen Erregergröße über längere Zeit konstant, wird sich ein *stationärer Schwingungsvorgang* mit ebenfalls konstanten Scheitelwerten einstellen, die gerade so groß sind, dass die im Schwingkreis in Dämpfungsenergie umgesetzte Leistung gleich der von der Erregergröße zugeführten Wirkleistung ist. Neben dieser *irreversiblen Energieumsetzung* findet noch ein *reversibler Energieaustausch* sowohl zwischen den Speichern des Schwingkreises als i. Allg. auch zwischen Schwingkreis und äußerem Erreger statt. In einem Schwingkreis sind naturgemäß Speicher mit *physikalisch komplementärem Speichervermögen* vorhanden, d. h. während der eine Speicher Energie abgibt wird, nimmt der andere Energie auf. Die Differenz der Speicherenergien muss der Erreger aufnehmen bzw. abgeben. Nach dem Energiesatz kann die Schwingung nur so verlaufen, dass stets der Augenblickswert der zugeführten Leistung gleich ist der Summe der Augenblickswerte von Dämpfungsleistung und der Differenz der von den Speichern des Schwingers aufgenommenen bzw. abgegebenen Leistung.

Betrachtet man z. B. einen aus der Reihenschaltung von Wirkwiderstand R, Kapazität C und Induktivität L bestehenden *elementaren Reihenschwingkreis*, der von einem Sinusstrom $i = \hat{i}\,\sin(\omega t)$ mit konstantem Scheitelwert $\hat{i}$ stationär erregt wird, so ist entsprechend Gl. (3.94) und (5.177) der Scheitelwert der in der Kapazität C gespeicherten elektrischen Feldenergie

$$\hat{W}_\mathrm{e} = \frac{C\hat{u}}{2} = \frac{C}{2}(Z_\mathrm{c}\,\hat{i})^2 = \frac{\hat{i}^2}{2C\omega^2}$$

abhängig von der Kreisfrequenz ω, der der entsprechend Gl. (4.122) in L gespeicherten magnetischen Feldenergie

$$\hat{W}_\mathrm{m} = \frac{L\hat{i}^2}{2}$$

dagegen nicht. Daher gibt es nur eine Kreisfrequenz ω, bei der derselbe Maximalwert des Stroms $\hat{i}$ in beiden Speichern die gleiche maximale Energie speichert. Diese Frequenz wird als *Kennkreisfrequenz* $\omega_0 = \sqrt{1/LC}$ (Abschnitt 9.3.2.3) *des ungedämpften Kreises* bezeichnet. Hat also der Erregerstrom des Schwingkreises die Kennkreisfrequenz $\omega = \omega_0$, so wird periodisch die gesamte in der Kapazität C gespeicherte Energie an die Induktivität L abgegeben und umgekehrt und es muss dem Schwingkreis vom Erreger nur die im Wirkwiderstand R in Wärme umgesetzte Dämpfungsenergie als Wirkleistung zugeführt werden. Bei allen anderen Frequenzen ist die maximal gespeicherte Energie des einen Speichers größer als die des anderen. Die Differenz der beiden Energien pendelt dann nicht innerhalb des Schwingkreises zwischen seinen Speichern, sondern zwischen Schwingkreis und äußerem Erreger. Der dem Schwingkreis zufließenden Dämpfungsenergie überlagert sich dann also eine Energiependelung.

7.2.2.1 Reihenschwingkreise

In Abschnitt 6.1.2.3 wurde der in Bild 6.5a und Tabelle 7.1 dargestellte *elementare Reihenschwingkreis* aus Wirkwiderstand R, Induktivität L und Kapazität C für die Spannung $\underline{U}$ bzw. den Strom $\underline{I}$ einer bestimmten Kreisfrequenz ω untersucht. Infolge der beiden verschiedenartigen, miteinander verbunden Energiespeicher L und C ist diese Schaltung schwingungsfähig, d. h. ihr Betriebsverhalten ist in charakteristischer Weise von der Frequenz der Erregergröße abhängig. Ein ausgezeichneter Betriebspunkt ist die *Resonanz*, bei der die angeschlossene Quelle nur *noch Wirkleistung in den Schwingkreis liefert.* Die Bestimmungsgleichung für die

Resonanzfrequenz kann also aus der Bedingung abgeleitet werden, dass die Blindleistung und damit der Blindwiderstand X des Zweipols null ist. Für den Reihenschwingkreis nach Tabelle 7.17 gilt somit entsprechend Gl. (6.34) die *Resonanzbedingung*

$$X = X_L + X_C = \omega L - \frac{1}{\omega C} = 0, \tag{7.12}$$

aus der die *Resonanzkreisfrequenz* ω_ρ bzw. *Resonanzfrequenz* $f_\rho = \omega_\rho/(2\pi)$ folgt. Diese für maximalen Strom (bei konstanter Erregerspannung) bzw. Blindwiderstand gleich null (Resonanz) abgeleitete Kreisfrequenz ist *nur bei einem elementaren Schwingkreis* gleich der *Kennkreisfrequenz*

$$\omega_0 = \frac{1}{\sqrt{LC}}. \tag{7.13}$$

Der mit der Kennkreisfrequenz ω_0 berechnete Scheinwiderstand der Kapazität bzw. Induktivität wird als *Kennwiderstand*

$$Z_0 = \omega_0 L = \frac{1}{\omega_0 C} = \sqrt{L/C} \tag{7.14}$$

bezeichnet.

Der entsprechend Gl. (6.33) mit $\omega_0 L - 1/(\omega_0 C) = 0$ von der konstanten Spannung U (Spannungseinspeisung) bewirkte *Resonanzstrom*

$$I_\rho = \frac{U}{R} \tag{7.15}$$

ist ein reiner Wirkstrom, da die beiden Teilspannungen $\underline{U}_L$ und $\underline{U}_C$ an Induktivität L und Kapazität C (Bild 7.13a) ebenso wie die beiden Blindwiderstände X_L und X_C entgegengesetzt gleich sind (Bild 7.13b). Da der Resonanzstrom I_ρ nach Gl. (7.15) mit kleiner werdendem Wirkwiderstand R immer größer wird, werden auch die von ihm an den Blindwiderständen X_L und X_C verursachten Spannungen $I_\rho\,\omega_\rho L$ und $I_\rho/(\omega_\rho C)$ immer größer und können die an den Reihenschwingkreis angelegte Spannung U überschreiten, wenn die Blindwiderstände X_L und X_C dem Betrag nach größer als der Wirkwiderstand R sind.

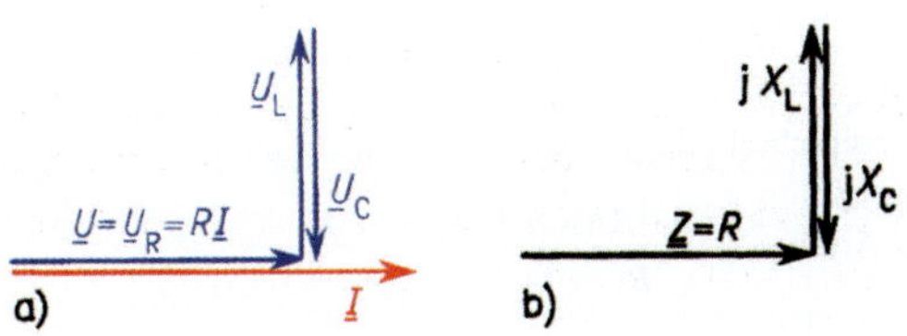

Bild 7.13 Spannungs- (a) und Impedanzzeigerdiagramm (b) eines elementaren Reihenschwingkreises bei Resonanz

Diese Spannungserhöhung wird als *Spannungs-Resonanz* bezeichnet. In Reihenschwingkreisen können an Induktivität und Kapazität durchaus Spannungen U_L und U_C auftreten, die – gegebenenfalls sogar erheblich – größer als die angelegte Spannung U sind und die u. U. die Bauelemente gefährden.

Beispiel 7.6 Elementarer Reihenschwingkreis

In Beispiel 7.1 wird die Impedanz einer Reihenschaltung aus Wirkwiderstand $R = 15\ \Omega$, Induktivität $L = 0{,}2$ H und Kapazität $C = 30\ \mu$F behandelt. Dieser elementare Reihenschwingkreis ist an die *konstante* Sinusspannung $U = 120$ V angeschlossen. Für den *Frequenzbereich* $f \rightarrow 0$ Hz bis $f = 120$ Hz sollen der Strom I, die Spannungen U_L und U_C sowie der Phasenverschiebungswinkel φ als Funktionen der Frequenz dargestellt werden.

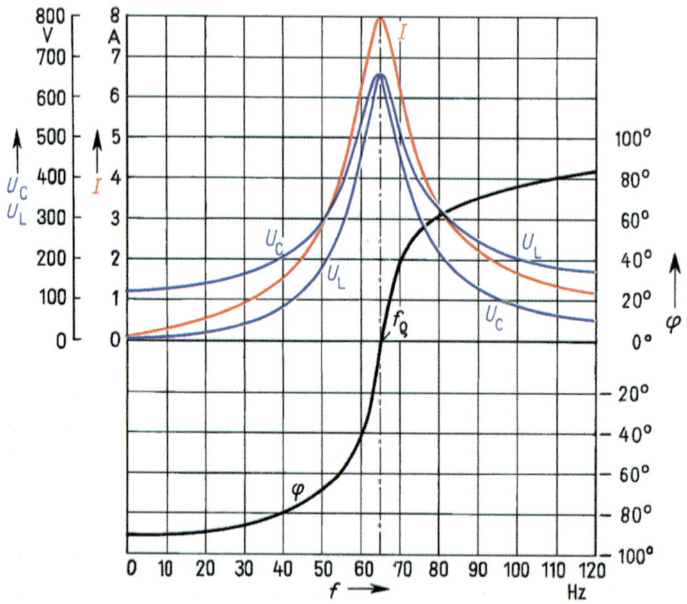

Bild 7.14 Frequenzabhängigkeit von Strom I, Spannungen U_C, U_L und Phasenverschiebungswinkel φ eines elementaren Reihenschwingkreises nach Beispiel 7.6 bei kleiner Dämpfung und Spannungseinspeisung

Für diskrete Frequenzwerte, z. B. im Abstand von 10 Hz, werden die Scheinwiderstände

$$Z = \sqrt{R^2 + \left(\omega L - \frac{1}{\omega C}\right)^2}$$

und damit die Ströme, Spannungen sowie der Phasenverschiebungswinkel

$$I = \frac{U}{Z}, \qquad U_L = I\,\omega L, \qquad U_C = \frac{I}{\omega C}, \qquad \varphi = \text{Arctan}\,\frac{\omega L - 1/(\omega C)}{R}$$

berechnet. Zu beachten ist, dass sich für tan φ und φ je nach dem Überwiegen des induktiven oder kapazitiven Blindwiderstandes positive oder negative Werte ergeben. Die so berechneten Größen sind in Bild 7.14 wiedergegeben. Die Resonanzfrequenz beträgt entsprechend Gl. (7.13)

$$f_\rho = \frac{1}{2\pi\sqrt{LC}} = \frac{1}{6{,}28\sqrt{0{,}2\,(\text{Vs/A})\,30\,\mu\text{As/V}}} = 65\,\text{Hz}\,.$$

Für f_ρ = 65 Hz wird der Scheinwiderstand Z gleich dem Wirkwiderstand R und die Stromfunktion $I = g(f)$ erreicht für $f = f_\rho$ den Höchstwert mit dem Resonanzstrom

$$I_\rho = \frac{U}{R} = \frac{120\,\text{V}}{15\,\Omega} = 8\,\text{A}.$$

Die beim *Resonanzstrom* auftretenden Spannungen an der Induktivität

$$U_{L\rho} = I_\rho\, \omega_\rho\, L = 8\text{ A} \cdot 2\pi \cdot 65\text{ Hz} \cdot 0{,}2\,\frac{\text{Vs}}{\text{A}} = 652\text{ V}$$

und an der Kapazität

$$U_{C\rho} = \frac{I_\rho}{\omega_\rho\, C} = \frac{8\text{A}}{2\pi \cdot 65\text{ Hz} \cdot 30\,\mu\text{As/V}} = 652\text{ V}$$

können im vorliegenden Fall eines schwach gedämpften Schwingkreises näherungsweise auch als Maximalwerte, also als Resonanzspannungen, angesehen werden (letzter Absatz dieses Abschnitts). Die induktiven und kapazitiven Spannungen haben im Resonanzfall mehr als den fünffachen Wert der am Schwingkreis anliegenden Spannung.

Aus Beispiel 7.6, insbesondere dem Diagramm in Bild 7.14, ist ersichtlich, dass der Strom I und die Spannungen U_L und U_C in Resonanznähe sehr steil ansteigen bzw. abfallen. Dieser Verlauf der *Resonanzkurve* ist um so schärfer ausgeprägt, je kleiner der Wirkwiderstand R im Verhältnis zu den Beträgen der Resonanz-Blindwiderstände $X_\rho = \omega_\rho L = 1/(\omega_\rho C)$ ist. Abhängigkeiten von der Frequenz wie in der Darstellung des Bildes 7.14 werden als *Frequenzgang* der betreffenden Schaltung bezeichnet (Abschnitt 7.1.3).

In Bild 7.14 liegen die Höchstwerte von Strom I und den Spannungen U_L, U_C ungefähr bei derselben Resonanzfrequenz f_ρ. Das gilt aber nur, solange der Wirkwiderstand R klein ist gegenüber dem Resonanz-Blindwiderstand $X_\rho = Z_0$ (Kennwiderstand), solange also der Schwingkreis schwach gedämpft ist.

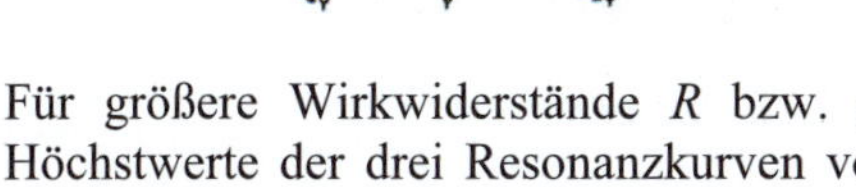

Bild 7.15 Frequenzabhängigkeit von Strom I und Spannungen U_L, U_C in einem stark bedämpften Reihenschwingkreis

Für größere Wirkwiderstände R bzw. größere Dämpfungen (Abschnitt 7.2.3) liegen die Höchstwerte der drei Resonanzkurven von Strom I und den Spannungen U_L, U_C bei unterschiedlichen Frequenzen, wie dies in Bild 7.15 angedeutet ist. Nach Gl. (6.35) ist bei einer Reihenschaltung von Wirkwiderstand R, Induktivität L und Kapazität C der Strom

$$I = \frac{U}{\sqrt{R^2 + [\omega L - 1/(\omega C)]^2}}. \tag{7.16}$$

Mit ihm ergeben sich die Spannungen an der Induktivität

$$U_L = I\,\omega\,L = \frac{U\,\omega\,L}{\sqrt{R^2 + [\omega L - 1/(\omega C)]^2}} \tag{7.17}$$

und an der Kapazität

$$U_C = \frac{I}{\omega C} = \frac{U}{\omega C\sqrt{R^2 + [\omega L - 1/(\omega C)]^2}}. \tag{7.18}$$

Nach den Regeln der Differenzialrechnung erhält man die Maxima der Spannungen aus $\mathrm{d}U_C/\mathrm{d}\omega = 0$ und $\mathrm{d}U_L/\mathrm{d}\omega = 0$ und damit die Bestimmungsgleichungen für die Frequenz

$$f_{L\rho} = \frac{1}{2\pi}\sqrt{\frac{2}{2LC - R^2C^2}} = f_0 \Big/ \sqrt{1 - \frac{CR^2}{2L}}, \tag{7.19}$$

bei der die Spannung U_L ihr Maximum erreicht, und für die Frequenz

$$f_{C\rho} = \frac{1}{2\pi}\sqrt{\frac{1}{LC} - \frac{R^2}{2L^2}} = f_0\sqrt{1 - \frac{CR^2}{2L}}, \tag{7.20}$$

bei der der Maximalwert der Spannung U_C auftritt. Die so berechneten Resonanzfrequenzen für die Spannungen weichen von der nach Gl. (7.13) für die Stromresonanz berechneten Frequenz $f_{I\rho} = f_0 = \omega_0/(2\pi)$, die als *Kennfrequenz* f_0 definiert wurde, ab ($f_{C\rho} < f_0 = f_{I\rho} < f_{L\rho}$). Die Abweichung beträgt allerdings weniger als 0,25 %, wenn $R \leq 0{,}1\, X_\rho$ ist.

7.2.2.2 Parallelschwingkreise

Der in Bild 6.11 und Tabelle 7.1 dargestellte und in Abschnitt 6.1.3.3 für konstante Werte von U, I, L, C, R und ω untersuchte *elementare Parallelschwingkreis* zeigt ein dem elementaren Reihenschwingkreis nach Abschnitt 7.2.2.1 *duales Verhalten* (Abschnitt 6.2.1.3). Die Spannung an einem solchen von einem konstantem Strom I durchflossenen (*Stromeinspeisung*) Parallelschwingkreis zeigt in Abhängigkeit von der Frequenz einen ähnlichen Verlauf wie der Strom in einem an konstanter Spannung U (*Spannungseinspeisung*) liegenden Reihenschwingkreis (Tabelle 7.1, Zeile 7 und Abschnitt 7.2.2.3). Bei der Resonanzfrequenz liefert die angeschlossene Spannungsquelle nur noch Wirkleistung in den Schwingkreis, sodass sich durch Nullsetzen des Blindleitwertes aus Gl. (6.61)

$$B_C + B_L = \omega C - \frac{1}{\omega L} = 0 \tag{7.21}$$

die Resonanzkreisfrequenz ω_ρ ergibt. Die so bestimmte Resonanzkreisfrequenz stimmt analog zum Reihenschwingkreis *bei einem elementaren Parallelschwingkreis* mit der *Kennkreisfrequenz*

$$\omega_0 = \frac{1}{\sqrt{LC}} \tag{7.22}$$

überein. Der mit der Kennkreisfrequenz ω_0 berechnete Scheinleitwert der Induktivität bzw. Kapazität wird als *Kennleitwert*

$$Y_0 = \omega_0 C = \frac{1}{\omega_0 L} = \sqrt{C/L} \tag{7.23}$$

bezeichnet. Bei der Resonanzkreisfrequenz $\omega_\rho = \omega_0$ wird von der angelegten Spannung U der *Resonanzstrom*

$$I_\rho = U\,G \tag{7.24}$$

verursacht, der nach Gl. (6.60) infolge $\omega L - 1/(\omega C) = 0$ als reiner Wirkstrom allein vom Wert des Parallelwiderstandes $R = 1/G$ abhängt. Liegt der Parallelschwingkreis an einer *konstanten Spannung* U, wird mit kleiner werdendem Leitwert G des Parallelwiderstandes auch der Resonanzstrom I_ρ kleiner. Hingegen können die in Induktivität L und Kapazität C fließenden Ströme $I_{L\rho} = U/(\omega_\rho L)$ und $I_{C\rho} = U\,\omega_\rho\,C$ sehr groß werden, da sie sich infolge entgegengesetzter Phasenlage kompensieren, sodass sie in der speisenden Spannungsquelle nicht in Erscheinung treten. Bei Parallelschwingkreisen ist also ein kleiner Klemmenstrom keine Gewähr dafür, dass die Induktivität strommäßig nicht überlastet wird.

Beispiel 7.7 Parallelschwingkreis aus realen Bauelementen

Für den *nichtelementaren Parallelschwingkreis* nach Bild 7.16 sind die Resonanzfrequenz und der Resonanzstrom zu bestimmen. Der Einfluss der Verluste in Spule und Kapazität, die mittels der als konstant angenommenen Widerstände R_L und R_C modelliert werden, auf die Resonanzgrößen ist zu untersuchen.

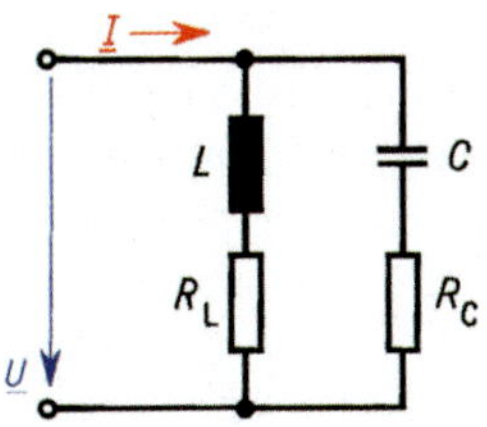

Bild 7.16 Parallelschwingkreis mit Berücksichtigung der Verluste in Spule und Kondensator durch je einen den Blindwiderständen vorgeschalteten Wirkwiderstand

Wandelt man die Reihenschaltungen aus R und L bzw. R und C der parallelen Zweige in Bild 7.16 jeweils in äquivalente Teilparallelzweige um (Abschnitt 6.2.1) und bezeichnet den resultierenden komplexen Leitwert mit $G + \mathrm{j}B$, so ist der Klemmenstrom nach Bild 7.16

$$\underline{I} = \underline{U}\,(G + \mathrm{j}B) \tag{7.25}$$

mit dem resultierenden Wirkleitwert

$$G = \frac{R_L}{R_L^2 + X_L^2} + \frac{R_C}{R_C^2 + X_C^2} \tag{7.26}$$

und dem resultierenden Blindleitwert

$$B = -\frac{X_L}{R_L^2 + X_L^2} - \frac{X_C}{R_C^2 + X_C^2}\,. \tag{7.27}$$

Für die Resonanzfrequenz des Schwingkreises gilt die Bedingung, dass er nur Wirkleistung aufnimmt, d. h. der Blindleitwert B null ist. Mit $X_L = \omega L$ und $X_C = -\,1/(\omega C)$ folgt somit aus Gl. (7.27) die *Resonanzbedingung*

$$B = -\frac{\omega L}{R_L^2 + (\omega L)^2} + \frac{1/(\omega C)}{R_C^2 + (\omega C)^{-2}} = 0. \tag{7.28}$$

Bringt man diesen Bruch auf einen Nenner, so hat er den Wert null, wenn sein Zähler null ist:

$$-\left[R_C^2 + \frac{1}{(\omega C)^2}\right]\omega L + \frac{R_L^2 + (\omega L)^2}{\omega C} = 0. \tag{7.29}$$

Je nach Fragestellung kann Gl. (7.29) nach der Größe ω, L, C oder R aufgelöst werden, die aus der Resonanzbedingung bestimmt werden soll. Häufig ist die Resonanzkreisfrequenz ω_ρ für gegebene Schwingkreisdaten R_L, R_C, L, C gesucht. Dann wird Gl. (7.29) wie folgt nach $\omega = \omega_\rho$ aufgelöst.
Durch Erweitern von Gl. (7.29) mit $(\omega_\rho C)^2$ erhält man

$$\omega_\rho C\,[\,R_L^2 + (\omega_\rho L)^2] - \omega_\rho L\,[\,\omega_\rho^2 C^2 R_C^2 + 1\,] = 0$$

und nach Kürzen durch ω_ρ die quadratische Gleichung

$$\omega_\rho^2 L^2 C - \omega_\rho^2 L C^2 R_C^2 + C R_L^2 - L = 0 .$$

Damit ergibt sich für die Parallelschaltung in Bild 7.16 die Resonanzfrequenz

$$f_\rho = \frac{1}{2\pi}\sqrt{\frac{L - C R_L^2}{CL(L - C R_C^2)}} = \frac{\omega_0}{2\pi}\sqrt{\frac{R_L^2 - L/C}{R_C^2 - L/C}} . \qquad (7.30)$$

Im Folgenden wird der *Einfluss der beiden Wirkwiderstände* R_L und R_C auf den Resonanzstrom und die Resonanzfrequenz untersucht.

1. Fall: In der Parallelschaltung von $\underline{Z}_1 = R_L + j\,\omega L$ und $\underline{Z}_2 = R_C + 1/(j\,\omega C)$ nach Bild 7.16 werden die Verluste von Spule und Kondensator über die Wirkwiderstände R_L und R_C voll berücksichtigt.

   Im Resonanzfall ist der Blindleitwert $B = 0$ und es wird nach Gl. (7.25) der Strom $\underline{I} = \underline{U}G$. Setzt man den Wirkleitwert nach Gl. (7.26) ein, erhält man für den *Resonanzstrom*

$$I_\rho = U\left[\frac{R_L}{R_L^2 + (\omega_\rho L)^2} + \frac{R_C}{R_C^2 + (\omega_\rho C)^{-2}}\right] . \qquad (7.31)$$

   Die Zusammenfassung der beiden Brüche ergibt mit Gl. (7.29)

$$I_\rho = U\frac{R_L + R_C \omega_\rho^2 LC}{R_L^2 + (\omega_\rho L)^2} . \qquad (7.32)$$

   Die zugehörige *Resonanzfrequenz* f_ρ ist bereits in Gl. (7.30) angegeben.

2. Fall: Die Parallelschaltung eines ohmsch-induktiven Zweipols $\underline{Z}_1 = R_L + j\,\omega L$ mit einem reinen kapazitiven Blindwiderstand $\underline{Z}_2 = -\,j/(\omega C)$ ist gegenüber dem 1. Fall vereinfacht, indem $R_C = 0$, also ein verlustfreier Kondensator angenommen ist. Mit $R_C = 0$ vereinfacht sich Gl. (7.30) und man bekommt die *Resonanzfrequenz*

$$f_\rho = \frac{\sqrt{1/(LC) - (R_L/L)^2}}{2\pi} = \frac{\omega_0}{2\pi}\sqrt{1 - R_L^2 C/L} , \qquad (7.33)$$

   die auf jeden Fall kleiner als die des ungedämpften Schwingkreises nach Gl. (7.35) ist. Der *Resonanzstrom* ergibt sich aus Gl. (7.32), indem $R_C = 0$ eingesetzt wird:

$$I_\rho = \frac{U R_L}{R_L^2 + (\omega_\rho L)^2} \qquad (7.34)$$

3. Fall: Die Parallelschaltung eines ohmsch-induktiven Zweipols $\underline{Z}_1 = R_L + j\,\omega L$, der infolge $R_L \ll \omega L$ näherungsweise mit $\underline{Z}_1 = j\,\omega L$ angenommen werden kann (verlustfreie Spule), mit dem kapazitiven Widerstand $\underline{Z}_2 = -\,j/(\omega C)$ des ebenfalls verlustlos angenommenen Kondensators.

   Wird in Gl. (7.30) $R_L = R_C = 0$ gesetzt, so vereinfacht sich diese Gleichung und man erhält die *Resonanzfrequenz*

$$f_\rho = \frac{1}{2\pi\sqrt{LC}} = \frac{\omega_0}{2\pi} . \qquad (7.35)$$

   Bei Vernachlässigung der Verluste hat der hier betrachtete Schwingkreis wieder *elementare Struktur* und seine Resonanzfrequenz stimmt mit seiner Kennkreisfrequenz überein.

   Der Resonanzstrom ergibt sich aus Gl. (7.34), in der für $R_L \ll \omega L$ das Glied R_L^2 gegenüber $(\omega L)^2$ vernachlässigt wird. Außerdem wird entsprechend $\omega L = 1/(\omega C)$ das Glied $(\omega L)^2$ durch $\omega L/(\omega C) = L/C$ ersetzt. Man erhält damit den *Resonanzstrom*

$$I_\rho = \frac{U R_L}{(\omega L)^2} = \frac{U R_L C}{L} . \qquad (7.36)$$

7.2.2.3 Vergleich von Reihen- und Parallelschwingkreisen

Um das duale Verhalten der in Abschnitt 7.2.2.1 und 7.2.2.2 behandelten elementaren Reihen- und Parallelschwingkreise deutlich aufzuzeigen, wird im Folgenden das frequenzabhängige Betriebsverhalten beider Kreise erläutert und in Tabelle 7.1 gegenübergestellt.

Für die Schaltungen in Zeile 1 gelten die Spannungsgleichung (6.33) (elementarer Reihenschwingkreis) bzw. die Stromgleichung (6.60) (elementarer Parallelschwingkreis) in Zeile 2, die in Zeile 3 als Zeigerdiagramme dargestellt sind für eine Frequenz, bei der der Blindwiderstand der Induktivität größer ist als der der Kapazität.

Für beide Schwingkreise ergibt sich nach Gl. (7.13) und (7.22) die gleiche Kennkreisfrequenz $\omega_0 = 1/\sqrt{LC}$, bei der nur der Wirkwiderstand $R = 1/G$ des Kreises nach außen in Erscheinung tritt.

Um das frequenzabhängige Strom-Spannungs-Verhalten darzustellen, werden die Spannungsgleichung bzw. die Stromgleichung aus Zeile 2 durch den Strom bzw. die Spannung dividiert, sodass sich die Impedanz $\underline{Z}$ bzw. die Admittanz $\underline{Y}$ ergeben.

$$\underline{Z} = R + \mathrm{j}\,\omega L + \frac{1}{\mathrm{j}\omega C} \qquad \text{bzw.} \qquad \underline{Y} = G + \mathrm{j}\,\omega C + \frac{1}{\mathrm{j}\omega L} \tag{7.37}$$

Erweitert man die imaginären Terme mit der Kennkreisfrequenz ω_0 und führt den in Gl. (7.14) bzw. Gl. (7.23) angegebenen Kennwiderstand $Z_0 = \omega_0 L = 1/(\omega_0 C)$ bzw. Kennleitwert $Y_0 = \omega_0 C = 1/(\omega_0 L)$ ein, ergibt sich

$$\underline{Z} = R + \mathrm{j}\,Z_0\left(\frac{\omega}{\omega_0} - \frac{\omega_0}{\omega}\right) \qquad \text{bzw.} \qquad \underline{Y} = G + \mathrm{j}\,Y_0\left(\frac{\omega}{\omega_0} - \frac{\omega_0}{\omega}\right). \tag{7.38}$$

Der frequenzabhängige Verlauf von $\underline{Z}$ bzw. $\underline{Y}$ ist in Zeile 5 als Ortskurve dargestellt. Daraus erkennt man die für den Schwingkreis charakteristische Frequenzabhängigkeit dieser Größen, die zu dem in Zeile 6 und 7 angeführten frequenzabhängigen Strom- bzw. Spannungsverhalten bei Strom- bzw. Spannungseinspeisung führt.

Werden der Reihen- bzw. Parallelschwingkreis an eine *konstante Spannung* U = const angeschlossen, durchläuft der aufgenommene Strom I in Abhängigkeit von der Kreisfrequenz ω beim Reihenschwingkreis ein *Maximum* (linkes Diagramm in Zeile 7), beim Parallelschwingkreis jedoch ein *Minimum* (rechtes Diagramm in Zeile 6).

Wird in den Reihen- bzw. Parallelschwingkreis ein *konstanter Strom* I = const eingeprägt, so durchläuft die an dem Kreis auftretende Spannung U in Abhängigkeit von der Kreisfrequenz ω beim Reihenschwingkreis ein *Minimum* (linkes Diagramm in Zeile 6), beim Parallelschwingkreis aber ein *Maximum* (rechtes Diagramm in Zeile 7).

Tabelle 7.1 Gegenüberstellung der Betriebseigenschaften elementarer Reihen- und Parallelschwingkreise

Zeile	Reihenschwingkreis	Parallelschwingkreis
1 Schaltung	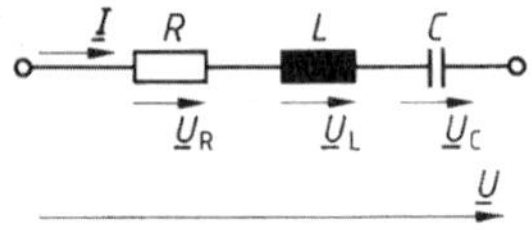	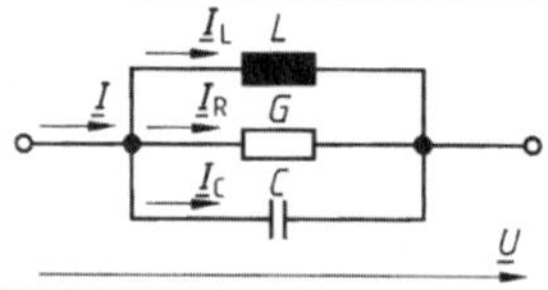
2 Strom-Spannungs-Verhalten	$\underline{U} = R\,\underline{I} + \mathrm{j}\,\omega L\,\underline{I} + \dfrac{\underline{I}}{\mathrm{j}\omega C}$	$\underline{I} = G\,\underline{U} + \mathrm{j}\,\omega\,C\,\underline{U} + \dfrac{\underline{U}}{\mathrm{j}\omega L}$
3 Zeigerdiagramm	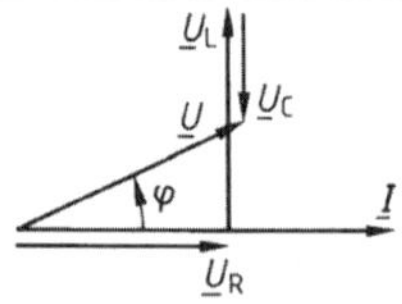	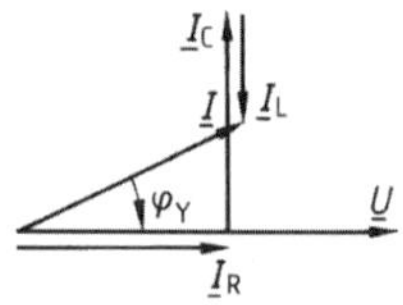
4 Kenngrößen	$Z_0 = \sqrt{L/C}$ $\omega_0 = 1/\sqrt{LC}$	$Y_0 = \sqrt{C/L}$
5 Ortskurve für Impedanz bzw. Admittanz	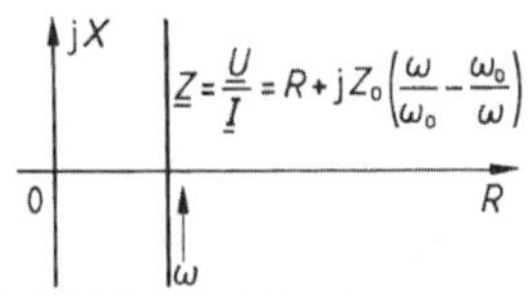	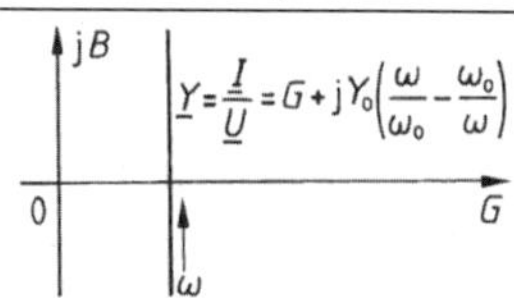
6 Amplitudengänge	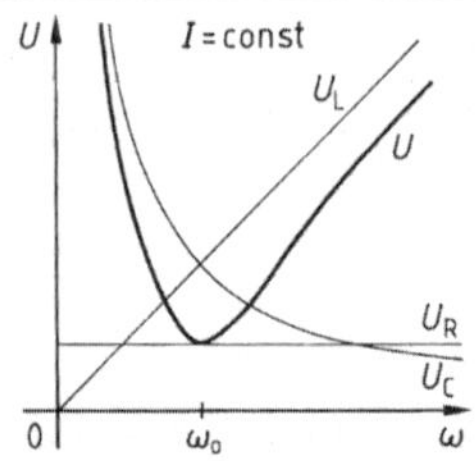	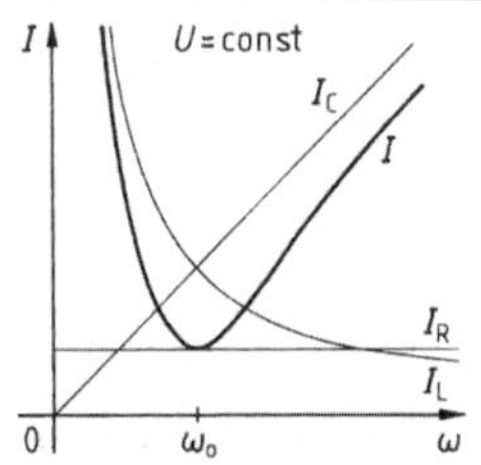
7 Amplitudengänge	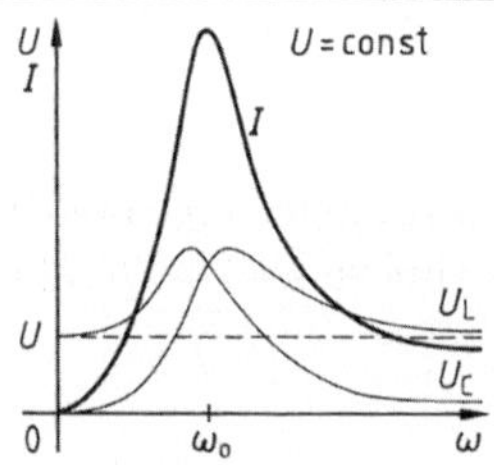	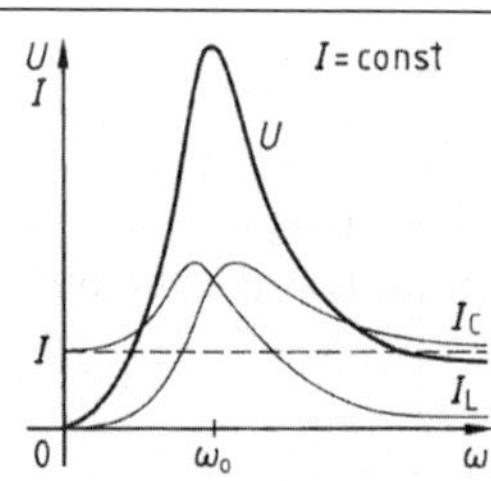

7.2.3 Kenngrößen für Schwingkreise

In Abschnitt 7.2.2.1 und 7.2.2.2 sind bereits für Reihen- und Parallelschwingkreise entsprechend den Ersatzschaltungen in Tabelle 7.1 die *Kennkreisfrequenz* $\omega_0 = 1/\sqrt{LC}$ [Gl. (7.13) und (7.22)] sowie der *Kennwiderstand* $Z_0 = \sqrt{L/C}$ [nach Gl. (7.14) für den Reihenschwingkreis] bzw. der *Kennleitwert* $Y_0 = \sqrt{C/L}$ [nach Gl. (7.23) für den Parallelschwingkreis] angegeben.

Die Kennkreisfrequenz ω_0 *wird auch als Eigen- oder Resonanzkreisfrequenz des ungedämpften Schwingkreises* bezeichnet. Diese Bezeichnung folgt aus Beispiel 7.6, in dem für einen nichtelementaren Parallelschwingkreis abhängig von der Anordnung der Wirkwiderstände in der Ersatzschaltung die unterschiedlichen Resonanzfrequenzen f_ρ berechnet wurden. Nur die mit Gl. (7.35) für den verlustfreien (ungedämpften) Schwingkreis abgeleitete Resonanzfrequenz $f_\rho\,(R = 0)$ stimmt mit der Definition der Kennfrequenz f_0 entsprechend Gl. (7.22) überein $[f_\rho\,(R = 0) = f_0]$.

Das Verhältnis Z_0/R bzw. Y_0/G ist ein Maß für das Verhältnis der im Schwingungsablauf zwischen Induktivität und Kapazität umgespeicherten Energie zu der im Wirkwiderstand irreversibel in Wärme umgeformten Energie. Da dieses Verhältnis maßgebend ist für die Schwingungsintensität bei Resonanz bzw. für die *Resonanzüberhöhung*, hat man als eine weitere Kenngröße die *Güte*

$$Q = \frac{Z_0}{R} = \frac{Y_0}{G} \tag{7.39}$$

definiert. Im Gegensatz zu nicht schwingungsfähigen Zweipolen, bei denen die Güte eine Funktion der Frequenz ist, bezieht sich die Güte von Schwingkreisen immer auf deren Resonanzfrequenz. Häufig wird auch der Kehrwert der Güte, die *Dämpfung*

$$d = \frac{1}{Q}, \tag{7.40}$$

angegeben. Sie unterscheidet sich um den Faktor 2 von dem bei der Lösung der inhomogenen Differenzialgleichung für freie Schwingungen i. Allg. eingeführten *Dämpfungsgrad* $\vartheta = d/2$ (Abschnitt 9.3.2.3).

Zur Erleichterung der formalen Darstellung von Schwingungsvorgängen wird die bereits in Abschnitt 7.2.2.3 eingeführte, auf die Kennfrequenz f_0 bezogene Frequenz f als *relative Frequenz*

$$\Omega = \frac{f}{f_0} = \frac{\omega}{\omega_0} \tag{7.41}$$

und die in Gl. (7.38) in Klammern stehende Differenz als *Verstimmung*

$$\nu = \frac{\omega}{\omega_0} - \frac{\omega_0}{\omega} = \Omega - \frac{1}{\Omega} \tag{7.42}$$

definiert. Damit lässt sich z. B. die frequenzabhängige Impedanz des Reihenschwingkreises bzw. die Admittanz des Parallelschwingkreises nach Gl. (7.38) in der einfachen Form

$$\underline{Z} = R + \mathrm{j} Z_0\,\nu \qquad \text{bzw.} \qquad \underline{Y} = G + \mathrm{j}\,Y_0\,\nu \tag{7.43}$$

schreiben.

Den anschaulichsten Eindruck vom frequenzabhängigen Verlauf der Schwingung vermittelt der Amplitudengang (Bild 7.14). Diese auch als *Resonanzkurve* bezeichnete Funktion verläuft um so steiler, d. h. mit schärfer ausgeprägtem Extremum (Maximum oder Minimum), je kleiner die Dämpfung d bzw. je größer die Güte Q des Kreises ist. Man spricht von *Resonanzverstärkungen*, z. B. in den Diagrammen in Zeile 7 von Tabelle 7.1 (bzw. *Resonanzabschwächung*, z. B. in den Diagrammen in Zeile 6 von Tabelle 7.1) infolge steiler Resonanzkurven. Zur Objektivierung dieser subjektiven Beurteilung wurde als weitere Kenngröße die *Bandbreite* eingeführt. In Bild 7.17 sind Amplitudengang der *Schwinggröße S* und Phasengang des

Phasenverschiebungswinkels φ zwischen Schwingungs- und Erregergröße eines Schwingkreises dargestellt.

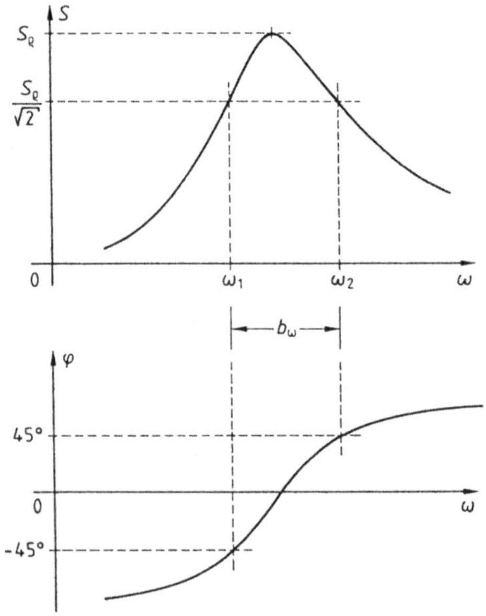

Bild 7.17 Definition der Bandbreite bei elementaren Schwingkreisen

Die *Bandbreite*

$$b_\omega = \omega_2 - \omega_1 \quad \text{bzw.} \quad b_f = f_2 - f_1 \tag{7.44}$$

einer Resonanzkurve ist die Differenz der *oberen* und *unteren Grenzkreisfrequenz* ω_2 und ω_1 bzw. der oberen und unteren *Grenzfrequenz*. Diese Grenz(kreis)frequenzen sind so definiert, dass bei ihnen der Betrag der Schwinggröße S jeweils den $(1/\sqrt{2}\,)$-fachen Wert des Maximums S_ρ (bzw. dem $\sqrt{2}$ -fachen Wert des Minimums S_ρ) hat. Bei den elementaren RLC-Reihen- oder GCL-Parallelschwingkreisen wie in Tabelle 7.1 beträgt die sich dabei einstellende Phasenverschiebung zwischen Schwing- und Erregergröße $|\,\varphi\,| = 45°$ (Bild 7.18 und 7.19). *Diese Aussage ist auf nichtelementare Schwingkreise nicht übertragbar.*

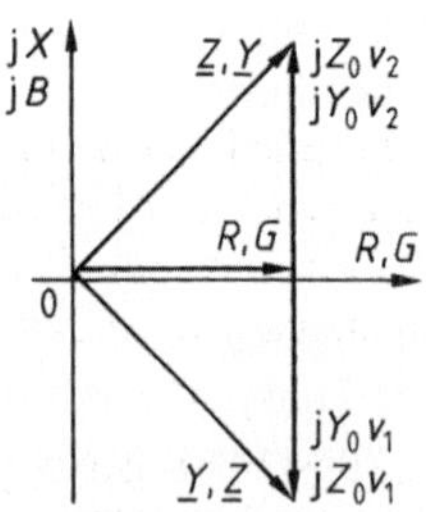

Bild 7.18 Zeigerdiagramm der Impedanzen $\underline{Z}$ bzw. Admittanzen $\underline{Y}$ bei der Verstimmung v_1 bzw. v_2 entsprechend der unteren bzw. oberen Grenzkreisfrequenz ω_1 bzw. ω_2 bei elementaren Schwingkreisen

Im Folgenden soll diese Definition der Bandbreite für die Impedanz $\underline{Z}$ bzw. Admittanz $\underline{Y}$ des elementaren Reihen- bzw. Parallelschwingkreises nach Tabelle 7.1 gedeutet werden. Die maximalen (bzw. minimalen) Resonanzwerte der Schwinggrößen stellen sich bei minimalen Werten für $\underline{Z}$ bzw. $\underline{Y}$, also bei $\underline{Z} = R$ bzw. $\underline{Y} = G$, ein (Tabelle 7.1). Die um den Faktor $\sqrt{2}$ größeren bzw. um $1/\sqrt{2}$ kleineren Schwinggrößen ergeben sich, wenn die Beträge der komplexen Größen $\underline{Z}$ (also der Gesamt-Scheinwiderstand) bzw. $\underline{Y}$ (also der Gesamt-Scheinleitwert) um den Faktor $\sqrt{2}$ größer sind als ihre Minimalwerte R bzw. G. Dann sind die Zeiger $\underline{Z}$ bzw. $\underline{Y}$ um $\pi/4$ in positiver oder negativer Richtung gegenüber der reellen Achse verdreht (Bild 7.18). Für diesen Fall folgt aus Gl. (7.43)

$$|\nu_1|\,Z_0 = |\nu_2|\,Z_0 = R \qquad \text{bzw.} \qquad |\nu_1|\,Y_0 = |\nu_2|\,Y_0 = G\,. \tag{7.45}$$

Führt man die Güte Q entsprechend Gl. (7.39) ein, so lässt sich die für die obere bzw. untere Grenzkreisfrequenz ω_2 bzw. ω_1 berechnete Verstimmung ν_2 bzw. ν_1 entsprechend Gl. (7.45) auf die Güte zurückführen.

$$\nu_{1,2} = \frac{\omega_{1,2}}{\omega_0} - \frac{\omega_0}{\omega_{1,2}} = \mp\frac{R}{Z_0} = \mp\frac{G}{Y_0} = \mp\frac{1}{Q} \tag{7.46}$$

Multipliziert man Gl. (7.46) mit $\omega_{1,2}\cdot\omega_0$, erhält man die quadratische Gleichung

$$\omega_{1,2}^2 \pm \frac{\omega_{1,2}\omega_0}{Q} - \omega_0^2 = 0, \tag{7.47}$$

deren Lösung eine Gleichung für die (nur mit positiven Werten möglichen) Grenzkreisfrequenzen

$$\omega_{1,2} = \omega_0\left[\sqrt{1+\frac{1}{4Q^2}} \mp \frac{1}{2Q}\right] \tag{7.48}$$

liefert. Bildet man die Differenz der beiden Grenz(kreis)frequenzen, bekommt man entsprechend Gl. (7.44) die *Bandbreite*

$$b_\omega = \omega_2 - \omega_1 = \frac{\omega_0}{Q} \qquad \text{bzw.} \qquad b_\mathrm{f} = f_2 - f_1 = \frac{f_0}{Q}. \tag{7.49}$$

Aus Gl. (7.49) wird deutlich, dass eine Resonanzkurve um so steiler ausgeprägt ist (schmalbandiger verläuft), je größer die Güte Q bzw. je geringer die Dämpfung $d = 1/Q$ des Schwingkreises ist. Um scharf ausgeprägte Resonanzkurven zu realisieren, die beispielsweise für schmalbandige Filterschaltungen erforderlich sind, müssen also Spulen und Kondensatoren mit möglichst hohen Güten (geringen Verlusten) für den Aufbau eines Schwingkreises verwendet werden.

7.2.4 Schwingkreise mit mehreren Freiheitsgraden

In Abschnitt 7.2.2 und 7.2.3 werden einfache Schwingkreise betrachtet, bei denen eine Energiependelung nur zwischen genau einer Kapazität und genau einer Induktivität stattfindet. Solche Schwingkreise bezeichnet man als Kreise mit einem *Freiheitsgrad.* Sich selbst überlassen, schwingt ein solcher Kreis mit einer ganz bestimmten, ihm eigenen Frequenz. Das System hat nur *eine Eigenfrequenz.*

Die in der Praxis auftretenden Schwingungsvorgänge erweisen sich bei genauer Betrachtung i. Allg. als weitaus komplizierter als bisher dargestellt, da sich Schaltungselemente mit den im Ersatzschaltbild angenommenen idealen Eigenschaften praktisch nicht realisieren lassen. Beispielsweise lassen sich die Windungen einer Spule nicht allein durch eine Induktivität beschreiben, da zwischen den Windungen auch *parasitäre Kapazitäten* wirksam sind (Bild 7.19b). Schaltet man eine Spule mit einem Kondensator zu einem Schwingkreis zusammen

(Bild 7.19), so können also außer der Energiependelung zwischen dem durch die Kapazität C modellierten Kondensator und der durch die Gesamtinduktivität L modellierten Spule auch noch Energieumspeicherungsvorgänge innerhalb der Spule zwischen den Teilinduktivitäten ΔL und den Teilkapazitäten ΔC der einzelnen Windungen auftreten. Ein Reihenschwingkreis aus Spule und Kondensator wird also durch eine Ersatzschaltung entsprechend Bild 7.19c genauer modelliert als durch die in Bild 7.19a dargestellte. Daraus ist erkennbar, dass außer der Schwingung in der *ersten Eigenform*, die dem Energieaustausch zwischen L (Spule als Ganzes) und C entspricht, offensichtlich *weitere Schwingungseigenformen* möglich sind, die als Energiependelungen zwischen den Teilinduktivitäten ΔL_1, ΔL_2, ... und den Teilkapazitäten ΔC_1, ΔC_2, ... innerhalb der Spule ablaufen.

Die Schwingungen der einzelnen Eigenformen eines Schwingkreises beeinflussen sich gegenseitig, sie sind miteinander gekoppelt. Der gesamte Schwingungsvorgang wird entsprechend der Anzahl der Maschen und Knoten der Ersatzschaltung durch ein Gleichungssystem beschrieben. Überlässt man nach geeigneter Anregung das System sich selbst, so verlaufen die Schwingungen jeder Eigenform mit der ihr eigenen Frequenz, die als *Eigenfrequenz der jeweiligen Eigenform* bezeichnet wird. Schwingkreise, deren Schwingungsvorgang durch n Größen, also durch *n voneinander unabhängige Gleichungen*, eindeutig bestimmt wird, nennt man Schwingungssysteme mit *n Freiheitsgraden*. Der Schwingungsvorgang solcher Systeme lässt sich als Überlagerung von n Einzelschwingungen in n charakteristischen Eigenformen auffassen.

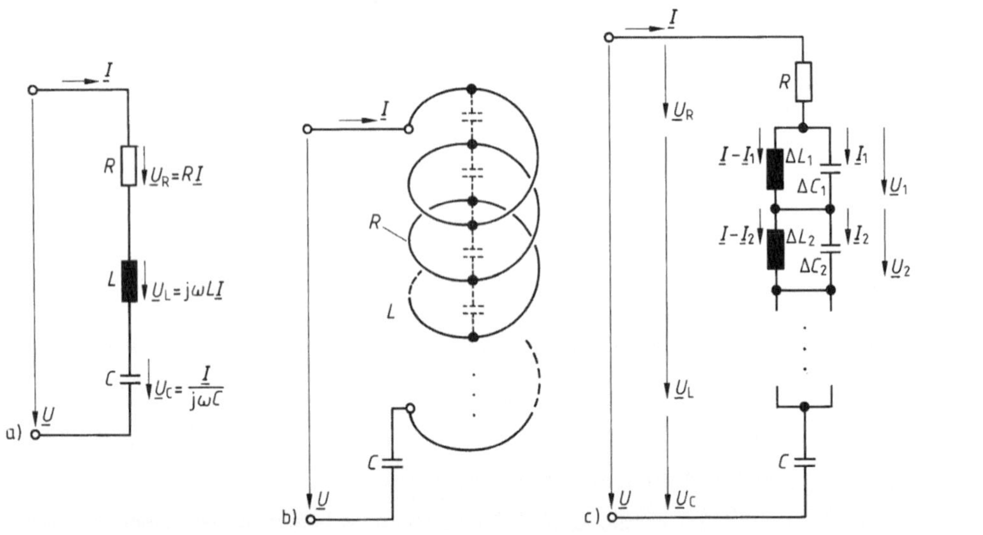

Bild 7.19 Realer Reihenschwingkreis aus widerstandsbehafteter Spule und Kondensator
a) einfachste Ersatzschaltung für Schwingungen in der ersten Eigenform
b) schematische Darstellung der Windungskapazitäten
c) verfeinerte Ersatzschaltung für Schwingungen in mehreren Eigenformen

Bei den in diesem Abschnitt behandelten erzwungenen Schwingungen bilden sich nur die Schwingungseigenformen aus, deren Charakteristik der der Erregereinwirkung entspricht. In allen angeregten Eigenformen *verläuft die Schwingung* aber *mit der Erregerfrequenz*. Werden alle n Eigenformen erregt, so weist die Resonanzkurve, d. h. der Amplitudengang, bei jeder der n Eigenfrequenzen ein relatives Extremum auf. Es treten also so viele Extrema auf, wie das System Freiheitsgrade hat.

Bei der Betrachtung des vorstehend beschriebenen Reihenschwingkreises entsprechend Bild 7.19 wurde nicht festgelegt, durch wie viele Teilinduktivitäten und Teilkapazitäten die Spule modelliert wird. Da Induktivität und Windungskapazität kontinuierlich über die ganze Spule verteilt sind, werden die Eigenschaften der Spule um so genauer modelliert, je feiner man sie in einzelne Elemente ΔL und ΔC unterteilt. Damit steigt natürlich die Anzahl der Freiheitsgrade des der Ersatzschaltung entsprechenden Schwingungsmodells und die mathematische Behandlung wird aufwändiger.

So wie hier beispielhaft erläutert, müssen alle praktisch gegebenen Schwingungssysteme untersucht werden, um Modelle zu entwerfen, die bei *möglichst einfacher Struktur* die praktischen Gegebenheiten *hinreichend genau* beschreiben.

8 Mehrphasensysteme

Die in den Kapiteln 5 bis 7 betrachteten Schaltungen werden aus nur einer Quelle mit sinusförmiger Spannung bzw. sinusförmigem Strom gespeist. Solche Systeme nennt man *einphasige Systeme*. Generatoren, die nur eine einzige spannungserzeugende Wicklung enthalten, haben aber schwerwiegende Nachteile. Diese vermeidet man, wenn man z. B. drei gleichartige Wicklungen gleichmäßig über den Umfang verteilt unterbringt, sodass drei gleich große, gegeneinander phasenverschobene Sinusspannungen erzeugt werden. Derartige *Mehrphasensysteme* werden in diesem Kapitel beschrieben.

Zunächst werden einige neue Begriffe sowie die in Mehrphasensystemen üblichen Schaltungsarten erläutert. Später konzentrieren sich die Betrachtungen auf das technisch bedeutsame *symmetrische Dreiphasensystem*, das auch als *Drehstromsystem* bezeichnet wird. Hierbei werden in Stern- und Dreieckschaltung sowohl Verbraucher betrachtet, die das Dreiphasensystem gleichmäßig belasten, als auch solche, die eine ungleiche Belastung der drei Phasen verursachen.

8.1 Verkettete Mehrphasensysteme

Die in einem Mehrphasengenerator in seinen m verschiedenen Wicklungen erzeugten Sinusspannungen können im Prinzip galvanisch voneinander völlig getrennt zur Versorgung verschiedener einphasiger Verbraucher verwendet werden. Ein solches System, wie es z. B. in Bild 8.2a für $m = 6$ dargestellt ist, nennt man ein *offenes Mehrphasensystem*. Zum Anschluss der Verbraucher benötigt man für jede Wicklung zwei, insgesamt also $2m$ Zuleitungen. Wenn man hingegen die m Wicklungen, die auch als *Wicklungsstränge* oder einfach als *Stränge* bezeichnet werden (Abschnitt 8.2.1.1), in geeigneter Weise galvanisch miteinander verbindet, lässt sich die Anzahl der Zuleitungen auf $m + 1$ oder sogar auf m verringern. In diesem Fall spricht man von einem *verketteten Mehrphasensystem*. Im Folgenden werden zunächst die beiden bei verketteten Mehrphasensystemen gebräuchlichen Schaltungsarten Sternschaltung und Ringschaltung vorgestellt und danach als kleinstmögliches Mehrphasensystem das Zweiphasensystem untersucht.

8.1.1 Schaltungsarten

8.1.1.1 Mehrphasengenerator

In den m Wicklungssträngen eines Mehrphasengenerators, die über den Umfang um bestimmte Winkel gegeneinander versetzt angeordnet sind, werden m gleichfrequente, gegeneinander phasenverschobene Sinusspannungen erzeugt. Dabei entsprechen die Phasenverschiebungen zwischen den Strangspannungen bei Generatoren mit zwei magnetischen Polen den Winkeln zwischen den Wicklungsachsen. Wenn die Wicklungen gleich ausgeführt und alle um denselben Winkel $360°/m$ gegeneinander versetzt sind, entsteht wie in Beispiel 8.1 ein *symmetrisches*, sonst ein *unsymmetrisches Mehrphasensystem* wie in Beispiel 8.2.

Beispiel 8.1 Strangspannungen bei einem symmetrischen Dreiphasengenerator

Bei einem symmetrischen Dreiphasengenerator sind die $m = 3$ Strangwicklungen über den Umfang gleichmäßig verteilt. Bei einer zweipoligen Maschine nach Bild 8.1a müssen die Wicklungsachsen daher jeweils um 360°/3 = 120° räumlich gegeneinander versetzt sein.

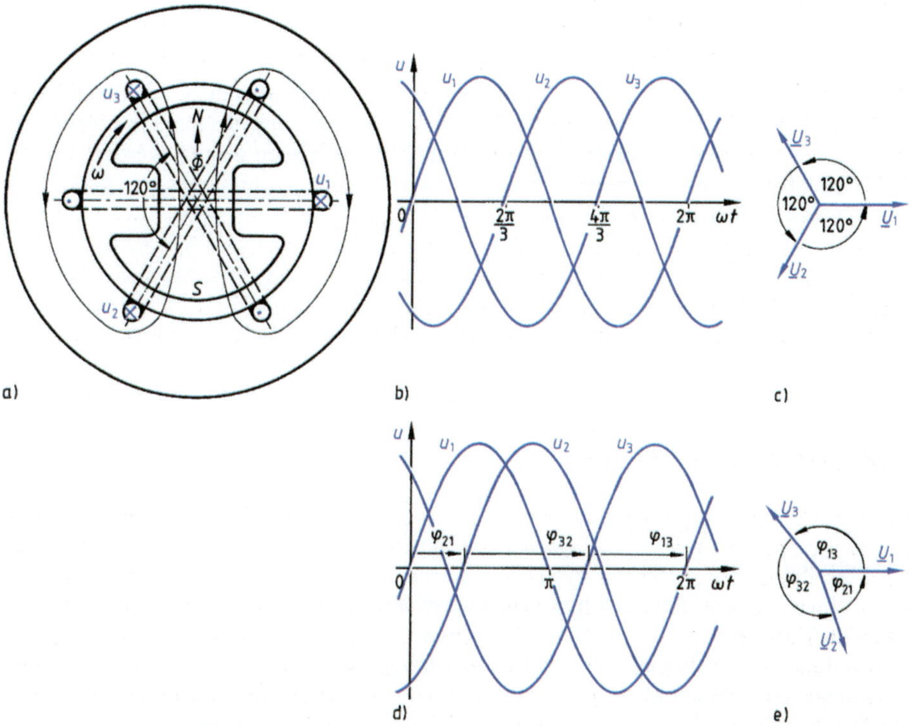

Bild 8.1 Symmetrischer zweipoliger Dreiphasengenerator im Querschnitt (a) mit den drei Wicklungssträngen, dem Zeitdiagramm (b) und dem Effektivwertzeigerdiagramm (c) der Strangspannungen u_1, u_2, u_3; ferner zum Vergleich Zeitdiagramm (d) und Effektivwertzeigerdiagramm (e) der Strangspannungen bei unsymmetrischer Anordnung der Wicklungsstränge

Da die Wicklungsstränge gleich ausgeführt sind und nacheinander im zeitlichen Abstand von einer drittel Periodendauer $T/3$ vom gleichen magnetischen Fluss Φ durchsetzt werden, werden in ihnen nach Gl. (5.20) Strangspannungen mit gleicher Frequenz f, gleichem Scheitelwert $\hat{u}_{Str}$ und gleichem Effektivwert U_{Str} induziert und die erzeugten Spannungen sind nach Bild 8.1b um je 120° gegeneinander phasenverschoben. Die Spannungen unterscheiden sich also nur im Nullphasenwinkel (Abschnitt 5.2.1.2) um jeweils 120°. Bei rein sinusförmiger Flussänderung gilt daher nach Gl. (5.20) für die Augenblickswerte der Strangspannungen

$$u_1 = \hat{u}_{Str} \sin(\omega t), \qquad u_2 = \hat{u}_{Str} \sin(\omega t - 120°), \qquad u_3 = \hat{u}_{Str} \sin(\omega t - 240°)$$

bzw. nach Bild 8.1c für die Spannungszeiger

$$\underline{U}_2 = \underline{U}_1 \, e^{-j120°}, \qquad \underline{U}_3 = \underline{U}_2 \, e^{-j120°} = \underline{U}_1 \, e^{-j240°}.$$

Beispiel 8.2 Strangspannungen bei einem unsymmetrischen Dreiphasengenerator

Für den Fall, dass die drei Strangwicklungen des Dreiphasengenerators aus Beispiel 8.1 nicht gleichmäßig über den Umfang verteilt angeordnet sind, erhält man ein entsprechend unsymmetrisches Spannungssystem. Wenn z. B. die zweite Wicklung gegenüber der ersten um den Winkel $\varphi_{21} = 70°$ und die dritte Wicklung gegenüber der zweiten um den Winkel $\varphi_{32} = 160°$ versetzt angeordnet ist, gilt für die Augenblickswerte der Strangspannungen

$$u_1 = \hat{u}_{\mathrm{Str}} \sin(\omega t), \qquad u_2 = \hat{u}_{\mathrm{Str}} \sin(\omega t - 70°), \qquad u_3 = \hat{u}_{\mathrm{Str}} \sin(\omega t - 230°),$$

wie in Bild 8.1d gezeigt, und nach Bild 8.1e für die Spannungszeiger

$$\underline{U}_2 = \underline{U}_1 \, \mathrm{e}^{-\mathrm{j}70°}, \quad \underline{U}_3 = \underline{U}_2 \, \mathrm{e}^{-\mathrm{j}160°} = \underline{U}_1 \, \mathrm{e}^{-\mathrm{j}230°}.$$

Die in den einzelnen Wicklungssträngen eines Mehrphasengenerators induzierten Spannungen können, wie in Bild 8.2a für $m = 6$ dargestellt, als Quellenspannungen separater einphasiger Netze innerhalb eines offenen Mehrphasensystems mit $2\,m$ Leitungen genutzt werden. Um die Anzahl der benötigten Leitungen zu verringern, ist es jedoch vorteilhafter, zu verketteten Mehrphasensystemen überzugehen.

8.1.1.2 Sternschaltung

Die Anzahl der benötigten Leitungen wird bei der Sternschaltung dadurch reduziert, dass nur noch die Eingangsklemmen der m Strangwicklungen einzeln an die Leitungen des Mehrphasennetzes angeschlossen werden, während die Ausgangsklemmen aller m Strangwicklungen nach Bild 8.2b auf einen gemeinsamen *Sternpunkt* geführt und auf eine einzige Leitung des Mehrphasennetzes geschaltet werden. Hierdurch verringert sich die Anzahl der Leitungen auf $m + 1$.

8.1.1.3 Ringschaltung

Wenn man die m Strangwicklungen hintereinanderschaltet, indem man jeweils die Ausgangsklemme jeder Wicklung (mit Ausnahme der letzten) mit der Eingangsklemme der nächsten Wicklung verbindet, entsteht eine *offene Ring-* oder *Polygonschaltung* nach Bild 8.2c. Über die $m + 1$ Leitungen des Mehrphasennetzes sind die Ein- und Ausgangsklemmen aller m Strangwicklungen zugänglich.

Zwischen der Eingangsklemme der ersten und der Ausgangsklemme der letzten Wicklung besteht die Summenspannung

$$\sum_{\nu=1}^{m} \underline{U}_{\nu},$$

die bei unsymmetrischen Mehrphasensystemen i. Allg. einen von null verschiedenen Wert hat. Bei symmetrischen Mehrphasensystemen, wie z. B. dem *symmetrischen Dreiphasensystem* in Bild 8.1c, ist diese Summenspannung hingegen stets null, d. h. die Eingangsklemme der ersten und die Ausgangsklemme der letzten Wicklung liegen auf demselben Potenzial. Sie können, wie in Bild 8.2d gezeigt, miteinander verbunden und auf eine gemeinsame Leitung des Mehrphasennetzes geschaltet werden. Damit erhält man eine *geschlossene Ringschaltung* und ein Mehrphasennetz mit nur m Leitungen.

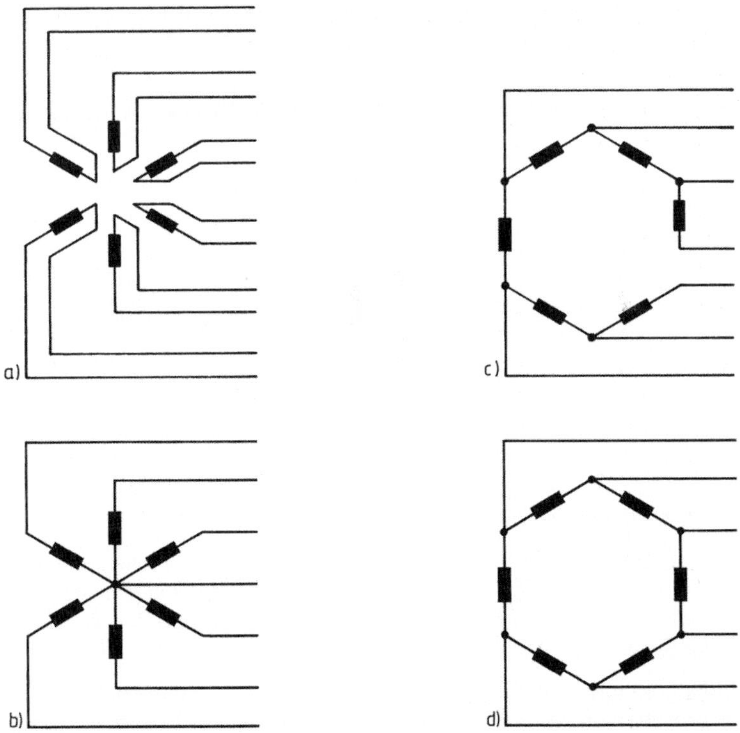

Bild 8.2 Offenes (a) und verkettetes Sechsphasensystem in Sternschaltung (b) sowie in offener (c) und in geschlossener Ringschaltung (d)

8.1.2 Zweiphasensysteme

8.1.2.1 Symmetrisches Zweiphasensystem

Bei einem symmetrischen Zweiphasensystem sind die beiden Sinusspannungen $\underline{U}_1$ und $\underline{U}_2$ nach Bild 8.3a um 360°/2 = 180° gegeneinander phasenverschoben. Daher gilt

$$\underline{U}_2 = \underline{U}_1 \, e^{-j180°} = -\underline{U}_1 .$$

Die Sternschaltung führt nach Bild 8.3b zu einem Dreileitersystem mit zwei gegenphasigen (bzw. bei Richtungsumkehr eines Zählpfeils gleichphasigen) Spannungen. Da es sich um ein symmetrisches System handelt, kann man nach Abschnitt 8.1.1.3 eine geschlossene Ringschaltung nach Bild 8.3c aufbauen. Dadurch entsteht ein Zweileitersystem mit der Spannung $\underline{U}_1 = -\underline{U}_2$, das von einem einphasigen Wechselspannungssystem nicht zu unterscheiden ist. In dieser Form bietet das symmetrische Zweiphasensystem keine Vorteile und wird in der Praxis nicht verwendet. *Symmetrische Zweileitersysteme in Sternschaltung* haben jedoch große praktische Bedeutung in der Nachrichtentechnik. Symmetrische Zweidrahtleitungen, wie sie z. B. als Telefonleitungen oder als Übertragungsmedien für lokale Computernetze (LAN) zum Einsatz kommen, werden auf diese Weise betrieben. Der Sternpunkt stellt in diesem Fall das Bezugspotenzial (Masse) für die zu übertragenden Signale dar und die beiden Leitungsadern werden *gegenphasig* angesteuert. Die sich dadurch ergebende Signalsymmetrie lässt sich nutzen, um eingekoppelte Gleichtaktstörungen, wie sie z. B. durch unterschiedliche Bezugspotenziale an den beiden Leitungsenden entstehen können, zu unterdrücken [15].

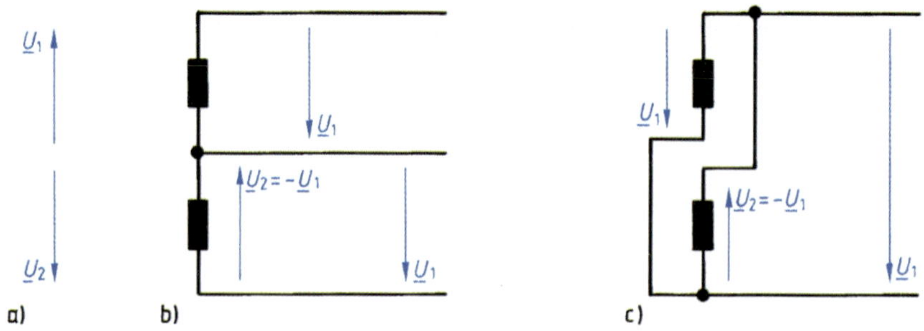

Bild 8.3 Symmetrisches Zweiphasensystem. Spannungszeigerdiagramm (a), Sternschaltung (b) und geschlossene Ringschaltung (c)

8.1.2.2 Unsymmetrisches Zweiphasensystem

Im Folgenden wird ein Zweiphasensystem in Sternschaltung nach Bild 8.4a betrachtet, bei dem die Spannung $\underline{U}_2$ (wie auch durch die räumliche Anordnung der Schaltzeichen angedeutet) um $\varphi_{21} = 90°$ gegenüber der Spannung $\underline{U}_1$ nacheilt. Am Dreileitersystem ist neben den Spannungen $\underline{U}_1$ und $\underline{U}_2$ zusätzlich die Spannung $\underline{U}_{12} = \underline{U}_1 - \underline{U}_2$ verfügbar.

Wie der Vergleich der Bilder 8.4b und c zeigt, kann man dieses System als ein unvollständiges symmetrisches Vierphasensystem auffassen. Das Zweiphasensystem nach Bild 8.4a und b besitzt deshalb Eigenschaften, die sonst nur bei symmetrischen Mehrphasensystemen (mit $m > 2$) auftreten. Trotzdem wird es in der Praxis nicht verwendet, da das symmetrische Dreiphasensystem (Abschnitt 8.2) weitergehende Vorteile bietet; es wird aber für theoretische Untersuchungen genutzt.

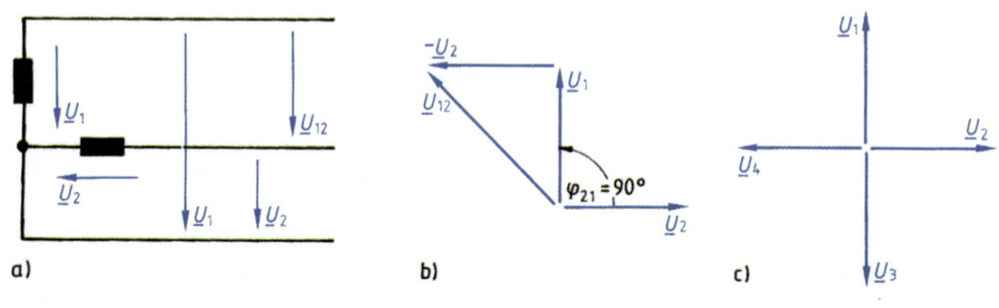

Bild 8.4 Unsymmetrisches Zweiphasensystem mit $\varphi_{21} = 90°$ in Sternschaltung (a) mit Spannungszeigerdiagramm (b). Zum Vergleich das Spannungszeigerdiagramm eines symmetrischen Vierphasensystems (c)

Konstante Augenblicksleistung

Wenn man an die Spannungen $\underline{U}_1$ und $\underline{U}_2$ aus Bild 8.4 zwei gleiche Zweipole mit der Impedanz $\underline{Z} = Z\,e^{j\varphi}$ anschließt (man bezeichnet diese dann als die beiden Stränge eines symmetrischen zweiphasigen Verbrauchers), ergibt sich nach Gl. (5.118) für die in beiden Zweipolen zusammen auftretende Augenblicksleistung bei Verbraucher-Zählpfeilsystem an den Zweipolen

$$p = u_1\, i_1 + u_2\, i_2. \tag{8.1}$$

Bei Wahl des zeitlichen Nullpunktes wie in Bild 8.5a gilt für die Augenblickswerte der beiden Ströme

$$i_1 = \frac{\hat{u}}{Z}\cos(\omega t)\,, \quad i_2 = \frac{\hat{u}}{Z}\sin(\omega t) \tag{8.2}$$

und mit Gl. (5.22) für die Augenblickswerte der beiden Spannungen

$$u_1 = \hat{u}\cos(\omega t + \varphi)\,, \quad u_2 = \hat{u}\sin(\omega t + \varphi)\,. \tag{8.3}$$

Hieraus folgt nach Gl. (8.1) für die Augenblicksleistung

$$p = \frac{\hat{u}^2}{Z}[\cos(\omega t + \varphi)\cos(\omega t) + \sin(\omega t + \varphi)\sin(\omega t)]$$

und mit der Umformung $\cos x \cos y + \sin x \sin y = \cos(x - y)$ nach [53] sowie mit Gl. (5.36)

$$p = \frac{\hat{u}^2}{Z}\cos\varphi = 2\frac{U^2}{Z}\cos\varphi\,, \tag{8.4}$$

also ein von der Zeit t unabhängiger Wert.

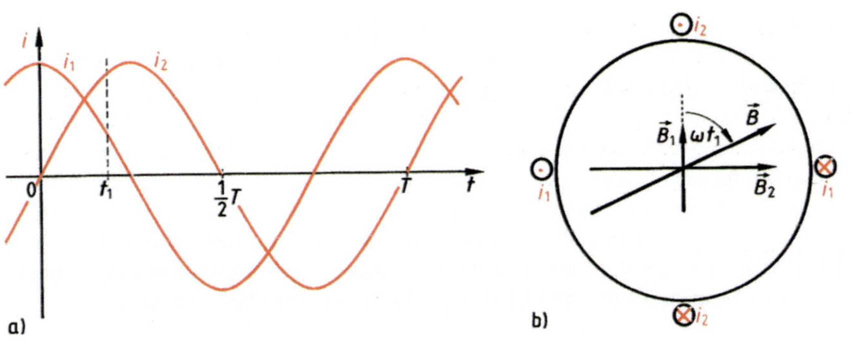

Bild 8.5 Symmetrischer Verbraucher am Zweiphasennetz nach Bild 8.4b. Strangströme i_1 und i_2 (a), räumliche Anordnung der beiden Spulen zur Drehfelderzeugung (b) mit Stromzählpfeilen und Vektor der magnetischen Flussdichte $\vec{B}$ für $\omega t_1 = 65°$

8.1.2.3 Drehfelderzeugung

In Abschnitt 8.1.2.2 wurde für das unsymmetrische Zweiphasensystem mit $\varphi_{21} = 90°$ nachgewiesen, dass in einem angeschlossenen symmetrischen Verbraucher die in den Strängen insgesamt umgesetzte Augenblicksleistung zeitinvariant ist. Dies ist eine Eigenschaft, die auch alle symmetrischen Mehrphasensysteme mit $m > 2$ besitzen. Sie ermöglicht es z. B., mit einem Motor eine zeitlich konstante mechanische Leistung und damit auch – bei konstanter Drehzahl – ein zeitlich konstantes Drehmoment zu erzeugen.

Nun wird ein symmetrischer Verbraucher betrachtet, der wie die zur Spannungserzeugung verwendete Wicklungsanordnung in Bild 8.4a aus zwei gleichen, um 90° gegeneinander versetzten Wicklungen mit der Impedanz $\underline{Z} = Z\,e^{j\varphi}$ besteht. Die beiden Ströme i_1 und i_2 nach

Gl. (8.2) sind in Bild 8.5a dargestellt; die zugehörigen Zählpfeile sind Bild 8.5b zu entnehmen. Die von den beiden Wicklungen erzeugten magnetischen Felder überlagern sich im von ihnen durchsetzten Raum. Wenn die Zusammenhänge linear sind, kann die magnetische Flussdichte $\vec{B}$ nach dem Überlagerungssatz (Abschnitt 2.4.4) einfach durch vektorielle Addition der Teilgrößen $\vec{B}_1$ und $\vec{B}_2$ ermittelt werden. Wie in Bild 8.5b gezeigt, ergänzen sich im Zentrum der Anordnung die auf den Strom $i_1 = \hat{i}\cos(\omega t)$ zurückzuführende Vertikalkomponente $B_1 = B\cos(\omega t)$ und die auf den Strom $i_2 = \hat{i}\sin(\omega t)$ zurückzuführende Horizontalkomponente $B_2 = B\sin(\omega t)$ zu einem Vektor $\vec{B}$, dessen Betrag

$$\sqrt{B_1^2 + B_2^2} = B\sqrt{\cos^2(\omega t) + \sin^2(\omega t)} = B \tag{8.5}$$

zeitinvariant ist, dessen Richtung sich aber mit der Winkelgeschwindigkeit ω dreht. Diesen Effekt nutzt man bei *Induktionsmotoren*, die am einphasigen Wechselstromnetz betrieben werden, indem man eine der beiden Wicklungen (z. B. i_2 in Bild 8.5) direkt, die zweite (sog. Hilfswicklung) aber mit einem Kondensator in Reihe geschaltet an die Netzspannung legt, damit der Strom i_1 wie in Bild 8.5a gegenüber dem Strom i_2 der anderen Wicklung um möglichst 90° voreilt. Derartige *Einphasen-Asynchronmotoren mit Hilfswicklung* sind als Antriebe mit geringer Leistung z. B. für Waschmaschinen, Pumpen und Kühlschränke weit verbreitet [31].

Magnetische Drehfelder können auch mit allen symmetrischen Mehrphasensystemen mit $m > 2$ erzeugt werden, wenn man die Spannungen $\underline{U}_1$ bis $\underline{U}_m$ in zyklischer Folge an m gleiche, jeweils um den Winkel $360°/m$ gegeneinander versetzte Spulen anschließt. Wegen dieses Effektes nennt man solche Systeme *Drehstromsysteme* und die Motoren, die diesen Effekt ausnutzen, *Drehstrommotoren*.

8.2 Symmetrisches Dreiphasensystem

Von allen symmetrischen Mehrphasensystemen, mit denen man Drehfelder erzeugen kann, ist das symmetrische Dreiphasensystem mit $m = 3$ das einfachste. Es findet verbreitete Anwendung bei der elektrischen Energieversorgung. In Niederspannungsnetzen ist dabei das *Vierleitersystem* nach Bild 8.6a vorherrschend, das drei Sinusspannungssysteme mit dem gemeinsamen *Neutralleiter* N in sich vereinigt. Im Folgenden werden die gebräuchlichen Benennungen vorgestellt sowie Spannungen, Ströme und Leistungen bei symmetrischer Last erörtert.

8.2.1 Spannungen und Ströme

8.2.1.1 Benennungen

Bei Dreiphasengeneratoren und -verbrauchern werden die jeweils zwischen zwei Anschlusspunkten liegenden Zweige (z. B. Wicklungen) als *Stränge* bezeichnet. Unter der *Strangspannung* U_{Str} versteht man die Spannung an einem Strang. Der *Strangstrom* I_{Str} ist der Strom, der durch einen Strang fließt. Ein dreiphasiger Verbraucher (Drehstromverbraucher) mit drei gleichen Strängen wird als *symmetrischer Verbraucher* oder auch als *symmetrische Last* bezeichnet.

Bei den Leitern des Vierleitersystems nach Bild 8.6a unterscheidet man zwischen dem *Neutralleiter* N (früher auch Sternpunkt- oder Mittelpunktleiter genannt), der *mit dem Sternpunkt des Generators verbunden* ist, und den drei *Außenleitern* L1, L2 und L3. Entsprechend werden die Ströme $\underline{I}_1$, $\underline{I}_2$ und $\underline{I}_3$ in den Außenleitern als *Außenleiterströme* und der Strom $\underline{I}_N$ als *Neutralleiterstrom* (auch Sternpunktleiter- oder Mittelpunktleiterstrom) bezeichnet.

8.2.1.2 Spannungen

Die Spannungen $\underline{U}_1$, $\underline{U}_2$ und $\underline{U}_3$ zwischen je einem Außenleiter und dem Neutralleiter heißen *Sternspannungen*. Ihre Beträge

$$U_1 = U_2 = U_3 = U_\curlywedge \tag{8.6}$$

sind untereinander gleich und für ihre Phasenfolge gilt in Übereinstimmung mit den Bildern 8.1c und 8.6

$$\underline{U}_2 = \underline{U}_1\ \mathrm{e}^{-\mathrm{j}120°}, \quad \underline{U}_3 = \underline{U}_2\ \mathrm{e}^{-\mathrm{j}120°} = \underline{U}_1\ \mathrm{e}^{-\mathrm{j}240°}. \tag{8.7}$$

Die Phasenlage der Sternspannungen zueinander gemäß Gl. (8.7) ist festgelegt und darf nicht vertauscht werden.

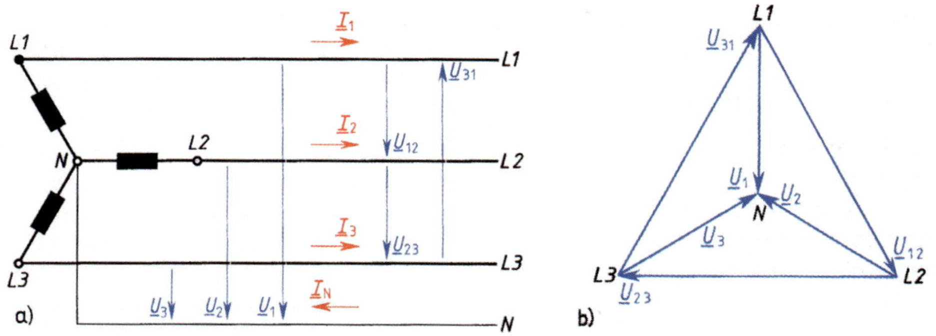

Bild 8.6 Symmetrisches Vierleitersystem mit Spannungs- und Stromzählpfeilen (a) und zugehöriges Spannungszeigerdiagramm (b)

Die Spannungen $\underline{U}_{12}$, $\underline{U}_{23}$ und $\underline{U}_{31}$ zwischen jeweils zwei Außenleitern werden als *Außenleiterspannungen* oder *Dreieckspannungen* bezeichnet. Nach dem Maschensatz gilt bei den in Bild 8.6a eingetragenen Zählpfeilrichtungen

$$\underline{U}_{12} = \underline{U}_1 - \underline{U}_2, \quad \underline{U}_{23} = \underline{U}_2 - \underline{U}_3, \quad \underline{U}_{31} = \underline{U}_3 - \underline{U}_1\,. \tag{8.8}$$

Zur Bildung der Außenleiterspannung $\underline{U}_{12}$ sind also die Spannungszeiger $\underline{U}_1$ und $-\underline{U}_2$ zu addieren, was auf den in Bild 8.6b eingetragenen Zeiger $\underline{U}_{12}$ führt. Bei den beiden anderen Außenleiterspannungen ist entsprechend zu verfahren. Die Beträge der Außenleiterspannungen

$$U_{12} = U_{23} = U_{31} = U_\Delta = U \tag{8.9}$$

sind untereinander gleich. Der Effektivwert U_Δ der Außenleiterspannung wird zur Benennung des jeweiligen Dreiphasensystems verwendet und meist ohne weiteren Zusatz einfach als die Spannung U des Dreiphasensystems bezeichnet. Ein 400 V-Drehstromsystem ist demnach z. B. ein symmetrisches Dreiphasensystem mit der Außenleiterspannung $U_\Delta = U = 400$ V. Für die Phasenfolge der Außenleiterspannungen folgt aus Bild 8.6

$$\underline{U}_{23} = \underline{U}_{12}\ \mathrm{e}^{-\mathrm{j}120°}, \quad \underline{U}_{31} = \underline{U}_{23}\ \mathrm{e}^{-\mathrm{j}120°} = \underline{U}_{12}\ \mathrm{e}^{-\mathrm{j}240°}. \tag{8.10}$$

Das Spannungszeigerdiagramm Bild 8.6b lässt sich einfach zeichnen: Man kennzeichnet die Ecken eines gleichseitigen Dreiecks *im Uhrzeigersinn* mit den Außenleiterkennungen L1, L2 und L3 sowie den Schwerpunkt mit dem Buchstaben N für den Neutralleiter. Dann erhält man die komplexe Spannung zwischen zweien dieser Punkte, indem man diese durch einen geradlinigen Pfeil (Spannungszeiger) miteinander verbindet. Die Orientierung des Zeigers ist dabei dieselbe wie bei einem Zählpfeil: Da z. B. $\underline{U}_2$ die Spannung des Außenleiters L2 gegen den Neutralleiter N ist, weist dieser Zeiger von L2 nach N. Entsprechend muss z. B. der Zeiger $\underline{U}_{23}$ von L2 nach L3 gerichtet sein. Anhand von Bild 8.6b sind die Effektivwerte und Phasenlagen der sechs Spannungen einfach bestimmbar. Für die Anwendung ist es aber oft übersichtlicher, die benötigten Spannungszeiger so parallel zu verschieben, dass sie von einem gemeinsamen Punkt im Diagramm ausgehen wie z. B. in den Bildern 8.8b und 8.9b.

Bild 8.6b zeigt, dass die Außenleiterspannungen U größer sind als die Sternspannungen $U_\curlywedge$. Aus diesem Diagramm, dessen Geometrie für zwei Sternspannungen $U_\curlywedge$ in Bild 8.7 noch einmal herausgehoben ist, folgt

$$\frac{U}{U_\curlywedge} = 2\frac{\frac{1}{2}U}{U_\curlywedge} = 2\sin 60^\circ = \sqrt{3}\,. \tag{8.11}$$

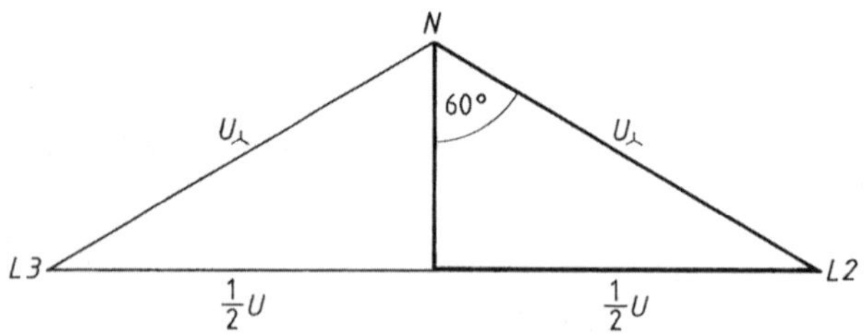

Bild 8.7 Zusammenhang zwischen Außenleiterspannung U und Sternspannung $U_\curlywedge$

8.2.1.3 Symmetrische Sternschaltung

Bild 8.8a zeigt einen symmetrischen Drehstromverbraucher, dessen drei gleiche Stränge mit den Impedanzen $\underline{Z}$ nach Abschnitt 8.1.1.2 zu einem Stern zusammengeschaltet sind. Die Anschlussklemmen U, V und W sind (in dieser Reihenfolge) an die drei Außenleiter L1, L2 und L3 angeschlossen, der Sternpunkt S des Verbrauchers ist mit dem Neutralleiter N verbunden.

Als *Strangspannungen des Verbrauchers* treten die Sternspannungen $\underline{U}_1$, $\underline{U}_2$ und $\underline{U}_3$ auf, deren Zeiger in Bild 8.8b nach Länge und Richtung aus Bild 8.6b übernommen wurden. Bei der Sternschaltung gilt demnach mit Gl. (8.11) für die Effektivwerte der Strangspannungen

$$U_{\mathrm{Str}} = U_\curlywedge = \frac{1}{\sqrt{3}}U\,. \tag{8.12}$$

Die *Strangströme* sind bei der Sternschaltung mit den Außenleiterströmen $\underline{I}_1$, $\underline{I}_2$ und $\underline{I}_3$ identisch. Bei einem symmetrischen Verbraucher sind sie alle um den gleichen Winkel φ gegenüber der jeweiligen Strangspannung phasenverschoben (Bild 8.8b) und haben den gleichen Effektivwert

$$I_1 = I_2 = I_3 = I\,. \tag{8.13}$$

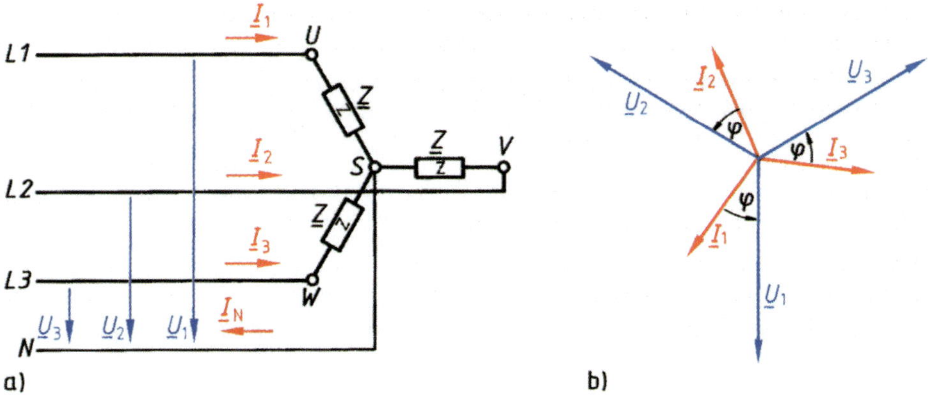

Bild 8.8 Drehstromverbraucher in symmetrischer Sternschaltung (a) und Zeigerdiagramm (b) für die Strangspannungen und Strangströme

Dieser wird ohne weiteren Zusatz als der vom Verbraucher aufgenommene Strom I bezeichnet. Bei der symmetrischen Sternschaltung gilt somit für den *Strangstrom*

$$I_{\mathrm{Str}} = I_{\curlywedge} = I\,. \tag{8.14}$$

Nach dem Knotensatz gilt bei den in Bild 8.8a eingetragenen Zählpfeilrichtungen für den *Neutralleiterstrom*

$$\underline{I}_{\mathrm{N}} = \underline{I}_1 + \underline{I}_2 + \underline{I}_3\,. \tag{8.15}$$

Für die symmetrische Sternschaltung folgt hieraus mit Gl. (5.95) und Gl. (8.7)

$$\underline{I}_{\mathrm{N}} = \frac{1}{\underline{Z}}(\underline{U}_1 + \underline{U}_2 + \underline{U}_3) = \frac{\underline{U}_1}{\underline{Z}}(1 + \mathrm{e}^{-\mathrm{j}120^\circ} + \mathrm{e}^{-\mathrm{j}240^\circ}) = 0\,, \tag{8.16}$$

wie auch unmittelbar aus Bild 8.8b ersichtlich ist. Der Neutralleiter ist also bei symmetrischer Last stromlos und braucht daher nicht an den Sternpunkt S angeschlossen zu werden; auch ohne leitende Verbindung zwischen S und N liegen diese beiden Punkte auf gleichem Potenzial.

Beispiel 8.3 Symmetrischer Drehstromverbraucher am symmetrischen Netz

Ein im Stern geschalteter symmetrischer Drehstromverbraucher mit den Strangimpedanzen $\underline{Z} = (80 + \mathrm{j}\,125)\,\Omega$ liegt an einem Drehstromnetz mit der Spannung $U = 6$ kV. Der aufgenommene Strom I ist zu bestimmen.

Aus der Strangspannung

$$U_{\mathrm{Str}} = U_{\curlywedge} = \frac{U}{\sqrt{3}} = \frac{6\,\mathrm{kV}}{\sqrt{3}} = 3{,}46\ \mathrm{kV}$$

und dem Strangscheinwiderstand $Z = \sqrt{80^2 + 125^2}\,\Omega = 148\ \Omega$ folgt der Strangstrom

$$I = I_{\mathrm{Str}} = \frac{U_{\mathrm{Str}}}{Z} = \frac{3{,}46\,\mathrm{kV}}{148\,\Omega} = 23{,}3\,\mathrm{A}\,,$$

der bei der Sternschaltung mit dem aufgenommenen Strom, also dem Außenleiterstrom I, identisch ist.

8.2.1.4 Symmetrische Dreieckschaltung

Bild 8.9a zeigt einen symmetrischen Drehstromverbraucher, dessen drei gleiche Stränge mit der Impedanz $\underline{Z}$ nach Abschnitt 8.1.1.3 zu einem geschlossenen Ring, also zu einem Dreieck, zusammengeschaltet sind. Die Anschlussklemmen U, V und W sind (in dieser Reihenfolge) an die drei Außenleiter L1, L2 und L3 angeschlossen.

Als *Strangspannungen* treten die Außenleiterspannungen $\underline{U}_{12}$, $\underline{U}_{23}$ und $\underline{U}_{31}$ auf, deren Zeiger in Bild 8.9b nach Länge und Richtung aus Bild 8.6b übernommen werden. Bei der Dreieckschaltung gilt also für die Effektivwerte der Strangspannungen

$$U_{\text{Str}} = U_{\Delta} = U. \tag{8.17}$$

Aus den Strangspannungen und der Strangimpedanz $\underline{Z}$ ergeben sich die *Strangströme*

$$\underline{I}_{12} = \frac{\underline{U}_{12}}{\underline{Z}}, \quad \underline{I}_{23} = \frac{\underline{U}_{23}}{\underline{Z}}, \quad \underline{I}_{31} = \frac{\underline{U}_{31}}{\underline{Z}}, \tag{8.18}$$

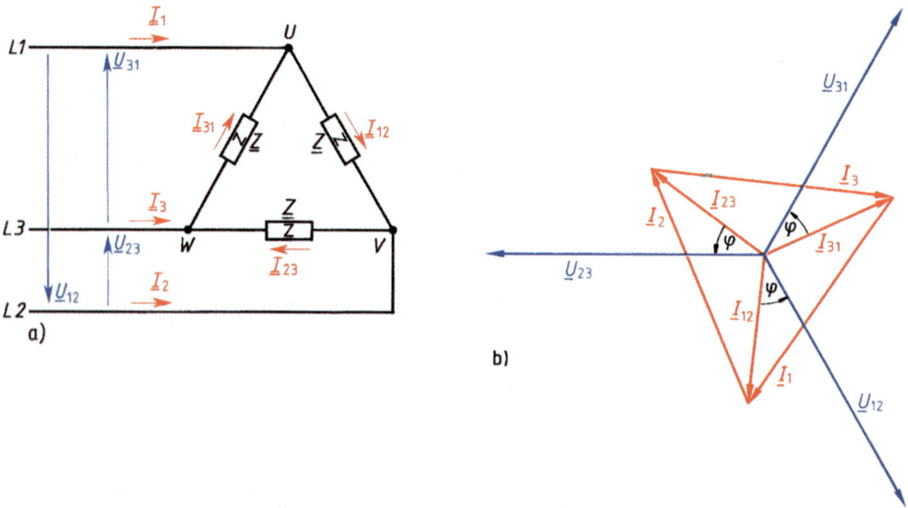

Bild 8.9 Drehstromverbraucher in symmetrischer Dreieckschaltung (a) und Zeigerdiagramm (b) für die Strangspannungen und Strangströme

die nach Bild 8.9b alle um den gleichen Winkel gegenüber der jeweiligen Strangspannung phasenverschoben sind und daher gegeneinander wieder eine Phasenverschiebung von 120° aufweisen. Sie haben den gleichen Effektivwert

$$I_{\text{Str}} = I_{12} = I_{23} = I_{31} = \frac{U}{Z} = I_{\Delta}, \tag{8.19}$$

der auch als *Dreieckstrom* bezeichnet wird. Nach dem Knotensatz folgen aus Bild 8.9a die Außenleiterströme

$$\underline{I}_1 = \underline{I}_{12} - \underline{I}_{31}, \qquad \underline{I}_2 = \underline{I}_{23} - \underline{I}_{12}, \qquad \underline{I}_3 = \underline{I}_{31} - \underline{I}_{23}, \tag{8.20}$$

deren Zeiger in Bild 8.9b ebenfalls dargestellt sind. Man erhält ein Zeigerdiagramm, das demjenigen in Bild 8.6b geometrisch ähnlich ist. Analog zu Bild 8.7 und Gl. (8.11) erhält man daher für das Verhältnis von Außenleiterstrom I zu Dreieckstrom I_Δ

$$\frac{I}{I_\Delta} = 2\frac{\frac{1}{2}I}{I_\Delta} = 2\sin 60° = \sqrt{3}\,. \tag{8.21}$$

Der Außenleiterstrom I ist also bei der symmetrischen Dreieckschaltung $\sqrt{3}$ -mal so groß wie der Strangstrom I_Δ.

Beispiel 8.4 Leistungsgleiche Verbraucher in Stern- und Dreieckschaltung

Ein symmetrischer Ohmscher Drehstromverbraucher (z. B. ein Dreiphasenofen) soll einem Netz mit der Spannung $U = 400$ V den Strom $I = 20$ A entnehmen.

a) Wie groß müssen die drei Widerstände $R_\curlywedge$ der Sternschaltung sein?

Nach Gl. (8.12) wirkt die Sternspannung $U_\curlywedge = U/\sqrt{3} = 400\text{V}/\sqrt{3} = 230{,}9$ V als Strangspannung. Nach Gl. (8.14) ist der Strangstrom $I_{\text{Str}} = I = 20$ A. Der benötigte Wert der drei Widerstände ist also

$$R_\curlywedge = \frac{U_\curlywedge}{I} = \frac{230{,}9\text{ V}}{20\text{ A}} = 11{,}6\,\Omega\,.$$

b) Welche Widerstände R_Δ muss demgegenüber die Dreieckschaltung aufweisen?

Aus Gl. (8.17) erhält man die Strangspannung $U_{\text{Str}} = U = 400$ V und aus Gl. (8.21) den Strangstrom $I_{\text{Str}} = I_\Delta = I/\sqrt{3} = 20\text{ A}/\sqrt{3} = 11{,}55\text{A}$. Daher werden drei Widerstände mit dem Wert

$$R_\Delta = \frac{U}{I_\Delta} = \frac{400\text{V}}{11{,}55\text{A}} = 34{,}6\,\Omega = \frac{U_\curlywedge\sqrt{3}}{I/\sqrt{3}} = 3\frac{U_\curlywedge}{I} = 3\,R_\curlywedge$$

benötigt. In der symmetrischen Dreieckschaltung müssen also bei gleichem aufzunehmenden Strom I die Strangwiderstände dreimal so groß sein wie in der Sternschaltung, s. Gl. (2.146).

8.2.2 Leistung bei symmetrischer Last

8.2.2.1 Augenblicksleistung

In Abschnitt 8.1.2.2 wurde gezeigt, dass bei einem symmetrischen Verbraucher, der an einem Zweiphasensystem mit $\varphi_{21} = 90°$ betrieben wird, die in beiden Strängen zusammen auftretende Augenblicksleistung p zeitinvariant ist. Gleiches trifft auch für den symmetrischen Verbraucher am symmetrischen Dreiphasennetz zu, unabhängig davon, ob er im Stern oder im Dreieck geschaltet ist: Legt man wie in Gl. (8.2) und (8.3) Strangstrom und Strangspannung für den ersten Strang willkürlich mit

$$i_{\text{Str1}} = \frac{\hat{u}_{\text{Str}}}{Z}\cos(\omega t)\,, \qquad u_{\text{Str1}} = \hat{u}_{\text{Str}}\cos(\omega t + \varphi)$$

zugrunde, erhält man für die Augenblicksleistung in diesem Strang nach Gl. (5.19) und mit $\cos x \cos y = 0{,}5\,[\cos(x-y) + \cos(x+y)]$ nach [53]

$$p_{\text{Str1}} = u_{\text{Str1}}\,i_{\text{Str1}} = \frac{\hat{u}^2_{\text{Str}}}{Z}\cos(\omega t + \varphi)\cos(\omega t) = \frac{\hat{u}^2_{\text{Str}}}{2Z}[\cos\varphi + \cos(2\omega t + \varphi)]\,. \tag{8.22}$$

Entsprechende Resultate erhält man auch für die beiden anderen Stränge; allerdings ist der zeitabhängige Term in der eckigen Klammer hier um + 120° bzw. – 120° gegenüber dem Term $\cos(2\omega t + \varphi)$ in Gl. (8.22) phasenverschoben. Bei der Addition der Strang-Augenblicksleistungen ergänzen sich die zeitabhängigen Terme daher ständig zu null, sodass sich für die Gesamt-Augenblicksleistung der zeitinvariante konstante Wert

$$p = p_{\mathrm{Str1}} + p_{\mathrm{Str2}} + p_{\mathrm{Str3}} = 3\frac{\hat{u}_{\mathrm{Str}}^2}{2Z}\cos\varphi = 3\frac{U_{\mathrm{Str}}^2}{Z}\cos\varphi \tag{8.23}$$

ergibt.

8.2.2.2 Wirk-, Blind- und Scheinleistung

Wenn ein symmetrischer Drehstromverbraucher mit der Strangimpedanz $\underline{Z} = Z\,\mathrm{e}^{\mathrm{j}\,\varphi}$ an einem Drehstromsystem betrieben wird, tritt an jedem seiner drei Stränge nach Gl. (5.129) die *komplexe Strangleistung*

$$\underline{S}_{\mathrm{Str}} = U_{\mathrm{Str}}\, I_{\mathrm{Str}}\, \mathrm{e}^{\mathrm{j}\,\varphi} \tag{8.24}$$

auf. Hieraus folgt mit Gl. (5.130) die *Strang-Scheinleistung*

$$S_{\mathrm{Str}} = U_{\mathrm{Str}}\, I_{\mathrm{Str}}\,, \tag{8.25}$$

mit Gl. (5.131) die *Strang-Wirkleistung*

$$P_{\mathrm{Str}} = U_{\mathrm{Str}}\, I_{\mathrm{Str}} \cos\varphi \tag{8.26}$$

und mit Gl. (5.132) die *Strang-Blindleistung*

$$Q_{\mathrm{Str}} = U_{\mathrm{Str}}\, I_{\mathrm{Str}} \sin\varphi\,. \tag{8.27}$$

Für den gesamten symmetrischen Drehstromverbraucher erhält man, da er aus drei gleichen Strängen besteht, das Dreifache der in den Gln. (8.24) bis (8.27) angegebenen Werte. Für die Scheinleistung S gilt z. B.

$$S = 3\,S_{\mathrm{Str}} = 3\,U_{\mathrm{Str}}\, I_{\mathrm{Str}}\,. \tag{8.28}$$

Für die Strangspannung U_{Str} und den Strangstrom I_{Str} sind bei der Sternschaltung die Sternspannung $U_{\curlywedge}$ und der Sternstrom $I_{\curlywedge}$, bei der Dreieckschaltung die Dreieckspannung U_{Δ} und der Dreieckstrom I_{Δ} einzusetzen. Wie Tabelle 8.1 zeigt, führt die Rechnung in beiden Fällen, unabhängig von der Schaltungsart, zu dem Ergebnis

$$S = \sqrt{3}\,U\,I\,. \tag{8.29}$$

Entsprechend folgt aus Gl. (8.26) die Wirkleistung

$$P = \sqrt{3}\,U\,I \cos\varphi \tag{8.30}$$

und aus Gl. (8.27) die Blindleistung

$$Q = \sqrt{3}\,U\,I \sin\varphi\,. \tag{8.31}$$

Tabelle 8.1 Leistungsberechnung für symmetrische Stern- bzw. Dreieckschaltung

Schaltung	*Strangspannung* U_{Str}	*Strangstrom* I_{Str}	*Scheinleistung* $S = 3\,U_{\mathrm{Str}} I_{\mathrm{Str}}$
⅄	$U_{\curlywedge} = \frac{U}{\sqrt{3}}$	$I_{\curlywedge} = I$	$S = 3U_{\curlywedge}\, I_{\curlywedge} = \sqrt{3}\,U I$
Δ	$U_{\Delta} = U$	$I_{\Delta} = \frac{I}{\sqrt{3}}$	$S = 3U_{\Delta}\, I_{\Delta} = \sqrt{3}\,U I$

Hierin bezeichnet nach Abschnitt 8.2.1.2 der Buchstabe U die Spannung (Außenleiterspannung) des Drehstromsystems und nach Abschnitt 8.2.1.3 der Buchstabe I den Strom (Außenleiterstrom). Der Winkel φ tritt hingegen nicht zwischen diesen beiden Außenleitergrößen auf, sondern ist das Argument der Strangimpedanz $\underline{Z} = Z e^{j\varphi}$ und gibt die Phasenverschiebung an, die an jedem Strang zwischen Strangstrom und Strangspannung bzw. zwischen jedem Außenleiterstrom $\underline{I}_v$ und der zugehörigen Sternspannung $\underline{U}_v$ besteht. Diese Aussage gilt auch bei Dreieckschaltung der Last.

Beispiel 8.5 Verbraucher an Einphasen- und Dreiphasennetz

Es soll untersucht werden, ob ein Durchlauferhitzer für die Leistung $P_1 = 21$ kW mit dem Leistungsfaktor $\cos\varphi = 1$ bezüglich des Materialaufwandes für die Anschlussleitungen günstiger für Einphasenanschluss an 230V oder für Dreiphasenanschluss an 400V ausgelegt wird.

Bei Einphasenanschluss an die Spannung $U_\curlywedge = U/\sqrt{3} = 400\text{V}/\sqrt{3} = 230{,}9\text{V}$ fließt sowohl in der Hin- als auch in der Rückleitung der Strom

$$I_1 = \frac{P_1}{U_\curlywedge} = \frac{21\,\text{kW}}{230{,}9\text{V}} = 90{,}93\ \text{A}\,.$$

Demgegenüber fließt nach Gl. (8.30) bei Dreiphasenanschluss an $U = 400$V in den drei Außenleitern der um den Faktor ⅓ kleinere Strom

$$I = \frac{P_1}{\sqrt{3}\,U} = \frac{21\,\text{kW}}{\sqrt{3}\cdot 400\text{V}} = 30{,}31\text{A} = \frac{1}{3} I_1\,.$$

Wenn in beiden Fällen die gleiche Verlustleistung P_v auf den Zuleitungen zugelassen wird, erhält man bei gleicher Länge l des Anschlusskabels für Einphasenanschluss mit Gl. (2.11) und Gl. (2.57) den Leiterquerschnitt

$$A_1 = \frac{2\,l}{\kappa\,R_1} = \frac{2\,l\,I_1^2}{\kappa\,P_\text{v}}$$

und entsprechend für Dreiphasenanschluss

$$A_3 = \frac{3\,l}{\kappa\,R_3} = \frac{3\,l\,I^2}{\kappa\,P_\text{v}} = \frac{l\,I_1^2}{3\,\kappa\,P_\text{v}} = \frac{1}{6} A_1\,.$$

Beim Einphasenanschluss beträgt daher das Leitervolumen $V_1 = A_1 \cdot 2\,l$ das Vierfache des Leitervolumens $V_3 = A_3 \cdot 3\,l$, das für den Dreiphasenanschluss benötigt wird. Dreiphasenstrom verlangt allerdings drei Einzelwiderstände im Durchlauferhitzer und dreipolige Schalter. Sobald der Strom in einer Verbraucherzuleitung etwa 30 A übersteigt, ist dieser Aufwand wirtschaftlich gerechtfertigt, sodass man für ähnliche Fälle Dreiphasenstrom bevorzugt.

8.2.2.3 Blindleistungskompensation

Wie in Abschnitt 6.2.2.2 für den einphasigen ohmsch-induktiven Verbraucher gezeigt, kann man auch beim dreiphasigen Verbraucher den aufgenommenen Strom dadurch auf seinen Wirkanteil reduzieren, dass man die induktive Blindleistung durch Kondensatoren geeigneter Kapazität C kompensiert. Die Blindleistung eines im Stern geschalteten Verbrauchers kann z. B. nach Bild 8.10a durch drei ebenfalls im Stern geschaltete Kondensatoren kompensiert werden, deren Kapazität nach Gl. (6.78) unter Berücksichtigung von Gl. (8.11) jeweils

$$C_\curlywedge = \frac{Q_\text{Str}}{\omega\,U_\curlywedge^2} = \frac{\frac{1}{3}Q}{\omega\left(\frac{U}{\sqrt{3}}\right)^2} = \frac{Q}{\omega\,U^2} \tag{8.32}$$

beträgt. Hierbei kann jedem Strang des Verbrauchers eindeutig ein Kondensator zugeordnet werden, der die jeweilige Strang-Blindleistung kompensiert. Nach Abschnitt 8.2.1.3 bleibt der (gestrichelt dargestellte) Neutralleiteranschluss sowohl am symmetrischen Verbraucher als auch an der symmetrischen Kondensator-Sternschaltung stromlos und kann daher auch entfallen.

Statt der Kondensator-Sternschaltung kann man aber auch die hierzu äquivalente Dreieckschaltung nach Bild 8.10b einsetzen. Für die Admittanzen folgt aus Gl. (2.146) unter Berücksichtigung von Tabelle 6.1

$$\underline{Y}_{\curlywedge} = 3\,\underline{Y}_{\Delta}, \quad \text{also} \quad \mathrm{j}\omega\, C_{\curlywedge} = 3 \cdot \mathrm{j}\,\omega\, C_{\Delta}\,.$$

Hieraus folgt mit Gl. (8.32) die Kapazität

$$C_{\Delta} = \frac{1}{3}\, C_{\curlywedge} = \frac{Q}{3\omega\, U^2}\,. \tag{8.33}$$

Die Kapazität der Kondensatoren in Dreieckschaltung beträgt nur ein Drittel der Kapazität $C_{\curlywedge}$, die bei Sternschaltung der Kondensatoren erforderlich ist. Daher wird für die Blindleistungskompensation meist die Dreieckschaltung angewandt. Allerdings müssen die im Dreieck geschalteten Kondensatoren für eine $\sqrt{3}$ -fach höhere Spannung ausgelegt sein als bei der Sternschaltung.

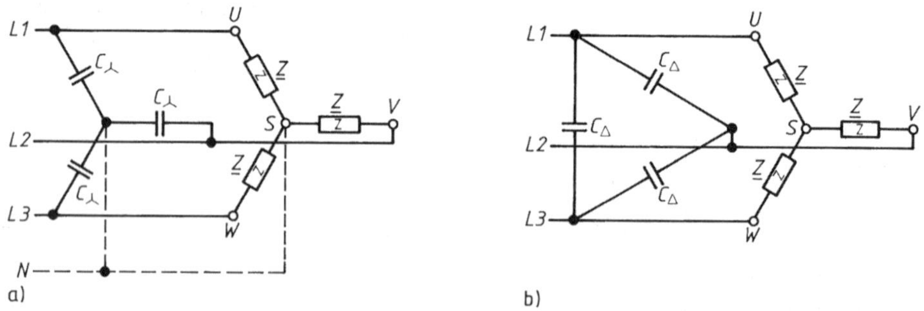

Bild 8.10 Blindleistungskompensation eines ohmsch-induktiven symmetrischen Drehstromverbrauchers durch drei Kondensatoren $C_{\curlywedge}$ in Sternschaltung (a) bzw. durch drei Kondensatoren C_{Δ} in Dreieckschaltung (b)

8.3 Unsymmetrische Dreiphasenbelastung

Elektrische Energie wird überwiegend in großen Dreiphasen-Synchrongeneratoren erzeugt, die Leistungen bis zu 2 GW bei Spannungen bis zu 30 kV abgeben können. Die elektrische Energie wird in Maschinentransformatoren anschließend hochgespannt und bei Spannungen von z. B. 110 kV, 220 kV oder 380 kV über Dreileiternetze (das sind Netze, die keinen Neutralleiter mitführen) zu den Verteilungstransformatoren geleitet. Diese sind niederspannungsseitig i. Allg. auf ein Vierleiternetz geschaltet, an das sowohl Einphasen- als auch Dreiphasenverbraucher angeschlossen werden können, sodass i. Allg. eine unsymmetrische Stromverteilung in den Außenleitern entsteht.

8.3.1 Vierleiternetz

8.3.1.1 Allgemeine Belastung

Bild 8.11a zeigt ein Niederspannungs-Vierleiternetz mit einphasigen Verbrauchern, die jeweils zwischen einem der Außenleiter L1, L2, L3 und dem Neutralleiter N angeschlossen sind, sowie einem nur mit den Außenleitern verbundenen Dreiphasenmotor M. Dieses Vierleitersystem liefert nach Bild 8.11b sechs Spannungen, nämlich die drei Außenleiterspannungen $\underline{U}_{12}$, $\underline{U}_{23}$, $\underline{U}_{31}$ und die drei Sternspannungen $\underline{U}_1$, $\underline{U}_2$, $\underline{U}_3$. Üblicherweise ist die Außenleiterspannung in diesem Netz U = 400 V; entsprechend beträgt die Sternspannung $U_{\curlywedge} = U/\sqrt{3}$ = 400 V$/\sqrt{3}$ = 230,9 V ≈ 230 V. Einphasenverbraucher werden überwiegend an 230 V betrieben, bei größeren Leistungen aber auch an 400 V. Dreiphasenverbraucher liegen an 400 V mit einer Strangspannung von 230 V bei Stern- oder 400 V bei Dreieckschaltung.

Mit dem in Bild 8.11a dargestellten Vierleitersystem wird den Verbrauchern das in Bild 8.11b angegebene *Spannungssystem* auch bei beliebiger Belastung zur Verfügung gestellt, wenn durch große Leiterquerschnitte und entsprechende Verteilungstransformatoren dafür gesorgt wird, dass die Spannungsabfälle auf den Zuleitungen vernachlässigbar klein bleiben („*starres Netz*").

Ströme und Leistungen der einzelnen Verbraucher können nach Kapitel 5 und 6 berechnet werden. Der Neutralleiterstrom $\underline{I}_N$ ergibt sich aus der Addition der Ströme $\underline{I}_1$ $\underline{I}_2$ und $\underline{I}_3$; hierbei ist neben dem Phasenverschiebungswinkel φ_v, der zwischen der jeweiligen Sternspannung $\underline{U}_v$ und dem zugehörigen Außenleiterstrom $\underline{I}_v$ besteht, unbedingt auch die Phasenverschiebung von jeweils 120° zwischen den einzelnen Sternspannungen zu berücksichtigen.

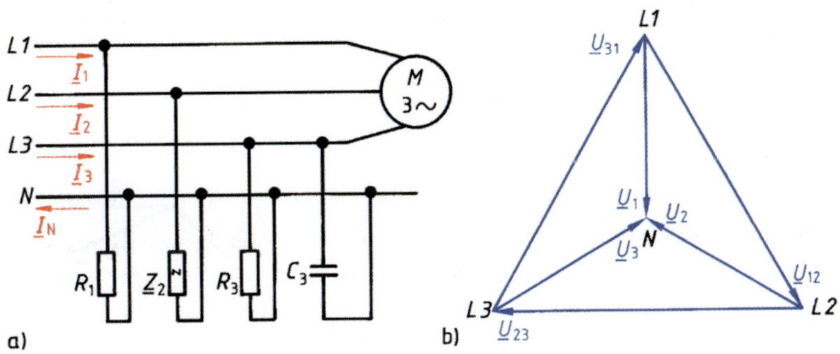

Bild 8.11 Vierleiternetz mit beliebigen Einphasenlasten und Dreiphasenmotor M (a) sowie zugehöriges Spannungszeigerdiagramm (b)

Die insgesamt übertragene Wirkleistung P folgt hingegen mit Gl. (6.75) einfach aus der Summe der Wirkleistungen P_v der einzelnen Verbraucher. Entsprechendes gilt nach Gl. (6.76) für die insgesamt aufgenommene Blindleistung Q und somit nach Gl. (6.77) auch für die komplexe Gesamtleistung $\underline{S}$. Bei unsymmetrischer Belastung ist die gesamte Scheinleistung S nicht mehr die Summe der einzelnen Scheinleistungen, sondern muss nach Gl. (5.130) aus der komplexen Gesamtleistung berechnet werden.

Beispiel 8.6 Ströme und Leistungen bei unsymmetrischer Last am Vierleiternetz

Ein Dreiphasen-Vierleiternetz 230V/400V, 50 Hz speist wie in Bild 8.11 (jedoch ohne Motor) drei Einphasenverbraucher mit folgender Leistungsaufnahme: an L1: $P_1 = 17{,}5$ kW, cos $\varphi_1 = 1$; an L2: $S_2 = 23$ kVA, cos $\varphi_2 = 0{,}72$ induktiv; an L3: $P_3 = 10$ kW parallel zu der Kapazität $C_3 = 275$ µF. Die Ströme und Leistungen sollen bestimmt werden.

Mit der Sternspannung $U_\curlywedge = 230$ V erhält man die Ströme und Phasenverschiebungswinkel

$$I_1 = \frac{P_1}{U_\curlywedge} = \frac{17{,}5\,\text{kW}}{230\ \text{V}} = 76{,}1\ \text{A} \ \text{ bei } \varphi_1 = 0°,$$

$$I_2 = \frac{S_2}{U_\curlywedge} = \frac{23\,\text{kW}}{230\ \text{V}} = 100\ \text{A} \ \text{ bei } \varphi_2 = 43{,}9°$$

sowie Wirk- und Blindkomponente des Stroms $\underline{I}_3$

$$I_{3\text{w}} = \frac{P_3}{U_\curlywedge} = \frac{10\ \text{kVA}}{230\ \text{V}} = 43{,}48\ \text{A}$$

$$I_{3\text{b}} = \omega C_3\, U_\curlywedge = 2\pi \cdot 50\text{s}^{-1} \cdot 275\ \mu\text{F} \cdot 230\ \text{V} = 19{,}87\ \text{A}\,.$$

Hieraus folgt der Effektivwert

$$I_3 = \sqrt{I_{3\text{w}}^2 + I_{3\text{b}}^2} = \sqrt{43{,}48^2 + 19{,}87^2}\ \text{A} = 47{,}8\ \text{A}$$

und dem – weil kapazitiv – negativen Phasenverschiebungswinkel

$$\varphi_3 = -\text{Arctan}\,\frac{I_{3\text{b}}}{I_{3\text{w}}} = -\text{Arctan}\,\frac{19{,}87\ \text{A}}{43{,}48\ \text{A}} = -\,24{,}6°.$$

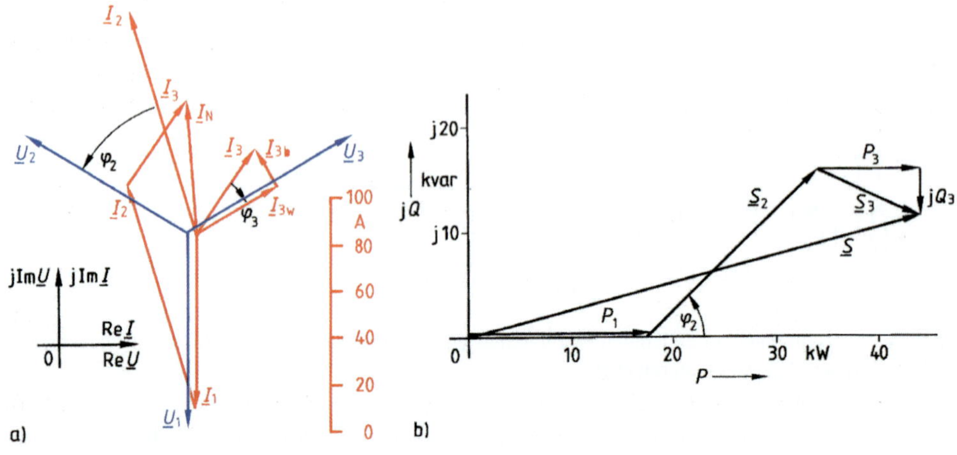

Bild 8.12 Strom-Spannungs-Zeigerdiagramm (a) und Leistungszeigerdiagramm (b) zu Beispiel 8.6

Die von der Kapazität C_3 aufgenommene Blindleistung hat nach Tabelle 5.2 den Wert

$$Q_3 = -\,\omega\, C_3\, U_\curlywedge^2 = -\,2\pi \cdot 50\ \text{s}^{-1} \cdot 275\ \mu\text{F} \cdot (230\text{V})^2 = -\,4{,}57\ \text{kVA}.$$

In Bild 8.12a sind die Sternspannungen $\underline{U}_1$, $\underline{U}_2$, $\underline{U}_3$ aus Bild 8.11b noch einmal dargestellt; die winkelmäßige Zuordnung zur reellen und imaginären Achse ist willkürlich gewählt. Die Stromzeiger $\underline{I}_1$, $\underline{I}_2$, $\underline{I}_3$ werden unter den berechneten Phasenverschiebungswinkeln φ_1, φ_2, φ_3 an den zugehörigen Sternspannungen angetragen und liefern durch geometrische Addition den Neutralleiterstrom

$$\underline{I}_N = \underline{I}_1 + \underline{I}_2 + \underline{I}_3 = 76{,}09\text{ A e}^{-j90°} + 100\text{ A e}^{j(150° - 43{,}95°)} + 47{,}8\text{ A e}^{j(30° + 24{,}56°)}$$

$$\underline{I}_N = 58{,}96\text{ A e}^{j89{,}9°}.$$

Die komplexen Leistungen werden in Bild 8.12b dargestellt und zur Ermittlung der komplexen Gesamtleistung geometrisch addiert. Die winkelmäßige Zuordnung der Leistungszeiger zur reellen und imaginären Achse liegt nach Abschnitt 5.4.3 fest. Die Addition liefert

$$\underline{S} = \underline{S}_1 + \underline{S}_2 + \underline{S}_3 = (17{,}5 + 23\text{ e}^{j43{,}95°} + 10 - \text{j }4{,}57)\text{ kVA} = 44{,}1\text{ kW} + \text{j }11{,}4\text{ kvar}$$

und

$$S = |\underline{S}| = 45{,}5\,\text{kVA}\,.$$

Es hat wenig Sinn, für unsymmetrische Belastung einen mittleren Leistungsfaktor als Verhältnis der Summe der Wirkleistungen zur gesamten Scheinleistung zu berechnen, da ein solcher mittlerer Leistungsfaktor i. Allg. keine Auskunft über die allein wichtigen, in den einzelnen Strängen auftretenden Leistungsverhältnisse geben kann.

8.3.1.2 Leistungsmessung

Wirkleistung wird an einem Verbraucher am Vierleiternetz mit der Schaltung nach Bild 8.13 gemessen, indem man die Messschaltung für einphasige Verbraucher nach Abschnitt 6.2.2.4 *für jede Phase einzeln* einsetzt. Ist der Verbraucher im Stern geschaltet und der Sternpunkt S an den Neutralleiter angeschlossen, zeigen die Wattmeter die drei Strang-Wirkleistungen an.

Ist der Sternpunkt wie in Bild 8.13 nicht angeschlossen, so tritt beim unsymmetrischen Verbraucher eine Spannung $\underline{U}_{SN}$ zwischen Sternpunkt S und Neutralleiter N auf (Abschnitt 8.3.2.2). Die komplexe Leistung ergibt sich dann aus der Summe der komplexen Strangleistungen mit Gl. (5.128) zu

$$\underline{S} = \underline{S}_{\text{Str}\,1} + \underline{S}_{\text{Str}\,2} + \underline{S}_{\text{Str}\,3} = (\underline{U}_1 - \underline{U}_{SN})\,\underline{I}_1^* + (\underline{U}_2 - \underline{U}_{SN})\underline{I}_2^* + (\underline{U}_3 - \underline{U}_{SN})\underline{I}_3^*. \quad (8.34)$$

Wegen $\underline{I}_1 + \underline{I}_2 + \underline{I}_3 = 0$ und der Gln. Gl. (5.68) und (5.69) gilt auch $\underline{I}_1^* + \underline{I}_2^* + \underline{I}_3^* = 0$. Hiermit erhält man

$$\begin{aligned}\underline{S} &= \underline{U}_1\,\underline{I}_1^* + \underline{U}_2\,\underline{I}_2^* + \underline{U}_3\,\underline{I}_3^* - \underline{U}_{SN}\,(\underline{I}_1{}^* + \underline{I}_2^* + \underline{I}_3^*)\\ &= \underline{U}_1\underline{I}_1^* + \underline{U}_2\,\underline{I}_2^* + \underline{U}_3\underline{I}_3^*\end{aligned} \quad (8.35)$$

und mit Gl. (5.131)

$$P = \text{Re}\,\underline{S} = \text{Re}\,(\underline{U}_1\,\underline{I}_1^*) + \text{Re}\,(\underline{U}_2\,\underline{I}_2^*) + \text{Re}\,(\underline{U}_3\,\underline{I}_3^*) = P_1 + P_2 + P_3. \quad (8.36)$$

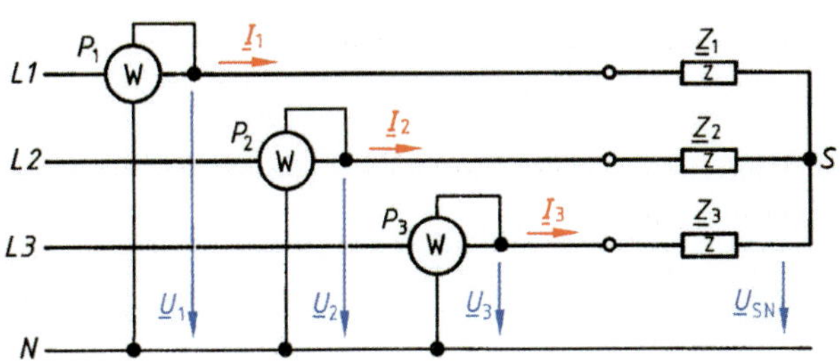

Bild 8.13 Wirkleistungsmessung am Vierleiternetz

Hierin stellen P_1, P_2, P_3 nach Gl. (6.87) die von den drei Wattmetern angezeigten Werte dar. Ihre Summe ergibt also die insgesamt aufgenommene Wirkleistung. Der Vergleich mit Gl. (8.34) zeigt aber, dass die einzelnen Werte P_1, P_2, P_3 i. Allg. nicht mit den Strang-Wirkleistungen $P_{\mathrm{Str}1}, P_{\mathrm{Str}2}, P_{\mathrm{Str}3}$ übereinstimmen. Gleiches gilt für die Dreieckschaltung. Nur beim symmetrischen Verbraucher stimmen die angezeigten Leistungswerte $P_1 = P_2 = P_3 = P/3$ mit den Strangwirkleistungen überein.

Blindleistung wird an einem dreiphasigen Verbraucher mit der Schaltung nach Bild 8.14 gemessen. Mit Gl. (5.132) und Gl. (8.35) erhält man die Blindleistung einer Sternschaltung

$$Q = \mathrm{Im}\,\underline{S} = \mathrm{Im}\,(\underline{U}_1\,\underline{I}_1^*) + \mathrm{Im}\,(\underline{U}_2\,\underline{I}_2^*) + \mathrm{Im}\,(\underline{U}_3\,\underline{I}_3^*) \tag{8.37}$$

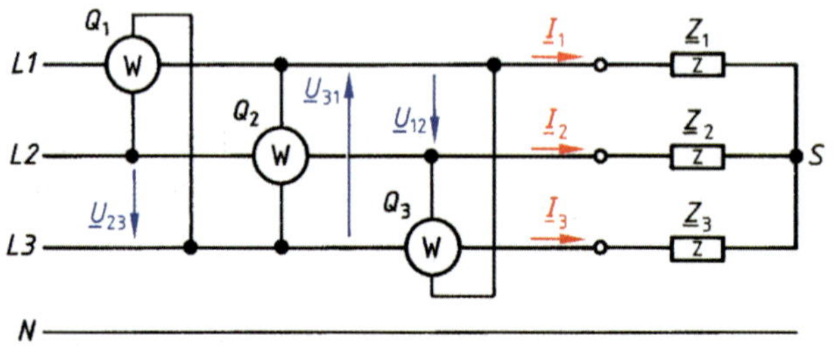

Bild 8.14 Blindleistungsmessung

und mit Gl. (5.76)

$$Q = \mathrm{Re}\left(\frac{\underline{U}_1}{\mathrm{j}}\underline{I}_1^*\right) + \mathrm{Re}\left(\frac{\underline{U}_2}{\mathrm{j}}\underline{I}_2^*\right) + \mathrm{Re}\left(\frac{\underline{U}_3}{\mathrm{j}}\underline{I}_3^*\right). \tag{8.38}$$

Aus Bild 8.11b und Gl. (8.12) folgt

$$\frac{\underline{U}_1}{\mathrm{j}} = \frac{\underline{U}_{23}}{\sqrt{3}}, \qquad \frac{\underline{U}_2}{\mathrm{j}} = \frac{\underline{U}_{31}}{\sqrt{3}}, \qquad \frac{\underline{U}_3}{\mathrm{j}} = \frac{\underline{U}_{12}}{\sqrt{3}}\,. \tag{8.39}$$

Dies in Gl. (8.38) eingesetzt ergibt

$$Q = \frac{1}{\sqrt{3}}\left[\mathrm{Re}\,(\underline{U}_{23}\,\underline{I}_1^*) + \mathrm{Re}\,(\underline{U}_{31}\,\underline{I}_2^*) + \mathrm{Re}\,(\underline{U}_{12}\,\underline{I}_3^*)\right] = \frac{1}{\sqrt{3}}(Q_1 + Q_2 + Q_3)\,. \tag{8.40}$$

Die drei Summanden in der letzten Klammer stellen die von den drei Wattmetern angezeigten Werte Q_1, Q_2, Q_3 dar. Ihre Summe ist das $\sqrt{3}$ -fache der gesamten Blindleistung. Die einzelnen Werte Q_1, Q_2, Q_3 sind aber nur im Fall der Sternschaltung mit angeschlossenem Sternpunkt oder im Fall eines symmetrischen Verbrauchers auch das $\sqrt{3}$ -fache der jeweiligen Strang-Blindleistungen. Für die Messung wird der Neutralleiter nicht benötigt. Die Schaltung ist daher sowohl für Vier- als auch für Dreileiternetze verwendbar.

8.3.2 Dreileiternetz

8.3.2.1 Dreieckschaltung

In den drei Strängen $\underline{Z}_{12}$, $\underline{Z}_{23}$, $\underline{Z}_{31}$ eines unsymmetrischen, im Dreieck geschalteten Verbrauchers nach Bild 8.15a fließen die *Strangströme*

$$\underline{I}_{12} = \frac{\underline{U}_{12}}{\underline{Z}_{12}}, \qquad \underline{I}_{23} = \frac{\underline{U}_{23}}{\underline{Z}_{23}}, \qquad \underline{I}_{31} = \frac{\underline{U}_{31}}{\underline{Z}_{31}}, \tag{8.41}$$

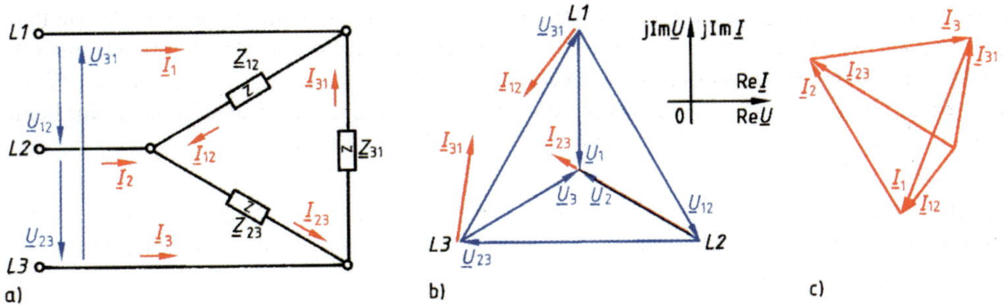

Bild 8.15 Unsymmetrische Dreieckschaltung (a) mit Zeigerdiagramm für die Strangspannungen und -ströme (b) sowie für die Außenleiterströme (c)

die gemeinsam ein unsymmetrisches Stromsystem nach Bild 8.15b bilden. Mit dem Knotensatz gewinnt man hieraus die Außenleiterströme $\underline{I}_1$, $\underline{I}_2$, $\underline{I}_3$, wie in Bild 8.15c gezeigt. Diese Außenleiterströme bilden i. Allg. wieder ein unsymmetrisches Stromsystem.

Beispiel 8.7 Ströme bei unsymmetrischer Last in Dreieckschaltung

Ein nach Bild 8.15a im Dreieck geschalteter Verbraucher besteht aus den Impedanzen $\underline{Z}_{12} = 50\ \Omega\ e^{j70°}$, $\underline{Z}_{23} = 25\ \Omega\ e^{j30°}$, $\underline{Z}_{31} = 40\ \Omega\ e^{-j20°}$. Er liegt an einem Dreileiternetz mit der Spannung $U = 400\text{V}$. Alle Ströme und ihre Phasenverschiebungswinkel sind zu bestimmen.

Mit den Außenleiterspannungen $\underline{U}_{12} = 400\text{V}\ e^{-j60°}$, $\underline{U}_{23} = 400\text{V}\ e^{j180°}$ und $\underline{U}_{31} = 400\text{V}\ e^{j60°}$ ergeben sich die Strangströme

$$\underline{I}_{12} = \frac{\underline{U}_{12}}{\underline{Z}_{12}} = \frac{400\ \text{V}\ e^{-j60°}}{50\ \Omega\ e^{j70°}} = 8\ \text{A}\ e^{-j130°}\ ,$$

$$\underline{I}_{23} = \frac{\underline{U}_{23}}{\underline{Z}_{23}} = \frac{400\ \text{V}\ e^{j180°}}{25\ \Omega\ e^{j30°}} = 16\ \text{A}\ e^{j150°}\ ,$$

$$\underline{I}_{31} = \frac{\underline{U}_{31}}{\underline{Z}_{31}} = \frac{400\ \text{V}\ e^{j60°}}{40\ \Omega\ e^{-j20°}} = 10\ \text{A}\ e^{j80°}\ .$$

Sie sind in Bild 8.15b mit den zugehörigen Spannungen dargestellt. Hieraus folgen mit Bild 8.15a und dem Knotensatz die Außenleiterströme

$$\underline{I}_1 = \underline{I}_{12} - \underline{I}_{31} = 8\ \text{A}\ e^{-j130°} - 10\ \text{A}\ e^{j80°} = 17{,}4\ \text{A}\ e^{-j113°},$$

$$\underline{I}_2 = \underline{I}_{23} - \underline{I}_{12} = 16\ \text{A}\ e^{j150°} - 8\ \text{A}\ e^{-j130°} = 16{,}6\ \text{A}\ e^{j122°},$$

$$\underline{I}_3 = \underline{I}_{31} - \underline{I}_{23} = 10\ \text{A}\ e^{j80°} - 16\ \text{A}\ e^{j150°} = 15{,}7\ \text{A}\ e^{j6{,}8°}.$$

Wie aus Bild 8.16c ersichtlich, ist ihre Summe $\underline{I}_1 + \underline{I}_2 + \underline{I}_3 = 0$.

8.3.2.2 Sternschaltung

Da bei einem Dreileiternetz kein Neutralleiter mitgeführt wird, kann der Sternpunkt S in Bild 8.16a nicht angeschlossen werden. Wegen des Knotensatzes gilt daher auch für unsymmetrische Verbraucher

$$\underline{I}_1 + \underline{I}_2 + \underline{I}_3 = 0. \tag{8.42}$$

Wegen der ungleichen Strangimpedanzen $\underline{Z}_1$, $\underline{Z}_2$, $\underline{Z}_3$ stellt sich am Sternpunkt S ein anderes Potenzial ein, als ein mitgeführter Neutralleiter (i. Allg. auf Erdpotenzial) gegebenenfalls gehabt hätte. Wie Bild 8.16b zeigt, werden die Strangspannungen $\underline{U}_{\mathrm{Str}1}$, $\underline{U}_{\mathrm{Str}2}$, $\underline{U}_{\mathrm{Str}3}$ dadurch unsymmetrisch und stimmen nicht mehr mit den (beim Dreileiternetz nicht verfügbaren) symmetrischen Sternspannungen $\underline{U}_1$, $\underline{U}_2$, $\underline{U}_3$ überein.

Die Spannung $\underline{U}_{\mathrm{SN}}$ zwischen dem Sternpunkt S und dem (nicht zugänglichen) Neutralleiter N lässt sich nach dem *Verfahren der Ersatz-Spannungsquelle* (Abschnitt 2.4.5.2) bestimmen. Der dreiphasige Spannungserzeuger wird in Bild 8.16d durch drei ideale Spannungsquellen dargestellt, an die die drei Stränge $\underline{Z}_1$, $\underline{Z}_2$ $\underline{Z}_3$ angeschlossen sind. Für diese Schaltung wird nun bezüglich der Klemmen S und N die Ersatz-Spannungsquelle nach Bild 8.16e bestimmt, indem der *Kurzschlussstrom* und der Kehrwert der *Innenimpedanz*

$$\underline{I}_{\mathrm{k}} = \frac{\underline{U}_1}{\underline{Z}_1} + \frac{\underline{U}_2}{\underline{Z}_2} + \frac{\underline{U}_3}{\underline{Z}_3}, \qquad \frac{1}{\underline{Z}_{\mathrm{i}}} = \frac{1}{\underline{Z}_1} + \frac{1}{\underline{Z}_2} + \frac{1}{\underline{Z}_3}$$

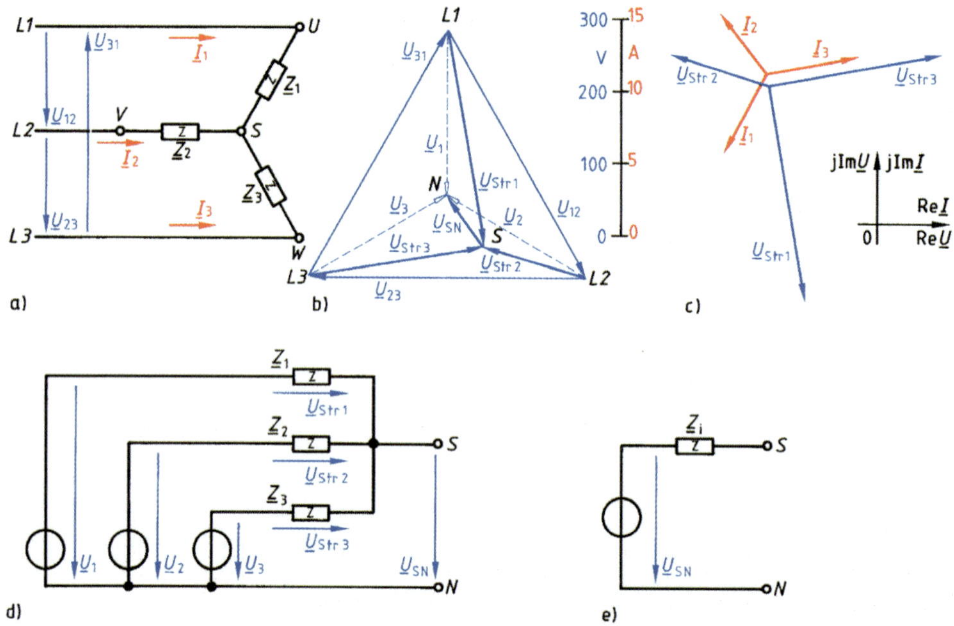

Bild 8.16 Unsymmetrische Sternschaltung am dreiphasigen Netz (a) mit Zeigerdiagramm für die Strangspannungen (b) und die Strangströme (c) mit den Werten von Beispiel 8.8, sowie Nachbildung des Drehstromerzeugers durch drei ideale Spannungsquellen (d) und Ersatz-Spannungsquelle (e) zur Bestimmung der Spannung $\underline{U}_{\mathrm{SN}}$

bestimmt werden. Mit Gl. (2.157) erhält man die gesuchte Spannung

$$\underline{U}_{\mathrm{SN}} = \underline{Z}_{\mathrm{i}}\underline{I}_{\mathrm{k}} = \frac{\underline{I}_{\mathrm{k}}}{\dfrac{1}{\underline{Z}_{\mathrm{i}}}} = \frac{\dfrac{\underline{U}_1}{\underline{Z}_1} + \dfrac{\underline{U}_2}{\underline{Z}_2} + \dfrac{\underline{U}_3}{\underline{Z}_3}}{\dfrac{1}{\underline{Z}_1} + \dfrac{1}{\underline{Z}_2} + \dfrac{1}{\underline{Z}_3}}. \tag{8.43}$$

Beispiel 8.8 Ströme und Spannungen bei unsymmetrischer Last in Sternschaltung

Ein unsymmetrischer, im Stern geschalteter dreiphasiger Verbraucher nach Bild 8.16a mit den Strangimpedanzen $\underline{Z}_1 = 47\ \Omega\ e^{j40°}$, $\underline{Z}_2 = 26\ \Omega\ e^{j35°}$, $\underline{Z}_3 = R_3 = 37\ \Omega$ liegt an einem Dreileiternetz mit $U = 400$ V und $\underline{U}_1 = 230{,}9\ V\ e^{-j90°}$. Gesucht sind die Strangspannungen und Strangströme.

Aus der Außenleiterspannung $U = 400$ V folgen nach Gl. (8.11) mit $U_\lambda = 400\ V/\sqrt{3} = 230{,}9$ V und Bild 8.16b die komplexen Sternspannungen $\underline{U}_1 = 230{,}9\ V\ e^{-j90°}$, $\underline{U}_2 = 230{,}9\ V\ e^{j150°}$, $\underline{U}_3 = 230{,}9\ V\ e^{j30°}$. Nach Gl. (8.43) führt der Sternpunkt S gegen den Neutralleiter N die Spannung

$$\underline{U}_{SN} = \frac{\dfrac{\underline{U}_1}{\underline{Z}_1} + \dfrac{\underline{U}_2}{\underline{Z}_2} + \dfrac{\underline{U}_3}{\underline{Z}_3}}{\dfrac{1}{\underline{Z}_1} + \dfrac{1}{\underline{Z}_2} + \dfrac{1}{\underline{Z}_3}} = \frac{\dfrac{230{,}9\ V\ e^{-j90°}}{47\ \Omega\ e^{j40°}} + \dfrac{230{,}9\ V\ e^{j150°}}{26\ \Omega\ e^{j35°}} + \dfrac{230{,}9\ V\ e^{j30°}}{37\ \Omega}}{\dfrac{1}{47\ \Omega\ e^{j40°}} + \dfrac{1}{26\ \Omega\ e^{j35°}} + \dfrac{1}{37\ \Omega}} = 91{,}15\ V\ e^{j127°}.$$

Nach Bild 8.17d ergeben sich hiermit die Strangspannungen

$$\underline{U}_{Str\,1} = \underline{U}_1 - \underline{U}_{SN} = 230{,}9\ V\ e^{-j90°} - 91{,}15\ V\ e^{j127°} = 309\ V\ e^{-j79{,}8°},$$

$$\underline{U}_{Str\,2} = \underline{U}_2 - \underline{U}_{SN} = 230{,}9\ V\ e^{j150°} - 91{,}15\ V\ e^{j127°} = 151\ V\ e^{j163{,}6°},$$

$$\underline{U}_{Str\,3} = \underline{U}_3 - \underline{U}_{SN} = 230{,}9\ V\ e^{j30°} - 91{,}15\ V\ e^{j127°} = 258\ V\ e^{j9{,}5°}$$

und die mit den Außenleiterströmen identischen Strangströme

$$\underline{I}_1 = \frac{\underline{U}_{Str\,1}}{\underline{Z}_1} = \frac{309\ V\ e^{-j79{,}8°}}{47\ \Omega\ e^{j40°}} = 6{,}57\ A\ e^{-j119{,}8°},$$

$$\underline{I}_2 = \frac{\underline{U}_{Str\,2}}{\underline{Z}_2} = \frac{151\ V\ e^{j163{,}6°}}{26\ \Omega\ e^{j35°}} = 5{,}81\ A\ e^{j128{,}6°},$$

$$\underline{I}_3 = \frac{\underline{U}_{Str\,3}}{\underline{Z}_3} = \frac{258\ V\ e^{j9{,}5°}}{37\ \Omega} = 6{,}97\ A\ e^{j9{,}5°},$$

die in Bild 8.16c als Zeiger dargestellt sind. Zur Kontrolle der Rechnung kann man überprüfen, ob $\underline{I}_1 + \underline{I}_2 + \underline{I}_3 = 0$ erfüllt ist.

8.3.2.3 Leistungsmessung

Zur Messung der Wirkleistung, die von einem Verbraucher am Dreileiternetz aufgenommen wird, kann die *Aron-Schaltung* nach Bild 8.17 verwendet werden.

Die komplexe Leistung des dreiphasigen Verbrauchers ergibt sich aus Gl. (8.35) unter Berücksichtigung der Gln. (8.42), (5.68) und (5.69) zu

$$\underline{S} = \underline{U}_1 \underline{I}_1^* + \underline{U}_2(-\underline{I}_1^* - \underline{I}_3^*) + \underline{U}_3 \underline{I}_3^* = (\underline{U}_1 - \underline{U}_2)\,\underline{I}_1^* + (\underline{U}_3 - \underline{U}_2)\,\underline{I}_3^*.$$

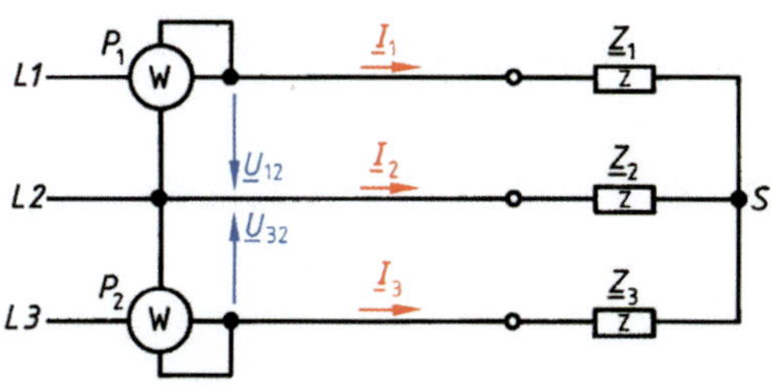

Bild 8.17 Wirkleistungsmessung am Dreileiternetz mit der Aron-Schaltung

Nach Gl. (8.8) liefert die Differenz zweier Sternspannungen stets eine Außenleiterspannung (Bild 8.16b). Damit erhält man für die komplexe Leistung

$$\underline{S} = \underline{U}_{12}\,\underline{I}_1^* + \underline{U}_{32}\,\underline{I}_3^* \tag{8.44}$$

und nach Gl. (5.131) die Wirkleistung

$$P = \mathrm{Re}\,(\underline{U}_{12}\,\underline{I}_1^*) + \mathrm{Re}\,(\underline{U}_{32}\,\underline{I}_3^*) = P_1 + P_2\,, \tag{8.45}$$

also die Summe der von den beiden Wattmetern in Bild 8.17 angezeigten Werte. Aus den Werten P_1 und P_2 kann man aber nicht auf die Strang-Wirkleistungen schließen. Selbst bei symmetrischen Verbrauchern sind diese beiden Werte i. Allg. unterschiedlich und nur bei rein ohmscher, symmetrischer Last gleich.

Zur Messung der Blindleistung wird wie beim Vierleiternetz die Schaltung nach Bild 8.14 verwendet.

9 Nichtsinusförmige Ströme und Spannungen

In den Kapiteln 5 bis 8 wird vorausgesetzt, dass die betrachteten Wechselgrößen sinusförmig verlaufen. Die reine Sinusform tritt aber nur selten auf. Deshalb soll diese Einschränkung jetzt fallen gelassen werden. Im Folgenden werden zunächst allgemeine periodische Schwingungen und danach nichtperiodische, einmalige Vorgänge betrachtet.

In der Energietechnik sind Abweichungen von der Sinusform i. Allg. ungewollt. Aber es werden z. B. schon in den Generatoren keine rein sinusförmigen Spannungen erzeugt. Transformatoren benötigen Magnetisierungsströme, die bei Sättigung der Eisenkerne verzerrt sind (Abschnitt 9.2.3). Trotz sinusförmig verlaufender Spannungen weichen die Ströme daher von der Sinusform ab und verursachen nichtsinusförmige Spannungsabfälle. Auch Stromrichter verursachen nichtsinusförmige Ströme und Spannungen (Abschnitt 9.2.2).

In der Elektrotechnik werden neben Sinus-Generatoren auch Rechteck-, Sägezahn-, Impuls- und allgemeine *Funktionsgeneratoren* eingesetzt, die Spannungen und Ströme mit frei definierbaren („*arbiträren*“) Kurvenformen erzeugen. Mikrofone und Sender liefern zeitabhängige, meist regellose Signale mit ständig wechselnden Frequenzen. Daneben werden zur Modulation und Mischung nichtlineare Bauelemente eingesetzt, die zu Verzerrungen der Ausgangsgrößen führen.

Die Impulstechnik arbeitet mit zeitlich eng begrenzten Strömen und Spannungen, die nicht sinusförmig sind und sich vielfach auch nicht periodisch wiederholen. Derartige Impulse müssen dann als zeitliche Abfolge einmaliger Vorgänge mit Übergangszuständen betrachtet werden, die erst nach einiger Zeit in den jeweils stationären Zustand einmünden. Übergangszustände bzw. Ausgleichsvorgänge ergeben sich auch, wenn Netzwerke ein- oder ausgeschaltet, wenn Eingangsstrom oder -spannung verändert oder Netzwerkteile geändert werden, wenn also z. B. die Belastung verstellt wird oder wenn Störungen wie Lastschwankungen, Kurzschlüsse o. Ä. auftreten. In der Elektrotechnik hat man sich mit den Auswirkungen solcher Schaltvorgänge (z. B. auch plötzlich auftretenden Überspannungen) auseinander zu setzen. In der Regelungstechnik muss man die Folgen von Störungen sowie die Wirksamkeit und Stabilität von Regelkreisen, also das dynamische Verhalten der Anlagen, untersuchen.

Im Folgenden wird zunächst die Darstellung periodischer Vorgänge durch die Überlagerung sinusförmiger Schwingungen unterschiedlicher Frequenzen beschrieben und das Strom-Spannungs-Verhalten der Grundzweipole an nichtsinusförmiger Wechselspannung untersucht. Anschließend wird der Einfluss nichtlinearer Bauelemente bei Sinusquellen aufgezeigt. Schließlich werden Verfahren zur Berechnung von Schaltvorgängen behandelt.

9.1 Fourier-Analyse periodischer Zeitfunktionen

Für jede periodische Zeitfunktion gilt $f(t) = f(t + n\,T)$. Hierbei ist T die (kleinste) Periodendauer des Vorgangs und n eine beliebige ganze Zahl. Eine solche Funktion kann stets als Überlagerung von Sinusschwingungen unterschiedlicher Frequenz und Phasenlage sowie gegebenenfalls eines *Gleichanteils* aufgefasst werden. Die Überlagerung enthält i. Allg. eine sinusförmige Schwingung mit der *Grundfrequenz* $1/T$ entsprechend der Periodendauer T der Funktion $f(t)$. Sie wird als *Grundschwingung*, 1. Teilschwingung oder 1. Harmonische bezeichnet. Die Frequenzen der übrigen sinusförmigen Schwingungen (*Oberschwingungen*, *höhere*

Harmonische) sind immer ganzzahlige positive Vielfache der Grundfrequenz. Das Aufsummieren des Gleichanteils, der Grundschwingung und der Oberschwingungen geschieht nach Gl. (9.1) in Form einer *Fourier-Reihe*. In Abschnitt 9.1.1 wird zunächst untersucht, nach welcher Methode sich die Koeffizienten a_0, a_ν, b_ν der Fourier-Reihe ermitteln lassen. In Abschnitt 9.1.2 wird dann die Berechnung der Fourier-Koeffizienten vorgenommen und in Abschnitt 9.1.3 werden einige Kenngrößen oberschwingungshaltiger periodischer Zeitfunktionen erläutert.

9.1.1 Aufgabenstellung

Ziel der nachfolgenden Überlegungen ist es zunächst, ein Rechenverfahren zu finden, mit dessen Hilfe man eine vorgegebene periodische Zeitfunktion $f(t)$ in optimaler Weise durch eine Näherungsfunktion $g(t)$ annähern kann. Hierzu benötigt man einen zur Näherung geeigneten Funktionstyp und ein Kriterium, aufgrund dessen sich entscheiden lässt, wann eine Näherung optimal ist.

9.1.1.1 Näherungsfunktion

Zur Annäherung der periodischen Zeitfunktion $f(t)$ soll die Summe $g(t)$ aus einem *Gleichanteil* und *mehreren Sinus- und Kosinusschwingungen unterschiedlicher Frequenz* verwendet werden. Diese Wahl ist für *glatte* (d. h. *stetig differenzierbare*) *Funktionen* in jedem Fall sinnvoll. Da die *Originalfunktion* $f(t)$ in jeder Periode T in gleicher Weise durch die *Näherungsfunktion* $g(t)$ angenähert werden soll, müssen alle in der Näherungsfunktion $g(t)$ enthaltenen Sinus- und Kosinusfunktionen während der Periodendauer T eine ganzzahlige Anzahl von Schwingungen aufweisen. Deshalb darf die Näherungsfunktion $g(t)$ nur sinusförmige Funktionen enthalten, deren Frequenzen *ganzzahlige Vielfache* der Grundfrequenz sind. Damit hat die Näherungsfunktion die allgemeine Form

$$g(t) = a_0 + \sum_{\nu=1}^{n} a_\nu \cos(\nu \omega t) + \sum_{\nu=1}^{n} b_\nu \sin(\nu \omega t)\,. \tag{9.1}$$

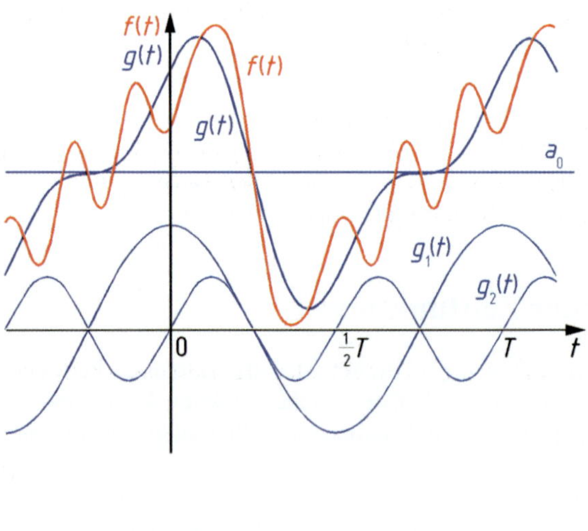

Bild 9.1 Periodische Zeitfunktion $f(t)$ und optimale Näherung $g(t)$ bei Beschränkung auf den Gleichanteil a_0, die Grundschwingung $g_1(t)$ und die 2. Harmonische $g_2(t)$

Weil für jede Kreisfrequenz $\nu\omega$ sowohl eine Kosinusfunktion $a_\nu \cos(\nu\omega t)$ als auch eine Sinusfunktion $b_\nu \sin(\nu\omega t)$ angesetzt wird und für a_ν und b_ν sowohl *positive als auch negative Werte* zugelassen werden, lassen sich nach Abschnitt 5.2.2.3 die gleichfrequenten Sinus- und Kosinusschwingungen in Gl. (9.1) jeweils durch eine Sinusfunktion

$$a_\nu \cos(\nu\omega t) + b_\nu \sin(\nu\omega t) = A_\nu \sin(\nu\omega t + \varphi_\nu) \tag{9.2}$$

mit der Amplitude $A_\nu = \sqrt{a_\nu^2 + b_\nu^2}$ und der Phase $\varphi_\nu = \arctan(a_\nu/b_\nu)$ darstellen.

Durch die Zahl n wird die Gliederanzahl in der Näherungsfunktion Gl. (9.1) festgelegt. Die Näherung gelingt i. Allg. umso besser, je größer n ist. In Bild 9.1 wird eine Näherungsfunktion $g(t)$ mit $n = 2$ gezeigt, die also nur aus dem Gleichanteil a_0, der Grundschwingung $g_1(t)$ und der 1. Oberschwingung, also der 2. Harmonischen $g_2(t)$ besteht. Die Annäherung an die Originalfunktion $f(t)$ gelingt nur unvollkommen. Dennoch stellt sie bei der Beschränkung auf so wenige Glieder die bestmögliche Näherung der Originalfunktion im Sinne des kleinsten mittleren Fehlerquadrats dar (Abschnitt 9.1.1.2).

9.1.1.2 Approximation nach dem kleinsten mittleren Fehlerquadrat

Zur Beurteilung der Güte der Übereinstimmung zwischen Näherungsfunktion $g(t)$ und Originalfunktion $f(t)$ wird der *Fehler*, also die Differenz $\delta(t) = g(t) - f(t)$ in dem Bereich von t betrachtet, für den die Näherung gelten soll. Bei periodischen Zeitfunktionen ist dies eine Periodendauer T. Bei nichtperiodischen Funktionen muss der Gültigkeitsbereich der Näherung vor der Berechnung festgelegt worden sein.

Für eine optimale Näherung scheint die Forderung naheliegend, dass der arithmetische Mittelwert des Fehlers $\overline{\delta} = 0$ sein soll. Da diese Bedingung aber auch von Näherungsfunktionen erfüllt werden kann, deren Fehler $\delta(t)$ zeitweise beträchtliche positive und negative Werte aufweist, die sich bei der Mittelwertbildung gegenseitig aufheben, scheidet dies als Kriterium für eine optimale Näherung aus. Unter den möglichen Kriterien, die das gegenseitige Verrechnen positiver und negativer Fehler vermeiden, hat sich das *Kriterium des kleinsten mittleren Fehlerquadrats* praktisch bewährt. Hierbei wird der Fehler $\delta(t)$ zunächst quadriert, wodurch größere Abweichungen δ zusätzlich stärker gewichtet werden als kleinere. Die optimale Näherung im Sinne dieses Kriteriums liegt dann vor, wenn das mittlere Fehlerquadrat $\overline{\delta^2}$ seinen kleinsten Wert annimmt. Näheres hierzu findet sich in [10].

Beispiel 9.1 Approximation einer Funktion durch eine lineare Funktion

Die in Bild 9.2 dargestellte Funktion $f(t)$ soll für $t_1 < t < t_2$ durch die Funktion $g(t) = a_0 + a_1 t$ angenähert werden. Die Koeffizienten a_0 und a_1 sind so zu bestimmen, dass die Näherung optimal ist.

Für den geforderten Gültigkeitsbereich erhält man das mittlere Fehlerquadrat

$$\overline{\delta^2} = \frac{1}{t_2 - t_1} \int_{t_1}^{t_2} [g(t) - f(t)]^2 \, dt\,. \tag{9.3}$$

Nach Einsetzen des vorgegebenen Funktionstyps $g(t) = a_0 + a_1 t$ folgt für das in Gl. (9.3) enthaltene Zeitintegral

$$J = \int_{t_1}^{t_2} [g(t) - f(t)]^2 \, dt = \int_{t_1}^{t_2} [a_0 + a_1 t - f(t)]^2 \, dt\,. \tag{9.4}$$

Es wird anschaulich durch die schraffierte Fläche in Bild 9.2 dargestellt und nimmt in Abhängigkeit von den Koeffizienten a_0 und a_1 unterschiedliche Werte an, ist also eine Funktion $J(a_0, a_1)$ dieser beiden

Koeffizienten. Die Werte von a_0 und a_1, für die das Integral J (und damit nach Gl. (9.3) auch das mittlere Fehlerquadrat $\overline{\delta^2}$) minimal wird, erhält man, wenn man J nach a_0 bzw. a_1 differenziert und die 1. Ableitung jeweils null setzt. So ergibt sich

$$\frac{\partial J}{\partial a_0} = \frac{\partial}{\partial a_0} \int_{t_1}^{t_2} [a_0 + a_1 t - f(t)]^2 \, \mathrm{d}t = 2 \int_{t_1}^{t_2} [a_0 + a_1 t - f(t)] \, \mathrm{d}t = 0$$

bzw.

$$\frac{\partial J}{\partial a_1} = \frac{\partial}{\partial a_1} \int_{t_1}^{t_2} [a_0 + a_1 t - f(t)]^2 \, \mathrm{d}t = 2 \int_{t_1}^{t_2} [a_0 + a_1 t - f(t)] \cdot t \, \mathrm{d}t = 0$$

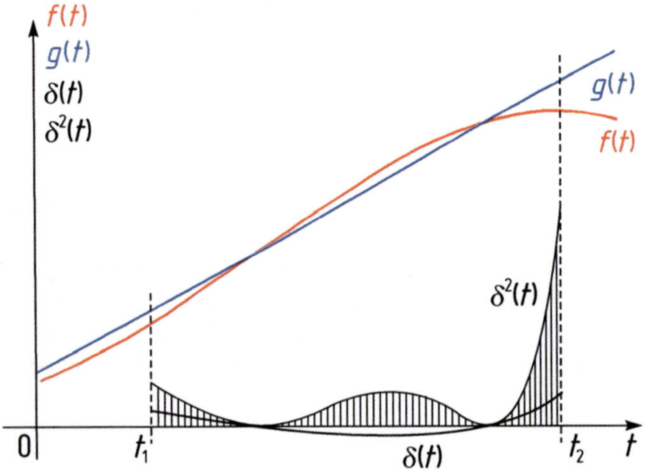

Bild 9.2 Lineare Näherung $g(t)$ der Originalfunktion $f(t)$ mit dem Verlauf des Fehlers $\delta(t) = g(t) - f(t)$ und des Fehlerquadrats $\delta^2(t)$

Hieraus folgt, wenn man die erhaltenen Integrale jeweils in zwei Teilintegrale zerlegt,

$$\int_{t_1}^{t_2} [a_0 + a_1 t] \, \mathrm{d}t = a_0 (t_2 - t_1) + \tfrac{1}{2} a_1 (t_2^2 - t_1^2) = \int_{t_1}^{t_2} f(t) \, \mathrm{d}t \tag{9.5}$$

bzw.

$$\int_{t_1}^{t_2} [a_0 t + a_1 t^2] \, \mathrm{d}t = \tfrac{1}{2} a_0 (t_2^2 - t_1^2) + \tfrac{1}{3} a_1 (t_2^3 - t_1^3) = \int_{t_1}^{t_2} t \cdot f(t) \, \mathrm{d}t \tag{9.6}$$

Die auf der rechten Seite stehenden Integrale müssen mit grafischen oder numerischen Methoden aus der vorgegebenen Funktion $f(t)$ ermittelt werden. Die auf der linken Seite stehenden Integrale sind allgemein gelöst worden und haben je eine Linearkombination der Koeffizienten a_0 und a_1 ergeben, sodass Gl. (9.5) und Gl. (9.6) ein lineares Gleichungssystem zur Bestimmung der Koeffizienten a_0 und a_1 darstellen.

Wenn als Näherung eine Parabel nach der Funktion $g(t) = a_0 + a_1 + a_2 t^2$ vorgegeben wird, verfährt man entsprechend. Man erhält dann drei lineare Gleichungen für die drei Koeffizienten a_0, a_1, a_2. Nach diesem Verfahren lassen sich z. B. die *Temperaturkoeffizienten* α_{20} und β_{20} nach Abschnitt 2.1.2.4 aus der gemessenen $R(\vartheta)$-Kennlinie ermitteln.

9.1.2 Fourier-Reihen

Die *Fourier-Koeffizienten* a_0, a_ν und b_ν in Gl. (9.1) sollen nun nach dem in Abschnitt 9.1.1.2 beschriebenen Kriterium des kleinsten mittleren Fehlerquadrats berechnet werden. Für bestimmte Sonderfälle vereinfacht sich die Rechnung, wie für einige Beispiele gezeigt wird. Schließlich wird die komplexe Fourier-Reihe eingeführt, die i. Allg. für $n \to \infty$ verwendet wird, d. h. wenn unendlich viele Glieder der Fourier-Reihe berücksichtigt werden.

9.1.2.1 Berechnung der Fourier-Koeffizienten

Nach Abschnitt 9.1.1.2 ist $g(t)$ dann eine *optimale Näherung* der Originalfunktion $f(t)$, wenn das Zeitintegral J des Fehlerquadrats $\delta^2(t)$ über eine Periodendauer T sein Minimum erreicht. Mit dem beliebigen Startzeitpunkt t_0 erhält man in Abwandlung von Gl. (9.4) das Zeitintegral

$$J = \int_{t_0}^{t_0+T} [g(t) - f(t)]^2 \, \mathrm{d}t \tag{9.7}$$

mit

$$g(t) = a_0 + \sum_{\nu=1}^{n} a_\nu \cos(\nu\omega t) + \sum_{\nu=1}^{n} b_\nu \sin(\nu\omega t). \tag{9.8}$$

Zur Bestimmung der Werte der Fourier-Koeffizienten a_0, a_ν und b_ν, für die das Integral J minimal wird, muss J nach diesen Koeffizienten differenziert und die 1. Ableitung jeweils null gesetzt werden. Da die Näherungsfunktion $g(f)$ nach Gl. (9.8) linear von den Koeffizienten a_0, a_ν und b_ν abhängt, ist das Differenzieren von Gl. (9.7) nach der Kettenregel einfach möglich. Man erhält

$$\frac{\partial J}{\partial a_0} = 2 \int_{t_0}^{t_0+T} [g(t) - f(t)] \mathrm{d}t = 0 \tag{9.9}$$

bzw.

$$\frac{\partial J}{\partial a_\nu} = 2 \int_{t_0}^{t_0+T} [g(t) - f(t)] \cdot \cos(\nu\omega t) \mathrm{d}t = 0 \tag{9.10}$$

bzw.

$$\frac{\partial J}{\partial b_\nu} = 2 \int_{t_0}^{t_0+T} [g(t) - f(t)] \cdot \sin(\nu\omega t) \mathrm{d}t = 0. \tag{9.11}$$

Aus Gl. (9.9) folgt

$$\int_{t_0}^{t_0+T} g(t) \mathrm{d}t = a_0 T = \int_{t_0}^{t_0+T} f(t) \mathrm{d}t.$$

Das auf der linken Seite stehende Integral hat den Wert $a_0 T$, da die Integrale sämtlicher nach Gl. (9.8) in $g(t)$ enthaltener Kosinus- und Sinusfunktionen über eine Periodendauer T null ergeben. Der Koeffizient a_0 stellt also den *Gleichanteil*

$$a_0 = \frac{1}{T} \int_{t_0}^{t_0+T} f(t) \mathrm{d}t \tag{9.12}$$

der Funktion $f(t)$ dar.

Für die Berechnung der Koeffizienten a_ν folgt aus Gl. (9.10)

$$\int_{t_0}^{t_0+T} g(t)\cos(\nu\omega t)\,\mathrm{d}t = \int_{t_0}^{t_0+T} f(t)\cos(\nu\omega t)\,\mathrm{d}t\,. \tag{9.13}$$

Wenn man $g(t)$ aus Gl. (9.8) in das Integral auf der linken Seite einsetzt, lässt dieses sich in Form einer Summe

$$\begin{aligned}&\int_{t_0}^{t_0+T} a_0\cos(\nu\omega t)\,\mathrm{d}t + \sum_{\mu=1}^{n}\int_{t_0}^{t_0+T} a_\mu\cos(\mu\,\omega t)\cos(\nu\omega t)\,\mathrm{d}t\\ &\qquad + \sum_{\mu=1}^{n}\int_{t_0}^{t_0+T} b_\mu\sin(\mu\,\omega t)\cos(\nu\,\omega t)\,\mathrm{d}t\end{aligned} \tag{9.14}$$

darstellen. Hierin bezeichnet ν weiterhin die Ordnungszahl des Koeffizienten a_ν, nach dem in Gl. (9.10) differenziert wurde, während μ der Zählindex (von 1 bis n) der Summen in Gl. (9.8) ist. Unter Verwendung der aus der Trigonometrie bekannten Identitäten [53]

$$\cos x\cos y = \tfrac{1}{2}\,[\cos(x-y)+\cos(x+y)], \tag{9.15}$$

$$\cos x\sin y = \tfrac{1}{2}\,[\sin(x+y)-\sin(x-y)], \tag{9.16}$$

$$\sin x\sin y = \tfrac{1}{2}\,[\cos(x-y)-\cos(x+y)] \tag{9.17}$$

lässt sich zeigen, dass fast alle in der Summe (9.14) enthaltenen Integrale über eine Periodendauer T null sind. Definitionsgemäß ergibt die Integration über eine oder mehrere Perioden einer Wechselgröße immer den Wert null. Nur das Integral

$$\int_{t_0}^{t_0+T} a_\mu\cos(\mu\,\omega t)\cos(\nu\omega t)\,\mathrm{d}t \quad \text{mit } \mu=\nu$$

ergibt mit Gl. (9.15) wegen $\cos 0 = 1$

$$\int_{t_0}^{t_0+T} a_\nu\,\tfrac{1}{2}[1+\cos(2\nu\omega t)]\,\mathrm{d}t = \tfrac{1}{2}a_\nu T$$

und stellt damit das Ergebnis des Integrals links des Gleichheitszeichens von Gl. (9.13) dar. Somit folgt schließlich aus Gl. (9.13)

$$a_\nu = \frac{2}{T}\int_{t_0}^{t_0+T} f(t)\cos(\nu\omega t)\,\mathrm{d}t\,. \tag{9.18}$$

Damit liegt eine Rechenvorschrift vor, mit deren Hilfe die Koeffizienten a_ν in Gl. (9.1) bzw. (9.8) zur Annäherung der Originalfunktion $f(t)$ gewonnen werden können.

Mit einer ganz ähnlichen Rechnung lassen sich auch die Koeffizienten b_ν bestimmen. Aus Gl. (9.11) folgt zunächst

$$\int_{t_0}^{t_0+T} g(t)\sin(\nu\,\omega t)\,\mathrm{d}t = \int_{t_0}^{t_0+T} f(t)\sin(\nu\,\omega t)\,\mathrm{d}t\,. \tag{9.19}$$

Ähnlich wie in Gl. (9.14) kann auch hier unter Verwendung von Gl. (9.8) das Integral auf der linken Seite durch eine Summe

$$\begin{aligned}&\int_{t_0}^{t_0+T} a_0 \sin(\nu\omega t)\,\mathrm{d}t + \sum_{\mu=1}^{n}\int_{t_0}^{t_0+T} a_\mu \cos(\mu\,\omega t)\sin(\nu\omega t)\,\mathrm{d}t \\ &\qquad + \sum_{\mu=1}^{n}\int_{t_0}^{t_0+T} b_\mu \sin(\mu\,\omega t)\sin(\nu\,\omega t)\,\mathrm{d}t\end{aligned} \tag{9.20}$$

dargestellt werden, deren Glieder alle null sind, bis auf den Term

$$\int_{t_0}^{t_0+T} b_\mu \sin(\mu\,\omega t)\sin(\nu\omega t)\,\mathrm{d}t \quad \text{mit } \mu = \nu\,,$$

denn dieser ergibt mit Gl. (9.17)

$$\int_{t_0}^{t_0+T} b_\nu \tfrac{1}{2}[1-\cos(2\nu\omega t)]\,\mathrm{d}t = \tfrac{1}{2} b_\nu T$$

und stellt damit das Ergebnis des Integrals links des Gleichheitszeichens von Gl. (9.19) dar. Damit ergibt sich aus Gl. (9.19)

$$b_\nu = \frac{2}{T}\int_{t_0}^{t_0+T} f(t)\sin(\nu\omega t)\,\mathrm{d}t\,. \tag{9.21}$$

Die Gln. (9.12), (9.18) und (9.21) ermöglichen jetzt die Bestimmung aller nach Gl. (9.8) in der Näherungsfunktion $g(t)$ enthaltenen Koeffizienten zur optimalen Annäherung einer vorgegebenen periodischen Zeitfunktion $f(t)$. Die Koeffizienten a_0, a_ν, b_ν sind von der Gliederzahl n unabhängig.

9.1.2.2 Unendliche Fourier-Reihe

Wenn die Koeffizienten der Näherungsfunktion $g(t)$ nach Abschnitt 9.1.2.1 bestimmt werden, ist die Übereinstimmung mit der Originalfunktion $f(t)$ i. Allg. umso besser, je mehr Summenglieder in Gl. (9.8) berücksichtigt werden. Lässt man ihre Anzahl $n \to \infty$ gehen, so wird die Näherungsfunktion $g(t)$ mit der Originalfunktion $f(t)$ identisch, *sofern letztere stetig differenzierbar ist*. Aus Gl. (9.8) folgt dann

$$f(t) = a_0 + \sum_{\nu=1}^{\infty} a_\nu \cos(\nu\,\omega t) + \sum_{\nu=1}^{\infty} b_\nu \sin(\nu\,\omega t)\,. \tag{9.22}$$

Dieser Zusammenhang sowie die zugehörigen Koeffizienten sind in Tabelle 9.1 zusammengestellt.

Tabelle 9.1 Unendliche Fourier-Reihe und Bestimmungsgleichungen für ihre Koeffizienten

$$f(t) = a_0 + \sum_{\nu=1}^{\infty} a_\nu \cos(\nu\,\omega t) + \sum_{\nu=1}^{\infty} b_\nu \sin(\nu\,\omega t) \tag{9.22}$$

$$a_0 = \frac{1}{T}\int_{t_0}^{t_0+T} f(t)\,\mathrm{d}t \tag{9.12}$$

$$a_\nu = \frac{2}{T}\int_{t_0}^{t_0+T} f(t)\cos(\nu\omega t)\,\mathrm{d}t \tag{9.18}$$

$$b_\nu = \frac{2}{T}\int_{t_0}^{t_0+T} f(t)\sin(\nu\omega t)\,\mathrm{d}t \tag{9.21}$$

9.1.2.3 Sonderfälle

Für Funktionen mit bestimmten Eigenschaften ist von vornherein erkennbar, dass einige der in Tabelle 9.1 aufgeführten Koeffizienten null werden. Tabelle 9.2 gibt eine Übersicht hierüber. *Gerade Funktionen* $f(t) = f(-t)$ sind klappsymmetrisch zur Ordinate und können nur durch solche Funktionen nachgebildet werden, die diese Eigenschaft auch selbst besitzen: daher treten hier nur Kosinus-Anteile (mit positiven oder auch negativen a_ν) und gegebenenfalls ein Gleichanteil auf. Entsprechendes gilt für *ungerade Funktionen* $f(t) = -f(-t)$: hier kommen nur Sinus-Anteile (mit positiven oder negativen b_ν) vor. *Alternierende Funktionen*, bei denen die negative Halbschwingung bis auf das Vorzeichen mit der positiven Halbschwingung identisch ist, können nur durch Sinusschwingungen $g_\nu(t)$ geeigneter Phasenlage nachgebildet werden, für die ebenfalls $g_\nu(t) = -g_\nu(t + T/2)$ gilt. Dies ist nur für Frequenzen der Fall, die ungeradzahlige Vielfache der Grundfrequenz sind.

Beispiel 9.2 Fourier-Koeffizienten einer symmetrischen Rechteckschwingung

Gesucht sind die Fourier-Koeffizienten der in Bild 9.3a dargestellten, nach einer *symmetrischen Rechteckschwingung* mit dem *Tastverhältnis* 1/2 verlaufenden Stromfunktion $i(t)$.

Die Funktion ist sowohl gerade als auch alternierend. Nach Tabelle 9.2 kommen daher nur a_ν ungeradzahliger Ordnung vor. Diese ergeben sich aus Gl. (9.18) zu

$$a_\nu = \frac{2}{T}\int_{-\frac{1}{4}T}^{\frac{3}{4}T} i(t)\cos(\nu\omega t)\,\mathrm{d}t\,.$$

$$= \frac{2}{T}\left\{\int_{-\frac{1}{4}T}^{\frac{1}{4}T} \hat{i}\cos(\nu\omega t)\,\mathrm{d}t + \int_{\frac{1}{4}T}^{\frac{3}{4}T} (-\hat{i})\cos(\nu\omega t)\,\mathrm{d}t\right\}.$$

Tabelle 9.2 Funktionen mit besonderen Eigenschaften. Die linke Seite der Tabelle zeigt Beispiele $f(t)$ des jeweiligen Funktionstyps; auf der rechten Seite sind einige der hierin enthaltenen Sinus- und Kosinus-Schwingungen $g_\nu(t)$ dargestellt

Gerade Funktionen $f(t) = f(-t)$ 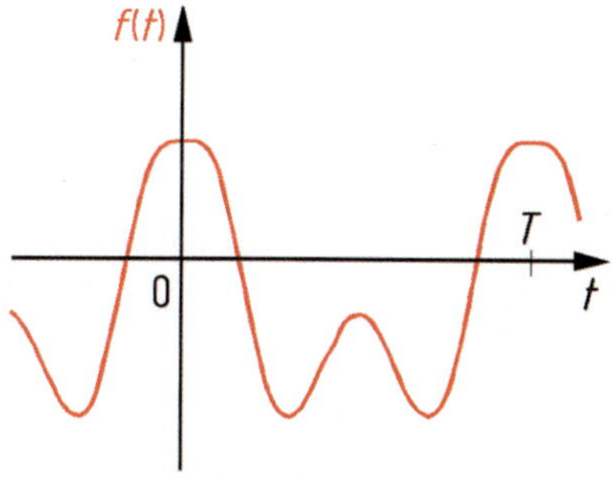	nur Gleichanteil und ± Kosinus-Anteile, $b_\nu = 0$ 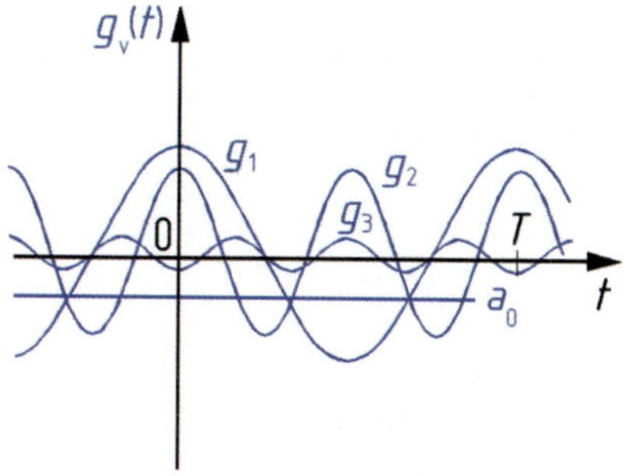
Ungerade Funktionen $f(t) = -f(-t)$ 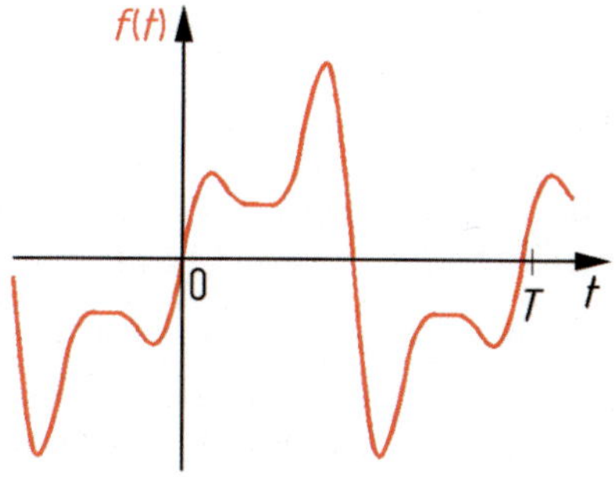	nur ± Sinus-Anteile, $a_0 = 0$, $a_\nu = 0$ 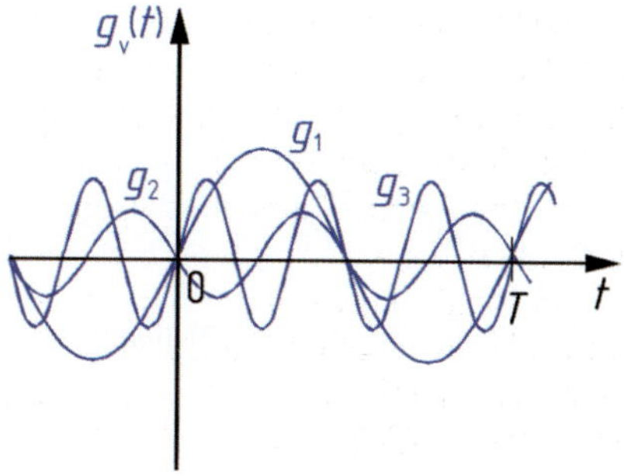
Alternierende Funktionen $f(t) = -f\left(t + \frac{T}{2}\right)$ 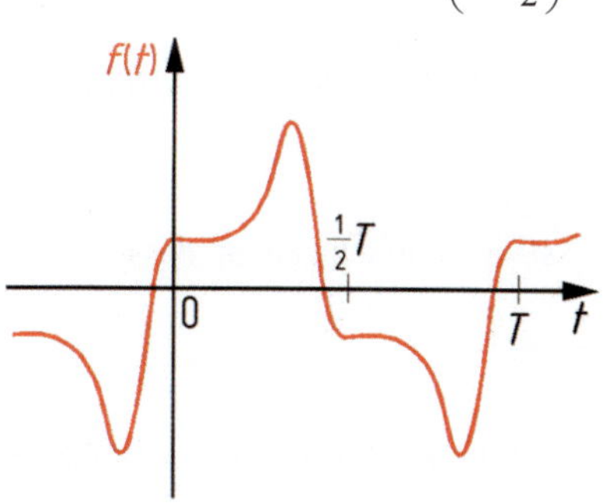	nur Anteil ungeradzahliger Ordnung, $a_0 = 0$, $a_{2\mu} = b_{2\mu} = 0$ 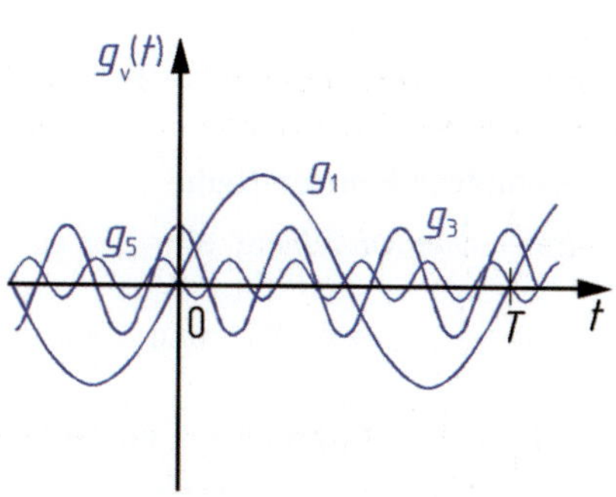

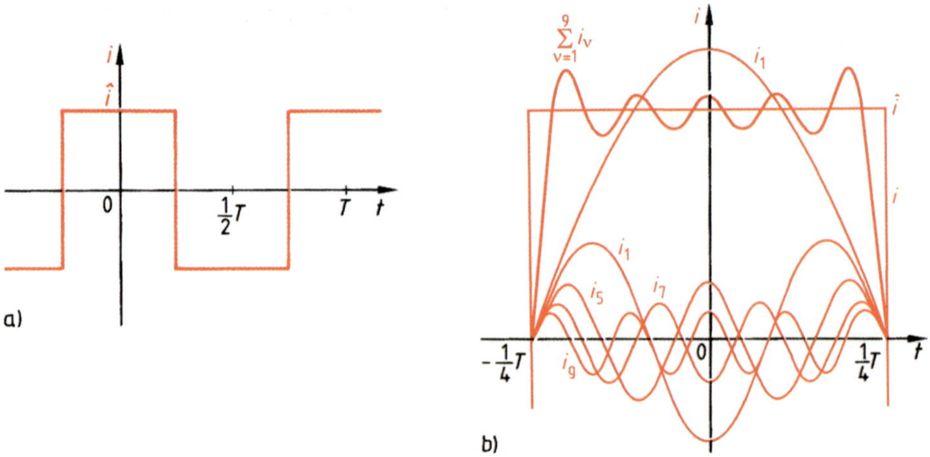

Bild 9.3 Rechteckförmige Stromfunktion (a) und hierin enthaltene Harmonische bis $\nu = 9$ (b)

Nach Auswertung der beiden Teilintegrale erhält man

$$a_\nu = \frac{2\hat{i}}{T}\left\{\frac{1}{\nu\omega}\left[\sin\frac{\nu\omega T}{4} - \sin\frac{-\nu\omega T}{4}\right] - \frac{1}{\nu\omega}\left[\sin\frac{3\nu\omega T}{4} - \sin\frac{\nu\omega T}{4}\right]\right\}$$

und mit Gl. (5.24)

$$a_\nu = \frac{\hat{i}}{\nu\pi}\left\{\sin\frac{\nu\pi}{2} - \sin\frac{-\nu\pi}{2} - \sin\frac{3\nu\pi}{2} + \sin\frac{\nu\pi}{2}\right\} = \frac{4\hat{i}}{\nu\pi}\sin\frac{\nu\pi}{2},$$

was bestätigt, dass alle a_ν mit geradzahligem ν den Wert null haben. Für ungeradzahlige ν folgt

$$a_\nu = \frac{4\hat{i}}{\nu\pi} = \frac{1{,}273}{\nu}\hat{i} \qquad \text{mit } \nu = 1, 5, 9, \ldots$$

und

$$a_\nu = -\frac{4\hat{i}}{\nu\pi} = -\frac{1{,}273}{\nu}\hat{i} \quad \text{mit } \nu = 3, 7, 11, \ldots$$

In Bild 9.3b ist die Überlagerung der Kosinusschwingungen $a_\nu \cos(\nu\omega t)$ bis $\nu = 9$ dargestellt.

9.1.2.4 Komplexe Fourier-Reihe

Mit der *Eulerschen Gleichung* $e^{j\varphi} = \cos\varphi + j\sin\varphi$ lässt sich einfach zeigen, dass

$$\cos\varphi = \frac{1}{2}(e^{j\varphi} + e^{-j\varphi}) \quad \text{und} \quad \sin\varphi = \frac{1}{2j}(e^{j\varphi} - e^{-j\varphi})$$

ist. Wenn man diese Ausdrücke in Gl. (9.22) einführt und die beiden Summen zusammenfasst, erhält man für die Fourier-Reihe die Darstellung

$$f(t) = a_0 + \sum_{\nu=1}^{\infty}\left[\frac{a_\nu}{2}(e^{j\nu\omega t} + e^{-j\nu\omega t}) + \frac{b_\nu}{2j}(e^{j\nu\omega t} - e^{-j\nu\omega t})\right].$$

Die Terme unter dem Summenzeichen werden jetzt nach den beiden Exponentialfunktionen sortiert und in zwei getrennten Summen dargestellt.

$$f(t) = a_0 + \sum_{\nu=1}^{\infty} \tfrac{1}{2}(a_\nu - \mathrm{j}b_\nu)\mathrm{e}^{\mathrm{j}\nu\omega t} + \sum_{\nu=1}^{\infty} \tfrac{1}{2}(a_\nu + \mathrm{j}b_\nu)\mathrm{e}^{-\mathrm{j}\nu\omega t} . \tag{9.23}$$

Die komplexen Koeffizienten $\underline{c}_\nu = \frac{1}{2}(a_\nu - \mathrm{j}\,b_\nu)$ bzw. $\underline{c}_\nu^* = \frac{1}{2}(a_\nu + \mathrm{j}\,b_\nu)$ sind zueinander konjugiert komplex und lassen sich mit den Gleichungen (9.18) und (9.21) aus Tabelle 9.1 darstellen als

$$\begin{aligned}\underline{c}_\nu &= \tfrac{1}{2}(a_\nu - \mathrm{j}b_\nu)\\ &= \frac{1}{T}\int_{t_0}^{t_0+T} f(t)[\cos(\nu\,\omega t) - \mathrm{j}\sin(\nu\,\omega t)]\,\mathrm{d}t = \frac{1}{T}\int_{t_0}^{t_0+T} f(t)\,\mathrm{e}^{-\mathrm{j}\nu\omega t}\,\mathrm{d}t\end{aligned}$$

bzw.

$$\begin{aligned}\underline{c}_\nu^* &= \tfrac{1}{2}(a_\nu + \mathrm{j}b_\nu)\\ &= \frac{1}{T}\int_{t_0}^{t_0+T} f(t)[\cos(\nu\omega t) + \mathrm{j}\sin(\nu\omega t)]\,\mathrm{d}t = \frac{1}{T}\int_{t_0}^{t_0+T} f(t)\,\mathrm{e}^{\mathrm{j}\nu\omega t}\,\mathrm{d}t\end{aligned}$$

Wie der Vergleich mit Gl. (9.12) zeigt, liefert die Gleichung für $\underline{c}_\nu$ mit $\nu = 0$ auch das richtige Ergebnis für den Gleichanteil

$$\underline{c}_0 = \frac{1}{T}\int_{t_0}^{t_0+T} f(t)\,\mathrm{d}t = a_0 . \tag{9.24}$$

Außerdem ist zu erkennen, dass $\underline{c}_\nu^* = \frac{1}{2}(a_\nu + \mathrm{j}\,b_\nu)$ zu $\underline{c}_\nu = \frac{1}{2}(a_\nu - \mathrm{j}\,b_\nu)$ wird, wenn man die Laufvariable mit (– 1) multipliziert. Für den letzten Summenterm in Gl. (9.23) kann man daher schreiben

$$\sum_{\nu=1}^{\infty} \tfrac{1}{2}(a_\nu + \mathrm{j}b_\nu)\,\mathrm{e}^{-\mathrm{j}\nu\omega t} = \sum_{\nu=-1}^{-\infty} \tfrac{1}{2}(a_\nu - \mathrm{j}b_\nu)\,\mathrm{e}^{\mathrm{j}\nu\omega t} . \tag{9.25}$$

Nach dieser Umformung sind die Ausdrücke unter den beiden Summenzeichen in Gl. (9.23) identisch. Im einen Fall erfolgt die Summation von $\nu = 1$ bis $\nu \to \infty$, im anderen Fall von $\nu = -1$ bis $\nu \to -\infty$. Nimmt man den noch fehlenden Wert $\nu = 0$ hinzu, so liefert derselbe Ausdruck $\underline{c}_0\mathrm{e}^0$, was nach Gl. (9.24) den Gleichanteil a_0 beschreibt. Damit lassen sich alle drei Terme der Gl. (9.23) unter einem Summenzeichen zu der *komplexen Fourier-Reihe*

$$f(t) = \sum_{\nu=-\infty}^{+\infty} \underline{c}_\nu\,\mathrm{e}^{\mathrm{j}\nu\omega t} \tag{9.26}$$

zusammenfassen. Für die *komplexen Fourier-Koeffizienten* gilt

$$\underline{c}_\nu = \frac{1}{T}\int_{t_0}^{t_0+T} f(t)\,\mathrm{e}^{-\mathrm{j}\nu\omega t}\mathrm{d}t . \tag{9.27}$$

Obwohl die Gln. (9.26) und (9.27) für die komplexe Fourier-Reihe weniger anschaulich sind als die in Tabelle 9.1 zusammengestellten Gleichungen für die Fourier-Reihe mit reellen Koeffizienten, sollte man sich unbedingt mit diesen Zusammenhängen vertraut machen, da sie in der weiterführenden Literatur als Grundlage für die Einführung der in der Elektrotechnik sehr wichtigen Fourier- und Laplace-Transformation dienen [51].

9.1.3 Kennwerte periodischer Größen

9.1.3.1 Effektivwert

Die Fourier-Reihe nach Gl. (9.22) enthält i. Allg. neben dem Gleichanteil a_0 für jede Kreisfrequenz $\nu\omega$ sowohl eine Kosinusfunktion $a_\nu \cos(\nu\omega t)$ als auch eine Sinusfunktion $b_\nu \sin(\nu\omega t)$, die sich nach Gl. (9.2) zu einer Sinusfunktion

$$a_\nu \cos(\nu\omega t) + b_\nu \sin(\nu\omega t) = A_\nu \sin(\nu\omega t + \varphi_\nu)$$

mit dem Scheitelwert $A_\nu = \sqrt{a_\nu^2 + b_\nu^2}$ zusammenfassen lassen. Wenn es sich bei der Zeitfunktion um einen Strom (bzw. eine Spannung) handelt, bezeichnet man den Scheitelwert A_ν der ν-ten Teilschwingung mit $\hat{i}_\nu$ (bzw. $\hat{u}_\nu$) und den Gleichanteil a_0 mit $\bar{i}$ (bzw. $\bar{u}$). Der Effektivwert der ν-ten Teilschwingung ist nach Gl. (5.36)

$$I_\nu = \frac{1}{\sqrt{2}} \hat{i}_\nu \quad \text{bzw.} \quad U_\nu = \frac{1}{\sqrt{2}} \hat{u}_\nu .$$

Der Effektivwert der Gesamtschwingung ist nach Gl. (5.12) zu berechnen und ergibt sich z. B. für einen Strom zu

$$I = \sqrt{\frac{1}{T} \int_{t_0}^{t_0+T} i^2 \, \mathrm{d}t} = \sqrt{\frac{1}{T} \int_{t_0}^{t_0+T} \left[\bar{i} + \sum_{\nu=1}^{\infty} \hat{i}_\nu \sin(\nu\omega t + \varphi_\nu) \right]^2 \mathrm{d}t} .$$

Beim Quadrieren des Klammerausdrucks treten außer $\bar{i}^2$ und den Termen $\hat{i}_\nu^2 \sin^2(\nu\omega t + \varphi_\nu)$ auch solche des Typs $2\,\hat{i}_\mu \hat{i}_\nu \sin(\mu\omega t + \varphi_\mu) \sin(\nu\omega t + \varphi_\nu)$ mit $\mu \neq \nu$ auf. Wenn man letztere mit Hilfe von Gl. (9.17) umformt, lässt sich zeigen, dass ihr Integral über eine Periodendauer T immer null ist. Man erhält daher

$$I = \sqrt{\frac{1}{T} \int_{t_0}^{t_0+T} \bar{i}^2 \, \mathrm{d}t + \sum_{\nu=1}^{\infty} \frac{1}{T} \int_{t_0}^{t_0+T} \hat{i}_\nu^2 \sin^2(\nu\omega t + \varphi_\nu) \, \mathrm{d}t} .$$

Unter dem Wurzelzeichen steht die Summe der Quadrate des Gleichanteils I_- sowie der Effektivwerte I_ν der einzelnen Teilschwingungen entsprechend Gl. (5.12). Diese Betrachtungen gelten für alle Größen, für die man Effektivwerte angibt. Das Ergebnis lässt sich daher auch auf die Spannung übertragen und man erhält als *Effektivwert der Gesamtschwingung*

$$I = \sqrt{I_-^2 + \sum_{\nu=1}^{\infty} I_\nu^2} \quad \text{bzw.} \quad U = \sqrt{U_-^2 + \sum_{\nu=1}^{\infty} U_\nu^2} . \tag{9.28}$$

In Übereinstimmung mit Gl. (5.17) bezeichnet der Summenausdruck den Effektivwert des Wechselstrom- (bzw. Wechselspannungs-) Anteils.

$$I_{\sim} = \sqrt{\sum_{\nu=1}^{\infty} I_{\nu}^{2}} \quad \text{bzw.} \quad U_{\sim} = \sqrt{\sum_{\nu=1}^{\infty} U_{\nu}^{2}} \tag{9.29}$$

9.1.3.2 Schwingungsgehalt und Klirrfaktor

Für Mischgrößen (Abschnitt 5.1.2.5) definiert man nach [60] den *Schwingungsgehalt* als Quotient der Effektivwerte von Wechselanteil und Gesamtgröße:

$$s_{\mathrm{i}} = \frac{I_{\sim}}{I} \quad \text{bzw.} \quad s_{\mathrm{u}} = \frac{U_{\sim}}{U} \tag{9.30}$$

Für Wechselgrößen, also periodischen Größen, deren Gleichanteil $I_{-} = 0$ ist, gilt $I_{\sim} = I$. Hier wird der *Grundschwingungsgehalt*

$$g_{\mathrm{i}} = \frac{I_1}{I} \quad \text{bzw.} \quad g_{\mathrm{u}} = \frac{U_1}{U} \tag{9.31}$$

als Quotient der Effektivwerte der Grundschwingung und der gesamten Wechselgröße definiert.

Als *Oberschwingungsgehalt* oder *Klirrfaktor* einer Wechselgröße bezeichnet man den Quotienten

$$k_{\mathrm{i}} = \frac{\sqrt{\sum_{\nu=2}^{\infty} I_{\nu}^{2}}}{I} = \frac{\sqrt{I^2 - I_1^2}}{I} = \sqrt{1 - g_{\mathrm{i}}^2}$$

bzw.

$$k_{\mathrm{u}} = \frac{\sqrt{\sum_{\nu=2}^{\infty} U_{\nu}^{2}}}{U} = \frac{\sqrt{U^2 - U_1^2}}{U} = \sqrt{1 - g_{\mathrm{u}}^2} \tag{9.32}$$

aus dem Effektivwert der Oberschwingungen (mit $\nu \geq 2$) und dem Effektivwert der gesamten Wechselgröße.

Beispiel 9.3 Fourier-Koeffizienten und Klirrfaktor einer Sägezahnspannung

Für die in Bild 9.4 dargestellte symmetrische Sägezahn-Spannung $u(t)$ sind die Fourier-Koeffizienten a_0, a_ν, b_ν sowie der Grundschwingungsgehalt g_{u} und der Klirrfaktor k_{u} gesucht.

Die Funktion ist ungerade. Nach Tabelle 9.2 gilt daher $a_0 = 0$, $a_\nu = 0$.

Die Koeffizienten b_ν werden mit Gl. (9.21) berechnet. Als Integrationsintervall wählt man zweckmäßig den Bereich von $-0{,}5T$ bis $0{,}5T$. In diesem Intervall folgt die Funktion der Geradengleichung

$$u\,(\mathrm{t}) = \frac{2\hat{u}}{T}t.$$

Mit Gl. (9.21) erhält man

$$b_\nu = \frac{2}{T}\int_{-0{,}5T}^{0{,}5T} \frac{2\hat{u}}{T} t \sin(\nu\omega t)\,\mathrm{d}t.$$

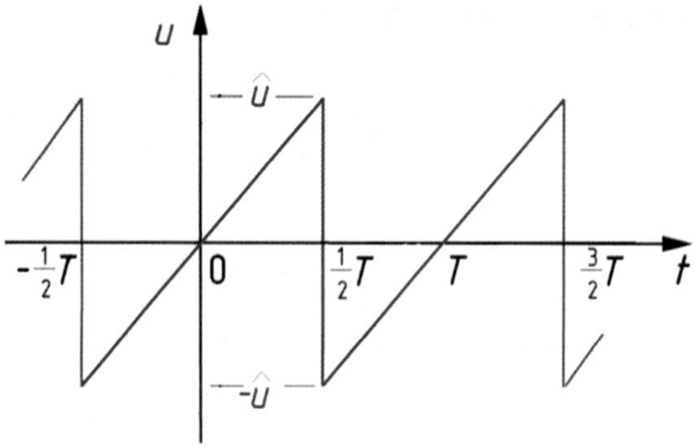

Bild 9.4 Sägezahnförmige Spannungsfunktion

Durch partielle Integration (Produktregel [5], [11]) oder indem man in einer Integraltabelle, z. B. in [53], das Integral der Funktion $x\,\sin(ax)$ nachschlägt, findet man die Lösung

$$b_\nu = \frac{4\hat{u}}{T^2}\left[\frac{1}{(\nu\omega)^2}\sin(\nu\omega t) - \frac{t}{\nu\omega}\cos(\nu\omega t)\right]\Bigg|_{-\frac{1}{2}T}^{\frac{1}{2}T}.$$

Nach Einsetzen der oberen und der unteren Grenze folgt

$$b_\nu = 4\hat{u}\left\{\frac{1}{(\nu\omega T)^2}\left[\sin\frac{\nu\omega T}{2} - \sin\frac{-\nu\omega T}{2}\right] - \frac{1}{\nu\omega T^2}\left[\frac{1}{2}T\cos\frac{\nu\omega T}{2} + \frac{1}{2}T\cos\frac{-\nu\omega T}{2}\right]\right\}$$

und mit Gl. (5.24)

$$b_\nu = 4\hat{u}\left\{\frac{1}{(2\nu\pi)^2}[\sin(\nu\pi) - \sin(-\nu\pi)] - \frac{1}{4\nu\pi}[\cos(\nu\pi) + \cos(-\nu\pi)]\right\}.$$

Wegen $\sin(\nu\pi) = \sin(-\nu\pi) = 0$ und $\cos(\nu\pi) = \cos(-\nu\pi) = (-1)^\nu = -(-1)^{\nu+1}$ erhält man schließlich

$$b_\nu = (-1)^{\nu+1}\frac{2\hat{u}}{\nu\pi}.$$

Hieraus folgt für $\nu = 1$ die Amplitude der Grundschwingung $b_1 = \hat{u}_1 = (2/\pi)\,\hat{u}$ und entsprechend Gl. (5.36) ihr Effektivwert

$$U_1 = \frac{\hat{u}_1}{\sqrt{2}} = \frac{b_1}{\sqrt{2}} = \frac{1}{\sqrt{2}}\cdot\frac{2\hat{u}}{\pi} = \frac{\sqrt{2}}{\pi}\hat{u}.$$

Der Effektivwert der Gesamtschwingung ergibt sich mit Gl. (5.12) zu

$$U = \sqrt{\frac{1}{T}\int\limits_{-0,5T}^{0,5T}\left(\frac{2\hat{u}}{T}\right)^2 t^2\mathrm{d}t} = \sqrt{\frac{4\hat{u}^2}{T^3}\cdot\frac{1}{3}[(\tfrac{1}{2}T)^3 - (-\tfrac{1}{2}T)^3]} = \frac{\hat{u}}{\sqrt{3}}.$$

Hieraus folgt mit Gl. (9.31) der Grundschwingungsgehalt

$$g_\mathrm{u} = \frac{U_1}{U} = \frac{\sqrt{2}\cdot\sqrt{3}}{\pi} = 0{,}78$$

und mit Gl. (9.32) der Klirrfaktor

$$k_\mathrm{u} = \sqrt{1 - g_\mathrm{u}^2} = 0{,}63 = 63\%.$$

9.1.4 Nichtsinusförmige Wechselgrößen in linearen Netzwerken

Die in den Kapiteln 2 bis 4 hergeleiteten Strom-Spannungs-Beziehungen für die linearen, zeitinvarianten Grundzweipole R, C und L gelten für beliebige Zeitfunktionen. In Tabelle 9.3 sind diese Gleichungen zusammengestellt. Man erkennt deutlich, dass die in Tabelle 6.2 aufgeführten dualen Entsprechungen zwischen Spannung und Strom, Induktivität und Kapazität sowie zwischen Widerstand und Leitwert auch für beliebige zeitliche Verläufe von Strom i und Spannung u gültig sind. *Die Anwendung der in Kapitel 5 eingeführten komplexen Rechnung ist jedoch für nichtsinusförmige Wechselgrößen nur noch mit der Einschränkung zulässig, dass diese zuvor nach Abschnitt 9.1.2 in ihre harmonischen Anteile unterschiedlicher Frequenz zerlegt und diese Anteile einzeln behandelt werden.* Für die jeweilige Ausgangsgröße (Spannung oder Strom) erhält man dann i. Allg. einen Kurvenverlauf, dessen Form von dem der Eingangsgröße (Strom oder Spannung) abweicht, weil die einzelnen Frequenzanteile in der Ausgangsgröße mit anderer Gewichtung und Phasenlage enthalten sind als in der Eingangsgröße.

Tabelle 9.3 Beziehungen zwischen Strom und Spannung an den passiven Grundzweipolen

Widerstand	*Kapazität*	*Induktivität*
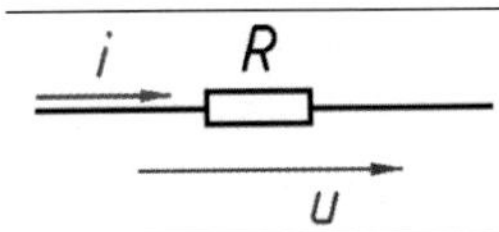	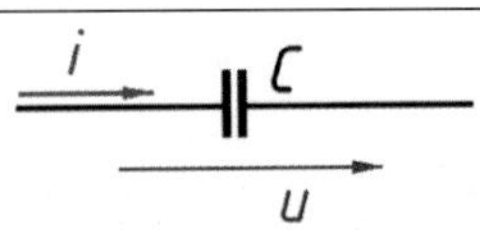	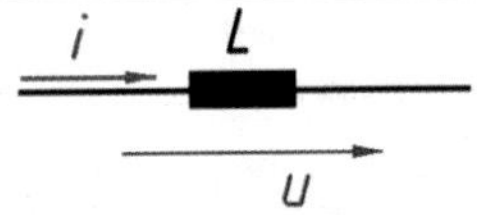
$u(t) = R\,i(t)$ (9.33)	$u(t) = \frac{1}{C}\int_{t_0}^{t} i(\vartheta)\,d\vartheta + u(t_0)$ (9.35)	$u(t) = L\frac{di}{dt}$ (9.37)
$i(t) = \frac{1}{R}u(t)$ (9.34)	$i(t) = C\frac{du}{dt}$ (9.36)	$i(t) = \frac{1}{L}\int_{t_0}^{t} u(\vartheta)\,d\vartheta + i(t_0)$ (9.38)

9.1.4.1 Lineare Verzerrungen

Die in Tabelle 9.3 zusammengestellten Zweipole bezeichnet man als lineare, zeitinvariante Zweipole, sofern sie jeweils durch einen Wert R bzw. C bzw. L beschrieben werden können, der sich weder in Abhängigkeit von den Klemmengrößen u und i (*Linearität*) noch der Zeit t (*Zeitinvarianz*) ändert, vgl. Abschnitt 2.1.2.5. Wenn in *linearen* Netzwerken Ein- und Ausgangsgrößen unterschiedliche Kurvenformen haben, bezeichnet man dies als *lineare Verzerrung*. Die Ausgangsgröße enthält dann *nur* Harmonischen-Anteile, die schon in der Eingangsgröße enthalten sind. Weiterhin ändert sich die Kurvenform der Ausgangsgröße nicht, wenn man die Eingangsgröße bei gleichbleibender Kurvenform vergrößert oder verkleinert; vielmehr führt wegen der *Linearität* eine Multiplikation der Eingangsgröße mit einem konstanten positiven oder negativen Faktor zu einer Multiplikation der Ausgangsgröße um denselben Faktor (vgl. Abschnitt 2.4.1.1).

Betrachtet man als Eingangsgröße den Strom i durch eine Induktivität L oder die Spannung u an einer Kapazität C, erhält man nach Tabelle 9.3 die jeweilige Ausgangsgröße u bzw. i durch Differenziation. Wenn die Eingangsgröße in Form einer Fourier-Reihe nach Gl. (9.1) dargestellt wird, ergibt sich für die ν-te Teilschwingung nach Gl. (9.2)

$$\frac{d}{dt} A_\nu \sin(\nu\omega t + \varphi_\nu) = \nu\omega A_\nu \cos(\nu\omega t + \varphi_\nu), \tag{9.39}$$

also eine *Multiplikation* der Teilschwingungsamplitude A_ν mit dem Faktor $\nu\omega$. Die höherfrequenten Anteile sind in der Ausgangsgröße also relativ stärker enthalten als in der Eingangsgröße. Betrachtet man hingegen die Spannung u an einer Induktivität L oder den Strom i durch eine Kapazität C als Eingangsgröße, erhält man nach Tabelle 9.3 die jeweilige Ausgangsgröße i bzw. u durch Integration. In der Fourier-Reihe ergibt sich für die ν-te Teilschwingung

$$\int A_\nu \sin(\nu\omega t + \varphi_\nu)\,\mathrm{d}t = \frac{A_\nu}{\nu\omega}[-\cos(\nu\omega t + \varphi_\nu)], \tag{9.40}$$

also eine *Division* der Teilschwingungsamplitude A_ν durch $\nu\omega$. Die höherfrequenten Anteile sind in der Ausgangsgröße also relativ schwächer enthalten als in der Eingangsgröße. Als Beispiel wird die symmetrische dreieckförmige Wechselspannung u betrachtet, die nach Bild 9.5b an der Kapazität C den rechteckförmigen Strom $i = C\,\mathrm{d}u/\mathrm{d}t$ mit beträchtlichen Oberschwingungsanteilen verursacht (Bild 9.3). Hingegen führt dieselbe Spannung u an der Induktivität L in Bild 9.5c zu dem Strom $i = (1/L) \int u\,\mathrm{d}t$, dessen Halbschwingungen Parabelbögen sind (Beispiel 9.4c) und den hohen Anteil erkennen lassen, den die Grundschwingung $-\cos(\omega t)$ am Gesamtverlauf hat.

9.1.4.2 Differenziation und Integration nichtsinusförmiger Wechselgrößen

Die in Tabelle 9.3 zusammengestellten Gleichungen gelten für beliebige Zeitfunktionen und können auf nichtsinusförmige Wechselgrößen auch ohne vorherige Fourier-Zerlegung angewandt werden, wie am folgenden Beispiel gezeigt wird.

Beispiel 9.4 Nichtsinusförmige Wechselgrößen an elementaren Zweipolen

Gesucht sind der Strom i und die Augenblicksleistung p, die auftreten, wenn eine symmetrische dreieckförmige Wechselspannung u nach Bild 9.5 a) an einen Widerstand R, b) an eine Kapazität C und c) an eine Induktivität L angelegt wird.

Da sich die Vorgänge nach Ablauf einer Periodendauer T wiederholen, genügt es, den Zeitraum $-0{,}25\,T < t < 0{,}75\,T$ zu betrachten. Im Zeitintervall $-0{,}25\,T < t < 0{,}25\,T$ folgt die Spannung der Funktion

$$u = 4\hat{u}\frac{t}{T}.$$

Für das Zeitintervall $0{,}25\,T < t < 0{,}75\,T$ gilt entsprechend

$$u = -4\hat{u}\left(\frac{t}{T} - \frac{1}{2}\right).$$

a) An einem Ohmschen Widerstand R ist nach Gl. (9.34) der Strom i der Spannung u proportional. Man erhält für $-0{,}25\,T < t < 0{,}25\,T$

$$i = \frac{u}{R} = \frac{4\hat{u}}{R}\cdot\frac{t}{T}$$

und für $0{,}25\,T < t < 0{,}75\,T$

$$i = \frac{u}{R} = -\frac{4\hat{u}}{R}\left(\frac{t}{T} - \frac{1}{2}\right),$$

also den in Bild 9.5a gezeigten Verlauf. Für die Augenblicksleistung p folgt mit Gl. (5.19) für $-0{,}25\,T < t < 0{,}25\,T$

$$p = u\,i = \frac{16\hat{u}^2}{R}\cdot\frac{t^2}{T^2}$$

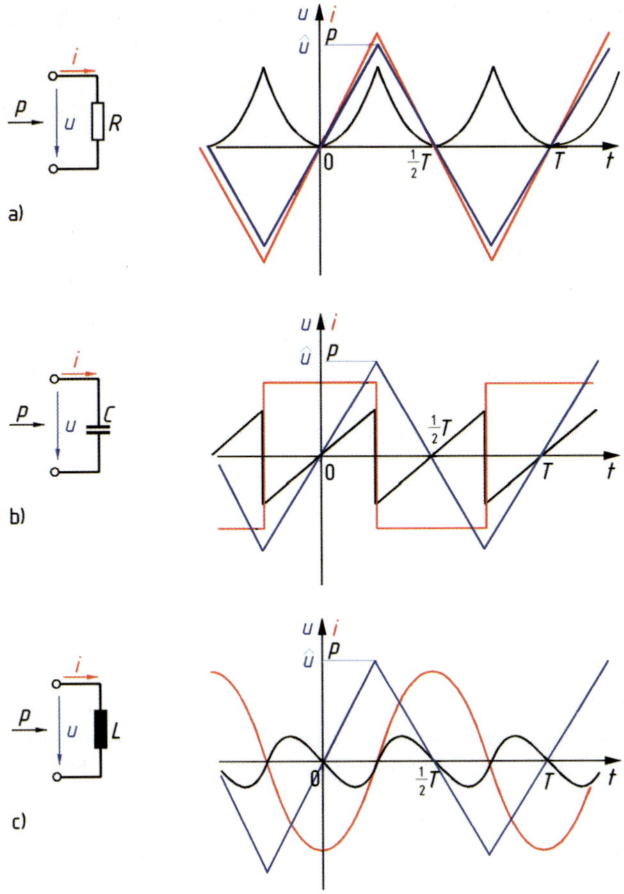

Bild 9.5 Strom i und Augenblicksleistung p an den passiven Grundzweipolen bei symmetrischer dreieckförmiger Wechselspannung

und für $0{,}25\,T < t < 0{,}75\,T$

$$p = u\,i = \frac{16\hat{u}^2}{R}\left(\frac{t}{T} - \frac{1}{2}\right)^2 .$$

Beide Funktionen beschreiben Parabelbögen, wie in Bild 9.5a dargestellt. Für $t = 0{,}25\,T$ liefern sie denselben Wert $p = \hat{u}^2/R$. Die Augenblicksleistung p wird zu keinem Zeitpunkt negativ, weil elektrische Energie einem Widerstand nur zugeführt, nicht aber wieder zurückgewonnen werden kann.

b) An einer Kapazität C ergibt sich der Strom i nach Gl. (9.36) für $-0{,}25\,T < t < 0{,}25\,T$

$$i = C\frac{\mathrm{d}u}{\mathrm{d}t} = \frac{4C\hat{u}}{T}$$

und für $0{,}25\,T < t < 0{,}75\,T$

$$i = C\frac{\mathrm{d}u}{\mathrm{d}t} = -\frac{4C\hat{u}}{T} .$$

Man erhält also den in Bild 9.5b gezeigten rechteckförmigen Stromverlauf. Für die Augenblicksleistung p folgt mit Gl. (5.19) für $-0{,}25\,T < t < 0{,}25\,T$

$$p = u\,i = \frac{16 C \hat{u}^2}{T} \cdot \frac{t}{T}$$

und für $0{,}25\,T < t < 0{,}75\,T$

$$p = u\,i = \frac{16 C \hat{u}^2}{T} \left(\frac{t}{T} - \frac{1}{2} \right).$$

Für $t = 0{,}25\,T$ liefert die eine Funktion den Wert $+4 C \hat{u}^2 / T$ und die andere $-4 C \hat{u}^2 / T$. Dieser abrupte Vorzeichenwechsel rührt daher, dass auch der Strom i zu diesem Zeitpunkt sein Vorzeichen ändert. Zwischen den Vorzeichenwechseln verläuft die Augenblicksleistung linear, hat also den in Bild 9.5b dargestellten sägezahnförmigen Verlauf. Viertelperioden positiver Augenblicksleistung wechseln mit solchen negativer Augenblicksleistung in der Weise ab, dass die der Kapazität während einer Viertelperiode zugeführte Energie während der nächsten Viertelperiode wieder vollständig abgegeben wird.

c) An einer Induktivität L ergibt sich der Strom i nach Gl. (9.38) für $-0{,}25\,T < t < 0{,}25\,T$

$$i = \frac{1}{L} \int 4 \hat{u} \frac{t}{T} \mathrm{d}t = \frac{2 \hat{u} T}{L} \left(\frac{t^2}{T^2} + k_1 \right)$$

und für $0{,}25\,T < t < 0{,}75\,T$

$$i = \frac{1}{L} \int (-4 \hat{u}) \left(\frac{t}{T} - \frac{1}{2} \right) \mathrm{d}t = -\frac{2 \hat{u} T}{L} \left(\frac{t^2}{T^2} - \frac{t}{T} + k_2 \right).$$

Für $t = 0{,}25\,T$ müssen beide Funktionen denselben Wert liefern, da ein abrupter Stromsprung nach Gl. (9.37) eine unendlich hohe Spannung erfordern würde. Wegen der Symmetrie der Funktion muss dieser Wert $i(t = 0{,}25\,T) = 0$ sein. Hieraus folgen die beiden Integrationskonstanten $k_1 = -1/16$ und $k_2 = 3/16$. Damit erhält man den Strom für $-0{,}25\,T < t < 0{,}25\,T$

$$i = \frac{2 \hat{u} T}{L} \left(\frac{t^2}{T^2} - \frac{1}{16} \right)$$

und für $0{,}25\,T < t < 0{,}75\,T$

$$i = -\frac{2 \hat{u} T}{L} \left[\left(\frac{t}{T} - \frac{1}{2} \right)^2 - \frac{1}{16} \right].$$

Der Stromverlauf lässt sich also, wie in Bild 9.5c gezeigt, durch aneinandergesetzte Parabelbögen darstellen. Für die Augenblicksleistung p folgt mit Gl. (5.19) für $-0{,}25\,T < t < 0{,}25\,T$

$$p = u\,i = \frac{8 \hat{u}^2 T}{L} \left(\frac{t^3}{T^3} - \frac{1}{16} \frac{t}{T} \right)$$

und für $0{,}25\,T < t < 0{,}75\,T$

$$p = u\,i = \frac{8 \hat{u}^2 T}{L} \left[\left(\frac{t}{T} - \frac{1}{2} \right)^3 - \frac{1}{16} \left(\frac{t}{T} - \frac{1}{2} \right) \right].$$

Ihr Verlauf ist in Bild 9.5c dargestellt. Auch hier wechseln Viertelperioden positiver Augenblicksleistung mit solchen negativer Augenblicksleistung in der Weise ab, dass die der Induktivität während einer Viertelperiode zugeführte Energie während der nächsten Viertelperiode wieder vollständig abgegeben wird.

Beispiel 9.5 Fourier-Koeffizienten einer symmetrischen Dreieckschwingung

Mit Hilfe der Ergebnisse aus Beispiel 9.2 und Beispiel 9.4b sollen die Fourier-Koeffizienten der dreieckförmigen Wechselspannung nach Bild 9.5 ermittelt werden.

Beispiel 9.4b und Bild 9.5b zeigen, dass die symmetrische dreieckförmige Wechselspannung mit dem Scheitelwert $\hat{u}$ an der Kapazität C einen rechteckförmigen Strom mit dem Scheitelwert $\hat{i} = 4C\hat{u}/T$ hervorruft. Die Fourier-Koeffizienten dieses Stroms sind nach Beispiel 9.2

$$a_\nu = \frac{4\hat{i}}{\nu\pi}\sin\frac{\nu\pi}{2} = \frac{16C\hat{u}}{\nu\pi T}\sin\frac{\nu\pi}{2}.$$

Wegen $a_0 = 0$ und $b_\nu = 0$ lässt sich der Strom mit Gl. (9.22) als

$$i = \sum_{\nu=1}^{\infty}\frac{16C\hat{u}}{\nu\pi T}\sin\frac{\nu\pi}{2}\cdot\cos(\nu\omega t)$$

darstellen. Mit Gl. (9.35) erhält man hieraus die dreieckförmige Spannung

$$u = \frac{1}{C}\int i\,\mathrm{d}t = \frac{1}{C}\sum_{\nu=1}^{\infty}\frac{16C\hat{u}}{\nu\pi T}\sin\frac{\nu\pi}{2}\int\cos(\nu\omega t)\,\mathrm{d}t$$

und nach Lösung des Integrals sowie unter Berücksichtigung von Gl. (5.24)

$$u = \sum_{\nu=1}^{\infty}\frac{16\hat{u}}{\nu\pi T}\cdot\frac{1}{\nu\omega}\sin\frac{\nu\pi}{2}\sin(\nu\omega t) = \sum_{\nu=1}^{\infty}\frac{8\hat{u}}{\nu^2\pi^2}\sin\frac{\nu\pi}{2}\sin(\nu\omega t).$$

Der Vergleich mit Gl. (9.22) ergibt für die Fourier-Koeffizienten der Dreieckspannung

$$a_0 = 0, \quad a_\nu = 0, \quad b_\nu = \frac{8\hat{u}}{\nu^2\pi^2}\sin\frac{\nu\pi}{2}.$$

9.2 Nichtlineare Wechselstromkreise

Ein nichtlinearer Wechselstromkreis enthält mindestens ein Schaltungselement, dessen Parameter (R, L, C) von seiner Klemmenspannung bzw. seinem Klemmenstrom abhängig ist. Beispiele für nichtlineare Bauelemente sind z. B. Gleichrichter, spannungsabhängige Widerstände oder stromabhängige Induktivitäten. Wenn derartige Schaltungen mit Sinusgrößen angesteuert werden, entstehen Oberschwingungen, die im Steuersignal nicht vorhanden sind. Hier sollen einige wichtige Konsequenzen dieser Tatsache betrachtet werden.

9.2.1 Nichtlineare Verzerrungen

Die Kennlinie eines nichtlinearen Widerstandes, wie sie z. B. in Bild 9.6a dargestellt ist, kann nach dem in Abschnitt 9.1.1.2 vorgestellten Verfahren durch ein Polynom

$$I = \sum_{\nu=1}^{\infty} a_\nu\, U^\nu \tag{9.41}$$

approximiert werden. Wegen des nichtlinearen Zusammenhangs kann eine Änderung der Spannung U nicht zu einer proportionalen Änderung des Stroms I führen. Die sich ergebenden Verzerrungen sind daher nichtlinear. Wenn der Widerstand an die Sinusspannung $u = \hat{u}\sin(\omega t)$ angeschlossen wird, verursachen die einzelnen Augenblickswerte der Spannung entsprechend Gl. (9.41) Augenblickswerte des Stroms, die in Bild 9.6c punktweise ermittelt sind und zu einem verzerrten Stromverlauf führen.

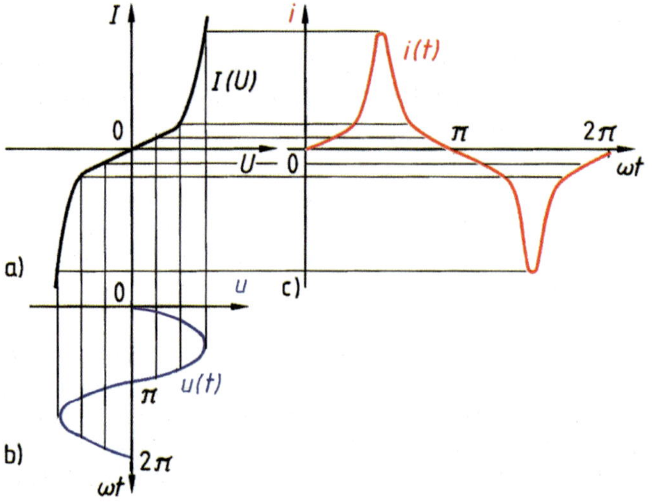

Bild 9.6 Nichtlinearer Widerstand an Sinusspannung mit Kennlinie (a), Spannungsverlauf (b) und Stromverlauf (c)

Wenn man das Polynom in Gl. (9.41) auf die ersten drei Glieder

$$i = a_1\, u + a_2\, u^2 + a_3\, u^3 \tag{9.42}$$

beschränkt, erhält man bei sinusförmiger Aussteuerung den Strom

$$i = a_1\, \hat{u} \sin(\omega t) + a_2\, \hat{u}^2 \sin^2(\omega t) + a_3\, \hat{u}^3 \sin^3(\omega t)$$

bzw. wegen $\sin^2 x = \frac{1}{2}[1 - \cos(2x)]$ und $\sin^3 x = \frac{1}{4}[3 \sin x - \sin(3x)]$ nach [53]

$$i = \frac{a_2}{2}\hat{u}^2 + (a_1 + \tfrac{3}{4} a_3 \hat{u}^2)\,\hat{u} \sin(\omega t) - \frac{a_2}{2}\hat{u}^2 \cos(2\,\omega t) - \frac{a_3}{4}\hat{u}^3 \sin(3\,\omega t).$$

Außer der Grundschwingung mit der Kreisfrequenz ω treten in diesem Fall noch ein Gleichanteil sowie eine zweite und dritte Harmonische auf.

Solche Erscheinungen zeigen z. B. Halbleiterbauelemente (Abschnitt 10.4), da ihre Kennlinien *ausnahmslos* nichtlinear sind. Zur rechnerischen Behandlung empfiehlt sich eine Annäherung dieser Funktionen durch Polynome wie in Gl. (9.41).

Beispiel 9.6 Nichtlineare Verzerrungen an einem Varistor

Ein spannungsabhängiger Widerstand (Varistor) hat eine Strom-Spannungs-Kennlinie der Form $I = c\,U^3$. Für den Betrieb an einer Sinusspannung $u = \hat{u} \sin(\omega t)$ sind der Stromverlauf und der Klirrfaktor k_i zu berechnen.

Wegen $\sin^3 x = \frac{1}{4}[3 \sin x - \sin(3x)]$ ergibt sich der verzerrte Strom

$$i = c\, u^3 = c\,\hat{u}^3 \sin^3(\omega t) = \tfrac{3}{4}\, c\,\hat{u}^3 \sin(\omega t) - \tfrac{1}{4}\, c\,\hat{u}^3 \sin(3\,\omega t).$$

Zusätzlich zur Grundschwingung ist also die dritte Harmonische entstanden. Nach Gl. (9.32) und Gl. (9.28) ist der Klirrfaktor des Stroms

$$k_i = \frac{I_3}{I} = \frac{I_3}{\sqrt{I_1^2 + I_3^2}} = \frac{\hat{i}_3}{\sqrt{\hat{i}_1^2 + \hat{i}_3^2}} = \frac{1}{\sqrt{3^2 + 1^2}} = 0{,}316 = 31{,}6\%.$$

9.2.2 Gleichrichterschaltungen

Ein elektrisches Ventil, das im einfachsten Fall eine Diode ist, lässt den elektrischen Strom im Wesentlichen nur in einer Richtung passieren (Abschnitt 10.5.2.2). Es wird insbesondere zur Umformung von Wechselstrom in Gleichstrom verwendet.

Für die Gleichrichtung werden verschiedene Schaltungen eingesetzt, die mit steigendem Aufwand an Bauelementen (z. B. Anzahl der Ventile, Transformator, Glättungsmittel) auch steigenden Ansprüchen genügen. In Tabelle 9.4 sind die vier wichtigsten Schaltungen dargestellt. Sie werden nach der *Pulszahl* p unterschieden, die die Anzahl der aufeinander folgenden *Kommutierungen* (Übergehen des Stroms von einem zum anderen Ventil) während einer Periode T bezeichnet.

Es wird vorausgesetzt, dass *ideale Übertrager* und *ideale Gleichrichter* benutzt werden, die für die Durchlassrichtung den Innenwiderstand $R_\text{i} = 0$ und für die Sperrrichtung entsprechend $R_\text{i} \to \infty$ aufweisen. Die Schaltungen liegen jeweils an einer Sinusspannung $u = \hat{u}\sin(\omega t)$ mit dem Scheitelwert $\hat{u}$ und der Kreisfrequenz ω bzw. der Periodendauer $T = 1/f = 2\pi/\omega$. Die gleichgerichtete Spannung u_d verläuft dann periodisch und lässt sich nach Tabelle 9.1 durch eine Fourier-Reihe beschreiben, die in Tabelle 9.4 angegeben ist. Dabei treten als Teilschwingungszahlen v nur ganzzahlige Vielfache von p auf.

Linearer Mittelwert $\overline{u}_\text{d}$ der gleichgerichteten Spannung und Gleichrichtwert $\overline{|u_\text{d}|}$ sind definitionsgemäß identisch (Abschnitt 5.1.2.2). Scheitelfaktor ξ und Formfaktor F (Abschnitt 5.1.2.4) können aus Tabelle 9.4 entnommen werden. Zur Kennzeichnung der Qualität einer Gleichrichtung wird das Verhältnis von Wechselspannungsanteil $U_\sim$ zu linearem Mittelwert $\overline{u}_\text{d}$ benutzt, das man als *Welligkeit*

$$w = \frac{U_\sim}{\overline{u}_\text{d}} = \frac{1}{\overline{u}_\text{d}}\sqrt{U_\text{d}^2 - \overline{u}_\text{d}^2} = \sqrt{F^2 - 1} \tag{9.43}$$

bezeichnet. Die in Tabelle 9.4 angegebenen Gleichungen gelten auch für den Strom i_d, wenn Ohmsche Widerstände R als Belastung angenommen werden.

Die 1. Schaltung in Tabelle 9.4 wird als *Einweggleichrichterschaltung* bezeichnet. Wenn der Gleichstrom vom Wechselstromnetz ferngehalten werden soll, muss als Eingang ein Transformator Tr vorgesehen werden. (Dieser muss auch für den sekundären Gleichrichterstrom thermisch bemessen sein.) Die 2. Schaltung ist ein *Einphasen-Brückenschaltung*, die eine *Zweiweggleichrichtung* ermöglicht. Die 3. Schaltung in Tabelle 9.4 ist eine *Dreiphasen-Mittelpunktschaltung*. Der Sternpunkt des sekundär im Stern geschalteten Eingangstransformators Tr ist mit dem Verbraucher R verbunden. Primär muss der *Dreiphasentransformator* im Dreieck geschaltet sein, um den unsymmetrischen Belastungen durch die Gleichrichter gewachsen zu sein. Von den parallel liegenden Gleichrichterventilen führt nur jeweils dasjenige mit der größten Spannung auch den Strom. Auf diese Weise entsteht hier eine dreipulsige Gleichrichtung. Die 4. Schaltung in Tabelle 9.4 ist eine *sechspulsige Dreiphasen-Brückenschaltung*.

Aus den Werten von Tabelle 9.4 ist zu ersehen, dass mit steigender Pulszahl p die Welligkeit w geringer wird und sowohl der Formfaktor F als auch der Scheitelfaktor ξ sich dem Wert 1 nähern. Bevorzugt werden daher Brückenschaltungen und nur in Ausnahmefällen die Einweggleichrichtung eingesetzt.

Tabelle 9.4 Gleichrichterschaltungen mit Spannungsverlauf und Kennwerten

Schaltung	Spannung	Fourier-Reihe, Kennwerte
1. 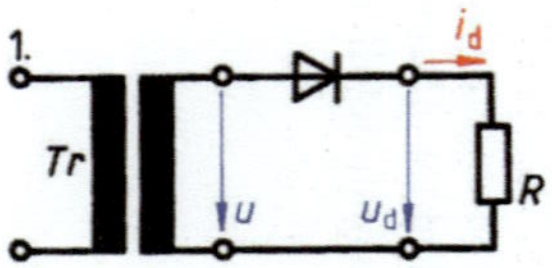	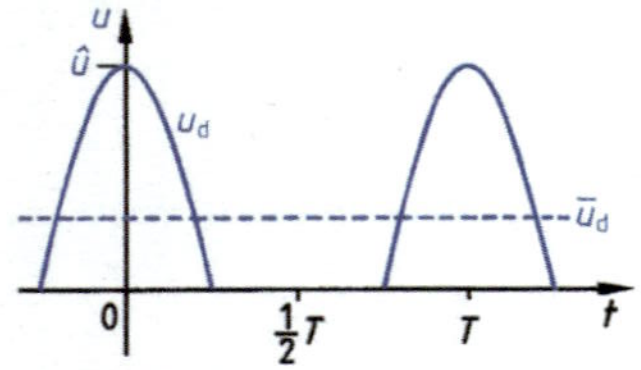	$\frac{u_d}{\hat{u}} = \frac{1}{\pi} + \frac{1}{2}\cos(\omega t) - \frac{2}{\pi}\sum_{\mu=1}^{\infty}\frac{(-1)^{\mu}}{(2\mu)^2-1}\cos(2\mu\,\omega t)$ (Teilschwingungszahlen $\nu = 1$ und $\nu = 2\mu$) $p = 1,\quad w = 1{,}211,\quad \xi = 2,\quad F = 1{,}5708$
2 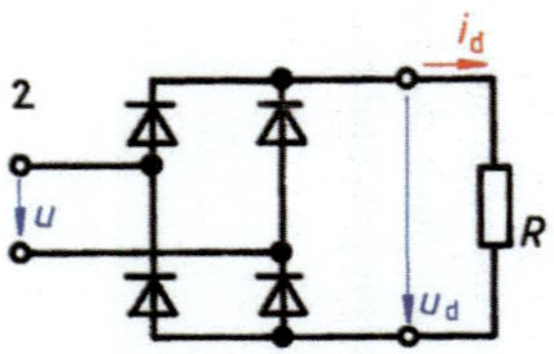	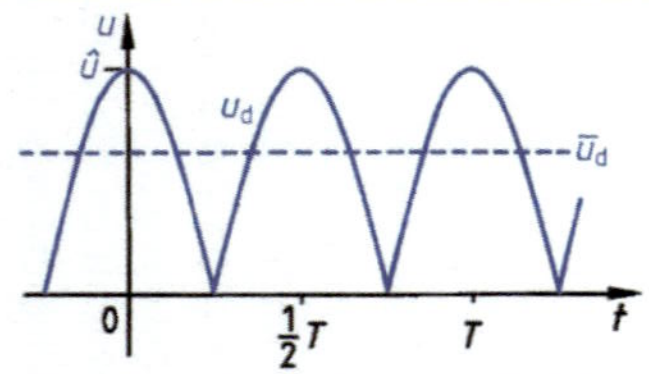	$\frac{u_d}{\hat{u}} = \frac{4}{\pi}\left[\frac{1}{2} - \sum_{\mu=1}^{\infty}\frac{(-1)^{\mu}}{(2\mu)^2-1}\cos(2\mu\,\omega t)\right]$ (Teilschwingungszahlen $\nu = 2\mu$) $p = 2,\quad w = 0{,}483,\quad \xi = 1{,}4142,\quad F = 1{,}1107$
3. 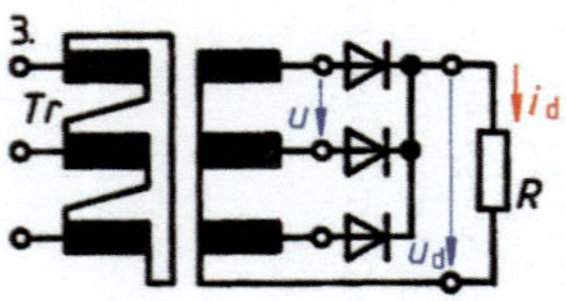	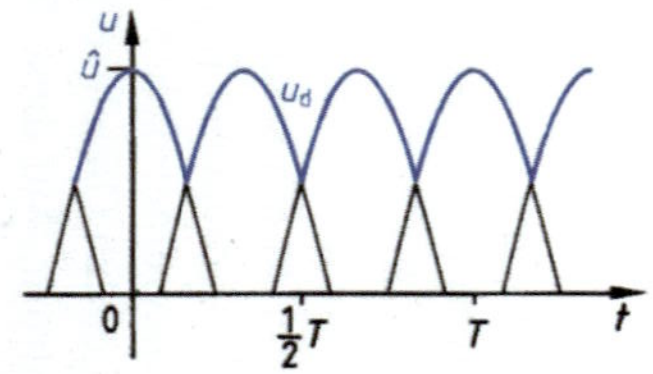	$\frac{u_d}{\hat{u}} = \frac{3\sqrt{3}}{\pi}\left[\frac{1}{2} - \sum_{\mu=1}^{\infty}\frac{(-1)^{\mu}}{(3\mu)^2-1}\cos(3\mu\,\omega t)\right]$ (Teilschwingungszahlen $\nu = 3\mu$) $p = 3,\quad w = 0{,}183,\quad \xi = 1{,}1895,\quad F = 1{,}0166$
4. 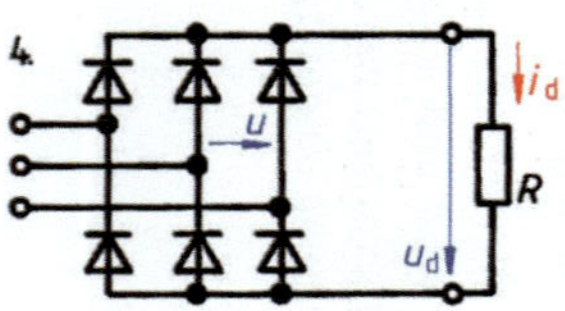	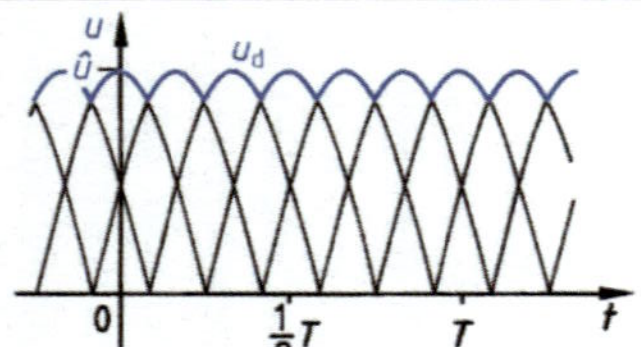	$\frac{u_d}{\hat{u}} = \frac{6}{\pi}\left[\frac{1}{2} - \sum_{\mu=1}^{\infty}\frac{(-1)^{\mu}}{(6\mu)^2-1}\cos(6\mu\,\omega t)\right]$ (Teilschwingungszahlen $\nu = 6\mu$) $p = 6,\quad w = 0{,}042,\quad \xi = 1{,}0463,\quad F = 1{,}0009$

Beispiel 9.7 Dimensionierung einer Glättungsdrossel

Eine Einphasen-Brückenschaltung mit den Kennwerten von Tabelle 9.4 liegt bei der Frequenz $f = 50$ Hz an einer Sinusspannung mit dem Effektivwert $U = 220$ V. Durch eine vor den Verbraucherwiderstand $R = 100\ \Omega$ geschaltete Induktivität L soll die 2. Harmonische des Stroms auf $I_2 = 0{,}1\ \bar{i}_\mathrm{d}$ begrenzt werden. Für welche Kennwerte muss diese Glättungsdrossel bemessen sein?

Bei Vernachlässigung aller Spannungsabfälle in den Gleichrichterventilen ist nach Tabelle 9.4 der lineare Mittelwert der Spannung

$$\bar{u}_\mathrm{d} = \frac{2\hat{u}}{\pi} = \frac{2\sqrt{2}\,U}{\pi} = \frac{2\sqrt{2}\cdot 220\,\mathrm{V}}{\pi} = 198\ \mathrm{V}$$

wirksam und es tritt der lineare Mittelwert des Stroms

$$\bar{i}_\mathrm{d} = \frac{\bar{u}_\mathrm{d}}{R} = \frac{198\,\mathrm{V}}{100\,\Omega} = 1{,}98\ \mathrm{A}$$

auf. Die 2. Harmonische der gleichgerichteten Spannung hat nach Tabelle 9.4 mit $\nu = 2$, also $\mu = 1$ den Scheitelwert

$$\hat{u}_2 = \frac{4\hat{u}}{\pi(4\mu^2 - 1)} = \frac{4\hat{u}}{3\pi} = \frac{4\sqrt{2}\,U}{3\pi} = \frac{4\sqrt{2}\cdot 220\,\mathrm{V}}{3\pi} = 132\ \mathrm{V}.$$

Ohne Glättungsdrossel würde diese Spannung den Strom

$$I_2' = \frac{U_2}{R} = \frac{\hat{u}_2}{\sqrt{2}R} = \frac{132\,\mathrm{V}}{\sqrt{2}\cdot 100\,\Omega} = 0{,}934\ \mathrm{A}$$

bewirken. Es soll aber nur der Strom

$$I_2 = \frac{U_2}{\sqrt{R^2 + (2\omega L)^2}} = \frac{\hat{u}_2}{\sqrt{2}\cdot\sqrt{R^2 + (2\omega L)^2}} = 0{,}1\ \bar{i}_\mathrm{d} = 0{,}1 \cdot 1{,}98\ \mathrm{A} = 0{,}198\ \mathrm{A}$$

fließen. Umstellen dieser Gleichung liefert die erforderliche Induktivität

$$L = \frac{1}{4\pi f}\sqrt{\frac{1}{2}\left(\frac{\hat{u}_2}{I_2}\right)^2 - R^2} = \frac{1}{4\pi\cdot 50\mathrm{s}^{-1}}\sqrt{\frac{1}{2}\left(\frac{132\,\mathrm{V}}{0{,}198\,\mathrm{A}}\right)^2 - 100^2\ \Omega^2} = 0{,}733\ \mathrm{H}\,.$$

Die Glättungsdrossel muss für den Strom

$$I \approx \sqrt{\bar{i}_\mathrm{d}^2 + I_2^2} = \sqrt{1{,}981^2 + 0{,}1981^2}\,\mathrm{A} \approx 2{,}0\ \mathrm{A}$$

ausgelegt werden.

9.2.3 Spule mit ferromagnetischem Kern (Eisendrossel)

Eine Spule mit ferromagnetischem Kern (auch als *Eisendrossel* bezeichnet) nimmt an einer Sinusspannung einen verzerrten *Magnetisierungsstrom* auf, da die nichtlineare Hystereseschleife $B(H)$ eine nichtlineare Kennlinie $i(u)$ verursacht. In Bild 9.7a ist die (mit Sinusstromerregung aufgenommene) Hystereseschleife einer Eisendrossel dargestellt. Die Kupferverluste in der Spule werden vernachlässigt. Trägt man an einer Spule die u- und i-Zählpfeile im Verbraucher-Zählpfeilsystem an, ergibt sich nach Bild 4.51 eine linkswendige Zuordnung der Zählpfeile für die Spannung u und den magnetischen Fluss Φ und es gilt im Gegensatz zu Gl. (4.94) das Induktionsgesetz mit positivem Vorzeichen. Damit ergeben sich für eine angelegte Sinusspannung

$$u = \hat{u}\sin(\omega t) = +N\frac{\mathrm{d}\Phi}{\mathrm{d}t}$$

der Fluss $\Phi(t)$ und die Flussdichte

$$B(t) \sim \Phi(t) = \frac{1}{N}\int \hat{u}\sin(\omega t)\,\mathrm{d}t = \frac{\hat{u}}{\omega N}[-\cos(\omega t)]\,,$$

die den in Bild 9.7b gezeigten, gegenüber der Spannung $u(t)$ um $T/4$ nacheilenden sinusförmigen Verlauf haben. Für eine eingeprägte sinusförmige Klemmenspannung $u(t)$ und die daraus folgende Flussdichte $\Phi(t)$ gemäß Bild 9.7b kann man folgendermaßen punktweise den zeitlichen Verlauf des Klemmenstroms $i(t)$ bestimmen: Von der zu einem betrachteten Zeitpunkt t gehörenden magnetischen Flussdichte B in Bild 9.7 b findet man über den zugehörigen Punkt auf der Hystereseschleife in Bild 9.7a den Strom i. Die zum Strom gehörende Strecke wird um 90° in mathematisch positiver Richtung gedreht und in das Zeitdiagramm in Bild 9.7b übertragen. In Bild 9.7 ist dies exemplarisch für drei Zeitpunkte dargestellt.

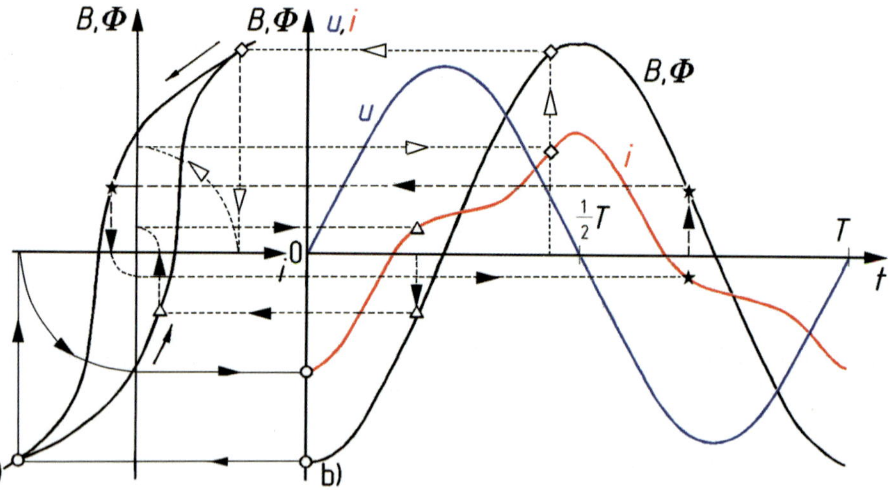

Bild 9.7 Hystereseschleife (a) einer Drossel mit Eisenkern und großen Eisenverlusten sowie Zeitdiagramm (b) von Spannung $u(t)$, magnetischer Flussdichte $B(t)$ und Strom $i(t)$

Die Fläche der Hystereseschleife stellt nach Abschnitt 4.3.2.1 ein Maß für die *Ummagnetisierungsverluste* P_{Fe} dar. Diese führen in Bild 9.7b zu einer verzerrten, *unsymmetrischen* Stromkurve $i(t)$, die hinsichtlich ihrer Nulldurchgänge gegenüber $u(t)$ um weniger als $T/4$ nacheilt. Sie ist im Sinne der Tabelle 9.2 alternierend und enthält daher nur ungeradzahlige Harmonische.

9.2.4 Leistungen

9.2.4.1 Nichtsinusförmige Spannungen und Ströme

Haben Wechselspannung u und Wechselstrom i an den Klemmen eines Zweipols mit Verbraucher-Zählpfeilsystem nichtsinusförmige Verläufe, lassen sich diese mit Gl. (9.22) und Gl. (9.2) als

$$u(t) = \sum_{\mu=1}^{\infty} \hat{u}_{\mu} \sin(\mu\,\omega t + \varphi_{\mathrm{u}\mu}), \tag{9.44}$$

$$i(t) = \sum_{\nu=1}^{\infty} \hat{i}_\nu \sin(\nu\omega t + \varphi_{\mathrm{i}\nu}) \tag{9.45}$$

darstellen. Mit Gl. (5.119) erhält man für die vom Zweipol aufgenommene Wirkleistung

$$P = \frac{1}{T} \int_{t_0}^{t_0+T} u(t) \cdot i(t)\,\mathrm{d}t \tag{9.46}$$

eine Summe von Integralausdrücken des Typs

$$\frac{\hat{u}_\mu \hat{i}_\nu}{T} \int_{t_0}^{t_0+T} \sin(\mu\omega t + \varphi_{\mathrm{u}\mu}) \sin(\nu\omega t + \varphi_{\mathrm{i}\nu})\,\mathrm{d}t\,.$$

Unter Verwendung von Gl. (9.17) lässt sich zeigen, dass nur die Terme mit $\mu = \nu$ von null verschiedene Werte haben. Sie bezeichnen jeweils die mit der ν-ten Teilschwingung verbundene Wirkleistung

$$P_\nu = \tfrac{1}{2} \hat{u}_\nu \hat{i}_\nu \cos(\varphi_{\mathrm{u}\nu} - \varphi_{\mathrm{i}\nu}) = U_\nu I_\nu \cos\varphi_\nu. \tag{9.47}$$

Damit ergibt sich die gesamte *Wirkleistung*

$$P = \sum_{\nu=1}^{\infty} P_\nu = \sum_{\nu=1}^{\infty} U_\nu I_\nu \cos\varphi_\nu\,. \tag{9.48}$$

Wenn Spannung und Strom Mischgrößen sind, ist zusätzlich die aus den Gleichanteilen U_- und I_- gebildete Gleichleistung $P_- = U_-\,I_-$ zu berücksichtigen.

9.2.4.2 Nichtlineare Zweipole an Sinusspannung

Wie Bild 9.6 exemplarisch zeigt, fließt durch einen nichtlinearen Zweipol, der an eine Sinusspannung $u = \hat{u}\sin(\omega t)$ gelegt wird, ein verzerrter, oberschwingungshaltiger Strom i. Da aber die Spannung u keine Oberschwingungen aufweist, folgt nach Gl. (9.48) für die *Wirkleistung*

$$P = P_1 = U I_1 \cos\varphi_1. \tag{9.49}$$

Hierin sind I_1 der Effektivwert der Stromgrundschwingung und φ_1 der Phasenverschiebungswinkel der Spannung gegenüber der Stromgrundschwingung. *Die im Strom i enthaltenen Oberschwingungen liefern also keinen Beitrag zur Wirkleistung.*

Nach der Definition Gl. (5.120) ergibt sich mit Gl. (9.28) allgemein für die *Scheinleistung*

$$S = U I = U \sqrt{I_-^2 + \sum_{\nu=1}^{\infty} I_\nu^2} \tag{9.50}$$

und für den Fall $I_- = 0$, d. h. wenn der Strom i ein Wechselstrom ist,

$$S = U I = U \sqrt{\sum_{\nu=1}^{\infty} I_\nu^2}\,. \tag{9.51}$$

In Analogie zum linearen Sinusstromkreis definiert man nach [60] die *Blindleistung* mit

$$|Q| = \sqrt{S^2 - P^2}\,. \tag{9.52}$$

Hieraus folgt mit den Gln. (9.49) und (9.51), wenn man den Summanden mit $\nu = 1$ separat schreibt,

$$\begin{aligned} |Q| &= \sqrt{U^2 I_1^2 + U^2 \sum_{\nu=2}^{\infty} I_\nu^2 - U^2 I_1^2 \cos^2 \varphi_1} \\ &= \sqrt{(U\, I_1 \sin \varphi_1)^2 + U^2 \sum_{\nu=2}^{\infty} I_\nu^2} = \sqrt{Q_1^2 + Q_{\text{dist}}^2}\,. \end{aligned} \tag{9.53}$$

Die beiden hierin enthaltenen Bestandteile sind die *Grundschwingungs-Blindleistung*

$$Q_1 = U\, I_1 \sin \varphi_1 \tag{9.54}$$

und die *Verzerrungs-Blindleistung*

$$Q_{\text{dist}} = U \sqrt{\sum_{\nu=2}^{\infty} I_\nu^2}\,. \tag{9.55}$$

(Der Index „dist“ steht nach [56] für lat. distortio = Verzerrung.)

In Bild 9.8a sind Spannung u und Strom i aus Bild 9.7b übernommen und der zugehörige Leistungsverlauf $p = u\, i$ dargestellt. Die verzerrte Leistungskurve hat nach Gl. (9.49) den Mittelwert $P = U\, I_1 \cos \varphi_1$. Ein *elektrodynamischer Leistungsmesser* [35] misst diesen Mittelwert P, der sich bei Spulen mit ferromagnetischem Kern aus den Eisenverlusten P_{Fe} und den Kupferverlusten P_{Cu} der Wicklung zusammensetzt. Letztere sind in Bild 9.7 allerdings vernachlässigt.

In Bild 9.8a ist zusätzlich die Stromquadratkurve i^2 mit ihrem Mittelwert I^2 eingetragen, aus dem der Effektivwert I des Stroms folgt. Der angegebene Winkel β darf nicht als Phasenverschiebungswinkel zwischen Spannung und Strom angesehen werden. Man kann das Zeitdiagramm von Bild 9.8a *nicht* ohne Weiteres in ein Zeigerdiagramm überführen, da dies nach Abschnitt 5.2.2 nur für Sinusgrößen zulässig ist.

Um auch für verzerrte Ströme mit einem Zeigerdiagramm arbeiten zu können, ersetzt man den Strom i durch einen sinusförmigen *Ersatzstrom* i' (Bild 9.8b), der den gleichen Effektivwert I hat und dessen Phasenlage so gewählt wird, dass sich dieselbe Wirkleistung P und damit derselbe Leistungsfaktor

$$\lambda = \cos \varphi = \frac{P}{U\, I}$$

einstellt. Der so bestimmte *fiktive Phasenverschiebungswinkel* φ stimmt nicht mit dem Phasenverschiebungswinkel φ_1 der Grundschwingung überein.

Zeigerdiagramme für Spulen, Transformatoren, elektrische Maschinen u. Ä. mit ferromagnetischen Kernen, die verzerrte Ströme verursachen, gelten für solche Ersatzgrößen. Die Wirkkomponente I_w wird dann als *Eisenverluststrom* I_{Fe} und die Blindkomponente I_b als *Magnetisierungsstrom* I_μ bezeichnet. Der hier behandelte Fall einer sinusförmigen Spannung an einer Spule mit ferromagnetischem Kern kann in der Praxis häufig als brauchbare Näherung verwendet werden. Es ist aber auch möglich, dass einer solchen Spule mit ferromagnetischem

Kern ein näherungsweise sinusförmiger Strom eingeprägt wird (z. B. bei einem Stromwandler), der dann eine entsprechend verzerrte, nichtsinusförmige Spannung zur Folge hat.

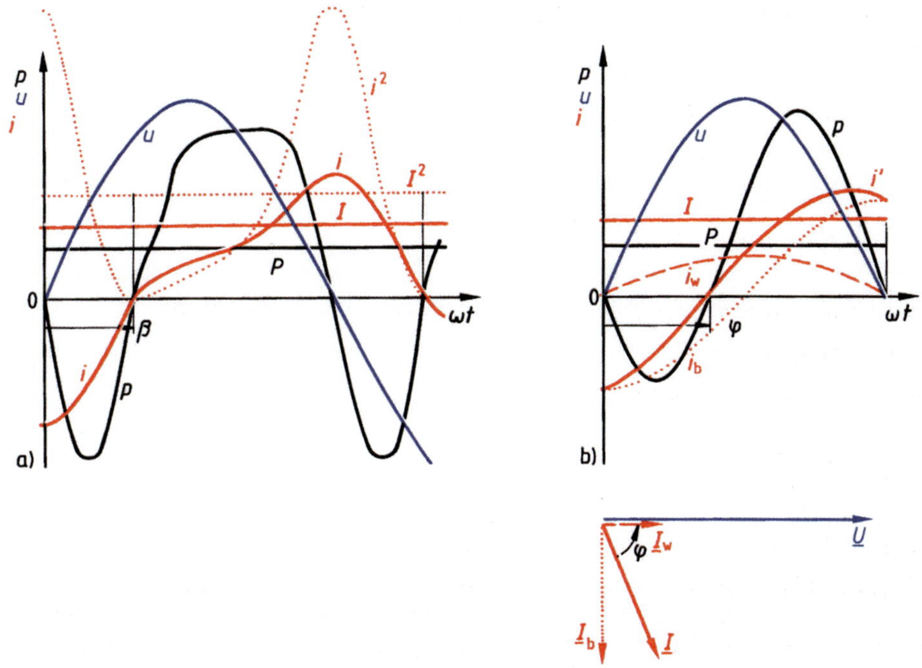

Bild 9.8 Spannungs-, Strom- und Leistungsverlauf einer Eisendrossel
a) u Sinusspannung, i verzerrter Strom mit Effektivwert I, i^2 Stromquadrat mit Mittelwert I^2
b) i' Ersatzstrom mit gleichem Effektivwert I, i_w Wirkstrom, i_b Blindstrom, φ fiktiver Phasenverschiebungswinkel, $p = u\, i'$ Augenblicksleistung, P Wirkleistung zur Deckung der Eisenverluste
c) Effektivwertzeigerdiagramm

Beispiel 9.8 Verzerrungsleistung durch eine Gleichrichterschaltung

Die Schaltung in Bild 9.9 enthält einen idealen Gleichrichter und den Ohmschen Widerstand $R = 20\ \Omega$. Sie wird über einen Transformator, der beim Öffnen des Schalters S ein Übertragen des Gleichstroms auf das speisende Sinusnetz verhindern soll, an eine Sinusspannung mit $U = 100$ V angeschlossen. Zu berechnen sind alle Ströme und Leistungen a) für geschlossenen und b) für geöffneten Schalter S.

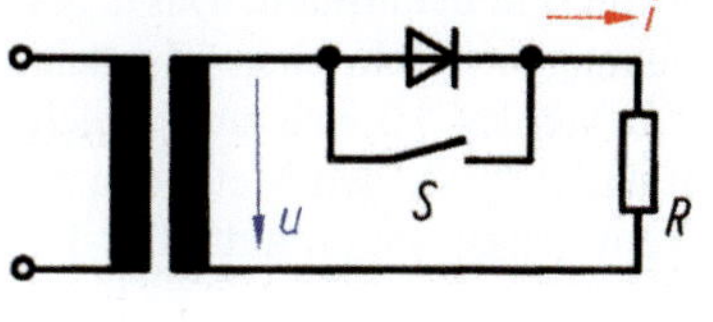

Bild 9.9 Gleichrichterschaltung zu Beispiel 9.8

a) Bei geschlossenem Schalter S ist der Gleichrichter kurzgeschlossen. Dann fließt der Strom

$$I = \frac{U}{R} = \frac{100\text{ V}}{20\,\Omega} = 5\text{ A}$$

mit dem Scheitelwert

$$\hat{i} = \sqrt{2}I = \sqrt{2} \cdot 5\ \text{A} = 7{,}07\ \text{A}.$$

Am Wirkwiderstand R sind Wirk- und Scheinleistung zahlenmäßig gleich, nämlich

$$P = U\,I = 100\ \text{V} \cdot 5\ \text{A} = 500\ \text{W}$$

und

$$S = 500\ \text{VA}.$$

Blind- und Verzerrungs-Blindleistung sind

$$Q = Q_{\text{dist}} = 0.$$

b) Nach Öffnen des Schalters S kann der Strom nur noch während der positiven Halbschwingung durch den als verlustlos angesehenen Gleichrichter fließen. Hierdurch wird die Wirkleistung auf

$$P' = \tfrac{1}{2}P = \tfrac{1}{2} \cdot 500\ \text{W} = 250\ \text{W}$$

halbiert. Der Transformator liefert weiterhin die Spannung U = 100 V. Für den Strom findet man nach Gl. (5.12)

$$I' = \sqrt{\frac{1}{T}\int_0^{\frac{1}{2}T} \hat{i}^2 \sin^2(\omega t)\,\mathrm{d}t} = \frac{\hat{i}}{2} = \frac{\sqrt{2} \cdot 5\ \text{A}}{2} = \frac{5\ \text{A}}{\sqrt{2}} = 3{,}54\ \text{A},$$

sodass in diesem Fall mit der Scheinleistung

$$S' = U\,I' = 100\ \text{V} \cdot 3{,}54\ \text{A} = 354\ \text{VA}$$

die Blindleistung

$$Q' = \sqrt{S'^2 - P'^2} = \sqrt{354^2 - 250^2}\ \text{var} = 250\,\text{var}$$

auftritt. Da der Verbraucher ein Wirkwiderstand ist, kann diese Blindleistung nur als Verzerrungs-Blindleistung

$$Q_{\text{dist}} = Q' = 250\ \text{var}$$

durch den Gleichrichter verursacht sein.

9.3 Schaltvorgänge

Schaltvorgänge in elektrischen Netzwerken werden entscheidend durch die in den Netzwerken wirksamen Speicher C für elektrische und L für magnetische Energie beeinflusst. Das Übergangsverhalten von Netzwerken wird durch Differenzialgleichungen beschrieben. Zunächst wird untersucht, wie diese Differenzialgleichungen aufgestellt werden können und welche Mittel zu ihrer Lösung zur Verfügung stehen. Danach werden die vorgestellten Methoden zur Berechnung von Schaltvorgängen in Gleich- und Wechselstromkreisen angewandt. Die Betrachtung beschränkt sich auf lineare Netzwerke.

9.3.1 Berechnungsverfahren

Da die Aussagen von Abschnitt 9.1.4 über das Verhalten der linearen, zeitinvarianten Grundzweipole R, C und L für beliebige Zeitfunktionen von Strom und Spannung gelten, sind insbesondere die in Tabelle 9.3 aufgeführten Zusammenhänge zwischen Strom i und Spannung u auch für die Betrachtung von Schaltvorgängen gültig. Im Folgenden wird gezeigt, wie man mit Hilfe dieser Zusammenhänge Differenzialgleichungen aufstellen kann, die das *nichtstationäre Verhalten* linearer Netzwerke beschreiben. Dann wird erläutert, wie man die Lösung einer linearen Differenzialgleichung durch einen *Exponentialansatz* und Hinzufügen einer *partikulären Lösung* finden kann. Für die mathematisch anspruchsvollere, in der Anwendung aber meist einfachere *Laplace-Transformation* sei auf [5] verwiesen.

9.3.1.1 Aufstellen der Differenzialgleichung

Bei einem Schaltvorgang ist davon auszugehen, dass sich an einer bestimmten Stelle eines Netzwerks eine Spannung u oder ein Strom i zu einem bestimmten Zeitpunkt, den man in der Regel als $t = 0$ definiert, *sprunghaft* ändert. Diese sich ändernde Größe wird als *Eingangsgröße* bezeichnet. Mit Hilfe einer Differenzialgleichung soll beschrieben werden, welchen zeitlichen Verlauf eine *Ausgangsgröße* $x(t)$ annimmt, die je nach Aufgabenstellung eine andere Spannung oder ein anderer Strom innerhalb des Netzwerks sein kann.

Beim Aufstellen der Differenzialgleichung bedient man sich der Kirchhoffschen Gesetze sowie der in Tabelle 9.3 zusammengestellten Gleichungen für das Strom-Spannungs-Verhalten der linearen, zeitinvarianten Grundzweipole R, C und L. Durch geeignete Umformung muss erreicht werden, dass die Gleichung keine anderen Ströme und Spannungen mehr enthält als die Eingangsgröße und die Ausgangsgröße. Eventuell auftretende Integrale $\int x(t)\,\mathrm{d}t$ der Ausgangsgröße $x(t)$ werden beseitigt, indem man die Gleichung nach der Zeit t differenziert. Auf diese Weise gewinnt man eine *lineare Differenzialgleichung*

$$\frac{\mathrm{d}^n x}{\mathrm{d}t^n} + a_{n-1}\frac{\mathrm{d}^{n-1}x}{\mathrm{d}t^{n-1}} + \ldots + a_1\frac{\mathrm{d}x}{\mathrm{d}t} + a_0 x = f(t) \qquad (9.56)$$

n-ter Ordnung *mit konstanten Koeffizienten*. Hierin stellt n die Anzahl der im Netzwerk vorhandenen voneinander unabhängigen Energiespeicher dar. $f(t)$ ergibt sich aus der *Eingangsgröße* und wird als *Störfunktion* bezeichnet.

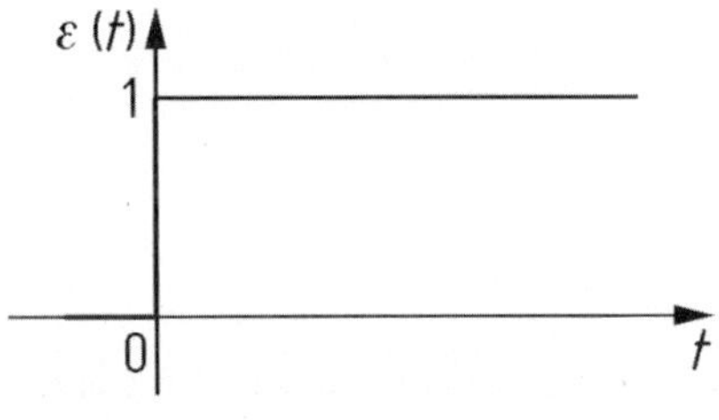

Bild 9.10 Einheitssprungfunktion $\varepsilon(t)$

Die für ein Netzwerk aufgestellte Differenzialgleichung vom Typ der Gl. (9.56) gilt für jeden zeitlichen Verlauf der Eingangsgröße, z. B. auch für die in Kapitel 5 und 6 behandelten Sinusgrößen. Durch die Aufgabenstellung ist die Zeitfunktion der Eingangsgröße und damit in Gl. (9.56) die Art der Störfunktion $f(t)$ bestimmt. Bei Schaltvorgängen ist in der Eingangsgröße stets die in Bild 9.10 dargestellte *Einheitssprungfunktion*

$$\varepsilon(t) \quad \text{mit} \quad \varepsilon(t<0) = 0 \quad \text{und} \quad \varepsilon(t>0) = 1 \qquad (9.57)$$

als Faktor enthalten. Beispielsweise beschreibt man die in Bild 9.11 gezeigte Eingangsfunktion $u(t)$, die beim Einschalten einer Sinusspannung entsteht, durch

$$u(t) = \varepsilon(t) \cdot \hat{u}\sin(\omega t + \varphi_u). \qquad (9.58)$$

Im Folgenden soll zunächst an zwei Beispielen gezeigt werden, wie man die Differenzialgleichung (9.56) aufstellt. Über den zeitlichen Verlauf der Eingangsgröße u bzw. u_1 wird dabei noch keine Aussage gemacht.

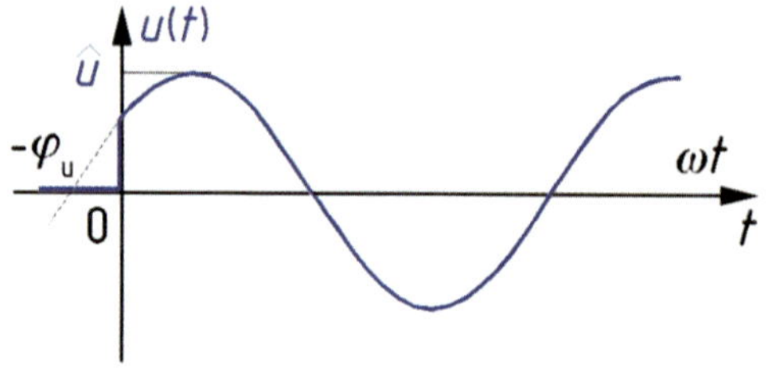

Bild 9.11 Einschalten einer Sinusspannung

Beispiel 9.9 Klemmenverhalten eines elementaren Reihenschwingkreises im Zeitbereich

Dem elementaren Reihenschwingkreis nach Bild 9.12 mit konstanten Parametern R, L, C wird die Eingangsgröße u eingeprägt. Gesucht ist die Differenzialgleichung für den als Ausgangsgröße betrachteten Strom i.

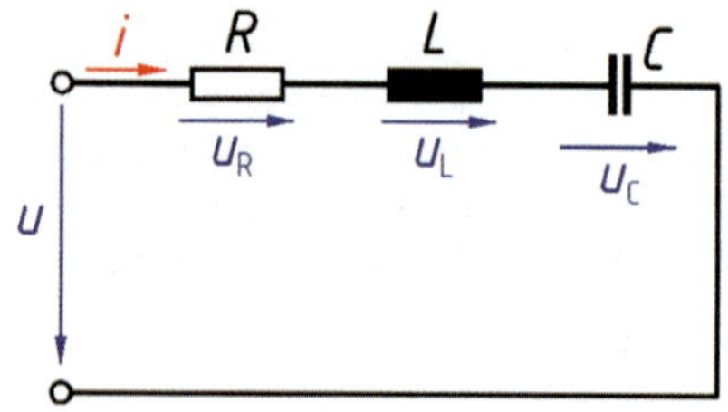

Bild 9.12 Elementarer Reihenschwingkreis

Die Schaltung enthält zwei voneinander unabhängige Speicher L und C. Ihr Klemmenverhalten wird daher im Zeitbereich durch eine Differenzialgleichung 2. Ordnung mit konstanten Koeffizienten beschrieben. Nach dem Maschensatz erhält man mit den Gln. (9.33), (9.35) und (9.37) aus Tabelle 9.3

$$\mathrm{u} = \mathrm{u_R} + \mathrm{u_L} + \mathrm{u_C} = \mathrm{R\,i} + \mathrm{L}\frac{\mathrm{d}i}{\mathrm{d}t} + \frac{1}{C}\int_{t_0}^{t} i(\vartheta)\,\mathrm{d}\vartheta + u_\mathrm{C}(t_0)$$

und nach Differenziation nach der Zeit t sowie Division durch L die gesuchte Differenzialgleichung

$$\frac{\mathrm{d}^2 i}{\mathrm{d}t^2} + \frac{R}{L}\frac{\mathrm{d}i}{\mathrm{d}t} + \frac{1}{LC}i = \frac{1}{L}\frac{\mathrm{d}u}{\mathrm{d}t}.$$

Beispiel 9.10 Übertragungsverhalten eines Übertragungsvierpols im Zeitbereich

Für die Schaltung nach Bild 9.13 mit konstanten Schaltungsparametern und der Eingangsgröße u_1 ist die Differenzialgleichung für die Ausgangsgröße u_2 gesucht.

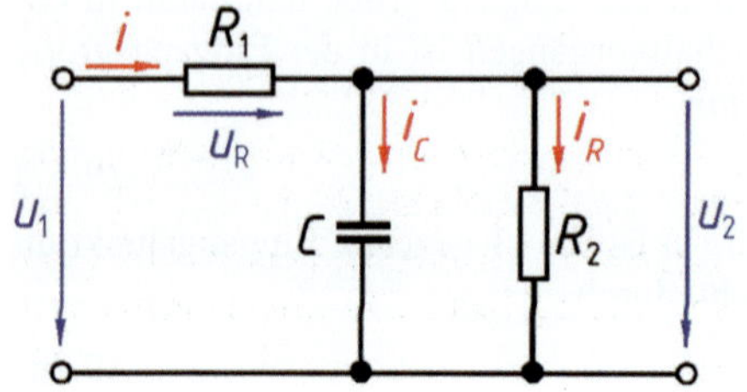

Bild 9.13 Übertragungsvierpol mit einem Speicher

Der Maschensatz liefert

$$u_1 = u_R + u_2 = R_1 i + u_2.$$

Der Knotensatz liefert mit Gl. (9.34) und Gl. (9.36) die Gleichung

$$i = i_R + i_C = \frac{1}{R_2} u_2 + C \frac{du_2}{dt},$$

die man in die Spannungsgleichung einsetzt. Man erhält

$$u_1 = R_1 \left(\frac{1}{R_2} u_2 + C \frac{du_2}{dt} \right) + u_2$$

und nach Division durch $R_1 C$ die gesuchte Differenzialgleichung

$$\frac{du_2}{dt} + \left(\frac{1}{R_1} + \frac{1}{R_2} \right) \frac{1}{C} u_2 = \frac{1}{R_1 C} u_1.$$

9.3.1.2 Lösungsverfahren

Für die inhomogene lineare Differenzialgleichung mit konstanten Koeffizienten (9.56) gibt es unendlich viele Lösungen. Ihre Gesamtheit, in der alle *speziellen Lösungen* enthalten sind, nennt man die *allgemeine Lösung*. Diese muss zunächst gefunden werden, um hieraus diejenige spezielle Lösung zu gewinnen, die den *Anfangsbedingungen* der jeweiligen Aufgabenstellung genügt. Die Ermittlung der allgemeinen Lösung von Gl. (9.56) erfolgt in zwei Schritten:

Zunächst wird die zugehörige *homogene Differenzialgleichung*

$$\frac{d^n x}{dt^n} + a_{n-1} \frac{d^{n-1} x}{dt^{n-1}} + \ldots + a_1 \frac{dx}{dt} + a_0 x = 0 \tag{9.59}$$

betrachtet, die sich von der ursprünglichen inhomogenen nur dadurch unterscheidet, dass die Störfunktion $f(t) = 0$ gesetzt ist. Nach [5] und [11] erhält man mit Hilfe des *Exponentialansatzes* $x = \underline{c}\, e^{\underline{\lambda} t}$ die *allgemeine Lösung* $x_h(t)$ von Gl. (9.59), in der nach geeigneter Umformung n beliebig wählbare reelle Konstanten $K_1, K_2, \ldots, K_n$ enthalten sind. In Abschnitt 9.3.1.3 wird für $n = 2$ die allgemeine Lösung $x_h(t)$ der homogenen linearen Differenzialgleichung vorgestellt.

Dann muss *eine beliebige* Lösung der inhomogenen Differenzialgleichung (9.56) gefunden werden. Sie wird als die *partikuläre Lösung* $x_p(t)$ bezeichnet. In Abschnitt 9.3.1.4 werden für einige häufig vorkommende Störfunktionen $f(t)$ partikuläre Lösungen angegeben. Bei Einschaltvorgängen findet man eine partikuläre Lösung meist am einfachsten, indem man die Lösung $x_p(t)$ für den *eingeschwungenen Zustand* ermittelt.

Die allgemeine Lösung der *inhomogenen* Differenzialgleichung (9.56) ergibt sich aus der Summe

$$x(t) = x_h(t) + x_p(t) \tag{9.60}$$

der allgemeinen Lösung der *homogenen* Differenzialgleichung und der partikulären Lösung.

Die Festlegung der Konstanten $K_1, K_2, \ldots, K_n$ erfolgt mit Hilfe der Anfangsbedingungen. Für den Einschaltzeitpunkt $t = 0$ werden die Funktionswerte der allgemeinen Lösung $x(t = 0)$ und deren Ableitungen $dx/dt\,(t = 0)$ usw. den Werten gleichgesetzt, die aufgrund der elektrischen Gegebenheiten im Einschaltaugenblick vorliegen müssen. So ergeben sich n Gleichungen, mit deren Hilfe die n Konstanten bestimmt werden können.

9.3.1.3 Exponentialansatz

Im Folgenden wird am Beispiel der homogenen, linearen Differenzialgleichung zweiter Ordnung mit konstanten Koeffizienten

$$\frac{\mathrm{d}^2 x}{\mathrm{d}t^2} + a_1 \frac{\mathrm{d}x}{\mathrm{d}t} + a_0 x = 0$$

gezeigt, wie man die allgemeine Lösung $x_\mathrm{h}(t)$ einer homogenen, linearen Differenzialgleichung mit Hilfe eines Exponentialansatzes ermitteln kann. In Abschnitt 9.3.2.3 und 9.3.3.3 wird diese Lösung weiterverwendet. Deshalb werden die Koeffizienten a_0 und a_1 in der dort benötigten Weise umbenannt. Die Differenzialgleichung erhält dann die Form

$$\frac{\mathrm{d}^2 x}{\mathrm{d}t^2} + 2\vartheta\omega_0 \frac{\mathrm{d}x}{\mathrm{d}t} + \omega_0^2 x = 0\,. \tag{9.61}$$

Wenn man den Ansatz $x = \underline{c}\,\mathrm{e}^{\underline{\lambda}t}$ in Gl. (9.61) einsetzt und danach die Gleichung durch $\underline{c}\,\mathrm{e}^{\underline{\lambda}t}$ dividiert, erhält man die *charakteristische Gleichung*

$$\underline{\lambda}^2 + 2\,\vartheta\,\omega_0\,\underline{\lambda} + \omega_0^2 = 0 \tag{9.62}$$

mit den beiden Lösungen

$$\underline{\lambda}_{1,2} = \omega_0(-\vartheta \pm \sqrt{\vartheta^2 - 1})\,. \tag{9.63}$$

Für die allgemeine Lösung der homogenen Differenzialgleichung sind drei Fälle zu unterscheiden:

a) $\vartheta > 1$; d. h. $\underline{\lambda}_1 \neq \underline{\lambda}_2$; $\underline{\lambda}_1$ und $\underline{\lambda}_2$ sind reell.

Die Lösung lautet

$$x_\mathrm{h} = K_1\,\mathrm{e}^{\underline{\lambda}_1 t} + K_2\,\mathrm{e}^{\underline{\lambda}_2 t}\,. \tag{9.64}$$

b) $\vartheta = 1$; d. h. $\underline{\lambda}_1 = \underline{\lambda}_2 = -\,\omega_0$ (reell).

Die Lösung lautet

$$x_\mathrm{h} = (K_1 + K_2 t)\,\mathrm{e}^{-\omega_0 t}. \tag{9.65}$$

c) $\vartheta < 1$; d. h. $\underline{\lambda}_1 = \underline{\lambda}_2^*$; $\underline{\lambda}_1$ und $\underline{\lambda}_2$ sind zueinander konjugiert komplex.

Für die Lösung erhält man nach einiger Umformung

$$x_\mathrm{h} = [K_1 \cos(\sqrt{1-\vartheta^2}\,\omega_0 t) + K_2 \sin(\sqrt{1-\vartheta^2}\,\omega_0 t)]\,\mathrm{e}^{-\vartheta\omega_0 t}\,. \tag{9.66}$$

Die Konstanten K_1 und K_2 in den Gln. (9.64) bis (9.66) sind beliebige reelle Größen. Näheres über das Zustandekommen dieser Lösungen findet sich in [11].

9.3.1.4 Partikuläre Lösung

Für einige häufig vorkommende Störfunktionen erhält man nach [11] folgende partikuläre Lösungen der linearen inhomogenen Differenzialgleichung (9.56):

a) Ist die Störfunktion $f(t) = p_\mathrm{n}(t)$ ein *Polynom n-ten Grades*, so ist auch die partikuläre Lösung $x_\mathrm{p}(t) = q_\mathrm{n}(t)$ ein Polynom n-ten Grades, sofern in Gl. (9.56) $a_0 \neq 0$ ist. Für $a_0 = 0$, $a_1 \neq 0$ ist die partikuläre Lösung $x_\mathrm{p}(t) = t \cdot q_\mathrm{n}(t)$. Für $a_0 = a_1 = 0$, $a_2 \neq 0$ gilt $x_\mathrm{p}(t) = t^2 \cdot q_\mathrm{n}(t)$ usw.

b) Ist die Störfunktion eine *Sinusgröße* der Form $f(t) = b_1 \cos(\omega t) + b_2 \sin(\omega t)$, so ist i. Allg. auch die partikuläre Lösung $x_p(t) = c_1 \cos(\omega t) + c_2 \sin(\omega t)$ eine Sinusgröße gleicher Kreisfrequenz ω wie die Störfunktion. Die Ausnahme bildet der *Resonanzfall.* Dieser liegt für Gl. (9.61) dann vor, wenn $\omega = \omega_0$ und $\vartheta = 0$ ist. In diesem Fall ergibt sich die partikuläre Lösung $x_p(t) = t \cdot (c_1 \cos(\omega t) + c_2 \sin(\omega t))$.

Zur Bestimmung der in der jeweiligen partikulären Lösung $x_p(t)$ enthaltenen Konstanten wird der Ausdruck $x_p(t)$ in die Differenzialgleichung (9.56) eingesetzt. Die Konstanten folgen dann aus dem Koeffizientenvergleich.

9.3.2 Schalten von Gleichströmen und -spannungen

Die verwendeten Schalter werden im Folgenden als ideal angenommen, sodass für die Eingangsfunktionen ideale Sprungfunktionen $U\,\varepsilon(t)$ bzw. $I\,\varepsilon(t)$ nach Bild 9.10 vorausgesetzt werden dürfen. In der Praxis *prellen* Schalter dagegen gelegentlich, öffnen also nach dem Schalten kurzzeitig wieder oder weisen veränderliche Kontaktwiderstände auf [14]. Auch sind elektrische Quellen nicht in der Lage, Stromsprünge zu liefern. Diese Tatsachen sollen hier aber vernachlässigt werden.

9.3.2.1 Idealisiertes Einschalten von RC- und RL-Schaltungen

An einem idealen Wirkwiderstand R sind nach Gl. (9.33) Strom i und Spannung u stets proportional zueinander. Eine sprungförmig verlaufende Spannung $U\,\varepsilon(t)$ hat daher an einem idealen Widerstand einen ebenso sprungförmig verlaufenden Strom $I\,\varepsilon(t)$ zur Folge. Hingegen würde eine sprungförmig verlaufende Spannung $U\,\varepsilon(t)$ an einer Kapazität C nach Gl. (9.36) einen unendlich großen Strom erfordern und kann daher nicht auftreten. Entsprechendes gilt wegen Gl. (9.37) für einen Stromsprung $I\,\varepsilon(t)$ bei einer Induktivität L. *Die Spannung an einer Kapazität und der Strom durch eine Induktivität können sich daher unter keinen Umständen sprunghaft ändern.* Dies ist insbesondere bei Schaltvorgängen zu beachten.

RL-Reihenschaltung

Wenn der Schalter S in Bild 9.14a zum Zeitpunkt $t = 0$ geschlossen wird, tritt an der Reihenschaltung aus R und L der Spannungssprung $U\,\varepsilon(t)$ auf.

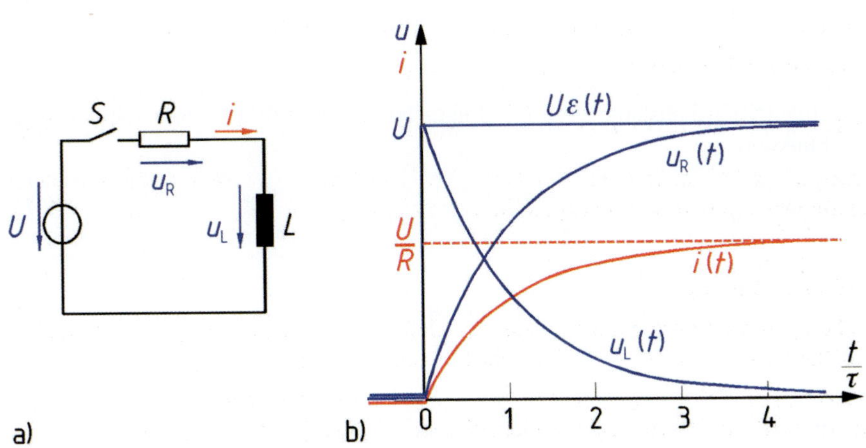

Bild 9.14 Einschalten einer Gleichspannung an einer RL-Reihenschaltung
a) Ersatzschaltbild, b) Strom- und Spannungsverläufe

Aus der Maschengleichung

$$u_R + u_L = R\,i + L\frac{di}{dt} = U\,\varepsilon(t)$$

erhält man für $t > 0$ die Differenzialgleichung

$$\frac{di}{dt} + \frac{R}{L}i = \frac{U}{L}. \tag{9.67}$$

Zur Lösung der zugehörigen homogenen Differenzialgleichung verwendet man den Exponentialansatz $i = c\,e^{\underline{\lambda}\,t}$. Die charakteristische Gleichung

$$\underline{\lambda} + \frac{R}{L} = 0$$

hat die Lösung $\underline{\lambda} = -R/L$. Der negative Kehrwert hiervon ist die *Zeitkonstante*

$$\tau = -\frac{1}{\underline{\lambda}} = \frac{L}{R}. \tag{9.68}$$

Die allgemeine Lösung der homogenen Differenzialgleichung lautet damit

$$i_h = \underline{c}\,e^{-\frac{t}{\tau}} = \underline{c}\,e^{-\frac{R}{L}t}. \tag{9.69}$$

Eine einfach zu bestimmende partikuläre Lösung i_p von Gl. (9.67) ist der für $t \to \infty$, also im stationären Zustand, fließende Gleichstrom, für den die Induktivität L keine strombegrenzende Wirkung mehr hat. Er ergibt sich zu

$$i_p = \frac{U}{R}. \tag{9.70}$$

Aus der Addition der Gln. (9.70) und (9.69) folgt die allgemeine Lösung von Gl. (9.67)

$$i = i_p + i_h = \frac{U}{R} + \underline{c}\,e^{-\frac{R}{L}t}.$$

Die hierin enthaltene Integrationskonstante $\underline{c}$ ergibt sich aus der Anfangsbedingung. Da der Strom durch die Induktivität L sich nicht sprunghaft ändern kann, gilt für den Schaltaugenblick

$$i(t=0) = \frac{U}{R} + \underline{c} = 0,$$

woraus für die Integrationskonstante $\underline{c} = -U/R$ folgt. Der Strom in Bild 9.14a verläuft also für $t > 0$ nach der Funktion

$$i = \frac{U}{R}\left(1 - e^{-\frac{R}{L}t}\right). \tag{9.71}$$

Hieraus folgt für die Spannungen

$$u_R = R\,i = U\left(1 - e^{-\frac{R}{L}t}\right), \tag{9.72}$$

$$u_L = L\frac{di}{dt} = U\,e^{-\frac{R}{L}t}. \tag{9.73}$$

Die zeitlichen Verläufe des Stroms i und der beiden Spannungen u_R und u_L sind in Bild 9.14b dargestellt.

RC-Reihenschaltung

Wenn der Schalter S in Bild 9.15a zum Zeitpunkt $t = 0$ geschlossen wird, tritt an der Reihenschaltung aus R und C der Spannungssprung $U\,\varepsilon(t)$ auf. Aus der Maschengleichung

$$u_R + u_C = R\,i + \frac{1}{C}\int_{t_0}^{t} i(\vartheta)\,\mathrm{d}\vartheta + u_C(t_0) = U\,\varepsilon(t)$$

erhält man für $t > 0$ nach einmaligem Differenzieren die Differenzialgleichung

$$\frac{\mathrm{d}i}{\mathrm{d}t} + \frac{1}{RC}i = 0\,. \tag{9.74}$$

Zu ihrer Lösung verwendet man den Exponentialansatz $i = \underline{c}\,\mathrm{e}^{\underline{\lambda} t}$. Die charakteristische Gleichung

$$\underline{\lambda} + \frac{1}{RC} = 0$$

liefert $\underline{\lambda} = -1/(R\,C)$ und mit Gl. (9.68) die *Zeitkonstante* $\tau = R\,C$. Die allgemeine Lösung lautet also

$$i = \underline{c}\,\mathrm{e}^{-\frac{t}{\tau}} = \underline{c}\,\mathrm{e}^{-\frac{1}{RC}t}. \tag{9.75}$$

Da die Differenzialgleichung (9.74) selbst homogen ist, entfällt das Suchen einer partikulären Lösung. Die Spannung an der Kapazität kann sich nicht sprunghaft ändern und behält im Schaltaugenblick ihren Wert $u_C(t = 0) = 0$ bei. Am Widerstand R liegt dann die Spannung $u_R(t = 0) = U$. Die Integrationskonstante $\underline{c}$ ergibt sich aus dieser Anfangsbedingung zu

$$i(t = 0) = \underline{c} = \frac{u_R(t = 0)}{R} = \frac{U}{R}.$$

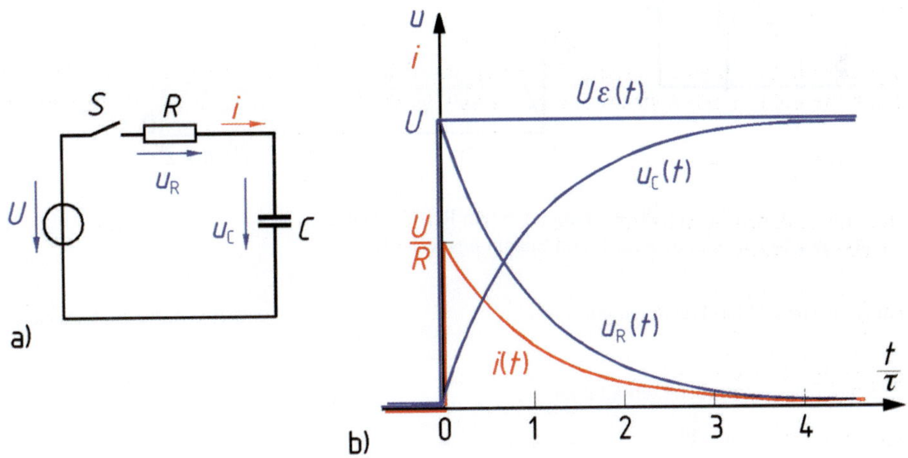

Bild 9.15 Einschalten einer Gleichspannung an einer RC-Reihenschaltung
a) Ersatzschaltbild, b) Strom- und Spannungsverläufe

Der Strom in Bild 9.15a verläuft also für $t > 0$ nach der Funktion

$$i = \frac{U}{R} e^{-\frac{1}{RC}t} . \tag{9.76}$$

Hieraus folgt für die Spannungen

$$u_R = R\,i = U e^{-\frac{1}{RC}t} \tag{9.77}$$

$$u_C = U - u_R = U\left(1 - e^{-\frac{1}{RC}t}\right) \tag{9.78}$$

Die zeitlichen Verläufe des Stroms i und der beiden Spannungen u_R und u_C sind in Bild 9.15b dargestellt.

Beispiel 9.11 Einschaltvorgang in einem RC-Netzwerk

Das Netzwerk in Bild 9.16a enthält die Widerstände $R_1 = 200\ \Omega$ und $R_2 = 300\ \Omega$ sowie die Kapazität $C = 50\ \mu F$ und wird durch Schließen des Schalters S an die Gleichspannung $U = 10$ V gelegt. Die zeitlichen Verläufe des Stroms i und der Spannung u_2 sollen ermittelt werden.

Aus der Knotengleichung folgt mit Gl. (9.34) und Gl. (9.36)

$$i = i_R + i_C = \frac{1}{R_2} u_2 + C \frac{du_2}{dt} .$$

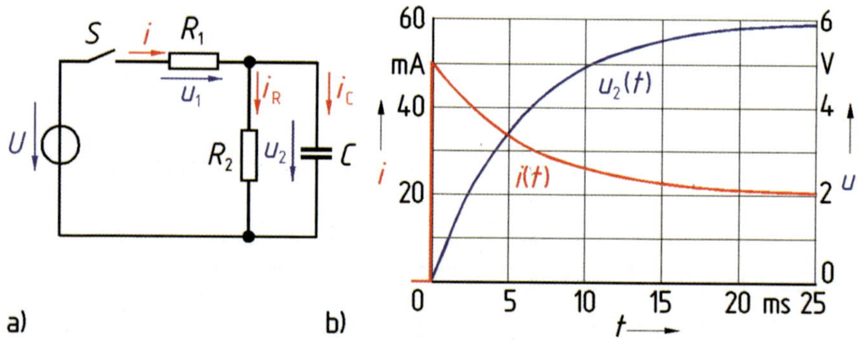

Bild 9.16 Einschalten einer Gleichspannung an einem RC-Netzwerk
a) Ersatzschaltbild, b) Strom- und Spannungsverläufe

Wenn man für $t > 0$ die Maschengleichung

$$u_2 = U - u_1 = U - R_1 i$$

in die vorige Gleichung eingesetzt, erhält man

$$i = \frac{1}{R_2} U - \frac{R_1}{R_2} i - R_1 C \frac{di}{dt}$$

und daraus

$$\frac{di}{dt} + \left(\frac{1}{R_1} + \frac{1}{R_2}\right) \frac{1}{C} i = \frac{U}{R_1 R_2 C} .$$

Aus der charakteristischen Gleichung

$$\underline{\lambda}+\left(\frac{1}{R_1}+\frac{1}{R_2}\right)\frac{1}{C}=0$$

folgt

$$\underline{\lambda}=-\left(\frac{1}{R_1}+\frac{1}{R_2}\right)\frac{1}{C}=-\left(\frac{1}{200\,\Omega}+\frac{1}{300\,\Omega}\right)\frac{1}{50\,\mu\text{F}}=-\frac{1}{6\text{ ms}}$$

und wie in Gl. (9.68) die *Zeitkonstante* $\tau = 6$ ms. Die Lösung der homogenen Differenzialgleichung ist also

$$i_\text{h}=\underline{c}\,\text{e}^{-\frac{t}{\tau}}=\underline{c}\,\text{e}^{-\frac{t}{6\text{ms}}}\,.$$

Als partikuläre Lösung i_p wird der für $t \to \infty$, also im eingeschwungenen Zustand fließende Gleichstrom verwendet, für den die Kapazität C eine Unterbrechung darstellt. Man erhält

$$i_\text{p}=\frac{U}{R_1+R_2}=\frac{10\text{ V}}{200\,\Omega+300\,\Omega}=20\text{ mA}$$

und die allgemeine Lösung

$$i=i_\text{p}+i_\text{h}=20\text{ mA}+\underline{c}\,\text{e}^{-\frac{t}{6\text{ms}}}\,.$$

Die Integrationskonstante $\underline{c}$ ergibt sich aus der Anfangsbedingung

$$i(t=0)=20\text{ mA}+\underline{c}=\frac{U}{R_1}=\frac{10\text{ V}}{200\,\Omega}=50\text{ mA}$$

zu $\underline{c} = 30$ mA. Für den Strom erhält man also den in Bild 9.16b dargestellten Verlauf

$$i=20\text{ mA}+30\text{ mA}\,\text{e}^{-\frac{t}{6\text{ms}}}\,.$$

Aus der Maschengleichung folgt der ebenfalls in Bild 9.16b dargestellte Verlauf der Spannung

$$u_2=U-R_1 i=10\text{ V}-200\,\Omega\left(20\text{ mA}+30\text{ mA}\,\text{e}^{-\frac{t}{6\text{ms}}}\right)=6\text{ V}\left(1-\text{e}^{-\frac{t}{6\text{ms}}}\right).$$

Beispiel 9.12 Einschaltvorgang in einem RL-Netzwerk

Das Netzwerk in Bild 9.17a enthält die Widerstände $R_1 = 75\ \Omega$ und $R_2 = 200\ \Omega$ sowie die Induktivität $L = 1{,}8$ H und wird durch Schließen des Schalters S an die Gleichspannung $U = 66$ V gelegt. Die zeitlichen Verläufe des Stroms i und der Spannung u_2 sollen ermittelt werden.

Aus der Knotengleichung folgt mit Gl. (9.34) und Gl. (9.38)

$$i=i_\text{R}+i_\text{L}=\frac{1}{R_2}u_2+\frac{1}{L}\int_{t_0}^{t}u_2(\vartheta)\,\text{d}\vartheta+i_L(t_0)\,.$$

Wenn man diese Gleichung einmal differenziert und die Maschengleichung für $t > 0$

$$u_2=U-u_1=U-R_1 i$$

einsetzt, erhält man

$$\frac{\text{d}i}{\text{d}t}=-\frac{R_1}{R_2}\frac{\text{d}i}{\text{d}t}+\frac{U}{L}-\frac{R_1}{L}i$$

und nach Umformung

$$\frac{\mathrm{d}i}{\mathrm{d}t} + \frac{R_1 R_2}{(R_1 + R_2)L} i = \frac{R_2}{R_1 + R_2} \frac{U}{L} \quad .$$

Aus der charakteristischen Gleichung

$$\underline{\lambda} + \frac{R_1 R_2}{(R_1 + R_2)L} = 0$$

folgt

$$\underline{\lambda} = -\frac{R_1 R_2}{(R_1 + R_2)L} = -\frac{75\,\Omega \cdot 200\,\Omega}{(75\,\Omega + 200\,\Omega) \cdot 1{,}8\,\mathrm{H}} = -\frac{1}{33\,\mathrm{ms}}$$

und die *Zeitkonstante* $\tau = 33$ ms. Die Lösung der homogenen Differenzialgleichung ist also

$$i_\mathrm{h} = \underline{c}\,\mathrm{e}^{-\frac{t}{\tau}} = \underline{c}\,\mathrm{e}^{-\frac{t}{33\mathrm{ms}}} \; .$$

Als partikuläre Lösung wird der für $t \to \infty$, also im stationären Zustand fließende Gleichstrom

$$i_\mathrm{p} = \frac{U}{R_1} = \frac{66\,\mathrm{V}}{75\,\Omega} = 0{,}88\,\mathrm{A}$$

verwendet. Damit erhält man die allgemeine Lösung

$$i = i_\mathrm{p} + i_\mathrm{h} = 0{,}88\,\mathrm{A} + \underline{c}\,\mathrm{e}^{-\frac{t}{33\mathrm{ms}}} \; .$$

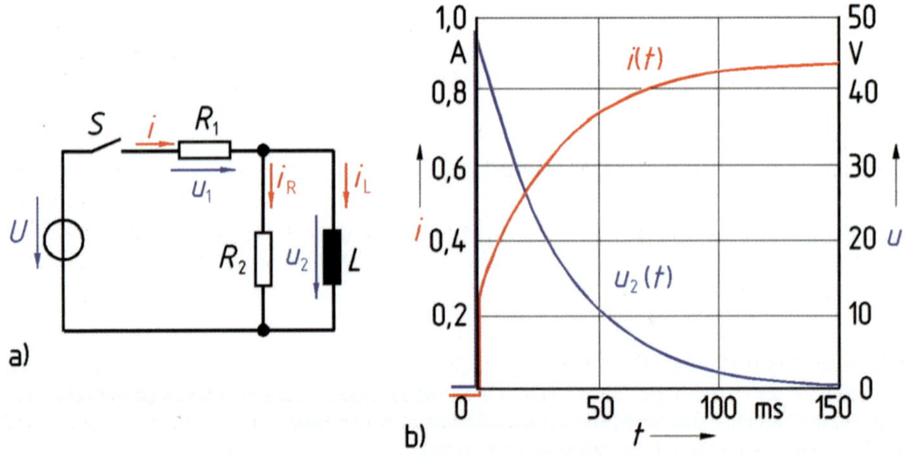

Bild 9.17 Einschalten einer Gleichspannung an einem RL-Netzwerk
a) Ersatzschaltbild, b) Strom- und Spannungsverläufe

Die Integrationskonstante $\underline{c}$ ergibt sich aus der Anfangsbedingung

$$i(t=0) = 0{,}88\,\mathrm{A} + \underline{c} = \frac{U}{R_1 + R_2} = \frac{66\,\mathrm{V}}{75\,\Omega + 200\,\Omega} = 0{,}24\,\mathrm{A}$$

zu $\underline{c} = -0{,}64$ A. Für den Strom erhält man also den in Bild 9.17b dargestellten Verlauf

$$i = 0{,}88\,\mathrm{A} - 0{,}64\,\mathrm{A}\,\mathrm{e}^{-\frac{t}{33\mathrm{ms}}} \; .$$

Aus der Maschengleichung folgt der ebenfalls in Bild 9.17b dargestellte Verlauf der Spannung

$$u_2 = U - R_1 i = 66\ \text{V} - 75\ \Omega\left(0{,}88\ \text{A} - 0{,}64\ \text{A}\ \text{e}^{-\frac{t}{33\text{ms}}}\right) = 48\ \text{V}\ \text{e}^{-\frac{t}{33\text{ms}}}\ .$$

9.3.2.2 Idealisiertes Ausschalten von RC- und RL-Schaltungen

Beim idealen Abschalten eines Gleichstroms wird der Strom I in unendlich kurzer Zeit t auf den Wert null gebracht. Dieser zeitliche Verlauf wird mit Hilfe der *Sprungfunktion* $\varepsilon(t)$ aus Bild 9.10 durch die Funktion $i(t) = I(1 - \varepsilon(t))$ beschrieben und kann *näherungsweise* vorausgesetzt werden, solange diese sprungförmige Stromänderung nur in solchen Netzwerkzweigen stattfindet, die eine vernachlässigbar kleine Induktivität haben wie es z. B. in den Ersatzschaltbildern nach Bild 9.16a und Bild 9.17a angenommen wurde.

Bei stark induktiven Stromkreisen ist das Abschalten des Stroms in beliebig kurzer Zeit weder möglich noch erwünscht, denn die hohe Selbstinduktionsspannung $u = L\ \text{d}i/\text{d}t$ nach Gl. (9.37) würde am Schalter oder an anderen Stellen des Stromkreises – z. B. in Wicklungen – einen für die Isolationsfestigkeit der Schaltung meist unerwünschten Überschlag und u. U. auch eine unerwünschte Überbrückung der Schalteröffnung bewirken. In den technisch realisierten Schaltern steigt beim Öffnen der Kontakte der Schalterwiderstand zunächst stark an, sodass der Strom i rasch kleiner wird. Bei merklicher Induktivität im Stromkreis entsteht auch hierbei eine große Selbstinduktionsspannung, die zu einem Überschlag an den Schaltkontakten mit einem stromleitenden Lichtbogen führt und so eine zu schnelle Stromabsenkung verhindert. Beim Abschalten von Stromkreisen mit mechanischen Schaltern entstehen daher Funken und Lichtbögen zwischen den Schalterkontakten, die den Abschaltvorgang selbst verzögern. Bei Leistungsschaltern muss ggf. der Lichtbogen zum Verlöschen gebracht werden, was z. B. durch besondere Blaskammern [14], aber auch durch schnelles Auseinanderziehen der Schaltmesser, also ein Verlängern der Lichtbogenstrecke, erreicht werden kann. Hierdurch wächst der Lichtbogenwiderstand und der Strom nimmt ab, bis die über den Lichtbogen abgeführte Wärme größer wird als die Energie, die mit dem Strom zugeführt wird. Die Ionisation hört dann auf und der Lichtbogen erlischt. In die genaue Berechnung solcher Abschaltvorgänge muss also die Lichtbogenkennlinie und die Mechanik des Schalters eingehen. In den folgenden Beispielen wird aber auf eine derartige detaillierte Modellierung und Untersuchung der Abschaltvorgänge verzichtet.

Beispiel 9.13 Ausschaltvorgang in einem RC-Netzwerk

Im Netzwerk nach Bild 9.16a, das in Bild 9.18a noch einmal dargestellt ist, wird ausgehend vom stationären Zustand zum Zeitpunkt $t = 0$ durch Öffnen des Schalters S der Strom i abgeschaltet. Gegeben sind $U = 10$ V, $R_1 = 200\ \Omega$, $R_2 = 300\ \Omega$, $C = 50\ \mu$F.

Die zeitlichen Verläufe der Ströme i_R und i_C sowie der Spannung u_2 sollen ermittelt werden.

Mit Gl. (9.34) und Gl. (9.36) liefert die Knotengleichung bei geöffnetem Schalter S

$$i_\text{R} + i_\text{C} = \frac{1}{R_2} u_2 + C\frac{\text{d}u_2}{\text{d}t} = 0$$

bzw.

$$\frac{\text{d}u_2}{\text{d}t} + \frac{1}{R_2 C} u_2 = 0\ .$$

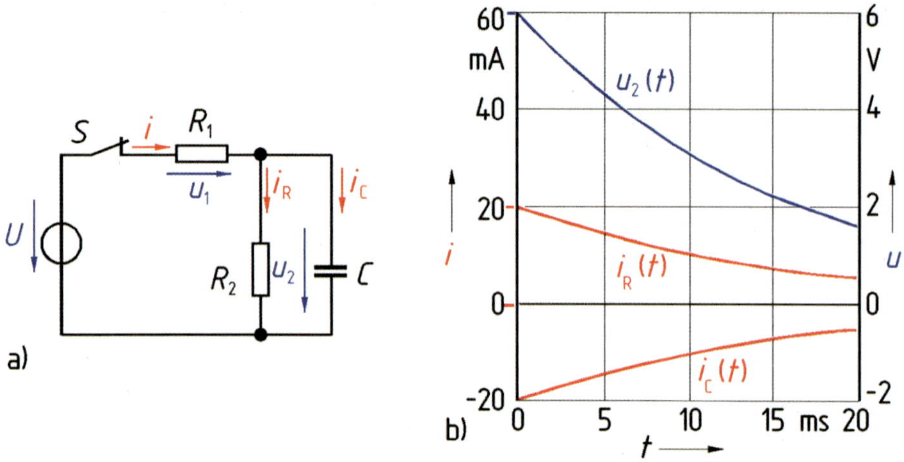

Bild 9.18 Abschalten eines Gleichstroms an einem RC-Netzwerk
a) Ersatzschaltbild, b) Strom- und Spannungsverläufe

Die Differenzialgleichung ist von gleicher Art wie Gl. (9.74). Entsprechend Gl. (9.75) erhält man die allgemeine Lösung

$$u_2 = \underline{c}\, \mathrm{e}^{-\frac{t}{\tau}}$$

mit der *Zeitkonstanten*

$$\tau = R_2 C = 300\ \Omega \cdot 50\ \mu\mathrm{F} = 15\ \mathrm{ms}.$$

Die Integrationskonstante $\underline{c}$ ergibt sich aus der Anfangsbedingung

$$u_2(t=0) = \underline{c} = \frac{R_2}{R_1 + R_2} U = \frac{300\ \Omega}{200\ \Omega + 300\ \Omega}\ 10\ \mathrm{V} = 6\ \mathrm{V}.$$

Für die Spannung erhält man also den in Bild 9.18b dargestellten Verlauf

$$u_2 = 6\ \mathrm{V}\, \mathrm{e}^{-\frac{t}{15\mathrm{ms}}}.$$

Für den Strom i_R folgt

$$i_R = \frac{u_2}{R_2} = \frac{6\ \mathrm{V}}{300\ \Omega} \mathrm{e}^{-\frac{t}{15\mathrm{ms}}} = 20\ \mathrm{mA}\, \mathrm{e}^{-\frac{t}{15\mathrm{ms}}}$$

und für den Strom i_C

$$i_C = -\, i_R = -\, 20\ \mathrm{mA}\, \mathrm{e}^{-\frac{t}{15\mathrm{ms}}}.$$

Beispiel 9.14 Ausschaltvorgang in einem RL-Netzwerk

Der Strom durch die RL-Reihenschaltung nach Bild 9.14a kann wegen der Induktivität L nicht in beliebig kurzer Zeit wieder abgeschaltet werden. Hingegen ist ein Umschalten von der Spannungsquelle auf einen Kurzschluss, wie in Bild 9.19a dargestellt, möglich. Wenn das Umschalten in beliebig kurzer Zeit erfolgt, braucht sich der Strom i nicht sprunghaft zu ändern. Für die Werte $U = 100$ V, $R = 50\ \Omega$ und $L = 4$ H sollen die zeitlichen Verläufe des Stroms i und der Spannungen u_R und u_L angegeben werden.

Nach Umschalten des Schalters S gilt mit Gl. (9.33) und Gl. (9.37) die Maschengleichung

$$u_{\mathrm{R}} + u_{\mathrm{L}} = R\,i + L\frac{\mathrm{d}i}{\mathrm{d}t} = 0\,.$$

Die Differenzialgleichung

$$\frac{\mathrm{d}i}{\mathrm{d}t} + \frac{R}{L}i = 0$$

ist homogen; ansonsten stimmt sie mit Gl. (9.67) überein. Nach den Gln. (9.68) und (9.69) hat sie die allgemeine Lösung

$$i = \underline{c}\,\mathrm{e}^{-\frac{t}{\tau}}$$

mit der *Zeitkonstanten*

$$\tau = \frac{L}{R} = \frac{4\,\mathrm{H}}{50\,\Omega} = 80\ \mathrm{ms}.$$

Die Integrationskonstante $\underline{c}$ ergibt sich aus der Anfangsbedingung

$$i(t=0) = \underline{c} = \frac{U}{R} = \frac{100\ \mathrm{V}}{50\,\Omega} = 2\ \mathrm{A}.$$

Für den Strom erhält man also den in Bild 9.19b dargestellten Verlauf

$$i = 2\ \mathrm{A}\,\mathrm{e}^{-\frac{t}{80\,\mathrm{ms}}}\,.$$

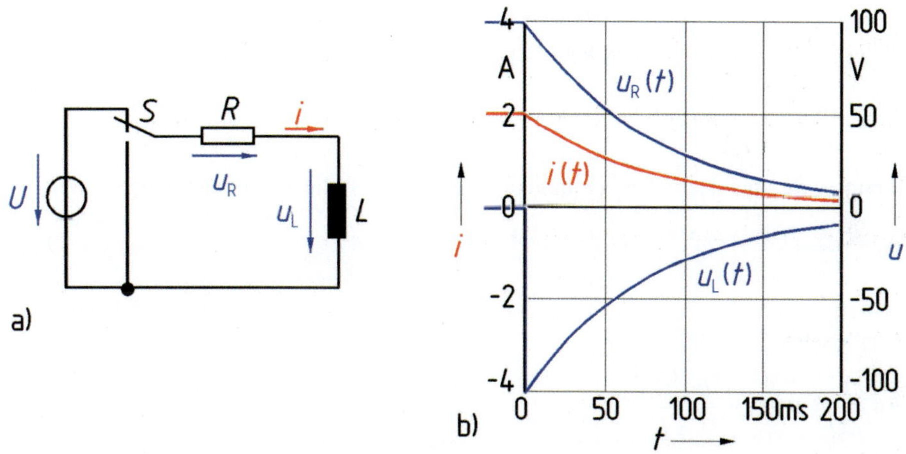

Bild 9.19 Umschalten einer RL-Reihenschaltung von einer Gleichspannungsquelle auf einen Kurzschluss, a) Ersatzschaltbild, b) Strom- und Spannungsverläufe

Für die Spannung u_{R} folgt

$$u_{\mathrm{R}} = R\,i = 50\,\Omega \cdot 2\ \mathrm{A}\,\mathrm{e}^{-\frac{t}{80\,\mathrm{ms}}} = 100\ \mathrm{V}\,\mathrm{e}^{-\frac{t}{80\,\mathrm{ms}}}$$

und für die Spannung u_{L}

$$u_{\mathrm{L}} = -\,u_{\mathrm{R}} = -\,100\ \mathrm{V}\,\mathrm{e}^{-\frac{t}{80\,\mathrm{ms}}}\,.$$

9.3.2.3 Schalten von Schwingkreisen

In Netzwerken, die sowohl Induktivitäten als auch Kapazitäten enthalten, können beim Schalten *Ausgleichsvorgänge* entstehen, bei denen der Übergang vom Anfangs- auf den Endwert mit *Schwingungen* verbunden ist. Dies soll am Beispiel eines für $t < 0$ energielosen elementaren Reihenschwingkreises nach Bild 9.20 gezeigt werden, der zum Zeitpunkt $t = 0$ an die Gleichspannung U angeschaltet wird. Da alle realen elektrischen Netzwerke unerwünschte (parasitäre) Induktivitäten und Kapazitäten enthalten, erzeugt in der Praxis *jeder* Schaltvorgang in Netzwerken Ausgleichsvorgänge in Form gedämpfter Schwingungen.

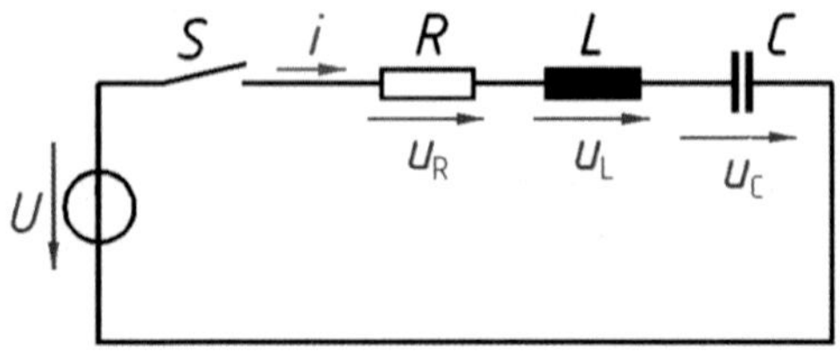

Bild 9.20 Einschalten einer Gleichspannung an einem elementaren Reihenschwingkreis

Aus der Maschengleichung, die hier zu der *Integro-Differenzialgleichung* (also einer Gleichung, die sowohl eine Ableitung als auch ein Integral der betrachteten Variablen enthält)

$$u_R + u_L + u_C = R\,\mathrm{i} + L\frac{\mathrm{d}i}{\mathrm{d}t} + \frac{1}{C}\int_{t_0}^{t} i(\vartheta)\,\mathrm{d}\vartheta + u_C(t_0) = U\,\varepsilon(t) \tag{9.79}$$

führt, erhält man für $t > 0$ nach einmaliger Differenziation die homogene Differenzialgleichung

$$\frac{\mathrm{d}^2 i}{\mathrm{d}t^2} + \frac{R}{L}\frac{\mathrm{d}i}{\mathrm{d}t} + \frac{1}{LC}i = 0. \tag{9.80}$$

Die Rechnung wird übersichtlicher, wenn man nach Gl. (7.13) die Kennkreisfrequenz

$$\omega_0 = \frac{1}{\sqrt{LC}} \tag{9.81}$$

des Schwingkreises und den von der Güte Q des Reihenschwingkreises mit Gl. (7.39) und Gl. (7.14) hergeleiteten *Dämpfungsgrad*

$$\vartheta = \frac{1}{2Q} = \frac{R}{2Z_0} = \frac{R}{2}\sqrt{\frac{C}{L}} \tag{9.82}$$

in die Rechnung einführt. Gl. (9.80) erhält dann die Form

$$\frac{\mathrm{d}^2 i}{\mathrm{d}t^2} + 2\vartheta\omega_0\frac{\mathrm{d}i}{\mathrm{d}t} + \omega_0^2\, i = 0 \tag{9.83}$$

und stimmt mit der in Abschnitt 9.3.1.3 betrachteten homogenen Differenzialgleichung (9.61) überein. Die zugehörige charakteristische Gleichung (9.62) hat nach Gl. (9.63) die Lösung

$$\underline{\lambda}_{1,2} = \omega_0(-\vartheta \pm \sqrt{\vartheta^2 - 1}). \tag{9.84}$$

Nach Abschnitt 9.3.1.3 sind drei Fälle zu unterscheiden:

a) Aperiodischer Fall ($\vartheta > 1$)

Gl. (9.84) liefert zwei unterschiedliche negativ reelle Lösungen

$$\begin{aligned} \underline{\lambda}_1 &= -\frac{1}{\tau_1} = \omega_0(-\vartheta - \sqrt{\vartheta^2 - 1}), \\ \underline{\lambda}_2 &= -\frac{1}{\tau_2} = \omega_0(-\vartheta + \sqrt{\vartheta^2 - 1}). \end{aligned} \tag{9.85}$$

Mit Gl. (9.64) erhält man die allgemeine Lösung der Differenzialgleichung (9.83)

$$i = K_1\,e^{\underline{\lambda}_1 t} + K_2\,e^{\underline{\lambda}_2 t} = K_1\,e^{-\frac{t}{\tau_1}} + K_2\,e^{-\frac{t}{\tau_2}}. \tag{9.86}$$

Die Bestimmung der Integrationskonstanten K_1 und K_2 erfolgt mit Hilfe der Anfangsbedingungen. Wegen der Induktivität L kann sich der Strom i im Schaltaugenblick nicht sprunghaft ändern. Hieraus folgt

$$i(t=0) = K_1 + K_2 = 0$$

und

$$i = K_1\left(e^{-\frac{t}{\tau_1}} - e^{-\frac{t}{\tau_2}}\right). \tag{9.87}$$

Da im Schaltaugenblick sowohl die Spannung u_C an der Kapazität C als auch die Spannung u_R am Widerstand R wegen $i(t = 0) = 0$ null sind, liegt zunächst die volle Spannung U an der Induktivität L. Aus dieser Anfangsbedingung folgt

$$u_L(t=0) = L\left.\frac{di}{dt}\right|_{t=0} = L\,K_1\left(-\frac{1}{\tau_1} + \frac{1}{\tau_2}\right) = U.$$

Hieraus lässt sich K_1 bestimmen und in Gl. (9.87) einsetzen. Man erhält damit für den Strom

$$i = \frac{U}{L}\frac{1}{\frac{1}{\tau_1} - \frac{1}{\tau_2}}\left(e^{-\frac{t}{\tau_2}} - e^{-\frac{t}{\tau_1}}\right) \tag{9.88}$$

einen Verlauf, wie er in Bild 9.21 für $\vartheta = 2$ dargestellt ist.

b) Aperiodischer Grenzfall ($\vartheta = 1$)

Gl. (9.84) liefert nur eine Lösung

$$\underline{\lambda} = -\,\omega_0\,. \tag{9.89}$$

Mit Gl. (9.65) erhält man die allgemeine Lösung der Differenzialgleichung (9.83)

$$i = (K_1 + K_2\,t)\,e^{-\omega_0 t}. \tag{9.90}$$

Die Bestimmung der Integrationskonstanten K_1 und K_2 erfolgt wie im Fall a) mit Hilfe der Anfangsbedingungen für den Strom

$$i(t=0) = K_1 = 0$$

und für die Spannung an der Induktivität

$$u_L(t=0) = L\left.\frac{di}{dt}\right|_{t=0} = L\,K_2(1 - \omega_0 t)e^{-\omega_0 t}\Big|_{t=0} = L\,K_2 = U.$$

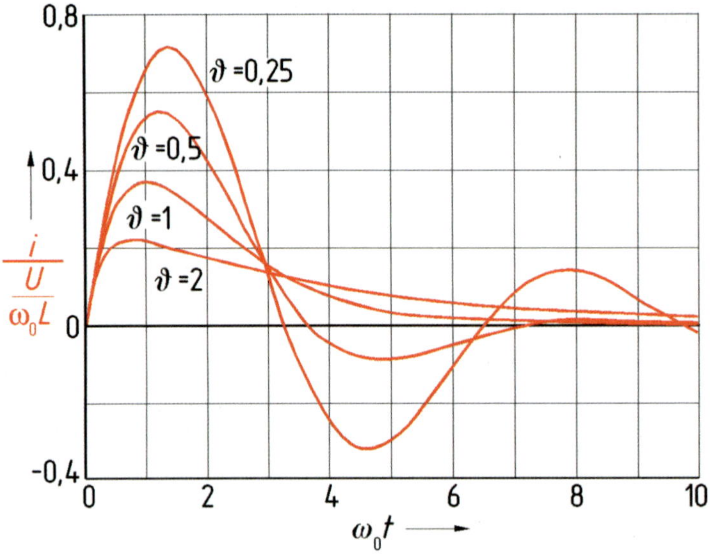

Bild 9.21 Stromverlauf beim Einschalten einer Gleichspannung an einem Reihenschwingkreis nach Bild 9.24 bei den Dämpfungsgraden $\vartheta = 2$ (aperiodischer Fall), $\vartheta = 1$ (aperiodischer Grenzfall), $\vartheta = 0{,}5$ und $\vartheta = 0{,}25$ (periodischer Fall)

Damit erhält man aus Gl. (9.90) für den Strom

$$i = \frac{U}{L} t \, \mathrm{e}^{-\omega_0 t} \tag{9.91}$$

einen Verlauf, wie er in Bild 9.21 für $\vartheta = 1$ dargestellt ist.

c) **Periodischer Fall** ($\vartheta < 1$)

Gl. (9.84) liefert zwei zueinander konjugiert komplexe Lösungen

$$\begin{aligned} \underline{\lambda}_1 &= \omega_0(-\,\vartheta - \mathrm{j}\sqrt{1-\vartheta^2}\,), \\ \underline{\lambda}_2 &= \omega_0(-\,\vartheta + \mathrm{j}\sqrt{1-\vartheta^2}\,). \end{aligned} \tag{9.92}$$

Mit Gl. (9.66) erhält man die allgemeine Lösung der Differenzialgleichung (9.83)

$$i = [K_1 \cos(\sqrt{1-\vartheta^2}\,\omega_0 t) + K_2 \sin(\sqrt{1-\vartheta^2}\,\omega_0 t)]\,\mathrm{e}^{-\vartheta\omega_0 t}. \tag{9.93}$$

Hierin ist

$$\omega_\mathrm{d} = \sqrt{1-\vartheta^2}\,\omega_0 \tag{9.94}$$

die *Eigenkreisfrequenz* des Schwingkreises. Sie ist stets kleiner als die Kennkreisfrequenz ω_0 und weicht von dieser umso stärker ab, je größer der Dämpfungsgrad ϑ ist. Die Bestimmung der Integrationskonstanten K_1 und K_2 erfolgt wie im Fall a) mit Hilfe der Anfangsbedingungen. Aus $i(t=0) = 0$ folgt nach Gl. (9.93)

$$i(t=0) = K_1 = 0$$

und

$$i = K_2 \sin(\sqrt{1-\vartheta^2}\,\omega_0 t)\,\mathrm{e}^{-\vartheta\omega_0 t}\,. \tag{9.95}$$

Die Bedingung

$$u_\mathrm{L}(t=0) = L\left.\frac{\mathrm{d}i}{\mathrm{d}t}\right|_{t=0} = U$$

liefert nach Gl. (9.95)

$$LK_2 = \sqrt{1-\vartheta^2}\,\omega_0 \cos(\sqrt{1-\vartheta^2}\,\omega_0 t) - \vartheta\omega_0 \sin(\sqrt{1-\vartheta^2}\,\omega_0 t)]\mathrm{e}^{-\vartheta\omega_0 t}\Big|_{t=0}$$

$$= LK_2\sqrt{1-\vartheta^2}\,\omega_0 = U.$$

Mit dem hieraus resultierenden Wert für K_2 erhält man aus Gl. (9.95) für den Strom

$$i = \frac{U}{\omega_0 L\sqrt{1-\vartheta^2}} \sin(\sqrt{1-\vartheta^2}\,\omega_0 t)\mathrm{e}^{-\vartheta\omega_0 t} \tag{9.96}$$

Verläufe, wie sie in Bild 9.21 für $\vartheta = 0{,}5$ und $\vartheta = 0{,}25$ dargestellt sind.

Im stationären Zustand, d. h. für $t \to \infty$, wird für alle drei Fälle der Strom $i(t \to \infty) = 0$. Die Kapazität C ist dann auf die Spannung

$$u_\mathrm{C}(t \to \infty) = \frac{1}{C}\int_0^\infty i\,\mathrm{d}t = U$$

aufgeladen. Alle vier in Bild 9.21 dargestellten Stromverläufe $i(t)$ ergeben daher denselben Wert für das Integral

$$\int_0^\infty i\,\mathrm{d}t = CU\,,$$

jedoch konvergieren die gezeigten Kurven unterschiedlich schnell gegen ihren Endwert. Die beste Konvergenz zeigt hier die Kurve für den aperiodischen Grenzfall mit $\vartheta = 1$.

Beispiel 9.15 Einschaltvorgang in einem RLC-Netzwerk

Das zunächst energielose Netzwerk in Bild 9.22 aus der Kapazität $C = 2\ \mu\mathrm{F}$, der Induktivität $L = 20\ \mathrm{mH}$ sowie den Widerständen $R_1 = 25\ \Omega$ und $R_2 = 56\ \Omega$ wird bei $t = 0$ durch Schließen des Schalters S an die Gleichspannung $U = 16{,}2$ V gelegt. Gesucht sind die zeitlichen Verläufe der Spannung u_2 und der Ströme i_L, i_C und i für $t > 0$.

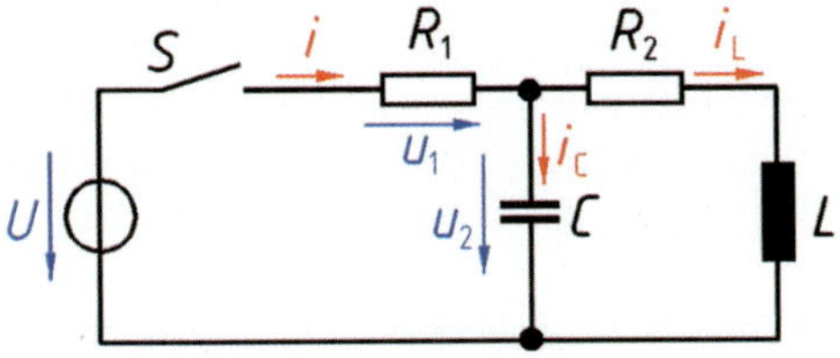

Bild 9.22 Schalten einer Gleichspannung an einem RLC-Netzwerk

Mit Gl. (9.33) und Gl. (9.37) erhält man für die Spannung

$$u_2 = R_2 i_\mathrm{L} + L\frac{\mathrm{d}i_\mathrm{L}}{\mathrm{d}t};$$

Gl. (9.36) liefert den Strom durch die Kapazität C

$$i_\mathrm{C} = C\frac{\mathrm{d}u_2}{\mathrm{d}t} = R_2 C\frac{\mathrm{d}i_\mathrm{L}}{\mathrm{d}t} + LC\frac{\mathrm{d}^2 i_\mathrm{L}}{\mathrm{d}t^2}.$$

Wenn man diese Gleichung in die Maschengleichung

$$u_1 + u_2 = R_1 (i_\mathrm{C} + i_\mathrm{L}) + R_2 i_\mathrm{L} + L\frac{\mathrm{d}i_\mathrm{L}}{\mathrm{d}t} = U\,\varepsilon(t)$$

einsetzt, erhält man

$$R_1 R_2 C\frac{\mathrm{d}i_\mathrm{L}}{\mathrm{d}t} + R_1 LC\frac{\mathrm{d}^2 i_\mathrm{L}}{\mathrm{d}t^2} + (R_1 + R_2)i_\mathrm{L} + L\frac{\mathrm{d}i_\mathrm{L}}{\mathrm{d}t} = U\,\varepsilon(t)$$

und nach Division durch $R_1 LC$ für $t > 0$

$$\frac{\mathrm{d}^2 i_\mathrm{L}}{\mathrm{d}t^2} + \left(\frac{R_2}{L} + \frac{1}{R_1 C}\right)\frac{\mathrm{d}i_\mathrm{L}}{\mathrm{d}t} + \frac{R_1 + R_2}{R_1 LC} i_\mathrm{L} = \frac{U}{R_1 LC} \;.$$

Abkürzend lässt sich diese Differenzialgleichung in der Form

$$\frac{\mathrm{d}^2 i_\mathrm{L}}{\mathrm{d}t^2} + 2\vartheta\omega_0\frac{\mathrm{d}i_\mathrm{L}}{\mathrm{d}t} + \omega_0^2\, i_\mathrm{L} = \frac{U}{R_1 LC}$$

darstellen. Nach Einsetzen der vorgegebenen Werte folgt

$$\omega_0 = 9\ \mathrm{ms}^{-1},\quad \vartheta = 1{,}267 \quad \text{und} \quad U/(R_1 LC) = 16{,}2\ \mathrm{A\ ms}^{-2}.$$

Die zugehörige homogene Differenzialgleichung stimmt mit Gl. (9.83) überein. Wegen $\vartheta > 1$ liegt der aperiodische Fall vor. Die charakteristische Gleichung hat nach Gl. (9.85) die beiden reellen Lösungen

$$\underline{\lambda}_{1,2} = -\frac{1}{\tau_{1,2}} = \omega_0(-\vartheta \pm \sqrt{\vartheta^2 - 1}) = 9\ \mathrm{ms}^{-1}(-1{,}267 \pm 0{,}7775)$$

also

$$\underline{\lambda}_1 = -\frac{1}{\tau_1} = -18{,}4\ \mathrm{ms}^{-1} \quad \text{und} \quad \underline{\lambda}_2 = -\frac{1}{\tau_2} = -4{,}4\ \mathrm{ms}^{-1}\,.$$

Damit ergibt sich nach Gl. (9.86) als Lösung der homogenen Differenzialgleichung

$$i_\mathrm{Lh} = K_1\,\mathrm{e}^{-\frac{t}{\tau_1}} + K_2\,\mathrm{e}^{-\frac{t}{\tau_2}} = K_1\,\mathrm{e}^{-18{,}4\frac{t}{\mathrm{ms}}} + K_2\,\mathrm{e}^{-4{,}4\frac{t}{\mathrm{ms}}}.$$

Als partikuläre Lösung i_Lp wird der für $t \to \infty$, also im eingeschwungenen Zustand fließende Gleichstrom verwendet, für den die Kapazität C eine Unterbrechung und die Induktivität L einen Kurzschluss darstellt. Man erhält

$$i_\mathrm{Lp} = \frac{U}{R_1 + R_2} = \frac{16{,}2\ \mathrm{V}}{25\,\Omega + 56\,\Omega} = 200\ \mathrm{mA}$$

und die allgemeine Lösung

$$i_\mathrm{L} = i_\mathrm{Lp} + i_\mathrm{Lh} = 200\ \mathrm{mA} + K_1\,\mathrm{e}^{-18{,}4\frac{t}{\mathrm{ms}}} + K_2\,\mathrm{e}^{-4{,}4\frac{t}{\mathrm{ms}}}\,.$$

Da der durch die Induktivität L fließende Strom i_L sich im Schaltaugenblick nicht sprunghaft ändern kann, gilt die Anfangsbedingung

$$i_\mathrm{L}(t = 0) = 200\ \mathrm{mA} + K_1 + K_2 = 0.$$

Damit lässt sich die Integrationskonstante K_2 eliminieren und man erhält

$$i_L = 200\text{ mA} + K_1\, e^{-18{,}4\frac{t}{\text{ms}}} - (K_1 + 200\text{ mA})\, e^{-4{,}4\frac{t}{\text{ms}}}$$

Hieraus folgt für die Spannung an der Kapazität und der RL-Reihenschaltung

$$u_2 = R_2\, i_L + L\frac{di_L}{dt} = 56\,\Omega \cdot 200\text{ mA} + (56\,\Omega - 20\text{ mH} \cdot 18{,}4\text{ ms}^{-1})K_1\, e^{-18{,}4\frac{t}{\text{ms}}}$$

$$- (56\,\Omega - 20\text{ mH} \cdot 4{,}4\text{ ms}^{-1})(K_1 + 200\text{ mA})\; e^{-4{,}4\frac{t}{\text{ms}}}\,.$$

Da die Spannung an der Kapazität C sich im Schaltaugenblick nicht sprunghaft ändern kann, gilt die Anfangsbedingung

$$u_2(t = 0) = 11{,}2\text{ V} - 311{,}9\,\Omega\, K_1 + 32{,}1\,\Omega\,(K_1 + 200\text{ mA}) = 0.$$

Hieraus folgt für die Integrationskonstante $K_1 = 62{,}9$ mA und für die Spannung

$$u_2 = 11{,}2\text{ V} - 19{,}6\text{ V}\, e^{-18{,}4\frac{t}{\text{ms}}} + 8{,}43\text{ V}\, e^{-4{,}4\frac{t}{\text{ms}}}$$

Mit der nunmehr bekannten Integrationskonstanten K_1 erhält man auch das Endergebnis für den Strom durch die Induktivität L

$$i_L = 200\text{ mA} + 62{,}9\text{ mA}\, e^{-18{,}4\frac{t}{\text{ms}}} - 263\text{ mA}\, e^{-4{,}4\frac{t}{\text{ms}}}\,.$$

Der Strom an der Kapazität C ergibt sich mit Gl. (9.36) zu

$$i_C = C\frac{du_2}{dt} = 2\,\mu\text{F}\left(19{,}6\text{ V} \cdot 18{,}4\text{ ms}^{-1}\, e^{-18{,}4\frac{t}{\text{ms}}} - 8{,}43\text{ V} \cdot 4{,}4\text{ ms}^{-1}\, e^{-4{,}4\frac{t}{\text{ms}}}\right),$$

$$i_C = 722\text{ mA}\, e^{-18{,}4\frac{t}{\text{ms}}} - 74{,}2\text{ mA}\, e^{-4{,}4\frac{t}{\text{ms}}}\,.$$

Die Zeitverläufe der Spannung u_2 und der beiden Ströme i_L und i_C sind in Bild 9.23a grafisch dargestellt. Der Gesamtstrom folgt aus der Summe

$$i = i_L + i_C = 200\text{ mA} + 785\text{ mA}\, e^{-18{,}4\frac{t}{\text{ms}}} - 337\text{ mA}\, e^{-4{,}4\frac{t}{\text{ms}}}$$

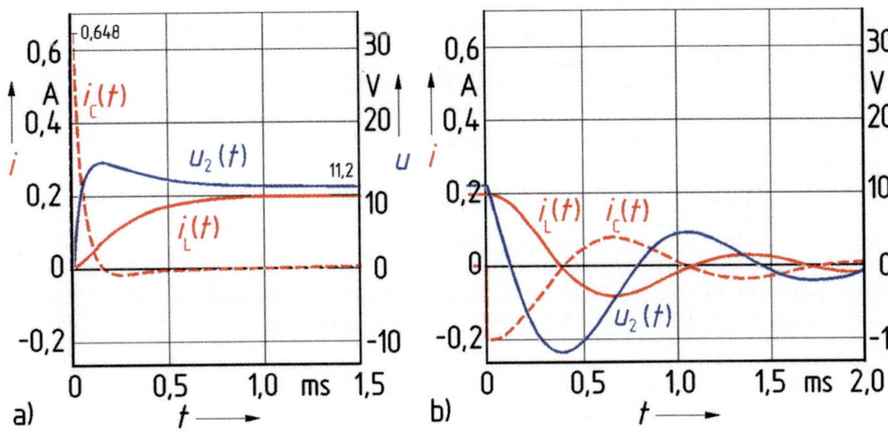

Bild 9.23 Zeitverläufe von Spannungen und Strömen in der Schaltung nach Bild 9.22
a) nach Anschalten der Schaltung an eine Gleichspannung U
b) nach Abschalten der Gleichspannung U

Beispiel 9.16 Ausschaltvorgang in einem RLC-Netzwerk

Das Netzwerk in Bild 9.22 mit der Kapazität $C = 2\ \mu\mathrm{F}$, der Induktivität $L = 20\ \mathrm{mH}$ und den beiden Widerständen $R_1 = 25\ \Omega$ und $R_2 = 56\ \Omega$ wird durch Öffnen des Schalters S von der Gleichspannung $U = 16{,}2\ \mathrm{V}$ abgetrennt. Die Zeitfunktionen der Spannung u_2 und der Ströme i_L und i_C sollen für t > 0 ermittelt werden.

Nach Öffnen des Schalters S ist der Widerstand R_1 unwirksam, sodass die Elemente R_2, L und C einen elementaren Reihenschwingkreis bilden. Die Maschengleichung liefert mit den Gln. (9.33) und (9.37)

$$u_2 = R_2 i_\mathrm{L} + L\frac{\mathrm{d}i_\mathrm{L}}{\mathrm{d}t}.$$

Andererseits gilt nach Gl. (9.36)

$$i_\mathrm{L} = -\,i_\mathrm{C} = -\,C\frac{\mathrm{d}u_2}{\mathrm{d}t}.$$

Dies wird in die Maschengleichung eingesetzt. Nach Division durch $L\,C$ erhält man

$$\frac{\mathrm{d}^2 u_2}{\mathrm{d}t^2} + \frac{R_2}{L}\frac{\mathrm{d}u_2}{\mathrm{d}t} + \frac{1}{LC}u_2 = 0$$

bzw.

$$\frac{\mathrm{d}^2 u_2}{\mathrm{d}t^2} + 2\vartheta\omega_0\frac{\mathrm{d}u_2}{\mathrm{d}t} + \omega_0^2\,u_2 = 0$$

Dabei gilt nach Einsetzen der vorgegebenen Werte $\omega_0 = 5\ \mathrm{ms}^{-1}$ und $\vartheta = 0{,}28$. Wegen $\vartheta < 1$ liegt der periodische Fall vor. Die Lösung dieser Differenzialgleichung lautet nach Gl. (9.93)

$$\begin{aligned} u_2 &= [K_1\cos(\sqrt{1-\vartheta^2}\,\omega_0 t) + K_2\sin(\sqrt{1-\vartheta^2}\,\omega_0 t)]\mathrm{e}^{-\vartheta\omega_0 t} \\ &= \left[K_1\cos\left(4{,}8\frac{t}{\mathrm{ms}}\right) + K_2\sin\left(4{,}8\frac{t}{\mathrm{ms}}\right)\right]\mathrm{e}^{-1{,}4\frac{t}{\mathrm{ms}}}. \end{aligned}$$

Das Aufsuchen einer partikulären Lösung entfällt, da die Differenzialgleichung homogen ist. Da sich die Spannung an einer Kapazität nicht sprunghaft ändern kann, behält die Spannung u_2 im Schaltaugenblick den Wert bei, den sie vor Öffnen des Schalters hatte. Daher gilt die Anfangsbedingung

$$u_2(t=0) = K_1 = \frac{R_2}{R_1+R_2}U = \frac{56\ \Omega}{25\ \Omega + 56\ \Omega}16{,}2\ \mathrm{V} = 11{,}2\ \mathrm{V}$$

Damit ist die Integrationskonstante K_1 bekannt und kann in die Gleichung für u_2 eingesetzt werden. Nach Gl. (9.36) erhält man den Strom

$$\begin{aligned} i_\mathrm{L} &= -\,i_\mathrm{C} = -\,C\frac{\mathrm{d}u_2}{\mathrm{d}t} \\ &= -\,2\ \mu\mathrm{F}\left[-11{,}2\ \mathrm{V}\cdot 4{,}8\ \mathrm{ms}^{-1}\sin\left(4{,}8\frac{t}{\mathrm{ms}}\right) + K_2\cdot 4{,}8\ \mathrm{ms}^{-1}\cos\left(4{,}8\frac{t}{\mathrm{ms}}\right)\right. \\ &\quad \left. -\,11{,}2\ \mathrm{V}\cdot 1{,}4\ \mathrm{ms}^{-1}\cos\left(4{,}8\frac{t}{\mathrm{ms}}\right) - K_2\cdot 1{,}4\ \mathrm{ms}^{-1}\sin\left(4{,}8\frac{t}{\mathrm{ms}}\right)\right]\mathrm{e}^{-1{,}4\frac{t}{\mathrm{ms}}}. \end{aligned}$$

$$\begin{aligned} i_\mathrm{L} &= \left[(31{,}36\ \mathrm{mA} - 9{,}6\ \mathrm{mS}\cdot K_2)\cos\left(4{,}8\frac{t}{\mathrm{ms}}\right)\right. \\ &\quad \left. +\,(107{,}5\ \mathrm{mA} + 2{,}8\ \mathrm{mS}\cdot K_2)\sin\left(4{,}8\frac{t}{\mathrm{ms}}\right)\right]\mathrm{e}^{-1{,}4\frac{t}{\mathrm{ms}}}. \end{aligned}$$

Da sich der Strom an einer Induktivität nicht sprunghaft ändern kann, behält der Strom i_L im Schaltaugenblick den Wert bei, den er vor Öffnen des Schalters hatte. Daher gilt die Anfangsbedingung

$$i_L(t=0) = 31{,}36\text{ mA} - 9{,}6\text{ mS} \cdot K_2 = \frac{U}{R_1 + R_2} = \frac{16{,}2\text{ V}}{25\,\Omega + 56\,\Omega} = 200\text{ mA}.$$

Hieraus folgt für die Integrationskonstante $K_2 = -\,17{,}57$ V und für den Strom

$$i_L = -\,i_C = \left[200\text{ mA}\cos\left(4{,}8\frac{t}{\text{ms}}\right) + 58{,}3\text{ mA}\sin\left(4{,}8\frac{t}{\text{ms}}\right)\right]\mathrm{e}^{-1{,}4\frac{t}{\text{ms}}}.$$

Mit der nunmehr bekannten Integrationskonstanten K_2 erhält man auch das Endergebnis für die Spannung an der Kapazität C

$$u_2 = \left[11{,}2\text{ V}\cos\left(4{,}8\frac{t}{\text{ms}}\right) - 17{,}6\text{ V}\sin\left(4{,}8\frac{t}{\text{ms}}\right)\right]\mathrm{e}^{-1{,}4\frac{t}{\text{ms}}}.$$

Die ermittelten Zeitverläufe der Ströme i_L und i_C sowie der Spannung u_2 sind in Bild 9.23b grafisch dargestellt.

9.3.3 Schalten von Sinusströmen und -spannungen

Die in Abschnitt 9.3.2 für das Schalten von Gleichströmen und –spannungen aufgestellten Differenzialgleichungen sind im Wesentlichen auch hier anwendbar; lediglich die Störfunktion $f(t)$ in Gl. (9.56) ist von einem anderen Typ. Die jeweils zugehörige homogene Differenzialgleichung, die man nach Abschnitt 9.3.1.2 dadurch erhält, dass man die Störfunktion durch den Wert null ersetzt, ist in beiden Fällen dieselbe. Die Aufgabe reduziert sich damit auf das Aufsuchen einer partikulären Lösung und das Bestimmen der Integrationskonstanten aus den Anfangsbedingungen. Dies wird im Folgenden anhand einiger Beispiele für Sinusspannungen gezeigt.

9.3.3.1 Schalten einer RL-Reihenschaltung an eine Sinusspannung

Im Unterschied zu dem in Bild 9.14 betrachteten Gleichstrom-Einschaltvorgang soll nach Bild 9.24a zum Zeitpunkt $t = 0$ eine Sinusspannung $u = \hat{u}\sin(\omega t + \varphi_u)$ an die RL-Reihenschaltung angeschaltet werden. Mit Gl. (9.58) erhält man die Maschengleichung

$$u_R + u_L = Ri + L\frac{\mathrm{d}i}{\mathrm{d}t} = \varepsilon(t)\cdot\hat{u}\sin(\omega t + \varphi_u)$$

und für $t > 0$ die Differenzialgleichung

$$\frac{\mathrm{d}i}{\mathrm{d}t} + \frac{R}{L}i = \frac{\hat{u}}{L}\sin(\omega t + \varphi_u)\,. \tag{9.97}$$

Aus Gl. (9.69) kann die Lösung

$$i_h = \underline{c}\,\mathrm{e}^{-\frac{t}{\tau}} = \underline{c}\,\mathrm{e}^{-\frac{R}{L}t} \tag{9.98}$$

der homogenen Differenzialgleichung übernommen werden. Als partikuläre Lösung i_p wird der für $t \to \infty$, also im stationären Zustand fließende Sinusstrom verwendet, der sich am einfachsten mit Hilfe der komplexen Rechnung ermitteln lässt. Die Impedanz $\underline{Z}$ der RL-Reihenschaltung ergibt sich mit den Gln. (6.19) bis (6.21) zu

$$\underline{Z} = R + \mathrm{j}\omega L = \sqrt{R^2 + \omega^2 L^2}\,\mathrm{e}^{\mathrm{j}\,\mathrm{Arctan}\frac{\omega L}{R}} = Z\,\mathrm{e}^{\mathrm{j}\varphi}\,. \tag{9.99}$$

Der im stationären Zustand fließende Sinusstrom i_p wird durch den Stromzeiger

$$\underline{I}_p = \frac{\underline{U}}{\underline{Z}} = \frac{U\,e^{j\varphi_u}}{Z\,e^{j\varphi}} = \frac{U}{Z}\,e^{j(\varphi_u-\varphi)}$$

beschrieben. Bei der Spannung $u = \hat{u}\sin(\omega t + \varphi_u)$ entspricht dies nach Abschnitt 5.2 und 5.3 der Zeitfunktion

$$i_p = \frac{\hat{u}}{Z}\sin(\omega t + \varphi_u - \varphi)\,. \tag{9.100}$$

Aus der Addition der Gln. (9.100) und (9.98) folgt die allgemeine Lösung

$$i = i_p + i_h = \frac{\hat{u}}{Z}\sin(\omega t + \varphi_u - \varphi) + \underline{c}\,e^{-\frac{R}{L}t}\,. \tag{9.101}$$

Die hierin enthaltene Integrationskonstante $\underline{c}$ ergibt sich aus der Anfangsbedingung. Da der Strom durch die Induktivität L sich nicht sprunghaft ändern kann, gilt für den Schaltaugenblick

$$i(t=0) = \frac{\hat{u}}{Z}\sin(\varphi_u - \varphi) + \underline{c} = 0$$

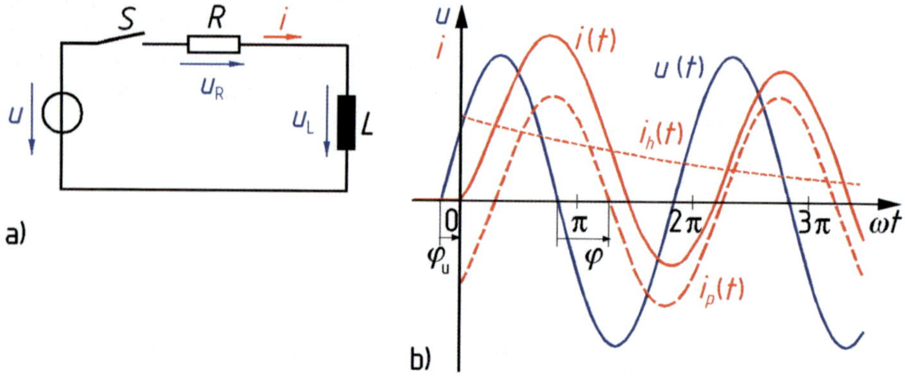

Bild 9.24 Einschalten einer Sinusspannung an einer RL-Reihenschaltung
a) Ersatzschaltbild, b) Stromverlauf

und man erhält für die Integrationskonstante $\underline{c} = -(\hat{u}/Z)\sin(\varphi_u - \varphi)$. Der Strom in Bild 9.24a verläuft damit für $t > 0$ nach der Funktion

$$i = i_p + i_h = \frac{\hat{u}}{Z}\left(\sin(\omega t + \varphi_u - \varphi) - \sin(\varphi_u - \varphi)\,e^{-\frac{R}{L}t}\right). \tag{9.102}$$

Wie in Bild 9.24b gezeigt, ist also dem nach Gl. (9.100) im stationären Zustand fließenden Sinusstrom i_p ein Strom i_h überlagert, der exponentiell mit der Zeitkonstanten $\tau = L/R$ abklingt. Dieser Anteil tritt nicht auf, wenn der *Schaltwinkel* gleich dem Phasenverschiebungswinkel, also $\varphi_u = \varphi$ (Bild 9.25a) oder wenn $\varphi_u = \varphi \pm 180°$ ist.

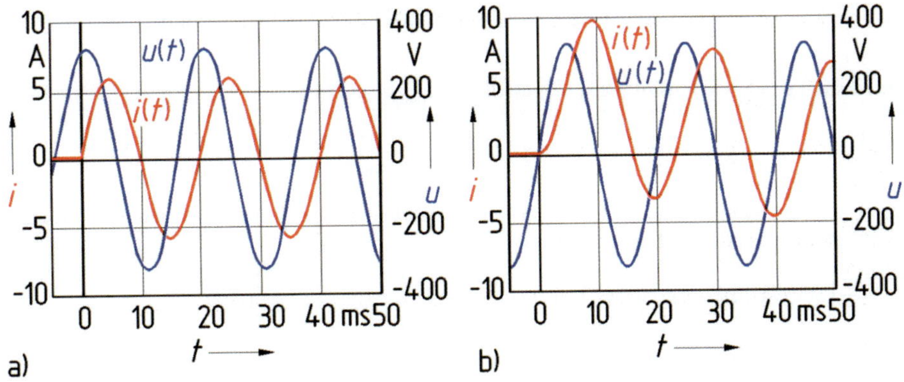

Bild 9.25 Spannung und Strom nach Einschalten einer Sinusspannung $u = \hat{u}\ \sin(\omega t + \varphi_u)$ zum Zeitpunkt $t = 0$ an einer RL-Reihenschaltung mit den Werten aus Beispiel 9.17
a) ohne Überschwingen (Schaltwinkel $\varphi_u = \varphi$)
b) mit maximalem Überschwingen (Schaltwinkel $\varphi_u = 0$)

In allen anderen Fällen weist insbesondere das erste Strommaximum oder -minimum nach dem Einschalten einen überhöhten Wert auf. Der Zeitpunkt $t_ü$ dieses *Überschwingens* ist bestimmbar, indem man Gl. (9.102) nach der Zeit t differenziert und die erste Ableitung null setzt. Entsprechend erhält man den Schaltwinkel $\varphi_{uü}$, bei dem das größte Überschwingen auftritt, indem man Gl. (9.102) nach dem Schaltwinkel φ_u differenziert und auch diese Ableitung null setzt. Unter Verwendung der Umformung

$$\frac{L}{R} = \frac{1}{\omega} \cdot \frac{\omega L}{R} = \frac{1}{\omega} \tan\varphi$$

ergeben sich dann die beiden Bedingungen

$$-\tan\varphi\ \cos(\omega t_ü + \varphi_{uü} - \varphi) = \sin(\varphi_{uü} - \varphi)\,\mathrm{e}^{-\frac{R}{L}t_ü},$$

$$\cos(\omega t_ü + \varphi_{uü} - \varphi) = \cos(\varphi_{uü} - \varphi)\,\mathrm{e}^{-\frac{R}{L}t_ü},$$

die bei maximalem Überschwingen gleichermaßen erfüllt sein müssen. Aus der Division dieser beiden Gleichungen folgt

$$-\tan\varphi = \tan(\varphi_{uü} - \varphi) \tag{9.103}$$

mit den Lösungen $\varphi_{uü} = 0$ und $\varphi_{uü} = 180°$. Unabhängig vom Phasenverschiebungswinkel φ ergibt sich also die größte Stromspitze stets beim Einschalten im Spannungsnulldurchgang. In Bild 9.25b ist dieser Fall dargestellt. Der Wert der Stromspitze hängt vom Phasenverschiebungswinkel φ ab und erreicht für $\varphi = 90°$ mit $2\hat{i}_p$ sein Maximum.

Beispiel 9.17 Einschalten einer Sinusspannung an einer RL-Reihenschaltung

Die RL-Reihenschaltung in Bild 9.24 mit den Werten $R = 7\ \Omega$ und $L = 175$ mH wird an die Sinusspannung $U = 230$ V, $f = 50$ Hz angeschaltet. Gesucht sind die dem positiven Spannungsnulldurchgang nächstgelegenen Schaltwinkel φ_u, bei denen minimales bzw. maximales Überschwingen des Stroms i eintritt, sowie die zugehörigen Stromverläufe $i(t)$.

Bei $f = 50$ Hz hat die RL-Reihenschaltung nach Gl. (9.99) die Impedanz

$$\underline{Z} = R + \mathrm{j}\omega L = 7\ \Omega + \mathrm{j}\ 2\pi \cdot 50\ \mathrm{s}^{-1} \cdot 175\ \mathrm{mH} = 55{,}42\ \Omega\ \mathrm{e}^{\mathrm{j}\,82{,}74°} = Z\,\mathrm{e}^{\mathrm{j}\varphi}.$$

Nach Gl. (9.102) verschwinden Gleichanteil und Überschwingen für

$$\varphi_u = \varphi = 82{,}74° = 1{,}444 \text{ rad.}$$

Der Strom verläuft dann, wie in Bild 9.25a dargestellt, nach der Funktion

$$i = \frac{\hat{u}}{Z}\sin(\omega t) = \frac{\sqrt{2}\cdot 230\text{ V}}{55{,}42\,\Omega}\sin(\omega t) = 5{,}87\text{ A}\sin\left(0{,}314\frac{t}{\text{ms}}\right).$$

Maximales Überschwingen tritt nach Gl. (9.103) beim Schaltwinkel $\varphi_u = 0$ auf. Der Strom verläuft dann, wie in Bild 9.25b dargestellt, nach der Funktion

$$i = \frac{\hat{u}}{Z}\left(\sin(\omega t - \varphi) - \sin(-\varphi)\,\mathrm{e}^{-\frac{R}{L}t}\right)$$

$$= 5{,}87\text{ A}\left(\sin\left(0{,}314\frac{t}{\text{ms}} - 1{,}44\right) + 0{,}992\,\mathrm{e}^{-\frac{t}{25\text{ms}}}\right).$$

9.3.3.2 Schalten einer RC-Reihenschaltung an eine Sinusspannung

Wenn zum Zeitpunkt $t = 0$ die Sinusspannung $u = \hat{u}\sin(\omega t + \varphi_u)$ an eine zuvor energielose RC-Reihenschaltung nach Bild 9.26a angeschaltet wird, gilt mit den Gln. (9.36) und (9.58) die Maschengleichung

$$R\,i + u_C = RC\frac{\mathrm{d}u_C}{\mathrm{d}t} + u_C = \varepsilon(t)\cdot\hat{u}\sin(\omega t + \varphi_u).$$

Für $t > 0$ erhält man zur Bestimmung der Ausgangsspannung u_C die Differenzialgleichung

$$\frac{\mathrm{d}u_C}{\mathrm{d}t} + \frac{1}{RC}u_C = \frac{\hat{u}}{RC}\sin(\omega t + \varphi_u) \tag{9.104}$$

Die zugehörige homogene Differenzialgleichung hat die Lösung

$$u_{Ch} = \underline{c}\,\mathrm{e}^{-\frac{t}{\tau}} = \underline{c}\,\mathrm{e}^{-\frac{1}{RC}t}. \tag{9.105}$$

Als partikuläre Lösung u_{Cp} wird die für $t \to \infty$, also im stationären Zustand auftretende Sinusspannung verwendet, die mit Hilfe der komplexen Rechnung ermittelt wird. Die Impedanz $\underline{Z}$ der RC-Reihenschaltung ergibt sich mit den Gln. (6.27) bis (6.29) zu

$$\underline{Z} = R + \frac{1}{\mathrm{j}\omega C} = \sqrt{R^2 + \frac{1}{\omega^2 C^2}}\cdot\mathrm{e}^{\mathrm{j}\,\mathrm{Arctan}\frac{-1}{\omega CR}} = Z\,\mathrm{e}^{\mathrm{j}\varphi} \tag{9.106}$$

Wie Gl. (9.106) zeigt, ist der Phasenverschiebungswinkel φ negativ. Die im stationären Zustand an der Kapazität C liegende Sinusspannung u_{Cp} wird durch den Spannungszeiger

$$\underline{U}_{Cp} = \frac{1}{\mathrm{j}\omega C}\cdot\frac{\underline{U}}{\underline{Z}} = -\mathrm{j}\frac{U\,\mathrm{e}^{\mathrm{j}\varphi_u}}{\omega C Z\mathrm{e}^{\mathrm{j}\varphi}} = -\mathrm{j}\frac{U}{\omega C Z}\mathrm{e}^{\mathrm{j}(\varphi_u - \varphi)}$$

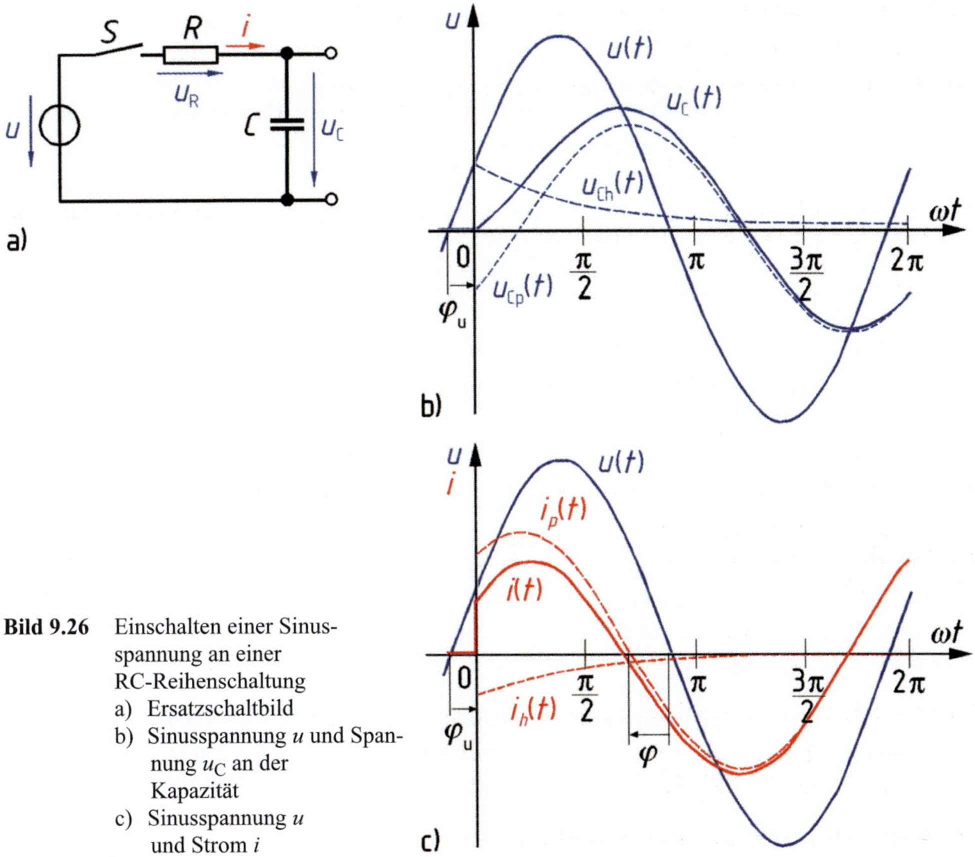

Bild 9.26 Einschalten einer Sinusspannung an einer RC-Reihenschaltung
a) Ersatzschaltbild
b) Sinusspannung u und Spannung u_C an der Kapazität
c) Sinusspannung u und Strom i

beschrieben. Dies entspricht der Zeitfunktion

$$u_{Cp} = -\frac{\hat{u}}{\omega C Z}\cos(\omega t + \varphi_u - \varphi)\,. \tag{9.107}$$

Aus der Addition der Gln.(9.107) und (9.105) folgt die allgemeine Lösung

$$u_C = u_{Cp} + u_{Ch} = -\frac{\hat{u}}{\omega C Z}\cos(\omega t + \varphi_u - \varphi) + \underline{c}\,\mathrm{e}^{-\frac{1}{RC}t}\,. \tag{9.108}$$

Da die Spannung an der Kapazität C sich nicht sprunghaft ändern kann, gilt für den Schaltaugenblick

$$u_C(t=0) = -\frac{\hat{u}}{\omega C Z}\cos(\varphi_u - \varphi) + \underline{c} = 0.$$

Aus dieser Anfangsbedingung folgt die Integrationskonstante $\underline{c}$, die in Gl. (9.108) eingesetzt wird. Die Spannung verläuft damit für $t > 0$ nach der in Bild 9.26b dargestellten Funktion

$$u_C = u_{Cp} + u_{Ch} = \frac{\hat{u}}{\omega C Z}\left[-\cos(\omega t + \varphi_u - \varphi) + \cos(\varphi_u - \varphi)\,\mathrm{e}^{-\frac{1}{RC}t}\right]. \tag{9.109}$$

Der nach Gl. (9.107) im stationären Zustand auftretenden Sinusspannung u_{Cp} ist eine Spannung u_{Ch} überlagert, die *exponentiell* mit der Zeitkonstanten $\tau = RC$ abklingt und ein Überschwingen der Spannung u_C verursacht. Dieser Anteil tritt nicht auf, wenn die Differenz von Schaltwinkel und Phasenverschiebungswinkel $\varphi_u - \varphi = \pm 90°$ ist. Den größten Wert erreicht das Überschwingen bei den Schaltwinkeln $\varphi_{uü} = 0°$ und $\varphi_{uü} = 180°$. Der in Bild 9.26c dargestellte Strom i ergibt sich aus Gl. (9.109) mit Gl. (9.36) zu

$$i = i_p + i_h = C\frac{du_C}{dt} = \frac{\hat{u}}{Z}\left[\sin(\omega t + \varphi_u - \varphi) - \frac{1}{\omega C R}\cos(\varphi_u - \varphi)\,e^{-\frac{1}{RC}t}\right]. \qquad (9.110)$$

9.3.3.3 Schalten eines Reihenschwingkreises an eine Sinusspannung

Wenn man in Gl. (9.79) statt der Sprungfunktion $U\,\varepsilon(t)$ die Funktion $\varepsilon(t)\,\hat{u}\,\sin(\omega t + \varphi_u)$ einsetzt, erhält man in Abwandlung von Gl. (9.83) für $t > 0$ die inhomogene Differenzialgleichung

$$\frac{d^2 i}{dt^2} + 2\vartheta\omega_0\frac{di}{dt} + \omega_0^2 i = \omega\frac{\hat{u}}{L}\cos(\omega t + \varphi_u)\,. \qquad (9.111)$$

Gl. (9.83) ist die zugehörige homogene Differenzialgleichung, bei deren Bearbeitung man zwischen dem aperiodischen und dem periodischen Fall sowie dem aperiodischen Grenzfall zu unterscheiden hat. Die Gln. (9.87), (9.93) und (9.91) geben die jeweilige Lösung an. Beispiel 9.18 zeigt für einen periodischen Fall, wie man eine partikuläre Lösung findet und die Integrationskonstanten bestimmt.

Beispiel 9.18 Einschalten einer Sinusspannung an einem elementaren Reihenschwingkreis

Der elementare, für $t < 0$ energielose Reihenschwingkreis in Bild 9.27a mit $R = 250\ \Omega$, $L = 525$ mH und $C = 0{,}3\ \mu$F wird zum Zeitpunkt $t = 0$ beim Schaltwinkel $\varphi_u = 35°$ an die Sinusspannung $U = 230$ V, $f = 50$ Hz geschaltet. Gesucht ist der Stromverlauf $i(t)$.

Mit den Gln. (9.81), (9.82) und (9.94) erhält man die Kennwerte

$$\omega_0 = \frac{1}{\sqrt{LC}} = \frac{1}{\sqrt{525\text{ mH}\cdot 0{,}3\ \mu\text{F}}} = 2{,}520\text{ ms}^{-1},$$

$$\vartheta = \frac{R}{2}\sqrt{\frac{C}{L}} = \frac{250\ \Omega}{2}\sqrt{\frac{0{,}3\ \mu\text{F}}{525\text{ mH}}} = 0{,}09449\,,$$

$$\omega_d = \sqrt{1-\vartheta^2}\,\omega_0 = \sqrt{1-0{,}09449^2}\cdot 2{,}250\text{ ms}^{-1} = 2{,}508\text{ ms}^{-1}.$$

Die Differenzialgleichung (9.111) lautet somit

$$\frac{d^2 i}{dt^2} + 0{,}4762\text{ ms}^{-1}\frac{di}{dt} + 6{,}349\text{ ms}^{-2} i = 194{,}6\frac{\text{mA}}{\text{ms}^2}\cos(\omega t + \varphi_u)\,.$$

Die zugehörige homogene Differenzialgleichung hat nach Gl. (9.93) die Lösung

$$i_h = \left[K_1\cos\left(2{,}508\frac{t}{\text{ms}}\right) + K_2\sin\left(2{,}508\frac{t}{\text{ms}}\right)\right]e^{-0{,}2381\frac{t}{\text{ms}}}.$$

Als partikuläre Lösung i_p wird der für $t \to \infty$ fließende Sinusstrom verwendet. Mit der Impedanz des Reihenschwingkreises

$$\underline{Z} = R + j\,\omega L + \frac{1}{j\omega C} = 250\ \Omega - j\ 10{,}445\text{ k}\Omega = 10{,}448\text{ k}\Omega\ e^{-j88{,}63°} = Z\,e^{j\varphi}$$

erhält man den Stromzeiger

$$\underline{I}_\mathrm{p} = \frac{\underline{U}}{\underline{Z}} = \frac{U\,\mathrm{e}^{\mathrm{j}\varphi_\mathrm{u}}}{Z\,\mathrm{e}^{\mathrm{j}\varphi}} = \frac{230\ \mathrm{V}\ \mathrm{e}^{\mathrm{j}35°}}{10{,}448\ \mathrm{k\Omega}\ \mathrm{e}^{-\mathrm{j}88{,}63°}} = 22{,}01\ \mathrm{mA}\ \mathrm{e}^{\mathrm{j}\,123{,}63°}.$$

Dies entspricht der Zeitfunktion

$$i_\mathrm{p} = \sqrt{2}\cdot 22{,}01\ \mathrm{mA}\sin(\omega t + 123{,}63°) = 31{,}13\ \mathrm{mA}\cos(\omega t + 33{,}63°).$$

Die beiden Integrationskonstanten K_1 und K_2 in der allgemeinen Lösung $i = i_\mathrm{p} + i_\mathrm{h}$ ergeben sich aus den Anfangsbedingungen. Wegen der Induktivität L kann sich der Strom i im Schaltaugenblick nicht sprunghaft ändern. Hieraus folgt

$$i(t=0) = 31{,}13\ \mathrm{mA}\cos(33{,}63°) + K_1 = 0$$

und $K_1 = -25{,}92$ mA. Da im Schaltaugenblick sowohl die Spannung u_C an der Kapazität C als auch wegen $i(t=0) = 0$ die Spannung u_R am Widerstand R null sind, liegt zunächst die gesamte Spannung u an der Induktivität L. Aus dieser Anfangsbedingung folgt mit Gl. (9.37)

$$u_\mathrm{L}(t=0) = L\left.\frac{\mathrm{d}i}{\mathrm{d}t}\right|_{t=0} = \hat{u}\sin\varphi_\mathrm{u} = \sqrt{2}\,U\sin\varphi_\mathrm{u}\,.$$

Wenn man die Differenziation durchführt und die vorgegebenen Werte einsetzt, erhält man

$$525\ \mathrm{mH}\,(-0{,}3142\ \mathrm{ms}^{-1}\cdot 31{,}13\ \mathrm{mA}\sin 33{,}63° \\ + 2{,}508\ \mathrm{ms}^{-1}\,K_2 + 0{,}2381\ \mathrm{ms}^{-1}\cdot 25{,}92\ \mathrm{mA}) = 186{,}6\ \mathrm{V}.$$

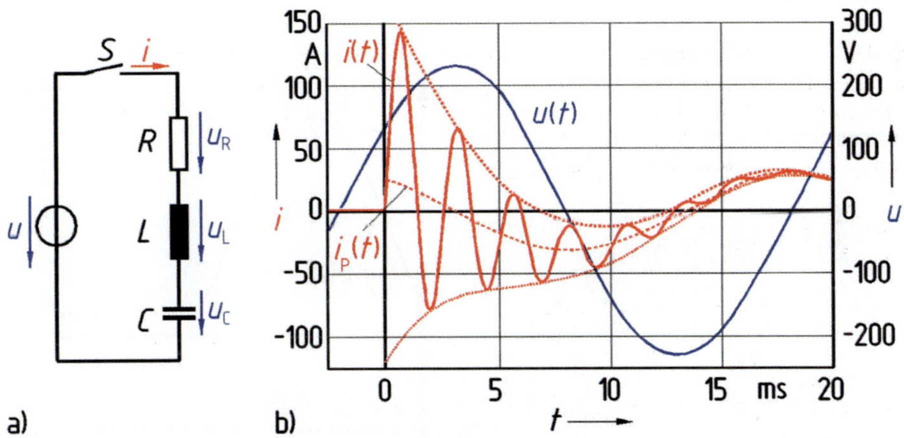

Bild 9.27 Anschalten einer Sinusspannung an einen Reihenschwingkreis nach Beispiel 9.18
a) Ersatzschaltbild, b) Spannungs- und Stromverlauf

Hieraus folgt für die zweite Integrationskonstante $K_2 = 141{,}4$ mA. Nach Einsetzen beider Integrationskonstanten in die allgemeine Lösung $i = i_\mathrm{p} + i_\mathrm{h}$ erhält man

$$i = 31{,}13\ \mathrm{mA}\cos(\omega t + 33{,}63°) \\ + \left[-25{,}92\ \mathrm{mA}\cos\left(2{,}508\frac{t}{\mathrm{ms}}\right) + 141{,}4\ \mathrm{mA}\sin\left(2{,}508\frac{t}{\mathrm{ms}}\right)\right]\mathrm{e}^{-0{,}2381\frac{t}{\mathrm{ms}}}$$

und nach Zusammenfassung der Kosinus- und der Sinus-Funktion in der eckigen Klammer den in Bild 9.27b gezeigten Stromverlauf

$$i = 31{,}1\ \text{mA}\ \cos\left(0{,}314\frac{t}{\text{ms}} + 33{,}6°\right) + 144\ \text{mA}\ \sin\left(2{,}51\frac{t}{\text{ms}} - 10{,}4°\right) e^{-0{,}238\frac{t}{\text{ms}}}.$$

9.3.3.4 Ausschalten von Sinusströmen

Da sinusförmiger Wechselstrom in jeder Periode zweimal null wird, kann man ihn viel einfacher als Gleichstrom abschalten. Es ist nur notwendig, nach dem Nulldurchgang des Stroms ein Wiederzünden des Lichtbogens zu verhindern, z. B. durch großen Schaltkontaktabstand oder durch Kühlen und somit Entionisieren der Lichtbogenstrecke. Mit Bild 9.28 wird ein einfaches Beispiel betrachtet.

Vor dem Öffnen des Schalters S besteht zwischen der Sinusspannung u und dem Sinusstrom i der (negative) Phasenverschiebungswinkel φ. Die Spannung u_C an der Kapazität C eilt dem Strom i um 90° nach. Nach Öffnen zum Zeitpunkt $t = 0$ tritt nach der Maschengleichung am Schalter die Spannung $u_S = u - u_C$ auf, die sich, wie Bild 9.28b zeigt, aus der sinusförmigen Generatorspannung u und dem Augenblickswert $u_C(t = 0)$ ergibt, den die Spannung an der (ideal angenommenen) Kapazität im Schaltaugenblick hat.

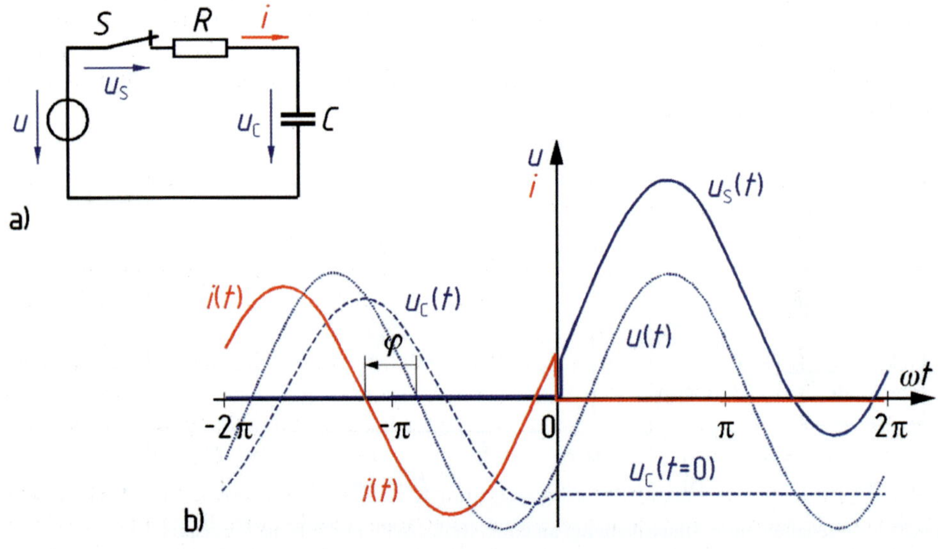

Bild 9.28 Abschalten eines Sinusstroms an einer RC-Reihenschaltung
a) Ersatzschaltbild, b) Strom- und Spannungsverläufe

10 Elektrische Leitungsmechanismen

In Abschnitt 1.2.2 ist der Mechanismus der elektrischen Strömung, die Art der den Strom repräsentierenden bewegten Ladungsträger, sowie die Einteilung der Substanzen in Leiter und Nichtleiter bereits phänomenologisch und stichwortartig erläutert worden. In diesem Kapitel sollen nun, ausgehend von den physikalischen Grundgesetzen der Materie, die Leitungsmechanismen begründet und die daraus folgenden makroskopischen Gesetzmäßigkeiten entwickelt werden. Dabei werden die physikalischen Substanzen bzgl. ihres Leitfähigkeitsverhaltens in der Reihe zunehmenden Ordnungsgrades, d. h. in der Folge Vakuum-Gase-Flüssigkeiten-Festkörper betrachtet.

10.1 Elektrische Leitung im Vakuum

Unter „Vakuum" ist im Folgenden nicht der „leere Raum" gemeint – der sich technisch gar nicht realisieren lässt und daher für den Ingenieur uninteressant ist – sondern ein Raum, in dem die Anzahl der Gas-Atome oder -Moleküle bzw. ihr Druck p so gering und daher ihr gegenseitiger Abstand so groß ist, dass sie die Bewegung eines Ladungsträgers durch diesen Raum hindurch praktisch nicht beeinflussen. Das ist sicher der Fall, wenn der statistische Mittelwert dieses Abstandes, die *mittlere freie Weglänge* $\Lambda \sim 1/p$, groß ist gegen die Abmessung des Raumes in der Bewegungsrichtung des Ladungsträgers (Tabelle 10.1). Unterhalb von etwa $p = 10^{-3}$ mbar (= 0,1 Pa) spricht man von Hochvakuum.

Tabelle 10.1 Mittlere freie Weglänge Λ verschiedener edler Gase und unedler Gase bei $T = 273$ K und bei einem Druck von $p = 1$ mbar (nach [8])

Gas	He	Ne	Xe	H_2	N_2	CO_2
Λ/μm	175	125	37	108	59	47

Die elektrische Strömung in einem technischen Vakuum wird i. Allg. ausschließlich durch bewegte *Elektronen* bewirkt, die von außen in diesen Raum eingebracht werden müssen (Abschnitt 10.1.1). Die Erzeugung positiver Ionen durch Aufprall von Elektronen auf neutrale Gasteilchen kann vernachlässigt werden.

Von der Elektronenleitung im technischen Vakuum wird in vielen Bereichen der Elektrotechnik Gebrauch gemacht, z. B. in gittergesteuerten Elektronen- und Laufzeit-Röhren (Verstärker und Oszillatoren), in Elektronenstrahl-Wandlerröhren als Oszillographenröhren, Bildaufnahme- und Bild-Wiedergaberöhren der Fernseh- sowie der Computer- und der Röntgentechnik und in Elektronenmikroskopen.

10.1.1 Elektronenemission in das Vakuum

Die zur elektrischen Leitung erforderlichen Elektronen werden in der Regel aus festen Körpern gewonnen. Darin sind die Elektronen durch Kräfte an die Atomrümpfe gebunden, sodass an ihnen eine bestimmte Arbeit zu leisten ist (*Austrittsarbeit* W), damit sie die anziehende Kraft nach dem Körperinnern hin überwinden und über die Oberfläche des Körpers austreten können. Diese *Emission* kann auf verschiedene Weise erreicht werden.

Bei der am häufigsten (z. B. in Elektronenröhren) angewandten *thermischen Emission* wird durch Erhitzen einer *Kathode* K (Bild 10.1) die im Innern des Kathodenmaterials bestehende Geschwindigkeitskomponente v der Elektronen senkrecht zur Oberfläche so weit erhöht, dass einige von ihnen entsprechend der Kraft $\vec{F}$ die Barriere „Austrittsarbeit W" überwinden können. Die Zahl der emittierten Elektronen nimmt dabei mit der Kathodentemperatur T_K zu. Durch eine positive Spannung U_{AK} an der der Kathode im Abstand d gegenüberliegenden Elektrode (*Anode* A) werden diese Elektronen zur Anode hin beschleunigt und dort aufgefangen: Durch das Vakuum fließt also ein Strom. Die Größe des Stroms ist außer von der Temperatur T_K auch von der anliegenden Spannung U_{AK} abhängig (Abschnitt 10.1.3.1).

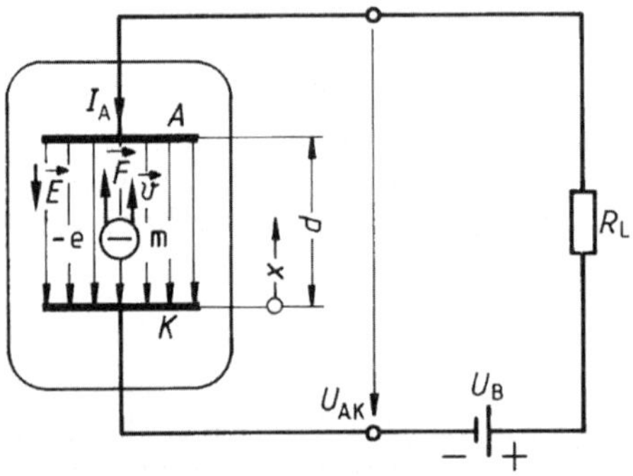

Bild 10.1 Elektron im Innern eines Plattenkondensators im Vakuum zwischen Anode A und Kathode K (Zweielektrodenröhre, Diode) mit zugehöriger Potenzialverteilung
U_B Batteriespannung
R_L Lastwiderstand

Der Vorgang ist vergleichbar dem Verdampfen einer Flüssigkeit, wobei dem Dampf hier die austretenden Elektronen entsprechen. Der Verdampfungswärme der Flüssigkeit entspricht die Austrittsarbeit. Tabelle 10.2 gibt eine Übersicht über Austrittsarbeiten und Betriebstemperaturen einiger Kathoden.

Tabelle 10.2 Austrittsarbeit W und Betriebstemperatur T_K einiger Kathoden (nach [8])

	Massiv-Kathoden				
Material	W	Mo	Ta	Th	Ba
W/eV	4,5	4,2	4,1	3,4	2,5
T_K/K	2500	2300	2100	1500	800

	Atomfilm-Kathoden			Oxid-Kathoden		
Material	W + Th	W + Ba	W-O-Ba	BaO + SrO auf		
				Ni	W	ThO auf W
W/eV	2,6	1,6	1,3	1,0	1,6	1,0 ... 1,5
T_K/K	1900	1000	1000	1100	1400	1800

Auch durch Einfall von Licht geeigneter Wellenlänge λ können Elektronen aus einem Festkörper emittiert werden. Diese *Photoemission* setzt ein, wenn die Energie E eines in den Festkörper (Metall oder Halbleiter) eindringenden Lichtquants (Photon) größer ist als die Austrittsarbeit W eines Elektrons, d. h.

$$E = h \cdot f = h \cdot \frac{c}{\lambda} > W \text{ bzw. } \lambda < \frac{h \cdot c}{W} = \frac{1{,}24\ \mu\text{m}}{\frac{W}{\text{eV}}}$$

($h = 6{,}62 \cdot 10^{-34}$ Ws^2 = Plancksches Wirkungsquantum, $c = 3 \cdot 10^8$ m/s Lichtgeschwindigkeit im Vakuum; zur Einheit eV s. Tabelle 1.2).

Da die Austrittsarbeit W nach Tabelle 10.2 einige eV beträgt, kann mit sichtbarer, ultravioletter oder Röntgenstrahlung Photoemission bewirkt werden. Anwendung findet sie z. B. in Photozellen, Bildwandler-Röhren sowie -Verstärkern.

Ein Elektron mit einer Energie von mindestens 10 eV löst beim Auftreffen auf einen Festkörper *Sekundärelektronen* aus. Der optimale *Vervielfachungsfaktor* δ liegt bei Graphit, Alkali- und Erdalkali-Metallen unter 1, bei allen anderen Metallen zwischen 1 und 3 und erreicht bei Halbleitern und Isolatoren Werte von 3 ... 20. Von der Sekundärelektronenvervielfachung wird z. B. im Photomultiplier Gebrauch gemacht.

Wenn an einer Metalloberfläche eine Feldstärke von der Größenordnung 10^9 V/m herrscht (z. B. an einer feinen Drahtspitze), emittiert sie auf Grund der hohen Feldstärke Elektronen. Praktische Anwendung findet diese *Feldemission* – die nur wellenmechanisch verstanden werden kann – in elektronenoptischen Geräten, wie z. B. in der Elektronenstrahl-Mikroskopie und -Lithographie. Letztere wird zur Herstellung integrierter Halbleiterschaltungen (Abschnitt 10.5.6) eingesetzt.

10.1.2 Elektronenströmung im Vakuum

In den Anwendungsfällen der Praxis werden die Elektronen am Ende ihres Weges durch das Vakuum von einer i. Allg. metallischen Elektrode (Anode) aufgenommen. Dementsprechend soll die Bewegung eines Elektrons durch das Vakuum an dem in Bild 10.1 dargestellten einfachen Modell untersucht werden. Wenn zwischen der Anode A und der Kathode K eine Spannung U_{AK} liegt, besteht im Raum zwischen den als planparallel angenommenen Elektroden bei Vernachlässigung von Randeffekten ein homogenes elektrisches Feld $\vec{E}$. Dieses übt auf ein im Raum befindliches Elektron die konstante Kraft $\vec{F} = -e\vec{E}$ in Richtung auf die positive Elektrode A aus. Wenn die Kathode dauernd geheizt wird und somit ständig Elektronen nachliefert, ist der gesamte Raum von einer Elektronenströmung erfüllt. Über größere Strecken spreizt sich diese Elektronenströmung durch die gegenseitige elektrostatische Abstoßung der Elektronen auf; dem kann durch (magnetische) Bündelung entgegengewirkt werden (Abschnitt 10.1.2.2). Eine solche gebündelte Elektronenströmung wird als *Elektronenstrahl* bezeichnet. Dieser ist in unserem Modell geradlinig. Bei manchen Anwendungen ist er kreisförmig (z. B. Magnetron [19]) oder schraubenförmig (Gyrotron [33]).

Zunächst sollen die Gesetzmäßigkeiten der Bewegung eines einzelnen Elektrons der Strömung im elektrischen und magnetischen Feld beschrieben werden, wobei die Beeinflussung durch alle übrigen Elektronen vernachlässigt wird.

10.1.2.1 Bewegung im elektrischen Feld

In der Anordnung von Bild 10.1 besteht zwischen den beiden planparallelen Elektroden mit dem gegenseitigen Abstand d bei Anlegen der Spannung U_{AK} zwischen Anode und Kathode das näherungsweise homogene Feld

$$E_x = -U_{AK}/d. \tag{10.1}$$

Das Feld übt auf das Elektron die Kraft

$$F_x = -eE_x = +e\,U_{AK}/d \tag{10.2}$$

in x-Richtung aus, durch die es auf die positive Anode hin bewegt wird. Der Bewegungsablauf wird durch die *Bewegungsgleichung*

$$\text{Masse} \cdot \text{Beschleunigung} = \text{Kraft} \tag{10.3a}$$

$$m_0 \cdot \frac{d^2 x}{\mathrm{d}t^2} = \frac{eU_{\mathrm{AK}}}{d} \tag{10.3b}$$

beschrieben, in der $e = 1{,}6 \cdot 10^{-19}$ As der Betrag der Elektronenladung und $m_0 = 9{,}1 \cdot 10^{-31}$ kg die *Ruhemasse des Elektrons* sind. Durch einmalige Integration der Bewegungsgleichung (10.3b) erhalten wir die Geschwindigkeit

$$\frac{\mathrm{d}x}{\mathrm{d}t} = v = \frac{eU_{\mathrm{AK}}}{m_0\, d} t + \text{const.}$$

Die Integrationskonstante wird durch die Vorgabe festgelegt, dass beim Start des Elektrons aus der Kathode ($t = t_1$) die Geschwindigkeit $v = v_1$ ist. Das liefert

$$v(t) = \frac{eU_{\mathrm{AK}}}{m_0\, d} \cdot (t - t_1) + v_1. \tag{10.4}$$

Wie noch gezeigt wird (Gl. (10.11)), darf v_1 i. Allg. vernachlässigt werden. Dann liefert die nochmalige Integration der Gl. (10.4)

$$x(t) = \frac{e \cdot U_{\mathrm{AK}}}{2 m_0 \cdot d} \cdot (t - t_1)^2; \tag{10.5a}$$

hierbei ist schon berücksichtigt, dass der Startort in der Ebene $x = 0$ liegt. Aus Gl. (10.5a) kann der Zeitpunkt t_2 berechnet werden, zu dem das Elektron die Anode erreicht ($x = d$)

$$d = \frac{e \cdot U_{\mathrm{AK}}}{2 m_0\, d} \cdot (t_2 - t_1)^2 \tag{10.5b}$$

und damit die *Laufzeit* $\tau = t_2 - t_1$ zum Durchqueren der Strecke Kathode-Anode

$$\tau = \sqrt{\frac{2 m_0 \cdot d^2}{e \cdot U_{\mathrm{AK}}}}\,. \tag{10.6}$$

Nach Einsetzen der Naturkonstanten e und m_0 folgt

$$\tau = 3{,}37 \cdot \frac{d}{\mathrm{m}} \sqrt{\frac{\mathrm{V}}{U_{\mathrm{AK}}}}\ \mu\mathrm{s}. \tag{10.7}$$

Gl. (10.5b) ist analog derjenigen für die Fallhöhe $h = g\tau^2/2$ im Schwerefeld der Erde. Das ist natürlich nicht überraschend, da die dortige Bewegungsgleichung formal mit Gl. (10.3) übereinstimmt; dabei entspricht die Größe $e\, U_{\mathrm{AK}}/m_0\, d$ der Fallbeschleunigung g.

Beispiel 10.1 Elektronenlaufzeit in einer Zweielektrodenröhre

Für den Abstand $d = 5$ mm der gegenüberstehenden ebenen Plattenanordnung nach Bild 10.1 ist die Elektronenlaufzeit τ zu berechnen, wenn die Spannung $U_{\mathrm{AK}} = 250$ V beträgt.

Nach Gl. (10.7) gilt für die Elektronenlaufzeit im Rahmen der verwendeten Näherungen

$$\tau = \frac{3{,}37 (d/\mathrm{m})}{\sqrt{U_{\mathrm{AK}}/\mathrm{V}}} \mu\mathrm{s} = \frac{3{,}37 \cdot 0{,}005}{\sqrt{250}} \mu\mathrm{s} = 1{,}07 \text{ ns}$$

Die Elektronenlaufzeit ist also sehr kurz und kann daher häufig vernachlässigt werden. Folglich darf der Stromdurchgang durch das Vakuum oftmals näherungsweise als trägheitslos angesehen werden. Dies ist für die Steuerung von Elektronenstrahlen in Elektronenröhren, Kathodenstrahl-Oszilloskopen etc. von großer Bedeutung.

Der Vorgang kann jedoch nicht mehr als trägheitslos behandelt werden, wenn die Elektronenlaufzeit in die Größenordnung der Periodendauer einer der Gleichspannung U_{AK} überlagerten Wechselspannung fällt (in diesem Beispiel also für $f > 1$ GHz). Dann treten *Laufzeiteffekte* auf, die den Bewegungsvorgang der Elektronen wesentlich ändern und der Anwendung gittergesteuerter Elektronenröhren (Abschnitt 10.1.3.2) frequenzmäßig eine obere Grenze setzen. Dagegen beruht die Wirkungsweise der *Laufzeitröhren* (Wanderfeldröhren, Magnetron, (Reflex-) Klystron, Gyrotron) gerade auf dem Vorhandensein endlicher Laufzeiten. Diese Röhren spielen in der Mikrowellentechnik als Verstärker und Oszillatoren eine wichtige Rolle [19], [33].

Elektronen-Geschwindigkeit

Nach Gl. (10.4) erreicht das Elektron die Anode zur Zeit $t = t_2$ mit der Geschwindigkeit

$$v_2 = v(t_2 = t_1 + \tau) = \frac{e \cdot U_{AK}}{m_0 \cdot d} \cdot \tau, \qquad (10.8)$$

sofern v_1 vernachlässigt werden kann. In Verbindung mit Gl. (10.6) folgt daraus

$$\frac{m_0 \cdot v_2^2}{2} = e \cdot U_{AK}. \qquad (10.9)$$

Aus dieser Schreibweise ist einfach der *Energieerhaltungssatz* zu erkennen, der in der Bewegungsgleichung (10.3) implizit enthalten ist: Wenn das Elektron die Potenzialdifferenz U_{AK} durchlaufen hat, so hat ihm das elektrische Feld die Energie $e\,U_{AK}$ zugeführt. Diese bewirkt eine gleich große Zunahme der kinetischen Energie vom Anfangswert $m_0\,v_1^2/2$ (≈ 0) auf $m_0\,v_2^2/2$. Aus Gl. (10.9) folgt

$$v_2 = \sqrt{\frac{2e \cdot U_{AK}}{m_0}} \qquad (10.10)$$

und nach Einsetzen der Naturkonstanten e und m_0

$$v_2 = 593 \cdot \sqrt{\frac{U_{AK}}{\mathrm{V}}} \cdot \frac{\mathrm{km}}{\mathrm{s}}. \qquad (10.11)$$

Sofern die nach dieser Gleichung berechneten v_2-Werte sehr viel größer sind als die *mittlere Austrittsgeschwindigkeit der Elektronen* aus der Kathode $\sqrt{\frac{\pi}{2} \cdot \frac{k\,T_k}{m_0}}$ (≈ 180 km/s bei $T_k = 1300$ K), ist die Vernachlässigung der Startgeschwindigkeit v_1 gerechtfertigt. Das ist schon bei Spannungen U_{AK} von wenigen Volt der Fall.

Beispiel 10.2 Elektronengeschwindigkeit in einer Elektronenstrahlröhre

In einer Elektronenstrahlröhre (z. B. Oszillographen- oder Fernseh-Bildröhre (Abschnitt 10.1.3.3)) werden die Elektronen durch Spannungen von meist einigen kV beschleunigt. Wie groß ist die Endgeschwindigkeit nach dem Durchlaufen von $U = 10$ kV?

Aus Gl. (10.11) erhält man die Geschwindigkeit

$$v = 593\,\sqrt{U/V}\ \text{(km/s)} = 593\,\sqrt{10000}\ \text{km/s} = 60000\ \text{km/h}.$$

also rund 1/5 der Lichtgeschwindigkeit. Bei dieser weicht die Masse m des Elektrons schon um einige Prozent von der Ruhemasse m_0 ab.

Die Gl. (10.11) gilt entsprechend ihrer Herleitung nur, wenn die Masse des Elektrons von seiner Geschwindigkeit v unabhängig ist. Das ist nach der Relativitätstheorie nur für $v \ll c$ der Fall, denn für die *wirksame Masse eines Elektrons* gilt allgemein

$$m = \frac{m_0}{\sqrt{1 - \left(\frac{v}{c}\right)^2}}. \tag{10.12}$$

Dementsprechend lautet die Bewegungsgleichung

zeitliche Änderung des Impulses = Kraft

$$\frac{\mathrm{d}(m \cdot v)}{\mathrm{d}t} = \frac{e \cdot U_{\mathrm{AK}}}{d}.$$

Aus ihr folgt durch Integration längs des Elektronenweges von der Kathode zur Anode (als Ergebnis einer hier nicht wiedergegebenen Rechnung)

$$(m - m_0)\, c^2 = e\, U_{\mathrm{AK}}$$

bzw.

$$m\, c^2 = e\, U_{\mathrm{AK}} + m_0\, c^2. \tag{10.13}$$

Danach setzt sich die Gesamtenergie $m\,c^2$ des Elektrons aus der ihm im elektrischen Feld zugeführten Energie $e\,U_{\mathrm{AK}}$ und der Ruheenergie $m_0\,c^2$ (= 0,512 MeV) zusammen.

Aus Gl. (10.13) folgt mit Gl. (10.12) nach einer längeren Rechnung

$$v = \sqrt{1 - \frac{1}{\left(1 + \frac{e U_{\mathrm{AK}}}{m_0\, c^2}\right)^2}} \cdot c. \tag{10.14}$$

Für die im Beispiel 10.2 gewählte Spannung U_{AK} = 10 kV ist v nach Gl. (10.14) um 1,5 % kleiner als der nach Gl. (10.11) berechnete Wert. Die relativistische Korrektur ist also praktisch noch vernachlässigbar. Dagegen muss sie bei Teilchenbeschleunigern unbedingt berücksichtigt werden, da die dort erreichbaren Geschwindigkeiten dicht unter der Lichtgeschwindigkeit liegen.

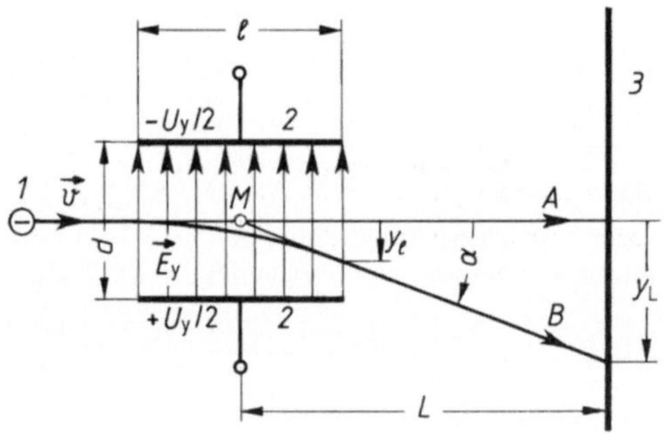

Bild 10.2 Ablenkung eines Elektronenstrahls 1 durch Ablenkplatten 2 um die Strecke y_{L} in der Ebene 3

Ablenkung durch ein elektrisches Feld

Bei vielen technischen Anwendungen von Elektronenstrahlen werden die Elektronen aus einer ursprünglichen geradlinigen Bahn ausgelenkt. Dies ist durch elektrische bzw. magnetische Felder möglich, die Komponenten senkrecht bzw. parallel zur Bewegungsrichtung der Elektronen haben. Bild 10.2 zeigt eine solche Ablenkung von ursprünglich in z-Richtung fliegenden Elektronen 1 durch ein von der Spannung U_y erzeugtes elektrisches *Querfeld* E_y zwischen den Elektroden 2 (Ablenkplatten der Länge l im Abstand d). Dieses Feld überlagert der Elektronen- oder Strahl-Geschwindigkeit $\upsilon_z = \sqrt{2\frac{e}{m_0}U_z}$ eine senkrecht wirkende Querkomponente v_y, die von der durchlaufenen Querspannung U_y bzw. Querfeldstärke E_y und der Laufzeit τ der Elektronen durch den Ablenkbereich abhängt. Für die Ablenkung y_L aus der ursprünglichen Richtung (A) in die um den Winkel α geneigten Richtung B im Abstand L von der Mitte M der Ablenkplatten sind außer den wirkenden Spannungen U_z und U_y auch die Abmessungen des Ablenksystems maßgebend. Die Lösung der (hier zweidimensionalen) Bewegungsgleichung liefert [8]

$$y_L = \frac{l/2}{d} \cdot L \cdot \frac{U_y}{U_z}. \tag{10.15}$$

Die Größe y_L/U_y wird als *Ablenkempfindlichkeit* bezeichnet, ihr Kehrwert als *Ablenkkoeffizient.*

Wenn anstelle der Gleichspannung U_y eine Sinusspannung $\hat{u}_y \cos(\omega t + \varphi)$ zwischen den Ablenkplatten liegt, reduziert sich die Ablenkempfindlichkeit $\hat{y}_L / \hat{u}_y$ gegenüber dem Wert nach Gl. (10.15) gemäß

$$\frac{\hat{y}_L}{\hat{u}_y} = \frac{y_L}{U_y} \cdot \frac{\sin\frac{\pi \cdot \tau}{T}}{\frac{\pi \cdot \tau}{T}}, \tag{10.16}$$

($\tau = l/v_y$ Laufzeit im Ablenkraum, $T = 2\pi/\omega$ Periodendauer der anliegenden Sinusspannung), wie hier ohne Beweis angegeben wird.

Durch veränderte Formgebung der Ablenkungsanordnung (geneigte, gekrümmte, geknickte Ablenkplatten, Laufzeit-Ablenkelektroden) kann erreicht werden, dass diese Verringerung erst im GHz-Gebiet nennenswert ist. Anwendung findet die Ablenkung durch ein elektrisches Feld in Oszillographenröhren und in der Elektronenoptik (Abschnitt 10.1.3.3). Ihr Vorteil liegt darin, dass die Steuerung des Elektronenstrahls durch eine Spannung bis zu verhältnismäßig hohen Frequenzen praktisch leistungslos möglich ist. Nachteilig ist die geringe Ablenkempfindlichkeit.

Beispiel 10.3 Ablenkempfindlichkeit einer Oszillographenröhre

Wie groß ist die stationäre Ablenkempfindlichkeit y_L/U_y für eine Oszillographenröhre mit L = 20 cm, l = 4 cm, d = 1 cm und U_z = 1600 V? Bis zu welcher Frequenz $f = 1/T$ ist die Reduktion der dynamischen Ablenkempfindlichkeit $\hat{y}_L / \hat{u}_y$ gegenüber dem stationären Wert kleiner als 5 %?

Aus Gl. (10.15) folgt

$$\frac{y_L}{U_y} = \frac{2\,\text{cm}}{1\,\text{cm}} \cdot 20\,\text{cm} \cdot \frac{1}{1600\,\text{V}} = \frac{1}{40} \cdot \frac{\text{cm}}{\text{V}}.$$

Nach Gl. (10. 16) führt die Forderung

$$\frac{\sin\dfrac{\pi\cdot\tau}{T}}{\dfrac{\pi\cdot\tau}{T}} = 0{,}95$$

auf $\pi\,\tau/T = 0{,}5477$ und mit Gl. (10.11) wegen

$$\tau = \frac{l}{v_y} = \frac{4\ \text{cm}}{593\dfrac{\text{km}}{\text{s}}\cdot 40} = 1{,}686\ \text{ns}$$

auf

$$\frac{l}{T} = f = \frac{0{,}5477}{\pi\cdot\tau} = 103\ \text{MHz}.$$

10.1.2.2 Bewegung im magnetischen Feld

Nach Abschnitt 4.1.2.1 übt ein Magnetfeld mit der magnetischen Flussdichte $\vec{B}$ auf eine mit der Geschwindigkeit $\vec{v}$ bewegte Ladung Q die Lorentz-Kraft

$$\vec{F} = Q(\vec{v}\times\vec{B}) \tag{10.17a}$$

aus (Bild 10.3a). Dies gilt natürlich insbesondere für Elektronen in einem elektrischen Leiter, aber auch für ein einzelnes Elektron im Vakuum und für einen ganzen Elektronenstrahl.

Diese *Bewegungsgleichung* lautet für ein Elektron im magnetischen Feld gemäß Gl. (10.17a)

$$m\frac{\mathrm{d}\vec{v}}{\mathrm{d}t} = -e(\vec{v}\times\vec{B})\,. \tag{10.17b}$$

Ablenkung durch ein magnetisches Feld

Da in der hier betrachteten Anordnung die Kraft $\vec{F}$ auf der Bewegungsrichtung $\vec{v}$ senkrecht steht, kann das Magnetfeld dem Elektron weder Energie zuführen noch ihm entziehen. Es bewirkt lediglich eine Änderung der Bewegungsrichtung unter Beibehalt des Betrags $|\,\vec{v}\,|$ der Geschwindigkeit.

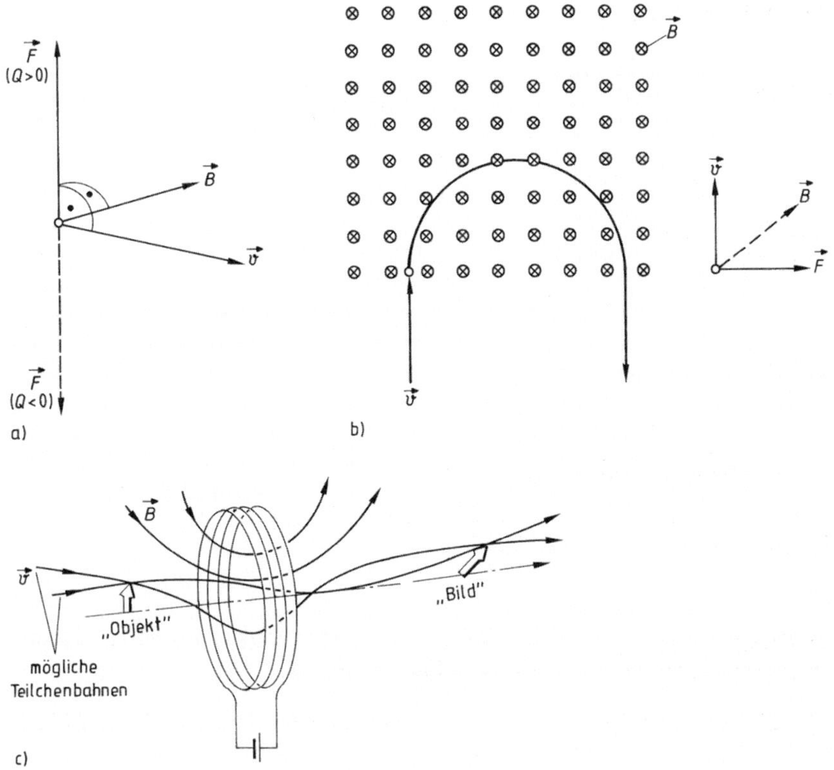

Bild 10.3 Elektronenbewegung im Magnetfeld
a) Die Lorentz-Kraft $\vec{F}$
b) Ablenkung eines Elektrons im Magnetfeld (aus [54])
c) Teilchenbahnen und Feldverlauf in einer „dünnen" magnetischen Linse aus dem Solenoidfeld einer stromdurchflossenen Spule (aus [9])

Beispiel 10.4 Kreisbahn eines Elektronenstrahls im homogenen Magnetfeld

Ein geradliniger Elektronenstrahl, der die Spannung U = 100 V durchlaufen hat, tritt senkrecht in ein homogenes Magnetfeld der magnetischen Flussdichte $B = 10^{-2}$ T ein und wird dadurch auf eine Kreisbahn geführt (Bild 10.3b). Wie groß sind ihr Radius r und die Umlaufzeit t_u?

Die Bestimmungsgleichung für den *Bahnradius* r folgt aus der Gleichheit der Beträge von *Zentrifugal- und Lorentz-Kraft* nach Gl.(10.17a):

$$\frac{m \cdot v^2}{r} = e \cdot v \cdot B$$

Hieraus folgt

$$r = \frac{m \cdot v}{e \cdot B}.$$

Da für die vorgegebene Spannung U die Elektronengeschwindigkeit $v \ll c$ ist, kann $m = m_0$ gesetzt werden. Unter Berücksichtigung von Gl. (10.10) und nach Einsetzen der Zahlenwerte für m_0 und e erhält man

$$r = \frac{m_0}{e} \cdot \frac{v}{B} = 3{,}37 \cdot \frac{\sqrt{U/\mathrm{V}}}{B/\mathrm{T}} \cdot 10^{-6}\,\mathrm{m}\,,$$

also in unserem Fall $r = 0{,}337$ cm. Die *Umlaufzeit* ist

$$t_u = \frac{2\pi\, r}{v} = \frac{2\pi\, m_0}{e \cdot B} = \frac{3{,}57 \cdot 10^{-2}}{B/\mathrm{T}}\,\mathrm{ns}\ .$$

d. h. unabhängig von v. In unserem Fall ist $t_u = 3{,}57$ ns.

Technische Anwendungsgebiete sind die Horizontal- und Vertikalablenkung des Elektronenstrahls in einer Fernseh-Bildröhre, die Elektronenoptik (magnetische Linsen, s. Bild 10.3c) und Mikrowellenröhren. In letzteren wird der Effekt in zweierlei Hinsicht genutzt: einmal zur Erzeugung der für den Verstärker- bzw. Oszillatorbetrieb erforderlichen gekrümmten Elektronenbahnen (z. B. Gyrotron, Magnetron), weiterhin zum Ändern zur Strahlfokussierung (z. B. Wanderfeldröhre): Lange Elektronenstrahlen (z. B. 15 cm) hoher Stromdichte haben die Tendenz, infolge der elektrostatischen Abstoßung der Elektronen zu divergieren. Eine radiale Geschwindigkeitskomponente in Verbindung mit einem axialen Magnetfeld eines Permanentmagneten oder stromdurchflossener Zylinderspulen führt zu einer kreisförmigen Bahnkomponente senkrecht zur Strahlrichtung und in Verbindung mit der axialen Geschwindigkeitskomponente insgesamt zu Spiralbahnen, womit die Divergenz des Strahls vermieden wird.

10.1.3 Technische Nutzung

Neben den schon stichwortartig angedeuteten Anwendungen sollen hier einige weitere Beispiele etwas ausführlicher dargestellt werden. Wegen detaillierter Darstellungen der „Elektrischen Leitung im Vakuum" wird auf [8], [19], [33], [54] verwiesen.

10.1.3.1 Elektronenröhre ohne Gitter

Die in Bild 10.1 dargestellte Anordnung eines im Vakuum befindlichen Plattenkondensators entspricht der Grundform einer Zweielektrodenröhre (Diode). Sie bildet zum einen das Grundelement der gittergesteuerten Elektronenröhren (Abschnitt 10.1.3.2) und ist zum anderen ein wesentlicher Bestandteil von Strahlerzeugungssystemen der Vakuumelektronik (z. B. Elektronenoptik, Laufzeitröhren, Beschleuniger).

In der oben genannten Anordnung entsteht noch kein stark fokussierter Elektronenstrahl wie bei der Oszilloskopröhre (Abschnitt 10.1.3.3), sondern die Elektronen wandern auf breiter Front von der geheizten Kathode zu der in geringer Entfernung benachbarten (kalten) Anode. In der praktischen Ausführung besteht die Anode aus einem Zylinder, welcher die ebenfalls zylindrische Kathode konzentrisch umgibt (Bild 10.4a). Charakteristisch für das Betriebsverhalten der Diode ist, dass bei Anlegen von positiver Anodenspannung U_{AK} nicht alle emittierten Elektronen auch die Anode erreichen – was einen von U_{AK} unabhängigen Anodenstrom I_A zur Folge hätte – sondern dass bei schrittweiser Erhöhung von U_{AK} der sich jeweils einstellende Gleichstrom I_A ebenfalls (und zwar nichtlinear bzgl. U_{AK}) größer wird (Bild 10.4b). Das liegt daran, dass die Elektronenströmung nicht nur durch das von U_{AK} erzeugte Feld bestimmt wird, sondern auch durch das Feld, welches die von der Kathode emittierten negativ geladenen Elektronen infolge ihrer Raumladung selbst erzeugen. Dieses *Raumladungsfeld* schwächt vor der Kathode das durch die Anodenspannung bewirkte Feld. Sofern die Startgeschwindigkeit vernachlässigt wird, kompensieren sich an der Kathode beide Felder, sodass dort $E = 0$ ist. Mit dieser Randbedingung ist jetzt die Bewegungsgleichung

$$m_0 \cdot \frac{\mathrm{d}^2 x}{\mathrm{d}t^2} = -e \cdot E \tag{10.18}$$

zu lösen, in der das resultierende Feld E (im Gegensatz zu Gl. (10.2)) inhomogen ist. Die Lösung geschieht wie folgt: Zwischen der Kathode und einer Ebene x im *Entladungsraum* befindet sich nach Gl. (3.76) die Ladung

$$Q(x) = \oint \vec{D} \cdot \mathrm{d}\vec{A} = D(x) \cdot A - D(0) \cdot A\,;$$

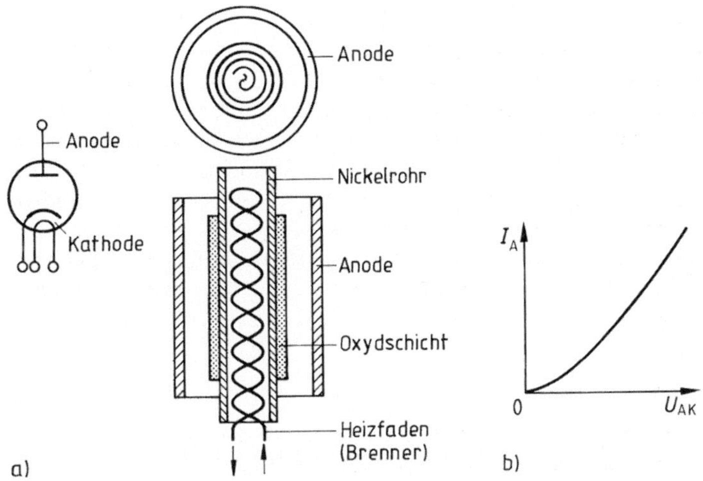

Bild 10.4 Hochvakuumdiode mit indirekt geheizter Kathode (aus [54])
a) Schaltzeichen und Aufbau
b) Strom-Spannungs-Kennlinie im Raumladungsgebiet

nach den Gln. (3.26a) und (3.27) ist $D = \varepsilon_0 E$, d. h. hier $D(0) = \varepsilon_0 E(0) = 0$, also

$$Q(x) = \varepsilon_0 \cdot E(x) \cdot A. \tag{10.19}$$

Andererseits ist

$$Q(x) = A \cdot \int_0^x \rho(x')\,\mathrm{d}x', \tag{10.20}$$

wobei die Raumladungsdichte $\rho(x) = -\,e\,n(x)$ mit dem Strom I_A gemäß den Gln. (1.9) und (10.20) verknüpft ist

$$I_A = -\frac{\mathrm{d}Q(x)}{\mathrm{d}t} = -\frac{\mathrm{d}Q(x)}{\mathrm{d}x} \cdot \frac{\mathrm{d}x}{\mathrm{d}t} = -A\rho v \tag{10.21}$$

(v = Geschwindigkeit. Das Minuszeichen in Gl. (10.21) erklärt sich daraus, dass der technische Strom $I_A (> 0)$ durch die Bewegung einer negativen Ladung $Q(x)$ zustande kommt.). Aus den Gln. (10.19) bis (10.21) folgt

$$E(x) = \frac{Q(x)}{\varepsilon_0 A} = -\frac{I_A}{\varepsilon_0 A} \cdot \int_0^x \frac{\mathrm{d}x'}{v(x')} = -\frac{I_A}{\varepsilon_0 A} \cdot t, \tag{10.22a}$$

wobei t die zum Erreichen der Ebene x erforderliche Zeit ist. Damit lautet die Bewegungsgleichung

$$m_0 = \frac{\mathrm{d}^2 x}{\mathrm{d}t^2} = \frac{e I_A}{\varepsilon_0 A} \cdot t$$

(vgl. Gl. (10.3) für den raumladungsfreien Fall). Ihre zweimalige Integration liefert unter den Anfangsbedingungen $v(t_1) = 0$, $x(t_1 = 0) = 0$ (vgl. Abschnitt 10.1.2.1) die Geschwindigkeit

$$v = \frac{e I_A}{2 \varepsilon_0 m_0 A} t^2$$

sowie

$$x = \frac{e I_A}{6 \varepsilon_0 m_0 A} t^3 \qquad (10.22b)$$

und hieraus für $x = d$ die *Laufzeit*

$$\tau = \sqrt[3]{\frac{6 d m_0 \varepsilon_0 A}{e I_A}} \qquad (10.22c)$$

(vgl. Gl. (10.6)). In Verbindung mit

$$U_{AK} = -\int_0^d E(x)\,dx = \frac{I_A}{\varepsilon_0 A_0} \int_0^d t(x)\,dx$$

nach Gl. (10.22a) nach Gl. (10.22b)

und Gl. (10.22c) folgt schließlich die *Strom-Spannungs-Charakteristik* der Diode im *Raumladungsgebiet*

$$I_A = \frac{4}{9} \varepsilon_0 \cdot \sqrt{\frac{2e}{m_0}} \cdot A \frac{U_{AK}^{3/2}}{d^2} = K \cdot \frac{U_{AK}^{3/2}}{d^2}. \qquad (10.23)$$

Die Proportionalität $I_A \sim U_{AK}^{3/2}$ gilt mit veränderten K-Werten auch für andere Elektrodenformen, also z. B. für die praktisch verwendeten zylindersymmetrischen Anordnungen der Elektroden.

Der Stromfluss in einer Vakuumdiode unterschiedet sich also in zwei Punkten wesentlich von dem in einem metallischen Leiter:

1. Der Klemmenstrom ist nach Gl. (10.23) eine *nichtlineare* Funktion der Klemmenspannung.
2. Die Elektronen können nur von der geheizten zur kalten Elektrode wandern und das auch nur dann, wenn diese positives Potenzial gegenüber der geheizten Elektrode hat. Würde man die Spannungsquelle in umgekehrter Polarität anschließen, so könnte die kalte Elektrode keine Elektronen emittieren. Der Strom fließt also nur in *einer* Richtung.

Die vorstehenden einfachen Gesetzmäßigkeiten sind wesentlich zu modifizieren, wenn man die Tatsache berücksichtigt, dass in Wirklichkeit die Elektronen mit stochastisch verteilten Geschwindigkeiten aus der Kathode emittiert werden. Dann kann auch schon für $U_{AK} < 0$ ein Strom fließen, da Elektronen mit entsprechend hohen Startgeschwindigkeiten trotz der von der Anode zur Kathode gerichteten elektrischen Feldkraft (Bremsfeld) die Anode erreichen können. Andererseits erreichen ab einem bestimmten positiven Wert U_s der Anodenspannung alle emittierten Elektronen die Anode, sodass für $U_{AK} > U_s$ der Anodenstrom konstant bleibt ($I_A = I_s$ = *Sättigungsstrom*). Die Strom-Spannungs-Charakteristik einer realen Diode ist qualitativ in Bild 10.5a dargestellt. Auch in dieser verbesserten Darstellung ist die Richtungsabhängigkeit des Stromflusses klar zu erkennen. Praktische Diodenstrukturen werden im Raumladungsgebiet betrieben, wofür Gl. (10.23) eine brauchbare Näherung darstellt, wie Bild 10.5b zeigt.

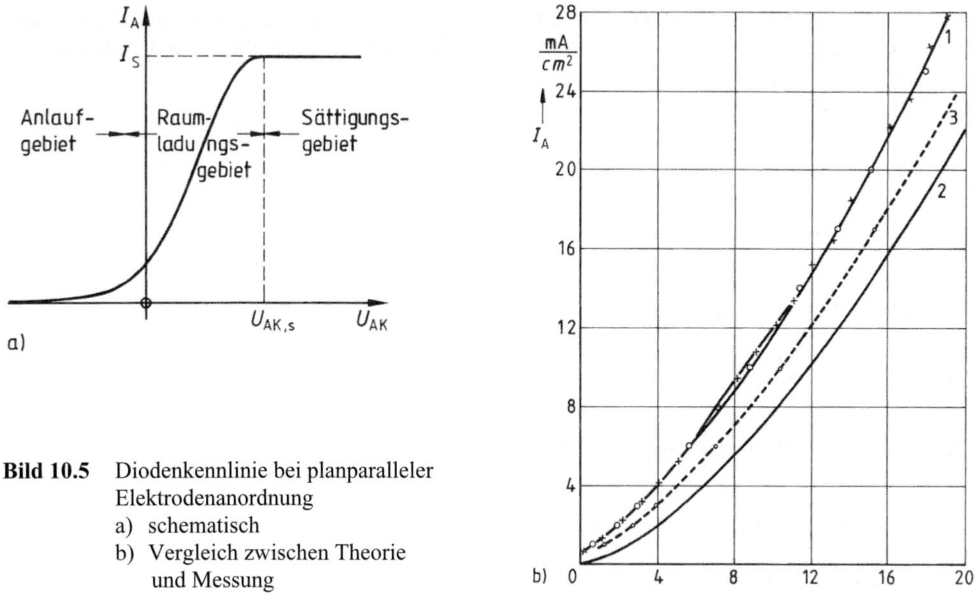

Bild 10.5 Diodenkennlinie bei planparalleler Elektrodenanordnung
a) schematisch
b) Vergleich zwischen Theorie und Messung

Kurve 1: + Messwerte für $d = 0{,}097$ cm; $A = 0{,}28$ cm^2; $I_S/A = 5{,}2$ A/cm^2; $T_K = 1070$ K
○ Theorie mit stochastischer Geschwindigkeitsverteilung der emittierten Elektronen
Kurve 2: Näherungsweise Berücksichtigung der Geschwindigkeitsverteilung
Kurve 3: Verlauf nach Gl. (10.23)

10.1.3.2 Elektronenröhre mit Gitter

Fügt man zwischen Kathode K und Anode A eine dritte, elektronendurchlässige Elektrode G ein, welche als feinmaschiges Netz oder als Drahtwendel ausgeführt ist (*Gitter*), so wird aus der Diode die in Bild 10.6 schematisch dargestellte *Triode* mit 3 Anschlüssen, die funktional mit denen von Transistoren vergleichbar sind (Abschnitt 10.5.3). Die Elektronenemission aus der Kathode wird durch eine indirekte Heizung 1 bewirkt. Da sich mit der Spannung U_{GK} des Gitters gegen die Kathode die Feldverteilung zwischen Kathode und Anode und somit die Elektronenbewegung beeinflussen lässt, ist der Anodenstrom einer Triode außer von der Anodenspannung U_{AK} auch von der Gitterspannung U_{GK} abhängig.

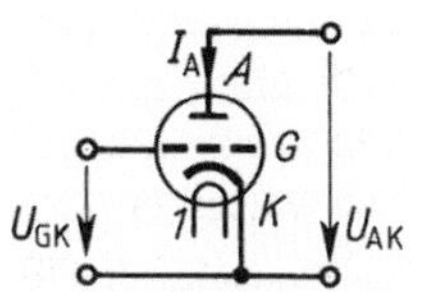

Bild 10.6 Schaltzeichen einer (indirekt geheizten) Triode
1 Heizung, K Kathode, G Gitter, A Anode

Solange die Gitterspannung negativ ist, fließt kein Strom auf das Gitter. Der Anodenstrom lässt sich dann durch U_{GK} leistungslos steuern – und unterhalb des Laufzeitbereiches auch nahezu trägheitslos. Es gilt (vgl. Gl. (10.23) für die Diode)

$$I_A = K \cdot (U_{GK} + D\, U_{AK})^{3/2}. \qquad (10.24)$$

Der *Durchgriff* D (er beträgt einige Prozent) ist ein Maß für die abschirmende Wirkung des Gitters auf die Anodenspannung. Das Bild 10.7 zeigt das *Ausgangskennlinienfeld* $I_A = I\,(U_{AK})_{U_{GK}=\text{const}}$ einer Triode gemäß Gl. (10.24) für den Bereich $U_{GK} < 0$.

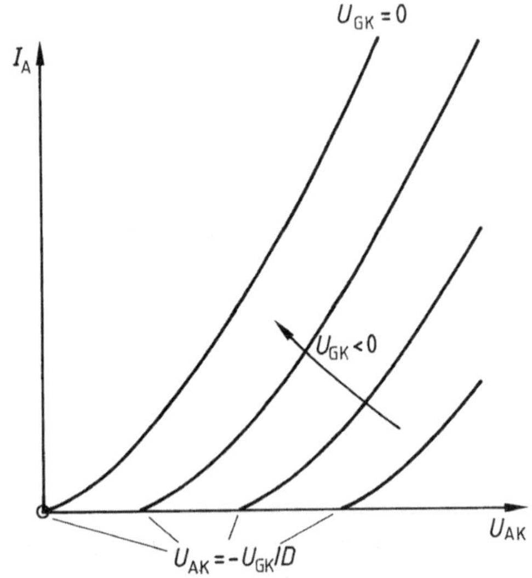

Bild 10.7 Ausgangskennlinienfeld $I_A = I_A\,(U_{AK})_{U_{GK}=\text{const}}$ einer Triode

10.1.3.3 Oszilloskop-Röhren

Diese Röhren dienen zur Registrierung zeitvarianter Spannungen und Strömen auf einem Leuchtschirm mit Hilfe eines oder mehrerer, im Vakuum abgelenkter, Elektronenstrahlen. Der Aufbau einer Einstrahlröhre mit elektrostatischer Strahl-Fokussierung und -Ablenkung ist in Bild 10.8 schematisch dargestellt. Derartige Röhren werden in Kathodenstrahl-Oszilloskopen eingesetzt.

Das *Strahlerzeugungssystem* 1 emittiert, beschleunigt, bündelt und fokussiert den Elektronenstrahl. Die von der Kathode emittierten Elektronen werden in ihrer Intensität durch eine negativ vorgespannte Zylinderelektrode, den als Steuergitter G_1 wirkenden *Wehneltzylinder*, gesteuert und in Richtung auf die an hoher positiver Spannung liegenden zylindrischen Anoden A_1 und A_2 beschleunigt. Durch Zusammenwirken mit den ebenfalls zylindrischen Elektroden G_2 und G_3 kommt es zur Fokussierung des Elektronenstrahls, bei der das elektrische Feld zwischen den Zylinderelektroden den Elektronenstrahl ähnlich ablenkt wie eine optische Sammellinse den Lichtstrahl. Man spricht daher von einer *Elektronenlinse*.

Nach der Fokussierung durchläuft der Elektronenstrahl das *Ablenksystem* 2, das hier durch elektrische Felder innerhalb von senkrecht zueinander angeordneten Plattenkondensatoren x-x, y-y realisiert ist. Zur Darstellung eines Spannungs-Zeit-Diagramms liegt die zu messende Spannung am y-Plattenpaar und eine der Zeit proportionale Spannung am x-Plattenpaar.

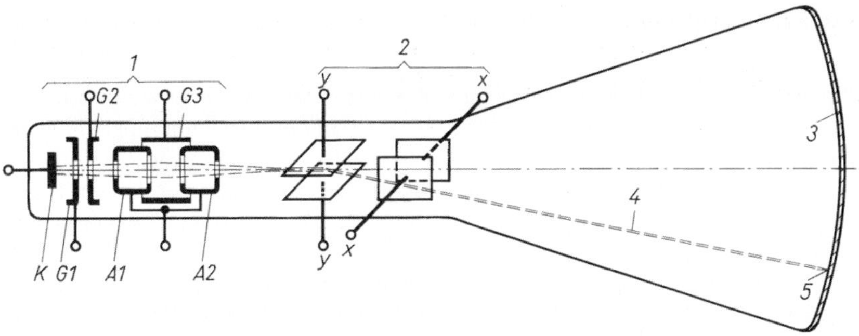

Bild 10.8 Aufbau einer Elektronenstrahl-Röhre mit elektrostatischer Strahl-Fokussierung und Ablenkung (schematisch)
1 Strahlerzeugungssystem
K Kathode; G1 Steuerelektrode (Wehneltzylinder)
G2, G3 Zylindrische Elektroden (Hilfsgitter); A1, A2 Zylindrische Anoden
2 Ablenkteil
x-x Horizontales Ablenksystem
y-y Vertikales Ablenksystem
3 Leuchtschirm; 4 Elektronenstrahl; 5 Leuchtfleck

Die auf den *Leuchtschirm* 3 treffenden Elektronen 4 erregen entsprechend ihrer kinetischen Energie auf der dort aufgetragenen Schicht (z. B. Zinksulfid) Fluoreszenz. Dadurch entsteht der leuchtende Punkt 5, dessen Feinheit und Schärfe durch die Spannungen an den Zylinderelektroden des Ablenksystems eingestellt werden.

10.1.3.4 Röntgenröhren

Wenn die von einer *Glühkathode* emittierten Elektronen nach Durchlaufen einer hinreichend hohen Spannung (je nach Anwendungszweck zwischen einigen 10 kV und einigen 100 kV bis 1 MV) auf eine metallische Anode treffen (Antikathode), lösen sie dort *Röntgenstrahlung* aus. Das ist elektromagnetische Strahlung mit Wellenlängen zwischen etwa 10^{-3} nm und 10 nm. Dabei wird etwa 1 % der Elektronenenergie in Röntgenstrahlung umgewandelt. Das Durchdringungsvermögen der Strahlung, ihre Härte, hängt von der Anodenspannung ab.

Röntgenröhren werden nicht nur in der Medizin für Diagnose und Therapie eingesetzt, sondern auch in der Technik für die zerstörungsfreie Prüfung, insbesondere bei Untersuchung fertiger Konstruktionsteile auf Fehlstellen, die während des Herstellungsprozesses oder im Betrieb entstanden sind.

10.2 Elektrische Leitung in Gasen

An der elektrischen Leitung in Gasen sind außer Elektronen häufig auch positive und negative Ionen beteiligt. Das hat eine Vielfalt von Leitungsmechanismen zur Folge, welche eine Fülle von Anwendungen ermöglicht, z. B. in der Beleuchtungs-, Anzeige-, Energie- und Halbleitertechnik. Welcher dieser Mechanismen vorherrscht, hängt wesentlich von der Stärke des durch das Gas fließenden Stroms ab, aber auch von der Art und dem Druck des Gases, vom Charakter der Ladungsträgerquelle und von der Geometrie der Entladungsstrecke.

10.2.1 Ladungsträger in Gasen

Die Partikel eines Gases (das sind Atome bei den Edelgasen bzw. Moleküle bei den unedlen Gasen und Metalldämpfen) sind im Grundzustand elektrisch neutral. Gase sind daher im Grundzustand elektrische Nichtleiter. Ein Stromfluss ist in einem Gas nur dann möglich, wenn ihm entweder von außen Ladungsträger zugeführt werden (z. B. über eine geheizte Kathode) oder im Gas selbst erzeugt werden. Sofern im letzteren Fall einem neutralen Partikel ein Elektron genommen bzw. ein überzähliges angelagert wird, entsteht ein positiv bzw. negativ geladenes Teilchen. Man nennt es *Ion* (griech. *Ion = Gehendes, Wanderndes*), da es der Kraftwirkung eines elektrischen Feldes folgen kann, und den ganzen Vorgang *Ionisierung*. In einem Entladungsgefäß wandert dabei das positive (negative) Ion zur negativen (positiven) Elektrode, d. h. zur Kathode (Anode) und wird deshalb als *Kation* (*Anion*) bezeichnet.

Die zur Abtrennung eines Elektrons von einem Atom bzw. Molekül notwendige Energie heißt *Ionisierungsenergie*. Üblicherweise gibt man an ihrer Stelle das Spannungsäquivalent an, die *Ionisierungsspannung* (Ionisierungsenergie/e). Sie liegt z. B. bei Edelgasen zwischen 24,6 V (He) und 12,1 V (Xe), für Stickstoff beträgt sie 15,5 V und ist am kleinsten bei Metalldämpfen (Hg 10,4 V; Na 5,12 V; Cs 3,87 V).

10.2.2 Generation und Rekombination von Ladungsträgern

In Gasen können folgende Ionisationsprozesse zur *Ladungsträgererzeugung* (Bild 10.9) führen:

a) Natürliche oder künstliche radioaktive bzw. kosmische Strahlung.
b) Zusammenstöße mit schnellen (in einem elektrischen Feld beschleunigten) Elektronen bzw. Ionen (*Stoßionisation*). Dabei sind Elektronen die weitaus wirksameren und deshalb wichtigsten Ionisatoren in Gasen. Elektronen können u. a. von UV- oder härterer Strahlung aus neutralen Gasteilchen ausgelöst worden sein.
c) Photonen (UV- und Röntgenstrahlung), die auch von angeregten Atomen emittiert werden können, wodurch diese wieder in den Grundzustand zurückkehren.
d) Auslösung von Sekundärelektronen durch Ionenaufprall auf die Kathode.
e) Emission von Elektronen
   - aus der durch Beschuss mit Ionen erhitzten Kathode und/oder
   - durch hohe elektrische Felder vor der Kathode.

Durch die Ionisierungsprozesse a) – c) entstehen primär je ein positives Ion und ein oder mehrere freie Elektronen. Diese stoßen in der Folgezeit mit Partikeln der umgebenden Gase zusammen. Dabei können sich freie Elektronen an neutrale Partikel anlagern und so negative Ionen bilden (Anlagerung), aber auch positive Ionen können ihre Ladung an Neutralteilchen übertragen (Umladung).

Bei technischen Anwendungen ionisierter Gase ist die Konzentration der geladenen Partikel i. Allg. noch so gering, dass ihre Bewegungen zwischen aufeinanderfolgenden Zusammenstößen voneinander unabhängig sind. (Ist das Gasgemisch dagegen hochionisiert, so können die gegenseitigen Beeinflussungen der Ladungsträger nicht mehr vernachlässigt werden. In diesem Fall muss die Ladungsträgerdichte beider Vorzeichen fast gleich sein, da sonst ein sofortiger Ausgleich von Überschussladungen auftreten würde. Ein solches Gasgemisch ist daher nach außen hin quasineutral und wird (Niedertemperatur-) *Plasma* genannt.) Die Konzentration der Ladungsträger ist aber immer so groß, dass eine nennenswerte Zahl von Zusammenstößen stattfindet. Die *mittlere freie Weglänge* liegt bei einem Gasdruck von 1 mbar typisch bei einigen 10 bis 100 μm (Tabelle 10.1) und nimmt umgekehrt proportional zum Druck ab.

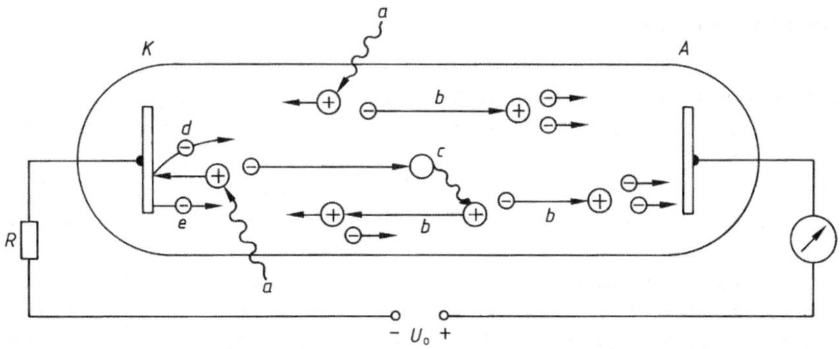

Bild 10.9 Entstehungsprozesse a) bis e) von Ladungsträgern in einem Gas
K Kathode, A Anode, (aus [8])

Die nach Größe und Richtung unregelmäßige thermische Bewegung der neutralen Gaspartikel überträgt sich natürlich auf die im Gas enthaltenen Ladungsträgerarten (Elektronen, Ionen) (Bild 10.10a). Die mittlere freie Weglänge der Elektronen ist rund fünfmal so groß wie die der Gaspartikel. In einem äußeren elektrischen Feld überlagert sich der unregelmäßigen thermischen Bewegung eines positiven (negativen) Ladungsträgers im zeitlichen Mittel eine Bewegung in Richtung (entgegen der Richtung) des äußeren elektrischen Feldes $\vec{E}$ (*Driftbewegung*): Zwischen aufeinanderfolgenden Zusammenstößen mit neutralen Gasteilchen wird ein positives (negatives) Ion mit der Ladung $Q_i > 0$ ($Q_i < 0$) in Richtung (Gegenrichtung) des elektrischen Feldes beschleunigt. Beim nachfolgenden Zusammenstoß wird die aufgenommene Energie wieder in ungerichtete Bewegung umgesetzt, sodass die gerichtete Bewegung wieder mit der Geschwindigkeit null beginnt (Bild 10.10b, das für negative Ionen gilt).

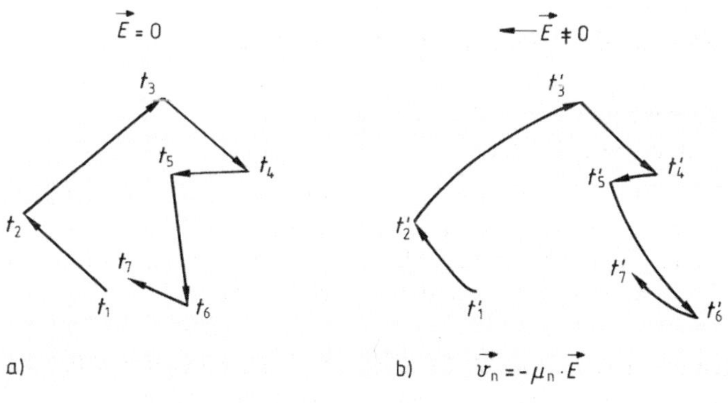

Bild 10.10 Bewegung negativer Ionen in einem Gas
a) ohne äußeres elektrisches Feld $\vec{E}$
b) unter Einwirkung eines solchen Feldes
t_i bzw. t'_i = Zeitpunkte der Zusammenstöße eines Ions mit Gaspartikeln

Das Zusammenwirken der thermischen, unregelmäßigen Bewegung der Gaspartikel und der gerichteten Bewegung eines Ions erinnert an die mit konstanter Sinkgeschwindigkeit erfolgende Fallbewegung eines Körpers in einer reibungsbehafteten Flüssigkeit: Die Schwerkraft entspricht der elektrischen Feldstärke $\vec{E}$, die Reibung den fortwährenden Zusammenstößen.

Daher ist es nicht verwunderlich, dass die resultierende *Driftgeschwindigkeit* eines Ions der Feldstärke proportional ist und nicht die Beschleunigung wie im Vakuum (vgl. Gl. (10.3)). Es gilt

$$\vec{v} = b \cdot \mathrm{sgn}(Q_\mathrm{i}) \cdot \vec{E}\,. \tag{10.25}$$

(Die Signumfunktion sgn liefert das Vorzeichen ihres Arguments.)

Der Proportionalitätsfaktor

$$b = \frac{|Q|}{2m}\tau \tag{10.26}$$

heißt *Beweglichkeit*. Darin ist m die Masse des Ions, $\tau = \Lambda / \overline{v}$ die mittlere Zeitspanne zwischen zwei aufeinanderfolgenden Stößen des Ions mit einem Gaspartikel und Λ die zugehörige *mittlere freie Weglänge*. $\overline{v} = \sqrt{\frac{8}{\pi} \cdot \frac{kT}{m}}$ ist die mittlere Geschwindigkeit der Gaspartikel [8]. τ nimmt mit wachsender Temperatur T ab.

Beispiel 10.5 Beweglichkeit und mittlere Lebensdauer von Stickstoffionen

Wie groß ist nach Gl. (10.26) die Beweglichkeit von Stickstoffionen bei der Temperatur $T = 300$ K und dem Druck 1 bar?

Zunächst wird die mittlere Geschwindigkeit $\overline{v}$ berechnet. Dafür erhalten wir mit der Molekülmasse $m = 4{,}7 \cdot 10^{-26}$ kg

$$\overline{v} = \sqrt{\frac{8}{\pi} \cdot \frac{1{,}381 \cdot 10^{-23}\,\mathrm{Ws/K} \cdot 300\,\mathrm{K}}{4{,}7 \cdot 10^{-26}\,\mathrm{kg}}} = 474\ \mathrm{m/s}.$$

In Verbindung mit der mittleren freien Weglänge $\Lambda = 8{,}5 \cdot 10^{-8}$ m folgt die mittlere Stoßzeit

$$\tau = \frac{\Lambda}{\overline{v}} = \frac{8{,}5 \cdot 10^{-8}\,\mathrm{m}}{474\ \mathrm{m/s}} = 1{,}79 \cdot 10^{-10}\ \mathrm{s}$$

und mit $|Q_\mathrm{i}| = 1{,}6 \cdot 10^{-19}$ As schließlich

$$b = \frac{1{,}6 \cdot 10^{-19}\,\mathrm{As}}{2 \cdot 4{,}7 \cdot 10^{-26}\,\mathrm{kg}} \cdot 1{,}79 \cdot 10^{-10}\ \mathrm{s} = 3 \cdot 10^{-4}\ \mathrm{m^2/Vs}.$$

Experimentell wurden in Luft für negative und positive Ionen die Werte

$$b^- = 1{,}9 \cdot 10^{-4}\ \mathrm{m^2/Vs}, \qquad b^+ = 1{,}4 \cdot 10^{4}\ \mathrm{m^2/Vs}$$

ermittelt, das bedeutet bei einer Feldstärke von $|\vec{E}| = 10^4$ V/m eine Driftgeschwindigkeit der negativen Ionen von $v^- = 1{,}9$ m/s. Diese ist also sehr viel kleiner als die mittlere thermische Geschwindigkeit $\overline{v} = 474$ m/s.

Als Folge der Zusammenstöße zwischen neutralen Gaspartikeln und Elektronen bzw. Ionen werden nicht nur laufend neue Ionen gebildet (*Generation*), vielmehr findet auch eine Wiedervereinigung von positiven Ladungsträgern (Ionen) und negativen Ladungsträgern (Elektronen) statt. Diesen Vorgang nennt man *Rekombination*. Im Gleichgewicht ist die Generationsrate G gleich der Rekombinationsrate R. Da an der Rekombination je ein positiver und ein negativer Ladungsträger beteiligt ist, gilt (speziell im Fall der Ladungs-Neutralität)

$$R = r \cdot N^2 = G \tag{10.27}$$

(r = Rekombinationskoeffizient, N = Ionenkonzentration). Die Größe

$$\tau_1 = \frac{N}{G} = \frac{1}{r\,N} \tag{10.28}$$

(typisch einige 100 s) hat die Bedeutung der *mittleren Lebensdauer der Ionen.*

10.2.3 Entladungsformen

Die Gesamtheit der in Abschnitt 10.2.2 beschriebenen Erzeugungsprozesse a) – e) und der Rekombinationsprozesse nennt man *Gasentladung*. Diese tritt in einer Entladungsstrecke in unterschiedlichen Entladungsformen auf.

Außer vom Gasdruck hängt es entscheidend von der Stromdichte ab, welche der Entladungsformen sich ausbildet. Sie werden im Folgenden in der Reihe steigender Stromdichte beschrieben, die mittels einer Gleichspannungsquelle U_0 und einem geeignet gewählten Vorwiderstand R eingestellt wird (Bild 10.10).

10.2.3.1 Unselbstständige Entladung

Dieser Fall liegt vor, wenn zur Aufrechterhaltung der Entladung eine Ionisierungsursache von außerhalb des Entladungsraumes erforderlich ist (Ursachen a und b).

Für sehr kleine Spannungen U am bzw. Feldstärken im Entladungsgefäß sind die Ionengeschwindigkeiten v^-, v^+ so klein, dass noch keine Stoßionisation stattfindet und der Strom I durch Driftbewegung der Ionen zustandekommt. Dabei transportieren die positiven Ionen ($Q_i = +e$) während der Zeit t diejenige Ladungsmenge $Q^+ > 0$ *in* Richtung der elektrischen Feldstärke $\vec{E}$ durch den Querschnitt A des Entladungsgefäßes, die sich in einem Zylinder der Länge $|\vec{v}|\,t$ befindet, d. h.

$$Q^+ = e \cdot N\,A\left|\vec{v}^+\right|t \qquad \text{mit } \vec{v}^+ = b^+\vec{E}\,;$$

die negativen Ionen ($Q_i = -e$) transportieren die Ladung

$$Q^- = (-e)\,N\,A \cdot |\,\vec{v}^-\,|\,t \qquad \text{mit } \vec{v}^- = -b^-\vec{E}$$

in der Gegenrichtung. Hieraus folgt der Strom I in Richtung von $\vec{E}$

$$I = \frac{Q^+ - Q^-}{t} = e\,N\,A(|\,\vec{v}^+\,| + |\,\vec{v}^-\,|) = e\,N\,A(|\,\vec{v}^+ - \vec{v}^-\,|)$$

bzw. die Stromdichte in Verbindung mit Gl. (10.25)

$$\vec{J} = e\,N(\vec{v}^+ - \vec{v}^-) = e\,N\,A\,(b^+ + b^-)\,\vec{E}\,. \tag{10.29}$$

Gase zeigen also bei kleiner elektrischer Feldstärke Ohmsches Verhalten (vgl. Gl. (3.39)) mit der *Leitfähigkeit*

$$\kappa = \frac{1}{\rho} = e\,N(b^+ + b^-) \tag{10.30}$$

Mit $N = 10^9\ \text{m}^{-3}$ und den Werten für b^+, b^- aus Beispiel 10.5 folgt $\kappa = 5{,}3 \cdot 10^{-14}$ S/m, was einem festen Isolierstoff mittlerer bis guter Qualität entspricht.

Mit wachsender Feldstärke werden in zunehmendem Maße Ionen an den Elektroden entladen, sodass der Strom nur noch bis zu einem Sättigungswert ansteigt. Dieser ist erreicht, wenn alle erzeugten Ionen an den Elektroden entladen werden (*Sättigungsbereich*).

Bei weiterer Steigung der Spannung können die im Gasraum vorhandenen Elektronen durch Stoßionisation neue Ionen und Elektronen erzeugen und letztere ihrerseits wieder Ionen und Elektronen, sodass eine lawinenartige Vermehrung von Ladungsträgern stattfindet. Man spricht dann von einer *Townsend-Entladung*. Da die Ströme im Bereich 10^{-15} … 10^{-6} A liegen, spielen Raumladungen noch keine Rolle.

Bis hierher ist der Entladungsvorgang noch nicht mit einer Lichterscheinung verbunden. Man spricht daher von einer *Dunkel-* (oder *Vorstrom-*) *Entladung*. Die unselbstständigen Entladungen spielen in der Elektrotechnik nur eine geringe Rolle (z. B. zur Messung der Intensität von Röntgenstrahlen). Sie interessieren jedoch als Vorstufe zu den selbstständigen Entladungen, die nachfolgend beschrieben werden. Dazu wird der Strom entweder durch Verringerung des Vorwiderstandes oder Erhöhung der Batteriespannung erhöht.

10.2.3.2 Selbstständige Entladung

Diese setzt ein, wenn die aus dem Gasraum auf die Kathode aufprallenden positiven Ionen genügend Energie besitzen, um dort *Sekundärelektronen* auszulösen – und zwar gerade so viele, dass diese durch Stoßionisation mit neutralen Gasatomen im ganzen Entladungsraum wieder so viele Ionen erzeugen wie durch den Aufprall auf die Kathode dem Entladungsraum entzogen worden sind. Die Entladung bleibt dann auch ohne äußere Ionisation bestehen. Diesen Vorgang nennt man *Zünden*, die hierfür erforderliche Spannung U_Z heißt *Zündspannung*. Ihre Größe ist eine für jede Gasart typische Funktion des Produktes $p \cdot d$ (*Paschen-Kurven*), wobei d die Länge der Entladungsstrecke bezeichnet.

Die Townsend-Entladung geht beim Zünden unter beträchtlicher Spannungsabsenkung ($U_Z \rightarrow U_B$ = Brennspannung) in die *normale Glimmentladung* über, durch die der Gasraum bei kaltbleibenden Elektroden unter Auftreten von Leuchterscheinungen elektrisch gut leitend wird. Dabei wechseln mehrere aufeinanderfolgende leuchtende Schichten und Dunkelräume einander ab.

Die Leuchterscheinung beruht auf der Anregung der Gasatome. Die Bewegungsenergie der Elektronen ist dabei gerade so weit angewachsen, dass die Gasatome beim Zusammenstoß den Energiebetrag vollständig aufnehmen, ihn aber (nach etwa 10 ns) wieder abgeben (meist als elektromagnetische Strahlung). Da zur Ionisierung mehr Energie als zur Anregung erforderlich ist, können Gasatome auch in Gebieten leuchten, in denen noch keine Ionisierung auftritt. Da die Ionisierung der Grenzfall der Anregung ist, wird das bei der Ionisierung abgetrennte Elektron (das am losesten an das Atom gebundene Elektron) als *Leuchtelektron* bezeichnet.

Der Stromtransport findet zunächst nur über einen begrenzten Teil der Kathodenfläche statt und erfasst erst bei weiter steigendem Strom schließlich die gesamte Kathode. Von da an nimmt bei wachsendem Strom auch die Spannung an der Entladungsstrecke wieder zu (*anomale Glimmentladung*). Bei weiterer Steigerung des Stroms erfolgt der Übergang zur *Bogenentladung*. In diesem Bereich wird die Kathode durch Ionenaufprall so stark erhitzt, dass sie thermisch Elektronen emittiert. Gleichzeitig nimmt die Lichtaussendung stark zu: Die Lichtgebilde der Glimmentladung verschmelzen zum *Lichtbogen*. Dieser ist ein hochgradig ionisierter, hell leuchtender *Entladungskanal*, der neben neutralen Gasmolekülen einen hohen Anteil an Ionen und Elektronen enthält. Ein solches Teilchengemisch heißt *Plasma*. Beim Entstehen des Lichtbogenplasmas zieht sich die Ansatzfläche der Entladung auf der Kathode zu einem kleinen *Brennfleck* zusammen oder der Lichtbogen löst sich ganz von den Elektroden ab und ist von diesen durch je eine *Dunkelzone* getrennt.

Die Spannung U an der Entladungsstrecke nimmt dabei mit wachsendem Strom I ab. Man spricht daher beim Lichtbogen von einer *fallenden Strom-Spannungs-Charakteristik*. Für alle Punkte der Kennlinie $U = f(I)$ im Bereich der Bogenentladung ist der für dynamische Vorgänge maßgebliche differenzielle Widerstand $\mathrm{d}U/\mathrm{d}I$ negativ. Würde eine solche Entladungsstrecke an eine Spannungsquelle mit sehr kleinem Innenwiderstand angeschlossen, so hätte das ein lawinenartiges Ansteigen des Stroms zur Folge (da für größere Ströme eine kleinere Spannung benötigt wird). In der Praxis muss daher die Entladungsstrecke durch eine Begrenzung des Stroms stabilisiert werden. Die *Stabilisierung der Entladung* kann sich bei nicht zu großen Strömen selbsttätig innerhalb der Gasstrecke etwa durch das Auftreten einer Raumladung einstellen (z. B. bei Glimm- und Spitzenentladungen) oder durch den Leitungswiderstand des Kreises. Bei Entladungen mit größeren Strömen sind jedoch äußere Mittel zur Strombegrenzung erforderlich, z. B. vorgeschaltete Widerstände, bei Wechselstrom auch Drosselspulen oder Kondensatoren.

Bei kleinen Spannungen zündet man den Lichtbogen durch Berühren der Elektroden und anschließendes Auseinanderziehen. Bei höheren Spannungen kommt es zur Lichtbogenzündung durch Funken (s. u.).

Für das Bestehen eines Lichtbogens von einigen cm Länge in Luft ist bei einem Gasdruck von etwa 100 kPa (= 1 bar) eine Mindestspannung von 15 … 20 V (je nach Elektrodenmaterial) und ein Mindeststrom von 0,5 … 1 A oder mehr erforderlich. Größere Lichtbogenlängen erfordern bei gleichen Strömen entsprechend höhere Spannungen.

Die vorstehend beschriebenen Phänomene führen zu der in Bild 10.11 dargestellten *allgemeinen Gasentladungs-Charakteristik*; sie gilt unter der Annahme eines homogenen elektrischen Feldes.

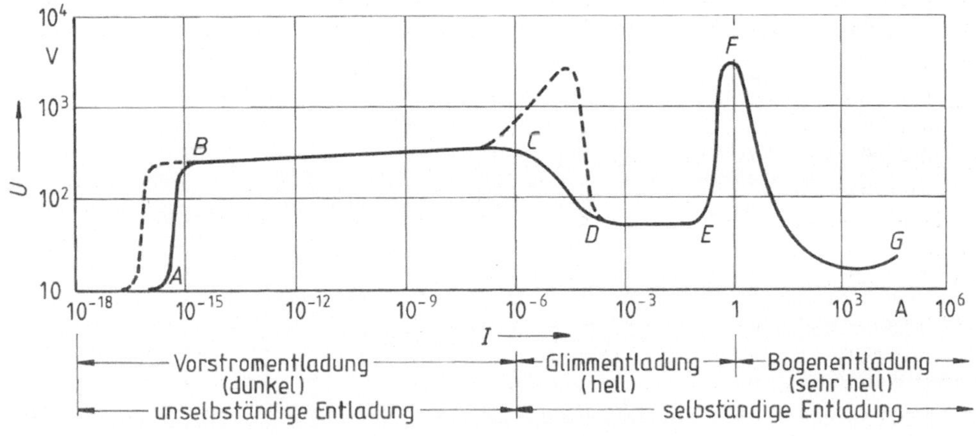

Bild 10.11 Allgemeine Strom-Spannungs-Charakteristik einer Gasentladungsröhre mit kalter Kathode (aus [8]).

AB Sättigungsgebiet (– bei verringerter Intensität des äußeren Ionisators)
BC Stromverstärkung durch Bildung von Townsend-Lawinen
C Zündung
CD Übergang in die Glimmentladung (– – Bereich des Geiger-Müller-Zählrohres)
DE normale Glimmentladung
EF anomale Glimmentladung
FG Bogenentladung

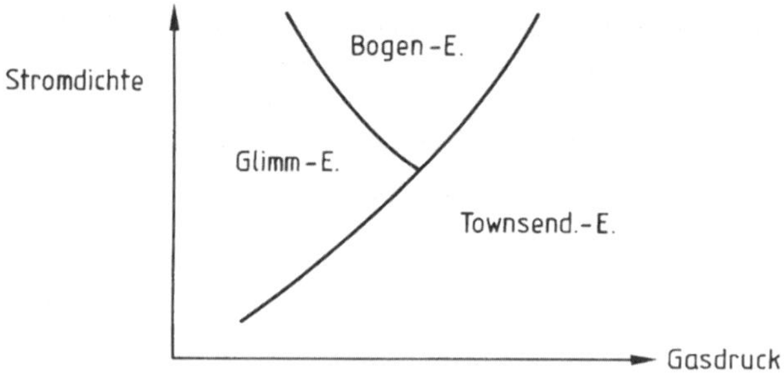

Bild 10.12 Diagramm der Gasentladungsformen in Abhängigkeit von Stromdichte und Gasdruck (nach [3])

Der vorstehend geschilderte Übergang Townsend-/Glimm-/Bogenentladung bei wachsender Stromdichte findet nur bei nicht zu hohen Gasdrücken statt. Bei hohen Gasdrücken wird die Glimmentladung übersprungen (Bild 10.12; daraus können auch die Übergangsformen in Abhängigkeit vom Gasdruck bei konstanter Stromdichte entnommen werden).

Die bisherigen Betrachtungen gelten nur für ein homogenes Feld. Dieser Fall ist aber in der Praxis nicht gegeben. So ist z. B. das Feld zwischen zwei konzentrischen Zylinderelektroden inhomogen und durch die Oberflächenrauhigkeit der Elektroden werden selbst bei homogenen Anordnungen Feldinhomogenitäten erzeugt. Deren Auswirkungen auf die Gasentladungscharakteristik werden im Folgenden beschrieben.

Koronaentladung

Bei stark inhomogenen Feldern können räumlich begrenzt extrem hohe elektrische Feldstärken auftreten, die weit über der zwischen den Elektroden im Mittel herrschenden Feldstärke E_{mi} liegen, welche im homogenen Fall noch keine Stoßionisation verursachen würde. In Extremfällen können infolge dieser lokal hohen Feldstärken Elektronen so stark beschleunigt werden, dass es dort zu Stoßionisationen und zur Lichtanregung kommt. Die somit in dieser Zone zustandekommenden selbstständigen Entladungen bilden eine dünne, die Elektrode kranzförmig überziehende leuchtende Haut, *Korona* genannt. Hiermit ist kein Durchschlag durch die ganze Entladungsstrecke verbunden. Der gesamte Raum außerhalb der Korona ist dunkel; es sprühen daher nur Spitzen, scharfe Kanten usw. (*Sprühentladung*). Zur Vermeidung bzw. zur Verminderung der Koronaentladung und der damit verbundenen Energieverluste werden z. B. bei Höchstspannungs-Freileitungen die die maximalen Feldstärken bestimmenden Querschnittsabmessungen des Leitersystems gegebenenfalls vergrößert (Hohl- oder Bündelleiter).

Funkenentladung

Wird die Spannung einer Glimmentladung gesteigert, so wächst die Glimmzone; aus der Glimmhaut treten größere Teilentladungen (*Büschelentladungen*) in den Raum und schließlich wird durch Ausweitung der Büschelentladungen der ganze Raum zwischen beiden Elektroden durch eine Entladung, den Funken, überbrückt.

Im Gegensatz zur gleichmäßig entstehenden und länger anhaltenden Glimmentladung ist der *Funkendurchbruch* ein plötzlicher, kurzzeitiger Entladungsstoß. Er tritt auf, wenn einerseits die elektrische Feldstärke bzw. Spannung groß genug ist, andererseits aber für das Entstehen einer länger dauernden Bogenladung mit großem Strom nicht genügend Ladung bzw. Energie verfügbar ist. Diese Verhältnisse liegen z. B. auch beim *Blitz* vor.

Eine weitere Art des frei im Gasraum entstehenden Funkens ist der *Gleitfunke* über die Oberfläche von Isolierungen hinweg. Er ist eine Gleitentladung an der Grenzschicht zwischen Gasraum und Isolierstoff. Wenn der Gleitfunke die gesamte Oberfläche des Isolierstoffs überbrückt, kommt es zum Überschlag zwischen den spannungsführenden Elektroden.

Die technische Bedeutung des Funkens liegt in der Tatsache, dass alle Abstände in Luft oder anderen Isolierstoffen so groß gemacht werden müssen, dass keine Funkenentladung auftritt. In vielen Fällen ist bereits das Auftreten einer Glimmentladung unzulässig.

Unter dem Begriff *elektrische Festigkeit* versteht man allgemein die Fähigkeit eines Isolierstoffs (hier eines Gases), den Isolator-Charakter zu bewahren. Ein Maß hierfür ist die *Durchbruch-Feldstärke*, bei welcher der Isolierstoff (wesentlich) zu leiten beginnt. Diese muss hinreichend weit über den im Betrieb auftretenden elektrischen Feldstärken liegen. Obwohl sich in Gasen der *Durchbruchskanal* i. Allg. wieder selbsttätig schließt, muss der Durchschlag vermieden werden, da er Spannungsabsenkung und Energieverlust bewirkt. Die Durchbruch-Feldstärke der Luft kann bei normalen atmosphärischen Bedingungen näherungsweise mit $3 \cdot 10^6$ V/m = 30 kV/cm angesetzt werden. Wo diese überschritten wird, kommt es zum Durchschlag, in inhomogenen Feldern gegebenenfalls zum Teildurchbruch in der Form des Glimmens. Auf den genauen Wert der *Durchschlagfeldstärke* und darauf, ob eine vollständige Funkenentladung auftritt, sind von Einfluss: Lufttemperatur, Luftdruck, Luftfeuchte, Elektrodenform, zeitlicher Spannungsverlauf und Zeitdauer der Spannungseinwirkung. Steht bei einem Funkendurchbruch noch genügend Spannung und Energie zur Verfügung, so entsteht der stromstarke Lichtbogen.

Gewollt ist der Funke nur selten, z. B. bei der *Messfunkenstrecke*, einer einfachen Vorrichtung zum Messen von Hochspannungen, oder bei der Zündkerze.

10.2.4 Technische Nutzung

Die verschiedenen Bereiche der allgemeinen Gasentladungscharakteristik nach Bild 10.11 ermöglichen eine Fülle physikalisch-technischer Anwendungen, über die Tabelle 10.3 eine Übersicht. gibt.

Tabelle 10.3 Anwendungen der verschiedenen Bereiche der allgemeinen Gasentladungscharakteristik nach Bild 10.12 (aus [8]).

Bereich	Anwendungen
A–B	Ionisationskammer
B–C	Gasphotozelle, Proportionalzähler
C–D	Geiger-Müller-Zähler, Korona-Stabilisator
D–E	Glimmlampe, Glimmstabilisator, Gas-Schaltdiode, Leuchtstoffröhre mit kalten Kathoden, Überspannungsableiter, Kaltkathoden-Thyratron, Relaisröhren, Zählröhren, Anzeigeröhren, Gasentladungs-Displays, Gaslaser und Gasmaser
E–F	Geräte für Kathodenzerstäubung und Ionenätzen
F–G	Lichtbogen-Schweißgeräte und -Schmelzöfen, Ignitrons

Gasentladungslampen arbeiten im Bereich D–E des Bildes 10.11 und stellen die im Alltag auffälligste Anwendungsgruppe dar. Die zu dieser Gruppe gehörenden Lichtstrahler beruhen darauf, dass beim Zusammenstoß von Elektronen mit Atomen bzw. Molekülen diese Energie aufnehmen, die sie kurz danach durch Aussendung von Licht wieder abgeben. Bei der Vielzahl der beteiligten Atome senden die einzelnen Atome unabhängig voneinander Strahlung aus (stochastischer Vorgang). Zwischen den emittierten Wellen besteht daher keine Phasenkohärenz, d. h. die abgestrahlten Wellen haben nicht den gleichen zeitlichen Phasenverlauf. Das von der Gasentladung abgegebene Licht stellt daher eine *inkohärente Emission* dar. Jedes Gas emittiert die seinem Spektrum entsprechende Lichtfarbe, z. B. im sichtbaren Bereich Natrium gelb, Lithium rot, Neon orangerot, Helium weißlichrosa. Lampen mit diesen Füllungen und kalten Kathoden werden als *Leuchtröhren* bezeichnet. Sie haben eine Niederdruck-Gasfüllung (1 bis 10 mbar) und dienen hauptsächlich Werbezwecken.

Zu den *Niederdruck-Entladungslampen* gehören die *Gas-Laser* wie z. B. der klassische Helium-Neon-Laser. Bei ihnen wird das durch die Gasentladungen erzeugte Licht durch Vielfach-Reflexion auf so hohe Strahlungsdichte gebracht, dass eine *induzierte Emission* einsetzt, die zu einer eng gebündelten *kohärenten Lichtabstrahlung* mit sonst nicht erreichbarer Intensität führt.

Als *Hochdruck-Entladungslampen* (mit Gasdrücken bis zu größenordnungsmäßig 100 kPa = 10^3 mbar) werden hauptsächlich Natrium- (15 mbar Partialdruck) und Quecksilber (10^3 ... 10^5 mbar Druck) -Dampflampen, Edelgas- und Metallhalogenlampen ausgeführt. In der Entladung bildet sich ein thermisches Plasma, bei dem zwischen allen Plasmapartnern – also Elektronen, Ionen und neutralen Atomen – thermisches Gleichgewicht herrscht. Hochdruck-Entladungslampen haben eine gute Lichtausbeute und finden für Straßen- und Arbeitsplatz-Beleuchtungen in Werkstätten Verwendung.

Leuchtstofflampen arbeiten mit Quecksilberdampf als Entladungsträger und haben an der Innenwand des Glasrohrs eine Schicht, die von der auf sie treffenden ultravioletten Strahlung der Gasentladung zur Emission von sichtbarem Licht angeregt wird. Durch Auswahl aus den hierfür geeigneten Stoffen (z. B. mit seltenen Erden aktivierte Aluminate bzw. Oxide) können sehr verschiedenartige Farbtöne erzielt werden. Besonders wichtig sind die für Raumbeleuchtung benutzten Leuchtstoffröhren mit tageslichtähnlichem (Kennbuchstabe T), gelblichweißem (G), warmtonigem (I) und weißem (W) Licht. Durch Verwendung von Glühkathoden sind diese Röhren auch für den Anschluss an Niederspannung brauchbar geworden. Die im Vergleich mit Glühlampen von Spannungs-Schwankungen weit weniger abhängige Lichtausbeute der Leuchtstofflampen beträgt etwa das Sechsfache gegenüber Glühlampen gleicher Leistungsaufnahme. Außerdem wird kaum störende Wärme entwickelt; das Gas in der Lampe bleibt im Betrieb auf Zimmertemperatur.

Gasentladungs- oder Plasma-Displays sind *Multielektroden-Gasentladungssysteme* zur Darstellung von alphanumerischen Zeichen oder Bildern mit Hilfe eines Leuchtpunktrasters. Sie enthalten in einer Ebene eine Vielzahl parallel zueinander angeordneter stabförmiger Kathoden und in einer parallelen Ebene dazu senkrecht angeordnete stabförmige Anoden. Durch Anlegen kurzer Spannungsimpulse zwischen bestimmten Kathoden und Anoden lassen sich an den jeweiligen Überkreuzungsstellen des Gitternetzes aus Kathoden- und Anodenstäben punktförmige Gasentladungen zünden, deren Gesamtwirkung auf das menschliche Auge das darzustellende Bild ergibt.

10.3 Elektrische Leitung in Flüssigkeiten

Von den elektrisch leitenden Flüssigkeiten werden im Folgenden nur die elektrolytischen Flüssigkeiten (kurz: *Elektrolyte*) behandelt. Sie bestehen aus einem Lösungsmittel und darin gelösten positiven und negativen Ionen (Kationen und Anionen, vgl. Abschnitt 10.2.1). Diese können sich unter dem Einfluss eines äußeren elektrischen Feldes oder eines Konzentrationsgefälles bewegen und so einen elektrischen Stromfluss bewirken. Als Lösungsmittel kommt dem Wasser wegen seiner hohen relativen Permittivität ($\varepsilon_r = 81$) eine überragende Bedeutung zu. Der Stromtransport in geschmolzenen Metallen, welche ebenfalls zu den flüssigen Leitern gehören, bleibt außer Betracht, da dort der Leitungsmechanismus der gleiche ist wie bei den festen Metallen (Abschnitt 10.4.3.1).

Die Elektrolyte gehören zu den Leitern, die beim Stromdurchgang chemische Veränderungen erfahren. Man spricht daher von *elektrochemischen Vorgängen*. Diese treten in wässrigen Lösungen von Säuren, Basen und Salzen sowie in Salzschmelzen auf. Die beim Stromdurchgang stattfindenden stofflichen Umsetzungen nennt man *Elektrolyse*. Sie wird in der Technik in vielfältiger Weise angewandt (Abschnitt 10.3.2).

10.3.1 Mechanismus der elektrolytischen Leitung

Bei der Elektrolyse findet man an den der Stromzu- und -abführung dienenden Elektroden Bestandteile des Elektrolyten. Hieraus muss gefolgert werden, dass die Moleküle des Elektrolyten voneinander getrennt (zersetzt) sind und dass die Molekülteile unter dem Einfluss der Spannung zu den Elektroden wandern. Bild 10.13 zeigt dies am Beispiel des Kupfersulfats ($CuSO_4$). Dessen Zerlegung in seine Bestandteile Cu und SO_4 und die Bewegung dieser Molekülteile zu den beiden Elektroden (Kathode und Anode) zeigt, dass die Molekülteile (*Ionen*) elektrisch geladen sind. Dabei ist in jeder Lösung oder Schmelze immer das eine Ion, in unserem Beispiel das Kupfer Cu, elektrisch positiv geladen. Da es zur negativen Elektrode, der Kathode K, wandert (Bild 10.14), ist das Cu das Kation. Die positive Ladung dieses Kations wird durch hochgestellte Pluszeichen gekennzeichnet (+ bei einer positiven Elementarladung, ++ bei zwei usw.), für Kupfer also Cu^{++}. Entsprechend wird das zur positiven Anode A gehende Anion durch hochgestellte Minuszeichen charakterisiert, in unserem Beispiel also das Sulfat-Ion durch SO_4^{--}.

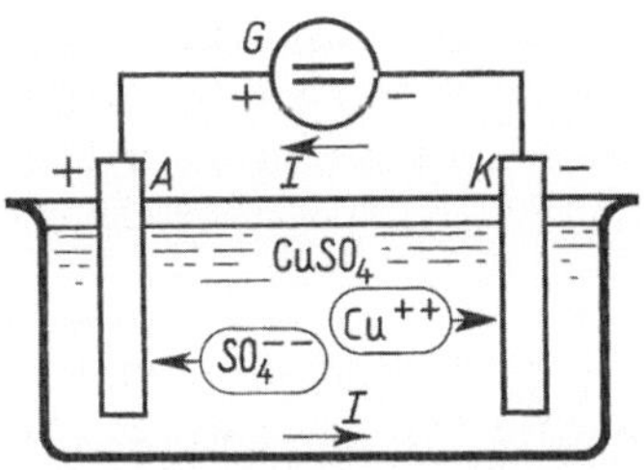

Bild 10.13 Elektrolyse am Beispiel der Zersetzung von Kupfersulfat ($CuSO_4$)
A Anode; K Kathode
SO_4^{--} Anion; Cu^{++} Kation
G Generator; *I* Stromrichtung

Eine nähere Untersuchung zeigt, dass die Spaltung der Moleküle in Anion und Kation nicht erst von der angelegten äußeren elektrischen Spannung bewirkt wird, sondern schon vorher vorhanden ist. Die an der elektrolytischen Zelle liegende Spannung hat die Ionen nur noch zu bewegen.

Die Ladungen wandern durch den Elektrolyten also unter Inanspruchnahme der Ionen als Träger. Eine derartige Strömung wird als *Trägerleitung* bezeichnet im Gegensatz zu der *reinen Elektronenleitung* z. B. im Vakuum und in den Metallen. Dabei ist die Trägerbewegung in der technischen Praxis gewollt: Bei der $CuSO_4$-Zersetzung (nach Bild 10.13) wird die Kathode verkupfert, indem das Kupfer sich aus der $CuSO_4$-Lösung wie beschrieben niederschlägt. Eine Verringerung des Cu-Gehaltes im Elektrolyten kann durch den Sekundärprozess der Wiederverbindung von Cu mit SO_4 an der Anode zu $CuSO_4$ vermieden werden. Der Vorgang wird verwendet, um Gegenstände zu verkupfern, oder auch, um an der Kathode das besonders reine *Elektrolytkupfer* aus einem als Anode dienenden verunreinigten Kupferblock zu gewinnen. Die Beimengungen bleiben im Bad oder sammeln sich im *Anodenschlamm*.

Bei der Elektrolyse entstehen, abgesehen von etwa auftretenden sekundären Prozessen neben den primären z. B. folgende Produkte: H_2 und Cl_2 bei HCl (Salzsäure), $2H_2$ und O_2 bei H_2SO_4 (Schwefelsäure), bei KOH (Kalilauge) und bei NaOH (Natronlauge), 2NaOH und Cl_2 bei NaCl (Kochsalz) usw.

Ganz allgemein sind Wasserstoff und Metalle (sowie die diese vertretenden Radikale wie das Ammonium NH_4) Kationen, wandern also mit dem Strom zur Kathode, während die Säurereste und Hydroxilgruppen Anionen sind, also entgegen der technischen Stromrichtung zur Anode wandern.

10.3.2 Ladungs-, Massen-, Strombilanzen

10.3.2.1 Faradaysche Gesetze

Da die bei der Elektrolyse transportierten Ladungen bei ihrer Wanderung an die stofflichen Träger gebunden sind, sind die elektrolytisch zersetzten bzw. an den Elektroden abgeschiedenen Massen m der beförderten Elektrizitätsmenge $Q > 0$ proportional, d. h. bei konstantem Strom dem Produkt aus dem Strom $I > 0$ und der Dauer t des Stromflusses:

$$m = c\,Q = c\,I\,t. \tag{10.31}$$

Dies ist das 1. *Faraday*sche *Gesetz*. Der Proportionalitätsfaktor c ist das *elektrochemische Äquivalent*. Seine Abhängigkeit von der relativen (d. h. auf das Wasserstoffatom der Masse m_H bezogenen) Masse A_r eines Atoms und dessen Ladungszahl z_i ergibt sich aus folgender Überlegung: Wenn pro Zeit n Atome an der Elektrode abgeschieden werden, ist

$$m = n\,t\,A_r\,m_H,$$

andererseits gilt

$$I = n\,e\,z_i,$$

d. h. mit Gl. (10.31)

$$c = \frac{m}{I\,t} = \frac{A_r}{z_i} \cdot \frac{m_H}{e}. \tag{10.32}$$

Der dimensionslose Quotient A_r/z_i wird als *Äquivalentgewicht* (oder äquivalente molare Masse) bezeichnet. Damit ergibt sich das 2. *Faraday*sche *Gesetz*: Die von gleichen Elektrizitätsmengen Q abgeschiedenen Massen $m = c\,Q$ verhalten sich wie die Äquivalentgewichte A_r/z_i.

Nach den Gln. (10.31) und (10.32) ist zur Abscheidung der Masse eines Stoffs von der numerischen Größe seines Äquivalentgewichtes, d. h. für $m = A_r/z_i$ Gramm, die Ladung $\dfrac{e}{m_H / g}$ erforderlich, also ein universeller Wert. Man erhält ihn wie folgt: Eine Menge von A_r Gramm eines jeden Stoffs (= 1 Mol) enthält dieselbe Anzahl $N_A \cdot 1$ mol Atome bzw. Moleküle. Die Größe $N_A = 6{,}02 \cdot 10^{23}$ mol^{-1} heißt *Avogadro-Konstante* oder *Loschmidt-Zahl*. Danach gilt insbesondere für Wasserstoff mit $A_r = 1$

$$m_H \cdot N_A \cdot 1\,\text{mol} = 1\,\text{g}$$

und damit

$$\frac{e}{m_H} = e N_A \cdot \frac{\text{mol}}{\text{g}}. \tag{10.33}$$

Die Größe

$$F = e N_A \tag{10.33a}$$

wird *Faraday-Konstante* genannt. Sie hat den Wert

$$F \approx 96485 \text{ As mol}^{-1}. \tag{10.33b}$$

Diese Universalität wird als 3. *Faraday*sch*es Gesetz* bezeichnet. Es belegt zugleich die atomistische Struktur der Elektrizität. Tatsächlich ist nie eine kleinere Elektrizitätsmenge als

$$e \approx 1{,}602176 \cdot 10^{-19} \text{ C} \tag{10.34}$$

beobachtet worden. Das ist die Ladung eines einwertigen Ions, z. B. des Wasserstoff-Kations, d. h. $-e$ ist die *Ladung eines Elektrons*. Alle in der Natur vorkommenden Ladungen sind ganzzahlige Vielfache dieser Elementarladung. Umgekehrt ist 1 C der Betrag der Ladung von $(1{,}602 \cdot 10^{-19})^{-1} \approx 6{,}24 \cdot 10^{18}$ Elektronen.

Aus den Gln. (10.31) bis (10.33 a) erhält man die abgeschiedene Masse

$$m = \frac{I\,t}{F} \cdot \frac{A_r}{z_i} \frac{\text{g}}{\text{mol}}. \tag{10.35}$$

Der Faktor $\frac{A_r}{z_i} \cdot \frac{\text{g}}{\text{mol}}$ wird als *äquivalente molare Masse* bezeichnet.

Die Gl. (10.35) gilt für einen einatomigen Stoff mit der relativen Atommasse A_r. Bei mehratomigen Kationen bzw. Anionen tritt an die Stelle von A_r und z_i die relative *Molekülmasse* M_r und deren Ladungszahl. Dabei ist M_r die Summe der relativen Atommassen. So ist z. B. für SO_4 mit der relativen Atommasse 32 für S und 16 für O die relative Molekülmasse M_r $1 \cdot 32 + 4 \cdot 16 - 96$.

Die nach Gl. (10.35) berechneten Massen sind theoretische Höchstwerte. In der Praxis wird zum Abscheiden einer bestimmten Masse mehr Ladung Q benötigt, weil ein Teil der zugeführten Energie in Nebenprozessen verbraucht wird, z. B. zur Wasserstoffabscheidung.

Beispiel 10.6 Abscheidung von Kupfer bei der Elektrolyse

Welche Zeit t wird bei dem Strom $I = 100$ A mindestens gebraucht, um an der Kathode die Masse $m = 1$ kg Kupfer niederzuschlagen? Als Elektrolyt dient Kupfersulfatlösung $CuSO_4$.

Kupfer hat die relative Atommasse $A_r = 63{,}6$ und ist im Kupfersulfat zweiwertig ($z_i = 2$). Mithin ist die erforderliche Zeit nach den Gln. (10.35) und (10.33b)

$$t = \frac{96{,}5(\text{kC/mol})\,m\,z_i}{A_r I} \frac{\text{mol}}{\text{g}} = \frac{96{,}5(\text{kC/mol})1000\,\text{g} \cdot 2}{63{,}6 \cdot 100\text{ A}} \frac{\text{mol}}{\text{g}} = 30346\,\text{s} = 8{,}43\,\text{h}.$$

Es sind also erhebliche Zeiten bzw. Ströme erforderlich, um größere Kupfermengen zu gewinnen. Bei der elektrolytischen Raffination arbeitet man daher meist mit sehr großen Strömen. Auch bei der elektrolytischen Gewinnung von Metallen im Schmelzfluss (z. B. Aluminium aus Tonerde Al_2O_3, gelöst in Kryolith Na_3AlF_6) werden große Ströme verwendet, die bei großen Anlagen 20000 A überschreiten. Außer der elektrolytischen Zersetzung liefert der Strom auch die Wärme, die dem Bad bei Aluminium eine Temperatur von etwa 950 °C gibt (Beispiel 10.8).

Ein Elektrolyt, in dem sich Anionen und Kationen mit der Konzentration n_A bzw. n_K, der Beweglichkeit b_A bzw. b_K und mit der Wertigkeit z_A bzw. z_K befinden, hat die Leitfähigkeit

$$\kappa = n_A \, z_A \, (b_A + b_K), \tag{10.36}$$

wobei aus Gründen der Ladungsneutralität $n_A \, z_A = n_K \, z_K$ ist (vgl. die entsprechende Gl. (10.30) für ionisierte Gase). Im Gegensatz zu dort nehmen hier die Beweglichkeiten und damit die Leitfähigkeit mit der Temperatur zu.

Beispiel 10.7 Leitfähigkeit von Salzsäure

Wie groß ist die Leitfähigkeit von 0,1-normaler Salzsäure bei 18 °C, wenn für die Beweglichkeiten die Werte $b_A = b_{Cl} = 6{,}9 \cdot 10^{-4}$ cm²/Vs, $b_K = b_{H+} = 33 \cdot 10^{-4}$ cm²/Vs zugrunde gelegt werden? Welchen Widerstand R hat ein Würfel von 1 cm Kantenlänge?

Aus Gl. (10.36) folgt mit $n_A = n_K = 0{,}1 \, N_A$ mol/Liter $= 10^{-4} \, N_A$ mol cm^{-3}, $z_A = z_K = 1$ sowie $e \, N_A = F$ nach Gl. (10.33 a, b)

$$\kappa = 96{,}5 \cdot 10^3 \, \frac{\text{As}}{\text{mol}} \cdot 10^{-4} \text{mol cm}^{-3} \cdot 39{,}9 \cdot 10^{-4} \text{cm}^2 \, \text{V}^{-1}\text{s}^{-1} = 0{,}0385 \frac{1}{\Omega \, \text{cm}} .$$

Daraus erhält man nach den Gln. (2.11) und (2.14) $R = 26 \, \Omega$.

10.3.2.2 Elektrolytische Spannung galvanischer Zellen

Taucht man einen Metallstab in einen Elektrolyten, so entsteht ganz allgemein zwischen diesen beiden verschiedenartigen Leitern (Elektronen- bzw. Ionenleiter) eine Spannung: Jeder in einer Flüssigkeit gelöste Stoff hat das Bestreben, die gesamte Flüssigkeit zu durchdringen, wobei der im Innern der Lösung herrschende *osmotische Druck* mit der Anzahl der Lösungsmoleküle, also mit der Konzentration, wächst. Andererseits hat aber jeder feste Körper, also beispielsweise auch das Metall eines Stabes, die Neigung zur Auflösung, wobei Teile des Metalls in Lösung gehen. Dieser *Lösungsdruck* wirkt dem osmotischen Druck entgegen, sodass je nach der Größe beider entweder Ionen des Stabes in Lösung gehen oder Metallionen des Elektrolyten sich an den Stab anlagern. Da Metallionen als Kationen positiv sind, wird beim Überwiegen des Lösungsdrucks der Elektrolyt positiv (z. B. $ZnSO_4$) und der Metallstab (z. B. Zn) wegen des jetzt bestehenden Überschusses an Elektronen negativ, während beim Überwiegen des osmotischen Druckes der Metallstab (z. B. Cu) positiv und der Elektrolyt (z. B. $CuSO_4$) negativ elektrisch geladen wird. Zwischen dem Metallstab S und dem Elektrolyten entsteht also eine Spannung U_{SK} bzw. U_{SA} (*elektrochemische Spannungsreihe der Metalle*).

10.3.2.3 Zersetzungs- und Polarisations-Spannung

Zur elektrolytischen Zersetzung werden je eine Anode (z. B. Cu) und eine Katode (z. B. Zn) in einem gemeinsamen Elektrolyten (z. B. H_2SO_4) benötigt. Nach den Faradayschen Gesetzen werden für die Zersetzung bestimmte Mindest-Elektrizitätsmengen benötigt und die abgeschiedenen Stoffmengen sind diesen Mindest-Elektrizitätsmengen proportional. Die elektrische Energie, die zur Gewinnung von 1 Mol eines bestimmten Stoffs erforderlich ist, erhält man aus der Faraday-Konstante $F = 96{,}5$ kAs mol^{-1}, multipliziert mit der Stoffmenge 1 mol, der Ladungszahl z_1 und der *Zersetzungsspannung* U_Z, die mindestens aufgewendet werden muss, um eine Zersetzung des Elektrolyten an den Elektroden zu erreichen. Damit gilt für die Energie

$$W = z_i U_Z \, 96{,}5 \text{ kAs}. \tag{10.37}$$

Dies ist gleichzeitig die maximale Energie, die bei der zugrunde liegenden elektrochemischen Reaktion der Abscheidung eines Mols aus der Ionenform zu gewinnen ist. Die Energie W, die *Affinität der Reaktion* genannt wird, lässt sich thermodynamisch berechnen, demgemäß auch die Zersetzungsspannung U_Z, denn es gilt nach Gl. (10.37)

$$U_Z = W/(z_i \cdot 96{,}5 \text{ kAs}). \tag{10.38}$$

Die Zersetzungsspannung

$$U_Z = U_{SK} - U_{SA} \tag{10.39}$$

ergibt sich aus den beiden Spannungsdifferenzen U_{SK} und U_{SA} zwischen dem Elektrolyten und Kathode bzw. Anode, die sich ebenfalls thermodynamisch berechnen lassen. Unterhalb der Spannung U_Z findet keine Zersetzung und praktisch keine Stromleitung statt.

Zu dieser Zersetzungsspannung U_Z tritt noch eine Reihe weiterer Teilspannungen hinzu: Vor allem hat auch der elektrolytische Leiter bei jeder Temperatur einen bestimmten Widerstand, der weit größer als der Widerstand der Metalle ist. So beträgt beispielsweise der Widerstand eines Würfels von 1 cm Kantenlänge bei 30 %-iger Schwefelsäure bei 18 °C etwa 1,7 Ω, während derselbe Würfel bei Kupfer nur etwa 1 μΩ, also rund 1 Millionstel davon hat, wie aus Gl. (2.11) und Tabelle A.3.1 im Anhang 3 einfach ermittelt werden kann. In diesem Widerstand R des Elektrolyten entsteht durch den hindurchfließenden Strom I eine Spannung $I\,R$ und eine Leistung $I^2 R$. Diese Leistung wird in Wärme umgesetzt, die man bei vielen elektrochemischen Prozessen und bei der Schmelzelektrolyse zur Heizung des Bades benutzt.

Weitere Spannungsabfälle entstehen durch komplizierte Vorgänge an den Elektroden und in ihrer näheren Umgebung. Sie erhöhen die theoretischen Spannungsdifferenzen U_{SK} und U_{SA} zwischen den Elektroden und dem Elektrolyten. Nach der Elektrolyse sind die Elektroden noch für eine gewisse Zeit mit den Produkten der Elektrolyse beladen. Sie stellen somit eine *galvanische Zelle* dar. Nach dem *Gesetz von Le Blanc* ist die Spannung dieser Zelle, die *Polarisa tionsspannung*, gleich der theoretischen Zersetzungsspannung U_Z. In Bild 10.14 ist eine Messschaltung zum Nachweis einer solchen Polarisationsspannung angegeben.

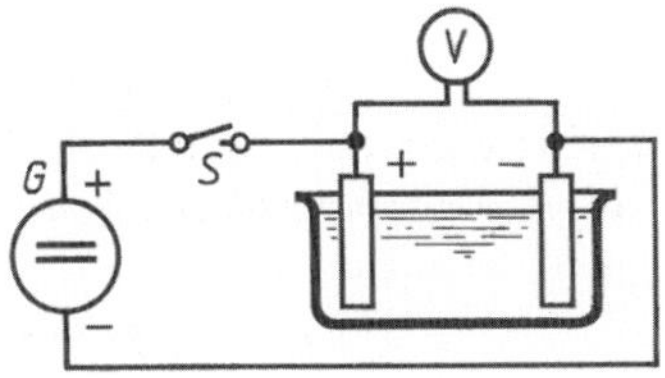

Bild 10.14 Nachweis der Polarisationsspannung
S Schalter; G Generator; V Spannungsmesser

Beispiel 10.8 Energieaufwand bei der Schmelzelektrolyse von Aluminium

Welche Energie ist erforderlich, um Aluminium der Masse $m = 1$ kg im Schmelzfluss zu gewinnen, wenn die Badspannung (Gesamtspannung) $U = 5{,}0$ V beträgt?

Da Aluminium die relative Atommasse $A_r = 27$ hat und $z_i = 3$ ist, wird für $m = 1$ kg nach den Gln. (10.35) und (10.33b) die Elektrizitätsmenge

$$Q = I\,t = m\,F\,z_i/A_r \,\frac{\text{mol}}{\text{g}} = 1000 \text{ g } (96{,}5 \text{ kC/mol})\; 3/27 \,\frac{\text{mol}}{\text{g}} = 10{,}72 \text{ MC}$$

benötigt. Bei $U = 5$ V ist also theoretisch die Energie

$$W = UQ = 5\ \text{V} \cdot 10{,}72\ \text{MC} = 53{,}6\ \text{MWs} = 14{,}9\ \text{kWh}$$

erforderlich. Mit dem Energieverbrauch für die Heizung sind praktisch rund 18 kWh je kg Aluminium aufzuwenden.

10.3.3 Technische Nutzung

Elektrochemische Vorgänge spielen in der heutigen Technik auf vielen Gebieten eine bedeutende Rolle, vor allem zur

- Erzeugung und Speicherung elektrischer Energie (Batterien, Akkumulatoren, Brennstoffzellen)
- direkten Erzeugung von Metallen und Gasen aus Rohmaterialien durch Elektrolyse
- Veredelung bzw. für Abdrücke von Werkstoffoberflächen durch *Galvanik*
- Untersuchung bzw. Verhinderung der *Korrosion* an Metallen.

Diese Vielfalt wird durch die folgende beispielhafte Übersicht belegt.

10.3.3.1 Elektrochemische Stromerzeuger

Elektrochemische Stromerzeuger sind galvanische Zellen mit zwei Elektroden aus verschiedenen Materialien in einer als Elektrolyt wirkenden elektrisch leitfähigen Flüssigkeit, die häufig mit einer Art Gelatine stark eingedickt ist. Je nach dem Verlauf der chemischen Reaktion spricht man bei irreversiblem Vorgang von *Primärzellen* (sie sind nach der Entladung nicht wieder aufladbar), bei reversiblem Vorgang von *Sekundärzellen* (sie können durch Umkehrung der Stromrichtung wieder in den geladenen Zustand zurückgeführt werden.) Beide Ausführungsformen werden häufig zur Stromversorgung elektronischer Geräte eingesetzt. Eine ausführliche Darstellung findet sich in [28].

Primärzellen

Praktische Bedeutung haben ausschließlich *Trockenzellen*, bei denen der Elektrolyt durch Zusätze in eine Gallerte überführt ist. Wir beschränken uns auf eine Betrachtung der wichtigsten Ausführungsformen.

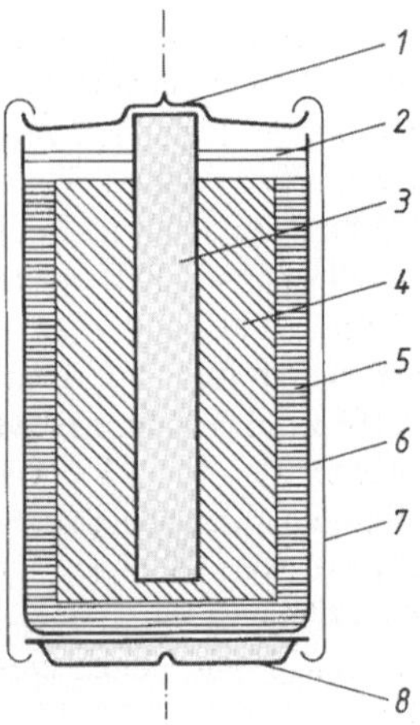

Bild 10.15 Aufbau der Kohle-Zink-Zelle
1 Kappe, Pluspol
2 Dichtung
3 Kohlestab
4 Kohlepulver im Beutel um Mangandioxid (Braunstein) als Kathode
5 Elektrolyt
6 Zinkbecher
7 Stahlmantel
8 Bodenscheibe, Minuspol

Die ***Kohle-Zink-Zelle*** (besser: *Braunstein-Zink-Zelle*) ist aus der *Leclanché-Zelle*, der ältesten Form der Trockenzelle, hervorgegangen und stellt auch heute noch einen der am weitesten verbreiteten Zelltypen dar. Ihr Aufbau ist in Bild 10.15 dargestellt.

Die Kohle-Zink-Zelle liefert eine Leerlaufspannung zwischen 1,5 und 1,7 V. Bei Belastung nimmt die Klemmenspannung durch den wachsenden Innenwiderstand der Zelle rasch ab. Da sich die Zelle in Betriebspausen regeneriert, wird sie bei kurzzeitiger Last mit längeren Betriebspausen viel besser ausgenutzt als bei Dauerbelastung (Bild 10.16a).

Die Betriebseigenschaften sind gekennzeichnet durch eine Energiedichte zwischen 120 mWh/cm^3 und 150 mWh/cm^3. Die Baugrößen liegen im Bereich 50 mAh ... 30 Ah, sie bestimmen den Abszissen-Maßstab in Bild 10.16a. Unterhalb von 0 °C lässt die Kohle-Zink-Zelle deutlich in ihrer Leistung nach. Der praktische Einsatzbereich liegt zwischen –10 °C und +50 °C.

Alkali-Mangan-Zellen enthalten Kaliumhydroxid als Elektrolyt zwischen der in der Mitte der Zelle angeordneten Anode aus gepresstem Zinkpulver und der ringförmigen Kathode aus Braunstein. Die Energiedichte lässt sich auf 300 mWh/cm^3 vergrößern. Die Leerlaufspannung von 1,5 V sinkt bei Belastung weit weniger ab als bei der Kohle-Zink-Zelle (Bild 10.16b). Die Alkali-Mangan-Zelle kann im Temperaturbereich –20 °C ... +55 °C eingesetzt werden.

Silberoxid-Zink-Zellen arbeiten ebenfalls mit Kalilauge als Elektrolyt und einer Zinkanode. Die Kathode besteht hier aus gepresstem Silberoxidpulver. Aus Preisgründen werden sie hauptsächlich als Miniaturzellen ausgeführt (*Knopfzellen*, z. B. 8 mm Durchmesser, 4 mm Höhe), die z. B. in Uhren, Hörgeräten und in kompakten elektronischen Geräten eingesetzt werden. Energiedichten bis zu 600 mWh/cm^3 sind erreichbar. Die Leerlaufspannung beträgt 1,6 V und bleibt bis zu dem (belastungsabhängigen) Entladungsende nahezu konstant.

Lithium-Zellen arbeiten mit Lithium als Anode und erreichen je nach Kathodenmaterial Leerlaufspannungen zwischen 1,5 und 3,8 V, die während der gesamten Lebensdauer nahezu konstant bleiben (Bild 10.16c), und Energiedichten bis 1 Wh/cm^3. Als weitere Vorteile sind die mindestens 10-jährige Lagerfähigkeit und die große zulässige Betriebstemperatur im Bereich von (bis zu) –55 °C bis +125 °C anzusehen. Wegen ihrer besonderen Eigenschaften werden Lithiumzellen z. B. in Herzschrittmachern und zur Spannungsversorgung von flüchtigen Speichern in elektronischen Geräten nach Abschalten der Hauptstromversorgung eingesetzt.

Brennstoffzellen sind als spezielle Primärelemente aufzufassen: Sie sind zwar nicht aufladbar, verfügen jedoch über ein nahezu unbegrenztes Ladungsspeicherungsvermögen (in der Batterietechnik als *Kapazität* bezeichnet), da die Reaktionsstoffe (ein Brennstoff, meist Wasserstoff, und als Oxidator Sauerstoff oder auch Luft) kontinuierlich der Ni-Anode und der Ni-Kathode zugeführt werden. Die bei der Oxydation vom Brennstoff an das Anodenmaterial abgegebenen Elektronen fließen unter Energieabgabe durch den äußeren Stromkreis zur Kathode und werden dort vom Oxidationsmittel aufgenommen. Das beim Stromfluss in der Zelle entstehende Reaktionsprodukt (Wasser) muss kontinuierlich aus dem Elektrolyten (z. B. Kalilauge) und aus der Zelle abgeführt werden, ebenso die Reaktions- und Verlustwärme. Bei normalem Luftdruck und Zimmertemperatur werden zum Erzeugen von 1 kWh etwa 660 l Wasserstoff und 330 l Sauerstoff benötigt. Dabei entsteht 0,5 l Wasser. Brennstoffzellen erreichen Wirkungsgrade von 70 %. Anwendungen von zukünftig großer wirtschaftlicher Bedeutung betreffen die netzunabhängige Stromversorgung von Elektroautos, Blockheizkraftwerken, die Hausenergieversorgung und möglicherweise auch die Versorgung kleiner mobiler Geräte wie Laptops und Mobiltelefonen. Ein extraterrestrisches Anwendungsbeispiel ist die elektrische Energieversorgung von Raumfahrzeugen (2 kW bei Gemini, 1,1 kW bei Apollo, 14 kW beim Space Shuttle).

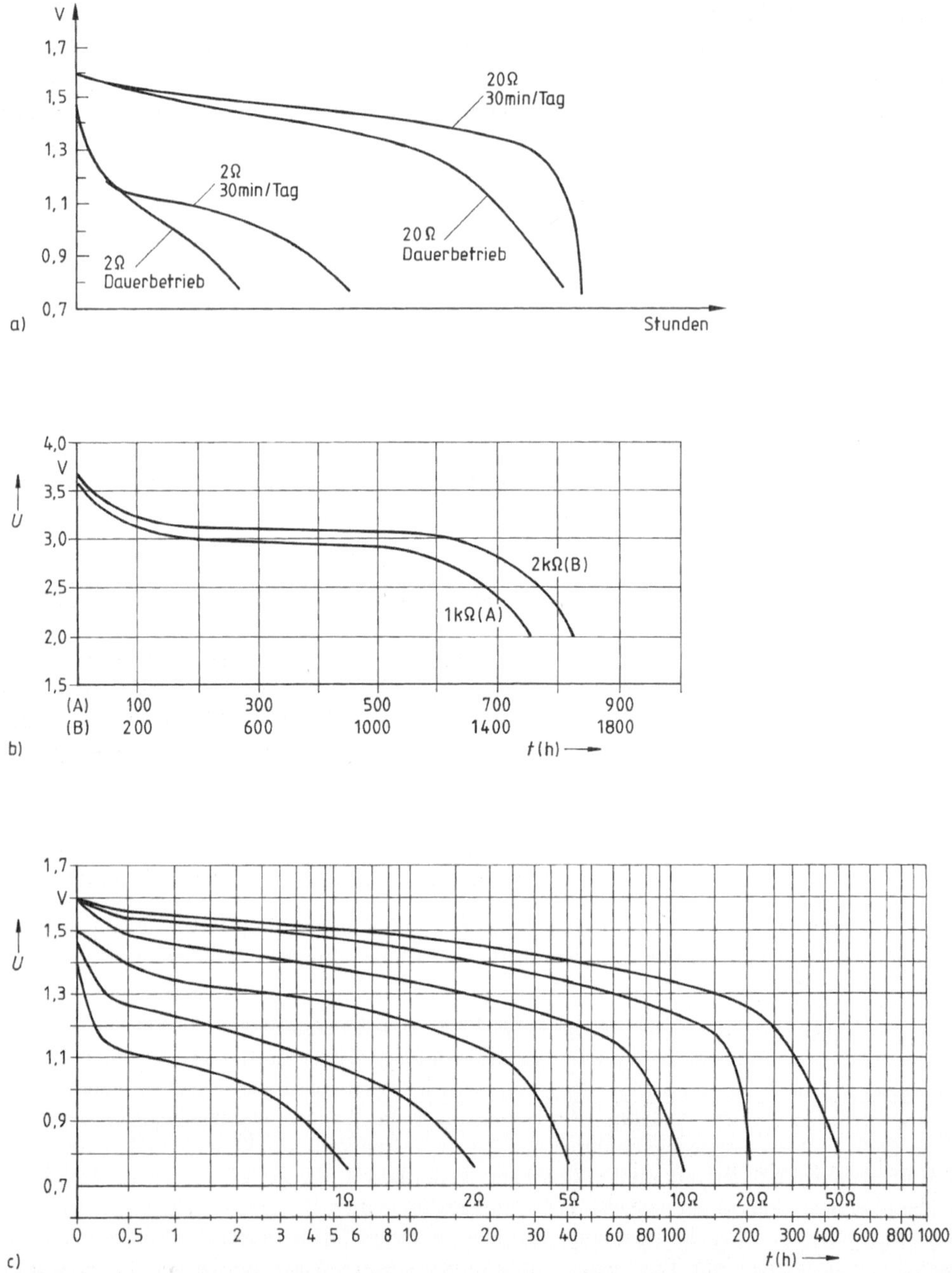

Bild 10.16 Entladekurven von Primärzellen in Abhängigkeit von der Belastung (aus [28])
a) Kohle-Zink-Zelle bei Dauerentladung bzw. bei Entladung mit Betriebspausen
b) Lithium-Chromoxid-Zelle ERAA
c) Alkali-Mangan-Zelle 4020 (LR 20)

Sekundärzellen (Akkumulatoren)

Die elektrochemischen Vorgänge sind oft umkehrbar, d. h. eine Zersetzung, die bei der einen Stromrichtung hervorgerufen wird, kann von einem Strom entgegengesetzter Richtung wieder rückgängig gemacht werden. Da bei jeder Elektrolyse an den Elektroden Stoffe abgeschieden oder umgeladen werden, ist die Frage von Bedeutung, ob und wie man diese Stoffe, die Energiequellen darstellen, speichern und vor Veränderungen bewahren kann. Hier gibt es zwei grundsätzlich verschiedene Möglichkeiten: Entweder speichert man die Massen, welche die chemische Energie tragen, in den Elektroden selbst oder außerhalb der Elektroden, z. B. als Flüssigkeit oder Gas. Zur Zeit sind nur Sekundärzellen der ersten Art in Betrieb, deren Speichervermögen somit durch die Größe der Elektroden gegeben ist. Wichtige Ausführungsformen neben dem klassischen Blei- und Nickel/Cadmium-Akkumulator sind die noch im Entwicklungs- (End-)Stadium befindliche Natrium-Schwefel- und Natrium-Nickelchlorid-Batterie sowie das inzwischen weit verbreitete System Ni-Hydrid.

Der ***Bleiakkumulator*** hat Elektroden aus Blei- bzw. Bleiverbindungen, der Elektrolyt ist eine wässrige Lösung von Schwefelsäure. Wenn zwei Bleiplatten in verdünnte Schwefelsäure eintauchen, überziehen sie sich mit einer Schicht Bleisulfat ($PbSO_4$). Wird dann ein Strom durch die Zelle geschickt (*Ladevorgang*), so laufen die folgenden Reaktionen ab:

positive Elektrode: $PbSO_4 + 2H_2O + SO_4^{--} \rightarrow PbO_2 + 2H_2SO_4 + 2e^-$ (10.40a)

negative Elektrode: $PbSO_4 + 2\,H^+ + 2e^- \rightarrow Pb + H_2SO_4$ (10.40b)

d. h. an der positiven (negativen) Elektrode werden zwei negative Ladungen abgegeben (aufgenommen) und das Bleisulfat wird zu Bleidioxyd oxidiert (metallischem Blei reduziert). Nach dem Stromdurchgang stehen sich also je eine Blei- und Bleidioxyd-Platte in verdünnter Schwefelsäure gegenüber. Dieses galvanische Element liefert eine Leerlaufspannung von 2,08 V.

Wenn die Pole des galvanischen Elements miteinander verbunden werden, fließt der Strom in umgekehrter Richtung (*Entladevorgang*, Bild 10.17). Entsprechendes gilt für die chemischen Reaktionen: Die beiden Elektroden verwandeln sich wieder in Bleisulfat, d. h. in ihren ursprünglichen Zustand.

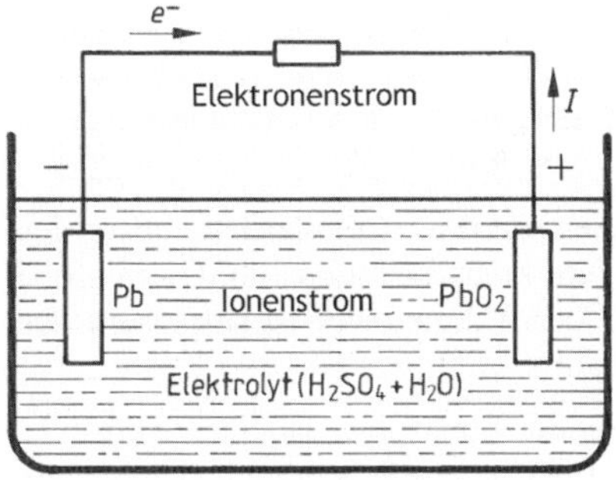

Bild 10.17 Entladevorgang in einem Bleiakkumulator

Die Säurekonzentration nimmt beim Ladevorgang zu, wie die Gln. (10.40a) und (10.40b) zeigen, bzw. beim Entladevorgang ab. Diese Änderung der Konzentration bzw. des davon abhängigen spezifischen Gewichts der Säure wird als Indikator für den Grad der Ladung bzw. Entladung verwendet.

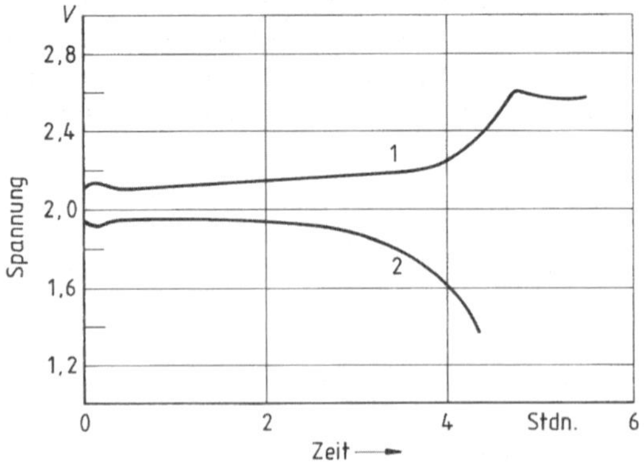

Bild 10.18 Zeitlicher Verlauf der Lade-(1) und Entladespannung (2) eines Bleiakkumulators (aus [3])

Der zeitliche Verlauf der Lade- bzw. Entladespannung hängt vom Ladeverfahren bzw. von der Belastung ab. Bild 10.18 zeigt ein Beispiel. Die *Klemmenspannung* ist bei der Ladung immer größer als bei der Entladung, weil sie die entgegenwirkende Zersetzungsspannung der Zelle (infolge Wasserstoff- und Sauerstoffentwicklung) und den inneren Spannungsabfall $I\,R_i$ überwinden muss. Die Ladung ist beendet, wenn die Spannung von 2,6 V erreicht ist. Die *Entladeschlussspannung* sollte (je nach Belastung) im Bereich 1,4 … 1,7 V liegen. Da die im Akkumulator gespeicherte Energie mit dem chemischen Umsatz bei der Ladung zunimmt, werden in der Praxis an Stelle massiver, nur an ihrer Oberfläche chemisch reagierender Bleiplatten netzförmige aus Blei gegossene Gitter verwendet, in die hinein die aktive Masse aus Mennige (Pb_3O_4), Bleiglätte (PbO), Bleistaub und Schwefelsäure gepresst wird. Derartige poröse Elektroden erreichen eine spezifische chemisch aktive Oberfläche von mehreren m^2/g.

Die Kapazität der Zelle wird als die Ladungsmenge in Ah angegeben, die vom geladenen Akkumulator während der Entladung geliefert werden kann. Sie ist am größten bei langsamster Entladung. Bei schneller Entladung mit großem Strom werden die inneren Teile der Platten nur mäßig zur aktiven Umwandlung herangezogen. Für die Kapazität maßgebend sind außerdem die Entladeschlussspannung, die Dichte und Temperatur des Elektrolyten und der allgemeine Zustand des Akkumulators. Der Betriebstemperaturbereich liegt etwa zwischen –10 °C … +60 °C. Bei Temperaturen < 5 °C sinkt die Kapazität durch erhebliche Zunahme des Innenwiderstandes stark ab. Der *energetische Wirkungsgrad des Bleiakkumulators* (= Entladeenergie/Aufladeenergie, vgl. Gl. (2.61)) beträgt 70 – 75 %, der Amperestunden-Wirkungsgrad (= Entlade-Amperestunden/Lade-Amperestunden) liegt bei 90 %. Pro kg Masse können 20 … 45 Wh gespeichert werden, pro Liter Volumen 60 … 95 Wh.

Das Bleisulfat $PbSO_4$, das im Akkumulator beim Entladen entsteht, ist zunächst äußerst fein verteilt und daher noch reaktionsfähig. Bei längerem Lagern kristallisiert das $PbSO_4$ zu gröberen weißen Kristallen, die nicht mehr reagieren können: Der Akkumulator ist sulfatisiert. Der Bleiakkumulator darf deshalb nie im entladenen Zustand aufbewahrt werden.

Gegen Ende des Ladevorgangs entweicht infolge einsetzender Elektrolyse des im Elektrolyten befindlichen Wassers an der Kathode (Anode) Wasserstoff (Sauerstoff), wodurch sich hochexplosives *Knallgas* bilden kann. Räume, in denen offene Bleiakkumulatoren geladen werden, müssen daher stets gut gelüftet sein und dürfen nicht mit offenem Feuer betreten werden. Auf Kosten des entweichenden Wasserstoffs bzw. Sauerstoffs nimmt der Gehalt an Wasser im Elektrolyten ab. Von Zeit zu Zeit muss daher Wasser nachgefüllt werden. Es muss unbedingt destilliertes Wasser sein, da die in normalem Gebrauchswasser gelösten Stoffe, z. B. NaCl, die

Bleiplatten stark schädigen. Neben dem Bleiakkumulator mit offenen Zellen gibt es wartungsfreie verschlossene Bleiakkumulatoren, bei denen die Säure durch Verdickung mit einer Art Gelatine nicht auslaufen kann (Gel-Zelle). Der Bleiakkumulator wird vor allem als Starterbatterie in Autos verwendet, aber z. B. auch als Energiequelle von kleinen, elektrisch betriebenen Transportfahrzeugen, wie Hubstapler u. ä.

Beim ***Nickel/Cadmium-Akkumulator*** besteht die aktive Masse der positiven Elektrode aus Nickel(II)hydroxid $Ni(OH)_2$, die der negativen Elektrode aus Cadmiumhydroxid $Cd(OH)_2$. Als Elektrolyt wird Kalilauge (KOH) verwendet. Die Elektroden bestehen – wie beim Bleiakkumulator – nicht aus massivem Material, sondern aus gepresstem Pulver, das in eine Aufnahmestruktur eingebracht wird. Die Entwicklung hat dabei von der Taschen- und Röhrchenelektrode zur Sinter- und Faserstruktur-Elektrode geführt. Die Innenwiderstände liegen im mΩ-Bereich. Die Leerlaufspannung beträgt 1,35 V, die Spannung unter Nennlast ist 1,2 V. Der Temperaturkoeffizient liegt im Bereich –3 … –4 mV/°C. Der Betriebstemperaturbereich liegt zwischen –20 °C und 45 °C.

Der NiCd-Akku zeichnet sich vor dem Bleiakku durch sein geringeres Gewicht und durch nahezu konstante Werte der Quellenspannung und des Innenwiderstandes während der Entladung aus. Ein wichtiger Vorteil ist seine Fähigkeit, über viele Jahre im entladenen Zustand liegen zu können, ohne Schaden zu nehmen.

Nickel-Cadmium-Akkus werden als Großakkumulatoren wie Bleiakkumulatoren mit offenen Zellen und für tragbare Geräte als gasdichte Rund- oder Knopfzellen aufgebaut, in denen die beim Laden auftretenden Gase intern rekombinieren können. Bei sehr hohen Ladeströmen steigt der Innendruck der Zelle stark an, da die Rekombination langsamer verläuft als die Gasentwicklung; ein Sicherheitsventil schützt vor Explosion, allerdings sinkt die Kapazität der Zelle durch den Gasverlust. Wegen der umweltschädigenden Eigenschaften von Cadmium sind NiCd-Akkus weitgehend durch NiMH-Akkus (s. u.) verdrängt worden.

Beim ***Natrium/Schwefel-Akkumulator*** wird im Gegensatz zu den bisher beschriebenen Primär- und Sekundärzellen ein fester Elektrolyt verwendet und zwar eine spezielle Modifikation des Keramikwerkstoffs Al_2O_3. In ihm sind Na-Ionen bei hoher Temperatur relativ frei beweglich, sodass die Keramik bei 300 °C eine Leitfähigkeit von etwa 5 $(\Omega\text{cm})^{-1}$ besitzt. (Zum Vergleich: Für das Metall Kupfer gilt $5{,}6 \cdot 10^5\,(\Omega\text{cm})^{-1}$.) Auf der einen Seite dieses *Festelektrolyten* befindet sich geschmolzenes Natrium als negative Elektrode, auf der anderen Seite als positive Elektrode geschmolzener Schwefel. Da dieser selbst in geschmolzenem Zustand den Strom nicht leitet, ist er in einem leitfähigen Graphitschwamm aufgesaugt. In einer Na/S-Zelle laufen im Betriebstemperaturbereich 250 … 350 °C folgende Reaktionen ab:

an der positiven Elektrode

$$2\,Na^+ + xS + 2e^- \underset{\text{laden}}{\overset{\text{entladen}}{\rightleftharpoons}} Na_2S_x \quad (x = 5 \ldots 3),$$

an der negativen Elektrode

$$2\,Na \underset{\text{laden}}{\overset{\text{entladen}}{\rightleftharpoons}} 2\,Na^+ + 2\,e^-$$

(Bild 10.19). Die Ladespannung beträgt 2,1 V, die z. Z. erreichte Energiedichte 140 Wh/kg. Der Vorteil dieser Zelle liegt in der Verwendung billiger Materialien, der Nachteil in der hohen

Betriebstemperatur. Letztere ist jedoch für den Ablauf der elektrochemischen Reaktionen und für eine nennenswerte Leitfähigkeit des Festkörperelektrolyten erforderlich.

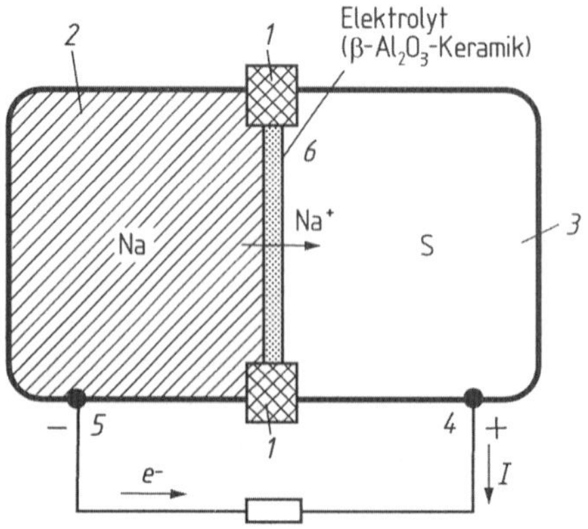

Bild 10.19 Entladevorgang in einer Natrium-Schwefel-Zelle
1 Dichtungssysteme
2 Natrium
3 Schwefel/Graphit-Füllung
4 Stromkollektor-Gehäuse (Plus-Pol)
5 Stromkollektor und Sicherheitseinsatz (Minus-Pol)
6 Elektrolytrohr (Al_2O_3)

Natrium-Schwefel-Batterien wurden (wie die ähnlich aufgebaute Natrium-Nickelchlorid-Batterien) als Traktionsbatterien im PKW-Bereich diskutiert und (in Japan) auch als Netzspeicher vorgesehen.

Der ***Nickel-Metallhydrid-Akkumulator*** hat eine positive Nickel-Elektrode. Die negative Elektrode ist eine Wasserstoff-Speicher-Elektrode: Dabei macht man von der seit langem bekannten Tatsache Gebrauch, dass Wasserstoff in Festkörpern gespeichert werden kann. Besonders geeignet sind Titan-Nickel- und Lanthan-Nickel-Legierungen. Als Elektrolyt dient Kalilauge. Die Leerlaufspannung beträgt 1,3 V, die Spannung unter Nennlast ist 1,2 V. Als Betriebstemperaturbereich wird 0 … 45 °C empfohlen (–20 °C … 50 °C ist zulässig).

Das System NiH ist kompatibel mit dem NiCd-System, hat jedoch eine um 30 – 50 % höhere Kapazität/Volumen und mit 160 Wh/dm^3 einen um den Faktor 3 größeren volumenbezogenen Energieinhalt. Als besonderer Vorteil ist zu nennen, dass die Zelle keine die Umwelt belastenden Stoffe wie Blei, Quecksilber, Cadmium enthält. Nachteilig sind die Empfindlichkeit gegenüber Überladung, Tiefentladung und die vergleichsweise geringe Zahl möglicher Lade/Entlade-Zyklen. NiMH-Akkus haben aufgrund von Umweltschutzauflagen in den letzten Jahren die NiCd-Akkus weitgehend verdrängt.

10.3.3.1 Elektrolyse, Galvanik und Korrosion

Elektrolyse

Sie findet großtechnische Anwendung

1. in der Metallurgie zum Gewinnen und Raffinieren von Metallen, z. B. von Kupfer, Nickel, Zink, Aluminium, Magnesium, Natrium usw. Beispielsweise wird Aluminium aus einer Schmelze von Tonerde (Al_2O_3) und Kryolith ($AlF_3 \cdot 3\ NaF$) in Eisenwannen gewonnen, deren mit Graphit ausgekleidete Innenwände als Kathode dienen, während als Anode dicke Kohleelektroden benutzt werden, welche in die Schmelze eintauchen. Das Aluminium scheidet sich in flüssiger Form am Wannenboden ab und kann dort abgelassen werden. Zur Gewinnung von 1 kg Aluminium sind nach Gl. (10.35) 3000 Ah nötig.

2. in der chemischen Großindustrie beim Gewinnen von Wasserstoff, bei der Chloralkalielektrolyse zum Gewinnen von Alkali und Chlor, bei der Herstellung von Oxidationsmitteln usw. Beispielsweise wird zur Chlorerzeugung eine NaCl-Lösung zwischen einer Titan-Kathode und einer Edelstahl-Anode elektrolysiert, an der das Chlorgas gewonnen wird.

Galvanik

Die ***Galvanotechnik*** befasst sich mit dem Erzeugen festhaftender metallischer Überzüge aus edlerem Metall auf unedleren Metallen (z. B. verkupfern, vernickeln, verchromen, verzinken, verzinnen, versilbern, vergolden, platinieren). Die Galvanotechnik spielt z. B. in der Fahrzeugindustrie, bei der Herstellung gedruckter Schaltungen sowie mechanischen Schaltern und Steckverbindungen eine große Rolle. Zur galvanischen Oberflächenveredelung gehört auch das Aufbringen einer Oxidschutzschicht auf Aluminium (*Eloxalverfahren*).

Unter ***Galvanoplastik*** (= Elektroformung) versteht man die Anfertigung naturgetreuer Abdrucke feinster Muster, Galvanos, z. B. für die Kunststoffindustrie (Master zur Herstellung von CDs und DVDs) und die elektronische Industrie (Kupferfolien für gedruckte Schaltungen).

Korrosion

Korrosion ist eine schädliche Wirkung der Elektrolyse, die auftritt, wenn verschiedene Metalle mit feuchten Stoffen in Berührung kommen und sich hierbei ein Stromkreis bilden kann. Dabei wird das als Anode wirkende Metall zersetzt, z. B. bei der Korrosion von Rohrleitungen durch im Erdreich vagabundierende Gleichströme einer elektrischen Bahn. Zur Vermeidung von Korrosion muss ein die gefährdenden Metallflächen umgebender isolierender Schutz vorgesehen werden. Auch bei Installationen in Gebäuden ist darauf zu achten, dass verschiedene Metalle (z. B. Bleirohre und Kupferdrähte) nur mit dazwischenliegender elektrischer Isolation miteinander mechanisch verbunden werden.

10.4 Elektrische Leitung in homogenen kristallinen Festkörpern

10.4.1 Kristallaufbau von Metallen, Halbleitern und Isolatoren

Feste Körper haben ein bestimmtes Volumen und eine bestimmte Gestalt. Diese Eigenschaften beruhen darauf, dass die Bausteine des Festkörpers (Atome, Moleküle) eine durch ihre gegenseitigen Bindungskräfte bedingte feste Lage zueinander haben. Diese räumliche Lage kann geordnet oder ungeordnet sein. Dementsprechend unterscheidet man den *kristallinen* und den *amorphen Zustand.* Wir beschränken uns im Folgenden zunächst auf den ersteren. In der Elektrotechnik werden häufig Werkstoffe verwendet, die sowohl kristalline als auch amorphe Bereiche enthalten (z. B. Polyethylen, Glaskeramik). Andererseits können in Flüssigkeiten Ordnungszustände auftreten, welche denen eines Kristalls entsprechen (z. B. Flüssigkristalle für LCDs).

Bei den kristallinen Festkörpern unterscheidet man den *einkristallinen* und den *polykristallinen Zustand*: Im ersten Fall besteht die regelmäßige Anordnung der atomaren Bausteine über den gesamten Körper hinweg, im zweiten Fall setzt sich der Festkörper aus einer großen Zahl sehr kleiner Einkristalle unterschiedlicher Orientierung zusammen. In dieser einführenden Darstellung ist die Beschränkung auf den einkristallinen Zustand ausreichend.

Metalle kristallisieren überwiegend in einem von drei Gittertypen. In den Bildern 10.20a-c sind die *Elementarzellen* dieser Typen dargestellt, durch deren periodische Fortsetzung in den drei

Raumrichtungen der makroskopische Kristall gebildet wird. Tabelle 10.4 gibt einen Überblick über technisch wichtige Vertreter dieser Gittertypen.

Die elektronischen *Halbleiter* Germanium und Silizium stehen wie der Kohlenstoff in der 4. Gruppe des Periodischen Systems und kristallisieren im *Diamantgitter*: Jedes Atom ist von vier nächsten Nachbarn umgeben, die sich in den Ecken eines Tetraeders befinden. Ein solches Gitter entsteht durch Ineinanderschachteln zweier kubisch-flächenzentrierter Gitter, die in den drei Raumrichtungen jeweils um ein Viertel der Raumdiagonale verschoben sind (Bild 10.21a).

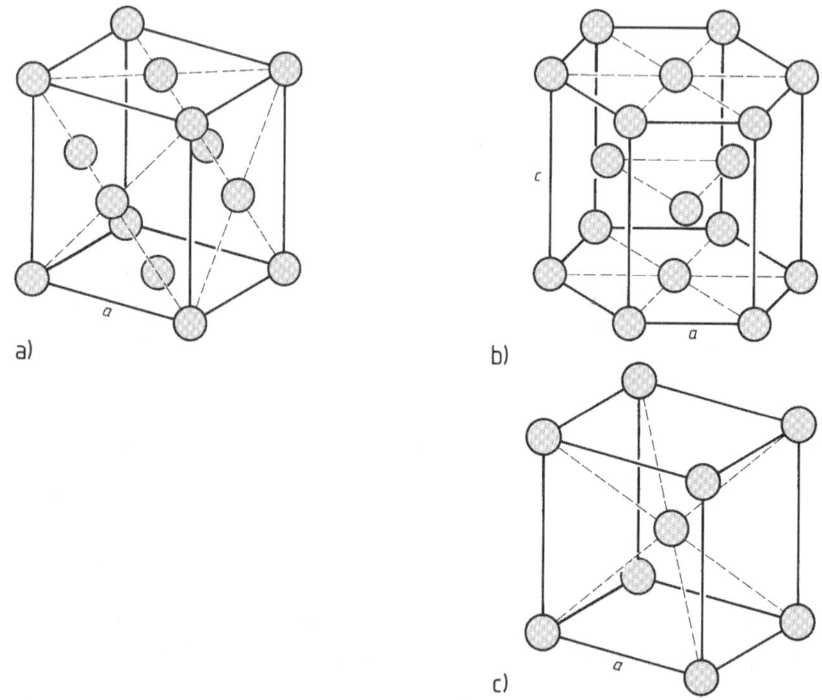

Bild 10.20 Elementarzellen der drei häufigsten Gittertypen bei Metallen (aus [36])
a) kubisch-flächenzentriert
b) hexagonal dichteste Packung
c) kubisch-raumzentriert

Tabelle 10.4 Gitterstrukturen metallischer Werkstoffe (nach [36])

	kubisch-flächen-zentriert	hexagonal dichteste Packung	kubisch-raum-zentriert
Beispiele	Cu, Ag, Au, Al, Ni, Pb, Pt	Be, Mg, Zn, Cd	Cr, Mo, Ta, W Li, Na, K

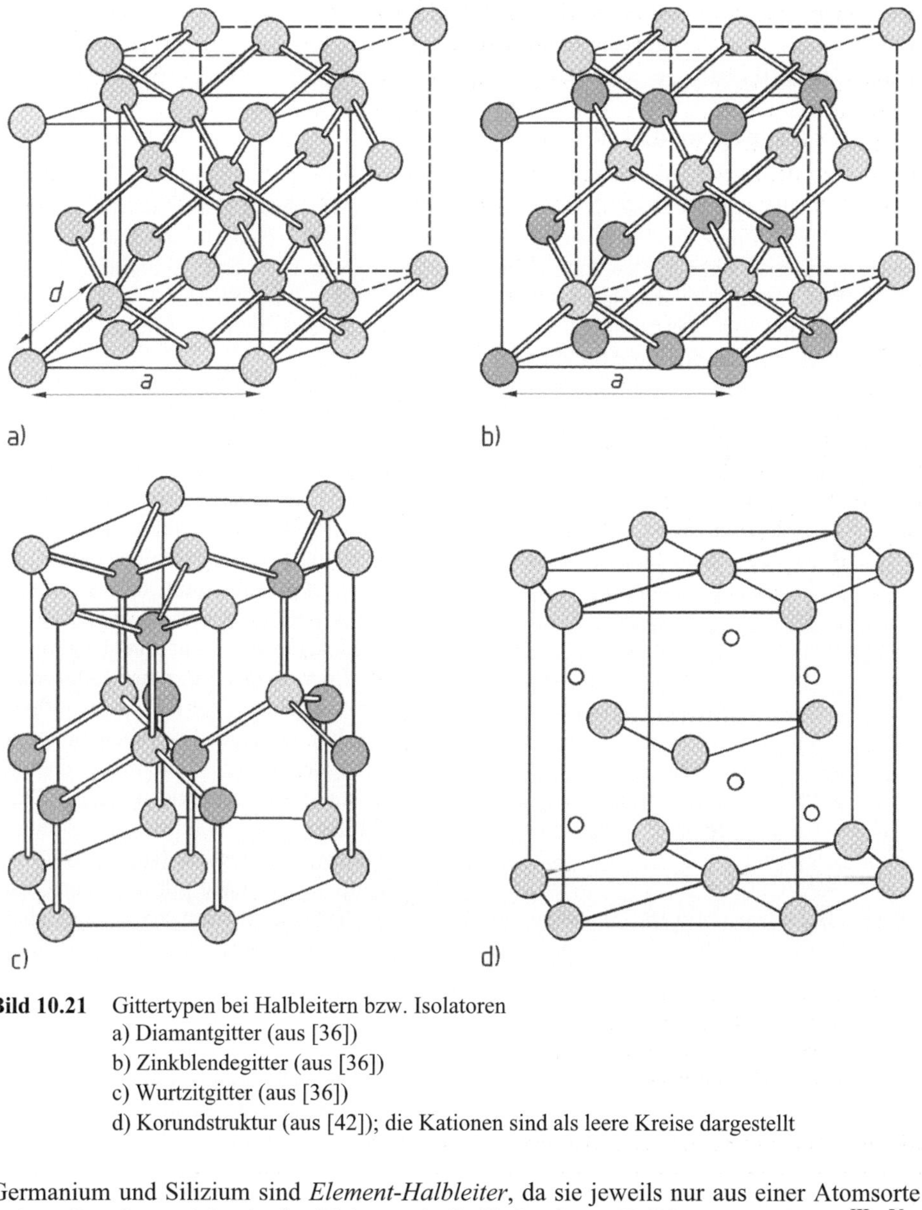

Bild 10.21 Gittertypen bei Halbleitern bzw. Isolatoren
a) Diamantgitter (aus [36])
b) Zinkblendegitter (aus [36])
c) Wurtzitgitter (aus [36])
d) Korundstruktur (aus [42]); die Kationen sind als leere Kreise dargestellt

Germanium und Silizium sind *Element-Halbleiter*, da sie jeweils nur aus einer Atomsorte bestehen. Daneben spielen in der Elektrotechnik *Verbindungs-Halbleiter* vom Typ $A^{III}B^{V}$ bzw. $A^{II}B^{VI}$ eine wichtige Rolle. Zur *ersten* Gruppe gehören z. B. GaAs und InP. Diese Halbleiter kristallisieren im *Zinkblendegitter*. Dieser Gittertyp entsteht – in Analogie zum Diamantgitter – durch Ineinanderschachteln je eines kubisch-flächenzentrierten Gitters vom Atomtyp A bzw. B. Dadurch ist jedes Atom der Sorte A (B) Mittelpunkt eines Tetraeders, in dessen vier Ecken Atome der Sorte B (A) sitzen (Bild 10.21b). Zur *zweiten* Gruppe gehört z. B. Cadmiumsulfid, das im *Wurtzitgitter* kristallisiert, welches durch Ineinanderschachteln zweier hexagonaler Teilgitter entsteht (Bild 10.21c).

Ein Beispiel für einen *Isolator* mit *elektronischer Bindung* ist der Diamant (Bild 10.21a). Ein Beispiel für *Ionenbindung* ist der Saphir (einkristallines Al_2O_3), der in der Korundstruktur kristallisiert (Bild 10.21d).

10.4.2 Energiebändermodell

Die dicht benachbarten Atome in einem Kristall stehen in einer starken kräfte- und energiemäßigen Wechselwirkung. Als Folge davon treten an die Stelle der möglichen diskreten Energiewerte der Elektronen im Einzelatom endliche (erlaubte) Energiebereiche, so genannte *Energiebänder*. Die dazwischenliegenden Energiebereiche nennt man verbotene Energiebänder und die Gesamtheit aller Energiebänder das Energiebändermodell, kurz *Bändermodell*. Sein Zustandekommen und die damit mögliche Klassifizierung der Festkörper in Metalle, Halbleiter und Isolatoren werden in diesem Abschnitt erläutert.

10.4.2.1 Energiewerte der Elektronen im Einzelatom

Nach dem sehr einfachen *Bohrschen Atommodell* bewegen sich die Elektronen eines Atoms um den Atomkern in kreis- bzw. ellipsenförmigen Bahnen, wobei der Atomkern Mittelpunkt der Kreise oder ein Brennpunkt der Ellipsen ist. Der positive Atomkern (Kernladungszahl z) ist von z negativen Elektronen umgeben, sodass die Wirkung der positiven Ladung des Kerns gerade durch die Gesamtladung aller Elektronen aufgehoben wird und somit das Atom nach außen hin neutral wirkt. Wesentlich für die weiteren Betrachtungen ist das durch die Erfahrung bestätigte Postulat, dass die an den Atomkern gebundenen Elektronen nur auf ganz bestimmten *Bahnen* (*Schalen*) den Atomkern umkreisen können, ohne Energie in Form einer elektromagnetischen Welle abzustrahlen. Diese Erfahrungstatsache ist im Rahmen der klassischen Physik nicht zu verstehen, sondern eine Folge quantenmechanischer Gesetze. Entsprechend seiner Geschwindigkeit (kinetische Energie) und seiner Entfernung vom Kern (potenzielle Energie) hat das Elektron eine für jede Bahn charakteristische, konstante Gesamtenergie W_n (auch *Energieniveau* oder *Energieterm* genannt). Wenn der Nullpunkt der potenziellen Energie ins unendlich Ferne gelegt wird, um eine allgemeingültige Darstellung zu erreichen, bedeutet $W_n < 0$, dass das Elektron an den Kern gebunden ist. Für diese Bindungszustände gilt nach der Quantentheorie $-W_n \sim 1/n^2$ (Bild 10.22). Da nur eine diskrete Schar von Elektronenbahnen existiert, sind Zwischenwerte nicht möglich im Gegensatz zum freien Elektron, das beliebige Werte seiner Gesamtenergie haben kann.

In der Natur stellt sich jedes physikalische System so ein, dass sein Energieinhalt so klein wie möglich ist. Daher haben auch die Elektronen das Bestreben, ein möglichst tiefes Energieniveau (möglichst kleine *Schalennummer* n) einzunehmen. Nach den Gesetzen der Quantenmechanik finden auf dem erlaubten Energieniveau W_n der n-ten Schale $2n^2$ Elektronen Platz, d. h. Bahnen in großer Entfernung vom Atomkern können mehr Elektronen aufnehmen als Bahnen in unmittelbarer Umgebung des Kerns. Die Elektronen eines Atoms besetzen daher zunächst die unteren Energieniveaus (beginnend mit $n = 1$).

Das oberste Energieniveau, welches überhaupt Elektronen enthält, ist i. Allg. unvollständig besetzt. Die Elektronen in der äußersten Schale sind für chemische Reaktionen maßgebend, denn sie sind die am lockersten an den Atomkern gebundenen Elektronen. Ihre Anzahl ist gleich der *Wertigkeit* (*Valenz*) der betreffenden Atomsorte; man nennt sie daher *Valenzelektronen*.

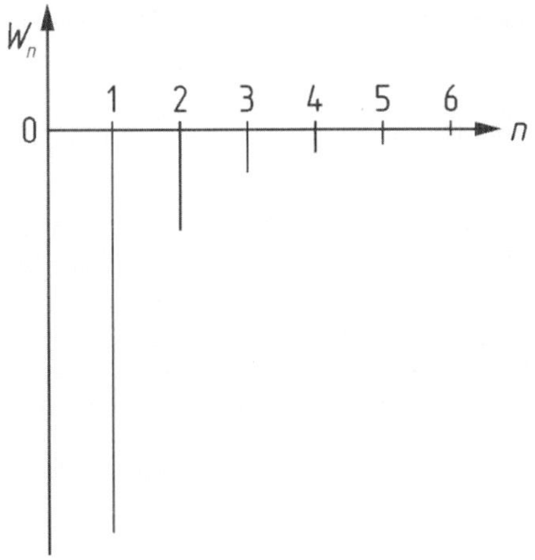

Bild 10.22 Darstellung der möglichen Energiewerte W_1, W_2, $W_{\underline{n}}$ ... beim Bohrschen Atommodell

10.4.2.2 Energiewerte der Elektronen im kristallinen Festkörper, Klassifizierung nach Metallen, Halbleitern und Isolatoren

Wegen der engen räumlichen Nachbarschaft der Atome im Kristall treten ihre Elektronenhüllen in eine starke kräfte- und energiemäßige *Wechselwirkung. Als Folge davon entstehen aus jedem erlaubten diskreten Energieniveau eines Elektrons im Einzelatom N eng benachbarte, erlaubte Energieniveaus eines Elektrons im Kristall* (N = Zahl der in Wechselwirkung stehenden Atome). Hierzu gibt es ein anschauliches Analogon aus dem Bereich der gekoppelten elektrischen Netzwerke (Abschnitt 7.2.4): Ein frei schwingender *LC*-Schwingkreis ist durch eine charakteristische Frequenz gekennzeichnet, die Resonanzfrequenz $f_{res} = 1/2\,\pi\sqrt{LC}$, bei der Energie zwischen den beteiligten Speichern Induktivität L und Kapazität C periodisch ausgetauscht wird. Entsprechend besitzt ein System aus zwei gleichen gekoppelten Schwingkreisen zwei derartige charakteristische Frequenzen, von denen je eine etwas oberhalb und unterhalb der Resonanzfrequenz des Einzelkreises liegt. Diese beiden Resonanzfrequenzen des Gesamtsystems liegen umso weiter auseinander, je stärker die Kopplung der beiden Schwingkreise ist (Beispiel 10.9).

Beispiel 10.9 Resonanz bei gekoppelten Schwingkreisen

Gegeben ist das in Bild 10.23 dargestellte System aus zwei transformatorisch gekoppelten Schwingkreisen.

Für die beiden Kreise gilt nach dem Maschensatz

$$\underline{U}_1 = \frac{2}{\mathrm{j}\omega C}\underline{I}_1 + \mathrm{j}\omega L\,\underline{I}_1$$

bzw.

$$\underline{U}_2 = \frac{2}{\mathrm{j}\omega C}\underline{I}_2 + \mathrm{j}\omega L\,\underline{I}_2,$$

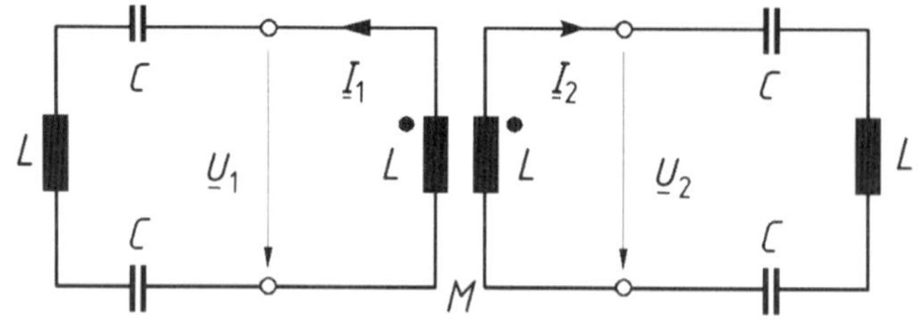

Bild 10.23 System aus zwei gleichen, transformatorisch gekoppelten Schwingkreisen

andererseits gilt nach Gl. (6.106a, b) für den verlustlosen Übertrager beim in Bild 10.23 auf beiden Seiten verwendeten Erzeuger-Zählpfeilsystem

$$\underline{U}_1 = -\mathrm{j}\,\omega L\,\underline{I}_1 - \mathrm{j}\,\omega M\,\underline{I}_2$$

$$\underline{U}_2 = -\mathrm{j}\,\omega M\,\underline{I}_1 - \mathrm{j}\,\omega L\,\underline{I}_2,$$

d. h. zusammengefasst

$$2\left(\mathrm{j}\omega L + \frac{1}{\mathrm{j}\omega C}\right)\underline{I}_1 + \mathrm{j}\,\omega M\,\underline{I}_2 = 0$$

$$\mathrm{j}\omega M\,\underline{I}_1 + 2\left(\mathrm{j}\omega L + \frac{1}{\mathrm{j}\omega C}\right)\underline{I}_2 = 0.$$

Da die triviale Lösung $\underline{I}_1 = 0$, $\underline{I}_2 =$ ausgeschlossen werden kann, erhält man die Lösung aus der Forderung, dass die Koeffizienten-Determinante dieses Gleichungssystems

$$\begin{vmatrix} 2\left(\mathrm{j}\omega L + \dfrac{1}{\mathrm{j}\omega C}\right) & \mathrm{j}\omega M \\ \mathrm{j}\omega M & 2\left(\mathrm{j}\omega L + \dfrac{1}{\mathrm{j}\omega C}\right) \end{vmatrix} = -4\left(\omega L - \frac{1}{\omega C}\right)^2 + \omega^2 M^2 = 0$$

sein muss. Diese biquadratische Gleichung führt auf die beiden Resonanzfrequenzen des Schwingkreissystems:

$$\omega_1 = \frac{1}{\sqrt{L \cdot C}} \cdot \frac{1}{\sqrt{1 + \dfrac{M}{2L}}}, \qquad \omega_2 = \frac{1}{\sqrt{L \cdot C}} \cdot \frac{1}{\sqrt{1 - \dfrac{M}{2L}}}, \quad (M \le L).$$

Dieses Ergebnis belegt quantitativ die eingangs gemachten Bemerkungen.

In Verallgemeinerung des Ergebnisses des Beispiels 10.9 gilt: Eine Kette aus N gleichen verlustfreien Schwingkreisen besitzt N Resonanzfrequenzen. Sie liegen, wie die hier nicht wiedergegebene Rechnung zeigt, im endlichen Frequenzbereich

$$f_{\mathrm{res}} / \sqrt{1 + \frac{M}{2L}} \;\ldots\; f_{\mathrm{res}} / \sqrt{1 - \frac{M}{2L}}\,, \; (M \le L). \tag{10.41}$$

Für $N \to \infty$ entsteht somit ein Kontinuum von Resonanzfrequenzen (Bild 10.24).

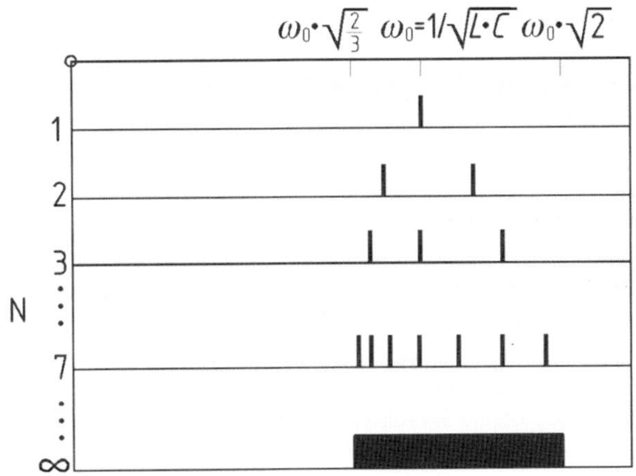

Bild 10.24 Resonanzkreisfrequenzen einer Kette aus *N* gleichen, transformatorisch gekoppelten Schwingkreisen ($M/L = 1$)

Eine harmonische Anregung (Spannung oder Strom), die dem einen Ende der Kette zugeführt wird, pflanzt sich in Form einer ungedämpften (Spannungs- oder Strom-)Welle über die Struktur hinweg fort, sofern die Frequenz im Intervall (10.41) liegt. Man nennt es daher *Durchlassbereich*. Für Frequenzen außerhalb dieses Intervalls verursacht eine Anregung eine vom Ort der Anregung aus über der Struktur exponentiell abfallende Strom-Spannungs-Verteilung. Diese Frequenzen bilden den *Sperrbereich* der Struktur. (Dabei ist die „Dämpfung“ keine Folge von Energieverlusten in den Elementen der Schwingkreise, denn diese sind ja als „verlustfrei“ angenommen; vielmehr liegt hier eine Reflexionsdämpfung vor.)

Diese vertrauten Tatsachen lassen sich nun qualitativ auf das Verhalten eines Elektrons in einem Kristall übertragen. Dabei beschränken wir uns, da es hier nur um das Prinzipielle geht, auf eine lineare Anordnung von *N* gleichartigen Atomen (*eindimensionaler Kristall*), bei der im Sinne unserer Analogie jedes Atom lediglich mit seinen beiden nächsten Nachbarn in Wechselwirkung tritt. Durch diese Wechselwirkung spaltet jeder erlaubte atomare Energiewert W_n in *N* erlaubte Energiewerte für ein Kristallelektron auf, die jeweils in einem endlichen Energieintervall liegen (Bild 10.25, vgl. Bild 10.24). Wegen der außerordentlich großen Anzahl der in einem Festkörper vereinigten Atome ($N \approx 10^{22}\ cm^{-3}$) entstehen so viele dicht beieinanderliegende Energiewerte, dass man sie nicht mehr voneinander unterscheiden kann: Aus jedem Energieniveau eines Einzelatoms entsteht scheinbar als Kontinuum ein *Energieband* gewisser Breite (Bild 10.25c). Die zwischen den Bändern mit erlaubten Energieniveaus verbleibenden Zwischenräume (*verbotene Bänder*) enthalten keine durch Elektronen stationär besetzbaren Energieniveaus.

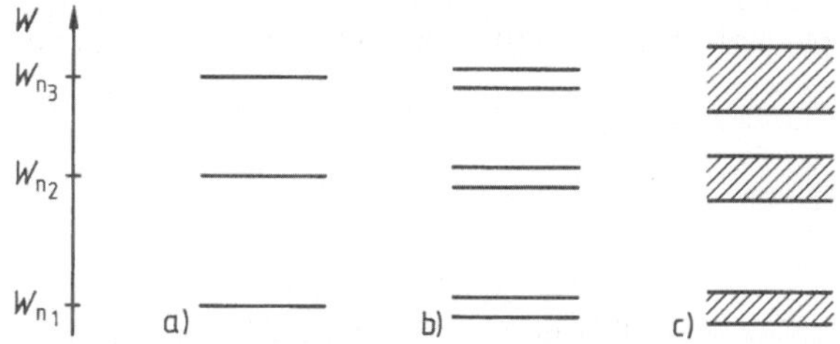

Bild 10.25 Zur Entstehung des Bändermodells aus den möglichen Energiewerten der Einzelatome
a) Einzelatom (vgl. Bild 10.22)
b) zwei Atome
c) Festkörper ($N \to \infty$, typisch $10^{22}\ cm^{-3}$)

Die Breite der Energiebänder wird für tiefer liegende Energiewerte immer kleiner. Diese Abnahme wird dadurch hervorgerufen, dass die Kopplung zwischen den Elektronen der Atome im Gitter um so schwächer ist, je stärker ihre Bindung an den Atomkern ist, d. h. je näher sie sich bei ihm befinden. Bei Bändern höher liegender Energiewerte kann die Breite dagegen so groß werden, dass sich sogar zwei Bänder überlappen.

Die Analogie zwischen der Schwingkreiskette und dem eindimensionalen Kristall gilt auch bezüglich der Bewegung eines Elektrons durch den Kristall hindurch: Ein *Elektron* mit einem Wert der Gesamtenergie *innerhalb* eines *erlaubten* (*verbotenen*) *Bandes* breitet sich in Form einer *ungedämpften* (*gedämpften*) *Materiewelle* aus[1]. Dem zur Energie proportionalen Amplitudenquadrat der Spannungs- bzw. Stromwelle bei der Schwingkreiskette entspricht nach den Gesetzen der Quantenmechanik die *Aufenthaltswahrscheinlichkeit* eines Elektrons an einer Stelle im Kristall. Der räumlich konstanten Energiedichte im Durchlassbereich der Schwingkreiskette entspricht somit die konstante Aufenthaltswahrscheinlichkeit eines Kristallelektrons in einem erlaubten Energieband, d. h. die dortigen Energiewerte sind im gesamten Kristall „erlaubt“. Daher wird jeder erlaubte Energiewert durch einen durchgehenden Strich gekennzeichnet (bei unserem bislang eindimensionalen Kristall also längs der x-Achse). Kristallelektronen mit Energiewerten in verbotenen Bändern sind entsprechend durch gedämpfte Materiewellen zu beschreiben mit Aufenthaltswahrscheinlichkeiten, welche vom Ort der Freisetzung des Kristallelektrons aus exponentiell abfallen (Abschnitt 10.4.4.2).

Die vorstehend beschriebene Analogie zwischen der Ausbreitung einer Spannungs- bzw. Stromwelle über eine Schwingkreiskette hinweg und der Bewegung eines Kristallelektrons bestimmter Energie ist deshalb nicht überraschend, da es sich in beiden Fällen um die *Wellenausbreitung* in *periodischen Strukturen* handelt.

Entsprechend wie im Einzelatom werden im Kristall die erlaubten Energieniveaus von tiefen Werten zum Wert null hin durch die Gesamtheit der Elektronen besetzt. Dabei kann das oberste mit Elektronen besetzte Energieband entweder vollständig besetzt sein – wie die darunter liegenden Bänder – oder unvollständig. Die Quantenmechanik lehrt, dass ein vollständig mit Elektronen besetztes Energieband keinen Beitrag zur elektrischen Leitfähigkeit leistet, da sich die Anteile der einzelnen Elektronen kompensieren. Im Teilchenbild wird dieser Umstand wie folgt beschrieben und ist anschaulich verständlich: Alle Valenzelektronen sind in den Bindungen zwischen den Atomen gefangen und stehen daher für die Stromleitung nicht zur Verfügung. Hieraus ergibt sich sofort eine Einteilung der kristallinen Festkörper in Leiter (Metalle) und Nichtleiter (Isolatoren). Im ersten Fall ist das oberste mit Elektronen besetzte Energieband unvollständig besetzt (man nennt es daher *Leitungsband*), im zweiten Fall ist auch das oberste mit Elektronen besetzte Energieband vollständig besetzt (man nennt es *Valenzband*). Das Leitungsband ist hier also leer. Die Breite $W_G = W_C - W_V$ des verbotenen Energiebandes (W_C = Unterkante Leitungsband, W_V = Oberkante Valenzband) wird *Bandabstand* genannt. Bei dieser Klassifizierung fehlen zunächst die Halbleiter. Wie diese zwischen die Metalle und Isolatoren einzuordnen sind, wird im Folgenden erläutert.

---

[1] Die duale Teilchen- und Wellenvorstellung vom Elektron ist experimentell fundiert. So bietet sich beispielsweise für die Beschreibung der Ablenkung eines Elektronenstrahls durch elektrische oder magnetische Felder das Teilchenbild an, während die „Aufspaltung eines Elektronenstrahls“ beim Auftreffen auf die Oberfläche metallischer Substanzen, in ähnlicher Weise wie die Beugung von Licht an Gittern, nur durch den Wellencharakter des Elektrons erklärt werden kann.

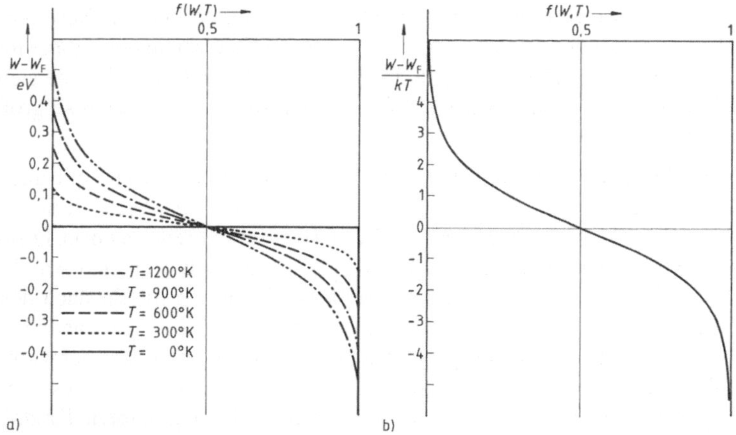

Bild 10.26 Fermi-Verteilung
a) für verschiedene Temperaturen, b) normierte Darstellung

Die vorstehend beschriebene Besetzung der erlaubten Energiezustände gilt exakt nur am absoluten Nullpunkt der Temperatur $T = 0$ K. Bei Temperaturen $T > 0$ K, d. h. in allen realen Fällen, führt das Prinzip des Energieminimums der Elektronengesamtheit in Verbindung mit einer quantenmechanischen Zusatzbedingung (Ausschließungsprinzip von Pauli) dazu, dass jeder erlaubte Energiezustand W nicht automatisch besetzt ist, sondern dass hierfür lediglich eine gewisse Wahrscheinlichkeit $f(W, T)$ mit $0 \leq (W, T) \leq 1$ besteht. Diese *Fermi-Verteilung*

$$f(W, T) = \frac{1}{1 + e^{(W - W_F)/kT}} \tag{10.42}$$

ist in Bild 10.26a in Abhängigkeit von der Elektronenenergie W mit der Temperatur T als Parameter dargestellt. Die *Fermi-Energie* W_F errechnet sich aus der Gesamtzahl der Kristallelektronen und ist somit eine entscheidende Materialkenngröße. Die Fermi-Verteilung hat Ähnlichkeit mit der Maxwell-Boltzmann-Verteilung der Geschwindigkeit von Gasmolekülen und geht formal für $W_F \to 0$, $W \gg kT$ in diese über. Der Größe kT (≈ 25 meV bei Raumtemperatur) kommt nach Gl. (10.42) die Bedeutung der Maßeinheit der Elektronenenergie im Kristall zu.

Am absoluten Nullpunkt $T = 0$ springt die Verteilungsfunktion an der Stelle $W = W_F$ vom Wert $f = 1$ (für $W < W_F$) auf den Wert $f = 0$ (für $W > W_F$), d. h. alle erlaubten Energiezustände unterhalb (oberhalb) des Fermi-Niveaus sind mit Sicherheit besetzt (unbesetzt).

Bei Temperaturen $T > 0$ geht die Verteilung in der Umgebung der Fermi-Energie innerhalb eines Energieintervalls von wenigen kT von f-Werten nahe *1* zu Werten nahe 0 über. Dazwischen liegende erlaubte Energiewerte sind mit einer Wahrscheinlichkeit $0 < f(W, T) < 1$ besetzt (Bild 10.26b).

Nach diesen Erläuterungen können wir nun Metalle, Halbleiter und Isolatoren in Verbindung mit dem Energiebändermodell des Festkörpers wie folgt klassifizieren (Bild. 10.27).

Bei **Metallen** liegt das Fermi-Niveau W_F innerhalb des Leitungsbandes, sodass es bei allen Temperaturen $T \geq 0$ erlaubte Energiezustände gibt, die auch besetzt sind, ohne dass das Leitungsband voll besetzt ist. Dieser Festkörpertyp besitzt also für alle Temperaturen $T \geq 0$ eine Leitfähigkeit.

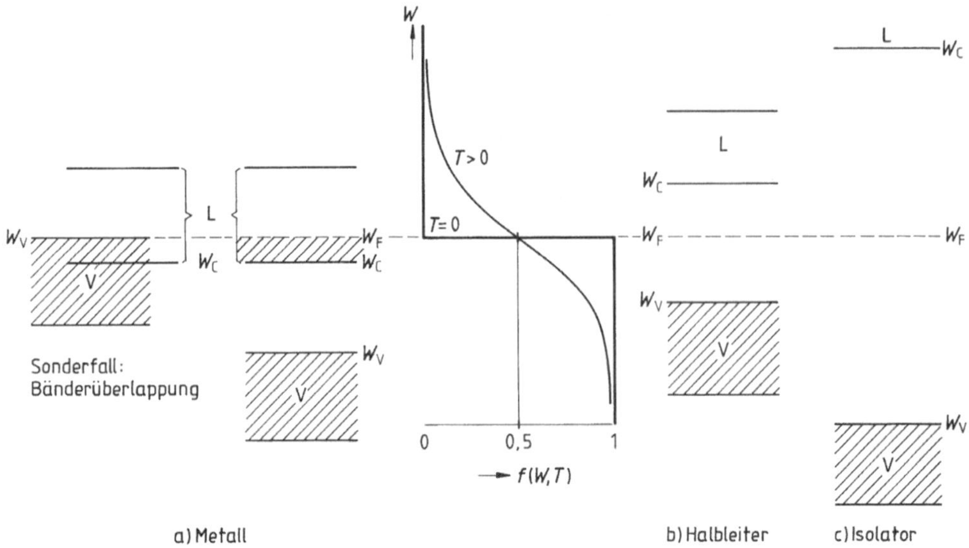

Bild 10.27 Bändermodell eines Metalls (a), Halbleiters (b) und Isolators (c)

Bei **Halbleitern** liegt das Fermi-Niveau etwa in der Mitte des verbotenen Energiebereiches $W_V \dots W_C$ (daher der Name Halbleiter). Folglich ist bei der Temperatur $T = 0$ das Leitungsband leer, das Valenzband voll gefüllt. Im Teilchenbild heißt das: Alle Valenzelektronen sind in Bindungen zwischen den Atomen „gefangen", der Festkörper leitet den Strom nicht – er verhält sich wie ein Isolator. Für Temperaturen $T > 0$ sind einige Energieniveaus in der Nähe der Oberkante des Valenzbandes mit einer merklichen Wahrscheinlichkeit unbesetzt. Die fehlenden Elektronen haben durch Aufnahme thermischer Energie aus dem Kristallgitter den Bandabstand $W_G = W_C - W_V$ überwunden und besetzen mit derselben Wahrscheinlichkeit entsprechende erlaubte Energieniveaus in der Nähe der Unterkante des Leitungsbandes. Im Teilchenbild stellt sich dieser Vorgang wie folgt dar: Bei Temperaturen $T > 0$ schwingen die Gitterbausteine um ihre Gleichgewichtslage und können einen Teil dieser thermischen Energie an Valenzelektronen abgeben. Wenn die übertragene Energie größer als die Bindungsenergie des Valenzelektrons an das Wirtsatom ist, wird es vom Atom abgegeben und steht als (quasi-) freies Elektron zur Stromleitung im Kristall zur Verfügung. Das Atom bleibt ionisiert zurück. Offenbar ist die untere Grenze der Bindungs- (= Ionisierungs-) Energie identisch mit dem Bandabstand W_G. Dieser Festkörpertyp besitzt also erst für $T > 0$ eine Leitfähigkeit.

Wie bei Halbleitern liegt auch bei **Isolatoren** das Fermi-Niveau nahe der Mitte des verbotenen Energiebereiches $W_V \dots W_C$. Der Unterschied zum Halbleiter besteht jedoch darin, dass der Bandabstand $W_C - W_V = W_G$ hier viel größer ist (Diamant 5,5 eV; Saphir 8,7 eV), d. h. auch der Energieaufwand, um ein Elektron aus dem voll besetzten Valenzband in das leere Leitungsband zu heben. Im Teilchenbild: Die Ionisierungsenergie zur Loslösung eines Valenzelektrons vom Wirtsatom ist viel größer und damit die Möglichkeit, eine Leitfähigkeit zu erzielen, viel geringer. Eine merkliche Leitfähigkeit würde bei diesem Festkörpertyp rechnerisch erst bei Temperaturen im Bereich des Schmelzpunktes (Diamant 3500 °C, Saphir 2050 °C) vorhanden sein. Bei tieferen Temperaturen, also dort, wo dieser Festkörpertyp in der Elektrotechnik eingesetzt wird, ist sein Leitungsband praktisch leer, d. h. er ist ein (nahezu idealer) Nichtleiter.

10.4.3 Elektrische Leitung in Metallen

10.4.3.1 Normalleitung

Die in einem metallischen Leiter vorhandenen (quasi-) freien Elektronen (d. h. im Bändermodell die Elektronen im Leitungsband) führen wegen ihrer Wechselwirkung mit den Metall-Atomen bzw. -Ionen eine thermisch bedingte unregelmäßige Eigenbewegung aus, bei der sie im zeitlichen Mittel am Ort bleiben. Wenn auf diese Elektronen als Folge einer an den metallischen Leiter angelegten Spannung eine elektrische Feldstärke $\vec{E}$ einwirkt, überlagert sich der stochastischen thermischen Bewegung eine gerichtete Bewegung entlang der elektrischen Feldlinien mit der *Driftgeschwindigkeit*

$$\vec{v} = -b\vec{E}\,. \tag{10.43}$$

Der Proportionalitätsfaktor b heißt *Beweglichkeit* (wie bei den ionisierten Gasen, s. die entsprechende Gl. (10.25)), dafür gilt in Analogie zu Gl. (10.26)

$$b = \frac{e\Lambda}{m_e \cdot \bar{v}_e} = \frac{e}{m_e}\tau_e \tag{10.44}$$

mit der *mittleren freien Weglänge* Λ, der mittleren Elektronengeschwindigkeit $\bar{v}_e = 3{,}58 \cdot \sqrt[3]{n/\mathrm{cm}^{-3}}\,\mathrm{cms}^{-1}$ [37] und der Zahl der am Strom beteiligten Elektronen pro Volumen n. *In erster Näherung darf man annehmen, dass jedes Metallatom ein (quasi-) freies Elektron liefert*, d. h. n ist von der Größenordnung der Avogadro-Konstante $N_A = 6{,}02 \cdot 10^{23}\ \mathrm{mol}^{-1}$.

Für die Stromdichte gilt entsprechend zu Gl. (10.29) (im Unterschied dazu gibt es hier aber nur eine Ladungsträgerart, nämlich die Elektronen mit der Ladung $Q_e = -e$)

$$\vec{J} = -en\vec{v}\,. \tag{10.45}$$

Durch Einsetzen der Gl. (10.43) in die Gl. (10.45) folgt

$$\vec{J} = enb\vec{E},$$

die Größe

$$\kappa = e\,n\,b \tag{10.46}$$

ist die *Leitfähigkeit*, ihr Kehrwert $1/\kappa = \rho$ ist der *spezifische Widerstand.* Da die Größen n und b – für konstante Temperatur – von der elektrischen Feldstärke (bzw. von der anliegenden Spannung) unabhängig sind, ist die elektrische Stromdichte proportional zur Feldstärke bzw. zur Spannung. Diese Aussage

$$\vec{J} = \kappa\,\vec{E} \tag{10.47}$$

wird als *Ohmsches Gesetz* bezeichnet (Abschnitt 2.1.1.1).

Beispiel 10.10 Ladungsträgerströmung in Silber

Silber besitzt bei Raumtemperatur den spezifischen Widerstand $\rho = 1{,}6\ \mu\Omega\ \mathrm{cm}$. Wie groß sind die Beweglichkeit und die mittlere freie Weglänge Λ und wie groß ist die Driftgeschwindigkeit $|\vec{v}|$ bei der Stromdichte 1 A/mm²?

Aus Gl. (10.46) folgt mit $e = 1{,}6 \cdot 10^{-19}$ As, n = $5{,}86 \cdot 10^{22}\ \mathrm{cm}^{-3}$

$$b = \frac{1}{\rho e n} = \frac{1}{1{,}6\ \mu\Omega\ \mathrm{cm} \cdot 1{,}6 \cdot 10^{-19}\mathrm{As} \cdot 5{,}86 \cdot 10^{22}\mathrm{cm}^{-3}} = 66{,}7\frac{\mathrm{cm}^2}{\mathrm{Vs}}.$$

Der Wert für n ergibt sich aus der Dichte 10,5 gcm^{-3}, der relativen Atommasse 107,87 und der Avogadro-Konstante $N_A = 6{,}02 \cdot 10^{23}\ mol^{-1}$. Die mittlere Elektronengeschwindigkeit beträgt $\overline{v}_e = 3{,}58 \cdot \sqrt[3]{5{,}86 \cdot 10^{22}}\ cms^{-1} = 1{,}39 \cdot 10^8\ cms^{-1}$. Damit folgt aus Gl. (10.44)

$$\Lambda = \frac{9{,}1 \cdot 10^{-28}\,g\,1{,}39 \cdot 10^8\,cms^{-1}}{1{,}6 \cdot 10^{-19}\,As} 66{,}7 \frac{cm^2}{Vs} = 5{,}27 \cdot 10^{-6}\ cm,$$

das sind etwa 100 Atomdurchmesser. Die gesuchte Driftgeschwindigkeit erhält man aus Gl. (10.45) zu

$$|\vec{v}| = \frac{1\,Amm^{-2}}{1{,}6 \cdot 10^{-19}\,As \cdot 5{,}86 \cdot 10^{22}\,cm^{-3}} = 0{,}11 \frac{mm}{s},$$

sie ist also um 10 Zehnerpotenzen kleiner als die mittlere Elektronengeschwindigkeit $\overline{v}_e$.

Die (quasi-) freien Metallelektronen legen also in Richtung eines einwirkenden elektrischen Feldes $\vec{E}$ im Mittel nur sehr kleine Strecken und diese mit sehr geringer Geschwindigkeit ungestört zurück. Durch die fortwährenden Zusammenstöße mit den Metall-Ionen wird die einem Elektron zwischen zwei aufeinanderfolgenden Stößen vom elektrischen Feld erteilte kinetische Energie ΔW jeweils in ungeordnete Bewegung der Gitterbausteine umgesetzt, d. h. in Joulesche Wärme. Dabei gilt ΔW = Kraft ·Weg, also mit Gl. (10.43) $\Delta W = (-e\,E)\,(\tau_e \cdot (-b\,E))$. Da die Anzahl der Zusammenstöße pro Volumen proportional zur Elektronendichte n ist und pro Zeit jedes Elektron im Mittel $1/\tau_e$ Zusammenstöße erfährt, beträgt die räumliche Dichte der thermischen Verlustleitung

$$W_J = \frac{n}{\tau_e} \cdot \Delta W = enbE^2 = \kappa E^2 .$$

Die Joulesche Stromwärme wächst also mit dem Quadrat der Feldstärke und damit auch der Stromdichte (Gl. (10.47)).

10.4.3.2 Supraleitung

Mit dem Begriff *Supraleitung* bezeichnet man die Erscheinung, dass bei einigen Metallen (sowie Legierungen und metallisch leitenden Verbindungen) der spezifische Widerstand beim Unterschreiten einer *Sprungtemperatur* T_C praktisch schlagartig auf einen unmessbar kleinen Wert absinkt. Tabelle 10.5 enthält in der linken und mittleren Spalte eine Auswahl derartiger Materialien. Auch bei einigen Metalloxyden (Keramiken) wurde die Eigenschaft der Supraleitung entdeckt und zwar bei auffallend hohen Sprungtemperaturen (s. die rechte Spalte in Tabelle 10.5). Diese *Hochtemperatur-Supraleiter* sind für den praktischen Einsatz von besonderem Interesse.

Tabelle 10.5 Sprungtemperatur einiger Supraleiter

	T_C/K		T_C/K		T_C/K
Al	1,18	Pb	7,2	La-Ba-CuO	30
In	3,41	Nb	9,46	Y-BaCuO	90
Sn	3,72	NbTi (50 %)	10,5	BiSrCaCuCo	110
V	5,3	Nb_3Sn	18	TlBaCaCuO	123

10.4.3.3 Technische Nutzung

Die Normalleitung von Metallen bzw. Metall-Legierungen wird in einer Fülle von Anwendungen genutzt, wie die folgende stichwortartige Übersicht zeigt:

- *Leiterwerkstoffe*: Wicklungen, Kabel, Freileitungen, Hohlleiteroberflächen, Leiterbahnen in integrierten Schaltungen, Dünn- und Dickschicht-Schaltungen sowie auf Leiterplatten

- *Kontaktwerkstoffe*: Mess-, Nachrichten- sowie Starkstromtechnik
- *Widerstands-Werkstoffe*: Normal- und Präzisions-Widerstände, Heizleiter
- *Messtechnik*: Widerstandsthermometer, Thermoelemente

Die Werkstoffe werden dabei vorwiegend in polykristalliner Form verwendet.

Für die *Supraleitung* ergeben sich ebenfalls zahlreiche, wenn auch (wegen des Kühlaufwandes) speziellere Anwendungsmöglichkeiten, die sich z. T. noch im Entwicklungsstadium befinden, so z. B. in der *Schwachstromtechnik* für

- hochempfindliche Messtechnik (Magnetometer, Galvanometer, Spannungs-Normale),
- Mikrowellentechnik (Filter und Resonatoren sehr hoher Güte, hochempfindliche Detektoren und Mischer)
- extrem schnelle logische Gatter, Speicher und A/D-Wandler

und in der *Starkstromtechnik* für

- Magnetspulen für Kernforschung, Kernspintomographie, Magnetschwebebahn (in Japan),
- Drehstromkabel und Kabel für die *Hochspannungs-Gleichstromübertragung* (HGÜ) als Alternative zu Hochspannungsüberlandleitungen
- Spulen für magnetische Energiespeicher, Strombegrenzer.

10.4.4 Elektrische Leitung in Halbleitern

Als Halbleiter wurden ursprünglich alle Substanzen bezeichnet, deren elektrische Leitfähigkeit bei Raumtemperatur zwischen etwa $\kappa = 10^3$ S cm^{-1} und $\kappa = 10^{-10}$ S cm^{-1} liegt, also zwischen der sehr großen Leitfähigkeit von Metallen und der sehr kleinen Leitfähigkeit von Isolatoren. Diese rein phänomenologische Kennzeichnung umfasst – selbst bei Beschränkung auf kristalline Substanzen – eine sehr heterogene Stoffgruppe: Die meisten dieser Substanzen zeigen bezüglich der elektrischen Leitfähigkeit einen positiven Temperaturkoeffizienten (Heißleiter), einige – in Übereinstimmung mit den Metallen – einen negativen (Kaltleiter, z. B. Boride, Karbide, Nitride). Diese Eigenschaft kann sogar bei der selben Substanz je nach Temperaturbereich unterschiedlich sein. Ferner lässt sich die Leitfähigkeit dieser Stoffe außer durch die Temperatur durch geringfügige Störungen des Gitteraufbaus (z. B. durch Fremdstoffanteile) sowie durch Belichtung wesentlich beeinflussen. In Verbindung mit metallischen Kontakten oder einem zweiten Halbleiter ist je nach Materialkombination die Leitfähigkeit von der Stromrichtung abhängig oder unabhängig.

Diese auf den ersten Blick verwirrende Vielfalt von Erscheinungen kann mit dem atomistischen Modell des kristallinen Halbleiters oder mit seinem Bändermodell erklärt werden. Wegen ausführlicher Darstellungen der Halbleiterphysik wird auf [36], [43] und [46] verwiesen.

Bei den heutzutage gebräuchlichen Halbleitern wird die elektrische Leitfähigkeit nur durch Elektronen verursacht (*elektronische Halbleiter*), die Ionenleitung spielt also keine Rolle. Dabei kommen sowohl *Element-Halbleiter* (Germanium, Silizium) als auch *Verbindungs-Halbleiter* (z. B. GaAs, CdS, InGaAsP) zum Einsatz.

10.4.4.1 Eigenleitung

Beim absoluten Nullpunkt der Temperatur ($T = 0$ K) ist der reine Halbleiter ein idealer Isolator, denn die Valenzelektronen vermitteln paarweise die Bindung zwischen benachbarten Atomen und können sich daher – im Gegensatz zu den Metallen – nicht frei innerhalb des Gitters bewegen. Dieser Zustand entspricht im Bändermodell dem vollständig mit Elektronen besetzten Valenzband bei gleichzeitig leerem Leitungsband (Bild 10.27b).

Bei Temperaturen $T > 0$ wird Energie aus den Schwingungen der Atome um ihre Gleichgewichtslage auf die gebundenen Elektronen im Atom übertragen. Diese kann ausreichen, um eines oder mehrere der am lockersten gebundenen Elektronen (Valenzelektronen) aus ihrer Bindung herauszureißen, wobei ein positiv geladener (ionisierter) Atomrumpf zurückbleibt. Die losgelösten Elektronen können sich dann im Gitter frei bewegen. (Natürlich unterliegen diese Elektronen den elektrischen Kraftwirkungen der ionisierten Atomrümpfe; man nennt sie daher, zur Unterscheidung der Elektronen im Vakuum, *quasifrei.*) Bei Anlegen eines äußeren elektrischen Feldes $\vec{E}$ können diese Elektronen einen Strom in Richtung von $\vec{E}$ transportieren und so zu einer elektrischen Leitfähigkeit der Substanz führen. Mit wachsender Temperatur nimmt die Anzahl der thermisch aufgebrochenen Elektronenpaar-Bindungen und damit die Zahl der zum Stromtransport zur Verfügung stehenden Elektronen etwa exponentiell zu.

Im Bändermodell wird dieser Vorgang so beschrieben: Ein Elektron wird unter Aufnahme einer Energie $W \geq W_G$ (= 0,66 eV bei Germanium und 1,1 eV bei Silizium) aus dem Valenzband über den verbotenen Energiebereich W_G hinweg in das Leitungsband gehoben, in dem es sich dann frei bewegen kann. Die Zunahme der Anzahl dieser Übergänge mit der Temperatur kommt dadurch zum Ausdruck, dass die Fermi-Verteilung bei Temperaturerhöhung verschliffener verläuft, sodass im Valenz-(Leitungs-)Band immer mehr Energiezustände unbesetzt (besetzt) sind (Bilder 10.26 und 10.27b).

Das Aufbrechen einer Elektronenbindung und die damit verbundene Befreiung eines Elektrons hinterlässt in der Elektronengesamtheit des Kristallgitters eine Lücke. Dieser Mangel an negativer Ladung (d. h. ein Überschuss $+e$ an positiver Ladung) kann wegen des stochastischen Charakters der Elektronenbefreiung dadurch beseitigt werden, dass ein benachbartes Atom ein Valenzelektron abgibt. Dadurch entsteht dann allerdings dort eine Lücke in der Elektronenhülle. Diese kann wiederum durch ein befreites Elektron eines anderen Atoms geschlossen werden usw. Es bewegen sich also nicht nur die jeweils aus den Bindungen befreiten Elektronen, sondern auch die zugehörigen Lücken, allerdings in der entgegengesetzten Richtung. Dieser Vorgang lässt sich so beschreiben, als ob sich ein positiver Ladungsträger mit der Ladung $+e$ regellos durch den Kristall hindurchbewegen würde. Ein solcher fiktiver Ladungsträger wird als *Loch* oder *Defektelektron* bezeichnet. Bei Anlegen eines äußeren elektrischen Feldes fließt also im Halbleiter nicht nur ein Elektronenstrom, sondern auch ein *Löcherstrom.* Diesen für einen Halbleiter typischen Leitungsmechanismus nennt man *Eigenleitung.* Er ist in Bild 10.28a schematisch für Germanium bzw. Silizium dargestellt. Die Darstellung desselben Vorgangs im Bändermodell zeigt Bild 10.28b: Die aus den Bindungen befreiten Valenz-Elektronen befinden sich im Leitungsband, während die von ihnen im Valenzband hinterlassenen Lücken durch die Defektelektronen besetzt sind. Mit den Methoden der Quantentheorie kann bewiesen werden, dass die Leitfähigkeit der lückenhaften Elektronengesamtheit im Valenzband tatsächlich gerade so groß ist, als ob die unbesetzten Energieterme mit Teilchen der Masse m_e und der Ladung $+e$ besetzt und Elektronen überhaupt nicht vorhanden wären.

Die Hilfsvorstellung, das Defektelektron als positiven Ladungsträger zu betrachten, ermöglicht es, viele Vorgänge im Halbleiter anschaulich zu erklären. Um die Anwendungsgrenzen dieser Verstellung erkennen zu können, muss man jedoch beachten, dass der real vorhandene positive Ladungsträger das ionisierte Gitteratom ist, das abgesehen von den thermischen Schwingungen um die Gleichgewichtslage ortsgebunden ist. Was tatsächlich als Folge des Elektronenübergangs wandert, ist lediglich der positive Ionisationszustand. Das positiv geladene Defektelektron existiert dagegen als reales Teilchen nicht. Insbesondere können also durch Erhitzen eines Festkörpers keine Defektelektronen ins Freie emittiert werden, wohl aber Elektronen.

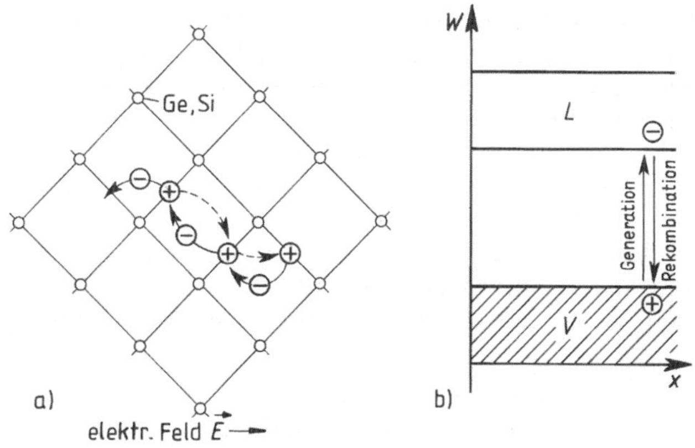

Bild 10.28 Eigenleitung im Halbleiter
a) Schematische Darstellung im Kristallgitter für Germanium und Silizium (atomistisches Modell, statt des in Wirklichkeit dreidimensionalen Tetraedergitters (Bild 10.21a) ist der Einfachheit halber ein zweidimensionales dargestellt)
b) Bändermodell L Leitungsband; V Valenzband; ⊖ Elektron; ⊕ Defektelektron

Die vorstehend beschriebene thermische Erzeugung freier Ladungsträger im Kristallgitter wird als *Generation* bezeichnet. Dabei entstehen Elektronen und Defektelektronen paarweise. Die Zahl G der Paarerzeugungsvorgänge pro Zeit und Volumen ist von der Konzentration der Ladungsträger unabhängig; mit der Temperatur nimmt sie exponentiell zu. Den umgekehrten Vorgang, d. h. die Rückkehr eines befreiten Elektrons in einen gebundenen Zustand (im Bild des Bändermodells die Wiedervereinigung eines Elektrons mit einem Loch) nennt man *Rekombination* (Bild 10.28b, vgl. die entsprechenden Bemerkungen bei den Gasen in Abschnitt 10.2.2). Die Zahl R der Rekombinationsvorgänge pro Zeit und Volumen ist proportional zur Konzentration der beiden Reaktionspartner (wie beim chemischen Massenwirkungsgesetz), d. h.

$$R = r \cdot n \cdot p \tag{10.48}$$

(n bzw. p = Konzentration der Elektronen bzw. Defektelektronen, vgl. Gl. (10.27)). Bei reinen Halbleitern ist aus Neutralitätsgründen natürlich $n = p$. Diese Konzentration der Ladungsträgerpaare wird *Inversions-* oder *intrinsic-Dichte* genannt und mit n_i bezeichnet. Im stromlosen Zustand gilt

$$G = R = rn_i^2 \tag{10.49}$$

Die intrinsic-Dichte nimmt in erster Näherung exponentiell mit der Temperatur T zu und mit dem Bandabstand W_G ab. Bei $T = 300$ K gilt für Germanium $n_i = 2{,}4 \cdot 10^{13}$ cm^{-3} und für Si $n_i = 1{,}45 \cdot 10^{10}$ cm^{-3}. Das bedeutet z. B. für Germanium, welches $4{,}4 \cdot 10^{22}$ Atome/cm^3 enthält, dass nur etwa jedes 10^9-te Atom ein Elektron zur Stromleitung zur Verfügung stellt. Zum Vergleich: Bei den Metallen liefert im Mittel jedes Atom ein Leitungselektron.

Während also die Konzentration freier Ladungsträger in einem reinen Halbleiter um viele Zehnerpotenzen geringer ist als in Metallen, ist die Beweglichkeit der Elektronen b_n bzw. der Defektelektronen b_p um ein bis zwei Zehnerpotenzen größer, wie die Tabelle 10.6 für die Temperatur $T = 300$ K zeigt. Die daraus hervorgehende Tendenz $b_n > b_p$ gilt allgemein.

Tabelle 10.6 Elektronen- und Löcherbeweglichkeiten der wichtigsten Halbleiter

	Si	Ge	GaP	GaAs	InP	InAs	InSb
				cm^2/Vs			
b_n	1500	3900	200	8800	4600	33000	80000
b_p	450	1900	150	400	150	450	850

Mit wachsender Temperatur nehmen die Beweglichkeiten ab, denn die Ladungsträger kommen durch die zunehmenden Schwingungen der Gitterbausteine immer langsamer in Richtung eines äußeren elektrischen Feldes voran.

Die *Leitfähigkeit* eines intrinsic-Halbleiters beträgt

$$\kappa_i = e\, n_i\, (b_n + b_p) \tag{10.50}$$

(vgl. Gl. (10.30)); sie nimmt mit wachsender Temperatur monoton zu, da die exponentielle Temperaturabhängigkeit von n_i dominiert.

Beispiel 10.11 Intrinsic-Leitfähigkeit von Germanium und Silizium

Wie groß sind die intrinsic-Leitfähigkeit und der spezifische Widerstand für Germanium und Silizium bei Raumtemperatur? In welchem Verhältnis stehen die Leitfähigkeiten zu derjenigen von Kupfer ($\rho = 1{,}7\ \mu\Omega$ cm)?

Nach Gl. (10.50) und Tabelle 10.6 gilt für Germanium ($n_i = 2{,}4 \cdot 10^{13}\ cm^{-3}$)

$$\kappa_i = 1{,}6 \cdot 10^{-19}\ As \cdot 2{,}4 \cdot 10^{13}\ cm^{-3} \cdot 5800\ cm^2\ (Vs)^{-1} = 2{,}23 \cdot 10^{-2}\ (\Omega\ cm)^{-1}$$

bzw.

$$\rho_i = 1/\kappa_i = 44{,}9\ \Omega\ cm$$

und für Silizium ($n_i = 1{,}45 \cdot 10^{10}\ cm^{-3}$)

$$\kappa_i = 1{,}6 \cdot 10^{-19}\ As \cdot 1{,}45 \cdot 10^{10}\ cm^{-3}\ 1950\ cm^2\ (Vs)^{-1} = 4{,}52 \cdot 10^{-6}\ (\Omega\ cm)^{-1}$$

bzw.

$$\rho_i = 1/\kappa_i = 2{,}21 \cdot 10^5\ \Omega\ cm.$$

Der Vergleich mit Kupfer liefert

$$\kappa_{Ge}/\kappa_{Cu} = 3{,}8 \cdot 10^{-8},\ \kappa_{Si}/\kappa_{Cu} = 7{,}7 \cdot 10^{-12}$$

Die Leitfähigkeit eines Halbleiters lässt sich gegenüber dem intrinsic-Wert dadurch erheblich verändern, dass durch Zusetzen von Fremdstoffen weitere Ladungsträger für die Stromleitung zur Verfügung gestellt werden. Diese Störstellenleitung ist der Gegenstand des folgenden Abschnitts.

10.4.4.2 Störstellenleitung

Die praktische Bedeutung der Halbleiter für Bauelemente der Elektrotechnik beruht darauf, dass ihre Leitfähigkeit in gezielter Weise und um viele Zehnerpotenzen dadurch erhöht werden kann, dass der regelmäßige Kristallaufbau durch Fremdatome gestört wird, die anstelle von Wirtsatomen auf Gitterplätzen eingebaut werden. Diesen Einbau von Fremdatomen nennt man *Dotieren*. Er kann technologisch auf verschiedene Art durchgeführt werden:

– Die Fremdatome werden bereits der Halbleiterschmelze zugeführt, aus der später der dotierte Einkristall gewonnen wird.

Von der Oberfläche des noch undotierten Einkristalls (Substrat) aus

- wächst aus einer mit Fremdatomen versetzten Gas- oder Flüssigkeitsphase ein dotierter Einkristall in der Orientierung des Substrats auf (*Gas-* bzw. *Flüssigphasen-Epitaxie*). Die Arbeitstemperatur liegt im ersten Fall z. B. für Si bei 1000 – 1250 °C, im zweiten Fall z. B. für GaAs bei 750 – 850 °C. Bei Verwendung von Gasen aus metallorganischen Verbindungen können schon bei wesentlich niedrigeren Temperaturen Schichten mit ausgezeichneter Kristallqualität hergestellt werden (z. B. 400 – 900 °C für GaAs).
- *diffundieren* Fremdatome in gasförmiger oder flüssiger Phase in das Substrat. Das Dotieren durch thermische Diffusion findet 300 – 500 °C unterhalb des Schmelzpunktes statt.
- werden Moleküle des Halbleiters und des Dotierstoffs aus einem Molekularstrahl an das Substrat angelagert. Diese *Molekularstrahl-Epitaxie* wird z. B. bei Silizium bei ca. 500 °C durchgeführt.
- werden ionisierte Fremdatome mit kinetischen Energien im Bereich 10 keV ... 500 keV mittels eines Teilchenbeschleunigers in das Substrat eingeschossen. Diese *Ionenimplantation* erfolgt bei Raumtemperatur. Anschließend ist zur Ausheilung von Gitterfehlern eine Wärmebehandlung (*Temperung*) erforderlich.

Der Dotierungsgrad liegt je nach Material und Anwendungsfall etwa zwischen 10^{13} und 10^{20} Fremdatomen/cm^3.

Die zur Dotierung geeigneten Elemente weisen einen Überschuss oder einen Mangel an Valenzelektronen verglichen mit den Atomen des Wirtsgitters auf, die sie substituieren. Wenn z. B. in das Gitter des vierwertigen Germaniums oder Siliziums fünfwertige Fremdatome eingebaut sind (z. B. Arsen, Antimon, Phosphor), werden vier der fünf Valenzelektronen für die Elektronenpaar-Bindungen mit den vier nächsten Nachbarn im Tetraeder benötigt. Diese vier Elektronen kompensieren fünf positive Kernladungen des Fremdatoms, sodass netto ein einfach positiv geladener Kern übrigbleibt, um den das überschüssige fünfte Elektron kreist (Bild 10.29a). Diese Konfiguration entspricht einem Wasserstoffatom, allerdings in einem Medium mit der relativen Permittivität $\varepsilon_r = 16$ (Germanium) bzw. 12 (Silizium). Daher beträgt die Bindungsenergie (= Ionisierungsenergie W_D) des überschüssigen Elektrons, die zu $1/\varepsilon_r^2$ proportional ist, nur etwa 50 bzw. 90 meV. Demgegenüber ist zur Erzeugung der Eigenleitung eine Energiezufuhr der Größe W_G (= 0,66 eV bei Ge bzw. 1,1 eV bei Si) erforderlich. Durch Zufuhr einer solchen (kleinen) Energie kann das fünfte Elektron vom Fremdatom getrennt werden. Derartige elektronenliefernde Fremdatome werden als *Donatoren* und die von den freigesetzten Elektronen bewirkte Leitfähigkeit als *Störstellenleitung* bezeichnet. Sie überlagert sich der schon vom reinen Halbleiter her bekannten Eigenleitung. Die zur Ionisierung des Donatoratoms erforderliche Energie wird aus den thermischen Gitterschwingungen bezogen, sodass bei Raumtemperatur ($kT \approx 25$ meV) praktisch alle Donatoratome ihr überschüssiges Elektron abgegeben haben. Sobald also die Dotierungskonzentration N_D wesentlich größer als die intrinsic-Dichte ist, wird die Leitfähigkeit des dotierten Halbleiters fast nur noch durch den Störstellengehalt bestimmt.

Der vorstehend geschilderte Sachverhalt lässt sich im Bändermodell wie folgt beschreiben: Da das fünfte Elektron durch Zufuhr einer sehr kleinen Energiemenge W_D zum Leitungselektron wird, befindet es sich im gebundenen Zustand (im verbotenen Energiebereich) auf einem Energieniveau, das im Abstand W_D, also dicht unterhalb der Kante des Leitungsbandes liegt. Da dieses Energieniveau nur am Ort des Fremdatoms existiert – im Gegensatz zu den Energieniveaus im Valenz- und Leitungsband – wird es im Energiebändermodell durch einen *kurzen* Strich gekennzeichnet (Bild 10.29b).

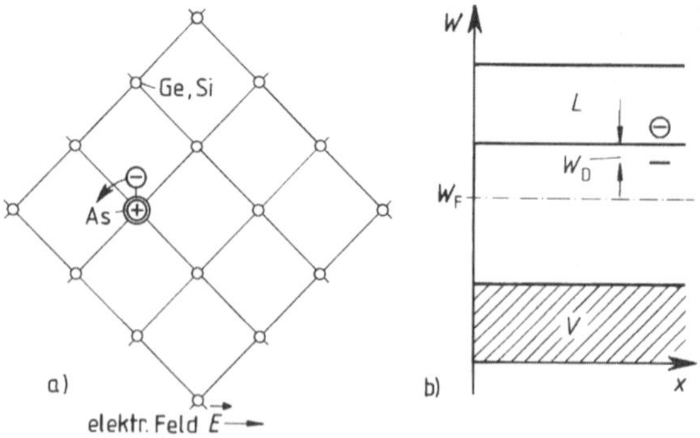

Bild 10.29 Störstellenleitung im n-Halbleiter
a) atomistisches Bild
b) Bändermodell
L Leitungsband
V Valenzband
W_D Ionisierungsenergie des Donators
W_F Fermi-Niveau
⊖ Elektron
⊕ Fremdatom, nach Elektronenabgabe positiv ionisiert (Donator)

In diesem Zusammenhang sei an die im Abschnitt 10.4.2.2 beschriebene Analogie zwischen dem Energiebändermodell und einer Kette gekoppelter identischer Schwingkreise erinnert: Wenn für ein einzelnes Kettenglied eine abweichende Resonanzfrequenz gewählt und die Kette an dieser Stelle durch eine harmonische Spannung bzw. einen harmonischen Strom erregt wird, so pflanzt sich diese Erregung in Form einer *gedämpften* Welle nach beiden Seiten auf der Kette fort. Im Abstand einiger Kettenglieder von der „Störstelle" aus merkt man also praktisch von der Erregung und damit vom „falschen" Kettenglied nichts mehr.

Da sich in dem mit Donatoren dotierten Halbleiter die Störstellenleitung der Eigenleitung überlagert, enthält das Leitungsband außer den aus Donatoren stammenden Elektronen auch solche *aus* dem Valenzband sowie *im* Valenzband die Löcher. Die Konzentrationen dieser beiden Ladungsträgerarten werden üblicherweise mit n_n bzw. p_n bezeichnet. Aus Gründen der Ladungsneutralität gilt

$$n_n = p_n + N_D^+ , \qquad (10.51)$$

wobei N_D^+ die Konzentration der ionisierten und daher positiv geladenen Donatoren ist. Bei Raumtemperatur ist N_D^+ praktisch gleich der Konzentration N_D der eingebrachten Donatoren. Die Gl. (10.49) gilt unverändert auch hier, d. h.

$$R = r \cdot n_n \cdot p_n = G = r\, n_i^2 . \qquad (10.52)$$

Für die elektrische Leitfähigkeit gilt in Verallgemeinerung der Gl. (10.50)

$$\kappa = e\,(p_n\, b_p + n_n\, b_n). \qquad (10.53a)$$

Nach Gl. (10.51) ist $n_n > p_n$, daher nennt man in einem mit Donatoren dotierten Halbleiter die Elektronen *Majoritätsträger* und die Defektelektronen *Minoritätsträger*. Sobald die Dotierungskonzentration N_D wesentlich größer als die intrinsic-Dichte n_i, ist, gilt nach den Gln. (10.51) und (10.52) sogar $n_n \gg n_i , p_n \ll n_i$, sodass nach Gl. (10.53a) die elektrische Leitfähigkeit numerisch praktisch nur von Elektronen bewirkt wird:

$$\kappa \approx e\, n_n\, b_n . \qquad (10.53b)$$

Man spricht daher von *n-Leitung* oder Elektronen- bzw. Überschussleitung und insgesamt von einem *n-Halbleiter*.

Beispiel 10.12 Störstellenleitung in einem Germanium-Kristall

Ein Germanium-Kristall enthalte $N_D = 10^{16}\ \text{cm}^{-3}$ Donatoren. Wie groß ist seine Leitfähigkeit bei $T = 300$ K und welchen Anteil haben daran die Defektelektronen?

Aus den Gln. (10.51) und (10.52) erhält man mit der erlaubten Näherung $N_D^+ = N_D$

$$n_n = \sqrt{\left(\frac{N_D}{2}\right)^2 + n_i^2} + \frac{N_D}{2}, \; p_n = \frac{n_i^2}{n_n} = \sqrt{\left(\frac{N_D}{2}\right)^2 + n_i^2} - \frac{N_D}{2},$$

d. h. mit der vorgegebenen Dotierung N_D und mit $n_i = 2{,}4 \cdot 10^{13}\ \text{cm}^{-3}$

$$n_n \approx N_D = 10^{16} \cdot \text{cm}^{-3}, \; p_n \approx \frac{n_i^2}{N_D} = 5{,}76 \cdot 10^{10}\ \text{cm}^{-3}.$$

Damit folgt aus Gl. (10.53a) mit den Beweglichkeiten nach Tabelle 10.6

$$\kappa = 1{,}6 \cdot 10^{-19}\ \text{As}\ (5{,}76 \cdot 10^{10} \cdot 1900 + 10^{16} \cdot 3900)\ \text{cm}^{-3}\ \frac{\text{cm}^2}{\text{Vs}} = 6{,}2 \frac{1}{\Omega\text{cm}}.$$

Der Defektelektronenanteil beträgt $\dfrac{5{,}76 \cdot 10^{10} \cdot 1900}{10^{16} \cdot 3900} = 2{,}8 \cdot 10^{-6}$, er ist also vernachlässigbar klein.

Eine Störstellenleitfähigkeit liegt auch vor, wenn in ein Germanium- oder Siliziumgitter Fremdatome mit nur drei Valenzelektronen eingebaut werden (z. B. Gallium, Indium, Aluminium, Bor). Ein derartiges Fremdatom kann nur drei der vier Elektronenpaar-Bindungen zu den nächsten Nachbarn realisieren; in der vierten Bindung fehlt ein Elektron. Diese Lücke kann unter Aufnahme einer geringen Ionisierungsenergie aus den Gitterschwingungen durch ein Valenzelektron aus einer Nachbarbindung aufgefüllt werden, wodurch das dreiwertige Fremdatom vier Valenzelektronen hat, also eine überschüssige negative Ladung aufweist. Da das Fremdatom ein Elektron aufnehmen kann, nennt man es *Akzeptor*. Bei diesem Vorgang ist bei dem das Elektron abgebenden Wirtsatom eine Lücke entstanden usf. Diese Lücke wandert also entgegen der Elektronen-Richtung wie bei der Eigenleitung beschrieben (Bild 10.30a).

Die Beschreibung des Akzeptors im Bändermodell ist dual zu der des Donators. Dass der Akzeptor unter geringer Energiezufuhr ein Elektron aus dem Valenzband aufnehmen kann, ist gleichbedeutend damit, dass er leicht ein Loch an das Valenzband abgibt. Daher liegt der gebundene Zustand des Loches dicht über der Valenzbandkante im verbotenen Energiebereich. Er wird dort durch einen *kurzen Strich* gekennzeichnet, da dieser Energiezustand nur in unmittelbarer Umgebung des Fremdatoms existiert (Bild 10.30b).

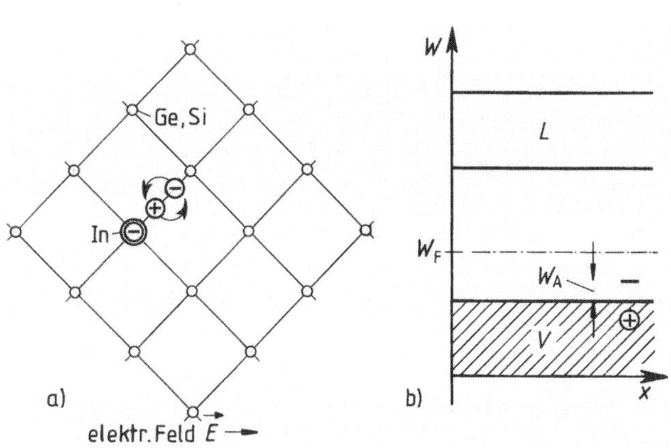

Bild 10.30 Störstellenleitung im p-Halbleiter
a) atomistisches Bild
b) Bändermodell
L Leitungsband
V Valenzband
W_A Ionisierungsenergie des Akzeptors
W_F Fermi-Niveau
⊖ Elektron
⊕ Defektelektron
⊜ Fremdatom, nach Elektronenaufnahme negativ ionisiert (Akzeptor)

Die Konzentrationen n und p werden hier üblicherweise mit dem Index p versehen. Daher lautet die Neutralitätsbedingung in Analogie zur Gl. (10.51)

$$p_p = n_p + N_A^- . \tag{10.54}$$

Hierin bezeichnet N_A^- die Konzentration der ionisierten, also negativ geladenen Akzeptoren. Bei Raumtemperatur sind praktisch alle Akzeptoren ionisiert, d. h. $N_A^- = N_A$. Die Gl. (10.52) gilt sinngemäß unverändert, d. h.

$$R = r \cdot n_p \cdot p_p = G = r \cdot n_i^2 . \tag{10.55}$$

Für die elektrische Leitfähigkeit gilt in Verallgemeinerung der Gl. (10.50)

$$\kappa = e\,(p_p\, b_p + n_p\, b_n). \tag{10.56a}$$

Sobald die Akzeptorenkonzentration N_A wesentlich größer als die intrinsic-Dichte ist, gilt $p_p \gg n_p$, sodass die Defektelektronen das Leitfähigkeitsverhalten beherrschen. Dann gilt in Analogie zu Gl. (10.53b)

$$\kappa \approx e\, p_p b_p. \tag{10.56b}$$

Man spricht daher von *p-Leitung* oder *Defektelektronen-* bzw. *Mangelleitung* und insgesamt von einem *p-Halbleiter*.

Die in der Praxis verwendeten Halbleiter enthalten fast immer Donatoren und Akzeptoren gleichzeitig. In Verallgemeinerung der Gln. (10.51) und (10.54) gilt dann $n + N_A^- = p + N_D^+$. Nach außen hin ist nur die Differenz wirksam, d. h. der Leitfähigkeitscharakter des Halbleiters (n- oder p-Leitung) ist durch den Überschuss der Dotierungsatome der einen Art über die der anderen Art gegeben.

Das Fermi-Niveau W_F, das die Besetzungswahrscheinlichkeit 50 % eines Energieniveaus angibt, liegt bei dotierten Halbleitern nicht mehr wie bei dem in Bild 10.27b dargestellten Bändermodell des reinen Halbleiters nahe der Mitte des verbotenen Bandes, sondern verschiebt sich in Richtung des Donatoren- bzw. Akzeptorenniveaus, also jeweils zum Rand der verbotenen Zone: Bei n-Leitung (Bild 10.29) liegt es in der Nähe der Unterkante des Leitungsbandes, bei p-Leitung (Bild 10.30) in der Nähe der Oberkante des Valenzbandes. Es kann bei entsprechend hoher Dotierungskonzentration sogar in ein Band eintauchen (*Entartung*), wie z. B. bei der Tunneldiode (Abschnitt 10.5.2.7) und bei der Laserdiode (Abschnitt 10.5.6.2).

10.4.4.3 Feld- und Diffusionsstrom

Unter dem *Feldstrom* versteht man den von Elektronen und Defektelektronen getragenen Strom I_F, der als Folge eines im Halbleiter bestehenden elektrischen Feldes $\vec{E}$ fließt. Dieses Feld ist entweder die Folge einer an den Halbleiterkristall angelegten äußeren Spannung oder es tritt innerhalb des Kristalls in Bereichen auf, in denen keine Ladungsneutralität herrscht (Abschnitt 10.5.1). Es gilt

$$I_F = \kappa\, A\, E. \tag{10.57}$$

Hierin ist A der Querschnitt des Stromweges und

$$\kappa = e\,(n\, b_n + p\, b_p)$$

seine Leitfähigkeit gemäß den Gln. (10.53) bzw. (10.56). Für den Feldstrom gilt also das *Ohmsche Gesetz*, sofern κ von E unabhängig ist.

Ein *Diffusionsstrom* entsteht, wenn in einem Halbleiter räumliche Konzentrationsunterschiede der Elektronen und Defektelektronen bestehen und diese versuchen, sich durch Diffusion auszugleichen und eine Gleichverteilung herzustellen. (Eine Analogie hierzu ist eine Parfümflasche. Die hohe Duftkonzentration in ihrem Inneren verteilt sich nach Öffnen der Flasche im Laufe der Zeit über den ganzen zur Verfügung stehenden Raum und nimmt dabei natürlich ab.) Das vom Konzentrationsgefälle, der Beweglichkeit der Ladungsträger und von der absoluten Temperatur abhängige Diffundieren der Ladungsträger entspricht einem elektrischen Strom I_D, den man Diffusionsstrom nennt; er fließt also auch bei Abwesenheit eines elektrischen Feldes $\vec{E}$. Ist ein solches Feld vorhanden, so fließt im Halbleiter der Gesamtstrom

$$I = I_F + I_D \qquad (10.58)$$

10.4.4.4 Stromleitung bei Lichteinstrahlung, Photowiderstand

Halbleiter ändern ihr elektrisches Verhalten bei Lichteinstrahlung. Ursache hierfür sind Generations- bzw. Rekombinationsprozesse von Ladungsträgern im Halbleiterinnern infolge der Wechselwirkung zwischen elektromagnetischer Strahlung und Kristall-Elektronen bzw. Defektelektronen: Bei Einfall von Licht geeigneter Wellenlänge in einen Halbleiter können Elektronen aus ihren Bindungen befreit werden und sich als (quasi)freie Ladungsträger durch den Kristall bewegen und dessen elektrisches Verhalten verändern. Da die Ladungsträger den Halbleiter nicht verlassen, spricht man hier vom *inneren Photoeffekt* (Abschnitt 10.5.6.1). Diesem liegt die Vorstellung zugrunde, dass elektromagnetische Strahlung der Frequenz $f = c/\lambda$ (c = Lichtgeschwindigkeit, λ = Wellenlänge) aus *Lichtquanten* (*Photonen*) der Energie hf besteht (h = Plancksches Wirkungsquantum = $6{,}62 \cdot 10^{-34}$ Ws^2). Damit ein Elektron durch Absorption eines Photons aus seinem Bindungszustand gelöst werden kann, muss in einem Eigenhalbleiter die Photonenenergie hf mindestens so groß wie der Bandabstand W_G sein, d. h. $hf = h\,\frac{c}{\lambda} \geq W_G$ bzw. $\lambda \leq \lambda_G = hc/W_G$. λ_G heißt *Grenzwellenlänge*. Bei diesem Vorgang entstehen offenbar immer Elektron-Loch-Paare.

Diese durch Lichteinfall bewirkte Leitfähigkeitsänderung in einem undotierten Halbleiter wird technisch im *Photowiderstand* genutzt. Das ist ein polykristalliner Halbleiterfilm auf einem isolierten Träger mit zwei ohmschen Kontakten. Für den sichtbaren Spektralbereich 0,4 … 0,8 μm eignet sich z. B. CdS (W_G = 1,9 eV, λ_G = 0,65 μm), während für Infrarotdetektion z. B. PbS (W_G = 0,37 eV, λ_G = 3,35 μm) verwendet wird. Der Widerstand R eines Photowiderstandes nimmt mit wachsender Lichtleistung P ab gemäß $R \sim P^{-\gamma}$ mit γ = 0,5 … 1,2. Bei dotierten Halbleitern beträgt die Grenzwellenlänge hc/W_i, wobei W_i der energetische Abstand des Donators bzw. Akzeptors von der benachbarten Bandkante ist. Sie werden im Infraroten betrieben und müssen zur Vermeidung thermischer Ionisation gekühlt werden.

Photowiderstände werden im sichtbaren Spektralbereich in vielen Signal-, Kontroll- und Steuerschaltungen eingesetzt, z. B. zur Helligkeitssteuerung von Lampen (Dämmerungsschalter) und in Belichtungsmessern. Im infraroten Spektralbereich spielen sie eine wichtige Rolle z. B. in der Nachtfotografie und im wissenschaftlichen Gerätebau (IR-Spektroskopie, Wetterbeobachtung mit Satelliten, optische Pyrometer).

10.4.4.5 Stromleitung bei Magnetfeldeinwirkung, Feldplatte

Halbeiter ändern ihr elektrisches Verhalten auch unter dem Einfluss eines magnetischen Feldes. Dieser Effekt wird genutzt zur Messung, Steuerung und Regelung magnetischer Felder, z. B. als Sensor zur Positionserfassung von magnetischen Materialien und als kontaktlose Potenziometer. Praktische Bedeutung haben der *Hall-Generator* (Beispiel 4.1) und die *Feldplatte* erlangt.

Das in Bild 4.6 dargestellte dünne Halbleiterplättchen zeigt unter dem Einfluss des Magnetfeldes mit der zur Plättchenfläche orthogonalen magnetischen Flussdichte(-komponente) B neben dem Auftreten der Hall-Spannung U_H eine Erhöhung des Widerstandes R im Steuerkreis, stellt also einen *magnetfeldabhängigen Widerstand* dar. Da sich, wie Bild 10.31 zeigt, der Weg der Ladungsträger durch das widerstandsbehaftete Material um den Wert $1/\cos \Theta_H$ (Θ_H = *Hall-Winkel*) vergrößert und der für den Stromfluss verfügbare Querschnitt um den Faktor $\cos \Theta_H$ kleiner wird, gilt

$$R(B) = R_0/\cos^2 \Theta_H = R_0(1 + \tan^2 \Theta_H) \quad \text{mit} \quad R_0 = R(B = 0).$$

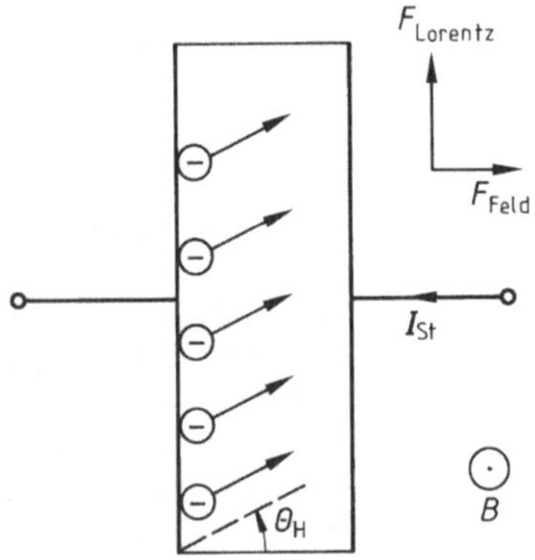

Bild 10.31 Zur Widerstandsänderung durch Ablenkung von Ladungsträgern im Magnetfeld (n-Halbleiter) (aus [37])

Der Hall-Winkel Θ_H ergibt sich nach Bild 10.31 mit Gl. (10.43) aus

$$\tan \Theta_H = \frac{F_{\text{Lorentz}}}{F_{\text{Feld}}} = \frac{e\,\upsilon\,B}{e\,E} = \frac{eb\,E \cdot B}{e\,E} = b\,B\,,$$

d. h.

$$R(B) = R_0(1 + b^2 B^2). \tag{10.59}$$

Die Widerstandsänderung ist also unabhängig von der Orientierung der zum Plättchen orthogonalen Komponente des Magnetfeldes. Von der Beziehung (10.59) wird bei den *Feldplatten* Gebrauch gemacht.

10.4.5 Elektrische Leitung in Isolatoren

Einkristalline Isolatoren unterscheiden sich von den Halbleitern nur dadurch, dass ein sehr viel größerer Energieaufwand W_G erforderlich ist, um Elektronen aus dem Valenzband in das Leitungsband zu heben. Das Bändermodell eines Isolators stimmt daher mit dem in Bild 10.27b angegebenen Bändermodell eines Halbleiters qualitativ überein, jedoch ist die Breite des verbotenen Bandes angewachsen auf $W_G > 3$ eV (bei Diamant ist $W_G \approx 5{,}4$ eV, bei Saphir $W_G = 8{,}7$ eV). Diese Energiebarriere ist so groß, dass sie selbst bei Raumtemperatur nur von einer sehr viel kleineren Anzahl von Elektronen überwunden werden kann als bei Halbleitern. Das Leitungsband eines Isolators ist daher auch bei Raumtemperatur noch nahezu leer und die Leitfähigkeit entsprechend gering. Eine willkürliche Grenze für die Kennzeichnung als (praktischer) Isolator ist 10^{-10} S/cm. Eine nennenswerte elektronische Leitfähigkeit würde sich theoretisch erst bei Temperaturen von 2500 ... 5000 K ergeben, also im Bereich der Schmelztemperatur, wodurch das Kristallgefüge aber zerstört würde.

Bei manchen Isolatoren kann durch Dotierung eine nennenswerte Erhöhung der Leitfähigkeit erzielt werden; sie werden dann den Halbleitern zugerechnet (z. B. Bor-dotierter Diamant).

Für eine detaillierte Diskussion des Leitfähigkeits- (und Durchschlags-) Verhaltens realer Isolatoren wird auf weiterführende Literatur verwiesen (z. B. [37]). Einkristalline Isolatoren werden, ähnlich wie Metall-Einkristalle, nur in Ausnahmefällen in der Elektrotechnik verwendet, z. B. der Saphir (einkristallines Al_2O_3) als Substrat für Streifenleitungsschaltungen in der Höchstfrequenztechnik und für höchstintegrierte ICs, die aus Silizium auf einem Saphirsubstrat bestehen (Silicon On Sapphire, SOS).

Nicht einkristalline Isolatoren bilden die Mehrzahl der technisch verwendeten Isolierstoffe. Dazu gehören amorphe Substanzen (z. B. Glas, Bernstein), polykristalline Materialien (z. B. Keramiken, Porzellan) sowie organische Werkstoffe (z. B. Plastomere, Duromere, Elastomere, Papier) [26], [42].

10.5 Elektrische Leitung in geschichteten kristallinen Festkörpern

Nachdem in Abschnitt 10.4 der elektrische Leitungsmechanismus in homogenen Halbleitern und Metallen beschrieben worden ist, wird in diesem Abschnitt eine Übersicht darüber gegeben, in welch vielfältiger Weise die elektrischen Eigenschaften von Grenzflächen zwischen Halbleitern bzw. zwischen einem Halbleiter und einem Metall für Bauelemente der elektrischen Nachrichten- und Energietechnik genutzt werden können. Dabei wird hauptsächlich auf Einzelbauelemente eingegangen. Diese bilden auch die Grundelemente der integrierten Schaltungen.

Aus der Vielzahl der Halbleiterbauelemente ist im Folgenden unter dem Gesichtspunkt der praktischen Bedeutung eine Auswahl getroffen worden, welche die Breite der Anwendungsmöglichkeiten belegt. Neben der Beschreibung des Aufbaus dieser Bauelemente und der qualitativen Erläuterung ihrer Wirkungsweise werden auch Hinweise auf Anwendungen gegeben.

Wegen ausführlicher Darstellungen der Technologie und der Eigenschaften von Einzelbauelementen bzw. integrierten Schaltungen und deren Anwendungen wird auf weiterführende Literatur verwiesen [25], [32], [34], [37], [43], [45], [48], [52].

10.5.1 Der pn-Übergang

Wenn im Innern eines einkristallinen Halbleiters ein mit Akzeptoren dotierter Bereich (p-Gebiet) an einen mit Donatoren dotierten Bereich (n-Gebiet) angrenzt, entsteht in der Umgebung der Grenzfläche des Dotierungswechsels eine charakteristische Übergangszone. Diese wird als *pn-Übergang* bezeichnet. Derartige pn-Übergänge sind in der Mehrzahl der Halbleiterbauelemente enthalten und bestimmen ihr elektrisches Verhalten entscheidend. Daher wird der folgenden Bauelementeübersicht eine ausführliche Beschreibung der elektrischen Eigenschaften eines pn-Übergangs vorangestellt.

Das Bild 10.32a zeigt einen solchen pn-Übergang. Zur Vereinfachung sei angenommen, dass die Dotierung mit Donatoren bzw. Akzeptoren jeweils ortsunabhängig sei (*abrupter pn-Übergang*). Die äußeren Endflächen des p- und n-Gebiets sind mit metallischen Belägen versehen (*Ohmsche Kontakte*; zu diesem Begriff s. Abschnitt 10.5.2.1), über die das als *Halblei-*

terdiode bezeichnete Bauelement (meist mittels Drähten oder lötfähigen Kontaktflächen) mit anderen Bauelementen verbunden werden kann.

Wir betrachten zunächst den Fall, dass zwischen den äußeren Kontakten keine Spannung liegt, sodass durch die Diode kein Strom fließt (*thermodynamisches Gleichgewicht*). Nach Bild 10.32a grenzt in der Ebene des Dotierungswechsels ein Halbleitergebiet mit hoher Elektronen- bzw. niedriger Defektelektronen-Konzentration (n_n bzw. p_n) an ein Gebiet mit niedriger Elektronen- bzw. hoher Defektelektronenkonzentration (n_p bzw. p_p). Ein solcher abrupter Konzentrationssprung stellt natürlich keinen Gleichgewichtszustand dar. Vielmehr werden beide Ladungsträgerarten versuchen, ihre großen Konzentrationsunterschiede zwischen p- und n-Gebiet in einer Übergangszone auszugleichen, indem Elektronen aus dem n- in das p-Gebiet diffundieren und Defektelektronen in der Gegenrichtung (Bild 10.32b). Durch diesen Konzentrationsausgleich der Elektronen und Defektelektronen entsteht in der Umgebung des Dotierungswechsels eine an beweglichen Ladungsträgern arme, also hochohmige Zone mit der Dicke d_0, die als *Sperrschicht* bezeichnet wird. Im stromlosen Zustand ist die Sperrschicht typisch einige Zehntel µm dick. Wegen der entgegengesetzten Polarität beider Ladungsträgerarten addieren sich ihre Diffusionsströme. Das ist kein Widerspruch zu der vorausgesetzten Stromlosigkeit des pn-Übergangs, denn die beiden Diffusionsströme werden durch je einen Feldstrom von Elektronen bzw. Defektelektronen kompensiert. Diese Feldströme haben folgende Ursache: Durch das Abwandern der frei beweglichen Elektronen aus dem n-Gebiet in das p-Gebiet entsteht im n-Gebiet nahe der Grenzfläche ein Überschuss an positiver Ladung durch die ortsfesten ionisierten Donatorrümpfe. Entsprechend entsteht im p-Gebiet infolge der abgewanderten Defektelektronen ein Überschuss an negativer Ladung durch die ortsfesten ionisierten Akzeptorrümpfe (Bild 10.32c). Die in dieser Raumladungszone vorhandenen Netto-Ladungen sind entgegengesetzt gleich groß (wie bei einem Plattenkondensator), da der Halbleiterkristall insgesamt elektrisch neutral ist. Im Fall des abrupten pn-Übergangs gilt daher

$$x_n N_D = x_p N_A, \tag{10.60}$$

d. h. die Ausdehnung der Raumladungszone ist umso kleiner, je höher die Dotierung ist. Dieses Ergebnis spielt bei vielen Halbleiterbauelementen eine wichtige Rolle (Abschnitt 10.5.3). Mit der dargestellten Raumladungsverteilung ist eine elektrische Feldstärke $\vec{E}$ verknüpft (Bild 10.32d) sowie die in Bild 10.32e skizzierte, auf den n-Halbleiter bezogene Verteilung des elektrischen Potenzials φ. Das elektrische Feld ist hier inhomogen im Gegensatz zu dem näherungsweise homogenen Feld im Plattenkondensator. Dieser Unterschied rührt daher, dass die beiden entgegengesetzt gleich großen Ladungen dort über je eine *Fläche* verteilt sind, hier aber über den Raum zwischen den Grenzen der *Raumladungszone*.

Die elektrische Feldstärke $\vec{E}$ ist so gerichtet, dass auf die beweglichen Ladungsträger eine der Diffusionswirkung entgegengerichtete Kraft ausgeübt wird (Bild 10.32f). Bei dem hier vorausgesetzten Fehlen einer äußeren Spannung kompensieren sich für jede der beiden Ladungsträgerarten der Diffusions- und Feldstrom exakt. Diese Kompensation findet natürlich im mikrokosmischen Bereich statt; es fließen also nicht etwa vier makroskopische elektrische Ströme gegeneinander, die paarweise gleich sind.

Nach Bild 10.32e ist über dem pn-Übergang eine Spannung U_D wirksam, die *Diffusionsspannung*. Dadurch wird das p-Gebiet negativ gegenüber dem n-Gebiet vorgespannt. Die Größe von U_D hängt vom Dotierungsgrad, vom Halbleitermaterial und von der Temperatur ab. Sie liegt bei T = 300 K für Germanium (Silizium) typisch bei ca. 0,3 V (0,7 V). Die innere maximale elektrische Feldstärke $|\vec{E}_{max}|$ liegt typisch zwischen einigen kV/cm und einigen 10 kV/cm.

Das Auftreten der Diffusionsspannung ist kein Widerspruch zu der vorausgesetzten Spannungslosigkeit des pn-Übergangs, denn an den Übergängen zwischen dem p- bzw. n-Gebiet und den metallischen Kontakten entstehen ebenfalls Diffusionsspannungen und die Summe der drei Spannungen ist null.

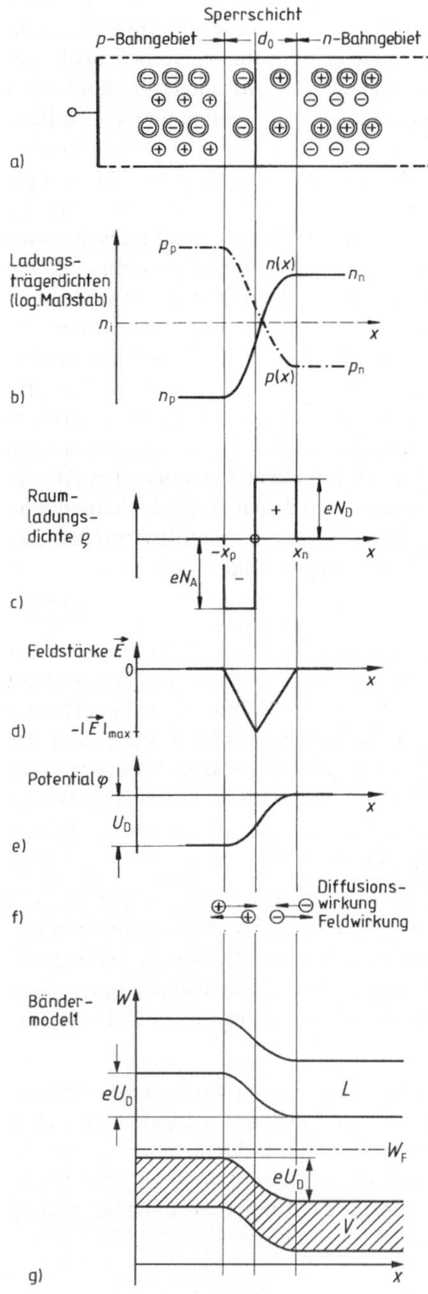

Bild 10.32 pn-Übergang im stromlosen Zustand (Legende für Teilbilder a) bis g) im Text)

L Leitungsband
V Valenzband
⊖ Elektron
⊕ Defektelektron
⊜ ionisierter Akzeptor
⊕ ionisierter Donator
W_F Fermi-Niveau

Das Energiebändermodell des pn-Übergangs ist in Bild 10.32g dargestellt. Der Diffusionsspannung entsprechend werden die Bänder auf der p-Seite um den Energiebetrag $e\,U_D$ gehoben. Das Fermi-Niveau liegt näher an der Oberkante des p-Valenzbandes als an der Unterkante des n-Leitungsbandes, da das p-Gebiet (willkürlich) als stärker dotiert vorausgesetzt worden ist (Bild 10.32b).

Der bisher beschriebene Gleichgewichtszustand wird gestört, wenn von außen an die beiden metallischen Kontakte in Bild 10.32a eine Gleichspannungsquelle U geschaltet wird. Der dann fließende Strom I hat für positive bzw. negative Werte von U nicht nur entgegengesetztes Vorzeichen, sondern einen ausgeprägt unterschiedlichen Betrag, wie die folgende Überlegung zeigt. Die Halbleiterdiode stellt also ein elektrisches Ventil dar, ähnlich wie die Elektronenröhren-Diode (Bild 10.5a).

Spannung in Sperrrichtung

Wenn die Spannungsquelle gemäß Bild 10.33a angeschlossen wird, d. h. bei vom p- zum n-Gebiet weisenden Spannungszählpfeil $U < 0$ gilt, so wird das Potenzial des p-Gebiets gegenüber dem des n-Gebiets gesenkt (Bild 10.33b). Dadurch wird die Potenzialdifferenz über dem pn-Übergang vom Wert U_D im Gleichgewichtszustand auf den Wert $U_D + |\,U\,|$ vergrößert und damit auch die interne elektrische Feldstärke. Das Gleichgewicht zwischen Diffusions- und Feldstrom ist zugunsten des letzteren gestört. Durch die Polarität der angelegten Spannung werden die Majoritätsträger zu den ohmschen Kontakten hingezogen. Dadurch nimmt die Dicke d der an beweglichen Ladungsträgern armen Raumladungszone und damit ihr Widerstand zu. Folglich wächst der Strom langsamer als proportional mit der Spannung. Daher spricht man bei dieser Polung der angeschlossenen Spannungsquelle von der *Sperrrichtung*. Der Strom erreicht schließlich einen von der Spannung unabhängigen Grenzwert, den *Sperrstrom* $-\,I_S$. Dieser ist proportional zu n_i^2 und wächst daher exponentiell mit der Temperatur an. Bei Raumtemperaturen liegen die Werte von I_S für Germanium typisch im µA-Bereich, für Silizium wegen des größeren Bandabstandes um ein bis zwei Zehnerpotenzen darunter. Dementsprechend ist die zulässige Sperrschichttemperatur bei Germanium niedriger (150 °C) als bei Silizium (200 °C), sodass letzteres auch für Halbleiterbauelemente der Leistungselektronik verwendet wird.

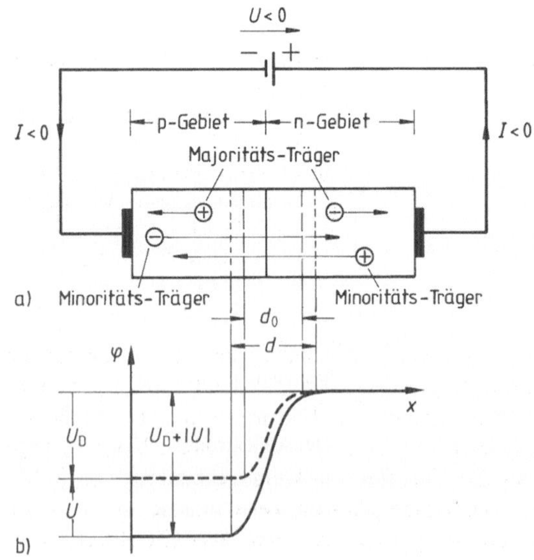

Bild 10.33 pn-Übergang, in Sperrrichtung betrieben
a) Verbreiterung der Sperrschicht von d_0 (Gleichgewichtszustand ohne angelegte Spannung) auf d.
⊖ Elektron
⊕ Defektelektron
b) Potenzialverteilung $\varphi = \varphi(x)$
… ohne angelegte Spannung
– in Sperrrichtung angelegte Spannung ($U < 0$)

Die oben beschriebene Dickenänderung der Raumladungszone hat ihr Analogon in einem Kondensator, dessen Plattenabstand mit wachsendem $|U|$ zu- und dessen Kapazität dementsprechend abnimmt. Der pn-Übergang stellt also eine *elektronisch steuerbare Kapazität* dar, die *Sperrschicht-Kapazität*

$$C_\mathrm{s} = \frac{\varepsilon_\mathrm{r}\,\varepsilon_0\,A}{x_\mathrm{n} + x_\mathrm{p}} = C_\mathrm{s}(U) \tag{10.61}$$

(vgl. Gl. (3.87)). Diese Eigenschaft spielt in vielen Halbleiterbauelementen eine wichtige Rolle (Abschnitt 10.5.2.5 und [34]).

Spannung in Durchlassrichtung

Der Gleichgewichtszustand des pn-Übergangs soll jetzt dadurch geändert werden, dass der p-Halbleiter mit dem positiven Pol, der n-Halbleiter mit dem negativen Pol der Spannungsquelle verbunden wird, d. h. $U > 0$ gilt (Bild 10.34a). Dadurch verringert sich die Potenzialstufe über dem pn-Übergang von U_D auf $U_\mathrm{D} - U$ (Bild 10.34b) und entsprechend auch die interne elektrische Feldstärke. Das Gleichgewicht zwischen Diffusions- und Feldstrom in der Raumladungszone ist also jetzt zugunsten des ersteren gestört. Entsprechend der Polarität der angelegten Spannung U werden Majoritätsträger aus den Bahngebieten in Richtung auf die Raumladungszone getrieben und verringern dadurch die Dicke d der Sperrschicht gegenüber dem Gleichgewichtswert d_0. Damit nimmt auch der Widerstand dieser Zone ab, sodass der Strom I mit wachsender Spannung U stärker als proportional und (theoretisch) unbegrenzt zunimmt. Diese Betriebsart wird daher als die *Durchlassrichtung* des pn-Übergangs bezeichnet.

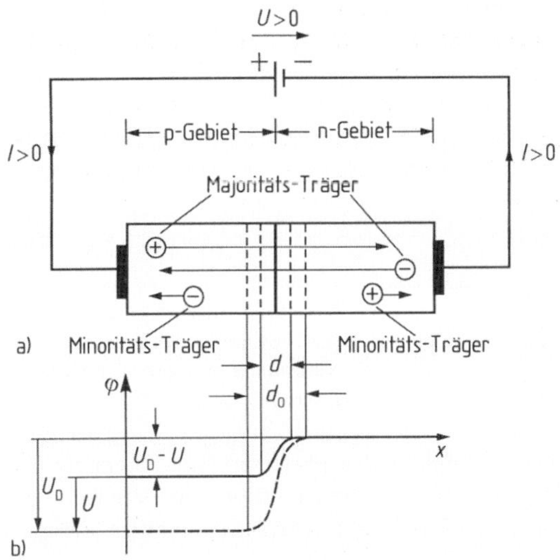

Bild 10.34 pn-Übergang, in Durchlassrichtung betrieben
a) Verkleinerung der Sperrschicht von d_0 auf d,
b) Potenzialverteilung $\varphi = \varphi(x)$
... ohne angelegte Spannung
– in Durchlassrichtung angelegte Spannung ($U > 0$)

Die in die Raumladungszone eingedrungenen Majoritätsträger können durch Diffusion auf die andere Halbleiterseite gelangen, wo sie Minoritätsträger sind, und erhöhen dort die Konzentration (n_p bzw. p_n) der schon vorhandenen Minoritätsträger – und zwar um je eine Dekade gegenüber n_p bzw. p_n, wenn die Spannung U um je ca. 60 mV erhöht wird. Dieser Vorgang wird als *Injektion von Minoritätsträgern* bezeichnet. Die Injektionswirkung ist umso größer, je höher die Dotierung des die Majoritätsträger liefernden Bereiches ist. Technisch genutzt wird die Injektion z. B. zur Erzielung der guten Durchlasseigenschaften von Halbleiter-Starkstromgleichrichtern sowie zur Steuerung von pn-Übergängen in Bipolartransistoren (Abschnitt 10.5.3.2).

Die Injektion hat einen Diffusionsstrom von Minoritätsträgern in die Bahngebiete hinein zur Folge, der durch Rekombination mit den Majoritätsträgern räumlich exponentiell auf den Wert null abnimmt. Der statistische Mittelwert der Wegstrecke bis zur Rekombination, die *Diffusionslänge*, liegt je nach Material, Dotierung und Kristallperfektion im Bereich von einigen μm bis zu einigen 100 μm. Schließlich wird der Strom als Majoritätsträger-Feldstrom zu den Kontakten weitergeführt.

Die mathematische Formulierung der vorstehenden Überlegungen hat W. Shockley auf die folgende *Strom-Spannungs-Charakteristik* der Halbleiterdiode bei Verbraucher-Zählpfeilsystem geführt

$$I = I_S \left(e^{\frac{U}{U_T}} - 1 \right). \tag{10.62}$$

Hierin ist $U_T = kT/e$ die *Temperaturspannung* mit der Boltzmann-Konstanten $k = 1{,}38 \cdot 10^{-23}$ Ws/K. Für 27 °C (300 K) folgt somit $U_T = 25{,}9$ mV.

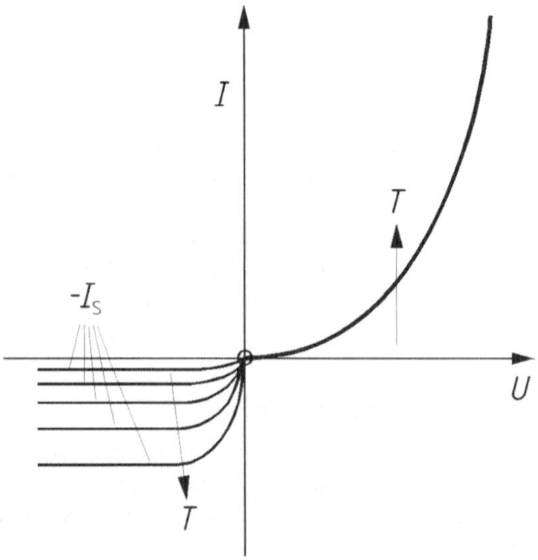

Bild 10.35 Idealisierte Strom-Spannungs-Kennlinie eines pn-Übergangs (mit verschiedenen Strom-Maßstäben in Sperr- und Durchlassrichtung)

Die Gl. (10.62) lässt die praktisch unipolare Leitfähigkeit des pn-Übergangs erkennen: Für negative Spannungen $U < 0$ nähert sich der Wert des Stroms I bereits für wenige Vielfache der Temperaturspannung dem konstanten kleinen Wert $-I_S$, für positive Spannungen dagegen nimmt I exponentiell zu. Bild 10.35 zeigt die Kennlinie eines pn-Übergangs gemäß Gl. (10.62).

Da sich die Ströme in Sperr- und Durchlassrichtung um mehrere Größenordnungen unterscheiden, ist es bei der Darstellung üblich, verschiedene Strommaßstäbe vorzusehen. Dadurch entsteht im Nullpunkt ein Knick, der bei gleichen Maßstäben natürlich nicht vorhanden ist.

Am mathematischen Modell (10.62) sind für große Durchlass- und Sperrspannungen Korrekturen anzubringen. Diese sowie die daraus folgenden technischen Anwendungen werden in Abschnitt 10.5.2.1 beschrieben.

Der pn-Übergang wirkt im Durchlassbetrieb als Ladungsspeicher, denn die in das Gebiet entgegengesetzter Dotierung injizierten Ladungsträger (Defektelektronen im n-Gebiet bzw. Elektronen im p-Gebiet) sind dort bis zu ihrer Rekombination mit Majoritätsträgern (Elektronen bzw. Defektelektronen) gespeichert. Ihre *Lebensdauer* τ beträgt im statistischen Mittel je nach Material, Dotierung und Kristallperfektion 10^{-3} s bis 10^{-6} s (und darunter). Wegen dieses Speichereffekts wirkt der pn-Übergang im Flussgebiet wie eine Kapazität, die sogenannte *Diffusionskapazität*. Sie addiert sich zu der bereits erläuterten Sperrschichtkapazität.

Beispiel 10.13 Sperrschichtkapazität eines pn-Übergangs

Für eine pn-Übergang in Germanium mit $N_A = 4{,}2 \cdot 10^{16}$ cm^{-3}, $N_D = 9{,}9 \cdot 10^{15}$ cm^{-3}, $x_p = 0{,}053$ µm, A = 10^{-4} cm^2 folgt aus Gl. (10.60) die Ausdehnung der Raumladungszone im n-Gebiet

$$x_n = \frac{N_A}{N_D} x_p = 0{,}225 \text{ µm}$$

und nach Gl. (10.61) die Sperrschichtkapazität mit $\varepsilon_r = 16{,}2$ und ε_0 gemäß Gl. (3.87) $C_s = 5{,}16$ pF. In Verbindung mit einer parallel geschalteten Festkapazität $C = 25$ pF und einer Induktivität $L = 20$ nH entsteht bei Vernachlässigung aller Widerstände ein Schwingkreis mit der Resonanzfrequenz nach Gl. (7.13)

$$f_{res} = \frac{1}{2\pi\sqrt{L(C_s + C)}} = 204{,}9 \text{ MHz.}$$

10.5.2 Dioden

Dioden sind Halbleiterbauelemente mit zwei metallischen Anschlüssen, zwischen denen Halbleiterzonen verschiedenen Dotierungscharakters liegen. Das einfachste Beispiel ist bereits in Abschnitt 10.5.1 beschrieben worden. Diese Bauelemente ermöglichen je nach Arbeitspunkt sowie Dotierungsgrad und -profil in den einzelnen Zonen eine Vielzahl von Anwendungen. Eine Auswahl typischer Beispiele ist im Folgenden zusammengestellt, wobei verschiedenartige physikalische Effekte genutzt werden. Vorab werden einige Abweichungen der Strom-Spannungs-Charakteristik eines realen pn-Übergangs vom Modell nach Abschnitt 10.5.1 erläutert.

10.5.2.1 Strom-Spannungs-Charakteristik eines realen pn-Übergangs

Die Gl. (10.62) für die *I-U*-Charakteristik eines pn-Übergangs gilt unter idealisierten Annahmen. Für die Beschreibung realer pn-Übergänge sind an dieser Gleichung sowohl für die Durchlassrichtung als auch für die Sperrrichtung Korrekturen anzubringen, welche wiederum zusätzliche Anwendungsmöglichkeiten aufzeigen.

Durchlassrichtung

Bei der Herleitung der Gl. (10.62) ist unterstellt worden, dass die zwischen den äußeren Anschlüssen angelegte Spannung U vollständig über der Sperrschicht zwischen p- und n-Gebiet abfällt. Tatsächlich verursacht der fließende Strom I aber auch je einen Spannungsabfall zwischen ohmschem Kontakt und Grenze der Raumladungszone (Bild 10.36), da diese *Bahngebiete* w_p, w_n einen ohmschen Widerstand haben (A = Querschnitt; κ_n bzw. κ_p ist die Leitfähigkeit des n- bzw. p-Bahngebiets, die von einer Dotierung gemäß Gl. (10.53b) bzw. (10.56b) abhängt). Demnach verbleibt für die Spannung über dem pn-Übergang der Anteil $U - R_B I$ (mit dem *Bahnwiderstand* $R_B = R_p + R_n$) und Gl. (10.62) ist zu erweitern in

$$I = I_S \left(e^{\frac{U - R_B I}{U_T}} - 1 \right). \tag{10.63}$$

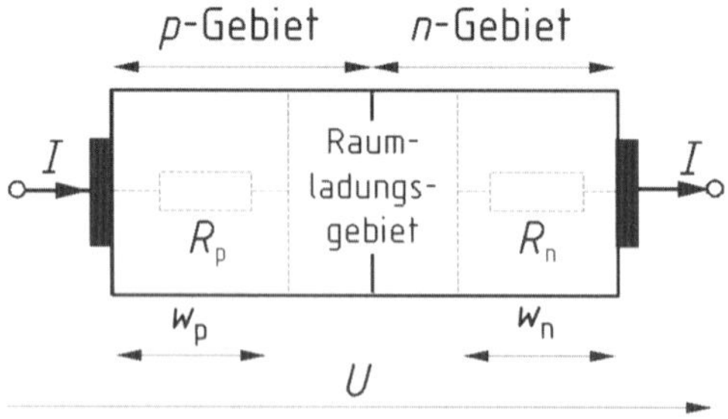

Bild 10.36 Reale pn-Diode, schematisch
■ ohmsche Kontakte

Dieser Effekt macht sich praktisch nur in Durchlassrichtung bemerkbar und führt dort zu einer deutlichen Scherung (Linerarisierung) gegenüber der idealisierten Kennlinie (Bild 10.37a). Mitunter wird die gescherte Kennlinie vereinfachend durch eine geknickte Gerade ersetzt (Bild 10.37b). Ihr Fußpunkt (= *Schleusenspannung* U_s) ist etwa gleich der Diffusionsspannung U_D.

Sperrrichtung

Der Sperrstrom einer realen Halbleiterdiode steigt jenseits einer von ihrem Aufbau und ihrer Dotierung abhängigen Spannung $-U_{Z0}$ (*Zener-Spannung*) steil an (Z-Diode, Bild 10.38). Für diesen *Durchbruch* gibt es im Wesentlichen zwei Ursachen:

1) Mit wachsender Sperrspannung $-U$ nimmt die Feldstärke E in der Raumladungszone betragsmäßig so stark zu, dass ab etwa 10^6 V/cm Valenzelektronen aus ihren Bindungen herausgerissen werden und zum Strom beitragen. Dieser *Zener-Durchbruch* überwiegt in hochdotierten und daher schmalen pn-Übergängen.

2) Elektronen und Defektelektronen werden in der Raumladungszone zwischen zwei aufeinanderfolgenden Zusammenstößen mit Gitterbausteinen so stark beschleunigt und dadurch energiereicher, dass sie durch Stoß andere Bindungen aufbrechen (*Stoßionisation*), dadurch neue Elektron-Loch-Paare bilden, welche ihrerseits wieder Stoßionisation bewirken. Dieser *Lawinen-Durchbruch*, welcher der Townsend-Entladung in Gasen ähnlich ist (Abschnitt 10.2.3.1), überwiegt in schwach dotierten und daher breiten pn-Übergängen.

Die *I-U*-Charakteristik kann im Bereich des Durchbruchs in sehr guter Näherung durch eine Gerade beschrieben werden. Deren Steigung $1/r_Z$ definiert den *dynamischen Widerstand* r_Z.

Zwischen den beiden metallischen Zuleitungen an die Diode und den äußeren Endflächen des jeweiligen p- bzw. n-Gebiets entstehen *Metall-Halbleiter-Übergänge*. Damit diese die Richtwirkung der Diode nicht beeinflussen, d. h. den Strom in beiden Richtungen in gleichem Maße durchlassen (*Ohmsche Kontakte*), ist bei einem p- (n-)Halbleiter ein Metall erforderlich, dessen Austrittsarbeit größer (kleiner) als die des Halbleiters ist, sodass im Halbleiter eine Anreicherung von Majoritätsträgern zum Metall hin entsteht. Anderenfalls entsteht ein gleichrichtender *Schottky-Kontakt* (Abschnitt 10.5.2.2).

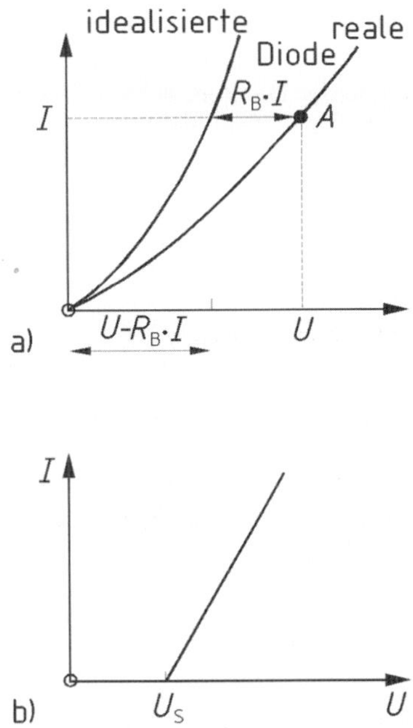

Bild 10.37 Idealisierte bzw. durch den Bahnwiderstand $R_B = R_P + R_n$ gescherte reale Strom-Spannungs-Charakteristik einer pn-Diode, schematisch (a) und Annäherung durch eine geknickte Gerade (b)

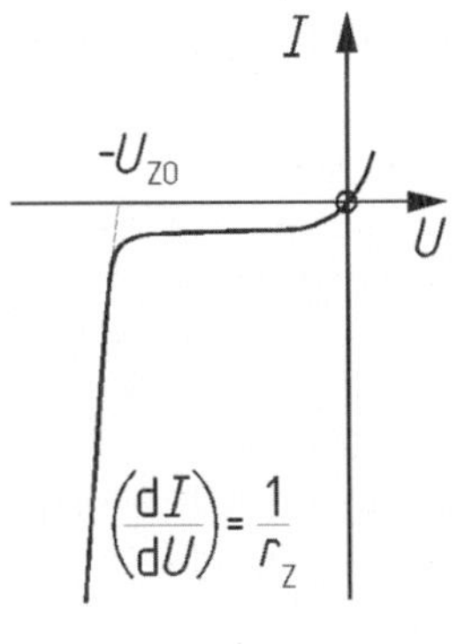

Bild 10.38 Strom-Spannungs-Kennlinie einer Z-Diode, schematisch

10.5.2.2 Gleichrichter- und Misch-Dioden

Unter *Gleichrichtung* versteht man die Erzeugung einer Spannung einheitlichen Vorzeichens aus einer Spannung wechselnden Vorzeichens. Hierzu ist eine Halbleiterdiode wegen der ausgeprägten Richtungsabhängigkeit ihrer *I*-*U*-Charakteristik geeignet. Wenn sie z. B. gemäß Bild 10.39 in der Umgebung des Arbeitspunktes A mit einer Sinusspannung $u(t) = \hat{u}\sin(\omega t + \varphi)$ ausgesteuert wird, erzeugt der (impulsförmige) Strom $i(t)$ an einem ohmschen Widerstand eine Spannung einheitlichen Vorzeichens. Daraus kann auf die Größe der Sinusspannungsamplitude $\hat{u}$ geschlossen werden. In realen Gleichrichter-Schaltungen wird die impulsförmige Spannung durch Verwendung mehrerer Dioden und/oder zusätzlicher Kondensatoren geglättet (Abschnitt 9.2.2).

Das Wort „Gleichrichtung" wird mitunter auch benutzt, wenn es sich eigentlich um eine Amplituden-Demodulation handelt, d. h. um die Wiedergewinnung eines NF-Signals aus einer damit amplitudenmodulierten Trägerschwingung (z. B. AM-Hörrundfunk, Fernsehbildsignal).

Unter *Mischung* versteht man die Erzeugung von Sinusströmen mit *Kombinationsfrequenzen* $\mathrm{m}f_1 + \mathrm{n}f_2$ (m, n ganzzahlig) bei Durchsteuerung einer nichtlinearen *I-U*-Charakteristik mit zwei Sinusspannungen der Frequenzen f_1 und f_2. Wenn z. B. die Kennlinie der Diode in Bild 10.37a in der Umgebung des Arbeitspunktes A durch eine quadratische Parabel angenähert wird

$$I = I_A + a\,(U - U_A) + b\,(U - U_A)^2$$

und die Spannung

$$u\,(t) = U_A + \hat{u}_1 \cdot \cos(\omega_1 t + \varphi_1) + \hat{u}_2 \cdot \cos(\omega_2 t + \varphi_2)$$

anliegt, so erzeugt der quadratische Term u. a. die Anteile

$$\frac{b}{2}\hat{u}_1\,\hat{u}_2 \cdot \cos\left[(\omega_1 \pm \omega_2)\,t + \varphi_1 \pm \varphi_2\right],$$

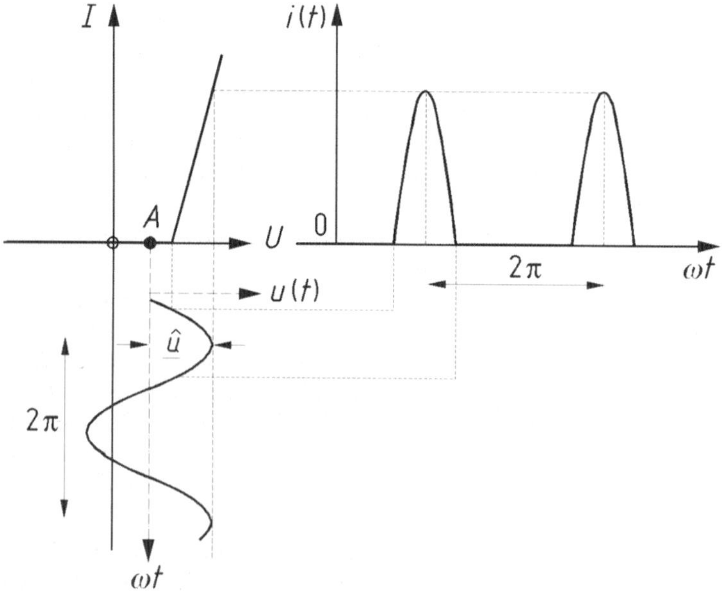

Bild 10.39 Gleichrichtung mit pn-Diode

d. h. Ströme der beiden Kombinationsfrequenzen mit m = 1, n = ± 1. Hiervon wird z. B. beim *Überlagerungsempfang* in der HF-Technik Gebrauch gemacht. Bei Zugrundelegung einer exponentiellen *I-U*-Charakteristik entstehen Stromanteile bei sämtlichen Kombinationsfrequenzen.

Zu den Gleichrichter- und Mischdioden gehören auch die *Rückwärtsdiode* (die im Zusammenhang mit der *Tunneldiode* in Abschnitt 10.5.2.7 behandelt wird) und die *Schottky-Diode*. Letztere ist ein Metall-Halbleiterübergang, bei dem die Elektronen-Austrittsarbeit im Metall größer (kleiner) als im n- (p-)Halbleiter ist, sodass im Halbleiter eine Verarmung an Majoritätsträgern zum Metall hin entsteht. Die Strom-Spannungs-Charakteristik einer Schottky-Diode stimmt formal mit Gl. (10.63) für einen realen pn-Übergang überein, allerdings mit dem wesentlichen Unterschied, dass es sich hier um einen *Majoriätsträgerstrom* handelt. Dies spielt für den Einsatz von Schottky-Dioden als elektronische Schalter eine wichtige Rolle (Abschnitt 10.5.2.4). Außerdem ist der Bahnwiderstand geringer, da das Metall hierzu nur einen unbedeutenden

Anteil beiträgt. Das ist besonders für den Einsatz als Mischdiode bei extrem kleinen Nutzsignalen von Bedeutung, wie sie z. B. bei radioastronomischen Empfängern vorliegen.

10.5.2.3 Z-Dioden

Eine Z-Diode ist eine kontaktierter pn-Übergang, der im Sperrgebiet im Bereich des *Zener-* bzw. *Lawinen-Durchbruchs* betrieben wird. Sofern einer der beiden Durchbruchmechanismen dominiert, spricht man speziell von einer Zener- bzw. Lawinen-Diode; i. Allg. sind beide Effekte zu berücksichtigen. Die *Zener-Spannung* U_{zo}, bei welcher der Steilanstieg des Stroms einsetzt, liegt je nach Bauart und Dotierung der Diode zwischen einigen Volt und einigen Hundert Volt. Wenn die Zener-Spannung insbesondere den Wert 5,6 V hat, kompensieren sich die gegenläufigen Temperaturabhängigkeiten des Zener- und des Lawinen-Durchbruchs, sodass der resultierende Temperaturkoeffizient von U_{zo} null ist. Derartige Dioden werden bevorzugt zur *Spannungsstabilisierung* und *Begrenzung* eingesetzt. Außerdem finden Z-Dioden weit verbreitete Anwendung in der Messtechnik (zur Nullpunktunterdrückung, Messbereichsbegrenzung und -Dehnung), als Begrenzer und Clipper, in der Leistungselektronik als Schutzdioden, in Verbindung mit Transistoren und Thyristoren zur Triggerung sowie zur Potenzialverschiebung in integrierten Schaltungen. In der optischen Nachrichtentechnik wird der Lawinen-Effekt in den *Lawinen-Photodioden* zur Steigerung der Empfindlichkeit von Empfängern genutzt (Abschnitt 10.5.6.1).

Der vom Zener- bzw. Lawinen-Effekt verursachte plötzlich einsetzende elektrische Durchbruch der Sperrschicht ist reversibel, d. h. beim Verkleinern der Sperrspannung unter die Zener-Spannung U_{zo} verarmt die Übergangszone wieder an Ladungsträgern, die Sperrwirkung ist wiederhergestellt und es fließt wieder der Sättigungssperrstrom der idealisierten Diode. Dies ist jedoch nur der Fall, wenn die beim plötzlichen Anwachsen des Stroms entstehende Wärmemenge so rasch abgeführt wird, dass die Sperrschicht nicht auf thermischem Weg strukturell zerstört wird. Der *Wärmedurchbruch* ist in der Regel irreversibel. Der durch die Z-Diode fließende Strom $I = -I_z$ darf also den durch die zulässige Verlustleistung P_v bestimmten Höchstwert $I_{zmax} = P_v/U_{zo}$ nicht überschreiten. Dies wird i. Allg. durch Vorschalten eines Vorwiderstandes R_v sichergestellt.

Bild 10.40 zeigt als Anwendungsbeispiel eine Schaltung mit Z-Diode zur Spannungsstabilisierung. Schaltet man nach Bild 10.40a die Z-Diode in Reihe mit dem Strombegrenzungs-Widerstand R_v und liegt die zu stabilisierende Spannung U_e in einem solchen Wertebereich, dass die Z-Diode jenseits des Knicks der Kennlinie betrieben wird, so ist die Ausgangs-Spannung U_a am Lastwiderstand R_a der Schaltung von Änderungen der Spannung U_e praktisch unabhängig. Geändert werden im Wesentlichen der Strom I_z und der Spannungsabfall am Vorwiderstand R_v.

Bild 10.40b zeigt die Lage der Arbeitspunkte A_1, A_2, A_3 auf der Kennlinie $I_z = I_z(U)$ der Z-Diode für die unterschiedlichen Eingangsspannungen $U_e = U_1, U_2, U_3$. Jeder Arbeitspunkt ergibt sich als Schnittpunkt der Diodenkennlinie mit der jeweiligen Arbeitsgeraden. Deren Lage ist bestimmt durch ihre Steigung und durch den Abschnitt auf der Spannungsachse ($I = 0$). Für $I_z = 0$ verteilt sich die Spannung U_e gemäß Bild 10.40a auf die Serienschaltung aus R_v und R_a. Auf die Diode entfällt also der Anteil (= Achsenabschnitt) $U_e \cdot R_a/(R_a + R_v)$. Die Steigung der Arbeitsgeraden ist gemäß Bild 10.40a durch die Parallelschaltung aus R_v und R_a gegeben. Sie ist also für die drei Arbeitsgeraden in Bild 10.40b dieselbe. Die (geringen) Änderungen der Ausgangsspannung ΔU_a ergeben sich aus der Stromänderung und dem durch die Neigung der Zener-Kennlinie festgelegten dynamischen (= differenziellen) Widerstand r_z (vgl. Bild 10.38). Für $r_z \to 0$ gilt auch $\Delta U_a \to 0$.

Die Ausgangsspannung U_a der in Bild 10.40a angegebenen Schaltung lässt sich nicht nur bei Schwankungen der Eingangsspannung U_e stabilisieren, sondern in entsprechender Weise auch bei Änderungen des *Lastwiderstandes* R_a, wie Bild 10.40b für das Beispiel $U_e = U_2$ und $R_a' < R_a < R_a''$ zeigt, wobei sich der Arbeitspunkt lediglich in dem kleinen Spannungsbereich gemäß $A_2' \dots A_2''$ bewegt.

Somit ergibt sich mit der Z-Diode die Möglichkeit, eine genaue Bezugs- oder Referenzspannung festzulegen. Man bezeichnet dann die Z-Diode als *Referenz-Diode* oder Spannungs-Referenzelement. Mit ihr können Referenz-Spannungsquellen aufgebaut werden.

Vielfach wird das Verhalten der Z-Dioden auch gemäß Bild 10.40c beschrieben: Das Geschehen ist gegenüber Bild 10.38 formal aus dem 3. Quadranten in den 1. verlagert worden, indem $-U$ durch U_Z und $-I$ durch I_Z ersetzt ist. Dadurch erspart man sich bei der Beschreibung und Berechnung von Schaltungen mit Z-Dioden viele Minuszeichen.

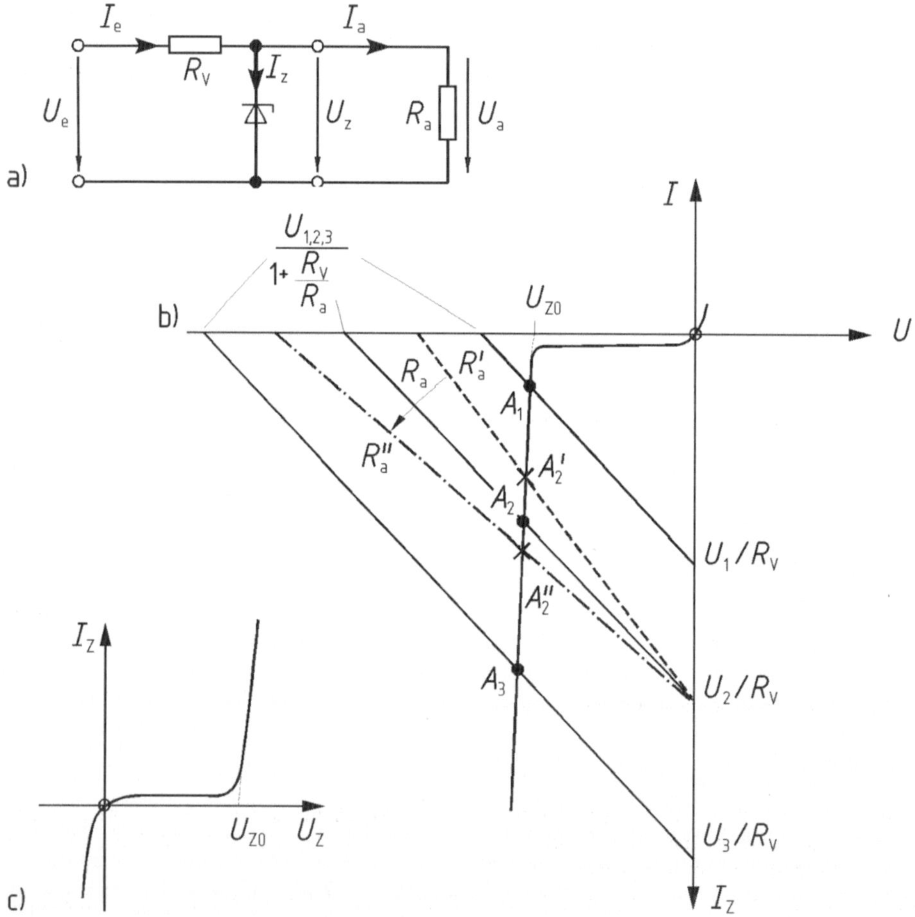

Bild 10.40 Spannungsstabilisierung mit Z-Diode
a) Schaltung
b) Grafische Darstellung der Stabilisierung
c) Kennlinie $I_Z = I_Z(U_Z)$ einer Z-Diode

Beispiel 10.14 Spannungsstabilisierung mit einer Z-Diode

Eine Z-Diode mit der Zener-Spannung $U_{ZO} = 5{,}6$ V und dem dynamischen Widerstand $r_Z = 10\ \Omega$ soll nach der in Bild 10.40a angegebenen Schaltung bei der Eingangsspannung $U_e = 30$ V auf den Lastwiderstand $R_a = 2200\ \Omega$ arbeiten.

a) Wie groß muss der Vorwiderstand R_V sein, um den Zener-Strom auf $I_Z = 3{,}5$ mA zu begrenzen?

An dem vom Strom $I_Z + I_a$ durchflossenen Vorwiderstand R_V liegt die Teilspannung $U_e - U_Z$. Mit $U_Z \approx U_{ZO}$ gilt daher

$$R_V = \frac{U_e - U_Z}{I_Z + I_a} \approx \frac{U_e - U_{ZO}}{I_Z + I_a}.$$

Mit dem Strom $I_a = U_{ZO}/R_a = 5{,}6\ \text{V}/(2200\ \Omega) = 2{,}55$ mA wird der Vorwiderstand

$$R_V \approx \frac{(30 - 5{,}6)\ \text{V}}{(3{,}5 + 2{,}55)\ \text{mA}} \approx 4\ \text{k}\Omega$$

b) Wie groß ist die relative Änderung $\Delta U_a/U_a$ der Ausgangsspannung bei relativer Zunahme der Eingangsspannung U_e bzw. des Lastwiderstandes R_a um 10 % ?

Der Zusammenhang zwischen $\Delta U_a = \Delta U_Z$ und ΔU_e ergibt sich aus der Verschiebung des Schnittpunktes der Arbeitsgeraden

$$U_e = R_V I_e + U_Z \qquad \text{mit} \quad I_e = I_Z + U_Z/R_a$$

mit der Diodenkennlinie

$$U_Z = r_Z I_Z + U_{ZO}.$$

Durch Elimination von I_Z aus diesen beiden Gleichungen erhält man

$$U_Z = \frac{\dfrac{U_e}{R_V} + \dfrac{U_{ZO}}{r_Z}}{\dfrac{1}{R_V} + \dfrac{1}{r_Z} + \dfrac{1}{R_a}} \tag{10.64}$$

und hieraus für R_a = const bei Änderungen von U_e

$$\Delta U_Z = \frac{\Delta U_e}{1 + R_V\left(\dfrac{1}{r_Z} + \dfrac{1}{R_a}\right)} \tag{10.65}$$

Aus den Gln. (10.64) und (10.65a) folgt

$$\frac{\Delta U_Z}{U_Z} = \frac{1}{1 + \dfrac{R_V}{r_Z} \cdot \dfrac{U_{ZO}}{U_e}} \cdot \frac{\Delta U_e}{U_e}. \tag{10.66}$$

Mit den vorgegebenen Zahlenwerten erhält man

$$\frac{\Delta U_Z}{U_Z} = 0{,}13\,\%$$

Die relative Schwankung der Eingangsspannung ist also annähernd um das 76-fache herabgesetzt. Durch Hintereinanderschalten zweier Z-Dioden mit Vorwiderständen (Kaskadenschaltung) lässt sich die Spannungskonstanz weiter annähern.

Entsprechend zu den Gln. (10.65) und (10.66) erhält man aus Gl. (10.64) bei U_e = const und Änderungen von R_a nach Zwischenrechnung

$$\frac{\Delta U_Z}{U_Z} = \frac{\dfrac{\Delta R_a}{R_a}}{1 + R_a\left(\dfrac{1}{R_V} + \dfrac{1}{r_Z}\right) \cdot \left(1 + \dfrac{\Delta R_a}{R_a}\right)}. \tag{10.67}$$

Da $r_Z \ll R_a, R_V$ ist, gilt in guter Näherung

$$\frac{\Delta U_Z}{U_Z} = \frac{r_Z}{R_a} \cdot \frac{\frac{\Delta R_a}{R_a}}{1 + \frac{\Delta R_a}{R_a}} . \tag{10.68}$$

Mit den angegebenen Zahlenwerten gilt

$$\frac{\Delta U_Z}{U_Z} = \begin{cases} 0{,}0411\,\% \text{ nach Gl.(10.67)} \\ 0{,}0413\,\% \text{ nach Gl.(10.68)} \end{cases},$$

d. h. eine Verringerung der Schwankung um etwa den Faktor 240.

10.5.2.4 Schaltdioden

Im Gegensatz zur zeitlich harmonischen Aussteuerung von Gleichrichter- und Mischdioden wird nun die Reaktion von Dioden auf steilflankige Änderungen von Strom bzw. Spannung betrachtet. Derartige *impulsförmige Zeitverläufe* sind z. B. für logische Schaltungen und für die Leistungselektronik charakteristisch.

Aufgabe einer Schaltdiode ist es, möglichst sprungartig aus dem leitenden in den sperrenden Zustand zu schalten. Dies wird dadurch ermöglicht, dass zwischen p- und n-Gebiet eine schwach leitende Zone eingefügt wird ($p^+ nn^+$- oder *pin-Struktur* mit kurzem Mittelgebiet, Bild 10.41)).

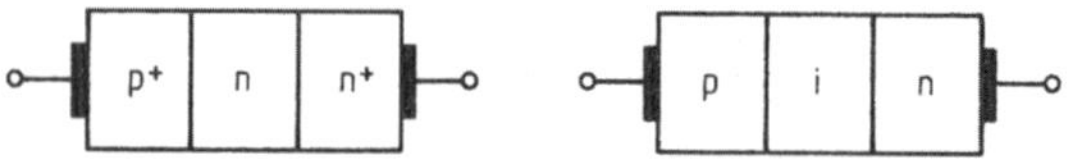

Bild 10.41 Zonenfolgen in Schaltdioden

Beim Anlegen einer Spannung in *Durchlassrichtung* wird die schwach leitende Mittel-Zone von Löchern und Elektronen überschwemmt. Da durch den großen Dotierungsunterschied zu den benachbarten Schichten ein rekombinationsarmes Gebiet vorliegt, haben die injizierten Löcher als Minoritätsträger eine Lebensdauer bis zu einigen 100 ms und führen somit zu einer Ladungsspeicherung.

Beim Anlegen einer Spannung in *Sperrrichtung* werden die in der Mittel-Schicht gespeicherten Ladungsträger zunächst mit konstantem Strom entgegengesetzter Richtung so lange abgebaut, bis beim Erreichen der Gleichgewichtskonzentration an den Rändern der Raumladungszone der Strom innerhalb der *Übergangs-* bzw. *Abfallzeit* um einige Größenordnungen auf seinen stationären Wert hin abnimmt.

Das Ausräumen der injizierten Ladung aus den Bahngebieten kann auch dadurch beschleunigt werden, dass die dortige Dotierung zum pn-Übergang hin abnimmt. Durch einen derartigen Gradienten in der Konzentration der ionisierten Dotierungsatome wird ein elektrisches Feld in die Bahngebiete eingebaut. Es hält den gesamten injizierten Minoritätsträgerüberschuss in der Nähe des pn-Übergangs, sodass die Abfallzeit in der Größenordnung von ns liegt. Solche Dioden werden *Speicher-Varaktoren*, *Speicherschalt-* oder *Ladungsspeicher-Dioden* genannt (im Englischen *step recovery diodes* bzw. *snap off diodes*).

Auch Schottky-Dioden sind für die Realisierung schneller Schaltvorgänge sehr gut geeignet. Da der Stromtransport durch dieses Bauelement ein Majoritätsträgereffekt ist (Abschnitt 10.5.2.2), gibt es hier keine gespeicherte Minoritätsladung, die nach dem Umschalten von Fluss- in Sperrrichtung abgebaut werden muss. Daher stellt sich die Sperrwirkung nach dem Umschalten extrem schnell (typisch 1 ns) ein.

10.5.2.5 Varaktordioden

Varaktordioden nutzen die Spannungsabhängigkeit der Kapazitäten einer Halbleiterdiode (Abschnitt 10.5.1).

Sperrschicht-Varaktoren werden in Sperrrichtung betrieben und nutzen die veränderliche Sperrschichtkapazität (Gl. (10.61)). Sie werden eingesetzt zur Abstimmung von Schwingkreisen, zur Frequenz-Modulation und -Vervielfachung sowie zur Mischung. Diese Funktionen erfüllen außer pn-Dioden auch Schottky-Dioden.

Speicher-Varaktoren (mit einer pin-ähnlichen Struktur) werden in Sperr- und Durchlassrichtung ausgesteuert und vorzugsweise als Frequenz-Vervielfacher für hohe Leistungen und große Vervielfacherzahlen eingesetzt.

Beispiel 10.15 Schwingkreis mit Varaktordiode

Zur Durchstimmung eines LC-Schwingkreises über den Frequenzbereich $f_{\text{res},\,1} = 180$ MHz … $f_{\text{res},\,2} = 220$ MHz wird zu der Festkapazität C und der Induktivität L eine Varaktordiode parallelgeschaltet, deren Kapazitätswert durch Änderung der Vorspannung zwischen $C_1 = 35$ pF und $C_2 = 15$ pF variiert.

Wie sind C und L zu dimensionieren?

Aus den Beziehungen

$$f_{\text{res},1} = \frac{1}{2\pi\sqrt{(C+C_1)L}}, \qquad f_{\text{res},2} = \frac{1}{2\pi\sqrt{(C+C_2)L}},$$

folgt durch Division und Auflösen nach C

$$C = \frac{f_{\text{res},1}^2 \cdot C_1 - f_{\text{res},2}^2 \cdot C_2}{f_{\text{res},2}^2 - f_{\text{res},1}^2} = \frac{(180\text{ MHz})^2 \cdot 35\text{ pF} - (220\text{ MHz})^2 \cdot 15\text{ pF}}{(220\text{ MHz})^2 - (180\text{ MHz})^2} = 25{,}5\text{ pF}$$

und damit aus jeder der beiden Frequenz-Gleichungen

$$L = \frac{1}{2\pi} \cdot \frac{f_{\text{res},1}^{-2} - f_{\text{res},2}^{-2}}{C_1 - C_2} = 12{,}9\text{ nH}$$

10.5.2.6 pin-Dioden

Bei pin-Dioden befindet sich zwischen p- und n-Schicht eine schwach dotierte, also hochohmige eigenleitende i-Schicht (intrinsic), (Bild 10.41).

Bei *Polung in Durchlassrichtung* wird die i-Schicht durch den Durchlassstrom mit Ladungsträgern überschwemmt und damit niederohmig, also leitend. In der i-Schicht baut sich eine Ladung auf, die dadurch zu einem Gleichgewichtszustand gelangt, dass Löcher und Elektronen nach der von Dotierung und Aufbau abhängigen Lebensdauer τ (typisch 30 ns bis 3 µs) rekombinieren. Die innerhalb dieser Zeit gespeicherte Ladung ist ein Maß für die über den Durchlassstrom steuerbare Leitfähigkeit der i-Schicht. Der Verlauf der Durchlasskennlinie entspricht dem der pn-Diode.

Bei *Polung in Sperrrichtung* verarmt die i-Schicht an Ladungsträgern und wird sehr hochohmig. Sie stellt dann annähernd eine spannungsunabhängige Kapazität dar.

Anwendungsbereiche von pin-Dioden sind, je nach Ausführungsform,

tiefe Frequenzen:	Leistungsgleichrichter mit zulässigen Sperrspannungen bis in den kV-Bereich
Hochfrequenztechnik:	Speicher-Varaktoren, Frequenzvervielfacher, steuerbare ohmsche Widerstände (z. B. für elektronische Dämpfungsglieder), Amplitu-

denmodulatoren, spannungsabhängige impulsgesteuerte Schaltdioden (z. B. in Radaranlagen zum Umschalten der Antenne zwischen Senden und Empfangen), Realisierung digitaler Phasenschieber zur elektronischen Strahlschwenkung von Antennen

optische Nachrichtentechnik: Photodiode (Abschnitt 10.5.6.1).

10.5.2.7 Aktive Mikrowellendioden

Aktive Mikrowellendioden werden – vorzugsweise im Mikrowellengebiet – zur *Schwingungserzeugung* (als Oszillatoren) und/oder zur *Verstärkung* verwendet. In beiden Fällen wird von den Dioden HF-Leistung an eine angeschlossene Schaltung abgegeben, sie wirken also für diese wie ein *negativer dynamischer Widerstand.* Das ist nur möglich, wenn die Phasendifferenz zwischen Spannung und Strom der betreffenden Frequenz bei Zugrundelegung des Verbraucher-Zählpfeilsystems zwischen 90° und 270° liegt, vorzugsweise bei 180°. Zur Erzeugung dieser Phasendifferenz gibt es verschiedene Möglichkeiten und dementsprechende Bauelemente. Deren Wirkungsweise und Eigenschaften werden im Folgenden beschrieben.

Lawinen-Laufzeitdiode

Bei Lawinen-Laufzeitdioden wird der negative dynamische Widerstand durch eine Kombination von Lawinen-Durchbruch und anschließender Driftbewegung der erzeugten Ladungsträger in einem Laufraum erreicht. Das kommt auch im Kunstwort

Impatt (Impact Ionization Avalanche and Transit Time)-Diode

für dieses Bauelement zum Ausdruck. Es werden also ähnliche Effekte genutzt wie in den seit über 80 Jahren bekannten Laufzeit-Elektronenröhren.

In Bild 10.42a ist die Zonenfolge einer Impattdiode und in Bild 10.42b ihr Dotierungsprofil qualitativ dargestellt. Am p^+n-Übergang zwischen den Zonen 1 und 2 liegt eine solche Sperrspannung U_{Br}, dass in der Raumladungszone die für den *Lawinen-Durchbruch* erforderliche Feldstärke E_{Br} (in Si typisch 300 kV/cm) erreicht wird (Bild 10.42c). Wenn der Gleichspannung U_{Br} eine Sinusspannung $\Delta u(t)$ der Frequenz $f = \omega/2\pi$ überlagert wird, so entsteht in der Halbschwingung $\Delta u(t) > 0$ wegen des Überschreitens der Durchbruchfeldstärke eine Ladungsträgerlawine $i_a(t)$ (Bild 10.42d). Diese ist am stärksten am Ende der Halbschwingung ausgebildet, wenn $\Delta u(t) = 0$ ist. Die Lawinenbildung hinkt also der verursachenden Spannung $\Delta u(t)$ um 90° nach. Während der anschließenden Halbschwingung mit $\Delta u(t) < 0$ wird die Durchbruchfeldstärke unterschritten, sodass keine Lawinenbildung stattfindet. Die erzeugten Elektronen werden also impulsförmig in die Zone 3 injiziert. Dort gibt es wegen der fehlenden Dotierung keine Raumladung, sodass das elektrische Feld E_i konstant ist, und zwar so groß, dass sich die Elektronen mit ihrer Sättigungsgeschwindigkeit $v_s \approx 10^7$cm/s bewegen (in Si ist typisch $E_i = 10$ kV/cm). Sie erzeugen während dieser Driftbewegung durch den Laufraum 3 der Länge w_i in der an die Diode angeschlossenen Schaltung einen *Influenzstrom* $i_{nfl}(t)$, welcher gegenüber dem injizierten *Lawinen-Strom* $i_a(t)$ in der Phase abermals nachhinkt, und zwar um $\Delta\varphi_i = 1/2\,(\omega w_i/v_s)$. Abkürzend setzt man $\omega\, w_i/v_s = \Theta_i$ (Bild 10.42e). Für $\Theta_i = 180°$ hat der Influenzstrom gegenüber der erzeugenden Sinusspannung $\Delta u(t)$ die für eine Leistungsabgabe optimale Phasenverschiebung von 180°.

Impatt-Dioden werden aus Si bzw. GaAs hergestellt und hauptsächlich als *Oszillatoren* (bis zu einigen wenigen 100 GHz) eingesetzt, z. B. in Überlagerungsempfängern, Radaranlagen und für phasengesteuerte Antennen, aber auch als *Reflexions-Leistungsverstärker*. Für HF-Vorverstärker sind sie dagegen ungeeignet, da der Lawinen-Effekt neben dem Nutzsignal einen höheren Störpegel verursacht als z. B. der GaAs-Feldeffekttransistor (Abschnitt 10.5.3.1.).

Gunn-Element

Manche Halbleitermaterialien, z. B. n-GaAs, besitzen aufgrund ihres Kristallaufbaus ein *zweigeteiltes Leitungsband.* In den beiden Teilbändern unterliegen die Elektronen unterschiedlichen Wechselwirkungskräften mit den Gitterbausteinen, sodass sie sich unter der Einwirkung eines äußeren elektrischen Feldes mit verschiedenen Geschwindigkeiten bewegen, und zwar im

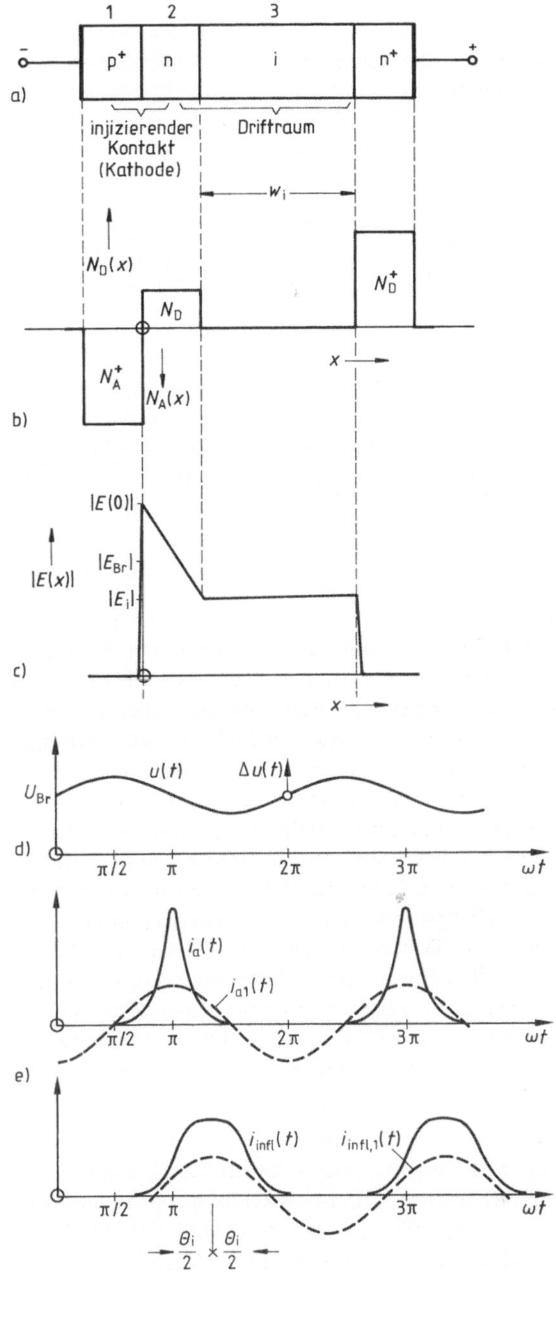

Bild 10.42 Zur Wirkungsweise der Impattdiode
a) Zonenfolge
b) Dotierungsprofil
c) Feldstärkeprofil
d) Spannung $u(t)$ an der Lawinenzone und Konvektionsstrom $i_a(t)$ in der Lawinenzone und zugehöriger Grundschwingungsanteil $i_{a,1}(t)$
e) Influenzstrom $i_{infl}(t)$ allgemein und zugehöriger Grundschwingungsanteil $i_{infl,1}(t)$

energetisch tiefer gelegenen Teilband mit wesentlich höherer Geschwindigkeit. Da sich die Besetzung der beiden Teilbänder mit Ladungsträgern mit zunehmender Feldstärke (bzw. Spannung am Halbleiter) zugunsten des oberen Bandes ändert, nimmt die über die Elektronengesamtheit gemittelte Geschwindigkeit und damit der Strom mit wachsender Probenspannung zunächst rasch zu, bei großen Spannungen dagegen wesentlich langsamer, sodass sich ein Übergangsgebiet mit *fallender Strom-Spannungs-Charakteristik* ergeben kann (Bild 10.43a). Dies ist ein Hinweis auf einen negativen dynamischen Leitwert des Halbleiters. Aber auch dann, wenn keine *stationäre* fallende Charakteristik entsteht (Bild 10.43b), kann sich im dynamischen Verhalten eines solchen Halbleiters eine Strominstabilität ausbilden, welche zu einem negativen Realteil der Impedanz führt.

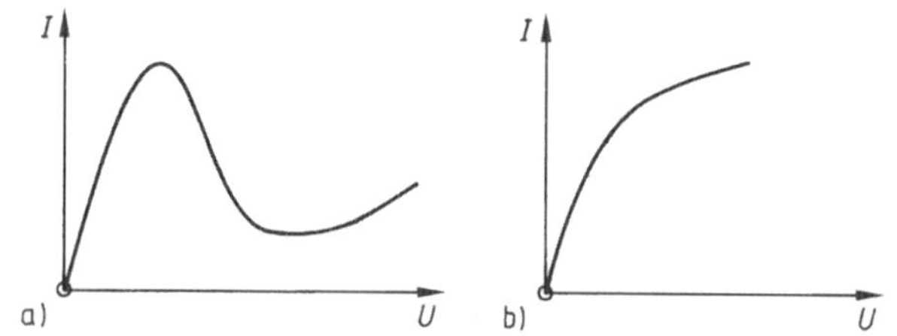

Bild 10.43 Stationäre Strom-Spannungs-Kennlinie eines Gunn-Elements
a) mit fallendem Ast
b) ohne fallenden Ast

Der nach seinem Entdecker J. B. Gunn benannte Effekt äußert sich in einer Vielzahl von Schwingungsformen, wegen deren Diskussion auf weiterführende Literatur verwiesen wird [32]. Er ist ein *Volumeneffekt* in einem n bzw. nn^+ bzw. n^+nn^+ Halbleiter. Da keine pn-Übergänge im Spiel sind, spricht man i. Allg. nicht von einer Diode, sondern vom *Gunn-Element*. Dieses ist der Impattdiode bezüglich Leistung und Wirkungsgrad unterlegen, dagegen bezüglich Durchstimmbarkeit und Störpegel überlegen. Gunn-Elemente finden Anwendung in Messgeräten und als Lokaloszillatoren in Mischern (bis in den Bereich von 100 GHz).

Tunneldiode

Wenn in einem Halbleitermaterial die Dotierung mit Donatoren bzw. Akzeptoren sehr hoch gewählt wird (typisch 10^{19} ... 10^{20} cm^{-3}), taucht das Fermi-Niveau in das Leitungs- bzw. Valenzband ein (*Entartung*). Falls in einem pn-Übergang beide Seiten bis zur Entartung dotiert sind, ist die Diffusionsspannung U_D größer als W_G/e (W_G = Bandabstand = Bindungsenergie eines Elektrons; vgl. Bild 10.32g). Daher ist das Energiebänderschema des n-Gebiets gegenüber dem des p-Gebiets soweit abgesenkt, dass sich im stromlosen Fall mit Elektronen besetzte Energiezustände im p-Valenzband und n-Leitungsband gegenüberstehen (Bild 10.44a, wegen $E_{V,p} > E_{C,n}$ spricht man von *Bänderüberlappung*). Da wegen der hohen Dotierung die Raumladungszone sehr dünn ist (einige 10^{-6} mm), ist die dortige Feldstärke größer als der für den Zener-Durchbruch erforderliche Wert. Daher können Elektronen ohne Energieänderung die (nach der klassischen Physik nicht überwindbare) Barriere zwischen p- und n-Gebiet durchdringen (*wellenmechanischer Tunneleffekt*, der dem Bauelement seinen Namen gegeben hat). Allerdings fließt noch kein resultierender Tunnelstrom, da sich im Überlappungsbereich nur besetzte Energieniveaus gegenüberstehen, sodass in beiden Richtungen gleich viel Elektronen durch die Barriere tunneln.

Bei Anlegen einer Spannung $U < 0$, d. h. in *Sperrrichtung*, wird das Bänderschema des n-Gebiets weiter abgesenkt (Bild 10.44b), sodass Elektronen aus Energieniveaus im p-Valenzband in unbesetzte, erlaubte Niveaus im n-Leitungsband tunneln können. Es fließt also in Sperrrichtung ein Strom, der mit wachsendem $|U|$ rasch zunimmt, d. h. es ist keine Sperrwirkung mehr vorhanden (Bild 10.45, Bereich 1). Wenn eine Spannung $U > 0$ angelegt wird, d. h. in *Durchlassrichtung*, so wird das Bänderschema des n-Gebiets gegenüber dem stromlosen Fall angehoben (Bild 10.44c). Jetzt können Elektronen aus dem n-Leitungsband in unbesetzte, erlaubte Niveaus im p-Valenzband tunneln. Dieser Strom wächst mit der Spannung U zunächst an (Bereich 2 in Bild 10.45), erreicht ein Maximum, wenn das Niveau $E_{c,n}$ das Fermi-Niveau

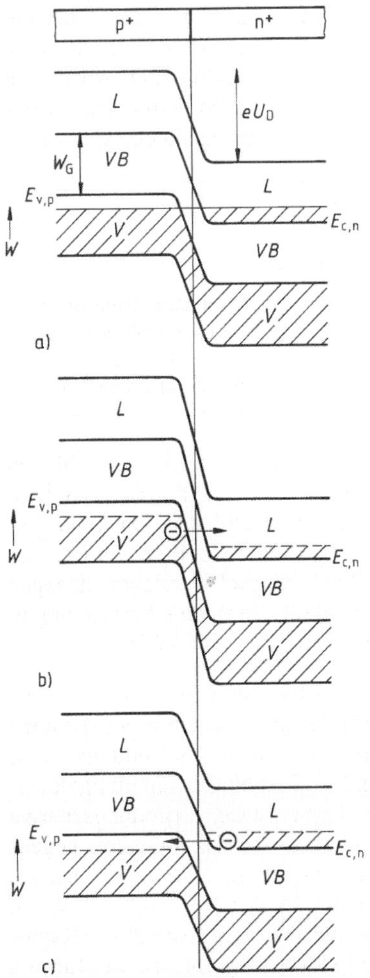

Bild 10.44 Hochdotierter pn-Übergang
a) Bändermodell ohne Anlegen einer äußeren Spannung
b) Bändermodell beim Anlegen einer äußeren Spannung in Sperrrichtung
c) Bändermodell beim Anlegen einer kleinen äußeren Spannung in Durchlassrichtung
L Leitungsband
VB verbotenes Band
V Valenzband

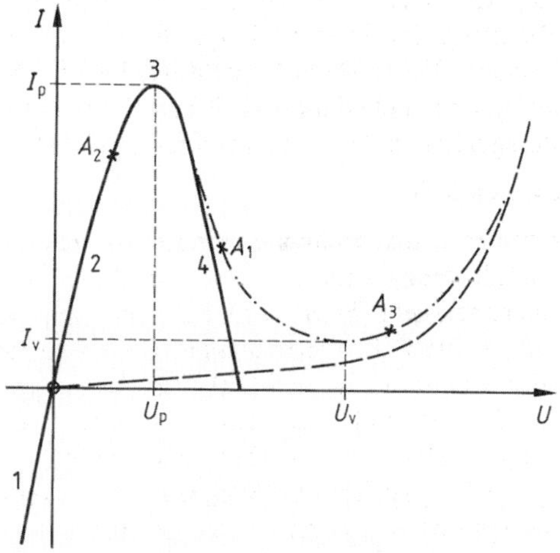

Bild 10.45 Strom-Spannungs-Kennlinie einer Tunneldiode
—— Tunnelstrom
– – – Diffusionsstrom
–.–.–. Gesamtstrom

$E_{F,p}$ erreicht hat (Punkt 3 in Bild 10.45) und fällt dann wieder auf null (Bereich 4 in Bild 10.45), wenn $E_{c,n}$ die Höhe von $E_{v,p}$ erreicht hat, weil von da an den Elektronen im n-Leitungsband nur verbotene Energieniveaus im p-Gebiet gegenüberstehen. (Diese vereinfachte Darstellung gilt streng nur beim absoluten Nullpunkt der Temperatur $T = 0$.) Der *Tunnelstrom* einschließlich weiterer, hier nicht erklärter Zusatzströme überlagert sich dem von der konventionell dotierten pn-Diode her bekannten Diffusionsstrom, sodass sich die in Bild 10.45 dargestellte gesamte *I*-*U*-Charakteristik ergibt. Über die Materialabhängigkeit der Kenngrößen von Tunneldioden-Kennlinien gibt Tabelle 10.7 Auskunft.

Tabelle 10.7 Materialabhängigkeit von Tunneldioden-Kenngrößen (*p* peak, *v* valley)

Material	Ge	GaSb	Si	GaAs
W_G/eV	0,66	0,7	1,11	1,43
U_p/mV	50	120	100	150
U_v/mV	300	350	450	650
$I_p/I_v \lesssim$	10	15	5	60

Da der quantenmechanische Tunnelprozess praktisch trägheitslos ist, können Tunneldioden im Prinzip bis zu sehr hohen Frequenzen als Verstärker (bis zu einigen 10 GHz, eindeutiger Arbeitspunkt A_1), Schalter (zwischen zwei stabilen Zuständen A_2, A_3) und *Oszillatoren* (bis zu 100 GHz, Arbeitspunkt A_1) eingesetzt werden. Wegen der geringen verarbeitbaren Signalleistung, der niedrigen dynamischen Diodenimpedanz sowie wegen technologischer Zuverlässigkeits- und schaltungstechnischer Stabilitäts-Probleme ist die Bedeutung der Tunneldiode in dem Maße stark zurückgegangen wie leistungsfähigere Halbleiterbauelemente für Verstärker (z. B. Feldeffekttransistoren), Oszillatoren (Impattdioden, Gunnelemente) und Schalter zur Verfügung stehen. Der Tunneleffekt selbst spielt jedoch bei zahlreichen neuen Halbleiterbauelementen (quantum-well-Strukturen, resonant tunneling) sowie in der *Nanoelektronik* eine entscheidende Rolle.

Eine Stellung zwischen der konventionell dotierten pn-Diode und der Tunneldiode nimmt die *Rückwärtsdiode* (backward diode) ein. Hier ist die Dotierung so hoch gewählt, dass die Diffusionsspannung U_D genau dem Bandabstand W_G entspricht ($E_{c,n} = E_{v,p}$ in Bild 10.44a). Bei Anlegen einer Spannung $U < 0$ erfolgt dann wie bei der Tunneldiode ein steiler Stromanstieg, während bei einer Polung gemäß $U > 0$ der Überlappungseffekt und damit die fallende Charakteristik fehlt und nun der (zunächst sehr kleine) Diffusionsstrom fließt (Bild 10.46). Gegenüber der konventionell dotierten Diode sind offenbar Durchlass- und Sperrrichtung vertauscht (vgl. Bild 10.38 bzw. Bild 10.40c), woraus auch die Bezeichnung für dieses Bauelement resultiert. Da die Krümmung im Nullpunkt größer als bei konventionellen Dioden ist, eignen sich Rückwärtsdioden zur Gleichrichtung auch sehr kleiner HF-Spannungen. Da der Strom ein Majoritätsträgerstrom ist, entfallen Minoritätsträger-Speichereffekte; außerdem erfolgt das Tunneln extrem schnell. Daher können Rückwärtsdioden bis in das GHz-Gebiet als *Gleichrichter*, *Detektoren* und *Mischer* eingesetzt werden. Sie sind jedoch den Schottky-Dioden bei gleich guten HF-Eigenschaften bzgl. Sperrwirkung und Störpegel unterlegen.

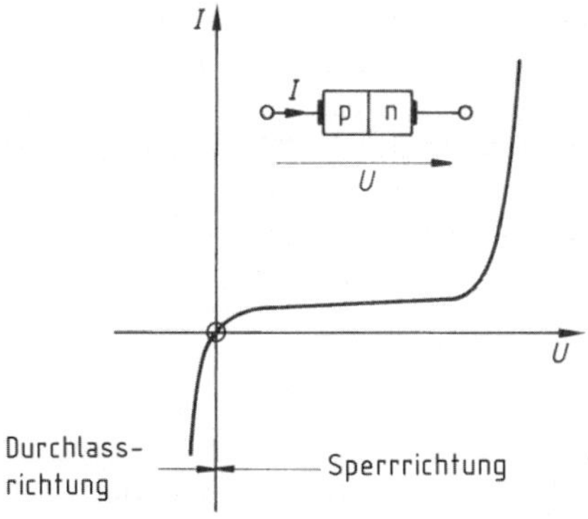

Bild 10.46 Strom-Spannungs-Charakteristik einer Rückwärtsdiode

10.5.3 Transistoren

In diesem Abschnitt werden Aufbau, Wirkungsweise und Anwendungen von Transistoren beschrieben. Transistoren sind Halbleiterbauelemente mit mehr als zwei, i. Allg. drei, Elektroden (Bild 10.47). Dadurch ist es möglich, den Widerstand zwischen den beiden Klemmen E und A der Halbleiterstruktur durch das Potenzial der dritten Klemme St zu steuern. Von dieser Möglichkeit, die durch das Kunstwort Transistor (Transfer Resistor) zum Ausdruck gebracht werden soll, kann vielfältig Gebrauch gemacht werden: Von besonderem Interesse ist die Fähigkeit des Transistors, als Reaktion auf eine am „Eingangs-Klemmenpaar" St-E angelegte Sinusspannung am „Ausgangs-Klemmenpaar" A-E eine Sinusspannung (gleicher Frequenz) mit vergrößerter Amplitude abzugeben: Transistoren sind also *typische analoge Verstärker-Bauelemente* für Frequenzen vom Hz- bis in den GHz-Bereich [54]. Außerdem lassen sich Transistoren durch Spannungs- bzw. Strom-Steuerimpulse zwischen einem hochohmigen und niederohmigen stabilen Zustand schalten. Derartige *Schalttransistoren* spielen z. B. in der Impulstechnik [44], zur Realisierung logischer Schaltungen in digitalen nachrichtenverarbeitenden Systemen [45] und in der Leistungselektronik [24] eine wichtige Rolle.

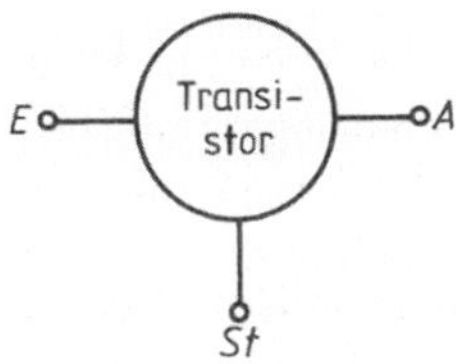

Bild 10.47 Transistor mit Eingangselektrode E, Ausgangselektrode A sowie Steuerelektrode St, schematisch

Weite Verbreitung in der linearen Schaltungstechnik findet der Transistor im *Operationsverstärker*, der ursprünglich aus der Analogrechner-Technik zur Durchführung von Rechenoperationen wie z. B. Addition, Multiplikation und Integration hervorgegangen ist und dessen jeweilige Eigenschaften durch entsprechend gestaltete Gegenkopplungs-Netzwerke bestimmt werden [48].

Gemäß den verschiedenen zugrundeliegenden physikalischen Prinzipien unterscheidet man Feldeffekt- und Bipolartransistoren. Entgegen der historischen Entwicklung wird hier aus didaktischen Gründen mit dem Feldeffekttransistor begonnen.

10.5.3.1 Feldeffekttransistoren

Das Funktionsprinzip eines *Feldeffekttransistors* (FET) ist folgendes:

In einem n- oder p-leitenden Stück einkristallinen Halbleitermaterial, das mit zwei sperrschichtfreien Anschlüssen unterschiedlichen Potenzials versehen ist (E und A in Bild 10.47) fließt ein Strom. Dieser wird *durch ein zur Stromrichtung senkrechtes elektrisches Feld gesteuert, welches den Querschnitt bzw. die Ladungsträgerkonzentration des Strompfades (Kanal) verändert.* Die Steuerung erfolgt mittels der dritten Elektrode (St in Bild 10.47). Über diese fließt im Idealfall kein Strom (leistungslose Steuerung, wie bei der gittergesteuerten Elektronenröhre gemäß Abschnitt 10.1.3.2).

Da in einem FET der Stromfluss in einem Halbleitermaterial einheitlichen Leitungstyps erfolgt, d. h. ohne Überschreitung von pn-Übergängen, vollzieht er sich wie in einem ohmschen Widerstand; er wird praktisch ausschließlich von *Majoritätsträgern* getragen. Während also in der Halbleiterdiode und auch beim Bipolartransistor (Abschnitt 10.5.3.2) Elektronen und Defektelektronen für den Betrieb des Bauelements unverzichtbar sind, spielen beim FET die Majoritätsträger die entscheidende Rolle, d. h. *eine* Ladungsträgerart. Man nennt ihn daher auch *Unipolar-Transistor*. Die Minoritätsträger sind natürlich auch vorhanden, aber für den Wirkungsmechanismus des FET uninteressant. Damit hängt die viel geringere Temperaturempfindlichkeit seiner Strom-Spannungs-Charakteristik zusammen. Ferner spielen Rekombinationsvorgänge nur eine untergeordnete Rolle.

Die drei Anschlüsse eines FET werden mit den Buchstaben S, D und G bezeichnet entsprechend den englischen Wörtern

Source	(Quelle)	Eingang	des stromführenden
Drain	(Abfluss, Senke)	Ausgang	Kanals
Gate	(Gatter, Tor)	Elektrode zur Steuerung des Stroms	

Zwei Grundformen von FETs werden unterschieden: solche mit einem Nicht-Isolierenden Gate (NIGFET), realisiert als Sperrschicht-Feldeffekttransistor und solche mit einem Isolierenden Gate (IGFET), realisiert als MOS-Feldeffekttransistor.

Sperrschicht-Feldeffekttransistor

Bei dieser Ausführungsform wird zur Steuerung des Stroms im n- oder p-leitenden Halbleiter (*Kanal*) *das elektrische Feld eines in Sperrrichtung vorgespannten pn-Übergangs* genutzt. Daher ist für diesen Transistor-Typ die Kurzbezeichnung *pn-FET* (bzw. *Junction FET*) üblich. Bild 10.48 zeigt seinen prinzipiellen Aufbau in Planartechnik. In dem hier n-leitenden Halbleiter sind am Anfang und Ende über eindiffundierte stark n-dotierte Inseln und damit verbundene Metallschichten sperrschichtfreie Elektroden S und D realisiert. Entsprechendes gilt für die über einer p^+-Insel angebrachte Steuerelektrode G. Durch die Spannung $U_{DS} > 0$ wird die Elektrode D positiv gegenüber der Elektrode S vorgespannt, sodass ein von der Leitfähigkeit des Halbleiterwerkstoffs und der Kanalgeometrie abhängiger Strom I_D durch den Kanal fließt. Der Querschnitt des Kanals wird durch die Raumladungszonen unterhalb des p^+-Gate und oberhalb des p^+-Substrats begrenzt; in das Substrat ragt die Raumladungszone praktisch nicht hinein (Gl. (10.60)). Das Substrat ist elektrisch von außen über den Anschluss B (bulk) zugänglich. Allerdings sind die Elektroden B und S meistens untereinander verbunden. Die Ausdehnung der schraffiert eingezeichneten Raumladungszonen wird durch die Spannung $U_{GS} < 0$ beeinflusst. Sie nimmt mit wachsendem $|U_{GS}|$ zu, wodurch der Widerstand des Kanals vergrößert wird und der Strom I_D abnimmt. Der über die in Sperrrichtung gepolten p^+n-Übergänge fließende Strom (typisch 1 nA) kann bei Einzelhalbleitern vernachlässigt werden. Der pn-FET hat also einen sehr hohen Widerstand zwischen S und G (typisch 10^8 – 10^{11} Ω). Somit ist eine praktisch *leistungslose Steuerung des Stroms* I_D möglich.

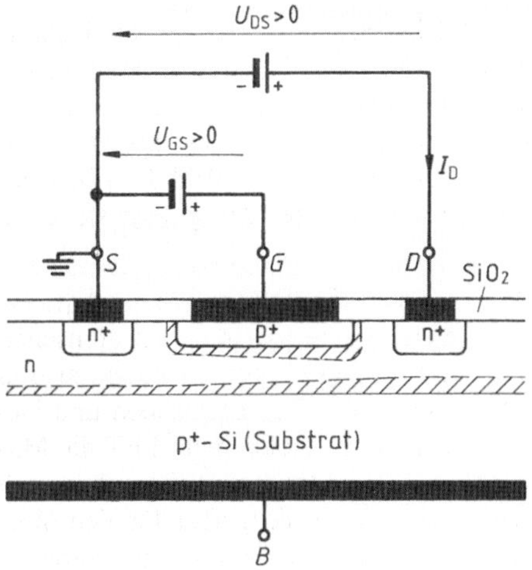

Bild 10.48 Beispiel eines n-Kanal Si-pn-FET in Planartechnik
/// Raumladungszonen,
▬ aufgebrachtes Metall

Nach Bild 10.48 ist der für den Stromfluss verfügbare Kanal-Querschnitt innerhalb der Halbleiterprobe nicht konstant, sondern verringert sich in Richtung auf die Elektrode D. Diese Veränderung wird hervorgerufen durch Überlagerung des durch den Strom I_D im widerstandsbehafteten Halbleitermaterial selbst hervorgerufenen Spannungsabfalls mit des vom pn-Übergang herrührenden Spannungsabfalls. Die ortsabhängige Potenzialdifferenz beträgt am Source-seitigen Ende des Kanals $-(U_{GS} + U_D)$ und am Drain-seitigen Ende $U_{DS} - (U_{GS} + U_D) = U_{DS} + |U_{GS} + U_D|$. Für sehr kleine Spannungen U_{DS} kann dieser Unterschied vernachlässigt werden, sodass sich der Kanal wie ein ohmscher Widerstand verhält und der Strom I_D proportional der Spannung U_{DS} zunimmt. Der FET stellt in diesem *Anlaufgebiet* einen (durch U_{GS}) *elektronisch steuerbaren Ohmschen Widerstand* dar. Davon wird in der Schaltungstechnik vielfach Gebrauch gemacht.

Die Spannung U_{DS} kann nun so weit vergrößert werden, dass sich die beiden in den Kanal hineinragenden Raumladungszonen am Drain-seitigen Ende berühren. Man spricht dann von der *Abschnür- oder pinch-off-Spannung* $U_{DS,p}$. Die Spannung $U_{DS,p} + |U_{GS} + U_D|$ heißt *Schwellspannung* U_{th}. Eine Vergrößerung der Spannung U_{DS} über den Wert $U_{DS,p}$ hinaus bringt praktisch keine Erhöhung des Stroms I_D mehr; es tritt also Sättigung ein. Die Abschnürspannung wird um so eher erreicht, je größer U_{GS} ist.

Bild 10.49 zeigt die an einem pn-FET gemessene Abhängigkeit des Stroms I_D von den Spannungen U_{GS} und U_{DS} in der Form $I_D = I_D(U_{GS})$ für U_{DS} = const (*Steuerkennlinienfeld*, Bild 10.49a) bzw. $I_D = I_D(U_{DS})$ für U_{GS} = const (*Ausgangskennlinienfeld*, Bild 10.49b). Die Schwellspannung beträgt hier $U_{th} = -6$ V. Der Strom I_D ist in der Umgebung des Nullpunktes proportional zu U_{DS} (Ohmsches Verhalten) mit einem von U_{GS} abhängigen Proportionalitätsfaktor und nach Überschreiten der Abschnürspannung (Ende des *Anlaufgebiets*) praktisch von U_{DS} unabhängig und nur noch durch Änderung der negativen Spannung U_{GS} zu beeinflussen. Dies ist der übliche Arbeitsbereich des Feldeffekttransistors (Abschnür-, *pinch-off-* oder *Sättigungsbereich*). Die Spannung U_{DS} darf Werte zwischen 20 V bis 30 V nicht überschreiten, um einen Durchbruch zwischen Drain und Gate zu vermeiden.

Es bereitet natürlich Verständnisschwierigkeiten, dass bei Drain-seitig abgeschnürtem Kanal noch ein Strom fließt und sogar der maximal mögliche. Dieser Widerspruch hat seine Ursache in dem hier benutzten zu einfachen Modell: In Wirklichkeit wird der Kanal zum Drain hin nur so weit eingeengt, dass die Elektronen den Strom mit der physikalisch bedingten Maximalgeschwindigkeit $v_s \approx 10^7$ cm/s durch die engste Stelle des Kanals transportieren können.

Die Steigung der Steuerkennlinie in einem *Arbeitspunkt* A, d. h.

$$\left(\frac{\partial I_D}{\partial U_{GS}}\right)_{U_{DS=\text{const}}}$$

nennt man *Steilheit* und bezeichnet sie mit dem Buchstaben S. Sie ist für den Betrieb des FET als (analoger) Verstärker maßgebend. Ihren Zahlenwert kann man näherungsweise aus der Steuerkennlinie als Verhältnis einer (kleinen) Drain-Strom-Änderung ΔI_D zur (kleinen) Änderung der Steuerspannung ΔU_{GS} entnehmen. In Bild 10.49a ist der Arbeitspunkt A festgelegt durch U_{DS} = 10 V und U_{GS} = –2 V. Aus dem Kennlinienfeld lassen sich die Werte ablesen I_D = 9,3 mA, ΔI_D = 8,6 mA, ΔU_{GS} = 2 V, sodass im Arbeitspunkt A die Steilheit näherungsweise $\Delta I_D/\Delta U_{GS}$ = 8,6 mA/(2 V) = 4,3 mA/V beträgt.

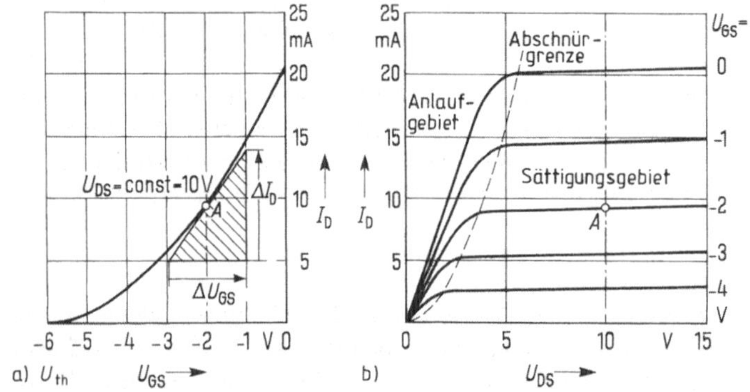

Bild 10.49 Kennlinienfelder eines n-Kanal-Sperrschicht-Feldeffektransistors
a) Steuerkennlinienfeld $I_D = I_D\,(U_{GS})$ mit U_{DS} als Parameter
b) Ausgangskennlinienfeld $I_D = I_D\,(U_{DS})$ mit U_{GS} als Parameter

Beispiel 10.16 Spannungsverstärkung eines Feldeffekttransitors

Wenn der Gleichspannung U_{GS} = –2 V eine Sinusspannung mit der Amplitude $\hat{u}_{GS} = \frac{1}{2}\,\Delta U_{GS}$ überlagert wird, bewirkt diese nach Bild 10.49a eine harmonische Stromänderung mit der Amplitude

$$\hat{i}_D = \tfrac{1}{2}\,\Delta I_D = S \cdot \tfrac{1}{2}\Delta U_{GS} = S\,\hat{u}_{GS} = 4{,}3 \text{ mA}\,.$$

Dieser Sinusstrom verursacht an einem zwischen Drain und Source geschalteten Lastwiderstand R_L eine Sinusspannung mit der Amplitude

$$\hat{u}_{DS} = R_L \cdot \hat{i}_D = R_L S \cdot \hat{u}_{GS}\,.$$

Der Transistor bewirkt also die Spannungsverstärkung $R_L S$, das ist 43 für R_L = 10 kΩ. Dabei besteht zwischen den beiden Zeitfunktionen $u_{DS}(t)$ und $u_{GS}(t)$ eine Phasendrehung von 180°.

Ist die *Halbleiterprobe p-leitend* und Gate sowie Substrat vom n-Typ (*p-Kanal pn-FET*), so ändern die in Bild 10.48 angegebenen Ströme und Spannungen ihr Vorzeichen.

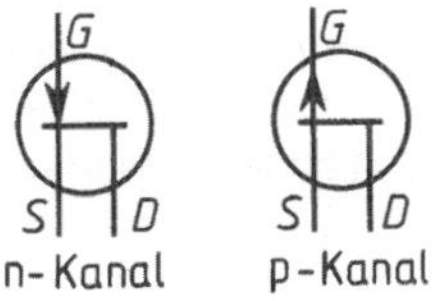

Bild 10.50 Schaltzeichen des Sperrschicht-FET

Bild 10.50 zeigt die Schaltzeichen für n- und p-Kanal Sperrschicht-FET. Sie unterscheiden sich durch die Richtung des am Gate-Anschluss angebrachten Pfeils. Im Gegensatz zu Bild 10.47 ist hier die Umrahmung nicht erforderlich; sie fortzulassen ist zulässig und bei integrierten Schaltungen (Abschnitt 10.5.6) generell üblich. Ansonsten wird die Einrahmung in der Praxis dort angegeben, wo sie die Übersichtlichkeit des Schaltplans erhöht. Grundsätzlich ist es auch nicht erforderlich (wie hier zum besseren Verständnis noch geschehen), die Anschlusselektroden durch die Buchstaben D, G, S zu kennzeichnen. Der im Schaltzeichen enthaltene Strich stellt immer die Halbleiterzone dar und die dazu senkrechten Linien geben die Anschlüsse an. Der Source-Anschluss S ist durch die unmittelbare Verlängerung des Gate-Anschlusses G gegeben. Der einseitige Anschluss ist somit der Drain-Anschluss D.

In einigen Ausführungsformen von NIGFETs werden Schottky-Kontakte als Gate-Elektroden (und semiisolierende Substrate) verwendet. Diese auf GaAs-Basis aufgebauten MES (= Metal Semiconductor) FETs haben Bedeutung besonders für die Mikrowellentechnik, aber auch für sehr schnelle Logikschaltungen und Leistungsverstärker. Für sehr hohe Frequenzen von einigen 10 GHz bis etwa 100 GHz werden *Hetero-FETs* eingesetzt. Diese enthalten einen aus mehreren Halbleitermaterialien mit unterschiedlichen Bandabständen geschichteten Kanal. Auf ihre guten Höchstfrequenzeigenschaften weist auch die Bezeichnung *HEMT* (High Electron Mobility Transistor) hin.

Isolierschicht-Feldeffekttransistor

Das zur Stromsteuerung im n- bzw. p-Kanal erforderliche elektrische Feld bildet sich bei diesem FET-Typ über einer Schichtstruktur Metall-Gate-Kontakt/Isolator (z. B. Oxid) Semiconductor aus, woraus sich die Kurzbezeichnung *MISFET* bzw. *MOSFET* herleitet. Von den vielen Realisierungen hat der in einkristallinem Silizium hergestellte Typ mit einer Isolierschicht aus SiO_2 die größte praktische Bedeutung erlangt. Er wird als diskretes Bauelement z. B. als *Leistungs-Schalttransistor* eingesetzt, überragende Bedeutung aber hat er als Komponente *integrierter Analog-* und *Digitalschaltungen* (Abschnitt 10.5.6).

Bild 10.51 zeigt den Aufbau eines MOSFET mit n-leitendem Kanal in Planartechnik. In das einkristalline p-leitende Substrat sind stark n-leitende Source- und Drain-Zonen eindotiert, die über sperrschichtfreie Kontakte zu den Anschlüssen S und D geführt sind. Außerhalb dieser Kontaktflächen ist die Halbleiteroberfläche mit einer isolierenden SiO_2-Schicht abgedeckt, welche die Transistorstruktur vor Umwelteinflüssen schützt. Zwischen S und D ist die metallische Steuerelektrode G auf die Oxidschicht aufgebracht. Auf der Unterseite ist das Substrat über einen sperrschichtfreien Kontakt mit dem Bulk-Anschluss B versehen, der in den meisten Fällen mit S verbunden ist. Bei dem in Bild 10.51 dargestellten n-Kanal-Transistor hat die Gate-Elektrode gegenüber der Source-Elektrode eine so große positive Spannung, dass (unterhalb des Oxids) durch *Influenzwirkung* so viele Elektronen aus dem Substrat angezogen worden sind, dass in einer dünnen Schicht dieses Halbleiters der p-Typ in n-Typ umgeschlagen ist. Durch diese *Inversionsschicht* ist ein n-leitender Kanal K zwischen den n-Typ Inseln S und D entstanden. Durch diesen kann bei Anlegen der Spannung $U_{DS} > 0$ der Drain-Strom I_D fließen. Es hängt von der Beschaffenheit des Oxids und der Grenzfläche zwischen Oxid und Halbleiter ab, ob auch schon ohne angelegte Spannung U_{GS} ein *Inversionskanal* vorhanden ist oder nicht.

Im ersten Fall spricht man von einem *selbstleitenden* (oder *normally on*) MOSFET. Der Strom nimmt dann für $U_{GS} > 0$ zu, für $U_{GS} < 0$ ab (daher rührt die Bezeichnung *Verarmungstyp*), bis schließlich für eine bestimmte Spannung $U_{GS} = U_{th} < 0$ die Inversionsschicht verschwunden und der Strom I_D auf null abgefallen ist. U_{th} wird wie beim pn-FET als *Schwellspannung* bezeichnet. Im zweiten Fall spricht man von einem *selbstsperrenden* (oder *normally off*) MOSFET. Jetzt wird erst ab einer Spannung $U_{GS} = U_{th} > 0$ ein Inversionskanal gebildet (daher rührt die Bezeichnung *Anreicherungstyp*).

Beim pn-FET gibt es offenbar nur den *Verarmungstyp*; abgesehen davon stimmen die Kennlinienfelder beider FET-Typen weitgehend überein: Der Strom I_D wächst von $U_{DS} = 0$ aus zunächst proportional zu U_{DS}, da die Inversionsschicht eine nahezu konstante Dicke hat und der Kanal wie ein konstanter Ohmscher Widerstand wirkt. Der Proportionalitätsfaktor hängt von U_{GS} ab. Mit wachsendem U_{DS} macht sich die Verschmälerung der Inversionsschicht nach dem Drain zu bemerkbar, da dort die influenzierende Spannung $U_{GS} - U_D - U_{DS}$ kleiner als am Source-seitigen Ende ist ($U_{GS} - U_D$). Dadurch wächst der Widerstand der Inversionsschicht, wodurch der Strom I_D immer langsamer zunimmt. Schließlich tritt eine Sättigung des Stroms ein, wenn nämlich die Inversionsschicht am Drain-seitigen Ende abgeschnürt ist.

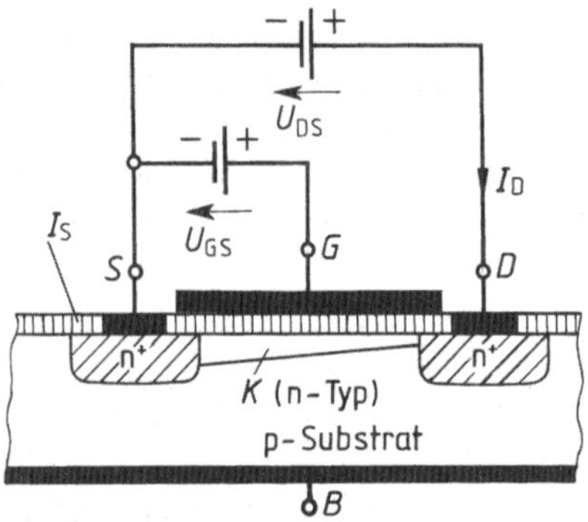

Bild 10.51 Selbstsperrender MOS-FET in Planartechnik mit n-leitendem Kanal K (Inversionsschicht)
Is = Isolierschicht (i. Allg. SiO_2)
▬ aufgedampftes Metall

Da die Stromsteuerung beim MOSFET über eine Oxidschicht erfolgt, ist der Widerstand zwischen G und S noch höher als beim pn-FET (bis $10^{14}\ \Omega$). Die Steuerung ist ebenfalls praktisch leistungslos. Lediglich zur Aufladung der Gate-Kapazität von 0,2 … 0,5 pF ist ein Strom erforderlich. Für p-Kanal-Typen ändern sich gegenüber dem n-Typ wie beim pn-FET die Vorzeichen von Strom und Spannung. Bild 10.52 zeigt die Schaltzeichen beider MOSFET-Typen (vgl. die entsprechenden Bilder 10.50 für pn-FETs). Der zu steuernde Kanal zwischen Source und Drain ist (als Symbol für die Isolatorschicht) vom Gate-Anschluss getrennt gezeichnet und wird beim selbstleitenden (-sperrenden) Typ durchgehend (unterbrochen) gezeichnet. Die Unterscheidung zwischen n-und p-Kanal-Typen erfolgt wie beim pn-FET durch einen Pfeil. Dieser deutet den möglichen Bulk-Anschluss an und zeigt beim n-Typ auf den Kanal hin, beim p-Typ von ihm weg. Bei den meisten MOSFETs sind B und S miteinander verbunden.

Für die Anwendung im Hochfrequenzbereich, beispielsweise zur multiplikativen Mischung von zwei Hochfrequenzspannungen, werden häufig MOS-Feldeffektransistoren eingesetzt, bei denen im Bereich des FET-Kanals zwei Gates angebracht sind. Der Drain-Strom kann bei diesem Doppel-Gate- (*dual gate*) MOSFET von zwei unabhängigen Spannungen gesteuert werden.

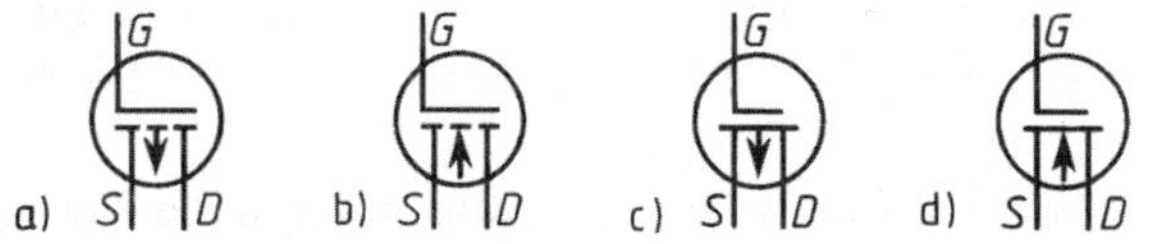

Bild 10.52 Schaltzeichen des MOS-FET
a) selbstsperrender MOS-FET mit p-Kanal
b) selbstsperrender MOS-FET mit n-Kanal
c) selbstleitender MOS-FET mit p-Kanal
d) selbstleitender MOS-FET mit n-Kanal

10.5.3.2 Bipolartransistoren

Bei diesen Halbleiterbauelementen wird – wie bei den Feldeffekttransistoren – der Stromfluss zwischen zwei Anschlüssen unterschiedlichen Potenzials (A und E) durch eine Steuerelektrode St beeinflusst (Bild 10.47). Die Bipolartransistoren sind also wie die meisten Feldeffekttransistoren Dreipole und entsprechend einsetzbar, d. h. vorzugsweise als *Klein-* und *Großsignalverstärker* sowie als Schalter. Die gelegentlich benutzte Bezeichnung Injektionstransistor weist darauf hin, dass der Stromfluss hier, wie bei der pn-Diode, von Ladungen getragen wird, die aus einem p(n)- in ein n(p)-Gebiet injiziert werden, wobei sie ihren Charakter von Majoritäts- zu Minoritätsträgern ändern. Der Zusatz „Bipolar" kennzeichnet die Tatsache, dass für die Wirkungsweise dieser Bauelemente beide Arten von Ladungsträgern (Elektronen und Defektelektronen) von Bedeutung sind, also die Majoritäts- und *Minoritätsträger*. Die letzteren sind *trotz ihrer geringen Anzahl für das Betriebsverhalten sogar quantitativ entscheidend.* Das hat wie bei der pn-Diode u. a. eine wesentlich stärkere Temperaturabhängigkeit der Strom-Spannungs-Charakteristiken als beim FET zur Folge.

npn- und pnp-Typ

Ein Bipolartransistor besteht aus einer Folge von drei Halbleiterzonen aus (in der Regel) gleichem Grundmaterial, aber abwechselndem Leitungstyp, also npn oder pnp, die jeweils mit einem Ohmschen Kontakt versehen sind (Bild 10.53). Der eine pn-Übergang (z. B. in Bild 10.53 der linke) ist in Flussrichtung gepolt, der andere in Sperrrichtung. Da dic Mittelzone (bei

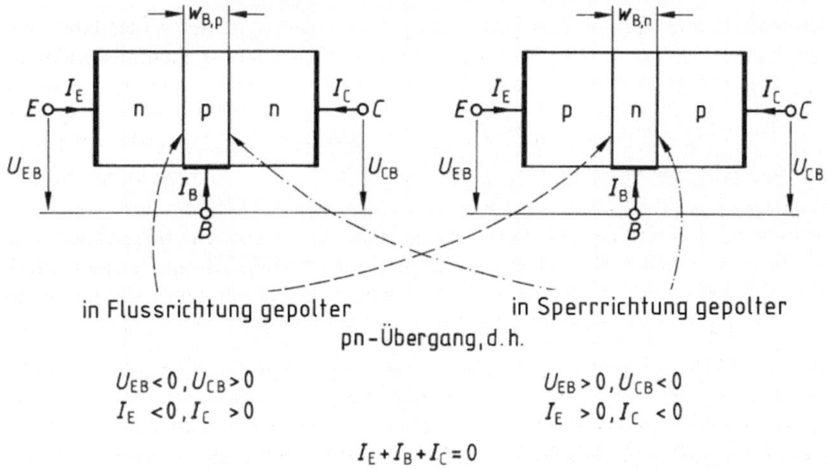

Bild 10.53 Prinzipskizze eines Bipolartransistors (schematisch) mit den Gleichspannungen für den aktiv-normalen (Verstärker-)Betrieb
▬ ohmsche Kontakte

Verwendung einheitlichen Grundmaterials) viel schwächer dotiert wird als äußeren Zonen, werden über den in Flussrichtung gepolten pn-Übergang überwiegend Elektronen bzw. Defektelektronen in die Mittelzone der Weite w_B injiziert. Bei Niederfrequenz-Einzeltransistoren beträgt w_B typisch etwa 10 µm, bei Transistoren für das Mikrowellengebiet und Transistoren in höchstintegrierten Logikschaltungen einige 0,1 µm und darunter. Auf dieser kurzen Strecke gehen von den injizierten Ladungsträgern nur wenige durch Rekombination mit Majoritätsträgern verloren, sodass nahezu alle vom sperrgepolten pn-Übergang aufgesammelt werden.

Dieser Wirkungsweise entsprechend heißt die linke Zone *Emitter*, die rechte *Kollektor*, die Mittelzone wird *Basis* genannt. Die zugehörigen 3 Elektroden werden mit den Buchstaben E, B, C bezeichnet. Sie entsprechen den Elektroden Source, Gate und Drain beim FET (Bild 10.48).

Bild 10.54 Schaltzeichen für Bipolartransistoren

Die Schaltzeichen für Bipolartransistoren sind in Bild 10.54 dargestellt. Der Pfeil am Emitter gibt jeweils die Richtung des elektrischen Stroms an, der über den in Flussrichtung gepolten pn-Übergang als Folge der injizierten Ladungsträger fließt. Die Pfeilrichtung ist gleich (entgegengesetzt) der Bewegungsrichtung der injizierten Defektelektronen (Elektronen). Die angegebene Umrahmung wird in einem Schaltplan nur eingezeichnet, wenn die Übersichtlichkeit dadurch erhöht wird. Bei integrierten Schaltungen wird sie prinzipiell weggelassen, um anzudeuten, dass es sich dort nicht um diskrete Halbleiterbauelemente handelt. Auch die Elektrodenkennzeichnung E, B, C kann weggelassen werden, da die Charakterisierung durch den Pfeil ausreicht. Der Bipolartransistor kann – entsprechend wie der FET – in drei verschiedenen Grundschaltungen betrieben werden, je nachdem welcher seiner drei Anschlüsse dem Eingangs- und Ausgangs-Klemmenpaar gemeinsam ist (vgl. Abschnitt 10.5.3.1).

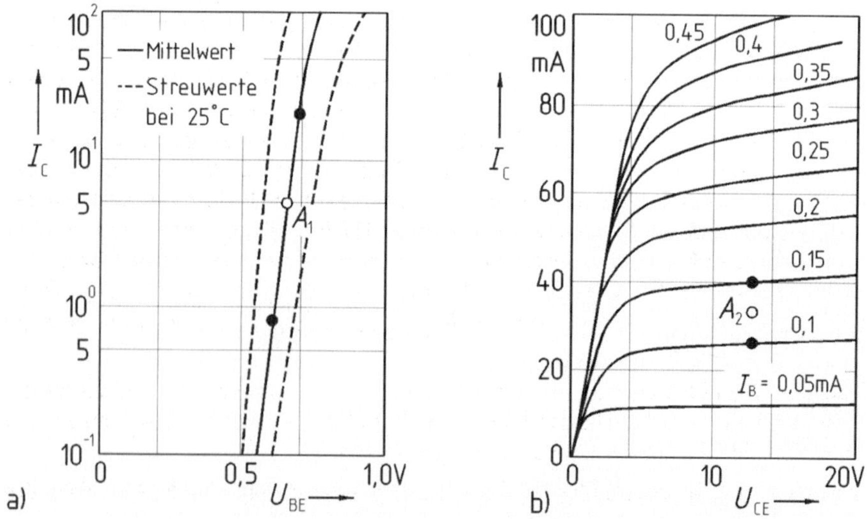

Bild 10.55 Steuerkennlinie $I_C = I_C\,(U_{BE})_{U_{CE} = \text{const}}$ (a) und Ausgangs-Kennlinienfeld $I_C = I_C\,(U_{CE})_{I_B = \text{const}}$ (b) eines typischen Si-Niederfrequenz-Transistors

Die Kennlinien der Bipolartransistoren (Bild 10.55) sind stark temperaturabhängig, da ihre Funktionsweise entscheidend von den Minoritätsträgern abhängt, deren Konzentration sich mit der Temperatur stark verändert.

IGBTs

Der IGBT (*Insulated Gate Bipolar Transistor*) ist eine monolithisch integrierte Kombination aus einem Leistungs-MOSFET und einem Bipolartransistor mit der Struktur einer Darlington-Schaltung. Er kombiniert die Vorteile beider Komponenten: geringe Ansteuerleistung und elektrische Robustheit von MOSFETs mit dem geringen Einschaltwiderstand von Bipolartransistoren. IGBTs spielen in der Leistungselektronik als schnelle Schalter, z. B. in Wechselrichtern und Frequenzumrichtern, eine große Rolle, da sie für Sperrspannungen bis zu einigen kV und Ströme bis zu einigen kA erhältlich sind. *IGBT-Module* enthalten auf einem Chip eine Parallelschaltung von Tausenden von Einzel-IGBTs.

10.5.4 Thyristoren

Ein Thyristor ist ein bistabiles Halbleiter-Bauelement mit mindestens drei Zonenübergängen (von denen einer durch einen geeigneten Metall-Halbleiterkontakt ersetzt sein kann), das von einem Sperrzustand zu einem Durchlass-Zustand (oder umgekehrt) umgeschaltet werden kann. Je nachdem ob zwei, drei oder alle vier Halbleiterzonen mit Anschlüssen versehen sind, unterscheidet man Vierschicht-Dioden, -Trioden und -Tetroden.

10.5.4.1 Thyristor-Dioden

Der Aufbau einer (rückwärtssperrenden) *Thyristor-Diode* und ihr Schaltzeichen sind in Bild 10.56a dargestellt. Ihre Strom-Spannungs-Charakteristik in Bild 10.56b kommt folgendermaßen zustande: Im *negativen Sperrbereich* ($U_A < 0$) sind die beiden äußeren pn-Übergänge in Sperrrichtung gepolt, der mittlere in Flussrichtung. Daher verhält sich die Diode wie eine konventionelle Gleichrichterdiode im Sperrbereich (vgl. Bild 10.39). Im *positiven Sperrbereich* $0 < U_A < U_{(BO)}$ sind die beiden äußeren pn-Übergänge in Flussrichtung gepolt, der mittlere in Sperrrichtung. Die Diode verhält sich also wieder wie eine sperrgepolte konventionelle Gleichrichterdiode. Mit zunehmender Spannung $U_A > 0$ setzt in dem zunehmend in Sperrrichtung gepolten Übergang 2 – 3 Ladungsträger-Multiplikation ein (Zener-Strom, Abschnitt 10.5.2.1), die einen Stromanstieg und damit eine Zunahme der Stromverstärkungsfaktoren der „Transistoren" 1 – 2 – 3 bzw. 2 – 3 – 4 zur Folge hat. Dadurch kann der Strom auch ohne Multiplikationseffekt aufrecht erhalten werden, d. h. bei Spannungen $U_A \ll U_{(BO)}$. Die beiden äußeren pn-Übergänge wirken dabei als Emitter, die mittlere Sperrschicht wird mit Ladungsträgern überschwemmt und die Spannung an der Diode bricht auf einen sehr kleinen Wert zusammen (ca. 1 V). Der bei $U_{(BO)}$ einsetzende Übergang vom Bereich 2 in den Bereich 3 (fallende Charakteristik) wird als *Zünden* bezeichnet (in Anlehnung an Gasentladungsröhren, (Abschnitt 10.2.3), mitunter auch als *Durchschalten*. $U_{(BO)}$ (einige 10 V bis einige wenige 100 V) heißt *Nullkippspannung*.

Im anschließenden *Durchlassbereich* ist der Übergang 2 – 3 infolge der Ladungsträgerüberschwemmung ebenfalls in Durchlassrichtung gepolt und die Vierschichtdiode verhält sich wie eine konventionelle Gleichrichterdiode in Durchlassrichtung.

Das Zurückschalten in den sperrenden Zustand (*Löschen*) geschieht durch Absenken des Stroms unter den *Haltestrom* I_H (1 … 100 mA).

Die *Kippdiode* kann z. B. zur Stellung des Phasenwinkels in einer *Phasenanschnitt-Schaltung* eingesetzt werden. Durch Antiparallelschaltung zweier Kippdioden kann für beide Stromrichtungen eine Schaltcharakteristik erreicht werden (Diode for Alternating Current, DIAC). Diese Bauteile werden vor allem zum Zünden von TRIACs verwendet (Abschnitt 10.5.4.3).

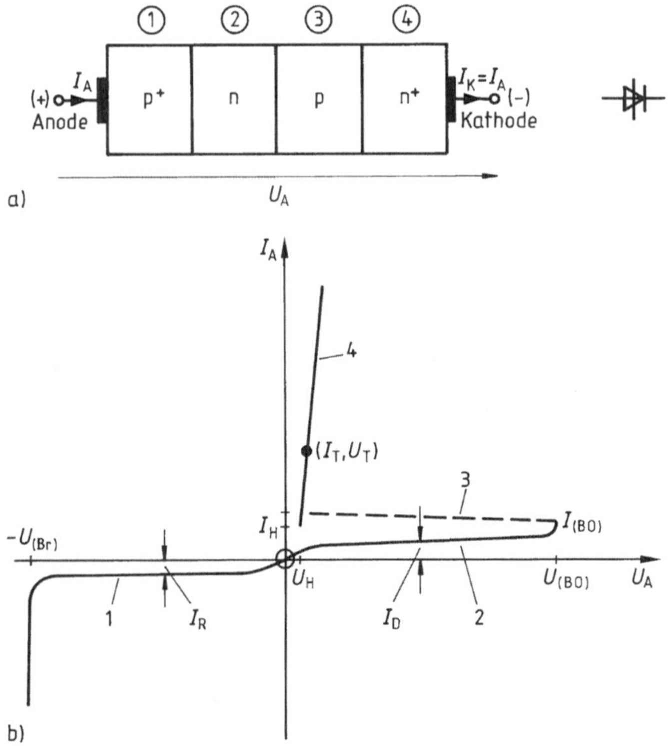

Bild 10.56 Rückwärtssperrende Thyristor-Diode
a) Aufbau (schematisch) und Schaltzeichen
b) Strom-Spannungs-Kennlinie, schematisch
1 Sperrkennlinie in Rückwärtsrichtung
2 Sperrkennlinie in Vorwärtsrichtung
3 Fallende Charakteristik (vereinfacht)
4 Durchlasskennlinie in Vorwärtsrichtung
Beispielhafte numerische Werte:
$U_{(BO)} = 200\text{V}$, $U_{BR} = U_{(BO)}$, I_D = einige μA, $U_H < 1$ V, I_H = einige mA

10.5.4.2 Thyristor

Wenn man von „dem Thyristor" spricht, meint man speziell die *rückwärtssperrende Thyristor-Triode*. Mit ihr gelang den steuerbaren Halbleiter-Bauelementen der Einstieg in die Leistungselektronik. Der Thyristor hat heute in der Leistungselektronik eine ebenso große Bedeutung wie der Transistor in der Nachrichtentechnik. Seine Anwendungsgebiete sind das Schalten, Steuern und Umformen großer elektrischer Leistungen. Bild 10.57a zeigt schematisch den Aufbau und die Grundschaltung eines Thyristors mit kathodenseitiger Steuerelektrode G sowie sein Schaltungssymbol. Die Strom-Spannungs-Charakteristik zeigt Bild 10.57b. Ohne Steuerstrom ($I_G = 0$) zündet die Triode – wie eine Diode – bei $U_{(BO)O}$. Durch einen Strom I_G kann die Kippspannung auf Werte $U_{(BO)} < U_{(BO)O}$ reduziert werden, da dieser einen Teil des zur Zündung erforderlichen „Zener-Stroms" ersetzt. Bei hinreichend großem Gate-Strom ($I_G \geq I_{GT}$) ist die Sperrwirkung ganz verschwunden.

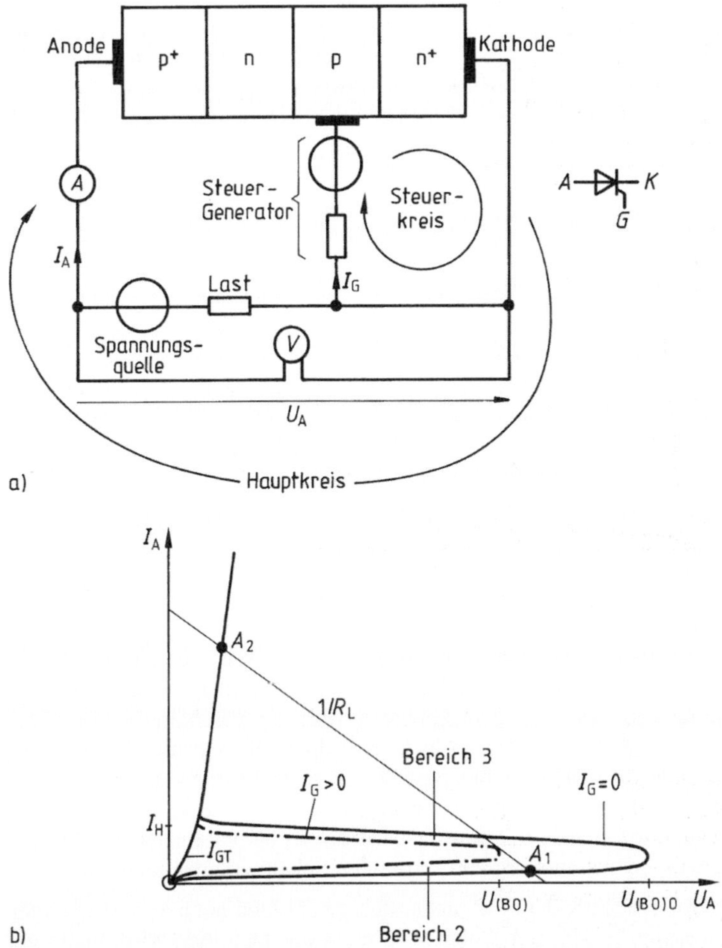

Bild 10.57 Thyristor
a) Aufbau (schematisch), Grundstromkreis und Schaltzeichen
b) Strom-Spannungs-Kennlinie und Schaltverhalten

Zum *Auslösen des Zündvorgangs* wird dem Thyristor kurzzeitig ein Steuerstrom zugeführt, sodass die Kennlinie im Übergangsgebiet zwischen den Bereichen 2 und 3 links von der Arbeitsgeraden zu liegen kommt (strichpunktierte Kurve in Bild 10.57b); dann springt der Arbeitspunkt von A_1 nach A_2. Die zum Löschen erforderliche Unterschreitung des Haltestroms I_H kann entweder durch einen Hilfsstrom im Anodenkreis oder (bei Wechselspannungsbetrieb) automatisch durch den Nulldurchgang des Anodenstroms bewirkt werden (Abschnitt 10.5.4.3.).

Die Sperrfähigkeit des Thyristors setzt allerdings erst später wieder ein, wenn die in den Halbleiterzonen gespeicherten Ladungsträgerkonzentrationen weitgehend abgebaut sind. Die Zeit vom Nulldurchgang des Anodenstroms von der Vorwärts- zur Rückwärtsrichtung bis zur frühestmöglichen Wiederkehr positiver (Sperr-)Spannung heißt *Freiwerdezeit* t_q. Sie bestimmt die obere Frequenzgrenze bei Thyristoranwendungen. Bei Leistungsthyristoren für < 20 A (bzw. > 20 A) liegt t_q in der Größenordnung von einigen 10 bis 100 µs (bzw. einigen µs).

Thyristoren können wegen ihrer kurzen Freiwerdezeit auch in Gleichstrom-Verbraucherkreisen durch kurze, dem Arbeitsstrom entgegengesetzt gerichtete Stromimpulse gelöscht werden, die durch Entladung eines Kondensators erzeugt werden. Die Stromanstiegszeit beträgt im Mittel etwa 300 ns. Thyristoren sind in Bezug auf Spannungsfestigkeit, Durchlassstrom und Schaltverhalten dem Transistor überlegen.

10.5.4.3 Vom Thyristor abgeleitete Bauelemente

Gate-Turn-Off Thyristor (GTO)

Hierunter versteht man Thyristoren, die über den Gate-Anschluss nicht nur eingeschaltet, sondern mit einem Steuerimpuls entgegengesetzter Polarität auch abgeschaltet werden können. Obwohl diese Löschmethode im Prinzip für jeden Thyristor gilt, ist sie aus technologischen Gründen lange Zeit auf Typen mit Abschaltströmen < 1A beschränkt geblieben; die bei großflächigen Typen auftretenden Schwierigkeiten sind erst durch technologische Fortschritte behoben worden. Inzwischen gibt es GTO-Typen für Abschaltströme bis über 2000 A und Sperrspannungen von einigen kV. Die Abschaltzeiten liegen bei einigen 10 µs.

Hauptanwendungsbereiche für GTOs sind *Frequenzumrichter* für Wechsel- und Drehstrommotoren (z. B. für Stell- und Regelantriebe) sowie unterbrechungsfreie Stromversorgungen und Schaltnetzteile.

TRIAC

Als TRIAC (Triode for Alternating Current) werden bidirektionale Thyristoren bezeichnet. Sie sind von besonderer praktischer Bedeutung für das Schalten von Wechselstrom, da sie auch bei Umkehren der Stromrichtung von einer einzigen Steuerelektrode aus geschaltet werden können. Sie bestehen im Prinzip nach Bild 10.58a aus zwei zwischen den Anschlussklemmen A_1 und A_2 (Hauptanschlüsse) entgegengesetzt parallelgeschalteten pnpn-Thyristoren mit einer gemeinsamen Steuerelektrode G. Bild 10.58b zeigt das Schaltzeichen des TRIAC, Bild 10.59 das *Strom-Spannungs-Kennlinienfeld* $I = I(U)$ mit dem Gate-Strom I_G als Parameter. In Erweiterung von Bild 10.57b ist jetzt im ersten und dritten Quadranten Schaltverhalten möglich.

Als niedrigster Durchlassstromwert, bei dem der niederohmige Zustand noch aufrechterhalten bleibt, ist wieder der *Haltestrom* I_H definiert. Solange er nicht unterschritten wird, bleibt der TRIAC in der Richtung durchlässig, in der er, ausgehend von einem Arbeitspunkt auf den Sperrkennlinien im negativen oder im positiven Spannungsbereich, durch einen Steuerstrom I_G beliebiger Richtung (Zündimpuls) geschaltet worden ist. Spannungen bis zu 1000 V und Ströme bis 100 A können geschaltet werden.

Der TRIAC findet verbreitet Anwendung in *Phasenanschnitt-Schaltungen* für Wechselströme zum Einstellen der Wirkleistungsabgabe an Wechselstromverbraucher (*Dimmer*). Die Schaltungen sind einfacher als die mit zwei antiparallel geschalteten Einzelthyristoren, besonders dann, wenn zur Zündung DIACs eingesetzt werden (Abschnitt 10.5.4.1).

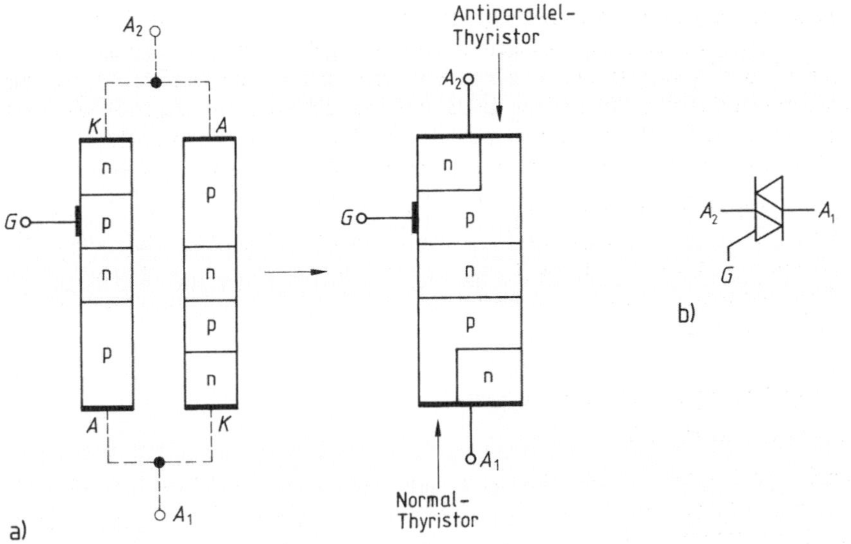

Bild 10.58 TRIAC Aufbau (a) eines TRIAC aus zwei antiparallelen pnpn-Strukturen mit gemeinsamem Gate (schematisch) und Schaltzeichen (b)

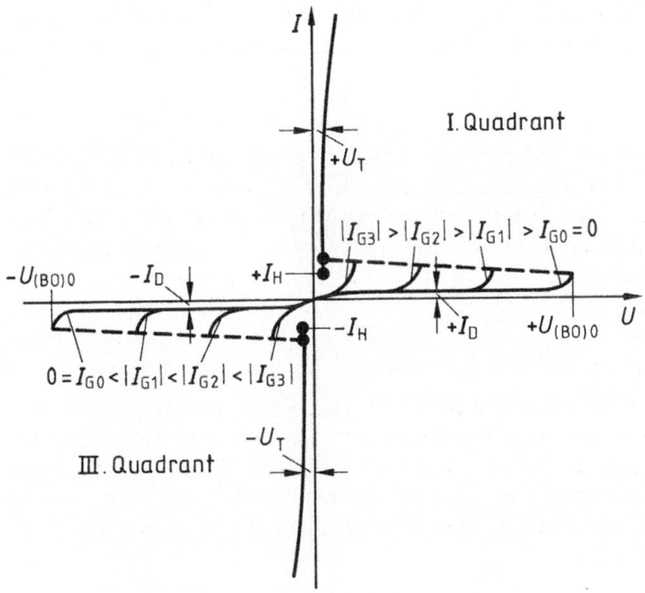

Bild 10.59 Strom-Spannungs-Kennlinienfeld $I = I(U)$ des TRIAC mit dem Gate-Strom I_G als Parameter. $U_{(BO)0}$ Nullkippspannung bei $I_G = I_{GO} = 0$, U_T = Durchlassspannung, I_D = Sperrstrom

10.5.5 Stromleitung bei Lichteinwirkung

10.5.5.1 Lichtdetektoren

Wenn die Lichtabsorption in Halbleitern und die dadurch bewirkte Freisetzung von Ladungsträgern in der Raumladungszone eines pn-Übergangs erfolgt, spricht man vom *Sperrschicht-Photoeffekt*. Dieser wird in der *Photodiode* und im *Photoelement* genutzt. Die (quasi-)freien Elektronen (Defektelektronen) werden durch das in der Raumladungszone herrschende elektrische Feld in das Innere des n-(p-)Gebiets getrieben (Bild 10.60a, vgl. Bild 10.33d) und erzeugen einen zusätzlichen Strom I_{Ph} in Sperrrichtung, der zur *Lichtleistung* P proportional ist. Die Strom-Spannungs-Charakteristik lautet also – bei Vernachlässigung der Bahnwiderstände – (vgl. Gl. (10.62))

$$I = I_S\left(e^{\frac{U}{U_T}} - 1\right) - I_{Ph}. \tag{10.69}$$

Das Kennlinienfeld $I = I(U)$ mit dem *Photostrom* I_{Ph} als Parameter ist in Bild 10.60b dargestellt.

In der Schaltung nach Bild 10.60c wird bei der Lichtleistung P_1 durch die Batteriespannung $U_B < 0$ und den Lastwiderstand R der Arbeitspunkt A_1 festgelegt. Die Diode stellt in diesem Arbeitspunkt einen Gleichstromwiderstand der Größe

$$\frac{U_1}{I_1} = \frac{U_1}{-(I_S + I_{Ph,1})} \approx \frac{U_1}{-I_{Ph,1}} > 0$$

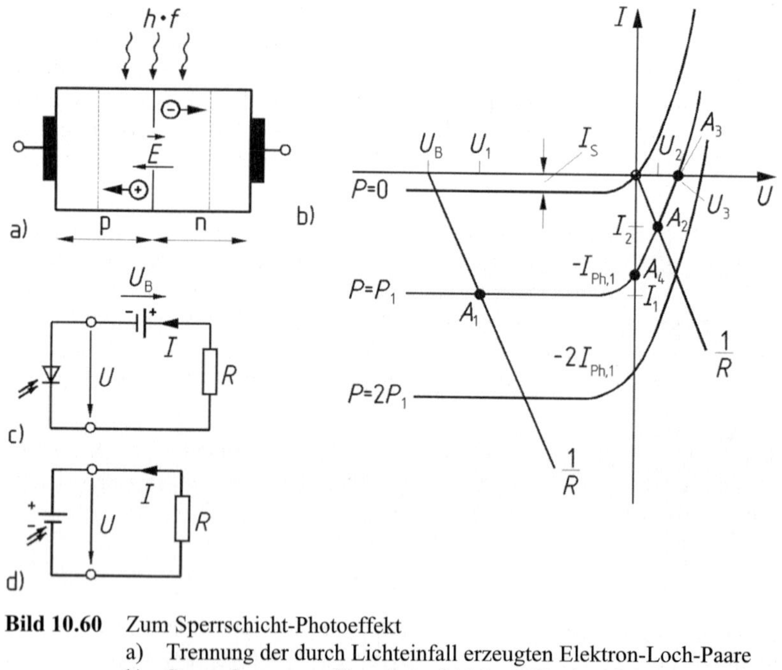

Bild 10.60 Zum Sperrschicht-Photoeffekt
a) Trennung der durch Lichteinfall erzeugten Elektron-Loch-Paare
b) Strom-Spannungs-Kennlinienfeld $I = I(U)$ einer beleuchteten pn-Diode mit Lichtleistung P als Parameter
c) Betrieb als Photodiode
d) Betrieb als Photoelement

dar. Bei dieser Betriebsart spricht man von einer *Photodiode.* Die Stromausbeute einer Photodiode lässt sich wesentlich dadurch steigern, dass anstelle eines einfachen pn-Übergangs eine Struktur $n^+p\pi p^+$ verwendet wird, wobei der n^+p-Übergang im Bereich des Lawinen-Durchbruchs betrieben wird (π = schwach p-dotiertes Gebiet). Derartige *Avalanche-Photodioden* (APD) werden in der optischen Nachrichtentechnik zur Optimierung der Systemempfindlichkeit eingesetzt.

Wenn die Schaltung ohne Batterie betrieben wird (Bild 10.60d), stellt sich (bei derselben Lichtleistung) der Arbeitspunkt A_2 ein. Da in diesem Punkt Strom und Spannung an der Diode entgegengesetztes Vorzeichen haben, ist das Produkt $U_2 \cdot I_2 < 0$, d. h. die mit Licht bestrahlte Diode gibt an den Lastwiderstand R elektrische Leistung ab: Die Diode arbeitet als *Photoelement.* Für sehr große Werte des Lastwiderstandes $R \to \infty$ liefert die Diode die Leerlaufspannung U_3 (Arbeitspunkt A_3), d. h. nach Gl. (10.69) $U_3 = U_T \cdot \ln(1 + I_{Ph,1}/I_s) \approx U_T \cdot \ln I_{Ph,1}/I_s$ (z. B. 0,5 V). Für Werte $R \to 0$ (Arbeitspunkt A_4) fließt durch die Diode der Kurzschlussstrom $I_k = -I_{Ph,1}$ (z. B. 5 mA). Da in diesen beiden Grenzfällen keine Wirkleistung an den Lastwiderstand abgegeben wird, gibt es dazwischen einen optimalen Widerstand R_{opt}, für den die abgegebene Leistung maximal ist. In diesem Zustand unterscheiden sich die Steigungen der Arbeitsgeraden und der Tangente im Arbeitspunkt lediglich im Vorzeichen.

Speziell für das Sonnenlicht ausgelegte Photoelemente werden als *Solarzellen* bezeichnet [50]. Als Halbleiter wird aus technologischen Gründen und hinsichtlich der spektralen Empfindlichkeit bevorzugt kristallines Silizium verwendet, womit sich ein Wirkungsgrad der Energieumwandlung von ca. 10 % (bei polykristallinem Si) bis über 20 % (bei monokristallinem Si) erreichen lässt. Solarzellen liefern Leerlaufspannungen von 0,5 … 0,6 V sowie – je nach Größe – Kurzschlussströme von wenigen mA bis zu etlichen A. Gruppenweise zusammengefasste Solarzellen werden als Solarmodule zur Stromversorgung eingesetzt, und zwar sowohl in terrestrischen Projekten als auch im Weltall. So liefern z. B. Solarzellen bei der seit 1998 im Aufbau befindlichen Internationalen Raumstation (International Space Station, ISS) eine Leistung von über 100 kW. Solarzellen aus dem (viel billigeren und hinsichtlich des Wirkungsgrades erheblich schlechteren) amorphen Si haben starken Eingang gefunden in Produkte der *Konsumelektronik* wie Uhren, Taschenrechner etc.

Größere Photoströme als die Photodioden liefern Photo-Transistoren. Beim *Photo-Bipolartransistor* wird der Basis-Kollektor-Übergang als Photodiode ausgeführt. Er liefert den „Basisstrom", der den um den Faktor der Stromverstärkung größeren Kollektorstrom steuert. Die Grenzfrequenz liegt im Bereich 10 bis einige 100 kHz. Beim *Photo-pn-FET* wird die Strecke Gate-Kanal als Photodiode ausgelegt. Beim *Photo-MOSFET* beeinflusst der innere Photoeffekt sowohl die Kanalleitfähigkeit als auch die Sperrschichtweite unter dem Kanal und damit die Schwellspannung.

Photo-Thyristoren sind rückwärtssperrende Thyristortrioden (oder -Tetroden). Durch die bei Lichteinfall erhöhte Trägerdichte in den beiden Mittelgebieten wird die Zündung eingeleitet. Das Löschen erfolgt durch Abschalten der Anodenspannung.

10.5.5.2 Lichtemitter

Beim Übergang eines (quasi)freien Ladungsträgers in einen gebundenen Zustand kann elektromagnetische Strahlung abgegeben werden. Dieser *inverse innere Photoeffekt* wird in *Photoemittern* (Lichtemittern, Photosendern) genutzt. Hierunter versteht man pn-Dioden, welche elektrischen Strom in Licht verwandeln. Dies geschieht dadurch, dass die Diode in Flussrichtung oberhalb der Diffusionsspannung (Bilder 10.33e, g) betrieben wird. Dann findet eine kräftige Injektion von Minoritätsträgern statt, wodurch die Zahl der Rekombinationsprozesse und damit die Erzeugung elektromagnetischer Strahlung stark erhöht wird.

Da diese Prozesse spontan stattfinden, hat die erzeugte (Lumineszenz-) Strahlung stochastischen Charakter (Rauschen!), sie ist *inkohärent*. Die ein solches Licht emittierende Diode (Light Emitting Diode) wird *Lumineszenzdiode* genannt (abgekürzt LED bzw. IRED, sofern das Licht im Sichtbaren bzw. im Infraroten liegt). Die räumliche Verteilung der emittierten Strahlung einer LED mit ebener Lichtaustrittsfläche gehorcht dem *Lambertschen Kosinusgesetz*. Durch geeignete Formgebung des die Diode einbettenden Kunststoffs oder durch zusätzliche Linsen lässt sich eine Vielzahl von Strahlungs-Charakteristiken erzeugen.

LEDs finden weitverbreitete Anwendungen in Ziffern- und Buchstabendisplays (z. B. für stationäre Messgeräte), in Form linearer LED-Arrays als Skala zur Analoganzeige von Betriebswerten etc. und in Form LED-Bildschirmen als Hinweistafeln sowie als elektronische Leinwände und bei Großveranstaltungen.

Bei Herstellung aus Gallium-Arsenid-Phosphid GaAsP ergibt sich je nach dem Phosphorgehalt rotes, bernsteinfarbenes oder grünes Licht (mit den Wellenlängen 690, 610, 550 nm). Eine LED mit n-GaP-Mittelschicht zwischen zwei angrenzenden p-GaP Zonen liefert bei getrennter Ansteuerung über einen gemeinsamen Kontakt auf der Mittelschicht grünes (rotes) Licht bei Ansteuerung der mit Stickstoff (ZnO) dotierten p-Zone. Bei gleichzeitiger Ansteuerung beider pn-Übergänge wird gelbes Licht emittiert. Aus Siliziumcarbid (SiC) oder einer Kombination aus Indiumgalliumnitrid (InGaN) und Galliumnitrid (GaN) lassen sich blau leuchtende LEDs herstellen.

Für den speziellen Einsatz als *Sendeelemente in der optischen Nachrichtentechnik* [49] sind die Wellenlängenbereiche um 0,85 μm (erstes relatives Dämpfungsminimum der als Übertragungsmedium benutzten Glasfaser), 1,3 μm (drittes relatives Dämpfungsminimum bei gleichzeitig verschwindender Dispersion) und 1,55 μm (absolutes Dämpfungsminimum) von Interesse. Als Halbleitermaterial wird im ersten Bereich GaAs und AlGaAs verwendet, im zweiten und dritten Bereich InGaAsP mit unterschiedlicher Zusammensetzung. Sofern dabei die aktive Schicht zwischen Halbleiterschichten mit unterschiedlichen Bandabständen eingebettet ist, spricht man von *Heterostrukturen*. Diese bewirken eine bessere räumliche Konzentration der emittierten Strahlung, was besonders wichtig ist für deren Einkopplung in eine Glasfaser. LEDs können bis zu Frequenzen von typisch einigen 100 MHz (über den Strom) moduliert werden.

Laser-Dioden emittieren im Gegensatz zur Strahlung von Lumineszenzdioden *kohärentes Licht*, welches wesentlich spektralreiner ist (vergleichbar mit der Schwingung eines elektrischen Oszillators mit extrem hoher Güte). Das Kunstwort Light Amplification by Stimulated Emission of Radiation weist darauf hin, dass die Wirkungsweise des Lasers auf der induzierten (= stimulierten) Emission beruht, die 1917 von Einstein theoretisch begründet worden ist: Dabei regt ein Photon aus einer den Halbleiter durchlaufenden Welle der Frequenz $f = W_G/h$ ein Elektron im Leitungsband zum Übergang in das Valenzband an. Das dabei emittierte Photon besitzt die gleiche Frequenz wie das primäre und – bei Betrachtung im Wellenbild – dieselbe Phase, es ist also *kohärent*. Sofern die induzierten Emissionsprozesse häufiger stattfinden als die außerdem ablaufenden Absorptionsprozesse, kommt es zu einer Netto-Photonenvermehrung. Hierzu ist es erforderlich, dass wenigstens eine der beiden Halbleiterzonen so hoch dotiert ist, dass dort *Entartung* vorliegt. Die Netto-Photonenvermehrung führt in Verbindung mit einer optischen Rückkopplung (Spiegelsystem) zur Selbsterregung, dem eigentlichen Laser-Betrieb.

Als Lasermaterialien für die optische Nachrichtentechnik (bei 1,3 μm und 1,5 μm) werden ternäre und quaternäre Verbindungshalbleiter benutzt und die Dioden zur besseren Fokussierung der Strahlung als Heterostrukturen ausgeführt. Laserdioden können bis zu Frequenzen von typisch einigen GHz (über den Strom) moduliert werden.

Die Eigenschaften der Laserstrahlung haben ihr zahlreiche weitere Anwendungsbereiche eröffnet: Hochauflösende Spektroskopie, Entfernungs- und Geschwindigkeits-Messung, Abtasten von Oberflächen zum Lesen oder Einschreiben von Information (CDs, DVDs). Die Dauerstrichleistung eines Dioden-Lasers lässt sich durch Vergrößerung der Spiegelfläche wesentlich über die in der optischen Nachrichtentechnik üblichen Werte steigern. So erreichen Laserarrays Dauerstrichleistungen von über 1 kW über eine Apertur von 1 cm. Das entspricht einer Leistungsdichte von $12{,}7 \cdot 10^6$ W/m^2 (Sonnenlicht 100 W/m^2). Derartige Leistungsdichten finden Anwendung bei der Materialbearbeitung (Schweißen, Bohren, Laserabgleich von Widerständen) und in der Medizin (z. B. Photostrahlungstherapie zur Krebsbekämpfung, „Laserskalpell").

10.5.5.3 Optoelektronische Koppler

Ein optoelektronischer Koppler besteht aus je einem Strahlungssender (LED, IRED) und einem der ausgesandten Strahlung angepassten Empfänger (Photo-Diode, -Transistor, -Thyristor), welche durch Glas, einen Lichtleiter oder Luft

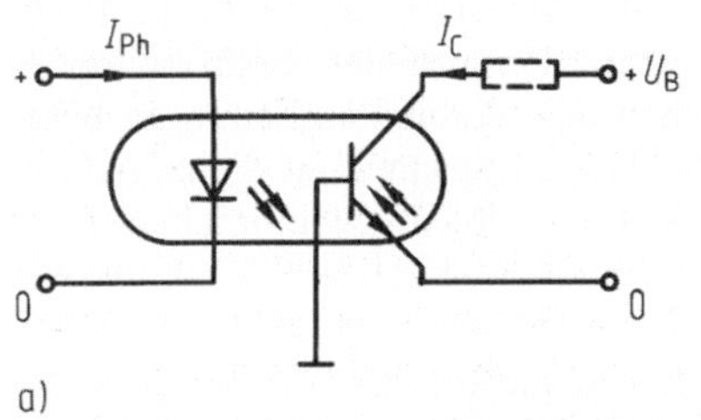

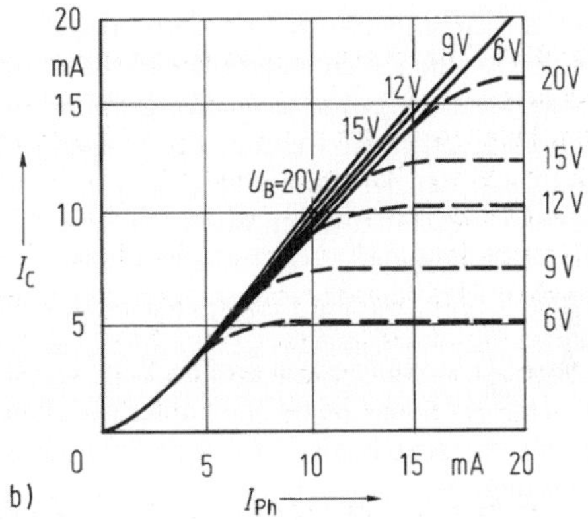

Bild 10.61 Optoelektronischer Koppler
a) Kombination LED/Phototransistor
b) Übertragungskennlinie $I_{Aus} = I_C = I_C\,(I_{Ph})$
(Gestrichelte Kurven beim Einschalten eines Widerstandes in die Kollektorleitung)
I_C Kollektorstrom des Phototransistors, I_{Ph} Photostrom der LED
U_B Betriebsspannung

optisch verbunden und galvanisch getrennt sind.

Das in Prozent angegebene Verhältnis von Ausgangsstrom I_C des Strahlungsempfängers zu Eingangsstrom I_{Ph} des Strahlungssenders wird *Übertragungsverhältnis* genannt, der Zusammenhang $I_C = I_C\,(I_{Ph})$ heißt *Übertragungskennlinie.* Bild 10.61a zeigt als Beispiel eines Optokopplers die schematisch angegebene Kombination LED/Photo-Bipolartransistor und Bild 10.61b den typischen Verlauf der Übertragungskennlinie für einige Betriebsspannungen U_B als Parameter. Wie durch den gestrichelt gezeichneten Kurvenverlauf angedeutet, geht der Kollektorstrom I_C schon frühzeitig in die Sättigung über, wenn ein Widerstand (beispielsweise 1 kΩ) in die Kollektorleitung des Phototransistors geschaltet wird. Optoelektronische Koppler ermöglichen eine Fülle von Anwendungen in der Analog- und Digital-Technik. Diese beruhen auf folgenden Eigenschaften:

- Die elektrische Isolation zwischen Eingangs- und Ausgangskreis (bis in den Hochspannungsbereich) erlaubt eine Signalübertragung zwischen zwei Kreisen auf unterschiedlichem Potenzial.
- Elektromagnetische Störfelder haben auf den Fluss der (ungeladenen) Photonen keine Wirkung.
- Das Signal wird nur in einer Richtung übertragen; Änderungen im Ausgangskreis wirken nicht auf den Eingangskreis zurück.

10.5.6 Integrierte Schaltungen

10.5.6.1 Allgemeine Gesichtspunkte

Unter einer *integrierten Schaltung* (*Integrated Circuit*, IC) versteht man eine Halbleiterschaltung, deren passive und aktive Komponenten (Widerstände, Kondensatoren, Dioden, Transistoren) und elektrische Verbindungen in einem Fertigungsprozess auf einem einzigen Halbleiterplättchen (Chip) realisiert werden. Die größte wirtschaftliche Bedeutung haben ICs aus Silizium, da dieses Material nicht nur eine relativ große Elektronenbeweglichkeit, eine gute Wärmeleitfähigkeit und eine gute Temperaturstabilität hat, sondern weil die einfach erzeugbaren Schichten aus *Siliziumdioxid* SiO_2 hervorragende Isolationseigenschaften aufweisen. Für sehr schnelle ICs werden auch andere Dielektrika mit kleinerer Permittivität (englisch: low k) eingesetzt, durch die die *parasitären Kapazitäten* zwischen den Verbindungsleitungen oberhalb des Siliziums verringert werden. Die ausgereifteste Fertigungstechnik ist die *monolithische Planartechnik*, bei der die ursprüngliche Si-Oberfläche im Wesentlichen erhalten bleibt und sich darunter, geschützt durch die SiO_2-Schicht, die für die Funktion der Schaltung wesentlichen Bereiche befinden.

Die Ziele der Integration sind die *Erhöhung der Zuverlässigkeit* durch

- gleichzeitige Herstellung einer großen Zahl identischer Schaltungen (einige 100 ... 10000 Chips pro Halbleiterscheibe (*Wafer*) unter gleichen technologischen Bedingungen,
- Reduzierung der Anzahl der Löt- und Steck-Verbindungen zwischen den Bauelementen einer Schaltung

und die *Miniaturisierung* der Schaltungen durch Verkleinern der Abmessungen und des Gewichtes. Dadurch werden u. a. die Arbeitsgeschwindigkeit erhöht und die Kosten gesenkt.

Die Entwicklung der minimalen lateralen Abmessungen δ und der Chip-Fläche A_C geht aus Tabelle 10.8 hervor. Die Größe δ *entspricht etwa der minimalen Gate-Länge der FETs.*

Tabelle 10.8 Zeitliche Entwicklung der minimalen lateralen Abmessungen δ und der maximalen Chip-Fläche A_C bei industriell gefertigten integrierten Schaltungen (bis 1995 aus [34])

	$\delta/\mu m$	A_C/mm^2
1965	10	4
1975	5	25
1985	1	100
1995	0,4	400
2005	0,04	400
2015	0,01	400

Sind mehr als 1000 Bauelemente auf einem Chip angeordnet, spricht man von Großintegration LSI (Large Scale Integration), von VLSI (Very Large Scale Integration) bei Schaltungen mit $10^4 \dots 10^6$ Bauelementen und ULSI (Ultra Large Scale Integration) bei über 10^6 Bauelementen. Bild 10.62 gibt einen Überblick über die zeitliche Entwicklung des Integrationsgrades und der damit realisierten MOS-Schaltungen. Manche neuen Systemkonzepte, z. B. bei der digitalen Verarbeitung von Audio- und Videosignalen in Echtzeit, sind erst bei sehr hohem Integrationsgrad zu verwirklichen. Nicht nur Gatter oder Register werden als IC realisiert, sondern auch Mikroprozessoren, Halbleiterspeicher – insbesondere RAMs (Random Access Memory) – und zunehmend ganze Systeme auf einem Chip (System on Chip, SoC), die außer einer Energiequelle und Ein-/Ausgabemedien alle funktionalen Komponenten zur Bewältigung komplizierter Aufgaben enthalten, z. B. für Herzschrittmacher, Hörgeräte und „Single-Chip"-Mobiltelefone.

Demgegenüber werden bei III-V-Verbindungen, z. B. GaAs, wegen der komplexeren Technologie nur die Bereiche SSI (Small Scale Integration) mit weniger als 100 Bauelementen, z. B. für optoelektronische ICs, MSI (Medium Scale Integration) mit 100 … 1000 Bauelementen und darüber Integrationsgrade bis etwa 10^5 Bauelementen realisiert.

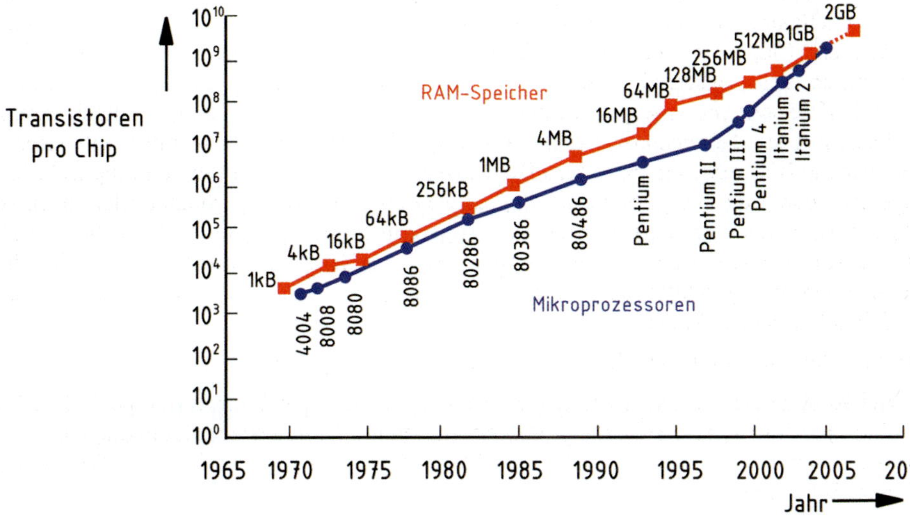

Bild 10.62 Zeitliche Entwicklung der Anzahl der Funktionselemente pro integrierter Schaltung bei Mikroprozessoren und DRAM-Speicherchips (Quelle: Intel)

10.5.6.2 Schaltungstechniken

Die gewünschten betrieblichen Eigenschaften integrierter Schaltungen erfordern unterschiedliche Herstellungsverfahren.

Bipolare Technologien

Hier werden Bipolartransistoren als aktive Bauelemente eingesetzt. Diese sind prinzipiell *stromgesteuert*. Beispiele für analoge ICs sind Operations-, NF- und HF-Verstärker, komplette analoge Rundfunk- oder Fernsehempfangs-Schaltungen (Einchip-Empfänger), AD-Wandler, Phasenregelkreise (Phase Locked Loop, PLL) und Messschaltungen. Da immer mehr ehemals analoge Schaltungskonzepte durch digitale Schaltungen mit AD- und DA-Wandlern ersetzt werden, gewinnen ICs, in denen sowohl analoge als auch digitale Signale verarbeitet werden (*Mixed Signal ICs*) stark an Bedeutung.

Auch für digitale ICs werden Bipolartransistoren eingesetzt. Man unterscheidet dabei folgende Schaltungskonzepte (*Schaltkreisfamilien*) [34], [43], [45]:

Bei den *TTL* (Transistor Transistor Logic)-*Schaltungen* wird der Transistor bis in den Sättigungsbereich ausgesteuert. Vorteilhaft sind die geringen Signallaufzeiten durch ein logisches Gatter in der Größenordnung von 10 ns. Diese lassen sich durch eine zusätzliche Schottky-Diode parallel zum Kollektor-Basis-Übergang (Schottky-TTL) auf 3 … 4 ns reduzieren, weil der überschüssige Basisstrom bei der Übersteuerung abgeleitet und so eine zusätzliche Ladungsträgerspeicherung im Transistor vermieden wird. Nachteilig ist die geringe Störsicherheit und der relativ große Stromverbrauch (typisch 10 mW). Obwohl in den letzten Jahrzehnten kontinuierlich neue TTL-Schaltkreisfamilien entwickelt wurden, die höhere Geschwindigkeit mit geringerem Stromverbrauch kombinieren, haben die TTL-ICs gegenüber den CMOS-ICs erheblich an Bedeutung eingebüßt.

Bei den *ECL* (Emitter Coupled Logic)-*Schaltungen* liegt der Arbeitspunkt der Transistoren im annähernd linearen Bereich. Die Aussteuerung in den Sättigungsbereich wird durch Stromgegenkopplung mittels Emitterwiderstand vermieden. Daher tritt nicht mehr die durch den Abbau der Ladungsträger im Sättigungsbereich bedingte Verzögerungszeit auf, sodass die digitalen Schaltvorgänge in sehr kurzer Zeit (typisch 1 ns Gatterlaufzeit) ablaufen können, mitbedingt durch den geringen Spannungshub von etwa 0,8 V. Durch Verwenden eines Differenzverstärkers kommt es zur Gleichtaktunterdrückung und damit zum optimalen Störverhalten. ECL ist die schnellste *Bipolar-Logik.* Nachteilig ist neben dem gegenüber TTL noch höheren Leistungsverbrauch (typisch 60 mW) der komplexe Aufbau der Schaltung. Die Rechenwerke früherer Höchstleistungsrechner wurden teilweise in ECL-Technologie hergestellt. Inzwischen spielt ECL-Logik wegen der Fortschritte der CMOS-Technologie nur noch eine untergeordnete Rolle. Hochkomplexe ICs können wegen der erheblichen Verlustleistung in ECL-Technologie nicht realisiert werden.

(C)MOS-Technologien

Hier werden MOS-FETs zur Realisierung von Schaltungskonzepten eingesetzt [20]. FETs sind prinzipiell *spannungsgesteuert.* Speziell in der Digitaltechnik haben MOS-Schaltungen die Bedeutung der bipolaren ICs wegen folgender Vorteile stark zurückgedrängt:

- Einfachere und kostengünstigere Fertigungstechnik. So entfällt z. B. der Prozessschritt zur gegenseitigen Isolierung der Bauelemente durch sog. *Wannen*, da die Source-, Gate- und Drain-Bereiche durch Raumladungszonen vom Substrat getrennt sind. Hierdurch wird eine große Packungsdichte erreicht, die logische Schaltungen mit mehreren 10^8 Transistoren pro Chip ermöglicht.
- Geringerer Platzbedarf pro Transistor bzw. Widerstand (der durch einen MOS-Transistor realisiert wird).
- Größere Flexibilität der Schaltungstechnik durch Einsatz von n- bzw. p-Kanal Verarmungs- und Anreicherungstypen.

Der Leistungsbedarf beträgt maximal einige mW, die Signallaufzeiten betragen typisch ca. 15 (100) ns bei einfachen Gattern aus n (p)-Typ MOSFETs.

Den geringsten Leistungsbedarf haben integrierte Schaltungen in der *CMOS-Technologie* (Complementary MOS), bei der p- und n-Kanal-MOSFETs auf einem einzigen Substrat nebeneinander angeordnet sind. Die Reihenschaltung eines leitenden und eines gesperrten MOSFET ergibt minimalen *Ruhestrom* (der sich bei ULSI-Schaltungen allerdings zu etlichen

Ampere pro Chip summieren kann). CMOS-Schaltungen sind außerdem störsicher und benötigen nur sehr geringe Leistungen, die linear mit der Betriebsfrequenz ansteigen.

Als Nachteil der CMOS-Technik sind der prinzipiell größere Flächenbedarf gegenüber einfachen MOS-Technologien und die gegenüber bipolaren Technologien prinzipiell längere Signallaufzeit zu nennen. Allerdings haben die enormen Fortschritte in der Fertigungstechnologie dazu geführt, dass hochintegrierte Logik-ICs (z. B. Mikroprozessoren) mit Betriebsfrequenzen von einigen GHz als Massenprodukte preiswert erhältlich sind.

Bei MOS-Transistoren ist die isolierende Oxidschicht zwischen Gate und Substrat zwar extrem hochohmig, aber auch sehr dünn (0,1 μm bis herunter zu einigen nm). Daher führt bereits eine Gate-Substrat-Spannung von 50 V zu einer Feldstärke von mindestens 500 V/μm und damit zum *Durchbruch*, der den Transistor zerstört. Spannungen dieser Größe können leicht infolge statischer Aufladung (Electrostatic Discharge, ESD) entstehen. Als Gegenmaßnahme werden zwischen die von außen zugänglichen Anschlusspunkte Schutzdioden oder komplexere *ESD-Schutzschaltungen* eingesetzt, die ggf. Überspannungen ableiten.

Literaturverzeichnis

[1] BEETZ, Bernhard: *Elektroniksimulation mit PSPICE*. 2. Aufl. Wiesbaden: Vieweg, 2005

[2] BERGMANN, Kurt: *Elektrische Meßtechnik*. 6. Aufl. Wiesbaden: Vieweg, 1996

[3] BERGMANN, Ludwig; SCHAEFER, Clemens; RAITH, Wilhelm: *Bergmann Schaefer Lehrbuch der Experimentalphysik*. Bd. 2. 9. Aufl. Berlin: de Gruyter, 2006

[4] BÖHMER, Erwin; EHRHARDT, Dietmar; OBERSCHELP, Wolfgang: *Elemente der angewandten Elektronik*. 15. Aufl. Wiesbaden: Vieweg, 2007

[5] BRAUCH, Wolfgang; DREYER, Hans-Joachim; HAACKE, Wolfhart; GENTZSCH, Wolfgang (Mitarb.): *Mathematik für Ingenieure*. 11. Aufl. Stuttgart: Teubner, 2006

[6] DETLEFSEN, Jürgen; SIART, Uwe: *Grundlagen der Hochfrequenztechnik*. 2. Aufl. München: Oldenbourg, 2006

[7] DOBRINSKI, Paul; KRAKAU, Gunter; VOGEL, Anselm: *Physik für Ingenieure*. 11. Aufl. Stuttgart: Teubner, 2007

[8] EICHMEIER, Joseph: *Moderne Vakuumelektronik*. Berlin: Springer, 1981

[9] EICHMEIER, Joseph; HEYNISCH, Hinrich: *Handbuch der Vakuumelektronik*. München: Oldenbourg, 1989

[10] ENGELN-MÜLLGES, Gisela; NIEDERDRENK, Klaus; WODICKA, Reinhard: *Numerik-Algorithmen*. 9. Aufl. Berlin: Springer, 2005

[11] FETZER, Albert; FRÄNKEL, Heiner: *Mathematik*. Bd. 1 und 2. 9./5. Aufl. Berlin: Springer, 2007/1999

[12] FETZER, Viktor: *Ortskurven und Kreisdiagramme*. Heidelberg: Hüthig, 1973

[13] FISCHER, Rolf: *Elektrische Maschinen*. 13. Aufl. München: Hanser, 2006

[14] FLOSDORFF, René; HILGARTH, Günther: *Elektrische Energieverteilung*. 9. Aufl. Stuttgart: Teubner, 2005

[15] FRANZ, Joachim: EMV. 2. Aufl. Stuttgart: Teubner, 2005

[16] FRICKE, Hans; VASKE, Paul: *Elektrische Netzwerke*. 17. Aufl. Stuttgart: Teubner, 1982

[17] FROHNE, Heinrich: *Elektrische und magnetische Felder*. Stuttgart: Teubner, 1994

[18] FROHNE, Heinrich; UECKERT, Erwin: *Grundlagen der elektrischen Messtechnik*. Stuttgart: Teubner, 1984

[19] GAD, H.; FRICKE, H.: *Grundlagen der Verstärker*. Stuttgart: Teubner, 1983

[20] GIEBEL, Thomas: *Grundlagen der CMOS-Technologie*. Stuttgart: Teubner, 2002

[21] GIESEKE, Peter: *Dehnungsmessstreifentechnik*. Wiesbaden: Vieweg, 2002

[22] HAUG, Albert; HAUG, Franz: *Angewandte elektrische Meßtechnik*. 2. Aufl. Wiesbaden: Vieweg, 1993

[23] HEINEMANN, Robert: *PSPICE, Einführung in die Elektroniksimulation*. 5. Aufl. München: Hanser, 2006

[24] HEUMANN, Klemens: *Grundlagen der Leistungselektronik*. 6. Aufl. Stuttgart: Teubner, 1996

[25] HILLERINGMANN, Ulrich: *Silizium-Halbleitertechnologie*. 4. Aufl. Stuttgart: Teubner, 2004

[26] HILGARTH, Günther: *Hochspannungstechnik*. 3. Aufl. Stuttgart: Teubner, 1997

[27] IVERS-TIFFÉE, Ellen; VON MÜNCH, Waldemar: *Werkstoffe der Elektrotechnik*. 10. Aufl. Stuttgart: Teubner, 2007

[28] JAKSCH, Hans-Dieter: *Batterie-Lexikon*. München: Pflaum, 1993

[29] JANSEN, Dirk (Hrsg.): *Handbuch der Electronic Design Automation*. München: Hanser, 2001

[30] KURZ, Günter: *Elektronische Schaltungen simulieren und verstehen mit PSPICE*. Würzburg: Vogel, 2000

[31] LINDNER, Helmut; BRAUER, Harry; LEHMANN, Constans: *Taschenbuch der Elektrotechnik und Elektronik*. 8. Aufl. Leipzig: Hanser, 2004

[32] LÖCHERER, Karl-Heinz: *Halbleiterbauelemente*. Stuttgart: Teubner, 1992

[33] MEINKE, Hans H.; GUNDLACH, Friedrich-Wilhelm: *Taschenbuch der Hochfrequenztechnik.* 5. Aufl. Berlin: Springer, 1992

[34] MÖSCHWITZER, Albrecht: *Grundlagen der Halbleiter- und Mikroelektronik.* Band 1: *Elektronische Halbleiterbauelemente.* Band 2: *Integrierte Schaltkreise.* München: Hanser, 1992

[35] MÜHL, Thomas: *Einführung in die elektrische Messtechnik.* 2. Aufl. Stuttgart: Teubner, 2006

[36] VON MÜNCH, Waldemar: *Elektrische und magnetische Eigenschaften der Materie.* Stuttgart: Teubner, 1987

[37] VON MÜNCH, Waldemar: *Einführung in die Halbeitertechnologie.* Stuttgart: Teubner, 1993

[38] NAGEL, Laurence W.; PEDERSON, Don O.: *Simulation Program with Integrated Circuit Emphasis.* Berkeley: University of California, Electronics Research Laboratory, Memo ERL-M382, 1973

[39] NELLES, Dieter; TUTTAS, Christian: *Elektrische Energietechnik.* Stuttgart: Teubner, 1998

[40] PAPULA, Lothar: *Mathematik für Ingenieure und Naturwissenschaftler*, Bd. 2. 11. Aufl. Wiesbaden: Vieweg, 2007

[41] RINDELHARDT, Udo: *Photovoltaische Stromversorgung.* Stuttgart: Teubner, 2001

[42] SCHAUMBURG, Hanno: *Werkstoffe und Bauelemente der Elektrotechnik*, Bd. 1: *Werkstoffe.* Stuttgart: Teubner, 1990

[43] SCHAUMBURG, Hanno: *Werkstoffe und Bauelemente der Elektrotechnik*, Bd. 2: *Halbleiter.* Stuttgart: Teubner, 1991

[44] SCHILDT, Gerhard-Helge: *Grundlagen der Impulstechnik.* Stuttgart: Teubner, 1987

[45] SIEMERS, Christian (Hrsg.); SIKORA , Axel (Hrsg.): *Taschenbuch Digitaltechnik.* 2. Aufl. Leipzig: Fachbuchverlag Leipzig, 2007

[46] SPENKE, Eberhard: *Elektronische Halbleiter.* Berlin: Springer, 1984

[47] SÜßE, Roland (Hrsg.): *Theoretische Grundlagen der Elektrotechnik.* Bd. 1. 1. Aufl. Stuttgart: Teubner, 2005

[48] TIETZE, Ulrich; SCHENK, Christoph: *Halbleiter-Schaltungstechnik.* 12. Aufl. Berlin: Springer, 2002

[49] VOGES, Edgar; PETERMANN, Klaus: *Optische Kommunikationstechnik.* Berlin: Springer, 2002

[50] WAGNER, Andreas: *Photovoltaic Engineering.* 2. Aufl. Berlin: Springer, 2006

[51] WEBER, Hubert; ULRICH, Helmut: *Laplace-Transformation.* 8. Aufl. Stuttgart: Teubner, 2007

[52] WIDMANN, Dietrich; MADER, Hermann; FRIEDRICH, Hans: *Technologie hochintegrierter Schaltungen.* 2. Aufl. Berlin: Springer, 1996

[53] ZEIDLER, Eberhard (Hrsg.); HACKBUSCH, Wolfgang; SCHWARZ, Hans R.: *Teubner-Taschenbuch der Mathematik.* 2. Aufl. Stuttgart: Teubner, 2003

[54] ZINKE, Otto; BRUNSWIG, Heinrich: *Hochfrequenztechnik.* Bd. 2, 5. Aufl. Berlin: Springer, 1999

[55] DIN 1301-1:2002, *Einheiten – Teil 1: Einheitennamen, Einheitenzeichen*

[56] DIN 1304-1:1994, *Formelzeichen; Allgemeine Formelzeichen*

[57] DIN 1313:1998, *Größen und Gleichungen: Begriffe, Schreibweisen*

[58] DIN 5483-3:1994, *Zeitabhängige Größen – Teil 3: Komplexe Darstellung sinusförmig zeitabhängiger Größen*

[59] DIN 5489:1990, *Richtungssinn und Vorzeichen in der Elektrotechnik.* – Gültig bis zum 1.9.2006.

[60] DIN 40110-1:1994, *Wechselstromgrößen; Zweileiter-Stromkreise*

[61] DIN EN 60375:2004, *Vereinbarungen für Stromkreise und magnetische Kreise*

[62] DIN EN 60617-2:1997, *Graphische Symbole für Schaltpläne – Teil 2: Symbolelemente, Kennzeichen und andere Schaltzeichen für allgemeine Anwendungen*

[63] DIN EN 60617-4:1997, *Graphische Symbole für Schaltpläne – Teil 4: Schaltzeichen für passive Bauelemente*

[64] DIN EN 60617-6:1997, *Graphische Symbole für Schaltpläne – Teil 6: Schaltzeichen für die Erzeugung und Umwandlung elektrischer Energie*

Anhang

1 Griechisches Alphabet

A	α	Alpha	I	ι	Jota	P	ρ	Rho
B	β	Beta	K	κ	Kappa	Σ	σ	Sigma
Γ	γ	Gamma	Λ	λ	Lambda	T	τ	Tau
Δ	δ	Delta	M	μ	My	Y	υ	Ypsilon
E	ε	Epsilon	N	ν	Ny	Φ	φ	Phi
Z	ζ	Zeta	Ξ	ξ	Xi	X	χ	Chi
H	η	Eta	O	o	Omikron	Ψ	ψ	Psi
Θ	ϑ	Theta	Π	π	Pi	Ω	ω	Omega

2 SI-Einheiten

Tabelle A2.1 SI-Einheiten nach [55]; die Basiseinheiten sind fett gedruckt

Größe	Formel-zeichen	SI-Einheit	Einheiten-zeichen	Definitions-gleichung
Mechanik				
Länge	l	**Meter**	m	
Zeit	t	**Sekunde**	s	
Frequenz	f	Hertz	Hz	1 Hz = 1/s
Kreisfrequenz	ω	reziproke Sekunde	$1/s = s^{-1}$	
Drehzahl	n	reziproke Sekunde	1/s, (1/min)	
Geschwindigkeit	v	Meter durch Sekunde	m/s	
Beschleunigung	a	Meter durch Sekunde hoch zwei	m/s^2	
Masse	m	**Kilogramm**	kg	
Kraft	F	Newton	N	$1 N = 1 kg m/s^2$
Gewichtskraft	G	Newton	N	$1 N = 1 kg m/s^2$
Energie, Leistung				
Energie, Arbeit	W	Joule	J	$1 J = 1 Nm = 1 Ws = 1 kg m^2/s^2$
Energiedichte	w	Joule durch Kubikmeter	J/m^3	
Leistung (Energiestrom)	P	Watt	W	1 W = 1 J/s = 1 V A = 1 Nm/s
Temperatur, Wärme				
Temperatur	T	**Kelvin**	K	
Celsius-Temperatur	ϑ	Grad Celsius	°C	
Wärmemenge	Q	Joule	J	$1 J = 1 Nm = 1 Ws = 1 kg m^2/s^2$

Tabelle A2.1 (Fortsetzung) SI-Einheiten

Größe	Formelzeichen	SI-Einheit	Zeichen	Definitionsgleichung
Elektrische Größen				
el. Stromstärke	I	**Ampere**	A	
el. Stromdichte	J	Ampere durch Quadratmeter	A/m^2	
el. Ladung	Q	Coulomb	C	1 C = 1 As
el. Flussdichte	D	Coulomb durch Quadratmeter	C/m^2	
el. Spannung	U	Volt	V	1 V = 1 W/A
el. Feldstärke	E	Volt durch Meter	V/m	
Scheinleistung	S	Voltampere	VA	
Blindleistung	Q	Var	var	
el. Widerstand	R	Ohm	Ω	1 Ω = 1 V/A
el. Leitwert	G	Siemens	S	1 S = 1 A/V
spez. Widerstand	ρ	Ohmmeter	Ωm	
el. Leitfähigkeit	κ	Siemens durch Meter	S/m	
el. Kapazität	C	Farad	F	1 F = 1 As/V = 1 s/Ω
Permittivität	ε	Farad durch Meter	F/m	1 F/m = 1 As/Vm
Magnetische Größen				
mag. Fluss	Φ	Weber, Voltsekunde	Wb, Vs	1 Wb = 1 Vs
mag. Flussdichte	B	Tesla	T	1 T = 1 Vs/m^2
mag. Spannung	V	Ampere	A	
mag. Feldstärke	H	Ampere durch Meter	A/m	
mag. Leitwert	Λ	Henry	H	1 H = 1 Vs/A = 1 Ωs
Induktivität	L	Henry	H	1 H = 1 Vs/A = 1 Ωs
Permeabilität	μ	Henry durch Meter	H/m	1 H/m = 1 Vs/Am

Tabelle A2.2 Vorsätze zur Bezeichnung von dezimalen Vielfachen und Teilen von Einheiten nach [55]

Yotta-	(Y)	f.d.	10^{24}-fache	Kilo-	(k)	f.d.	10^{3}-fache	Nano-	(n)	f.d.	10^{-9}-fache
Zetta-	(Z)	f.d.	10^{21}-fache	Hekto-	(h)	f.d.	10^{2}-fache	Piko-	(p)	f.d.	10^{-12}-fache
Exa-	(E)	f.d.	10^{18}-fache	Deka-	(da)	f.d.	10-fache	Femto-	(f)	f.d.	10^{-15}-fache
Peta-	(P)	f.d.	10^{15}-fache	Dezi-	(d)	f.d.	10^{-1}-fache	Atto-	(a)	f.d.	10^{-18}-fache
Tera-	(T)	f.d.	10^{12}-fache	Zenti-	(c)	f.d.	10^{-2}-fache	Zepto-	(z)	f.d.	10^{-21}-fache
Giga-	(G)	f.d.	10^{9}-fache	Milli-	(m)	f.d.	10^{-3}-fache	Yokto-	(y)	f.d.	10^{-24}-fache
Mega-	(M)	f.d.	10^{6}-fache	Mikro-	(µ)	f.d.	10^{-6}-fache				

3 Elektrische Leitungseigenschaften einiger Werkstoffe

Tabelle A3.1 Elektrische Leitfähigkeit κ_{20} sowie Temperaturkoeffizienten α_{20} und β_{20} von ρ_{20}; alle Angaben für 20 °C

Werkstoff	$\frac{\kappa_{20}}{\text{Sm/mm}^2}$	$\frac{\alpha_{20}}{10^{-3}\text{K}^{-1}}$	$\frac{\beta_{20}}{10^{-6}\text{K}^{-2}}$
Aluminium, weich	36	3,7 ... 5,0	1,3
hart	33 ... 34		
Bronze, Draht	18 ... 48	0,5	
Chromnickel WM 100	0,9 ... 1,4	0,2	
Eisen, Flussstahl	7 ... 10	4,5 ... 6	6
Gold	45	3,9	0,5
Konstantan WM 50	2	0,01	
Kupfer, weich	57	3,9 ... 4,3	0,6
hart	55 ... 56		
Manganin WM 43	2,32	0,01	
Messing	12 ... 15,9	1,5 ...4	1,6
Nickel	10 ... 15	3,7 ... 6	9
Platin	10,2	2 ... 4	0,6
Quecksilber	1,063	0,92	1,2
Silber	60 ... 62	3,8	0,7
Wolfram	18,2	4,1	1

Tabelle A3.2 Mittelwerte spezifischer Widerstände ρ in Ωcm bei 20 °C von Isolierstoffen

Aminoplast-Pressmasse	10^{11}	Phenolharz	10^{11}
Bitumen-Vergussmasse	10^{15}	Plexiglas	10^{15}
Epoxydharze	10^{16}	Polystyrol	10^{17}
Glas	10^{14}	Polyvinylchlorid, hart	10^{15}
Hartgummi	10^{16}	weich	10^{13}
Hartpapier	10^{10}	Quarz	10^{16}
Hartporzellan	10^{14}	Silikonöl	10^{14}
Papier, getränkt	10^{15}	Wasser, destilliert	10^{10}

4 Schaltzeichen

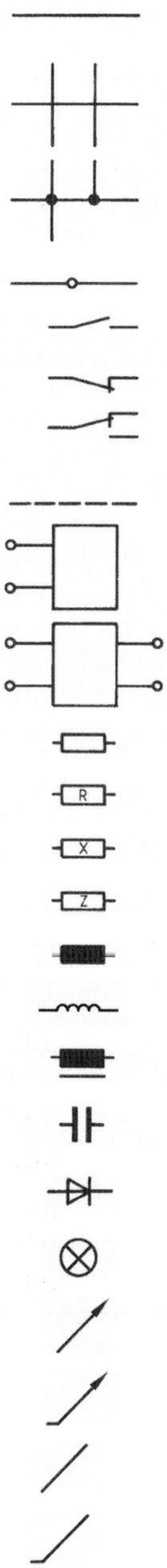

- Leitung, allgemein
- Kreuzung von Leitungen ohne Verbindung
- feste leitende Verbindung
- Anschluss (z.B. Klemme)
- Einschalter, Schließer
- Ausschalter, Öffner
- Umschalter, Wechsler
- mechanische Wirkverbindung
- allgemeiner Zweipol
- allgemeines Zweitor
- Widerstand, allgemein
- Wirkwiderstand
- Blindwiderstand
- komplexer Widerstand
- Induktivität (veraltet)[1]
- Induktivität
- Induktivität mit Eisenkern
- Kapazität
- Diode
- Lampe, allgemein
- Veränderbarkeit, nicht inhärent
- Veränderbarkeit, nicht inhärent, nichtlinear
- Veränderbarkeit, inhärent
- Veränderbarkeit, inhärent, nichtlinear

- veränderbarer Widerstand
- spannungsabhängiger Widerstand
- Widerstand mit Schleifkontakt, Potentiometer
- Transformator mit zwei getrennten Wicklungen
- magnetisch gekoppelte Induktivitäten mit gleichem Wicklungssinn
- magnetisch gekoppelte Induktivitäten mit entgegengesetztem Wicklungssinn
- ideale Spannungsquelle
- ideale Stromquelle
- Akkumulator, Batterie
- Generator, allgemein
- rotierender Generator
- Gleichspannungsgenerator
- Gleichstrommotor
- Spannungsmesser, Voltmeter
- Strommesser, Amperemeter
- Leistungsmesser, Wattmeter
- Galvanometer

---

[1] In diesem Buch werden noch die Schaltzeichen für Induktivitäten nach alter Norm verwendet

5 Symbole und Schreibweisen

Zusätzliche Auszeichnung eines Größensymbols nach [58], [60]

$\{x\}$	Zahlenwert einer Größe $x = \{x\} \cdot [x]$
$[x]$	Einheit einer Größe $x = \{x\} \cdot [x]$
$\overline{x}$	Linearer Mittelwert
$\overline{\lvert x \rvert}$	Linearer Mittelwert der Absolutwerte (Gleichrichtwert)
X	Effektivwert, wenn für die Größe der Groß- (X) und Kleinbuchstabe (x) als Formelzeichen festgelegt sind (s. Liste der Formelzeichen in Anhang 7)
x_{max}	Maximalwert
$\hat{x}$	Scheitelwert einer Wechselgröße, Amplitude einer Sinusgröße
x_{12}	Zählpfeilgröße, d. h. skalare Größe, die eine vom ersten zum zweiten Index orientierte Wirkung beschreibt
$\underline{X}$	Komplexe Größe
$\underline{X}^*$	Konjugiert komplexe Größe
$\vec{x}$	Vektor
$y(x)$	Abhängigkeit der Größe y von der Größe x, wenn diese Abhängigkeit betont werden soll

Die Zeitabhängigkeit einer Größe wird herausgestellt durch:

x	Kleinbuchstabe, wenn für die Größe der Klein- (x) und der Großbuchstabe (X) festgelegt sind (s. Formelzeichenliste)
$x(t)$	t in Klammern, wenn für die Größe nur der Groß- (X) oder nur der Kleinbuchstabe (x) als Formelzeichen festgelegt ist
$\dot{x}$	zeitliche Ableitung einer Größe ($\dot{x} = \mathrm{d}x/\mathrm{d}t$)

6 Indizes

a	äußerer Wert
a	Anfang
Al	Aluminium
B	Blindleitwert
b	Blindkomponente
C	Kapazität
Cu	Kupfer
d	dielektrischer Wert
d, diff	differenziell
dr	Drossel
E, ers	Ersatzgröße
e	Elektron
e, el	elektrischer Wert
eff	effektiver Wert
f	Oberflächenwert
Fe	Eisen, ferromagnetisch
G	Generator
G	Wirkleitwert
g, ges	Gesamtwert
h, hom	homogen
i	innerer Wert
i	Strom
k	Kurzschlusswert
L	Induktivität
M	Messgerät
m, mag	magnetischer Wert
max	Maximalwert
mech	mechanischer Wert
mi	Mittelwert
min	Kleinstwert
N, nom	Nominalwert, Nennwert
n	Normalkomponente
p	Parallelschaltung
p	partikulär
p	Proton
q	Quelleigenschaft (eingeprägt)
R	Wirkwiderstand
r	Reihenschaltung

r	relativ
rev	reversibel
Str	Strangwert
t	Tangentialkomponente
u	Spannung
ü	Überschwingwert
v	Verbraucher
v	Verschiebung
W	Energie
w	Wirkkomponente
X	Blindwiderstand
Y, y	komplexer Leitwert, Admittanz
Z, z	komplexer Widerstand, Impedanz
zul	zulässiger Wert
0	Anfangswert
0	Leerlaufwert
0	ungedämpft
0	leerer Raum
1	primär, Eingang
2	sekundär, Ausgang
∞	Endwert
δ	Luftspalt
ρ, res	Resonanzwert
σ	Streuungswert
ν, μ	Zahlenfolge 1, 2, ...
ν	Harmonische
–	Gleichgröße
~	Wechselgröße
Δ	Dreieckschaltung
⅄	Sternschaltung
⎍	Sprungerregung

7 Formelzeichen

A	Fläche, Querschnitt
A	Stromverstärkung der Basisschaltung
A_r	relative Atommasse
a	Beschleunigung
a	Abstand
a	Realteil einer komplexen Zahl
a_ν	Fourier-Koeffizient
a_0	Gleichanteil
B	magnetische Flussdichte
B	Stromverstärkung der Emitterschaltung
B	Blindleitwert
B_r	Remanenzinduktion
b	Beweglichkeit
b	Imaginärteil einer komplexen Zahl
b_ν	Fourier-Koeffizient
b	Bandbreite
C	elektrische Kapazität
c	Wärmekapazität
c	elektrochemisches Äquivalent
$\underline{c}_\nu$	Koeffizient der komplexen Fourier-Reihe
c_0	Lichtgeschwindigkeit im leeren Raum
D	Determinante
D	elektrische Flussdichte
d	Durchmesser
d	Dämpfung
E	elektrische Feldstärke
e	Elementarladung
e	Basis des natürlichen Logarithmus (≈2,718)
F	Fehler, Abweichung
F	Formfaktor
F	Kraft
f	Frequenz
f	Besetzungswahrscheinlichkeit, Fermi-Verteilungsfunktion
G	elektrischer Leitwert, Wirkleitwert
g	Grundschwingungsgehalt
H	magnetische Feldstärke
H_c	Koerzitivfeldstärke
h	Höhe
I, i	Strom
I_g	Steuerstrom
I_Z	Zener-Strom
J	Stromdichte
J	magnetische Polarisation
j	$\sqrt{-1}$
k	Anzahl der Knoten
k	Boltzmann-Konstante
k	Kopplungsgrad
k, d	Klirrfaktor

L	Induktivität
l	Länge, Strecke
M_d	Drehmoment
M	Gegeninduktivität
M_r	relative Molekülmasse, Molekulargewicht
m	Masse
m	Anzahl der Maschengleichungen
m	Phasenzahl
m_0	Ruhemasse
N	Windungszahl
n	Anzahl
n	Drehzahl
P, p	Leistung
P	Wirkleistung
p	Pulszahl
p	Parameter
Q	elektrische Ladung
Q	Blindleistung
Q	Güte
R	elektrischer Widerstand, Wirkwiderstand, Resistanz
R_H	Hallkonstante
R_m	magnetischer Widerstand, Reluktanz
r	Radius
S	Scheinleistung
s	Schwingungsgehalt
T	Thermodynamische Temperatur (in Kelvin)
T	Periodendauer
t	Zeit
U, u	elektrische Spannung
$\mathring{U}, \mathring{u}$	elektrische Umlaufspannung
$ü$	Übersetzungsverhältnis
V	Volumen, Rauminhalt
V	magnetische Spannung
$\mathring{V}$	magnetische Umlaufspannung
v	Geschwindigkeit
v	Verstimmung
W	Energie, Arbeit
W_A	Akzeptorenniveau
W_D	Donatorenniveau
W	Energie
W_F	Fermi-Niveau
w	Energiedichte
w	Welligkeit
w	Weite
X	Blindwiderstand, Reaktanz
x	Koordinate
Y	Scheinleitwert
y	Koordinate
Z	Scheinwiderstand
z	Anzahl der Zweige
z	Koordinate
α	Winkel
α	linearer Temperaturkoeffizient
β	Winkel
β	Blindfaktor
β	quadratischer Temperaturkoeffizient
γ	Winkel
Δ	Differenz
δ	Verlustwinkel
δ	Abklingkonstante
δ	Luftspaltlänge
ε	Permittivität
ε	Sprungfunktion, Einheitssprung
ε_r	relative Permittivität
ε_o	elektrische Feldkonstante
η	Driftladungsdichte
η	Wirkungsgrad
Θ	elektrische Durchflutung
Θ	Laufwinkel
ϑ	Celsius-Temperatur (in °C)
ϑ	Dämpfungsgrad
κ	elektrische Leitfähigkeit
Λ	magnetischer Leitwert
Λ	mittlere freie Weglänge
λ	Linienladungsdichte
λ	Wellenlänge
λ	Leistungsfaktor
μ	Permeabilität
μ_a	Anfangspermeabilität
μ_d	differenzielle Permeabilität
μ_r	relative Permeabilität
μ_{rev}	reversible Permeabilität
μ_0	magnetische Feldkonstante
ν	Teilschwingungszahl
ξ	Scheitelfaktor
ρ	Dichte
ρ	Raumladungsdichte

ρ	spezifischer Widerstand
σ	Flächenladungsdichte
σ	Streuung
σ_{mech}	mechanische Spannung
τ	Zeitkonstante
τ	Lebensdauer
τ	Elektronenlaufzeit
Φ	magnetischer Fluss
φ	elektrisches Potenzial
φ	Phasenverschiebungswinkel, Winkel der Impedanz
φ_i	Nullphasenwinkel des Stroms
φ_u	Nullphasenwinkel der Spannung
φ_y	Winkel des komplexen Leitwertes
χ	Suszeptibilität
Ψ	elektrischer Fluss
Ψ	magnetischer Spulenfluss
$\mathring{\Psi}$	elektrischer Hüllenfluss
Ω	relative Frequenz
ω	Winkelgeschwindigkeit
ω	Kreisfrequenz

8 Werte der Normreihe E 24

Die Werte der Normreihe E 12 sind fett gedruckt.

1,0	1,1	**1,2**	1,3	**1,5**	1,6	**1,8**	2,0	**2,2**	2,4	**2,7**	3,0
3,3	3,6	**3,9**	4,3	**4,7**	5,1	**5,6**	6,2	**6,8**	7,5	**8,2**	9,1

Stichwortverzeichnis

F